CALCULO INTEGRAL

CON

FUNCIONES TRASCENDENTES TEMPRANAS

PARA

CIENCIAS E INGENIERIA

SEGUNDA EDICION

JORGE SAENZ

HIPOTENUSA®

Cálculo Integral con Funciones Trascendentes Tempranas

Para Ciencias e Ingeniería

Depósito Legal: If0512009510398

ISBN.: 978-980-6588-07-3

Editado y distribuido por: Editorial Hipotenusa
info@hipotenusaonline.com
Lima, Perú

www.hipotenusaonline.com

Reimpresión internacional - Segunda Edicion, 2009

CONTENIDO

TABLAS 725

Colin Maclaurin

PROLOGO

Ha sido muy gratificante la aceptación y demanda que ha tenido la primera edición de nuestro texto de **Cálculo Integral**. Después de seis años ponemos en manos de los estudiantes esta segunda edición, en la que incorporamos seis nuevos capítulos. Este nuevo texto, acompañado de nuestro **Cálculo Diferencial,** cubren todo, o casi todo, el contenido del cálculo de una variable.

La obra está diseñada para ser usado como texto de un segundo o un tercer curso de Cálculo, para estudiantes de ciencias o ingeniería.

Se ha buscado equilibrar la teoría, la práctica y las aplicaciones. Cada tema es acompañado de numerosos ejemplos. Cada sección es reforzada con una selección de problemas resueltos. Aquí, los problemas típicos y de relevancia, son desarrollados con todo detalle. La gran mayoría de teoremas son presentados con su respectiva demostración. Cuando la demostración es compleja, ésta es presentada como un problema resuelto. Además, a lo largo de toda la obra, son resaltados ciertos aspectos históricos. Cada capítulo lo iniciamos con una corta biografía de un matemático notable que jugó papel relevante en el desarrollo de las ideas del capítulo correspondiente.

Sin duda, la publicación de un texto de Cálculo es un proyecto de gran magnitud y depende del esfuerzo de mucha gente. Para esta segunda edición, he recibido ayuda invalorable de muchos profesores del Departamento Matemáticas del Decanato de Ciencias y Tecnología de la UCLA y de la Sección de Matemáticas de la Universidad Nacional Experimental Politécnica, Vice-rectorado de Barquisimeto. Los más diligentes ha sido mis amigos y colegas: Franca Laveglia, Yackelín Rodríguez, Eves Nogier, José Vicente Puertas, Ramón Depool, Wilfredo Vargas, Eduardo Villegas (el Morocho) y Enner Mendoza. En la edición anterior conté con la ayuda y aliento de mis colegas Miguel Estraño, Dan Solano, Abelardo Monsalve, Ismael Huerta, Angel Mastromartino y Miguel Vivas. Mi gratitud y reconocimiento a todos ellos.

Jorge Sáenz Camacho

5 de febrero del 2009

1

LA INTEGRAL INDEFINIDA

JOHANN BERNOULLI
(1667–1748)

JOHANN BERNOULLI
(1667 - 1748)

JOHANN BERNOULLI *nació en Basilea, Suiza, en 1.667. Estudió medicina en la universidad de Basilea, donde se graduó en 1.694, con una tesis donde aplica la matemática a los movimientos musculares. Fue el tronco principal de una familia, única en la historia, que ha producido eminentes matemáticos durante el siglo XVIII. Por lo menos 9 miembros de esta familia, repartidos en tres generaciones, fueron matemáticos de primera línea. En la primera generación se encuentran Johann I (del cual nos estamos ocupando) y sus hermanos Jacob I y Nicolaus I. En la segunda generación tenemos a Nicolaus II, hijo de Nicolaus I; a Nicolaus III, Daniel y Johann II, hijos de Johann I. En la tercera generación se cuentan Johann III y Jacob II, hijos de Johann II. El gran Leonardo Euler fue amigo de infancia de Daniel. Ambos recibieron lecciones de matemáticas de Johann I, quien también fue maestro de Guillaume G. A. de L'Hôspital.*

ACONTECIMIENTOS PARALELOS IMPORTANTES

Durante la vida de Johann Bernoulli, en América y en el mundo sucedieron los siguientes hechos notables. En 1.661, el rey francés Luis XIV inicia la construcción del palacio de Versalles, a donde se muda con su corte en 1.682. En este mismo año, el cuáquero William Penn funda la ciudad de Filadelfia. En 1.687, Isaac Newton publicó una de las obras científicas más grandes producidas por la humanidad ***"Principios Matemáticos de la Filosofía Natural".*** *Pocos años antes, Newton y Leibniz ya habían inventado el Cálculo. En 1.701 se funda la Universidad de Yale, en New Haven, Connecticut. En 1.705, el inglés Edmund Halley (1.656−1.742) dió a conocer el famoso cometa que ahora lleva su nombre. En 1.714 el físico holandés Gabriel Daniel Fahrenheit (1.686−1.736) inventó el termómetro de mercurio.*

SECCION 1.1

LA ANTIDERIVADA

Iniciamos esta sección haciendo una breve introducción al concepto de diferencial. Este tema es tratado en forma más extensa en nuestro texto de Cáculo Diferencial, con el cual el lector debe estar familiarizado.

Sea $y = f(x)$ una función diferenciable. Según la notación de Leibnitz, el símbolo $\frac{dy}{dx}$ representa a la derivada de y respecto a x. El concepto de diferencial da significado propio tanto a dx como a dy en tal forma que $\frac{dy}{dx}$ puede ser vista como un cociente de dy sobre dx.

Si □□Δx es cualquier incremento de x, entonces

$$\Delta y = f(x + \Delta x) - f(x)$$

es el correspondiente incremento de y. Sabemos que $\lim\limits_{\Delta x \to 0} \frac{\Delta y}{\Delta x} = f'(x)$

Luego, si Δx es pequeño, la razón incremental $\frac{\Delta y}{\Delta x}$ es una aproximación a la derivada $f'(x)$. Este hecho lo expresamos así $\frac{\Delta y}{\Delta x} \approx f'(x)$. De aquí obtenemos:

$$\Delta y \approx f'(x)\, \Delta x \qquad (1)$$

Esta expresión nos dice que cuando Δx es pequeño, la expresión $f'(x)\Delta x$ está próximo al incremento de Δy. Por este motivo es conveniente fijar la atención en esta expresión. A continuación le damos un nombre y nos ocupamos de ella.

DEFINICION . Sea $y = f(x)$ una función diferenciable y Δx un incremento de x. Llamaremos **diferencial de y**, que se denota con dy ó df, a

$$dy = f'(x)\, \Delta x$$

Notar que dy es función de dos variables, x y Δx.

EJEMPLO 1. Si $y = x^3 - 2x^2 + x + 3$, hallar

a. dy **b.** Evaluar dy cuando $x = 2$ y $\Delta x = 0.03$

Solución

a. $dy = \frac{d}{dx}(x^3 - 2x^2 + x + 3)\, \Delta x = (3x^2 - 4x + 1)\Delta x$

b. Cuando $x = 2$ y $\Delta x = 0.03$, se tiene

$$dy = \left[3(2)(2)^2 - 4(2) + 1\right]0.03 = 0.15$$

Si $y = x$ entonces, $dy = dx$. Además, $dy = \dfrac{dx}{dx}\Delta x = 1 \cdot \Delta x = \Delta x$ .Luego,

$$\boldsymbol{dx = \Delta x}$$

Esta igualdad nos dice que la diferencial de la variable independiente es igual al incremento. Gracias a este resultado casi siempre usaremos dx en lugar de Δx. Así, la expresión para la diferencial de $y = f(x)$ se escribe así:

$$\boldsymbol{dy = f\,'(x)\,dx}$$

En esta nueva expresión si $dx \neq 0$ dividimos entre dx para obtener $\dfrac{dy}{dx} = f'(x)$.

Esto nos dice que el símbolo $\dfrac{dy}{dx}$, que es derivada de y respecto a x, se le puede pensar también como el cociente de la diferencial dy entre la diferencial dx.

EJEMPLO 2. La diferencial de $y = \sqrt{x+1}$ es

$$dy = \frac{d}{dx}\left(\sqrt{x+1}\right)dx = \frac{1}{2\sqrt{x+1}}\,dx = \frac{dx}{2\sqrt{x+1}}$$

TEOREMA 1.1 Sean u y v funciones diferenciables de x si c una constante, entonces

1. $\boldsymbol{dc = 0}$

2. $\boldsymbol{d(cu) = c\,du}$

3. $\boldsymbol{d(u \pm v) = du \pm dv}$

4. $\boldsymbol{d(uv) = u\,dv + v\,du}$

5. $\boldsymbol{d\left(\dfrac{u}{v}\right) = \dfrac{v\,du - u\,dv}{v^2}}$

6. $\boldsymbol{du^n = nu^{n-1}du}$

Demostración

Cada una de estas igualdades viene de las correspondientes fórmulas de derivación. Aquí probaremos sólo (4), dejando las otras como ejercicio.

4. Sabemos por definición que:

$$du = \frac{du}{dx}dx \quad \text{y} \quad dv = \frac{dv}{dx}dx$$

Por otro lado, por la regla de la derivada de un producto, sabemos que:

$$\frac{d}{dx}(uv) = u\frac{dv}{dx} + v\frac{du}{dx}$$

Luego,

$$d(uv) = \frac{d}{dx}(uv)\,dx = \left(u\frac{dv}{dx} + v\frac{du}{dx}\right)dx = u\frac{dv}{dx}dx + v\frac{du}{dx}dx = u\,dv + v\,du$$

ANTIDERIVADA

La operación inversa de la derivación se llama **integración.** Mediante la integración encontraremos la función cuya derivada es dada. La función que se encuentra se llama **antiderivada** o **integral indefinida**.

Durante el resto de curso nos ocuparemos de las integrales y sus aplicaciones Por esta razón, a esta parte de la materia, se la llama **Cálculo Integral.**

DEFINICION. Una función F es una **antiderivada o una primitiva** de la función f en un intervalo **I** si $F'(x) = f(x), \ \forall x \in \mathbf{I}$

EJEMPLO 3. Las funciones siguientes son antiderivadas de $f(x) = 3x^2$:

$$F(x) = x^3 + 1 \quad \text{y} \quad G(x) = x^3 - 5$$

En efecto:

$$F'(x) = 3x^2 + 0 = 3x^2 = f(x) \quad \text{y} \quad G'(x) = 3x^2 - 0 = 3x^2 = f(x)$$

Observar que si C es una constante cualquiera, entonces $H(x) = x^3 + C$ es una antiderivada de $f(x) = 3x^2$, ya que

$$H'(x) = 3x^2 + 0 = 3x^2 = f(x)$$

El siguiente teorema nos dice que cualquier antiderivada se obtiene sumando una constante a una antiderivada conocida.

TEOREMA 1.2 **Forma General de la Antiderivada**

Si F es una **antiderivada de f en el intervalo I**, entonces

G es una **antiderivada** de f **en I** $\Leftrightarrow$ **$\exists\, C$, constante, tal que**

$$G(x) = F(x) + C, \ \forall x \in \mathbf{I}$$

Demostración

($\Rightarrow$) Sea $H(x) = G(x) - F(x)$. Tenemos que:

$$H'(x) = G'(x) - F'(x) = f(x) - f(x) = 0, \quad \forall x \in \mathrm{I}$$

Sabemos que si la derivada de una función es idénticamente 0 en un intervalo, entonces la función es una función constante. Esto es, existe una constante C tal que

$$H(x) = C, \quad \forall x \in \mathrm{I}$$

Luego,

$$G(x) - F(x) = C, \quad \forall x \in \mathrm{I} \quad \Rightarrow \quad G(x) = F(x) + C, \quad \forall x \in \mathrm{I}$$

($\Leftarrow$) $G(x) = F(x) + C, \ \forall x \in \mathrm{I} \ \Rightarrow \ G'(x) = \left(F(x) + C\right)' = F'(x) = f(x).$

Luego, G es una antiderivada de f en I.

NOTACION PARA LA ANTIDERIVADA

El teorema anterior nos dice lo siguiente:

1. Si una función f tiene una antiderivada, entonces tiene una familia muy numerosa de ellas.

2. Si F es una antiderivada conocida de f, entonces cualquier otro miembro de la familia de antiderivadas de f se obtiene a partir de F agregándole una constante adecuada, $F(x) + C$.

A la **familia** $\boldsymbol{F(x) + C}$ de **antiderivadas de** $\boldsymbol{f}$ la llamaremos la **antiderivada general de** $\boldsymbol{f}$ **o integral indefinida de la función** $\boldsymbol{f}$, y la denotaremos así:

$$\int f(x)\, dx\ .$$

Esto es, si $\boldsymbol{F}$ es una antiderivada de $\boldsymbol{f}$ en un intervalo I, entonces

$$\int \boldsymbol{f(x)\, dx = F(x) + C}, \text{ donde } C \text{ es una constante.} \qquad \textbf{(1)}$$

El símbolo $\int$ es llamado **símbolo de la integral**. Este símbolo se obtuvo alargando la letra S. Esto es debido a que, como veremos más adelante, la integral está emparentada con la suma.

En $\int f(x)\, dx$, la función $\boldsymbol{f}$ es el **integrando**. El símbolo $\boldsymbol{dx}$ se usa para indicar que x es la variable de integración. Esta variable puede cambiarse por cualquier otra. Así, la expresión (1) se escribe también del modo siguiente:

$$\int f(t)\, dt = F(t) + C \qquad \text{ó} \qquad \int f(u)\, du = F(u) + C$$

La **integración** es el proceso de hallar **la integral indefinida** o sea la antiderivada general. De la discusión anterior obtenemos:

$$\textbf{(2)}\ \ \frac{d}{dx}\int f(x)\, dx = f(x) \qquad \textbf{(3)}\ \ \int f(x)\, dx = F(x) + C \Leftrightarrow F'(x) = f(x)$$

El símbolo dx que acompaña al integrando lo podemos interepretar también la diferencial de x. Esto no es una coincidencia. La expresión (1) puede interpretarse en términos de diferenciales. En efecto, se tiene que:

$$dF = F'(x)\, dx = f(x)\, dx$$

Luego, (1) puede escribirse así:

$$\int dF = F(x) + C \qquad \textbf{(4)}$$

EJEMPLO 4. Hallar $\int 2x\,dx$

Solución

La función $F(x) = x^2$ es una antiderivada de $2x$, ya que $F'(x) = 2x$. Luego,

$$\int 2x\,dx = x^2 + C$$

SIGNIFICADO DE LA CONSTANTE C

La integral indefinida representa a toda la familia de las antiderivadas del integrando. Cada valor que asignemos a la constante de integración, nos proporciona un miembro de la familia.

Geométricamente esta familia está representada por un conjunto de curvas paralelas obtenidas por traslación vertical del gráfico de una de las antiderivadas.

En la figura siguiente se han graficado algunos miembros de la familia $y = x^2 + C$, que es la integral indefinida del ejemplo anterior.

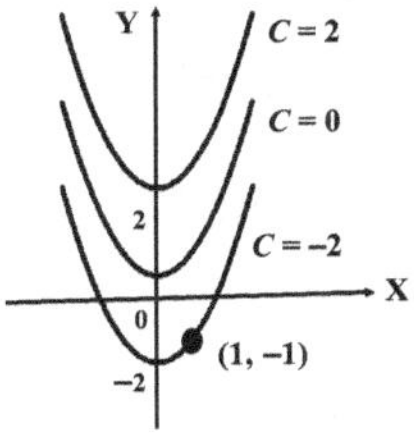

$y = x^2 + C$

EJEMPLO 5. Hallar una función G cuya tangente tenga como pendiente $2x$ para cada x, y que su gráfico pase por el punto $(1, -1)$.

Solución

La pendiente de G está dada por su derivada. Luego, se debe cumplir que

$$G'(x) = 2x$$

Esto nos dice que G es una antiderivada de $2x$. Por el ejemplo anterior sabemos que $G(x) = x^2 + C$. Como la gráfica de G pasa por $(1, -1)$, tenemos:

$$-1 = G(1) = 1^2 + C$$

Luego, $C = -2$ y $G(x) = x^2 - 2$.

La gráfica de esta función aparece en la figura anterior.

LINEALIDAD DE LA INTEGRAL INDEFINIDA

TEOREMA 1.3 Si a es una constante, entonces

1. $\int a f(x)\,dx = a \int f(x)\,dx$

2. $\int [f(x) \pm g(x)]\,dx = \int f(x)\,dx \pm \int g(x)\,dx$

Demostración

1. $\frac{d}{dx}\left(a\int f(x)\,dx\right) = a\frac{d}{dx}\left(\int f(x)\,dx\right) = af(x)$

2. $\frac{d}{dx}\left[\int f(x)\,dx \pm \int g(x)\,dx\right] = \frac{d}{dx}\int f(x)\,dx \pm \frac{d}{dx}\int g(x)\,dx = f(x) \pm g(x)$

Presentamos el primer grupo básico de integrales indefinidas. Las dos primeras fórmulas fueron probadas en el teorema anterior. La validez de estas integrales descanza en la fórmula de la derivada dada a la derecha

INTGRALES BASICAS. TABLA I.

1. $\int af(x)\,dx = a\int f(x)\,dx$

2. $\int [f(x) \pm g(x)]\,dx = \int f(x)\,dx \pm \int g(x)\,dx$

INTEGRAL	DERIVADA
3. $\int 0\,du = C$	$\frac{d}{du}[C] = 0$
4. $\int du = u + C$	$\frac{d}{du}[u] = 1$
5. $\int u^n\,du = \frac{1}{n+1}u^{n+1} + C,\ n \neq -1$	$\frac{d}{du}\left[\frac{1}{n+1}u^{n+1}\right] = u^n$
6. $\int \frac{du}{u} = \ln \vert u \vert + C$	$\frac{d}{du}[\ln \vert u \vert] = \frac{1}{u}$
7. $\int e^u du = e^u + C$	$\frac{d}{du}[e^u] = e^u$
8. $\int a^u du = \frac{1}{\ln a}a^u + C$	$\frac{d}{du}\left[\frac{1}{\ln a}a^u\right] = a^u$
9. $\int \operatorname{sen} u\,dx = -\cos u + C$	$\frac{d}{du}[-\cos u] = \operatorname{sen} u$
10. $\int \cos u\,du = \operatorname{sen} u + C$	$\frac{d}{du}[\operatorname{sen} u] = \cos u$
11. $\int \sec^2 u\,du = \tan u + C$	$\frac{d}{du}[\tan u] = \sec^2 u$
12. $\int \operatorname{cosec}^2 u\,du = -\cot u + C$	$\frac{d}{dx}[-\cot u] = \operatorname{cosec}^2 u$

13. $\int \sec u \tan u \, du = \sec u + C \qquad \frac{d}{du}[\sec u] = \sec u \tan u$

14. $\int \text{cosec } u \cot u \, du = -\text{cosec } u + C \qquad \frac{d}{du}[-\text{cosec } u] = \text{cosec } u \cot u$

EJEMPLO 6. De acuedo a la fórmula 5 (regla de la potencia) con $u = x$ ó $u = t$:

a. $\int x^4 dx = \frac{1}{4+1}x^{4+1} + C = \frac{x^5}{5} + C \qquad (n = 4)$

b. $\int \frac{1}{t^3} dt = \int t^{-3} dt = \frac{1}{-3+1} t^{-3+1} + C = \frac{t^{-2}}{-2} + C = -\frac{1}{2t^2} \qquad (n = -3)$

c. $\int \frac{1}{\sqrt{x}} dx = \int x^{-1/2} dx = \frac{1}{-1/2+1} x^{-1/2+1} + C = 2x^{1/2} + C = 2\sqrt{x} + C \quad (n = -1/2)$

EJEMPLO 7.

a. $\int 3x^2 dx = 3\int x^2 dx = 3\left(\frac{1}{3}x^3 + C_1\right) = x^3 + 3C_1 = x^3 + C. \qquad$ por 1, 5 y $C = 3C_1$

b. $\int 8e^x dx = 8\int e^x dx = 8(e^x + C_1) = 8e^x + 8C_1 = 8e^x + C. \qquad$ por 1, 7 y $C = 8C_1$

c. $\int \frac{5}{x} dx = 5\int \frac{1}{x} dx = 5(\ln|x| + C_1) = 5\ln|x| + 5C_1 = 5\ln|x| + C.$ por 1, 6, $C = 5C_1$

EJEMPLO 8. $\int \left(\frac{3}{\sqrt[4]{t}} - 2^t\right) dt = \int \left(3t^{-1/4} - 2^t\right) dt = 3\int t^{-1/4} dt - \int 2^t dt \qquad$ por 1 y 2

$$= 3\frac{t^{-1/4+1}}{-1/4+1} + C_1 - \frac{2^t}{\ln 2} + C_2 \qquad \text{por 5 y 8}$$

$$= 3\frac{4}{3}t^{3/4} - \frac{2^t}{\ln 2} + C_1 + C_2$$

$$= 4t^{3/4} - \frac{2^t}{\ln 2} + C, \qquad C = C_1 + C_2$$

Se demuestra fácilmente por inducción, que la fórmula 2 es válida para cuaquier número $n \geq 2$ de sumandos,

EJEMPLO 9.

$$\int\left(x-\frac{2}{x}\right)^2 dx = \int\left(x^2-4+\frac{4}{x^2}\right)dx = \int x^2dx - 4\int dx + 4\int x^{-2}dx$$

$$= \frac{x^{2+1}}{2+1} + C_1 - 4(x+C_2) + 4\left(\frac{x^{-2+1}}{-2+1}+C_2\right)$$

$$= \frac{x^3}{3} + C_1 - 4(x+C_2) + 4\left(-\frac{1}{x}+C_3\right)$$

$$= \frac{x^3}{3} - 4x - \frac{4}{x} + C. \qquad (C = C_1 - 4C_2 + 4C_3)$$

NOTA. De aquí en adelante sólo escribiremos la constante C más general y no las parciales C_1, C_2, etc.

EJEMPLO 10. Hallar $\displaystyle\int \frac{x^3-x+4}{x^2}\,dx$

Solución

El integrando es una función racional impropia. Para casos como este, antes de integrar se divide el numerador entre el denominador.

$$\int\frac{x^3-x+4}{x^2}dx = \int\left(x-\frac{1}{x}+\frac{4}{x^2}\right)dx = \int x\,dx - \int x^{-1}dx + 4\int x^{-2}dx$$

$$= \frac{x^2}{2} - \ln|x| + 4\frac{x^{-1}}{-1} + C = \frac{x^2}{2} - \ln|x| - \frac{4}{x} + C$$

EJEMPLO 11. Hallar $\displaystyle\int(\tan u - \cot u)^2\,du$

Solución

$$\int(\tan u - \cot u)^2 du = \int\left(\tan^2 u - 2\tan u\cot u + \cot^2 u\right)du$$

$$= \int\left((\sec^2 u - 1) - 2 + (\operatorname{cosec}^2 u - 1)\right)du$$

$$= \int\left(\sec^2 u - 4 + \operatorname{cosec}^2 u\right)du$$

$$= \int\sec^2 u\,du - \int 4\,du + \int\operatorname{cosec}^2 u\,du$$

$$= \tan u - \cot u - 4u + C$$

SABOR A ECUACIONES DIFERENCIALES

Nos planteamos el problema de hallar una función $y = F(x)$ de la que se conoce su derivada $\frac{dy}{dx} = f(x)$ y un punto (x_0, y_0) en la gráfica de F. o sea $F(x_0) = y_0$. Este último requerimiento recibe el nombre de **condición inicial** y se acostumbra escribirle así: $y(x_0) = y_0$. En resumen, buscamos la solución de la ecuación:

$$\frac{dy}{dx} = f(x), \quad y(x_0) = y_0.$$

Esta ecuación es un caso simple de una **ecuación diferencial**. Una ecuación diferencial es una ecuación donde intervienen derivadas. Las ecuaciones diferenciales constituyen uno de los temas más importantes de la Matemática, tanto desde el punto de vista teórico como aplicado. Aquí apenas estamos dando un pequeño paso dentro de este campo. Más adelante retomaremos este tema.

EJEMPLO 12. Hallar la curva cuya pendiente en cuaquier punto (x, y) es $-4x^3$ y pasa por el punto $(-1, 2)$.

Solución

La pendiente de una una curva está dada por su derivada. Luego, debemos resolver la ecuación:

$$\frac{dy}{dx} = -4x^3, \text{ con condición inicial } y(-1) = 2$$

Paso 1. Resolvemos $\frac{dy}{dx} = -4x^3$:

$$\frac{dy}{dx} = -4x^3 \Rightarrow y = \int -4x^3 dx = -4\int x^3 dx$$

$$= -4\frac{x^4}{4} + C = -x^4 + C \Rightarrow y = -x^4 + C$$

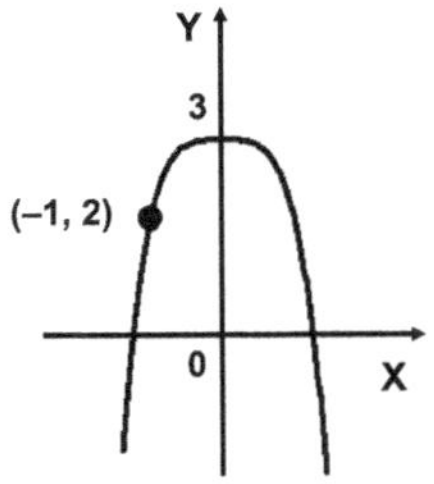

Paso 2. Hallamos el valor de C.

$$y(-1) = 2 \Rightarrow 2 = -(-1)^2 + C \Rightarrow C = 3$$

La curva buscada es $y = -x^4 + 3$

MOVIMIENTO RECTILINEO

Sabemos que si $s = f(t)$ es la función posición de un móvil que se mueve a lo largo de una recta, entonces:

Su velocidad es $v(t) = \frac{ds}{dt}$ y su aceleración, $a(t) = \frac{dv}{dt} = \frac{d^2s}{dt^2}$

En nuestro curso anterior nos proporcionaban la función posición y nos pedían encontrar la velocidad y la aceleración. Ahora resolvemos el problema recíproco: Dada la velocidad o la aceleración, encontramos la función posición. Sin duda que esta vez tenemos que resolver ecuaciones diferenciales. Si tenemos la aceleración, integraremos dos veces. Con la primera integral, hallamos la velocidad, y con la segunda, la función posición. Como hay que integrar dos veces, precisaremos dos valores iniciales, una para la velocidad y la otra para función posición.

EJEMPLO 13. Un objeto se mueve a lo largo de una recta con aceleración

$$a(t) = 2\cos t + 6t$$

Su velocidad inicial es $v(0) = -8$ y su posición inicial, $s(0) = -5$. Hallar la función posición.

Solución

Paso 1. Hallamos la velocidad $v(t)$.

$$\frac{dv}{dt} = a(t) \Rightarrow v(t) = \int a(t)\, dt = \int \left(2\cos t + 6t\right) dt = 2\text{sen}\, t + 3t^2 + C_1$$

$v(0) = -8 \Rightarrow 2\text{sen}\, 0 + 3(0)^2 + C_1 = -8 \Rightarrow C_1 = -8$. Luego,

$$v(t) = 2\text{sen}\, t + 3t^2 - 8$$

Paso 2. Hallamos la función desplazamiento $s(t)$.

$$\frac{ds}{dt} = v(t) \Rightarrow s(t) = \int v(t)\, dt = \int \left(2\text{sen}\, t + 3t^2 - 8\right) dt = -2\cos t + t^3 - 8t + C_2$$

$s(0) = -5 \Rightarrow -2\cos 0 + (0)^3 - 8(0) + C_2 = -5 \Rightarrow C_3 = -3$. Luego,

$$s(t) = -2\text{sen}\, t + t^3 - 8t - 3$$

PROBLEMAS RESUELTOS 1.1

PROBLEMA 1. Hallar $\displaystyle\int \frac{dx}{1+\cos x}$

Solución

Multiplicamos y dividimos por $1 - \cos x$:

$$\int \frac{dx}{1+\cos x} = \int \frac{(1-\cos x)\, dx}{(1+\cos x)(1-\cos x)} = \int \frac{1-\cos x}{1-\cos^2 x}\, dx$$

$$= \int \frac{1-\cos x}{\text{sen}^2 x}\, dx = \int \frac{1}{\text{sen}^2 x}\, dx - \int \frac{\cos x}{\text{sen}^2 x}\, \text{dx}$$

$$= \int \frac{1}{\text{sen}^2 x}\, dx - \int \frac{\cos x}{\text{sen}\, x}\, \frac{1}{\text{sen}\, x}\, dx$$

$$= \int \text{cosec}^2 x\, \text{dx} - \int \cot x\, \text{cosec}\, x\, dx$$

$$= -\cot x + \text{cosec}\, x + C$$

PROBLEMA 2. La población de cierta ciudad, después de t meses, está creciendo al ritmo de $6 + 7t^{3/4}$ personas por mes. Si la población actual es de 12,000 habitantes ¿cuál será la población después de 16 meses?

Solución

Sea $P(t)$ la población después de t meses. El ritmo de crecimiento es la derivada $P'(t)$. Esto es,

$$P'(t) = 6 + 7t^{3/4}$$

Luego,

$$P(t) = \int\left(6 + 7t^{3/4}\right)dt = 6\int dt + 7\int t^{3/4}dt = 6t + 4t^{7/4} + C$$

La población actual, cuando $t = 0$, es $P(0) = 12{,}000$. Luego,

$$12{,}000 = P(0) = 6(0) + 4(0)^{7/4} + C \Rightarrow C = 12{,}000$$

Por lo tanto,

$$P(t) = 6t + 4t^{7/4} + 12{,}000$$

Por último, la población después de 16 meses es

$$P(16) = 6(16) + 4(16)^{7/4} + 12{,}000 = 12{,}608 \text{ habitantes}$$

PROBLEMA 3. Hallar la curva $y = f(x)$ que cumple las dos condiciones:

a. $\dfrac{d^2y}{dx^2} = 15\sqrt{x}$

b. $y = 8x - 9$ es tangente a la curva en el punto donde $x = 1$.

Solución

Resolver la ecuación diferencial a. Tenemos que determinar dos condiciones iniciales.

La pendiente de la recta tangente es 8. Pero, esta misma pendiente es la derivada de la curva en $x = 1$, Luego, $y'(1) = 8$

Por otro lado, la ordenada del punto de tangencia es $y = 8(1) - 9 = -1$. Luego, por estar este punto de tangencia en la curva, tenemos que $y(1) = -1$.

Ahora, resolvemos la ecuación

$$\frac{d^2y}{dx^2} = 15\sqrt{x}\text{, con condiciones iniciales, } y'(1) = 8 \text{ y } y(1) = -1$$

Bien,

$$y' = \int 15\sqrt{x}\,dx = 15\int x^{1/2}\,dx = 15\left(\frac{2}{3}\right)x^{3/2} = 10x^{3/2} + C_1$$

$$y'(1) = 8 \Rightarrow 10(1)^{3/2} + C_1 = 8 \Rightarrow C_1 = -2 \Rightarrow y' = 10x^{3/2} - 2$$

Además:

$$y' = 10x^{3/2} - 2 \Rightarrow y = \int \left(10x^{3/2} - 2\right) dx = 4x^{5/2} - 2x + C_2 \quad \text{y}$$

$$y(1) = -1 \Rightarrow 4(1)^{5/2} - 2(1) + C_2 = -1 \Rightarrow C_2 = -3$$

La curva buscada es $y = 4x^{5/2} - 2x - 3$

En economía, la palabra **marginal** es usada para referirse a la derivada. Así, si $R(x)$ es la función ingreso, el ingreso marginal es su derivada $R'(x)$.

PROBLEMA 4. El ingreso marginal de una compañía es $R'(x) = 18 - 0.02x$

a. Hallar la función ingreso.

b. Hallar la ecuación de demanda del producto que vende la compañía.

Solución

a. Tenemos que:

$$R(x) = \int R'(x)\, dx = \int (18\text{-}0.02)\, dx = 18\text{x} - 0.01\text{x}^2 + \text{C}$$

Si no se vende ninguna unidad, el ingreso debe ser nulo. Esto es, $R(0) = 0$. De esta ecuación obtenemos que $C = 0$. Luego, la función ingreso es

$$R(x) = 18x - 0.01x^2$$

b. Una ecuación de demanda es una ecuación que relaciona la cantidad demandada x de un producto con el precio del mismo. Puede venir en dos formas:

1. Función demanda: $x = D(p)$ **2.** Función precio: $p = f(x)$

Si el precio de cada unidad es p, entonces el ingreso es $R(x) = px$.
En nuestro caso tenemos que:

$$18x - 0.01x^2 = px \Rightarrow (18 - 0.01x)x = px \Rightarrow 18 - 0.01x = p$$

En consecuencia, la ecuación de demanda es

$$p = 18 - 0.01x$$

PROBLEMAS PROPUESTOS 1.1

En los problemas del 1 al 34 hallar la integral indefinida indicada.

1. $\int 5\, dx$ *Rpta.* $5x + C$

2. $\int x^8\, dx$ *Rpta.* $\frac{1}{9}x^9 + C$

3. $\int 3x^{-4}\, dx$ *Rpta.* $-\frac{1}{x^3} + C$

4. $\int \sqrt[3]{t}\, dt$ *Rpta.* $\frac{3}{4}t^{4/3} + \text{C}$

5. $\int z \ln 2\, dz$ *Rpta.* $\frac{\ln 2}{2} z^2 + C$

6. $\int \frac{dx}{x^2}$ *Rpta.* $-\frac{1}{x} + C$

7. $\int \left(4u^5 - 5u^4\right) du$ *Rpta.* $\frac{2}{3}u^6 - u^5 + C$

8. $\int (r-2)^2\, dr$ *Rpta.* $\frac{r^3}{3} - 2r^2 + 4r + C$

9. $\int \left(u^2 + 3u + 5\right) du$ *Rpta.* $\frac{u^3}{3} + \frac{3u^2}{2} + 5u + C$

10. $\int \left(1 + x + x^2 + x^3\right) dx$ *Rpta.* $x + \frac{1}{2}x^2 + \frac{1}{3}x^3 + \frac{1}{4}x^4 + C$

11. $\int \left(\frac{1}{z} + \frac{3}{z^2} + \sqrt{z}\right) dz$ *Rpta.* $\ln|z| - \frac{3}{z} + \frac{2}{3}z^{3/2} + C$

12. $\int (x+3)(x-1)\, dx$ *Rpta.* $\frac{1}{3}x^3 + x^2 - 3x + C$

13. $\int \left(t + \frac{1}{t}\right)^2 dt$ *Rpta.* $\frac{1}{3}t^3 + 2t - \frac{1}{t} + C$

14. $\int \left(\frac{1}{x} - x\right)^3 dx$ *Rpta.* $-\frac{1}{2x^2} - 3\ln|x| + \frac{3}{2}x^2 - \frac{1}{4}x^4 + C$

15. $\int \left(x^{2/3} - \sqrt{x}\right) dx$ *Rpta.* $\frac{3}{5}x^{5/3} - \frac{2}{3}x^{3/2} + C$

16. $\int \sqrt{x}\left(x^2 - 2x\right) dx$ *Rpta.* $\frac{2}{7}x^{7/2} - \frac{4}{5}x^{5/2} + C$

17. $\int \left(\sqrt{x} + \frac{1}{\sqrt{x}}\right)^2 dx$ *Rpta.* $\frac{1}{2}x^2 + 2x + \ln|x| + C$

18. $\int \frac{(x-2)(x+1)}{x^2}\, dx$ *Rpta.* $x - \ln|x| + \frac{2}{x} + C$

19. $\int \left(\frac{1+x}{x}\right)^2 dx$ *Rpta.* $-\frac{1}{x} + 2\ln|x| + x + C$

20. $\int \frac{e^{x+2}}{e^{x+1}}\, dx$ *Rpta.* $ex + C$

21. $\displaystyle\int \frac{y^2 - y^3e^y + \sqrt{y}}{y^3}\,dy$ *Rpta.* $\ln|y| - e^y - \frac{2}{3}y^{-3/2} + C$

22. $\displaystyle\int \frac{(t-1)^2}{t\sqrt{t}}\,dt$ *Rpta.* $\frac{2}{3}t^{3/2} - 4t^{1/2} - 2t^{-1/2} + C$

23. $\displaystyle\int \frac{\sqrt{x} - x\sqrt{x}}{x^2}\,dx$ *Rpta.* $-\frac{2}{\sqrt{x}} - 2\sqrt{x} + C$

24. $\displaystyle\int x^{-2}\left(8x^5 - 6x^4 - x^{-1}\right)dx$ *Rpta.* $2x^4 - 2x^3 + \frac{1}{2x^2} + C$

25. $\displaystyle\int e^{4\ln x}dx$ *Rpta.* $\frac{1}{5}x^5 + C$

26. $\displaystyle\int \frac{\ln x^4}{\ln x}\,dx$ *Rpta.* $4x + C$

27- $\displaystyle\int \tan^2\theta\,d\theta$ *Rpta.* $\tan\theta - \theta + C$

28. $\displaystyle\int \text{cosec}\,x\,(\cot x + \text{cosec}\,x)\,dx$ *Rpta.* $-\text{cosec}\,x - \cot x + C$

29. $\displaystyle\int \tan x\,(\tan x + \sec x)\,dx$ *Rpta.* $\tan x - x + \sec x + C$

30. $\displaystyle\int (\tan x + \sec x)^2\,dx$ *Rpta.* $2\tan x + 2\sec x - x + C$

31. $\displaystyle\int \frac{\text{sen}\,t}{\cos^2 t}\,\text{dt}$ *Rpta.* $\sec t + C$

32. $\displaystyle\int \frac{d\beta}{1 - \text{sen}\,\beta}$ *Rpta.* $\tan\beta + \sec\beta + C$

33. $\displaystyle\int (2\cot^2\alpha - 3\tan^2\alpha)\,d\alpha$ *Rpta.* $\alpha - 2\cot\alpha - 3\tan\alpha + C$

34. $\displaystyle\int \frac{\text{cosec}\,\phi}{\text{cosec}\,\phi - \text{sen}\,\phi}\,d\phi$ *Rpta.* $\tan\varphi + C$

En los problemas del 35 al 38 hallar la curva cuya pendiente en x es dada y que pasa por el punto indicado.

35. $m(x) = 4x - 3$, $(1, 2)$ *Rpta.* $y = 2x^2 - 3x + 3$

36. $m(x) = x^2 - x$, $(0, -5)$ *Rpta.* $y = \frac{1}{3}x^3 - \frac{1}{2}x^2 - 5$

37. $m(x) = 2e^x + 1$, $(0, -1)$ *Rpta.* $y = 2e^x + x - 3$

38. $m(x) = \frac{3}{x} - 1$, $(1, 5)$ *Rpta.* $y = 3\ln|x| - x + 6$

En los problemas del 39 al 42 resolver la ecuación con el valor inicial dado.

39. $\frac{dy}{dx} = \frac{1}{4\sqrt{x}}$, $y(4) = -3$ *Rpta.* $y = \frac{\sqrt{x}}{2} - 4$

40. $\frac{dy}{d\theta} = \frac{4}{\pi} - \frac{4}{\pi}\text{sen }\theta$, $y(\pi/2) = -1$ *Rpta.* $y = \frac{4}{\pi}(\theta + \cos\theta) - 3$

41. $\frac{d^2y}{dx^2} = 35x\sqrt{x}$, $y'(1) = 12, y(1) = 5$ *Rpta.* $y = 4x^3\sqrt{x} - 2x + 3$

42. $\frac{d^2y}{dx^2} = \text{sen }x + \cos x$, $y'(0) = 1, y(0) = -2$ *Rpta.* $y = -\text{sen }x - \cos x + 2x - 1$

En los problemas 43 y 44, un móvil se desplaza de acuerdo a las condiciones dadas. Hallar la función desplazamiento.

43. $a(t) = \text{sen }t + t$, $v(0) = 2$, $s(0) = 1$ *Rpta.* $s(t) = -\text{sen }t + \frac{t^3}{2} + 3t + 1$

44. $a(t) = e^t + 28\sqrt[3]{t}$, $v(1) = e$, $s(1) = 2e$. *Rpta.* $s(t) = e^t + (9t^2)\sqrt[3]{t} - 21t + 12 + e$

45. Hallar la curva $y = f(x)$ tal que: **a.** $\frac{d^2y}{dx^2} = 12x - 4$ **b.** $y = 3x - 4$ es tangente a la curva en el punto donde $x = 1$. *Rpta.* $y = 2x^3 - 2x^2 + x - 2$

46. **(Movimiento rectilíneo)** Desde la orilla de la azotea de un edificio de altura h es lanzado un objeto hacia arriba con una velocidad inicial v_0. Probar que la ecuación de desplazamiento del objeto es $s(t) = -\frac{1}{2}gt^2 + v_0t + h$

47. **(Población).** Después de t años la población de cierta ciudad crece al ritmo de $500 + 600\sqrt{t}$ por año. La población actual es de 120,000. ¿Cuál será la población dentro de 4 años? *Rpta.* 125,200

48. **(Función costo).** El costo marginal de un producto es $C'(x) = 50 - 0.06x$.
Los costos fijos son de \$ 1,500. Hallar la función costo.
Sugerencia: Costos fijos = $C(0)$ *Rpta.* $C(x) = 50x - 0.03x^2 + 1{,}500$

49. **(Función costo).** El costo marginal de cierta firma es
$C'(x) = 32 - 0.02x + 0.009x^2$. El costo de producir 100 unidades es de Bs. 18,000.

a. Hallar la función costo. **b**. Hallar los costos fijos.

Rpta. **a.** $C'(x) = 32x - 0.01x^2 + 0.003x^3 + 11{,}900$ **b.** 11,900

En los problemas 50 y 51 se da el ingreso marginal R'(x). Hallar la ecuación de la demanda. Sugerencia: Ver el problema resuelto 4.

50. $R'(x) = 16 - \dfrac{x}{5}$ *Rpta.* $p = 16 - 0.1x$

51. $R'(x) = 15 - 0.04x - 0.006x^2$ *Rpta.* $p = 15 - 0.02x - 0.002x^2$

SECCION 1.2

INTEGRACION POR SUSTITUCION

Existen métodos, llamados **técnicas de integración**, que nos permiten reducir ciertas integrales a otras ya conocidas. Entre estas técnicas tenemos a la integración por sustitución y la integración por partes. De la primera nos ocuparemos en esta sección, y en la sección siguiente trataremos la otra.

La técnica de integración por sustitución no es otra cosa que la aplicación de la regla de la cadena al cálculo de integrales.

TEOREMA 1.4 **Integración por Sustitución o de cambio de variable**

Si F es una antiderivada de f y $u = g(x)$ es diferenciable, entonces

$$\int f(g(x))\, g'(x)\, dx = F(g(x)) + C$$

Demostración

Debemos probar que $F(g(x))$ es una antiderivada de $f(g(x))g'(x)$. Usando la regla de la cadena se tiene:

$$\frac{d}{dx}F(g(x)) = F'(g(x))\, g'(x) = f(g(x))g'(x)$$

OBSERVACION. La conclusión del teorema anterior también puede verse en términos de diferenciales, del modo siguiente:

Si $u = g(x)$, entonces $du = g'(x)dx$. Luego

$$\int f(g(x))\, g'(x)\, dx = \int f(u)\, du = F(u) + C = F(g(x)) + C$$

En la práctica, este último punto de vista es el que más usaremos. Ahora veamos este teorema nos permite hacer un uso mucho más amplio de la tabla de integrales anterior de la sección 1.

EJEMPLO 1. Hallar $\int 3x^2(x^3+1)^5 dx$

Solución

Sea $u = x^3 + 1$. Se tiene que $du = 3x^2 dx$. Luego

$$\int 3x^2(x^3+1)^5 dx = \int \left(x^3+1\right)\left(3x^2 dx\right)$$

$$= \int u^5 du = \frac{u^6}{6} + C = \frac{1}{6}(x^3+1)^6 + C.$$

EJEMPLO 2. Hallar $\int \sqrt{4x-3}\, dx$

Solución

Sea $u = 4x - 3$. Se tiene que $du = 4\, dx$ y, de donde, $dx = \frac{1}{4} du$. Luego,

$$\int \sqrt{4x-3}\, dx = \int (4x-3)^{1/2} dx = \int u^{1/2}\left(\frac{1}{4}du\right) = \frac{1}{4}\int u^{1/2} du$$

$$= \frac{1}{4}\,\frac{u^{1/2+1}}{1/2+1} + C = \frac{1}{6}u^{3/2} + C = \frac{1}{6}(4x-3)^{3/2} + C.$$

EJEMPLO 3. Hallar: **a.** $\int \frac{\ln x}{x} dx$ **b.** $\int \frac{\log_5 x}{x} dx$

Solución

a. Sea $u = \ln x$. Se tiene que $du = \frac{dx}{x}$. Luego

$$\int \frac{\ln x}{x} dx = \int \ln x\left(\frac{dx}{x}\right) = \int u\, du = \frac{u^2}{2} + C = \frac{\ln^2 x}{2} + C$$

b. Sabemos que $\log_5 x = \frac{\ln x}{\ln 5}$. Luego,

$$\int \frac{\log_5 x}{x} dx = \frac{1}{\ln 5}\int \frac{\ln x}{x} dx = \frac{1}{\ln 5}\left(\frac{\ln^2 x}{2} + C_1\right)$$

$$= \frac{\ln^2 x}{2 \ln 5} + \frac{C_1}{\ln 5} = \frac{\ln^2 x}{2 \ln 5} + C \qquad (C = C_1 / \ln 5\ )$$

EJEMPLO 4. Hallar $\displaystyle\int \frac{dt}{t \ln t}$

Solución

Sea $u = \ln t$. Se tiene que $du = \dfrac{1}{t} dt$. Luego

$$\int \frac{dt}{t \ln t} = \int \frac{1}{\ln t}\left(\frac{1}{t} dt\right) = \int \frac{1}{u}\, du = \ln|u| + C = \ln|\ln t| + C.$$

EJEMPLO 5. Hallar $\displaystyle\int z^2 \sqrt{1-z}\, dz$

Solución

Sea $u = 1 - z$. Se tiene que $z = 1 - u$ y $dz = -du$. Luego,

$$\int z^2\sqrt{1-z}\, dz = \int (1-u)^2 u^{1/2}(-du) = -\int \left(1 - 2u + u^2\right) u^{1/2} du$$

$$= -\int \left(u^{1/2} - 2u^{3/2} + u^{5/2}\right) du$$

$$= -\int u^{1/2}\, du + 2\int u^{3/2}\, du - \int u^{5/2}\, du$$

$$= -\frac{u^{3/2}}{3/2} + 2\frac{u^{5/2}}{5/2} - \frac{u^{7/2}}{7/2} + C$$

$$= -\frac{2}{3} u^{3/2} + \frac{4}{5} u^{5/2} - \frac{2}{7} u^{7/2} + C$$

$$= -\frac{2}{3}(1-z)^{3/2} + \frac{4}{5}(1-z)^{5/2} - \frac{2}{7}(1-z)^{7/2} + C$$

EJEMPLO 6. Hallar $\displaystyle\int \left(y^2 - 1\right) e^{y^3 - 3y + 1}\, dy$

Solución

Sea $u = y^3 - 3y + 1$. Se tiene que $du = (3y^2 - 3)dy = 3(y^2 - 1)dy$

Luego, multiplicando y dividiendo entre 3,

$$\int \left(y^2-1\right)e^{y^3-3y+1}dy = \frac{1}{3}\int 3\left(y^2-1\right)e^{y^3-3y+1}dy$$

$$=\frac{1}{3}\int e^{y^3-3y+1}3\left(y^2-1\right)dy = \frac{1}{3}\int e^u du$$

$$=\frac{1}{3}e^u + C = \frac{1}{3}e^{y^3-3y+1} + C$$

EJEMPLO 7. Hallar $\displaystyle\int \left(\frac{1}{1-v}-\frac{1}{(v-1)^3}\right)dv$

Solución

Sea $u = 1 - v$. Entonces $du = -dv$ y

$$\int \left(\frac{1}{1-v}-\frac{1}{(v-1)^3}\right)dv = \int \left(\frac{1}{1-v}-\frac{1}{-(1-v)^3}\right)dv = \int \left(\frac{1}{1-v}+\frac{1}{(1-v)^3}\right)dv$$

$$= \int \left(\frac{1}{u}+\frac{1}{u^3}\right)(-du) = -\int \frac{du}{u} - \int \frac{1}{u^3}du$$

$$= -\ln|u| + \frac{1}{2u^2} + C = -\ln|1-v| + \frac{1}{2(1-v)^2} + C$$

EJEMPLO 8. Hallar $\displaystyle\int \frac{2x^3+5x^2-3x-5}{2x-1}dx$

Solución

El integrando es una función racional impropia, ya que el grado del numerador es 3 y el denominador es 1. En este caso, primero efectuamos la división del numerador entre el denominador:

$$\frac{2x^3+5x^2-3x-5}{2x-1} = x^2+3x-\frac{5}{2x-1}$$

Luego,

$$\int \frac{2x^3+5x^2-3x-5}{2x-1}dx = \int \left(x^2+3x-\frac{5}{2x-1}\right)dx$$

$$= \int x^2 dx + 3\int x\,dx - 5\int \frac{dx}{2x-1}$$

$$= \frac{x^3}{3} + \frac{3}{2}x^2 - 5\int \frac{dx}{2x-1}$$

Calculemos la última integral. Sea $u = 2x - 1$, entonces $du = 2dx$ y

$$\int \frac{dx}{2x-1} = \frac{1}{2}\int \frac{2dx}{2x-1} = \frac{1}{2}\int \frac{du}{u} = \frac{1}{2}\ln|\,u\,| + C = \frac{1}{2}\ln|\,2x-1\,| + C$$

En consecuencia,

$$\int \frac{2x^3 + 5x^2 - 3x - 5}{2x-1}\,dx = \frac{x^3}{3} + \frac{3}{2}x^2 - \frac{5}{2}\ln|\,2x-1\,| + C$$

EJEMPLO 9. Hallar **a.** $\int 2^x \cdot 3^{2^x}\,dx$ **b.** $\int 3^x e^{4x}\,dx$

Solución

a. Sea $u = 2^x$. Tenemos: $du = 2^x \ln 2\, dx$.

$$\int 2^x \cdot 3^{2^x}\,dx = \frac{1}{\ln 2}\int 3^{2^x}\left(2^x \ln 2\, dx\right) = \frac{1}{\ln 2}\int 3^u\,du$$

$$= \frac{1}{\ln 2}\,\frac{1}{\ln 3}\,3^u + C = \frac{1}{\ln 2}\frac{1}{\ln 3}3^{2^x} + C$$

b. $3^x e^{4x} = e^{x\ln 3}e^{4x} = e^{x\ln 3 + 4x} = e^{(4+\ln 3)x}$

Sea $u = (4 + \ln 3)x$. Tenemos: $du = (4 + \ln 3)dx$. Luego,

$$\int 3^x e^{4x}dx = \int e^{(4+\ln 3)x}dx = \frac{1}{4+\ln 3}\int e^{(4+\ln 3)x}\left(4+\ln 3\right)dx$$

$$= \frac{1}{4+\ln 3}\int e^u du = \frac{e^{\mathrm{u}}}{4+\ln 3} + C = \frac{e^{(4+\ln 3)x}}{4+\ln 3} + C = \frac{3^x e^{4x}}{4+\ln 3} + \mathrm{C}$$

La integración por sustitución nos permite incrementar nuetra lista de integrales.

INTGRALES BASICAS. TABLA II.

15. $\displaystyle\int \tan u\, du = \ln|\sec u| + C$

16. $\displaystyle\int \sec u\, du = \ln|\sec u + \tan u| + C$

17. $\displaystyle\int \cot u\, du = \ln|\operatorname{sen} u| + \mathrm{C}$

18. $\displaystyle\int \operatorname{cosec} u\, du = \ln|\operatorname{cosec} u - \cot u| + C$

19. $\displaystyle\int \frac{du}{\sqrt{a^2-u^2}} = \text{sen}^{-1}\frac{u}{a} + C,\ a>0$

20. $\displaystyle\int \frac{du}{a^2+u^2} = \frac{1}{a}\tan^{-1}\frac{u}{a} + C,\ a>0$

21. $\displaystyle\int \frac{du}{u\sqrt{u^2-a^2}} = \frac{1}{a}\sec^{-1}\frac{u}{a} + C,\ a>0$

FORMULAS DE REDUCCION

22. $\displaystyle\int \tan^n u\, du = \frac{1}{n-1}\tan^{n-1}u - \int \tan^{n-2}u\, du, \qquad n \neq 1$

23. $\displaystyle\int \cot^n u\, du = -\frac{1}{n-1}\cot^{n-1}u - \int \cot^{n-2}u\, du, \qquad n \neq 1$

EJEMPLO 10. Deducir las fórmulas 15 y 17

15. $\displaystyle\int \tan u\, du = \ln|\sec u| + C$ **17.** $\displaystyle\int \text{cosec}\, u\, du = \ln|\text{cosec}\, u - \cot u| + C$

Solución .

15. Sea $w = \cos u$. Entonces $dw = -\text{sen}\, u\, du$. Luego,

$$\int \tan u\, du = \int \frac{\text{sen}\, u}{\cos u}\, du = -\int \frac{-\text{sen}\, u\, du}{\cos u} = -\int \frac{dw}{w} = -\ln|w| + C$$

$$= \ln|w^{-1}| + C = \ln\left|\frac{1}{w}\right| + C = \ln\left|\frac{1}{\cos u}\right| + C$$

$$= \ln|\sec u| + C$$

17. Sea $w = \text{cosec}\, u - \cot u$. Entonces

$$dw = (-\text{cosec}\, u\ \cot\ u + \text{cosec}^2 u)du = \text{cosec}\, u\,(\text{cosec}\, u - \cot u)du.$$

Luego,

$$\int \text{cosec}\, u\, du = \int \frac{\text{cosec}\, u\,(\text{cosec}\, u - \cot u)\, du}{\text{cosec}\, u - \cot u} = \int \frac{dw}{w}$$

$$= \ln|w| + C = \ln|\text{cosec}\, u - \cot u| + C$$

EJEMPLO 11. Deducir las fórmulas 20: $\displaystyle\int \frac{du}{a^2+u^2} = \frac{1}{a}\tan^{-1}\frac{u}{a} + C$

Solución

Sea $w = \dfrac{u}{a}$. Entonces $dw = \dfrac{1}{a}du$.

$$\int \frac{du}{a^2+u^2} = \int \frac{du}{a^2\left(1+(u/a)^2\right)} = \frac{1}{a}\int \frac{(1/a)du}{1+(u/a)^2} = \frac{1}{a}\int \frac{dw}{1+w^2}$$

$$= \frac{1}{a}\tan^{-1}w + C = \frac{1}{a}\tan^{-1}\frac{u}{a} + C$$

EJEMPLO 12. Hallar $\displaystyle\int \frac{dx}{x\left(4+\ln^2 x\right)}$

Solución

Sea $u = \ln x$. Entonces $x = e^u$ y $dx = e^u\, du$. Luego, aplicando la fórmula 20:

$$\int \frac{dx}{x\left(4+\ln^2 x\right)} = \int \frac{e^u\, du}{e^u\left(4+u^2\right)} = \int \frac{du}{2^2+u^2}$$

$$= \frac{1}{2}\tan^{-1}\left(\frac{u}{2}\right) + C = \frac{1}{2}\tan^{-1}\left(\frac{\ln x}{2}\right) + C$$

EJEMPLO 13. Hallar $\displaystyle\int \frac{dx}{x^2+\sqrt{2}\,x+1}$

Solución

Completamos cuadrados en el denominador:

$$\int \frac{dx}{x^2+\sqrt{2}\,x+1} = \int \frac{dx}{x^2+\sqrt{2}\,x+\left(\sqrt{2}/2\right)^2+\left(1-\left(\sqrt{2}/2\right)^2\right)}$$

$$= \int \frac{dx}{\left(x+\sqrt{2}/2\right)^2+\left(\sqrt{2}/2\right)^2}$$

Sea $u = x+\sqrt{2}/2$. Entonces $du = dx$. Luego, aplicando la fórmula 20,

$$\int \frac{dx}{x^2+\sqrt{2}\,x+1} = \int \frac{dx}{u^2+\left(\sqrt{2}/2\right)^2} = \frac{1}{\sqrt{2}/2}\tan^{-1}\left(\frac{x+\sqrt{2}/2}{\sqrt{2}/2}\right) + C$$

$$= \frac{2}{\sqrt{2}}\tan^{-1}\left(\frac{2x+\sqrt{2}}{\sqrt{2}}\right) + C = \frac{\sqrt{2}}{2}\tan^{-1}\left(\sqrt{2}x+1\right) + C$$

EJEMPLO 14. Hallar $\displaystyle\int \frac{dx}{x\sqrt{x^4-4}}$

Solución

Sea $u = x^2$. Entonces $du = 2x\,dx$. Luego, aplicando la fórmula 21.

$$\int \frac{dx}{x\sqrt{x^4-4}} = \frac{1}{2}\int \frac{2x\,dx}{x^2\sqrt{\left(x^2\right)^2-2^2}} = \frac{1}{2}\int \frac{du}{u\sqrt{u^2-2^2}}$$

$$= \frac{1}{2}\cdot\frac{1}{2}\sec^{-1}\left(\frac{u}{2}\right)+C = \frac{1}{4}\sec^{-1}\left(\frac{x^2}{2}\right)+C$$

EJEMPLO 15. Probar la fórmula 22.

$$\int \tan^n u\,du = \frac{1}{n-1}\tan^{n-1}u - \int \tan^{n-2}u\,du\ , \quad n \neq 1$$

Solución

1. Sea $w = \tan u$. Entonces $dw = \sec^2 u\,du$. Luego,

$$\int \tan^n u\,du = \int \tan^{n-2}u\,(\tan^2 u)\,du = \int \tan^{n-2}u\,(\sec^2 u - 1)\,du$$

$$= \int \tan^{n-2}u\ \sec^2 u\,du - \int \tan^{n-2}u\,du$$

$$= \int w^{n-2}dw - \int \tan^{n-2}u\,du = \frac{w^{n-1}}{n-1} - \int \tan^{n-2}u\,du$$

$$= \frac{1}{n-1}\tan^{n-1}u - \int \tan^{n-2}u\,du$$

NOTA. De las fórmulas 22 y 23 de la tabla anterior se dice que son **fórmulas de reducción** debido a que éstas transforman una expresión, que involucra una potencia, en términos de otra expresión del mismo tipo, pero de una potencia menor. Más adelante encontraremos otras más.

EJEMPLO 16. Hallar: **1.** $\displaystyle\int \tan^3 u\,du$ **2.** $\displaystyle\int \cot^4 u\,du$

Solución

1. Aplicando la fórmula 22 para $n = 3$:

$$\int \tan^3 u \, du = \frac{1}{2}\tan^2 u - \int \tan u \, du$$
$$= \frac{1}{2}\tan^2 u - \ln|\sec u| + C$$

2. Aplicando la fórmula 23 para $n = 4$ y luego para $n = 2$:

$$\int \cot^4 u \, du = -\frac{1}{3}\cot^3 u - \int \cot^2 u \, du = -\frac{1}{3}\cot^3 u - \left[-\cot u - \int du\right]$$
$$= -\frac{1}{3}\cot^3 u + \cot u + \int du$$
$$= -\frac{1}{3}\cot^3 u + \cot u + u + C$$

PROBLEMAS RESUELTOS 1.2

PROBLEMA 1. Hallar **a.** $\int \frac{y^2 dy}{\sqrt{1-y^6}}$ **b.** $\int \operatorname{sen}^3 x \, dx$

Solución

a. Sea $u = y^3$. Entonces $du = 3y^2 \, dy$. Luego,

$$\int \frac{y^2 dy}{\sqrt{1-y^6}} = \frac{1}{3}\int \frac{3y^2 dy}{\sqrt{1-(y^3)^2}} = \frac{1}{3}\int \frac{du}{\sqrt{1-u^2}}$$
$$= \frac{1}{3}\operatorname{sen}^{-1} u + C = \frac{1}{3}\operatorname{sen}^{-1}(y^3) + C.$$

b. Sea $u = \cos x$. Entonces $du = -\operatorname{sen} x \, dx$. Luego,

$$\int \operatorname{sen}^3 x \, dx = \int \operatorname{sen}^2 x \operatorname{sen} x \, dx = -\int (1-\cos^2 x)(-\operatorname{sen} x \, dx)$$
$$= -\int (1-u^2)\, du = -\int du + \int u^2 du = -u + \frac{1}{3}u^3 + C$$
$$= -\cos x + \frac{1}{3}\cos^3 x + C$$

PROBLEMA 2. Hallar $\int \frac{x^7}{\left(1+x^4\right)^{3/2}} dx$

Solución

Sea $u = 1 + x^4$. Tenemos que $du = 4x^3dx$ y $x^4 = u - 1$. Luego,

$$\int \frac{x^7}{\left(1+x^4\right)^{3/2}}\,dx = \frac{1}{4}\int \frac{x^4(4x^3dx)}{\left(1+x^4\right)^{3/2}} = \frac{1}{4}\int \frac{(u-1)\,du}{u^{3/2}}$$

$$= \frac{1}{4}\int \left(u^{-1/2} - u^{-3/2}\right) du = \frac{1}{4}\int u^{-1/2}du - \frac{1}{4}\int u^{-3/2}du$$

$$= \frac{2}{4}u^{1/2} - \frac{-2}{4}u^{-1/2} + C = \frac{1}{2}\sqrt{1+x^4} + \frac{1}{2\sqrt{1+x^4}} + C$$

PROBLEMA 3. Hallar **a.** $\int \cos x\, e^{\operatorname{sen} x} dx$ **b.** $\int \frac{\tan^{-1}y\, dy}{1+y^2}$

Solución

Cuando el cambio de variable se ve con claridad, procederemos directamente, sin enunciar explícitamente tal cambio.

a. $\int \cos x\, e^{\operatorname{sen} x} dx = \int e^{\operatorname{sen} x}(\cos x\, dx) = \int e^u du$ ($u = \operatorname{sen} x$)

$$= e^u + C = e^{\operatorname{sen} x} + C$$

b. Sea $u = \tan^{-1}y$. Entonces $du = \dfrac{dy}{1+y^2}$. Luego,

$$\int \frac{\tan^{-1}y\, dy}{1+y^2} = \int \tan^{-1}y\, \frac{dy}{1+y^2} = \int u\, du = \frac{1}{2}u^2 + C = \frac{1}{2}\left(\tan^{-1}y\right)^2 + C$$

PROBLEMA 4. Hallar $\int \frac{dx}{\sqrt{4x-1} + 3}$

Solución

Sea $u = \sqrt{4x-1} + 3$. Entonces $x = \frac{1}{4}(u-3)^2 + \frac{1}{4}$ y $dx = \frac{1}{2}(u-3)\, du$.

Luego,

$$\int \frac{dx}{\sqrt{4x-1} + 3} = \int \frac{(1/2)(u-3)\, du}{u} = \frac{1}{2}\int \frac{(u-3)\, du}{u} = \frac{1}{2}\int \left(1 - \frac{3}{u}\right) du$$

$$= \frac{1}{2}\int du - \frac{3}{2}\int \frac{du}{u} = \frac{1}{2}u - \frac{3}{2}\ln|u| + C$$

$$= \frac{1}{2}\left(\sqrt{4x-1}+3\right) - \frac{3}{2}\ln\left|\sqrt{4x-1}+3\right| + C$$

PROBLEMA 5. Hallar $\displaystyle\int \frac{1+x}{1-\sqrt{x}}\, dx$

Solución

Sea $u = 1 - \sqrt{x}$. Entonces $x = (1-u)^2$ y $dx = -2(1-u)\,du$. Luego,

$$\int \frac{1+x}{1-\sqrt{x}}\, dx = \int \frac{1+(1-u)^2}{u}\left(-2(1-u)\,du\right) = 2\int \frac{u^3-3u^2+4u-2}{u}\, du$$

$$= 2\int\left(u^2-3u+4-\frac{2}{u}\right) du = \frac{2}{3}u^3 - 3u^2 + 8u - 4\ln|u| + C$$

$$= \frac{2}{3}\left(1-\sqrt{x}\right)^3 - 3\left(1-\sqrt{x}\right)^2 + 8\left(1-\sqrt{x}\right) - 4\ln\left|1-\sqrt{x}\right| + C$$

$$= -\frac{2}{3}\sqrt{x^3} - x - 4\sqrt{x} - 4\ln\left|1-\sqrt{x}\right| + C$$

PROBLEMA 6. Hallar $\displaystyle\int \frac{z+1}{z^2-4z+8}\, dz$

Solución

Si $u = z^2 - 4z + 8$. Entonces $du = (2z-4)\,dz$.

Transformamos el numerador del integrando hasta obtener $du = (2z-4)dz$.

$$\int \frac{z+1}{z^2-4z+8}\, dz = \frac{1}{2}\int \frac{2(z+1)}{z^2-4z+8}\, dz$$

$$= \frac{1}{2}\int \frac{(2z+2)-6+6}{z^2-4z+8}\, dz = \frac{1}{2}\int \frac{(2z-4)+6}{z^2-4z+8}\, dz$$

$$= \frac{1}{2}\int \frac{2z-4}{z^2-4z+8}\, dz + \frac{1}{2}\int \frac{6}{z^2-4z+8}\, dz$$

$$= \frac{1}{2}\int \frac{(2z-4)\,dz}{z^2-4z+8} + 3\int \frac{dz}{z^2-4z+8}$$

En la primera integral, hacemos $u = z^2 - 4z + 8$ y tenemos $du = 2z-4$.

$$\frac{1}{2}\int \frac{(2z-4)\,dz}{z^2-4z+8} = \frac{1}{2}\int \frac{du}{u} = \frac{1}{2}\ln|u| + C_1 = \frac{1}{2}\ln\left|z^2-4z+8\right| + C_1$$

En la segunda integral hacemos $v = z - 2$. Entonces $dv = dz$ y

$$3\int \frac{dz}{z^2-4z+8} = 3\int \frac{dz}{(z-2)^2+2^2} = 3\int \frac{dv}{v^2+2^2} = \frac{3}{2}\tan^{-1}\left(\frac{v}{2}\right) + C_2$$

$$= \frac{3}{2}\tan^{-1}\left(\frac{z-2}{2}\right) + C_2$$

Por último, sumando los dos resultados:

$$\int \frac{z+1}{z^2-4z+8}\,dz = \frac{1}{2}\ln\left| z^2-4z+8 \right| + \frac{3}{2}\tan^{-1}\left(\frac{z-2}{2}\right) + C$$

PROBLEMA 7. Hallar $\int \frac{\text{sen}\ \theta}{9+\cos^2\theta}\,d\theta$

Solución

Sea $u = \cos\theta$. Entonces $du = -\ \text{sen}\ \theta\, d\theta$

$$\int \frac{\text{sen}\ \theta}{9+\cos^2\theta}\,d\theta = \int \frac{\text{sen}\ \theta\ d\theta}{3^2+\cos^2\theta} = \int \frac{-du}{3^2+u^2}$$

$$= -\frac{1}{3}\tan^{-1}\left(\frac{u}{3}\right) + C = \frac{1}{3}\tan^{-1}\left(\frac{\cos\theta}{3}\right) + C$$

PROBLEMA 8. Hallar $\int 4^{2-3x}\,dx$

Solución

Sea $u = 2-3x$. Entonces $du = -3dx$. Luego,

$$\int 4^{2-3x}\,dx = -\frac{1}{3}\int 4^{2-3x}(-3dx) = -\frac{1}{3}\int 4^u\,du$$

$$= -\frac{4^u}{3\ln 4} + C = -\frac{4^{2-3x}}{3\ln 4} + C$$

PROBLEMA 9. Hallar $\int \frac{1}{\sec x - 1}\,dx$

Solución

Multiplicando y dividiendo por $\sec x + 1$:

$$\int \frac{1}{\sec x-1}\,dx = \int \frac{1}{\sec x-1}\,\frac{\sec x+1}{\sec x+1}\,dx = \int \frac{\sec x + 1}{\sec^2 x - 1}\,dx$$

$$= \int \frac{\sec x + 1}{\tan^2 x}\,dx = \int \cot^2 x\,(\sec x+1)\,dx$$

$$= \int \cot^2 x \sec x \, dx + \int \cot^2 x \, dx$$

$$= \int \frac{\cos^2 x}{\operatorname{sen}^2 x} \frac{1}{\cos x} dx + \int (\operatorname{cosec}^2 x - 1) \, dx$$

$$= \int \operatorname{sen}^{-2} x \cos x \, dx + \int \operatorname{cosec}^2 x \, dx - \int dx$$

$$= \int \operatorname{sen}^{-2} x \, d(\operatorname{sen} x) + \int \operatorname{cosec}^2 x \, dx - \int dx$$

$$= \frac{1}{-\operatorname{sen} x} - \cot x - x + C = -\operatorname{cosec} x - \cot x - x + C$$

PROBLEMA 10. Hallar $\int \frac{\ln(\ln x) \, dx}{x \ln x}$

Solución

Sea $u = \ln x$. Entonces $du = \frac{dx}{x}$. Luego,

$$\int \frac{\ln(\ln x) \, dx}{x \ln x} = \int \frac{\ln(\ln x)}{\ln x} \frac{dx}{x} = \int \frac{\ln u}{u} du$$

$$= \int \ln u \, \frac{du}{u} = \int w \, dw \qquad (w = \ln u)$$

$$= \frac{1}{2} w^2 + C = \frac{1}{2} \ln^2 u + C = \frac{1}{2} [\ln(\ln x)]^2 + C$$

PROBLEMA 11. Hallar $\int \frac{dx}{\operatorname{sen} 2x \ln(\tan x)}$

Solución

Sea $u = \ln(\tan x)$. Entonces $\tan x = e^u \Rightarrow \sec^2 x \, dx = e^u \, du \Rightarrow$

$$dx = \frac{1}{\sec^2 x} e^u \, du = \cos^2 x \tan x \, du = \cos^2 x \frac{\operatorname{sen} x}{\cos x} du = \operatorname{sen} x \cos x \, du$$

$= \frac{1}{2} \operatorname{sen} 2x \, du$. Luego,

$$\int \frac{dx}{\operatorname{sen} 2x \ln(\tan x)} = \frac{1}{2} \int \frac{\operatorname{sen} 2x \, du}{\operatorname{sen} 2x \ln(\tan x)} = \frac{1}{2} \int \frac{du}{\ln(\tan x)} = \frac{1}{2} \int \frac{du}{u}$$

$$= \frac{1}{2} \ln |u| + C = \frac{1}{2} \ln |\ln(\tan x)| + C$$

PROBLEMA 12. Hallar **a.** $\displaystyle\int \frac{1}{x\left(x^6+1\right)}\,dx$ **b.** $\displaystyle\int \frac{1}{x\left(x^6+1\right)^2}\,dx$

Solución

a. En el numerador sumamos y restamos x^6, separamos en dos integrales y simplificamos:

$$\int \frac{1}{x\left(x^6+1\right)}\,dx = \int \frac{(x^6+1)-x^6}{x\left(x^6+1\right)}\,dx = \int \frac{(x^6+1)}{x\left(x^6+1\right)}\,dx - \int \frac{x^6}{x\left(x^6+1\right)}\,dx$$

$$= \int \frac{1}{x}\,dx - \int \frac{x^5}{x^6+1}\,dx = \ln|x| - \frac{1}{6}\int \frac{6x^5dx}{x^6+1}$$

$$= \ln|x| - \frac{1}{6}\ln|x^6+1| + C \qquad (u = x^6+1)$$

b. $$\int \frac{1}{x\left(x^6+1\right)^2}\,dx = \int \frac{(x^6+1)-x^6}{x\left(x^6+1\right)^2}\,dx = \int \frac{(x^6+1)}{x\left(x^6+1\right)^2}\,dx - \int \frac{x^6}{x\left(x^6+1\right)^2}\,dx$$

$$= \int \frac{1}{x\left(x^6+1\right)}\,dx - \int \frac{x^5}{\left(x^6+1\right)^2}\,dx$$

$$= \ln|x| - \frac{1}{6}\ln|x^6+1| + \frac{1}{6}\,\frac{1}{x^6+1} + C$$

PROBLEMAS PROPUESTOS 1.2

En los problemas del 1 al 81 hallar la integral indicada

1. $\displaystyle\int (2x-5)^8\,dx$ *Rpta*. $\dfrac{1}{18}(2x-5)^9 + C$

2. $\displaystyle\int \sqrt{4x-1}\,dx$ *Rpta* $\dfrac{1}{6}(4x-1)^{3/2} + C$

3. $\displaystyle\int \frac{dt}{(5-2t)^2}$ *Rpta* $\dfrac{1}{2}(5-2t)^{-1} + C$

4. $\displaystyle\int \frac{dt}{\sqrt{5-3t}}$ *Rpta* $-\dfrac{2}{3}\sqrt{5-3t} + C$

5. $\displaystyle\int \frac{dy}{1-3y}$ *Rpta* $-\dfrac{1}{3}\ln|1-3y| + C$

6. $\int \sqrt[3]{3x-1}\, dx$ *Rpta.* $\frac{1}{4}(3x-1)^{4/3}+C$

7. $\int \frac{x\, dx}{\sqrt{x+3}}$ *Rpta.* $\frac{2}{3}(x+3)^{3/2}-6(x+3)^{1/2}+C$

8. $\int t^3\sqrt{2-t^2}\, dt$ *Rpta.* $-\frac{2}{3}(2-t^2)^{3/2}+\frac{1}{5}(2-t^2)^{5/2}+C$

9. $\int y^5\left(1+y^3\right)^{1/4} dy$ *Rpta.* $\frac{4}{27}(1+y^3)^{9/4}-\frac{4}{15}(1+y^3)^{5/4}+C$

10. $\int \frac{x+1}{(1-x)^{2/3}}\, dx$ *Rpta.* $\frac{3}{4}(1-x)^{4/3}-6(1-x)^{1/3}+C$

11. $\int \frac{z^3}{\sqrt{1-2z^2}}\, dz$ *Rpta.* $-\frac{1}{4}(1-2z^2)^{1/2}+\frac{1}{12}(1-2z^2)^{3/2}+C$

12. $\int e^{-5x} dx$ *Rpta.* $-e^{-5x}/5+C$

13. $\int xe^{x^2} dx$ *Rpta.* $e^{x^2}/2+C$

14. $\int \frac{e^{\sqrt{x}}}{\sqrt{x}}\, dx$ *Rpta.* $2e^{\sqrt{x}}+C$

15. $\int \frac{4e^x dx}{\left(e^x+1\right)^5}$ *Rpta.* $-\frac{1}{(e^x+1)^4}+C$

16. $\int x^4 e^{1-x^5} dx$ *Rpta.* $-e^{1-x^5}/5+C$

17. $\int \frac{e^{2x}}{\sqrt{e^{2x}+1}}\, dx$ *Rpta.* $(e^{2x}+1)^{1/2}+C$

18. $\int \frac{dx}{e^{-x}+e^x}\, dx$ *Rpta.* $\tan^{-1}(e^x)+C$

19. $\int \frac{1}{x\sqrt{\ln x}}\, dx$ *Rpta.* $2\sqrt{\ln x}+C$

20. $\int \frac{\sqrt{\ln x}}{x}\, dx$ *Rpta.* $\frac{2}{3}(\ln x)^{3/2}+C$

21. $\int \frac{-4\, dx}{x(1+\ln x)}$ *Rpta.* $-4\ln(1+\ln x)+C$

22. $\int \frac{t\ln\left(t^2+2\right)}{t^2+2}\, dt$ *Rpta.* $\frac{1}{4}\ln^2(t^2+2)+C$

23. $\int \frac{dx}{3+\sqrt{1+2x}}$ *Rpta.* $\sqrt{1+2x}-3\ln\left|\,3+\sqrt{1+2x}\,\right|+C$

24. $\displaystyle\int \frac{dx}{\sqrt{\sqrt{x}+1}}$ *Rpta.* $\frac{4}{3}\left(\sqrt{x}+1\right)^{3/2}-4\left(\sqrt{x}+1\right)^{1/2}+C$

25. $\displaystyle\int \frac{dx}{x^{1/2}+x^{1/4}}$ *Rpta.* $2x^{1/2}-4x^{1/4}+4\ln\left|1+x^{1/4}\right|+C$

26. $\displaystyle\int \frac{dx}{\sqrt{6x-1}+2}$ *Rpta.* $\frac{1}{3}\sqrt{6x-1}-\frac{2}{3}\ln\left|\sqrt{6x-1}+2\right|+C$

27. $\displaystyle\int \frac{dx}{\sqrt{ax+b}+c}$ *Rpta.* $\frac{2}{a}\sqrt{ax+b}-\frac{2c}{a}\ln\left|\sqrt{ax+b}+c\right|+C$

28. $\displaystyle\int \frac{6x^2-11x+7}{3x-1}\,dx$ *Rpta.* $x^2-3x+\frac{4}{3}\ln|3x-1|+C$

29. $\displaystyle\int \frac{x(2x+3)(x-5)}{x-3}\,dx$ *Rpta.* $\frac{2}{3}x^3-\frac{1}{2}x^2-18x-54\ln|x-3|+C$

30. $\displaystyle\int \frac{5^{1/x}}{x^2}\,dx$ *Rpta.* $-\frac{5^{1/x}}{\ln 5}+C$

31. $\displaystyle\int x^2 9^{x^3-1}\,dx$ *Rpta.* $\frac{9^{x^3-1}}{6\ln 3}+C$

32. $\displaystyle\int \frac{dx}{x\log_5 x}$ *Rpta.* $(\ln 5)\ln|\ln x|+C$

33. $\displaystyle\int y\,4^{y^2}e^{y^2}\,dy$ *Rpta.* $\frac{4^{y^2}e^{y^2}}{2(1+\ln 4)}+C$

34. $\displaystyle\int \left(x+\frac{1}{x}\right)^{3/2}\left(\frac{x^2-1}{x^2}\right)dx$ *Rpta.* $\frac{2}{5}\left(x+\frac{1}{x}\right)^{5/2}+C$

35. $\displaystyle\int (4\cos 3x-3\,\text{sen}\,4x)\,dx$ *Rpta.* $\frac{4}{3}\text{sen}\,3x+\frac{3}{4}\cos 4x+C$

36. $\displaystyle\int \frac{3\,dz}{\sqrt{49-z^2}}$ *Rpta.* $3\,\text{sen}^{-1}(z/7)+C$

37. $\displaystyle\int \frac{8\,d\theta}{\theta\sqrt{\theta^2-25}}$ *Rpta.* $\frac{8}{5}\sec^{-1}(\theta/5)+C$

38. $\displaystyle\int x^2\cos(1-x^3)\,dx$ *Rpta.* $-\frac{1}{3}\,\text{sen}\left(1-x^3\right)+C$

39. $\displaystyle\int \frac{10\cos y\;dy}{(\text{sen}\,y+1)^6}$ *Rpta.* $-\frac{2}{(\text{sen}\,y+1)^5}+C$

40. $\displaystyle\int \frac{1+x}{1+x^2}\,dx$ *Rpta.* $\tan^{-1}x+\frac{1}{2}\ln\left(1+x^2\right)+C$

41. $\int \frac{x}{1+x^4}\,dx$ *Rpta.* $\frac{1}{2}\tan^{-1}\left(x^2\right)+C$

42. $\int \frac{8\,dx}{x^2-6x+25}$ *Rpta.* $2\tan^{-1}\left(\frac{x-3}{4}\right)+C$

43. $\int \frac{dx}{x^2-\sqrt{2}\,x+1}$ *Rpta.* $\frac{2}{\sqrt{2}}\tan^{-1}\left(\frac{2x-\sqrt{2}}{\sqrt{2}}\right)+C$

44. $\int \frac{\operatorname{sen}\sqrt{x}}{\sqrt{x}}\,dx$ *Rpta.* $-2\cos\sqrt{x}+C$

45. $\int \frac{dx}{\cos^2 x\sqrt{\tan x-1}}$ *Rpta.* $2\sqrt{\tan x-1}+C$

46. $\int \frac{\sec^2\theta}{e^{\tan\theta}}\,d\theta$ *Rpta.* $-e^{-\tan\theta}+C$

47. $\int \frac{dx}{x(1-\ln x)}$ *Rpta.* $-\ln|1-\ln x|+C$

48. $\int \frac{1}{z^2}\operatorname{sen}\left(\frac{1}{z}\right)dz$ *Rpta.* $\cos(1/z)+C$

49. $\int a^x e^{3x}\,dx$ *Rpta.* $\frac{a^x e^{3x}}{\ln a+3}+C$

50. $\int \frac{\ln x\,\mathrm{dx}}{x^2(\ln x-1)^2}$ *Rpta.* $-\frac{1}{x(\ln x-1)}+C$

51. $\int \frac{dz}{z\sqrt{4-\ln^2 z}}$ *Rpta.* $\operatorname{sen}^{-1}\left(\frac{\ln z}{2}\right)+C$

52. $\int \frac{dx}{x^2-4x+13}$ *Rpta.* $\frac{1}{3}\tan^{-1}\left(\frac{x-2}{3}\right)+C$

53. $\int \frac{dx}{\sqrt{-x^2-4x-2}}$ *Rpta.* $\operatorname{sen}^{-1}\left(\frac{x+2}{\sqrt{2}}\right)+C$

54. $\int \frac{dx}{(x-1)\sqrt{x^2-2x-8}}$. *Rpta.* $\frac{1}{3}\sec^{-1}\left(\frac{x-1}{3}\right)+C$

55. $\int \sqrt{1+\operatorname{sen}x}\,dx$ *Rpta.* $-2\sqrt{1-\operatorname{sen}x}+C$

56. $\int \cos^4 x\operatorname{sen}x\,dx$ *Rpta.* $-\frac{1}{5}\cos^5 x+C$

57. $\int \tan^5 x\sec^2 x\,dx$ *Rpta.* $\frac{1}{6}\tan^6 x+C$

58. $\int \cot^4 3x\operatorname{cosec}^2 3x\,dx$ *Rpta.* $-\frac{1}{15}\cot^5 3x+C$

59. $\int \frac{\sec^5 x}{\operatorname{cosec} x}\,dx$ *Rpta.* $\frac{1}{4}\sec^4 x + C$

60. $\int \left(\frac{\operatorname{cosec} x}{1+\cot x}\right)^2 dx$ *Rpta.* $\frac{1}{1+\cot x} + C$

61. $\int e^{3\cos 2x}\operatorname{sen} 2x\,dx$ *Rpta.* $-\frac{1}{6}e^{3\cos 2x} + C$

62. $\int \frac{\operatorname{sen} x}{1+\cos^2 x}\,dx$ *Rpta.* $-\tan^{-1}(\cos x) + C$

63. $\int \frac{\tan^{-1} x}{1+x^2}\,dx$ *Rpta.* $\frac{1}{2}\left(\tan^{-1} x\right)^2 + C$

64. $\int \frac{dx}{x\sqrt{x^2-5}}$ *Rpta.* $\frac{\sqrt{5}}{5}\sec^{-1}\left(\frac{\sqrt{5}\,x}{5}\right) + C$

65. $\int \frac{e^{2x}dx}{1+e^{4x}}$ *Rpta.* $\frac{1}{2}\tan^{-1}\left(e^{2x}\right) + C$

66. $\int \frac{\sec^2 x\,dx}{\sqrt{1-4\tan^2 x}}$ *Rpta.* $\frac{1}{2}\operatorname{sen}^{-1}(2\tan x) + C$

67. $\int \frac{dx}{x\sqrt{4-9\ln^2 x}}$ *Rpta.* $\frac{1}{3}\operatorname{sen}^{-1}\left(\ln x^{3/2}\right) + C$

68. $\int \frac{dx}{\sqrt{\sqrt{x}\ +1}}$ *Rpta.* $\frac{4}{3}\left(\sqrt{x}+1\right)^{3/2} - 4\sqrt{\sqrt{x}+1} + C$

69. $\int \frac{dx}{\sqrt{e^{2x}-1}}$ *Rpta.* $\sec^{-1}(e^x) + C$

70. $\int \frac{e^x dx}{e^{2x}+2e^x+2}$ *Rpta.* $\tan^{-1}(e^x+1) + C$

71. $\int \frac{dx}{e^x\sqrt{1-e^{-2x}}}$ *Rpta.* $-\operatorname{sen}^{-1}(e^{-x}) + C$

72. $\int \tan^2 ax\,dx$ *Rpta.* $\frac{1}{a}\tan ax - x + C$

73. $\int \cot^2 ax\,dx$ *Rpta.* $-\frac{1}{a}\cot ax - x + C$

74. $\int \tan^3 ax\,dx$ *Rpta.* $\frac{1}{2a}\tan^2 ax - \frac{1}{a}\ln|\sec ax| + C$

75. $\int \cot^3 ax\,dx$ *Rpta.* $-\frac{1}{2a}\cot^2 ax - \frac{1}{a}\ln|\operatorname{sen} ax| + C$

76. $\int \tan^4 ax\, dx$ *Rpta.* $\frac{1}{3a}\tan^3 ax - \frac{1}{a}\tan ax + x + C$

77. $\int \cot^5 ax\, dx$ *Rpta.* $-\frac{1}{4a}\cot^4 ax + \frac{1}{2a}\cot^2 ax + \frac{1}{a}\ln|\operatorname{sen} ax| + C$

78. $\int \left(\cot^2 2x - \tan^4 2x\right) dx$ *Rpta.* $-\frac{1}{6}\tan^3 2x + \frac{1}{2}\tan 2x - \frac{1}{2}\cot 2x - 2x + C$

79. $\int (\tan ax + \cot ax)^3\, dx$

Rpta. $\frac{1}{2a}\left(\tan^2 ax - \cot^2 ax\right) + \frac{2}{a}\ln|\operatorname{sen} ax| + \frac{2}{a}\ln|\sec ax| + C$

80. $\int \frac{1}{x\left(x^n + 1\right)}\, dx$ *Rpta* $\ln|x| - \frac{1}{n}\ln|x^n + 1| + C$

81. $\int \frac{1}{x\left(x^n + 1\right)^2}$ *Rpta* $\ln|x| - \frac{1}{n}\ln|x^n + 1| + \frac{1}{n}\frac{1}{x^n + 1} + C$

82. (Recta tangente). La pendiente de la recta tangente al gráfico de la función f en el punto $(x, f(x))$ está dada por $x\sqrt{e^{x^2 - 4}}$. Si este gráfico pasa por el punto $(-2, -2)$, hallar la función f. *Rpta.* $f(x) = e^{(x^2-4)/2} - 3$

83. (Recta tangente). La pendiente de la recta tangente al gráfico de la función f en el punto $(x, f(x))$ está dada por $\frac{\ln^3 x}{4x}$, $x > 0$. Si este gráfico pasa por el punto $(e^2, 3)$, hallar la función f. *Rpta.* $f(x) = \frac{1}{16}\ln^4 x + 2$

84. (Función costo). Hallar la función costo de un producto sabiendo que el costo fijo es 5 y el costo marginal es $C'(x) = \frac{6}{\sqrt{4x+1}}$ *Rpta.* $C(x) = 3\sqrt{4x+1} + 2$

85. (Depreciación). Se compró una máquina por 900 mil dólares y su valor después de t años de uso se deprecia al ritmo de $\frac{dV}{dt} = -280e^{-0.4t}$ miles de dólares por año. ¿Cuál es el valor de la máquina después de 10 años? *Rpta.* \$ 12,821

SECCION 1.3

INTEGRACION POR PARTES

La fórmula de la derivada de un producto o, equivalentemente, la fómula de la diferencial de un producto, nos permite obtener otra técnica para transformar integrales, llamada **integración por partes**. La utilidad de esta técnica radica en el hecho de que ella nos permite cambiar una integral $\int u\, dv$, que supuestamente es complicada, por otra, $\int v\, du$, que se espera sea más simple.

TEOREMA 1.5 **Integración por Partes**

Si $u = u(x)$ y $v = v(x)$ son funciones diferenciables, entonces

$$\int u\, dv = uv - \int v\, du$$

Demostración

Sabemos que la diferencial del producto uv es $d(uv) = u\, dv + v\, du$

De donde

$$u\, dv = d(uv) - v\, dv$$

Integrando obtenemos lo buscado:

$$\int u\, dv = \int d(uv) - \int v\, du = uv - \int v\, du$$

EJEMPLO 1. Hallar $\int x^2 \ln x\, dx$

Solución

Sea $u = \ln x$ y $dv = x^2\, dx$. Tenemos $du = \frac{1}{x}dx$ y $v = \frac{1}{3}x^3$. Luego,

$$\int x^2 \ln x\, dx = \int \underbrace{\ln x}_{u} . \underbrace{x^2 dx}_{dv} = uv - \int v\, du$$

$$= \frac{x^3}{3}\ln x - \int \frac{x^3}{3}\frac{1}{x}\, dx = \frac{1}{3}x^3 \ln x - \frac{1}{3}\int x^2 dx$$

$$= \frac{1}{3}x^3 \ln x - \frac{1}{9}x^3 + C$$

Con ánimo de ayudar a la memoria, los datos previos a la aplicación de la fórmula de la integración los escribimos del modo siguiente:

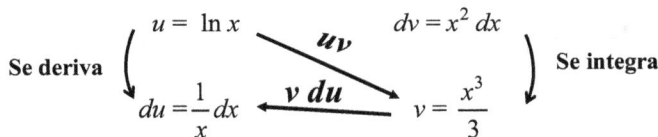

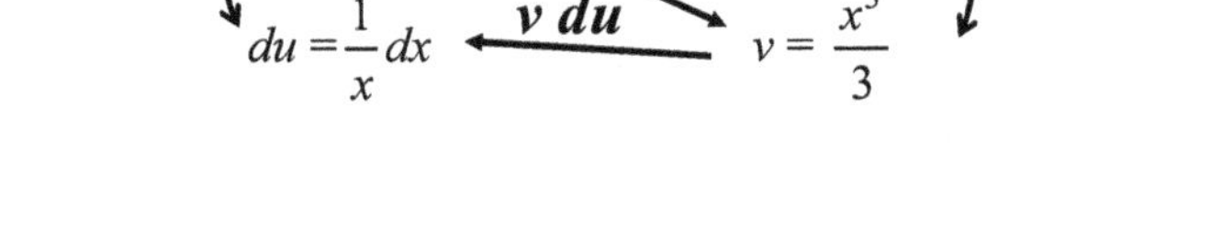

La flecha oblicua nos indica que multiplicando los términos u y v que ella enlaza, obtenemos el primer término del segundo miembro de la fórmula. La flecha horizontal de abajo nos indica que integrando el producto de los términos v y du que ella enlaza, obtenemos el segundo término.

EJEMPLO 2. Hallar $\int xe^x dx$

Solución

Sea

$$\begin{array}{ccc} u = x & \searrow & dv = e^x\, dx \\ du = dx & \longleftarrow & v = e^x \end{array}$$

$$\int xe^x dx = \int \underbrace{x}_{u}\ \underbrace{e^x dx}_{dv} = uv - \int v\, du = x e^x - \int e^x dx = x e^x - e^x + C$$

OBSERVACION . En ejemplo anterior si u y el dv se hubiera escogido así:

$u = e^x$ y $dv = x\, dx$, tendríamos:

$$\int xe^x dx = \int \underbrace{e^x}_{u}\ \underbrace{x\, dx}_{dv} = uv - \int v\, du = e^x \frac{x^2}{2} - \int \frac{x^2}{2} e^x dx$$

Resulta que esta última integral es más complicada que la integral inicial y el problema, en lugar de simplificarlo, lo hemos complicado. Esto nos dice que hicimos una mala escogencia para u y para dv. Pero, entonces surge una inquietud: ¿Cómo determinar una buena escogencia? No existe un método que funcione para todos los casos. Existe una regla práctica que es muy popular entre los estudiantes. Se llama la regla ILATE, la cual funciona para un buen número de problemas, aunque no siempre es exitosa, como veremos más adelante.

LA REGLA ILATE

A las funciones las agrupamos en 5 clases, a las que ordenamos en forma descendiente de acuerdo a la dificultad para hallar su antiderivada, de difícil a fácil.

I : Inversas trigonométricas
L: Logarítmicas
A: Algebraicas
T: Trigonométricas
E: Exponenciales

$$\begin{array}{cc} \textbf{I} & u \\ \textbf{L} & \big\downarrow \\ \textbf{A} & \big\downarrow \\ \textbf{T} & \big\downarrow \\ \textbf{E} & dv \end{array}$$

La regla ILATE dice: exprese el intengrando como el producto de dos funciones de distinta clase. Localice estas funciones en su categoría dada por ILATE. A la función que queda arriba le corresponde u y a la función que queda abajo le corresponde dv.

EJEMPLO 3. Hallar $\int x \cos x \, dx$

Solución

x: Algebraica, $\cos x$: Trigonométrica

$$u = x \qquad dv = \cos x \, dx$$

$$du = dx \qquad v = \operatorname{sen} x$$

I

L

A ← $x = u$

T ← $\cos x = dv$

E

Luego,

$$\int x \cos x \, dx = uv - \int v \, du = x \operatorname{sen} x - \int \operatorname{sen} x \, dx = x \operatorname{sen} x - (-\cos x) + C$$

Esto es,

$$\int x \cos x \, dx = x \operatorname{sen} x + \cos x + C$$

EJEMPLO 4. Hallar $\int x^2 \tan^{-1} dx$

Solución

Tenemos que: $\tan^{-1} x$: Inversa trigonométrica. x^2 : Algebraica

Luego,

$$u = \tan^{-1} x \qquad dv = x^2 dx$$

$$du = \frac{1}{1+x^2} dx \qquad v = \frac{1}{3} x^3$$

$$\int x^2 \tan^{-1} dx = \frac{1}{3} x^3 \tan^{-1} x - \int \frac{1}{3} x^3 \frac{1}{1+x^2} dx = \frac{1}{3} x^3 \tan^{-1} x - \frac{1}{3} \int \frac{x^3}{1+x^2} dx$$

$$= \frac{1}{3} x^3 \tan^{-1} x - \frac{1}{3} \int \left(x - \frac{x}{1+x^2} \right) dx$$

$$= \frac{1}{3} x^3 \tan^{-1} x - \frac{1}{3} \int x \, dx + \frac{1}{3} \int \frac{x}{1+x^2} dx$$

$$= \frac{1}{3} x^3 \tan^{-1} x - \frac{1}{6} x^2 + \frac{1}{6} \int \frac{2x \, dx}{1+x^2} \qquad (u = x^2)$$

$$= \frac{1}{3} x^3 \tan^{-1} x - \frac{1}{6} x^2 + \frac{1}{6} \ln\left(1 + x^2\right) + C$$

El siguiente ejemplo nos proprciona un resultado importante.

EJEMPLO 5. Probar que $\int \ln x\, dx = x \ln x - x + C$

Solución

El integrando tiene un solo factor. En este caso ptocedemos así:

$$\int \ln x\, dx = \int \ln x \cdot 1\, dx$$

$\ln x$: Logarítmica $\quad u = \ln x \quad dv = 1 \cdot dx$

1 : Algebraica $\quad du = \frac{1}{x} dx \quad v = x$

$$\int \ln x\, dx = uv - \int v\, du = x \ln x - \int x \frac{1}{x}\, dx = x \ln x - \int dx = x \ln x - x + C$$

EJEMPLO 6. Hallar $\int \tan^{-1} x\, dx$

Solución

En este ejemplo, como en el anterior, el integrando tiene un solo factor. Procedemos del mismo modo. $\int \tan^{-1} x\, dx = \int \tan^{-1} x \cdot 1\, dx$

$\tan^{-1} x$: Inversa trigonométrica $\quad u = \tan^{-1} x \quad dv = 1\, dx$

1: Algebraica $\quad du = \frac{1}{1+x^2} dx \quad v = x$

$$\int \tan^{-1} x\, dx = x \tan^{-1} x - \int \frac{x\, dx}{1+x^2} = x \tan^{-1} x - \frac{1}{2} \int \frac{2x\, dx}{1+x^2}$$

$$= x \tan^{-1} x - \frac{1}{2} \ln(1+x^2) + C$$

EJEMPLO 7. Hallar $\int x \tan^{-1} \sqrt{x}\, dx$

Solución

En primer lugar, hacemos un cambio de variable

Sea $z = \sqrt{x}$. Luego, $x = z^2$, $dx = 2z\, dz$ y

$$\int x \tan^{-1} \sqrt{x}\, dx = \int z^2 \tan^{-1} z\, (2z\, dz) = 2 \int z^3 \tan^{-1} z\, dz \quad \textbf{(1)}$$

Econtremos la última integral anterior integramos por partes:

$$u = \tan^{-1} z \qquad dv = z^3\,dx$$

$$du = \frac{dz}{1+z^2} \qquad v = \frac{z^4}{4}$$

$$\int z^3 \tan^{-1} z\,dz = \frac{z^4}{4}\tan^{-1} z - \frac{1}{4}\int \frac{z^4}{1+z^2}\,dz = \frac{z^4}{4}\tan^{-1} z - \frac{1}{4}\int\left(z^2 - 1 + \frac{1}{1+z^2}\right)dz$$

$$= \frac{z^4}{4}\tan^{-1} z - \frac{1}{12}z^3 + \frac{1}{4}z - \frac{1}{4}\tan^{-1} z = \frac{1}{4}\left(z^4 - 1\right)\tan^{-1} z + \frac{z}{12}\left(3 - z^2\right)$$

Reemplazando este resultado en (1):

$$\int x \tan^{-1}\sqrt{x}\,dx = \frac{1}{2}\left(z^4 - 1\right)\tan^{-1} z + \frac{z}{6}\left(3 - z^2\right) + C$$

$$= \frac{1}{2}\left(x^2 - 1\right)\tan^{-1}\sqrt{x} + \frac{\sqrt{x}}{6}(3 - x) + C$$

EJEMPLO 8. Probar que:

$$\int \sec^3 x\,dx = \frac{1}{2}\sec x \tan x + \frac{1}{2}\ln\left|\sec x + \tan x\right| + C$$

Solución

Para esta integral, ILATE no funciona, ya que la única manera de expresar $\sec^3 x$ como producto de dos funciones de distinta clase es: $\sec^3 x = 1\cdot\sec^3 x$,

$$u = 1 \qquad dv = \sec^3 x\,dx$$

$$du = 0 \qquad v = \int \sec^3 x\,dx$$

Esta separación no nos lleva a ninguna parte.

Cambiamos de táctica. Expresamos $\sec^3 x$ como el producto de dos factores de la misma clase, ambos trigonométricos: $\sec^3 x = \sec x\ \sec^2 x$

$$u = \sec x \qquad dv = \sec^2 x\,dx$$

$$du = \sec x \tan x\,dx \qquad v = \tan x$$

$$\int \sec^3 x\,dx = \sec x \tan x - \int \sec x \tan^2 x\,dx = \sec x \tan x - \int \sec x\left(\sec^2 x - 1\right)dx$$

$$= \sec x \tan x + \int \sec x\,dx - \int \sec^3 x\,dx$$

$$= \sec x \tan x + \ln\left|\sec x + \tan x\right| - \int \sec^3 x\,dx \quad \Rightarrow$$

$$2\int \sec^3 x\, dx = \sec x \tan x + \ln|\sec x + \tan x| \qquad + \Rightarrow$$

$$\int \sec^3 x\, dx = \frac{1}{2}\sec x \tan x + \frac{1}{2}\ln|\sec x + \tan x| + C$$

INTEGRACION POR PARTES REITERADA

Algunas veces es necesario aplicar la integración por partes más de una vez.

EJEMPLO 9. Hallar $\int \operatorname{sen}(\ln x)\, dx$

Solución

$$u = \operatorname{sen}(\ln x) \qquad dv = dx$$

$$du = \frac{1}{x}\cos(\ln x)\, dx \qquad v = x$$

$$\int \operatorname{sen}(\ln x)\, dx = x\operatorname{sen}(\ln x) - \int x\frac{1}{x}\cos(\ln x)\, dx = x\operatorname{sen}(\ln x) - \int \cos(\ln x)\, dx \quad \textbf{(1)}$$

A la última integral anterior le aplicamos la misma medicina:

$$u = \cos(\ln x) \qquad dv = dx$$

$$du = -\frac{1}{x}\operatorname{sen}(\ln x)\, dx \qquad v = x$$

$$\int \cos(\ln x)\, dx = x\cos(\ln x) - \int -x\frac{1}{x}\operatorname{sen}(\ln x) dx = x\cos(\ln x) + \int \operatorname{sen}(\ln x) dx \quad \textbf{(2)}$$

La última integral anterior es la integral inicial planteada en el problema. Parece que estamos en un círculo vicioso. No es así. En efecto, reemplazando (2) en (1):

$$\int \operatorname{sen}(\ln x)\, dx = x\operatorname{sen}(\ln x) - x\cos(\ln x) - \int \operatorname{sen}(\ln x)\, dx \Rightarrow$$

$$2\int \operatorname{sen}(\ln x)\, dx = x\operatorname{sen}(\ln x) - x\cos(\ln x) \qquad \Rightarrow$$

$$\int \operatorname{sen}(\ln x)\, dx = \frac{x}{2}[\operatorname{sen}(\ln x) - \cos(\ln x)] + C$$

EJEMPLO 10. Probar que:

1. $\displaystyle \int e^{ax}\cos bx\, dx = \frac{e^{ax}}{a^2 + b^2}(b \operatorname{sen} bx + a\cos bx) + C$

2. $\displaystyle \int e^{ax}\operatorname{sen} bx\, dx = \frac{e^{ax}}{a^2 + b^2}(a \operatorname{sen} bx - b\cos bx) + C$

Solución

1. $\cos bx$: Trigonométrica $\qquad u = \cos bx \qquad dv = e^{ax}dx$

e^{ax} : Exponencial $\qquad du = -b \text{ sen } x \qquad v = \frac{1}{a}e^{ax}$

$$\int e^{ax}\cos bx\, dx = \frac{e^{ax}\cos bx}{a} + \frac{b}{a}\int e^{ax}\text{sen } bx\, dx \qquad (1)$$

Hallemos $\int e^{ax}\text{sen } bx\, dx$. Para esto. Hacemos:

$u = \text{sen } bx \qquad dv = e^{ax}\, dx.$

$du = b\cos bx \qquad v = \frac{1}{a}\, e^{ax}$

Luego,

$$\int e^{ax}\text{sen } bx\, dx = -\frac{e^{ax}\text{sen } bx}{a} + \frac{b}{a}\int e^{ax}\cos bx\, dx \qquad (2)$$

Reemplazando (2) en (1):

$$\int e^{ax}\cos bx\, dx = \frac{e^{ax}\cos bx}{a} - \frac{b}{a}\left[-\frac{e^{ax}\text{sen } bx}{a} + \frac{b}{a}\int e^{ax}\cos bx\, dx\right]$$

$$= \frac{e^{ax}\cos bx}{a} + \frac{b\, e^{ax}\text{sen } bx}{a^2} - \frac{b^2}{a^2}\int e^{ax}\cos bx\, dx \Rightarrow$$

$$\int e^{ax}\cos bx\, dx + \frac{b^2}{a^2}\int e^{ax}\cos bx\, dx = \frac{e^{ax}\cos bx}{a} + \frac{b\, e^{ax}\text{sen } bx}{a^2} \Rightarrow$$

$$\left(1+\frac{b^2}{a^2}\right)\int e^{ax}\cos bx\, dx = \frac{a\, e^{ax}\cos bx + b\, e^{ax}\text{sen } bx}{a^2} \Rightarrow$$

$$\left(\frac{a^2+b^2}{a^2}\right)\int e^{ax}\cos bx\, dx = \frac{e^{ax}(b\text{ sen } bx + a\cos bx)}{a^2} \Rightarrow$$

$$\int e^{ax}\cos bx\, dx = \frac{a^2}{a^2+b^2}\;\frac{e^{ax}(b\text{ sen } bx + a\cos bx)}{a^2}$$

$$= \frac{e^{ax}}{a^2+b^2}(b\text{ sen } bx + a\cos bx) + C$$

2. Similar a 1.

EJEMPLO 11. Probar las siguientes fórmulas de recurrencia:

$$\mathbf{1.}\ \int \operatorname{sen}^n x\, dx = -\frac{1}{n}\cos x \operatorname{sen}^{n-1} x + \frac{n-1}{n}\int \operatorname{sen}^{n-2} x\, dx, \quad n \neq 0$$

$$\mathbf{2.}\ \int \sec^n x\, dx = \frac{1}{n-1}\tan x \sec^{n-2} x + \frac{n-2}{n-1}\int \sec^{n-2} x\, dx, \quad n \neq 1$$

Solución

Aquí ILATE tampoco nos ayuda. Factorizamos así:

1. $\operatorname{sen}^n x = \operatorname{sen}^{n-1} x \operatorname{sen} x.$ $\quad u = \operatorname{sen}^{n-1} x \qquad dv = \operatorname{sen} x\, dx.$

$du = (n-1)\operatorname{sen}^{n-2} x \cos x \qquad v = -\cos x$

$$\int \operatorname{sen}^n x\, dx = \int \operatorname{sen}^{n-1} x\, (\operatorname{sen} x\, dx)$$

$$= -\cos x \operatorname{sen}^{n-1} x + (n-1)\int \operatorname{sen}^{n-2} x \cos^2 x\, dx$$

$$= -\cos x \operatorname{sen}^{n-1} x + (n-1)\int \operatorname{sen}^{n-2} x\,(1-\operatorname{sen}^2 x)\, dx$$

$$= -\cos x \operatorname{sen}^{n-1} x + (n-1)\int \operatorname{sen}^{n-2} x\, dx - (n-1)\int \operatorname{sen}^n x\, dx \Rightarrow$$

$$n\int \operatorname{sen}^n x\, dx = -\cos x \operatorname{sen}^{n-1} x + (n-1)\int \operatorname{sen}^{n-2} x\, dx \Rightarrow$$

$$\int \operatorname{sen}^n x\, dx = -\frac{1}{n}\cos x \operatorname{sen}^{n-1} x + \frac{n-1}{n}\int \operatorname{sen}^{n-2} x\, dx$$

2. $\sec^n x = \sec^{n-2} x \sec^2 x$. Sea $u = \sec^{n-2} x$ y $dv = \sec^2 x\, dx$. Se tiene:

$du = (n-2)\sec^{n-3} x\,(\sec x \tan x)\, dx = (n-2)\tan x \sec^{n-2} x\, dx,\ v = \tan x.$

$u = \sec^{n-2} x \qquad dv = \sec^2 x\, dx.$

$du = (n-2)\tan x \sec^{n-2} x\, dx \qquad v = \tan x.$

$$\int \sec^n x\, dx = \tan x \sec^{n-2} x - (n-2)\int \tan^2 x \sec^{n-2} x\, dx$$

$$= \tan x \sec^{n-2} x - (n-2)\int (\sec^2 x - 1)\sec^{n-2} x\, dx$$

$$= \tan x \sec^{n-2} x - (n-2)\int \sec^n x\, dx + (n-2)\int \sec^{n-2} x\, dx \Rightarrow$$

$$(n-1)\int \sec^n x\, dx = \tan x \sec^{n-2} x + (n-2)\int \sec^{n-2} x\, dx \Rightarrow$$

$$\int \sec^n x\, dx = \frac{1}{n-1}\tan x \sec^{n-2} x + \frac{n-2}{n-1}\int \sec^{n-2} x\, dx$$

Presentamos el tercer grupo de integrales básicas. Las primeras ya han sido probadas en los ejemplos anteriores. Las otras la probamos en los problemas resueltos

INTEGRALES BASICAS. TABLA III.

24. $\int \ln x\, dx = x \ln x - x + C$

25. $\int \sec^3 x\, dx = \frac{1}{2}\sec x \tan x + \frac{1}{2}\ln |\sec x + \tan x| + C$

26. $\int e^{ax}\cos bx\, dx = \frac{e^{ax}}{a^2 + b^2}(b \operatorname{sen} bx + a \cos bx) + C$

27. $\int e^{ax}\operatorname{sen} bx\, dx = \frac{e^{ax}}{a^2 + b^2}(a \operatorname{sen} bx - b \cos bx) + C$

FORMULAS DE REDUCCION

28. $\int \operatorname{sen}^n x\, dx = -\frac{1}{n}\cos x \operatorname{sen}^{n-1} x + \frac{n-1}{n}\int \operatorname{sen}^{n-2} x\, dx, \quad n \neq 0$

29. $\int \cos^n x\, dx = \frac{1}{n}\operatorname{sen} x \cos^{n-1} x + \frac{n-1}{n}\int \cos^{n-2} x\, dx, \quad n \neq 0$

30. $\int \sec^n x\, dx = \frac{1}{n-1}\tan x \sec^{n-2} x + \frac{n-2}{n-1}\int \sec^{n-2} x\, dx, \quad n \neq 1$

31. $\int \operatorname{cosec}^n x\, dx = -\frac{1}{n-1}\cot x \operatorname{cosec}^{n-2} x + \frac{n-2}{n-1}\int \operatorname{cosec}^{n-2} x\, dx, \quad n \neq 1$

32. $\int x^n \operatorname{sen} bx\, dx = -\frac{x^n}{b}\cos bx + \frac{n}{b}\int x^{n-1}\cos bx\, dx$

33. $\int x^n \cos bx\, dx = \frac{x^n}{b}\operatorname{sen} bx - \frac{n}{b}\int x^{n-1}\operatorname{sen} bx\, dx$

34. $\int x^n (\ln x)^m dx = \frac{1}{n+1} x^{n+1}(\ln x)^m - \frac{m}{n+1}\int x^n (\ln x)^{m-1} dx, \quad n \neq -1$

35. $\int (\ln x)^m dx = x(\ln x)^m - m\int (\ln x)^{m-1} dx$

36. $\int x^n e^{ax} dx = \frac{1}{a} x^n e^{ax} - \frac{n}{a}\int x^{n-1} e^{ax} dx$

EJEMPLO 12. Usando las fórmulas de reducción anteriores, hallar

a. $\int x^2 \cos x\, dx$ **b.** $\int \sec^4 x\, dx$ **c.** $\int \operatorname{cosec}^5 x\, dx$

Solución

a. Aplicamos la fórmula de reducción 33, para $n = 2$ y $b = 1$. Luego aplicamos la fórmula 32 para $n = 1$ y $b = 1$:

$$\int x^2 \cos x\, dx = x^2 \operatorname{sen} x - 2\int x \operatorname{sen} x\, dx$$

$$= x^2 \operatorname{sen} x - 2\left(-x\cos x + \int \cos x\, dx\right)$$

$$= x^2 \operatorname{sen} x - 2\,(-x\cos x + \operatorname{sen} x) + C$$

$$= x^2 \operatorname{sen} x + 2x\cos x - 2\operatorname{sen} x + C$$

b. Aplicamos la fórmula 30 para el caso $n = 4$:

$$\int \sec^4 x\, dx = \frac{1}{3}\tan x \sec^2 x + \frac{2}{3}\int \sec^2 x\, dx$$

$$= \frac{1}{3}\tan x \sec^2 x + \frac{2}{3}\tan x + C$$

c. Aplicamos la fórmula 31 dos veces, para $n = 5$ y luego para $n = 3$.

$$\int \operatorname{cosec}^5 x\, dx = -\frac{1}{4}\cot x \operatorname{cosec}^3 x + \frac{3}{4}\int \operatorname{cosec}^3 x\, dx$$

$$= -\frac{1}{4}\cot x \operatorname{cosec}^3 x + \frac{3}{4}\left(-\frac{1}{2}\cot x \operatorname{cosec} x + \frac{1}{2}\int \operatorname{cosec} x\, dx\right)$$

$$= -\frac{1}{4}\cot x \operatorname{cosec}^3 x - \frac{3}{8}\cot x \operatorname{cosec} x + \frac{3}{8}\ln\left|\operatorname{cosec} x - \cot x\right| + C$$

EJEMPLO 13. Hallar **a.** $\int (\ln x)^3 dx$ **b.** $\int x^3 e^{2x} dx$

Solución

a. Aplicamos la fórmula 35 dos veces, para $m = 3$ y $m = 2$:

$$\int (\ln x)^3 dx = x(\ln x)^3 - 3\int (\ln x)^2 dx$$

$$= x(\ln x)^3 - 3\left[x(\ln x)^2 - 2\int \ln x\, dx\right]$$

$$= x(\ln x)^3 - 3x(\ln x)^2 + 6\int \ln x\, dx$$

$$= x(\ln x)^3 - 3x(\ln x)^2 + 6\,[x\ln x - x\,] + C$$

$$= x(\ln x)^3 - 3x(\ln x)^2 + 6x\ln x - 6x + C$$

b. Aplicamos la fórmula 36 tres veces:

$$\int x^3e^{2x}dx = \frac{1}{2}x^3e^{2x} - \frac{3}{2}\int x^2e^{2x}dx$$

$$= \frac{1}{2}x^3e^{2x} - \frac{3}{2}\left[\frac{1}{2}x^2e^{2x} - \int xe^{2x}dx\right]$$

$$= \frac{1}{2}x^3e^{2x} - \frac{3}{4}x^2e^{2x} + \frac{3}{2}\int xe^{2x}dx$$

$$= \frac{1}{2}x^3e^{2x} - \frac{3}{4}x^2e^{2x} + \frac{3}{2}\left[\frac{1}{2}xe^{2x} - \frac{1}{2}\int e^{2x}dx\right]$$

$$= \frac{1}{2}x^3e^{2x} - \frac{3}{4}x^2e^{2x} + \frac{3}{4}xe^{2x} - \frac{3}{8}e^{2x} + C$$

PROBLEMAS RESUELTOS 1.3

PROBLEMA 1. Hallar $\int \frac{\cot^{-1}\sqrt{x}}{\sqrt{x}}\,dx$

Solución

En primer lugar, hacemos un cambio de variable e integramos por partes.

Sea $z = \sqrt{x}$. Entonces $x = z^2$ y $dx = 2z\,dz$. Luego,

$$\int \frac{\cot^{-1}\sqrt{x}}{\sqrt{x}}\,dx = \int \frac{\cot^{-1}z}{z}(2z\,dz) = 2\int \cot^{-1}z\,dz \qquad \textbf{(1)}$$

Hallemos la última integral:

Sea $u = \cot^{-1}z$ y $dv = dz$. Entonces $du = -\frac{dz}{1+z^2}$ y $v = z$. Luego,

$$\int \cot^{-1}z\,dz = z\cot^{-1}z - \int -\frac{z\,dz}{1+z^2} = z\cot^{-1}z + \frac{1}{2}\ln(1+z^2) \qquad \textbf{(2)}$$

Reemplazando (2) en (1) y recordando que $z = \sqrt{x}$:

$$\int \frac{\cot^{-1}\sqrt{x}}{\sqrt{x}}\,dx = 2\left[z\cot^{-1}z + \frac{1}{2}\ln(1+z^2)\right] + C$$

$$= 2\sqrt{x}\cot^{-1}\sqrt{x} + \ln(1+x) + C$$

PROBLEMA 2. Hallar $\int xe^x \cos x \, dx$

Solución

Sea $u = x$ y $dv = e^x \cos x$. Entonces, usando la fórmula 26 y 27,

$$du = dx \quad \text{y} \quad v = \int e^x \cos x \, dx = \frac{e^x}{2}(\text{sen}\, x + \cos x)$$

Luego,

$$\int x\, e^x \cos x \, dx = x\frac{e^x}{2}(\text{sen}\, x + \cos x) - \frac{1}{2}\int e^x(\text{sen}\, x + \cos x)\, dx$$

$$= x\frac{e^x}{2}(\text{sen}\, x + \cos x) - \frac{1}{2}\int e^x \text{sen}\, x \, dx - \frac{1}{2}\int e^x \cos x \, dx$$

$$= x\frac{e^x}{2}(\text{sen}\, x + \cos x) - \frac{e^x}{4}(\text{sen}\, x - \cos x) - \frac{e^x}{4}(\text{sen}\, x + \cos x) + C$$

$$= \frac{e^x}{2}(x\, \text{sen}\, x + x \cos x - \text{sen}\, x) + C$$

PROBLEMA 4. Probar las fórmulas de reducción 32, 33, 34, 35 y 36:

32. $\displaystyle\int x^n \,\text{sen}\, bx \, dx = -\frac{x^n}{b}\cos bx + \frac{n}{b}\int x^{n-1}\cos bx \, dx$

33. $\displaystyle\int x^n \cos bx \, dx = \frac{x^n}{b}\,\text{sen}\, bx - \frac{n}{b}\int x^{n-1}\text{sen}\, bx \, dx$

34. $\displaystyle\int x^n (\ln x)^m dx = \frac{1}{n+1}x^{n+1}(\ln x)^m - \frac{m}{n+1}\int x^n (\ln x)^{m-1} dx, \quad n \neq -1$

35. $\displaystyle\int (\ln x)^m dx = x(\ln x)^m - m\int (\ln x)^{m-1} dx$

36. $\displaystyle\int x^n e^{ax} dx = \frac{1}{a}x^n e^{ax} - \frac{n}{a}\int x^{n-1}e^{ax} dx$

Solución

32.

$$u = x^n \qquad dv = \text{sen}\, bx \, dx.$$

$$du = nx^{n-1}\, dx \qquad v = -\frac{1}{b}\cos bx.$$

$$\int x^n \,\text{sen}\, bx \, dx = -\frac{x^n}{b}\cos bx + \frac{n}{b}\int x^{n-1}\cos bx \, dx$$

33. Similar a 5.

34.

$$u = (\ln x)^m \qquad dv = x^n\, dx$$

$$du = m\,(\ln x)^{m-1}\,\frac{1}{x}\,dx \qquad v = \frac{1}{n+1}\,x^{n+1}$$

$$\int x^n (\ln x)^m\, dx = \frac{1}{n+1}\,x^{n+1}(\ln x)^m - \frac{m}{n+1}\int x^n (\ln x)^{m-1} dx$$

35. Es la fórmula 34 con $n = 0$

36.

$$u = x^n \qquad dv = e^{ax} dx$$

$$du = n\,x^{n-1}\,dx \qquad v = \frac{1}{a}e^{ax} dx$$

$$\int x^n e^{ax} dx = \frac{1}{a}x^n e^{ax} - \frac{n}{a}\int x^{n-1} e^{ax} dx$$

PROBLEMAS PROPUESTOS 1.3

En los problemas del 1 al 41 hallar las integrales indicadas

1. $\int \log_a x\, dx$ *Rpta.* $x\log_a x - x\log_a e + C$

2. $\int x^3 \ln x\, dx$ *Rpta.* $\frac{1}{4}x^4 \ln x - \frac{1}{16}x^4 + C$

3. $\int \frac{\ln(x^2)}{x^2}\,dx$ *Rpta.* $-\frac{\ln x^2}{x} - \frac{2}{x} + C$

4. $\int \sqrt{x}\,\ln x\, dx$ *Rpta.* $\frac{2}{3}x^{3/2}\ln x - \frac{4}{9}x^{3/2} + C$

5. $\int \frac{\ln\sqrt{x}}{\sqrt{x}}\,dx$ *Rpta.* $\sqrt{x}\,\ln x - 2\sqrt{x} + C$

6. $\int (x^2+1)\ln x\, dx$ *Rpta.* $\frac{1}{3}x^3 \ln x - \frac{1}{9}x^3 + x\ln x - x + C$

7. $\int (x+1)^2 \ln(x+1)\ dx$ Rpta. $\frac{1}{3}(x+1)^3 \ln(x+1) - \frac{1}{9}(x+1)^3 + C$

8. $\int x^n \log x\ dx \quad n \neq -1$ Rpta. $\frac{1}{n+1} x^{n+1} \log x - \frac{1}{(1+n)^2 \ln 10} x^{n+1} + C$

9. $\int x \ln(x+1)\ dx$ Rpta. $\frac{x^2}{2} \ln(x+1) - \frac{1}{2} \ln(x+1) - \frac{x^2}{4} + \frac{x}{2} + C$

10. $\int (1-x)e^x dx$ Rpta. $-xe^x + 2e^x + C$

11. $\int e^{x+\ln x} dx$ Rpta. $xe^x - e^x + C$

12. $\int x^3 e^x dx$ Rpta. $x^3e^x - 3x^2e^x + 6xe^x - 6e^x + C$

13. $\int e^{3\sqrt{x}} dx$ Rpta. $\frac{2}{3}\sqrt{x}\ e^{3\sqrt{x}} - \frac{2}{9} e^{3\sqrt{x}} + C$

14. $\int x^3 e^{x^2} dx$ Rpta. $\frac{1}{2}(x^2 - 1)\ e^{x^2} + C$

15. $\int \frac{x^3 dx}{\sqrt{1+x^2}}$ Rpta. $x^2\sqrt{1+x^2} - \frac{2}{3}\left(1+x^2\right)^{3/2} + C$

16. $\int x^3 \sqrt{1+2x^2}\ dx$ Rpta. $\frac{1}{6} x^2 \left(1+2x^2\right)^{3/2} - \frac{1}{30}(1+2x^2)^{5/2} + C$

17. $\int \frac{xe^x dx}{(1+x)^2}$ Rpta. $\frac{e^x}{1+x} + C$

18. $\int x \sec x \tan x\ dx$ Rpta. $x \sec x - \ln|\sec x + \tan x| + C$

19. $\int \operatorname{sen}^{-1}(2x)\ dx$ Rpta. $x \operatorname{sen}^{-1}(2x) + \frac{1}{2}\sqrt{1-4x^2} + C$

20. $\int x \sec^2 3x\ dx$ Rpta. $\frac{1}{3} x \tan 3x - \frac{1}{9} \ln|\sec 3x| + C$

21. $\int x \operatorname{sen}^{-1}\left(x^2\right) dx$ Rpta. $\frac{1}{2} x^2 \operatorname{sen}^{-1}\left(x^2\right) + \frac{1}{2}\sqrt{1-x^4} + C$

22. $\int xe^{2x} dx$ Rpta. $\frac{1}{2} xe^{2x} - \frac{1}{4} e^{2x} + C$

23. $\int x\ 10^{2x} dx$ Rpta. $\frac{x}{2 \ln 10} 10^{2x} - \frac{1}{(2 \ln 10)^2} 10^{2x} + C$

24. $\int x \cos x\ dx$ Rpta. $x \operatorname{sen} x + \cos x + C$

25. $\int e^{3x}\cos 2x\,dx$ *Rpta.* $\dfrac{e^{3x}}{13}(2\text{sen }2x+3\cos 2x)+C$

26. $\int x^2\cos nx\,dx$ *Rpta.* $\dfrac{x^2}{n}\text{ sen }nx+\dfrac{2x}{n^2}\text{ con }nx-\dfrac{2}{n^3}\text{ sen }nx+C$

27. $\int \ln\left(x+\sqrt{1+x^2}\right)dx$ *Rpta.* $x\ln\left(x+\sqrt{1+x^2}\right)-\sqrt{1+x^2}+C$

28. $\int x(\ln x)^2dx$ *Rpta.* $\dfrac{1}{2}x^2\left(\ln^2x-\ln x+\dfrac{1}{2}\right)+C$

29. $\int \cos x\ln(\text{sen }x)\,dx$ *Rpta.* $\text{sen }x\,[\ln(\text{sen }x)-1]+C$

30. $\int \cos(\ln x)\,dx$ *Rpta* $\dfrac{x}{2}[\text{sen}(\ln x)+\cos(\ln x)]+C$

31. $\int x^2\tan^{-1}x\,dx$ *Rpta* $\dfrac{1}{3}x^3\tan^{-1}x-\dfrac{1}{6}x^2+\dfrac{1}{6}\ln\left(1+x^2\right)+C$

32. $\int \sec^{-1}\sqrt{x}\,dx$ *Rpta* $x\sec^{-1}\sqrt{x}-\sqrt{x-1}+C$

33. $\int x\,\text{sen}^{-1}\sqrt{x}\,dx$ *Rpta* $\dfrac{1}{16}\left(8x^2-3\right)\text{sen}^{-1}\sqrt{x}+\dfrac{1}{16}\left(2x^{3/2}+3\sqrt{x}\right)\sqrt{1-x}+C$

34. $\int \dfrac{\text{sen}^{-1}\sqrt{x}}{\sqrt{1-x}}\,dx$ *Rpta* $-2\sqrt{1-x}\;\text{sen}^{-1}\left(\sqrt{x}\right)+2\sqrt{x}+C$

35. $\int 3^x\cos x\,dx$ *Rpta* $\dfrac{3^x}{\ln^2 3+1}\left[\text{sen }x+(\ln 3)\cos x\right]+C$

36. $\int xa^x dx$ *Rpta* $a^x\left[\dfrac{x}{\ln a}-\dfrac{1}{\ln^2 a}\right]+C$

37. $\int x^3\text{sen }x\,dx$ *Rpta* $-x^3\cos x+3x^2\text{ sen }x+6x\cos x-6\text{sen }x+C$

38. $\int x^2\text{sen}^{-1}x\,dx$ *Rpta.* $\dfrac{1}{3}x^3\text{sen}^{-1}x+\dfrac{1}{9}\left(x^2+2\right)\sqrt{1-x^2}+C$

39. $\int \left(x^2-2x+2\right)\cos 2x\,dx$ *Rpta* $\dfrac{1}{4}\left(2x^2-4x+3\right)\text{sen }2x+\dfrac{1}{2}(x-1)\cos 2x+C$

40. $\int \left(x^2-2x+2\right)e^{2x}dx$ *Rpta* $\dfrac{1}{4}\left(2x^2-6x+7\right)e^{2x}+C$

En los problemas del 41 al 49, integrar usando las fórmulas de reducción.

41. $\int x^2 e^{-x/3}\, dx$ *Rpta.* $-3e^{-x/3}(x^2+6x+18)+C$

42. $\int \frac{\ln x}{\sqrt{x}}\, dx$ *Rpta.* $2\sqrt{x}\ln x - 4\sqrt{x} + C$

43. $\int \frac{\ln x}{x\sqrt{x}}\, dx$ *Rpta.* $-\frac{2}{\sqrt{x}}\ln x - \frac{4}{\sqrt{x}} + C$

44. $\int \cos^3 x\, dx$ *Rpta.* $\frac{1}{3}\operatorname{sen} x \cos^2 x + \frac{2}{3}\operatorname{sen} x + C$

45. $\int \operatorname{sen}^4 x\, dx$ *Rpta.* $-\frac{1}{4}\operatorname{sen}^3 x \cos x - \frac{3}{8}\operatorname{sen} x \cos x + \frac{3}{8}x + C$

46. $\int \cos^5 x\, dx$ *Rpta.* $\frac{1}{15}\operatorname{sen} x\,(3\cos^4 x + 4\cos^2 x + 8) + C$

47. $\int \operatorname{cosec}^3 x\, dx$ *Rpta.* $-\frac{1}{2}\cot x \operatorname{cosec} x + \frac{1}{2}\ln|\operatorname{cosec} x - \cot x| + C$

48. $\int \operatorname{cosec}^4 x\, dx$ *Rpta.* $-\frac{1}{3}\cot x \operatorname{cosec}^2 x - \frac{2}{3}\cot x + C$

49. $\int \sec^5 x\, dx$ *Rpta.* $\frac{1}{4}\tan x \sec^3 x + \frac{3}{8}\tan x \sec x + \frac{3}{8}\ln|\sec x + \tan x| + C$

50. Probar la fórmula de reducción 29.

$$\int \cos^n x\, dx = \frac{1}{n}\operatorname{sen} x \cos^{n-1} x + \frac{n-1}{n}\int \cos^{n-2} x\, dx, \quad n \neq 0$$

51. Probar la fórmula de reducción 31.

$$\int \operatorname{cosec}^n x\, dx = -\frac{1}{n-1}\cot x \operatorname{cosec}^{n-2} x + \frac{n-2}{n-1}\int \operatorname{cosec}^{n-2} x\, dx, \quad n \neq 1$$

2

OTRAS

TECNICAS DE INTEGRACION

KARL WEIERSTRASS
(1815 – 1897)

KARL WEIERSTRASS
(1815 - 1897)

Karl Wilhelm Theodor Weierstrass, *conocido como el padre del Análisis Moderno, nació en Oftenfelde, Bavaria, Alemania. Fue uno de los fundadores de la moderna teoría de funciones. Se dió la gran tarea de aritmetizar el Análisis; es decir, desarrollar el Análisis basándose en el sistema de los números reales. Hizo importantes contribuciones a la teoría de series, funciones periódicas, cálculo de variaciones, etc.*

Cuado tenía 19 años, su padre lo envió a la Universidad de Bonn, para estudiar leyes y finanzas. Pasó cuatro años dedicado a la bebida, regresando a casa sin ningún título. En 1841, la Academia de Munster le otorgó un certificado de profesor de secundaria, labor a la que se dedicó durante 14 años. En 1854, la Universidad de Konigsberg le confirió un grado honorario de Doctor y en 1856 entró a formar parte de la plana docente de la Escuela Real Politécnica de Berlín. Tuvo discípulos muy distinguidos, como la rusa Sonya Kovalevsky, el sueco Mittag-Leffler.

ACONTECIMIENTOS PARALELOS IMPORTANTES

En 1815, el año que nació Weierstras, los ingleses derrotan definitivamente a Napoleón, en la batalla de Waterloo. Durante su niñez, Bolívar y San Martín llevaron a cabo la gran campaña de la independencia de los países de América Hispana. En 1.836, Texas se independiza de México. En 1839, Charles Goodyear descubre el caucho sintético. En 1860, Giuseppe Garibaldi (1807-1882) inicia su campaña para la unificación de Italia. En 1865, Abraham Lincoln es asesinado. En 1876, Alexander Graham Bell inventó el teléfono. En 1889, Brasil se independiza de Portugal. En 1897, Rudolf Diesel inventó un motor a combustión interna.

Este capítulo es dedicado integramente a presentar las técnicas más notables para calcular integrales. Los textos clásicos de Cálculo Integral dedicaron mucho espacio a este tema. Aún más, existen algunos textos dedicados integramente a presentar problemas resueltos de integrales. Por otro lado, desde hace algunos, contamos con los **Sistemas Algebraicos de Computación** (SAC), los que calculan integrales en fracciones de segundo. Sin duda que esta nueva situación nos dice que no debemos poner mucho énfasis en el cálculo manual de las integrales. Nosotros hemos tomado un camino intermedio. Resolvemos, y pedimos resolver manualmente, una aceptable cantidad de problemas y, a la vez, pedimos al estudiante que use los SAC para ayudarse en sus cálculos complicados y en la confección de gráficos.

SECCION 2.1

INTEGRALES DE PRODUCTOS TRIGONOMETRICOS

En esta sección estudiamos integrales de funciones que son productos de potencias de las funciones trigonométricas. Consideramos tres tipos:

TIPO 1. INTEGRALES DE PRODUCTOS DE SENOS Y COSENOS

$$\int \operatorname{sen} mx \cos nx\, dx \qquad \int \operatorname{sen} mx \operatorname{sen} nx\, dx \qquad \int \cos mx \cos nx\, dx$$

Estas integrales se resuelven usando las siguientes identidades:

a. $\operatorname{sen} \alpha \cos \beta = \frac{1}{2}[\operatorname{sen}(\alpha+\beta)+\operatorname{sen}(\alpha-\beta)]$

b. $\operatorname{sen} \alpha \operatorname{sen} \beta = \frac{1}{2}[\cos(\alpha-\beta)-\cos(\alpha+\beta)]$

c. $\cos \alpha \cos \beta = \frac{1}{2}[\cos(\alpha+\beta)+\cos(\alpha-\beta)]$

EJEMPLO 1. Evaluar $\int \operatorname{sen} 3x \cos 2x\, dx$

Solución

$$\operatorname{sen} 3x \cos 2x\, dx = \frac{1}{2}[\operatorname{sen}(3x+2x)+\operatorname{sen}(3x-2x)] = \frac{1}{2}[\operatorname{sen} 5x+\operatorname{sen} x]$$

Luego,

$$\int \operatorname{sen} 3x \cos 2x\, dx = \int \frac{1}{2}[\operatorname{sen} 5x+\operatorname{sen} x]\, dx = \frac{1}{2}\int \operatorname{sen} 5x\, dx + \frac{1}{2}\int \operatorname{sen} x\, dx$$

$$= -\frac{1}{10}\cos 5x - \frac{1}{2}\cos x + C$$

TIPO 2. INTEGRALES DE LA FORMA $\int \operatorname{sen}^m x \cos^n x\, dx$

Se usan las siguientes identidades:

d. $\operatorname{sen}^2 x + \cos^2 x = 1$ **e.** $\operatorname{sen}^2 x = \dfrac{1-\cos 2x}{2}$ **f.** $\cos^2 x = \dfrac{1+\cos 2x}{2}$

CASO 1: *n* es impar (*n* = 2*k* + 1). Se escribe la integral del modo siguiente:

$$\int \operatorname{sen}^m x \cos^{2k+1} x\, dx = \int \operatorname{sen}^m x \cos^{2k} x \cos x\, dx = \int \operatorname{sen}^m x\, (\cos^2 x)^k \cos x\, dx$$

$$= \int \operatorname{sen}^m x\, (1 - \operatorname{sen}^2 x)^k \cos x\, dx$$

Se efectúan las potencias y multiplicaciones. Luego hacemos la sustitución:

$u = \operatorname{sen} x$, para la cual $du = \cos x\, dx$

EJEMPLO 2. Evaluar $\int \operatorname{sen}^2 x \cos^5 x\, dx$

Solución

$$\int \operatorname{sen}^2 x \cos^5 x\, dx = \int \operatorname{sen}^2 x \cos^4 x \cos x\, dx = \int \operatorname{sen}^2 x \left(\cos^2 x\right)^2 \cos x\, dx$$

$$= \int \operatorname{sen}^2 x \left(1 - \operatorname{sen}^2 x\right)^2 \cos x\, dx$$

$$= \int \operatorname{sen}^2 x \left(1 - 2\operatorname{sen}^2 x + \operatorname{sen}^4 x\right) \cos x\, dx$$

$$= \int \operatorname{sen}^2 x \cos x\, dx - 2\int \operatorname{sen}^4 x \cos x\, dx + \int \operatorname{sen}^6 x \cos x\, dx$$

$$= \int u^2 du - 2\int u^4 du + \int u^6 du$$

$$= \frac{1}{3}u^3 - \frac{2}{5}u^5 + \frac{1}{7}u^7 + C$$

$$= \frac{1}{3}\operatorname{sen}^3 x - \frac{3}{5}\operatorname{sen}^5 x + \frac{1}{7}\operatorname{sen}^7 x + C$$

CASO 2: *m* es impar (*m* = 2*k* + 1). Escribimos la integral como:

$$\int \operatorname{sen}^{2k+1} x \cos^n x\, dx = \int \operatorname{sen}^{2k} x \cos^n x \operatorname{sen} x\, dx = \int \left(\operatorname{sen}^2 x\right)^k \cos^n x \operatorname{sen} x\, dx$$

$$= \int \left(1 - \cos^2 x\right)^k \cos^n x \operatorname{sen} x\, dx$$

Se efectúan las potencias y multiplicaciones. Luego, hacemos la sustitución

$$u = \cos x, \text{ para la cual } du = -\operatorname{sen} x\, dx$$

EJEMPLO 3. Evaluar $\int \operatorname{sen}^3\theta \cos^4\theta \, d\theta$

Solución

$$\int \operatorname{sen}^3\theta \cos^4\theta \, d\theta = \int \operatorname{sen}^2\theta \cos^4\theta \operatorname{sen}\theta \, d\theta = \int \left(1-\cos^2\theta\right) \cos^4\theta \operatorname{sen}\theta \, d\theta$$

$$= \int \cos^4\theta \operatorname{sen}\theta \, d\theta - \int \cos^6\theta \operatorname{sen}\theta \, d\theta$$

$$= -\int \cos^4\theta \, (-\operatorname{sen}\theta \, d\theta) + \int \cos^6\theta \, (-\operatorname{sen}\theta \, d\theta)$$

$$= -\int u^4 du + \int u^6 du = -\frac{1}{5} u^5 + \frac{1}{7} u^7 + C$$

$$= -\frac{1}{5} \cos^5\theta + \frac{1}{7} \cos^7\theta + C$$

CASO 3: ***m* y *n* son ambos pares, (*m* = 2*k*) y (*n* = 2*h*).**

Se utilizan las identidades **e** y **f** para escribir la integral como:

$$\int \operatorname{sen}^{2k} x \cos^{2h} x \, dx = \int (\operatorname{sen}^2 x)^k (\cos^2 x)^h dx = \int \left(\frac{1-\cos 2x}{2}\right)^k \left(\frac{1+\cos 2x}{2}\right)^h dx$$

Se efectúan las potencias y multiplicaciones y luego se integra.

EJEMPLO 4. Evaluar $\int \operatorname{sen}^2 x \cos^2 x \, dx$

Solución

$$\int \operatorname{sen}^2 x \cos^2 x \, dx = \int \left(\frac{1-\cos 2x}{2}\right)\left(\frac{1+\cos 2x}{2}\right) \mathrm{dx}$$

$$= \frac{1}{4} \int (1-\cos 2x)(1+\cos 2x) \, dx = \frac{1}{4} \int \left(1-\cos^2 2x\right) dx$$

$$= \frac{1}{4} \int dx - \frac{1}{4} \int \cos^2 2x \, dx = \frac{1}{4} x - \frac{1}{4} \int \left(\frac{1+\cos 4x}{2}\right) dx$$

$$= \frac{1}{4}x - \frac{1}{8}\int dx - \frac{1}{8}\int \cos 4x\, dx = \frac{1}{4}x - \frac{1}{8}x - \frac{1}{32}\text{sen } 4x + C$$

$$= \frac{1}{8}x - \frac{1}{32}\text{sen } 4x + C$$

TIPO 3. INTEGRALES DE LA FORMA

$$\int \tan^m x \sec^n x\, dx \qquad \text{ó} \qquad \int \cot^m x \,\text{cosec}^n x\, dx$$

Se usan las identidades: **g.** $1 + \tan^2 x = \sec^2 x$ **h.** $1 + \cot^2 x = \text{cosec}^2 x$

CASO 1. *n* es par ($n = 2k$)

Para la primera integral se hace la transformación:

$$\tan^m x \sec^{2k} x = \tan^m x \left(\sec^2 x\right)^{k-1} \sec^2 x = \tan^m x \left(1 + \tan^2 x\right)^{k-1} \sec^2 x$$

Se efectúan las multiplicaciones y se hace cambio de variable

$u = \tan x$, para el cual $du = \sec^2 x\, dx$.

Para la segunda integral se hace la transformación:

$$\cot^m x \,\text{cosec}^n x = \cot^m x \left(\text{cosec}^2 x\right)^{k-1} \text{cosec}^2 x$$

$$= \cot^m x \left(1 + \cot^2 x\right)^{k-1} \text{cosec}^2 x$$

Se efectúan las potencias y multiplicaciones. Luego se hace la sustitución:

$u = \cot x$, para el cual $du = -\,\text{cosec}^2 x\, dx$.

EJEMPLO 5. Evaluar **a.** $\int \tan^{3/2} x \sec^4 x\, dx$ **b.** $\int \cot 3x \,\text{cosec}^4 3x\, dx$

Solución

a. $\int \tan^{3/2} x \sec^4 x\, dx = \int \tan^{3/2} x \sec^2 x \sec^2 x\, dx$

$$= \int \tan^{3/2} x\,(1 + \tan^2 x) \sec^2 x\, dx$$

$$= \int \tan^{3/2} x \sec^2 x\, dx + \int \tan^{7/2} x \sec^2 x\, dx$$

$$= \int u^{3/2} du + \int u^{7/2} du = \frac{2}{5}u^{5/2} + \frac{2}{9}u^{9/2} + C$$

$$= \frac{2}{5}\tan^{5/2} x + \frac{2}{9}\tan^{9/2} x + C$$

b. $\int \cot 3x \operatorname{cosec}^4 3x\, dx = \int \cot 3x \operatorname{cosec}^2 3x \operatorname{cosec}^2 3x\, dx$

$$= \int \cot 3x\,(1+\cot^2 3x)\operatorname{cosec}^2 3x\, dx$$

$$= \int \cot 3x \operatorname{cosec}^2 3x\, dx + \int \cot^3 3x \operatorname{cosec}^2 3x\, dx$$

$$= -\frac{1}{3}\int u\, du - \frac{1}{3}\int u^3 du = -\frac{1}{6}u^2 - \frac{1}{12}u^4 + C$$

$$= -\frac{1}{6}\cot^2 3x - \frac{1}{12}\cot^4 3x + C$$

CASO 2. *m* es impar (*m* = 2*k* + 1).

Para la primera integral se hace la transformación:

$$\tan^{2k+1}x \sec^n x = \tan^{2k}x \sec^{n-1}x\,(\tan x \sec x)$$

$$= \left(\tan^2 x\right)^k \sec^{n-1}x\,(\tan x \sec x)$$

$$= \left(\sec^2 x - 1\right)^k \sec^{n-1}x\,(\tan x \sec x)$$

Se efectúan las potencias y multiplicaciones. Luego se hace el cambio de variable

$u = \sec x$, para la cual $du = \tan x \sec x\, dx$.

Para la segunda integral se hace la transformación:

$$\cot^{2k+1}x \operatorname{cosec}^n x = \cot^{2k}x \operatorname{cosec}^{n-1}x\,(\cot x \operatorname{cosec} x)$$

$$= \left(\cot^2 x\right)^k \operatorname{cosec}^{n-1}x\,(\cot x \operatorname{cosec} x)$$

$$= \left(\operatorname{cosec}^2 x - 1\right)^k \operatorname{cosec}^{n-1}x\,(\cot x \operatorname{cosec} x)$$

Se efectúan las potencias, multiplicaciones. Luego se hace la sustitución

$u = \operatorname{cosec} x$, para la cual $dx = -\cot x \operatorname{cosec} x\, dx$

EJEMPLO 6. Evaluar $\int \cot^3 x \operatorname{cosec}^{-1/2} x\, dx$

Solución

$$\int \cot^3 x \operatorname{cosec}^{-1/2} x\, dx = \int \cot^2 x \operatorname{cosec}^{-3/2} x\, (\cot x \operatorname{cosec} x)\, dx$$

$$= \int (\operatorname{cosec}^2 x - 1) \operatorname{cosec}^{-3/2} x\, (\cot x \operatorname{cosec} x\, dx)$$

$$= \int \operatorname{cosec}^{1/2} x\, (\cot x \operatorname{cosec} x\, dx) - \int \operatorname{cosec}^{-3/2} x\, (\cot x \operatorname{cosec} x\, dx)$$

$$= -\int u^{1/2} du + \int u^{-3/2} du = -\frac{2}{3} u^{3/2} - 2u^{-1/2} + C$$

$$= -\frac{2}{3} \operatorname{cosec}^{3/2} x - 2 \operatorname{cosec}^{-1/2} x + C$$

CASO 3. *m* par y *n* impar

Mediante las identidades g. y h. la integral dada se transforma en integrales de potencias de secante o cosecante, las que se resuelven mediante las fórmulas de reducción tratadas en el capítulo anterior.

EJEMPLO 7. Evaluar $\int \tan^2 x \sec^3 x\, dx$

Solución

$$\int \tan^2 x \sec^3 x\, dx = \int (\sec^2 x - 1) \sec^3 x\, dx = \int \sec^5 x\, dx - \int \sec^3 x\, dx$$

$$= \left[\frac{1}{4} \tan x \sec^3 x + \frac{3}{4} \int \sec^3 x\, dx \right] - \int \sec^3 x\, dx$$

$$= \frac{1}{4} \tan x \sec^3 x - \frac{1}{4} \int \sec^3 x\, dx$$

$$= \frac{1}{4} \tan x \sec^3 x - \frac{1}{4} \left[\frac{1}{2} \tan x \sec x + \frac{1}{2} \int \sec x\, dx \right]$$

$$= \frac{1}{4} \tan x \sec^3 x - \frac{1}{8} \tan x \sec x - \frac{1}{8} \ln |\sec x + \tan x| + C$$

PROBLEMAS RESUELTOS 2.1

PROBLEMA 1. Evaluar $\int \operatorname{sen} x \operatorname{sen} 2x \operatorname{sen} 3x\, dx$

Solución

Se tiene:

$$\operatorname{sen} x \operatorname{sen} 2x \operatorname{sen} 3x = [\operatorname{sen} x \operatorname{sen} 2x] \operatorname{sen} 3x$$

$= \frac{1}{2}\,[\cos(x-2x)-\cos(x+2x)]\,\text{sen}\,3x$ (identidad b)

$= \frac{1}{2}\,[\cos(-x)\ -\ \cos 3x]\,\text{sen}\,3x$

$= \frac{1}{2}[\cos\ x-\cos 3x]\,\text{sen}\,3x$ $(\cos(-x)=\cos x)$

$= \frac{1}{2}\text{sen}\,3x\ \cos x-\frac{1}{2}\text{sen}\,3x\cos 3x$

$= \frac{1}{4}[\text{sen}\,(3x+x)+\text{sen}\,(3x-x)]-\frac{1}{2}\text{sen}\,3x\cos 3x$ (ident. a)

$= \frac{1}{4}\text{sen}\,4x+\frac{1}{4}\text{sen}\,2x\ -\ \frac{1}{4}\text{sen}\,6x$ (ident. ángulo doble)

Luego,

$$\int \text{sen}\,x\ \ \text{sen}\,2x\ \ \text{sen}\,3x\,dx=\frac{1}{4}\int\text{sen}\,4x\,dx+\frac{1}{4}\int\text{sen}\,2x\,dx-\frac{1}{4}\int\text{sen}\,6x\,dx$$

$$=-\frac{1}{16}\cos 4x-\frac{1}{8}\cos 2x+\frac{1}{24}\cos 6x+C$$

PROBLEMAS PROPUESTOS 2.1

En los problemas del 1 al 24 evaluar la integral indefinida dada:

1. $\int \text{sen}\,2x\ \text{sen}\,5x\,dx$ *Rpta.* $\frac{1}{6}\text{sen}\,3x-\frac{1}{14}\text{sen}\,7x+C$

2. $\int \cos 5x\ \text{sen}\,3x\,dx$ *Rpta.* $-\frac{1}{16}\cos 8x+\frac{1}{4}\cos 2x+C$

3. $\int \text{sen}\,\frac{x}{4}\cos\frac{3x}{4}dx$ *Rpta.* $\cos\frac{x}{2}-\frac{1}{2}\cos x+C$

4. $\int \cos 2x\cos 3x\,dx$ *Rpta.* $\frac{1}{10}\text{sen}\,5x+\frac{1}{2}\text{sen}\,x+C$

5. $\int \cos x\cos 2x\cos 3x\,dx$ *Rpta.* $\frac{x}{4}+\frac{1}{8}\text{sen}\,2x+\frac{1}{16}\text{sen}\,4x+\frac{1}{24}\text{sen}\,6x+\text{C}$

6. $\int \text{sen}^4x\cos^3x\,dx$ *Rpta.* $\frac{1}{5}\text{sen}^5x-\frac{1}{7}\text{sen}^7x+C$

7. $\int \text{sen}^3x\cos^4x\,dx$ *Rpta.* $-\frac{1}{5}\cos^5x+\frac{1}{7}\cos^7x+C$

8. $\int \text{sen}^2x\cos^2x\,dx$ *Rpta.* $\frac{x}{8}-\frac{1}{32}\text{sen}\,4x+C$

9. $\int \cos^4 2x \operatorname{sen}^3 2x \, dx$ *Rpta.* $\frac{1}{14}\cos^7 2x - \frac{1}{10}\cos^5 2x + C$

10. $\int \tan^4 x \sec^4 x \, dx$ *Rpta.* $\frac{1}{7}\tan^7 x + \frac{1}{5}\tan^5 x + C$

11. $\int \tan^3 x \sec^5 x \, dx$ *Rpta.* $\frac{1}{7}\sec^7 x - \frac{1}{5}\sec^5 x + C$

12. $\int \tan^2 x \sec x \, dx$ *Rpta.* $\frac{1}{2}\tan x \sec x - \frac{1}{2}\ln|\sec x + \tan x| + C$

13. $\int \frac{\tan^3 x}{\cos^2 x} dx$ *Rpta.* $\frac{1}{4}\tan^4 x + C$

14. $\int \frac{\cot^3 x}{\operatorname{cosec} x} dx$ *Rpta.* $-\operatorname{sen} x - \operatorname{cosec} x + C$

15. $\int \left(\frac{\sec x}{\tan x}\right)^4 dx$ *Rpta.* $-\frac{1}{3\tan^3 x} - \frac{1}{\tan x} + C$

16. $\int \tan x \sqrt{\sec x} \, dx$ *Rpta.* $2\sqrt{\sec x} + C$

17. $\int \frac{\operatorname{cosec}^4 x}{\cot^2 x} dx$ *Rpta.* $\frac{1}{\cot x} - \cot x + C$

18. $\int \frac{\cot^2 x}{\operatorname{cosec} x} dx$ *Rpta.* $\ln|\operatorname{cosec} x - \cot x| + \cos x + C$

SECCION 2.2

SUSTITUCION TRIGONOMETRICA

En esta sección integraremos expresiones que contienen los radicales

$$\sqrt{a^2 - x^2}\ , \quad \sqrt{x^2 - a^2} \quad ó \quad \sqrt{x^2 + a^2}$$

EXPRESION	SUSTITUCION	RESULTADO
1. $\sqrt{a^2 - x^2}$,	$x = a \operatorname{sen} \theta$	$\sqrt{a^2 - x^2} = a \cos \theta$
2. $\sqrt{x^2 - a^2}$,	$x = a \sec \theta$	$\sqrt{x^2 - a^2} = a \tan \theta$
3. $\sqrt{x^2 + a^2}$,	$x = a \tan \theta$	$\sqrt{x^2 + a^2} = a \sec \theta$

En estas sustituciones θ toma valores en el dominio de la función trigonométrica inversa correspondiente.

EJEMPLO 1. Evaluar $\int \frac{dx}{\left(4-x^2\right)^{3/2}}$

Solución

Sea $x = 2\text{sen}\ \theta$. Entonces $dx = 2\cos\theta\, d\theta$ y

$$(4-x^2)^{3/2} = \left(4-4\text{sen}^2\theta\right)^{3/2} = 4^{3/2}\left(1-\text{sen}^2\theta\right)^{3/2} = 8\left(\cos^2\theta\right)^{3/2} = 8\cos^3\theta$$

Luego,

$$\int \frac{dx}{(4-x^2)^{3/2}} = \int \frac{2\cos\theta\, d\theta}{8\cos^3\theta} = \frac{1}{4}\int \frac{1}{\cos^2\theta}\, d\theta = \frac{1}{4}\int \sec^2\theta\, d\theta = \frac{1}{4}\tan\theta + C$$

Ahora expresamos $\tan\theta$ en términos de x. Del cambio de variable $x = 2\text{sen}\ \theta$ obtenemos $\text{sen}\ \theta = x/2$. Construimos el triángulo rectángulo adjunto.

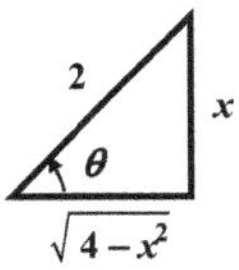

$$\tan\theta = \frac{x}{\sqrt{4-x^2}}, \text{ y, por lo tanto,}$$

$$\int \frac{dx}{(4-x^2)^{3/2}} = \frac{x}{4\sqrt{4-x^2}} + C$$

EJEMPLO 2. Evaluar $\int \frac{x^2}{\sqrt{x^2-16}}\, dx$

Solución

Sea $x = 4\sec\theta$. Entonces $dx = 4\sec\theta\tan\theta\, d\theta$ y

$$\sqrt{x^2-16} = \sqrt{16\sec^2\theta - 16} = 4\sqrt{\sec^2\theta - 1} = 4\tan\theta$$

Luego, teniendo en cuenta la fórmula 25 de la tabla III de integrales básicas,

$$\int \frac{x^2}{\sqrt{x^2-16}}\, dx = \int \frac{16\sec^2\theta}{4\tan\theta}\left(4\sec\theta\tan\theta\, d\theta\right) = 16\int \sec^3\theta\, d\theta$$

$$= 16\left[\frac{1}{2}\sec\theta\tan\theta + \frac{1}{2}\ln|\sec\theta + \tan\theta|\right] + C$$

$$= 8\sec\theta\tan\theta + 8\ln\left|\sec\theta + \tan\theta\right| + C$$

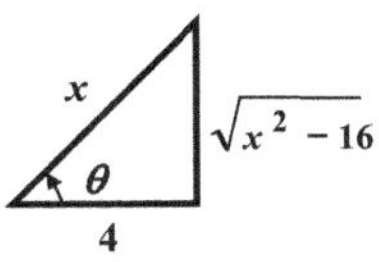

$$= 8\left[\frac{x}{4}\right]\frac{\sqrt{x^2-16}}{4} + 8\ln\left|\frac{x}{4} + \frac{\sqrt{x^2-16}}{4}\right| + C$$

$$= \frac{1}{2}x\sqrt{x^2-16} + 8\ln\left|\frac{x}{4} + \frac{\sqrt{x^2-16}}{4}\right| + C$$

Las sustituciónes trigonmétricas nos permite incrementar nuestra lista de integrales. Las dos primeras las demostramos a continuación y las otras en los problemas resueltos y propuestos.

INTEGRALES BASICAS. TABLA IV.

37. $\displaystyle\int \sqrt{a^2-u^2}\, du = \frac{u}{2}\sqrt{a^2-u^2} + \frac{a^2}{2}\operatorname{sen}^{-1}\frac{u}{a} + C$

38. $\displaystyle\int \sqrt{u^2-a^2}\, du = \frac{u}{2}\sqrt{u^2-a^2} - \frac{a^2}{2}\ln\left| u+\sqrt{u^2-a^2}\right| + C$

39. $\displaystyle\int \sqrt{u^2+a^2}\, du = \frac{u}{2}\sqrt{u^2+a^2} + \frac{a^2}{2}\ln\left| u+\sqrt{u^2+a^2}\right| + C$

40. $\displaystyle\int \frac{\sqrt{a^2-u^2}}{u}\, du = \sqrt{a^2-u^2} - a\ln\left|\frac{a+\sqrt{a^2-u^2}}{u}\right| + C$

41. $\displaystyle\int \frac{du}{a^2-u^2} = \frac{1}{2a}\ln\left|\frac{u+a}{u-a}\right| + C$

42. $\displaystyle\int \frac{du}{u^2-a^2} = \frac{1}{2a}\ln\left|\frac{u-a}{u+a}\right| + C$

43. $\displaystyle\int \frac{du}{\sqrt{u^2\pm a^2}} = \ln\left| u+\sqrt{u^2\pm a^2}\right| + C$

EJEMPLO 3. Deducir la fórmula 37, 38, 39 y 40.

Soluciuón

37. Sea $u = a\operatorname{sen}\theta$. Entonces $du = a\cos\theta\, d\theta$ y

$$\sqrt{a^2-u^2} = \sqrt{a^2-a^2\operatorname{sen}^2\theta} = a\sqrt{1-\operatorname{sen}^2\theta} = a\cos\theta$$

Luego,

$$\int\sqrt{a^2-u^2}\,du = \int a\cos\theta\,(a\cos\theta\, d\theta) = a^2\int\cos^2\theta\, d\theta$$

$$= a^2\int\frac{1}{2}[1+\cos 2\theta]\mathrm{d}\theta = \frac{a^2}{2}\int d\theta + \frac{a^2}{2}\int\cos 2\theta\, d\theta$$

$$= \frac{a^2}{2}\theta + \frac{a^2}{4}\operatorname{sen} 2\theta + C = \frac{a^2}{2}\theta + \frac{a^2}{2}\operatorname{sen}\theta\cos\theta + \mathrm{C}$$

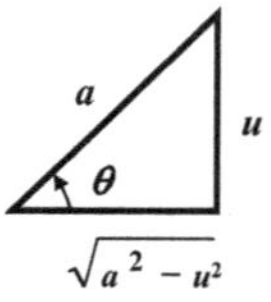

$$= \frac{a^2}{2}\theta + \frac{a^2}{2}\,\frac{u}{a}\,\frac{1}{a}\sqrt{a^2-u^2} + C$$

$$= \frac{a^2}{2}\operatorname{sen}^{-1}\frac{u}{a} + \frac{u}{2}\sqrt{a^2-u^2} + C$$

38. Sea $u = a\sec\theta$. Entonces $du = a\sec\theta\tan\theta\, d\theta$ y

$$\sqrt{a^2\sec^2\theta - a^2} = a\sqrt{\sec^2\theta - 1} = a\sqrt{\tan^2\theta} = a\tan\theta$$

Luego, invocando las fórmulas 16 y 25 de las listas de integrales básicas,

$$\int\sqrt{u^2 - a^2}\, du = \int a\tan\theta\,(a\sec\theta\,\tan\theta\, d\theta) = a^2\int\tan^2\theta\sec\theta\, d\theta$$

$$= a^2\int(\sec^2\theta - 1)\sec\theta\, d\theta = a^2\int\sec^3\theta\, d\theta - a^2\int\sec\theta\, d\theta$$

$$= a^2\left[\frac{1}{2}\sec\theta\tan\theta + \frac{1}{2}\ln|\sec\theta + \tan\theta|\right] - a^2\ln|\sec\theta + \tan\theta| + C_1$$

$$= \frac{a^2}{2}\sec\theta\tan\theta - \frac{a^2}{2}\ln|\sec\theta + \tan\theta| + C_1$$

$$= \frac{a^2}{2}\frac{u}{a}\frac{\sqrt{u^2 - a^2}}{a} - \frac{a^2}{2}\ln\left|\frac{u}{a} + \frac{\sqrt{u^2 - a^2}}{a}\right| + C_1$$

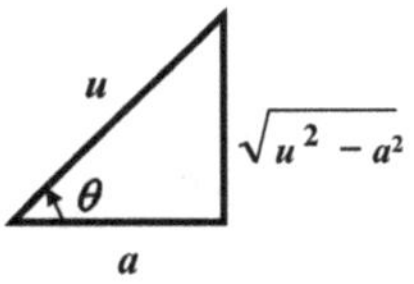

$$= \frac{u}{2}\sqrt{u^2 - a^2} - \frac{a^2}{2}\ln\left|\frac{1}{a}\left(u + \sqrt{u^2 - a^2}\right)\right| + C_1$$

$$= \frac{u}{2}\sqrt{u^2 - a^2} - \frac{a^2}{2}\ln\left|u + \sqrt{u^2 - a^2}\right| - \frac{a^2}{2}\ln\frac{1}{a} + C_1$$

$$= \frac{u}{2}\sqrt{u^2 - a^2} - \frac{a^2}{2}\ln\left|u + \sqrt{u^2 - a^2}\right| + C \qquad \left(C = -\frac{a^2}{2}\ln\frac{1}{a} + C_1\right)$$

39. Se procede como en **b**, haciendo el cambio $u = a\tan\theta$.

40. Sea $u = a\,\text{sen}\,\theta$. Entonces $du = a\cos\theta\, d\theta$ y $\sqrt{a^2 - u^2} = a\cos\theta$. Luego,

$$\int\frac{\sqrt{a^2 - u^2}}{u}\, du = \int\frac{a\cos\theta}{a\,\text{sen}\,\theta}\, a\cos\theta\, d\theta = a\int\frac{\cos^2\theta}{\text{sen}\,\theta}\, d\theta = a\int\frac{1 - \text{sen}^2\theta}{\text{sen}\,\theta}\, d\theta$$

$$= a\int(\text{cosec}\,\theta - \text{sen}\,\theta)\, d\theta = a\ln|\text{cosec}\,\theta - \cot\theta| + a\cos\theta + C$$

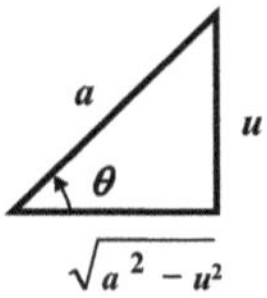

$$= a\ln\left|\frac{a}{u} - \frac{\sqrt{a^2 - u^2}}{u}\right| + a\frac{\sqrt{a^2 - u^2}}{a} + C$$

$$= a\ln\left|\frac{a - \sqrt{a^2 - u^2}}{u}\right| + \sqrt{a^2 - u^2} + C$$

$$= \sqrt{a^2 - u^2} - a\ln\left|\frac{u}{a - \sqrt{a^2 - u^2}}\right| + C$$

$$= \sqrt{a^2 - u^2} - a\ln\frac{a + \sqrt{a^2 - u^2}}{u} + C \qquad \text{(racionalizando)}$$

EJEMPLO 4. Evaluar $\displaystyle\int \frac{dx}{\sqrt{4x^2+9}}$

Solución

$$\int \frac{dx}{\sqrt{4x^2+9}} = \int \frac{dx}{\sqrt{4\left(x^2+9/4\right)}} = \frac{1}{2}\int \frac{dx}{\sqrt{x^2+\left(3/2\right)^2}} \quad \text{(fórmula 43)}$$

$$= \frac{1}{2}\ln\left| x + \sqrt{x^2+(3/2)^2} \right| + C = \frac{1}{2}\ln\left| x + \frac{1}{2}\sqrt{4x^2+9} \right| + C$$

EJEMPLO 5. Evaluar $\displaystyle\int \sqrt{x^2-2x+5}\, dx$

Solución

Completamos cuadrados,

$$\int \sqrt{x^2-2x+5}\, dx = \int \sqrt{(x^2-2x+1)+(5-1)}\, dx = \int \sqrt{(x-1)^2+2^2}\, dx$$

Haciendo el cambio de variable $u = x-1$ y aplicando la fórmula 39:

$$\int \sqrt{x^2-2x+5}\, dx = \int \sqrt{u^2+2^2}\, du = \frac{u}{2}\sqrt{u^2+2^2} + \frac{2^2}{2}\ln\left| u + \sqrt{u^2+2^2} \right| + C$$

$$= \frac{x-1}{2}\sqrt{(x-1)^2+2^2} + 2\ln\left| (x-1) + \sqrt{(x-1)^2+4} \right| + C$$

$$= \frac{x-1}{2}\sqrt{x^2-2x+5} + 2\ln\left| x-1 + \sqrt{x^2-2x+5} \right| + C$$

EJEMPLO 6. Hallar $\displaystyle\int \frac{dx}{x(4-\ln^2 x)}$

Solución

Sea $u = \ln x$. Entonces $x = e^u$ y $dx = e^u\, du$. Luego,

$$\int \frac{dx}{x(4-\ln^2 x)} = \int \frac{e^u\, du}{e^u(4-u^2)} = \int \frac{du}{2^2-u^2}$$

$$= \frac{1}{4}\ln\left| \frac{u+2}{u-2} \right| + C = \frac{1}{4}\ln\left| \frac{\ln x+2}{\ln x-2} \right| + C \quad \text{(fórmula 41)}$$

PROBLEMAS RESUELTOS 2.2

PROBLEMA 1. Probar las fórmulas 41 y 42.

41. $\displaystyle\int \frac{du}{a^2-u^2} = \frac{1}{2a}\ln\left|\frac{u+a}{u-a}\right| + C$ **42.** $\displaystyle\int \frac{du}{u^2-a^2} = \frac{1}{2a}\ln\left|\frac{u-a}{u+a}\right| + C$

Solución

41. Sea $u = a \operatorname{sen} \theta$. Entonces $du = a\cos\theta\, d\theta$ y

$$a^2-u^2 = a^2 - a^2\operatorname{sen}^2\theta = a^2(1-\operatorname{sen}^2\theta) = a^2\cos^2\theta$$

Luego,

$$\int \frac{du}{a^2-u^2} = \int \frac{a\cos\theta\, d\theta}{a^2\cos^2\theta} = \frac{1}{a}\int\frac{d\theta}{\cos\theta} = \frac{1}{a}\int \sec\theta\, d\theta$$

$$= \frac{1}{a}\ln\left|\sec\theta+\tan\theta\right| + C$$

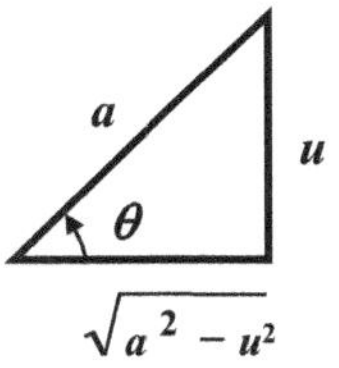

$$= \frac{1}{a}\ln\left|\frac{a}{\sqrt{a^2-u^2}} + \frac{u}{\sqrt{a^2-u^2}}\right| + C$$

$$= \frac{1}{a}\ln\left|\frac{a+u}{\sqrt{a^2-u^2}}\right| + C$$

$$= \frac{1}{a}\ln\left|\sqrt{\frac{a+u}{a-u}}\right| + C = \frac{1}{2a}\ln\left|\frac{a+u}{a-u}\right| + C$$

42. $\displaystyle\int\frac{du}{u^2-a^2} = -\int\frac{du}{a^2-u^2} = -\frac{1}{2a}\ln\left|\frac{a+u}{a-u}\right| + C = = \frac{1}{2a}\ln\left|\frac{a-u}{a+u}\right|$

PROBLEMAS PROPUESTOS 2.2

En los problemas del 1 al 12 evaluar la integral especificada.

1. $\displaystyle\int \sqrt{4-x^2}\,dx$ *Rpta.* $2\operatorname{sen}^{-1}\left(\frac{x}{2}\right) + \frac{x}{2}\sqrt{4-x^2} + C$

2. $\displaystyle\int \sqrt{x^2+4}\,dx$ *Rpta.* $\frac{x}{2}\sqrt{x^2+4} + 2\ln\left(x+\sqrt{x^2+4}\right) + C$

3. $\displaystyle\int \frac{dx}{x^2+6x+8}$ *Rpta.* $\frac{1}{2}\ln\left|\frac{x+2}{x+4}\right| + C$

4. $\int \frac{dx}{4x - x^2}$ *Rpta.* $\frac{1}{4} \ln \left| \frac{x}{x-4} \right| + C$

5. $\int \frac{dx}{x^2\sqrt{9 - x^2}}$ *Rpta.* $-\frac{1}{9x}\sqrt{9 - x^2} + C$

6. $\int \frac{dx}{x\sqrt{9 + x^2}}$ *Rpta.* $\frac{1}{3} \ln \left| \frac{1}{x}\left(\sqrt{9 + x^2} - 3\right) \right| + C$

7. $\int \frac{dx}{(x^2 + 2)^{3/2}}$ *Rpta.* $\frac{x}{2\sqrt{x^2 + 2}} + C$

8. $\int \frac{dx}{(5 - x^2)^{3/2}}$ *Rpta.* $\frac{x}{5\sqrt{5 - x^2}} + C$

9. $\int \frac{x^2 dx}{(16 - x^2)^{3/2}}$ *Rpta.* $\frac{x}{\sqrt{16 - x^2}} - \text{sen}^{-1} \frac{x}{4} + \text{C}$

10. $\int \frac{x^2 dx}{\sqrt{x^2 - 16}}$ *Rpta.* $\frac{x}{2}\sqrt{x^2 - 16} - 8 \ln\left| x + \sqrt{x^2 - 16} \right| + C$

11. $\int \frac{dx}{\sqrt{x^2 + 4x + 5}}$ *Rpta.* $\ln \left| x + 2 + \sqrt{x^2 + 4x + 5} \right| + C$

12. $\int \frac{dx}{(4x - x^2)^{3/2}}$ *Rpta.* $\frac{x - 2}{4\sqrt{4x - x^2}} + C$

13. $\int \frac{dx}{\sqrt{24 - 2x - x^2}}$ *Rpta.* $\text{sen}^{-1}\left(\frac{x + 1}{5}\right) + C$

14. $\int \frac{dx}{\sqrt{4x + x^2}}$ *Rpta.* $\ln\left| x + 2 + \sqrt{4x + x^2} \right| + C$

15. $\int \frac{x + 2}{\sqrt{x^2 + 9}} dx$ *Rpta.* $\sqrt{x^2 + 9} + 2\ln\left(x + \sqrt{x^2 + 9}\right) + C$

16. $\int \frac{dx}{\left(4x^2 - 24x + 27\right)^{3/2}}$ *Rpta* $-\frac{1}{9}\frac{x - 3}{\sqrt{4x^2 - 24x + 27}} + C$

17. $\int \frac{x + 2}{\sqrt{x^2 + 2x - 3}} dx$ *Rpta.* $\sqrt{x^2 + 2x - 3} + \ln\left| x + 1 + \sqrt{x^2 + 2x - 3} \right| + C$

18. $\int \frac{x^2 dx}{\sqrt{2x - x^2}}$ *Rpta.* $\frac{3}{2}\text{sen}^{-1}(x - 1) - \frac{1}{2}(x - 1)\sqrt{2x - x^2} - 2\sqrt{2x - x^2} + C$

19. Probar la fórmula 43. $\int \frac{du}{\sqrt{u^2 \pm a^2}} = \ln \left| u + \sqrt{u^2 \pm a^2} \right| + C$

SECCION 2.3

INTEGRALES HIPERBOLICAS

Las técnicas de integración de las funciones hiperbólicas son las mismas que las de las funciones trigonométricas. Esto se debe a que las identidades y las derivadas de ambas funciones tienen la misma forma, diferenciándose, en algunos casos, sólo en signo. Debido a este resultado, los caminos son ya conocidos.

Presentamos nuestro último grupo de integrales básicas. En los problemas resueltos probamos algunas de estas fórmulas.

INTEGRALES BASICAS. TABLA V.

44. $\int \operatorname{senh} u\, du = \cosh u + C$

45. $\int \cosh u\, du = \operatorname{senh} u + C$

46. $\int \operatorname{sech}^2 u\, du = \tanh u + C$

47. $\int \operatorname{cosech}^2 u\, du = -\operatorname{cotanh} u + C$

48. $\int \operatorname{sech} u \tanh u\, du = -\operatorname{sech} u + C$

49. $\int \operatorname{cosech} u \operatorname{cotanh} u\, du = -\operatorname{cosech} u + C$

50. $\int \tanh u\, du = \ln \cosh u + C$

51. $\int \coth u\, du = \ln |\operatorname{senh} u| + C$

52. $\int \operatorname{sech} u\, du = \tan^{-1}(\operatorname{senh} u) + C = 2\tan^{-1} e^u + C$

53. $\int \operatorname{cosech} u\, du = \frac{1}{2}\ln\left|\frac{\cosh u - 1}{\cosh u + 1}\right| + C = \ln\left|\tanh\frac{u}{2}\right| + C$

54. $\int \frac{du}{\sqrt{u^2 + a^2}} = \operatorname{senh}^{-1}\frac{u}{a} + C = \ln\left(u + \sqrt{u^2 + a^2}\right) + C$

55. $\int \frac{du}{\sqrt{u^2 - a^2}} = \cosh^{-1}\frac{u}{a} + C = \ln\left|u + \sqrt{u^2 - a^2}\right| + C$

56. $\int \frac{du}{u\sqrt{a^2 - u^2}} = -\frac{1}{a}\operatorname{sech}^{-1}\frac{|u|}{a} + C = -\frac{1}{a}\ln\frac{a + \sqrt{a^2 - u^2}}{|u|} + C$

57. $\int \frac{du}{u\sqrt{a^2 + u^2}} = -\frac{1}{a}\operatorname{cosech}^{-1}\frac{|u|}{a} + C = -\frac{1}{a}\ln\frac{a + \sqrt{a^2 + u^2}}{|u|} + C$

FORMULAS DE REDUCCION

58. $$\int \operatorname{senh}^n u\, du = \frac{1}{n}\cosh u \operatorname{senh}^{n-1} u - \frac{n-1}{n}\int \operatorname{senh}^{n-2} u\, du, \quad n \neq 0$$

59. $$\int \cosh^n u\, du = \frac{1}{n}\operatorname{senh} u \cosh^{n-1} u + \frac{n-1}{n}\int \cosh^{n-2} u\, du, \quad n \neq 0$$

60. $$\int \tanh^n u\, du = -\frac{1}{n-1}\tanh^{n-1} u + \int \tanh^{n-2} u\, du, \quad n \neq 1$$

61. $$\int \coth^n u\, du = -\frac{1}{n-1}\coth^{n-1} u + \int \coth^{n-2} u\, du, \quad n \neq 1$$

62. $$\int \operatorname{sech}^n u\, du = \frac{1}{n-1}\tanh u \operatorname{sech}^{n-2} u + \frac{n-2}{n-1}\int \operatorname{sech}^{n-2} u\, du, \quad n \neq 1$$

63. $$\int \operatorname{cosec}^n u\, du = -\frac{1}{n-1}\cot u \operatorname{cosec}^{n-2} u - \frac{n-2}{n-1}\int \operatorname{cosec}^{n-2} u\, du, \quad n \neq 1$$

EJEMPLO 1. Hallar:

a. $\displaystyle\int \frac{\cosh\sqrt{x}}{\sqrt{x}}\, dx$ **b.** $\displaystyle\int x \operatorname{senh} x\, dx$ **c.** $\displaystyle\int \frac{\sqrt{2-x^2}-\sqrt{2+x^2}}{\sqrt{4-x^2}}\, dx$

Solución

a. Sea $u = \sqrt{x}$. Entonces $du = \dfrac{dx}{2\sqrt{x}}$ y

$$\int \frac{\cosh\sqrt{x}}{\sqrt{x}}\, dx = 2\int \cosh\sqrt{x}\left(\frac{dx}{2\sqrt{x}}\right) = 2\int \cosh u\, du = 2 \operatorname{senh} u + C$$

$$= 2\operatorname{senh}\sqrt{x} + C$$

b. Procedemos a integrar por partes. $u = x$ $\quad dv = \operatorname{senh} x\, dx.$

$du = dx$ $\quad v = \cosh x.$

$$\int x \operatorname{senh} x\, dx = x\cosh x - \int \cosh x\, dx = x\cosh x - \operatorname{senh} x + C$$

c. $$\int \frac{\sqrt{2-x^2}-\sqrt{2+x^2}}{\sqrt{4-x^4}}\, dx = \int \frac{\sqrt{2-x^2}-\sqrt{2+x^2}}{\sqrt{2-x^2}\sqrt{2+x^2}}\, dx$$

$$= \int \frac{\sqrt{2-x^2}}{\sqrt{2-x^2}\sqrt{2+x^2}}\, dx - \int \frac{\sqrt{2+x^2}}{\sqrt{2-x^2}\sqrt{2+x^2}}\, dx$$

$$= \int \frac{dx}{\sqrt{2+x^2}}\, dx - \int \frac{dx}{\sqrt{2-x^2}}\, dx$$

$$= \operatorname{senh}^{-1}\left(\frac{x}{\sqrt{2}}\right) - \operatorname{sen}^{-1}\left(\frac{x}{\sqrt{2}}\right)$$

EJEMPLO 2. Hallar: **a.** $\int \operatorname{sech}^3 x\, dx$ **b.** $\int \tanh^4 x\, dx$

Solución

a. Usando la la fórmula 62:

$$\int \operatorname{sech}^3 x\, dx = \frac{1}{2}\tanh x \operatorname{sech} x + \frac{1}{2}\int \operatorname{sech} x\, dx$$

$$= \frac{1}{2}\tanh x \operatorname{sech} x + \tan^{-1}(\operatorname{senh} x) + C$$

b. Usando la fórmula 60 dos veces:

$$\int \tanh^4 x\, dx = -\frac{1}{3}\tanh^3 x + \int \tanh^2 x\, dx = -\frac{1}{3}\tanh^3 x - \tanh x + \int dx$$

$$= -\frac{1}{3}\tanh^3 x - \tanh x + x + C$$

Para integrar productos de potencias, como:

$$\int \operatorname{senh} mx \cosh nx\, dx, \quad \int \operatorname{senh}^m x \cosh^n x\, dx, \quad \int \tanh^m x \operatorname{sech}^n x\, dx, \text{ etc.}$$

se siguen exactamente los mismos pasos dados en el caso de las funciones trigonométricas, presentados en la sección 2.1. Por supuesto, se cambia la identidad trigonométrica por la correspondiente identidad hiperbólica.

EJEMPLO 3. Hallar $\int \coth^2 x \operatorname{cosech}^4 x\, dx$

Solución

$$\int \coth^2 x \operatorname{cosech}^4 x\, dx = \int \coth^2 x (\operatorname{cosech}^2 x)(\operatorname{cosech}^2 x)\, dx$$

$$= \int \coth^2 x (\coth^2 x - 1)(\operatorname{cosech}^2 x)\, dx$$

$$= -\int \coth^4 x (-\operatorname{cosech}^2 x\, dx) + \int \coth^2 x (-\operatorname{cosech}^2 x\, dx)$$

$$= -\frac{1}{5}\coth^5 x + \frac{1}{3}\coth^3 x + C$$

EJEMPLO 4. Hallar $\int \frac{dx}{(x-1)\sqrt{1+2x-x^2}}$

Solución

Completamos cuadrados dentro del radical:

$$\int \frac{dx}{(x-1)\sqrt{1+2x-x^2}} = \int \frac{dx}{(x-1)\sqrt{2-(x-1)^2}} = \int \frac{dx}{(x-1)\sqrt{\left(\sqrt{2}\right)^2-(x-1)^2}}$$

Haciendo $u = x - 1$ y usando la foórmula 56,

$$\int \frac{dx}{(x-1)\sqrt{1+2x-x^2}} = \int \frac{du}{u\sqrt{\left(\sqrt{2}\right)^2 - u^2}} = -\frac{1}{\sqrt{2}}\operatorname{sech}^{-1}\left(\frac{|u|}{\sqrt{2}}\right) + C$$

$$= -\frac{1}{\sqrt{2}}\operatorname{sech}^{-1}\left(\frac{|x-1|}{\sqrt{2}}\right) + C$$

O bien, usando la otra igualdad de la fórmula 56:

$$\int \frac{dx}{(x-1)\sqrt{1+2x-x^2}} = \int \frac{du}{u\sqrt{\left(\sqrt{2}\right)^2 - u^2}} = -\frac{1}{\sqrt{2}}\ln\frac{\sqrt{2}+\sqrt{\left(\sqrt{2}\right)^2 - u^2}}{|u|} + C$$

$$= -\frac{1}{\sqrt{2}}\ln\frac{\sqrt{2} + \sqrt{1+2x-x^2}}{|x-1|} + C$$

PROBLEMAS RESUELTOS 2.3

PROBLEMA 1. Hallar **a.** $\int \frac{dx}{\operatorname{senh}^2 x + \cosh^2 x}$ **b.** $\int \frac{dx}{\tanh x - 1}$

Solución

a. $$\int \frac{dx}{\operatorname{senh}^2 x + \cosh^2 x} = \int \frac{dx/\cosh^2 x}{\dfrac{\operatorname{senh}^2 x}{\cosh^2 x} + \dfrac{\cosh^2 x}{\cosh^2 x}} = \int \frac{\operatorname{sech}^2 x\, dx}{\tanh^2 x + 1} = \int \frac{du}{1+u^2} \quad (u = \tanh x)$$

$$= \tan^{-1} u + C = \tan^{-1}(\tanh x) + C$$

b. $$\int \frac{dx}{\tanh x - 1} = \int \frac{(\tanh x + 1)\, dx}{(\tanh x - 1)(\tanh x + 1)} = \int \frac{(\tanh x + 1)\, dx}{\tanh^2 x - 1}$$

$$= -\int \frac{(\tanh x + 1)\, dx}{\operatorname{sech}^2 x} = -\int \frac{\tanh x\, dx}{\operatorname{sech}^2 x} - \int \frac{dx}{\operatorname{sech}^2 x}$$

$$= -\int \tanh x \cosh^2 x\, dx - \int \cosh^2 x\, dx$$

$$= -\int \operatorname{senh} x \cosh x\, dx - \left[\frac{1}{2} \operatorname{senh} x \cosh x + \frac{1}{2}\int dx \right]$$

$$= -\frac{1}{2}\operatorname{senh}^2 x - \frac{1}{2}\operatorname{senh} x \cosh x - \frac{1}{2}x + C$$

PROBLEMA 2. Hallar $\displaystyle\int \frac{dx}{\left(e^x + e^{-x}\right)^2}$

Solución

$$\int \frac{dx}{\left(e^x + e^{-x}\right)^2} = \frac{1}{4}\int \frac{4}{\left(e^x + e^{-x}\right)^2}\, dx = \frac{1}{4}\int \left(\frac{2}{e^x + e^{-x}}\right)^2 dx$$

$$= \frac{1}{4}\int \operatorname{sech}^2 x\, dx = \frac{1}{4}\tanh x + C$$

PROBLEMA 3. Probar la fórmula 56:

$$\int \frac{du}{u\sqrt{a^2 - u^2}} = -\frac{1}{a}\operatorname{sech}^{-1}\frac{|u|}{a} + C = -\frac{1}{a}\ln\frac{a + \sqrt{a^2 - u^2}}{|u|} + C$$

Solución

Como el dominio de sech^{-1} es positivo y u puede ser positivo o negativo, consideramos 2 casos:

Caso 1: $0 < u < a$.

Sea $w = \dfrac{u}{a}$. Entonces $u = aw$, $du = a\, dw$.

$$\int \frac{du}{u\sqrt{a^2 - u^2}} = \int \frac{a\, dw}{aw\sqrt{a^2 - (aw)^2}} = \frac{1}{a}\int \frac{dw}{w\sqrt{1 - w^2}}$$

$$= -\frac{1}{a}\operatorname{sech}^{-1} w + C \qquad \text{(teorema del C. Diferencial)}$$

$$= -\frac{1}{a}\ln\frac{1+\sqrt{1-w^2}}{w} + C \quad \text{(teor. 4.5, parte 5, C. Diferencial)}$$

$$= -\frac{1}{a}\ln\frac{1+\sqrt{1-(u/a)^2}}{u/a} + C = -\frac{1}{a}\ln\frac{a+\sqrt{a^2-u^2}}{u} + C$$

$$= -\frac{1}{a}\ln\frac{a+\sqrt{a^2-u^2}}{|u|} + C \qquad (u = |u|)$$

Caso 2. $\boldsymbol{-a < u < 0}$. Se tiene que $0 < -u < a$ y $|u| = -u$

Sea $w = -u$. Entonces $dw = -du$ y

$$\int\frac{du}{u\sqrt{a^2-u^2}} = \int\frac{-du}{-u\sqrt{a^2-(-u)^2}} = \int\frac{dw}{w\sqrt{a^2-w^2}}$$

$$= -\frac{1}{a}\ln\frac{a+\sqrt{a^2-w^2}}{|w|} + C \qquad \text{(caso 1)}$$

$$= -\frac{1}{a}\ln\frac{a+\sqrt{a^2-(-u)^2}}{|-u|} + C = -\frac{1}{a}\ln\frac{a+\sqrt{a^2-u^2}}{|u|} + C$$

PROBLEMA 4. Probar la fórmula 52:

$$\int \operatorname{sech} u\, du = \tan^{-1}(\operatorname{senh} u) + C = 2\tan^{-1}e^u + C$$

Solución

Aquí tenemos 2 igualdades, las que probaremos separadamente:

a. $\int \operatorname{sech} u\, du = \tan^{-1}(\operatorname{senh} u) + C$ **b.** $\int \operatorname{sech} u\, du = 2\tan^{-1}e^u + C$

a. $$\int \operatorname{sech} u\, du = \int\frac{du}{\cosh u} = \int\frac{\cosh u\, du}{\cosh^2 u} = \int\frac{\cosh u\, du}{1+\operatorname{senh}^2 u} = \int\frac{dw}{1+w^2} \quad (w = \operatorname{senh} u)$$

$$= \tan^{-1}w + C = \tan^{-1}(\operatorname{senh} u) + C$$

b. Derivamos el resultado para obtener el integrando:

$$D_u(2\tan^{-1}e^u) = 2\frac{e^u}{1+e^{2u}} = \frac{2}{e^{-u}+e^u} = \sec u$$

PROBLEMAS PROPUESTOS 2.3

En los problemas del 1 al 21 evaluar la integral dada.

1. $\int \frac{\operatorname{senh}(\ln x)}{x}\,dx$ *Rpta.* $\cosh(\ln x) + C$

2. $\int \frac{\operatorname{senh} x}{\cosh^3 x}\,dx$ *Rpta.* $-\frac{1}{2}\operatorname{sech}^2 x + C$

3. $\int \frac{\operatorname{senh} x}{1+\operatorname{senh}^2 x}\,dx$ *Rpta.* $-\operatorname{sech} x + C$

4. $\int \frac{dx}{\operatorname{senh} x \cosh x}$ *Rpta.* $\ln|\tan x| + C$

5. $\int \frac{dx}{\operatorname{senh} x \cosh^2 x}$ *Rpta.* $\ln\left|\tan \frac{x}{2}\right| + \operatorname{sech} x + C$

6. $\int \frac{\operatorname{sech}\sqrt{x}\,\tanh\sqrt{x}}{\sqrt{x}}\,dx$ *Rpta.* $-2\operatorname{sech}\sqrt{x} + C$

7. $\int x\cosh x\,dx$ *Rpta.* $x\operatorname{senh} x - \cosh x + C$

8. $\int e^x \cosh x\,dx$ *Rpta.* $\frac{1}{4}e^{2x} + \frac{1}{2}x + C$

9. $\int \operatorname{senh}^2 x \cosh^2 x\,dx$ *Rpta.* $-\frac{x}{8} + \frac{1}{32}\operatorname{sech} 4x + C$

10. $\int \frac{dx}{\operatorname{senh}^2 x \cosh^2 x}$ *Rpta.* $-2\coth 2x + C$

11. $\int \operatorname{senh}^3 x\,dx$ *Rpta.* $\frac{1}{3}\cosh^3 x - \cosh x + C$

12. $\int \coth^5 x\,dx$ *Rpta.* $-\frac{1}{4}\coth^4 x - \frac{1}{2}\coth^2 x + \ln|\operatorname{senh} x| + C$

13. $\int \operatorname{senh}^2 x \cosh^3 x\,dx$ *Rpta.* $\frac{1}{3}\operatorname{senh}^3 x + \frac{1}{5}\operatorname{senh}^5 x + C$

14. $\int \frac{\cosh x}{(1+\operatorname{senh} x)^2}\,dx$ *Rpta.* $-\frac{1}{1+\operatorname{senh} x} + C$

15. $\int \frac{1+\tanh x}{\operatorname{senh} 2x}\,dx$ *Rpta.* $\frac{1}{2}\ln|\tanh x| + \frac{1}{2}\tanh x + C$

16. $\int \frac{e^x + e^{-x}}{e^x - e^{-x}}\,dx$ *Rpta.* $\ln|\operatorname{senh} x| + C$

17. $\int \frac{e^x dx}{\operatorname{senh} x \cosh x}$ *Rpta.* $2\tan^{-1}(e^x) + \ln|\tanh(x/2)| + C$

18. $\int \frac{dx}{x\sqrt{9+x^4}}$ *Rpta.* $-\frac{1}{6}\operatorname{cosech}^{-1}\left(x^2/3\right) + C$

19. $\displaystyle\int \frac{dx}{x\sqrt{4-9x^4}}$ *Rpta.* $-\frac{1}{4}\operatorname{sech}^{-1}\left(3x^2/2\right)+C$

20. $\displaystyle\int \frac{dx}{\sqrt{1-e^{2x}}}$ *Rpta.* $-\operatorname{sech}^{-1}(e^x)+C$

21. $\displaystyle\int \frac{dx}{(x+1)\sqrt{8+4x+2x^2}}$ *Rpta.* $-\frac{1}{\sqrt{6}}\operatorname{cosech}^{-1}\left(\frac{|x+1|}{\sqrt{3}}\right)+C$

22. Probar:

$$\int \frac{du}{a^2-u^2} = \begin{cases} \frac{1}{a}\tanh^{-1}(u/a) + C, & |u| < a \\ \frac{1}{a}\coth^{-1}(u/a) + C, & |u| > a \end{cases} = \frac{1}{2a}\left|\frac{a+u}{a-u}\right| + C$$

SECCION 2.4

INTEGRACION POR FRACCIONES PARCIALES CASOS I Y II

Recordemos que una función racional es una función que es cociente de dos polinomios. Esto es,

$$R(x) = \frac{P(x)}{Q(x)}, \text{ donde } P(x) \text{ y } Q(x) \text{ son dos polinomios.}$$

La técnica para integrar $\frac{P(x)}{Q(x)}$ que aquí explicamos, consiste en descomponer $\frac{P(x)}{Q(x)}$ en una suma de funciones racionales más simples, cuyas integrales son fáciles de encontrar. Estas funciones racionales más simples son llamadas **fracciones parciales** o **fracciones simples.** Estas se obtienen a partir de los factores del denominador $Q(x)$. Un resultado teórico dice que el polinomio $Q(x)$ siempre puede expresarse como un producto de factores lineales o factores cuadráticos irreductibles (que ya no se pueden factorizar). Es decir, factores de la forma:

$$\boldsymbol{ax+b} \text{ ó } \boldsymbol{ax^2+bx+c}$$

El proceso de descomposición se inicia con dos pasos previos:

Paso 1: Se verifica que la función racional $\frac{P(x)}{Q(x)}$ sea una **fracción propia**. Es decir, verificar que el grado del numerador es menor que el del denominador. Si no es así, se divide $P(x)$ entre $Q(x)$ para obtener:

$$\frac{P(x)}{Q(x)} = P_1(x) + \frac{P_2(x)}{Q(x)}$$

donde $P_1(x)$ es un polinomio y $\dfrac{P_2(x)}{Q(x)}$ es una función racional propia. En este caso, la descomposición recae sobre $\dfrac{P_2(x)}{Q(x)}$.

Paso 2: Se factoriza el denominador $Q(x)$, en factores de la forma

$(ax+b)^n$ y de la forma $(ax^2+bx+c)^m$,

donde ax^2+bx+c es irreductible.

Según $Q(x)$ tenga o no factores cuadráticos y según los exponentes n y m sean 1 ó mayores que 1, se presentan cuatro casos. En esta sección nos ocuparemos de dos primeros, dejando los otros dos para ser tratados en la siguiente sección.

CASO I : FACTORES LINEALES DISTINTOS

Todos los factores del denominador son lineales y ninguno se repite. Es decir,

$$Q(x) = (a_1x+b_1)(a_2x+b_2)\cdots(a_kx+b_k)$$

En este caso, escribimos

$$\frac{P(x)}{Q(x)} = \frac{A_1}{a_1x+b_1} + \frac{A_2}{a_2x+b_2} + \cdots + \frac{A_k}{a_kx+b_k},$$

donde A_1, A_2, ... y A_k son constantes por determinar.

EJEMPLO 1. Hallar $\displaystyle\int \frac{6x^2+11x-12}{x^3-x^2-6x}\,dx$

Solución

Esta fracción es propia. Descomponemos la función racional en fracciones parciales. Factorizamos el denominador:

$$Q(x) = x^3 - x^2 - 6x = x(x-3)(x+2)$$

Todos los factores son lineales y ninguno se repite. Luego,

$$\frac{6x^2+11x-12}{x^3-x^2-6x} = \frac{6x^2+11x-12}{x(x-3)(x+2)} = \frac{A}{x} + \frac{B}{x-3} + \frac{C}{x+2}, \qquad \textbf{(1)}$$

donde A, B y C son constantes que debemos hallar.

Multiplicando la identidad anterior por $x(x-3)(x+2)$, obtenemos

$$6x^2+11x-12 = A(x-3)(x+2) + Bx(x+2) + Cx(x-3) \qquad \textbf{(2)}$$

Para hallar las costantes A, B y C, a partir de la igualdad (2), contamos con dos métodos. Con el própósito de que el estudiante conozca a ambos, el presente ejemplo lo resolvemos por ámbos métodos.

Método 1.

Puesto que la igualdad (2) se cumple para todo valor de x, podemos escoger valores apropiados de esta variable, que den como resultado ecuaciones simples en términos de A, B y C. Así,

Si $x = 0$, entonces (2) se convierte en

$$6(0)^2 + 11(0) - 12 = A(0-3)(0+2) \Rightarrow A = 2$$

Si $x = 3$, entonces (2) se convierte en

$$6(3)^2 + 11(3) - 12 = B(3)(3+2) \quad \Rightarrow \quad B = 5$$

Si $x = -2$, entonces (2) se convierte en

$$6(-2)^2 + 11(-2) - 12 = C(-2)(-2-3) \quad \Rightarrow \quad C = -1$$

En resumen,

$$A = 2, \quad B = 5 \quad \text{y} \quad C = -1$$

Método 2

Efectuamos las operaciones indicadas a la derecha de la igualdad (2) y factorizamos las potencias de x:

$$6x^2 + 11x - 12 = Ax^2 - Ax - 6A + Bx^2 + 2Bx + Cx^2 - 3Cx$$

$$= (A+B+C)\,x^2 + (-A+2B-3C)x - 6A$$

Como la igualdad anterior es una igualdad de polinomios, el coeficiente de cada potencia de x del miembro de la derecha debe ser igual al coeficiente de la potencia de x correspondiente en el miembro de la izquierda. En consecuencia:

$$\begin{aligned} A+B+C &= 6 \\ -A+2B-3C &= 11 \\ -6A &= -12 \end{aligned}$$

Resolvemos este sistema. De la última ecuación se obtenemos $A = 2$. Reemplazando este valor de A en las otras dos ecuaciones se obtiene:

$$\begin{aligned} B+C &= 4 \\ 2B-3C &= 13 \end{aligned}$$

De donde se tiene $B = 5$ y $C = -1$.

En resumen, se tiene que: $A = 2$, $B = 5$ y $C = -1$, que son los mismos valores encontrados anteriormente con el método 1.

Ahora, con los valores de las constantes A, B y C ya determinados regresamos al problema inicial del cálculo de la integral.

Reemplazamos los valores $A = 2$, $B = 5$ y $C = -1$ en la identidad (1):

$$\frac{6x^2 + 11x - 12}{x^3 - x^2 - 6x} = \frac{2}{x} + \frac{5}{x-3} + \frac{-1}{x+2}$$

Luego,

$$\int \frac{6x^2+11x-12}{x^3-x^2-6x}\,dx = \int \frac{2}{x}\,dx + \int \frac{5}{x-3}\,dx + \int \frac{-1}{x+2}\,dx$$

$$= 2\ln|x| + 5\ln|x-3| - \ln|x+2| + C$$

$$= \ln\frac{x^2|x-3|^5}{|x+2|} + C.$$

CASO II: FACTORES LINEALES REPETIDOS

Todos los factores del denominador son lineales y algunos se repiten. Es decir, $Q(x)$ tiene algunos factores de la forma

$$(ax+b)^n, \text{ con } n>1$$

En este caso por cada factor $(ax + b)^n$ se suman las n fracciones parciales siguientes:

$$\frac{A_1}{ax+b} + \frac{A_2}{(ax+b)^2} + \bullet\ \bullet\ \bullet + \frac{A_n}{(ax+b)^n}$$

EJEMPLO 2. Hallar $\displaystyle\int \frac{11x^2-10x+3}{4x^3-4x^2+x}\,dx$

Solución

Se tiene que: $4x^3-4x^2+x = x(2x-1)^2$

Luego,

$$\frac{11x^2-10x+3}{4x^3-4x^2+x} = \frac{11x^2-10x+3}{x(2x-1)^2} = \frac{A}{x} + \frac{B}{2x-1} + \frac{C}{(2x-1)^2}$$

Multiplicando por $x(2x-1)^2$,

$$11x^2 - 10x + 3 = A(2x-1)^2 + Bx(2x-1) + Cx \qquad (1)$$

Si en (1) hacemos $x = 0$, obtenemos

$$3 = A(-1)^2 \Rightarrow A = 3$$

Si en (1) hacemos $x = 1/2$, obtenemos:

$$11(1/2)^2 - 10(1/2) + 3 = C(1/2) \Rightarrow C = 3/2$$

Ya se terminan los valores de x que anulan algunos sumandos de (1); pero podemos elegir otros valores que nos proporcionen ecuaciones sencillas. Así, si tomamos $x = 1$ obtenemos,

$$11 - 10 + 3 = A + B + C \Rightarrow A + B + C = 4$$

Reemplazando en esta ecuación los valores encontrados $A = 3$ y $C = 3/2$, obtenemos $B = -1/2$.

En resumen, tenemos que: $A = 3,\quad B = -\frac{1}{2}$ y $C = \frac{3}{2}$

En consecuencia,

$$\frac{11x^2 - 10x + 3}{4x^3 - 4x^2 + x} = \frac{3}{x} + \frac{-1/2}{2x-1} + \frac{3/2}{(2x-1)^2} \quad \text{y}$$

$$\int \frac{11x^2 - 10x + 3}{4x^3 - 4x^2 + x}\,dx = 3\int \frac{dx}{x} - \frac{1}{2}\int \frac{dx}{2x-1} + \frac{3}{2}\int \frac{dx}{(2x-1)^2}$$

$$= 3\ln|x| - \frac{1}{4}\ln|2x-1| - \frac{3}{4(2x-1)} + C$$

$$= \ln\frac{|x^3|}{\sqrt[4]{|2x-1|}} - \frac{3}{4(2x-1)} + C$$

EJEMPLO 3 Hallar $\int \frac{x^3+1}{x^4 - x^3}\,dx$

Solución

La funcional racional es propia. Además, tenemos que

$$x^4 - x^3 = x^3(x-1)$$

Luego,

$$\frac{x^3+1}{x^4 - x^3} = \frac{x^3+1}{x^3(x-1)} = \frac{A}{x} + \frac{B}{x^2} + \frac{C}{x^3} + \frac{D}{x-1}$$

Multiplicando por $x^3(x-1)$

$$x^3 + 1 = Ax^2(x-1) + Bx(x-1) + C(x-1) + Dx^3$$

Efectuamos los productos indicados en la derecha de igualdad y factorizamos:

$$x^3 + 1 = Ax^3 - Ax^2 + Bx^2 - Bx + Cx - C + Dx^3$$

$$= (A+D)x^3 + (-A+B)x^2 + (-B+C)x - C \qquad \textbf{(1)}$$

El polinomio $x^3 + 1$ no tiene término en x^2 ni en x. Esto significa que estas potencias tienen coeficiente 0. Es decir, $x^3 + 1 = x^3 + 0x^2 + 0x + 1$

En consecuencia, (1) puede escribirse así:

$$x^3 + 0x^2 + 0x + 1 = (A+D)x^3 + (-A+B)x^2 + (-B+C)x - C$$

Igualando los coeficientes:

$$\begin{aligned} A + D &= 1 \\ -A + B &= 0 \\ -B + C &= 0 \\ -C &= 1 \end{aligned}$$

Resolviendo este sistema encontramos que:

$$A = -1, \quad B = -1, \quad C = -1 \quad \text{y} \quad D = 2$$

En consecuencia,

$$\frac{x^3 + 1}{x^4 - x^3} = \frac{-1}{x} + \frac{-1}{x^2} + \frac{-1}{x^3} + \frac{2}{x-1} \qquad \text{y}$$

$$\int \frac{x^3 + 1}{x^4 - x^3}\, dx = -\int \frac{dx}{x} - \int \frac{dx}{x^2} - \int \frac{dx}{x^3} + 2\int \frac{dx}{x-1}$$

$$= -\ln|x| + \frac{1}{x} + \frac{1}{2x^2} + 2\ln|x-1| + C$$

$$= \ln\frac{(x-1)^2}{|x|} + \frac{1}{x} + \frac{1}{2x^2} + C$$

PROBLEMAS PROPUESTOS 2.4

Hallar las siguientes integrales indefinidas:

1. $\displaystyle\int \frac{dx}{x^2 - 4}$ *Rpta.* $\displaystyle\frac{1}{4}\ln\left|\frac{x-2}{x+2}\right| + C$

2. $\displaystyle\int \frac{\mathrm{dx}}{4\mathrm{x}^2\text{-}9}$ *Rpta.* $\displaystyle\frac{1}{12}\ln\left|\frac{2x-3}{2x+3}\right| + C$

3. $\displaystyle\int \frac{dx}{1-4x^2}$ *Rpta.* $\displaystyle\frac{1}{4}\ln\left|\frac{2x+1}{2x-1}\right| + \mathrm{C}$

4. $\displaystyle\int \frac{dx}{x^2 - 5x + 6}$ *Rpta.* $\displaystyle\ln\left|\frac{x-3}{x-2}\right| + C$

5. $\displaystyle\int \frac{dx}{x^2 + 7x + 6}$ *Rpta.* $\displaystyle\frac{1}{5}\ln\left|\frac{x+1}{x+6}\right| + C$

6. $\displaystyle\int \frac{dx}{6x^2 + 13x - 5}$ *Rpta.* $\displaystyle\frac{1}{17}\ln\left|\frac{3x-1}{2x+5}\right| + C$

7. $\displaystyle\int \frac{dx}{(x+a)(x+b)}, \quad (a \neq b)$ *Rpta.* $\displaystyle\frac{1}{a-b}\ln\left|\frac{x+b}{x+a}\right| + C$

8. $\int \frac{x}{x^2-3x-4}\,dx$ *Rpta.* $\frac{1}{5}\ln|(x+1)(x-4)^4|+C$

9. $\int \frac{t-5}{2t^2+t-1}\,dt$ *Rpta.* $2\ln|t+1|-\frac{3}{2}\ln|2t-1|+C$

10. $\int \frac{x^2-x+4}{(x-1)(x-2)(x-3)}\,dx$ *Rpta.* $\ln\left|\frac{(x-3)^5(x-1)^2}{(x-2)^6}\right|+C$

11. $\int \frac{11\,dx}{6x^2-7x-3}$ *Rpta.* $\ln\left|\frac{2x-3}{3x+1}\right|+C$

12. $\int \frac{2x^2-6x-2}{x^3+x^2-2x}\,dx$ *Rpta.* $\ln\left|\frac{x(x+2)^3}{(x-1)^2}\right|+C$

13. $\int \frac{5z^2-3}{z^3-z}\,dz$ *Rpta.* $\ln|z^3(z^2-1)|+C$

14. $\int \frac{y^2-8y-4}{y^3-4y}\,dy$ *Rpta.* $\ln\left|\frac{y(y+2)^2}{(y-2)^2}\right|+C$

15. $\int \frac{x^2}{x^2-9}\,dx$ *Rpta.* $x+\frac{3}{2}\ln\left|\frac{x-3}{x+3}\right|+C$

16. $\int \frac{z^4}{4-z^2}\,dz$ *Rpta.* $-\frac{1}{3}z^3-4z-4\ln\left|\frac{z-2}{z+2}\right|+C$

17. $\int \frac{8x^3-8}{4x^3-x}\,dx$ *Rpta.* $2x+\ln\left|\frac{x^8}{(2x+1)^{9/2}(2x-1)^{7/2}}\right|+C$

18. $\int \frac{x\,dx}{x^2-4x+4}$ *Rpta.* $\ln|x-2|-\frac{2}{x-2}+C$

19. $\int \frac{dy}{y^4-y^2}$ *Rpta.* $\frac{1}{y}+\frac{1}{2}\ln\left|\frac{y-1}{y+1}\right|+C$

20. $\int \frac{dt}{t(t+1)^2}$ *Rpta.* $\frac{1}{t+1}+\ln\left|\frac{t}{t+1}\right|+C$

21. $\int \frac{x^2+x+1}{(x-1)^3}\,dx$ *Rpta.* $\ln|x-1|-\frac{3}{x-1}-\frac{3}{2(x-1)^2}+C$

22. $\int \frac{x^2-x-6}{(x-1)^2(x+1)}\,dx$ *Rpta.* $\frac{3}{x-1}+\ln\left|\frac{(x-1)^2}{x+1}\right|+C$

23. $\int \frac{z\,dz}{(z+1)(z+2)^2}$ *Rpta.* $\ln\left|\frac{z+2}{z+1}\right|-\frac{2}{z+2}+C$

24. $\int \frac{dy}{y^2(y+1)^2}$ *Rpta.* $\ln\frac{(y+1)^2}{y^2}-\frac{1}{y}-\frac{1}{y+1}+C$

25. $\displaystyle\int \frac{4t^2+1}{t^5-t^4}\,dt$ *Rpta.* $\ln\left|\dfrac{(t-1)^5}{t^5}\right| + \dfrac{5}{t} + \dfrac{1}{2t^2} + \dfrac{1}{3t^3} + C$

26. $\displaystyle\int \frac{dx}{e^{2x}-2e^x}$ *Rpta.* $\dfrac{1}{2e^x} + \dfrac{1}{4}\ln\left|\dfrac{e^x-2}{e^x}\right| + C$

27. $\displaystyle\int \frac{x^3-x-3\sqrt{2}}{x^2-2}\,dx$ *Rpta.* $\dfrac{1}{2}x^2 + \ln\left|\dfrac{\left(x+\sqrt{2}\right)^2}{x-\sqrt{2}}\right| + C$

SECCION 2.5

INTEGRACION POR FRACCIONES PARCIALES CASOS III Y IV

CASO III : FACTORES CUADRATICOS DISTINTOS

El denominador $Q(x)$ tiene factores cuadráticos $\boldsymbol{ax^2+bx+c}$ irreductibles, pero ninguno se repite; es decir, cada factor aparece con exponente $n = 1$.

Por cada factor ax^2+bx+c se suma una fracción parcial de la forma

$$\frac{Ax+B}{ax^2+bx+c}$$

EJEMPLO 1. Hallar $\displaystyle\int \frac{3x^2-x-5}{x^3+x^2+x}\,dx$

Solución

La función racional es propia. Además, tenemos que

$$x^3+x^2+x = x(x^2+x+1)$$

Luego,

$$\frac{3x^2-x-5}{x^3+x^2+x} = \frac{3x^2-x-5}{x(x^2+x+1)} = \frac{A}{x} + \frac{Bx+C}{x^2+x+1}$$

Multiplicando por $x(x^2+x+1)$,

$$3x^2-x-5 = A(x^2+x+1) + x(Bx+C)$$

Efectuamos las multiplicaciones indicadas y factorizando:

$$3x^2-x-5 = Ax^2+Ax+A+Bx^2+Cx$$

$$= (A+B)x^2 + (A+C)x + A$$

Igualando los coeficientes:

$$A + B = 3$$
$$A + C = -1$$
$$A = -5$$

Resolviendo este sistema obtenemos:

$$A = -5, \quad B = 8 \quad \text{y} \quad C = 4$$

En consecuencia,

$$\frac{3x^2 - x - 5}{x^3 + x^2 + x} = \frac{-5}{x} + \frac{8x + 4}{x^2 + x + 1} \quad \text{y}$$

$$\int \frac{3x^2 - x - 5}{x^3 + x^2 + x}\, dx = \int \frac{-5}{x}\, dx + \int \frac{8x + 4}{x^2 + x + 1}\, dx = -5\ln|x| + 4\int \frac{2x + 1}{x^2 + x + 1}\, dx$$

$$= -5\ln|x| + 4\int \frac{du}{u} \qquad (u = x^2 + x + 1)$$

$$= -5\ln|x| + 4\ln|u| + C = -5\ln|x| + 4\ln|x^2 + x + 1| + C$$

$$= \ln\frac{\left(x^2 + x + 1\right)^4}{\left|x^5\right|} + C$$

EJEMPLO 2. Hallar $\displaystyle\int \frac{4x^3 - x^2 + 2}{x^4 - x^3 + x^2}\, dx$

Solución

Tenemos: $x^4 - x^3 + x^2 = x^2(x^2 - x + 1)$

Luego,

$$\frac{4x^3 - x^2 + 2}{x^4 - x^3 + x^2} = \frac{4x^3 - x^2 + 2}{x^2(x^2 - x + 1)} = \frac{A}{x} + \frac{B}{x^2} + \frac{Cx + D}{x^2 - x + 1}$$

Multiplicando por $x^2(x^2 - x + 1)$ y factorizando:

$$4x^3 - x^2 + 2 = Ax(x^2 - x + 1) + B(x^2 - x + 1) + (Cx + D)x^2$$
$$= (A + C)x^3 + (-A + B + D)x^2 + (A - B)x + B$$

Igualando los coeficientes obtenemos el sistema:

$$A + C = 4$$
$$-A + B + D = -1$$
$$A - B = 0$$
$$B = 2$$

Resolviendo el sistema se tiene que

$$A = 2, \quad B = 2, \quad C = 2, \quad D = -1$$

En consecuencia,

$$\frac{4x^3 - x^2 + 2}{x^4 - x^3 + x^2} = \frac{2}{x} + \frac{2}{x^2} + \frac{2x - 1}{x^2 - x + 1} \quad \text{y}$$

$$\int \frac{4x^3 - x^2 + 2}{x^4 - x^3 + x^2}\,dx = \int \frac{2}{x}\,dx + \int \frac{2}{x^2}\,dx + \int \frac{2x-1}{x^2 - x + 1}\,dx$$

$$= 2\ln|x| - \frac{2}{x} + \ln|x^2 - x + 1| + C$$

$$= \ln\left(x^2\left|x^2 - x + 1\right|\right) - \frac{2}{x} + C$$

CASO IV : FACTORES DE SEGUNDO GRADO REPETIDOS

$Q(x)$ tiene factores de segundo grado irreductibles que se repiten. Es decir, $Q(x)$ tiene factores de la forma:

$$(ax^2 + bx + c)^m, \quad \text{con } m > 1$$

En este caso, para cada factor $(ax^2 + bx + c)^m$ se suman las m fracciones parciales:

$$\frac{A_1x + B_1}{ax^2 + bx + c} + \frac{A_2x + B_2}{(ax^2 + bx + c)^2} + \cdots + \frac{A_mx + B_m}{(ax^2 + bx + c)^m}$$

EJEMPLO 3. Hallar $\displaystyle\int \frac{2x^3 - 3x^2 + 11x - 5}{\left(x^2 - x + 3\right)^2}\,dx$

Solución

$$\frac{2x^3 - 3x^2 + 11x - 5}{\left(x^2 - x + 3\right)^2} = \frac{Ax + B}{x^2 - x + 3} + \frac{Cx + D}{(x^2 - x + 3)^2}$$

Multiplicando por $(x^2 - x + 3)^2$,

$$2x^3 - 3x^2 + 11x - 5 = (Ax + B)(x^2 - x + 3) + Cx + D$$

$$= Ax^3 + (-A + B)x^2 + (3A - B + C)x + 3B + D$$

Igualando los coeficientes:

$$\begin{aligned} A &= 2 \\ -A + B &= -3 \\ 3A - B + C &= 11 \\ 3B + D &= -5 \end{aligned}$$

Resolviendo el sistema hallamos que: $A = 2$, $B = -1$, $C = 4$, $D = -2$

En consecuencia,

$$\frac{2x^3 - 3x^2 + 11x - 5}{\left(x^2 - x + 3\right)^2} = \frac{2x - 1}{x^2 - x + 3} + \frac{4x - 2}{(x^2 - x + 3)^2} \quad \text{y}$$

$$\int \frac{2x^3 - 3x^2 + 11x - 5}{\left(x^2 - x + 3\right)^2}\, dx = \int \frac{2x - 1}{x^2 - x + 3}\, dx + \int \frac{4x - 2}{(x^2 - x + 3)^2}\, dx$$

$$= \int \frac{du}{u} + 2\int \frac{du}{u^2} \qquad (u = x^2 - x + 3)$$

$$= \ln |\, u \,| - \frac{2}{u} + C$$

$$= \ln \left|\, x^2 - x + 3 \,\right| - \frac{2}{x^2 - x + 3} + C$$

EJEMPLO 4. Hallar $\int \frac{dx}{x(x^2+1)^2}$

Solución

$$\frac{1}{x(x^2+1)^2} = \frac{A}{x} + \frac{Bx + C}{x^2 + 1} + \frac{Dx + E}{(x^2+1)^2}$$

Multiplicando por $x(x^2+1)^2$,

$$1 = A(x^2+1)^2 + (Bx+C)\, x(x^2+1) + (Dx+E)x$$

$$1 = (A + B)x^4 + Cx^3 + (2A + B + D)x^2 + (C + E)x + A$$

Igualando los coeficientes:

$$\begin{aligned} A + B &= 0 \\ C &= 0 \\ 2A + B + D &= 0 \\ C + E &= 0 \\ A &= 1 \end{aligned}$$

Resolviendo el sistema:

$$A = 1, \quad B = -1, \quad C = 0, \quad D = -1, \quad E = 0$$

En consecuencia,

$$\frac{1}{x(x^2 + 1)^2} = \frac{1}{x} + \frac{-x}{x^2 + 1} + \frac{-x}{(x^2 + 1)^2} \quad \text{y}$$

$$\int \frac{dx}{x(x^2 + 1)^2} = \int \frac{dx}{x} - \int \frac{x\, dx}{x^2 + 1} - \int \frac{x\, dx}{(x^2 + 1)^2}$$

$$= \ln |\, x \,| - \frac{1}{2} \ln\left(x^2 + 1\right) + \frac{1}{2(x^2 + 1)} + C$$

$$= \ln \frac{|\, x \,|}{\sqrt{x^2 + 1}} + \frac{1}{2(x^2 + 1)} + C$$

EL METODO DE HERMITE–OSTROGRADSKI

En los casos II y IV, cuando los factores en el denominador tienen exponentes altos, los cálculos se tornan engorrosos. Para auxiliarnos en estos trances se tiene el siguiente método, que lleva el nombre de sus descubridores.

Método de Hermite–Ostrogradski. La integral de la función racional $\dfrac{P(x)}{Q(x)}$,

donde $\text{grad}(P(x)) < \text{grad}(Q(x))$ se puede calcular por la fórmula:

$$\int \frac{P(x)}{Q(x)}\,dx = \frac{P_1(x)}{Q_1(x)} + \int \frac{P_2(x)}{Q_2(x)}\,dx \text{, donde}$$

1. $Q_2(x) = (a_1x + b_1)(a_2x + b_2)\ \ldots\ (c_1x^2 + d_1x + e_1)\ldots$ contiene todos los factores de primer y segundo grado con exponente 1.

2. $Q_1(x) = Q(x)\ /\ Q_2(x)$. Esto es, $Q_1(x)$ contiene los factores de $Q(x)$ con exponente disminuido es 1.

3. $P_1(x)$ y $P_2(x)$ son polinomios indeterminados de grado 1 menos que el grado de sus denominadores, cuyos coeficiente se hallan derivando la fórmula.

EJEMPLO 5. Hallar $\displaystyle\int \frac{2}{x^3(x^2+1)}\,dx$

Solución

$Q(x) = x^3(x^2 + 1)$, $Q_2(x) = x(x^2 + 1)$, $Q_1(x) = Q(x)\ /\ Q_2(x) = x^2$

$$\int \frac{2}{x^3(x^2+1)}\,dx = \frac{Ax+B}{x^2} + \int \frac{Cx^2+Dx+F}{x\left(x^2+1\right)} \qquad \textbf{(1)}$$

Derivando (1):

$$\frac{2}{x^3(x^2+1)} = \frac{d}{dx}\left(\frac{Ax+B}{x^2}\right) + \frac{Cx^2+Dx+F}{x\left(x^2+1\right)} = \frac{-Ax-2B}{x^3} + \frac{Cx^2+Dx+F}{x\left(x^2+1\right)}$$

$$= \frac{Cx^4+(D-A)x^3+(F-2B)x^2-Ax-2B}{x^3\left(x^2+1\right)} \qquad \Rightarrow$$

$$C = 0,\ D - A = 0,\ F - 2B = 0,\ -A = 0,\ -2B = 2\ \Rightarrow$$

$$A = C = D = 0,\ B = -1,\ F = -2$$

Reemplazando estos valores en (1):

$$\int \frac{2}{x^3(x^2+1)}\,dx = \frac{-1}{x^2} + \int \frac{-2}{x\left(x^2+1\right)}\,dx \qquad \textbf{(2)}$$

Calculamos la última integral anterior, por fracciones parciales:

$$\frac{-2}{x\left(x^2+1\right)}=\frac{H}{x}+\frac{Jx+L}{x^2+1}=\frac{(H+J)x^2+Lx+H}{x\left(x^2+1\right)} \Rightarrow$$

$$H+J=0,\ \ L=0,\ \ H=-2 \Rightarrow H=-2,\ J=2,\ \ L=0 \Rightarrow$$

$$\int \frac{-2}{x\left(x^2+1\right)}\,dx=\int \frac{-2}{x}\,dx+\int \frac{2x}{x^2+1}\,dx=-2\ \ln|\,x\,|+\ln|\,x^2+1\,|+C$$

Reemplazando este resultado en (2):

$$\int \frac{2}{x^3(x^2+1)}\,dx=\frac{-1}{x^2}-2\ln|\,x\,|+\ln|\,x^2+1\,|+C \Rightarrow$$

$$\int \frac{2}{x^3(x^2+1)}\,dx=\frac{-1}{x^2}+\ln\left|\frac{x^2+1}{x^2}\right|+C$$

EJEMPLO 6. Hallar $\displaystyle\int \frac{4x^2+4x}{\left(2x^2+2x+1\right)^2}\,dx$

Solución

Aplicamos el método de Hermite–Ostrogradski:

$Q(x)=(2x^2+2x+1)^2$, $Q_2(x)=2x^2+2x+1$ $Q_1(x)=Q(x)\,/\,Q_2(x)=2x^2+2x+1$

$$\int \frac{4x^2+4x}{\left(2x^2+2x+1\right)^2}\,dx=\frac{Ax+B}{2x^2+2x+1}+\int \frac{Cx+D}{2x^2+2x+1}\,dx \qquad \textbf{(1)}$$

Derivando:

$$\frac{4x^2+4x}{\left(2x^2+2x+1\right)^2}=\frac{d}{dx}\left(\frac{Ax+B}{2x^2+2x+1}\right)+\frac{Cx+D}{2x^2+2x+1}$$

$$=\frac{-Ax^2-4Bx+A-2B}{\left(2x^2+2x+1\right)^2}+\frac{Cx+D}{2x^2+2x+1}$$

Efectuando la suma e igualando los coedicientes, obtenemos:

$$A=-2,\quad B=-1,\quad C=0 \ \text{ y } \ D=0$$

Reemplazando estos valores en (1):

$$\int \frac{4x^2+4x}{\left(2x^2+2x+1\right)^2}\,dx=-\frac{2x+1}{2x^2+2x+1}+C$$

¿SABES QUE . . .

CHARLES HERMITE (1822–1901) *nació en Dieuze, Francia. En 1843 entró a la la famosa Escuela Politécnica de París. Sin embargo, poco tiempo después renunció por no estar de acuerdo con ciertas reglas que le impusieron. En 1848 regresó a la Escuela Politécnica, pero como profesor. En 1869 tomó a su cargo la cátedra de Análisis en la Universidad de la Sorbona. La fama de Hermite se debe, mayormente, a que resolvió dos problemas famosos. Ruffini y Abel probaron que la ecuación algebraica de quinto no se puede resolver mediante radicales. En 1858, Hermite probó que esta ecuación sí puede resolverse mediante funciones elípticas. En 1873, probó que el número e es en un número trascendente.*

Charles Hermite

MIKHAIL VASILIEVICH OSTROGRADSKI (1801–1862) *nació en Pashennaya , Ucrania. En 1816 entró a la Universidad de Kharkov para estudiar Física y Matemática. En 1820 aprobó su examen de grado, sin embardo, por razones religiosas, este grado no le fue otorgado. Dejó Rusia y fue a París, donde asistió a las clases de famosos profesores como Laplace, Fourier, Legendre, Cauchy, etc. Aquí publicó sus trabajos en Física y Cálculo Integral. En 1828 regresó a San Petersburgo, donde continuó con sus investigaciones. La labor Ostrogradski en San Petersburgo allanó el camino para que allí se desarrollaran brillantes matemáticos como P. Chebyshev.*

M. V. Ostrodraski

PROBLEMAS RESUELTOSTOS 2.5

PROBLEMA 1. Hallar $\int \sqrt{\tan x}\, dx$

Solución

Sea $\tan x = z^2$. Se tiene: $x = \tan^{-1} z^2$ y $dx = \dfrac{2z\,dz}{1+z^4} \Rightarrow$

$$\int \sqrt{\tan x}\, dx = \int \frac{2z^2}{z^4+1}\, dz = \int \frac{2z^2}{\left(z^4+2z^2+1\right)-2z^2}\, dz = \int \frac{2z^2}{\left(z^2+1\right)^2-2z^2}\, dz$$

$$= \int \frac{2z^2}{\left(\left(z^2+1\right)-\sqrt{2}z\right)\left(\left(z^2+1\right)+\sqrt{2}z\right)}\, dz = \int \frac{2z^2}{\left(z^2-\sqrt{2}z+1\right)\left(z^2+\sqrt{2}z+1\right)}\, dz$$

Descomponiedo en fracciones parciales hallamos que:

$$\frac{2z^2}{z^4+1}=\frac{\sqrt{2}}{2}\ \frac{z}{z^2-\sqrt{2}z+1}-\frac{\sqrt{2}}{2}\ \frac{z}{z^2+\sqrt{2}z+1}$$

$$=\frac{\sqrt{2}}{4}\ \frac{2z-\sqrt{2}}{z^2-\sqrt{2}z+1}-\frac{\sqrt{2}}{4}\ \frac{2z+\sqrt{2}}{z^2+\sqrt{2}z+1}+\frac{\sqrt{2}}{4}\ \frac{\sqrt{2}}{z^2-\sqrt{2}z+1}+\frac{\sqrt{2}}{4}\ \frac{\sqrt{2}}{z^2+\sqrt{2}z+1}$$

Luego, tomando en consideración el ejemplo 13 de la sección 1.2

$$\int\sqrt{\tan x}\ dx$$

$$=\frac{\sqrt{2}}{4}\int\frac{2z-\sqrt{2}}{z^2-\sqrt{2}z+1}dz-\frac{\sqrt{2}}{4}\int\frac{2z+\sqrt{2}}{z^2+\sqrt{2}z+1}dz+\frac{1}{2}\int\frac{dz}{z^2-\sqrt{2}z+1}+\frac{1}{2}\int\frac{dz}{z^2+\sqrt{2}z+1}$$

$$=\frac{\sqrt{2}}{4}\ln|z^2-\sqrt{2}z+1|-\frac{\sqrt{2}}{4}\ln|z^2+\sqrt{2}z+1|+\frac{\sqrt{2}}{2}\tan^{-1}\left(\sqrt{2}z-1\right)$$

$$+\frac{\sqrt{2}}{2}\tan^{-1}\left(\sqrt{2}z+1\right)$$

$$=\frac{\sqrt{2}}{4}\ln\left|\frac{z^2-\sqrt{2}z+1}{z^2-\sqrt{2}z+1}\right|+\frac{\sqrt{2}}{2}\tan^{-1}\left(\sqrt{2}z-1\right)+\frac{\sqrt{2}}{2}\tan^{-1}\left(\sqrt{2}z+1\right)+C$$

$$=\frac{\sqrt{2}}{4}\ln\left|\frac{\tan x-\sqrt{2\tan x}+1}{\tan x+\sqrt{2\tan x}+1}\right|+\frac{\sqrt{2}}{2}\tan^{-1}\left(\sqrt{2\tan x}-1\right)+\frac{\sqrt{2}}{2}\tan^{-1}\left(\sqrt{2\tan x}+1\right)+C$$

PROBLEMAS PROPUESTOS 2.5

1. $\displaystyle\int\frac{2\,dx}{x^3+x}$ *Rpta.* $\displaystyle\ln\frac{x^2}{x^2+1}+C$

2. $\displaystyle\int\frac{2x^2+6x}{(x^2+1)(x^2+2)}dx$ *Rpta.* $\displaystyle\ln\frac{(x^2+1)^3}{(x^2+2)^3}-2\tan^{-1}x+2\sqrt{2}\tan^{-1}\left(\frac{x}{\sqrt{2}}\right)+C$

3. $\displaystyle\int\frac{8+4x-x^2}{x^3-8}dx$ *Rpta.* $\displaystyle\ln\left|\frac{x-2}{x^2+2x+4}\right|+C$

4. $\displaystyle\int\frac{4x\,dx}{x^4-1}$ *Rpta.* $\displaystyle\ln\left|\frac{(x-1)(x+1)}{x^2+1}\right|+C$

5. $\displaystyle\int\frac{4\,dz}{(z^2+1)(z+1)^2}$ *Rpta.* $\displaystyle\ln\frac{(z+1)^2}{z^2+1}-\frac{2}{z+1}+C$

6. $\int \frac{y^3 + 3y}{(y^2 + 1)^2}\, dy$ *Rpta.* $\frac{1}{2}\ln(y^2 + 1) - \frac{1}{y^2 + 1} + C$

7. $\int \frac{8t^3 - 16t}{(t^2 + 4)^2}\, dt$ *Rpta.* $4\ln(t^2 + 4) + \frac{24}{t^2 + 4} + C$

8. $\int \frac{2x^5 + 8x^3}{(x^2 + 2)^3}\, dx$ *Rpta.* $\ln(x^2 + 2) + \frac{2}{(x^2 + 2)^2} + C$

9. $\int \frac{8z\, dz}{(z^2 + 1)^2 (z + 1)}$ *Rpta.* $\frac{2(z - 1)}{z^2 + 1} + \ln \frac{z^2 + 1}{(z + 1)^2} + C$

10. $\int \frac{2x^3 - 3x^2 - x + 1}{(x^2 - x + 1)^2}\, dx$ *Rpta.* $\ln\left|x^2 - x + 1\right| + \frac{2}{x^2 - x + 1} + C$

11. $\int \frac{3x^2 - 1}{\left(x^2 + 1\right)^3}\, dx$ *Rpta.* $\frac{-x}{\left(x^2 + 1\right)^2} + C$

12. $\int \frac{(4x - 4)\, dx}{(x + 1)^2 (x^2 + 1)^2}$ *Rpta.* $\frac{3x^2 + 1}{(x + 1)(x^2 + 1)} + 3\ln\left|\frac{\sqrt{x^2 + 1}}{x + 1}\right| + C$

13. $\int \frac{e^{4x} + 4e^{2x} + 1}{\left(e^{2x} + 1\right)^2}\, dx$ *Rpta.* $x - \frac{1}{e^{2x} + 1} + C.$

SECCION 2.6

INTEGRALES RACIONALES DE SENO Y COSENO. SUSTITUCION DE WEIERSTRASS

Karl Weierstrass descubrió que la sustitución

$$z = \tan\left(\frac{x}{2}\right)$$

transforma funciones racionales de sen x y cos x en funciones racionales ordinarias de z. En el problema resuelto 3 se prueba que esta sustitución nos proporciona las siguientes igualdades:

1. $\mathbf{sen}\, x = \frac{2z}{1 + z^2}$ **2.** $\mathbf{cos}\, x = \frac{1 - z^2}{1 + z^2}$ **3.** $dx = \frac{2\, dz}{1 + z^2}$

EJEMPLO 1. Hallar $\int \frac{dx}{1 + \operatorname{sen} x - \cos x}$

Solución

Hacemos la sustitución $z = \tan(x/2)$ y reemplazando los valores de sen x, cos x y dx dados en 1, 2 y 3 se tiene:

$$\int \frac{dx}{1 + \operatorname{sen} x - \cos x} = \int \frac{\dfrac{2\,dz}{1+z^2}}{1 + \dfrac{2z}{1+z^2} - \dfrac{1-z^2}{1+z^2}} = \int \frac{dz}{z(1+z)}$$

$$= \int \left(\frac{1}{z} - \frac{1}{1+z} \right) dz \qquad \text{(fracciones parciales)}$$

$$= \int \frac{dz}{z} - \int \frac{dz}{1+z} = \ln|z| - \ln|1+z| + C$$

$$= \ln\left| \frac{z}{1+z} \right| + C = \ln\left| \frac{\tan(x/2)}{1 + \tan(x/2)} \right| + C$$

EJEMPLO 2. Hallar $\displaystyle\int \frac{dx}{3 - 2\cos x}$

Solución

Hacemos la sustitución $z = \tan(x/2)$:

$$\int \frac{dx}{3 - 2\cos x} = \int \frac{\dfrac{2\,dz}{1+z^2}}{3 - 2\dfrac{1-z^2}{1+z^2}} = \int \frac{2\,dz}{1 + 5z^2} = \frac{2}{\sqrt{5}} \int \frac{d(\sqrt{5}\,z)}{1 + \left(\sqrt{5}\,z\right)^2}$$

$$= \frac{2}{\sqrt{5}} \tan^{-1}\left(\sqrt{5}\,z\right) + C = \frac{2}{\sqrt{5}} \tan^{-1}\left(\sqrt{5}\,\tan(x/2)\right) + C$$

PROBLEMAS RESUELTOS 2.6

PROBLEMA 1. Hallar $\displaystyle\int \frac{\tan x}{1 + \cos x}\,dx$

Solución

Sea $z = \tan(x/2)$. Se tiene:

$$\int \frac{\tan x}{1 + \cos x}\,dx = \int \frac{(\operatorname{sen} x)/\cos x}{1 + \cos x}\,dx = \int \frac{\operatorname{sen} x}{\cos x(1 + \cos x)}\,dx$$

$$= \int \frac{\dfrac{2z}{1+z^2}}{\dfrac{1-z^2}{1+z^2}\left(1+\dfrac{1-z^2}{1+z^2}\right)} \frac{2dz}{1+z^2} = \int \frac{2z\,dz}{1-z^2} = -\ln\left|\,1-z^2\right| + C$$

$$= -\ln\left|\,1-\tan^2(z/2)\,\right| + C$$

PROBLEMA 2. Hallar $\displaystyle\int \frac{dx}{\text{sen}^2 x - 3\text{sen}\, x + 2}\, dx$

Solución

Tenemos que: $\text{sen}^2 x - 3\text{sen}\, x + 2 = (\text{sen}\, x - 2)(\text{ sen}\, x - 1)$

Si $y = \text{sen}\, x$, entonces

$$\frac{1}{\text{sen}^2 x - 3\text{sen}\, x + 2} = \frac{1}{(\text{sen}\, x - 2)(\text{sen}\, x - 1)} \Rightarrow \frac{1}{(y-2)(y-1)} = \frac{A}{y-2} + \frac{B}{y-1} \Rightarrow$$

$$A = 1 \text{ y } B = 1 \Rightarrow \frac{1}{\text{sen}^2 x - 3\text{sen}\, x + 2} = \frac{1}{\text{sen}\, x - 2} - \frac{1}{\text{sen}\, x - 1} \Rightarrow$$

$$\int \frac{dx}{\text{sen}^2 x - 3\text{sen}\, x + 2}\, dx = \int \frac{dx}{\text{sen}\, x - 2} - \int \frac{dx}{\text{sen}\, x - 1} \qquad \textbf{(1)}$$

Haciendo la sustitución $z = \tan(x/2)$ obtenemos:

$$\int \frac{dx}{\text{sen}\, x - 2} = \int \frac{\dfrac{2dz}{1+z^2}}{\dfrac{2z}{1+z^2} - 2} = -\int \frac{dz}{z^2 - z + 1} = -\int \frac{dz}{(z - 1/2)^2 + \left(\sqrt{3}/2\right)^2}$$

$$= -\frac{1}{\sqrt{3}/2} \tan^{-1}\left(\frac{z - 1/2}{\sqrt{3}/2}\right) + C_1 = -\frac{2}{\sqrt{3}} \tan^{-1}\left(\frac{2z-1}{\sqrt{3}}\right) + C_1$$

$$= -\frac{2}{\sqrt{3}} \tan^{-1}\left(\frac{2\tan(x/2) - 1}{\sqrt{3}}\right) + C_1 \qquad \textbf{(2)}$$

$$\int \frac{dx}{\text{sen}\, x - 1} = \int \frac{\dfrac{2dz}{1+z^2}}{\dfrac{2z}{1+z^2} - 1} = -\int \frac{dz}{z^2 - 2z + 1} = = -2\int \frac{dz}{(z-1)^2} = \frac{2}{z-1} + C_2$$

$$= \frac{2}{\tan(x/2) - 1} + C_2 \qquad \textbf{(3)}$$

Reemplazando (2) y (3) en (1):

$$\int \frac{dx}{\operatorname{sen}^2 x - 3\operatorname{sen} x + 2} dx = -\frac{2}{\sqrt{3}} \tan^{-1}\left(\frac{2\tan(x/2) - 1}{\sqrt{3}}\right) - \frac{2}{\tan(x/2) - 1} + C$$

PROBLEMA 3. Si $z = \tan(x/2)$, probar que:

1. $\operatorname{sen} x = \dfrac{2z}{1+z^2}$ **2.** $\cos x = \dfrac{1-z^2}{1+z^2}$ **3.** $dx = \dfrac{2\,dz}{1+z^2}$

Solución

1. $\operatorname{sen} x = \operatorname{sen} 2(x/2) = 2\operatorname{sen}(x/2)\cos(x/2) = 2\dfrac{\operatorname{sen}(x/2)}{\cos(x/2)}\cos^2(x/2)$

$$= 2\tan(x/2)\frac{1}{\sec^2(x/2)} = \frac{2\tan(x/2)}{1+\tan^2(x/2)} = \frac{2z}{1+z^2}$$

2. $\dfrac{1+\cos x}{2} = \cos^2\dfrac{x}{2} = \dfrac{1}{\sec^2\dfrac{x}{2}} = \dfrac{1}{1+\tan^2\dfrac{x}{2}} = \dfrac{1}{1+z^2} \Rightarrow$

$$\frac{1+\cos x}{2} = \frac{1}{1+z^2} \Rightarrow \cos x = \frac{2}{1+z^2} - 1 = \frac{1-z^2}{1+z^2}$$

3. $z = \tan(x/2) \Rightarrow x = 2\tan^{-1} z \Rightarrow dx = \dfrac{2\,dz}{1+z^2}$

PROBLEMAS PROPUESTOS 2.6

Resolver las siguientes integrales racionales de seno y coseno.

1. $\displaystyle\int \frac{dx}{1+\operatorname{sen} x}$ *Rpta.* $-\dfrac{2}{\tan(x/2)+1} + C$

2. $\displaystyle\int \frac{dx}{2+\cos x}$ *Rpta.* $\dfrac{2}{\sqrt{3}}\tan^{-1}\left(\dfrac{\tan(x/2)}{\sqrt{3}}\right) + C$

3. $\displaystyle\int \frac{dx}{5+3\cos x}$ *Rpta.* $\dfrac{1}{2}\tan^{-1}\left(\dfrac{\tan(x/2)}{2}\right) + C$

4. $\displaystyle\int \frac{dx}{5+4\operatorname{sen} x}$ *Rpta.* $\dfrac{2}{3}\tan^{-1}\left(\dfrac{5\tan(x/2)+4}{3}\right) + C$

5. $\displaystyle\int \frac{dx}{1-2\operatorname{sen} x}$ *Rpta.* $\dfrac{1}{\sqrt{3}}\ln\left|\dfrac{\tan(x/2) - 2 - \sqrt{3}}{\tan(x/2) - 2 + \sqrt{3}}\right| + C$

6. $\displaystyle\int \frac{dx}{1+\operatorname{sen} x - \cos x}$ *Rpta.* $\ln\left|\dfrac{\tan(x/2)}{1+\tan(x/2)}\right| + C$

7. $\displaystyle\int \frac{dx}{3 \operatorname{sen} x + 4 \cos x}$ *Rpta.* $\displaystyle\frac{1}{5}\ln\left|\frac{\tan(x/2)+1/2}{\tan(x/2)-2}\right| + C$

8. $\displaystyle\int \frac{1-\operatorname{sen} x}{(1+\operatorname{sen} x)\operatorname{sen} x}\,dx$ *Rpta.* $\displaystyle\ln|\tan x/2| + \frac{4}{\tan x/2 + 1} + C$

9. $\displaystyle\int \frac{\sec x\, dx}{5 \tan x + 3 \sec x + 3}$ *Rpta.* $\displaystyle\frac{1}{5}\ln|5 \tan x/2 + 3| + C$

10. $\displaystyle\int \frac{dx}{\cos^2 x + 3 \cos x + 2}$ *Rpta.* $\displaystyle\tan(x/2) - \frac{2}{\sqrt{3}}\tan^{-1}\left(\frac{\tan x/2}{\sqrt{3}}\right) + C$

SECCION 2.7

ALGUNAS INTEGRALES IRRACIONALES

INTEGRALES DE FUNCIONES IRRACIONALES EN x

Presentamos un método para calcular integrales de la forma:

$$\int R\left[x, x^{m/k}, x^{p/q}, \ldots, x^{s/r}\right] dx$$

donde R es una función racional y $\frac{m}{k}, \frac{p}{q}, \ldots, \frac{s}{r}$ son números racionales.

Se hace el cambio de variable $x = z^n$, donde n es el mínimo común múltiplo de los denominadores $k, q, \ldots, r$ de las fracciones anteriores.

EJEMPLO 1. hallar $\displaystyle\int \frac{dx}{\sqrt{x} - \sqrt[3]{x}} = \int \frac{dx}{x^{1/2} - x^{1/3}}$

Solución

Los índices de las raíces son $\frac{1}{2}, \frac{1}{3}$ y sus denominadores son 2 y 3. El mínimo común múltiplo de 2 y 3 es 6.

Hacemos $x = z^6$. Entonces $dx = 6z^5\, dz$ y $z = x^{1/6} = \sqrt[6]{x}$. Luego,

$$\int \frac{dx}{\sqrt{x} - \sqrt[3]{x}} = \int \frac{6z^5 dz}{z^3 - z^2} = 6\int \frac{z^3}{z-1}\, dz$$

$$= 6\int \left(z^2 + z + 1 + \frac{1}{z-1}\right) dz \qquad \text{(dividiendo)}$$

$$= 2z^3 + 3z^2 + 6z + 6\ln|z-1| + C$$

$$= 2\sqrt{x} + 3\sqrt[3]{x} + 6\sqrt[6]{x} + 6\ln\left|\sqrt[6]{x}-1\right| + C$$

EJEMPLO 2. hallar $\displaystyle\int \frac{\sqrt[4]{x^3} - \sqrt[4]{x}}{\sqrt{x} - \sqrt[4]{x}}\,dx = \int \frac{x^{3/4} - x^{1/4}}{x^{1/2} - x^{1/4}}\,dx$

Solución

Los índices de las raíces son $\frac{1}{2}, \frac{1}{4}, \frac{3}{4}$ El mínimo común múltiplo de 2 y 4 es 4.

Hacemos $x = z^4$. Entonces $dx = 4z^3\,dz$ y $z = x^{1/4} = \sqrt[4]{x}$. Luego,

$$\int \frac{\sqrt[4]{x^3} - \sqrt[4]{x}}{\sqrt{x} - \sqrt[4]{x}}\,dx = \int \frac{z^3 - z}{z^2 - z}\left(4z^3dz\right) = 4\int \frac{z^4(z+1)(z-1)}{z(z-1)}\,dz = 4\int z^3(z+1)\,dz$$

$$= \frac{4}{5}z^5 + z^4 + C = \frac{4}{5}x^{5/4} + x + C$$

INTEGRALES DE FUNCIONES IRRACIONALES DE LA FORMA

$$\int R\left[x, \left(\frac{ax+b}{cx+d}\right)^{m/k}, \left(\frac{ax+b}{cx+d}\right)^{p/q}, \ldots, \left(\frac{ax+b}{cx+d}\right)^{s/r}\right]dx,$$

donde $ad - bc \neq 0$, R es una función racional y $\frac{m}{k}, \frac{p}{q}, \ldots, \frac{s}{r}$ son racionales.

Se hace la sustitución

$$\frac{ax+b}{cx+d} = z^n,$$

donde n es el mínimo común múltiplo de los denominadores $k, q, \ldots, r$.

Este tipo de integrales tiene dos casos particulares notables.

Caso Particular 1. Si $c = 0$ y $d = 1$, obtenemos las integrales de la forma:

$$\int R\left[x, (ax+b)^{m/k}, (ax+b)^{p/q}, \ldots, (ax+b)^{s/r}\right]dx$$

Caso Particular 2. Si $c = 0$, $d = 1$, $a = 1$ y $b = 0$, obtenemos las integrales

$$\int R\left[x, x^{m/k}, x^{p/q}, \ldots, x^{s/r}\right]dx$$

que ya fueron tratadas anteriormente.

EJEMPLO 3. Hallar $\displaystyle\int \frac{\sqrt[3]{x+2}}{x+2+\sqrt[6]{(x+2)^5}}\,dx$

Solución

Tenemos que $\displaystyle\int \frac{\sqrt[3]{x+2}}{x+2+\sqrt[6]{(x+2)^5}}\,dx = \int \frac{(x+2)^{1/3}}{(x+2)^{1/1}+(x+2)^{5/6}}\,dx$

Los exponentes son $\frac{1}{1}$, $\frac{1}{3}$ y $\frac{5}{6}$. El mínimo común múltiplo de 1, 3 y 6 es 6.

Hacemos $x+2 = z^6$. Entonces $dx = 6z^5dz$ y $z = \sqrt[8]{x+2}$. Luego,

$$\int \frac{\sqrt[3]{x+2}}{x+2+\sqrt[6]{(x+2)^5}}\,dx = \int \frac{z^2}{z^6+z^5}\left(6z^5dz\right) = 6\int \frac{z^7}{z^5(z+1)}\,dz = 6\int \frac{z^2}{z+1}\,dz$$

$$= 6\int\left(z^2 - 1 + \frac{1}{z+1}\right)dz = 6\left(\frac{z^3}{3} - z + \ln|z+1|\right) + C$$

$$= 2z^3 - 6z + 6\ln|z+1| + C$$

$$= 2\sqrt{x+2} - 6\sqrt[6]{x+2} + 6\ln\left|\sqrt[6]{x+2}+1\right| + C$$

EJEMPLO 4. Hallar $\displaystyle\int \frac{\sqrt[8]{x-1}}{\sqrt[4]{(x-1)^3} - \sqrt{x-1}}\,dx$

Solución

Tenemos que $\displaystyle\int \frac{\sqrt[8]{x-1}}{\sqrt[4]{(x-1)^3} - \sqrt{x-1}}\,dx = \int \frac{(x-1)^{1/8}}{(x-1)^{3/4} - (x-1)^{1/2}}\,dx$

Los exponentes son $\frac{1}{8}, \frac{3}{4}, \frac{1}{2}$. El mínimo común múltiplo de 8, 4 y 2 es 8

Hacemos $x - 1 = z^8$. Entonces $dx = 8z^7dz$ y $z = \sqrt[8]{x-1}$. Luego,

$$\int \frac{\sqrt[8]{x-1}}{\sqrt[4]{(x-1)^3} - \sqrt{x-1}}\,dx = \int \frac{z}{z^6-z^4}\left(8z^7dz\right) = 8\int \frac{z^8}{z^4\left(z^2-1\right)}\,dz = 8\int \frac{z^4}{z^2-1}\,dz$$

$$= 8\int\left(z^2 + 1 + \frac{1}{z^2-1}\right)dz = \frac{8}{3}z^3 + 8z + 4\ln\left|\frac{z-1}{z+1}\right| + C$$

$$= \frac{8}{3}\sqrt[8]{(x-1)^3} + 8\sqrt[8]{x-1} + 4\ln\left|\frac{\sqrt[8]{x-1}-1}{\sqrt[8]{x-1}+1}\right| + C$$

EJEMPLO 5. Hallar $\int \sqrt{\dfrac{x-1}{x+1}}\, dx$

Solución

Tenemos que: $\displaystyle\int \sqrt{\frac{x-1}{x+1}}\, dx = \int \left(\frac{x-1}{x+1}\right)^{1/2} dx$

Sea $\dfrac{x-1}{x+1} = z^2$. Entonces $z = \sqrt{\dfrac{x-1}{x+1}}$, $x = -\dfrac{z^2+1}{z^2-1}$, $dx = \dfrac{4z}{\left(z^2-1\right)^2} dz$. Luego,

$$\int \sqrt{\frac{x-1}{x+1}}\, dx = \int z \frac{4z}{\left(z^2-1\right)^2} dz = 4\int \frac{z^2}{\left(z^2-1\right)^2} dz$$

A la última Integral la calculamos mediante el método de fracciones parciales:

$$\frac{z^2}{\left(z^2-1\right)^2} = \frac{z^2}{(z+1)^2(z-1)^2} = \frac{A}{(z+1)^2} + \frac{B}{z+1} + \frac{C}{(z-1)^2} + \frac{D}{z-1} \Rightarrow$$

$$= \frac{1/4}{(z+1)^2} + \frac{-1/4}{z+1} + \frac{1/4}{(z-1)^2} + \frac{1/4}{z-1} \Rightarrow$$

$$\int \sqrt{\frac{x-1}{x+1}}\, dx = 4\int \frac{z^2}{\left(z^2-1\right)^2} dz = \int \left(\frac{1}{(z+1)^2} - \frac{1}{z+1} + \frac{1}{(z-1)^2} + \frac{1}{z-1}\right) dz$$

$$= -\frac{1}{z+1} - \ln|z+1| - \frac{1}{z-1} + \ln|z-1| + C$$

$$= -2\frac{z}{\sqrt{z^2-1}} + \ln\left|\frac{z-1}{z+1}\right| + C = -2\frac{\sqrt{\dfrac{x-1}{x+1}}}{\sqrt{\dfrac{x-1}{x+1}-1}} + \ln\left|\frac{\sqrt{\dfrac{x-1}{x+1}}-1}{\sqrt{\dfrac{x-1}{x+1}}+1}\right| + C$$

$$= \sqrt{x^2-1} + \ln\left|x - \sqrt{x^2-1}\right| + C$$

INTEGRALES BINOMIALES

Se llama **integrales binomiales** a las integrales de la forma

$$\int x^m \left(a + bx^n\right)^{r/s} dx, \quad \textbf{(1)}$$

donde a y b son reales no nulos y m, n y r/s son racionales con $n \neq 0$.

En el caso especial en el que $p = \dfrac{r}{s}$ es un entero ($s = 1$), la integral puede calcularse transformándola, mediante una sustitución apropiada, en una integral irracional de las que acabamos de ver. Por esta razón, nuestro interés se centrará mayormente en el caso de que r/s no es entero.

El matemático ruso Chebyshev demostró que:

TEOREMA de Chebyshev. La integral $\int x^m\left(a+bx^n\right)^{r/s}dx$ se puede expresar como una combinación finita de funciones elementales solamente en los tres casos siguientes.

1. $p = \dfrac{r}{s}$ **es entero**. Hacemos la sustitución $x = z^k$, donde k es el mínimo común denominador de m y n.
2. $\dfrac{m+1}{n}$ **es entero**. Hacemos la sustitución $a + bx^n = z^s$
3. $\dfrac{m+1}{n}+\dfrac{r}{s}$ **es entero**. Para esto, hacer la sustitución $a + bx^n = z^s x^n$ o, lo que es lo mismo, hacer la sustitución $ax^{-n} + b = z^s$

EJEMPLO 6. Hallar $\displaystyle\int \frac{x^3}{\left(1+5x^2\right)^{3/2}}dx$

Solución

$$\int \frac{x^3}{\left(1+5x^2\right)^{3/2}}dx = \int x^3\left(1+5x^2\right)^{-3/2}dx\,,\quad m=3,\ n=2,\ r=-3,\ s=2$$

Tenemos que $\dfrac{m+1}{n}=\dfrac{3+1}{2}=2$ es un número entero. Caso 2. Luego,

$$1+5x^2=z^2 \Rightarrow x=\frac{1}{\sqrt{5}}\left(z^2-1\right)^{1/2},\quad dx=\frac{z\,dz}{\sqrt{5}\left(z^2-1\right)^{1/2}},\ x^3=\frac{1}{5\sqrt{5}}\left(z^2-1\right)^{3/2}$$

$$\int \frac{x^3}{\left(1+5x^2\right)^{3/2}}dx = \int \frac{1}{5\sqrt{5}}\left(z^2-1\right)^{3/2} z^{-3}\frac{z\,dz}{\sqrt{5}\left(z^2-1\right)^{1/2}} = \frac{1}{25}\int\frac{z^2-1}{z^2}dz$$

$$= \frac{1}{25}\int\left(1-\frac{1}{z^2}\right)dz = \frac{1}{25}\left(z+\frac{1}{z}\right)+C = \frac{1}{25}\left(\frac{z^2+1}{z}\right)+C$$

$$= \frac{1}{25}\frac{2+5x^2}{\sqrt{1+5x^2}}+C$$

EJEMPLO 7. Hallar $\displaystyle\int x^{1/3}\left(1-x^{2/3}\right)^{1/4}dx$

Solución

$m = \dfrac{1}{3}$, $n = \dfrac{2}{3}$, $r = 1$ y $s = 4$.

$\dfrac{m+1}{n} = \dfrac{1/3+1}{2/3} = 2$ es un número entero. Caso 2. Luego,

$1 - x^{2/3} = z^4 \Rightarrow x = \left(1 - z^4\right)^{3/2}$, $dx = -6z^3\left(1 - z^4\right)^{1/2} dz, x^{1/3} = \left(1 - z^4\right)^{1/2}$ y

$$\int x^{1/3}\left(1 - x^{2/3}\right)^{1/4} dx = \int \left(1 - z^4\right)^{1/2} z\left(-6z^3\left(1 - z^4\right)^{1/2} dz\right) = -6\int \left(1 - z^4\right) z^4 dz$$

$$= -6\int \left(z^4 - z^8\right) dz = \frac{2}{3}z^9 - \frac{6}{5}z^5 + C = \frac{1}{15}z^5\left(10z^4 - 18\right) + C$$

$$= \frac{1}{15}\left(1 - x^{2/3}\right)^{5/4}\left(10\left(1 - x^{2/3}\right) - 18\right) + C$$

$$= -\frac{2}{15}\left(1 - x^{2/3}\right)^{5/4}\left(5x^{2/3} + 4\right) + C$$

EJEMPLO 8. Hallar $\displaystyle\int \frac{dx}{x^4\sqrt[4]{a - x^4}}$

Solución

$$\int \frac{dx}{x^4\sqrt[4]{a - x^4}} = \int x^{-4}\left(a - x^4\right)^{-1/4} dx, \quad m = -4, \quad n = 4, \quad r = -1, \quad s = 4$$

Tenemos que $\dfrac{m+1}{n} + \dfrac{r}{s} = \dfrac{-4+1}{4} + \dfrac{-1}{4} = -1$, número entero. Caso 3. Luego,

$$a - x^4 = z^4x^4 \Rightarrow x = \frac{a^{1/4}}{\left(z^4 + 1\right)^{1/4}}, \; dx = -\frac{a^{1/4}z^3}{\left(z^4 + 1\right)^{5/4}} dz, \; \sqrt[4]{a - x^4} = \frac{a^{1/4}z}{\left(z^4 + 1\right)^{1/4}}$$

$$\int \frac{dx}{x^4\sqrt[4]{a - x^4}} = \int x^{-4}\left(a - x^4\right)^{-1/4} dx = \int \frac{(z^4 + 1)}{a}\frac{\left(z^4 + 1\right)^{1/4}}{a^{1/4}z}\left(-\frac{a^{1/4}z^3}{\left(z^4 + 1\right)^{5/4}} dz\right)$$

$$= -\frac{1}{a}\int z^2 dz = -\frac{1}{3a}z^3 + C = -\frac{1}{3a}\frac{\left(a - x^4\right)^{3/4}}{x^3} + C$$

EJEMPLO 9. Hallar $\displaystyle\int \frac{x^{1/4}}{\left(x^{1/2} + 1\right)^2} dx$

Solución

$$\int \frac{x^{1/4}}{\left(x^{1/2} + 1\right)^2} dx = \int x^{1/4}\left(x^{1/2} + 1\right)^{-2} dx$$

$m = \frac{1}{4}, n = \frac{1}{2}, \ p = \frac{r}{s} = -2$ es entero. Caso 1.

Mínimo común múltiplo de 2 y 4 es 4. Hacemos $x = z^4$. Luego,

$$\int \frac{x^{1/4}}{\left(x^{1/2}+1\right)^2}\,dx = \int \frac{z}{\left(z^2+1\right)^2}\left(4z^3dz\right) = 4\int \frac{z^4}{\left(z^2+1\right)^2}\,dz$$

$$= 4\int\left(1 - \frac{2z+1}{\left(z^2+1\right)^2}\right)dz = 4z - 4\int \frac{2z^2+1}{\left(z^2+1\right)^2}\,dz \qquad \textbf{(1)}$$

Calculamos, aparte, la última integral. Para esto hacemos $z = \tan\theta$:

$$\int \frac{2z^2+1}{\left(z^2+1\right)^2}\,dz = \int \frac{2\tan^2\theta + 1}{\left(\tan^2+1\right)^2}\sec^2\theta\, d\theta = \int \frac{2\tan^2+1}{\sec^2\theta}\,d\theta = \int\left(2\operatorname{sen}^2\theta + \cos^2\theta\right)d\theta$$

$$= \int\left(1+\operatorname{sen}^2\theta\right)d\theta = \theta + \int \operatorname{sen}^2\theta\, d\theta = \theta + \int \frac{1-\cos 2\theta}{2}\,d\theta$$

$$= \theta + \frac{1}{2}\theta - \frac{1}{4}\operatorname{sen} 2\theta = \frac{3}{2}\theta - \frac{1}{2}\operatorname{sen}\theta\cos\theta = \frac{3}{2}\tan^{-1}(z) - \frac{1}{2}\,\frac{z}{z^2+1}$$

Reemplazando este valor en (1):

$$\int \frac{x^{1/4}}{\left(x^{1/2}+1\right)^2}\,dx = 4z - 6\tan^{-1}(z) + 2\frac{z}{1+z^2} = 4x^{1/4} - 6\tan^{-1}\left(x^{1/4}\right) + \frac{2x^{1/4}}{x^{1/2}-1} + C$$

¿SABIAS QUE ...

PAFNUTY LVOVICH CHEBYSHEV (1821–1894) *nació en Okatovo, una pequeña ciudad al oeste de Moscú. Hijo de un oficial del ejército ruso que peleó contra el ejército invasor de Napoleón. Durante su niñez recibió una esmerada educación privada en idiomas extranjeros y en matemáticas.*

En 1837 ingresó a la Universidad de Moscú a estudiar Matemáticas. Obtuvo un primer grado en 1841. En 1846 defendió su tesis de Maetría, donde desarrolló un tema de probabilidades. En 1847, ganó una posición de profesor en la Universidad de San Petersburgo, presentando una investigación acerca de la integrabilidad de ciertas funciones irracionales. Hizo importantes contribuciones en la teoría de números y en teoría de la aproximación. Mantuvo contacto con distiguidos matemáticos de su tiempo: Liouville, Hermite, Lebesgue, Cayley, Dirichlet, etc.

P. Chebyshev

PROBLEMAS RESUELTOS 2.7

PROBLEMA 1. Hallar $\displaystyle\int \frac{e^{2x}}{\sqrt[3]{1+e^x}}\,dx$

Solución

Sea $u = 1 + e^x$. Entonces $du = e^x dx$ y $e^x = u - 1$. Luego,

$$\int \frac{e^{2x}}{\sqrt[3]{1+e^x}}\,dx = \int \frac{e^x}{\sqrt[3]{1+e^x}}\,(e^x dx) = \int \frac{u-1}{u^{1/3}}\,du = \int \left(u^{2/3} - u^{-1/3}\right) du$$

$$= \frac{3}{5}u^{5/3} - \frac{3}{2}u^{2/3} + C = \frac{3}{5}\left(1+e^x\right)^{5/3} - \frac{3}{2}\left(1+e^x\right)^{2/3} + C$$

PROBLEMA 2. Hallar $\displaystyle\int \frac{dx}{\sqrt{x}\,\sqrt[3]{x}\left(1+\sqrt[3]{x}\right)^2}$

Solución

$$\int \frac{dx}{\sqrt{x}\,\sqrt[3]{x}\left(1+\sqrt[3]{x}\right)^2} = \int \frac{dx}{x^{1/2}x^{1/3}\left(1+x^{1/3}\right)^2}$$

El mínimo común múltiplo de 2 y 3 es 6.

Tomamos $x = z^6$. Entonces $dx = 6z^5\,dz$. L uego,

$$\int \frac{dx}{\sqrt{x}\,\sqrt[3]{x}\left(1+\sqrt[3]{x}\right)^2} = \int \frac{6z^5 dz}{z^3z^2\left(1+z^2\right)^2} = 6\int \frac{dz}{\left(1+z^2\right)^2}$$

$$= 6\int \frac{\sec^2\theta\,d\theta}{\left(1+\tan^2\theta\right)^2} \qquad (z = \tan\theta)$$

$$= 6\int \cos^2\theta\,d\theta = 6\left(\frac{1}{2}\text{sen}\,\theta\cos\theta + \frac{1}{2}\theta\right) + C$$

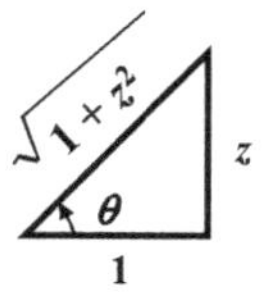

$$= \frac{3z}{1+z^2} + 3\tan^{-1}z + C$$

$$= \frac{3\sqrt[6]{x}}{1+\sqrt[3]{x}} + 3\tan^{-1}\left(\sqrt[6]{x}\right) + C$$

PROBLEMAS PROPUESTOS 2.7

En los problemas del* 1 *a* 20*, evaluar las integrales irracionales dadas.

1. $\int \frac{dx}{x-\sqrt[3]{x}}$ *Rpta.* $\frac{3}{2}\ln\left|x^{2/3}-1\right|+C$

2. $\int \frac{\sqrt[3]{x}\,dx}{1+\sqrt[3]{x^2}}$ *Rpta.* $\frac{3}{2}\sqrt[3]{x^2}-\frac{3}{2}\ln\left|1+\sqrt[3]{x^2}\right|+C$

3. $\int \frac{\sqrt[3]{x}+1}{\sqrt[3]{x}-1}\,dx$ *Rpta.* $x+3x^{2/3}+6x^{1/3}+6\ln\left|x^{1/3}-1\right|+C$

4. $\int \frac{dx}{\sqrt{\sqrt{x}+1}}$ *Rpta.* $\frac{4}{3}\sqrt{\left(\sqrt{x}+1\right)^3}-4\sqrt{\sqrt{x}+1}+C$

5. $\int \frac{x^{1/3}}{1+x^{2/3}}\,dx$ *Rpta.* $\frac{3}{2}x^{2/3}-\frac{3}{2}\ln\left|1+x^{2/3}\right|+C$

6. $\int \frac{dx}{\sqrt{x}+\sqrt[3]{x}}$ *Rpta.* $2\sqrt{x}-3\sqrt[3]{x}+6\sqrt[6]{x}-6\ln\left(\sqrt[6]{x}+1\right)+C$

7. $\int \frac{dx}{\sqrt{x}+\sqrt[4]{x}}$ *Rpta.* $2\sqrt{x}-4\sqrt[4]{x}+4\,4\ln\left(1+\sqrt[4]{x}\right)+C$

8. $\int \frac{\sqrt{x}\,dx}{1+\sqrt[3]{x}}$ *Rpta.* $\frac{6}{7}x^{7/6}-\frac{6}{5}x^{5/6}+2x^{1/2}-6x^{1/6}+6\tan^{-1}(x^{1/6})+C$

9. $\int \frac{\sqrt{x}\,dx}{\sqrt[4]{x^3}+1}$ *Rpta.* $\frac{4}{3}\sqrt[4]{x^3}-\frac{4}{3}\ln\left|\sqrt[4]{x^3}+1\right|+C$

10. $\int \frac{\sqrt{x}}{\sqrt[3]{x^2}-\sqrt[4]{x}}\,dx$ *Rpta.* $\frac{6}{5}x^{5/6}+\frac{12}{5}x^{5/12}+\frac{12}{5}\ln\left|x^{5/12}-1\right|+C$

11. $\int \frac{\sqrt{x}+1}{\sqrt[4]{x^3}\left(\sqrt{x}-\sqrt[4]{x}+1\right)}\,dx$ *Rpta* $4\sqrt[4]{x}+2\ln\left|\sqrt{x}-\sqrt[4]{x}+1\right|+\frac{4}{\sqrt{3}}\tan^{-1}\left(\frac{2\sqrt[4]{x}-1}{\sqrt{3}}\right)+C$

12. $\int \frac{x\,dx}{\sqrt[5]{3x+2}}$ *Rpta.* $\frac{5}{81}(3x+2)^{9/5}-\frac{5}{18}(3x+2)^{4/5}+C$

13. $\int x\sqrt[3]{x-4}\,dx$ *Rpta.* $\frac{3}{7}(x-4)^{4/3}(x+3)+C$

14. $\int \frac{dx}{\sqrt{1+e^x}}$ *Rpta.* $\ln\left|\frac{\sqrt{1+e^x}-1}{\sqrt{1+e^x}+1}\right|+C$

15. $\int \frac{e^{2x}}{\sqrt[5]{1+e^x}}\,dx$ *Rpta.* $\frac{5}{9}\left(1+e^x\right)^{9/5}-\frac{5}{4}\left(1+e^x\right)^{4/5}+C$

16. $\int \frac{dx}{x\left(\sqrt{x-1}-1\right)}$ *Rpta.* $\ln\left|\frac{\sqrt{x-1}-1}{\sqrt{x}}\right|+\tan^{-1}\sqrt{x-1}+C$

17. $\displaystyle\int \frac{dx}{\sqrt{3x+1}+\sqrt{(3x+1)^3}}$ *Rpta.* $\frac{2}{3}\tan^{-1}\left(\sqrt[3]{3x+1}\right)+C$

18. $\displaystyle\int \frac{(x+3)\,dx}{(x+6)\sqrt{x+2}}$ *Rpta.* $2\sqrt{x+2}-3\tan^{-1}\left(\frac{\sqrt{x+2}}{2}\right)+C$

19. $\displaystyle\int \frac{1+\sqrt[6]{x-2}}{\sqrt[3]{(x-2)^2}-\sqrt{x-2}}dx$

Rpta. $2\sqrt{x-2}+3\sqrt[3]{x-2}+12\sqrt[6]{x-2}+12\ln\left|\sqrt[6]{x-2}-1\right|+C$

20. $\displaystyle\int \sqrt{\frac{3+x}{3-x}}\,dx$ *Rpta.* $-\sqrt{9-x^2}+6\tan^{-1}\left(\sqrt{\frac{3+x}{3-x}}\right)+C$

En los problemas del 21 a 29, evaluar las integrales binomiales dadas.

21. $\displaystyle\int x^3\sqrt{1-x^2}\,dx$ *Rpta* $-\frac{1}{15}\left(1-x^2\right)^{3/2}\left(2+3x^2\right)+C$

22. $\displaystyle\int \frac{x^3}{\sqrt{1-x^2}}dx$ *Rpta* $-\frac{1}{3}\sqrt{1-x^2}\left(x^2+2\right)+C$

23. $\displaystyle\int x^5\left(a+bx^3\right)^{3/2}dx$ *Rpta* $\frac{2}{105b^2}\left(a+bx^3\right)^{5/2}\left(5bx^3-2a\right)+C$

24. $\displaystyle\int \frac{dx}{x^2\left(1+x^2\right)^{3/2}}$ *Rpta* $-\frac{\sqrt{1+x^2}}{x}-\frac{x}{\sqrt{1+x^2}}+C$

25. $\displaystyle\int \frac{x^5}{\left(a+bx^3\right)^{3/2}}dx$ *Rpta.* $\frac{2}{3b^2}\frac{2a+bx^3}{\left(a+bx^3\right)^{1/2}}+C$

26. $\displaystyle\int \frac{\sqrt{1-\sqrt[3]{x}}}{\sqrt[3]{x}}dx$ *Rpta.* $-\frac{2}{5}\left(1-x^{1/3}\right)^{3/2}\left(2+3x^{1/3}\right)+C$

27. $\displaystyle\int \frac{dx}{x^5\left(a-x^5\right)^{1/5}}$ *Rpta.* $-\frac{1}{4a}\frac{\left(a-x^5\right)^{4/5}}{x^4}+C$

28. $\displaystyle\int \frac{dx}{x^{3/2}\sqrt[3]{1-x^{3/4}}}$ *Rpta.* $-2\frac{\left(1-x^{3/4}\right)^{2/3}}{x^{1/2}}+C$

29. $\displaystyle\int \frac{dx}{x^n\left(1+x^n\right)^{1/n}}$ *Rpta.* $-\frac{1}{n-1}\frac{\left(1+x^n\right)^{(n-1)/n}}{x^{n-1}}+C$

SECCION 2.8

ECUACIONES DIFERENCIALES ELEMENTALES

Muchos fenómenos del mundo real son modelados mediante ecuaciones diferenciales. Una **ecuación diferencial** es una ecuación en la que la incognita es una función y contiene derivadas o diferenciales de la función desconocida. Así, son ecuaciones diferenciales las siguientes:

a. $\frac{dy}{dx} = 2x$ **b.** $3y^2 \frac{dy}{dx} = 2x$ **c.** $\frac{d^2y}{dx^2} = x\frac{dy}{dx}$

El orden máximo con que aparece la derivada en una ecuación diferencial da el **orden** de la ecuación. Así, en la ecuación (c) aparece una derivada de primer orden y una de segundo, luego, esta ecuación diferencial es de segundo orden. Las ecuaciones a y b, son ambas, de primer orden

SOLUCION GENERAL Y SOLUCION PARTICULAR

EJEMPLO 1. Verifique que $y = \sqrt[3]{x^2}$ es una solución de la ecuación (b):

$$3y^2 \frac{dy}{dx} = 2x$$

Solución

Debemos verificar que al reemplazar $y = \sqrt[3]{x^2}$ y $\frac{dy}{dx} = \frac{2}{3\sqrt[3]{x}}$ en el primer miembro debemos obtener $2x$. En efecto:

$$3y^2 \frac{dy}{dx} = 3\left(\sqrt[3]{x^2}\right)^2\left(\frac{2}{3\sqrt[3]{x}}\right) = 2\left(x^{4/3}\right)\left(x^{-1/3}\right) = 2x$$

En forma similar se verifica fácilmente que la función $y = \sqrt[3]{x^2 - 8}$ es otra solución de esta ecuación diferencial. Podemos verificar que la función

$$y = \sqrt[3]{x^2 + C}\text{, donde } C \text{ es una constante}$$

es también una solución. Aún más, resulta que toda solución de la ecuación dada es de esta forma. Por tal motivo a la solución $y = \sqrt[3]{x^2 + C}$ se le llama **solución general** de la ecuación dada, debido a que las otras soluciones se obtienen de ésta dando valores particulares a la constante C. Así, si $C = 0$ obtenemos la solución $y = \sqrt[3]{x^2}$ y si $C = -8$ obtenemos la solución $y = \sqrt[3]{x^2 - 8}$. Estas soluciones, que se obtienen de la solución general dando valores a la constante C, se llaman **soluciones particulares**.

La solución general $y = \sqrt[3]{x^2 + C}$ es una familia de soluciones cuyos gráficos constituyen una familia de curvas en el plano.

Por cualquier punto particular (x_0, y_0) del plano pasa una única curva. La curva (solución) que pasa por (x_0, y_0) se halla reemplazando en la solución general los valores $x = x_0$ e $y = y_0$: $y_0 = \sqrt[3]{(x_0)^2 + C}$

Esta última ecuación nos sirve para hallar un valor de constante C y, por tanto, la solución particular correspondiente. A la condición $y = y_0$ cuando $x = x_0$, que es equivalente a dar el punto (x_0, y_0), se le dá el nombre de **condición de frontera** o **condición inicial**.

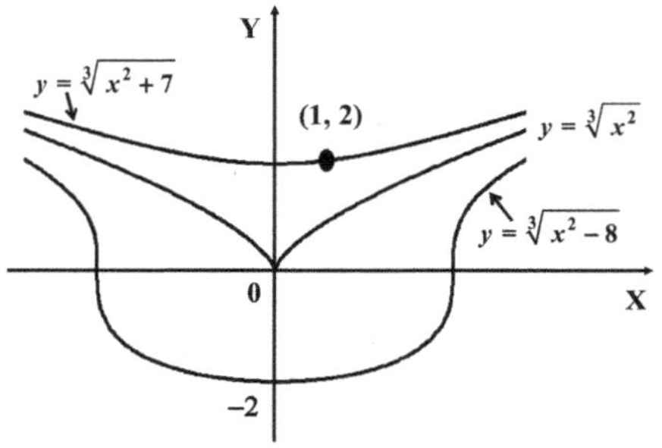

EJEMPLO 2. Hallar la solución particular de la ecuación

$$3y^2 \frac{dy}{dx} = 2x,$$

que satisface la condición de frontera $y = 2$ cuando $x = 1$. O sea, la solución particular que pasa por el punto (1, 2).

Solución

En la solución general $y = \sqrt[3]{x^2 + C}$ hacemos $x = 1$ e $y = 2$:

$$2 = \sqrt[3]{1^2 + C} \Rightarrow 8 = 1 + C \Rightarrow C = 7$$

Luego, la solución particular buscada es

$$y = \sqrt[3]{x^2 + 7}$$

ECUACIONES DIFERENCIALES SEPARABLES

Las ecuaciones diferenciales de primer orden más simples son las ecuaciones:

$$\frac{dy}{dx} = f(x) \qquad (1)$$

Otra manera de expresar esta ecuación, mediante diferenciales, es la siguiente:

$$y = f(x)\, dx \qquad (2)$$

Observemos que este tipo de ecuaciones ya hemos estado resolviendo en la sección anterior. En efecto, resolver (1) o resolver (2) es, simplemente, hallar la antiderivada de f. Esto es, la solución general de (1) o (2) es

$$y = \int f(x)\, dx$$

Otro tipo de ecuaciones de primer orden, también fáciles de resolver, lo constituyen las ecuaciones de variables separables.

Una **ecuación diferencial de variables separables** es una ecuación de la forma:

$$\frac{dy}{dx} = \frac{f(x)}{g(y)} \qquad \textbf{(3)}$$

Su nombre se debe a que ésta puede escribirse separando las variables, del modo siguiente:

$$g(y)\,dy = f(x)\,dx \qquad \textbf{(4)}$$

La solución general se obtiene integrando ambos miembros de la ecuación:

$$\int g(y)\,dy = \int f(x)\,dx$$

La ecuación (1) es un caso particular de la ecuación (3). Es el caso $g(y) = 1$.

EJEMPLO 3. Hallar la solución general de la ecuación (ejemplo 1, b) :

$$3\frac{dy}{dx} = \frac{2x}{y^2}$$

Solución

Esta es una ecuación diferenciable de variables separables. En efecto:

$$3y^2dy = 2xdx$$

Integrando:

$$\int 3y^2dy = \int 2x\,dx \Rightarrow y^3 = x^2 + C \Rightarrow y = \sqrt[3]{x^2 + C}$$

Esta es la solución general con la que hemos trabajado anteriormente.

EJEMPLO 4. Dada la ecuación diferencial $\frac{dy}{dx} = 2xe^{-y}$

a. Hallar la solución general

b. Hallar la solución particular que satisface la condición inicial: $y = 1$, cuando $x = 0$.

Solución

a. La ecuación dada es de variables separables. En efecto:

$$e^y dy = 2x\,dx$$

Integrando:

$$\int e^y dy = 2\int x\,dx \Rightarrow e^y = x^2 + C \Rightarrow y = \ln\left(x^2 + C\right)$$

b. En la solución general reemplazando las condiciones $y = 1$, $x = 0$:

$$1 = \ln(0^2 + C) \Rightarrow 1 = \ln C \Rightarrow C = e$$

Luego, la solución particular es $y = \ln\left(x^2 + e\right)$

CRECIMIENTO Y DECAIMIENTO EXPONENCIAL

Buscamos deducir las funciones que hemos usado para modelar fenómenos que crecen o decrecen exponencialmente (población, desintegración radioactiva, etc.). Estos fenómenos se caracterizan por tener un ritmo de crecimiento o de decaimiento que es proporcional a la cantidad presente.

EJEMPLO 5. **Crecimiento y decaimiento exponencial**

a. Hallar una ecuación diferencial que describa el hecho de que la razón de cambio respecto al tiempo (ritmo de crecimiento o decaimiento) de una cantidad es proporcional a la cantidad presente.

b. Resolver la ecuación hallada en la parte a.

Solución

a. Sea t el tiempo, $y = f(t)$ la cantidad que está cambiando. La razón de cambio respecto al tiempo es la derivada $\frac{dy}{dt}$. Decir que la razón de cambio es proporcional a la cantidad presente $y = f(t)$ significa que $\frac{dy}{dt}$ es igual al producto de una constante k por la cantidad $y = f(t)$. Esto es,

$$\frac{dy}{dx} = ky \qquad \textbf{(1)}$$

b. La ecuación hallada es de variables separables. Separando estas variables:

$$\frac{dy}{y} = k\,dt$$

Integrando:

$$\int \frac{dy}{y} = \int k\,dt \quad \Rightarrow \quad \ln|y| = kt + C \;\Rightarrow\; |y| = e^{kt+C} = e^{C}e^{kt}$$

Haciendo $A = e^{C}$ y considerando que $y = f(t)$ es positivo, tenemos

$$f(t) = Ae^{kt} \text{ , con } A > 0 \qquad (2)$$

Si $f(t)$ crece cuando t crece, entonces $k > 0$ y (2) es la ley de crecimiento exponencial. En cambio, si $f(t)$ decrece cuando t crece, entonces $k < 0$ y (2) es la ley de decaimiento exponencial.

CURVA DE APRENDIZAJE

La curva de aprendizaje modela los crecimientos acotados, como es el caso del aprendizaje de una tarea. La eficacia con que un individuo efectúa determinada tarea depende de su experiencia. Sin embargo, esta eficiencia tiene una cota superior, que es su límite. Al comienzo, cuando hay mucho que aprender, el ritmo con que crece la eficiencia es mayor que cuando el individuo está cerca de su límite. Matemáticamente, este hecho se expresa diciendo que el ritmo con que crece la eficiencia es proporcional a la diferencia entre la cota superior y la eficacia actual. Concretamos la discusión en el siguiente ejemplo.

EJEMPLO 6. **Curva de aprendizaje**

a. Hallar una ecuación diferencial que describa el hecho de que el ritmo con que crece la eficiencia en realizar una tarea es proporcional a la diferencia entre una cota superior fija y la eficiencia actual.

b. Resolver la ecuación hallada en parte a.

Solución

a. Sea t el tiempo, $y = f(t)$ la eficiencia con que hace la tarea en el instante t y sea A la cota superior, que es el límite. El ritmo de crecimiento de la eficiencia es $\frac{dy}{dx}$.

Luego, la ecuación buscada es

$$\frac{dy}{dx} = k(A - y)$$

b. La ecuación anterior es de variables separables. Separando estas variables:

$$\frac{dy}{A-y} = k\,dt$$

Integrando:

$$\int \frac{dy}{A-y} = \int k\,dt \quad \Rightarrow \quad -\ln|A-y| = kt + C \quad \Rightarrow$$

$$|A-y| = e^{-kt-C} = e^{-C}e^{-kt}$$

Haciendo $B = e^{-C}$ y considerando que $A - y > 0$, se obtiene

$$A - y = Be^{-kt} \quad \Rightarrow \quad y = A - Be^{-kt} \quad \Rightarrow \quad f(t) = A - Be^{-kt}$$

CURVA LOGISTICA

La curva logística fue usada para modelar la propagación de una epidemia o rumores en una comunidad o para modelar el crecimiento de una población a la que los factores ambientales les imponen restricciones.

EJEMPLO 7. **Curva logística**

a. Hallar una ecuación diferencial que describa el hecho de que el ritmo de propagación de una epidemia en una comunidad es proporcional al número de personas infectadas y al número de personas no infectadas que son suceptibles a la epidemia.

b. Resolver la ecuación lograda en (a).

Solución

a. Sea A la población de la comunidad que es suceptible a la infección, t el tiempo transcurrido desde que la epidemia empezó y sea $y = f(t)$ el número de personas infectadas en el instante t. El número de personas no infectadas, pero suceptibles a la infección es $A - f(t)$.

La ecuación buscada es

$$\frac{dy}{dt} = \lambda\, y(A - y), \quad \text{donde } \lambda \text{ es una constante.}$$

b. La ecuación es de variables separables. En efecto:

$$\frac{dy}{y(A-y)} = \lambda\, dt$$

Integrando:

$$\int \frac{dy}{y(A-y)} = \lambda \int dt = \lambda t + C \qquad (3)$$

La integral de la izquierda la calculamos descomponiendo el integrando en fracciones parciales.

$$\frac{1}{y(A-y)} = \frac{D}{y} + \frac{E}{A-y} \quad \Rightarrow \quad 1 = (E-D)y + DA \quad \Rightarrow \quad D = E = \frac{1}{A}$$

Luego,

$$\frac{1}{y(A-y)} = \frac{1/A}{y} + \frac{1/A}{A-y} = \frac{1}{A}\frac{1}{y} + \frac{1}{A}\frac{1}{A-y} \quad \Rightarrow$$

$$\int \frac{\mathrm{dy}}{\mathrm{y(A-y)}} = \frac{1}{A}\int \frac{dy}{y} + \frac{1}{A}\int \frac{dy}{A-y} = \frac{1}{A}\ln|y| - \frac{1}{A}\ln|A-y|$$

$$= \frac{1}{A}\ln\left|\frac{y}{A-y}\right| = \frac{1}{A}\ln\frac{y}{A-y} \qquad (y > 0,\ A - y > 0)$$

Reemplazando este resultado en (3):

$$\frac{1}{A}\ln\frac{y}{A-y} = \lambda t + C \Rightarrow \quad \ln\frac{y}{A-y} = \lambda A t + AC \Rightarrow$$

$$\frac{y}{A-y} = e^{AC + \lambda A t} = e^{AC} e^{\lambda A t} = Qe^{\lambda A t}, \text{ donde } Q = e^{AC}$$

Ahora, despejamos y:

$$y = (A - y)Qe^{\lambda A t} \Rightarrow y + y\,Qe^{\lambda A t} = AQe^{\lambda A t} \Rightarrow$$

$$y\left(1 + Q\,e^{\lambda A t}\right) = AQe^{\lambda A t} \Rightarrow \quad y = \frac{AQe^{\lambda A t}}{1 + Qe^{\lambda A t}}$$

Dividiendo entre $Qe^{\lambda A t}$

$$y = \frac{A}{\frac{1}{Qe^{\lambda A t}} + 1} = \frac{A}{\frac{1}{Q}e^{-\lambda A t} + 1} = \frac{A}{1 + \frac{1}{Q}e^{-\lambda A t}}$$

Haciendo $B = 1/Q$, $k = \lambda A$ y teniendo en cuenta que $y = f(t)$, se tiene,

$$f(t) = \frac{A}{1 + Be^{-kt}}$$

EJEMPLO 8. **La Tractrix**

La Tractrix es una de las curvas más famosas. Apareció como solución al siguiente problema propuesto a Leibniz:

¿Cuál es la trayectoria de un objeto arrastrado sobre un plano horizontal por una cuerda de longitud constante cuando el otro extremo de la cuerda se mueve a lo largo de una recta en el plano?

Para una descripción más intuitiva asociamos el objeto con una mascota que inicialmente se encuentra en un punto $(a,\ 0)$ del eje X. Su amo está localizado en el origen de coordenadas y camina halando a la mascota a lo largo del eje Y con una cuerda de longitud a. La trayectoria de la mascota es la tractriz.

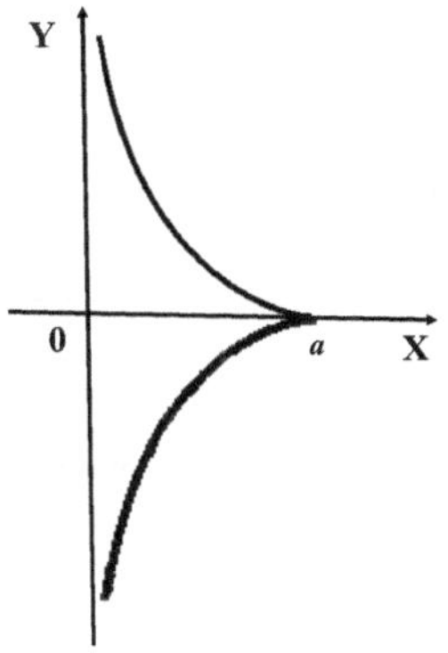

Probar que la ecuación de la tractrix es

$$y = \pm a \ln\left(\frac{a + \sqrt{a^2 - x^2}}{x}\right) \mp \sqrt{a^2 - x^2}$$

Solución

Paso 1. El amo se desplaza a lo largo del semieje **positivo Y**

La cueda, en cualquir punto $(x,\ y)$ de la curva es tangente a ella. Luego,

$$\frac{dy}{dx} = -\frac{\sqrt{a^2 - x^2}}{x}, \text{ condición inicial } y(a) = 0$$

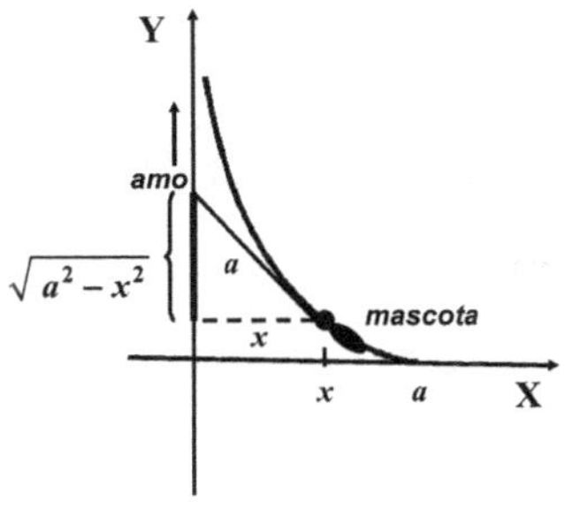

De acuerdo a la fórmula 40 de la tabla de integrales básicas:

$$y = a \ln\left(\frac{a + \sqrt{a^2 - x^2}}{x}\right) - \sqrt{a^2 - x^2} + C$$

Además, $y(a) = 0 \Rightarrow C = 0$. Luego, la solución para este caso es

$$y = a \ln\left(\frac{a + \sqrt{a^2 - x^2}}{x}\right) - \sqrt{a^2 - x^2}$$

Paso 2. El amo se despolaza a lo largo del semieje **negativo Y**

La cuerda, en cualquier punto (x, y) de la curva es tangente a ella. Luego,

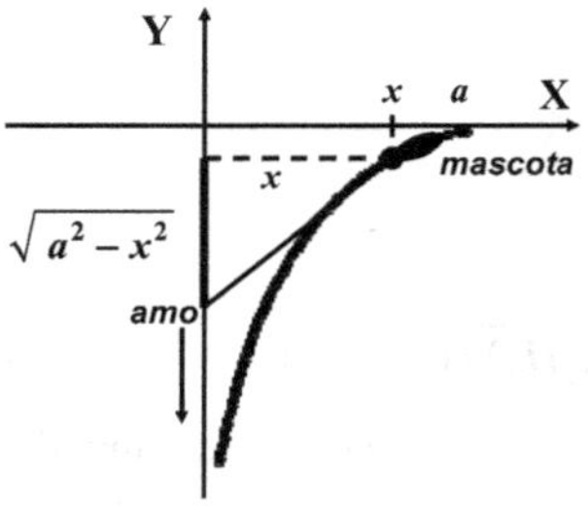

$$\frac{dy}{dx} = \frac{\sqrt{a^2 - x^2}}{x}, \text{ condición inicial } y(a) = 0$$

Cuya solución es

$$y = -a \ln\left(\frac{a + \sqrt{a^2 - x^2}}{x}\right) + \sqrt{a^2 - x^2}$$

NOTA. En el caso de que la mascota se encuentre inicialmente sobre el eje Y en el punto $(0, a)$ y el amo en el origen y se desplace sobre el eje X, la ecuación de la tractrix es:

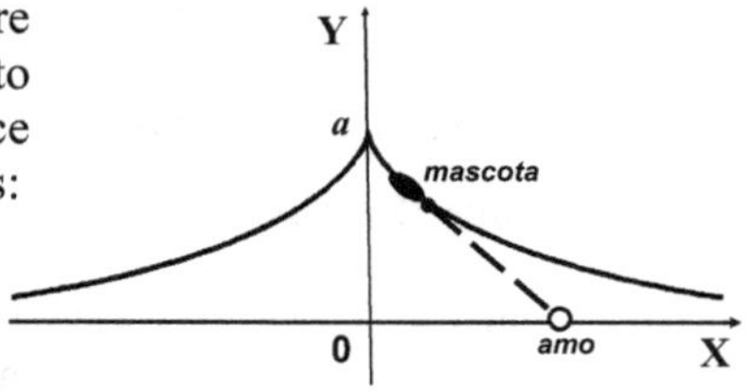

$$x = \pm a \ln\left(\frac{a + \sqrt{a^2 - y^2}}{y}\right) \mp \sqrt{a^2 - y^2}$$

¿SABIAS QUE . . .

El nombre de ***"tractriz"*** *fue dada por* ***Huygens*** *en 1692, y se deriva de la palabra latina* ***tractere****, que significa arrastrar.*

Si a la tractrix la hacemos girar alrededor del eje al cual es asintótica, se obtiene la seudo esfera, que es una superficie de especial relevancia en las ***geometrías no euclideanas****. Más adelante volveremos sobre este tema.*

PROBLEMAS RESUELTOS 2.8

PROBLEMA 1. **a.** Hallar la solución general de la siguiente ecuación diferencial de segundo orden

$$\frac{d^2y}{dx^2} = 6x - 4$$

b. Hallar la solución particular de la ecuación anterior que satisface la condición de frontera:

$$y = 5 \quad y \quad y' = 15, \quad \text{cuando } x = -2$$

Solución

a. Se ve que para obtener la solución general de esta ecuación de segundo orden tendremos que integrar dos veces, obteniendo, por tanto, dos constantes de integración. Procedemos así:

Como $\frac{d^2y}{dx^2} = \frac{dy'}{dx}$, entonces $\frac{dy'}{dx} = 6x - 4$

De donde

$$dy' = (6x-4)dx \Rightarrow \int dy' = \int (6x-4)\,dx \Rightarrow$$

$$y' = 3x^2 - 4x + C_1 \qquad \textbf{(1)}$$

Reemplazando y' por $\frac{dy}{dx}$ en la ecuación anterior:

$$\frac{dy}{dx} = 3x^2 - 4x + C_1$$

De donde

$$dy = (3x^2 - 4x + C_1)dx \Rightarrow y = \int \left(3x^2 - 4x + C_1\right) dx$$

LLevando a cabo las integraciones indicadas obtenemos la solución general:

$$y = x^3 - 2x^2 + C_1x + C_2 \qquad \textbf{(2)}$$

b. Debemos hallar valores determinados para las dos constantes C_1 y C_2. Estos valores los obtendremos de las dos condiciones de frontera dadas:

$$y' = 15 \quad \text{cuando} \quad x = -2 \qquad (3)$$

$$y = 5 \quad \text{cuando} \quad x = -2 \qquad (4)$$

Reemplazando la condición (3) en (1):

$$15 = 3(-2)^2 - 4(-2) + C_1 \Rightarrow C_1 = -5$$

Reemplazando $C_1 = -5$ y la condición (4) en (2):

$$5 = (-2)^3 - 2(-2)^2 - 5(-2) + C_2 \Rightarrow C_2 = 11$$

Luego, la solución particular buscada es

$$y = x^3 - 2x^2 - 5x + 11$$

PROBLEMA 2. **a.** Hallar la solución general de la ecuación

$$x^2(y-2)dx + y^2(x+1)dy = 0$$

b. Hallar la solución particular que cumple la condición inicial: $y = 3$ cuando $x = 0$

Solución

a. Separamos las variables y dividimos:

$$\frac{y^2}{y-2}dy = -\frac{x^2}{x+1}dx \Rightarrow \left(y+2+\frac{4}{y-2}\right)dy = \left(1-x-\frac{1}{x+1}\right)dx$$

Integrando:

$$\int\left(y+2+\frac{4}{y-2}\right)dy = \int\left(1-x-\frac{1}{x+1}\right)dx \qquad \Rightarrow$$

$$\frac{1}{2}y^2+2y+4\ln|y-2| = x-\frac{1}{2}x^2-\ln|x+1|+C_1 \Rightarrow$$

$$y^2+x^2+4y-2x+8\ln|y-2|+2\ln|x+1| = 2C_1 \Rightarrow$$

$$y^2+x^2+4y-2x+\ln(y-2)^8(x+1)^2 = C, \quad (C=2C_1)$$

b. Reemplazando las condiciones $y=3$, $x=0$ en la solución general:

$$(3)^2+(0)^2+4(3)-2(0)+\ln(3-2)^8(0+1)^2 = C \Rightarrow C=21$$

Luego, la solución particular buscada es

$$y^2+x^2+4y-2x+\ln(y-2)^8(x+1)^2 = 21$$

LEY DE ENFRIAMIENTO DE NEWTON

La siguiente ley de enfriamiento se debe a I. Newton:

La velocidad con que se enfría un cuerpo es proporcional a la diferencia entre la temperatura del cuerpo y la temperatura del medio ambiente.

Esto, si $T = T(t)$ es la temperatura del cuerpo y T_0 es la temperatura del medio ambiente, entonces

$$\frac{dT}{dt} = k\left(T-T_0\right), \quad k \text{ constante}$$

Usar esta ley para resolver el siguiente problema de medicina legal.

PROBLEMA 3. Cierta noche, en la habitación de un hotel, fue asesinado un conocido político. Cuando la policía encontró el cadáver a las 11 PM, éste tenía una temperatura de 33° C; una hora más tarde, ésta había descendido a 32° C. La temperatura de la habitación fue de 25° C. ¿A qué hora fue cometido el homicidio? Suponer que la temperatura normal del cuerpo humano es de 37° C.

Solución

Sea t el número de horas transcurridas después de las 11 PM (hora en que se encontró el cadáver) y sea $T = T(t)$ la temperatura del cadáver a las t horas. La ley de Newton nos dá la siguiente ecuación:

$$\frac{dT}{dt} = k(T-25)$$

Separando variables:

$$\frac{dT}{T-25} = k\,dt \Rightarrow \int \frac{dT}{T-25} = k\int dt \Rightarrow \ln|T-25| = kt + C$$

Como $T - 25 > 0$, se tiene

$$\ln(T-25) = kt + C \Rightarrow T - 25 = e^{kt+C} \Rightarrow T = 25 + e^{C}e^{kt} \Rightarrow$$

$$T = 25 + Ae^{kt}, \quad \text{donde } A = e^{C}.$$

Hallemos las constantes A y k:

Cuando $t = 0$, $T = 33 \Rightarrow 33 = 25 + Ae^{k(0)} \Rightarrow A = 8 \Rightarrow$

$$T = 25 + 8e^{kt}$$

Cuando $t = 1$, $T = 32 \Rightarrow 32 = 25 + 8\,e^{k(1)} \Rightarrow k = \ln(7/8) \Rightarrow$

$$T = 25 + 8e^{\ln(7/8)t} = 25 + 8\left(e^{\ln(7/8)}\right)^{t} = 25 + 8(7/8)^{t}$$

Esto es,

$$T(t) = 25 + 8(7/8)^{t}$$

Finalmente, encontramos el valor de t para el cual $T(t) = 37$.

Reemplazando $T(t) = 37$ en la ecuación anterior

$$37 = 25 + 8(7/8)^{t} \Rightarrow 8(7/8)^{t} = 12 \Rightarrow (7/8)^{t} = \frac{12}{8} = \frac{3}{2} \Rightarrow$$

$$t = \frac{\ln(3/2)}{\ln(7/8)} \approx -3{,}036 \text{ horas} \approx -(3 \text{ horas } 2 \text{ minutos}).$$

Esto es, el asesinato fué perpetrado 3 horas 2 minutos antes de las 11 PM. O sea, el crimen se cometió a las 7:58 PM.

PROBLEMA 4. El reservorio de agua potable de una ciudad tiene almacenados 120 millones de litros de agua fluorada, que contiene 800 kilos de fluor. Se desea bajar el contenido de flúor, para lo cual se hace ingresar agua fresca (sin flúor) a razón de 4 millones de litros por día, que se mezclan uniformemente. Del reservorio sale agua fluorada a la misma velocidad que entra el agua fresca. ¿Cuántos kgs. de flúor quedan en el reservorio después de 2 meses en que empezó a fluir el agua fresca?

Solución

Se cumple que:

$$\begin{pmatrix} \text{Velocidad de} \\ \text{cambio del flúor} \end{pmatrix} = \begin{pmatrix} \text{Concentración de} \\ \text{flúor en el agua} \end{pmatrix} \begin{pmatrix} \text{Velocidad de cambio} \\ \text{del agua fluorada} \end{pmatrix}$$

Sea $F = F(t)$ la cantidad de kgs de flúor en el reservorio después de t días que empezó a entrar el agua fresca. Se tiene que

$$\text{Velocidad de cambio de flúor} = \frac{dF}{dt}$$

La concentración de fluor en el resorvorio: $\frac{F}{120}$ kg. por millón de litros.

El ritmo de cambio del agua fluorada es de -4 millones de litros por día. El signo negativo indica que el agua fluorada está saliendo del reservorio.

Reemplazamos estos valores en la ecuación literaria dada al comienzo:

$$\frac{dF}{dt} = \left(\frac{F}{120}\right)(-4) \Rightarrow \frac{dF}{dt} = -\frac{F}{30}$$

Separando variables e integrando:

$$\frac{dF}{F} = -\frac{1}{30}\,dt \Rightarrow \int \frac{dF}{F} = -\frac{1}{30}\int dt \Rightarrow$$

$$\ln|F| = -\frac{1}{30}t + C \Rightarrow |F| = e^C e^{(-1/30)t} \Rightarrow$$

$$F(t) = A\,e^{(-1/30)t} \qquad (F \geq 0 \text{ y } A = e^C)$$

Al inicio, cuando $t = 0$, había 800 kgs de fluor. Luego,

$$800 = Ae^0 \Rightarrow A = 800 \Rightarrow F(t) = 800e^{(-1/30)t}$$

Después de 2 meses, cuando $t = 60$, en el reservorio quedarán:

$$F(60) = 800e^{(-1/30)(60)} \approx 108.27 \text{ kgs de flúor.}$$

PROBLEMA 5. En un almacén de 120 m. de largo, 80 m. de ancho y 20 m. de altura se ha acumulado gas carbónico (CO_2) alcanzando una concentración de 0.5%. Para renovar la atmósfera del almacén se abren las ventanas y se bombea aire del exterior, a una velocidad de 1,200 m3 por minuto, que se mezcla uniformemente. La concentración de CO2 en el aire del exterior es de 0.04%. ¿Qué porcentaje de CO2 queda en el almacén después de una hora y media de iniciado el bombeo?

Solución

Se cumple que:

$$\begin{pmatrix}\text{Velocidad}\\ \text{de cambio}\\ \text{del } CO_2\end{pmatrix} = \begin{pmatrix}\text{Concentración}\\ \text{del } CO_2 \text{ en el}\\ \text{aire que entra}\end{pmatrix}\begin{pmatrix}\text{Velocidad}\\ \text{de entrada}\\ \text{del aire}\end{pmatrix} + \begin{pmatrix}\text{Concentración}\\ \text{del } CO_2 \text{ en el}\\ \text{aire que sale}\end{pmatrix}\begin{pmatrix}\text{Velocidad}\\ \text{de salida}\\ \text{del aire}\end{pmatrix}$$

El volúmen del almacén es $V = 120 \times 50 \times 20 = 120{,}000\ \text{m}^3$

Sea $G = G(t)$ la cantidad de CO_2 en el almacén t minutos después de iniciado el bombeo de aire del exterior.

La velocidad de cambio del CO_2 es $\dfrac{dG}{dt}$ m^3 por minuto.

La concentración del CO_2 que entra es de 0.04%, o sea $\dfrac{0.04}{100} = \dfrac{4}{10{,}000}$ por m^3.

La concentración del CO_2 que sale es $\dfrac{G}{V} = \dfrac{G}{120{,}000}$.

La velocidad de entrada del aire es de 1,200 m^3 por minuto.

La velocidad de salida del aire es igual a la velocidad de entrada, pero con signo negativo. Esto es, $-1{,}200\ \text{m}^3$ por minuto.

Reemplazando estos valores en la ecuación literal:

$$\frac{dG}{dt} = \frac{4}{10{,}000}(1{,}200) + \frac{G}{120{,}000}(-1{,}200)$$

$$= \frac{48}{100} - \frac{G}{100} = -\frac{G-48}{100} = -0.01(G-48)$$

Esto es,

$$\frac{dG}{dt} = -0.01(G-48)$$

Separando variables e integrando:

$$\frac{dG}{G-48} = -0.01dt \Rightarrow \qquad \int \frac{dG}{G-48} = -0.01\int dt \Rightarrow$$

$$\ln|G-48| = -0.01t + C \Rightarrow |G-48| = e^{-0.01t+C} = e^{C}e^{-0.01t} \Rightarrow$$

$$|G-48| = Ae^{-0.01t} \qquad (A = e^{C})$$

Pero, si todo el aire del almacén fuera aire del exterior, que tiene 0.04% de CO_2 se tendría $\dfrac{0.04}{100}(120{,}000) = 48\ \text{m}^3$ de CO_2. Por tanto,

$$G \geq 48 \quad \text{y} \quad |G-48| = G-48.$$

Luego, la ecuación anterior puede escribirse así:

$$G(t) = 48 + Ae^{-0.01t}$$

La cantidad inicial de CO_2 en el almacén, cuando $t = 0$, es de 0.5% de 120,000 m^3. Esto es, $\frac{0.5}{100}(120{,}000) = 600\ m^3$.

Reemplazando $t = 0$ y $G(0) = 600$ en la igualdad anterior

$$600 = 48 + Ae^{-0.01(0)} \Rightarrow A = 552 \Rightarrow$$

$$G(t) = 48 + 552e^{-0.01t}$$

Por último, después de una hora y media de iniciado el bombeo, $t = 90$ y la cantidad de CO_2 en el almacén es de

$$G(90) = 48 + 552\, e^{-0.01(90)} \approx 272.43\ m^3, \text{ que es el}$$

$$100\ \frac{272.43}{120{,}000} = 0.227\ \%$$

PROBLEMAS PROPUESTOS 2.8

En los problemas del 1 al 16 hallar la solución general de la ecuación diferencial dada

1. $\frac{dy}{dx} = 5x^4 + 6x^2 - \frac{2}{x^3}$ *Rpta.* $y = x^5 + 2x^3 + x^{-2} + C$

2. $\frac{du}{dt} = \frac{2t^2 - 3}{t^2}$ *Rpta.* $u = 2t + 3t^{-1} + C$

3. $\frac{d^2y}{dx^2} = 6x^2 + 1$ *Rpta.* $\frac{1}{2}x^4 + \frac{1}{2}x^2 + C_1x + C_2$

4. $\frac{d^2u}{dv^2} = \sqrt{3v - 3}$ *Rpta.* $u = \frac{4}{135}(3v-3)^{5/2} + C_1v + C_2$

5. $\frac{dy}{dt} = 3 + y$ *Rpta.* $|y + 3| = Ce^t$

6. $\frac{du}{dt} = e^u$ *Rpta.* $u = -\ln(-x + C)$

7. $\frac{dy}{dx} - y = 5$ *Rpta* $|y + 5| = Ce^x$

8. $\frac{dy}{dx} = xy$ *Rpta* $|y| = Ce^{x^2/2}$

9. $\frac{dy}{dx} = \frac{x}{y}$ *Rpta.* $y^2 - x^2 = C$

10. $\dfrac{dy}{dx} = \dfrac{y}{x}$ *Rpta.* $|y| = C|x|$

11. $\dfrac{dy}{dx} = x + xy$ *Rpta.* $|y+1| = Ce^{x^2/2}$

12. $x\dfrac{dy}{dx} + xy = y$ *Rpta.* $|y| = C|x|e^{-x}$

13. $\dfrac{dy}{dx} = \dfrac{\sqrt{x} + x}{\sqrt{y} - y}$ *Rpta.* $4y^{3/2} - 3y^2 - 4x^{3/2} - 3x^2 = C$

14. $\dfrac{dy}{dt} = \dfrac{4t\sqrt{1+y^2}}{y}$ *Rpta.* $y = \sqrt{\left(2t^2 + C\right)^2 - 1}$

15. $\dfrac{dy}{dx} = \sqrt{\dfrac{x}{y}}$ *Rpta.* $y^{3/2} - x^{3/2} = C$

16. $(1+y)dx - (1+x)dy = 0$ *Rpta.* $|y+1| = C|x+1|$

En los problemas del 17 al 22 hallar la solución particular que satisface las condiciones de frontera dadas.

17. $dy + 4ydt = 0$, $y = 1$ cuando $t = 1$ *Rpta.* $y = e^4e^{-4t}$

18. $\dfrac{d^2u}{dv^2} = 6(v-1)^2$, $u = 9$ y $\dfrac{du}{dv} = 8$ cuando $v = 2$. *Rpta.* $u = \dfrac{1}{2}v^4 - 2v^3 + 3v^2 + 4v - 3$

19. $\dfrac{d^2y}{dx^2} = \sqrt{x-1}$, $y = 11$ y $\dfrac{dy}{dx} = 6$ cuando $x = 5$. *Rpta.* $y = \dfrac{4}{15}(x-1)^{5/2} + \dfrac{2}{3}x - \dfrac{13}{15}$

20. $\dfrac{dy}{dx} = e^{y-x}$, $y = -\ln 2 - 1$ cuando $x = -1$. *Rpta.* $y = -\ln(e^{-x} + e)$

21. $6x^2y\,dx = \left(1+x^3\right)dy$, $y = 12$ cuando $x = 1$. *Rpta.* $y = 3\left(1 + x^3\right)^2$

22. $e^x dy = y^2 dx$, $y = -1/2$ cuando $x = 0$. *Rpta.* $y = \dfrac{e^x}{1-3e^x}$

23. (Recta tangente). Una curva pasa por el punto $(2, -1)$. En cualquier punto (x, y) de la curva, la recta tangente tiene pendiente xy^2. Hallar una ecuación de la curva. *Rpta.* $y = \dfrac{-2}{x^2 - 2}$

24. (Recta tangente). Hallar una ecuación de la curva que pasa por el punto $(0, 4)$ y es tal que la recta tangente en cualquier punto (x, y) es perpendicular a la recta que pasa por el origen y el punto (x, y). *Rpta.* $x^2 + y^2 = 16$

25. Una función $y = f(x)$ es tal que para cualquier x se cumple que $\dfrac{d^3y}{dx^3} = 6$. Su gráfico tiene a (1, 4) como punto de inflexión y, en este punto, la pendiente de la recta tangente es 5. Hallar la función. *Rpta.* $y = x^3 - 3x^2 + 8x - 2$

26. (Depreciación). Se compra una máquina por 750 mil dólares. El valor $V(t)$ de la máquina, después de t años de comprada, se deprecia al ritmo de $-165e^{-0.3t}$ miles de dólares por año.

a. Expresar el valor $V(t)$ de la máquina en función de su edad.
b. Hallar el valor de la máquina cuando ésta tenga 12 años.

Rpta. **a.** $V(t) = 550\, e^{-0.3t} + 200$ **b.** \$ 215,028.95

27. (Depreciación). Se compró un equipo de computación por 2,500 dólares. El ritmo de depreciación de este equipo es proporcional a su valor presente. Al cumplir un año su valor fue de 2,000 dólares.

a. Hallar la función que exprese la depreciación.
b. ¿Cuál es el valor del equipo al cumplir 5 años?

Rpta. **a.** $V(t) = 2{,}500\left(\dfrac{4}{5}\right)^t$ **b. \$** 819.20

28. (Disolución del azúcar). La velocidad con que se disuelve el azúcar en el agua es proporcional a la cantidad de azúcar todavía no disuelta. Se introdujeron 60 kilos de azúcar a un tanque con agua. Después de 5 horas, sólo quedaban 20 kilos de azúcar sin disolver.

a. Hallar la función que expresa la disolución de azúcar en el agua.
b. ¿Cuánto tiempo tardará en disolverse el 80% del azúcar?

Rpta. **a.** $D(t) = 60\left(1 - e^{-0.2197\, t}\right)$ **b.** 7 horas 19 minutos

29. (Reacción química). La velocidad de reacción de cierta sustancia química es proporcional a la cantidad de la sustancia que todavía no ha reaccionado. Al minuto, 1/5 de la sustancia ha reaccionado y a los 4 minutos han reaccionado 30 grs. ¿Qué cantidad de sustancia había originalmente?

Rpta. 50.81 gr.

30. (Calentamiento). Una cerveza, al sacarla de la nevera, está a 3°C, y 20 minutos después está a 13°C. La temperatura del ambiente es de 28°C.

a. Expresar la temperatura de la cerveza como función del tiempo.
b. ¿En cuánto tiempo la cerveza llegará a 20°C?

Rpta. **a.** $T(t) = 28 - 25e^{-0.0255t}$ **b.** 44.6 minutos

31. (Enfriamiento). Un termómetro, al retirarlo del cuerpo de un enfermo, marca 40°C y 30 segundos más tarde, 35°C. La temperatura del ambiente es 25°C.

a. Expresar la temperatura del termómetro en función del tiempo.
b. ¿Qué temperatura registra el termómetro después de 2 minutos de haberlo retirado del cuerpo del enfermo?

Rpta. **a.** $T(t) = 25 + 15e^{-0.0135155t}$ **b.** 27.96 °C

32. (Enfriamiento). Un objeto metálico se está enfriando. Hace 40 minutos tenía 160°C y hace 10 minutos, 80°C. Hallar la temperatura actual del objeto sabiendo que la temperatura ambiental es de 30°C. *Rpta.* 66.36° C

33. (Caso policial). En el sótano de un edificio se cometió un asesinato. Cuando la policía encontró el cadáver a las 12 de la noche, éste tenía una temperatura de 29°C. Una hora después la temperatura del cadáver bajó a 27°C. ¿A qué hora se cometió el asesinato si la temperatura del sótano ha permanecido constante a 20°C? *Rpta.* 9:28 PM

34. (Disolución de la sal). Un tanque de 20,000 litros está lleno de agua salada que contiene 600 kilos de sal disuelta. El tanque tiene 2 plumas. Por una entra agua fresca (sin sal) a la velocidad de 50 litros por minuto, que se mezcla uniformemente con el agua salada. Por la otra pluma sale agua salada a la misma velocidad.

a. Expresar la salida de la sal como función del tiempo.

b. ¿Qué cantidad de sal queda en el tanque después de 3 horas de haber abierto las dos plumas?

Rpta. **a.** $S(t) = 600\, e^{-0.0025t}$ **b.** 382.58 kgs

35. (Disolución de la sal). Un tanque, que tiene dos plumas, contiene 400 galones de agua fresca. Por una pluma entra, a razón de 6 galones por minuto, agua salada que contiene 0.5 Kgs. de sal por galón. El agua salada se diluye uniformemente en la fresca y la mezcla sale, por la otra pluma, a la misma velocidad con que entra el agua por la primera pluma.

a. Expresar la cantidad de sal que queda en el tanque como función del tiempo. *Rpta.* $S(t) = 200(1 - e^{-0.015t})$

b. ¿Qué cantidad de sal hay en el tanque después de 2 horas de que se abrieron las dos plumas? *Rpta.* 166.94 kgs

36. (Disolución de la sal). Un tanque, que tiene dos plumas, contiene 400 galones de agua salada con una concentración de 1.5 Kg. de sal por galón. Por una pluma entra agua salada, que contiene 0.5 Kg. de sal por galón, a razón de 6 galones por minuto. El agua que entra se mezcla uniformemente con la del tanque y la mezcla sale, por la otra pluma, a la misma velocidad con que entra el agua por la primera pluma.

a. Expresar la cantidad de sal que queda en el tanque como función del tiempo. *Rpta.* $S(t) = 200 + 400e^{-0.015t}$

b. ¿Qué cantidad de sal hay en el tanque después de 2 horas de abrir las dos plumas? *Rpta.* 266.12 kgs

37. (Purificación del aire). El aire de una habitación cerrada de 40,000 dm^3 contiene ozono a un nivel de 0.9 partes por un millón. A este aire se lo hace circular, a la velocidad de 500 dm^3 por minuto, a través de un filtro de carbón que lo purifica hasta el nivel de 0.02 partes por un millón. El aire purificado regresa a la habitación mezclándose homogéneamente.

a. Expresar la cantidad de ozono en la habitación como función del tiempo.

b. ¿Qué tiempo se requiere para reducir a la mitad el ozono inicial de la habitación?

Rpta. **a.** $G(t) = 8 + 352\, e^{-0.0125t}$ **b.** 57 min. 17 seg

38. **(Eficiencia).** Un estudiante del idioma alemán tiene que memorizar 85 verbos desconocidos para él. En 30 minutos ha memorizado 20 verbos. De acuerdo a los sicólogos, el ritmo a que una persona puede memorizar un conjunto de hechos es proporcional al número de hechos todavía no memorizados.

a. ¿Cuántos verbos ha memorizado el estudiante en 90 minutos?

b. ¿En cuánto tiempo memorizará 80 verbos?

Rpta. **a.** 47 **b.** 5 horas 17 min.

3

LA INTEGRAL DEFINIDA

GEORG F. B. RIEMANN
(1826–1866)

GEORG FRIEDRICH BERNHARD RIEMANN (1826-1866)

GEORG FRIEDRICH BERNHARD RIEMANN, hijo de un pastor protestante, nació en Breselenz, Hanover, Alemania, en 1826. En 1846, a la edad de 20 años, entró a la Universidad de Göttingen a estudiar teología, la cual rápidamente la cambió por la matemática. En 1851 presentó su tesis doctoral, supervisado por el gran Gauss, sobre un tema de variable compleja, que ahora se conoce con el nombre de superficies de Riemann. En 1854, en una disertación con la que buscaba un título que le permitiera dar clases, revolucionó la geometría. Allí introdujo el concepto de variedad diferenciable, la cual generaliza los espacios $\mathbb{R}^n$. *Sus ideas fueron realmente apreciadas 60 años más tarde, cuando Alberto Einstein usa estos conceptos como marco matemático en el desarrollo de su Teoría de la Relatividad. En 1862 le descubrieron una infección pulmonar. Riemann viaja varias veces a Italia, buscando un mejor clima que cure su mal. Allí muere 4 años después, a la edad de 40 años.*

ACONTECIMIENTOS PARALELOS IMPORTANTES

En el año del nacimiento de Riemann, 1826, en Venezuela tuvo lugar ***La Cosiata,*** *movimiento separatista que se revela contra la autoridad de Bolívar y de la Gran Colombia. En 1830, cuando Riemann tenía 4 años, Simón Bolívar muere en Santa Marta. En 1834 Humboldt publicó su libro* ***Viaje a las Regiones Equinocciales*** *y en 1839, Charles Robert Darwin publicó* ***El Viaje de un Naturalista a Bordo del Beagle.*** *En 1859 muere en Paita, Perú, Manuelita Sáenz, "La Libertadora del Libertador". Entre 1859 y 1863 en Venezuela se desarrolla* ***La Guerra Federal.*** *Entre 1861 y 1865 en Estados Unidos se pelea* ***La Guerra de Secesión.***

SECCION 3.1

LA NOTACION SIGMA

En nuestra exposición van a aparecer sumas de muchos términos. Para simplificar introduciremos la notación **sigma** o **sumatoria**. Esta notación hace uso la letra griega sigma mayúscula, $\sum$, que corresponde a la letra S de nuestro idioma.

Comenzamos con algunos ejemplos:

a. $\sum_{i=1}^{4} i^2 = 1^2 + 2^2 + 3^2 + 4^2$

b. $\sum_{k=2}^{6} k^3 = 2^3 + 3^3 + 4^3 + 5^3 + 6^3$

c. $\sum_{j=-2}^{1} [5j-1] = [5(-2)-1] + [5(-1)-1] + [5(0)-1] + [5(1)-1]$

$= [-11] + [-6] + [-1] + 4$

d. $\sum_{m=4}^{8} \frac{1}{m} = \frac{1}{4} + \frac{1}{5} + \frac{1}{6} + \frac{1}{7} + \frac{1}{8}$

e. $\sum_{i=1}^{n} (-1)^i = (-1)^1 + (-1)^2 + (-1)^3 + \ldots + (-1)^n$

f. $\sum_{k=3}^{7} kA_k = 3A_3 + 4A_4 + 5A_5 + 6A_6 + 7A_7$

g. $\sum_{i=1}^{n} f(c_i)\Delta x = f(c_1)\,\Delta x + f(c_2)\,\Delta x + \ldots + f(c_n)\,\Delta x$

En cada uno de los ejemplos anteriores se tiene una función F con dominio el conjunto de los enteros $\mathbb{Z}$, de los cuales se toma un subconjunto. Así:

En el ejemplo (a): $F(i) = i^2$ y $\sum_{i=1}^{4} i^2 = \sum_{i=1}^{4} F(i) = F(1) + F(2) + F(3) + F(4)$

En el ejemplo (c), $G(j) = 5j - 1$ y

$$\sum_{j=-2}^{1} [5j-1] = \sum_{j=-2}^{1} G(j) = G(-2) + G(-1) + G(0) + G(1)$$

En términos precisos, la definición de la notación sigma es como sigue:

DEFINICION. Sea F es una función de $\mathbb{Z}$ en $\mathbb{R}$ y m y n dos enteros tales que $m \leq n$.

$$\sum_{i=m}^{n} F(i) = F(m) + F(m+1) + F(m+2) + \ldots + F(n-1) + F(n)$$

El número m es el **límite inferior** de la sumatoria, el número n es el **límite superior** y la letra i es el **índice de sumación**. Otras letras, como j, k, etc pueden usarse como índices de sumación.

EJEMPLO 1. Expresar la siguiente suma mediante la notación sigma:

$$5^3 + 6^3 + 7^3 + \ldots + n^3$$

Solución

Existen varias maneras. He aquí 3 de ellas:

1. $5^3 + 6^3 + 7^3 + \ldots + n^3 = \sum_{i=5}^{n} i^3$

2. $5^3 + 6^3 + 7^3 + \ldots + n^3 = \sum_{i=3}^{n-2} (i+2)^3$

3. $5^3 + 6^3 + 7^3 + \ldots + n^3 = \sum_{i=6}^{n+1} (i-1)^3$

Las tres maneras de escribir una misma suma en el ejemplo anterior, son casos particulares del siguiente teorema:

TEOREMA 3.1 Si c es un número natural positivo, entonces

$$\textbf{1.}\ \sum_{i=m}^{n} F(i) = \sum_{i=m-c}^{n-c} F(i+c) \qquad \textbf{2.}\ \sum_{i=m}^{n} F(i) = \sum_{i=m+c}^{n+c} F(i-c)$$

Demostración

1. Hacemos el cambio de índice $i = k$, y obtenemos: $\sum_{i=m}^{n} F(i) = \sum_{k=m}^{n} F(k)$

Ahora hacemos $k = i + c$. En este caso:

$$k = m \Rightarrow i + c = m \Rightarrow i = m - c \quad \text{y} \quad k = n \Rightarrow i + c = n \Rightarrow i = n - c$$

Luego,

$$\sum_{k=m}^{n} F(k) = \sum_{i=m-c}^{n-c} F(i+c) \quad \text{y, por lo tanto,} \quad \sum_{i=m}^{n} F(i) = \sum_{i=m-c}^{n-c} F(i+c)$$

2. Similar a 1.

EJEMPLO 2. Evaluar **a.** $\sum_{i=3}^{6} \frac{1}{2}\left(i^2+1\right)$ **b.** $\sum_{k=4}^{7} (-1)^k (k-1)^2$

Solución

a. $\sum_{i=3}^{6} \frac{1}{2}\left(i^2+1\right) = \frac{1}{2}\left(3^2+1\right) + \frac{1}{2}\left(4^2+1\right) + \frac{1}{2}\left(5^2+1\right) + \frac{1}{2}\left(6^2+1\right)$

$$=\frac{1}{2}(10)+\frac{1}{2}(17)+\frac{1}{2}(26)+\frac{1}{2}(37)=\frac{1}{2}(10+17+26+37)=\frac{1}{2}(90)=45$$

b. $\sum_{k=4}^{7}(-1)^k(k-1)^2=(-1)^4(4-1)^2+(-1)^5(5-1)^2+(-1)^6(6-1)^2+(-1)^7(7-1)^2$

$$=(1)3^2+(-1)4^2+(1)5^2+(-1)6^2=9-16+25-36=-18$$

Algunas propiedades básicas de la sumatoria son las siguientes:

TEOREMA 3.2 Si c es una constante y $m \leq n$, entonces

1. $\sum_{i=1}^{n} c = nc$

2. $\sum_{i=1}^{n} cF(i) = c\sum_{i=1}^{n} F(i)$

3. $\sum_{i=m}^{n} [F(i) \pm G(i)] = \sum_{i=m}^{n} F(i) \pm \sum_{i=m}^{n} G(i)$

4. **Propiedad telescópica.**

   a. Primera versión: $\sum_{i=m}^{n} [F(i+1) - F(i)] = F(n+1) - F(m)$

   b. Segunda versión: $\sum_{i=m}^{n} [F(i) - F(i-1)] = F(n) - F(m-1)$

Demostración

1. $\sum_{i=1}^{n} c = \underbrace{c + c + c + \dots + c}_{n} = nc$

2. $\sum_{i=m}^{n} cF(i) = cF(m) + cF(m+1) + \dots + cF(n)$

$$= c\,[F(m) + F(m+1) + \dots + F(n)] = c\sum_{i=m}^{n} F(i)$$

3. $\sum_{i=m}^{n} [F(i) \pm G(i)] = [F(m) \pm G(m)] + [F(m+1) \pm G(m+1)] + \dots + [F(n) \pm G(n)]$

$$= [F(m) + F(m+1) + \dots + F(n)] \pm [G(m) + G(m+1) + \dots + G(n)]$$

$$= \sum_{i=m}^{n} F(i) \pm \sum_{i=m}^{n} G(i)$$

4. a. $\sum_{i=m}^{n} [F(i+1) - F(i)] = [F(m+1) - F(m)] + [F(m+2) - F(m+1)] + \dots$

$$+ [F(n) - F(n-1)] + [F(n+1) - F(n)]$$

$$= F(n+1) - F(m) \qquad \text{(simplificando)}$$

b. La segunda versión se prueba del mismo modo o haciendo un apropiado cambio del índice de sumación.

EJEMPLO 3. Hallar

a. $\sum_{i=1}^{n}\left[(i+1)^3 - i^3\right]$ **b.** $\sum_{k=1}^{100}\left(2^k - 2^{k-1}\right)$ **c.** $\sum_{k=1}^{100}\left(\frac{1}{k} - \frac{1}{k+1}\right)$

Solución

a. Por la propiedad telescópica primera versión, donde $F(i) = i^3$:

$$\sum_{i=1}^{n}\left[(i+1)^3 - i^3\right] = (n+1)^3 - 1^3 = (n+1)^3 - 1$$

b. Por la propiedad telescópica segunda versión, donde $F(k) = 2^k$:

$$\sum_{k=1}^{100}\left(2^k - 2^{k-1}\right) = 2^{100} - 2^{1-1} = 2^{100} - 2^0 = 2^{100} - 1$$

c. Por la propiedad telescópica primera versión, donde $F(k) = 1/k$

$$\sum_{k=1}^{100}\left(\frac{1}{k} - \frac{1}{k+1}\right) = -\sum_{k=1}^{100}\left(\frac{1}{k+1} - \frac{1}{k}\right) = -\left(\frac{1}{100+1} - \frac{1}{1}\right) = \frac{100}{101}$$

TEOREMA 3.3 Si n es un entero positivo, entonces

1. $\displaystyle\sum_{i=1}^{n} i = \frac{n(n+1)}{2}$ **2.** $\displaystyle\sum_{i=1}^{n} i^2 = \frac{n(n+1)(2n+1)}{6}$

3. $\displaystyle\sum_{i=1}^{n} i^3 = \left[\frac{n(n+1)}{2}\right]^2$ **4.** $\displaystyle\sum_{i=1}^{n} i^4 = \frac{n(n+1)(6n^3+9n^2+n-1)}{30}$

Demostración

1. Si $S = \sum_{i=1}^{n} i$ se tiene:

$$S = 1 + 2 + \ldots + (n-1) + n$$
$$S = n + (n-1) + \ldots + 2 + 1$$
$$2S = \underbrace{(n+1) + (n+1) + \ldots + (n+1) + (n+1)}_{n} \quad \text{(sumando)}$$
$$= n(n+1)$$

Luego, $S = \dfrac{n(n+1)}{2}$

2. Sea $S = \sum_{i=1}^{n} i^2$. Tenemos que:

$$(i+1)^3 - i^3 = i^3 + 3i^2 + 3i + 1 - i^3 = 3i^2 + 3i + 1$$

Luego,

$$\sum_{i=1}^{n}\left[(i+1)^3 - i^3\right] = 3\sum_{i=1}^{n} i^2 + 3\sum_{i=1}^{n} i + \sum_{i=1}^{n} 1 = 3S + 3\frac{n(n+1)}{2} + n$$

Pero, por la parte a del ejemplo 3:

$$\sum_{i=1}^{n}[(i+1)^3 - i^3] = (n+1)^3 - 1.$$

Luego

$$(n+1)^3 - 1 = 3S + 3\frac{n(n+1)}{2} + n$$

Despejando S:

$$S = \frac{1}{6}\left[2(n+1)^3 - 3n(n+1) - 2(n+1)\right] = \frac{n+1}{6}\left[2(n+1)^2 - 3n - 2\right]$$

$$= \frac{n+1}{6}(2n^2 + n) = \frac{n(n+1)(2n+1)}{6}$$

3. y **4.** Ver los problemas propuestos 24 y 25.

EJEMPLO 4. Evaluar **a.** $\sum_{i=1}^{50} i^2$. **b.** $\sum_{k=1}^{30} k^3$.

Solución

a. De acuerdo a la fórmula 2 del teorema anterior con $n = 50$

$$\sum_{i=1}^{50} i^2 = \frac{50(50+1)(2(50)+1)}{6} = \frac{50(51)(101)}{6} = 42{,}925.00$$

b. De acuerdo a la fórmula 3 del teorema anterior con $n = 30$

$$\sum_{k=1}^{30} k^3 = \frac{30^2(30+1)^2}{4} = \frac{900(961)}{4} = 216{,}225.00$$

EJEMPLO 5. Evaluar **a.** $\sum_{i=1}^{100}(4i-5)$ **b.** $\sum_{k=1}^{20} 2k(1-2k^2)$

Solución

a. $$\sum_{i=1}^{n}(4i-5) = \sum_{i=1}^{n} 4i - \sum_{i=1}^{n} 5 = 4\sum_{i=1}^{n} i - \sum_{i=1}^{n} 5 = 4\frac{n(n+1)}{2} - 5n$$

$$= 2n(n+1) - 5n = 2n^2 - 3n = n(2n-3)$$

Haciendo $n = 100$, obtenemos:

$$\sum_{i=1}^{100}(4i-5) = 100\big(2(100) - 3\big) = 19{,}700.00$$

b. $\sum_{k=1}^{20} 2k(1-2k^2) = \sum_{k=1}^{20}\left(2k-4k^3\right) = \sum_{k=1}^{20} 2k - \sum_{k=1}^{20} 4k^3 = 2\sum_{k=1}^{20} k - 4\sum_{k=1}^{20} k^3$

$$= 2\,\frac{20(20+1)}{2} - 4\,\frac{20^2(20+1)^2}{4} = 20(21) - 20^2(21)^2 = -175{,}980.00$$

EJEMPLO 6. Hallar $\lim\limits_{n\to+\infty} \sum_{i=1}^{n} \frac{6}{n^3}(i-1)^2$

Solución

$$\sum_{i=1}^{n} \frac{6}{n^3}(i-1)^2 = \frac{6}{n^3}\sum_{i=1}^{n}\left(i^2-2i+1\right) = \frac{6}{n^3}\sum_{i=1}^{n} i^2 - 2\frac{6}{n^3}\sum_{i=1}^{n} i + \frac{6}{n^3}\sum_{i=1}^{n} 1$$

$$= \frac{6}{n^3}\left[\frac{n(n+1)(2n+1)}{6}\right] - \frac{12}{n^3}\left[\frac{n(n+1)}{2}\right] + \frac{6}{n^3}n$$

$$= \frac{n}{n}\left(\frac{n+1}{n}\right)\left(\frac{2n+1}{n}\right) - \frac{6}{n}\frac{n}{n}\left(\frac{n+1}{n}\right) + \frac{6}{n^2}$$

$$= \left(1+\frac{1}{n}\right)\left(2+\frac{1}{n}\right) - \frac{6}{n}\left(1+\frac{1}{n}\right) + \frac{6}{n^2}$$

Luego,

$$\lim_{n\to+\infty} \sum_{i=1}^{n} \frac{6}{n^3}(i-1)^2 = \lim_{n\to+\infty}\left(1+\frac{1}{n}\right)\left(2+\frac{1}{n}\right) - \lim_{n\to+\infty}\frac{6}{n}\left(1+\frac{1}{n}\right) + \lim_{n\to+\infty}\frac{6}{n^2}$$

$$= (1+0)(2+0) - 0(1+0) + 0 = 2$$

PROBLEMAS RESUELTOS 3.1

PROBLEMA 1. Probar que $\sum_{k=1}^{n} kk! = (n+1)! - 1$

Solución

$$\sum_{k=1}^{n} kk! = \sum_{k=1}^{n} k!(k) = \sum_{k=1}^{n} k![(k+1)-1] = \sum_{k=1}^{n}[k!(k+1)-k!] = \sum_{k=1}^{n}[(k+1)!-k!]$$

$$= (n+1)! - 1! = (n+1)! - 1 \qquad (\text{telescópica, con } F(k) = k!)$$

PROBLEMA 2. Hallar $\sum_{i=1}^{99}\left[\sqrt{i+1}-\sqrt{i-1}\right]$

Solución

$$\sum_{i=1}^{99}\left[\sqrt{i+1}-\sqrt{i-1}\right]=\sum_{i=1}^{99}\left[\left(\sqrt{i+1}-\sqrt{i}\right)+\left(\sqrt{i}-\sqrt{i-1}\right)\right]$$

$$=\sum_{i=1}^{99}\left(\sqrt{i+1}-\sqrt{i}\right)+\sum_{i=1}^{99}\left(\sqrt{i}-\sqrt{i-1}\right)$$

$$=\left(\sqrt{99+1}-\sqrt{1}\right)+\left(\sqrt{99}-\sqrt{1-1}\right) \qquad \text{(telescópicas)}$$

$$=\left(\sqrt{100}-1\right)+\left(\sqrt{99}-0\right)=\sqrt{99}-9\approx 0{,}95$$

PROBLEMA 3. **1.** probar que $\sum_{k=1}^{n} a^k = \dfrac{a\left(a^n-1\right)}{a-1}$, $a \neq 1$ **2.** Hallar $\sum_{k=1}^{n} 3^k$

Solución

1. $\dfrac{a-1}{a}\sum_{k=1}^{n} a^k=\sum_{k=1}^{n}\dfrac{a-1}{a}a^k=\sum_{k=1}^{n}\left(a^k-a^{k-1}\right)=a^n-a^0=a^n-1 \Rightarrow \sum_{k=1}^{n} a^k=\dfrac{a\left(a^n-1\right)}{a-1}$

2. Aplicando la fórmula anterior: $\sum_{k=1}^{n} 3^k=\dfrac{3\left(3^n-1\right)}{3-1}=\dfrac{3\left(3^n-1\right)}{2}$

PROBLEMAS PROPUESTOS 3.1

En los problemas del 1 al 6 hallar el valor de las sumas indicadas.

1. $\sum_{i=1}^{6}(2i-1)$ *Rpta.* 36

2. $\sum_{k=-2}^{2} 2^k$ *Rpta.* $\dfrac{31}{4}$

3. $\sum_{j=0}^{2}\dfrac{1}{1+j^2}$ *Rpta.* $\dfrac{17}{10}$

4. $\sum_{k=2}^{4}\dfrac{2}{k+1}$ *Rpta.* $\dfrac{47}{30}$

5. $\sum_{i=-1}^{3}(i+1)(i-2)$ *Rpta.* 0

6. $\sum_{k=2}^{6}(-1)^{k+1}k^2$ *Rpta.* -22

En los problemas del 7 al 10 expresar las sumas usando la notación sigma.

7. $\dfrac{1}{1+1}+\dfrac{4}{1+2}+\dfrac{9}{1+3}+\ldots+\dfrac{400}{1+20}$ *Rpta.* $\sum_{i=1}^{20}\dfrac{i^2}{1+i}$

8. $1^2-2^2+3^2-4^2+\ldots-14^2$ *Rpta* $\sum_{i=1}^{14}(-1)^{i+1}i^2$

9. $\dfrac{1}{n}\left(1+\dfrac{1}{n}\right)+\dfrac{1}{n}\left(1+\dfrac{2}{n}\right)+\ldots+\dfrac{1}{n}\left(1+\dfrac{n-1}{n}\right)$ *Rpta.* $\sum_{i=1}^{n-1}\dfrac{1}{n}\left(1+\dfrac{i}{n}\right)$

10 $1-x+x^2-x^3+\ldots+(-1)^n x^n$ *Rpta.* $\sum_{k=0}^{n}(-1)^n x^k$

En los problemas del 11 al 16 evaluar las sumas indicadas.

11. $\sum_{i=1}^{20} 2i$ *Rpta.* 420

12. $\sum_{j=1}^{10}(2j^2-5j+1)$ *Rpta.* 505

13. $\sum_{k=1}^{15} k^2(k-1)$ *Rpta.* 13,160.00

14. $\sum_{i=1}^{8} 4i^2(i^2-1)$ *Rpta.* 34,272.00

15. $\sum_{k=1}^{n} 2k(1+2k^2)$ *Rpta.* $n(n+1)(n^2+n+1)$

16. $\sum_{k=1}^{12}\left(\sqrt{2k+1}-\sqrt{2k-1}\right)$ *Rpta.* 4

En los problemas 17 y 25, probar la igualdad indicada.

17. $\sum_{k=1}^{n}\ln k=\ln(n!)$

18. $\sum_{k=1}^{n}\ln\frac{k}{k+1}=\ln\frac{1}{n+1}$

19. $\sum_{k=1}^{n}\ln\frac{k}{k+2}=\ln\frac{2}{(n+1)(n+2)}$

20. $\sum_{k=1}^{n}\frac{3^k-2^k}{6^k}=\frac{1}{2}+\frac{1}{2\times 3^n}-\frac{1}{2^n}$

21. $\sum_{k=1}^{n}\cos^{2k}\alpha=\cot^2\alpha\left(1-\cos^{2n}\alpha\right)$

22. $\sum_{k=1}^{n}k2^{k-1}=(n-1)2^n+1$

23. $\sum_{k=1}^{n}\frac{3}{(3k+1)(3k-2)}=\frac{3n}{3n+1}$ *Sugerencia: Fracciones parciales*

24. $\sum_{i=1}^{n} i^3=\left[\frac{n(n+1)}{2}\right]^2$ *Sugerencia:* $\sum_{i=1}^{n}\left[(i+1)^4-i^4\right]=(n+1)^4-1$

25. $\sum_{i=1}^{n} i^4=\frac{n(n+1)(6n^3+9n^2+n-1)}{30}$ *Sugeren.:* $\sum_{i=1}^{n}\left[(i+1)^5-i^5\right]=(n+1)^5-1$

En los problemas del 26 al 29 hallar los límites indicados:

26. $\lim\limits_{n\to+\infty}\sum_{k=1}^{n}\frac{4}{n^2}(k-2)$ *Rpta.* 2

27. $\lim\limits_{n\to+\infty}\sum_{k=1}^{n}\left(1-\frac{k^2}{n^2}\right)\frac{2}{n}$ *Rpta.* $\frac{4}{3}$

28. $\lim\limits_{n\to+\infty}\sum_{i=1}^{n}\frac{2i^3}{n^4}$ *Rpta.* $\frac{1}{2}$

29. $\lim\limits_{n\to+\infty}\sum_{i=1}^{n}\frac{2}{n}\left[\left(1+\frac{2i}{n}\right)^3-2\left(1+\frac{2i}{n}\right)\right]$ *Rpta.* 12

SECCION 3.2

AREA

Sea f : $[a, b] \to \mathbb{R}$ **una función continua y no negativa.** Sea Q la región del plano encerrada por el gráfico de f, el eje X y las rectas verticales $x = a$ y $x = b$. Nos planteamos el problema de hallar el área de esta región Q.

Las fórmulas de áreas dadas en la geometría de secundaria no son aquí aplicables. El problema lo resolveremos construyendo una sucesión de aproximaciones al área de Q en tal forma que el límite de esta sucesión sea precisamente el área buscada.

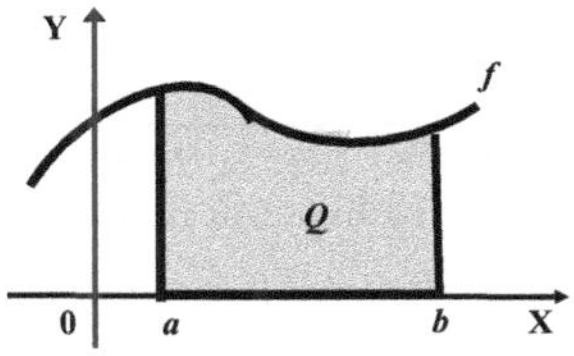

Procedemos de dos maneras: con rectángulos inscritos y con rectángulos circunscritos.

AREA CON RECTANGULOS INSCRITOS

Dividimos el intervalo $[a, b]$ en n subintervalos de igual longitud. Denotaremos con Δx esta longitud. Es claro que

$$\Delta x = \frac{b-a}{n}$$

Si $x_0, x_1, x_2, \ldots, x_{n-1}, x_n$ son los extremos de estos subintervalos, entonces

$$a = x_0 < x_1 < x_2 < \ldots x_i < \ldots x_n = b \quad \text{y}$$

$$x_0 = a, \quad x_1 = a + \Delta x, \quad x_2 = a + 2\Delta x, \ldots, \quad x_i = a + i\Delta x, \ldots, \quad x_n = b$$

Al conjunto de subintervalos

$$[x_0, x_1], \quad [x_1, x_2], \quad \ldots, \quad [x_{i-1}, x_i], \quad \ldots, \quad [x_{n-1}, x_n]$$

lo llamaremos una **partición regular de** $[a, b]$. El número Δx es la **norma** de la partición.

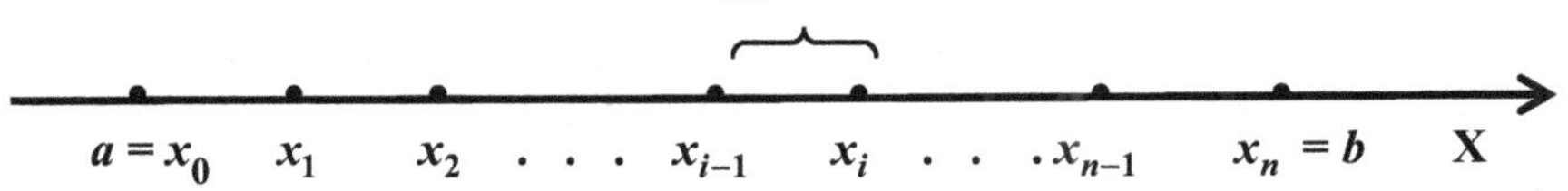

El término **regular** con el que acompañamos al concepto de partición lo hacemos con intención de reflejar la propiedad de que todos los subintervalos $[x_{i-1}, x_i]$ de la partición tienen igual longitud. Más adelante presentaremos particiones que no son regulares.

Por ser f continua en el subintervalo $[x_{i-1}, x_i]$, existe un punto m_i en este subintervalo, tal que $f(m_i)$ es el mínimo absoluto de f en $[x_{i-1}, x_i]$. Construimos el rectángulo r_i de base el subintervalo $[x_{i-1}, x_i]$ y de altura igual a $f(m_i)$. El área de este rectángulo es

$$\textbf{área de } r_i = f(m_i)\,(x_i - x_{i-1}) = f(m_i)\,\Delta x$$

Este proceso se hace por cada $i = 1, 2, \ldots, n$, y se obtienen n rectángulos inscritos en la región Q. Las figuras siguientes ilustran este proceso $n = 2$ y $n = 4$.

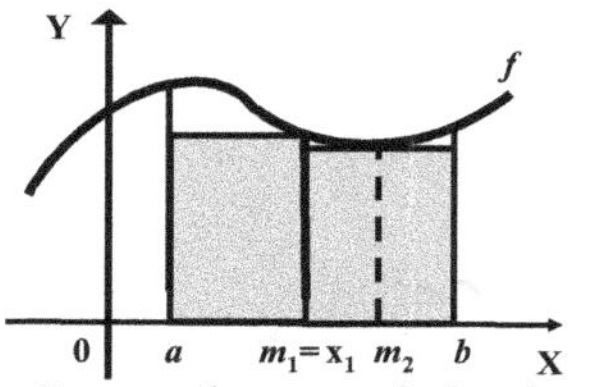

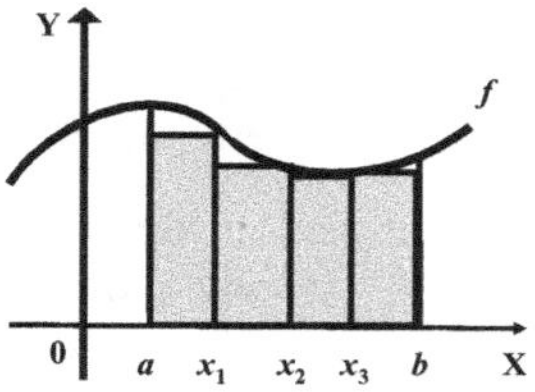

Si $\underline{S_n}$ es la suma de las áreas de los n rectángulos inscritos, entonces

$$\underline{S_n} = f(m_1)\Delta x + f(m_2)\Delta x + \ldots + f(m_n)\Delta x$$

ó, con la notación sigma, $\underline{S_n} = \sum_{i=1}^{n} f(m_i)\Delta x$

A la expresión anterior la llamaremos **suma inferior**. Si $A(Q)$ es el área de la región Q, tenemos que:

$$\underline{S_n} \leq A(Q)$$

Si duplicamos el número n, entonces se duplicarán el número de rectángulos, los que tendrán la mitad de ancho; sin embargo, la suma de las áreas de los nuevos rectángulos aproximará mejor a $A(Q)$ que la suma anterior. Si seguimos con el proceso de duplicar el número n, cada vez obtendremos mejores aproximaciones para el área $A(Q)$. Se prueba en los cursos de cálculo avanzado que los números $\underline{S_n}$, cuando $n \to +\infty$, tiene un límite que es, precisamente, $A(Q)$. O sea

$$A(Q) = \lim_{n \to +\infty} \underline{S_n} = \lim_{n \to +\infty} \sum_{i=1}^{n} f(m_i)\,\Delta x \qquad \textbf{(1)}$$

AREA CON RECTANGULOS CIRCUNSCRITOS

Procedemos como en el caso anterior, con la variante de que en cada subintervalo $[x_{i-1}, x_i]$, en lugar de tomar el mínimo de f, tomamos el máximo. Esto es, en $[x_{i-1}, x_i]$ hay un punto M_i tal que $f(M_i)$ es el máximo absoluto de f en $[x_{i-1}, x_i]$. Construimos el rectángulo R_i con base $[x_{i-1}, x_i]$ y altura $f(M_i)$

Area de $R_i = f(M_i)(x_i - x_{i-1}) = f(M_i)\Delta x$

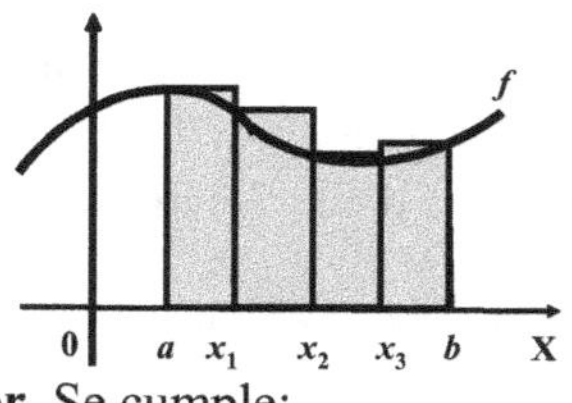

Si $\overline{S_n}$ es la suma de las áreas de los n rectángulos, entonces

$$\overline{S_n} = \sum_{i=1}^{n} f(M_i)\,\Delta \mathrm{x}$$

A la expresión anterior la llamaremos **suma superior.** Se cumple:

$$A(\mathrm{Q}) \leq \overline{S_n}$$

Se prueba en los cursos de cálculo avanzado que las sumas superiores $\overline{S_n}$, cuando $n \to +\infty$, tiene un límite que es, precisamente, $A(Q)$. O sea

$$A(Q) = \lim_{n \to +\infty} \overline{S_n} = \lim_{n \to +\infty} \sum_{i=1}^{n} f(M_i)\Delta x \qquad \textbf{(2)}$$

De (1) y (2) obtenemos que:

$$\lim_{n \to +\infty} \sum_{i=1}^{n} f(m_i)\Delta x = A(Q) = \lim_{n \to +\infty} \sum_{i=1}^{n} f(M_i)\Delta x$$

Esta igualdad nos permite ir un paso más adelante. En cada subintervalo $[x_{i-1}, x_i]$, en lugar de tomar m_i o M_i, donde f alcanza su mínimo y su máximo, tomamos un punto cualquiera c_i que cumpla $x_{i-1} \leq c_i \leq x_i$ y formamos la suma:

$$S_n = \sum_{i=1}^{n} f(c_i)\, \Delta x$$

Como $f(m_i) \leq f(c_i) \leq f(M_i)$, debemos tener que $\underline{S_n} \leq S_n \leq \overline{S_n}$ y , por tanto, los tres límites son iguales:

$$\lim_{n \to +\infty} \underline{S_n} = \lim_{n \to +\infty} S_n = \lim_{n \to +\infty} \overline{S_n}$$

El resultado anterior nos permite formalizar el concepto de área.

DEFINICION. Sea $f : [a, b] \to \mathbb{R}$ continua y no negativa. El área de la región Q limitada por el gráfico de f, el eje X y las rectas verticales $x = a$ y $x = b$ es

$$\boldsymbol{A(Q) = \lim_{n \to +\infty} \sum_{i=1}^{n} f(c_i)\, \Delta x}$$

donde $x_{i-1} \leq c_i \leq x_i$ y $\Delta x = \dfrac{b-a}{n}$

EJEMPLO 1. Mediante el método de rectángulos inscritos calcular el área de la región Q comprendida entre el gráfico de la función $f(x) = x^2$, el eje X y las rectas $x = 0$ y $x = 2$.

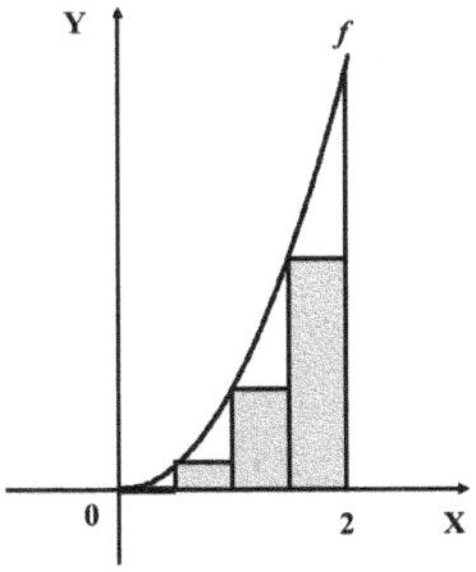

Solución

Dividimos el intervalo [0, 2] en n subintervalos de longitud Δx.

Se tiene que $\Delta x = \dfrac{2-0}{n} = \dfrac{2}{n}$ y

$x_0 = 0, \qquad x_1 = 0 + \Delta x = \Delta x = \dfrac{2}{n}$

$x_2 = x_1 + \Delta x = \dfrac{2}{n} + \dfrac{2}{n} = 2\left(\dfrac{2}{n}\right), \qquad x_3 = x_2 + \Delta x = 2\left(\dfrac{2}{n}\right) + \dfrac{2}{n} = 3\left(\dfrac{2}{n}\right)$

$$x_i = x_{i-1} + \Delta x = (i-1)\frac{2}{n} + \frac{2}{n} = i\left(\frac{2}{n}\right)$$

Por otro lado como $f(x) = x^2$ es creciente, el mínimo absoluto de f en cada subintervalo ocurre en el extremo izquierdo del subintervalo. Luego,

$$m_1 = 0 \quad \text{y} \quad f(m_1) = f(0) = 0^2 = 0$$

$$m_2 = x_1 = \frac{2}{n} \quad \text{y} \quad f(m_2) = f(2/n) = (2/n)^2$$

$$m_3 = x_2 = 2(2/n) \quad \text{y} \quad f(m_3) = f(2(2/n)) = 2^2(2/n)^2 \quad .$$

$$m_i = x_{i-1} = (i-1)(2/n) \quad \text{y} \quad f(m_i) = f((i-1)(2/n)) = (i-1)^2(2/n)^2$$

$$\underline{S_n} = f(m_1)\Delta x + f(m_2)\Delta x + \ldots + f(m_i)\Delta x + \ldots + f(m_n)\Delta x = \sum_{i=1}^{n} f(m_i)\Delta x$$

$$= \sum_{i=1}^{n}\left[(i-1)^2\left(\frac{2}{n}\right)^2\right]\left(\frac{2}{n}\right) = \sum_{i=1}^{n}(i-1)^2\frac{8}{n^3} = \frac{8}{n^3}\sum_{i=1}^{n}\left(i^2 - 2i + 1\right)$$

$$= \frac{8}{n^3}\left[\sum_{i=1}^{n} i^2 - 2\sum_{i=1}^{n} i + \sum_{i=1}^{n} 1\right] = \frac{8}{n^3}\left[\frac{n(n+1)(2n+1)}{6} - 2\frac{n(n+1)}{2} + n\right]$$

$$= \frac{8}{n^3}\left[\frac{2n^3 + 3n^2 + n - 6n^2}{6}\right] = \frac{4}{3n^3}\left[2n^3 - 3n^2 + n\right] = \frac{8}{3} - \frac{4}{n} + \frac{4}{3n^2}$$

Luego

$$A(Q) = \lim_{n\to +\infty} \underline{S_n} = \lim_{n\to +\infty}\left[\frac{8}{3} - \frac{4}{n} + \frac{4}{3n^2}\right] = \frac{8}{3} - 0 + 0 = \frac{8}{3}$$

EJEMPLO 2. Mediante rectángulos circunscritos calcular el área de la región Q comprendida entre el gráfico de la función $f(x) = x^2$, el eje X y las rectas $x = 0$ y $x = 2$.

Solución

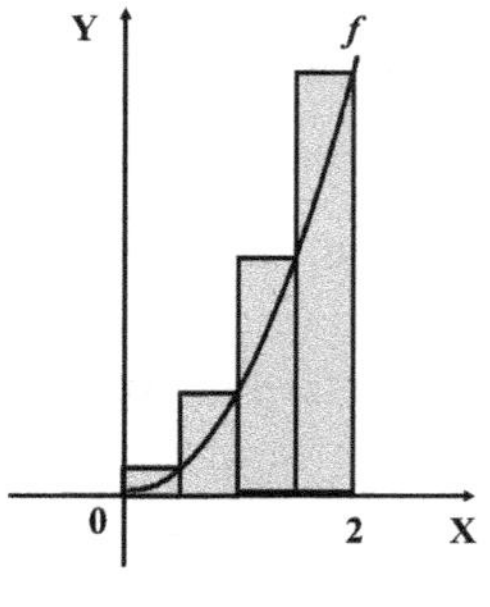

Dividimos $[0, 2]$ en n subintervalos longitud Δx.

Se tiene que $\Delta x = \dfrac{2-0}{n} = \dfrac{2}{n}$ y

$$x_0 = 0, \quad x_1 = 0 + \Delta x = \Delta x = \frac{2}{n}$$

$$x_2 = x_1 + \Delta x = \frac{2}{n} + \frac{2}{n} = 2\left(\frac{2}{n}\right)$$

$$x_3 = x_2 + \Delta x = 2\left(\frac{2}{n}\right) + \frac{2}{n} = 3\left(\frac{2}{n}\right)$$

$$x_i = x_{i-1} + \Delta x = (i-1)\left(\frac{2}{n}\right) + \frac{2}{n} = i\left(\frac{2}{n}\right)$$

Como $f(x) = x^2$ es creciente, el máximo absoluto lo tenemos en el extremo derecho del subintervalo. Luego,

$$M_1 = x_1 = \frac{2}{n} \quad \text{y} \quad f(M_1) = f(2/n) = \left(\frac{2}{n}\right)^2$$

$$M_2 = x_2 = 2\left(\frac{2}{n}\right) \quad \text{y} \quad f(M_2) = f(2(2/\text{n})) = 2^2\left(\frac{2}{n}\right)^2$$

$$M_i = x_i = i\left(\frac{2}{n}\right) \quad \text{y} \quad f(M_i) = f(\text{i}(2/\text{n})) = i^2\left(\frac{2}{n}\right)^2$$

$$\overline{S_n} = f(M_1)\,\Delta x + f(M_2)\,\Delta x + \ldots + f(M_i)\,\Delta x + \ldots + f(M_n)\,\Delta x = \sum_{i=1}^{n} f(M_i)\Delta x$$

$$= \sum_{i=1}^{n}\left[i^2\left(\frac{2}{n}\right)^2\right]\left(\frac{2}{n}\right) = \frac{8}{n^3}\sum_{i=1}^{n} i^2 = \frac{8}{n^3}\left[\frac{n(n+1)(2n+1)}{6}\right]$$

$$= \frac{8}{n^3}\left[\frac{2n^3+3n^2+n}{6}\right] = \frac{4}{3n^3}\left[2n^3+3n^2+n\right] = \frac{8}{3} + \frac{4}{n} + \frac{4}{3n^2}$$

En consecuencia,

$$\text{A(Q)} = \lim_{n\to+\infty} \overline{S_n} = \lim_{n\to+\infty}\left(\frac{8}{3}+\frac{4}{n}+\frac{4}{3n^2}\right) = \frac{8}{3}$$

PROBLEMAS RESUELTOS 3.2

PROBLEMA 1 Hallar el área de la región Q encerrada por el gráfico de $f(x) = x^3$, el eje X y las rectas $x = 1$ y $x = 3$.

Solución

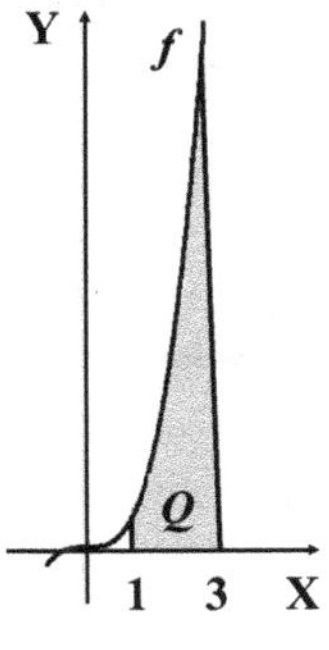

Dividimos al intervalo [1, 3] en n subintervalos de longitud $\Delta x = \dfrac{3-1}{n} = \dfrac{2}{n}$. Se tiene:

$$x_0 = 1, \quad x_1 = 1 + \frac{2}{n}, \ . \ . \ .$$

$$x_i = 1 + i\frac{2}{n}, \ . \ . \ . \ , x_n = 3$$

Sea c_i el extremo derecho de $[x_{i-1}, x_i]$.

Esto es, $c_i = x_i = 1 + i\dfrac{2}{n}$ y

$$\overline{S_n} = \sum_{i=1}^{n} f(c_i)\Delta x = \sum_{i=1}^{n} f\left(1+i\frac{2}{n}\right)\left(\frac{2}{n}\right)$$

$$= \frac{2}{n}\sum_{i=1}^{n}\left(1+i\frac{2}{n}\right)^3 = \frac{2}{n}\sum_{i=1}^{n}\left[1+3\left(i\frac{2}{n}\right)+3\left(i\frac{2}{n}\right)^2 + \left(i\frac{2}{n}\right)^3\right]$$

$$= \frac{2}{n}\sum_{i=1}^{n} 1 + \frac{12}{n^2}\sum_{i=1}^{n} i + \frac{24}{n^3}\sum_{i=1}^{n} i^2 + \frac{16}{n^4}\sum_{i=1}^{n} i^3$$

$$= \frac{2}{n}n + \frac{12}{n^2}\frac{n(n+1)}{2} + \frac{24}{n^3}\frac{n(n+1)(2n+1)}{6} + \frac{16}{n^4}\frac{n^2(n+1)^2}{4}$$

$$= 2 + 6\left(1+\frac{1}{n}\right) + 4\left(1+\frac{1}{n}\right)\left(2+\frac{1}{n}\right) + 4\left(1+\frac{1}{n}\right)^2$$

Por tanto,

$$A(Q) = \lim_{n\to+\infty} \overline{S_n} = 2 + 6(1+0) + 4(1+0)(2+0) + 4(1+0)^2 = 20$$

PROBLEMAS PROPUESTOS 3.2

Mediante el método de los rectángulos inscritos o circunscritos, calcular el área de la región encerrada por el gráfico f, el eje X y las rectas $x = a$, $x = b$.

1. $f(x) = -2x + 10$, $a = 2$, $b = 5$ *Rpta.* 9

2. $f(x) = 4 - 3x^2$, $a = -1$, $b = 1$ *Rpta.* 6

3. $f(x) = x^3$, $a = 0$, $b = 4$ *Rpta.* 64

4. $f(x) = 1 - x^3$, $a = 0$, $b = 1$ *Rpta.* 3/4

5. $f(x) = x^2 - x^3$, $a = 0$, $b = 1$ *Rpta.* 1/12

SECCION 3.3

LA INTEGRAL DEFINIDA

SUMAS DE RIEMANN

Las sumas inferiores y las sumas superiores:

$$\underline{S_n} = \sum_{i=1}^{n} f(m_i)\Delta x, \quad \overline{S_n} = \sum_{i=1}^{n} f(M_i)\Delta x,$$

son casos particulares de las llamadas **sumas de Riemann**, a las que describimos a continuación.

Una **partición** $\mathcal{P}$ del intervalo $[a, b]$ es una conjunto de subintervalos:

$$[x_0, x_1], \ [x_1, x_2], \ [x_2, x_3], \ . \ . \ . \ , [x_{n-1}, x_n]$$

de $[a, b]$ de modo que

$$a = x_0 < x_1 < x_2 < . \ . \ . < x_{n-1} < x_n = b$$

Se llama **norma** de la partición $\mathcal{P}$, y se denota por $\| \mathcal{P} \|$, al máximo de las longitudes $\Delta_i x = x_i - x_{i-1}$, $i = 1, . \ . \ . \ , n$. Esto es,

$$\| \mathcal{P} \| = \textbf{Máximo} \left\{ \Delta_i x \ , \ i = 1, 2 \ , . \ . \ . \ n \right\}$$

Una partición que se caracteriza por tener todos sus subintervalos de igual longitud es una **partición regular.** Las particiones tomadas para construir las sumas inferiores y superiores, tratadas en la sección anterior, son particiones regulares. En una partición regular se cumple que:

$$\| \mathcal{P} \| = \Delta x = \frac{b-a}{n}$$

Una **selección** para la partición $\mathcal{P}$ es una colección de puntos

$$S = \left\{ c_1, \ c_2, \ c_3, \ . \ . \ . \ c_n \right\}$$

donde cada c_i es tomado en el subintervalo , $[x_{i-1}, x_i]$. El punto c_i puede ser el extremo izquierdo, el extremo derecho o cualquier otro punto interior del subintervalo $[x_{i-1}, x_i]$. Esto es,

$$x_{i-1} \leq c_i \leq x_i$$

Ahora consideremos una función $f : [a, b] \to \mathbb{R}$, no necesariamente continua, y que puede tomar valores positivos o valores negativos. La siguiente definición fue introducida, por primera vez, por ***G. F. B. Riemann (1826-1866)*** con el objeto de obtener una definición rigurosa de integral definida.

DEFINICION. La **suma de Riemann de orden *n*** de la función $f : [a, b] \to \mathbb{R}$ determinada por la partición $\mathcal{P}$ y la selección S, es

$$S_n = \sum_{i=1}^{n} f(c_i) \Delta_i x$$

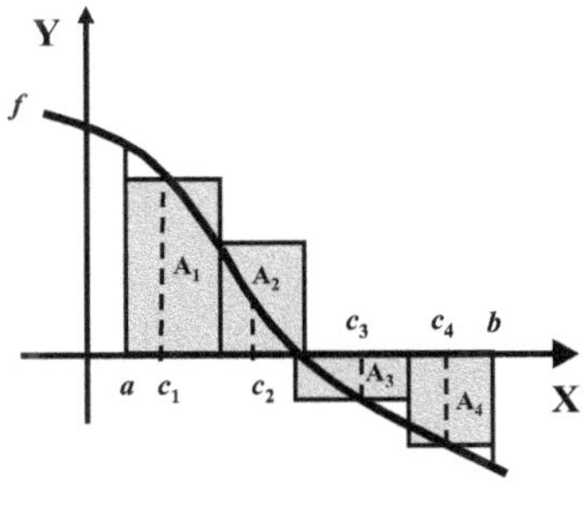

Como la función f puede tomar valores negativos algunos $f(c_i)$ pueden ser negativos. En este caso la suma Riemann es igual a la suma de las áreas de los rectángulos que están sobre el eje X más el área de los rectángulos bajo el eje X con signo negativo. Así, en la figura siguiente

$$S_4 = \sum_{i=1}^{4} f(c_i) \Delta_i x = A_1 + A_2 - A_3 - A_4$$

EJEMPLO 1. **a.** Sea $\mathcal{P}$ la partición de $[-1, 2]$ determinada por los puntos $\left\{ -1, 0, 3/2, 2 \right\}$. Hallar $\| \mathcal{P} \|$.

b. Sea la selección $S = \{ c_1, c_2, c_3 \}$, donde c_i es el punto medio del intervalo $[x_{i-1}, x_i]$.Hallar la suma de Riemann de la función $f(x) = x^3$, determinada por la partición $\mathcal{P}$ y la selección S.

Solución

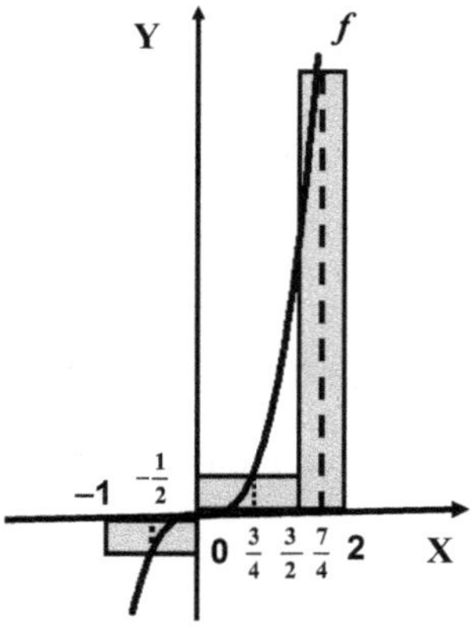

a. Se tiene que:

$$a = x_0 = -1, \quad x_1 = 0, \quad x_2 = \frac{3}{2}, \quad x_3 = 2 = b$$

$$\Delta_1 x = x_1 - x_0 = 0 - (-1) = 1,$$

$$\Delta_2 x = x_2 - x_1 = \frac{3}{2} - 0 = \frac{3}{2},$$

$$\Delta_3 x = x_3 - x_2 = 2 - \frac{3}{2} = \frac{1}{2}$$

Luego,

$$\| \mathcal{P} \| = \text{máximo de } \{ 1, 3/2, 1/2 \} = \frac{3}{2}$$

b. $c_1 = \dfrac{-1 + 0}{2} = -\dfrac{1}{2}, \quad c_2 = \dfrac{3/2 + 0}{2} = \dfrac{3}{4}, \quad c_3 = \dfrac{2 + 3/2}{2} = \dfrac{7}{4}$

Luego,

$$S_3 = f(c_1)\Delta_1 x + f(c_2)\Delta_2 x + f(c_3)\Delta_3 x$$

$$= \left(-\frac{1}{2}\right)^3 (1) + \left(\frac{3}{4}\right)^3 \left(\frac{3}{2}\right) + \left(\frac{7}{4}\right)^3 \left(\frac{1}{2}\right) = -\frac{1}{8} + \frac{81}{128} + \frac{343}{128} = \frac{51}{16}$$

Ahora ya estamos en condiciones de presentar el concepto más importante del curso, él de **integral definida**. Aunque la idea de la integral definida fue conocida y utilizada desde la época de Arquímides (287–212 A. C.) fue **G. F. B. Riemann** quien logró una formulación satisfactoria. Esta es la formulación que aquí presentamos. Esta integral, ahora es conocida como la integral de Riemann. La idea principal es tomar límites de sumas de Riemann. La única restricción que exigiremos a la función f es que esté definida en el intervalo $[a, b]$. No pedimos continuidad ni que f sea no negativa.

DEFINICION Una función $f: [a, b] \to \mathbb{R}$ es **integrable en $[a, b]$** si existe un número real, que denotaremos por $\int_a^b f(x)\,dx$, tal que:

$$\int_a^b f(x)\,dx = \lim_{\|\mathcal{P}\| \to 0} \sum_{i=1}^{n} f(c_i)\Delta_i x$$

El número $\int_a^b f(x)\,dx$ es la **integral definida de f de a** a **b**. Los números a y b

son los **límites de integración**. Más precisamente, ***a* es el límite inferior** y ***b* es el límite superior**.

El límite dado en la definición, en términos más precisos, significa:

$\forall\ \varepsilon > 0\ \exists\ \delta > 0$ tal que para toda partición $\mathcal{P}$ de $[a, b]$ que cumple $\| \mathcal{P} \| < \delta$ y para cualquier selección $S = \{ c_i \}$ de $\mathcal{P}$, se cumple que

$$\left| \int_a^b f(x)\,dx - \sum_{i=1}^{n} f(c_i)\Delta_i x \right| < \varepsilon$$

La variable x en $\int_a^b f(x)\,dx$ es una **variable "muda",** en el sentido de que puede cambiarse por cualquier otra, sin que se altere el concepto. Así:

$$\int_a^b f(x)\,dx = \int_a^b f(t)\,dt = \int_a^b f(z)\,dz = \int_a^b f(\theta)\,d\theta$$

OBSERVACIONES.

1. Esta definición explica la escogencia del símbolo de la integral como una S alargada, ya que la integral definida es el límite de una suma.

2. No debe confundirse la integral definida con la integral indefinida. La primera es un número; mientras que la segunda es una función. Sin embargo ambos conceptos están íntimamente ligados a través de los dos teoremas fundamentales del cálculo, los que veremos a continuación.

La integral definida de una función es un límite, por lo tanto, éste puede o no existir. El siguiente teorema nos da una condición que garantiza la existencia.

Recordemos que una función real ***f* es acotada**, si existen m y M, números reales, tales que:

$$\boldsymbol{m \leq f(x) \leq M}, \quad \text{para todo } x \text{ en el dominio de } f.$$

La gran mayoría de las funciones que aparecen en este texto cumplen con esta condición, en particular, toda función $f\colon [a, b] \to \mathbb{R}$, continua en $[a, b]$. En efecto, toda función continua en un intervalo cerrado tiene mínimo y máximo (absolutos).

La demostración del siguiente teorema ésta fuera del alcance de este texto.

TEOREMA 3.4 **Teorema de Integrabilidad**

Si la **función *f* es acotada en** $[a, b]$ y si es **continua** en este intervalo, con excepción de un número finito de puntos, entonces f es integrable en $[a, b]$.

En particular, si f es continua en todo el intervalo $[a, b]$, entonces f es integrable en $[a, b]$.

De acuerdo a este teorema, son integrables en todo intervalo cerrado $[a, b]$:

1. Los polinomios.

2. Las funciones seno y coseno.

3. Las funciones racionales cuyo denominador no tenga ceros en $[a, b]$.

Si de antemano se sabe que una función es integrable en un intervalo, o sea, se sabe que existe la integral $\int_a^b f(x)\,dx$, entonces se puede llegar a ella mediante sumas de Riemann regulares, que son relativamente fáciles de calcular. Para este tipo de sumas, en vista de que,

$$\| \mathcal{P} \| = \Delta x = \frac{b-a}{n} \quad \text{se tiene que,} \quad \| \mathcal{P} \| \to 0 \Leftrightarrow n \to +\infty,$$

EJEMPLO 2. Hallar $\int_0^3 \left(4 - x^2\right) dx$

Solución

La función integrando $f(x) = 4 - x^2$ es continua en el intervalo $[0, 3]$. El teorema anterior nos asegura que tal integral existe. Sabiendo con seguridad de que esta existe, entonces podemos llegar a ella mediante límites de sumas de Riemann regulares. Bien, tomemos la partición regular de $[0, 3]$:

$$\Delta x = \frac{3}{n}, \quad x_0 = 0, \quad x_1 = \frac{3}{n}, \quad x_2 = 2\frac{3}{n}, \ldots \quad x_i = i\frac{3}{2}, \ \ldots, \ x_n = 3$$

Tomamos $c_i = x_i = i\frac{3}{2}$,

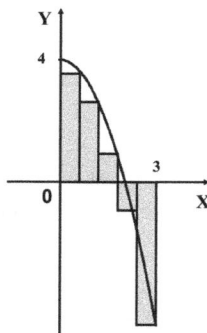

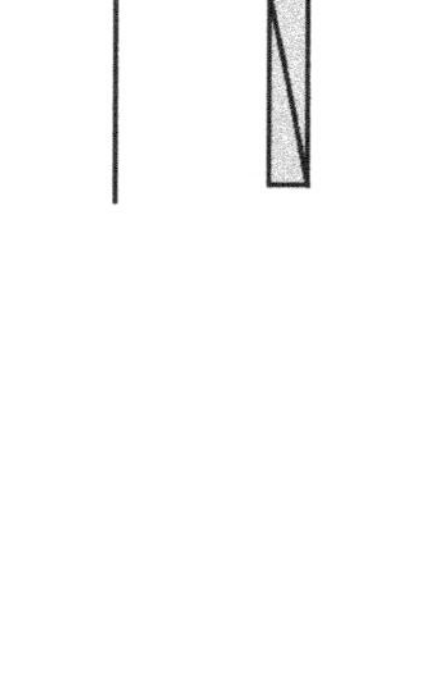

La suma de Riemann correspondiente es

$$S_n = \sum_{i=1}^{n} f(c_i)\Delta x = \sum_{i=1}^{n}\left[4 - \left(i\frac{3}{n}\right)^2\right]\left(\frac{3}{n}\right)$$

$$= \frac{3}{n}\sum_{i=1}^{n}\left[4 - \left(i\frac{3}{n}\right)^2\right] = \frac{3}{n}\sum_{i=1}^{n} 4 - \left(\frac{3}{n}\right)^3 \sum_{i=1}^{n} i^2$$

$$= \frac{3}{n}(4n) - \frac{3^3}{n^3}\frac{n(n+1)(2n+1)}{6}$$

$$= 12 - \frac{9}{2n^3}\left(2n^3 + 3n^2 + n\right) = 12 - \frac{9}{2}\left(2 + \frac{3}{n} + \frac{1}{n^2}\right)$$

Luego,

$$\int_0^3 \left(4 - x^2\right) dx = \lim_{n \to +\infty} \sum_{i=1}^{n} f(c_i)\Delta x$$

$$= \lim_{n\to +\infty} \left[12 - \frac{9}{2}\left(2 + \frac{3}{n} + \frac{1}{n^2} \right) \right] = 12 - \frac{9}{2}(2+0+0) = 3$$

La relación entre el área de regiones discutidas en la sección anterior y la integral definida lo establece el teorema siguiente.

TEOREMA 3.5 Si f es continua y no negativa en el intervalo $[a, b]$ y Q es la región encerrada por el gráfico de f, eje X y las rectas $x = a$ y $x = b$, entonces el área de Q está dada por

$$A(Q) = \int_a^b f(x)\, dx$$

Demostración

Por ser f continua, el teorema 3.4 nos asegura que existe la integral $\int_a^b f(x)\, dx$

Por definición, $\int_a^b f(x)\, dx$ es el límite de sumas de Riemann. En particular, también es el límite de sumas de Riemann regulares. Pero, por definición, $A(Q)$ es límite de sumas de Riemann regulares. Luego,

$$A(Q) = \int_a^b f(x)\, dx$$

EJEMPLO 3. Hallar $\int_0^2 x^2 dx$

Solución

Por el teorema anterior, la integral dada es el área de la región Q. Esto es

$$\int_0^2 x^2 dx = A(Q)$$

Pero, en el ejemplo 2 de la sección anterior encontramos que $A(Q) = 8/3$. Luego

$$\int_0^2 x^2\, dx = \frac{8}{3}$$

PROPIEDADES DE LA INTEGRAL DEFINIDA

En la definición de $\int_a^b f(x)\, dx$ hemos supuesto que $\boldsymbol{a < b}$. Debemos establecer el significado de esta integral para los casos $a = b$ y $a > b$.

DEFINICION. 1. Si f está definida en a, entonces $\displaystyle\int_a^a f(x)\,dx = 0$

2. Si $a > b$, $\displaystyle\int_a^b f(x)\,dx = -\int_b^a f(x)\,dx$

Algunas propiedades básicas de la integral definida son presentadas en los dos teoremas siguientes.

TEOREMA 3.6 Si f y g son integrables en $[a, b]$ y k es constante, entonces

1. $\displaystyle\int_a^b dx = b - a$

2. $\displaystyle\int_a^b k\,f(x)\,dx = k\int_a^b f(x)\,dx$

3. $\displaystyle\int_a^b \big(f(x) \pm g(x)\big)\,dx = \int_a^b f(x)\,dx \pm \int_a^b g(x)\,dx$

Demostración

Sea $\mathcal{P}$ cualquier partición de $[a, b]$ con una selección $\{c_i\}$

1. Como $\displaystyle\int_a^b dx = \int_a^b 1\,dx$, $\displaystyle\int_a^b dx$ es la integral definida de la función $f(x) = 1$.

La suma de Riemann de esta función constante $f(x) = 1$ es:

$$\sum_{i=1}^{n} f(c_i)\Delta_i x = \sum_{i=1}^{n} \Delta_i x = (x_1 - x_0) + (x_2 - x_1) + \ldots + (x_n - x_{n-1}) = x_n - x_0 = b - a$$

Luego,

$$\int_a^b dx = \lim_{\|\mathcal{P}\|\to 0} \sum_{i=1}^{n} f(c_i)\Delta_i x = \lim_{\|\mathcal{P}\|\to 0} \big[b - a\big] = b - a$$

2. Por ser f integrable en $[a, b]$ tenemos que:

$$\int_a^b f(x)\,dx = \lim_{\|\mathcal{P}\|\to 0} \sum_{i=1}^{n} f(c_i)\Delta_i x \Rightarrow k\int_a^b f(x)\,dx = k \lim_{\|\mathcal{P}\|\to 0} \sum_{i=1}^{n} f(c_i)\Delta_i x$$

$$= \lim_{\|\mathcal{P}\|\to 0} \sum_{i=1}^{n} k\,f(c_i)\Delta_i x = \int_a^b k\,f(x)\,dx$$

3. $$\int_a^b f(x)\,dx \pm \int_a^b g(x)\,dx = \lim_{\|\mathcal{P}\|\to 0} \sum_{i=1}^{n} f(c_i)\Delta_i x \pm \lim_{\|\mathcal{P}\|\to 0} \sum_{i=1}^{n} g(c_i)\Delta_i x$$

$$= \lim_{\|\mathcal{P}\|\to 0} \sum_{i=1}^{n} \big[f(c_i) \pm g(c_i)\big]\Delta_i x$$

$$= \int_a^b \big(f(x) \pm g(x)\big)\,dx$$

EJEMPLO 4. Evaluar $\int_0^2 \left(6x^2 - 5\right) dx$

Solución

$$\int_0^2 \left(6x^2 - 5\right) dx = \int_0^2 6x^2 dx - \int_0^2 5\, dx = 6\int_0^2 x^2 dx - 5\int_0^2 dx$$

Teniendo en cuenta el ejemplo 2 y por la parte 1 del teorema anterior,

$$\int_0^2 x^2 dx = \frac{8}{3} \quad \text{y} \quad \int_0^2 dx = 2 - 0 = 2$$

Luego,

$$\int_0^2 \left(6x^2 - 5\right) dx = 6\left(\frac{8}{3}\right) - 5(2) = 6$$

TEOREMA 3.7 Sean f y g dos funciones integrables en $[a, b]$

1. $f(x) \geq 0$ **en** $[a, b] \Rightarrow \int_a^b f(x)\, dx \geq 0$

2. **Propiedad de comparación:**

$$f(x) \leq g(x) \text{ en } [a, b] \Rightarrow \int_a^b f(x)\, dx \leq \int_a^b g(x)\, dx$$

3. **Propiedad de acotamiento:**

$$m \leq f(x) \leq M \text{ en } [a, b] \Rightarrow m(b - a) \leq \int_a^b f(x)\, dx \leq M(b - a)$$

Demostración

Sea $\mathcal{P}$ una partición de $[a, b]$ determinada por los puntos:

$$a = x_0 < x_1 < x_2 < \ldots < x_{n-1} < x_n = b$$

Sea $\{ c_1, c_2, \ldots c_n \}$ cualquier selección.

1. Se tiene:

$$f(x) \geq 0 \Rightarrow f(c_i) \geq 0 \Rightarrow f(c_i)\Delta_i x \geq 0 \Rightarrow \sum_{i=1}^{n} f(c_i)\Delta_i x \geq 0 \Rightarrow$$

$$\int_a^b f(x)\, dx = \lim_{\|\mathcal{P}\| \to 0} \sum_{i=1}^{n} f(c_i)\Delta_i x \geq 0$$

2. Sea $h(x) = g(x) - f(x)$. Ahora, teniendo en cuenta la propiedad 1,

$$f(x) \leq g(x) \Rightarrow g(x) - f(x) \geq 0 \Rightarrow h(x) \geq 0 \Rightarrow \int_a^b f(x)\, dx \geq 0$$

$$\Rightarrow \int_a^b \left(g(x) - f(x)\right) dx \geq 0 \Rightarrow \int_a^b g(x)\,dx - \int_a^b f(x)\,dx \geq 0$$

$$\Rightarrow \int_a^b g(x)\,dx \geq \int_a^b f(x)\,dx \Rightarrow \int_a^b f(x)\,dx \leq \int_a^b g(x)\,dx$$

3. $m \leq f(x) \leq M \Rightarrow \int_a^b m\,dx \leq \int_a^b f(x)\,dx \leq \int_a^b M\,dx$ (por 2)

$$\Rightarrow m\int_a^b dx \leq \int_a^b f(x)\,dx \leq M\int_a^b dx \quad \text{(por 2, Teo. 3.6)}$$

$$\Rightarrow m(b-a) \leq \int_a^b f(x)\,dx \leq M(b-a) \quad \text{(por 1, Teo. 3.6)}$$

EJEMPLO 5. Probar que $3 \leq \int_0^3 (x^2 - 2x + 2)\,dx \leq 15$

Solución

Hallamos los extremos absolutos de $f(x) = x^2 - 2x + 2$ en el intervalo $[0, 3]$.

Puntos críticos: $f'(x) = 2x - 2 = 0 \Rightarrow x = 1$

Tiene sólo un punto crítico: 1

Evaluamos f en los puntos críticos y en los extremos del intervalo $[0, 3]$:

$$f(1) = 1, \; f(0) = 2, \; f(3) = 5.$$

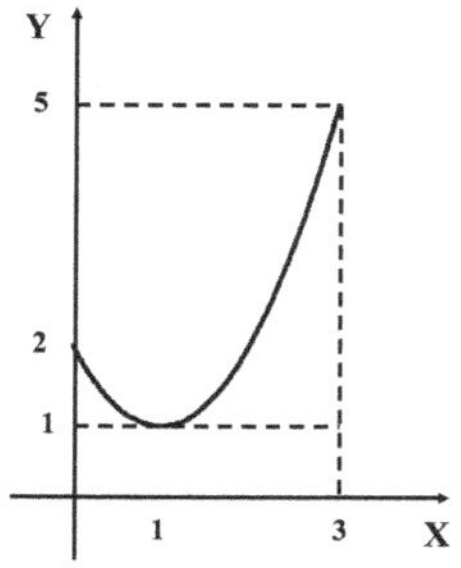

Luego, $f(1) = 1$ es el mínimo absoluto y $f(3) = 5$ es el máximo absoluto.

En consecuencia, se cumple que:

$$1 \leq x^2 - 2x + 2 \leq 5, \; \forall x \in [0, 3]$$

Aplicando la propiedad de la acotación, tenemos:

$$1(3-0) \leq \int_0^3 (x^2 - 2x + 2)\,dx \leq 5(3-0) \Rightarrow 3 \leq \int_0^3 (x^2 - 2x + 2)\,dx \leq 15$$

PRIMER TEOREMA FUNDAMENTAL DEL CALCULO

La derivación y la integración, las dos operaciones básicas del Cálculo, están conectadas a través del siguiente resultado que, por su importancia, es conocido con el nombre de **primer teorema fundamental del cálculo**.

TEOREMA 3.8 **Primer Teorema Fundamental del Cálculo.**

Si f es continua en el intervalo $[a, b]$ y F es la función

$$F(x) = \int_a^x f(t)\,dt\ , \text{ entonces } F'(x) = f(x)$$

Demostración

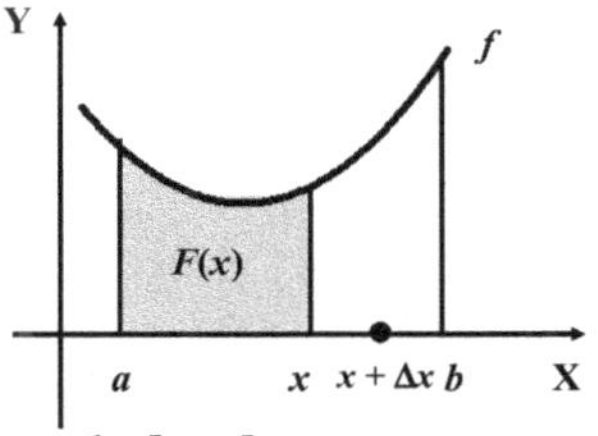

Caso 1: f es no negativa.

En este caso, por el teorema 3.5, la función

$$F(x) = \int_a^x f(t)\,dt$$

mide el área de la región bajo el gráfico de f en el intervalo $[a, x]$

Si agregamos a x un incremento Δx, el área se incrementa en ΔF. Sea $f(m)$ el mínimo y $f(M)$ el máximo de f en $[x, x + \Delta x]$. se tiene que

$$f(m)\Delta x \leq \Delta F \leq f(M)\Delta x$$

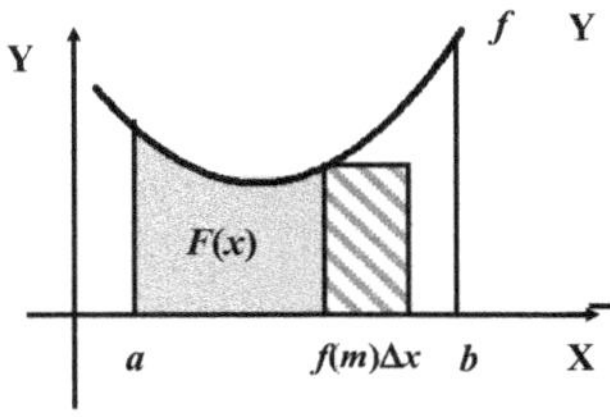

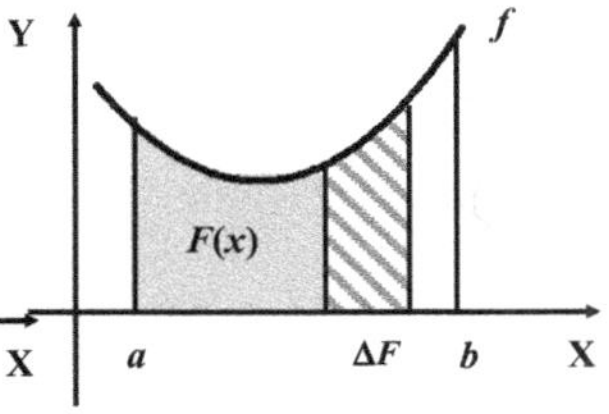

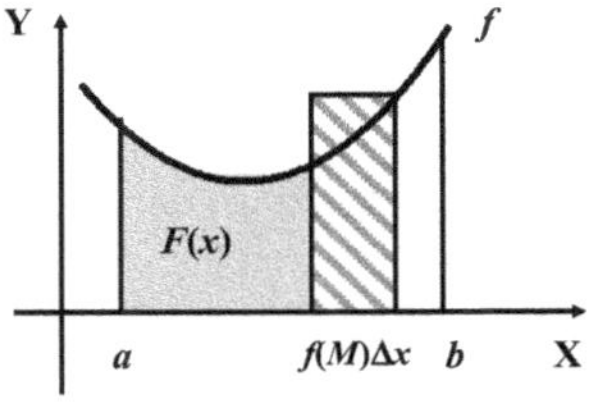

Dividimos entre Δx la desigualdad anterior:

$$f(m) \leq \frac{\Delta F}{\Delta x} \leq f(M)$$

Tomando límites en la desigualdad anterior cuando $\Delta x \to 0$:

$$\lim_{\Delta x \to 0} f(m) \leq \lim_{\Delta x \to 0} \frac{\Delta F}{\Delta x} \leq \lim_{\Delta x \to 0} f(M)$$

Pero, $\displaystyle\lim_{\Delta x \to 0} \frac{\Delta F}{\Delta x} = F'(x)$ y, por ser f continua,

$$\lim_{\Delta x \to 0} f(m) = f(x) \quad \text{y} \quad \lim_{\Delta x \to 0} f(M) = f(x)$$

Reemplazando estos valores en la desigualdad anterior,

$$f(x) \leq F'(x) \leq f(x) \;\Rightarrow\; F'(x) = f(x)$$

Caso 2: f toma valores negativos.

Si c es el mínimo de f en $[a, b]$, entonces, para todo x en $[a, b]$,

$$f(x) \geq c \quad \text{ó bien} \quad f(x) - c \geq 0.$$

Luego, la función $g(x) = f(x) - c$ es continua y no negativa.

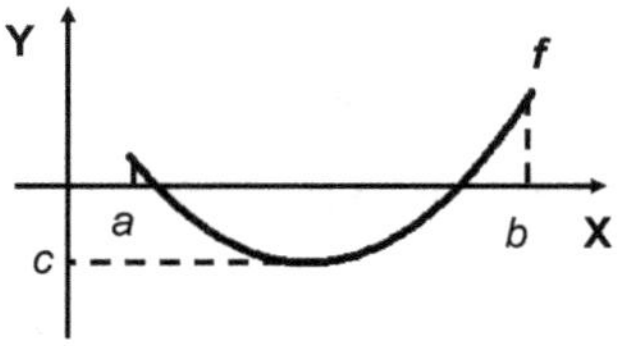

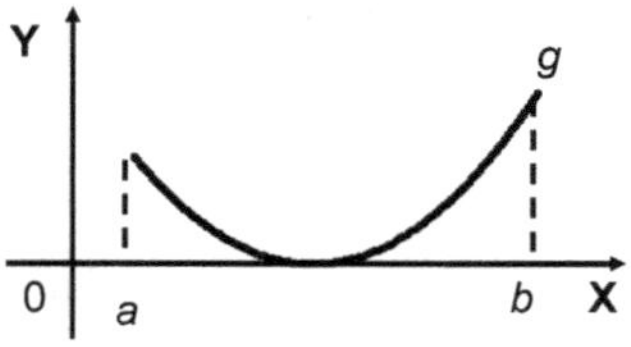

Si $G(x) = \int_a^x g(t)\,dt$, entonces, por el caso 1, $G'(x) = g(x)$. Pero,

$$G(x) = \int_a^x g(t)\,dt = \int_a^x \left(f(t)-c\right)\,dt = \int_a^x f(t)\,dt - c\int_a^x dt$$

$$= F(x) - c(x-a)$$

Luego,

$$F(x) = G(x) + c(x-a)$$

Derivando esta igualdad:

$$F'(x) = G'(x) + c = g(x) + c = f(x) - c + c = f(x)$$

OBSERVACION. La conclusión del teorema anterior, con la notación de Leibniz, nos dice que:

$$\frac{d}{dx}\int_a^x f(t)\,dt = f(x)$$

COROLARIO. Si f es continua, h es una función diferenciable en $[a, b]$ y

$$\boldsymbol{H(x) = \int_a^{h(x)} f(t)\,dt}, \text{ entonces } \boldsymbol{H'(x) = f(h(x))h'(x)}$$

Demostración

Sea $F(x) = \int_a^x f(t)\,dt$. Se tiene que

$$F(h(x)) = \int_a^{h(x)} f(t)\,dt = H(x).$$

Esto es, $H(x) = F(h(x))$.

Luego, aplicando la regla de la cadena y el teorema anterior, se tiene:

$$H'(x) = F'(h(x))h'(x) = f(h(x))h'(x)$$

EJEMPLO 6. Hallar: **a.** $\dfrac{d}{dx}\int_0^x \dfrac{e^t}{t+1}\,dt$

b. $H'(x)$ si $H(x) = \int_0^{x^3} \frac{e^t}{t+1}\,dt$ **c.** $G'(x)$ si $G(x) = \int_{\sqrt{x}}^{0} \frac{e^t}{t+1}\,dt$

Solución

a. Por el teorema anterior, $\frac{d}{dx}\int_0^{x} \frac{e^t}{t+1}\,dt = \frac{e^x}{x+1}$

b. Si $h(x) = x^3$ y $f(t) = \frac{e^t}{t+1}$ se tiene que

$$H(x) = \int_0^{x^3} \frac{e^t}{t+1} = \int_0^{h(x)} f(t)\,dt$$

Luego, por el corolario anterior,

$$H'(x) = f(h(x))h'(x) = \frac{e^{x^3}}{x^3+1}\left(3x^2\right) = \frac{3x^2e^{x^3}}{x^3+1}$$

c. Si $h(x) = \sqrt{x}$ y $f(t) = \frac{e^t}{t+1}$ se tiene que

$$G(x) = \int_{\sqrt{x}}^{0} \frac{e^t}{t+1}\,dt = -\int_0^{\sqrt{x}} \frac{e^t}{t+1}\,dt = -\int_0^{h(x)} f(t)\,dt$$

Luego, $G'(x) = -f(h(x))h'(x) = -\frac{e^{\sqrt{x}}}{\sqrt{x}+1}\left(\frac{1}{2\sqrt{x}}\right) = -\frac{e^{\sqrt{x}}}{2\left(x+\sqrt{x}\right)}$

SEGUNDO TEOREMA FUNDAMENTAL DEL CALCULO

La evaluación de las integrales definidas mediante sumas de Riemann es lenta y tediosa. El siguiente resultado, conocido como el segundo teorema fundamental del cálculo, nos proporciona el método más adecuado y elegante.

TEOREMA 3.9 **Segundo Teorema Fundamental del Cálculo.**

Si f es continua en $[a, b]$ y F es una antiderivada de f, entonces

$$\int_a^b f(x)\,dx = F(b) - F(a)$$

Demostración

Por el teorema 3.4 sabemos que existe la integral $\int_a^b f(x)\,dx$. Por definición, esta integral es límite de sumas de Riemann. Tomemos una partición de $[a, b]$, determinada por los puntos:

$$a = x_0 < x_1 < \ .\ .\ .\ < x_i < \ldots < x_n = b$$

Tenemos que

$$F(b) - F(a) = F(x_n) - F(x_0)$$
$$= [F(x_n) - F(x_{n-1})] + [F(x_{n-1}) - F(x_{n-2})] + \ldots + [F(x_1) - F(x_0)]$$
$$= \sum_{i=1}^{n} [F(x_i) - F(x_{i-1})]$$

Por el teorema del valor medio (para derivadas) en cada subintervalo $[x_i, x_{i-1}]$ existe un c_i tal que

$$F(x_i) - F(x_{i-1}) = F'(c_i)(x_i - x_{i-1}) = f(c_i)\,\Delta_i x$$

Reemplazando esta igualdad en la anterior se tiene

$$F(b) - F(a) = \sum_{i=1}^{n} f(c_i)\Delta_i x$$

Observar que la suma de la derecha es una suma de Riemann de f en $[a, b]$.

Tomando límites obtenemos el resultado buscado:

$$F(b) - F(a) = \lim_{\|\mathcal{P}\| \to 0} \sum_{i=1}^{n} f(c_i)\Delta_i x = \int_a^b f(x)\,dx$$

NOTACION. La diferencia $\boldsymbol{F(b) - F(a)}$ se denota así: $\boldsymbol{F(x)\Big]_a^b}$. Esto es,

$$\boldsymbol{F(x)\Big]_a^b = F(b) - F(a)}$$

Ahora, con esta notación, la conclusión del segundo teorema fundamental del cálculo podemos escribirlo así:

$$\boldsymbol{\int_a^b f(x)\,dx = F(x)\Big]_a^b = F(b) - F(a)}$$

OBSERVACIONES.

a. El teorema anterior establece una conexión directa entre la integral definida y la indefinida. Esta conexión se ilustra mejor usando como la antiderivada de f a la integral indefinida, del modo siguiente:

$$\boldsymbol{\int_a^b f(x)\,dx = \left[\int f(x)\,dx\right]_a^b}$$

b. Para calcular la integral definida $\int_a^b f(x)\,dx$, se procede en 2 pasos:

Paso 1. Hallamos la integral indefinida $\int f(x)\,dx = F(x) + C$

Paso 2. Evaluamos $F(b) - F(a)$. Prescindimos de la constante C, ya que ésta se simplifica. En efecto: $[F(b) + C] - [F(a) + C] = F(b) - F(a)$

EJEMPLO 7. Evaluar $\int_0^2 x^2 dx$

Solución

Tenemos que $\int x^2 dx = \frac{x^3}{3} + C$. Luego, $\int_0^2 x^2 dx = \frac{x^3}{3}\Big]_0^2 = \frac{2^3}{3} - \frac{0^3}{3} = \frac{8}{3}$

Muchas veces, el cálculo de la integral indefinida puede hacerse directamente.

EJEMPLO 8. Se tiene que:

a. $\int_{-2}^{4} (x^3 - 6x + 2)\, dx = \left(\frac{x^4}{4} - 3x^2 + 2x\right]_{-2}^{4}$

$$= \left(\frac{4^4}{4} - 3(4)^2 + 2(4)\right) - \left(\frac{(-2)^4}{4} - 3(-2)^2 + 2(-2)\right) = 36$$

b. $\int_0^{\pi} \operatorname{sen} \theta \, d\theta = \cos\theta \Big]_0^{\pi} = \cos \pi - \cos 0 = -1 - 1 = -2$

c. $\int_0^{a} \frac{dx}{a^2 + x^2} = \frac{1}{a}\tan^{-1}\frac{x}{a}\Big]_0^{a} = \frac{1}{a}\tan^{-1}(1) - \frac{1}{a}\tan^{-1}(0) = \frac{\pi}{4a} - 0 = \frac{\pi}{4a}$

d. $\int_1^{e} \ln x \, dx = \Big(x \ln x - x \Big]_1^{e} = (e \ln e - e) - (\ln 1 - 1) = 0 + 1 = 1$

e. $\int_{-2}^{-3} \frac{dx}{x^2 - 1} = \frac{1}{2}\ln\left|\frac{x-1}{x+1}\right| \Big]_{-2}^{-3} = \frac{1}{2}(\ln 2 - \ln 3) = \frac{1}{2}\ln\frac{2}{3}$

EJEMPLO 9. Evaluar $\int_1^9 \left[\frac{1}{t^2} - \sqrt{t}\right] dt$

Solución

$$\int_1^9 \left[\frac{1}{t^2} - \sqrt{t}\right] dt = \int_1^9 \left[t^{-2} - t^{1/2}\right] dt = \left(-\frac{1}{t} - \frac{2}{3}t^{3/2}\right]_1^9$$

$$= \left(-\frac{1}{9} - \frac{2}{3}(9)^{3/2}\right) - \left(-\frac{1}{1} - \frac{2}{3}(1)^{3/2}\right) = -\frac{148}{9}$$

EJEMPLO 10. Hallar el área de la región Q encerrada por la gráfica de la función $f(x) = \sqrt{5x+4}$ el eje X, las rectas $x = 0$, $x = 1$.

Solución

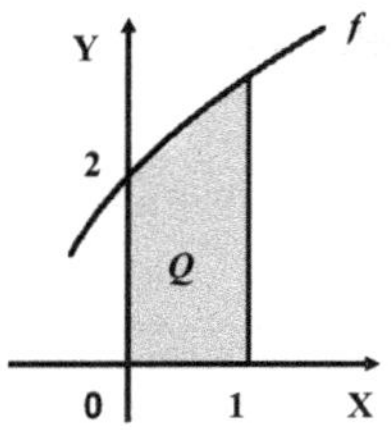

Sabemos que $A(Q) = \int_0^1 \sqrt{5x+4}\, dx$

Si $u = 5x + 4$, entonces $du = 5\, dx$ y

$$\int \sqrt{5x+4}\, dx = \frac{1}{5}\int \sqrt{5x+4}\,(5dx) = \frac{1}{5}\int \sqrt{u}\, du =$$

$$= \frac{1}{5}\int u^{1/2} du = \frac{2}{15} u^{3/2} + C = \frac{2}{15}(5x+4)^{3/2} + C$$

Luego, $A(Q) = \int_0^1 \sqrt{5x+4}\, dx = \left[\frac{2}{15}(5x+4)^{3/2}\right]_0^1$

$$= \frac{2}{15}(5(1)+4)^{3/2} - \frac{2}{15}(5(0)+4)^{3/2} = \frac{54}{15} - \frac{16}{15} = \frac{38}{15}$$

EJEMPLO 11. Evaluar $\int_1^4 \sqrt{t}\, \ln t\, dt$

Solución

Usando la fórmula de reducción 34, tenemos:

$$\int \sqrt{t}\, \ln t\, dt = \int t^{1/2} \ln t\, dt = \frac{2}{3} t^{3/2} \ln t - \frac{2}{3}\int t^{1/2} dt$$

$$= \frac{2}{3} t^{3/2} \ln t - \frac{4}{9} t^{3/2} + C$$

Luego, $\int_1^4 \sqrt{t}\, \ln t\, dt = \left[\frac{2}{3} t^{3/2} \ln \text{t} - \frac{4}{9} t^{3/2}\right]_1^4 = \frac{16}{3} \ln 4 - \frac{28}{9} \approx 4{,}282{,}00$

TEOREMA 3.10 **Propiedad Aditiva de Intervalos.**

Si f es continua en $[a, b]$ y $a < c < b$, entonces f es integrable en $[a, c]$ y en $[c, b]$ y se cumple que:

$$\int_a^b f(x)\, dx = \int_a^c f(x)\, dx + \int_c^b f(x)\, dx$$

Demostración

Ver el problema resuelto 17.

EJEMPLO 12. Hallar el área de la región encerrada por la gráfica de la función $f(x) = |x+1|$ el eje X, las rectas $x = -2$, $x = 1$.

Solución

El área es $A = \int_{-2}^{1} |x+1|\, dx$

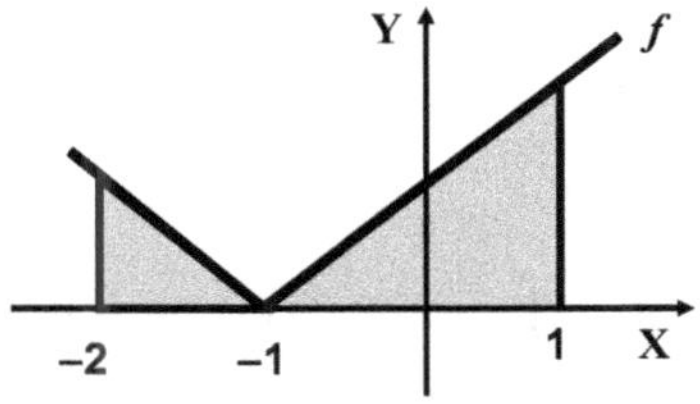

La función $f(x) = |x+1|$ es continua en el intervalo $[-2, 1]$ y, por tanto, es integrable en este intervalo. Además,

$$|x+1| = \begin{cases} -x-1, & x < -1 \\ x+1, & x \geq -1 \end{cases}$$

Dividamos el intervalo $[-2, 1]$ en los intervalos $[-2, -1]$ y $[-1, 1]$ para obtener:

$$A = \int_{-2}^{1} |x+1|\, dx = \int_{-2}^{-1} (-x-1)\, dx + \int_{-1}^{1} (x+1)\, dx$$

$$= \left(-\frac{x^2}{2} - x\right]_{-2}^{-1} + \left(\frac{x^2}{2} + x\right]_{-1}^{1} = \frac{5}{2}.$$

REGLA DE SUSTITUCION PARA INTEGRALES DEFINIDAS

Vamos a extender la regla de sustitución al caso de las integrales definidas.

TEOREMA 3.11 Si g es diferenciable en $[a, b]$ y f es continua en el rango de $u = g(x)$, entonces

$$\int_a^b f(g(x))\, g'(x)\, dx = \int_{g(a)}^{g(b)} f(u)\, du$$

Demostración

Sea F una antiderivada de f. Entonces $F(g(x))$ es una antiderivada de $f(g(x))g'(x)$. Por el Segundo Teorema Fundamental del Cálculo, tenemos

$$\int_a^b f(g(x))\, g'(x)\, dx = F(g(b)) - F(g(a)) \qquad (1)$$

Invocando otra vez al segundo teorema fundamental del cálculo,

$$\int_{g(a)}^{g(b)} f(u)\, du = F(g(b)) - F(g(a)) \qquad (2)$$

De (1) y (2) obtenemos:

$$\int_a^b f(g(x))\, g'(x)\, dx = \int_{g(a)}^{g(b)} f(u)\, du$$

EJEMPLO 13. Hallar $\int_0^2 \frac{x^2 dx}{\sqrt{2x^3 + 9}}$

Solución

Sea $u = g(x) = 2x^3 + 9$. Entonces

$$du = 6x^2\, dx,\ x = 0 \Rightarrow u = g(0) = 9 \text{ y } x = 2 \Rightarrow u = g(2) = 25.$$

Luego,

$$\int_0^2 \frac{x^2 dx}{\sqrt{2x^3+9}} = \frac{1}{6}\int_0^2 \frac{6x^2 dx}{\sqrt{2x^3+9}} = \frac{1}{6}\int_{g(0)}^{g(2)} \frac{du}{\sqrt{u}} = \frac{1}{6}\int_9^{25} u^{-1/2} du$$

$$= \frac{1}{6}\left(2u^{1/2}\right]_9^{25} = \frac{2}{6}\left[\sqrt{u}\right]_9^{25} = \frac{1}{3}\left[\sqrt{25} - \sqrt{9}\right] = \frac{2}{3}$$

EJEMPLO 14. Hallar $\int_0^{\pi/4} \operatorname{sen}^2 2\theta \cos 2\theta\, d\theta$

Solución

Sea $u = g(x) = \operatorname{sen} 2\theta$. Entonces $du = 2\cos 2\theta\, d\theta$ y

$\theta = 0 \Rightarrow u = g(0) = \operatorname{sen} 2(0) = 0$. $\theta = \frac{\pi}{4} \Rightarrow u = g(\pi/4) = \operatorname{sen}(2(\pi/4)) = 1$.

Luego,

$$\int_0^{\pi/4} \operatorname{sen}^2 2\theta \cos 2\theta\, d\theta = \frac{1}{2}\int_0^{\pi/4} \operatorname{sen}^2 2\theta\ (2\cos 2\theta\, d\theta)$$

$$= \frac{1}{2}\int_{g(0)}^{g(\pi/4)} u^2 du = \frac{1}{2}\int_0^1 u^2 du = \frac{1}{2}\left[\frac{u^3}{3}\right]_0^1 = \frac{1}{6}$$

PROBLEMAS RESUELTOS 3.3

PROBLEMA 1. Evaluar:

a. $\frac{d}{dx}\int_0^x e^{-t^2} dt$ **b.** $\frac{d}{dx}\int_x^0 e^{-t^2} dt$

c. $\frac{d}{dx}\int_0^2 e^{-t^2} dt$ **d.** $\int_0^2 \left(\frac{d}{dx}\left(e^{-x^2}\right)\right) dx$

Solución

a. Por el teorema 3.8: $\dfrac{d}{dx}\displaystyle\int_0^x e^{-t^2}\,dt = e^{-x^2}$

b. Intercambiando los límites de integración y usando el resultado anterior:

$$\frac{d}{dx}\int_x^0 e^{-t^2}\,dt = -\frac{d}{dx}\int_0^x e^{-t^2}\,dt = -e^{-x^2}$$

c. La integral $\displaystyle\int_0^2 e^{-t^2}\,dt$ es una constante. Luego, $\dfrac{d}{dx}\displaystyle\int_0^2 e^{-t^2}\,dt = 0$

d. Una antiderivada de $\dfrac{d}{dx}\left(e^{-x^2}\right)$ es e^{-x^2}. Luego,

$$\int_0^2\left(\frac{d}{dx}\left(e^{-x^2}\right)\right)dx = \left(e^{-x^2}\right]_0^2 = e^{-2^2} - e^{-0^2} = e^{-4} - 1 \approx -0.98$$

PROBLEMA 2. Hallar la derivada de cada una de las siguientes funciones:

1. $F(x) = \displaystyle\int_0^{\ln x} \sqrt{1+t^3}\,dt$ **2.** $G(x) = \displaystyle\int_{\operatorname{sen} x}^{0} \sqrt{1+t^3}\,dt$ **3.** $H(x) = \displaystyle\int_{\operatorname{sen} x}^{\ln x} \sqrt{1+t^3}\,dt$

Solución

Sea $g(u) = \displaystyle\int_0^u \sqrt{1+t^3}\,dt$, entonces $g'(u) = \sqrt{1+u^3}$ (Teo. 3. 8)

1. Si $h(x) = \ln x$, entonces $F(x) = g(h(x))$. Luego, por la regla de la cadena,

$$F'(x) = g'(h(x))h'(x) = g'(\ln x)h'(x) = \sqrt{1+(\ln x)^3}\left(\frac{1}{x}\right) = \frac{\sqrt{1+\ln^3 x}}{x}$$

2. Si $h(x) = \operatorname{sen} x$, entonces

$$G(x) = \int_{\operatorname{sen} x}^{0} \sqrt{1+t^3}\,dt = -\int_0^{\operatorname{sen} x} \sqrt{1+t^3}\,dt = -g(h(x))$$

Ahora, aplicado la regla de la cadena:

$$G'(x) = -g'(h(x))h'(x) = -\sqrt{1+\operatorname{sen}^3 x}\,(\cos x) = -\cos x\sqrt{1+\operatorname{sen}^3 x}$$

3. Usando la propiedad aditiva de los intervalos:

$$H(x) = \int_{\operatorname{sen} x}^{\ln x} \sqrt{1+t^3}\,dt = \int_{\operatorname{sen} x}^{0} \sqrt{1+t^3}\,dt + \int_0^{\ln x} \sqrt{1+t^3}\,dt$$

$$= \int_0^{\ln x} \sqrt{1+t^3}\,dt - \int_0^{\operatorname{sen} x} \sqrt{1+t^3}\,dt = F(x) - G(x)$$

Esto es, $H(x) = F(x) - G(x)$

Luego, derivando,

$$H'(x) = F'(x) - G'(x) = \frac{\sqrt{1+\ln^3 x}}{x} - \cos x\sqrt{1+\operatorname{sen}^3 x}\,.$$

PROBLEMA 3. Calcular $\displaystyle\int_4^9 \frac{1-\sqrt{t}}{1+\sqrt{t}}\,dt$

Solución

Hacemos el cambio de variable $u = 1 + \sqrt{t}$. En este caso,

$$t = (u-1)^2, \quad dt = 2(u-1)\,du \quad \text{y} \quad 1-\sqrt{t} = 2-u$$

Además, $t = 4 \Rightarrow u = 3$ y $t = 9 \Rightarrow u = 4$. Luego,

$$\int_4^9 \frac{1-\sqrt{t}}{1+\sqrt{t}}\,dt = \int_3^4 \frac{(2-u)}{u}\left[2(u-1)\,du\right] = 2\int_3^4 \left(-u+3-\frac{2}{u}\right)du$$

$$= \left(-u^2 + 6u - 4\ln|u|\right]_3^4 = 4\ln\frac{3}{4} - 1$$

PROBLEMA 4. Calcular $\displaystyle\int_0^{2\pi/3} \frac{dx}{5+4\cos x}$

Solución

Hacemos el cambio de variable $z = \tan\dfrac{x}{2}$, para el cual

$$\cos x = \frac{1-z^2}{1+z^2} \quad \text{y} \quad dx = \frac{2\,dz}{1+z^2}$$

$$x = 0 \Rightarrow z = \tan\frac{0}{2} \Rightarrow z = 0; \quad x = \frac{2\pi}{3} \Rightarrow z = \tan\frac{2\pi/3}{2} = \sqrt{3}$$

Luego,

$$\int_0^{2\pi/3} \frac{dx}{5+4\cos x} = \int_0^{\sqrt{3}} \frac{\dfrac{2\,dz}{1+z^2}}{5+4\dfrac{1-z^2}{1+z^2}} = \int_0^{\sqrt{3}} \frac{2\,dz}{9+z^2} = 2\int_0^{\sqrt{3}} \frac{dz}{3^2+z^2}$$

$$= \frac{2}{3}\tan^{-1}\frac{z}{3}\Big]_0^{\sqrt{3}} = \frac{2}{3}\tan^{-1}\frac{\sqrt{3}}{3} - \frac{2}{3}\tan^{-1}0 = \frac{2}{3}\frac{\pi}{6} - 0 = \frac{\pi}{9}$$

PROBLEMA 5. Calcular $\displaystyle\int_0^{16} \frac{x^{1/4}dx}{1 + x^{1/2}}$

Solución

Sea $x = z^4$. Entonces $dx = 4z^3dz$, $x = 0 \Rightarrow z = 0$, $x = 16 \Rightarrow z = 2$.

Luego,

$$\int_0^{16} \frac{x^{1/4}dx}{1 + x^{1/2}} = \int_0^{2} \frac{z(4z^3dz)}{1 + z^2} = 4\int_0^{2} \left(z^2 - 1 + \frac{1}{1+z^2} \right) dz$$

$$= 4\left(\frac{z^3}{3} - z + \tan^{-1} z \right]_0^2 = \frac{8}{3} + 4\tan^{-1} 2$$

PROBLEMA 6. Calcular $\displaystyle\int_0^{\pi} \sqrt{2 + 2\cos\alpha}\, d\alpha$

Solución

$$\int_0^{\pi} \sqrt{2 + 2\cos\alpha}\, d\alpha = \int_0^{\pi} \sqrt{2(1 + \cos\alpha)}\, d\alpha = \int_0^{\pi} \sqrt{4\left(\frac{1 + \cos\alpha}{2} \right)}\, d\alpha$$

$$= 2\int_0^{\pi} \sqrt{\cos^2 \frac{\alpha}{2}}\, d\alpha = 2\int_0^{\pi} \cos \frac{\alpha}{2}\, d\alpha$$

$$= 4\,\text{sen}\, \frac{\alpha}{2} \Big]_0^{\pi} = 4\,\text{sen}\, \frac{\pi}{2} - 4\,\text{sen}\, 0 = 4$$

PROBLEMA 7. Calcular $\displaystyle\int_2^{5} \frac{dx}{\sqrt{5 + 4x - x^2}}$

Solución

$$\int_2^{5} \frac{dx}{\sqrt{5 + 4x - x^2}} = \int_2^{5} \frac{dx}{\sqrt{9 - (x-2)^2}}$$

Sea $u = x - 2$. Entonces $du = dx$, $x = 2 \Rightarrow u = 0$, $x = 5 \Rightarrow u = 3$

Luego,

$$\int_2^{5} \frac{dx}{\sqrt{5 + 4x - x^2}} = \int_0^{3} \frac{du}{\sqrt{9 - u^2}} = \text{sen}^{-1} \frac{u}{3} \Big]_0^3 = \frac{\pi}{2} - 0 = \frac{\pi}{2}$$

PROBLEMA 8. Calcular $\displaystyle\int_0^{1/2} \frac{\operatorname{sen}^{-1} t}{\sqrt{1-t^2}}\, dt$

Solución

Sea $u = \operatorname{sen}^{-1} t$. Entonces $du = \dfrac{dt}{\sqrt{1-t^2}}$, $t = 0 \Rightarrow u = 0$, $t = \dfrac{1}{2} \Rightarrow u = \dfrac{\pi}{6}$

Luego,

$$\int_0^{1/2} \frac{\operatorname{sen}^{-1} t}{\sqrt{1-t^2}}\, dt = \int_0^{\pi/6} u\, du = \left.\frac{u^2}{2}\right]_0^{\pi/6} = \frac{\pi^2}{72}$$

PROBLEMA 9. Calcular $\displaystyle\int_0^{1} \frac{y^2 dy}{\sqrt{y^6+4}}$

Solución

Sea $u = y^3$. Entonces $du = 3y^2\, dy$, $y = 0 \Rightarrow u = 0$, $y = 1 \Rightarrow u = 1$

Luego,

$$\int_0^{1} \frac{y^2 dy}{\sqrt{y^6+4}} = \frac{1}{3}\int_0^{1} \frac{3y^2 dy}{\sqrt{\left(y^3\right)^2 + 4}} = \frac{1}{3}\int_0^{1} \frac{du}{\sqrt{u^2+2^2}}$$

$$= \frac{1}{3} \ln\left(u + \sqrt{u^2+4}\right)\Big]_0^1 = \frac{1}{3} \ln \frac{1+\sqrt{5}}{2}$$

PROBLEMA 10. Calcular $\displaystyle\int_{\ln 2}^{\ln 3} \frac{dx}{\cosh^2 x}$

Solución

$$\int_{\ln 2}^{\ln 3} \frac{dx}{\cosh^2 x} = \int_{\ln 2}^{\ln 3} \operatorname{sech}^2 x\, dx = \tanh x\,\Big]_{\ln 2}^{\ln 3} = \tanh(\ln 3) - \tanh(\ln 2)$$

$$= \frac{e^{\ln 3} - e^{-\ln 3}}{e^{\ln 3} + e^{-\ln 3}} - \frac{e^{\ln 2} - e^{-\ln 2}}{e^{\ln 2} + e^{-\ln 2}} = \frac{3-3^{-1}}{3+3^{-1}} - \frac{2-2^{-1}}{2+2^{-1}} = \frac{1}{5}$$

PROBLEMA 11. Hallar $\displaystyle\int_{-2}^{3} \left| x^2 - 1 \right| dx$

Solución

Sea $f(x) = \left| x^2 - 1 \right|$. De acuerdo a la definición de valor absoluto:

$$f(x) = \begin{cases} x^2 - 1, & \text{si } x^2 - 1 \geq 0 \\ -x^2 + 1, & \text{si } x^2 - 1 < 0 \end{cases}$$

Pero,

$$x^2 - 1 \geq 0 \Leftrightarrow x^2 \geq 1 \Leftrightarrow x \leq -1 \text{ ó } x \geq 1$$

y

$$x^2 - 1 < 0 \Leftrightarrow x^2 < 1 \Leftrightarrow -1 < x < 1$$

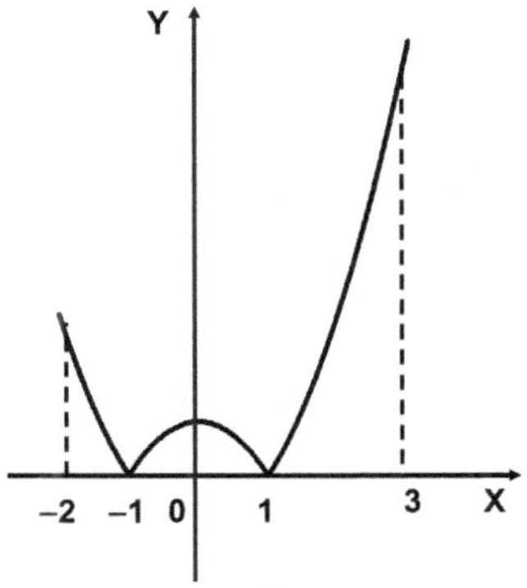

Por tanto, la función f puede escribirse así:

$$f(x) = \begin{cases} x^2 - 1, & \text{si } x \leq -1 \\ -x^2 + 1, & \text{si } -1 < x < 1 \\ x^2 - 1, & \text{si } x \geq 1 \end{cases}$$

Ahora,

$$\int_{-2}^{3} |x^2 - 1|\, dx = \int_{-2}^{-1} (x^2 - 1)\, dx + \int_{-1}^{1} (-x^2 + 1)\, dx + \int_{1}^{3} (x^2 - 1)\, dx$$

$$= \left(\frac{x^3}{3} - x\right]_{-2}^{-1} + \left(-\frac{x^3}{3} + x\right]_{-1}^{1} + \left(\frac{x^3}{3} - x\right]_{1}^{3}$$

$$= \left(-1 + \frac{7}{3}\right) + \left(2 - \frac{2}{3}\right) + \left(7 - \frac{1}{3}\right) = \frac{28}{3}$$

PROBLEMA 12. Mediante una integral definida hallar el siguiente límite:

$$\lim_{n \to +\infty} \sum_{i=1}^{n} \frac{1}{n+i} = \lim_{n \to +\infty} \left(\frac{1}{n+1} + \frac{1}{n+2} + \ldots + \frac{1}{n+n}\right)$$

Solución

En $S_n = \dfrac{1}{n+1} + \dfrac{1}{n+2} + \ldots + \dfrac{1}{n+n}$ sacamos factor común $\dfrac{1}{n}$:

$$S_n = \left(\frac{1}{1+1/n} + \frac{1}{1+2/n} + \ldots + \frac{1}{n+n/n}\right)\frac{1}{n}$$

Vemos que S_n es la suma de Riemann para la función $f(x) = \dfrac{1}{1+x}$, correspondiente a la partición regular del intervalo [0, 1] determinada por

$$\Delta x = \frac{1}{n}; \quad x_i = \frac{i}{n},\ i = 0, 1, 2, \ldots, n \quad \text{y la selección } c_i = x_i = \frac{i}{n}$$

En efecto:

$$\sum_{i=1}^{n} f(c_i)\Delta x = \sum_{i=1}^{n} \left(\frac{1}{1+i/n}\right)\frac{1}{n} = \sum_{i=1}^{n} \frac{1}{n+i} = \frac{1}{n+1} + \frac{1}{n+2} + \ldots + \frac{1}{n+n}$$

Luego,

$$\lim_{n \to +\infty} \sum_{i=1}^{n} \frac{1}{n+i} = \int_0^1 \frac{1}{1+x}\, dx = \left(\ln(1+x)\right]_0^1 = \ln(2) - \ln(1) = \ln 2$$

PROBLEMA 13. Hallar el área de la región Q encerrada por el eje X y los gráficos de las funciones $y = \sqrt{x+1}$, $y = -x + 5$.

Solución

Hallemos los puntos donde los gráficos de las funciones se interceptan.

$$\sqrt{x+1} = -x+5 \Rightarrow x^2 - 11x + 24 = 0 \Rightarrow x = 3 \text{ ó } x = 8$$

Desechamos la solución $x = 8$ porque ésta no satisface la ecuación inicial. Ahora, para $x = 3$ obtenemos $y = 2$. Esto significa que ambos gráficos se interceptan en el punto $(3, 2)$.

Por otro lado, el eje X es cortado por el gráfico de $y = \sqrt{x+1}$ en $x = -1$ y por el gráfico de $y = -x + 5$ en $x = 5$.

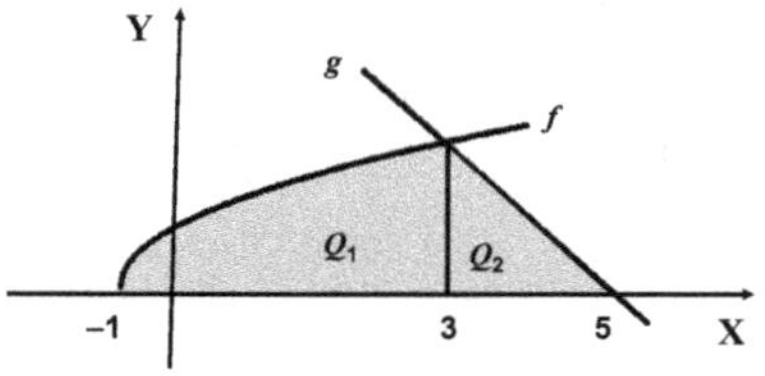

Observando el diagrama vemos que:

$$A(Q) = A(Q_1) + A(Q_2)$$

Pero,

$$A(Q_1) = \int_{-1}^{3} \sqrt{x+1}\, dx = \left[\frac{2}{3}(x+1)^{3/2} \right]_{-1}^{3} = \frac{16}{3}$$

$$A(Q_2) = \int_{3}^{5} (-x+5)\, dx = \left[-\frac{x^2}{2} + 5x \right]_{3}^{5} = 2$$

Luego, $A(Q) = \dfrac{16}{3} + 2 = \dfrac{22}{3}$

PROBLEMA 14. Hallar el área de la región Q limitada por el eje X, la catenaria $y = a \cosh \dfrac{x}{a}$ y las rectas $x = -a$, $x = a$

Solución

$$A(Q) = \int_{-a}^{a} a \cosh \frac{x}{a}\, dx$$

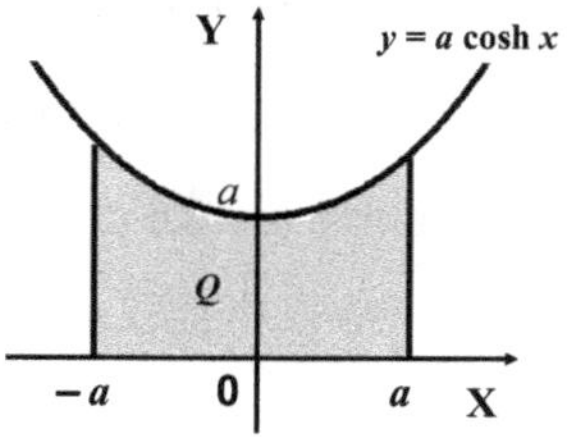

Sea $u = \dfrac{x}{a}$. Entonces

$$du = \frac{dx}{a}, \quad x = -a \Rightarrow u = -1, \quad x = a \Rightarrow u = 1.$$

Luego,

$$A(Q) = \int_{-a}^{a} a \cosh \frac{x}{a}\, dx = a^2 \int_{-a}^{a} \cosh \frac{x}{a} \left(\frac{dx}{a} \right) = a^2 \int_{-1}^{1} \cosh u\, du$$

$$= a^2 \operatorname{senh} u \Big]_{-1}^{1} = a^2 [\operatorname{senh}(1) - \operatorname{senh}(-1)] = 2a^2 \operatorname{senh}(1)$$

$$= 2a^2\left(\frac{e^1 - e^{-1}}{2}\right) = a^2\left(e - \frac{1}{e}\right)$$

PROBLEMA 15. Probar que $\frac{\pi}{2} \le \int_0^{\pi/2} \sqrt{1 + \frac{1}{4}\operatorname{sen}^2 x}\, dx \le \frac{\pi\sqrt{5}}{4}$

Solución

Podemos proceder como en el ejemplo 5, hallando los valores extremos de la función $f(x) = \sqrt{1 + \frac{1}{4}\operatorname{sen}^2 x}$ en el intervalo cerrado $[0, \pi/2]$. Sin embargo, con el ánimo de mostrar otros caminos, procedemos de otra forma.

Sabemos que, para todo real x se tiene:

$$-1 \le \operatorname{sen} x \le 1 \Rightarrow 0 \le \operatorname{sen}^2 x \le 1 \Rightarrow 0 \le \frac{1}{4}\operatorname{sen}^2 x \le \frac{1}{4} \Rightarrow$$

$$1 + 0 \le 1 + \frac{1}{4}\operatorname{sen}^2 x \le 1 + \frac{1}{4} \Rightarrow 1 \le 1 + \frac{1}{4}\operatorname{sen}^2 x \le \frac{5}{4} \Rightarrow$$

$$\sqrt{1} \le \sqrt{1 + \frac{1}{4}\operatorname{sen}^2 x} \le \sqrt{\frac{5}{4}} \Rightarrow 1 \le \sqrt{1 + \frac{1}{4}\operatorname{sen}^2 x} \le \frac{\sqrt{5}}{2}$$

La desigualdad anterior es cierta para todo x real. En particular se cumple:

$$1 \le \sqrt{1 + \frac{1}{4}\operatorname{sen}^2 x} \le \frac{\sqrt{5}}{2}, \quad \forall\, x \in [0, \pi/2].$$

Luego, por la propiedad de acotamiento,

$$\frac{\pi}{2} \le \int_0^{\pi/2} \sqrt{1 + \frac{1}{4}\operatorname{sen}^2 x}\, dx \le \frac{\sqrt{5}}{2}\,\frac{\pi}{2} = \frac{\pi\sqrt{5}}{4}$$

PROBLEMA 16. Probar que $\left|\int_a^b f(x)\, dx\right| \le \int_a^b |f(x)|\, dx$

Solución

Usaremos la siguiente propiedad del valor absoluto:

$$|x| \le k \Leftrightarrow -k \le x \le k$$

Bien, tenemos que:

$$f(x) \le |f(x)| \Rightarrow -|f(x)| \le f(x) \le |f(x)| \Rightarrow$$

$$-\int_a^b |f(x)|\, dx \le \int_a^b f(x)\, dx \le \int_a^b |f(x)|\, dx \Rightarrow \left|\int_a^b f(x)\, dx\right| \le \int_a^b |f(x)|\, dx$$

PROBLEMA 17. **(Teorema 3.10).** Si f es continua en $[a, b]$ y $a < c < b$, entonces f es integrable en $[a, c]$ y $[c, b]$ y se cumple:

$$\int_a^b f(x)\,dx = \int_a^c f(x)\,dx + \int_c^b f(x)\,dx$$

Solución

Si f es continua en $[a, b]$, entonces f es continua en $[a, c]$ y en $[c, b]$. Por el teorema 3.4, f es integrable en $[a, c]$ y en $[c, b]$. Por otro lado, por el teorema 3.8, f tiene una antiderivada en $[a, b]$. Sea F esta antiderivada.

Ahora, usando el segundo teorema fundamental del cálculo, tenemos que

$$\int_a^b f(x)\,dx = F(b) - F(a) = [\,F(b) - F(c)\,] + [\,F(c) - F(a)]$$

$$= \int_c^b f(x)\,dx + \int_a^c f(x)\,dx = \int_a^c f(x)\,dx + \int_c^b f(x)\,dx$$

PROBLEMAS PROPUESTOS 3.3

En los problemas del 1 al 42, evaluar las integrales definidas

1. $\int_1^4 5\,dx$ *Rpta.* 15

2. $\int_0^3 (2+e)\,dx$ *Rpta.* $3(2+e)$

3. $\int_{-2}^3 4x\,dx$ *Rpta.* 10

4. $\int_{-1/2}^{1/2} (2y-1)\,dy$ *Rpta.* -1

5. $\int_{-1}^1 \left(6u^2 - 4u + 1\right) du$ *Rpta.* 6

6. $\int_{-1}^3 z^3\,dz$ *Rpta.* 20

7. $\int_0^2 (t-2)\,dt$ *Rpta.* -2

8. $\int_0^2 3y^2\left(y^3 + 1\right) dy$ *Rpta.* 40

9. $\int_1^{25} \sqrt{u}\,du$ *Rpta.* $\dfrac{248}{3}$

10. $\int_1^4 5\sqrt{x}\,(x-1)\,dx$ *Rpta.* $\dfrac{116}{3}$

11. $\int_1^4 \left(\dfrac{1}{\sqrt{y}} - 1\right) dy$ *Rpta.* -1

12. $\int_1^5 \sqrt{x-1}\,dx$ *Rpta.* $\dfrac{16}{3}$

13. $\int_0^1 6t\sqrt{t^2+1}\,dt$ *Rpta.* $4\sqrt{2} - 2$

14. $\int_1^4 \dfrac{du}{\sqrt{4u+9}}$ *Rpta.* $\dfrac{1}{2}\left(5 - \sqrt{13}\right)$

15. $\int_0^1 x^2 e^{x^3}\,dx$ *Rpta.* $\dfrac{1}{3}(e-1)$

16. $\int_0^8 \dfrac{w\,dw}{(1+w)^{3/2}}$ *Rpta.* $\dfrac{8}{3}$

17. $\int_{-8}^{0} \frac{z - z^2}{4\sqrt[3]{z}}\, dz$ *Rpta.* $\frac{144}{5}$

18. $\int_{1}^{e} \frac{\ln x}{x}\, dx$ *Rpta.* $\frac{1}{2}$

19. $\int_{1}^{e} \frac{dx}{x(1+\ln x)}$ *Rpta* $\ln 2$

20. $\int_{0}^{1} (3x+4)e^{2x} dx$ *Rpta* $\frac{11e^2}{4} - \frac{5}{4}$

21. $\int_{0}^{4} 9\sqrt{x}\sqrt{1+x\sqrt{x}}\, dx$ *Rpta* 104

22. $\int_{a}^{8a} \frac{dx}{\sqrt{2ax}}$ *Rpta* $4 - \sqrt{2}$

23. $\int_{1}^{\ln 2} \frac{e^{2x} - 1}{e^x}\, dx$ *Rpta* $\frac{5}{2} - e - \frac{1}{e}$

24. $\int_{-1}^{1} |x|\, dx$ *Rpta* 1

25. $\int_{-3}^{3} |x^3|\, dx$ *Rpta* $\frac{81}{2}$

26. $\int_{2}^{2} e^{-x^2} dx$ *Rpta* 0

27. $\int_{-2}^{3} \sqrt{|x| - x}\, dx$ *Rpta* $\frac{8}{3}$

28. $\int_{-1}^{2} |x^2 - x|\, dx$ *Rpta* $\frac{11}{2}$

29. $\int_{0}^{1/2} \frac{dx}{\sqrt{1-2x^2}}$ *Rpta* $\frac{\pi}{4\sqrt{2}}$

30. $\int_{3}^{4} \frac{dx}{x^2 - 3x + 2}$ *Rpta* $\ln\frac{4}{3}$

31. $\int_{1}^{e} \frac{\text{sen}(\ln x)}{x}\, \text{dx}$ *Rpta* $1 - \cos 1$

32. $\int_{0}^{\pi/2} \text{sen}^3 x \cos^3 x\, dx$ *Rpta* $\frac{1}{12}$

33. $\int_{0}^{\pi/4} \sec^4 x\, dx$ *Rpta* $\frac{4}{3}$

34. $\int_{\pi/6}^{\pi/3} \cot^4 x\, dx$ *Rpta* $\frac{8}{9\sqrt{3}} + \frac{\pi}{6}$

35. $\int_{0}^{\pi} |\cos^3 x|\, dx$ *Rpta* $\frac{4}{3}$

36. $\int_{0}^{1} \frac{e^x}{1+e^{2x}}\, dx$ *Rpta* $\tan^{-1} e - \frac{\pi}{4}$

37. $\int_{e}^{e^2} \frac{dx}{x \ln x}$ *Rpta* $\ln 2$

38. $\int_{0}^{1} z^2 2^{-z^3} dz$ *Rpta* $\frac{1}{6\ln 2}$

39. $\int_{0}^{1} \text{senh}^2 x\, dx$ *Rpta* $\frac{1}{4}\text{senh}(2) - \frac{1}{2}$

40. $\int_{0}^{1} \cosh x\, e^{\text{senh}\, x} dx$ *Rpta* $e^{\text{senh}\, 1} - 1$

41. $\int_{0}^{1} \frac{\cosh 2x}{1+\text{senh}\, 2x}\, dx$ *Rpta* $\frac{1}{2}\ln\left(1+\text{senh}(2)\right) = \frac{1}{2}\ln\left(1+\frac{e^2}{2}-\frac{1}{2e^2}\right)$

42. $\int_{0}^{1} \frac{e^{2x} - e^{-2x}}{e^{2x} + e^{-2x}}\, dx$ *Rpta* $\frac{1}{2}\ln(\cosh(2))$

En los problemas del 43 al 48 hallar el límite dado, expresándolo como una integral definida y evaluando la integral.

43. $\lim_{n\to +\infty} \sum_{i=1}^{n} \frac{i}{n^2} = \lim_{n\to +\infty} \frac{1}{n}\sum_{i=1}^{n} \frac{i}{n}$ *Rpta.* $\int_{0}^{1} x\, dx = \frac{1}{2}$

44. $\lim\limits_{n\to +\infty} \sum\limits_{i=1}^{n} \dfrac{i^3}{n^4} = \lim\limits_{n\to +\infty} \dfrac{1}{n}\sum\limits_{i=1}^{n} \dfrac{i^3}{n^3}$ *Rpta.* $\displaystyle\int_0^1 x^3 dx = \frac{1}{4}$

45. $\lim\limits_{n\to +\infty} 8\sum\limits_{i=1}^{n} \dfrac{i^2}{n^3} = \lim\limits_{n\to +\infty} \dfrac{2}{n}\sum\limits_{i=1}^{n} \dfrac{(2i)^2}{n^2}$ *Rpta.* $\displaystyle\int_0^2 x^2 dx = \frac{8}{3}$

46. $\lim\limits_{n\to +\infty} \sum\limits_{i=1}^{n} \dfrac{n}{(n+i)^2} = \lim\limits_{n\to +\infty} \dfrac{1}{n}\sum\limits_{i=1}^{n} \dfrac{1}{(1+(i/n))^2}$ *Rpta.* $\displaystyle\int_0^1 \frac{1}{(1+x)^2}dx = \frac{1}{2}$

47. $\lim\limits_{n\to +\infty} \sum\limits_{i=1}^{n} \dfrac{1}{\sqrt{n}\sqrt{n+i}} = \lim\limits_{n\to +\infty} \dfrac{1}{n}\sum\limits_{i=1}^{n} \dfrac{1}{\sqrt{1+(i/n)}}$ *Rpta.* $2\left(\sqrt{2}-1\right)$

48. $\lim\limits_{n\to +\infty} \dfrac{2}{n}\sum\limits_{i=1}^{n} e^{2i/n}$ *Rpta.* $\displaystyle\int_0^2 e^x dx = e^2 - 1$

En los problemas del 49 al 52 hallar la derivada de la función dada.

49. $F(x) = \displaystyle\int_0^{\sqrt{x}} \operatorname{sen}(t^2)\, dt$ *Rpta.* $\dfrac{\operatorname{sen} x}{2\sqrt{x}}$

50. $G(x) = \displaystyle\int_{-x^4}^{0} \operatorname{sen}(t^2)\, dt$ *Rpta.* $4x^3\operatorname{sen}\left(x^8\right)$

51. $H(x) = \displaystyle\int_{-x^4}^{\sqrt{x}} \operatorname{sen}(t^2)\, dt$ *Rpta.* $4x^3\operatorname{sen}\left(x^8\right) + \dfrac{\operatorname{sen} x}{2\sqrt{x}}$

52. $L(x) = \displaystyle\int_{\tan x}^{1/x} e^{-t^2} dt$ *Rpta.* $-\dfrac{1}{x^2}e^{-1/x^2} - \sec^2 x\; e^{-\tan^2 x}$

En los problemas del 53 al 55 probar las desigualdades dadas.

53. $1 \le \displaystyle\int_1^4 \frac{7}{x^2+5}\,dx \le \frac{7}{2}$

54. $\dfrac{\pi}{6} \le \displaystyle\int_{\pi/6}^{\pi/2} \operatorname{sen} x\, dx \le \frac{\pi}{3}$

55. $1 \le \displaystyle\int_0^1 \sqrt{1+x^3}\, dx \le \sqrt{2} \approx 1.414$

56. a. Probar: $\sqrt{1+x^3} \le 1 + x^3$, $\forall\, x \ge 0$. Sugerencia: $1 + x^3 \le \left(1+x^3\right)^2$

b. Usar la parte a para mejorar la desigualdad 55, probando que:

$$1 \le \int_0^1 \sqrt{1+x^3}\, dx \le \frac{5}{4} = 1.25$$

57. a Pruebe que: $0 \le x \le 1 \;\Rightarrow\; 4 - 2x^2 \le 4 - x^2 - x^3 \le 4 - x^2$

b Usar la parte a para probar que $\dfrac{\pi}{6} \le \displaystyle\int_0^1 \frac{dx}{\sqrt{4-x^2-x^3}} \le \frac{\pi}{4\sqrt{2}}$

58. Si f es continua, probar que: $\int_a^b f(-x)\,dx = \int_{-b}^{-a} f(x)\,dx$.

Sugerencia: Sea $u = -x$

59. Si f es continua, probar que: $\int_a^b f(x+c)\,dx = \int_{a+c}^{b+c} f(x)\,dx$.

Sugerencia: Sea $u = x + c$.

60. Probar que: $\int_0^1 x^m (1-x)^n dx = \int_0^1 x^n (1-x)^m dx$

Sugerencia: Sea $u = 1 - x$.

61. a. Si f es continua, probar que $\int_0^{\pi/2} f(\cos x)\,dx = \int_0^{\pi/2} f(\operatorname{sen} x)\,dx$.

Sugerencia: Sea $u = \pi/2 - x$.

b. Usando la parte a, probar que: $\int_0^{\pi/2} \cos^2 x\,dx = \int_0^{\pi/2} \operatorname{sen}^2 x\,dx$.

En los problemas del 62 al 65 hallar el área de la región encerrada por el gráfico de la función dada, el eje X y las rectas verticales indicadas.

62. $f(x) = x^2 + 1,\ x = 0,\ x = 3$ *Rpta.* 12

63. $h(x) = e^{2x},\ x = 0,\ x = \ln 3$ *Rpta.* 4

64. $g(x) = 1 + \sqrt{x},\ x = 1,\ x = 4$ *Rpta.* 23/3

65. $f(x) = \ln x,\ x = 1,\ x = e$ *Rpta.* 1

66. Hallar el área de la región encerrada por el gráfico de $f(x) = -x^2 + 9$ y el eje X.

Rpta. 36

67. Hallar el área de la región encerrada por el eje X, las rectas $x = -1,\ x = 3$ y el gráfico de la función $f(x) = \begin{cases} x^2 & \text{si } x \le 1 \\ x & \text{si } x > 1 \end{cases}$ *Rpta.* $\dfrac{14}{3}$

68. Hallar el área de la región encerrada por el eje X, las rectas $x = -1,\ x = 4$ y el gráfico de la función $f(x) = |\ x^3\ |$. *Rpta.* $\dfrac{257}{4}$

69. Hallar el área de la región encerrada por el eje X, el eje Y, la recta $x = 5$ y el gráfico de la función $f(x) = |\ 2x - 6\ |$. *Rpta.* 13

70. Hallar el área de la región encerrada por los gráficos de $f(x) = 1/x$, $g(x) = 2x$, la recta $x = e^2$ y el semieje positivo de las X. *Rpta.* $\dfrac{5}{2} + \dfrac{1}{2}\ln 2$

71. Probar que el área de un círculo de radio r es πr^2

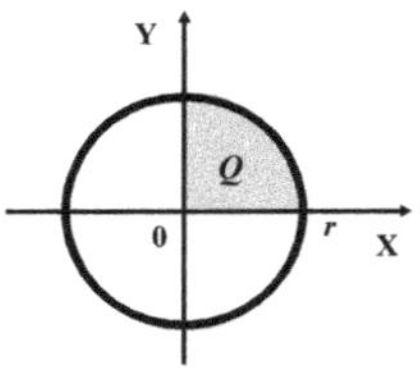

Sugerencia: Tomar la circunferencia $x^2 + y^2 = r^2$

Observar que $A(Q) = \int_0^r \sqrt{r^2 - x^2}\, dx$

SECCION 3.4

AREA ENTRE CURVAS

CASO I. RECTANGULOS VERTICALES

Area de una región Q encerrada por dos rectas verticales $x = a$, $x = b$ y los gráficos de dos funciones continuas $y = f(x)$ e $y = g(x)$.

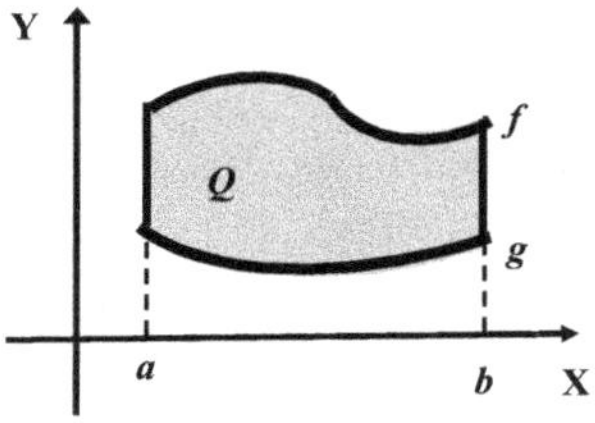

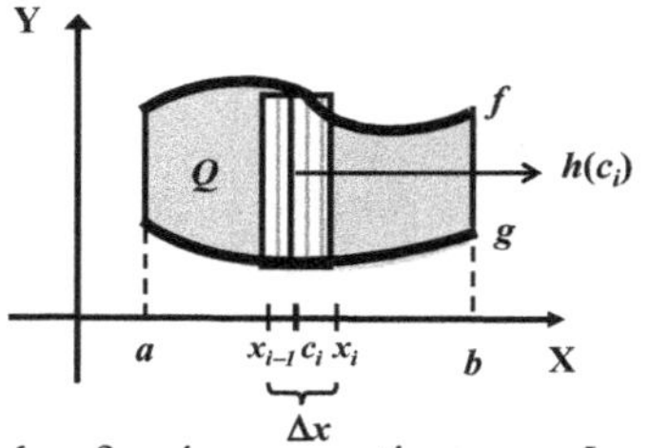

TEOREMA 3.12 Sean $y = f(x)$ e $y = g(x)$ dos funciones continuas en $[a, b]$ tales que $f(x) \geq g(x)$, $\forall\, x$ en $[a, b]$.

Si Q es la región encerrada por las rectas verticales $x = a$, $x = b$ y los gráficos de f y g, entonces el **área de Q** es:

$$A(Q) = \int_a^b [f(x) - g(x)]\, dx$$

Demostración

La función $h(x) = f(x) - g(x)$, por ser diferencia de dos funciones continuas, es continua. Por el teorema 3.4, h es integrable en $[a, b]$. Tomemos una partición regular de $[a, b]$ de longitud $\Delta x = \dfrac{b-a}{2}$. En cada subintervalo $[x_{i-1}, x_i]$ tomamos un punto c_i y construimos el rectángulo vertical de base $\Delta x = x_i - x_{i-1}$ y altura $h(c_i) = f(c_i) - g(c_i)$. El área de este rectángulo es

$$h(c_i)\Delta x = [f(c_i) - g(c_i)]\Delta x$$

A este rectángulo se le llama **elemento de área**. La suma del área de estos rectángulos nos da una aproximación al área de Q. El área exacta es:

$$A(Q) = \lim_{n \to +\infty} \sum_{i=1}^{n} [f(c_i) - g(c_i)]\Delta x = \int_a^b [f(x) - g(x)]\, dx$$

OBSERVACION. Geométricamente, la relación $f(x) \geq g(x)$ en $[a, b]$ significa que el gráfico de f está arriba del gráfico de g. En estos términos, el teorema anterior nos dice que

$$A(Q) = \int_a^b \left[\textbf{función superior} - \textbf{función inferior}\right] dx$$

El área de una región bajo una curva, tratado en la sección anterior, es un caso particular del área de una región entre dos curvas; es el caso $g = 0$.

EJEMPLO 1. Hallar el área de la región Q encerrada por las rectas $x = 0$, $x = 1$ y los gráficos de las funciones

$$f(x) = -x^2 + 2x + 1, \quad g(x) = x^3 - 1$$

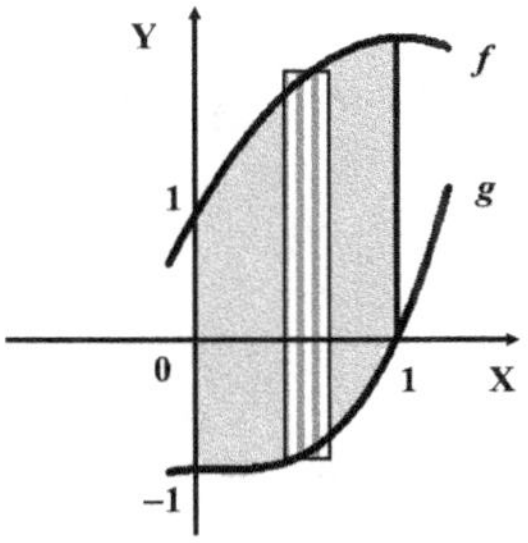

Solución

Observemos que en $[0, 1]$ la función superior es $f(x) = -x^2 + 2x + 1$ y la función inferior es $g(x) = x^3 - 1$.

Luego,

$$A(Q) = \int_0^1 \left[\left(-x^2 + 2x + 1\right) - \left(x^3 - 1\right)\right] dx = \int_0^1 \left[-x^3 - x^2 + 2x + 2\right] dx$$

$$= \left(-\frac{x^4}{4} - \frac{x^3}{3} + x^2 + 2x\right]_0^1 = -\frac{1}{4} - \frac{1}{3} + 1 + 2 = \frac{29}{12}$$

EJEMPLO 2. Hallar el área de la región Q encerrada por los gráficos de

$$f(x) = 3 - x^2 \quad \text{y} \quad g(x) = x + 1$$

Solución

En este caso, los valores a y b, que dan las dos rectas verticales $x = a$ y $x = b$, son dados por los puntos de intersección de ambos gráficos. Tenemos:

$$3 - x^2 = x + 1 \Leftrightarrow x^2 + x - 2 = 0$$

$$\Leftrightarrow (x + 2)(x - 1) = 0$$

$$\Leftrightarrow x = -2 \text{ ó } x = 1.$$

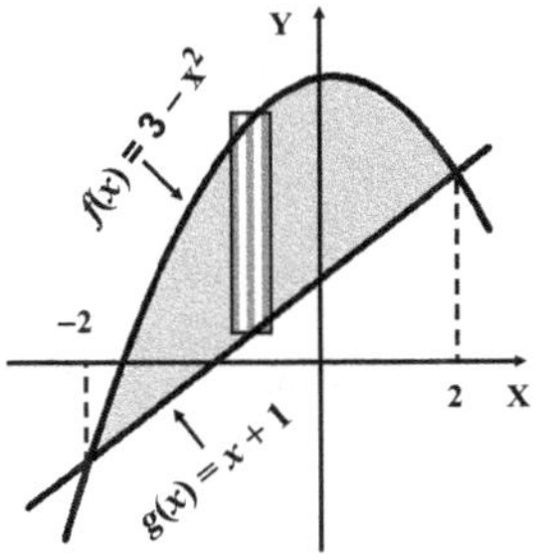

En $[-2,1]$, la función superior es $f(x) = 3 - x^2$ y la función inferior, $g(x) = x + 1$.

Luego,

$$A(Q) = \int_{-2}^{1} \left[(3 - x^2) - (x + 1)\right] dx = \int_{-2}^{1} \left[(-x^2 - x + 2)\right] dx$$

$$= \left(-\frac{x^3}{3} - \frac{x^2}{2} + 2x \right]_{-2}^{1} = -\frac{1}{3} - \frac{1}{2} + 2 - \left(\frac{8}{3} - 2 - 4 \right) = \frac{9}{2}$$

EJEMPLO 3. Hallar el área de la región Q encerrada por los gráficos de las funciones

$$f(x) = x^3 - x^2 - 2x \quad \text{y} \quad g(x) = \frac{7}{4}x$$

Solución

Hallemos los puntos de intersección de los gráficos:

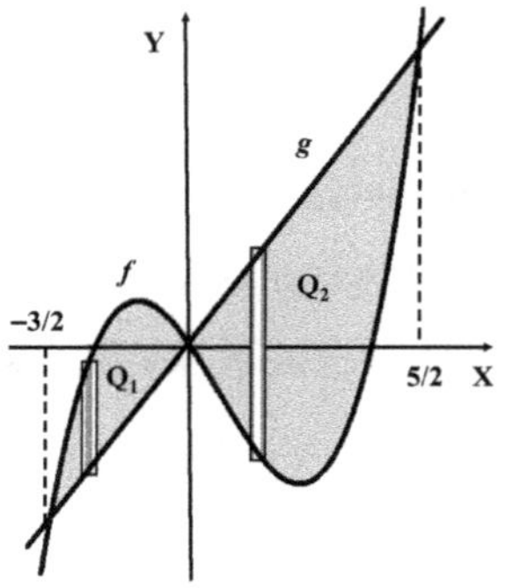

$$x^3 - x^2 - 2x = \frac{7}{4}x \Leftrightarrow 4x^3 - 4x^2 - 15x = 0$$

$$\Leftrightarrow x(4x^2 - 4x - 15) = 0$$

$$\Leftrightarrow x(4x - 10)(4x + 6) = 0$$

$$\Leftrightarrow x_1 = 0,\ x_2 = \frac{5}{2},\ x_3 = -\frac{3}{2}$$

Vemos que la región Q está dividida en dos subregiones disjuntas Q_1 y Q_2. En Q_1 la superior es f. En cambio, en Q_2 la función superior es g. Por tal motivo, el área de estas subregiones debe ser calculada separadamente.

En Q_1, $f(x) \geq g(x)$ para todo x en $[-3/2, 0]$. Luego,

$$A(Q_1) = \int_{-3/2}^{0} [f(x) - g(x)]\, dx = \int_{-3/2}^{0} \left[(x^3 - x^2 - 2x) - \frac{7}{4}x \right] dx$$

$$= \int_{-3/2}^{0} \left[x^3 - x^2 - \frac{15}{4}x \right] dx = \left(\frac{1}{4}x^4 - \frac{1}{3}x^3 - \frac{15}{8}x^2 \right]_{-3/2}^{0} = \frac{117}{64}$$

En Q_2, $g(x) \geq f(x)$ para todo x en $[0, 5/2]$. Luego,

$$A(Q_2) = \int_{0}^{5/2} [g(x) - f(x)]\, dx = \int_{0}^{5/2} \left[\frac{7}{4}x - (x^3 - x^2 - 2x) \right] dx$$

$$= \int_{0}^{5/2} \left[-x^3 + x^2 + \frac{15}{4}x \right] dx = \left(-\frac{1}{4}x^4 + \frac{1}{3}x^3 + \frac{15}{8}x^2 \right]_{0}^{5/2} = \frac{1.375}{192}$$

Por último

$$A(Q) = A(Q_1) + A(Q_2) = \frac{117}{64} + \frac{1.375}{192} = \frac{1.726}{192} = \frac{863}{96}$$

Algunas regiones presentan ciertas simetrías. En este caso, los cálculos pueden simplificarse. El siguiente ejemplo nos ilustra esta situación.

EJEMPLO 4. Hallar el área de la región Q encerrada por los gráficos de:

$$y = \frac{1}{2}x^2, \quad y = -x^2 + 6$$

Solución

Hallemos los puntos de intersección:

$$\frac{1}{2}x^2 = -x^2 + 6 \Leftrightarrow x^2 = 4 \Leftrightarrow x = -2 \text{ ó } x = 2$$

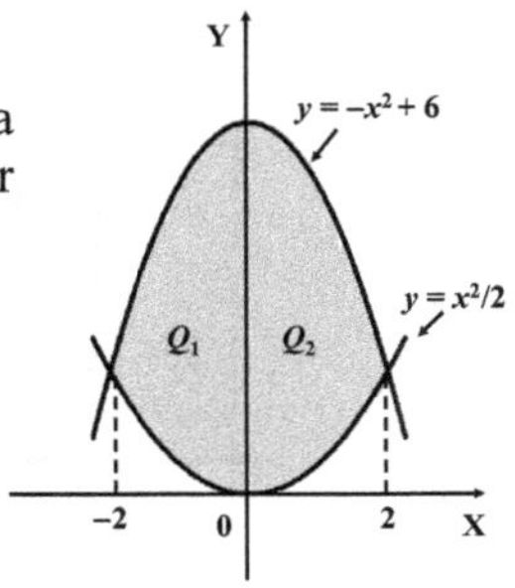

La región Q es simétrica respecto al eje Y, el cual divide a la región en dos subregiones, Q_1 y Q_2 de igual área. Por tanto, el área de Q es el doble del área de Q_2. Luego,

$$A(Q) = 2A(Q_2) = 2\int_0^2 \left[\left(-x^2+6\right)-\left(\frac{1}{2}x^2\right)\right] dx$$

$$= 2\int_0^2 \left[-\frac{3}{2}x^2 + 6\right] dx = 2\left(-\frac{1}{2}x^3 + 6x\right]_0^2 = 16$$

EJEMPLO 5. Hallar el área de la región Q encerrada por el gráfico $f(x) = x^3 - 2x^2 - 3x$ y el eje X

Solución

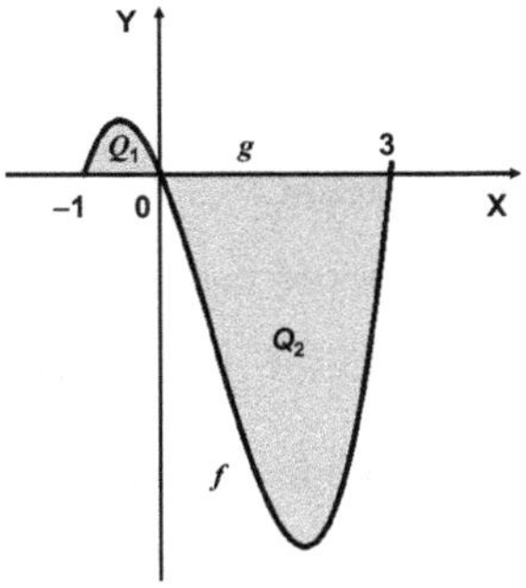

Hallemos la intersección de f con el eje X.

$$x^3 - 2x^2 - 3x = 0 \Leftrightarrow x(x+1)(x-3) = 0$$

$$\Leftrightarrow x = 0, \ x = -1, \ x = 3$$

Dividimos la región Q en dos subregiones: Q_1 y Q_2

En Q_1, la función superior es $f(x) = x^3 - 2x^2 - 3x$ y la inferior, $g(x) = 0$. Luego,

$$A(Q_1) = \int_{-1}^{0} \left[x^3 - 2x^2 - 3x - 0\right] dx = \left(\frac{1}{4}x^4 - \frac{2}{3}x^3 - \frac{3}{2}x^2\right]_{-1}^{0} = \frac{7}{12}$$

En Q_2, la función superior es $g(x) = 0$ y la inferior es $f(x) = x^3 - 2x^2 - 3$. Luego,

$$A(Q_2) = \int_0^3 \left[0 - (x^3 - 2x^2 - 3x)\right] dx = \int_0^3 \left[-x^3 + 2x^2 + 3x\right] dx$$

$$= \left(-\frac{1}{4}x^4 + \frac{2}{3}x^3 + \frac{3}{2}x^2\right]_0^3 = \frac{45}{4}$$

Por último,

$$A(Q) = A(Q_1) + A(Q_2) = \frac{7}{12} + \frac{45}{4} = \frac{71}{6}$$

CASO II: RECTÁNGULOS HORIZONTALES

Area de una región Q encerrada por dos rectas horizontales $y = c$ e $y = d$ y los gráficos de dos funciones continuas $x = f(y)$, $x = g(y)$.

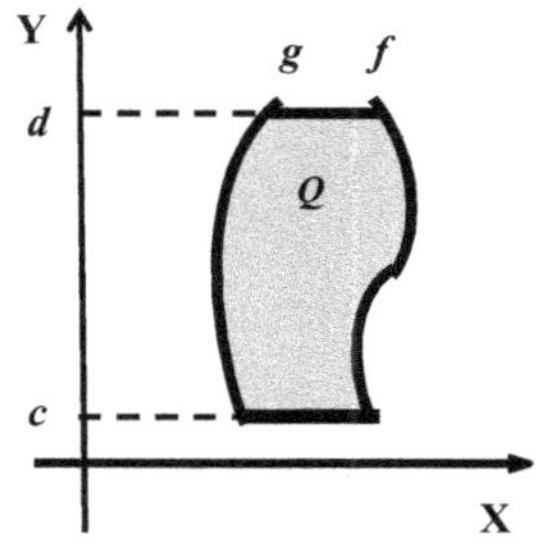

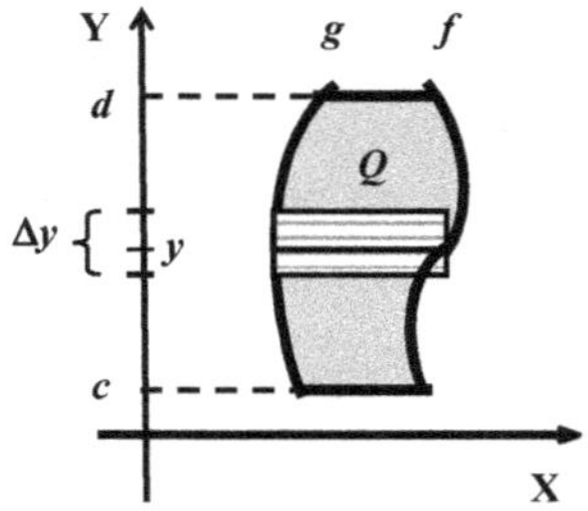

TEOREMA 11.13 Sean $x = f(y)$ y $x = g(y)$ funciones contínuas en $[c, d]$ tales que $f(y) \geq g(y)$ en $[c, d]$.

Si Q es la región encerrada por los gráficos de f y de g y las rectas horizontales $y = c$ e $y = d$, entonces

$$A(Q) = \int_c^d [f(y) - g(y)]\, dy$$

Demostración

Se procede como en la prueba del teorema anterior, tomando una partición del intervalo $[c, d]$ de longitud $\Delta y = \dfrac{d-c}{n}$. El elemento de área, en este caso, es un rectángulo horizontal de base Δy y altura $h(y) = [f(y) - g(y)]$.

OBSERVACION. Geométricamente, la relación $f(y) \geq g(y)$ significa que el gráfico de f está a la derecha del gráfico de g. Luego, en estos términos, el teorema anterior dice que:

$$A(Q) = \int_c^d [\textbf{función de la derecha} - \textbf{función de la izquierda}]\, dy$$

EJEMPLO 6. Hallar el área de la región Q encerrada por los gráficos de las ecuaciones

$$x = -y + 1 \quad \text{y} \quad x = 3 - y^2$$

Solución

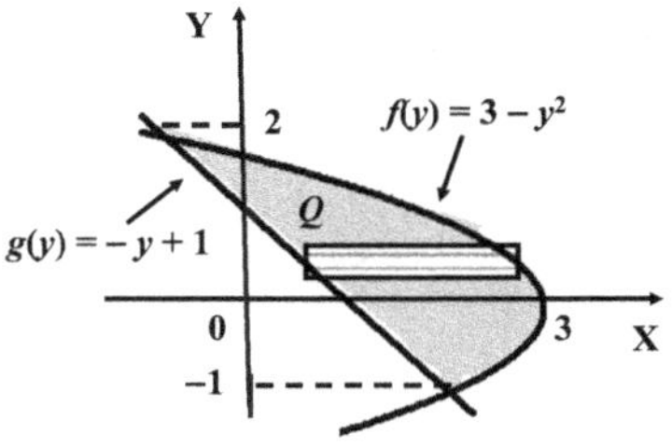

Hallemos la intersección de los gráficos:

$-y + 1 = 3 - y^2 \Leftrightarrow y^2 - y - 2 = 0 \Leftrightarrow$

$(y-2)(y+1) = 0 \Leftrightarrow y = 2$ ó $y = -1$

Los gráficos se intersectan en:

$(-1, 2)$ y $(2, -1)$.

El intervalo de integración es $[-1, 2]$ en el eje Y. En este intervalo, $f(y) = 3 - y^2$ está a la derecha y $g(y) = -y + 1$ está a la izquierda. Luego,

$$A(Q) = \int_{-1}^{2} \left[(3-y^2) - (-y+1) \right] dy = \int_{-1}^{2} \left[-y^2 + y + 2 \right] dy$$

$$= \left(-\frac{1}{3}y^3 + \frac{1}{2}y^2 + 2y \right]_{-1}^{2} = \left(-\frac{8}{3} + 2 + 4 \right) - \left(\frac{1}{3} + \frac{1}{2} - 2 \right) = \frac{9}{2}$$

OBSERVACION. El área de la región anterior se puede calcular también con el método del Caso I, dividiendo a Q en dos subregiones, por lo cual es preciso calcular dos integrales.

EJEMPLO 7. Hallar el área de la región comprendida entre el eje X, la recta horizontal $y = 3$ y encerrada por los gráficos de las funciones

$$x = \frac{1}{8}y^3 \quad \text{y} \quad x = -y^2 + \frac{5}{2}y$$

Solución

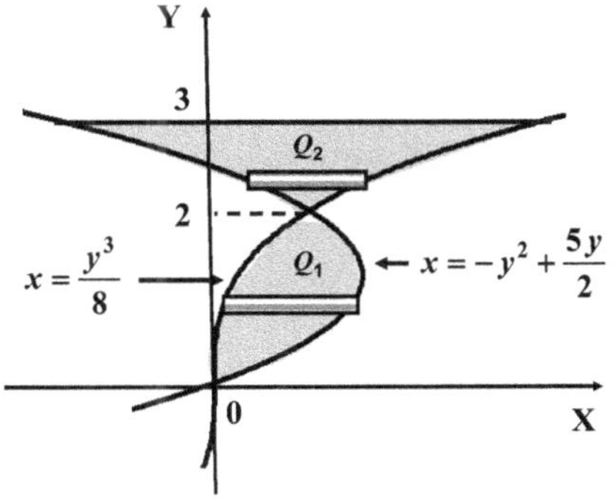

Hallemos las intersecciones:

$$\frac{1}{8}y^3 = -y^2 + \frac{5}{2}y \quad \Leftrightarrow$$

$$y(y + 10)(y - 2) = 0 \quad \Leftrightarrow$$

$$y = 0, \; y = -10, \; y = 2$$

Como la región Q está entre el eje X, que tiene por ecuación $y = 0$, y la recta horizontal $y = 3$.

El intervalo de integración es $[0, 3]$ sobre el eje Y. A la región Q la dividimos en las subregiones, Q_1 y Q_2.

$$A(Q_1) = \int_{0}^{2} \left[\left(-y^2 + \frac{5}{2}y \right) - \left(\frac{1}{8}y^3 \right) \right] dy = \left(-\frac{1}{3}y^3 + \frac{5}{4}y^2 - \frac{1}{32}y^4 \right]_{0}^{2} = \frac{11}{6}$$

$$A(Q_2)=\int_2^3\left[\frac{1}{8}y^3-\left(-y^2+\frac{5}{2}y\right)\right]dy=\int_2^3\left[\frac{1}{8}y^3+y^2-\frac{5}{2}y\right]dy$$

$$=\left(\frac{1}{32}y^4+\frac{1}{3}y^3-\frac{5}{4}y^2\right]_2^3=\left(\frac{81}{32}+9-\frac{45}{4}\right)-\left(\frac{1}{2}+\frac{8}{3}-5\right)=\frac{203}{96}$$

Luego,

$$A(Q)=A(Q_1)+A(Q_2)=\frac{11}{6}+\frac{203}{96}=\frac{379}{96}$$

PROBLEMAS RESUELTOS 3.4

PROBLEMA 1. Hallar el área de la región Q encerrada por la parábola $x^2=4ay$ y la Bruja de Agnesi $y=\dfrac{8a^3}{x^2+4a^2}$, $a>0$

Solución

Hallemos los puntos de intersección:

$$\frac{1}{4a}x^2=\frac{8a^3}{x^2+4a^2}\iff$$

$$x^2\left(x^2+4a^2\right)=32a^3\iff$$

$$x^4+4a^2x^2-32a^4=0\iff$$

$$\left(x^2+8a^2\right)\left(x^2-4a^2\right)=0\Rightarrow$$

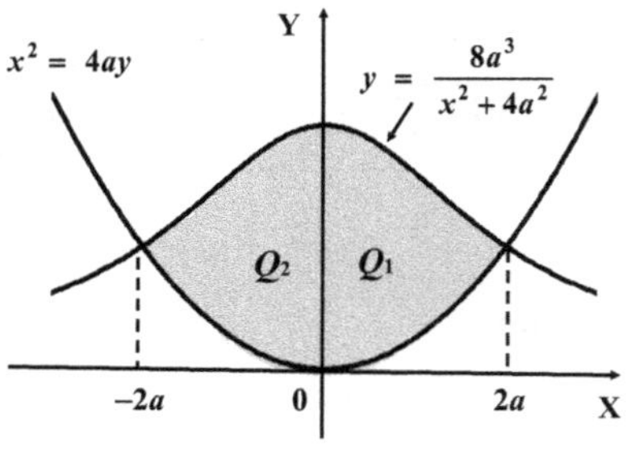

$$x^2=4a^2\Rightarrow x=-2a \text{ ó } x=2a$$

La región Q está formada por dos subregiones simétricas, Q_1 y Q_2. Luego,

$$A(Q)=2A(Q_1)=2\int_0^{2a}\left(\frac{8a^3}{x^2+4a^2}-\frac{1}{4a}x^2\right)dx$$

$$=16a^3\int_0^{2a}\frac{1}{x^2+(2a)^2}dx-\frac{1}{2a}\int_0^{2a}x^2dx$$

$$=16a^3\left[\frac{1}{2a}\tan^{-1}\frac{x}{2a}\right]_0^{2a}-\frac{1}{2a}\left[\frac{1}{3}x^3\right]_0^{2a}=8a^2\tan^{-1}(1)-\frac{4}{3}a^2$$

$$=8a^2\left(\frac{\pi}{4}\right)-\frac{4}{3}a^2=\frac{3\pi-4}{3}a^2$$

PROBLEMA 2. Hallar el área de la región Q, que es la intersección de los círculos encerrados por las circunferencias:

$$C_1:\ x^2+y^2=4,\quad C_2:\ x^2+y^2=4x$$

Solución

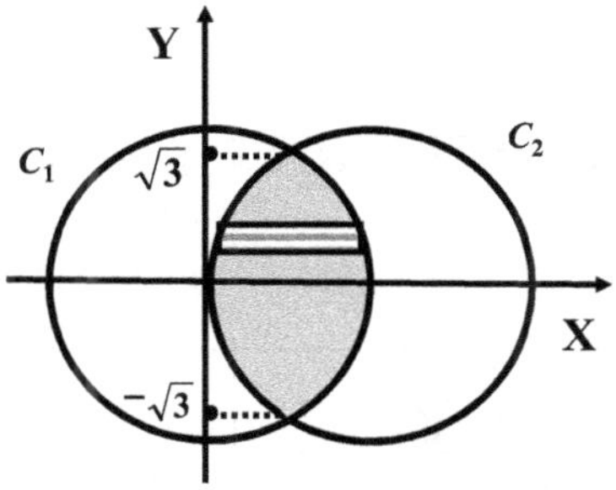

Hallamos los puntos de intersección:

$$4-x^2=4x-x^2 \Leftrightarrow 4x=4 \Rightarrow x=1 \Rightarrow y=\pm\sqrt{3}$$

Despejamos x en ambas ecuaciones:

$$x^2+y^2=4 \Rightarrow x=\pm\sqrt{4-y^2}$$

$$x^2+y^2=4x \Rightarrow x=2\pm\sqrt{4-y^2}$$

De estas curvas, las que conforman la región de intersección son:

$$x=\sqrt{4-y^2} \quad \text{y} \quad x=2-\sqrt{4-y^2}$$

Luego,

$$A(Q)=\int_{-\sqrt{3}}^{\sqrt{3}}\left[\sqrt{4-y^2}-\left(2-\sqrt{4-y^2}\right)\right]dy=2\int_{-\sqrt{3}}^{\sqrt{3}}\sqrt{4-y^2}\,dy-2\int_{-\sqrt{3}}^{\sqrt{3}}dy$$

$$=2\left[\frac{y}{2}\sqrt{4-y^2}+2\operatorname{sen}^{-1}\frac{y}{2}\right]_{-\sqrt{3}}^{\sqrt{3}}-2\Big[\,y\,\Big]_{-\sqrt{3}}^{\sqrt{3}}=\frac{8\pi}{3}-2\sqrt{3}$$

PROBLEMA 3. Verificar que el área de la región encerrada por la elipse

$$\frac{x^2}{a^2}+\frac{y^2}{b^2}=1 \quad \text{es} \quad A=\pi ab$$

Solución

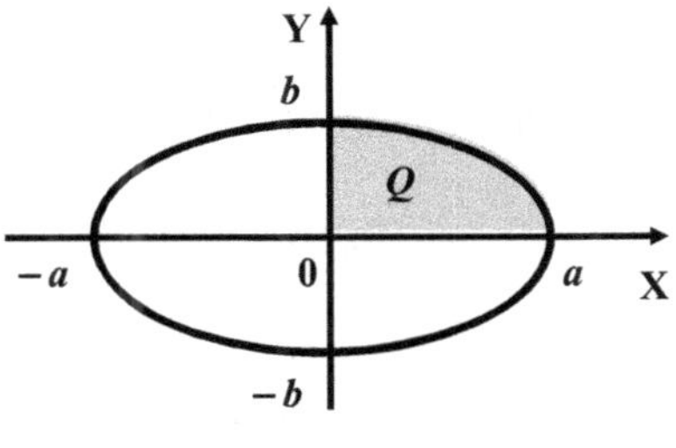

Despejando y en términos de x se tiene:

$$y=\pm\frac{b}{a}\sqrt{a^2-x^2}$$

Sea Q la región acotada por la elipse que corresponde al primer cuadrante. La curva superior de la región Q corresponde al gráfico de la función

$$y=\frac{b}{a}\sqrt{a^2-x^2}\text{, donde } 0\le x\le a$$

Por razones de simetría, el área acotada por la elipse es 4 veces el área de la región sombreada Q. Luego, el área buscada es:

$$A = 4\int_0^a \frac{b}{a}\sqrt{a^2-x^2}\,dx = 4\frac{b}{a}\int_0^a \sqrt{a^2-x^2}\,dx$$

$$= 4\frac{b}{a}\left[\frac{x}{2}\sqrt{a^2-x^2}+\frac{a^2}{2}\text{sen}^{-1}\frac{x}{a}\right]_0^a = 4\frac{b}{a}\left[0+\frac{a^2}{2}\frac{\pi}{2}\right] = \pi ab$$

OBSERVACION. La circunferencia es una elipse en la que $a = b = r =$ radio. En consecuencia, de acuerdo al resultado anterior, el área del círculo es $\pi ab = \pi rr = \pi r^2$.

PROBLEMA 4. Hallar el área de la región Q acotada por la hipérbola $\frac{x^2}{a^2}-\frac{y^2}{b^2}=1$ y la recta $x = 2a$.

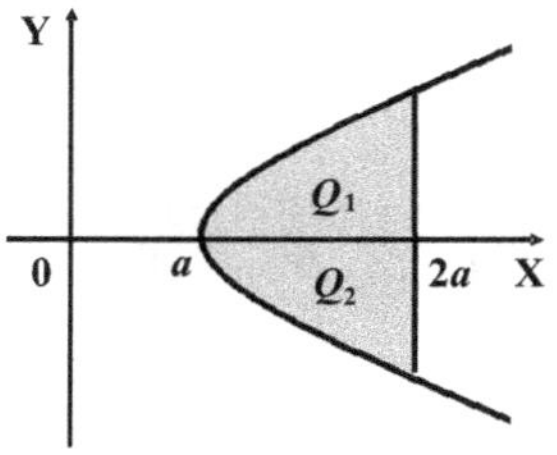

Solución

La región Q está formada por dos subregiones simétricas, Q_1 y Q_2. Luego,

$$A(Q) = 2A(Q_1)$$

Por otro lado, despejando: $y = \pm\frac{b}{a}\sqrt{x^2-a^2}$.

La región Q_1 es acotada por:

La gráfica de $y = \frac{b}{a}\sqrt{x^2-a^2}$, el eje X y la recta $x = 2a$.

En consecuencia,

$$A(Q) = 2(Q_1) = 2\int_a^{2a}\frac{b}{a}\sqrt{x^2-a^2}\,dy = 2\frac{b}{a}\int_a^{2a}\sqrt{x^2-a^2}\,dy$$

$$= 2\frac{b}{a}\left[\frac{x}{2}\sqrt{x^2-a^2}-\frac{a^2}{2}\ln\left|x+\sqrt{x^2-a^2}\right|\right]_a^{2a}$$

$$= 2\frac{b}{a}\left[\frac{2a^2}{2}\sqrt{3} - \frac{a^2}{2}\ln\left|2a+a\sqrt{3}\right|\right] - 2\frac{b}{a}\left[0 - \frac{a^2}{2}\ln|a|\right]$$

$$= 2ab\left[\sqrt{3} - \frac{1}{2}\ln\left(2+\sqrt{3}\right) - \frac{1}{2}\ln a\right] + 2\text{ab}\left[\frac{1}{2}\ln \text{a}\right]$$

$$= 2ab\left[\sqrt{3}-\frac{1}{2}\ln\left(2+\sqrt{3}\right)\right] = ab\left[2\sqrt{3}-\ln\left(2+\sqrt{3}\right)\right]$$

PROBLEMA 5. Hallar el área de la región acotada por la astroide

$$x^{2/3} + y^{2/3} = a^{2/3}, \; a > 0$$

Solución

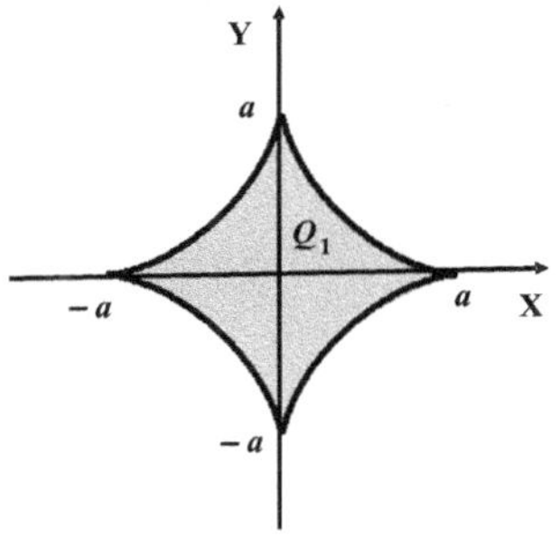

Despejamos y en términos de x:

$$y = \pm \left(a^{2/3} - x^{2/3}\right)^{2/3}$$

La parte superior de la curva corresponde al gráfico de la función:

$$y = \left(a^{2/3} - x^{2/3}\right)^{2/3}$$

Si Q es la región acotada por la curva y Q_1 es la región correspondiente al primer cuadrante, entonces

$$A(Q) = 4A(Q_1) = 4\int_0^a \left(a^{2/3} - x^{2/3}\right)^{3/2} dx$$

Haciendo $x = a\,\text{sen}^3\theta$, se tiene que $dx = 3a\,\text{sen}^2\theta \cos\theta\, d\theta$. Además,

$$x = 0 \Rightarrow 0 = a\,\text{sen}^3\theta \Rightarrow \text{sen}^3\theta = 0 \Rightarrow \theta = 0$$

$$x = a \Rightarrow a = a\,\text{sen}^3\theta \Rightarrow \text{sen}^3\theta = 1 \Rightarrow \theta = \frac{\pi}{2}$$

Luego,

$$A(Q) = 4\int_0^{\pi/2} \left(a^{2/3} - (a\,\text{sen}^3\theta)^{2/3}\right)^{3/2} \left(3a\,\text{sen}^2\theta \cos\theta\, d\theta\right)$$

$$= 12a^2 \int_0^{\pi/2} \left(1 - \text{sen}^2\theta\right)^{3/2} \left(\text{sen}^2\theta \cos\theta\, d\theta\right)$$

$$= 12a^2 \int_0^{\pi/2} \left(\cos^3\theta\right)\left(\left(1 - \cos^2\theta\right)\cos\theta\, d\theta\right) = 12a^2 \int_0^{\pi/2} \cos^4\theta\, \text{sen}^2\theta\, d\theta \quad \textbf{(1)}$$

Aplicando tres veces la fórmula de reducción 29 de la tabla de integrales, tenemos:

$$\int (\cos^4\theta - \cos^6\theta)\, d\theta = \int \cos^4\theta\, d\theta - \int \cos^6\theta\, d\theta$$

$$= \int \cos^4\theta\, d\theta - \left[\frac{1}{6}\text{sen}\,\theta \cos^5\theta + \frac{5}{6}\int \cos^4\theta\, d\theta\right]$$

$$= -\frac{1}{6}\,\text{sen}\,\theta \cos^5\theta + \frac{1}{6}\int \cos^4\theta\, d\theta$$

$$= -\frac{1}{6}\,\text{sen}\,\theta \cos^5\theta + \frac{1}{6}\left[\frac{1}{4}\text{sen}\,\theta \cos^3\theta + \frac{3}{4}\int \cos^2\theta\, d\theta\right]$$

$$= -\frac{1}{6}\,\text{sen}\,\theta \cos^5\theta + \frac{1}{24}\text{sen}\,\theta \cos^3\theta + \frac{1}{8}\left[\frac{1}{2}\text{sen}\,\theta \cos\theta + \frac{1}{2}\int d\theta\right]$$

$$= -\frac{1}{6}\operatorname{sen}\theta\cos^5\theta + \frac{1}{24}\operatorname{sen}\theta\cos^3\theta + \frac{1}{16}\operatorname{sen}\theta\cos\theta + \frac{\theta}{16} + C$$

Finalmente, regresando a (1):

$$A(Q) = 12a^2\int_0^{\pi/2}(\cos^4\theta - \cos^6\theta)\,d\theta$$

$$= 12\,a^2\left[-\frac{1}{6}\operatorname{sen}\theta\cos^5\theta + \frac{1}{24}\operatorname{sen}\theta\cos^3\theta + \frac{1}{16}\operatorname{sen}\theta\cos\theta + \frac{\theta}{16}\right|_0^{\pi/2} = \frac{3\pi}{8}a^2$$

PROBLEMA 6. Sea $t > 0$. En el círculo trigonométrico $x^2 + y^2 = 1$ tomamos el punto $P = (\cos t, \operatorname{sen} t)$. En la hipérbola $x^2 - y^2 = 1$ tomamos el punto $P_0 = (\cosh t, \operatorname{senh} t)$. Probar que las dos regiones indicadas en los gráficos tienen igual área y ésta es $\frac{t}{2}$.

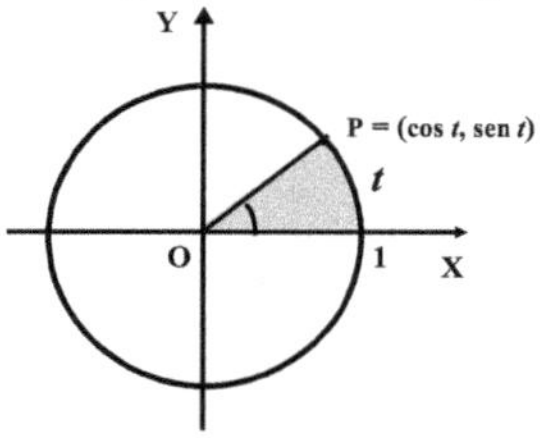

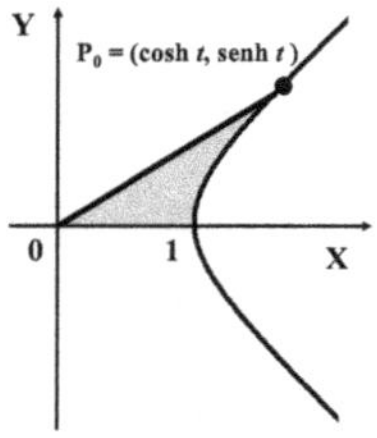

Solución

a. Círculo trigonométrico.

Sea S el sector circular determinado por el arco de t radianes. Para calcular su área no necesitamos usar la artillería de las integrales, nos basta un simple cálculo elemental. El círculo tiene radio 1 y su área es $\pi(1)^2 = \pi$. Esta área corresponde a toda la circunferencia, la cual tiene 2π radianes. Luego, el área del sector determinado por 1 radián es $\frac{\pi}{2\pi} = \frac{1}{2}$ y el área del sector S, determinado por t radianes, es $A(S) = \frac{t}{2}$

a. Hipérbola.

Sea Q la región indicada. Calculamos $A(Q)$ integrando mediante rectángulos horizontales.

La función de la derecha es $x = \sqrt{1 + y^2}$

La función de la izquierda es la recta que pasa por el origen y por el punto

$P_0 = (\cosh t, \operatorname{senh} t)$. Luego su ecuación es

$$y = \frac{\operatorname{senh} t}{\cosh t}x \Rightarrow x = \frac{\cosh t}{\operatorname{senh} t}y$$

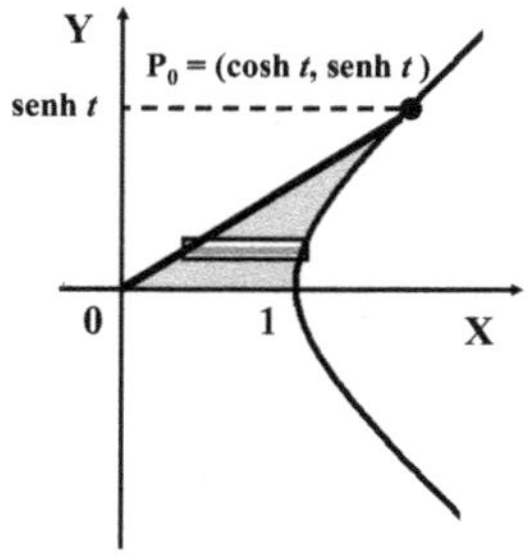

Luego,

$$A(Q)=\int_0^{\operatorname{senh} t}\left[\sqrt{1+y^2}-\frac{\cosh t}{\operatorname{senh}\ t}y\,dy\right]$$

$$=\int_0^{\operatorname{senh} t}\sqrt{1+y^2}dy - \frac{\cosh t}{\operatorname{senh} t}\int_0^{\operatorname{senh} t} y\,dy$$

$$=\left[\frac{y}{2}\sqrt{1+y^2}+\frac{1}{2}\ln\left|y+\sqrt{1+y^2}\right|\right]_0^{\operatorname{senh} t} - \frac{\cosh t}{\operatorname{senh} t}\left[\frac{y^2}{2}\right]_0^{\operatorname{senh} t}$$

$$=\frac{\operatorname{senh} t}{2}\sqrt{1+\operatorname{senh}^2 t}+\frac{1}{2}\ln\left|\operatorname{senh} t+\sqrt{1+\operatorname{senh}^2 t}\right| - \frac{\cosh t}{\operatorname{senh} t}\ \frac{\operatorname{senh}^2 t}{2}$$

$$=\frac{1}{2}\operatorname{senh} t\cosh t+\frac{1}{2}\ln\left|\operatorname{senh} t+\cosh t\right| - \frac{1}{2}\operatorname{senh} t\cosh t$$

$$=\frac{1}{2}\ln\left|\operatorname{senh} t+\cosh t\right| = \frac{1}{2}\ln\left|\frac{e^t-e^{-t}}{2}+\frac{e^t+e^{-t}}{2}\right| = \frac{1}{2}\ln e^t = \frac{t}{2}$$

PROBLEMA 7. Hallar el área de la región encerrada por la curva

$$y^2 = x^2\left(a^2-x^2\right),\ a>0$$

Solución

Sea Q la región encerrada por la curva y sea Q_1 la parte de la región Q situada en el prmer cuadrante. Como la curva es simétrica respecto al eje X y al eje Y, se tiene que $A(Q)=4(Q_1)$.

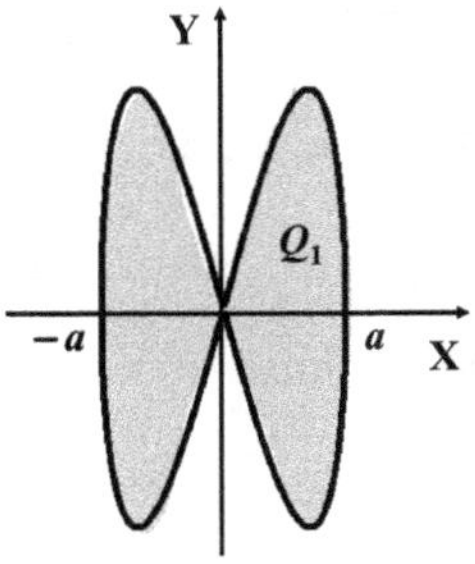

La curva corta al eje X en $x=-a$, $x=0$ y $x=a$,

La parte de la curva que determina la región Q_1 es la gráfica de la función $y=x\sqrt{a^2-x^2}$. Luego,

$$A(Q)=4\int_0^a x\sqrt{a^2-x^2}\,dx = -2\int_0^a\sqrt{a^2-x^2}\,(-2x\,dx)$$

$$=-\frac{4}{3}\left[\left(a^2-x^2\right)^{3/2}\right]_0^a=\frac{4}{3}a^3$$

PROBLEMA 8. Hallar el área de la región encerrada poor el lazo de la curva

$$y^2=x^4\left(x+a\right)$$

Solución

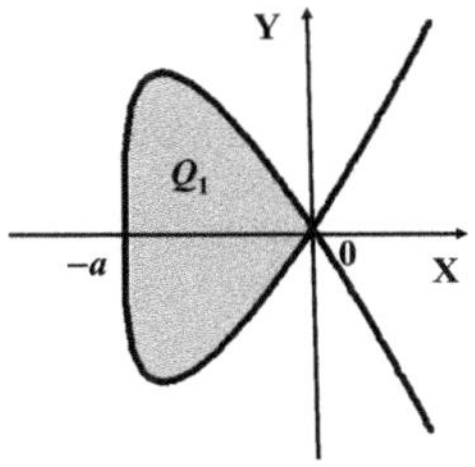

Sea Q la región encerrada por el lazo y sea Q_1 la parte de la región Q sobre el eje X. Como la curva es simétrica respecto al eje X, se tiene que

$$A(Q)=2(Q_1).$$

La curva corta al eje X en $x = -a$ y $x = 0$

La parte de la curva que determina a Q_1 es la gráfica de $y = x^2\sqrt{x+a}$. Luego,

$$A(Q) = 2A(Q_1) = 2\int_{-a}^{0} x^2\sqrt{x+a}\,dx = 2\int_{-a}^{0} x^2\sqrt{x+a}\,dx$$

Sea $x + a = u^2$. Entonces $x = u^2 - a$, $dx = 2u\,du$. Además,

$x = -a \Rightarrow u = 0$ y $x = 0 \Rightarrow u = \sqrt{a}$. Luego,

$$A(Q) = 2\int_{0}^{\sqrt{a}} \left(u^2 - a\right)^2 u\,(2u\,du) = 4\int_{0}^{\sqrt{a}} u^2\left(u^2 - a\right)^2 du$$

$$= 4\int_{0}^{\sqrt{a}} \left(u^6 - 2au^4 + a^2u^2\right) du = 4\left[\frac{u^7}{7} - \frac{2au^5}{5} + \frac{a^2u^3}{3}\right]_0^{\sqrt{a}} = \frac{32}{105}a^3\sqrt{a}$$

PROBLEMAS PROPUESTOS 3.4

En los problemas del 1 al 7 hallar el área de la región encerrada por los gráficos de las funciones dadas y las rectas indicadas.

1. $f(x) = x^2 + 2,\ g(x) = x,\ x = -1,\ x = 2$ *Rpta.* 15/2

2. $f(x) = -\frac{1}{9}x^2,\ g(x) = -x,\ x = 0,\ x = 2$ *Rpta.* 46/27

3. $y = \sqrt{x},\ y = \frac{x}{3},\ x = 1,\ x = 4$ *Rpta.* 13/6

4. $y = e^x,\ y = 2x,\ x = 0,\ x = 3$ *Rpta.* $e^3 - 10$

5. $y = \ln x,\ y = \frac{x}{4} - \frac{1}{4},\ x = 1, x = e$ *Rpta.* $\frac{1}{8}(2e - e^2 + 7)$

6. $y = 4x - x^2 + 8,\ y = x^2 - 2x,\ x = -1, x = 2$ *Rpta.* 27

7. $y = x^3,\ y = 9x,\ x = 1,\ x = 3$ *Rpta.* 16

En los problemas del 8 al 11 hallar el área de la región encerrada por los gráficos de las funciones dadas y las rectas indicadas.

8. $f(y) = y^2,\ g(y) = 0, y = -1, y = 3$ *Rpta.* 28/3

9. $f(y) = \frac{1}{2}y^2 + 1,\ g(y) = y + 5,\ y = -1,\ y = 4$ *Rpta.* 50/3

10. $x = y^3,\ x = y^2 + 2,\ y = 0,\ y = 1$ *Rpta.* 25/12

11. $f(y) = \frac{12}{y},\ g(y) = 0,\ y = 1,\ y = e^2$ *Rpta.* 24

En los problemas del 12 al 17 hallar el área de la región encerrada por los gráficos de las funciones dadas.

12. $f(x) = x^2 - 4x,\ g(x) = x - 4$ *Rpta.* 9/2

13. $y = -x^2 + 2x + 1,\ y = 2x$ *Rpta.* 4/3

14. $y = x^3,\ y = 4x$ *Rpta.* 8

15. $y = (x + 1)(x - 1)(x - 2),\ y = 0$ *Rpta.* 37/12

16. $f(x) = x^3 - 6x^2 + 8x,\ g(x) = 0$ *Rpta.* 8

17. $y = -x^2 + 2x,\ y = x^2 - 6x$ *Rpta.* 64/3

En los problemas 18 y 19 hallar el área de la región encerrada por las curvas dadas.

18. $x = 8 + 2y - y^2,\ x = 3y + 2$ *Rpta.* 125/6

19. $x = \frac{1}{4}y^3,\ x = y^2$ *Rpta.* 16/3

20. Hallar el área de la región encerrada por la curva $\sqrt{y} + \sqrt{x} = \sqrt{a}$ y los ejes coordenados. *Rpta.* $a^2/6$

21. Hallar el área de la región encerrada por los gráficos de $f(x) = xe^x$ y $g(x) = ex$.

Rpta. $\frac{e}{2} - 1$

22. Hallar el área de la región encerrada por las rectas $x = 0$, $x = 3$ y los gráficos de las funciones $y = x^2 + 4$ e $y = x^3$ *Rpta.* 151/12

23. Hallar el área de la región encerrada por las rectas $x = 1/2$, $x = 2$ y los gráficos de las funciones $f(x) = x^2$ y $g(x) = \frac{1}{x}$ *Rpta.* 49/24

24. Hallar el área de la región encerrada por los gráficos de las funciones:

$y = e^x,\ y = \ln x,\ y = -x + 1,\ y = -x + e + 1$ *Rpta.* $\frac{e^2}{2} + e - 3$

25. Hallar el área de la región encerrada por el gráfico de $f(x) = \tan\frac{x}{2}$, el eje X y las rectas $x = 0$, $x = \pi/2$ *Rpta.* ln 2

26. Hallar el área de la región encerrada en una semihonda de $y = \operatorname{sen} x$, y el eje X.

Rpta. 2

27. Hallar el área de la región encerrada por $y = \sec x$, el eje X y las rectas $x = -\pi/4$, $x = \pi/4$ *Rpta.* $2\ln\left(\sqrt{2} + 1\right)$

28. Hallar el área de la región Q encerrada por los arcos de $y = \operatorname{sen} x$, $y = \cos x$, $\frac{\pi}{4} \le x \le \frac{5\pi}{4}$

Rpta. $2\sqrt{2}$

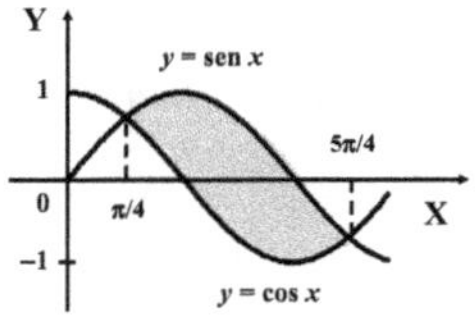

29. Hallar el área de la región encerrada por el eje Y y los gráficos de las funciones

$y = \tan x$, $\quad y = \frac{2}{3}\cos x$ *Rpta.* $\frac{1}{3} + \ln\frac{\sqrt{3}}{2}$

30. Hallar el área de la región encerrada por las curvas:

$y = e^x$, $\quad y = \frac{1}{1+x^2}$, $x = 1$ *Rpta.* $e - 1 - \frac{\pi}{4}$

31. Hallar el área de la región acotada por el grafico de

$y = \frac{1}{\sqrt{8-2x-x^2}}$, $x = -\frac{5}{2}$, $x = \frac{1}{2}$ *Rpta.* $\frac{\pi}{3}$

32. Hallar el área de la región acotada por las parábolas:

$y^2 = 4px$, $x^2 = 4py$ *Rpta.* $\frac{16}{3}p^2$

33. Hallar el área de la región encerrada por la circuferencia $x^2 + y^2 = 16$ y la hipérbola $x^2 - y^2 = 8$ y que es mostrada en la figura. *Rpta.* $\frac{16\pi}{3} - \ln\frac{1+\sqrt{3}}{\sqrt{2}}$

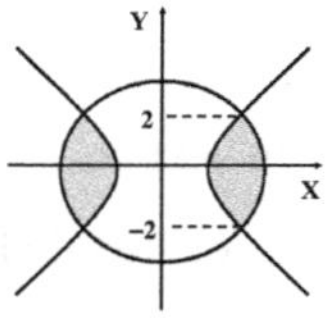

34. Hallar el área de la región acotada por: $y = x^2e^{-x}$, el eje X y la recta $x = 2$

Rpta. $2 - 10e^{-2}$

35. Hallar el área de la región acotada por $y = x\ln^2 x$, el eje X y la recta $x = e$.

Rpta. $e^2/4$

36. Hallar el área de la región encerrada por los gráficos de

$y = \sqrt{x} + 1$ y $y = 2^{\sqrt{x}}$ *Rpta.* $\frac{5}{3} - \frac{2}{\ln 2}\left(2 - \frac{1}{\ln 2}\right)$

37. Hallar el área de la región encerrada por los gráficos de

$y = 2x^2e^x$ y $y = -x^3e^x$ *Rpta.* $\frac{18}{e^2} - 2$

38. Hallar el área de la región encerrada por el eje X y los gráficos de

$y = \operatorname{sen}^{-1}x$, $y = \cos^{-1}x$ *Rpta.* $2 - \sqrt{2}$

39. Hallar el área de la región acotada por el lazo de la curva:

$y^2 = x^2(x-2)$ *Rpta.* $\frac{32\sqrt{2}}{15}$

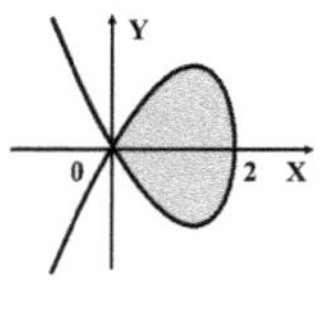

40. Hallar el área de la región acotada por el lazo de la curva

$$y^2 = x(5-x)^2 \qquad Rpta.\ \frac{40\sqrt{5}}{3}$$

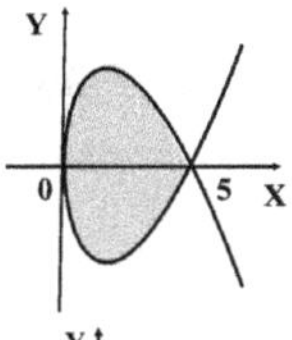

41. Hallar el área de la región encerrada por la curva

$$y^2\left(16+x^2\right) = x^2\left(16-x^2\right) \qquad Rpta.\ 16(\pi - 2)$$

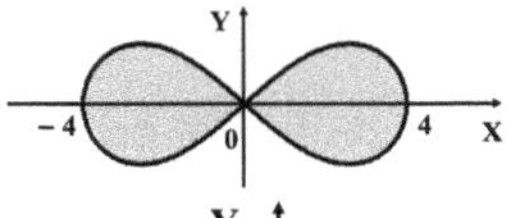

42. Hallar el área de la región encerrada por la curva

$$a^2y^4 = x^4\left(a^2-x^2\right) \qquad Rpta.\ \frac{8}{5}a^2$$

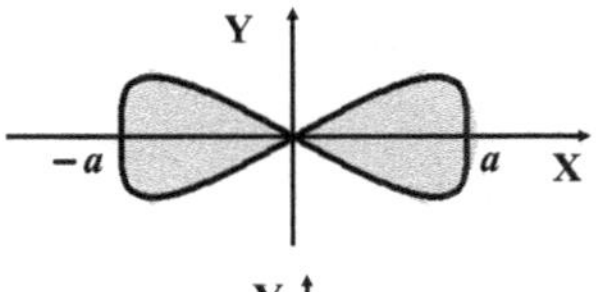

43. Hallar el área de la región encerrada por los dos lazos de la curva indicads en la figura.

$$y^2\left(4+x^2\right) = x^2\left(4-x^2\right)^2 \qquad Rpta.\ \frac{32}{3}\left(4\sqrt{2}-5\right)$$

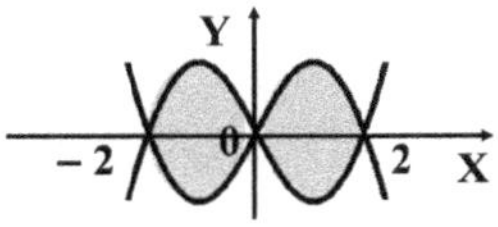

44. Hallar el área de la región encerrada por la curva

$$y^2 = \left(a^2-x^2\right)^3 \qquad Rpta.\ \frac{3\pi}{4}a^4$$

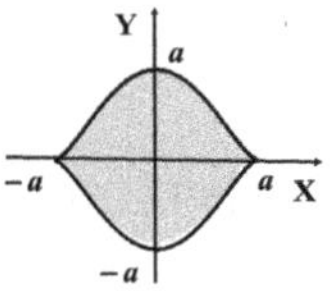

45. Hallar el área de la región encerrada por la curva

$$x^{2/5} + y^{2/5} = a^{2/5},\ a>0 \qquad Rpta.\ \frac{15\pi}{128}a^2$$

Sugerencia: *Ver el problema resuelto 4.*

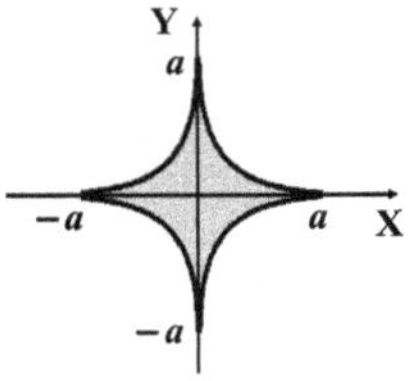

SECCION 3.5

VALOR MEDIO PARA INTREGRALES

Por razones prácticas de comparación, muchas veces se hace necesario conocer el valor medio de una función contínua en un intervalo. Por ejemplo, se quiere saber la velocidad promedio de un tren en un viaje de 5 horas, el flujo medio en un año de las aguas de un río, etc. El valor medio de una función es una generalización del promedio de un conjunto finito de números. Si las edades de una familia de 5 miembros son 5, 8, 15, 45 y 50 años respectivamente, la edad promedio de esta familia es

$$\frac{5+8+15+45+50}{5} = 24.6 \text{ años}$$

Ahora, supongamos que tenemos una función contínua $y = f(x)$ definida en un intervalo cerrado $[a, b]$. Sean $f(c_1), f(c_2), \ldots, f(c_n)$ n valores de esta función. El promedio de estos valores es

$$\frac{f(c_1) + f(c_2) + \ . \ . \ . + f(c_n)}{n}$$

Para relacionar este promedio con la integral definida, tomemos una partición regular de $[a, b]$, determinada por $x_0 < x_1 < \ldots < x_n$ y de longitud $\Delta x = \dfrac{b-a}{n}$.

Tomemos cada punto c_i en el subintervalo $[x_{i-1}, x_i]$. Tenemos que

$$\frac{f(c_1) + f(c_2) + \ldots + f(c_n)}{n} = \frac{1}{b-a}\left[f(c_1)\frac{b-a}{n} + f(c_2)\frac{b-a}{n} + \ldots + f(c_n)\frac{b-a}{n}\right]$$

$$= \frac{1}{b-a}\sum_{i=1}^{n} f(c_i)\Delta x$$

Observemos que la sumatoria $\sum_{i=1}^{n} f(c_i)\Delta x$ es una suma de Riemann de f en el intervalo $[a, b]$. Luego, cuando n crece, esta suma tiende a la integral $\int_a^b f(x)\, dx$.

Este resultado nos induce a la siguiente definición.

DEFINICION. Sea f una función contínua en el intervalo cerrado $[a, b]$. Se llama **valor medio (V. M.)** ó **valor promedio** de f en el intervalo $[a, b]$ al cociente

$$\textbf{V. M.} = \frac{1}{b-a}\int_a^b f(x)\, dx$$

EJEMPLO 1. Un automóvil recorre una carretera durante 4 horas, a una velocidad de $v(t) = 90 + 8t + t^2$ km/h. ¿Cuál es la velocidad media durante las 2 últimas horas?

Solución

$$\text{Velocidad Media} = \frac{1}{4-2}\int_2^4 \left(90 + 8t + t^2\right) dt = \frac{1}{2}\left(90t + 4t^2 + \frac{1}{3}t^3\right]_2^4 = 123.33 \text{ km/h}$$

EJEMPLO 2. Una estudiante, aprendiendo mecanografía, después de t horas de práctica, puede escribir $f(t)$ palabras por minuto, donde

$$f(t) = 90\left(1 - e^{-0.05t}\right)$$

a. ¿Cuál es la velocidad media durante las 40 primeras horas de práctica?

b. ¿Cuál es la velocidad media en el intervalo de práctica [30, 40]?

Solución

a. $\text{V.M.} = \dfrac{1}{40-0}\displaystyle\int_0^{40} 90\left(1-e^{-0.05t}\right)dt = \dfrac{90}{40}\int_0^{40}\left(1-e^{-0.05t}\right)dt$

$= \dfrac{9}{4}\left[t+\dfrac{1}{0{,}05}e^{-0.05t}\right]_0^{40} = \dfrac{9}{4}\left[t+20e^{-0.05t}\right]_0^{40} = \dfrac{9}{4}\left(40+20e^{-2}\right)-\dfrac{9}{4}(0+20)$

$= 90+\dfrac{45}{e^2}-45 \approx$ **51 palabras por minuto.**

b. $\text{V.M.} = \dfrac{1}{40-30}\displaystyle\int_{30}^{40} 90\left(1-e^{-0.05t}\right)dt = 9\int_{30}^{40}\left(1-e^{-0.05t}\right)dt$

$= 9\left[t+\dfrac{1}{0{,}05}e^{-0.05t}\right]_{30}^{40} = 9\left[t+20e^{-0.05t}\right]_{30}^{40}$

$= 9\left(40+20e^{-2}\right)-9\left(30+20e^{-1.5}\right) \approx 74.2$ **palabras por minuto.**

El siguiente resultado nos dice que el valor medio es alcanzado por la función en un punto intermedio.

TEOREMA 3.14 **Teorema del Valor Medio para Integrales**

Si f es contínua en $[a, b]$, entonces existe un número c tal que $a < c < b$ y

$$\int_a^b f(x)\,dx = f(c)(b-a)$$

Demostración

Sea F una antiderivada de f. Por el segundo teorema fundamental del cálculo,

$$\int_a^b f(x)\,dx = F(b)-F(a) \qquad (1)$$

Por otro lado, por el teorema del valor medio para derivadas existe un número c tal que $a < c < b$ y

$$F(b)-F(a) = F'(c)(b-a) = f(c)(b-a) \qquad (2)$$

De (1) y (2) obtenemos que $\displaystyle\int_a^b f(x)\,dx = f(c)(b-a)$

INTERPRETACION GEOMETRICA DEL T. DE VALOR MEDIO

Si la función f es no negativa, tenemos una interpretación geométrica del teorema del valor medio. El área de la región encerrada por el gráfico de f y las rectas verticales $x = a$ y $x = b$, que es la integral del lado izquirdo, es igual al área del rectángulo de base $[a, b]$ y altura $f(c)$, que es el lado derecho de la igualdad.

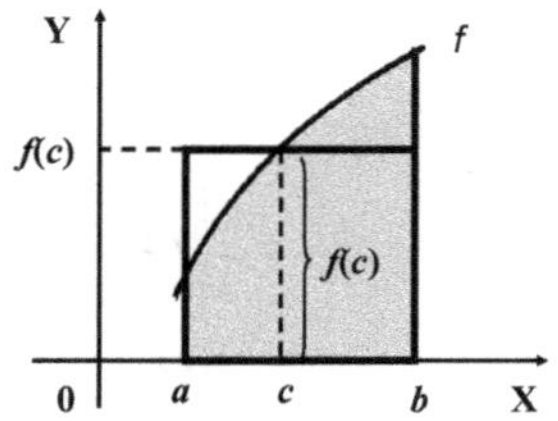

EJEMPLO 3. **a.** Hallar el valor medio de $f(x) = x - 2$ en el intervalo $[1, 5]$.

b. Hallar un punto c en $[1, 5]$ que satisfaga el teorema del valor medio para integrales.

Solución

a. $\text{V.M.} = \dfrac{1}{5-1}\displaystyle\int_1^5 (x-2)\, dx = \dfrac{1}{4}\left[\dfrac{x^2}{2} - 2x\right]_1^5 = 1$

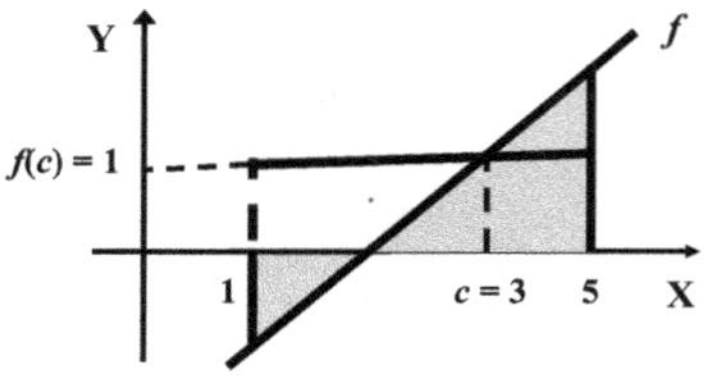

b. Se debe cumplir que $f(c) = \text{V.M.}$ Luego, $f(c) = 1$

$$\Rightarrow\ c - 2 = 1 \Rightarrow c = 3$$

EJEMPLO 4. **a.** Hallar el valor medio de $f(x) = x^2 - 2x + 2$ en $[0, 3]$

b. Halle un punto c en $[0, 3]$ que satisfaga el teorema del valor medio para integrales. Esto es,

$$f(c) = \frac{1}{b-a}\int_a^b f(x)\, dx = \text{V. M.}$$

Solución

a. $\text{V. M.} = \dfrac{1}{3-0}\displaystyle\int_0^3 \left(x^2 - 2x + 2\right) dx = \dfrac{1}{3}\left[\dfrac{x^3}{3} - x^2 + 2x\right]_0^3 = 2$

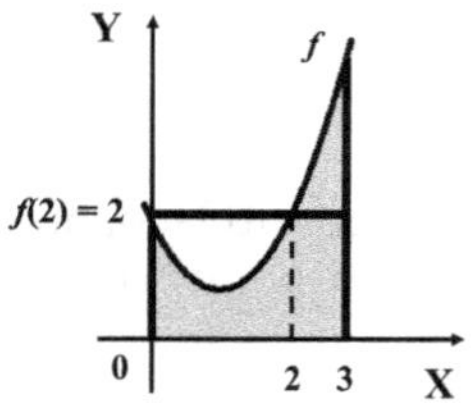

b. Se debe cumplir que $f(c) = \text{M. V.}$ Luego,

$$c^2 - 2c + 2 = 2 \Rightarrow c^2 - 2c = 0 \Rightarrow c(c-2) = 0 \Rightarrow$$

$$c_1 = 0 \text{ ó } c_2 = 2$$

Vemos que hay dos putos en $[0, 3]$, $c_1 = 0$ y $c_2 = 2$, que satisfacen el teorema.

PROBLEMAS PROPUESTOS 3.5

En los problemas del 1 al 8 hallar el valor medio de la función dada en el intervalo mencionado. Hallar los puntos c en el correspondiente intervalo, que satisfagan el teorema del valor medio para integrales.

1. $f(x) = 2x - 6$ en $[0, 6]$ *Rpta.* V. M. $= 0$, $c = 3$

2. $g(x) = \frac{1}{2}x + 2$ en $[-1, 2]$ *Rpta.* V. M. $= \frac{9}{4}$, $c = \frac{1}{2}$

3. $h(x) = mx + d$ en $[a, b]$ *Rpta.* V. M. $= m\left(\frac{a+b}{2}\right) + d$, $c = \frac{a+b}{2}$

4. $f(x) = x^2$ en $[-2, 2]$ *Rpta.* V.M. $= \frac{4}{3}$, $c_1 = -\frac{2}{3}\sqrt{3}$ y $c_2 = \frac{2}{3}\sqrt{3}$

5. $y = 4 - x^2$ en $[-2, 2]$ *Rpta.* V. M. $= \frac{8}{3}$, $c_1 = -\frac{2}{3}\sqrt{3}$ y $c_2 = \frac{2}{3}\sqrt{3}$

6. $g(x) = x^2 - 2x$ en $[1, 4]$ *Rpta.* V. M. $= 2$, $c = 1 + \sqrt{3}$

7. $f(x) = -x^2 + x + 2$ en $[0, 3]$ *Rpta.* V. M. $= \frac{1}{2}$, $c = \frac{1}{2}\left(1 + \sqrt{7}\right)$

8. $y = \frac{1}{\sqrt{x-1}}$ en $[2, 5]$ *Rpta.* V. M. $= \frac{2}{3}$, $c = \frac{13}{4}$

9. La temperatura en determinada ciudad entre las 6 A. M. y 3 P. M. está dada por $T(t) = 0.06t^2 + t + 20$ grados centígrados, donde t es el número de horas transcurridas a partir de las 6 A. M.

a. ¿Cuál es la temperatura media entre 6 A. M. y 3 P. M.?

b. Aproximadamente ¿a qué hora el termómetro marcaba esta temperatura media? *Rpta.* **a.** 26.12 grados **b.** 10: 45, 4 A. M.

10. Después de t semanas que brotó una epidemia en una ciudad, $f(t)$ miles de personas han caído infectadas, donde $f(t) = \frac{15}{1+19e^{-0.8t}}$. ¿Cuál es el promedio de personas infectadas durante las 3 primeras semanas? *Rpta.* 2,539 personas

11. Una inversión de \$ 200,000.00 se coloca por 3 años a interés continuo al 4% anual. Hallar el valor promedio de la inversión durante los 2 últimos años.

Rpta. $2{,}500{,}000.00\left(e^{0.12} - e^{0.04}\right) \approx 216{,}715.19$

SECCION 3.6

INTEGRACION NUMERICA

Una integral definida se calcula mediante el segundo teorema funmental del cálculo, encontrando una antiderivada. Sin embargo, hay dos casos en que este camino no puede seguirse. Estos son:

a. Cuando la función no tiene una antiderivada elemental. Es decir, cuando la antiderivada no se puede expresar en términos de funciones algebraicas, trigonométricas, exponenciales y logarítmicas. Por ejemplo:

$$y = e^{-x^2}, \quad y = \operatorname{sen}\left(x^2\right), \quad y = \sqrt{1 - x^4}, \quad y = \frac{\operatorname{sen} x}{x}$$

b. Cuando no se conoce la función en su totalidad y sólo se conocen algunos valores. Estos valores, por ejemplo, pueden haberse coseguido experimentalmente en un laboratorio.

Cuando enfrentamos una de estas dos dificultades, viene a nuestro auxilio la **integración numérica**. Esta nos resuelve el problema hallando valores aproximados de la integral, con el grado de exactitud deseado. Presentamos, a continuación, tres métodos: **La regla del punto medio, la regla del trapecio y la regla de Simpson.**

En lo que sigue, tenemos una función f continua en el intervalo $[a, \text{b}]$. Tomamos una partición regular de $[a, b]$ de norma $\Delta x = \dfrac{b-a}{n}$ y determinada por los puntos:

$$x_0 = a, \quad x_1 = x_0 + \Delta x, \quad x_2 = x_0 + 2\Delta x, \quad x_i = x_0 + i\Delta x, \quad . \; . \; . \quad x_n = b$$

REGLA DEL PUNTO MEDIO

Tomamos la selección c_i igual al punto medio de $[\,x_{i-1}, x_i\,]$:

$$c_i = \overline{x_i} = \frac{x_{i-1} + x_i}{2}$$

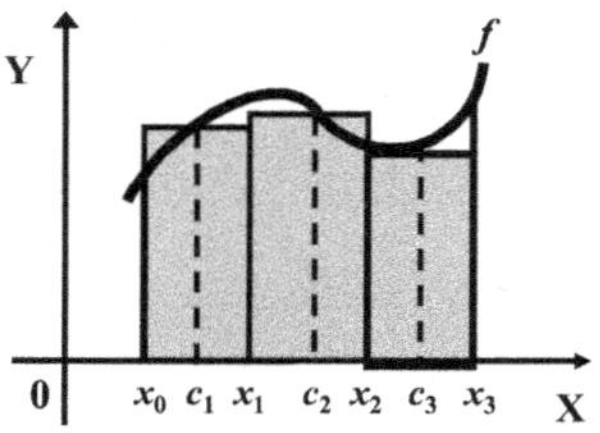

La regla del punto medio dice:

$$\int_a^b f(x)\,dx \approx M_n = \Delta x\left[f(\overline{x_1}) + f(\overline{x_2}) + \; . \; . \; . + f(\overline{x_n})\right]$$

$$\text{donde } \overline{x_i} = \frac{x_{i-1} + x_i}{2}$$

EJEMPLO 1. Mediante la regla del punto medio y con $n = 10$, aproximar

$$\int_0^1 \frac{dx}{1+x}$$

Solución

Tenemos: $f(x) = \frac{1}{1+x}$, $a = 0$, $b = 1$, $n = 10$, $\Delta x = \frac{1-0}{10} = \frac{1}{10} = 0.1$

$x_0 = 0$, $x_1 = 0.1$, $x_2 = 0.2$, $x_3 = 0.3$, . . . , $x_9 = 0.9$, $x_{10} = 1$

$\overline{x_1} = \frac{0+0.1}{2} = 0.05$, $\overline{x_2} = \frac{0.1+0.2}{2} = 0.15$, $\overline{x_3} = \frac{0.2+0.3}{2} = 0.25$,

$\overline{x_4} = 0.35$, $\overline{x_5} = 0.45$, $\overline{x_6} = 0.55$,

$\overline{x_7} = 0.65$, $\overline{x_8} = 0.75$, $\overline{x_9} = 0.85$, $\overline{x_{10}} = 0.95$

Luego,

$$\int_0^1 \frac{dx}{1+x} \approx M_{10} = \Delta x\Big[f(0.05) + f(0.15) + f(0,.5) + f(0.35) + f(0.45)$$

$$+ f(0.55) + f(0.65) + f(0.75) + f(0.85) + f(0.95)\Big]$$

$$= \frac{1}{10}\left[\frac{1}{1.05} + \frac{1}{1.15} + \frac{1}{1.25} + \frac{1}{1.35} + \frac{1}{1.45} + \frac{1}{1.55} + \frac{1}{1.65} + \frac{1}{1.75} + \frac{1}{1.85} + \frac{1}{1.95}\right] \approx 0.692835$$

REGLA DEL TRAPECIO

En la regla del trapecio aproximamos la integral con áreas de trapecios. En cada subintervalo de la partición construimos un trapecio t_i, como se indica en la figura.

Recordando que el área de un trapecio es igual a la semisuma de sus bases por su altura, tenemos:

Area de $t_1 = \frac{1}{2}\left[f(x_0) + f(x_1)\right] \Delta x$

Area de $t_2 = \frac{1}{2}\left[f(x_1) + f(x_2)\right] \Delta x$.

.

.

Area de $t_n = \frac{1}{2}\left[f(x_{n-1}) + f(x_n)\right] \Delta x$

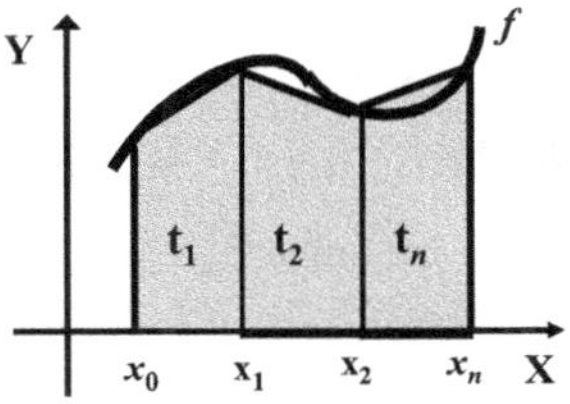

Luego, $\int_a^b f(x)\, dx$

$$\approx \frac{1}{2}\left[f(x_0)+f(x_1) \right]\Delta x + \frac{1}{2}\left[f(x_1)+f(x_2) \right]\Delta x + \ . \ . \ . + \frac{1}{2}\left[f(x_{n-1})+f(x_n) \right]\Delta x$$

$$= \frac{\Delta x}{2}\left[f(x_0)+f(x_1)+f(x_1)+f(x_2)+f(x_2)+ \ . \ . \ . +f(x_{n-1})+f(x_{n-1})+f(x_n)\right]$$

$$= \frac{b-a}{2n}\left[f(x_0)+2f(x_1)+2f(x_2)+2f(x_3)+ \ . \ . \ . +2f(x_{n-1})+f(x_n)\right]$$

En consecuencia, tenemos:

REGLA DEL TRAPECIO

$$\int_a^b f(x)\,dx \approx T_n = \frac{\Delta x}{2}\left[f(x_0)+2f(x_1)+2f(x_2)+2f(x_3)+ \ . \ . \ . +2f(x_{n-1})+f(x_n)\right]$$

EJEMPLO 2. Mediante la regla del trapecio y con $n = 10$, aproximar $\displaystyle\int_0^1 \frac{dx}{1+x}$

Solución

Tenemos: $f(x) = \dfrac{1}{1+x}$, $a = 0$, $b = 1$, $n = 10$, $\Delta x = \dfrac{b-a}{n} = \dfrac{1}{10} = 0.1$

$x_0 = 0$, $x_1 = 0.1$, $x_2 = 0.2$, $x_3 = 0.3$, . . . , $x_9 = 0.9$, $x_{10} = 1$

Luego, $\displaystyle\int_a^b f(x)\,dx \approx T_{10} =$

$$\frac{\Delta x}{2}\left[f(0)+2f(0.1)+2f(0.2)+2f(0.4)+2f(0.5)+2f(0.6)+2f(0.7)+2f(0.8)+2f(0.9)+f(1)\right]$$

$$= \frac{0.1}{2}\left[\frac{1}{1}+\frac{2}{1.1}+\frac{2}{1.2}+\frac{2}{1.3}+\frac{2}{1.4}+\frac{2}{1.5}+\frac{2}{1.6}+\frac{2}{1.7}+\frac{2}{1.8}+\frac{2}{1.9}+\frac{1}{2}\right] \approx 0.693771$$

ERROR EN LA R. DEL PUNTO MEDIO Y EN LA R. DEL TRAPECIO

Para los ejemplos 1 y 2 hemos escogido una integral cuyo valor exacto lo podemos determinar por medio del teorema fundamental del cálculo. En efecto,

$$\int_0^1 \frac{dx}{1+x} = \Big[\ln(1+x) \Big]_0^1 = \ln 2 = 0.69314718 \ldots$$

La idea es comparar las aproximaciones con el valor exacto, para determinar el error cometido en cada caso.

Entendemos como **error a la cantidad que se tiene que sumar a la aproximación para obtener el valor exacto.** Así:

a. En el ejemplo 1, si E_M es el error cometido con la regla del punto medio, entonces

$$0.692835 + E_M = \ln 2 \Rightarrow E_M = \ln 2 - 0.692835 = 0.00031218$$

b. En el ejemplo 2, si E_T es el error cometido con la regla del trapecio, entonces

$$0.693771 + E_T = \ln 2 \Rightarrow E_T = \ln 2 - 0.693771 = -0.00062382$$

Observamos que la regla del punto medio nos da una mejor aproximación que la regla del trapecio.

En la práctica, las aproximaciones se usan cuando no se conoce el valor exacto de la integral. En este caso, es importante saber con que precisión estamos aproximando. Esta inquietud es respondida por el siguiente teorema, cuya demostración la omitimos, por estar fuera del alcance de nuestro texto.

TEOREMA 3.15 **Estimación del error: Regla del P. Medio y Regla del T.**

Si $|f''(x)| \leq K$, $\forall x \in [a, b]$ y si E_M y E_T son los errores que se incurren en la regla del punto medio y la de los trapecios, entonces

$$\textbf{a. } |E_M| \leq \frac{K(b-a)^3}{24n^2} \quad \text{y} \quad \textbf{b. } |E_T| \leq \frac{K(b-a)^3}{12n^2}$$

Observar que $\frac{K(b-a)^3}{24n^2} < \frac{K(b-a)^3}{12n^2}$. Este resultado dice que la regla del punto medio es más precisa que la del trapecio.

EJEMPLO 3. **a.** Estimar el error cometido en el ejemplo 1 al aproxima mediante M_{10} la integral $\int_0^1 \frac{dx}{1+x}$

b. Estimar el error cometido en el ejemplo 2 al aproximar mediante T_{10} la integral $\int_0^1 \frac{dx}{1+x}$

c. Comparar estos resultados con los errores ya hallados.

Solución

Se tiene que $f(x) = \frac{1}{1+x}$, $f'(x) = -\frac{1}{(1+x)^2}$, $f''(x) = \frac{2}{(1+x)^3}$

Ahora, $0 \leq x \leq 1 \Rightarrow 1 \leq 1+x \leq 2 \Rightarrow \dfrac{1}{2} \leq \dfrac{1}{1+x} \leq 1 \Rightarrow \dfrac{1}{2^3} \leq \dfrac{1}{(1+x)^3} \leq 1 \Rightarrow$

$$\frac{2}{2^3} \leq \frac{2}{(1+x)^3} \leq 2 \quad \Rightarrow \quad \frac{2}{2^3} \leq f''(x) \leq 2 \quad \Rightarrow \quad |f''(x)| \leq 2, \ \forall x \in [0, 1]$$

Luego,

a. Para $n = 10$, $a = 0$, $b = 1$ y $K = 2$ se tiene:

$$|E_M| \leq \frac{K(b-a)^3}{24n^2} = \frac{2(1-0)^3}{24(10)^2} = \frac{2}{2400} = 0.000833\ldots$$

b. Para $n = 10$, $a = 0$ $b = 1$ y $K = 2$ se tiene:

$$|E_T| \leq \frac{K(b-a)^3}{12n^2} = \frac{2(1-0)^3}{12(10)^2} = \frac{2}{1200} = 0.001666\ldots$$

c. Vimos que $E_M = 0.00031218$. Se cumple que $|\ 0.00031218\ | < 0.000833$

Vimos que $E_T = -0.00062382$. Se cumple que $-\ |\ 0.00062382\ | < 0.001666$

EJEMPLO 4. Determinar n de tal manera que el error de aproximación a la integral $\displaystyle\int_0^1 \frac{dx}{1+x}$ sea menor que 0.001

a. En el caso de la regla del punto medio.

b. En el caso de la regla del trapecio.

Solución

a. Para que E_M sea menor que 0,001, como $|\ E_M\ | \leq \dfrac{K(b-a)^3}{24n^2}$, bastará conseguir

que $\dfrac{K(b-a)^3}{24n^2} < 0.001$.

En nuestro caso, $K = 2$, $a = 0$, $b = 1$ y $\dfrac{K(b-a)^3}{24n^2} = \dfrac{2(1-0)^3}{24n^2} = \dfrac{1}{12n^2}$

Luego,

$$\frac{K(b-a)^3}{24n^2} < 0.001 \Rightarrow \frac{1}{12n^2} < 0.001 \Rightarrow 12n^2 > \frac{1}{0.001} \Rightarrow$$

$$n^2 > \frac{1}{0.012} \Rightarrow n > \frac{1}{\sqrt{0.012}} = 9.129$$

En consecuencia, con $n = 10$ alcacanzamos la exactitud pedida.

b. Para que E_T sea menor que 0.001, basta que $\dfrac{K(b-a)^3}{12n^2} < 0.001$. Esto es,

$$\frac{2(1-0)^3}{12n^2} < 0.001 \Rightarrow \frac{1}{6n^2} < 0.001 \Rightarrow 6n^2 > \frac{1}{0.001} \Rightarrow$$

$$n^2 > \frac{1}{0.006} \Rightarrow n > \frac{1}{\sqrt{0.006}} = 12.91$$

En consecuencia, con $n = 13$ alcanzamos la exactitud pedida.

REGLA DE SIMPSON

La idea de la regla de Simpson es aproximar la integral definida mediante áreas de regiones encerradas por parábolas. La deducción detallada la presentamos en el problema resuelto 2.

Tomemos una partición regular del intervalo $[a, b]$, determinada por los puntos

$$a = x_0 < x_1 < x_2 < \ldots < x_{n-1} < x_n = b$$

y sean P_0, P_1, P_2, . . . , P_{n-1} y P_n los puntos correspondientes sobre el gráfico de *f*. Exigimos que ***n* sea par**. Los puntos P_0, P_1 y P_2 determinan una parábola. P_2, P_3 y P_4 determinab otra parábola, etc. La suma de las areas de las regiones bajo estas parábolas es la aproximación de Simpson para $\int_a^b f(x)\,dx$.

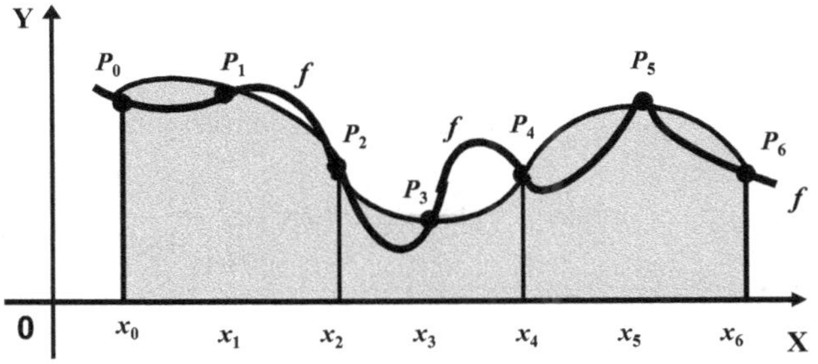

REGLA DE SIMPSON.

$$\int_a^b f(x)\,dx \approx S_n = \frac{b-a}{3n}\left[f(x_0) + 4f(x_1) + 2f(x_2) + 4f(x_3) + \ldots + 4f(x_{n-1}) + f(x_n)\right]$$

donde *n* es un número par

Observar la secuencia de los coeficientes: 1 4 2 4 2 4 2 . . . 4 2 4 1

EJEMPLO 5. Mediante la regla de Simpson y $n = 10$ aproximar $\int_0^1 \frac{dx}{1+x}$

Solución

Tenemos que $f(x) = \frac{1}{1+x}$, $a = 0$, $b = 1$, $n = 10$, $\Delta x = \frac{1-0}{10} = 0.1$

$x_0 = 0$, $x_1 = 0.1$, $x_2 = 0.2$, $x_3 = 0.3$, $x_4 = 0.4$, $x_5 = 0.5$,

$x_6 = 0.6$, $x_7 = 0.7$, $x_8 = 0.8$, $x_9 = 0.9$ y $x_{10} = 1$

Luego,

$$\int_0^1 \frac{dx}{1+x} \approx S_{10} = \frac{\Delta x}{3}\left[f(0)+4f(0,1)+2f(0,2)+4f(0,3)+2f(0,4)+4f(0,5)\right.$$

$$\left.+2f(0,6)+4f(0,7)+2f(0,8)+4f(0,9)+f(1)\right]$$

$$= \frac{0.1}{3}\left[\frac{1}{1}+\frac{4}{1.1}+\frac{2}{1.2}+\frac{4}{1.3}+\frac{2}{1.4}+\frac{4}{1.5}+\frac{2}{1.6}+\frac{4}{1.7}+\frac{2}{1.8}+\frac{4}{1.9}+\frac{1}{2}\right]$$

$$\approx 0.693150$$

Para acotar el error que se comete con la regla de Simpson tenemos un resultado similar a los del teorema 3.15. La demostración también es omitida.

TEOREMA 3.16 **Estimación del error en la Regla de Simpson**

Si $\left|f^{(4)}(x)\right| \leq K,\ \forall\, x \in [a, b]$ y si E_S es el error el la regla Simpson, entonces $\left|E_S\right| \leq \frac{K(b-a)^5}{180n^4}$

EJEMPLO 6. Determinar n de tal manera que el error de aproximación mediante la regla de Simpson a la integral $\int_0^1 \frac{dx}{1+x}$ sea menor que 0.001

Solución

Tenemos que: $f(x) = \frac{1}{1+x} \Rightarrow f^{(4)}(x) = \frac{24}{(1+x)^5}$

Por otro lado,

$$0 \leq x \leq 1 \Rightarrow\ 1 \leq 1+x \leq 2 \Rightarrow \frac{1}{2} \leq \frac{1}{1+x} \leq 1 \Rightarrow \frac{1}{2^5} \leq \frac{1}{(1+x)^5} \leq 1 \Rightarrow$$

$$\frac{24}{2^5} \leq \frac{24}{(1+x)^5} \leq 24 \;\Rightarrow\; \frac{24}{32} \leq f^{(4)}(x) \leq 24 \;\Rightarrow$$

$$\left| f^{(4)}(x) \right| \leq 24, \ \forall\, x \in [0,\, 1]$$

Ahora, para $K = 24$, $a = 0$, $b = 1$ se tiene: $\left| \mathrm{E}_S \right| \leq \frac{K(b-a)^5}{180n^4} \Rightarrow < 0.001$

$$\frac{24(1)^5}{180n^4} < 0.001 \Rightarrow n^4 > \frac{24}{180(0.001)} \;\Rightarrow\; n > \sqrt[4]{\frac{4}{0.03}} = 3,398.00$$

En consecuencia, con $n = 4$ alcanzamos la exactitud pedida.

¿SABIAS QUE . . .

THOMÁS SIMPSON (1710-1761) *matemático inglés que se dedicó a la integración numérica y a la teoría de las probabilidades. Tuvo mucho éxito como profesor y como escritor de textos de matemática. Con la "Regla de Simpson" se repite la historia de la "Regla de L'Hôspital. Simpson es famoso gracias a "su" regla, sin embargo, ésta fue conocida desde mucho antes, pero Simpson tuvo la fortuna de publicarla en uno de sus textos.*

EFICIENCIA COMPARADA DE LAS TRES REGLAS

Comparemos las aproximaciones de $\int_0^1 \frac{dx}{1+x}$, logradas con las tres reglas, en los ejemplos 1, 2 y 5, para el caso $n = 10$.

Regla del punto medio: $M_{10} = 0.692835$

Regla trapecio: $T_{10} = 0.693771$

Regla de Simpson: $S_{10} = 0.693150$

Valor exacto: $\ln 2 = 0.69314718 \ldots$

Observamos que la regla de Simpson nos proporciona una mejor aproximación. Aún más, en los ejemplos 4 y 6 hemos encontrado que para obtener un error menor que 0.001; en la regla del trapecio se debe tomar $n = 13$, en la del punto medio, $n = 10$, y en la de Simpson basta $n = 4$.

En el siguiente ejemplo sólo se conocen algunos valores de la función.

EJEMPLO 7. En el laboratorio de física se obtubieron los siguientes datos:

x	1	1.5	2	2.5	3	3.5	4
y	3.2	4.1	3.8	4.2	2,8	3.5	2.6

Si $y = f(x)$, usar la regla de Simpson para aproximar

$$\int_1^4 f(x)\,dx$$

Solución

Tenemos que: $n = 6$, $\Delta x = \dfrac{4-1}{6} = 0.5$. Luego,

$$\int_1^4 f(x)\,dx \approx S_n = \frac{0.5}{3}\left[\,3.2 + 4(4.1) + 2(3.8) + 4(4.2) + 2(2.8) + 4(3.5) + 2.6\,\right] = 11.033$$

PRPOBLEMAS RESUELTOS 3.6

PROBLEMA 1. Por medio de la regla de Simpson con $n = 10$ y mediante la integral $\displaystyle\int_0^1 \frac{4}{1+x^2}\,dx$, hallar un valor aproximado de π.

Solución

Tenemos que:

$$\int_0^1 \frac{4}{1+x^2}\,dx = 4\int_0^1 \frac{1}{1+x^2}\,dx = 4\left[\,\tan^{-1}x\,\right]_0^1 = 4\,\frac{\pi}{4} = \pi$$

Luego, una aproximación para π es una aproximación de $\displaystyle\int_0^1 \frac{4}{1+x^2}\,dx$.

Nos piden usar la regla de Simpson con $n = 10$.

Tenemos que: $f(x) = \dfrac{4}{1+x^2}$, $\Delta x = \dfrac{b-a}{n} = \dfrac{1-0}{10} = 0.1$

$x_0 = 0$, $x_1 = 0.1$, $x_2 = 0.2$, $x_3 = 0.3$, $x_4 = 0.4$, . . . , y $x_{10} = 1$

Luego,

$$\pi = \int_0^1 \frac{4}{1+x^2}\,dx \approx S_{10} = \frac{0.1}{3}\,[\,f(0) + 4f(0.1) + 2f(0.2) + 4f(0.3) + 2f(0.4) +$$

$$4f(0.5) + 2f(0.6) + 4f(0.7) + 2f(0.8) + 4f(0.9) + f(1)]$$

Tomemos una calculadora y organicemos los datos en la siguiente tabla:

i	x_i	$f(x_i)$	m	$m\,f(x_i)$
0	0.0	4.0000000	1	4.0000000
1	0.1	3.9603960	4	15.8415840
2	0.2	3.8461536	2	7.6923072
3	0.3	3.6697244	4	14.6788976
4	0.4	3.4482756	2	6.8965512
5	0.5	3.2000000	4	12.8000000
6	0.6	2.9411764	2	5.8823528
7	0.7	2.6845636	4	10.7382544
8	0.8	2.4390244	2	4.8780488
9	0.9	2.2099444	4	8.8397776
10	1.0	2.0000000	1	2.0000000

La suma de la última columna es 94.2477736. En consecuencia:

$$\pi \approx S_n = \frac{0.1}{3}\,[\,94.2477736\,] = 3.141592453$$

Vemos que este número coincide con π = 3.14159265... hasta la sexta cifra decimal.

PROBLEMA 2. Deducir la Regla de Simpson:

$$\int_a^b f(x)\,dx \approx S_n = \frac{b-a}{3n}\,[\,f(x_o) + 4f(x_1) + 2f(x_2) + 4f(x_3) + \ldots + 4f(x_{n-1}) + f(x_n)\,]$$

Solución

Sea n un número par. Tomemos una partición regular del intervalo $[a, b]$ de norma $h = \Delta x = \dfrac{b-a}{n}$, determinada por los puntos:

$$a = x_0 < x_1 < \ldots < x_n = b$$

Tomamos sobre el gráfico de la función f los puntos:

$$P_0 = (x_0, y_0),\quad P_1 = (x_1, y_1),\quad P_2 = (x_2, y_2),\ \ldots\ ,\ P_n = (x_n, y_n)$$

Por cada tres de estos puntos hacemos pasar una parábola.

En primer lugar, para simplicar los cálculos, suponemos que los tres primeros puntos son tales que $x_0 = -h$, $x_1 = 0$, $x_2 = h$; cuyos puntos correspondiente son:

$$P_0 = (-h, y_0),\quad P_1 = (0, y_1),\quad P_2 = (h, y_2)$$

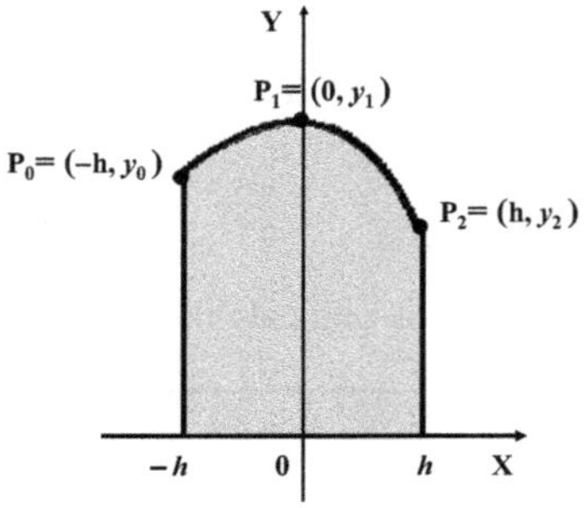

Sea $y = Bx^2 + Cx + D$ la parabóla que pasa por estos tres puntos. Calculemos el área de la región bajo esta parábola.

$$A_1 = \int_{-h}^{h} \left(Bx^2 + Cx + D\right) dx = \left[\frac{1}{3}Bx^3 + \frac{1}{2}Cx^2 + Dx\right]_{-h}^{h} = \frac{h}{3}\left[2Bh^2 + 6D\right] \qquad (1)$$

Por otro lado, las coordenadas de estos tres puntos, deben satisfacer la ecuación de la parábola. Esto es,

$$y_0 = Bh^2 - Ch + D, \qquad y_1 = D, \qquad y_2 = Bh^2 + Ch + D$$

Luego,

$$y_0 + 4y_1 + y_2 = 2Bh^2 + 6D \qquad (2)$$

De (1) y (2) obtenemos que:

$$A_1 = \frac{h}{3}\left(y_0 + 4y_1 + y_2\right) \qquad (3)$$

Si a esta parábola la trasladamos horizontalmente, el área no cambia y, por tanto, el área de la región acotada por la parábola, el eje X y las rectas $x = x_0$ y $x = x_2$ seguirá siendo

$$A_1 = \frac{h}{3}\left(y_0 + 4y_1 + y_2\right)$$

Similarmente, el área de la región determinada por la parábola que pasa por los tres puntos P_2, P_3 y P_4 es

$$\mathrm{A}_2 = \frac{h}{3}\left(y_2 + 4y_3 + y_4\right)$$

Continuamos este proceso hasta llegar al área $A_{n/2}$ de la región determinada por la parábola que pasa por los puntos P_{n-2}, P_{n-1} y P_n. Esta área es:

$$\mathrm{A}_{n/2} = \frac{h}{3}\left(y_{n-2} + 4y_{n-1} + y_n\right)$$

Luego,

$$\int_a^b f(x)\,dx \approx A_1 + A_2 + \ldots + A_{n/2}$$

$$= \frac{h}{3}\left(y_0 + 4y_1 + y_2\right) + \frac{h}{3}\left(y_2 + 4y_3 + y_4\right) + \ldots + \frac{h}{3}\left(y_{n-2} + 4y_{n-1} + y_n\right)$$

$$= \frac{h}{3}\left[y_0 + 4y_1 + 2y_2 + 4y_3 + 2y_4 + \ldots + 2y_{n-2} + 4y_{n-1} + y_n \right]$$

Por último, considerando que $y_i = f(x_i)$ y que $h = \dfrac{b-a}{n}$, tenemos:

$$\int_a^b f(x)\,dx \approx S_n = \frac{b-a}{3n}\left[f(x_o) + 4f(x_1) + 2f(x_2) + 4f(x_3) + \ldots + 4f(x_{n-1}) + f(x_n)\right]$$

PROBLEMAS PROPUESTOS 3.6

En los problemas del 1 al 3, hallar las aproximaciones*: a. M_4, b. T_4 y c. S_4, *de la integral indicada.

1. $\displaystyle\int_0^2 \frac{dx}{1+x^4}$ *Rpta.* **a.** $M_4 = 1.333973$ **b.** $T_4 = 1.033469$ **c.** $S_4 = 1.201488$

2. $\displaystyle\int_0^{1,6} \text{sen}\,(x^2)\,dx$ *Rpta.* **a.** $M_4 = 0.863578$ **b.** $T_4 = 0.809060$ **c.** $S_4 = 0.846247$

3. $\displaystyle\int_0^4 \sqrt{4+x^3}\,dx$ *Rpta.* **a.** $M_4 = 16.024504$ **b.** $T_4 = 16.114778$ **c.** $S_4 = 15.761566$

4. Hallar las aproximaciones **a.** M_{10}, **b.** T_{10} y **c.** S_{10}, de la integral $\displaystyle\int_0^2 e^{-x^2}\,dx$

Rpta. **a.** $M_{10} = 0.88220$ **b.** $T_{10} = 0.88183$ **c.** $S_{10} = 0.88207$

5. Estimar el error que se comete cuando se aproxima a $\displaystyle\int_0^2 e^{-x^2}\,dx$ con

a. M_{10}. **b.** T_{10}.

Sugerencia: Probar que $f''(x) = \dfrac{4x^2-2}{e^{x^2}}$ *y mediante la teoría de los máximos y mínimos, probar que el máximo absoluto de* $f''(x) = \dfrac{4x^2-2}{e^{x^2}}$, *en el intervalo cerrado* [0, 2], *es* $\dfrac{4}{e^{3/2}}$, *el cual es menor que* 1 (*o sea,* $K = 1$).

Rpta. **a.** $|E_M| \leq 0.00333\ldots$ **b.** $|E_T| \leq 0.00666$

6. Hallar el número n tal que la aproximación M_n de $\displaystyle\int_0^2 e^{-x^2}\,dx$ tenga una exactitud de 0.0001. *Sugerencia: La misma del problema 5.* *Rpta.* $n = 58$

7. Hallar el número n tal que la aproximación T_n de $\int_0^2 e^{-x^2}dx$ tenga una exactitud de 0.0001. *Sugerencia: La misma del problema 5.* *Rpta.* $n = 82$

8. Hallar el número n tal que la aproximación S_n de $\int_0^2 e^{x^2}dx$ tenga una exactitud de 0.0001.

Sugerencia: Sea $f(x) = e^{x^2}$ *. Hallar* $f^{(4)}(x)$ *y probar que* $|f^{(4)}(x)| \leq 76e$

Rpta. $n = 26$

9. De una función f se cononen los siguientes datos:

x	0.0	0.25	0.5	0.75	1.0	1.25	1.5	1.75	2.0
$f(x)$	3	4.6	5.2	4.8	5.0	4.6	4.4	3.8	5

Aproximar $\int_0^2 f(x)\,dx$ mdiante:

a. La regla del trapecio.

b. La regla de Simpson.

Rpta. **a.** 9.1 **b.** 9.033

4

APLICACIONES DE LA INTEGRAL DEFINIDA

SONYA KOVALEVSKY
(1850 – 1891)

4.1 VOLUMEN. METODO DE LAS REBANADAS

4.2 VOLUMEN DE UN SOLIDO DE REVOLUCION. METODOS DEL DISCO Y DE LAS ARANDELAS

4.3 VOLUMEN DE UN SOLIDO DE REVOLUCION. METODO DE LOS TUBOS CILINDRICOS

4.4 LONGITUD DE UNA CURVA PLANA

4.5 AREA DE UNA SUPERFICIE DE REVOLUCION

4.6 MOMENTOS Y CENTROS DE MASA

4.7 TRABAJO

4.8 PRESION Y FUERZA HIDROSTATICA

SONYA KOVALEVSKY
(1850 - 1891)

SONYA KOVALEVSKY nació en Moscú, dentro de una familia aristocrática. Es considerada como la más destacada líder matemática del siglo XIX. Además, se distinguió como novelista y como luchadora por la emancipación de la mujer, sobre todo en lo que se refiere a sus derechos a la educación superior.

Desde muy temprana edad mostró interés y habilidad para la matemática. En la Rusia de aquella época, las universidades estaban cerradas para las mujeres. Mediante un matrimonio a conveniencia, consiguió viajar a Alemania para proseguir estudios superiores. Allí conoció a uno de los matemáticos más famosos, ***Carl Weierstrass*** *(1815–1897), quien la tomó como su discípula. Ella tenía 20 años y él, 55. Surgió una gran amistad y admiración mutua. En 1874 recibió su doctorado en matemáticas en la Universidad de Gottingen y en 1884 recibió una posición de profesora de la Universidad de Estocolmo, Suecia. Hizo muchas contribuciones a la teoría de las ecuaciones diferenciales.*

ACONTECIMIENTOS PARALELOS IMPORTANTES

Durante la vida de Sonya Kovalevsky sucedieron los siguientes hechos notables: En 1859, en el pequeño puerto peruano de Paita, muere ***Manuelita Sáenz,*** *"La Libertadora del Libertador". En este mismo año muere en Berlín* ***Alejandro Von Humbodlt.*** *En 1863, los franceses toman militarmente la ciudad de Méjico y nombraron emperador al* ***Archiduque Maximiliano de Habsburgo****. Cuatro años más tarde, las tropas de* ***Benito Juárez*** *lo toman preso y lo ejecutan. En 1879 se abrió oficialmente el Canal de Suez. En 1885,* ***K. F. Benz*** *construyó el primer automóvil de uso práctico. Era un triciclo impulsado por un motor de combustión interna. Dos años más tarde,* ***W. Daimler*** *construyó el primer automóvil de cuatro ruedas.*

SECCION 4.1

VOLUMEN. METODO DE LAS REBANADAS

En esta sección y en las dos siguientes veremos que la integral definida es una herramienta poderosa para el cálculo del volumen de sólidos. A continuación presentamos el método de las rebanadas.

Consideremos un sólido tal que, para cualquier punto x del intervalo $[a, b]$, la sección perpendicular al eje X tiene área conocida igual a $A(x)$.

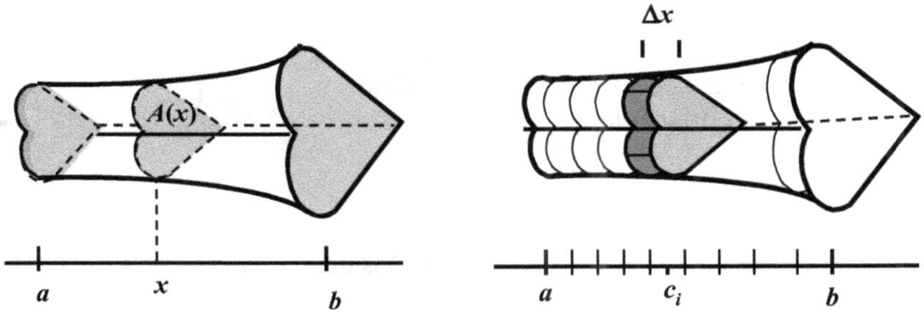

Tomemos una partición regular del intervalo $[a, b]$ donde $\Delta x = \dfrac{b-a}{n}$ y

$$a = x_0 < x_1 < \ldots < x_{i-1} < x_i < \ldots < x_n = b.$$

A través de estos puntos hacemos cortes perpendiculares al eje X. De este modo, el sólido queda dividido en n **rebanadas**. Es claro que el volumen del sólido es suma de los volúmenes de la n rebanadas.

Tomemos la rebanada comprendida entre x_{i-1} y x_i. Sea c_i un punto tal que $x_{i-1} \leq c_i \leq x_i$. Supongamos que el área de la sección que pasa por el punto c_i se puede determinar y es igual a $A(c_i)$. Construimos el cilindro con base $A(c_i)$ y altura Δx, que tiene por volumen: $V_i = A(c_i)\,\Delta x$.

Este volumen es una aproximación al volumen de la rebanada escogida. En consecuencia, si V es el volumen del sólido, entonces

$$V \approx \sum_{i=1}^{n} V_i = \sum_{i=1}^{n} A(c_i)\Delta x \qquad \text{y} \qquad V = \lim_{n\to\infty} \sum_{i=1}^{n} A(c_i)\Delta x$$

Este resultado nos permite establecer que si las **rebanadas son cortadas perpendicularmente al eje X con secciones de área $A(x)$**, entonces

$$\boxed{V = \int_a^b A(x)\,dx} \qquad \textbf{(I)}$$

Similarmente, si las **rebanadas son cortadas perpendicularmente al eje Y con secciones de área** $A(y)$, donde $c \leq y \leq d$, entonces

$$V = \int_c^d A(y)\, dy \qquad \textbf{(II)}$$

EJEMPLO 1. Hallar el volumen del prisma indicado en la siguiente figura, cuyas secciones perpendiculares al eje X son triángulos rectángulos isósceles.

Solución

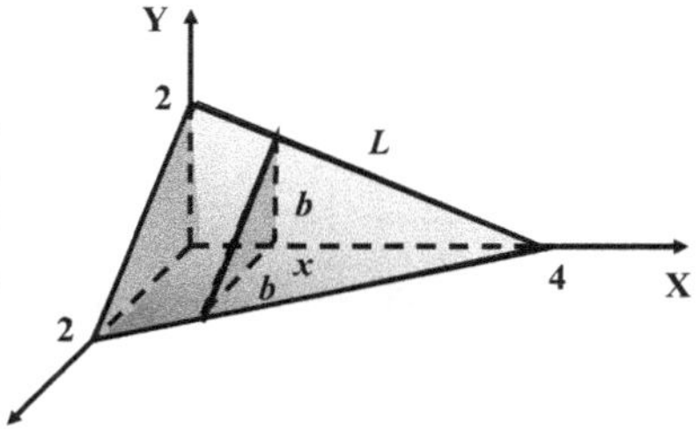

Sea x un punto cualquiera del intervalo $[0, 4]$. Cortamos el prisma a la altura de x. Tenemos un triángulo rectángulo isósceles. Sea b la longitud del lado de este triángulo. El área de este triángulo es

$$A(x) = \frac{1}{2}b^2$$

Sea L la recta en el plano XY que pasa por los puntos (0, 2) y (4, 0). Esta tiene por pendiente $m = \dfrac{2-0}{0-4} = -\dfrac{1}{2}$ y, por tanto, su ecuación es

$$y - 0 = -\frac{1}{2}(x-4). \text{ O sea } L\text{: } 2y + x = 4$$

Como el punto (x, b) está en la recta L, tenemos:

$$2b + x = 4 \Rightarrow b = -\frac{1}{2}x + 2 \Rightarrow$$

$$A(x) = \frac{1}{2}\left(-\frac{1}{2}x + 2\right)^2 = \frac{1}{8}\left(x^2 - 8x + 16\right)$$

Luego,

$$V = \frac{1}{8}\int_0^4 (x^2 - 8x + 16)\, dx = \frac{1}{8}\left(\frac{x^3}{3} - 4x^2 + 16x\right]_0^4 = \frac{8}{3}$$

EJEMPLO 2. Se corta una cuña de un cilindro circular recto de radio r. La parte superior de la cuña está en el plano que pasa por un diámetro de la base circular y hace un ángulo de 45° con la base. Hallar el volumen de la cuña.

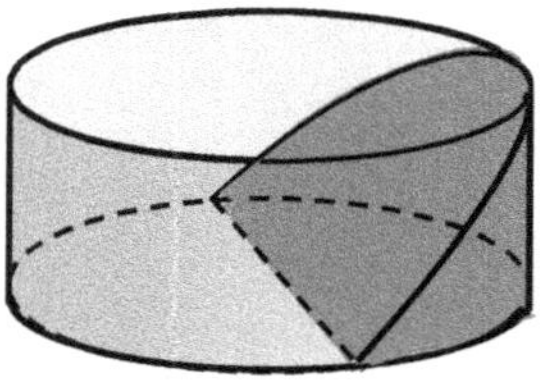

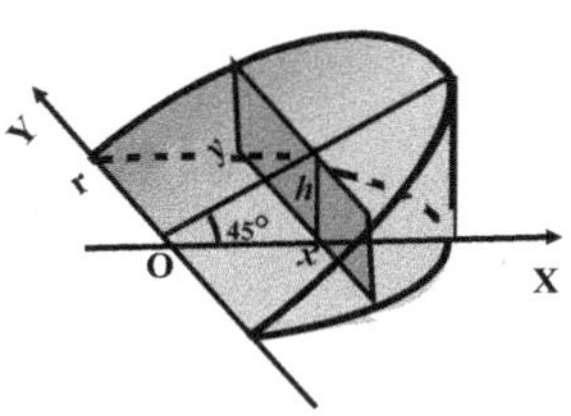

Solución

Ubicamos el círculo base del cilindro en el plano coordenado en tal forma que su centro coincida con el origen de coordenadas y que el diámetro de corte esté sobre el eje Y, como indica la figura. En esta situación, la circunferencia de la base tiene por ecuación, $x^2 + y^2 = r^2$. De donde:

$$y = \sqrt{r^2 - x^2}$$

Cortamos a la cuña con planos perpendiculares al eje X. Las secciones que obtenemos son rectángulos. Tomemos el rectángulo que corta al eje X en el punto x.

En este rectángulo,

$$\text{Base} = 2y = 2\sqrt{r^2 - x^2}\ . \quad \text{Altura} = h = x \tan 45° = x(1) = x$$

Luego,

$$A(x) = \text{base} \times \text{altura} = \left(2\sqrt{r^2 - x^2}\right)x \quad \text{y, por tanto,}$$

$$V = \int_0^r 2\sqrt{r^2 - x^2}\, x\, dx = \int_0^r \sqrt{r^2 - x^2}\,(2x\, dx) = \left(-\frac{2}{3}\left(r^2 - x^2\right)^{3/2}\right]_0^r = \frac{2}{3}r^3$$

PROBLEMAS RESUELTOS 4.1

PROBLEMA 1. Hallar el volumen del sólido encerrado por la intersección de dos cilindros rectos de radio r, que se cortan perpendicularmente.

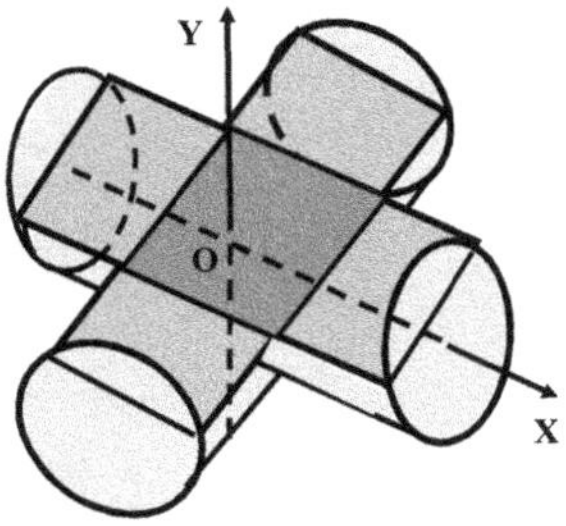

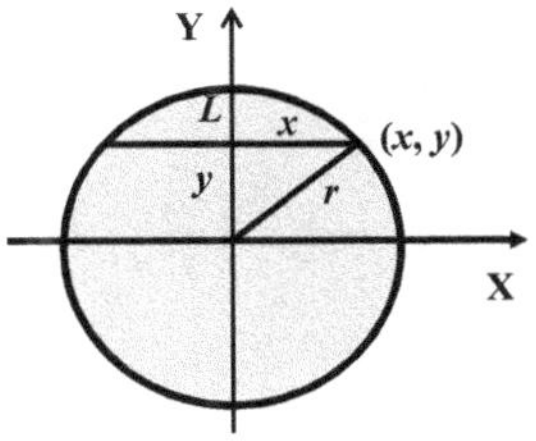

Solución

Colocamos un sistema de coordenadas rectangulares con centro en la intersección de los ejes de los cilindros, el eje X coincidiendo con uno de estos ejes y el eje Y perpendicular al otro el del cilindro.

Cortamos al sólido con un plano perpendicular al eje Y y a la altura y. Esta sección es un cuadrado de lado $L = 2x = 2\sqrt{r^2 - y^2}$. Luego,

$$A(y) = L^2 = 4(r^2 - y^2) \quad \text{y}$$

$$V = 4\int_{-r}^{r} \left(r^2 - y^2\right) dy = 8\int_0^r \left(r^2 - y^2\right) dy = 8\left(r^2 y - \frac{y^3}{3}\right]_0^r = \frac{16}{3}r^3$$

PROBLEMA 2. La base de un silo es un círculo de radio r. Todas las secciones perpendiculares a un diámetro fijo son cuadrados. Hallar el volumen del silo.

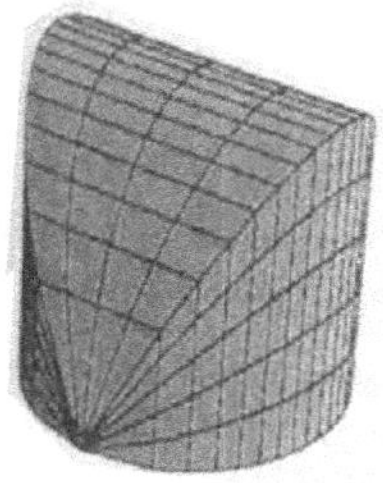

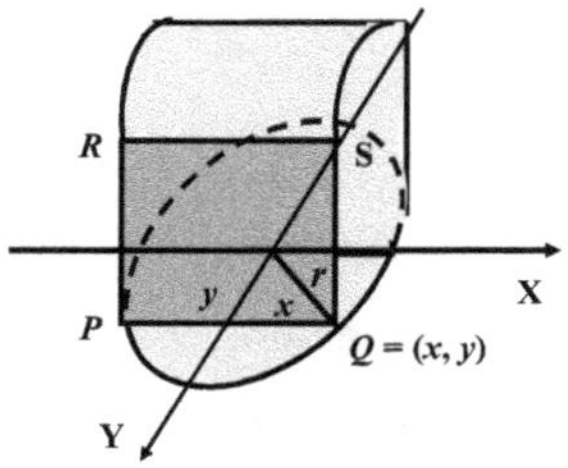

Solución

Tomamos un sistema de coordenadas en tal forma que el origen coincida con el centro del silo y que el diámetro fijo caiga sobre el eje Y.

El cuadrado *RPQS*, cortado perpendicularmente al eje Y a la altura del punto y, tiene de lado = $2x$. Su área es:

$$A(x) = (2x)^2 = 4x^2 = 4(r^2 - y^2)$$

Luego, tomando en cuenta la simetría,

$$V = \int_{-r}^{r} 4\left(r^2 - y^2\right) dy = 8\int_{0}^{r} \left(r^2 - y^2\right) dy = 8\left[r^2 y - \frac{y^3}{3}\right]_0^r = \frac{16}{3} r^3$$

PROBLEMA 3. Verificar que el volumen de un tronco de pirámide de altura h cuyas bases son cuadrados de lados a y b es

$$V = \frac{h}{3}\left(a^2 + ab + b^2\right)$$

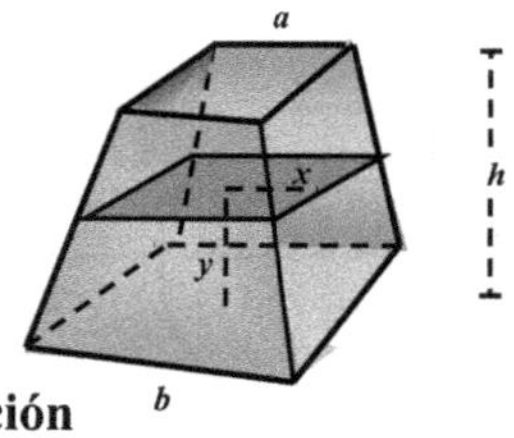

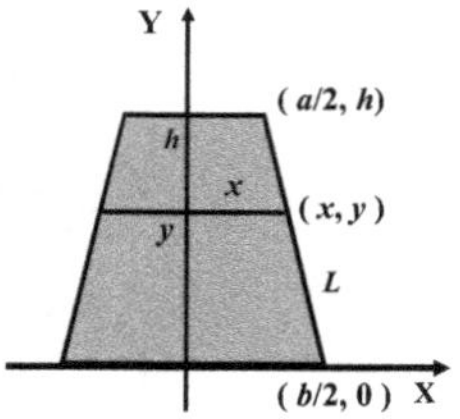

Solución

Tomamos una sección horizontal del tronco de pirámide a la altura y. Hallemos el área $A(y)$ de esta sección. Vemos que tal sección es un cuadrado de lado $2x$. Por lo tanto, el área es:

$$A(y) = (2x)^2. \qquad (1)$$

Debemos expresar esta igualdad en términos de y. Para esto, tomamos una sección vertical que pasa por el centro del prisma, la cual la mostramos en la figura de la derecha. Hallemos la ecuación de la recta L que aparece en esta figura:

$$\text{Pendiente} = \frac{h - 0}{a/2 - b/2} = \frac{2h}{a - b}.$$

Esta recta pasa por el punto $(b/2, 0)$. Luego,

$$L: y = \frac{2h}{a-b}\left(x - \frac{b}{2}\right) \Rightarrow y = \frac{h}{a-b}(2x - b) \Rightarrow 2x = \frac{a-b}{h} y + b \qquad (2)$$

Reemplazando (2) en (1):

$$A(y) = (2x)^2 = \left(\frac{a-b}{h}y+b\right)^2$$

Por último:

$$V = \int_0^h A(y)\,dy = \int_0^h \left(\frac{a-b}{h}y+b\right)^2 dy = \int_0^h \left(\frac{(a-b)^2}{h^2}y^2 + 2b\frac{a-b}{h}y + b^2\right) dy$$

$$= \left(\frac{(a-b)^2}{h^2}\frac{y^3}{3} + b\frac{a-b}{h}y^2 + b^2 y\right]_0^h = \frac{h}{3}\left(a^2+ab+b^2\right)$$

PROBLEMA 4. La base de un sólido es la región encerrada por las parábolas

$$x = y^2, \quad x = -3y^2 + 4$$

Las secciones perpendiculares al eje X son cuadrados. Hallar el volumen del sólido.

Solución

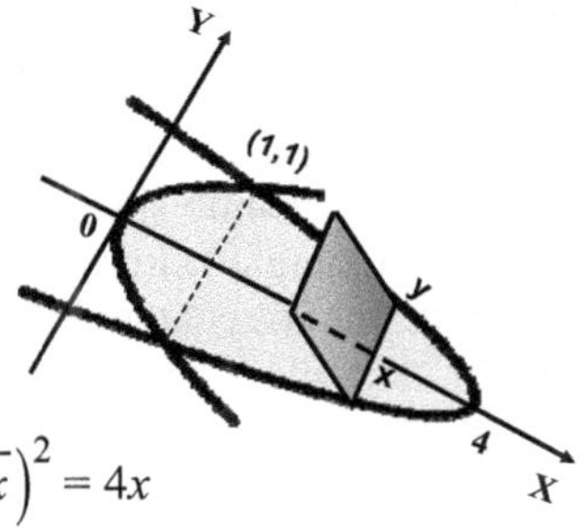

En primer lugar, hallamos los puntos de intersección de las parábolas:

$y^2 = -3y^2 + 4 \Rightarrow 4y^2 = 4 \Rightarrow y = \pm 1 \Rightarrow x = 1$

Hallemos $A(x)$, el área de la sección a la altura del punto x. Se presentan dos casos:

a. $0 \le x \le 1 \Rightarrow x = y^2 \Rightarrow y = \sqrt{x} \Rightarrow A(x) = \left(2\sqrt{x}\right)^2 = 4x$

b. $1 \le x \le 4 \Rightarrow x = -3y^2 + 4 \Rightarrow y = \sqrt{\dfrac{4-x}{3}} \Rightarrow A(x) = \left(2\sqrt{\dfrac{4-x}{3}}\right)^2 = \dfrac{4}{3}(4-x)$

En resumen: $A(x) = \begin{cases} 4x, & \text{si } 0 \le x \le 1 \\ \dfrac{4}{3}(4-x), & \text{si } 1 \le x \le 4 \end{cases}$

Ahora,

$$V = \int_0^1 4x\,dx + \int_1^4 \frac{4}{3}(4-x)\,dx = \left(2x^2\right]_0^1 + \frac{4}{3}\left(4x - \frac{x^2}{2}\right]_1^4 = 2 + 6 = 8$$

PROBLEMAS PROPUESTOS 4.1

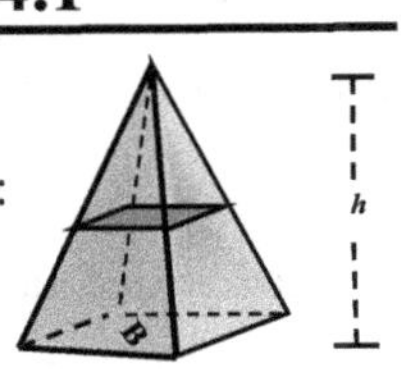

1. El prisma indicado en la figura adjunta tiene altura h y su base es un cuadrado de área B. Verificar que su volumen es:

$$V = \frac{1}{3}Bh$$

2. Se corta una cuña de un cilindro circular recto de radio r. La parte superior de la cuña está en el plano que pasa por un diámetro de la base circular y hace un ángulo de 60º con la base. Hallar el volumen de la cuña. *Rpta.* $\frac{2\sqrt{3}}{3}r^3$

3. Se corta una cuña de un cilindro circular recto de radio r. La parte superior de la cuña está en el plano que pasa por un diámetro de la base circular y hace un ángulo α con la base. Hallar el volumen de la cuña. *Rpta.* $\frac{2\tan\alpha}{3}r^3$

4. Se corta una cuña de un cilindro circular recto de radio r. La parte superior de la cuña está en el plano que corta a la base circular en un único punto y hace un ángulo α. Hallar el volumen de la cuña.
Sugerencia: Opción 1: Seguir el argumento del ejemplo 2. Opción 2: No necesita la artillería del Cálculo Integral. La cuña es la mitad del cilindro que tiene la misma altura de la cuña. Rpta. $\pi r^3 \tan\alpha$

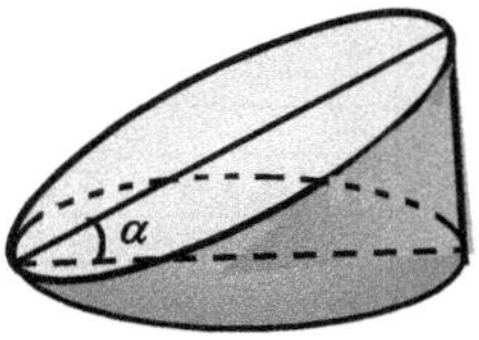

5. Un sólido tiene una base circular de radio r, con diámetro el segmento AB. Hallar el volumen del sólido si cada sección plana perpendicular al diámetro AB es:

a. Un triángulo de altura h. **b.** Un triángulo equilátero.
c. Un triángulo rectángulo isósceles con hipotenusa en la base.
d. Un triángulo rectángulo isósceles con un cateto en la base.
e. Un triángulo isósceles con altura igual a la base.

Rpta. **a.** $\frac{1}{2}\pi r^2 h$ **b.** $\frac{4\sqrt{3}}{3}r^3$ **c.** $\frac{4}{3}r^3$ **d.** $\frac{8}{3}r^3$ **e.** $\frac{8}{3}r^3$

6. Un sólido tiene por base la elipse $\frac{x^2}{a^2}+\frac{y^2}{b^2}=1$. Hallar el volumen del sólido si cada sección plana perpendicular al eje X es:

a. Un cuadrado
b. Un triángulo equilátero.
c. Un triángulo rectángulo isósceles con hipotenusa en la base.
d. Un triángulo rectángulo isósceles con un cateto en la base.
e. Un triángulo isósceles con de altura igual a la base.

Rpta. **a.** $\frac{16}{3}ab^2$ **b.** $\frac{4\sqrt{3}}{3}ab^2$ **c.** $\frac{4}{3}ab^2$ **d.** $\frac{8}{3}ab^2$ **e.** $\frac{4}{3}ab^2$

7. Las secciones hechas a un sólido por planos perpendiculares al eje X son círculos que tienen un diámetro que se apoya sobre las parábolas $y^2 = 9x$, $x^2 = 9y$. Hallar el volumen del sólido. *Rpta.* $\frac{6561}{280}\pi$

8. Las secciones hechas a un sólido por planos perpendiculares al eje X son cuadrados que tienen una diagonal que se apoya sobre las parábolas $y^2 = 4x$, $x^2 = 4y$. Hallar el volumen del sólido. *Rpta.* $\frac{144}{35}$

9. Un triángulo equilátero de lado variable se mueve perpendicularmente al eje X desde el punto $x = 0$ hasta el punto $x = a$. Los vértices de la base se apoyan sobre las curvas $y = 4\sqrt{ax}$, $y = -2\sqrt{ax}$. Hallar el volumen del sólido.

Rpta. $\dfrac{9\sqrt{3}}{2}a^3$

10. Hallar el volumen de una pirámide de altura h cuya base es un triángulo equilátero de lado a. *Rpta.* $\dfrac{\sqrt{3}}{12}a^2 h$

11- La base de un sólido es la región encerrada por la astroide:

$$x^{2/3} + y^{2/3} = a^{2/3}$$

Las secciones perpendiculares al eje X son cuadrados cuyas bases son cuerdas paralelas al eje Y. Hallar el volumen del sólido.

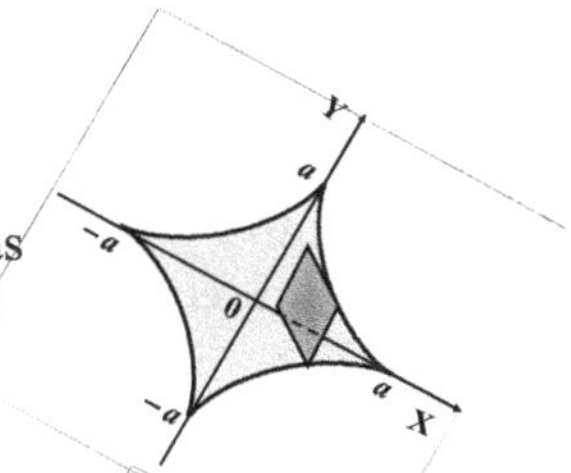

Sugerencia: $A(x) = 4(a^{2/3} - x^{2/3})^3$ *Rpta.* $\dfrac{128}{105}a^3$

12. Un círculo se desplaza perpendicularmente al eje Y. Un punto de la circunferencia toca a este eje y el centro, al desplazarse, describe la astroide

$$x^{2/3} + y^{2/3} = a^{2/3}$$

Hallar el volumen del sólido generado.

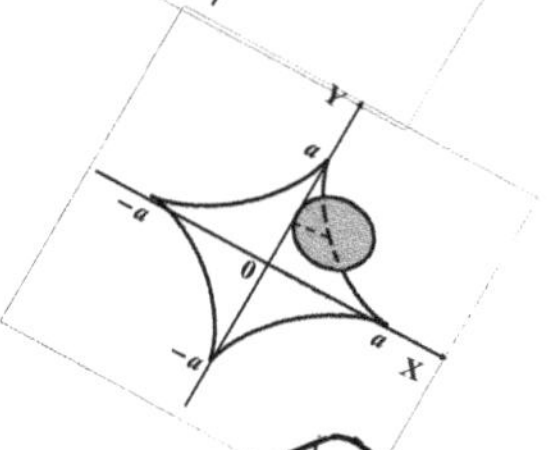

Sugerencia: $A(y) = \pi(a^{2/3} - y^{2/3})^3$ *Rpta.* $\dfrac{64}{105}\pi a^3$

13. Un vaso cilíndrico de radio r y altura h contiene agua. El vaso se inclina hasta que el nivel del agua cubre la mitad de la base y toca el borde de la boca del vaso. Hallar el volumen del agua.

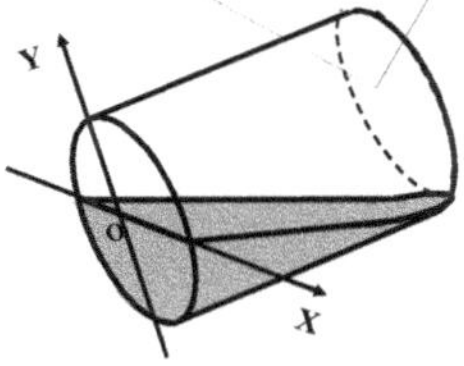

Sugerencia: *Las secciones perpendiculares al eje X son triángulos rectángulos semejantes. Deducir:* $A(x) = \dfrac{h}{2a}\left(r^2 - x^2\right)$. *Rpta.* $\dfrac{1}{3}hr^2$

SECCION 4.2

VOLUMEN DE UN SOLIDO DE REVOLUCION

METODOS DEL DISCO Y DE LAS ARANDELAS

En un plano se tiene una región y una recta. Giramos la región alrededor de la recta y obtenemos un sólido, llamado sólido de revolución generado por la región. La recta alrededor de la cual gira la región se llama el **eje de revolución**.

La fórmula para calcular el volumen de un sólido de revolución es un caso particular de la fórmula del método de las rebanadas. Sin embargo, por la importancia de este sólido, le dedicamos una sección aparte.

Presentamos dos métodos para calcular el volumen de un sólido de revolución: El método del disco y el método de las arandelas. En realidad, se trata de un solo método, al cual lo separamos en dos por razones didácticas. Cada método lo presentamos en cuatro casos.

METODO DEL DISCO

Este método se aplica cuando la recta de giro es un borde (lado) de la región.

CASO 1. Giro alrededor del eje X

Sea $\boldsymbol{y = f(x)}$ una función continua en el intervalo $[a, b]$ tal que $\boldsymbol{f(x) \geq 0}$, para todo x del dominio. Si a la región del plano acotada por la gráfica de f, el eje X y las rectas $\boldsymbol{x = a}$ y $\boldsymbol{x = b}$, lo hacemos girar alrededor del **eje X**, obtenemos un sólido de revolución, cuyo volumen queremos calcular.

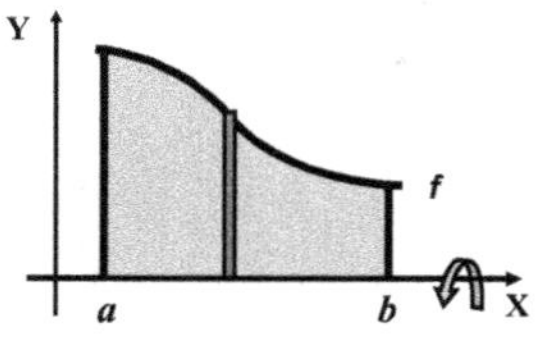

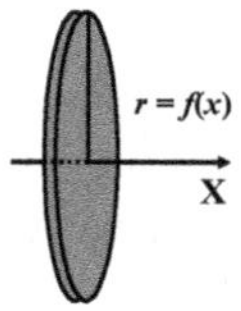

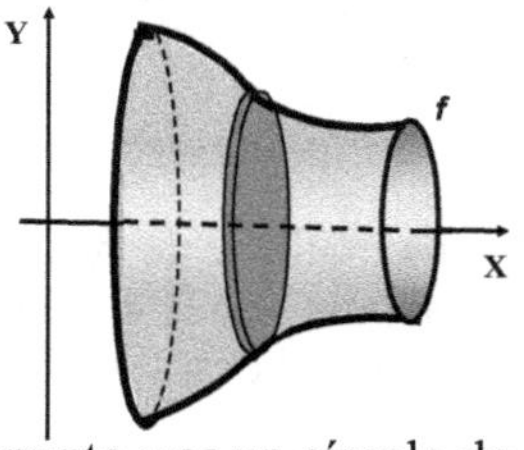

La sección perpendicular al eje X y que corresponde al punto x es un círculo de radio $f(x)$ y, por tanto, de área

$$A(x) = \pi\left(f(x)\right)^2$$

La **rebanada** correspondiente a esta sección es un **disco** de volumen

$$\Delta V = \pi\left(f(x)\right)^2 \Delta x$$

De acuerdo a la fórmula (II) de sección anterior, el volumen de este sólido de revolución es

$$V = \pi\int_a^b \left(f(x)\right)^2 dx$$

La fórmula anterior y la que aparecerán en el caso siguiente, están dentro del esquema general que se expresa así:

$$V = \pi\int_a^b (\textbf{radio})^2\, dx$$

EJEMPLO 1. Hallar el volumen del sólido de revolución generado por la región encerrada por $y = \sqrt{x}$, el eje X y la recta $x = 2$, al girar alrededor del eje X.

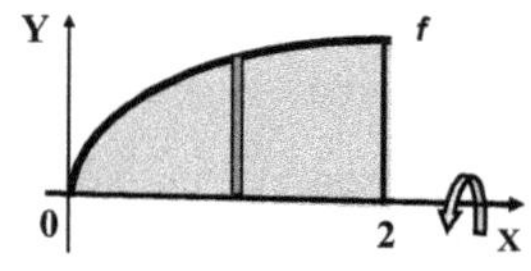

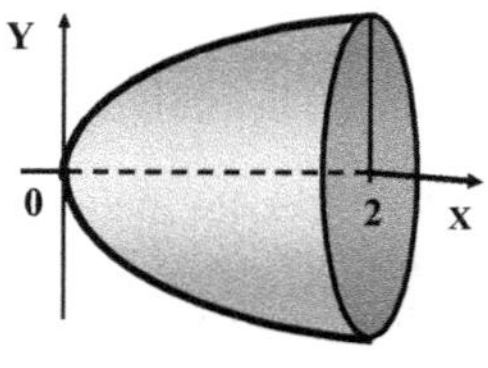

Solución

$$V = \pi \int_0^2 \left(\sqrt{x}\right)^2 dx = \pi \left(\frac{x^2}{2}\right]_0^2 = 2\pi$$

CASO 2. Giro alrededor de la recta $y = k$, paralela al eje X.

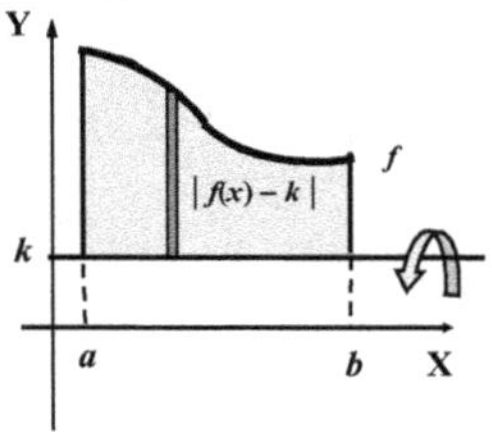

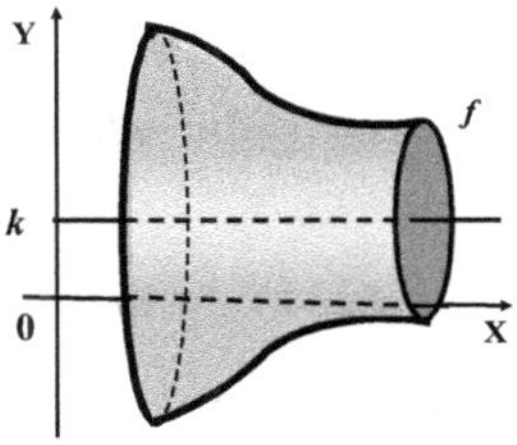

Se tiene que: **radio = | $f(x)$ − k |**, en consecuencia:

$$\boxed{V = \pi \int_a^b \left(f(x) - k\right)^2 dx}$$

OBSERVACION. Si tomamos $k = 0$, obtenemos la recta $y = 0$, que es el eje X y estamos en el caso 1.

EJEMPLO 2. Hallar el volumen del sólido que genera la región encerrada por

$$f(x) = 3 - x^2, \quad y = -1,$$

que gira alrededor de la recta $L : y = -1$.

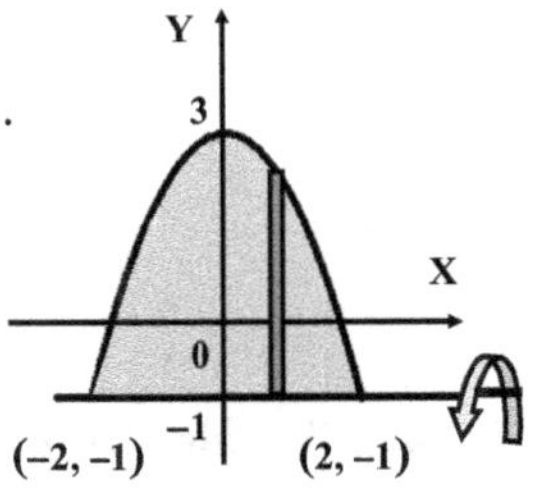

Solución

Hallemos la intersección de la curva con la recta:

$3 - x^2 = -1 \Leftrightarrow x^2 = 4 \Leftrightarrow x = -2$ ó $x = 2$

Por otro lado,

Radio $= f(x) - k = (3 - x^2) - (-1) = 4 - x^2$

Luego,

$$V = \pi \int_{-2}^{2} \left(f(x) - k\right)^2 dx = \pi \int_{-2}^{2} \left(4 - x^2\right)^2 dx$$

$$= 2\pi \int_0^2 \left(16 - 8x^2 + x^4\right) dx = 2\pi \left[16x - \frac{8}{3}x^3 + \frac{x^5}{5}\right]_0^2 = \frac{512}{15}\pi$$

CASO 3. Giro alrededor del eje Y.

Si la función es dada en la forma $x = f(y) \geq 0$ en el intervalo $[c, d]$ y el giro es alrededor del **eje Y**.

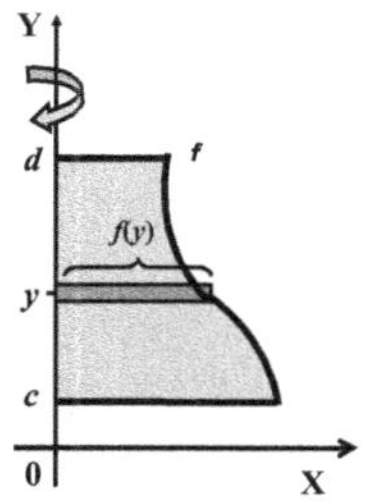

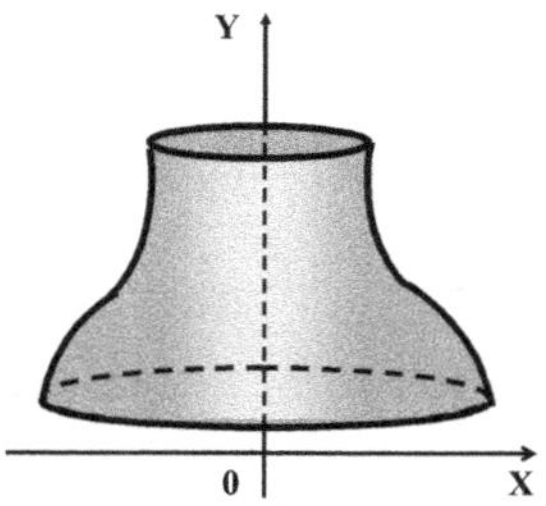

En este caso, **radio = f(y)** y el volumen del sólido es:

$$V = \pi \int_c^d \left(f(y) \right)^2 dy$$

La fórmula anterior y la del caso siguiente, están dentro del esquema general que se expresa así:

$$V = \pi \int_c^d (\textbf{radio})^2 \, dy$$

EJEMPLO 3. Hallar el volumen del sólido que se obtiene al rotar alrededor del eje Y la región encerrada por:

$$f(y) = y^{2/3}, \text{ eje Y}, \quad y = 1, \quad y = 8$$

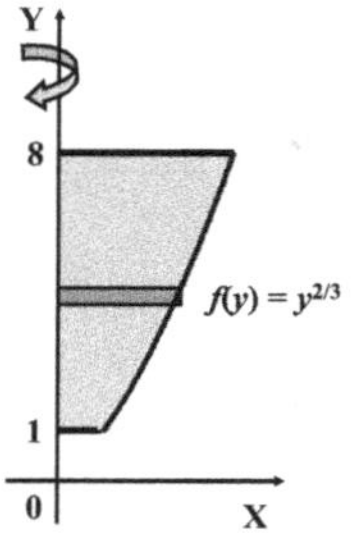

Solución

Se tiene que: radio $= f(y) = y^{2/3}$, Luego,

$$V = \pi \int_1^8 \left(y^{2/3} \right)^2 dy = \pi \left(\frac{3}{7} y^{7/3} \right]_1^8 = \frac{381}{7} \pi$$

CASO 4. Giro alrededor de la recta $x = k$, paralela al eje Y.

La función es dada en la forma $x = f(y)$ en el intervalo $[c, d]$ y el giro es alrededor de la recta $x = k$. Se tiene: **radio** $= | f(y) - k |$.

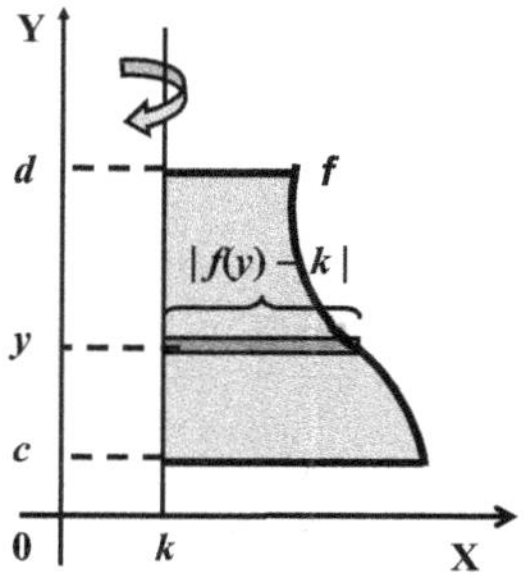

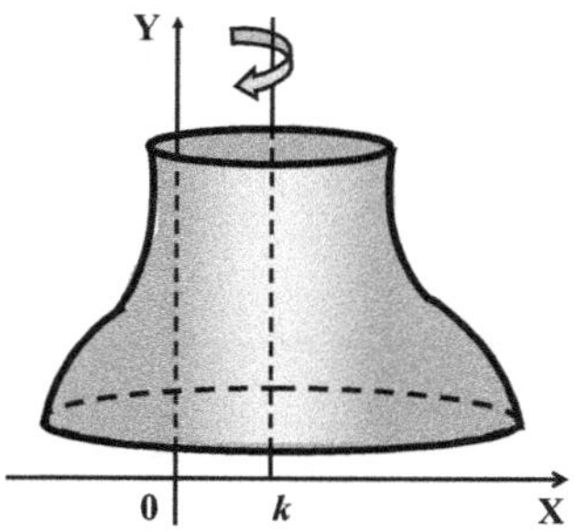

En este caso, **radio** $= | f(y) - k |$ y el volumen es:

$$V = \pi \int_a^b \left(f(y) - k \right)^2 dy$$

OBSERVACION. En particular, si tomamos $k = 0$, la recta $x = 0$ es el eje Y y estamos en el caso anterior.

EJEMPLO 4. Hallar el volumen del sólido que genera la región encerrada por

$$x = \sqrt{y}, \quad \text{Eje X}, \quad x = 1$$

al girar alrededor de la recta $x = 1$

Solución

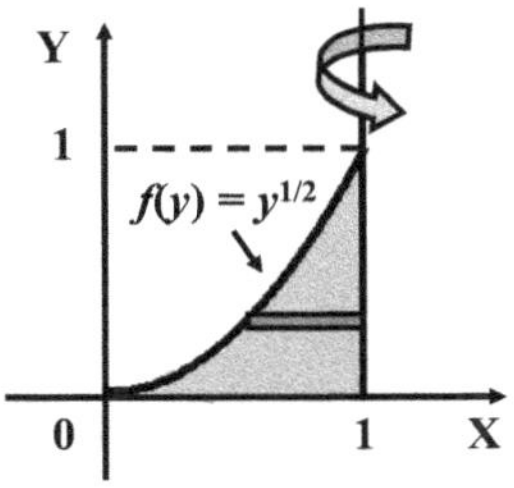

Se tiene que:

radio $= \left| f(y) - k \right| = \left| \sqrt{y} - 1 \right| = 1 - \sqrt{y}$

Luego,

$$V = \pi \int_0^1 \left(1 - \sqrt{y}\right)^2 dy = \pi \int_0^1 \left(1 - 2\sqrt{y} + y\right) dy$$

$$= \pi \left(y - \frac{4}{3} y^{3/2} - \frac{y^2}{2} \right]_0^1 = \frac{\pi}{6}$$

METODO DE LAS ARANDELAS

El método de las arandelas se usa cuando la recta de giro no es un borde (lado) de la región que genera el sólido de revolución. Como en el método de los discos, este método se puede reducir a una sola fórmula. Sin embargo, por razones didácticas, tomando en cuenta la recta de giro, el tema es presentado en cuatro casos.

CASO 1. Giro alrededor del eje X.

Se tienen dos funciones $y = f(x)$ y $y = g(x)$, continuas en el intervalo $[a, b]$, en donde $f(x) \geq g(x)$. Buscamos una fórmula que nos permita calcular el volumen del sólido de revolución que se genera al rotar alrededor del **eje X** la región acotada por los gráficos de las funciones $y = f(x)$, $y = g(x)$ y las rectas $x = a$, $x = b$.

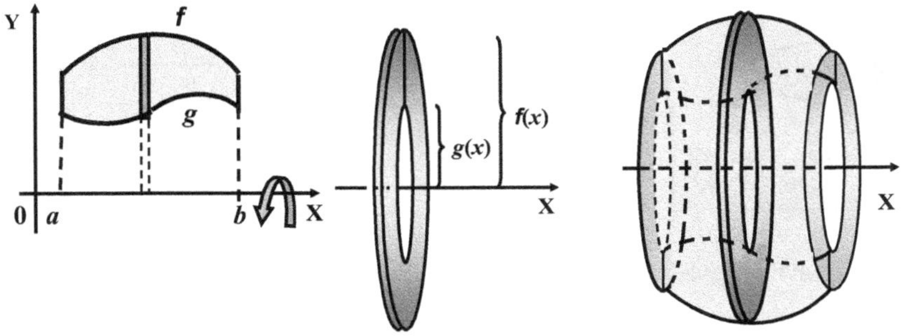

La sección perpendicular al eje X y que corresponde al punto x es la diferencia de los círculos con centro en el eje X donde:

radio mayor $= f(x)$, **radio menor** $= g(x)$ y $A(x) = \pi\left[(f(x))^2 - (g(x))^2\right]$

La **rebanada** correspondiente a esta sección es una **arandela** de volumen:

$$\Delta V = \pi\left[(f(x))^2 - (g(x))^2\right]\Delta x$$

Luego, el volumen de este sólido de revolución es

$$\boxed{V = \pi\int_a^b \left((f(x))^2 - (g(x))^2 \right) dx}$$

La fórmula anterior y la del caso siguiente, están dentro del esquema general que se expresa así:

$$\boxed{V = \pi\int_a^b \left((\text{radio mayor})^2 - (\text{radio menor})^2 \right) dx}$$

EJEMPLO 5. Hallar el volumen del sólido que se obtiene al girar alrededor del eje X, la región encerrada por los gráficos de

$f(x) = \sqrt{x}$ y $g(x) = x^3$

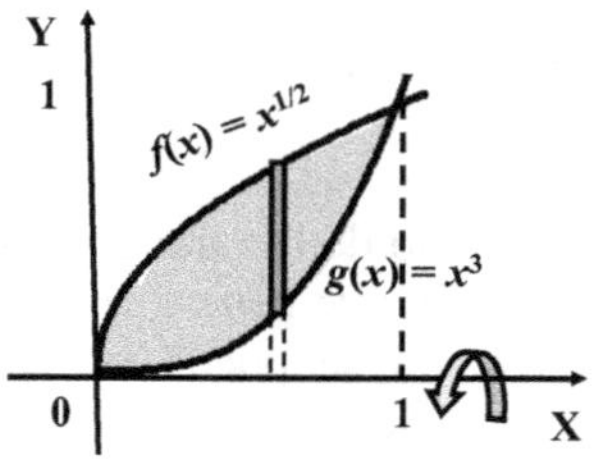

Solución

Las curvas se cortan en $(0, 0)$ y $(1, 1)$

Radio mayor $= f(x) = \sqrt{x}$

Radio menor $= g(x) = x^3$

Luego,

$$V = \pi\int_0^1 \left(\left(\sqrt{x}\right)^2 - \left(x^3\right)^2 \right) dx = \pi\int_0^1 \left(x - x^6\right) dx = \pi\left[\frac{x^2}{2} - \frac{x^7}{7}\right]_0^1 = \frac{5}{14}\pi$$

CASO 2. Giro alrededor de la recta $y = k$, paralela al eje X.

$k \le g(x) \le f(x)$

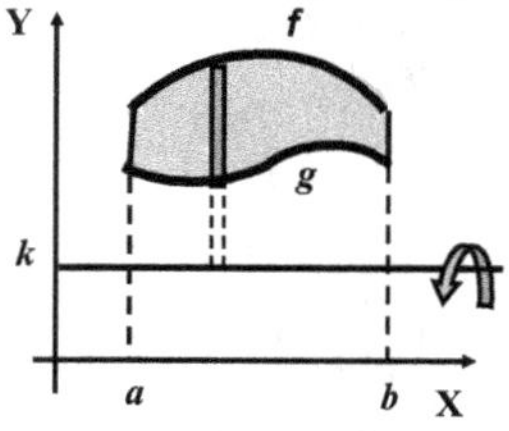

Radio mayor $= |f(x) - k|$

Radio menor $= |g(x) - k|$

$g(x) \le f(x) \le k$

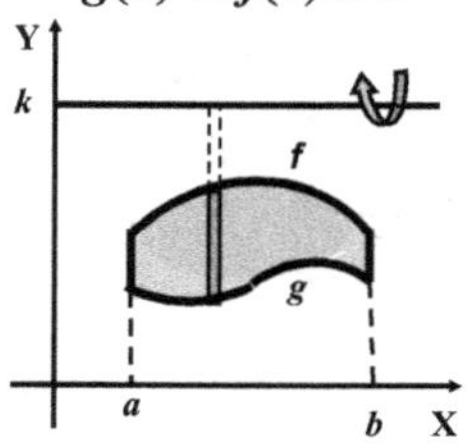

Radio mayor $= |g(y) - k|$

Radio menor $= |f(y) - k|$

$$V = \pi \int_a^b \left((\textbf{radio mayor})^2 - (\textbf{radio menor})^2 \right) dx$$

EJEMPLO 6. Hallar el volumen del sólido que se obtiene al girar la región encerrada por los gráficos de $f(x) = \sqrt{x}$ y $g(x) = x^3$, alrededor de la recta $y = -1$

Solución

Radio mayor $= |f(x) - (-1)| = \sqrt{x} + 1$

Radio menor $= |g(x) - (-1)| = x^3 + 1$

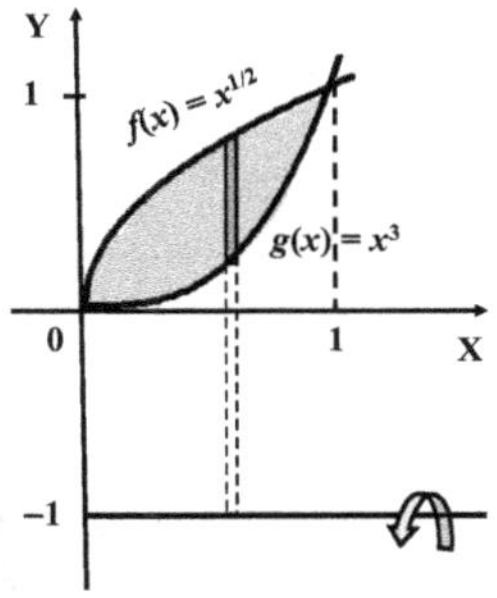

Luego,

$$V = \pi \int_0^1 \left(\left[\sqrt{x} + 1 \right]^2 - \left[x^3 + 1 \right]^2 \right) dx$$

$$= \pi \int_0^1 \left(\left[x + 2\sqrt{x} + 1 \right] - \left[x^6 + 2x^3 + 1 \right] \right) dx$$

$$= \pi \int_0^1 \left(x + 2\sqrt{x} - x^6 - 2x^3 \right) dx = \pi \left(\frac{x^2}{2} + \frac{4}{3}x^{3/2} - \frac{x^7}{7} - \frac{1}{2}x^4 \right]_0^1 = \frac{25}{21}\pi$$

EJEMPLO 7. Hallar el volumen del sólido que se obtiene al girar alrededor de la recta $y = 2$. la región encerrada por los gráficos de

$$f(x) = \sqrt{x} \quad \text{y} \quad g(x) = x^3,$$

Solución

Radio mayor $= |g(x) - 2| = |x^3 - 2| = 2 - x^3$

Radio menor $= |f(x) - 2| = \left| \sqrt{x} - 2 \right| = 2 - \sqrt{x}$

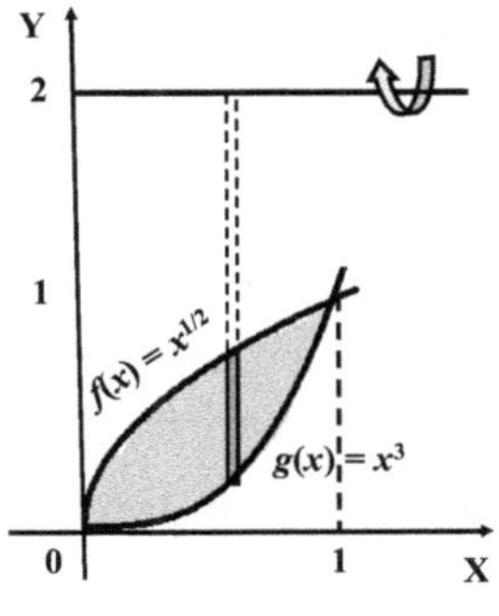

Luego,

$$V = \pi \int_0^1 \left(\left[2 - x^3 \right]^2 - \left[2 - \sqrt{x} \right]^2 \right) dx$$

$$= \pi \int_0^1 \left(x^6 - 4x^3 - x + 4\sqrt{x} \right) dx$$

$$= \pi \left(\frac{x^7}{7} - x^4 - \frac{x^2}{2} + \frac{8}{3}x^{3/2} \right]_0^1 = \frac{55}{42}\pi$$

CASO 3. Giro alrededor del eje Y.

Se tiene dos funciones $\boldsymbol{x = f(y)}$ y $\boldsymbol{x = g(y)}$, continuas en el intervalo $[\boldsymbol{c}, \boldsymbol{d}]$, en donde $\boldsymbol{f(y) \geq g(x)}$.

El rectángulo indicado, al girar alrededor del eje Y, genera una arandela de:

Radio mayor = $f(y)$, **Radio menor** = $g(y)$,
Altura = Δy

$$\Delta V = \pi\left((f(x))^2 - (g(x))^2\right)\Delta y$$

El volumen del sólido de revolución es

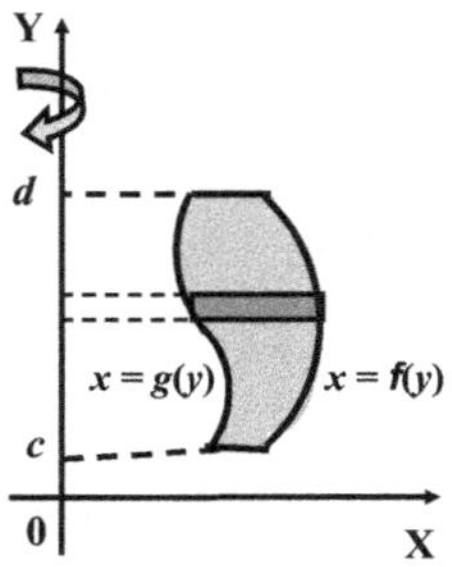

$$V = \pi \int_c^d \left((f(y))^2 - (g(y))^2\right) dy$$

La fórmula anterior y la del caso siguiente, están dentro del esquema general que se expresa así:

$$V = \pi \int_c^d \left((\text{radio mayor})^2 - (\text{radio menor})^2\right) dy$$

EJEMPLO 8. Hallar el volumen del sólido que se obtiene al girar alrededor del eje Y la región encerrada por las curvas dadas en el ejemplo anterior, $y = \sqrt{x}$ e $y = x^3$.

Solución

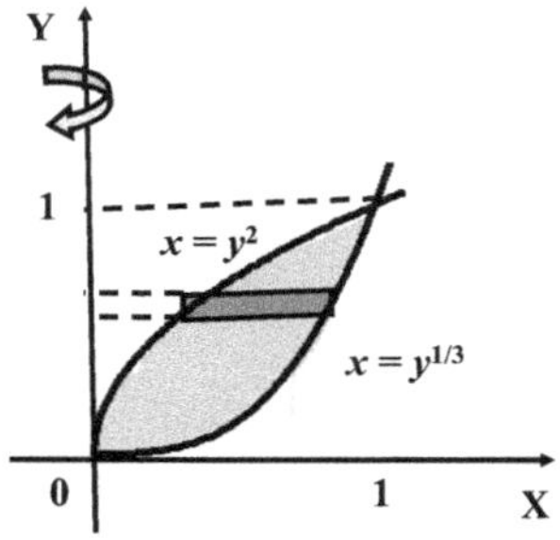

Para este caso, a las curvas debemos expresarlas como funciones de y. Esto es,

$$x = y^2, \qquad x = \sqrt[3]{y}$$

Se tiene:

Radio mayor: $x = \sqrt[3]{y}$

Radio menor: $x = y^2$

Luego,

$$V = \pi \int_0^1 \left(\left[\sqrt[3]{y}\right]^2 - \left[y^2\right]^2\right) dy = \pi \int_0^1 \left(y^{2/3} - y^4\right) dy = \pi\left(\frac{3}{5}y^{5/3} - \frac{y^5}{5}\right]_0^1 = \frac{2}{5}\pi$$

CASO 4. Giro alrededor de la recta $x = k$, paralela al eje Y.

$k \leq g(x) \leq f(y)$

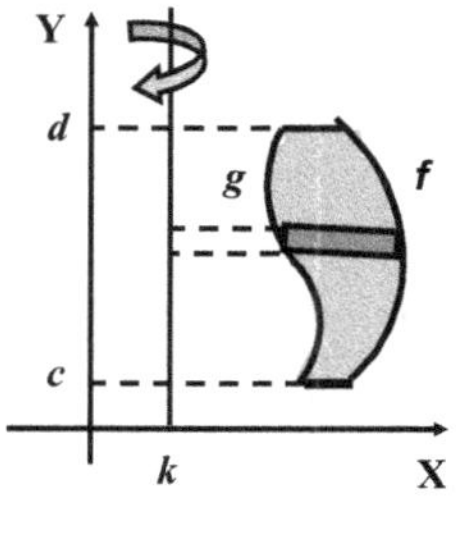

$g(x) \leq f(y) \leq k$

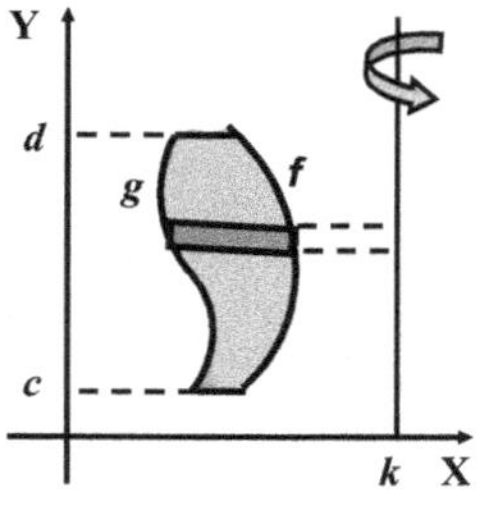

Radio mayor $= | f(y) - k |$ **Radio mayor** $= | g(y) - k |$

Radio menor $= | g(y) - k |$ **Radio menor** $= | f(y) - k |$

$$V = \pi \int_c^d \left((\text{radio mayor})^2 - (\text{radio menor})^2 \right) dy$$

EJEMPLO 9. Hallar el volumen del sólido que se obtiene al girar la región encerrada por $y = \sqrt{x}$ e $y = x^3$ alrededor de la recta $x = -1$.

Solución

Las curvas debemos expresarlas como funciones de y:

$x = y^2, \quad x = \sqrt[3]{y}$

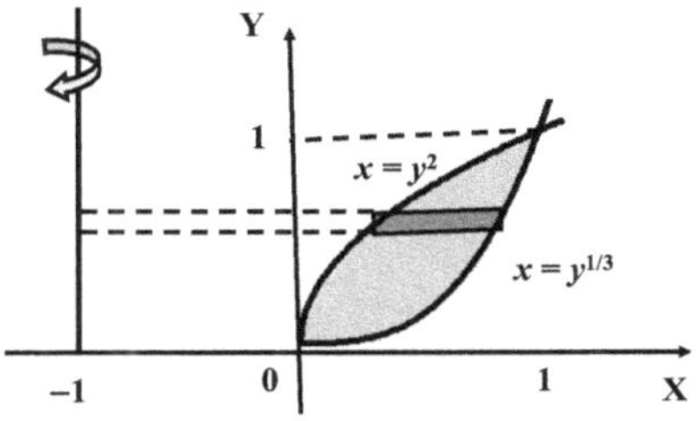

Radio mayor $= \left| \sqrt[3]{y} - (-1) \right| = \sqrt[3]{y} + 1$

Radio menor $= \left| y^2 - (-1) \right| = y^2 + 1$

Luego,

$$V = \pi \int_0^1 \left(\left[\sqrt[3]{y} + 1 \right]^2 - \left[y^2 + 1 \right]^2 \right) dy$$

$$= \pi \int_0^1 \left(y^{2/3} + 2y^{1/3} - y^4 - 2y^2 \right) dy = \pi \left(\frac{3}{5} y^{5/3} + \frac{3}{2} y^{4/3} - \frac{y^5}{5} - \frac{2}{3} y^3 \right) \Bigg]_0^1 = \frac{37}{30} \pi$$

EJEMPLO 10. Hallar el volumen del sólido que se obtiene al girar la región encerrada por las curvas $x = y^2$ y $x = \sqrt[3]{y}$, alrededor de la recta $x = 2$.

Solución

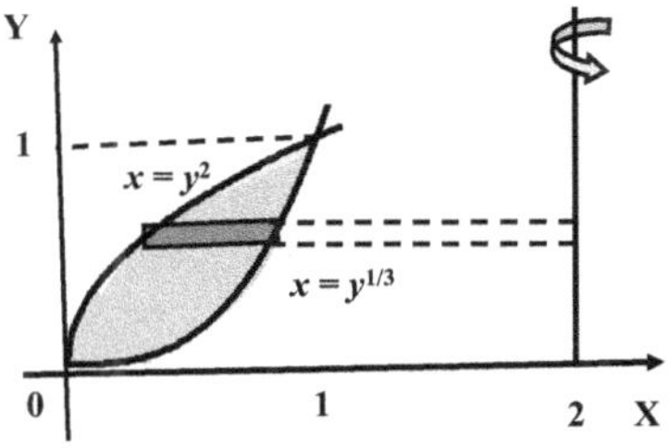

Radio mayor $= | y^2 - 2 | = 2 - y^2$

Radio menor $= \left| \sqrt[3]{y} - 2 \right| = 2 - \sqrt[3]{y}$

Luego,

$$V = \pi \int_0^1 \left(\left[2 - y^2 \right]^2 - \left[2 - \sqrt[3]{y} \right]^2 \right) dy$$

$$= \pi \int_0^1 \left(y^4 - 4y^2 - y^{2/3} + 4y^{1/3} \right) dy = \pi \left(\frac{y^5}{5} - \frac{4}{3} y^3 - \frac{3}{5} y^{5/3} + 3y^{4/3} \right) \Bigg]_0^1 = \frac{19}{15} \pi$$

PROBLEMAS RESUELTOS 4.2

PROBLEMA 1. La curva siguiente es el gráfico de $y^2 = x^3$. Hallar el volumen del sólido que se obtiene cuando la región:

a. OAB gira alrededor del eje X

b. OAB gira alrededor de $\overline{AB}$
c. OAB gira alrededor de $\overline{CA}$
d. OAB gira alrededor del Y
e. OAC gira alrededor del Y
f. OAC gira alrededor de $\overline{CA}$
g. OAC gira alrededor de $\overline{AB}$
h. OAC gira alrededor del X

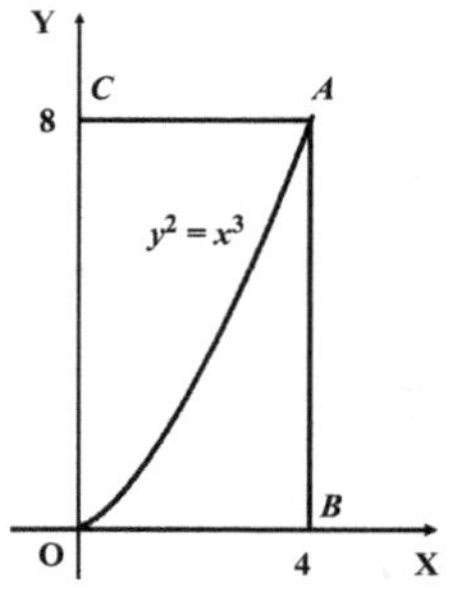

Solución

A la curva dada se la puede ver como el gráfico de

$$y = x^{3/2} \quad \text{ó de} \quad x = y^{2/3}$$

a. Método del disco: Caso 1, con radio $= x^{3/2}$.

$$V = \pi \int_0^4 \left(x^{3/2} \right)^2 dx = \pi \left(\frac{1}{4} x^4 \right]_0^4 = 64\pi$$

b. Método del disco: Caso 4, con radio $= 4 - y^{2/3}$

$$V = \pi \int_0^8 \left(4 - y^{2/3}\right)^2 dy = \pi \int_0^8 \left(16 - 8y^{2/3} + y^{4/3}\right) dy$$

$$= \pi \left(16y - \frac{24}{5} y^{5/3} + \frac{3}{7} y^{7/3} \right]_0^8 = \frac{1024}{35} \pi$$

c. Método de las arandelas: Caso 2, con

Radio mayor = $8 - 0 = 8$, radio menor = $8 - x^{3/2}$

$$V = \pi \int_0^4 \left(8^2 - (8 - x^{3/2})^2\right) dx = \pi \int_0^4 \left(-x^3 + 16x^{3/2}\right) dx$$

$$= \pi \left(-\frac{1}{4} x^4 + \frac{32}{5} x^{5/2} \right]_0^4 = \frac{704}{5} \pi$$

d. Método de las arandelas: Caso 3, con

Radio mayor = 4 y radio menor $= y^{2/3}$

$$V = \pi \int_0^8 \left((4)^2 - (y^{2/3})^2 \right) dy = \pi \int_0^8 \left(16 - y^{4/3}\right) dy$$

$$= \pi \left(16y - \frac{3}{7} y^{7/3} \right]_0^8 = \frac{512}{7} \pi$$

e. Método del disco: Caso 3, con radio = $y^{2/3}$.

$$V=\pi\int_0^8 \left(y^{2/3}\right)^2 dy = \pi\int_0^8 y^{4/3}dy = \pi\left(\frac{3}{7}y^{7/3}\right]_0^8 = \frac{384}{7}\pi$$

f. Método del disco: Caso 2, con radio = $8 - x^{3/2}$

$$V=\pi\int_0^4 \left(8-x^{3/2}\right)^2 dx = \pi\int_0^4 \left(64-16x^{3/2}+x^3\right)dx$$

$$=\pi\left(64x-\frac{32}{5}x^{5/2}+\frac{1}{4}x^4\right]_0^4 = \frac{576}{5}\pi$$

g. Método de las arandelas: Caso 4, con radio mayor = 4, radio menor = $4 - y^{2/3}$

$$V=\pi\int_0^8 \left((4)^2-(4-y^{2/3})^2\right)dy = \pi\int_0^8 \left(8y^{2/3}-y^{4/3}\right)dy$$

$$=\pi\left(\frac{24}{5}y^{5/3}-\frac{3}{7}y^{7/3}\right]_0^8 = \frac{3456}{35}\pi$$

h. Método de las arandelas: Caso 1, con

Radio mayor = 8, radio menor = $x^{3/2}$.

$$V=\pi\int_0^4 \left((8)^2-(x^{3/2})^2\right)dx = \pi\int_0^4 \left(64-x^3\right)dx = \pi\left(64x-\frac{1}{4}x^4\right]_0^4 = 192\pi$$

PROBLEMA 2. En una esfera de radio 5 se perfora un hueco cilíndrico de radio 3 y cuyo eje es un diámetro de la esfera. Hallar el volumen del sólido restante.

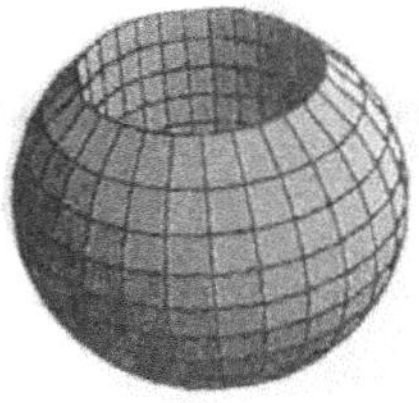

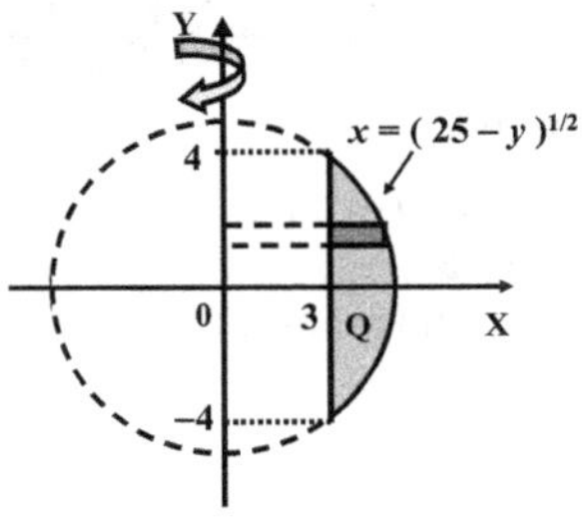

Solución

La circunferencia de radio 5 y centro en el origen tiene por ecuación

$$x^2+y^2=25$$

La parte de la derecha de la circunferencia es el gráfico de $x=\sqrt{25-y^2}$

Consideremos la región Q encerrada por los gráficos de

$$x=\sqrt{25-y^2} \quad \text{y} \quad \text{la recta } x=3$$

Estos gráficos se interceptan en:

$$\sqrt{25-y^2} = 3 \Rightarrow 25-y^2 = 9 \Rightarrow y^2 = 16 \Rightarrow y = \pm 4$$

El sólido referido se obtiene girando la región Q alrededor del eje Y.

Aplicamos el método de las arandelas caso 3 y considerando la simetría respecto al eje X, tenemos:

$$V = 2\pi \int_0^4 \left(\left(\sqrt{25-y^2} \right)^2 - (3)^2 \right) dy = 2\pi \int_0^4 \left(16 - y^2 \right) dy = 2\pi \left(16y - \frac{y^3}{3} \right]_0^4 = \frac{256}{3}\pi$$

PROBLEMA 3. **Volumen de una arepa (esferoide).**

Gualberto Ibarreto cantando una de sus canciones tradicionales dice: "Mi abuela nunca aprendió lo que es una Geometría, pero una arepas en sus manos redondita le salía" .

La redondez de la arepa se debe a que la superficie que la encierra es un **elipsoide de revolución** o **esferoide**, la que se obtiene haciendo girar alrededor del eje Y la elipse $\frac{x^2}{a^2} + \frac{y^2}{b^2} = 1$. Aún más, para que la arepa tome la forma achatada, exigimos que $a > b$.

La abuela, de repente, se ha interesado en la Geometría y quiere hallar el volumen de una arepa. Ayudar a la abuela en esta tarea.

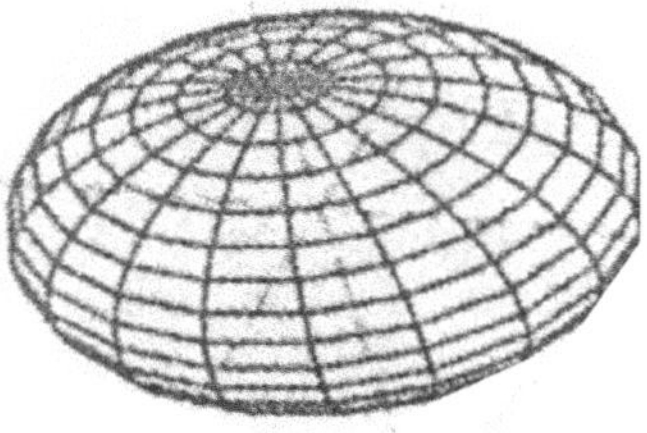

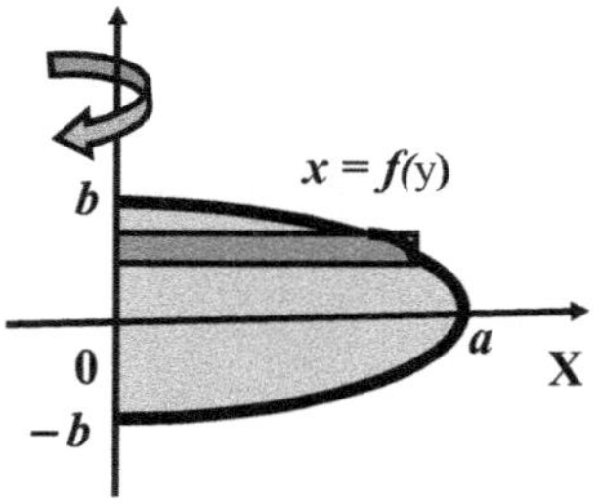

Solución

Para construir la arepa sólo precisamos hacer rotar alrededor del eje Y la región encerrada por la mitad de la elipse situada a derecha del eje Y. Esta parte de la elipse corresponde al gráfico de la función:

$$f(y) = \frac{a}{b}\sqrt{b^2 - y^2}$$

Aplicando el caso 3 del método del disco, y considerando la simetría respecto al eje X, tenemos:

$$V = 2\pi \int_0^b (f(y))^2 dy = 2\pi \int_0^b \left(\frac{a^2}{b^2}\left(b^2 - y^2 \right) \right) dy = 2\pi \frac{a^2}{b^2} \int_0^b \left(b^2 - y^2 \right) dy$$

$$= 2\pi \frac{a^2}{b^2} \left(b^2 y - \frac{y^3}{3} \right]_0^b = 2\pi \frac{a^2}{b^2} \left(b^3 - \frac{b^3}{3} \right) = \frac{4}{3}\pi a^2 b$$

PROBLEMA 4. **Volumen de la esfera**

Verificar que el volumen de una esfera de radio r es

$$V = \frac{4}{3}\pi r^3$$

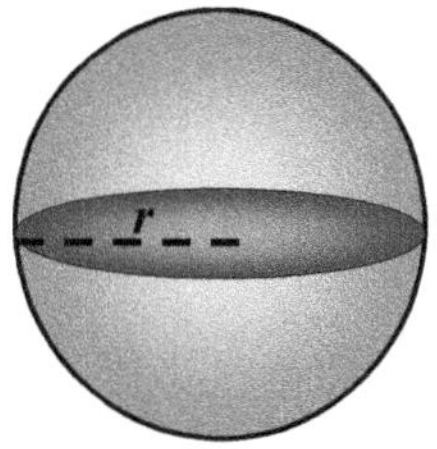

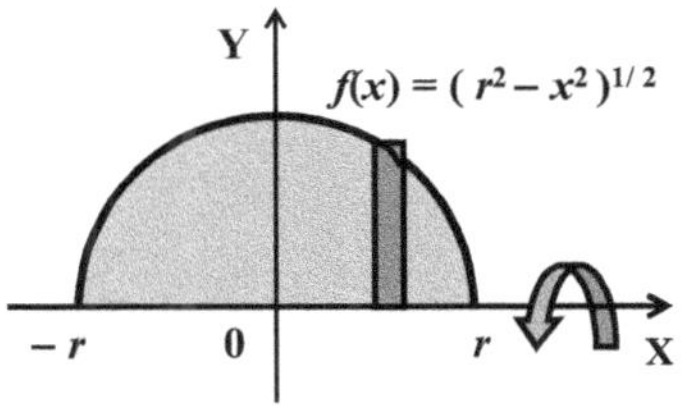

Solución

A la esfera la podemos generar rotando alrededor del eje X el semicírculo superior indicado en la figura. La semicircunferencia correspondiente es el gráfico de la función $f(x) = \sqrt{r^2 - x^2}$.

Aplicando el caso 1 del método del disco y considerando la simetría respecto al eje X , tenemos:

$$V = 2\pi \int_0^r \left(\sqrt{r^2 - x^2}\right)^2 dx = 2\pi \int_0^r \left(r^2 - x^2\right) dx = 2\pi \left(r^2 x - \frac{1}{3}x^3\right]_0^r = \frac{4}{3}\pi r^3$$

PROBLEMA 5. **Volumen del casquete esférico.**

Verificar que el volumen de un **casquete esférico** o **segmento esférico** de altura h de una esfera de radio r es

$$V = \frac{\pi}{3} h^2 \left(3r - h\right)$$

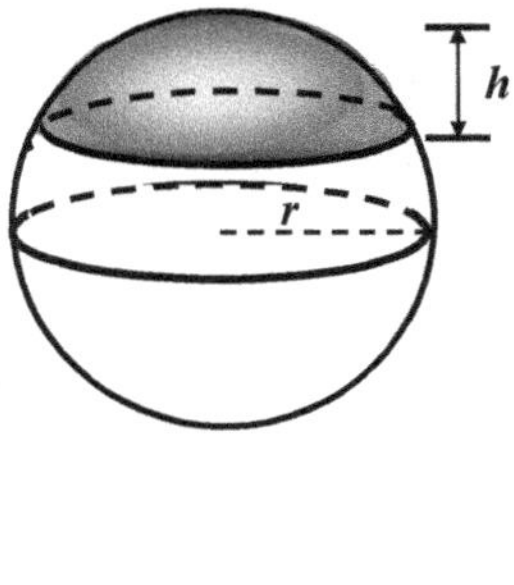

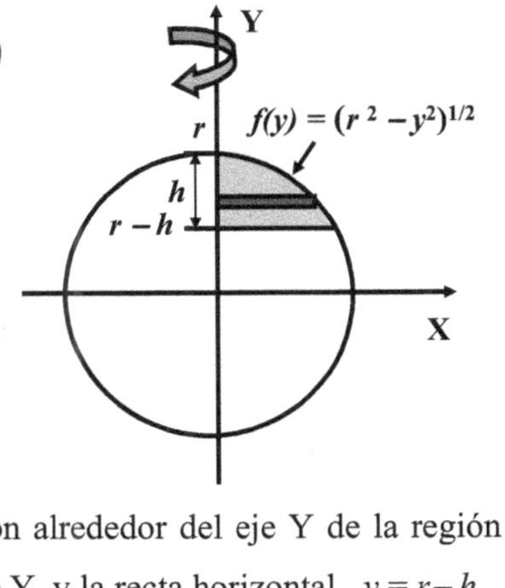

Solución

El casquete esférico es generado por la rotación alrededor del eje Y de la región encerrada por el gráfico de $f(y) = \sqrt{r^2 - y^2}$, el eje Y y la recta horizontal $y = r - h$.

Aplicando el caso 3 del método del disco, tenemos:

$$V = \pi \int_{r-h}^{r} \left(\sqrt{r^2 - y^2}\right)^2 dy = \pi \int_{r-h}^{r} \left(r^2 - y^2\right) dy = \pi \left(r^2 y - \frac{1}{3}y^3\right]_{r-h}^{r}$$

$$= \pi\left(r^3 - \frac{1}{3}r^3\right) - \pi\left(r^2(r-h) - \frac{1}{3}(r-h)^3\right) = \frac{\pi}{3}h^2(3r-h)$$

PROBLEMA 6. Verificar que el volumen de un **cono circular recto** de altura h y radio de la base r es

$$V = \frac{1}{3}\pi r^2 h$$

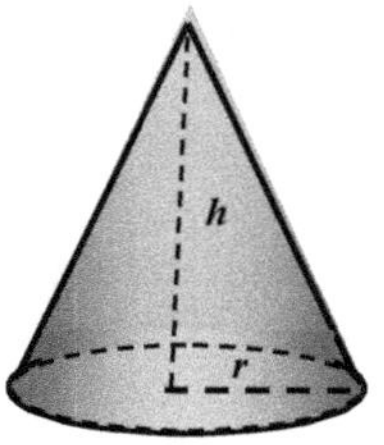

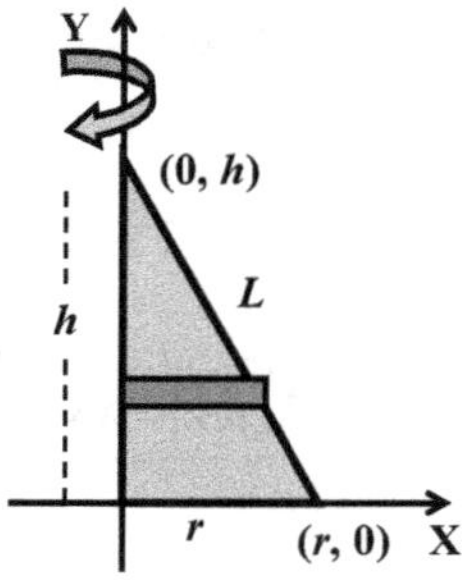

Solución

El cono es generado por la rotación alrededor del eje Y de la región encerrada por el triángulo rectángulo formado por los dos ejes y la recta L.

Hallemos la ecuación de la recta L:

Pendiente $= -\dfrac{h}{r}$. Luego, $y = -\dfrac{h}{r}x + h. \Rightarrow x = -\dfrac{r}{h}(y-h)$

Ahora, aplicando el caso 3 del método del disco, tenemos:

$$V = \pi\int_0^h \left(-\frac{r}{h}(y-h)\right)^2 dy = \pi\frac{r^2}{h^2}\int_0^h (y-h)^2\,dy = \pi\frac{r^2}{h^2}\left(\frac{(y-h)^3}{3}\right]_0^h = \frac{1}{3}\pi r^2 h.$$

PROBLEMA 7. Verificar que el volumen de un **tronco de cono** circular recto de altura h, radio menor r y radio mayor R es

$$V = \frac{1}{3}\pi h\left(r^2 + rR + R^2\right)$$

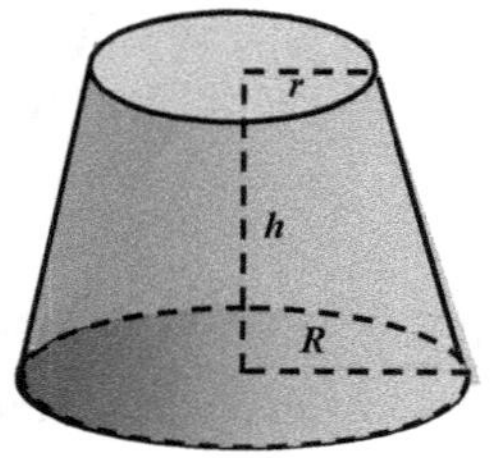

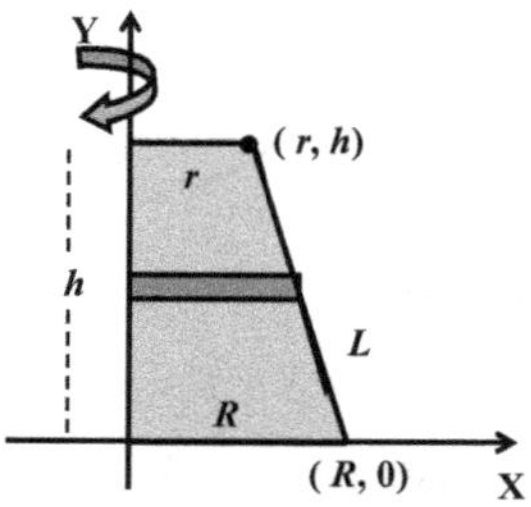

Solución

El tronco de cono es generado por la rotación alrededor del eje Y de la región encerrada por el eje Y, la recta L y las rectas horizontales $x = 0$, $x = h$.

Hallemos la ecuación de la recta L:

Pendiente = $\frac{h}{r-R}$. Luego, $L:\ y = \frac{h}{r-R}(x-R)$.

Ponemos esta ecuación como función de y (despejando x):

$$x = f(y) = \frac{r-R}{h}y + R$$

Ahora, aplicando el caso 3 del método del disco:

$$V = \pi\int_0^h \left(\frac{r-R}{h}y + R\right)^2 dy = \pi\int_0^h \left(\frac{(r-R)^2}{h^2}y^2 + 2\frac{r-R}{h}Ry + R^2\right)dy$$

$$= \pi\left(\frac{(r-R)^2}{h^2}\frac{y^3}{3} + \frac{r-R}{h}Ry^2 + R^2y\right]_0^h = \frac{1}{3}\pi h\left(r^2 + rR + R^2\right)$$

PROBLEMA 8. **Volumen de una dona (Toro).**

Hallar el volumen de una dona.
¿Cómo se genera una dona? Sean $\boldsymbol{a}$ y $\boldsymbol{b}$ tales que $\boldsymbol{0 < a < b}$. Construimos el círculo de **radio** $\boldsymbol{a}$ y **centro** en **$(b, 0)$**. Obtenemos la dona rotando este círculo alrededor del eje Y.

La superficie de una dona se llama **toro.**

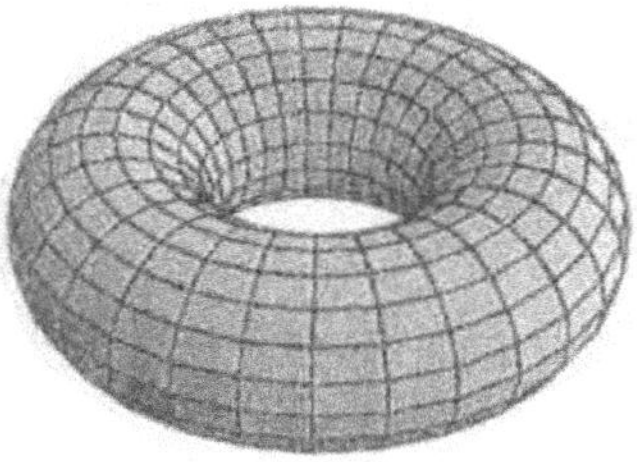

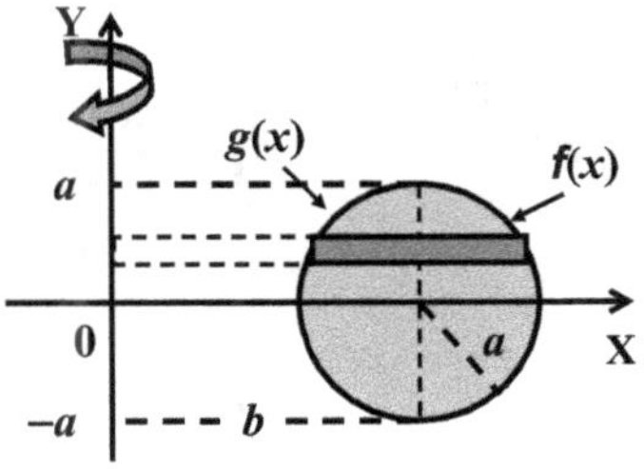

Solución

La circunferencia de radio a y centro $(b, 0)$ tiene por ecuación:

$$y^2 + (x-b)^2 = a^2$$

Esta circunferencia la expresamos como el gráfico de las dos siguientes funciones, que corresponden a las semicircunferencias de la derecha y de la izquierda,

$$f(y) = b + \sqrt{a^2 - y^2}, \qquad g(y) = b - \sqrt{a^2 - y^2}$$

Aplicando el caso 3 del método de las arandelas y considerando la simetría respecto al eje X:

$$V = \pi\int_{-a}^{a}\left[\left(b + \sqrt{a^2 - y^2}\right)^2 - \left(b - \sqrt{a^2 - y^2}\right)^2\right]dy$$

$$= 2\pi\int_0^a\left[\left(b+\sqrt{a^2-y^2}\right)^2-\left(b-\sqrt{a^2-y^2}\right)^2\right]dy$$

$$=2\pi\int_0^a\left[4b\sqrt{a^2-y^2}\right]dy = 8\pi b\int_0^a \sqrt{a^2-y^2}\ dy$$

$$=8\pi b\left(\frac{a^2}{2}\ \text{sen}^{-1}\frac{y}{a} + \frac{y}{a}\sqrt{a^2-y^2}\right]_0^a = 8\pi b\left(\frac{a^2}{2}\frac{\pi}{2}\right) = 2\pi^2a^2b$$

PROBLEMA 9. Hallar el volumen del sólido que se obtiene al hacer girar alrededor del eje X la región encerrada por el lazo de la curva

$$y^2(x-4a) = x(x-3a),\ a>0$$

Solución

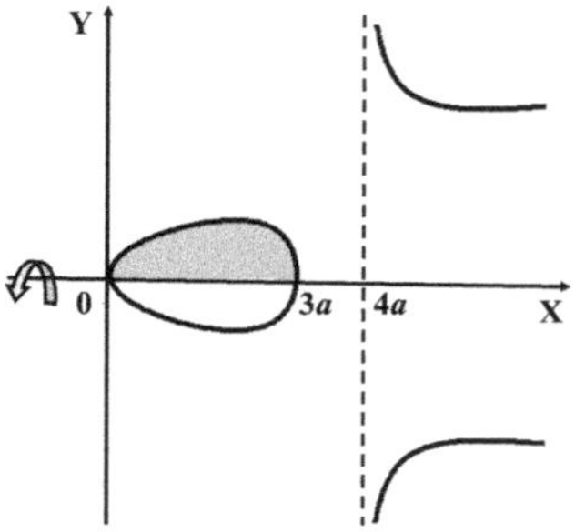

La parte superior del lazo es el gráfico de la función

$$y=\sqrt{\frac{x(x-3a)}{x-4a}} \quad \text{en el intervalo } [0, 3a]$$

Por simetría, el sólido indicado es también generado por la rotación de la región sombreada al girar alrededor del eje X. Luego,

$$V=\pi\int_0^{3a} y^2dx = \pi\int_0^{3a}\frac{x(x-3a)}{x-4a}dx = \pi\int_0^{3a}\left(ax+a^2+\frac{4a^3}{x-4a}\right)dx$$

$$=\pi\left(a\frac{x^2}{2}+a^2x+4a^3\ln|x-4a|\right]_0^{3a} = \frac{15}{2}\pi a^3+4\pi a^3(\ln a-\ln 4a)$$

$$=\frac{15}{2}\pi a^3+4\pi a^3\ln\frac{a}{4a} = \frac{15}{2}\pi a^3+4\pi a^3(-2\ln 2) = \frac{\pi a^3}{2}(15-16\ln 2)$$

PROBLEMAS PROPUESTOS 4.2

En los problemas del 1 al 10, hallar el volumen del sólido de revolución generado por la región encerrada por las curvas dadas, que gira alrededor de la recta indicada.

1. Un arco de $y = \cos 2x$. Alrededor del eje X. *Rpta.* $\frac{\pi^2}{4}$

2. Un arco de $y = \operatorname{sen}^2 x$. Alrededor del eje X. *Rpta.* $\frac{3}{8}\pi^2$

3. $y = \operatorname{sen} x$, $y = \operatorname{sen}^2 x$, $x = 0$, $x = \pi$. Alrededor del eje X. *Rpta.* $\frac{1}{8}\pi^2$

4. $y = e^{-x}\sqrt{\operatorname{sen} x}$, $y = 0$, $x = 0$, $x = \pi$. Alrededor del eje X. *Rpta.* $\frac{\pi}{5}\left(e^{-2x}+1\right)$

5. $ay^2 = x^3$, $x = a$, donde $a > 0$ Alrededor del eje X. *Rpta.* $\frac{\pi a^3}{4}$

6. $y^2 = ax$, $x = a$, donde $a > 0$. Alrededor del eje Y. *Rpta.* $\frac{8\pi a^3}{5}$

7. $\sqrt{x} + \sqrt{y} = \sqrt{a}$, $x = 0, y = 0$. Alrededor del eje X. *Rpta.* $\frac{\pi a^3}{15}$

8. $x^{2/3} + y^{2/3} = a^{2/3}$, $a > 0$. Alrededor del eje Y. *Rpta.* $\frac{32}{105}\pi a^3$

9. $y = \cos x$, $y = \operatorname{sen} x, x = 0$, $x = \frac{\pi}{4}$. Alrededor de: **a.** eje X. **b.** recta $y = 2$.

Rpta. **a.** $\frac{\pi}{2}$, **b.** $4\pi\left(\sqrt{2}-1\right)-\frac{\pi}{2}$

10. $x = (y-1)^2$, $x = y + 1$. Alrededor de:

a. eje X **b.** recta $y = 3$ **c.** eje Y **d.** recta $x = 4$

Rpta. **a.** $\frac{27}{2}\pi$ **b.** $\frac{27}{2}\pi$ **c.** $\frac{72}{5}\pi$ **d.** $\frac{108}{5}\pi$

11. $x = 4y, x = \sqrt[3]{y}$, en el primer cuadrante. Alrededor de:

a. eje Y **b.** recta $x = 8$

Rpta. **a.** $\frac{\pi}{120}$ **b.** $\frac{29}{120}\pi$

12. $x = y^2$, $y^2 = 2(x-3)$. Alrededor de:

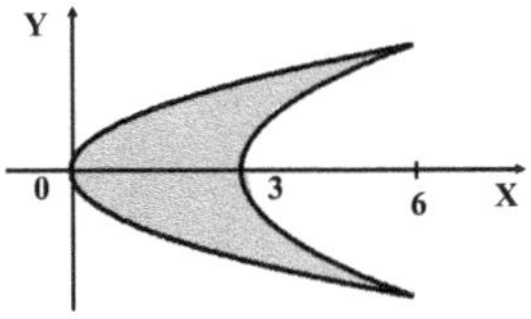

a. eje X. **b.** recta $y = -\sqrt{6}$.

c. eje Y. **d.** recta $x = 6$

Rpta. **a.** 9π **b.** 48π **c.** $\frac{96\sqrt{6}}{5}\pi$ **d.** $\frac{144\sqrt{6}}{5}\pi$

13. $y^2 = 4ax, x = a$, con $a > 0$. Alrededor de la recta $x = a$. *Rpta.* $\frac{32}{15}\pi a^3$

14. $y = \ln x$, $y = 0$, $x = 1$, $x = e$. Alrededor del: **a.** Eje X **b.** Eje Y

Rpta. **a.** $\pi(e-2)$ **b.** $\frac{\pi}{2}\left(e^2+1\right)$

15. $y = \sqrt{x} - \dfrac{1}{\sqrt{x}}$, $y = 0$, $x = 1$, $x = 4$. Alrededor de: **a.** Eje X

b. la recta $y = -1$. *Rpta.* **a.** $\pi\left(\ln 4 + \dfrac{3}{2}\right)$ **b.** $\pi\left(\ln 4 + \dfrac{41}{6}\right)$

16. Hallar el volumen del sólido que se genera al rotar alrededor del eje Y la región encerrada por los gráficos de

$y = \text{sen}^{-1}(x)$, $x = -1$, $y = 0$ *Rpta.* $\dfrac{\pi^2}{4}$

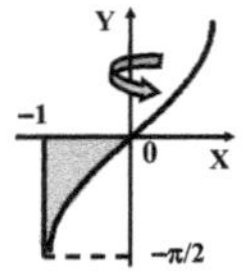

17. Hallar el volumen del sólido que se genera al rotar alrededor del eje X la elipse

$$\frac{x^2}{a^2} + \frac{y^2}{b^2} = 1. \qquad \textit{Rpta. } \frac{4}{3}\pi ab^2$$

18. Hallar el volumen del sólido que se genera al rotar alrededor de la recta $x = -a$ el círculo encerrado por la circunferencia $x^2 + y^2 = a^2$. *Rpta.* $2\pi^2 a^3$

19. En una esfera de radio r se hace un hueco cilíndrico de diámetro r y cuyo eje es un diámetro de la esfera. Hallar el volumen del sólido restante. *Rpta.* $\dfrac{\sqrt{3}}{2}\pi r^3$

20. Hallar el volumen del sólido generado al rotar alrededor del eje X la región encerrada por el lazo de la curva

$y^4 = a^2x^2(a - x)$, $a > 0$ *Rpta.* $\dfrac{4}{15}\pi a^{5/2}$

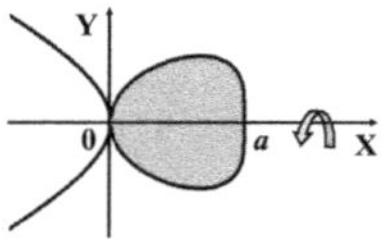

21. Hallar el volumen del sólido generado al rotar alrededor del eje X la región encerrada por la curva

$x^4 + y^4 = a^2x^2$ *Rpta.* $\dfrac{2}{3}\pi a^3$

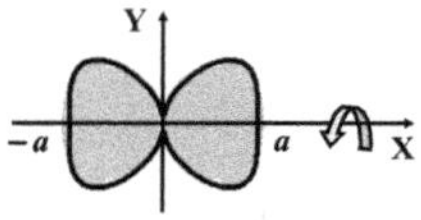

22. Hallar el volumen del sólido generado al rotar alrededor del eje X la región encerrada por la curva

$x^2y^2 = (1 - x^2)(x^2 - 9)$ *Rpta.* $\dfrac{32}{3}\pi$

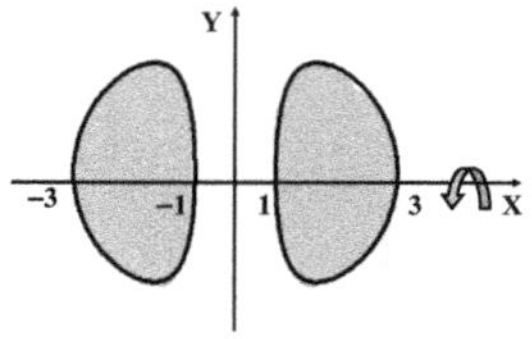

23. Hallar el volumen del sólido que se genera al girar alrededor del eje Y la región encerrada por los gráficos de

$\dfrac{x^2}{a^2} + \dfrac{y^{3/2}}{b^{3/2}} = 1$, $y = 0$ *Rpta.* $\dfrac{3}{5}\pi a^2 b$

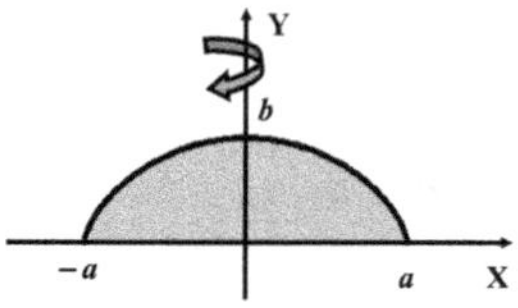

24. Arepa con hueco. La región encerrada por la elipse $x^2 + 25y^2 = 25$ gira alrededor del eje Y. Del centro del sólido generado y a lo largo del eje Y, se perfora un hueco de radio 1. Hallar el volumen del sólido restante (arepa con hueco). *Rpta.* $\dfrac{64}{5}\sqrt{6}\pi$

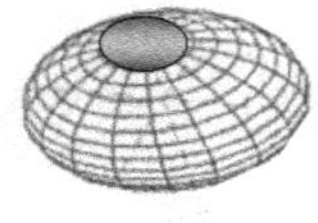

25. Dos esferas de radio r se intersectan en tal forma que el centro de cada esfera está sobre la superficie de la otra. Hallar el volumen del sólido que es la intersección de las dos esferas.

Sugerencia: La mitad del sólido intersección se obtiene girando alrededor del eje X la región sombreada. *Rpta.* $\frac{5}{12}\pi r^3$

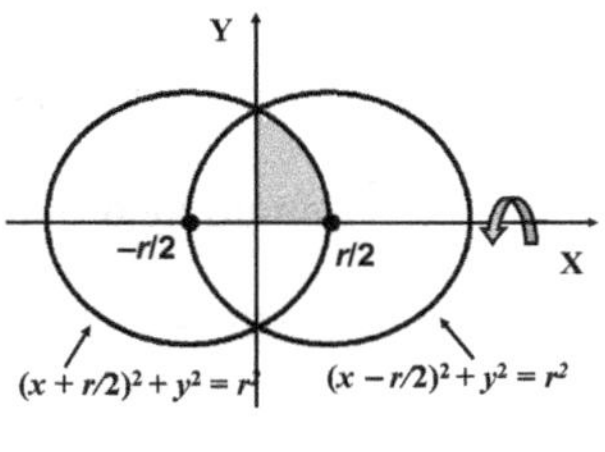

SECCION 4.3

VOLUMEN. METODO DE LOS TUBOS CILINDRICOS

Tomemos un tubo cilíndrico de altura h. Sea

r_1 **= radio exterior,** r_2 **= radio interior,** $r = \frac{r_1 + r_2}{2}$ **= radio medio**

Sea V_E **= Volumen del cilindro exterior**

V_I **= Volumen del cilindro interior**

V_T **= Volumen del tubo.**

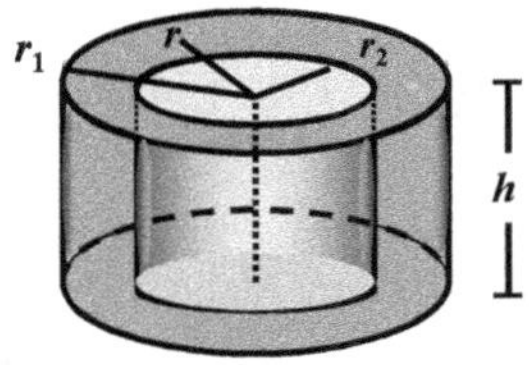

Se tiene que:

$V_E = \pi r_1^2 h$, $V_I = \pi r_2^2 h$ y

$$V_T = V_1 - V_2 = \pi r_1^2 h - \pi r_2^2 h = \pi(r_1^2 - r_2^2)h$$

$$= \pi(r_1 + r_2)(r_1 - r_2)h = 2\pi\left(\frac{r_1 + r_2}{2}\right)(r_1 - r_2)h$$

Tomando en cuenta que el radio medio es $r = \frac{r_1 + r_2}{2}$ y que $\Delta r = (r_1 - r_2)$ es el espesor del tubo, se tiene que:

$$V_T = 2\pi r h\, \Delta r,$$

lo cual, separándola en tres factores: $V_T = (2\pi r)(h)(\Delta r)$, se expresa como:

$$\mathbf{V_T = 2\pi(\text{ radio medio })(\text{ altura })(\text{ espesor })} \qquad \textbf{(1)}$$

Apliquemos este resultado para calcular el volumen de un sólido de revolución.

CASO 1. Giro alrededor de una recta vertical

Sean $y = f(x)$, $y = g(x)$ tales que $g(x) \le f(x)$,

Sea Q la región encerrada por los gráficos de

$$y = f(x),\ y = g(x),\ x = a,\ x = b$$

La región Q gira alrededor de una recta vertical L: $x = k$, donde $k \notin [a, b]$.

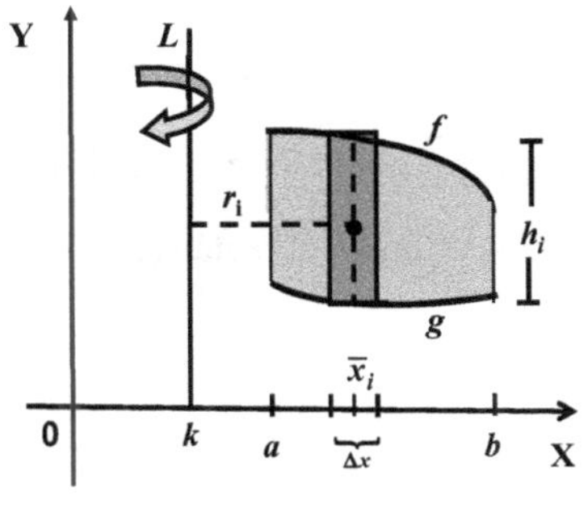

Tomamos una partición regular de $[a, b]$:

$$a = x_0 < x_1 < \ldots < x_{i-1} < x_i < \ldots < x_n = b$$

Sea $\overline{x_i}$ el punto medio del subintervalo $[x_{i-1}, x_i]$

Construimos el rectángulo de:

Base $\Delta x = x_i - x_{i-1}$ y **altura** $h_i = h(\overline{x_i}) = f(\overline{x_i}) - g(\overline{x_i})$

A este rectángulo lo hacemos girar alrededor de la recta L: $x = k$. Obtenemos un tubo circular recto. Si $r_i = |\overline{x_i} - k|$ es la distancia del centro del rectángulo a la recta de giro, entonces $r_i = |\overline{x_i} - k|$ es el radio medio.

El volumen de este tubo es, de acuerdo a la igualdad (1),

$$\Delta_i V = 2\pi\, r_i\, h_i\, \Delta x = 2\pi\, |\overline{x_i} - k| \left(f(\overline{x_i}) - g(\overline{x_i}) \right) \Delta x$$

En consecuencia, el volumen del sólido de revolución es:

$$V = \lim_{n \to \infty} \sum_{i=1}^{n} \Delta_i V = \lim_{n \to \infty} 2\pi\, |\overline{x_i} - k| \left(f(\overline{x_i}) - g(\overline{x_i}) \right) \Delta x \Rightarrow$$

$$\boxed{V = 2\pi \int_a^b |x - k| \left(f(x) - g(x) \right) dx}$$

CASO 2. Giro alrededor de una recta horizontal

Sean $x = f(y)$, $x = g(y)$ tales que $g(y) \le f(y)$,

Sea Q la región encerrada por los gráficos de

$$x = f(y), \quad x = g(y), \quad y = c, \quad y = d$$

La región Q gira alrededor de una recta vertical L: $y = k$, donde $k \notin [c, d]$.

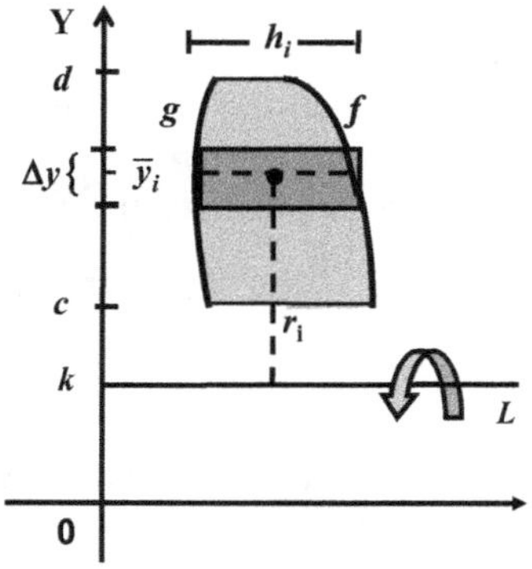

Tomamos una partición regular de $[c, d]$:

$$c = y_0 < y_1 < \ldots < y_{i-1} < y_i < \ldots < y_n = d$$

Sea $\overline{y_i}$ el punto medio del subintervalo $[y_{i-1}, y_i]$

Construimos el rectángulo de:

Base $\Delta y = y_i - y_{i-1}$ y **altura** $h_i = h(\overline{y_i}) = f(\overline{y_i}) - g(\overline{y_i})$

A este rectángulo lo hacemos girar alrededor de la recta L: $y = k$. Obtenemos un tubo circular recto. Si $r_i = \left| \overline{y_i} - k \right|$ es la distancia del centro del rectángulo a la recta de giro, entonces $r_i = \left| \overline{y_i} - k \right|$ es el radio medio.

El volumen de este tubo es, de acuerdo a la igualdad (1),

$$\Delta_i V = 2\pi\, r_i\, h_i\, \Delta y = 2\pi \left| \overline{y_i} - k \right| \left(f\left(\overline{y_i}\right) - g\left(\overline{y_i}\right) \right) \Delta y$$

En consecuencia, el volumen del sólido de revolución es:

$$V = \lim_{n \to \infty} \sum_{i=1}^{n} \Delta_i V = \lim_{n \to \infty} 2\pi \left| \overline{y_i} - k \right| \left(f\left(\overline{y_i}\right) - g\left(\overline{y_i}\right) \right) \Delta y \Rightarrow$$

$$V = 2\pi \int_c^d \left| y - k \right| \left(f(y) - g(y) \right) dy$$

En resumen, el volumen de un sólido de revolución, por el método de los tubos cilíndricos, se encuentra así:

Eje de giro vertical	**Eje de giro horizontal**
$V = 2\pi \int_a^b \left\| x - k \right\| \left(f(x) - g(x) \right) dx$	$V = 2\pi \int_c^d \left\| y - k \right\| \left(f(y) - g(y) \right) dy$

EJEMPLO 1. Hallar el volumen del sólido generado por el giro alrededor del eje Y de la región encerrada por el arco de $y = \operatorname{sen} x^2$, $0 \le x \le \sqrt{\pi}$

Solución

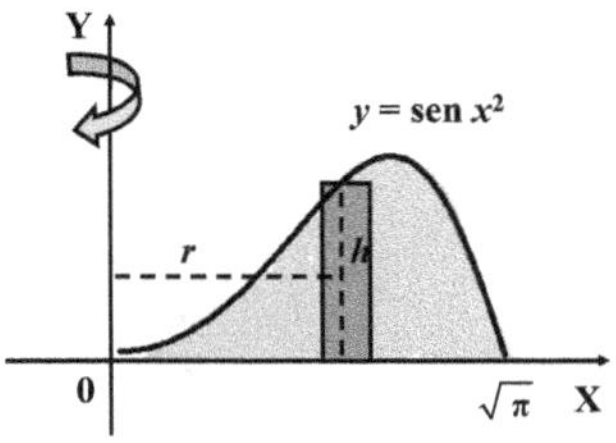

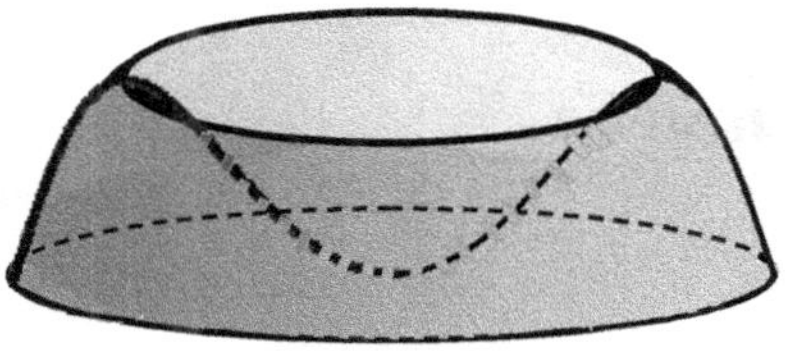

Tenemos que:

Recta de giro $x = k = 0$, $\left| x - k \right| = \left| x - 0 \right| = x$, $f(x) = \operatorname{sen} x^2$, $g(x) = 0$

Luego,

$$V = 2\pi \int_a^b \left| x - k \right| \left(f(x) - g(x) \right) dx = = 2\pi \int_0^{\sqrt{\pi}} x\left(\operatorname{sen} x^2 - 0 \right) dx$$

$$= \pi \int_0^{\sqrt{\pi}} \operatorname{sen} x^2 (2x\,dx) = \pi\left(-\cos x^2\right]_0^{\sqrt{\pi}} = 2\pi$$

OBSERVACION. Si a este problema se le hubiese aplicado el método de las arandelas, la tarea hubiera sido muy complicada. Invitamos al estudiante a verificar esta afirmación.

EJEMPLO 2. Hallar el volumen del sólido generado por la región encerrado por las siguiente curvas, al girar alrededor de la recta $y = 2$

$$x = 4 - y^2, \quad x = y^2 + 2y$$

Solución

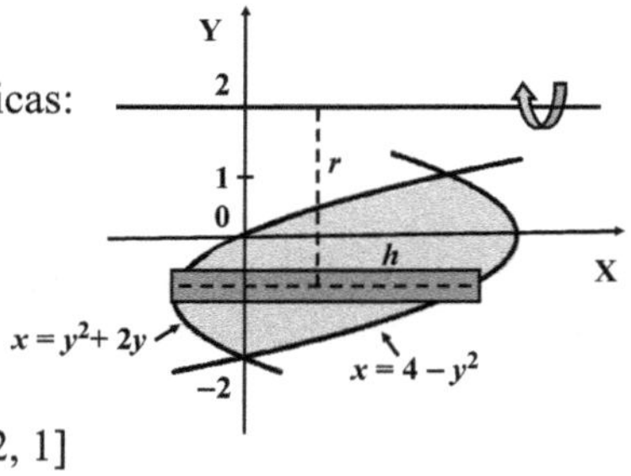

Hallemos los puntos de intersección de las gráficas:

$y^2 + 2y = 4 - y^2 \Leftrightarrow y^2 + y - 2 = 0$

$\Leftrightarrow (y + 2)(y - 1) = 0$

$\Rightarrow y = -2$ ó $y = 1$

Luego, el intervalo de integración es $[c, d] = [-2, 1]$

Por otro lado, tenemos que:

$r = |y - k| = |y - 2| = 2 - y$, $x = f(y) = 4 - y^2$, $x = g(y) = y^2 + 2y$

En consecuencia:

$$V = 2\pi \int_c^d |y - k|(f(y) - g(y))\,dy = 2\pi \int_{-2}^{1} (2 - y)\left(\left(4 - y^2\right) - \left(y^2 + 2y\right)\right)dy$$

$$= 2\pi \int_{-2}^{1} \left(2y^3 - 2y^2 - 8y + 8\right)dy = 2\pi\left(\frac{1}{2}y^4 - \frac{2}{3}y^3 - 4y^2 + 8y\right]_{-2}^{1} = \frac{79}{3}\pi$$

EJEMPLO 3. Hallar el volumen del sólido generado por giro alrededor del eje Y de la región encerrada por las gráficas de

$$y = -x^2 + 3x + 2, \quad y = e^{-x^2}, \quad x = 3$$

Solución

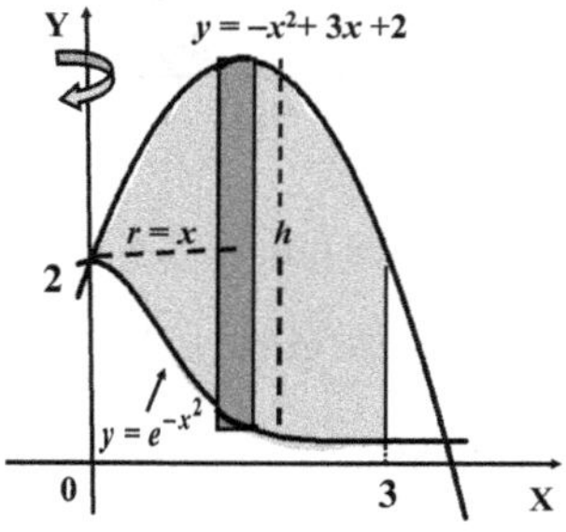

Como la recta de giro es vertical, tenemos que:

$$V = 2\pi \int_0^3 |x - k|\left(f(x) - g(x)\right)\,dx$$

Pero, $k = 0$, $|x - k| = x$, $f(x) = -x^2 + 3x + 2$, $g(x) = e^{-x^2}$

Luego,

$$V = 2\pi \int_0^3 x\left(\left(-x^2+3x+2\right) - e^{-x^2}\right) dx$$

$$= 2\pi \int_0^3 \left(-x^3+3x^2+2x - xe^{-x^2}\right) dx = 2\pi\left[-\frac{x^4}{4}+x^3+x^2-\frac{1}{2}e^{-x^2}\right]_0^3$$

$$= 2\pi\left(-\frac{3^4}{4}+3^3+3^2-\frac{1}{2}e^{-3^2}\right) - 2\pi\left(-\frac{1}{2}\right) = \frac{\pi}{2}\left(65-\frac{2}{e^9}\right)$$

EJEMPLO 4. Hallar el volumen del sólido que genera la región encerrada por

$$y = 2 - x^3, \quad y = 2 - 4x$$

al girar alrededor de la recta $x = -4$.

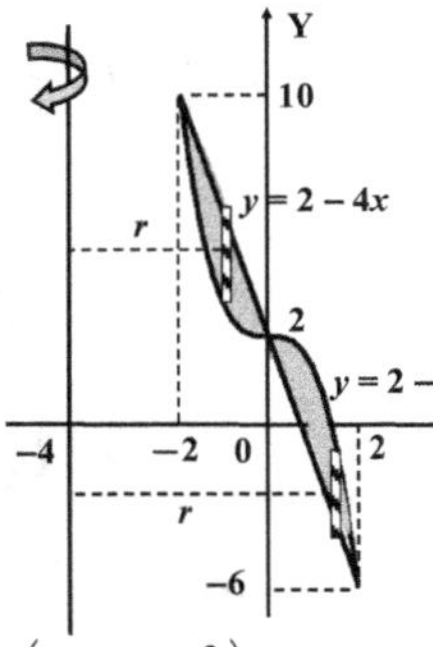

Solución

Las curvas se cortan en los puntos (2, −6), (0, 2) y (−2,10) El punto (0, 2) separa la región en dos subregiones donde la curva superior y la inferior las tienen intercambiadas. Si V es el volumen total y si V_1 y V_2 son los volúmenes de la región superior y región inferior, respectivamente, entonces

$$V_1 = 2\pi\int_{-2}^{0} |\,x-(-4)\,|\left((2-4x)-(2-x^3)\right)dx = 2\pi\int_{-2}^{0}(x+4)\left(-4x+x^3\right)dx$$

$$= 2\pi\int_{-2}^{0}\left(x^4+4x^3-4x^2-16x\right)dx = 2\pi\left[\frac{x^5}{5}+x^4-\frac{4x^3}{3}-8x^2\right]_{-2}^{0} = \frac{352}{15}\pi$$

$$V_2 = 2\pi\int_{0}^{2} |\,x-(-4)\,|\left((2-x^3)-(2-4x)\right)dx = 2\pi\int_{0}^{2}(x+4)\left(-x^3+4x\right)dx$$

$$= 2\pi\int_{0}^{2}\left(-x^4-4x^3+4x^2+16x\right)dx = 2\pi\left[-\frac{x^5}{5}-x^4+\frac{4x^3}{3}+8x^2\right]_{0}^{2} = \frac{608}{15}\pi$$

$$V = V_1 + V_2 = \frac{352}{15}\pi + \frac{608}{15}\pi = 64\pi$$

EJEMPLO 5. Consideremos la región encerrada por $y = \sqrt{x}$, el eje X y la recta $x = 4$. Hallar el volumen que genera esta región al girar alrededor de

a. La recta $x = -1$ **b.** La recta $y = -3$

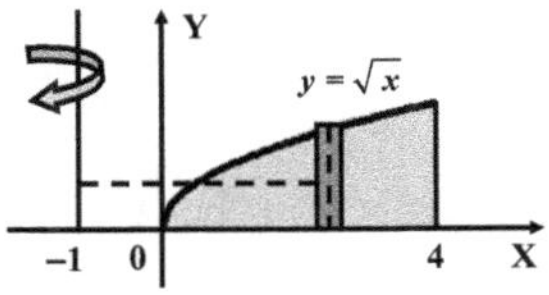

Solución

a. Se tiene que:

$r = |\,x-(-1)\,| = x+1,\ f(x) = \sqrt{x},\ g(x) = 0$

Luego,

$$V = 2\pi\int_0^4 (x+1)\sqrt{x}\,dx = 2\pi\int_0^4 \left(x^{3/2}+x^{1/2}\right)dx$$

$$= 2\pi\left(\frac{2}{5}x^{5/2}+\frac{2}{3}x^{3/2}\right]_0^4 = \frac{544}{15}\pi$$

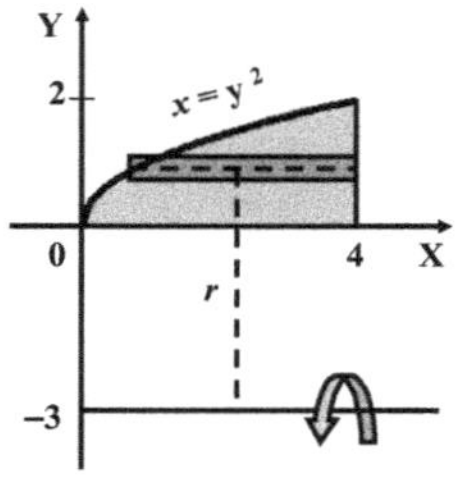

b. Se tiene que:

$r = |\,y-(-3)\,| = y+3,\ f(y)=4\ ,\ g(y)=y^2$

Luego,

$$V = 2\pi\int_0^2 (y+3)(4-y^2)\,dy$$

$$= 2\pi\int_0^2 \left(-y^3-3y^2+4y+12\right)dy = 2\pi\left(-\frac{y^4}{4}-y^3+2y^2+12y\right]_0^2 = 20\pi.$$

PROBLEMAS PROPUESTOS 4.3

En los problemas del 1 al 6 hallar el volumen del sólido generado por la rotación de la región encerrada por las curvas dadas al girar alrededor del eje Y.

1. $y = 2x - x^2,\ y = 0$ *Rpta.* $\frac{8}{3}\pi$

2. $y = e^{x^2},\ y=0,\ x=1,\ x=\sqrt{3}$ *Rpta.* $\pi\left(e^3-e\right)$

3. $y = \cos x^2,\ y=0,\ x=0,\ x=\sqrt{\pi}/2$ *Rpta.* $\frac{\sqrt{2}}{2}\pi$

4, $y = \frac{1}{\cos x^2},\ y=0,\ x=0,\ x=\sqrt{\pi}/2$ *Rpta.* $\pi\ln\left(\sqrt{2}+1\right)$

5. $y = \operatorname{sen} x,\ y = x,\ x=\pi$ *Rpta.* $\frac{2}{3}\pi^2\left(\pi^2-3\right)$

6. $y = \frac{1}{x^2+1},\ y=0,\ x=0,\ x=1$ *Rpta* $\pi\ln 2$

En los problemas del 7 al 10 hallar el volumen del sólido generado por la rotación de la región encerrada por las curvas dadas al girar alrededor del eje X.

7. $x = 2y - y^2,\ x = y$ *Rpta* $\pi/6$

8. $xy = 4,\ x+y=5$ *Rpta* $\frac{5}{6}\pi$

9. $2x = y^2-3y,\ x = y-2$ *Rpta* $\frac{45}{4}\pi$

10. $x = (y-1)^2, \quad y = x - 1$ *Rpta* $\dfrac{27}{2}\pi$

11. Hallar el volumen del sólido que genera la región del primer cuadrante encerrada por: $y^2 = x,\ y = x^3$; al girar alrededor de:

a. El eje Y. **b.** La recta $x = -1$. **c.** El eje X. **d.** La recta $y = -1$

Rpta. **a.** $\dfrac{2}{5}\pi$ **b.** $\dfrac{37}{30}\pi$ **c.** $\dfrac{5}{14}\pi$ **d.** $\dfrac{25}{21}\pi$

12. Hallar el volumen del sólido que genera la región encerrada por $y = 4 - x^2$ y el eje X al girar alrededor de la recta $x = 3$.

Rpta. 64π

13. Hallar el volumen del sólido que genera la región del primer cuadrante encerrada por: $y = 2 - x^2,\ y = x^2$, eje Y ; al girar alrededor del eje Y.

Rpta. π

14. Hallar el volumen del sólido que genera la región encerrada por $y = \ln x$, eje X, $x = e$; al girar alrededor de:

a. El eje X. **b.** El eje Y. *Rpta.* **a.** $(e-2)\pi$ **b.** $\dfrac{e^2+1}{2}\pi$

15. Hallar el volumen del sólido que genera la región encerrada por la recta $x = a$, la parábola $y^2 = 4ax$, donde $a > 0$; al girar alrededor de $x = a$.

Rpta. $\dfrac{32}{15}\pi a^3$

16. Hallar el volumen del sólido que genera la región encerrada por: $y = 2^x$, $x = 0$, $x = 2$, eje X; al girar alrededor de:

a. El eje X. **b.** El eje Y. *Rpta.* **a.** $\dfrac{15}{2\ln 2}\pi$ **b.** $2\pi\left(\dfrac{8}{\ln 2} - \dfrac{3}{\ln^2 2}\right)$

17. Hallar el volumen del sólido generado por la región encerrada por los gráficos de

$$f(x) = \cos x, \quad g(x) = \operatorname{sen} x$$

al girar alrededor de la recta $x = -\dfrac{\pi}{4}$

Rpta. $\left(\sqrt{2} - 1/2\right)\pi^2 - 2\pi$

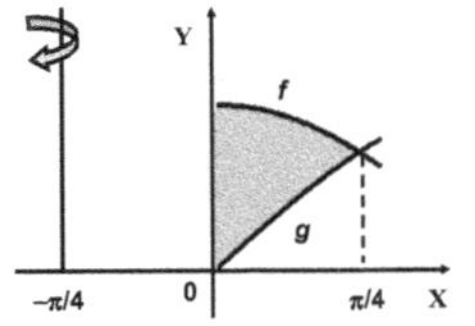

18. Hallar el volumen del sólido generado por la región encerrada por las curvas

$$y = x^3, \quad y = x,$$

al girar alrededor de la recta $x = 2$.

Rpta. 2π

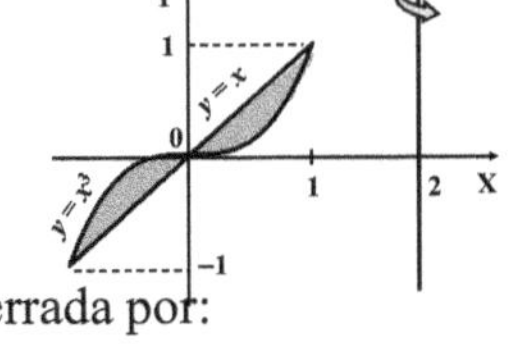

19. Hallar el volumen del sólido generado por la región encerrada por: Eje Y, eje X, $x = \pi$, $y = f(x)$ donde

$$f(x) = \begin{cases} \dfrac{\operatorname{sen} x}{x}, & \text{si } x \neq 0 \\ 1, & \text{si } x = 0 \end{cases}$$

Rpta $.4\pi$

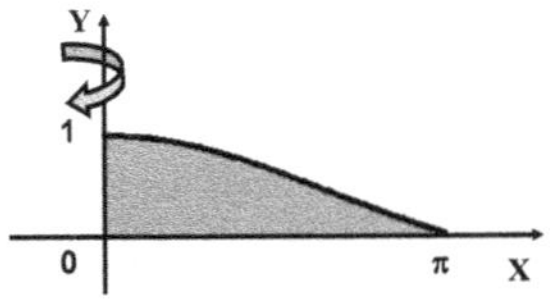

SECCION 4.4
LONGITUD DE UNA CURVA PLANA

Sea $y = f(x)$ una función cuya derivada es continua en el intervalo $[a, b]$.

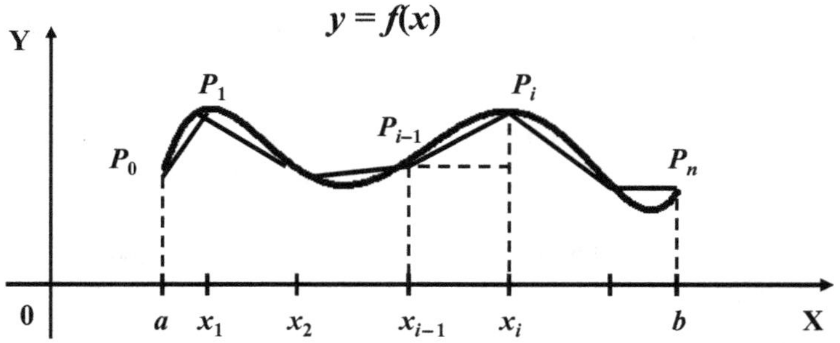

Queremos hallar la longitud del gráfico de f desde el punto $P_0 = (a, f(a))$ hasta el punto $P_n = (b, f(b))$. Sea L esta longitud. Como primer paso, construimos una poligonal tomando algunos puntos de la curva y uniéndolos con segmentos de rectas. La suma de las longitudes de estos segmentos es una aproximación a la longitud L. Podemos suponer que estos puntos corresponden a una partición $\mathcal{P}$ del intervalo $[a, b]$ determinada por:

$$a = x_0 < x_1 < \ldots, < x_{i-1} < x_i < \ldots < x_n = b$$

Es decir,

$$P_0 = (a, f(a)), \ldots, P_{i-1} = (x_{i-1}, f(x_{i-1})), \; P_i = (x_i, f(x_i)), \ldots, P_n = (b, f(b))$$

Concentrémonos en el sector comprendido entre

$$P_{i-1} = (x_{i-1}, f(x_{i-1})) \text{ y } P_i = (x_i, f(x_i))$$

Si $\Delta_i L$ es la longitud del arco en este sector, entonces

$$\Delta_i L \approx \overline{P_{i-1} P_i} = \sqrt{(x_i - x_{i-1})^2 + (f(x_i) - f(x_{i-1}))^2} \qquad \textbf{(1)}$$

Pero,

$$\Delta_i x = x_i - x_{i-1} \quad \text{y},$$

según el teorema del valor medio para derivadas, existe c_i en $[x_{i-1}, x_i]$ tal que

$$\Delta_i y = f(x_i) - f(x_{i-1}) = f'(c_i)(x_i - x_{i-1}) = f'(c_i)\, \Delta_i x$$

Remplazando estos valores en (1) tenemos:

$$\Delta_i L \approx \sqrt{(\Delta_i x)^2 + (f'(c_i)\, \Delta_i x)^2} = \sqrt{1 + (f'(c_i))^2}\; \Delta_i x$$

Luego,

$$L=\sum_{i=1}^{n}\Delta_i L=\lim_{\|\mathcal{P}\|\to 0}\sum_{i=1}^{n}\sqrt{1+\left(f\,'(c_i)\right)^2}\;\Delta_i x=\int_a^b\sqrt{1+\left(f\,'(x)\right)^2}\;dx$$

En resumen y haciendo las consideraciones del caso, tenemos:

a. Si $y=f(x)$ tiene una derivada continua en $[a, b]$ y L es la longitud del gráfico de f entre a y b, entonces

$$\boldsymbol{L=\int_a^b\sqrt{1+\left(f\,'(x)\right)^2}\;dx}$$

b. Si $x=f(y)$ tiene una derivada continua en $[c, d]$ y L es la longitud del gráfico de f entre c y d, entonces

$$\boldsymbol{L=\int_c^d\sqrt{1+\left(f\,'(y)\right)^2}\;dy}$$

EJEMPLO 1. Hallar la longitud de la parábola semicúbica $y=x^{3/2}$, $x\in[0, 5]$

Solución

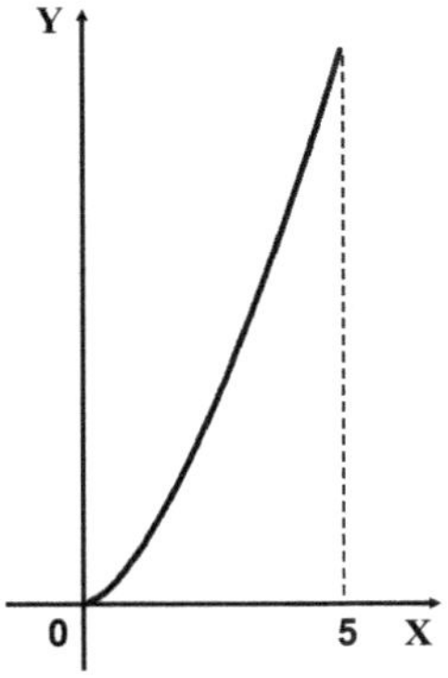

Tenemos que:

$$y'=\frac{3}{2}x^{1/2}\quad \text{y}\quad (y')^2=\frac{9}{4}x$$

Luego,

$$L=\int_0^5\sqrt{1+(y')^2}\;dx=\int_0^5\sqrt{1+\frac{9}{4}x}\;dx$$

$$=\frac{1}{2}\int_0^5\sqrt{4+9x}\;dx=\frac{1}{27}\left((4+9x)^{3/2}\right]_0^5=\frac{335}{27}$$

EJEMPLO 2. Hallar la longitud de la curva $x=\frac{1}{6}y^3+\frac{1}{2y}$, $y\in[1, 3]$.

Solución

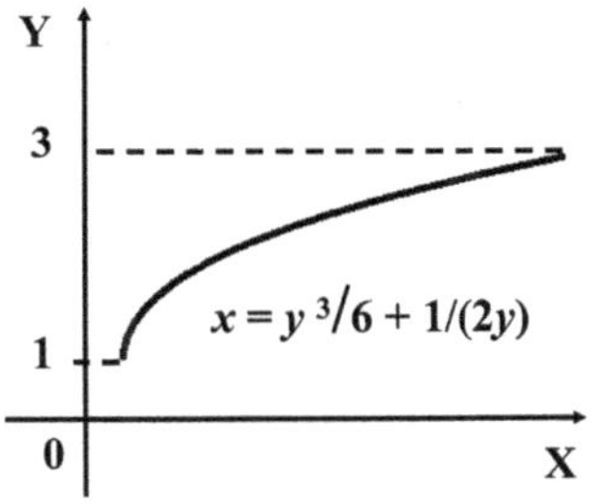

Tenemos que: $\dfrac{dx}{dy}=\dfrac{y^2}{2}-\dfrac{1}{2y^2}=\dfrac{y^4-1}{2y^2}$

Luego,

$$L=\int_1^3\sqrt{1+\left(\frac{y^4-1}{2y^2}\right)^2}\;dy$$

$$= \int_1^3 \sqrt{\frac{4y^4 + y^8 - 2y^4 + 1}{4y^4}}\, dy = \int_1^3 \sqrt{\frac{y^8 + 2y^4 + 1}{4y^4}}\, dy = \int_1^3 \sqrt{\frac{\left(y^4 + 1\right)^2}{4y^4}}\, dy$$

$$= \int_1^3 \frac{y^4 + 1}{2y^2}\, dy = \int_1^3 \left(\frac{y^2}{2} + \frac{1}{2y^2}\right) dy = \left[\frac{1}{6}y^3 - \frac{1}{2y}\right]_1^3 = \frac{14}{3}$$

PROBLEMAS RESUELTOS 4.4

PROBLEMA 1. Verificar que la longitud de la circunferencia $x^2 + y^2 = r^2$ es $2\pi r$.

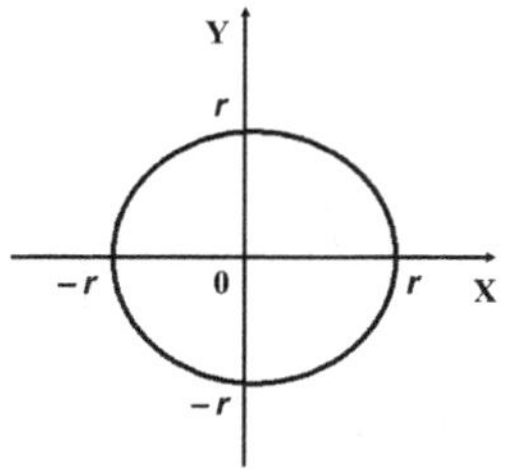

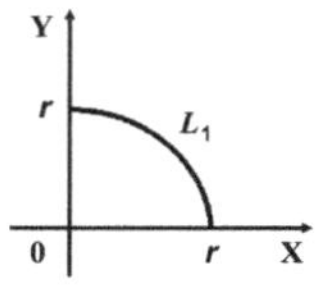

Solución

Si L_1 es la longitud de la circunferencia en el primer cuadrante, entonces $L = 4L_1$.

Derivamos la ecuación $x^2 + y^2 = r^2$ implícitamente respecto a x:

$$2x + 2yy' = 0 \Rightarrow y' = -\frac{x}{y} \Rightarrow y' = -\frac{x}{\sqrt{r^2 - x^2}} \Rightarrow (y')^2 = \frac{x^2}{r^2 - x^2}$$

Luego,

$$L = 4\int_0^r \sqrt{1 + (y')^2}\, dx = 4\int_0^r \sqrt{1 + \frac{x^2}{r^2 - x^2}}\, dx$$

$$= 4r\int_0^r \frac{1}{\sqrt{r^2 - x^2}}\, dx = 4r\left[\operatorname{sen}^{-1}\left(\frac{x}{r}\right)\right]_0^r = 4r\frac{\pi}{2} = 2\pi r$$

PROBLEMA 2. Hallar la longitud de la astroide: $x^{2/3} + y^{2/3} = a^{2/3}$

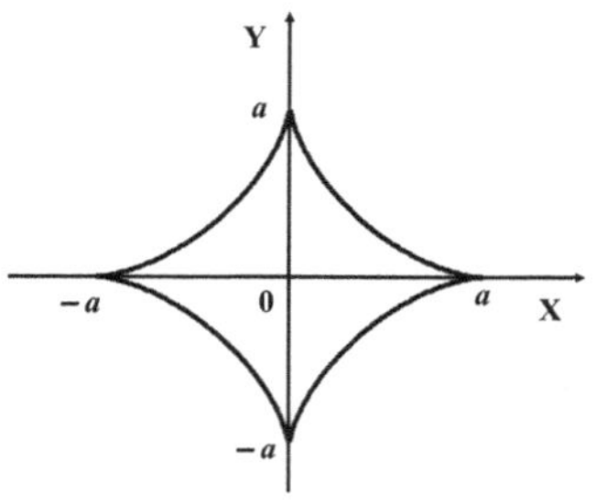

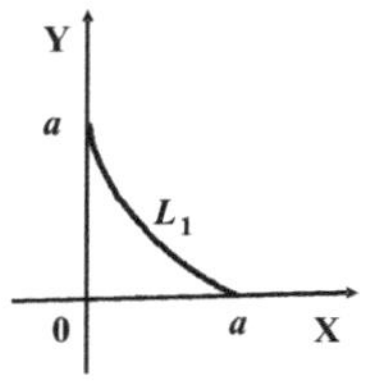

Solución

Si L_1 es la longitud de la astroide en el primer cuadrante, entonces $L = 4L_1$.

Derivamos la ecuación de la astroide implícitamente respecto a x:

$$\frac{2}{3}x^{-1/3}+\frac{2}{3}y^{-1/3}y'=0 \Rightarrow y'=-\frac{y^{1/3}}{x^{1/3}} \Rightarrow (y')^2=\frac{y^{2/3}}{x^{2/3}} \Rightarrow (y')^2=\frac{a^{2/3}-x^{2/3}}{x^{2/3}}$$

Luego,

$$L = 4L_1 = 4\int_0^a \sqrt{1+(y')^2}\,dx = 4\int_0^a \sqrt{1+\frac{a^{2/3}-x^{2/3}}{x^{2/3}}}\,dx$$

$$= 4\int_0^a \frac{a^{1/3}}{x^{1/3}}\,dx = 4a^{1/3}\left[\frac{3}{2}x^{2/3}\right]_0^a = 6a$$

PROBLEMA 3. **Longitud de un arco de la Tractriz**

Hallar la longitud del arco de la tractriz:

$$y = a\ln\frac{a+\sqrt{a^2-x^2}}{x} - \sqrt{a^2-x^2}\ ,\ x \in [b, a],\ \text{donde } 0 < b < a$$

Solución

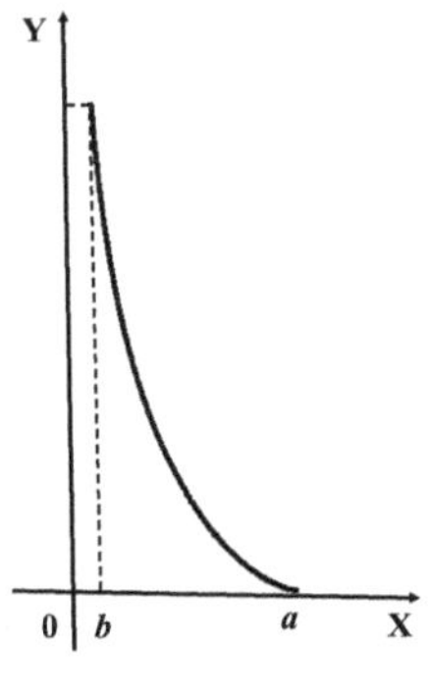

Tenemos que:

$$y = a\ln\frac{a+\sqrt{a^2-x^2}}{x}-\sqrt{a^2-x^2} \qquad \Rightarrow$$

$$y = a\ \ln\left(a+\sqrt{a^2-x^2}\right) - a\ln x - \sqrt{a^2-x^2} \Rightarrow$$

$$y' = a\frac{-x/\sqrt{a^2-x^2}}{a+\sqrt{a^2-x^2}} - \frac{a}{x} - \frac{-x}{\sqrt{a^2-x^2}}$$

$$= \frac{-ax^2-a\sqrt{a^2-x^2}\left(a+\sqrt{a^2-x^2}\right)+x^2\left(a+\sqrt{a^2-x^2}\right)}{x\sqrt{a^2-x^2}\left(a+\sqrt{a^2-x^2}\right)}$$

$$= \frac{ax^2-a^3-\left(a^2-x^2\right)\sqrt{a^2-x^2}}{x\sqrt{a^2-x^2}\left(a+\sqrt{a^2-x^2}\right)} = -\frac{a\left(a^2-x^2\right)+\left(a^2-x^2\right)\sqrt{a^2-x^2}}{x\sqrt{a^2-x^2}\left(a+\sqrt{a^2-x^2}\right)}$$

$$= -\frac{\left(a^2-x^2\right)\left(a+\sqrt{a^2-x^2}\right)}{x\sqrt{a^2-x^2}\left(a+\sqrt{a^2-x^2}\right)} = -\frac{\sqrt{a^2-x^2}}{x}$$

Luego,

$$L=\int_b^a \sqrt{1+\left(-\sqrt{a^2-x^2}\,/\,x\right)^2}=\int_b^a \frac{\sqrt{a^2}}{x}\,dx=a\int_b^a \frac{1}{x}\,dx=a\left(\ln x\ \right]_b^a=a\ln\frac{a}{b}$$

PROBLEMA 4. Sea la curva $y^3=x^2$

a. Hallar la longitud del arco comprendido entre $x=1$ y $x=8$.

b. Hallar la longitud del arco comprendido entre $x=0$ y $x=8$.

Solución

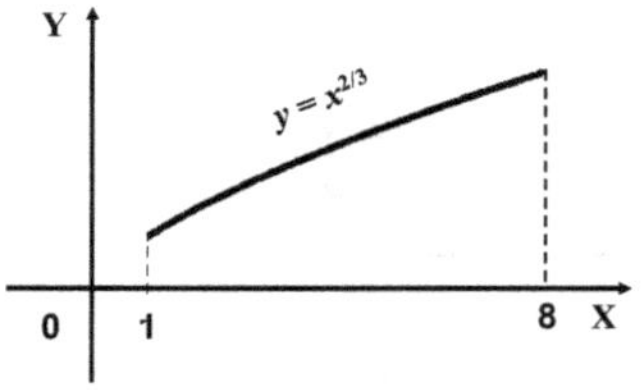

a. $y^3=x^2 \Rightarrow y=x^{2/3} \Rightarrow\ y'=\dfrac{dy}{dx}=\dfrac{2}{3x^{1/3}}$.

Luego,

$$L_1=\int_1^8 \sqrt{1+\left(2/3x^{1/3}\right)^2}\,dx=\int_1^8 \frac{\sqrt{9x^{2/3}+4}}{3x^{1/3}}\,dx$$

$$=\frac{1}{18}\int_1^8 \left(9x^{2/3}+4\right)^{1/2}\left(6x^{-1/3}dx\right)$$

$$=\frac{1}{18}\left(\frac{2}{3}\left(9x^{2/3}+4\right)^{3/2}\right]_1^8=\frac{1}{27}\left[80\sqrt{10}-13\sqrt{13}\right]$$

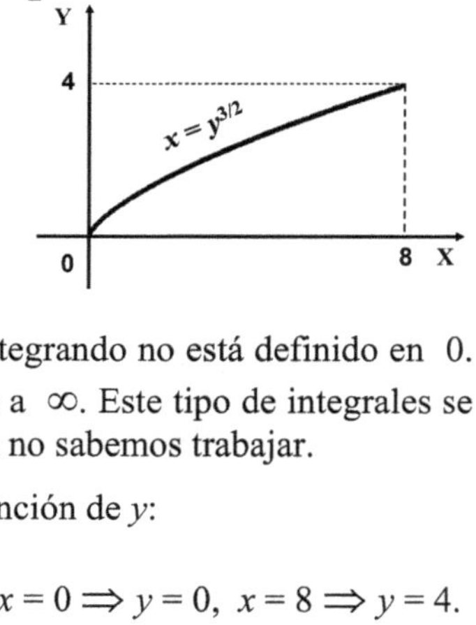

b. Si procedemos como en la parte a, considerando la función $y=x^{2/3}$, la longitud del arco es

$$L=\int_0^8 \sqrt{1+\left(2/3x^{1/3}\right)^2}\,dx=\int_0^8 \frac{\sqrt{9x^{2/3}+4}}{3x^{1/3}}\,dx$$

Sin embargo, aquí tenemos una dificultad. El integrando no está definido en 0. Aún más, cuando x tiene a 0, el integrando tiende a ∞. Este tipo de integrales se llaman integrales impropias, con las cuales todavía no sabemos trabajar.

Cambiamos de táctica, considerando a x como función de y:

$y^3=x^2 \Rightarrow x=y^{3/2} \Rightarrow x'=\dfrac{dx}{dy}=\dfrac{3}{2}y^{1/2}$. Además: $x=0 \Rightarrow y=0,\ x=8 \Rightarrow y=4$.

Luego,

$$L=\int_0^4 \sqrt{1+\left(3y^{1/2}/2\right)^2}\,dy=\frac{1}{2}\int_0^4 \sqrt{4+9y}\,dy=\frac{1}{18}\int_0^4 (4+9y)^{1/2}(9dy)$$

$$=\frac{1}{18}\left(\frac{2}{3}(4+9y)^{3/2}\right]_0^4=\frac{1}{27}\left[(4+36)^{3/2}-(4+0)^{3/2}\right]=\frac{8}{27}\left[10\sqrt{10}-1\right]$$

PROBLEMA 5. **Cables colgantes y la Catenaria**

Probar que un cable colgante homogéneo y flexible suspendido por dos puntos fijos situados a la misma altura adopta la forma de una **catenaria**: $y = a \cosh \dfrac{x}{a}$.

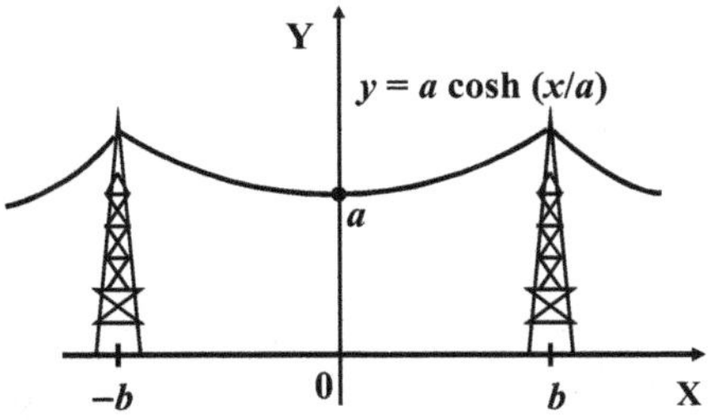

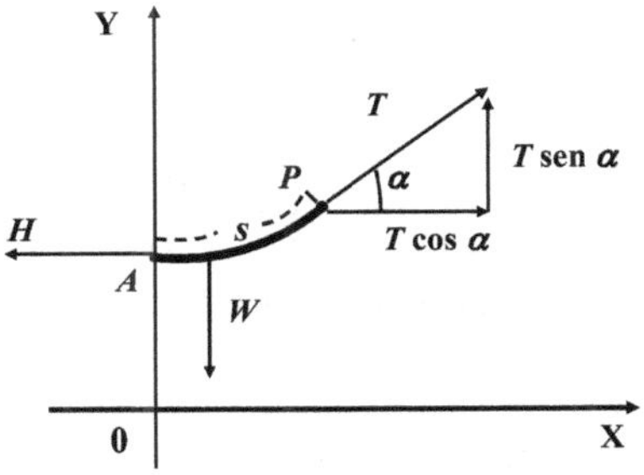

Solución

Procedemos en dos pasos. En el paso 1 deducimos la ecuación diferencial que gobierna el sistema. En el paso 2 resolvemos esta ecuación.

Paso 1. Hallamos la ecuación diferencial

En primer lugar, definimos la **función longitud de arco**. Si $y = f(x)$ es una función con dominio $[a, b]$, se llama función longitud de arco de la función f, a la función $s: [a, b] \to \mathbb{R}$,

$$s(x) = \int_a^x \sqrt{1 + (f\,'(t))^2}\, dx \quad \text{o bien} \quad s(x) = \int_a^x \sqrt{1 + \left(\frac{dy}{dx}\right)^2}\, dx$$

Observar que $s(x)$ no es otra cosa que la longitud del gráfico desde el punto inicial $P_0 = (a, f(a))$ hasta el punto $P = (x, f(x))$. Además, de acuerdo al primer teorema fundamental del cálculo, tenemos que:

$$\frac{ds}{dx} = \sqrt{1 + \left(\frac{dy}{dx}\right)^2} \qquad \textbf{(1)}$$

Ahora, tomamos una porción del cable de longitud s, comprendida entre los puntos A y P (Ver la segunda figura). Sea $\boldsymbol{\delta}$ **el peso por unidad** de longitud del cable.

Sobre esta porción de cable actúan las siguientes fuerzas:

a. H = tensión horizontal, que tira de A.

b. T = tensión tangencial, que tira de P.

c. $W = \delta s$ = peso del cable.

Para alcanzar el equilibrio, la componente horizontal de T debe compensar H, y la componente vertical de T debe compensar a W. Esto es:

$$T \cos \alpha = H \quad \text{y} \quad T \text{ sen } \alpha = W = \delta s \;\Rightarrow\; \frac{T \text{ sen } \alpha}{T \cos \alpha} = \tan \alpha = \frac{\delta s}{H}$$

Pero, $\tan\alpha$ = pendiente = $\dfrac{dy}{dx}$. Luego,

$$\frac{dy}{dx} = \frac{\delta s}{H} = \frac{\delta}{H}s$$

Derivando esta ecuación respecto a x y teniendo en cuenta la igualdad (1):

$$\frac{d^2y}{dx^2} = \frac{\delta}{H}\,\frac{ds}{dx} = \frac{\delta}{H}\sqrt{1+\left(\frac{dy}{dx}\right)^2}$$

Esto es,

$$\frac{d^2y}{dx^2} = \frac{\delta}{H}\sqrt{1+\left(\frac{dy}{dx}\right)^2},$$

que es la ecuación diferencial buscada.

Paso 2. Resolvemos la ecuación $\dfrac{d^2y}{dx^2} = \dfrac{\delta}{H}\sqrt{1+\left(\dfrac{dy}{dx}\right)^2}$

Con el ánimo de simplificar, a la constante $\dfrac{\delta}{H}$ la denotamos con $\dfrac{1}{a}$ y, en este caso, la ecuación toma la forma:

$$\frac{d^2y}{dx^2} = \frac{1}{a}\sqrt{1+\left(\frac{dy}{dx}\right)^2} \qquad \textbf{(2)}$$

Como esta ecuación es de orden 2, precisamos 2 condiciones iniciales:

$$\frac{dy}{dx} = 0 \quad \text{y} \quad y = a, \text{ cuando } x = 0.$$

Si $z = \dfrac{dy}{dx}$, tenemos que $\dfrac{dz}{dx} = \dfrac{d^2y}{dx^2}$ y la ecuación (2) se convierte en:

$$\frac{dz}{dx} = \frac{1}{a}\sqrt{1+z^2}, \text{ o bien } \frac{dz}{\sqrt{1+z^2}} = \frac{dx}{a}$$

Integrando:

$$\int\frac{dz}{\sqrt{1+z^2}} = \frac{1}{a}\int dx \Rightarrow \operatorname{senh}^{-1}z = \frac{x}{a} + C_1 \qquad \textbf{(5)}$$

Pero, de la condición inicial, $z = 0$ cuando $x = 0$, obtenemos que $C_1 = 0$

Entonces

$$\operatorname{senh}^{-1}z = \frac{x}{a}, \text{ o bien } z = \operatorname{senh}\frac{x}{a}$$

Recordando que $z = \dfrac{dy}{dx}$, tenemos:

$$\frac{dy}{dx} = \operatorname{senh}\frac{x}{a} \Rightarrow dy = \operatorname{senh}\frac{x}{a}\,dx \Rightarrow y = \int\operatorname{senh}\frac{x}{a}\,dx \Rightarrow$$

$$y = a\cosh\frac{x}{a} + C_2$$

La condición inicial $y = a$ cuando $x = 0$ nos dice que:

$$a = a\cosh 0 + C_2 \Rightarrow a = a + C_2 \Rightarrow C_2 = 0,$$

de donde, finalmente, obtenemos la catenaria $y = a\cosh\dfrac{x}{a}$

¿SABIAS QUE . . .

El resultado anterior de la catenaria fue obtenido por los hermanos ***Jacob Bernoulli*** *(1654–1705)* ***y Johann Bernoulli*** *(1667–1748).*

PROBLEMAS PROPUESTOS 4.4

En los problemas del 1 hallar la longitud de la curva dada.

1. $y = \dfrac{x^3}{6} + \dfrac{1}{2x}$, $x \in [1, 3]$. *Rpta.* $\dfrac{14}{3}$

2. $y = \dfrac{1}{3}\left(x^2+2\right)^{3/2}$, $x \in [0, 3]$. *Rpta.* 12

3. $y = \dfrac{1}{3}\sqrt{x}\,(3x-1)$, $x \in [1, 4]$. *Rpta.* $\dfrac{22}{3}$

4. $y^2 = 12x$, $y \in [0, 6]$ *Rpta.* $3\left[\sqrt{2} + \ln\left(1+\sqrt{2}\right)\right]$

5. $x = \dfrac{y^4}{4} + \dfrac{1}{8y^2}$, $y \in [1, 2]$ *Rpta.* $\dfrac{123}{32}$

6. $y = \sqrt{x} - \dfrac{1}{3}x\sqrt{x}$, $x \in [1, 4]$ *Rpta.* 6

7. $y = \ln x$, $x \in [\sqrt{3}, \sqrt{8}\,]$ *Rpta.* $1 + \dfrac{1}{2}\ln\dfrac{3}{2}$

8. $y = \ln\cos x$, $x \in [\pi/6, \pi/4\,]$ *Rpta.* $\ln\left(\dfrac{\sqrt{2}+1}{\sqrt{3}}\right)$

9. $y = e^x$, $x \in [0, \ln\sqrt{3}\,]$ *Rpta* .$2 - \sqrt{2} - \ln\sqrt{3}\left(\sqrt{2}-1\right)$

9. $y = \displaystyle\int_0^x \sqrt{\sec^4 t - 1}\,dt$, $x \in [0, \pi/4\,]$ *Rpta.* 1

10. $y = \ln\sec x$, $x \in [0, \pi/3]$ *Rpta.* $\ln\left(2+\sqrt{3}\right)$

11. $y = \operatorname{sen}^{-1}\left(e^{-x}\right)$, $x \in [\ln\sqrt{5}, 2]$. *Rpta.* $\ln\dfrac{e^2 + \sqrt{e^4-1}}{2+\sqrt{5}}$

12. $y = a\cosh\dfrac{x}{a}$, la catenaria, $x \in [0, b]$. *Rpta.* a senh $\dfrac{b}{a}$

13. $e^y = \dfrac{e^x + 1}{e^x - 1}$, $x \in [1, 2]$ *Rpta* $\ln(e^2 + 1) - 1$

14. $x = \dfrac{y^2}{4} - \dfrac{1}{2}\ln y$, $y \in [1, e]$ *Rpta.* $\dfrac{1}{4}\left(1 + e^2\right)$

15. $y = \dfrac{x}{2}\sqrt{1 - x^2} - \dfrac{1}{2}\ln\left(x + \sqrt{x^2 - 1}\right)$, $x \in [-1, 1]$ *Rpta.* 6

16. $y^3 = x^2$, $x \in [-1, 8]$ *Rpta.* $\dfrac{1}{27}\left[13\sqrt{13} + 80\sqrt{10} - 16\right]$

SECCION 4.5

AREA DE UNA SUPERFICIE DE REVOLUCION

Una superficie de revolución es una superficie que se obtiene al girar una curva alrededor de una de una recta. A la recta la llamaremos **eje de revolución**.

En esta sección nos ocuparemos de calcular el área de superficies de revolución generadas por gráficos de funciones continuas que giran alrededor de rectas horizontales o verticales. La integral que nos permite llevar a cabo estos cálculos se deduce a partir de la fórmula del área del **tronco de cono circular recto**, la cual la presentamos a continuación.

Consideramos un segmento de recta de longitud L. El segmento, al girar alrededor de un eje de revolución, determina un tronco de cono circular recto de radio r_1 y r_2. Si A es el área de la superficie lateral de este tronco de cono, sabemos que:

$$A = \pi(r_1 + r_2)L$$

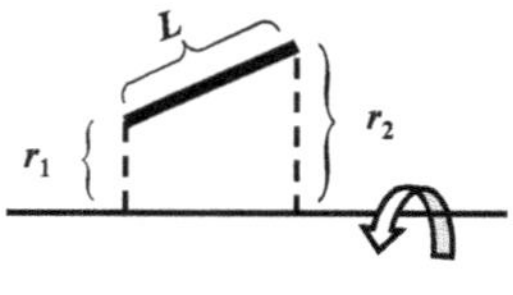

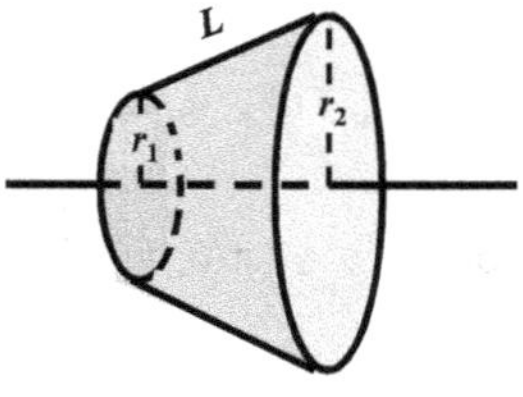

GIRO ALREDEDOR DEL EJE X

Sea $y = f(x)$ una función con **derivada continua** en el intervalo $[a, b]$ y

$$f(x) \geq 0, \ \forall\, x \text{ en } [a, b]$$

Hacemos girar el gráfico de f alrededor del eje X y obtenemos la superficie de revolución S. Buscamos una fórmula que nos proporcione el área de S.

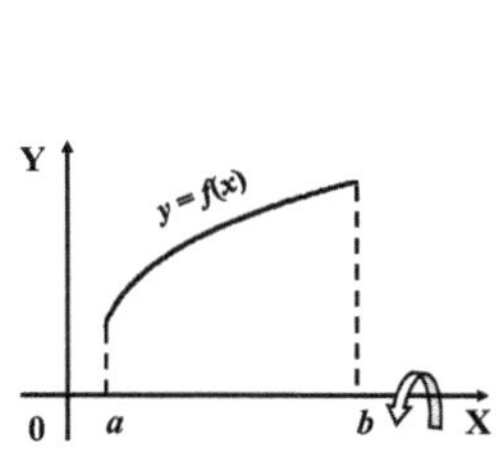

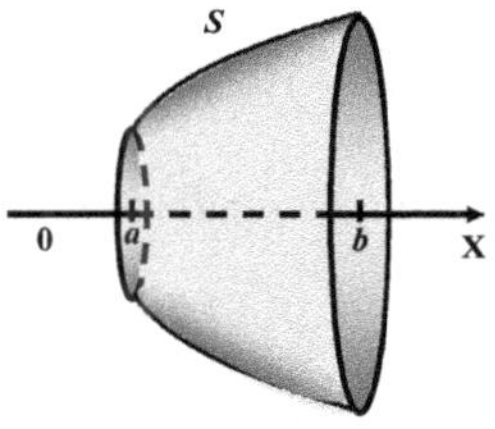

Tomamos una partición $\mathcal{P}$ del intervalo $[a, b]$ determinada por:

$$a = x_0 < x_1 < \ldots, < x_{i-1} < x_i < \ldots < x_n = b$$

Uniendo con segmentos de recta los siguientes puntos del gráfico de f

$$P_0 = (a, f(a)), \ldots, P_{i-1} = (x_{i-1}, f(x_{i-1})), \quad P_i = (x_i, f(x_i)), \ldots, P_n = (b, f(b))$$

obtenemos una poligonal. Esta poligonal, al girar sobre el eje X, determina una superficie formada por conos truncados, cuya suma de sus áreas aproximan el área de la superficie de revolución.

Ahora, nos concentramos en la parte comprendida entre los puntos

$$P_{i-1} = (x_{i-1}, f(x_{i-1})) \quad \text{y} \quad P_i = (x_i, f(x_i))$$

El segmento de recta que une P_{i-1} con P_i, al girar, genera el tronco de cono de:

Radios: $r_{i-1} = f(x_{i-1})$ y $r_i = f(x_i)$. Altura oblicua: $L_i = \overline{P_{i-1}P_i}$.

El área de este tronco de cono es:

$$A_i = \pi\big(f(x_{i-1}) + f(x_i)\big)L_i \qquad (1)$$

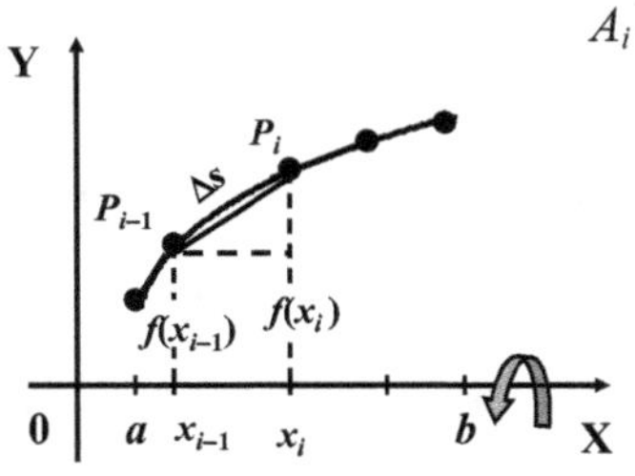

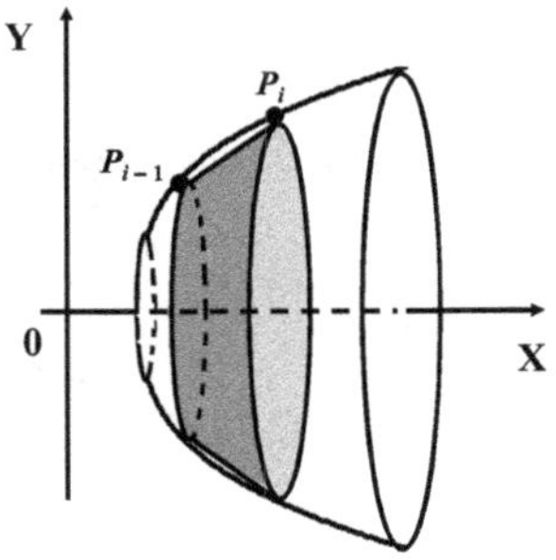

El triángulo pequeño de arriba es una réplica de la parte de la poligonal comprendida entre los puntos P_{i-1} y P_i. Aplicando el teorema de Pitágoras:

$$L_i = \overline{P_{i-1}P_i} = \sqrt{(\Delta_i x)^2 + (\Delta_i f)^2} = \sqrt{(\Delta_i x)^2 + (f(x_i) - f(x_{i-1}))^2} \qquad (2)$$

Por el teorema del valor medio para derivadas, existe $c_i \in (x_{i-1}, x_i)$ tal que

$$f(x_i) - f(x_{i-1}) = f'(c_i)(x_i - x_{i-1}) = f'(c_i)\Delta_i x \qquad (3)$$

Reemplazando (3) en (2):

$$L_i = \sqrt{(\Delta_i x)^2 + (f\,'(c_i)\Delta_i x)^2} = \sqrt{1 + (f\,'(c_i))^2}\;\Delta_i x \qquad \textbf{(4)}$$

Por otro lado, por ser f continua, cuando $\Delta_i x$ es pequeño,

$$f(x_i) \approx f(c_i) \quad \text{y} \quad f(x_{i-1}) \approx f(c_i)$$

Luego,

$$f(x_i) + f(x_{i-1}) \approx f(c_i) + f(c_i) = 2f(c_i) \qquad \textbf{(5)}$$

Reemplazando (4) y (5) en (1):

$$A_i \approx 2\pi f(c_i)\sqrt{1 + (f\,'(c_i))^2}\;\Delta_i x$$

Ahora, si A es el área de la superficie de revolución, entonces

$$A \approx \sum_{i=1}^{n} A_i \approx \sum_{i=1}^{n} 2\pi f(c_i)\sqrt{1 + (f\,'(c_i))^2} = 2\pi \sum_{i=1}^{n} f(c_i)\sqrt{1 + (f\,'(c_i))^2}$$

Luego, podemos establecer que:

$$A = 2\pi \lim_{\|\mathcal{P}\|\to 0} \sum_{i=1}^{n} f(c_i)\sqrt{1 + (f\,'(c_i))^2}\;\Delta_i x = 2\pi \int_a^b f(x)\sqrt{1 + (f\,'(x))^2}\,dx$$

Esto es,

$$\boldsymbol{A = 2\pi \int_a^b f(x)\sqrt{1 + (f\,'(x))^2}\,dx} \qquad \textbf{(6)}$$

GIRO ALREDEDOR DEL EJE Y

Seguimos considerando la función $y = f(x)$ con **derivada continua** en el intervalo $[a, b]$. Pero, ahora, a su gráfica la hacemos girar alrededor del eje Y.

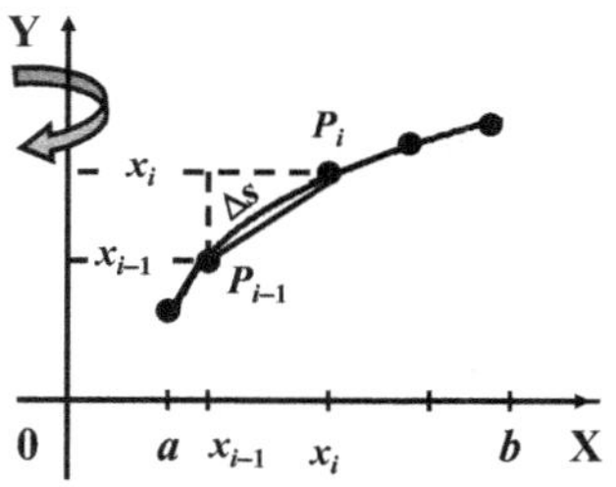

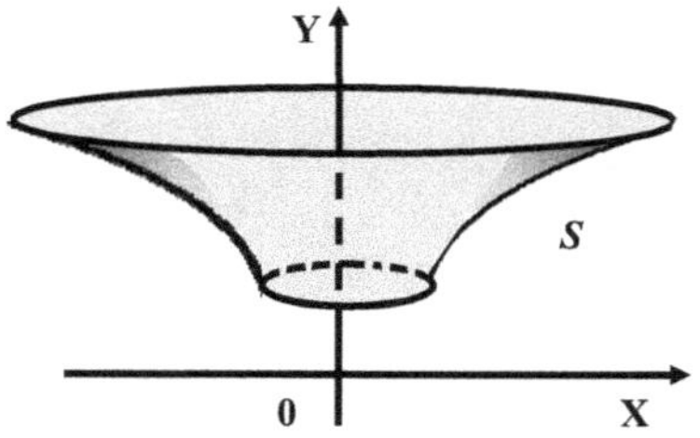

En este caso, los radios del tronco de cono son $r_{i-1} = x_{i-1}$ y $r_i = x_i$. Siguiendo el mismo argumento del caso anterior, obtenemos que el área de la superficie de revolución, con eje de revolución el eje Y, es

$$A = 2\pi \int_a^b x\sqrt{1 + \left(f'(x)\right)^2}\, dx \qquad (7)$$

En el caso frecuente de que la curva que giramos es el gráfico de una función

$$x = g(y),$$

tomando una partición de $[c, d]$ y siguiendo los mismos pasos anteriores, obtenemos:

$$A = 2\pi \int_c^d y\sqrt{1 + \left(g'(y)\right)^2}\, dy \text{, si el eje de revolución es el eje X.} \qquad \textbf{(8)}$$

$$A = 2\pi \int_c^d g(y)\sqrt{1 + \left(g'(y)\right)^2}\, dy \text{, si el eje de revolución es el eje Y.} \qquad \textbf{(9)}$$

Los resultados anteriores los organizamos en el siguiente cuadro.

Curva	**Eje X**	**Eje Y**
$y = f(x)$, $a \le x \le b$	$A = 2\pi \int_a^b f(x)\sqrt{1 + \left(f'(x)\right)^2}\, dx$ **(6)**	$A = 2\pi \int_a^b x\sqrt{1 + \left(f'(x)\right)^2}\, dx$ **(7)**
$x = g(y)$, $c \le y \le d$	$A = 2\pi \int_c^d y\sqrt{1 + \left(g'(y)\right)^2}\, dy$ **(8)**	$A = 2\pi \int_c^d g(y)\sqrt{1 + \left(g'(y)\right)^2}\, dy$ **(9)**

Las dos fórmulas (6) y (7) las podemos sintetizar en una sola. En efecto, Si $r(x)$ es la distancia de un punto de la curva $y = f(x)$ al eje de revolución, entonces:

$r(x) = f(x)$, si el eje de revolución es el eje X.

$r(x) = x$, si el eje de revolución es el eje Y.

Luego, el área de la superficie de revolución, en el caso (6) o caso (7), es:

$$A = 2\pi \int_a^b r(x)\sqrt{1 + \left(f'(x)\right)^2}\, dx \qquad \textbf{(10)}$$

Similarmente, si $r(y)$ es la distancia de un punto de la curva $x = g(y)$ al eje de revolución, entonces:

$r(y) = y$, si el eje de revolución es el eje X.

$r(y) = g(y)$, si el eje de revolución es el eje Y.

Luego, el área de la superficie de revolución, en el casos (6) o caso (9), es:

$$A = 2\pi \int_{c}^{d} r(y)\sqrt{1 + \left(g'(y)\right)^2}\, dy\,, \qquad \textbf{(11)}$$

GIRO ALREDEDOR DE RECTAS HORIZONTALES O VERTICALES

Las fórmulas (10) y (11) nos sirven para calcular el área de superficies de revolución con ejes que son rectas **horizontales** (paralelas al eje X) o **verticales** (paralelas al eje Y). Para esto, solo se precisa determinar los valores de $r(x)$ y $r(y)$, que son, como antes, las distancias de un punto general de la curva al eje de revolución. Las siguientes figuras nos ilustran dos casos:

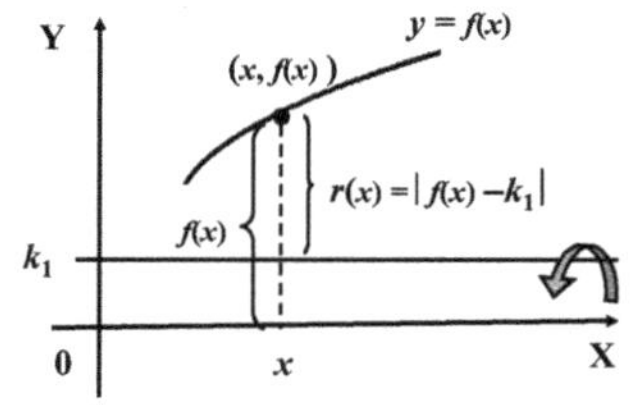

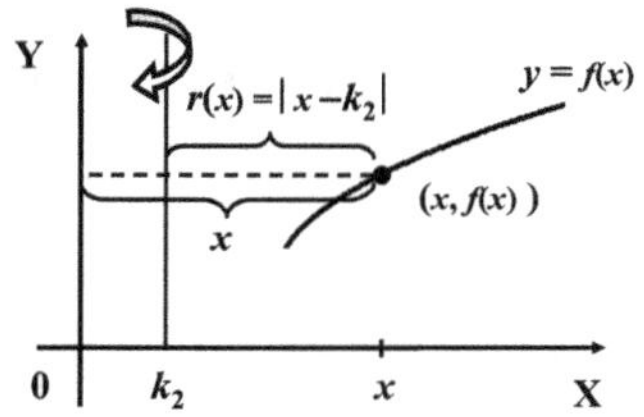

1. En la primera figura, la curva $y = f(x)$ gira alrededor de la recta horizontal $y = k_1$.
En este caso, $r(x) = | f(x) - k_1 |$.

2. En la segunda figura, la curva $y = f(x)$ gira alrededor de la recta vertical $x = k_2$.
En este caso, $r(x) = | x - k_2 |$.

Los resultados anteriores nos facultan para establecer la siguiente definición.

DEFINICION. **1.** Si $\boldsymbol{y = f(x)}$ tiene derivada continua en el intervalo $[\boldsymbol{a}, \boldsymbol{b}]$, el área A de la superficie de revolución obtenida al girar la gráfica de f alrededor de un eje **horizontal o vertical** es

$$A = 2\pi \int_{a}^{b} r(x)\sqrt{1 + \left(f'(x)\right)^2}\, dx\,, \qquad \textbf{(I)}$$

donde $\boldsymbol{r(x)}$ es la distancia entre la gráfica de f y el eje de revolución.

2. Si $\boldsymbol{x = g(y)}$ tiene derivada continua en el intervalo $[\boldsymbol{c}, \boldsymbol{d}]$, el área A de la superficie de revolución obtenida al girar la gráfica de g alrededor de un eje **horizontal o vertical** es

$$A = 2\pi \int_{c}^{d} r(y)\sqrt{1 + \left(g'(y)\right)^2}\, dy\,, \qquad \textbf{(II)}$$

donde $\boldsymbol{r(y)}$ es la distancia entre la gráfica de g y el eje de revolución.

EJEMPLO 1. Hallar el área de la superficie de revolución que se obtiene al girar alrededor del eje X el gráfico de $y = x^3$, donde $0 \le x \le 1$.

Solución

Tenemos que $r(x) = x^3$ y $f'(x) = 3x^2$. Luego,

$$A = 2\pi \int_0^1 r(x)\sqrt{1 + (f'(x))^2}\, dx$$

$$= 2\pi \int_0^1 x^3 \sqrt{1 + (3x^2)^2}\, dx$$

$$= 2\pi \int_0^1 x^3 \sqrt{1 + 9x^4}\, dx$$

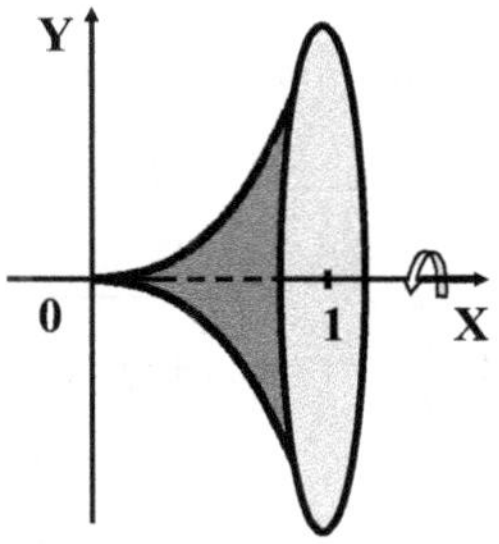

Sea $u = 1 + 9x^4$, entonces

$$du = 36x^3 dx,\ dx = \frac{du}{36x^3},\ x = 0 \Rightarrow u = 1 \text{ y } x = 1 \Rightarrow u = 10.$$

Luego,

$$A = \frac{2\pi}{36}\int_0^1 \sqrt{1 + 9x^4}\left(36x^3 dx\right) = \frac{2\pi}{36}\int_1^{10} u^{1/2} du = \frac{2\pi}{36}\frac{2}{3}u^{3/2}\Big]_1^{10}$$

$$= \frac{\pi}{27}\left(10^{3/2} - 1\right) = \frac{\pi}{27}\left(10\sqrt{10} - 1\right) \approx 3{,}56$$

EJEMPLO 2. Hallar el área de la superficie de revolución que se obtiene al girar alrededor del eje Y el gráfico de $y = x^3$, donde $0 \le x \le 1$.

Solución

Lo haremos de dos maneras.

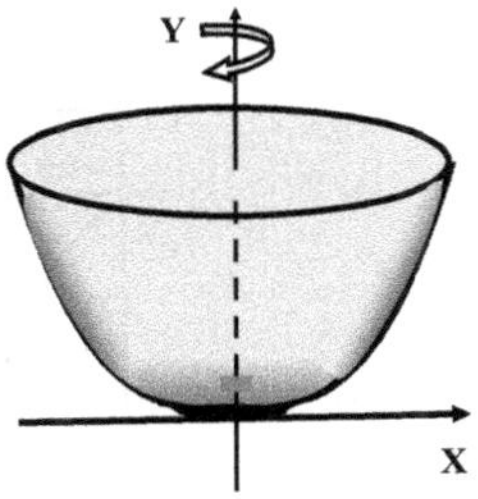

Primera manera: Mediante la fórmula I:

Tenemos que $r(x) = x$ y $f'(x) = 3x^2$. Luego,

$$A = 2\pi \int_0^1 \mathrm{r}(x)\sqrt{1 + (f'(x))^2}\, dx$$

$$= 2\pi \int_0^1 x\sqrt{1 + \left(3x^2\right)^2}\, dx = 2\pi \int_0^1 x\sqrt{1 + 9x^4}\, dx$$

$$= \frac{2\pi}{6}\int_0^1 \sqrt{1 + \left(3x^2\right)^2}\left(6x\, dx\right)$$

Sea $u = 3x^2$. Tenemos: $du = 6x$. $x = 0 \Rightarrow u = 0$. $x = 1 \Rightarrow u = 3$. Luego,

$$A = \frac{\pi}{3}\int_0^3 \sqrt{1+u^2}\,du = \frac{\pi}{3}\left[\frac{u}{2}\sqrt{1+u^2}+\frac{1}{2}\ln\left(u+\sqrt{1+u^2}\right)\right]_0^3$$

$$= \frac{\pi}{3}\left[\frac{3}{2}\sqrt{1+3^2}+\frac{1}{2}\ln\left(3+\sqrt{1+3^2}\right)\right] = \frac{\pi}{6}\left[3\sqrt{10}+\ln\left(3+\sqrt{10}\right)\right]$$

Segunda manera: Mediante la fórmula II:

De la ecuación $y = x^3$ despejamos x: $x = g(x) = \sqrt[3]{y}$. Además,

$g'(x) = \dfrac{1}{3y^{2/3}}$. $x = 0 \Rightarrow y = 0$. $x = 1 \Rightarrow y = 1$. Luego, $0 \leq y \leq 1$

$$A = 2\pi\int_c^d r(y)\sqrt{1+\left(g'(y)\right)^2}\,dy = 2\pi\int_0^1 \sqrt[3]{y}\sqrt{1+\left(1/3y^{2/3}\right)^2}\,dy$$

$$= 2\pi\int_0^1 \sqrt[3]{y}\,\frac{\sqrt{9y^{4/3}+1}}{3y^{2/3}}\,dy = \frac{2\pi}{3}\int_0^1 \sqrt{9y^{4/3}+1}\left(\frac{dy}{y^{1/3}}\right)$$

$$= \frac{\pi}{3}\int_0^1 \sqrt{\left(3y^{2/3}\right)^2+1}\left(\frac{2dy}{y^{1/3}}\right) = \frac{\pi}{3}\int_0^3 \sqrt{u^2+1}\,du\ , \qquad (u = 3y^{2/3})$$

$$= \frac{\pi}{3}\left[\frac{u}{2}\sqrt{1+u^2}+\frac{1}{2}\ln\left(u+\sqrt{1+u^2}\right)\right]_0^3 = \frac{\pi}{6}\left[3\sqrt{10}+\ln\left(3+\sqrt{10}\right)\right]$$

EJEMPLO 3. Hallar el área de la superficie de revolución que se obtiene al girar alrededor de recta $y = 1$ el gráfico de $f(x) = 1 - e^x$, donde $0 \leq x \leq 1$.

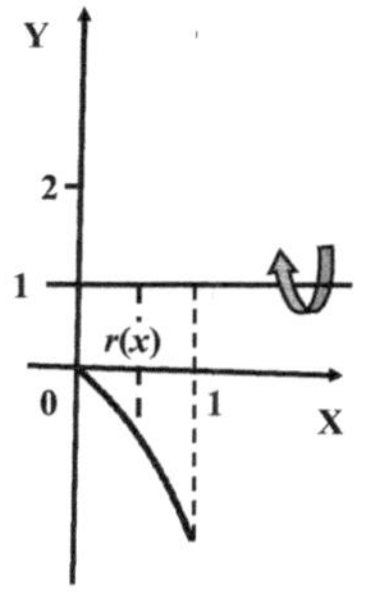

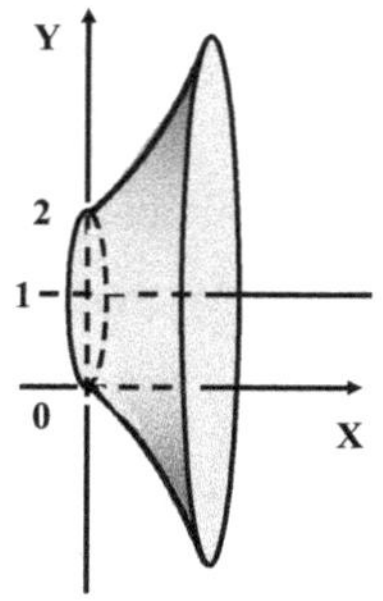

Solución

Tenemos que $r(x) = 1 - f(x) = 1 - (1 - e^x) = e^x$ y $f'(x) = -e^x$. Luego,

$$A = 2\pi\int_0^1 r(x)\sqrt{1+\left(f'(x)\right)^2}\,dx = 2\pi\int_0^1 e^x\sqrt{1+\left(-e^x\right)^2}\,dx$$

$$= 2\pi\int_0^1 \sqrt{1+e^{2x}}\left(e^x dx\right)$$

Sea $u = e^x$. Se tiene: $du = e^x dx$. $x = 0 \Rightarrow u = 1$. $x = 1 \Rightarrow u = e$. Luego,

$$A = 2\pi \int_1^e \sqrt{1+u^2}\, du = 2\pi \left[\frac{u}{2}\sqrt{1+u^2} + \frac{1}{2}\ln\left(u + \sqrt{1+u^2}\right) \right]_1^e$$

$$= 2\pi \left[\frac{e}{2}\sqrt{1+e^2} + \frac{1}{2}\ln\left(e + \sqrt{1+e^2}\right) \right] - 2\pi \left[\frac{1}{2}\sqrt{2} + \frac{1}{2}\ln\left(1+\sqrt{2}\right) \right]$$

$$= \pi \left[e\sqrt{1+e^2} - \sqrt{2} + \ln\left(e + \sqrt{1+e^2}\right) - \ln\left(1+\sqrt{2}\right) \right]$$

$$= \pi \left[e\sqrt{1+e^2} - \sqrt{2} + \ln\frac{e+\sqrt{1+e^2}}{1+\sqrt{2}} \right] \approx 7.561\pi$$

EJEMPLO 4. Verificar que el área de la superficie esférica de radio r es

$$A = 4\pi r^2$$

Solución

La superficie esférica de radio r se obtiene girando, alrededor del eje X, la semicircunferencia $y = \sqrt{r^2 - x^2}$.

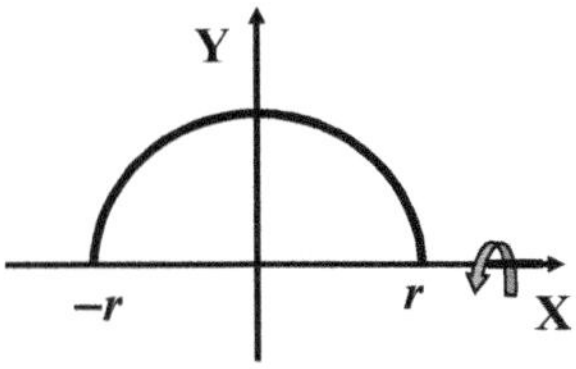

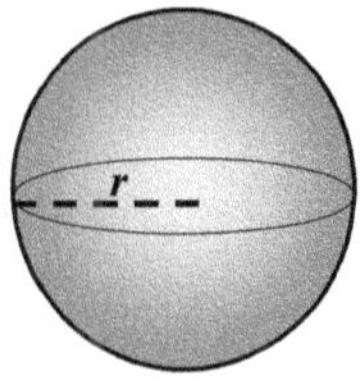

Bien, tenemos que: $r(x) = \sqrt{r^2 - x^2}$ y $y' = \dfrac{-x}{\sqrt{r^2 - x^2}}$. Luego,

$$A = 2\pi \int_{-r}^{r} \sqrt{r^2 - x^2} \sqrt{1 + \left(\frac{-x}{\sqrt{r^2 - x^2}} \right)^2}\, dx$$

$$= 2\pi \int_{-r}^{r} \sqrt{r^2 - x^2} \sqrt{\frac{r^2 - x^2 + x^2}{r^2 - x^2}}\, dx = 2\pi \int_{-r}^{r} r\, dx = 2\pi r x \Big]_{-r}^{r} = 4\pi r^2$$

EJEMPLO 5. Hallar el área de la superficie que se genera al girar la circunferencia $x^2 + y^2 = a^2$ alrededor de la recta $y = a$.

Solución

De la circunferencia tomamos el arco que está sobre el eje X y el que está debajo.

El arco superior es el gráfico de la función

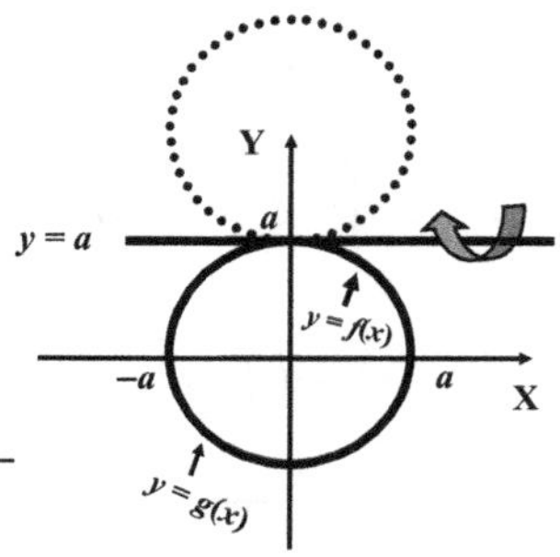

$$f(x) = \sqrt{a^2 - x^2}$$

y el arco inferior es el gráfico de la función

$$g(x) = -\sqrt{a^2 - x^2}$$

Las derivadas de estas funciones son:

$$f'(x) = \frac{-x}{\sqrt{a^2 - x^2}}, \qquad g'(x) = \frac{x}{\sqrt{a^2 - x^2}}$$

La superficie generada por la circunferencia al girar alrededor de la recta $y = a$ es la unión de las superficies generadas por los gráficos de f y de g al girar alrededor de la recta $y = a$.

Para el gráfico de $y = f(x)$, $r(x) = a - f(x)$, y para el de $y = g(x)$, $r(x) = a - g(x)$

Considerando, que estos gráficos son simétricos respecto al eje Y, se tiene:

$$A = 4\pi \int_0^a (a - f(x))\sqrt{1 + (f'(x))^2}\, dx + 4\pi \int_0^a (a - g(x))\sqrt{1 + (g'(x))^2}\, dx$$

$$= 4\pi \int_0^a \left(a - \sqrt{a^2 - x^2}\right) \sqrt{1 + \left(-x/\sqrt{a^2 - x^2}\right)^2}\, dx$$

$$+ 4\pi \int_0^a \left(a + \sqrt{a^2 - x^2}\right) \sqrt{1 + \left(x/\sqrt{a^2 - x^2}\right)^2} dx$$

$$= 4\pi \int_0^a (2a) \sqrt{1 + \left(-x/\sqrt{a^2 - x^2}\right)^2} dx = 8\pi a \int_0^a \frac{a}{\sqrt{a^2 - x^2}}\, dx$$

$$= 8\pi a^2 \int_0^a \frac{1}{\sqrt{a^2 - x^2}}\, dx = 8\pi a^2 \left[\operatorname{sen}^{-1}\left(\frac{x}{a}\right)\right]_0^a = 8\pi a^2 \frac{\pi}{2} = 4\pi^2 a^2$$

EJEMPLO 6. **Area del elipsoide de Revolución**

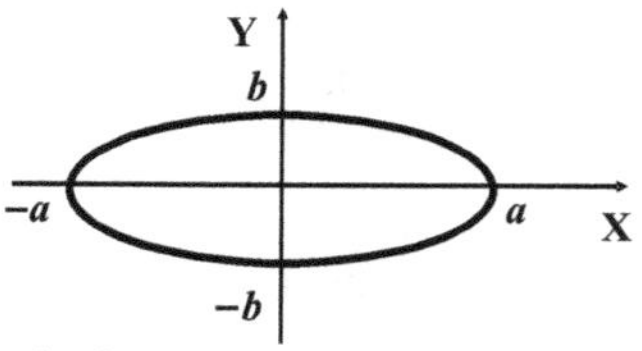

Sea la elipse $\frac{x^2}{a^2} + \frac{y^2}{b^2} = 1$,

donde $0 < b < a$.

Se llama **excentricidad** de esta elipse al número

$$\mathbf{e} = \frac{\sqrt{a^2 - b^2}}{a}$$

No confundir la excentricidad con el número $e = 2.71828\ldots$

Si hacemos girar la elipse alrededor del eje X o del eje Y, se obtiene una superficie de revolución, llamada **elipsoide de revolución**.

1. Probar que el área del elipsoide de revolución que se obtiene al girar la elipse dada alrededor del eje X (superficie de un balón de fútbol americano) es

$$A_1 = 2\pi b^2 + \frac{2\pi ab}{e}\text{sen}^{-1}e$$

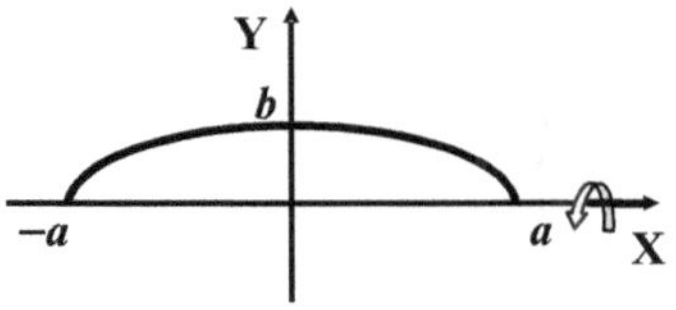

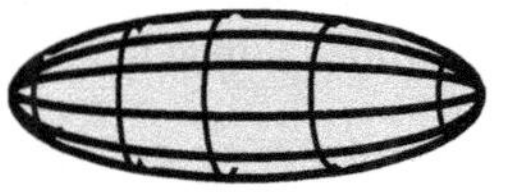

2. Probar que el área del elipsoide de revolución que se obtiene al girar la elipse dada alrededor del eje Y (la superficie de una arepa)

$$A_2 = 2\pi a^2 + \frac{\pi b^2}{e}\ln\left(\frac{1+e}{1-e}\right)$$

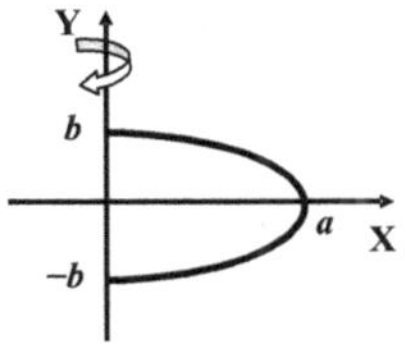

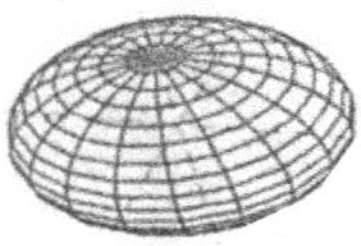

Solución

1. Esta superficie de revolución se obtiene girando el arco superior de la elipse alrededor del eje X. Este arco superior es el gráfico de la función:

$$y = \frac{b}{a}\sqrt{a^2 - x^2}\text{, donde } -a \leq x \leq a$$

Tenemos que $r(x) = \frac{b}{a}\sqrt{a^2 - x^2}$ y $y' = \frac{b}{a}\frac{-x}{\sqrt{a^2 - x^2}}$

Luego, tomando en cuenta que la elipse es simétrica respecto al eje Y,

$$A = 2\pi\int_{-a}^{a}\frac{b}{a}\sqrt{a^2 - x^2}\sqrt{1 + \left(\frac{b}{a}\frac{-x}{\sqrt{a^2 - x^2}}\right)^2}\,dx$$

$$= \frac{4\pi b}{a}\int_0^a\sqrt{a^2 - x^2}\sqrt{1 + \frac{b^2x^2}{a^2\left(a^2 - x^2\right)}}\,dx$$

$$= \frac{4\pi b}{a^2}\int_0^a\sqrt{a^2a^2 - (a^2 - b^2)x^2}\,dx = \frac{4\pi b}{a^2}\int_0^a a\sqrt{a^2 - \frac{a^2 - b^2}{a^2}x^2}\,dx$$

$$= \frac{4\pi b}{a}\int_0^a\sqrt{a^2 - e^2x^2}\,dx = \frac{4\pi b}{ae}\int_0^{ae}\sqrt{a^2 - u^2}\,du \qquad (u = ex)$$

$$= \frac{4\pi b}{ae}\left[\frac{u}{2}\sqrt{a^2 - u^2} + \frac{a^2}{2}\text{sen}^{-1}\frac{u}{a}\right]_0^{ae}$$

$$= \frac{4\pi b}{ae}\frac{ae}{2}\sqrt{a^2 - a^2e^2} + \frac{4\pi b}{ae}\frac{a^2}{2}\text{sen}^{-1}\frac{ae}{a}$$

$$= 2\pi b\sqrt{a^2-(a^2-b^2)} + \frac{2\pi ab}{e}\text{sen}^{-1}e = 2\pi b^2 + \frac{2\pi ab}{e}\text{sen}^{-1}e$$

2. Esta superficie de revolución se obtiene girando alrededor del eje Y el arco de la elipse que está a la derecha del eje Y.

$$x = \frac{a}{b}\sqrt{b^2-y^2}\ ,\ -b \le y \le b$$

Tenemos que $r(y) = \frac{a}{b}\sqrt{b^2-y^2}$ y $\frac{dx}{dy} = \frac{a}{b}\frac{-y}{\sqrt{b^2-y^2}}$

Luego, tomando en cuenta que la elipse es simétrica respecto al eje X,

$$A = 2\pi\int_{-b}^{b}\frac{a}{b}\sqrt{b^2-y^2}\sqrt{1+\left(\frac{a}{b}\frac{-y}{\sqrt{b^2-y^2}}\right)^2}\,dy$$

$$= \frac{4\pi a}{b}\int_0^b\sqrt{b^2-y^2}\sqrt{1+\frac{a^2y^2}{b^2\left(b^2-y^2\right)}}\,dx$$

$$= \frac{4\pi a}{b^2}\int_0^b\sqrt{b^4+(a^2-b^2)y^2}\,dy = \frac{4\pi a}{b^2}\int_0^b\sqrt{b^4+a^2e^2y^2}\,dy$$

$$= \frac{4\pi a}{ab^2e}\int_0^{abe}\sqrt{(b^2)^2+u^2}\,du \qquad (u = aey)$$

$$= \frac{4\pi a}{ab^2e}\left[\frac{u}{2}\sqrt{(b^2)^2+u^2}+\frac{b^4}{2}\ln\left|u+\sqrt{(b^2)^2+u^2}\right|\right]_0^{abe}$$

$$= \frac{4\pi a}{ab^2e}\left[\frac{abe}{2}\sqrt{b^4+a^2b^2e^2}+\frac{b^4}{2}\ln\left|abe+\sqrt{b^4+a^2b^2e^2}\right|\right]$$

$$-\frac{4\pi a}{ab^2e}\left[0+\frac{b^4}{2}\ln\left|\sqrt{b^4}\right|\right]$$

$$= \frac{2\pi a}{b}\sqrt{b^4+b^2(a^2-b^2)}+\frac{2\pi b^2}{e}\ln\left|abe+\sqrt{b^4+b^2(a^2-b^2)}\right|-\frac{2\pi b^2}{e}\ln b^2$$

$$= 2\pi a^2+\frac{2\pi b^2}{e}\ln\left|abe+ab\right|-\frac{2\pi b^2}{e}\ln b^2$$

$$= 2\pi a^2+\frac{2\pi b^2}{e}\ln\left|ab(1+e)\right|-\frac{2\pi b^2}{e}\ln b^2$$

$$= 2\pi a^2+\frac{2\pi b^2}{e}\ln\left(\frac{a}{b}(1+e)\right) = 2\pi a^2+\frac{\pi b^2}{e}\ln\left(\frac{a^2}{b^2}(1+e)^2\right)$$

$$= 2\pi a^2 + \frac{\pi b^2}{e}\ln\left(\frac{(1+e)^2}{1-e^2}\right) = 2\pi\, a^2 + \frac{\pi b^2}{e}\ \ln\left(\frac{1+e}{1-e}\right)$$

EJEMPLO 6. **Area del toro**

El toro es la superficie de revolución que se obtiene al girar alrededor del eje Y la circunferencia:

$$(x-b)^2 + y^2 = a^2,\ \ 0 < a < b$$

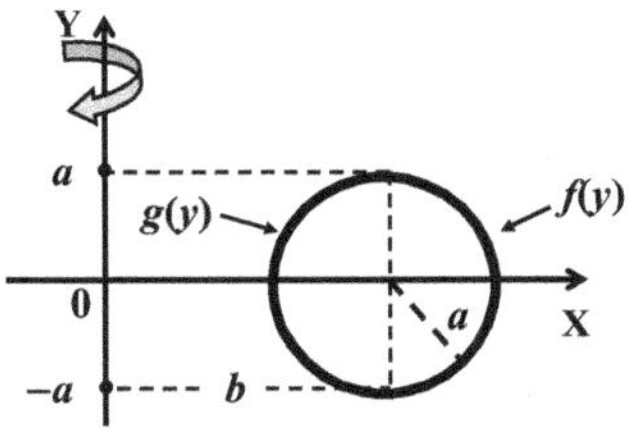

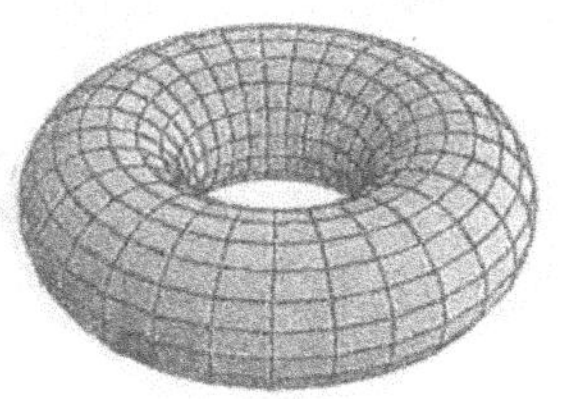

Probar que el área del toro es $A = 4\pi^2 ab$

Solución

A la circunferencia $(x-b)^2 + y^2 = a^2$ la consideramos como la unión de los gráficos de las funciones:

$$f(y) = b + \sqrt{a^2 - y^2} \qquad \text{y} \qquad g(y) = b - \sqrt{a^2 - y^2}\ ,$$

Luego, el toro es la unión de las dos superficies de revolución generadas por estos dos gráficos, y su área (del toro) es la suma de las áreas de estas dos superficies.

Para la superficie externa tenemos que:

$$r(y) = f(y) = b + \sqrt{a^2 - y^2} \qquad \text{y} \qquad f'(y) = \frac{-y}{\sqrt{a^2 - y^2}}$$

Para la superficie Interna tenemos que:

$$r(y) = g(y) = b - \sqrt{a^2 - y^2} \qquad \text{y} \qquad g'(y) = \frac{y}{\sqrt{a^2 - y^2}}$$

Luego, considerando que esta circunferencia es simétrica respecto al eje X,

$$A = 4\pi\int_0^a f(y)\sqrt{1 + (f'(y))^2}\,dy \ + \ 4\pi\int_0^a g(y)\sqrt{1 + (g'(y))^2}\,dy$$

$$= 4\pi\int_0^a \left(b + \sqrt{a^2 - y^2}\right)\sqrt{1 + \left(-y/\sqrt{a^2 - y^2}\right)^2}\,dy$$

$$+ 4\pi\int_0^a \left(b - \sqrt{a^2 - y^2}\right)\sqrt{1 + \left(y/\sqrt{a^2 - y^2}\right)^2}\,dy$$

$$= 4\pi \int_0^a b\sqrt{1 + \left(-y/\sqrt{a^2 - y^2}\right)^2}\,dy + 4\pi \int_0^a b\sqrt{1 + \left(y/\sqrt{a^2 - y^2}\right)^2}\,dy$$

$$= 8\pi \int_0^a b\sqrt{1 + \left(-y/\sqrt{a^2 - y^2}\right)^2}\,dy = 8\pi ab \int_0^a \frac{dy}{\sqrt{a^2 - y^2}} = 8\pi ab \left[\operatorname{sen}^{-1}\left(\frac{y}{a}\right)\right]_0^a$$

$$= 8\pi ab\frac{\pi}{2} = 4\pi^2 ab$$

PROBLEMAS RESUELTOS 4.5

PROBLEMA 1. Hallar el área de la superficie generada por el lazo de la curva

$$9ay^2 = x(3a - x)^2,\ a > 0,$$

al girar alrededor del eje X.

Solución

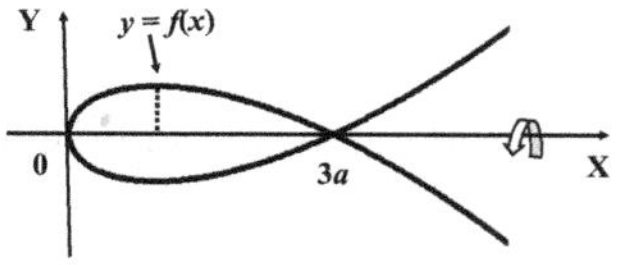

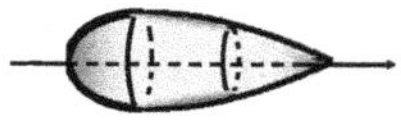

La curva intersecta al eje X en $x = 0$ y en $x = 3a$

Despejamos la variable y:

$$9ay^2 = x(3a - x)^2 \Rightarrow y = \pm\frac{1}{3\sqrt{a}}\sqrt{x}\,|\,3a - x\,|$$

La superficie generada por el lazo de la curva es la superficie determinada por el la parte superior del lazo, el cual es el gráfico de la función

$$f(x) = \frac{1}{3\sqrt{a}}\sqrt{x}(3a - x),\quad 0 \le x \le 3a$$

Tenemos que $r(x) = f(x) = \dfrac{1}{3\sqrt{a}}\sqrt{x}(3a - x)$ y

$$f'(y) = -\frac{1}{3\sqrt{a}}\left(\frac{3a - x}{2\sqrt{x}} - \sqrt{x}\right) = \frac{a - x}{2\sqrt{a}\sqrt{x}}$$

Luego,

$$A = 2\pi \int_0^{3a} f(x)\sqrt{1 + (f'(x))^2}\,dx = 2\pi \int_0^{3a} \frac{1}{3\sqrt{a}}\sqrt{x}(3a - x)\sqrt{1 + \left(\frac{a - x}{2\sqrt{a}\sqrt{x}}\right)^2}\,dy$$

$$= \frac{\pi}{3a}\int_0^{3a} (3a - x)(a + x)\,dx = \frac{\pi}{3a}\int_0^{3a} \left(3a^2 + 2ax - x^2\right)dx = 3\pi a^2$$

PROBLEMA 2. Hallar el área de la superficie de revolución generada por la siguiente curva al girar alrededor del eje X

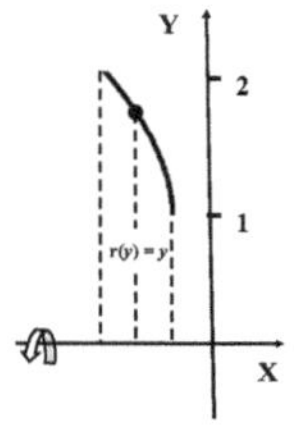

$$y^2 + 4x = 2\ln y, \quad 1 \le y \le 2$$

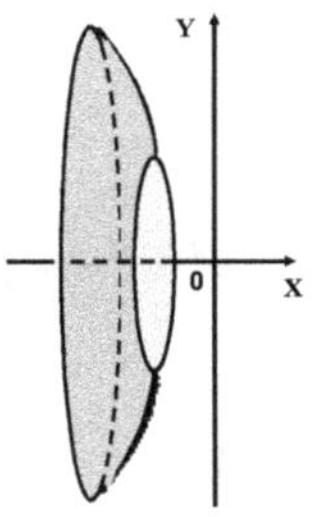

Solución

Despejamos la variable x (la más fácil de despejar)

$$x = g(y) = \frac{1}{2}\ln y - \frac{1}{4}y^2, \quad 1 \le y \le 2$$

Tenemos que $r(y) = y$ y $g'(y) = \frac{1}{2y} - \frac{y}{2} = \frac{1-y^2}{2y}$. Luego,

$$A = 2\pi\int_c^d r(y)\sqrt{1+\left(g'(y)\right)^2}\,dy = 2\pi\int_1^2 y\sqrt{1+\left(\frac{1-y^2}{2y}\right)^2}\,dy$$

$$= 2\pi\int_1^2 y\frac{\sqrt{4y^2+\left(1-2y^2+y^4\right)}}{2y}\,dy = \pi\int_1^2\left(1+y^2\right)dy = \frac{10}{3}\pi$$

PROBLEMA 3. Hallar el área de la superficie de revolución que se obtiene al girar alrededor del eje Y la **astroide** $x^{2/3} + y^{2/3} = a^{2/3}$

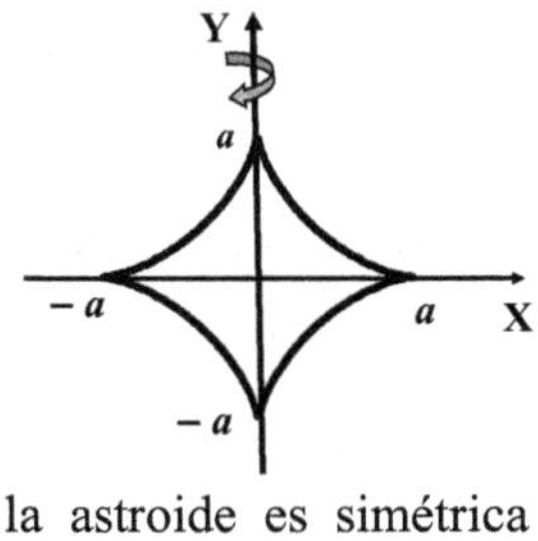

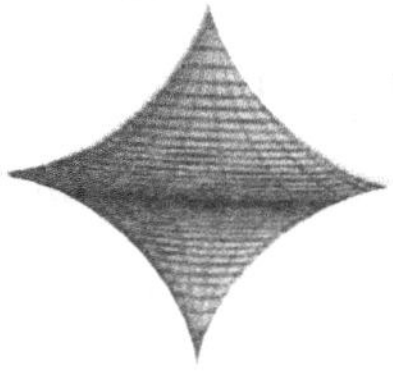

Solución

En vista de que la astroide es simétrica respecto al eje Y, para obtener la superficie indicada, es suficiente hacer girar alrededor del eje Y la parte de la astroide que está a la derecha del eje Y.

Aún más, como también tenemos simetría respecto al eje X, el área A de la superficie indicada es el doble del área A_1 de la superficie generada por la parte de la astroide que está en el primer cuadrante, que es la gráfica de la función de la función

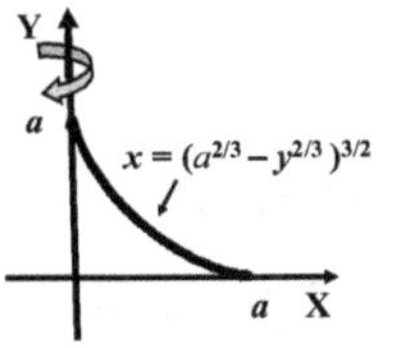

$$x = g(y) = \left(a^{2/3} - y^{2/3}\right)^{3/2}$$

Tenemos:

$$r(y) = x \ \text{ y } \ g'(y) = \frac{3}{2}\left(a^{2/3} - y^{2/3} \right)^{1/2}\left(\frac{2}{3} y^{-1/3} \right) = \frac{\left(a^{2/3} - y^{2/3} \right)^{1/2}}{y^{1/3}}$$

Luego,

$$A = 2A_1 = 4\pi \int_0^a x\sqrt{1+\left(g'(y) \right)^2}\, dy$$

$$= 4\pi \int_0^a \left(a^{2/3} - y^{2/3} \right)^{3/2} \sqrt{1+\frac{a^{2/3} - y^{2/3}}{y^{2/3}}}\, dy$$

$$= 4\pi \int_0^a \left(a^{2/3} - y^{2/3} \right)^{3/2} \sqrt{\frac{a^{2/3}}{y^{2/3}}}\, dy = 4\pi a^{1/3} \int_0^a \left(a^{2/3} - y^{2/3} \right)^{3/2} \frac{dy}{y^{1/3}}$$

Si $u = a^{2/3} - y^{2/3}$, entonces $du = -\dfrac{2}{3}\dfrac{dy}{y^{1/3}}$. $y = 0 \Rightarrow u = a^{2/3}$. $y = a \Rightarrow u = 0$

Luego,

$$A = 4\pi a^{1/3} \int_0^a \left(a^{2/3} - y^{2/3} \right)^{3/2} \frac{dy}{y^{1/3}} = -4\pi a^{1/3}\frac{3}{2} \int_0^a \left(a^{2/3} - y^{2/3} \right)^{3/2} \left(-\frac{2}{3}\frac{dy}{y^{1/3}} \right)$$

$$= -6\pi a^{1/3} \int_{a^{2/3}}^0 u^{3/2} du = 6\pi a^{1/3} \int_0^{a^{2/3}} u^{3/2} du = 6\pi a^{1/3} \left[\frac{2}{5} u^{5/2} \right]_0^{a^{2/3}}$$

$$= \frac{12}{5}\pi a^{1/3} \left(a^{2/3} \right)^{5/2} = \frac{12}{5}\pi a^2$$

PROBLEMA 4. **Area de la Catenoide**

Hallar el área de superficie que se obtiene al girar, alrededor del eje X, a la **catenaria** $\boldsymbol{y = a \cosh \dfrac{x}{a}}$, $\boldsymbol{-a \leq x \leq a}$

Esta superficie se llama **catenoide**.

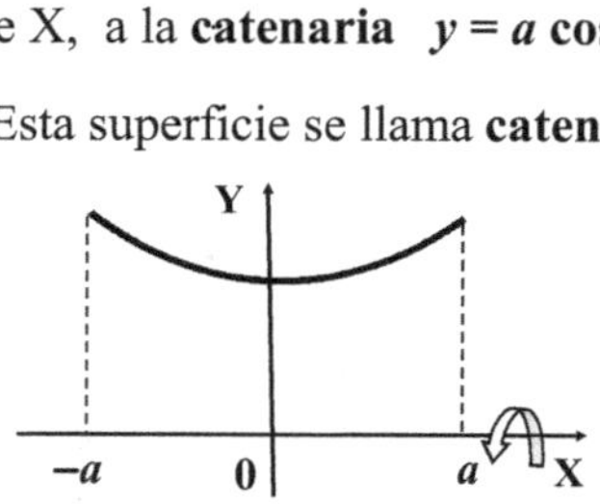

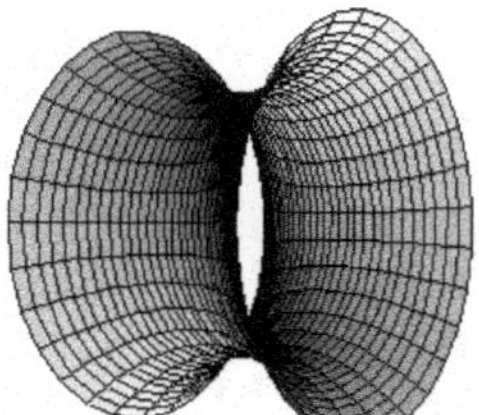

Solución

Tenemos que $r(x) = a \cosh \dfrac{x}{a}$ y $y' = \operatorname{senh} \dfrac{x}{a}$. Luego, tomando en cuenta que la catenaria es simétrica respecto al eje Y,

$$A = 4\pi \int_0^a a\cosh\frac{x}{a}\sqrt{1+\operatorname{senh}^2\frac{x}{a}}\,dx = 4\pi a\int_0^a \cosh^2\frac{x}{a}\,dx$$

$$= 4\pi a\int_0^a \frac{\cosh(2x/a)+1}{2}dx = 2\pi a\int_0^a \big(\cosh(2x/a)+1\big)dx$$

$$= 2\pi a\int_0^a \cosh(2x/a)dx + 2\pi a\int_0^a dx$$

$$= \pi a^2\int_0^a \cosh(2x/a)\left(\frac{2dx}{a}\right)dx + 2\pi a\int_0^a dx$$

$$= \pi a^2\left[\operatorname{senh}\frac{2x}{a}\right]_0^a + 2\pi a\big[\ x\ \big]_0^a = \pi a^2\big[\ \operatorname{senh} 2\ \big] + 2\pi a\big[\ a\ \big]$$

$$= \pi a^2\left[\frac{e^2-e^{-2}}{2}\right] + 2\pi a^2 = \pi a^2\left[\frac{e^2-e^{-2}}{2}+2\right] = \frac{\pi a^2}{2}\left[e^2-e^{-2}+4\right]$$

¿SABIAS QUE . . .

*La **catenoide** es uno de los ejemplos más conocidos de las llamadas **superficies minimales.** Este tipo de superficies se caracterizan por ser puntos críticos de la función área que tiene por dominio el conjunto de superficies que tienen una misma curva como frontera. El nombre de superficie minimal fue introducido por **Joseph Louis Lagrange*** (1736–1813), *en el año* 1760. *Actualmente, estas superficies y sus generalizaciones, constituyen un campo importante de una las ramas más notables de la Matemática, que es la **Geometría Diferencial.***

PROBLEMAS PROPUESTOS 4.5

En los problemas del 1 al 9, hallar el área de la superficie que se obtiene al girar alrededor del eje X la curva dada.

1. $y = 3x, \quad 0 \le x \le 1$ *Rpta.* $3\sqrt{10}\pi$

2. $y^2 = 12x, \ 0 \le x \le 3$ *Rpta.* $24\left(2\sqrt{2}-1\right)\pi$

3. $y = \sqrt{x} - \frac{1}{3}x^{3/2}, \ 1 \le x \le 3$ *Rpta.* $\frac{16}{9}\pi$

4. $y = \dfrac{x^3}{6} + \dfrac{1}{2x}$, $1 \le x \le 2$ *Rpta.* $\dfrac{47}{16}\pi$

5. $y = \sqrt{4 - x^2}$, $-1 \le x \le 1$ *Rpta.* 8π

6. $y = \dfrac{1}{3}\sqrt{x}(3 - x)$, $0 \le x \le 3$ *Rpta.* 3π

7. $y^2 = 4(6 - x)$, $3 \le x \le 6$ *Rpta.* $\dfrac{56}{3}\pi$

8. $y = \operatorname{sen} x$, $0 \le x \le \pi$ *Rpta.* $2\pi\left[\sqrt{2} + \ln\left(\sqrt{2} + 1\right)\right]$

9. $y = \tan x$, $0 \le x \le \pi$ *Rpta.* $\pi\left[\sqrt{5} - \sqrt{2} + \ln\dfrac{2(1+\sqrt{2})}{1+\sqrt{5}}\right]$

En los problemas del 10 al 18, hallar el área de la superficie que se obtiene al girar alrededor del eje Y la curva dada.

10. $x = \dfrac{1}{3}y^3$, $0 \le y \le 3$ *Rpta.* $\dfrac{\pi}{9}\left(82\sqrt{82} - 1\right)$

11. $x = \sqrt{9 - y^2}$, $-2 \le y \le 2$ *Rpta.* 24π

12. $x = \sqrt{a^2 - y^2}$, $-\dfrac{a}{2} \le y \le \dfrac{a}{2}$ *Rpta.* $2\pi a^2$

13. $4y = x^2$, $1 \le y \le 4$ *Rpta.* $\dfrac{8\pi}{5}\left(5\sqrt{5} - 2\sqrt{2}\right)$

14. $y = \dfrac{y^3}{6} + \dfrac{1}{2x}$, $1 \le x \le 2$ *Rpta.* $\left(\dfrac{15}{4} + \ln 2\right)\pi$

15. $8xy^2 = 2y^6 + 1$, $1 \le y \le 2$ *Rpta.* $\dfrac{16.911}{1.020}\pi$

16. $y = \dfrac{1}{3}\left(x^2 - 2\right)^{3/2}$, $\sqrt{2} \le x \le 4$ *Rpta.* 112π

17. $y = \ln x$, $1 \le x \le \sqrt{2}$ *Rpta.* $\left(5\sqrt{2} + \ln\left(1+\sqrt{2}\right)\right)\pi$

18. $x^2 - y^2 = 1$, $0 \le y \le 2$ *Rpta.* $\dfrac{\sqrt{2}}{2}\left[6\sqrt{2} + \ln\left(3+2\sqrt{2}\right)\right]\pi$

19. Hallar el área de la superficie generada por la rotación, alrededor del eje X, de la curva

$$6a^2xy = x^4 + 3a^4, \quad a \le x \le 2a$$

Rpta. $\dfrac{47}{16}\pi a^2$

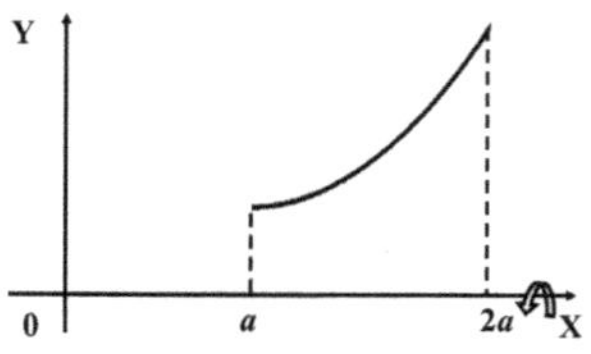

20. Hallar el área de la superficie generada por la rotación, alrededor del eje Y, de la curva

$$6a^2xy = x^4 + 3a^4, \quad a \le x \le 3a \quad \textit{Rpta.}\ (20 + \ln 3)\pi a^2$$

21. Hallar el área de la superficie generada por la rotación, alrededor del eje Y, de la curva

$$4y = x^2 - 2\ln x, \quad 1 \le x \le 4. \qquad \textit{Rpta.}\ 24\pi$$

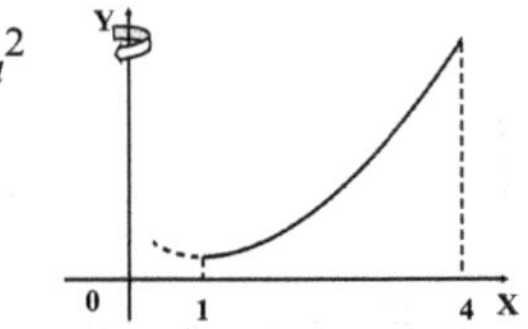

22. Hallar el área de la superficie generada por la rotación, alrededor del eje X, de la parábola

$$y^2 = 4px,\ p > 0,\ 0 \le x \le 3p \quad \textit{Rpta.}\ \frac{56}{3}\pi p^2$$

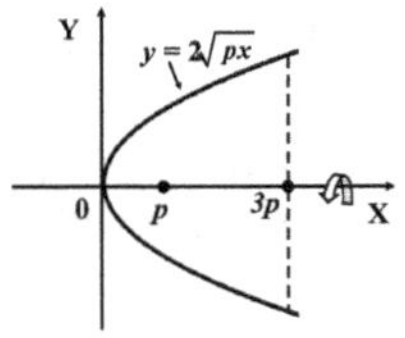

23. Hallar el área de la superficie generada por la rotación, alrededor del eje X, de la curva

$$2x = y\sqrt{y^2-1} + \ln\left(y + \sqrt{y^2-1}\right)$$

Sug. $\dfrac{dx}{dy} = \sqrt{y^2-1}$ *Rpta.* 78π

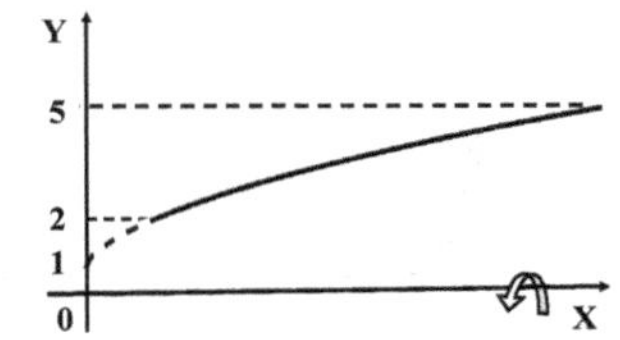

24. Hallar el área de la superficie generada por la rotación alrededor del eje X de un lazo de la curva

$$8a^2y^2 = x^2\left(a^2 - x^2\right)$$

Rpta. $\dfrac{1}{4}\pi a^2$

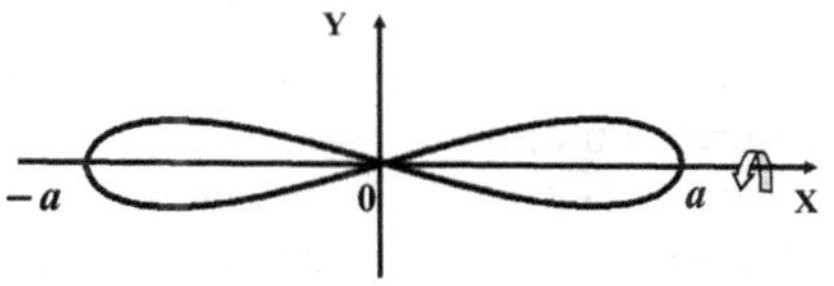

25. Una fábrica de artículos eléctricos ha diseñado un bombillo haciendo girar, alrededor del eje X, la gráfica de

$$y = \frac{1}{2}x^{1/2} - \frac{2}{3}x^{3/2},\ 0 \le x \le \frac{3}{4},$$

donde x se mide en decímetros

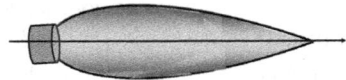

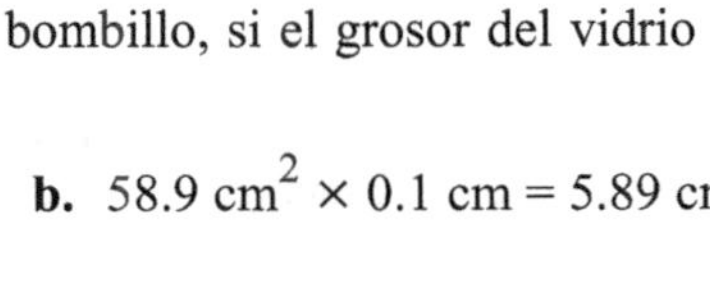

a. Hallar el área del bombillo (la parte de vidrio)

b. Hallar la cantidad de vidrio que tiene cada bombillo, si el grosor del vidrio es de 1 mm.

Rpta. **a.** $\dfrac{3}{16}\pi \approx 0.589\ \text{dm}^2 = 58.9\ \text{cm}^2$ **b.** $58.9\ \text{cm}^2 \times 0.1\ \text{cm} = 5.89\ \text{cm}^3$

26. Hallar el área de la superficie generada por la rotación, alrededor del eje Y, de la **catenaria.**

$$y = a\cosh\frac{x}{a}, \quad 0 \le x \le a \qquad \textit{Rpta.}\ 2\pi a^2\left(1 - e^{-1}\right)$$

SECCION 4.6

MOMENTOS Y CENTRO DE MASA

El objetivo de esta sección es hallar el **centro de masa** de una barra y de una placa. Si la barra o la placa se apoyan horizontalmente sobre su centro de masa, éstas se mantienen en equilibrio. Por esta razón, al centro de masa se le llama también **centro de gravedad**, Es claro que el centro de masa de una placa de masa uniforme, de forma circular o rectangular, coincide con el centro de dichas figuras.

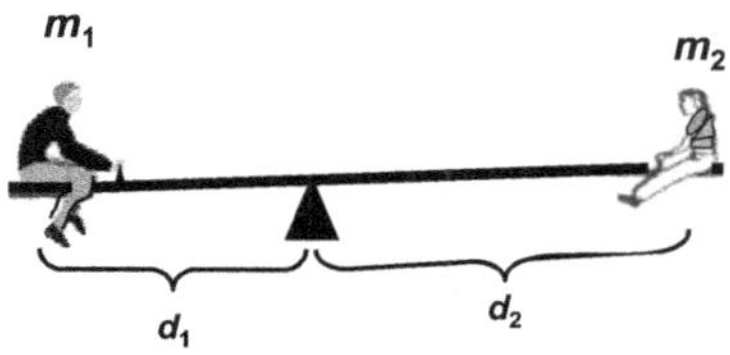

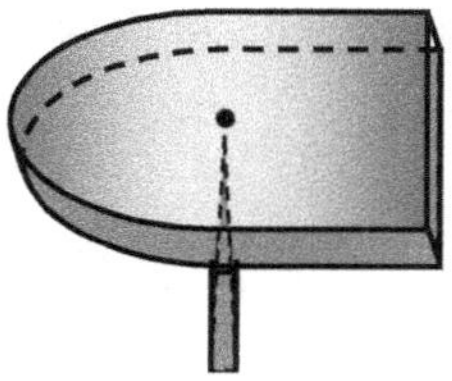

CENTRO DE MASA DE UNA BARRA

Antes de analizar el caso de la barra, veamos el caso especial de un sistema discreto unidimensional.

Según la **Ley de la palanca**, descubierta por **Arquímedes**, el balancín mostrado anteriormente, donde se tienen dos jóvenes de masas m_1 y m_2, situados a distancias d_1 y d_2 del punto de apoyo, está en equilibrio si

$$d_1 \,.\, m_1 = d_2 \,.\, m_2$$

Coloquemos un eje de coordenadas horizontal con origen en el punto de apoyo. La coordenada de m_1 es $x_1 = -d_1$ y la de m_2 es $x_2 = d_2$. Con esta notación, la condición de equilibrio dada en la igualdad anterior, se expresa así:

$$x_1 \,.\, m_1 + x_2 \,.\, m_2 = 0$$

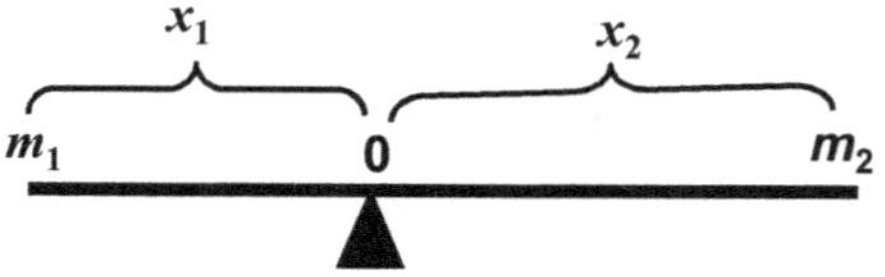

Se llama **momento de una masa *m* respecto a un punto dado** al producto $x.\, m$, donde x es la distancia (dirigida) de la masa al punto dado.

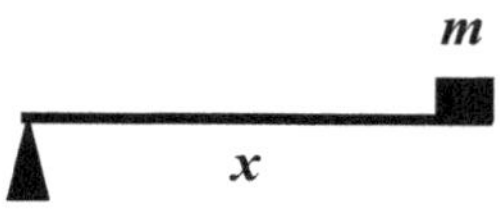

Podemos afirmar, entonces, que dos masas sobre una recta están en equilibrio si la suma de sus momentos es nula.

Generalicemos el resultado anterior para el caso de n partículas situadas sobre un eje de coordenadas. Sean $m_1, m_2, \ldots, m_n$ las masas de estas partículas que están situadas en los puntos $x_1, x_2, \ldots, x_n$. La masa total del sistema es:

$$M = \sum_{i=1}^{n} m_i = m_1 + m_2 + \ldots + m_n$$

Llamaremos **momento del sistema respecto al origen**, y lo denotaremos por M_0, a la suma de todos los momentos individuales. Esto es,

$$M_0 = \sum_{i=1}^{n} x_i m_i = x_1 m_1 + x_2 m_2 + \ldots + x_n m_n$$

La condición de equilibrio en el origen es $M_0 = 0$. Pero es de esperar que no todos los sistemas logren equilibrio en el origen. Sin embargo, siempre existirá un punto $\overline{x}$ sobre el cual el sistema se equilibre.

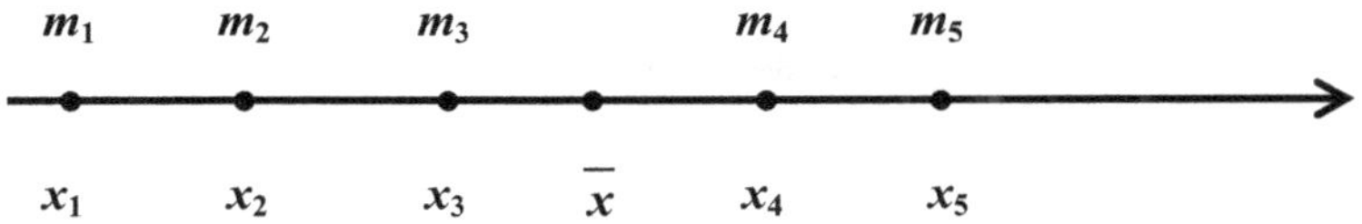

En este caso, el momento del sistema respecto a este punto $\overline{x}$ debe ser nulo. Es decir,

$$\left(x_1 - \overline{x}\right)m_1 + \left(x_2 - \overline{x}\right)m_2 + \ . \ . \ . \ + \left(x_n - \overline{x}\right)m_n = 0 \qquad \Rightarrow$$

$$x_1 m_1 + x_2 m_2 + \ . \ . \ . \ + x_n m_n = \overline{x}\, m_1 + \overline{x}\, m_2 + \ldots + \overline{x}\, m_n \quad \Rightarrow$$

$$\overline{x}\, (m_1 + m_2 + \ldots + m_n) = x_1 m_1 + x_2 m_2 + \ldots + x_n m_n \qquad \Rightarrow$$

$$\overline{x} = \frac{x_1 m_1 + x_2 m_2 + \ . \ . \ . + x_n m_n}{m_1 + m_2 + \ . \ . \ . + m_n} = \frac{M_0}{M}$$

Se llama **centro de masa del sistema** al punto

$$\boxed{\overline{x} = \frac{M_0}{M}}$$

EJEMPLO 1. Hallar el centro de masa de un sistema de masas

$m_1 = 5$, $m_2 = 3$ y $m_3 = 2$,

localizados en los puntos $x_1 = -4$, $x_2 = 4$ y $x_3 = 9$.

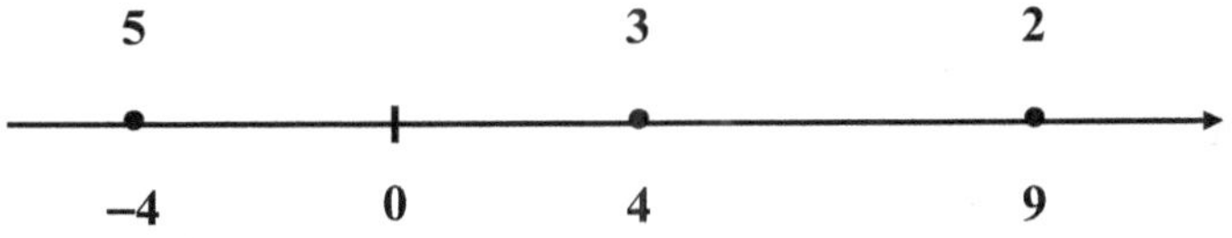

Solución

$M = 5 + 3 + 2 = 10$. $\quad M_0 = -4(5) + 4(3) + 9(2) = 30$ y $\overline{x} = \dfrac{30}{10} = 3$

Veamos el caso de una barra, de la cual sólo nos interesamos su longitud. Podemos pensar a la barra como un trozo de alambre de longitud L.

Dependiendo, del material de que está hecho el alambre, consideramos su **densidad lineal ρ.** Esto es,

$$\rho = \frac{\text{unidades de masa}}{\text{unidad de longitud}}$$

Se dice que la barra es **homogénea** si **ρ es constante**. En este caso, el problema de hallar el centro de masa es trivial, ya que el centro de masa coincide con el punto medio de la barra. El caso que nos interesa, es el de una barra no homogénea. Es decir, el caso en él que la densidad lineal ρ es una función, $\boldsymbol{\rho = \rho(x)}$, que varía de acuerdo a la localización del punto en la barra.

Colocamos la barra de longitud L sobre el semieje positivo de un sistema horizontal de coordenadas, haciendo coincidir un extremo con el origen.

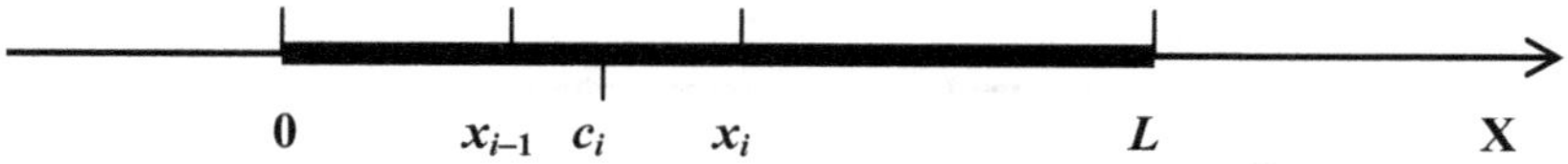

Tomamos una partición regular del intervalo $[0, L]$ con $\Delta x = \dfrac{L}{n}$ y

$$\mathbf{0 = x_0 < x_1 < \ldots < x_{i-1} < x_i < \ldots . < x_n = L}$$

Consideremos el intervalo $[\,x_{i-1},\ x_i\,]$, en el cual tomamos un punto c_i. Sea M la masa total de la barra y sea $\Delta_i m$ la masa de la porción correspondiente a este intervalo $[\,x_{i-1}, x_i\,]$. Se tiene que:

$$\Delta_i m \approx \rho(c_i)\Delta x, \quad M = \sum_{i=1}^{n} \Delta_i m \approx \sum_{i=1}^{n} \rho(c_i)\Delta x \quad \text{y} \quad M = \lim_{n \to +\infty} \sum_{i=1}^{n} \rho(c_i)\Delta x$$

Luego, la masa total de la barra es:

$$\boxed{\mathbf{M = \int_0^L \rho(x)\, dx}}$$

Ahora, hallamos el momento de la barra respecto al origen. Para esto, nuevamente nos concentramos en el intervalo $[\,x_{i-1},\ x_i\,]$. Suponemos que la porción de masa $\Delta_i m$ está concentrada en el punto c_i. En este caso, una aproximación al momento de esta porción de la barra respecto al origen es:

$$\Delta_i M_0 \approx c_i \Delta_i m = c_i\, \rho(c_i)\Delta x,$$

En consecuencia,

$$M_0 \approx \sum_{i=1}^{n} \Delta_i M_0 = \sum_{i=1}^{n} c_i \rho(c_i)\Delta x \ \text{ y } \ M_0 = \lim_{n \to +\infty} \sum_{i=1}^{n} c_i \rho(c_i)\Delta x = \int_0^L x\rho(x)\, dx$$

Esto es, el momento de toda la barra respecto al origen es

$$M_0 = \int_0^L x\rho(x)\,dx$$

y el centro de masa:

$$\overline{x} = \frac{M_0}{M}$$

EJEMPLO 2. Se tiene un alambre de 9 cm de longitud. Su densidad en el punto situado a x cms. de un extremo es $\rho(x) = \sqrt{x}\ \frac{\text{gr}}{\text{cm}}$

Hallar: **a.** La masa del alambre

b. Su momento respecto al origen.

c. Su centro de masa.

Solución

a. $M = \int_0^L \rho(x)\,dx = \int_0^9 \sqrt{x}\,dx = \left[\frac{2}{3}(x)^{3/2}\right]_0^9 = 18.$

b. $M_0 = \int_0^L x\rho(x)\,dx = \int_0^9 x\sqrt{x}\,dx = \left[\frac{2}{5}(x)^{5/2}\right]_0^9 = \frac{486}{5} = 97.2$

c. $\overline{x} = \frac{M_0}{M} = \frac{97.2}{18} = 5.4$

CENTROIDE DE UNA REGION PLANA

En esta parte, extenderemos los resultados anteriores al caso de una placa homogénea, de la cual sólo tendremos en cuenta su largo y su ancho, ignorante el espesor. Así como en la discusión de la barra, comenzamos con el caso discreto.

Tenemos n partículas, de masas $m_1, m_2, \ldots, m_n$ localizadas en los puntos $(x_1, y_1), (x_2, y_2), \ldots (x_n, y_n)$.

La masa total del sistema es

$$M = \sum_{i=1}^{n} m_i$$

Definimos dos momentos, uno para cada eje, del modo siguiente:

Se llaman **momento respecto al eje Y** y **momento respecto al eje X** del sistema a:

$$M_y = \sum_{i=1}^{n} x_i m_i \qquad M_x = \sum_{i=1}^{n} y_i m_i$$

El **centro de masa del sistema** es el punto $(\bar{x}, \bar{y})$, donde:

$$\bar{x} = \frac{M_y}{\mathrm{M}}, \qquad \bar{y} = \frac{M_x}{\mathrm{M}}$$

EJEMPLO 3. Hallar el centro de masa del sistema de masas $m_1 = 5$, $m_2 = 3$ y $m_3 = 2$, localizadas en los puntos $(x_1, y_1) = (-4, 2)$, $(x_2, y_2) = (-2, 1)$ y $(x_3, y_3) = (8, 5)$.

Solución

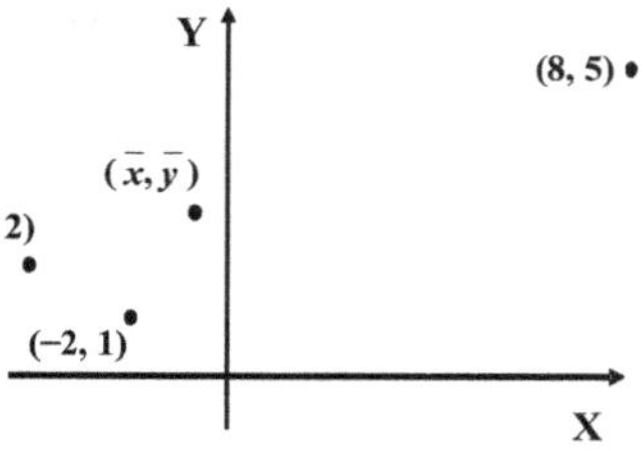

Tenemos:

$\mathrm{M} = m_1 + m_2 + m_3 = 5 + 3 + 2 = 10$

$M_y = x_1 m_1 + x_2 m_2 + x_3 m_3$

$= (-4)(5) + (-2)(3) + (8)(2) = -10$

$M_x = y_1 m_1 + y_2 m_2 + y_3 m_3$

$= (2)(5) + (1)(3) + (5)(2) = 23$

Luego,

$$\bar{x} = \frac{M_y}{\mathrm{M}} = \frac{-10}{10} = -1, \quad \bar{y} = \frac{M_x}{\mathrm{M}} = \frac{23}{10} = 2.3 \quad \text{y} \quad (\bar{x}, \bar{y}) = (-1, 2.3)$$

Ahora consideramos el problema de hallar el centro de masa de una placa homogénea, a la que llamaremos **lámina**. En este caso, decir que la placa es homogénea significa que la **densidad de área** ρ es constante y, por lo tanto, para cualquier porción de la lamina de masa $\Delta_i m$ y área $\Delta_i A$, se cumple que

$$\Delta_i m = \rho\, \Delta_i A$$

El caso de una placa no homogénea es más complicado, y no lo tratamos en el presente texto.

Tenemos una lámina que ocupa la región del plano encerrada por:

$$x = a, \quad x = b, \quad y = f(x), \quad y = g(x), \quad \textbf{donde} \quad g(x) \le f(x)$$

Tomamos una partición regular del intervalo $[a, b]$ con $\Delta x = \dfrac{b-a}{n}$ y

$$a = x_0 < x_1 < \ldots < x_{i-1} < x_i < \ldots\ldots < x_n = b$$

En cada subintervalo $[x_{i-1}, x_i]$ tomamos su **punto medio** c_i. Construimos el rectángulo indicado en la figura, que tiene por altura

$$h_i = f(c_i) - g(c_i)$$

y cuyo centro es el punto

(c_i, d_i), donde

$$d_i = \frac{1}{2}\left(f(c_i) + g(c_i)\right)$$

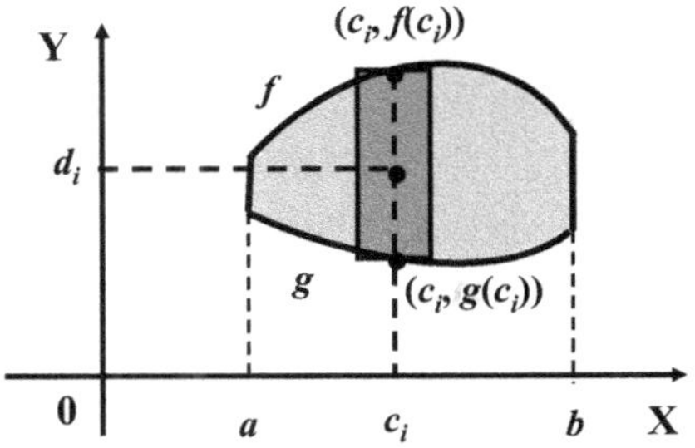

Ahora, de este rectángulo, calculamos su masa y sus momentos respecto a los ejes. Para esto, consideramos que la masa del rectángulo está concentrada en su centro (c_i, d_i). Sea $\Delta_i m$ su masa, $\Delta_i M_y$ su momento respecto al eje Y y $\Delta_i M_x$ su momento respecto al eje X. Se tiene que:

$$\Delta_i m = \rho \text{ (área)} = \rho \text{ (altura) (base)} = \rho\, h_i \Delta x = \rho(f(c_i) - g(c_i))\Delta x$$

$$\Delta_i M_y = c_i\, \Delta_i m = c_i\left(\rho\left(f(c_i) - g(c_i)\right)\Delta x\right) = \rho\, c_i (f(c_i) - g(c_i))\, \Delta x$$

$$\Delta_i M_x = d_i\, \Delta_i m = \left(\frac{1}{2}\left(f(c_i) + g(c_i)\right)\right)\left(\rho\left(f(c_i) - g(c_i)\right)\Delta x\right)$$

$$= \frac{1}{2}\rho\left[\left(f(c_i)\right)^2 - \left(g(c_i)\right)^2\right]\Delta x$$

Ahora calculamos la masa y los momentos de la lámina:

$$M = \lim_{n \to +\infty} \sum_{i=1}^{n} \Delta m_i = \lim_{n \to +\infty} \sum_{i=1}^{n} \rho(f(c_i) - g(c_i))\Delta x = \rho \int_a^b \left(f(x) - g(x)\right) dx$$

$$M_y = \lim_{n \to +\infty} \sum_{i=1}^{n} \Delta_i M_y = \lim_{n \to +\infty} \sum_{i=1}^{n} \rho c_i (f(c_i) - g(c_i))\, \Delta x = \rho \int_a^b x\left(f(x) - g(x)\right) dx$$

$$M_x = \lim_{n \to +\infty} \sum_{i=1}^{n} \Delta_i M_x = \lim_{n \to +\infty} \sum_{i=1}^{n} \frac{1}{2}\rho\left[\left(f(c_i)\right)^2 - \left(g(c_i)\right)^2\right]\Delta x$$

$$= \frac{1}{2}\rho \int_a^b \left[\left(f(x)\right)^2 - \left(g(x)\right)^2\right] dx.$$

En resumen, $\boldsymbol{M = \rho \int_a^b (f(x) - g(x))\, dx}$,

$$\boldsymbol{M_y = \rho \int_a^b x\left(f(x) - g(x)\right) dx}, \qquad \boldsymbol{M_x = \frac{1}{2}\rho \int_a^b \left[\left(f(x)\right)^2 - \left(g(x)\right)^2\right] dx}$$

El centro de masa ($\bar{x}$, $\bar{y}$) de la lámina es dado por:

$$\bar{x} = \frac{M_y}{M}, \qquad \bar{y} = \frac{M_x}{M}$$

En el cálculo del centro de masa se cancela la densidad ρ. Esto significa que el punto ($\bar{x}$, $\bar{y}$) depende sólo de la **región** que ocupa la lámina y no de la materia de que está compuesta. Por esta razón al punto ($\bar{x}$, $\bar{y}$) se le llama también **centroide de la región** que ocupa la lámina. Haciéndose énfasis en esta idea, se definen los momentos de la **región** como los momentos de la lámina con densidad $\rho = 1$. En este caso, la masa de la lámina,

$M = \rho \int_a^b (f(x) - g(x))\, dx$ es el área de la región, $A = \int_a^b (f(x) - g(x))\, dx$.

En resumen:

DEFINICION. Si Q es la región encerrada por

$$x = a, \; x = b, \; y = f(x), \; y = g(x), \text{ donde } g(x) \leq f(x),$$

y si A es el área de Q, entonces:

1. Los **momentos de Q respecto al eje Y y al eje X** son, respectivamente,

$$M_y = \int_a^b x\big(f(x) - g(x)\big)\, dx \qquad M_x = \frac{1}{2}\int_a^b \left[\big(f(x)\big)^2 - \big(g(x)\big)^2\right] dx$$

2. El **centroide de la región Q** es ($\bar{x}$, $\bar{y}$), donde

$$\bar{x} = \frac{M_y}{A} = \frac{1}{A}\int_a^b x\big(f(x) - g(x)\big)\, dx, \quad \bar{y} = \frac{M_x}{A} = \frac{1}{2A}\int_a^b \left[\big(f(x)\big)^2 - \big(g(x)\big)^2\right] dx$$

EJEMPLO 4. Hallar el centroide de la región encerrada por

$$y = f(x) = 4 - x^2 \quad \text{y} \quad y = g(x) = -x + 2.$$

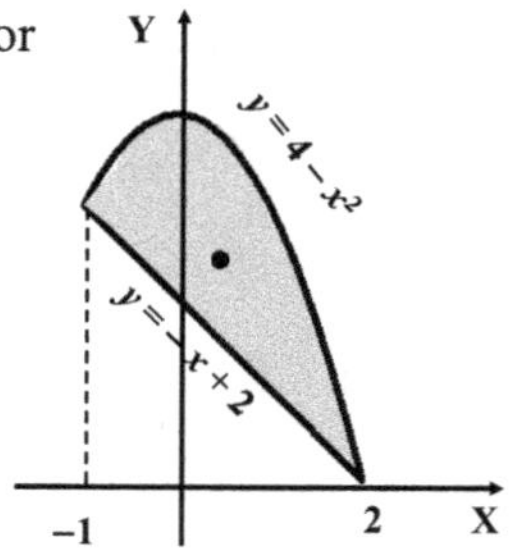

Solución

Hallemos los puntos de intersección:

$$4 - x^2 = -x + 2 \Leftrightarrow$$

$$x^2 - x - 2 = (x + 1)(x - 2) = 0 \Leftrightarrow$$

$$x = -1 \;\text{ ó }\; x = 2$$

El área de esta región es:

$$A = \int_{-1}^{2} (f(x) - g(x))\, dx = \int_{-1}^{2} \Big(\big(4 - x^2\big) - \big(-x + 2\big)\Big)\, dx$$

$$= \int_{-1}^{2}\left(-x^2+x+2\right)dx = \left[-\frac{x^3}{3}+\frac{x^2}{2}+2x\right]_{-1}^{2} = \frac{9}{2}$$

Ahora,

$$\bar{x} = \frac{1}{A}\int_a^b x\left(f(x)-g(x)\right)dx = \frac{1}{9/2}\int_{-1}^{2} x\left(\left(4-x^2\right)-\left(-x+2\right)\right)dx$$

$$=\frac{2}{9}\int_{-1}^{2}\left(-x^3+x^2+2x\right)dx = \frac{2}{9}\left[-\frac{x^4}{4}+\frac{x^3}{3}+x^2\right]_{-1}^{2} = \frac{1}{2}$$

$$\bar{y} = \frac{1}{2A}\int_a^b\left[\left(f(x)\right)^2-\left(g(x)\right)^2\right]dx = \frac{1}{2(9/2)}\int_{-1}^{2}\left[\left(4-x^2\right)^2-\left(-x+2\right)^2\right]dx$$

$$=\frac{1}{9}\int_{-1}^{2}\left[\left(4-x^2\right)^2-\left(-x+2\right)^2\right]dx = \frac{1}{9}\int_{-1}^{2}\left[x^4-9x^2+4x+12\right]dx$$

$$=\frac{1}{9}\left[\frac{x^5}{5}-3x^3+2x^2+12x\right]_{-1}^{2} = \frac{12}{5}$$

Por tanto, el cetroide de la región es $(\bar{x},\ \bar{y}) = (1/2\,,12/5)$.

PRINCIPIO DE SIMETRIA

Este resultado, que llamamos principio de simetría, es intuitivamente obvio.

Si una región tiene un eje de simetría, entonces el centroide de la región está situado en este eje.

EJEMPLO 5. Hallar el centroide de una región semicircular encerrada por

$$y = \sqrt{r^2-x^2} \text{ y el eje X}$$

Solución

El semicírculo es simétrico respecto al eje Y. Luego, por el principio de simetría, el centroide $(\bar{x},\ \bar{y})$ está en el eje Y. En consecuencia, $\bar{x} = 0$ y sólo falta hallar $\bar{y}$.

El semicírculo es encerrado por

$$f(x) = \sqrt{r^2-x^2} \quad \text{y} \quad g(x) = 0.$$

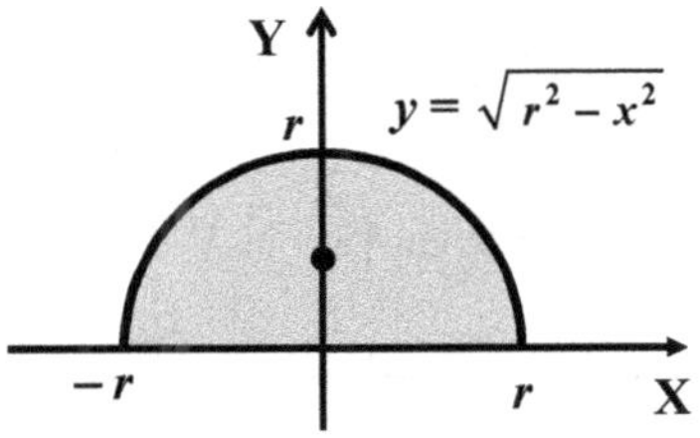

Por otro lado, el área del semicírculo es $A = \dfrac{\pi r^2}{2}$. Luego,

$$\bar{y} = \frac{1}{2A}\int_{-r}^{r}\left[\left(f(x)\right)^2-\left(g(x)\right)^2\right]dx$$

$$= \frac{1}{2(\pi r^2/2)} \int_{-r}^{r} \left[\left(\sqrt{r^2 - x^2} \right)^2 - (0)^2 \right] dx$$

$$= \frac{1}{\pi r^2} \int_{-r}^{r} \left[r^2 - x^2 \right] dx = \frac{1}{\pi r^2} \left[r^2 x - \frac{x^3}{3} \right]_{-r}^{r} = \frac{1}{\pi r^2} \frac{4r^3}{3} = \frac{4r}{3\pi}$$

Luego, el centroide de la semiesfera es $(\bar{x}, \bar{y}) = (0, 4r/3\pi)$.

EJEMPLO 6. Hallar el centroide de la región R encerrada por los ejes coordenados y la curva

$$\sqrt{x} + \sqrt{y} = \sqrt{a}.$$

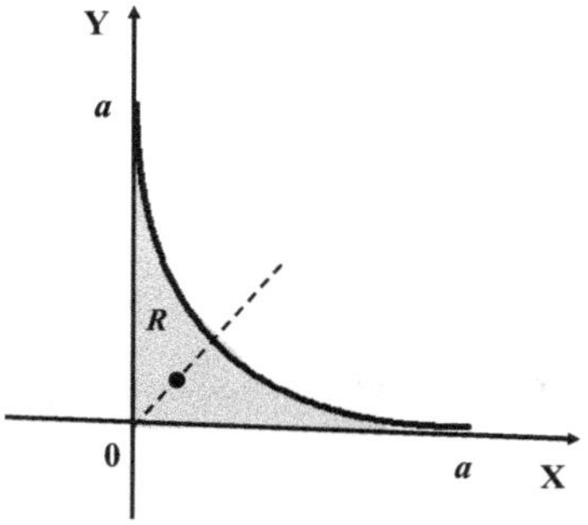

Solución

Como la región es simétrica respecto a la diagonal $y = x$ se cumple que

$$\bar{x} = \bar{y}$$

Despejamos y: $y = \left(\sqrt{a} - \sqrt{x} \right)^2$

Ahora,

$$A = \int_0^a \left(\sqrt{a} - \sqrt{x} \right)^2 dx = \int_0^a \left(a - 2\sqrt{a}\sqrt{x} + x \right) dx = \left[ax - \frac{4}{3} a^{1/2} x^{3/2} + \frac{x^2}{2} \right]_0^a = \frac{a^2}{6}$$

$$\bar{x} = \frac{1}{A} \int_0^a x \left(f(x) - g(x) \right) dx = \frac{1}{A} \int_0^a x \left[\left(\sqrt{a} - \sqrt{x} \right)^2 - 0^2 \right] dx$$

$$= \frac{1}{a^2/6} \int_0^a x \left(a - 2\sqrt{a}\sqrt{x} + x \right) dx = \frac{6}{a^2} \int_0^a \left(ax - 2a^{1/2} x^{3/2} + x^2 \right) dx$$

$$= \frac{6}{a^2} \left[a \frac{x^2}{2} - \frac{4}{5} a^{1/2} x^{5/2} + \frac{x^3}{3} \right]_0^a = \frac{a}{5}$$

El centroide es $(\bar{x}, \bar{y}) = \left(\frac{a}{5}, \frac{a}{5} \right)$.

CENTROIDE DE UNA REGION SIMPLE.

Diremos que una región es simple si ésta puede dividirse en subregiones cuyos centroides son conocidos, como los rectángulos y los círculos.

El centroide de una región simple se puede hallar sin recurrir a la integración, procediendo como en el caso discreto.

EJEMPLO 7. Hallar el centroide de la región indicada en la figura.

Solución

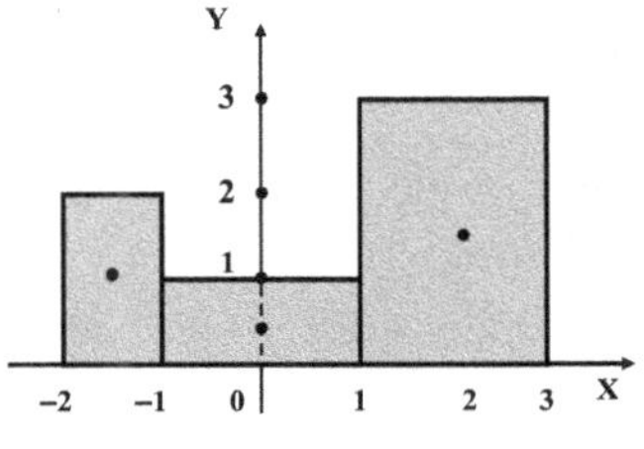

La región está conformada por tres rectángulos, los que nombramos de izquierda a derecha, con R_1, R_2 y R_3.

Los centroides y áreas de estos rectángulos son, respectivamente,

$$(x_1, y_1) = (-1.5, 1), \quad (x_2, y_2) = (0, 0.5), \quad (x_3, y_3) = (2, 1.5)$$

$$A_1 = 2, \qquad A_2 = 2, \qquad A_3 = 6$$

Tratándose de una región, en lugar de la masa se toma el área. Luego,

$$\bar{x} = \frac{x_1A_1 + x_2A_2 + x_3A_3}{A_1 + A_2 + A_3} = \frac{(-1.5)(2)+(0)(2)+(2)(6)}{2+2+6} = \frac{9}{10} = 0.9$$

$$\bar{y} = \frac{y_1A_1 + y_2A_2 + y_3A_3}{A_1 + A_2 + A_3} = \frac{(1)(2)+(0.5)(2)+(1.5)(6)}{2+2+6} = \frac{12}{10} = 1.2$$

Por lo tanto, el centroide es (0.9, 1.2).

TEOREMA DE PAPPUS.

TEOREMA 4.1 **Teorema de Pappus.**

Sea R una región del plano de área A, L una recta que no corta el interior de R y d la distancia del centroide de R a la recta L. Si la región R gira alrededor de L, entonces el volumen V del sólido resultante es

$$V = 2\pi dA$$

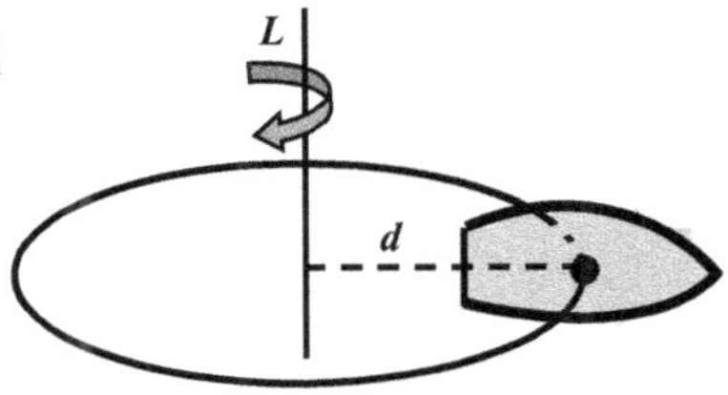

Observar que $c = 2\pi d$ es la distancia (longitud de la circunferencia) que recorre el centroide al girar alrededor de la recta L.

Demostración

Ver el problema resuelto 7.

EJEMPLO 8. Sea R encerrada por los ejes coordenados y la curva

$$\sqrt{x} + \sqrt{y} = \sqrt{a}$$

Sea L la recta que pasa por los puntos $(a, 0)$ y $(0, a)$.

Hallar, mediante el teorema de Pappus, el volumen del sólido generado por la región R al girar alrededor de la recta L.

Solución

En el ejemplo 6 se encontró que:

El área de la región R es $A = \dfrac{a^2}{6}$

El centroide de R es $C = \left(\bar{x},\ \bar{y}\right) = \left(\dfrac{a}{5},\ \dfrac{a}{5}\right)$.

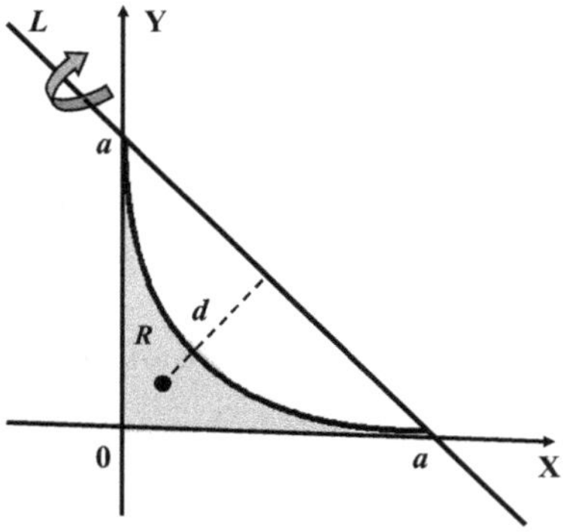

Por otro lado, una ecuación de la recta L es:

$$L : y + x - a = 0$$

La distancia del centroide C a L es:

$$d = d(C, L) = \frac{\left|\frac{a}{5} + \frac{a}{5} - a\right|}{\sqrt{1^2 + 1^2}} = \frac{3a}{5\sqrt{2}}$$

Luego, de acuerdo al teorema de Pappus,

$$V = 2\pi d A = 2\pi \frac{3a}{5\sqrt{2}} \frac{a^2}{6} = \frac{\pi a^3}{5\sqrt{2}}$$

EJEMPLO 9. Sea R la región encerrada por el eje X y la parte superior de la elipse:

$$\frac{x^2}{a^2} + \frac{y^2}{b^2} = 1$$

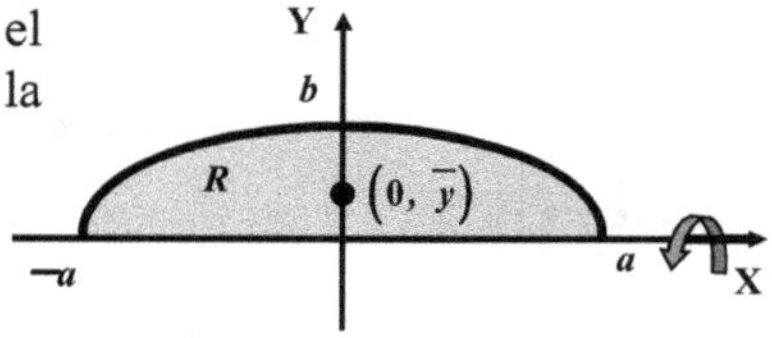

a. Hallar volumen del **elipsoide de revolución.** (balón de fútbol americano). Este sólido se obtiene girando la región R alrededor del eje X.

b. Mediante el teorema de Pappus, hallar el centroide de la región R.

Solución

a. La curva superior que encierra a la región R es el gráfico de la función

$$f(x) = \frac{b}{a}\sqrt{a^2 - x^2}$$

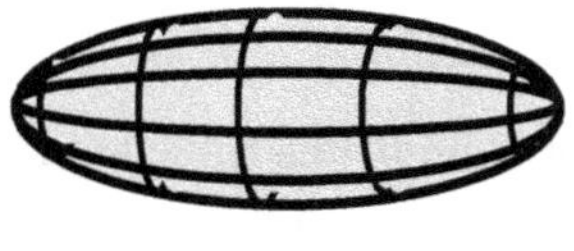

Luego,

$$V = \pi \int_{-a}^{a} \left(f(x)\right)^2 dx = \pi \int_{-a}^{a} \left(\frac{b}{a}\sqrt{a^2 - x^2}\right)^2 dx = \pi \frac{b^2}{a^2} \int_{-a}^{a} \left(a^2 - x^2\right) dx$$

$$= \pi \frac{b^2}{a^2}\left(a^2 x - x^3/3\right]_{-a}^{a} = \frac{4}{3}\pi a b^2 \Rightarrow V = \frac{4}{3}\pi a b^2$$

b. De acuerdo al problema resuelto 3 de la sección 3.4, el área de la región R es

$$A = \frac{1}{2}\pi ab .$$

Como la región es simétrica respecto al eje Y, el centroide está sobre el eje Y. Sea $\left(0,\ \overline{y}\right)$ tal centriode. La coordenada $\overline{y}$ mide la distancia del centroide al eje X, que es el eje de revolución. Luego, de acuerdo al teorema de Papus, tenemos:

$$V = 2\pi\,\overline{y}\,A \;\Rightarrow\; \frac{4}{3}\pi ab^2 = 2\pi\,\overline{y}\left(\frac{1}{2}\pi ab\right) \;\Rightarrow\; \frac{4}{3}b = \pi\,\overline{y} \;\Rightarrow\; \overline{y} = \frac{4b}{3\pi}$$

Luego, el centroide es $\left(0,\ \dfrac{4b}{3\pi}\right)$

¿SABIAS QUE . . .

PAPPUS DE ALEJANDRIA (290–350 D. C.) *es el último de los grandes geómetras griegos. Nació y vivió en Alejandría. Su principal obra es* ***Colección Matemática,*** *publicada alrededor del año 340 A. C. en ocho libros. En esta obra presenta un resumen de una buena parte de la matemática de la Grecia Antigua. En el libro VII se encuentra el teorema que lleva su nombre, con su respectiva prueba. Algunos de los libros se perdieron. En el siglo XVI, el matemático Federico Commandino (1509–1575) tradujo la obra.*

Pappus de alejandría

Algunos autores llaman al teorema de Pappus "teorema Pappus–Guldin".

PAUL GULDIN (1577–1643) *matemático y religioso suizo. Su obra fue publicada en cuatro volúmenes. En el volumen 2 aparece el teorema de Pappus.* Se dice que *Guldin no conocía que este resultado ya lo había probado Pappus.*

PROBLEMAS RESUELTOS 4.6

PROBLEMA 1. Una barra tiene 10 cm. de longitud y su densidad lineal, en un punto cualquiera, es una función lineal de la distancia del punto al extremo izquierdo de la barra. La densidad en el extremo izquierdo es 4 g/cm y en el extremo derecho, es 6 g/cm . Hallar:

a. La masa de la barra.

b. El momento respecto al origen.

c. El centro de masa.

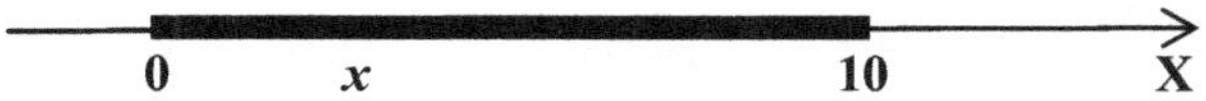

Solución.

Tomemos un sistema de coordenadas poniendo el origen en el extremo izquierdo de la barra, como indica la figura.

La densidad lineal, por ser una función lineal, es de la forma: $\rho(x) = ax + b$.

Tenemos que $\rho(0) = 4$. Luego, $a(0) + b = 4 \Rightarrow b = 4 \Rightarrow \rho(x) = ax + 4$.

Por otro lado, $\rho(10) = 6 \Rightarrow a(10) + 4 = 6 \Rightarrow a = \frac{1}{5} \Rightarrow \rho(x) = \frac{1}{5}x + 4$.

Ahora,

a. $$M = \int_0^L \rho(x)\,dx = \int_0^{10} \left(\frac{1}{5}x + 4\right) dx = \left[\frac{1}{10}x^2 + 4x\right]_0^{10} = 50 \text{ g}$$

b. $$M_0 = \int_0^L x\,\rho(x)\,dx = \int_0^{10} x\left(\frac{1}{5}x + 4\right) dx = \int_0^{10} \left(\frac{1}{5}x^2 + 4x\right) dx$$

$$= \left[\frac{1}{15}x^3 + 2x^2\right]_0^{10} = \frac{800}{3}$$

c. $$\bar{x} = \frac{M_0}{M} = \frac{800/3}{50} = \frac{16}{3} \text{ cm.}$$

PROBLEMA 2. Se tiene una barra de 2 m de longitud. Su densidad lineal en un punto cualquiera de la barra es directamente proporcional a la cuarta potencia de la distancia del punto a uno de los extremos. La densidad en el punto medio de la barra es 2 kg/m. Hallar:

a. La masa de la barra.

b. El momento respecto al origen. **c.** El centro de masa.

Solución

Tomemos un sistema de coordenadas poniendo el origen en el extremo del cual se computan las distancias sugeridas en el enunciado.

Si un punto está a una distancia x del origen, entonces $\rho(x) = kx^4$. Además, sabemos que $\rho(1) = 2$. Luego,

$$k(1)^4 = 2 \;\Rightarrow\; k = 2 \;\Rightarrow\; \rho(x) = 2x^4$$

Ahora,

a. $M = \int_0^L \rho(x)\,dx = \int_0^2 2x^4 dx = \left[\frac{2}{5}x^5\right]_0^2 = \frac{64}{5}$ kg

b. $M_0 = \int_0^L x\,\rho(x)\,dx = \int_0^2 x(2x^4)\,dx = \int_0^2 2x^5 dx = \left[\frac{1}{3}x^6\right]_0^2 = \frac{64}{3}$

c. $\bar{x} = \frac{M_0}{M} = \frac{64/3}{64/5} = \frac{5}{3}$ m.

PROBLEMA 3. Hallar el centroide de la región encerrada por

$$y = -\sqrt{x}\,, \quad y = -\frac{x^2}{8}$$

Solución

Hallemos los puntos de intersección:

$$-\frac{x^2}{8} = -\sqrt{x} \;\Leftrightarrow\; x^2 = 8\sqrt{x} \;\Leftrightarrow$$

$$x^4 = 64x \;\Leftrightarrow\; x(x^3 - 64) \;\Leftrightarrow$$

$$x = 0 \;\text{ ó }\; x = 4$$

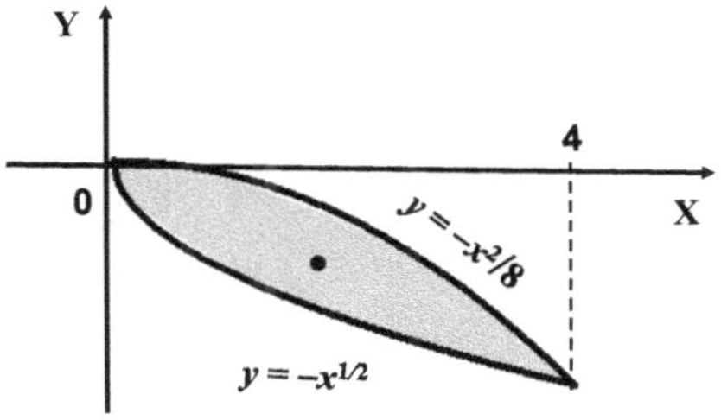

Ahora,

$$A = \int_0^4 \left(-\frac{x^2}{8} - \left(-\sqrt{x}\,\right)\right)dx = \left[-\frac{x^3}{24} + \frac{2}{3}x^{3/2}\right]_0^4 = \left[-\frac{64}{24} + \frac{2}{3}(8)\right] = \frac{8}{3}$$

$$\bar{x} = \frac{1}{A}\int_a^b x\big(f(x) - g(x)\big)dx = \frac{1}{A}\int_0^4 x\left(-\frac{x^2}{8} - \left(-\sqrt{x}\,\right)\right)dx$$

$$= \frac{1}{8/3}\int_0^4 \left(-\frac{x^3}{8} + x^{3/2}\right)dx = \frac{3}{8}\left[-\frac{x^4}{32} + \frac{2}{5}x^{5/2}\right]_0^4 = \frac{3}{8}\left[-\frac{256}{32} + \frac{2}{5}(32)\right] = \frac{9}{5}$$

$$\bar{y} = \frac{1}{2A}\int_a^b \left[(f(x))^2 - (g(x))^2\right]dx = \frac{1}{2A}\int_0^4 \left[\left(-x^2/8\right)^2 - \left(-\sqrt{x}\right)^2\right]dx$$

$$= \frac{1}{2(8/3)}\int_0^4 \left[x^4/64 - x\right]dx = \frac{3}{16}\left[\frac{x^5}{320} - \frac{x^2}{2}\right]_0^4 = \frac{3}{16}\,\frac{3}{16}\left[\frac{1024}{320} - \frac{16}{2}\right] = -\frac{9}{10}$$

El centroide es $\left(\bar{x}, \bar{y}\right) = \left(\frac{9}{5}, -\frac{9}{10}\right)$

PROBLEMA 4. Hallar el centroide de la región encerrada por el lazo de la curva

$$y^2 = x^4(x + a), \quad a > 0$$

Solución

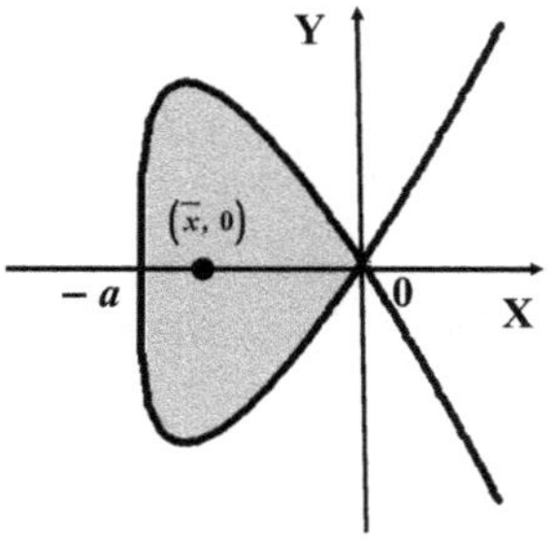

La región es simétrica respecto al eje X. Luego, el centro de gravedad está sobre este eje. Esto es, $\bar{y} = 0$

La región está encerrada por los gráficos de

$f(x) = x^2\sqrt{x+a}$ y $g(x) = -x^2\sqrt{x+a}$, $-a \le x \le 0$

En consecuencia,

$$\bar{x} = \frac{1}{A}\int_{-a}^{0} x\big(f(x) - g(x)\big)\,dx = \frac{1}{A}\int_{-a}^{0} x\left(x^2\sqrt{x+a} - \left(-x^2\sqrt{x+a}\right)\right)dx$$

$$= \frac{2}{A}\int_{-a}^{0} x^3\sqrt{x+a}\,dx$$

Si $x + a = u^2$, entonces: $dx = 2udu$, $x = -a \Rightarrow u = 0$, $x = 0 \Rightarrow u = \sqrt{a}$. Luego.

$$\bar{x} = \frac{2}{A}\int_{0}^{\sqrt{a}} \left(u^2 - a\right)^3 u\,(2u\,du) = \frac{4}{A}\int_{0}^{\sqrt{a}} \left(u^8 - 3au^6 + 3a^2u^4 - a^3u^2\right)du$$

$$= \frac{4}{A}\left(\frac{1}{9}u^9 - \frac{3}{7}au^7 + \frac{3}{5}a^2u^5 - \frac{1}{3}a^3u^3\right]_0^{\sqrt{a}} = -\frac{64}{315}\frac{a^4\sqrt{a}}{A} \qquad (1)$$

Pero, según el problema resuelto 8 de la sección 3.4, $A = 32a^3\sqrt{a}/105$ (2)

Reemplazando (2) en (1) obtenemos: $\bar{x} = -2a/3$

Luego, el centroide de la región es $\left(\bar{x}, \bar{y}\right) = \left(-2a/3, 0\right)$

PROBLEMA 5. **Volumen de una dona**

Usando el teorema de Pappus, hallar el volumen del sólido encerrado por el Toro (dona). Recordar que el toro se obtiene al girar, alrededor del eje Y, una circunferencia de **radio *a*** y cuyo centro es el punto **(*b*, 0)**, donde ***a* < *b***.

Solución

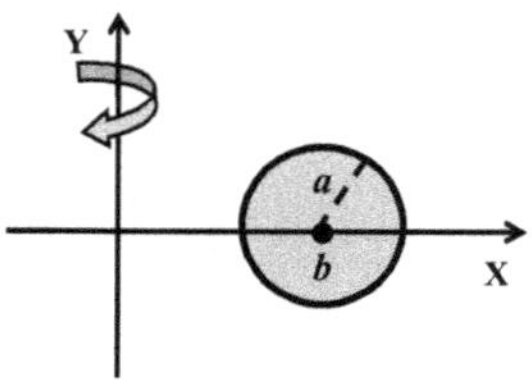

En este caso, la región R que genera al sólido es el círculo de radio ***a*** que gira alrededor del eje Y. El área de R es $A = \pi a^2$, su centroide es $(\bar{x}, \bar{y}) = (b, 0)$ y la distancia del centroide a la recta de giro, $d = b$. Luego, por el teorema de Pappus,

$$V = 2\pi dA = 2\pi b(\pi a^2) = 2\pi^2 a^2 b$$

PROBLEMA 6. Mediante el teorema de Pappus, hallar el centroide de la región encerrada por la astroide

$$x^{2/3} + y^{2/3} = a^{2/3}$$

en el primer cuadrante.

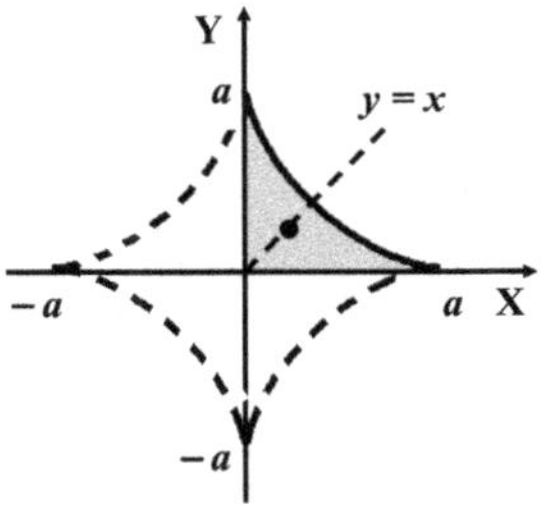

Solución

Si A es el área de la de la región sombreada y V es el volumen del sólido engendrado por esta región al girar alrededor del eje Y, entonces

1. De acuerdo al problema resuelto 5 de la sección 3.4,

$$A = \frac{1}{4}\left(\frac{3\pi}{8}a^2\right) = \frac{3\pi}{32}a^2$$

2. De acuerdo al problema propuesto 8 de la sección 4.2,

$$V = \frac{1}{2}\left(\frac{32}{105}\pi a^3\right) = \frac{16}{105}\pi a^3$$

Por otro lado, la distancia del centroide $(\bar{x}, \bar{y})$ al eje Y es

$d = \bar{x}$, y por simetría, $\bar{x} = \bar{y}$.

Ahora, de acuerdo al teorema de Pappus:

$$V = 2\pi dA = 2\pi \bar{x} A \Rightarrow \bar{x} = \frac{V}{2\pi A} = \frac{\frac{16}{105}\pi a^3}{2\pi \frac{3\pi}{32}a^2} = \frac{256a}{315\pi}$$

Luego, el centroide de la región indicada es $(\bar{x}, \bar{y}) = \left(\frac{256a}{315\pi}, \frac{256a}{315\pi}\right)$

PROBLEMA 7. Demostrar el **teorema de Pappus**:

Sea R una región del plano y L una recta que no la corta. Si R gira alrededor de L, entonces el volumen V del sólido resultante es igual al producto del área A de la región, por la distancia d recorrida por el centroide. Esto es,

$$V = 2\pi dA$$

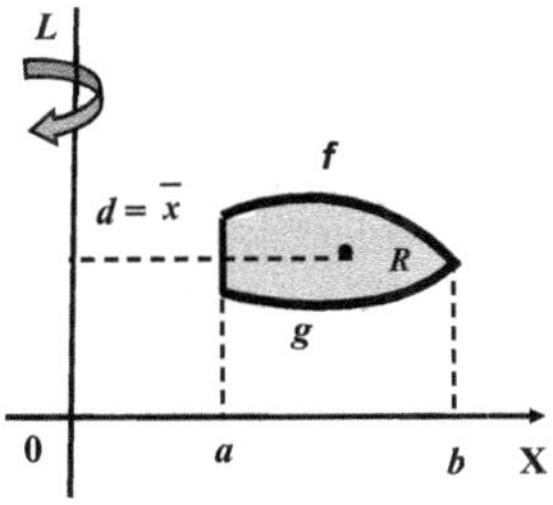

Solución

Supongamos que la recta de giro L sea el eje Y. Podemos suponer también que la región R sea la región encerrada por:

$y = f(x)$, $y = g(x)$, $x = a$, $x = b$, donde $g(x) \leq f(x)$

En este caso, la distancia del centroide $(\bar{x}, \bar{y})$ a la recta de giro es $d = \bar{x}$.

Además, sabemos que:

$$\bar{x} = \frac{1}{A}\int_a^b x\big(f(x) - g(x)\big)dx \quad \Rightarrow \quad \bar{x}A = \int_a^b x\big(f(x) - g(x)\big)dx \qquad \textbf{(1)}$$

Por otro lado, el método de los tubos cilíndricos nos dice que:

$$V = 2\pi\int_a^b x\big(f(x) - g(x)\big)dx \qquad \textbf{(2)}$$

Reemplazando (1) en (2), tenemos

$$V = 2\pi(\bar{x}A) = 2\pi d A$$

PROLEMAS PROPUESTOS 4.6

1. Pedro y Betty están sentados en los extremos de un sube y baja de 8 *m* de longitud, que se encuentra apoyado en su mitad. Ellos pesan 80 *kg* y 60 *kg*, respectivamente. ¿Dónde deben colocar a su hijo que pesa 40 *kg*, para equilibrar la tabla? *Rpta.* A 2 *m*. del lado de Betty

2. La densidad lineal de una barra de 4 m. es una función lineal de la distancia del extremo izquierdo. En este extremo, la densidad es 2 *kg/m* y en el otro es de 12 *kg/m*. Hallar: **a.** La masa de la barra **b.** El centro de masa.

Rpta. **a.** 28 *Kg*. **b.** $\bar{x} = 52/21$

3. La densidad lineal de una barra de 4 *m*. es una función lineal de la distancia al centro de la barra. En cada extremo, la densidad es 4 *kg/m* y en el centro es de 2 *kg/m*. Hallar: **a.** La masa de la barra. **b.** El centro de masa.

Sugerencia: Colocar el origen en el centro de la barra y considerar la simetría.

Rpta. **a.** 12 *Kg*. **b.** $\bar{x} = 0$

4. Se tiene una barra de 3*m*. La densidad lineal en un punto cualquiera es directamente proporcional a la distancia del punto a otro punto fijo externo, situado en la misma recta de la barra y a 1 m del extremo izquierdo. En este extremo izquierdo, la densidad es de 2 *kg/m*. Hallar:
a. La función densidad lineal. **b.** La masa de la barra. **c.** El centro de masa.

Rpta. **a.** $\rho(x) = 2(1+x)$ **b.** 15 *kg* **c.** $\bar{x} = \frac{9}{5}\,m$

5. Se tiene un cable de 10 *cm*. La densidad lineal en un punto cualquiera del cable es directamente proporcional a la segunda potencia de la distancia del punto al extremo izquierdo. A 1 *cm*. de este extremo, la densidad es 3 *gr/cm*. Hallar: **a.** La masa del cable. **b.** El centro de masa.

Rpta. **a.** 1,000 *gr* **b.** $\bar{x} = 7.5\ cm$

6. Una barra tiene 4 m de longitud. Su densidad lineal en un punto situado a una distancia x del extremo izquierdo es $\rho(x) = 4 - \text{sen}\,\dfrac{\pi x}{4}$. Hallar:

a. La masa de la barra. **b.** El centro de masa.

Rpta. **a.** $\dfrac{8}{\pi}(2\pi - 1)$ **b.** $\bar{x} = 2$

7. Hallar el centroide de la región indicada en cada gráfica.

a. $\begin{cases} \text{Cuadrado : lado} = 4 \\ \text{Círculo : radio} = 2 \end{cases}$ **b.** $\begin{cases} \text{Rectángulo : largo} = 4,\ \text{ancho} = 2 \\ \text{Círculos : radio} = 2 \end{cases}$

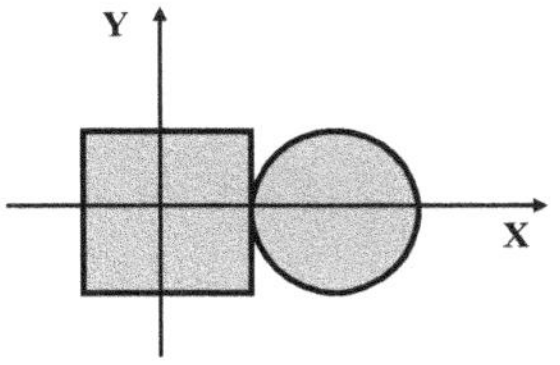

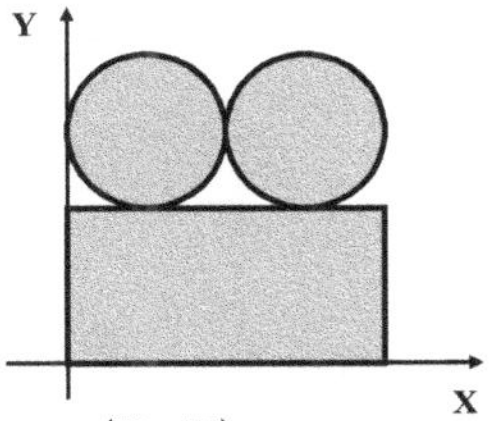

Rpta. **a.** $(\bar{x}, \bar{y}) = (4\pi/(4+\pi),\ 0)$ **b.** $(\bar{x}, \bar{y}) = (2,\ (1+3\pi)/(1+\pi))$

En los problemas del 8 al 15 hallar: a. Los momentos con respecto a los ejes coordenados. b. El centroide. La región correspondiente es la encerrada por gráficas de las ecuaciones dadas.

8. $y = 4 - x^2$, en el primer cuadrante.

Rpta. **a.** $M_y = 4,\ M_x = \dfrac{128}{15}$ **b.** $(\bar{x}, \bar{y}) = (3/4,\ 8/5)$

9. $y = \sqrt{9+x}$, eje X, eje Y

Rpta. **a.** $M_y = -\dfrac{324}{5},\ M_x = \dfrac{81}{4}$ **b.** $(\bar{x}, \bar{y}) = (-18/5,\ 9/8)$

10. $y = x,\ y = x^2$

Rpta. **a.** $M_y = \dfrac{1}{12},\ M_x = \dfrac{1}{15}$ **b.** $(\bar{x}, \bar{y}) = (1/2,\ 2/5)$

11. $y = -\sqrt{x},\ y = -\dfrac{x^2}{8}$

Rpta. **a.** $M_y = \dfrac{24}{5},\ M_x = -\dfrac{12}{5}$ **b.** $(\bar{x}, \bar{y}) = (9/5,\ -9/10)$

12. $y = \cos x,\ y = 0,\ x = 0,\ x = \dfrac{\pi}{2}$

Rpta. **a.** $M_y = \dfrac{\pi}{2} - 1,\ M_x = \dfrac{\pi}{8}$ **b.** $(\bar{x}, \bar{y}) = ((\pi/2) - 1,\ \pi/8)$

13. $y = \text{sen}\,x,\ y = 0,\ x = 0,\ x = \pi$

Rpta. **a.** $M_y = \pi,\ M_x = \dfrac{\pi}{4}$ **b.** $(\bar{x}, \bar{y}) = (\pi/2,\ \pi/8)$

14. $y = e^x$, eje X, eje Y, $x = 1$

Rpta. **a.** $M_y = 1, M_x = \dfrac{e^2 - 1}{4}$ **b.** $(\bar{x}, \bar{y}) = (1/(e-1), (1+e)/4)$

15. $y = \ln x$, eje X, $x = e$

Rpta. **a.** $M_y = \dfrac{e^2+1}{4}$, $M_x = \dfrac{e-2}{2}$ **b.** $(\bar{x}, \bar{y}) = ((e^2+1)/4, (e-2)/2)$

En los problemas del 16 y 17 hallar, de la región indicada, a. Los momentos con respecto a los ejes coordenados. b. El centroide.

16. La parte del círculo de radio r correspondiente al primer cuadrante.

Rpta. **a.** $M_y = \dfrac{r^3}{3}$, $M_x = \dfrac{r^3}{3}$ **b.** $(\bar{x}, \bar{y}) = (4r/3\pi, 4r/3\pi)$

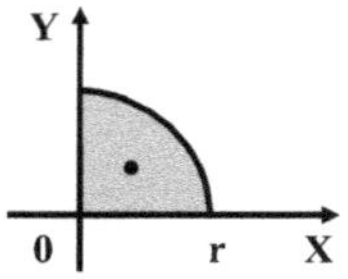

17. La región encerrada por la elipse $\dfrac{x^2}{a^2} + \dfrac{y^2}{b^2} = 1$, en el primer cuadrante.

Rpta. **a.** $M_y = \dfrac{a^2 b}{3}$, $M_x = \dfrac{ab^2}{3}$ **b.** $(\bar{x}, \bar{y}) = \left(\dfrac{4a}{3\pi}, \dfrac{4b}{3\pi}\right)$

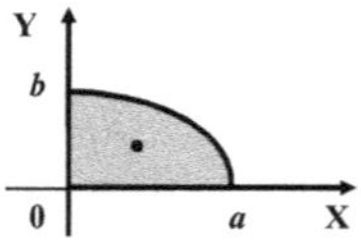

En los problemas del 18 al 21 hallar el centroide de la región indicada.

18. El segmento circular adjunto, que corresponde a un círculo de radio a.

Rpta. $(\bar{x}, \bar{y}) = (2a/(3\pi - 6), 2a/(3\pi - 6))$.

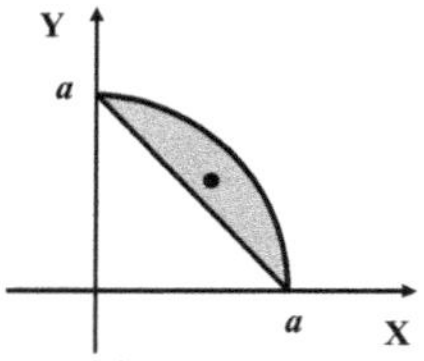

19. La parte de un cuadrado de lado a que se obtiene quitando el sector circular indicado.

Rpta. $(\bar{x}, \bar{y}) = (2a/(12 - 3\pi), 2a/(12 - 3\pi))$.

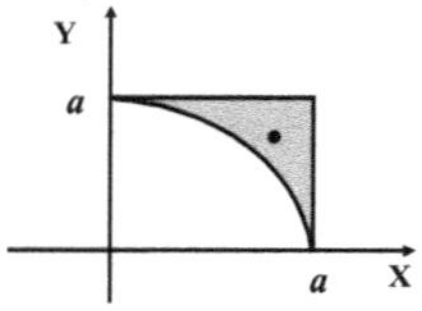

20. La región encerrada por

$f(x) = \sqrt{x}$, $g(x) = x^2$

Rpta. $(\bar{x}, \bar{y}) = (9 / 20.9 / 20)$

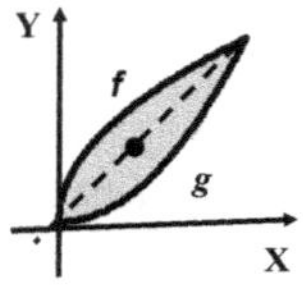

21. La región encerrada por

$y = \operatorname{sen} x$, $y = \cos x$,

que se indica en la figura.

Rpta. $(\bar{x}, \bar{y}) = (3\pi/4, 0)$

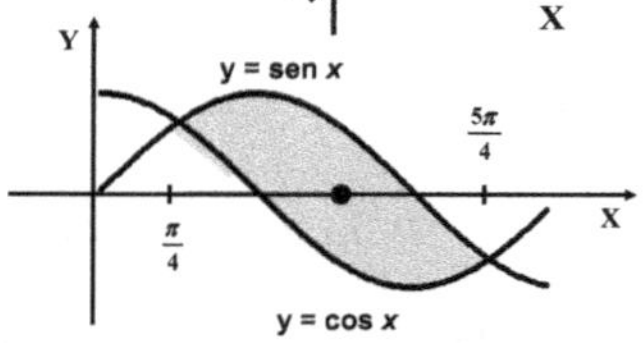

22. Mediante el teorema de Pappus hallar el volumen del sólido que se genera, al girar alrededor del eje Y, la región encerrada por $y = x$, $y = 0$, $x = 3$.

Rpta. 18π

23. Mediante el teorema de Pappus hallar el volumen del sólido que se genera, al girar alrededor del eje Y, la región encerrada por el paralelogramo de vértices: $(0, 0)$, $(6, 0)$, $(7, 4)$, $(1, 4)$. *Rpta.* 168π

24. Mediante el teorema de Pappus hallar el volumen del sólido (dona) que se genera, al girar alrededor de la recta $x = 2a$, la región encerrada por la circunferencia $x^2 + y^2 = a^2$. *Rpta.* $4\pi^2 a^3$

25. Mediante el teorema de Pappus y los resultados del problema 13 anterior, hallar el volumen del sólido que genera la región encerrada por $y = \text{sen}\, x$, $y = 0$, $x = 0$, $x = \pi$, al girar alrededor del: **a.** Eje Y **b.** Eje X

Rpta. **a** $2\pi^2$ **b.** $\pi^2/2$

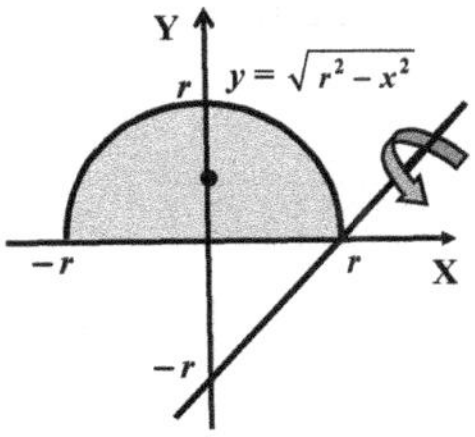

26. Mediante el teorema de Pappus, hallar el volumen del sólido que se genera al girar el semicírculo encerrado por $y = \sqrt{r^2 - x^2}$ y el eje X, al girar alrededor de la recta que pasa por los puntos $(0, -r)$ y $(r, 0)$

Rpta. $V = \dfrac{4 + 3\pi}{3\sqrt{2}} \pi r^3$

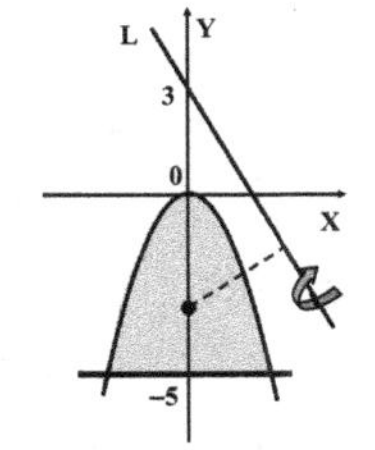

27. La región encerrada por los gráficos de $y = -x^2$, $y = -5$ gira alrededor de una recta L que pasa por el punto $(0, 3)$. El sólido generado tiene de volumen $V = 40\sqrt{5}\pi$. Hallar la ecuación de la recta. *Rpta.* L: $y \pm \sqrt{3}x - 3 = 0$

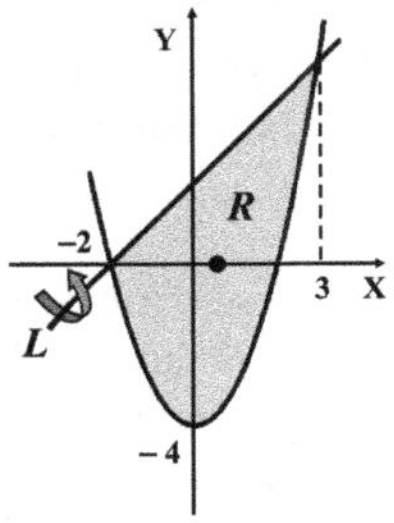

28. Sea R la región encerrada por los gráficos de

$$y = x^2 - 4, \quad y - x - 2 = 0,$$

a. Hallar el centroide de R.

b. Mediante el teorema de Pappus, hallar el volumen del sólido que genera la región R al girar alrededor de la recta L: $y - x + 2 = 0$

Rpta. **a.** $(\bar{x}, \bar{y}) = (1/2, 0)$ **b.** $V = \dfrac{625}{6\sqrt{2}}$

SECCION 4.7

TRABAJO

En términos cotidianos, por **trabajo** entendemos el esfuerzo para realizar una tarea. En los cursos de física de secundario aprendimos que si un objeto se mueve a lo largo de una recta una distancia $\boldsymbol{d}$ mientras está sujeta a una fuerza constante $\boldsymbol{F}$ en dirección del movimiento, el trabajo $\boldsymbol{W}$ realizado es

$$\boldsymbol{W = F \times d}$$

La siguiente tabla nos muestra las distintas unidades de trabajo.

Sistema	**Distancia**	**Fuerza**	**Trabajo**
mks (SI)	metro (*m*)	Newton (*N*)	*N–m* = Joule (*J*)
Técnico	metro (*m*)	kilogramo fuerza(*kg–f*)	kilográmetro (*kg–f·m*)
cgs	centímetro (*cm*)	dina	dina-cm = ergio
Inglés	pie (*ft*)	libra (*lb*)	*lb-ft*

El sistema técnico, al igual que el inglés, toma como magnitud fundamental a la fuerza en lugar de la masa. Al kilogramo fuerza (*kg–f*) también se le llama kilogramo peso (*kg–p*) o kilopondio (k_p) y se tiene que:

1 *kg–f* = 9.8 Newtons

EJEMPLO 1. **a.** Hallar el trabajo requerido al levantar un objeto de 5 *kg* de masa a una altura de 4 *m*.

b. Hallar el trabajo requerido al levantar un objeto de 5 *lb* de peso a una altura de 4 *ft*.

Solución

a. Del objeto se conoce su masa y la fuerza ejercida para levantarlo es igual y opuesta a la fuerza ejercida por la gravedad, o sea al peso del objeto, de modo que;

$$F = m\cdot g = (5\ kg)\ (9.8\ m/seg^2) = 49\ N$$

Luego, $W = Fd = (49\ N)\ (4\ m) = 196\ N{\cdot}m = 196\ J$

b. $W = Fd = (5\ lb)\ (4\ \text{ft}) = 20\ lb\text{–}ft$

En esta parte b del problema no tenemos que multiplicar por *g*, la aceleración de la gravedad. La razón estriba en que aquí nos dieron como dato libras, que son unidades de fuerza (peso) y no de masa, como en el caso a.

La discusión anterior, que involucró una fuerza constante no fue nada nuevo ni precisó el auxilio del Cálculo Integral. Consideremos ahora el caso más general, que involucra una fuerza variable.

Supongamos que el objeto se desplaza a lo largo del eje X desde el punto ***a*** hasta el punto ***b*** y que la fuerza ***F(x)*** es una función en el intervalo [*a*, *b*]. Tomamos una partición regular de [*a*, *b*], determinada por:

$$a = x_0 < x_1 < \ldots < x_{i-1} < x_i < \ldots < x_n = b$$

Tomamos una selección de puntos $c_i : x_{i-1} \le c_i \le x_i$.

El trabajo $\Delta_i W$ desarrollado por la fuerza en el intervalo $[x_{i-1}, x_i]$ es, aproximadamente $F(c_i)\ \Delta x$. Esto es,

$$\Delta_i W \approx F(c_i)\ \Delta x$$

Luego,

$$W = \sum_{i=1}^{n} \Delta_i W \approx \sum_{i=1}^{n} F(c_i)\Delta_i x$$

Tomando el límite cuando $n \to +\infty$, se tiene que:

$$W = \int_a^b F(x)\, dx$$

EJEMPLO 2. Sobre una partícula que está a x pies del origen se ejerce una fuerza de $F(x) = x^2 + 2x + 1$ libras. Hallar el trabajo realizado al trasladar la partícula desde $x = 2$ hasta $x = 5$.

Solución

$$W = \int_2^5 \left(x^2 + 2x + 1\right) dx = \left(\frac{x^3}{3} + x^2 + x\right]_2^5 = \frac{189}{3}\ lb\text{-}ft$$

LEY DE HOOK

La fuerza requerida para comprimir o estirar un resorte es proporcional a la distancia x que representa la diferencia entre la longitud del resorte comprimido o estirado y la longitud original. Esto es,

$$F(x) = kx$$

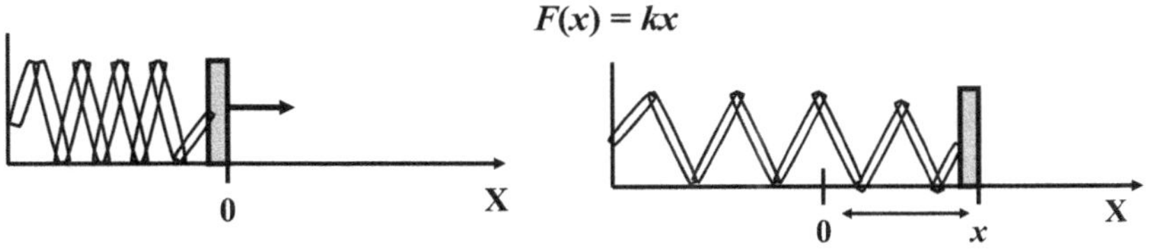

EJEMPLO 3. Un resorte tiene una longitud natural de 12 *cm.* Se requiere una fuerza de 150 *dinas* para mantenerlo alargado a 15 *cm.* Hallar el trabajo necesario para alargarlo de 15 *cm.* a 20 *cm.*

Solución

De 12 a 15 *cm* tenemos

$$x = 15 - 12 = 3\ cm$$

y para alargar estos 3 *cm* se requieren 150 dinas. Esto es,

$$F(3) = 150$$

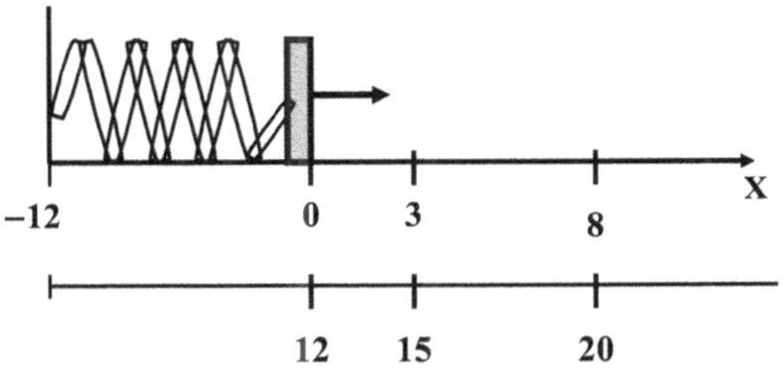

Reemplazando en la fórmula de la ley Hooke,

$$F(x) = kx \Rightarrow 150 = 3k \Rightarrow k = 50 \Rightarrow F(x) = 50x$$

Ahora, para estirar el resorte de 15 a 20 *cm,* considerando que la longitud natural del resorte es de 12 *cm.* se tiene que $3 \leq x \leq 8$. Luego, el trabajo requerido es:

$$W = \int_3^8 F(x)\, dx = \int_3^8 50x\, dx = \left(25x^2\right]_3^8 = 1{,}375 \text{ ergios}$$

¿SABIAS QUE . . .

ROBERT HOOKE *(1635–1703). Físico inglés que nació 7 años antes que Newton. Además de la ahora conocida "Ley de Hooke", hizo otras importantes contribuciones: Construyó un novedoso telescopio que le permitió descubrir nuevas estrellas. Sus observaciones de fósiles microscópicos le permitieron ser uno de los primeros proponentes de la teoría de la evolución. Se adelantó a Newton en algunas leyes sobre la gravedad.*

TRABAJO REALIZADO AL LLENAR UN TANQUE

Recordemos los conceptos de **densidad** y de **peso específico** de un cuerpo.

$$\textbf{densidad } \rho = \frac{\textbf{unidad de masa}}{\textbf{unidad de volumen}}, \quad \textbf{peso específico } \delta = \frac{\textbf{unidad de peso}}{\textbf{unidad de volumen}}$$

Estos conceptos están relacionados del modo siguiente:

$$\delta = \rho g,$$

donde g es la aceleración de la gravedad.

Se quiere bombear un fluido de **peso específico** δ desde el nivel suelo hasta un tanque colocado arriba del suelo. El fluido debe posicionarse desde el fondo del tanque, $y = c$, hasta el nivel $y = d$.

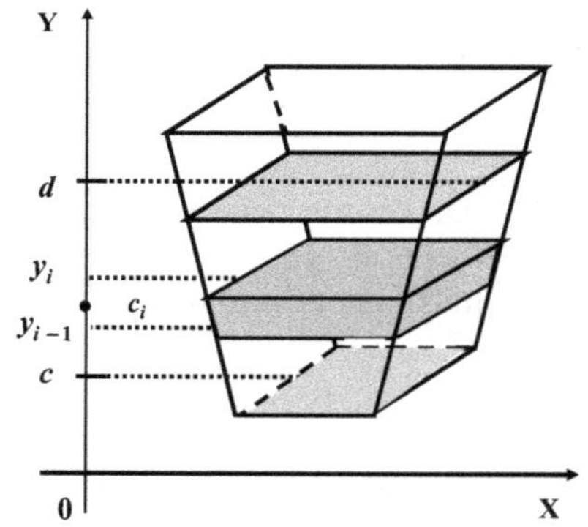

Tomamos una partición (regular) del intervalo $[c, d]$ determinada por

$$c = y_0 < y_1 < y_2 < . . . < y_{i-1} < y_i < . . . < y_n = d$$

Tomamos una selección de puntos c_i : $y_{i-1} \leq c_i \leq y_i$.

El tanque se llena con las n rebanadas de agua determinada por la partición, las cuales tienen altura $\Delta y = y_i - y_{i-1}$

Tomamos la rebanada determinada por $[y_{i-1}, y_i]$. Si $A(c_i)$ es el área de la sección transversal del tanque a la altura c_i, entonces el volumen y el peso de esta rebanada son

$$\Delta_i V \approx A(c_i)\,\Delta y \qquad \text{y} \qquad \Delta_i F = \delta \Delta_i V \approx \delta A(c_i)\,\Delta y$$

Para levantar esta rebanada del suelo hasta la altura $y = c_i$ se requiere realizar el trabajo

$$\Delta_i W \approx c_i \Delta_i F \approx \delta c_i A(c_i)\,\Delta y$$

y para levantar las n rebanadas (el tanque completo),

$$W = \sum_{i=1}^{n} \Delta_i W \approx \sum_{i=1}^{n} \delta c_i A(c_i)\Delta y = \delta \sum_{i=1}^{n} c_i A(c_i)\,\Delta y$$

Luego, tomando el límite cuando $n \to +\infty$,

$$\boxed{W = \delta \int_c^d y A(y)\, dy}$$

EJEMPLO 4. Se tiene un tanque esférico de radio $r = 6$ pies que descansa sobre el suelo. El tanque está vacío y se quiere llenarlo de petróleo, que se encuentra a nivel del suelo y tiene un peso específico de $\delta = 50$ libras/pie^3 . Hallar el trabajo requerido.

Solución

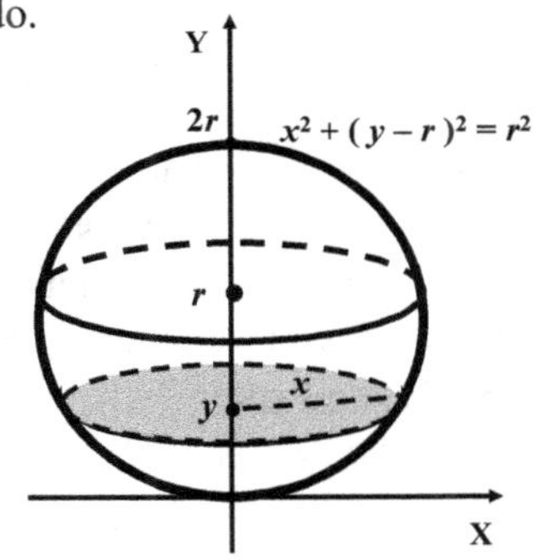

Resolvemos el problema en forma general, para un r y un δ cualesquiera. Luego, daremos a estas variables los valores dados en el problema. Colocamos un sistema de coordenadas como indica la figura. El tanque determina en el plano coordenado la circunferencia de radio r y centro $(0, r)$.
Su ecuación es

$$x^2 + (y - r)^2 = r^2$$

Despejamos x:

$$x = \sqrt{r^2 - (y - r)^2}$$

La sección transversal del tanque a la altura y es un círculo de radio x. Luego, su área es

$$A(y) = \pi x^2 = \pi(r^2 - (y - r)^2) = \pi(2ry - y^2)$$

En consecuencia, el trabajo requerido es:

$$W = \delta \int_0^{2r} y A(y)\, dy = \delta \int_0^{2r} y\pi\left(2ry - y^2\right) dy = \delta\pi \int_0^{2r} \left(2ry^2 - y^3\right) dy$$

$$= \delta\pi\left(\frac{2}{3} r y^3 - \frac{1}{4} y^4\right]_0^{2r} = \frac{4}{3}\delta\pi r^4 .$$

Esto es,

$$W = \frac{4}{3}\delta\pi r^4$$

Por último, para $r = 6$ pies y $\delta = 50$ libras/pie^3, se tiene:

$$W = \frac{4}{3}\delta\pi r^4 = \frac{4}{3}(50)(6)^4\pi = 86{,}400\pi \text{ libra-pie.}$$

TRABAJO REALIZADO AL VACIAR UN TANQUE

Ahora se quiere bombear un fluido de peso específico $\boldsymbol{\delta}$ desde un tanque hacia arriba hasta un nivel h. Sea $\boldsymbol{y = c}$ el nivel inferior del fluido y sea $\boldsymbol{y = d}$ el nivel superior. La discusión es, prácticamente, la misma que en el caso del llenado del tanque, tratado en el caso anterior.

Tomamos una partición (regular) del intervalo $[\boldsymbol{c}, \boldsymbol{d}]$ determinada por n intervalos $[y_{i-1}, y_i]$, en los que tomamos una selección de puntos c_i:

$$y_{i-1} \leq c_i \leq y_i$$

Al fluido en el tanque lo dividimos en rebanadas, determinada por la partición, las cuales tienen altura

$$\Delta y = y_i - y_{i-1}.$$

Tomamos la rebanada determinada por $[y_{i-1}, y_i]$. Si $A(c_i)$ es el área de la sección transversal del tanque a la altura c_i, entonces el volumen y el peso de esta rebanada son:

$$\Delta_i V \approx A(c_i)\,\Delta y$$

$$\Delta_i F = \delta\Delta_i V \approx \delta A(c_i)\,\Delta y$$

Para levantar esta rebanada del tanque hasta la altura h se recorre la distancia $d = h - c_i$ y se requiere realizar el trabajo

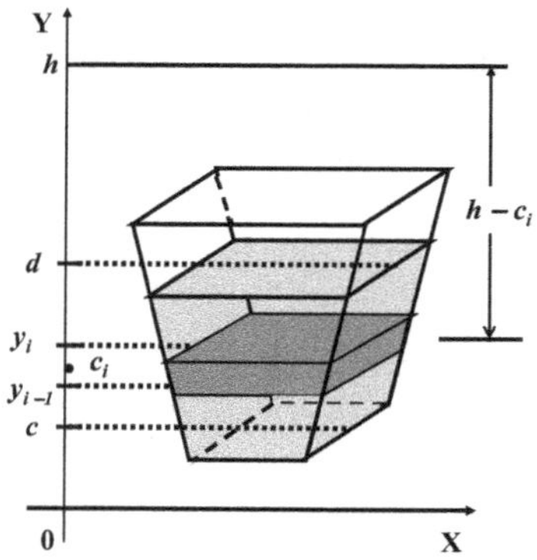

$$\Delta_i W \approx (h - c_i)\,\Delta_i F$$

$$\approx \delta(h - c_i)\,A(c_i)\,\Delta y,$$

y para levantar las n rebanadas (el tanque completo), se requiere

$$W = \sum_{i=1}^{n} \Delta_i W \approx \sum_{i=1}^{n} \delta(h - c_i)A(c_i)\Delta y = \delta \sum_{i=1}^{n} (h - c_i)A(c_i)\Delta y$$

Luego, tomando el límite cuando $n \to +\infty$,

$$\boldsymbol{W} = \delta\int_{c}^{d} (h - y)A(y)\,dy$$

EJEMPLO 5. Un tanque en forma de cono circular invertido de 8 m de altura y de 4 m de radio de la base tiene agua hasta una altura de 6 m. Calcular el trabajo requerido para bombardear el agua hasta el borde superior del tanque.

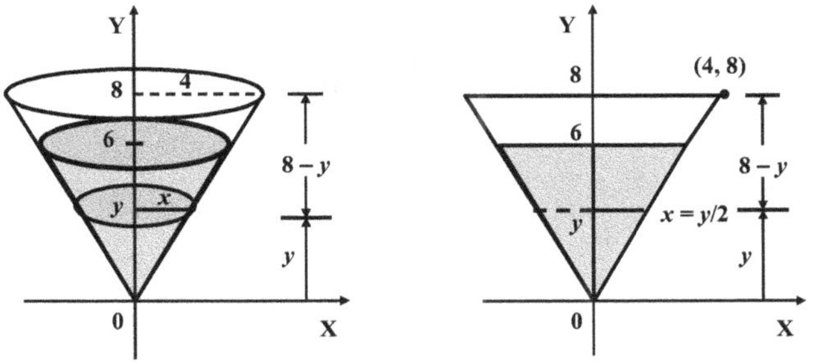

Solución

El peso específico: del agua es:

$$\delta = \rho g = \left(1{,}000\ kg/m^3\right)\left(\ 9.8\ m/seg^2\ \right)\ = 9{,}800{,}00\ N/m^3$$

Tomamos una sección del tanque a través de plano XY y obtenemos la figura de la derecha. En esta figura hallamos la ecuación de la recta que corresponde a la pared derecha del tanque.

$$\text{pendiente} = 2 \ \Rightarrow\ \text{recta: } y = 2x \ \Rightarrow\ x = \frac{y}{2}$$

La sección horizontal a la altura y es un círculo de radio x. Luego, su área es

$$A(y) = \pi x^2 = \pi\left(\frac{y}{2}\right)^2$$

En consecuencia,

$$W = \delta\int_0^6 (8-y)\pi\left(\frac{y}{2}\right)^2 dy = \frac{1}{4}\delta\pi\int_0^6 \left(8y^2 - y^3\right) dy$$

$$= \frac{1}{4}\delta\pi\left[\frac{8}{3}y^3 - \frac{y^4}{4}\right]_0^6 = 63\pi\delta = 63(9{,}800{,}00)\pi = 617{,}400.00\pi \text{ Joules}$$

TRABAJO REALIZADO POR UN GAS

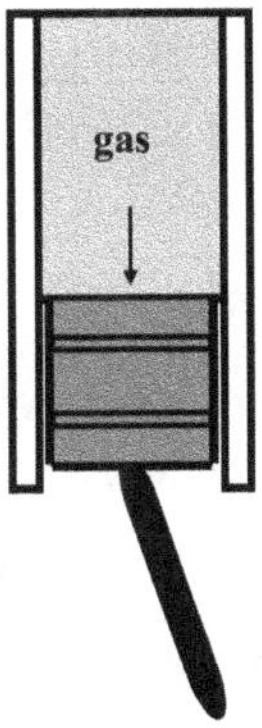

Se tiene un gas contenido en tubo cilíndrico que tiene un émbolo. Si el gas se expande, el émbolo se mueve y realiza un trabajo. Sea A el área de la base del émbolo, V el volumen del gas, P la presión que ejerce (fuerza por unidad de área), sobre el émbolo.

Como $P = \dfrac{F}{A}$, la fuerza ejercida por el gas sobre el pistón es

$$F = PA \qquad \textbf{(1)}$$

Si este pistón se mueve una distancia Δx, el incremento en volumen es

$$\Delta V = A\Delta x \qquad \textbf{(2)}$$

y el trabajo efectuado, considerando (1) y (2), es

$$\Delta W = F\Delta x = PA\Delta x = P\Delta V$$

En consecuencia, si el gas se expande desde el volumen V_0 a V_1, el trabajo realizado por el pistón es

$$W = \int_{V_0}^{V_1} P\, dV$$

Si suponemos que la presión y el volumen de un gas ideal, a temperatura constante, cumple

$$P = \frac{k}{V}, \quad \text{donde } k \text{ es una constante,}$$

entonces la integral anterior también podemos escribirla así:

$$W = \int_{V_0}^{V_1} \frac{k}{V}\, dV$$

EJEMPLO 6. Un gas, que tiene un volumen inicial de 1 pie cúbico y una presión de 600 libras por pie cuadrado, se expande hasta ocupar 2.5 pies cúbicos. Determinar el trabajo realizado por el gas.

Solución

De $P = \frac{k}{V}$, $V = 1, P = 600$, obtenemos $k = PV = (600)(1) = 600$

Luego, el trabajo realizado es

$$W = \int_1^{2.5} \frac{600}{V}\, dV = 600\Big(\ln V\Big]_1^{2.5} = 600 \ln 2.5 = 549.77 \text{ libra-pie}$$

PROBLEMAS RESUELTOS 4.6

PROBLEMA 1. Una cadena homogénea de longitud L y de peso específico lineal δ (libras / pie, ó $kg\text{-}f\,/m$, etc.), cuelga desde una altura de L. Hallar el trabajo requerido para levantar toda la cadena hasta la altura L.

Solución

Tomamos una partición regular del intervalo $[0, L]$ determinado por n intervalos $[y_{i-1}, y_i]$ de longitud

$$\Delta y = y_{i-1} - y_i$$

En estos intervalos tomamos una selección de puntos c_i :

$$y_{i-1} \leq c_i \leq y_i$$

La porción de la cadena correspondiente al intervalo $[y_{i-1}, y_i]$ pesa

$$\Delta F = \delta \Delta y$$

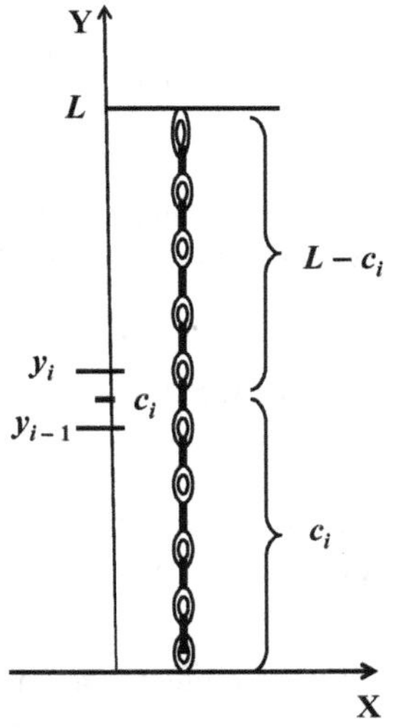

El trabajo requerido para subir esta porción hasta la altura L es:

$$\Delta_i W = \Delta F \text{ (distancia)} \approx (\Delta F)(L - c_i) = \delta(L - c_i)\, \Delta y$$

El trabajo W para levantar toda la cadena es

$$W \approx \sum_{i=1}^{n} \delta(L - c_i)\, \Delta y = \delta \sum_{i=1}^{n} (L - c_i)\, \Delta y$$

De donde,

$$W = \delta \int_0^L (L - y)\, dy = \delta \left(Ly - \frac{1}{2} y^2 \right]_0^L = \delta \frac{L^2}{2}$$

Esto es, $\quad \boldsymbol{W = \delta \dfrac{L^2}{2}}$

PROBLEMA 2. Una cadena homogénea de 20 m de longitud y de peso específico (lineal) 0.5 $(kg\text{-}f)/m$, cuelga desde una altura de 20 m. La parte inferior de la cadena sujeta un bloque que pesa p = 80 $kg\text{-}f$. Hallar el trabajo requerido para levantar la cadena y el objeto hasta el extremo superior.

Solución

Si W_C es el trabajo requerido para levantar la cadena y W_B es el trabajo para levantar el bloque, entonces el trabajo para levantar ambos es

$$W = W_C + W_B$$

De acuerdo al problema resuelto anterior, para $L = 20\ m$ y $\delta = 0.5\ kg\text{-}f/m$ se tiene

$$W_C = \delta \frac{L^2}{2} = (0.5) \frac{20^2}{2} = 100\ kg\text{-}f/m$$

Por otro lado,

$$W_B = pL = (80)(20) = 1{,}600.00\ kg\text{-}f/m$$

Por último,

$$W = 100\ kg\text{-}f\text{-}m + 1{,}600.00\ kg\text{-}f/m = 1{,}700.00\ kg\text{-}f/m$$

PROBLEMA 3. Un fluido de peso p es levantado desde el suelo hasta una altura h. El fluido tiene un escape a razón λ unidades de peso por cada unidad de distancia que se levanta (libras /pie ó *kg-f/m*, etc.). Hallar el trabajo efectuado.

Solución

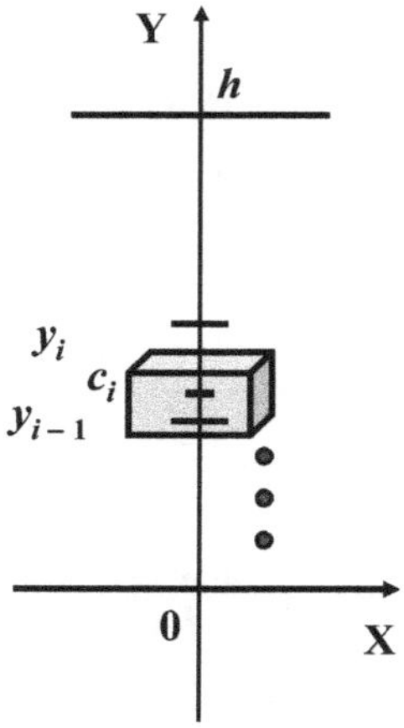

Tomamos una partición regular del intervalo $[0, h]$ determinado por n intervalos $[y_{i-1}, y_i]$ de longitud

$$\Delta y = y_i - y_{i-1}$$

en los que tomamos una selección de puntos c_i :

$$y_{i-1} \leq c_i \leq y_i$$

Cuando el fondo del fluido se ha levantado hasta el punto y_i, el peso de lo que queda es

$$\Delta_i F \approx p - \lambda c_i$$

El trabajo efectuado para recorrer el intervalo $[y_{i-1}, y_i]$ es

$$\Delta_i W \approx (p - \lambda c_i)\,\Delta y$$

y el trabajo efectuado para recorrer los n intervalos, hasta el nivel h, es:

$$W \approx \sum_{i=1}^{n} (p - \lambda c_i)\,\Delta y$$

Luego,

$$W = \int_0^h (p - \lambda y)\,dy = \left(py - \frac{\lambda}{2}y^2\right]_0^h = ph - \frac{1}{2}\lambda h^2 = \frac{1}{2}h(2p - \lambda h)$$

Esto es, $W = \dfrac{1}{2}h(2p - \lambda h)$

PROBLEMA 4. Un tanque que pesa 60 libras, el cual contiene 200 pies^3 de agua, está atado en el extremo de una cadena de 40 pies de largo y de 30 libras de peso, que pende del borde de un pozo profundo. El tanque tiene un hueco por el que se escapa el agua a razón de 5 pies^3 por cada pie que se eleva. Hallar el trabajo efectuado al subir el tanque al borde del pozo. El peso específico del agua es $\delta = 62.4$ libras/pie^3 .

Solución

El trabajo total es la suma de tres trabajos parciales:

1. W_T, el trabajo para subir el tanque (vacío).

2. W_C, el trabajo para subir la cadena.

3. W_A, el trabajo para subir el agua. Hallemos cada uno de estos.

Colocamos el origen de las coordenadas en el fondo del tanque.

1. W_T = (peso del tanque)(altura) = (60)(20) = 1,200 libras-pie

2. De acuerdo al problema 1 para $L = 40$ y $\delta = \dfrac{30}{40}$ = 0.75 libras/pie,

$$W_C = \delta\frac{L^2}{2} = (0.75)\frac{40^2}{2} = 600 \text{ libras–pie}$$

3. De acuerdo al problema resuelto anterior, para $h = 40$ pies, $p = 200\delta$ libras y $\lambda = 5\delta$ libras/pie, se tiene:

$$W_A = \frac{1}{2}h(2p - \lambda h) = \frac{1}{2}(40)\left(2(200\delta) - 5\delta(40)\right) = 4{,}000\delta$$
$$= 4{,}000(62.4) = 249{,}600 \text{ libras–pie}$$

Por último, el trabajo total es

$$W = W_T + W_C + W_A = 1{,}200 + 600 + 249{,}600 = 251{,}400.00 \text{ libras–pie}$$

PROBLEMA 5. Un tanque de L = 24 pies de largo tiene por extremos dos semicírculos de radio r = 13 pies. El tanque tiene agua hasta 8 pies de profundidad. Calcular el trabajo requerido para bombardear el agua hasta el borde superior del tanque. El peso específico del agua es $\delta = 62.4$ libras/pie^3

Solución

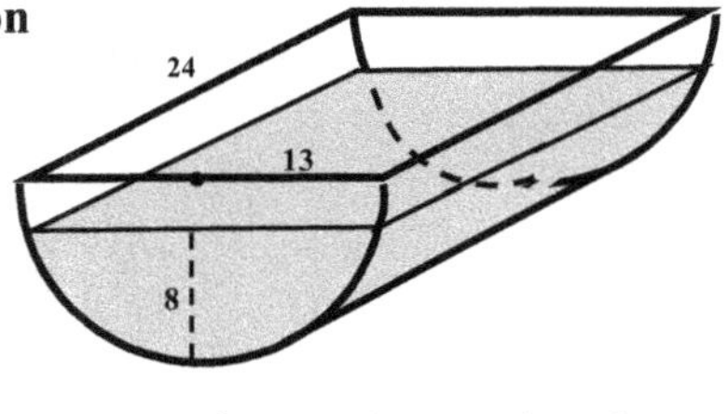

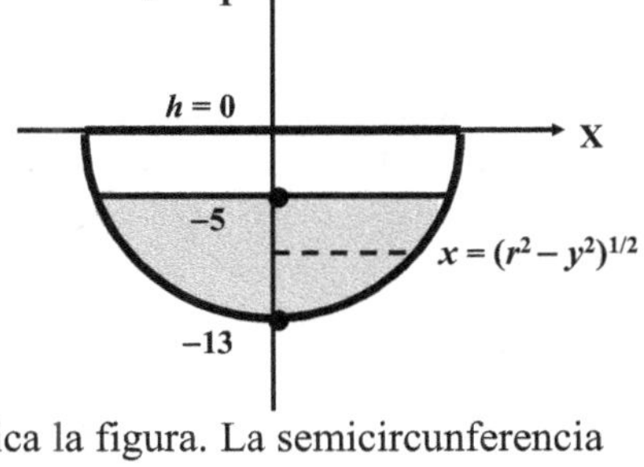

Colocamos un sistema de coordenadas como indica la figura. La semicircunferencia es la parte inferior de la circunferencia:

$$x^2 + y^2 = r^2$$

De donde, despejando x,

$$x = \sqrt{r^2 - y^2}$$

Una sección horizontal es un rectángulo de largo L por $2x$ de ancho. Luego, su área es

$$A(y) = L(2x) = 2L\sqrt{r^2 - y^2}$$

El nivel inferior del agua es $a = -r = -13$ y el superior, $b = -5$. Además, esta agua debe ser bombeada hasta la altura $h = 0$. En consecuencia, el trabajo requerido es

$$W = \delta\int_a^b (h - y)\,A(y)\,dy = \delta\int_{-r}^{-5} (0 - y)\left(2L\sqrt{r^2 - y^2}\right)dy$$

$$= 2L\delta\int_{-r}^{-5}\sqrt{r^2-y^2}\,(-y\,dy) = \frac{2}{3}L\delta\left((r^2-y^2)^{3/2}\right]_{-r}^{-5}$$

$$= \frac{2}{3}L\delta\left(r^2-(-5)^2\right)^{3/2} - \frac{2}{3}L\delta\left(r^2-(-r)^2\right)^{3/2} = \frac{2}{3}L\delta\left(13^2-5^2\right)^{3/2}$$

$$= \frac{2}{3}L\delta\left(12^2\right)^{3/2} = \frac{2}{3}L\delta(12)^3 = 1{,}152L\delta = 1{,}152\ (24)\ (62.4)$$

$= 1{,}725{,}235.2$ libras–pie.

PROBLEMA 6. **Lanzamiento de un satélite**

Verticalmente respecto a la superficie de la Tierra, se lanza un satélite de masa m hasta cierta órbita.

a. Hallar el trabajo W realizado si la órbita está a una altura h sobre la superficie de la tierra.

b. Hallar el trabajo W_∞ , que se necesita para llevar el satélite al infinito (cuando $h \to +\infty$).

c. Hallar el trabajo realizado en las partes a y b para el caso $m = 1{,}000$ *kg*. y $h = 1{,}000$ *km*.
El radio de la tierra es $R = 6.37\times 10^6$ *m*.

Solución

De acuerdo a la ley de gravitación de Newton, la fuerza $F(x)$ necesaria para mantener el satélite a distancia x ($x \geq$ R) del centro de la Tierra es,

$$F(x) = \frac{GMm}{x^2}, \qquad \textbf{(1)}$$

donde M es la masa de la tierra y G es la constante gravitacional.

a. El trabajo requerido para poner el satélite hasta la altura h es:

$$W = \int_R^{R+h}\frac{GMm}{x^2}\,dx = GMm\int_R^{R+h}\frac{1}{x^2}\,dx = -\,GMm\left(\frac{1}{x}\right]_R^{R+h} \Rightarrow$$

$$W = GMm\left[\frac{1}{R} - \frac{1}{R+h}\right] \qquad \textbf{(2)}$$

Cuando $x = R$, en la superficie de la tierra, $F(R)$ es el peso del satélite, que es mg. Luego,

$$mg = F(R) = \frac{GMm}{R^2} \Rightarrow GMm = mgR^2 \qquad \textbf{(3)}$$

Reemplazando (3) en (2):

$$W = mgR^2\left[\frac{1}{R} - \frac{1}{R+h}\right] \qquad \textbf{(4)}$$

b. De (4) tenemos:

$$W_\infty = \underset{h \to +\infty}{\text{Lim}} \; mgR^2\left[\frac{1}{R} - \frac{1}{R+h}\right] = mgR^2\left[\frac{1}{R} - 0\right] = mgR$$

c. En (4) reemplazamos los siguientes valores,

$$m = 10^3\ kg,\quad g = 9.8\ m/seg^2,\quad R = 6.37\times 10^6\ m \text{ y } \quad h = 10^6\ m$$

tenemos:

$$W = (10^3)(9.8)\left(6.37\times 10^6\right)^2\left[\frac{1}{6.37\times 10^6} - \frac{1}{6.37\times 10^6 + 10^6}\right]$$

$$= \frac{(9.8)(6.37)^2\times 10^{15}}{(6.37)(7.37)\times 10^6} = \frac{(9.8)(6.37)}{7.37}\times 10^9 \approx 8.47\times 10^9 \text{ Joules}$$

Por otro lado, para la parte *b*,

$$W_\infty = mgR = \left(10^3\right)(9.8)\left(6.37\times 10^6\right) = 62{,}426\times 10^9 \quad \text{Joules}$$

PROBLEMAS PROPUESTOS 4.6

1. Demostrar que para cualquier resorte que obedezca la ley de Hooke, el trabajo realizado al estirarlo una distancia d a partir de su longitud normal es

$$W = \frac{1}{2}kd^2$$

2. Un resorte de 3 pies requiere una fuerza de 10 libras para estirarlo hasta una longitud de 3.5 pies.

a. Hallar el trabajo requerido para estirar el resorte desde su longitud natural hasta una longitud de 5 pies.

b. Hallar el trabajo requerido para estirar el resorte desde 4 a 5 pies.

c. ¿En cuánto se incrementa la longitud natural al aplicar una fuerza de 30 libras ?

Rpta. **a.** 40 lbras-pie **b.** 30 libras-pie **c.** $\sqrt{3}$ pies

3. Un resorte tiene una longitud natural de 12 *cm* y se requiere una fuerza de 400 dinas para comprimirlo hasta una longitud de 10 *cm*. Hallar el trabajo requerido para comprimirlo de 12 a 9 *cm*.

Rpta. 900 ergios

4. Un resorte tiene L *cm* de longitud natural. Se requiere un trabajo de 6 Joules para estirarlo de 10 *cm* a 12 *cm*, y un trabajo de 10 Joules para estirarlo de 12 *cm* a 14 *cm*. Hallar:

a. La constante k de la ley de Hooke. **b.** La longitud natural L del resorte.

Rpta **a.** $k = 1$ **b.** $L = 8$ *cm*

5. Un tanque tiene forma de un cono circular recto de altura 8 pies. Su base descansa sobre el suelo y tiene un radio de 4 pies. Determinar el trabajo requerido para llenar el tanque de agua ($\delta = 62.4$ libras/pie^3) bombeada desde el suelo.

Rpta $5{,}324.8\pi$ libras-pie

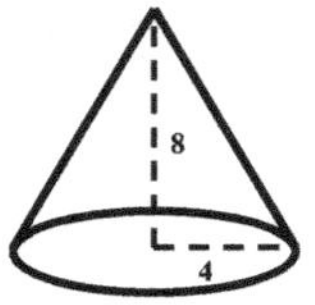

6. El mismo problema anterior con la diferencia que el tanque está invertido, con el vértice en el suelo.

Rpta $15{,}974.4\pi$ libras-pie

7. Las paredes de un tanque está conformada por la superficie que se obtiene al girar alrededor del eje Y la parte de la parábola $y = \dfrac{x^2}{5}$, $-5 \le x \le 5$. El tanque descansa sobre el suelo y se va a llenar de petróleo que se encuentra a 6 pies debajo del suelo. Hallar el trabajo requerido para tal operación. El peso específico de petróleo es $\delta = 50$ libras/ pie cúbico.

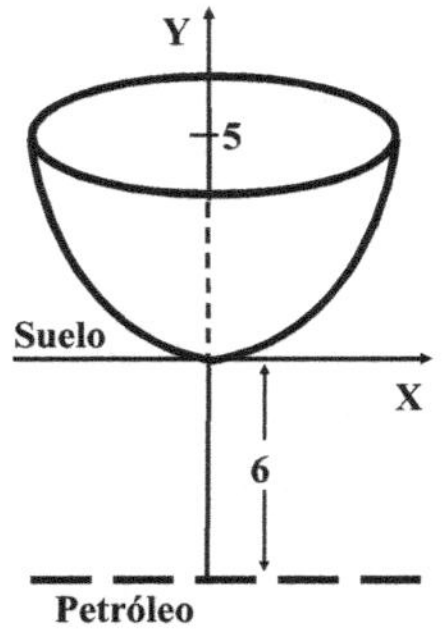

Rpta $\dfrac{87.500}{3}\pi \approx 91{,}630$ libras-pie

8. Un tanque cilíndrico de 10 pies de altura y 6 pies de radio se descansa sobre una plataforma que está a 20 pies de altura del suelo. El tanque es llenado con agua, que es bombeada desde el suelo. Hallar la profundidad del agua en el cilindro cuando se ha efectuado la mitad del trabajo.

Rpta 5.5 pies

En los problemas del 9 al 12, en cada caso se tiene un tanque lleno de agua, la cual debe ser bombeada fuera del tanque. Hallar el trabajo requerido. Tener en cuenta el peso específico del agua: $\delta = 1{,}000 \times 9.8$ N/m^3 ó, en el sistema inglés, $\delta = 62.4$/ libras pie^3 .

9.

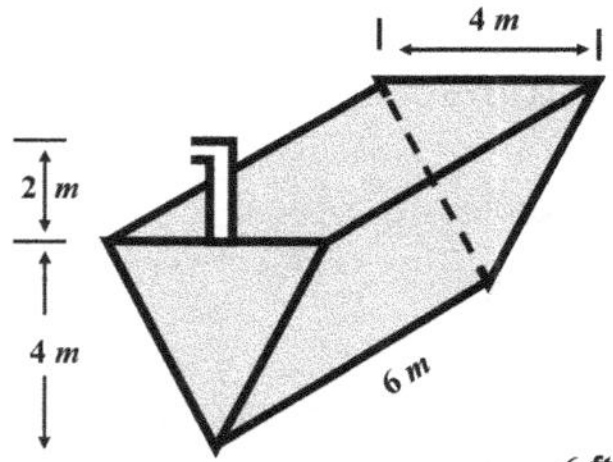

Rpta 1,568,000 Joules 6 ft

10.

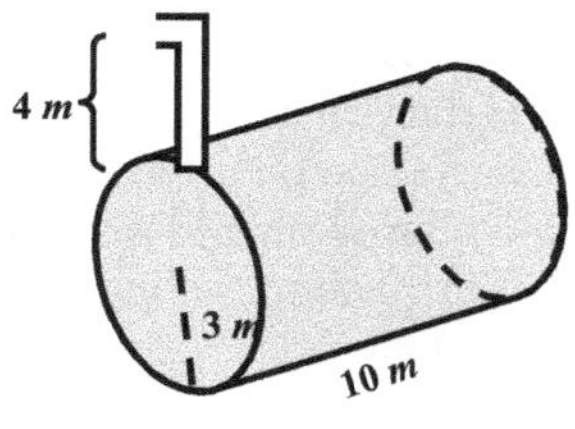

Rpta $6{,}174{,}000\ \pi$ Joules

11.

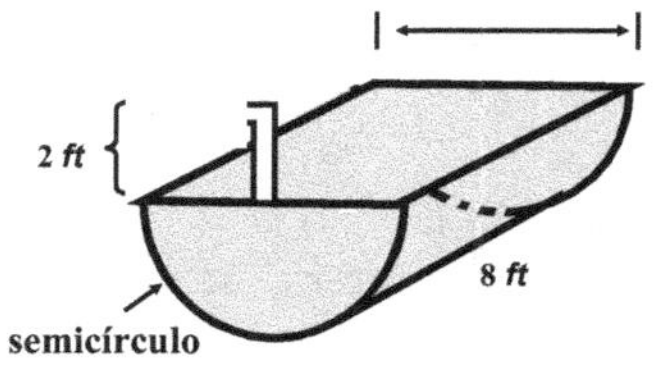

Rpta 23,093 libras-pie

12.

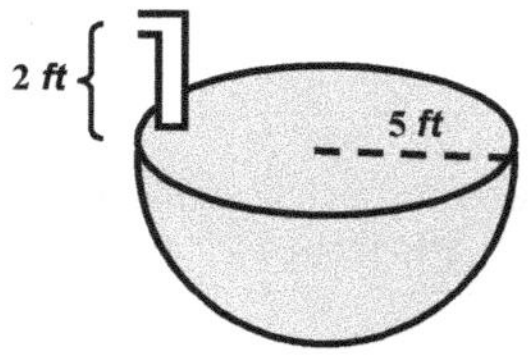

Rpta $20{,}150\pi$ libras-pie

13. Una cadena de 25 pies de longitud y que pesa 6 libras por pie, se encuentra en el suelo y se quiere levantarla, desde uno de sus extremos, 25 pies (hasta que quede totalmente extendida). Hallar el trabajo requerido.

Rpta 1,875 libras/pie

14. Un cable de 180 pies y de peso específico $\delta = 0.8$ libras/pie cuelga verticalmente dentro de un pozo. Un peso de 28 libras está sujeto al extremo inferior del cable. Calcular el trabajo necesario para subir el cable y el peso hasta el borde del pozo.

Rpta 18,000 libras-pie

15. Una cubeta de 20 libras de peso, que contiene 60 libras de arena, está atado al extremo inferior de una cadena de 100 pies de largo y 10 libras de peso. La cadena pende del extremo superior de un pozo profundo. Se sube la cadena con la cubeta hasta el borde del pozo. La cubeta tiene un hueco por el que se escapa arena de manera uniforme de tal modo que, al llegar al borde, sólo llega la mitad de la arena. Hallar el trabajo efectuado.

Rpta 7,000 libras-pie

16. El mismo problema 15 con la variante de que al llegar la cubeta exactamente al borde del pozo, la arena se ha vaciado completamente.

Rpta 5,500 libras-pie

SECCION 4.8

PRESION Y FUERZA HIDROSTATICA

Se define la **presión** sobre una superficie como la fuerza que actúa por unidad de área de la superficie. Esto es, si P es la presión, F la fuerza y A el área, entonces

$$P = \frac{F}{A}$$

Buscamos estudiar la presión que ejerce un líquido sobre una placa o pared sumergida dentro del líquido. En este caso, la fuerza F es el peso del líquido que está sobre la placa.

Supongamos que la placa tenga un área A y está sumergida horizontalmente a una profundidad h. Supongamos que el líquido tiene una densidad ρ y, por tanto, su peso específico es $\delta = \rho g$. Aún más, supongamos que el líquido sobre la placa tenga una masa m que ocupa un volumen V. Se tiene que:

$$F = mg, \quad V = Ah, \quad m = \rho V \Rightarrow F = (\rho V)g = (\rho Ah)g = (\rho g)hA = \delta hA \Rightarrow$$

$$P = \frac{F}{A} = \delta h$$

En resumen, tenemos:

La **presión *P*** que ejerce un líquido de peso específico δ a profundidad ***h*** es:

$$P = \delta h$$

Consideramos dos casos: Presión sobre una superficie horizontal y presión sobre una superficie vertical. El primer caso es simple y sólo requiere de matemáticas elementales. En cambio, para el otro caso, tenemos que recurrir a la integral definida.

EJEMPLO 1. **Fuerza hidrostática sobre una superficie horizontal**

En una piscina se coloca horizontalmente una hoja rectangular de metal de 0.5 *m* de ancho por 1.2 *m* de largo y a una profundidad de 2 *m*. Hallar la fuerza ejercida sobra la placa.

Solución

Tenemos que:

$$P = \frac{F}{A} \quad \text{y} \quad P = \delta h \Rightarrow F = PA = \delta hA$$

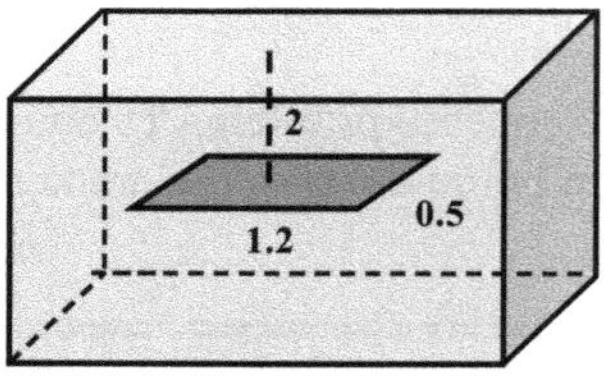

Pero, $h = 2\ m$, $A = 0.5(1.2) = = 0.6\ m^2$

y, como el líquido es el agua,

$$\delta = (1{,}000\ kg/m^3)g = 9{,}800\ N/m^3$$

Luego,

$$F = \delta hA = (9{,}800\ N/m^3)(2m)(0.6\,m^2) = 11{,}760\ N$$

FUERZA HIDROSTÁTICA SOBRE UNA SUPERFICIE VERTICAL

Consideremos una **placa** sumergida en posición vertical en un líquido de peso específico δ. Tomemos un sistema de coordenadas. Supongamos que la superficie del líquido sea la recta horizontal $\boldsymbol{y = s}$ y que la forma de la placa corresponde a una región acotada por las rectas horizontales $\boldsymbol{y = c, y = d}$ y los gráficos de dos funciones continuas $\boldsymbol{x = f(y), x = g(y)}$, tales que $f(y) \geq g(y)$.

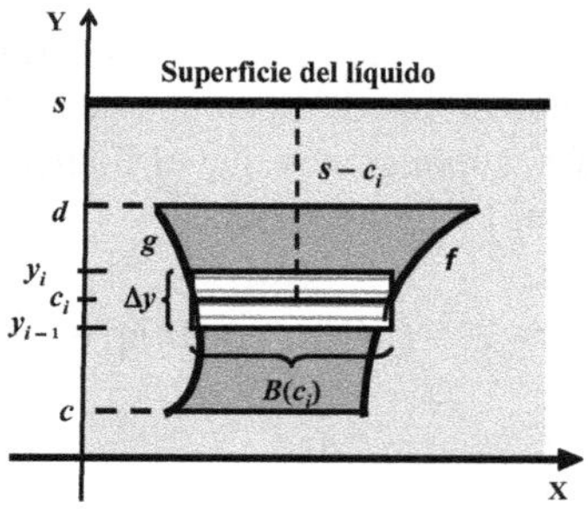

Tomamos una partición regular de $[c, d]$ determinada por n intervalos $[y_{i-1}, y_i]$ de longitud $\Delta y = y_i - y_{i-1}$ en los que tomamos una selección de puntos:

$$y_i \leq c_i \leq y_{i-1}$$

El rectángulo de la figura tiene de **ancho Δy** y de **base**

$$B(c_i) = f(c_i) - g(c_i).$$

Luego, su área es

$$A_i = B(c_i))\,\Delta y$$

Si Δy es pequeño, los puntos del rectángulo distan aproximadamente $s - c_i$ de la superficie del líquido y, por lo tanto, la presión en cualquier punto de estos es

$$\Delta_i P \approx \delta(s - c_i)$$

La fuerza hidrostática sobre el rectángulo es

$$\Delta_i F = (\Delta_i P)(A_i) \approx \delta(s - c_i)\,B(c_i)\,\Delta y$$

y la fuerza sobre toda la placa:

$$F = \sum_{i=1}^{n} \Delta_i F \approx \sum_{i=1}^{n} \delta(s - \mathrm{c_i}) B(c_i)\,\Delta y$$

En consecuencia, la **fuerza hidrostática** ejercida sobre **la placa** por un líquido de peso específico δ es

$$\boldsymbol{F = \delta \int_c^d (s-y)\, B(y)\, dy}$$

Para facilitar la memoria, la fórmula anterior la escribimos asi:

$$F = \delta \int_c^d (\textbf{profundidad})\,(\textbf{base del rectángulo})\,dy$$

Algunas veces, para simplificar los cálculos, los ejes coordenados son tomados en forma distinta a la anterior. En este caso, los términos que aparecen en la integral anterior, deben ser adaptados al sistema.

EJEMPLO 2. Una pared de una represa tiene la forma de un trapecio isósceles de 60 pies de altura, 100 pies de base mayor en la parte superior y 40 pies de base menor en la parte inferior. Hallar la fuerza hidrostática sobre la pared si

a. La represa está llena.

b. Si el nivel del agua desciende 10 pies.

Solución

a. Tenemos:

Profundidad $= s - y = 60 - y$

Base $= B(y) = 2x$

Expresemos x en términos de y. Para esto, hallamos ecuación de la recta que pasa por los puntos (20, 0) y (50, 60):

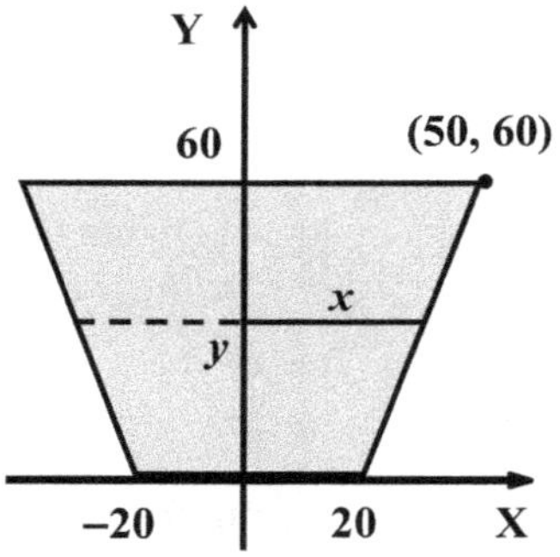

$$\text{Pendiente} = \frac{60-0}{50-20} = 2$$

Ecuación: $y = 2x - 40 \Rightarrow 2x = y + 40 \Rightarrow B(y) = y + 40$

Ahora,

$$F = \delta\int_c^d (s-y)B(y)\,dy = \delta\int_0^{60}(60-y)(y+40)\,dy$$

$$= \delta\int_0^{60}\left(-y^2+20y+2{,}400\right)dy = \delta\left(-\frac{1}{3}y^3+10y^2+2{,}400y\right]_0^{60}$$

$$= 108{,}000\delta = 108{,}000\,(62.4) = 6{,}739{,}200.00 \text{ libras}$$

b. $$F = \delta\int_0^{50}(50-y)(y+40)\,dy = \delta\int_0^{50}\left(-y^2+10y+2{,}000\right)dy$$

$$= \delta\left(-\frac{1}{3}y^3+5y^2+2{,}000y\right]_0^{50} = \frac{212{,}500}{3}(62.4) = 4{,}420{,}000 \text{ libras}$$

EJEMPLO 3. Un barco dedicado a la biología marina tiene una ventana de observación circular de radio $r = 0.3\ m$. El centro de la ventana está a 4 m debajo de la superficie del agua. Hallar la fuerza hidrostática ejercida sobre la ventana.

Solución

Tomamos un sistema de coordenadas con origen en el centro de la ventana. Tenemos:

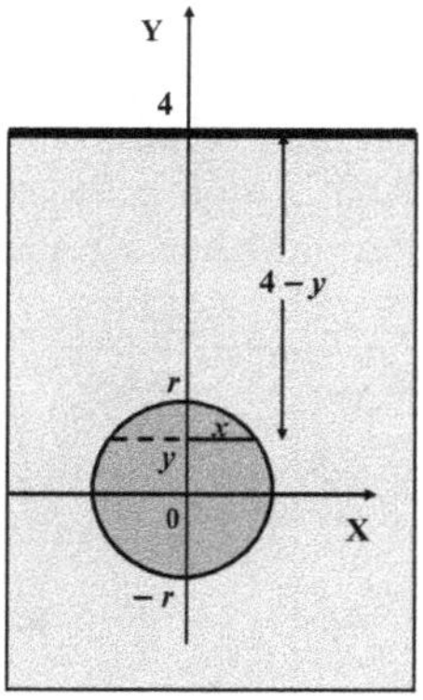

Profundidad $= 4 - y$

Base $= B(y) = 2x$

Expresemos x en términos de y:

La ecuación de la circunferencia es:

$$x^2 + y^2 = r^2 \Rightarrow x = \sqrt{r^2 - y^2} \Rightarrow$$

$$B(x) = 2\sqrt{r^2 - y^2}$$

Luego,

$$F = \delta \int_{-r}^{r} (4-y)\left(2\sqrt{r^2-y^2}\right) dy$$

$$= 8\delta \int_{-r}^{r} \sqrt{r^2-y^2}\, dy - 2\delta \int_{-r}^{r} y\sqrt{r^2-y^2}\, dy$$

$$= 8\delta \left[\frac{y}{2}\sqrt{r^2-y^2} + \frac{r^2}{2}\operatorname{sen}^{-1}\frac{y}{r}\right]_{-r}^{r} + \frac{2}{3}\delta\left[\left(r^2-y^2\right)^{3/2}\right]_{-r}^{r}$$

$$= 4\delta\pi r^2 + 0 = 4\delta\pi(0.3)^2 = 0.36\delta\pi = 0.36(1{,}000)(9.8)\pi = 3{,}528\ N$$

EJEMPLO 4. Una piscina tiene 24 pies de largo, 2 pies de profundidad en un extremo y 8 pies en el otro extremo. Hallar la fuerza hidrostática ejercida sobre una de las paredes que tiene forma de trapecio.

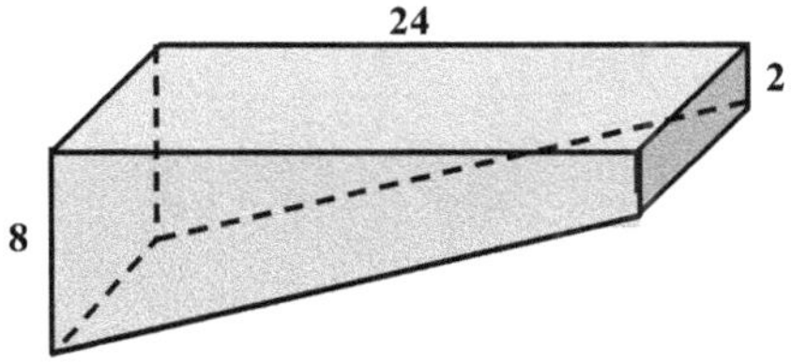

Solución

Colocamos un sistema de coordenadas en la pared como indica la figura. Se tiene:

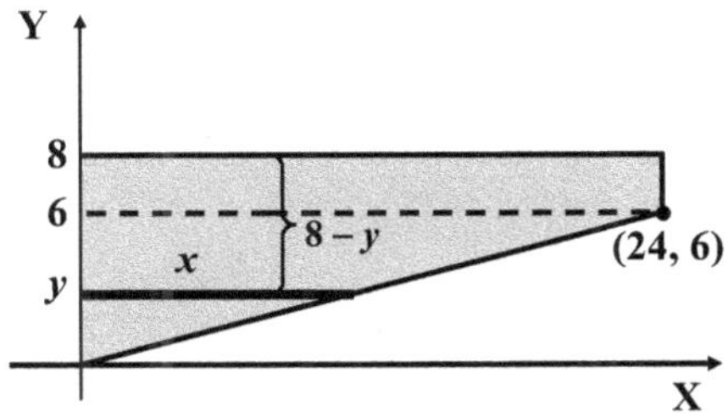

Profundidad = $8 - y$

Base = x

Hallemos la ecuación de la recta que conforma la base inferior de la pared:

$$\text{Pendiente} = \frac{6}{24} = \frac{1}{4}$$

Luego,

$$y = \frac{1}{4}x \implies x = 4y$$

La base $B(y)$ debe expresarse en dos partes:

$$B(y) = \begin{cases} 4y, & \text{si } 0 \le y \le 6 \\ 24, & \text{si } 6 \le y \le 8 \end{cases}$$

Por tanto, la fuerza hidrostática sobre la pared es:

$$F = \delta\int_0^6 (8-y)(4y)\,dy \;+\; \delta\int_6^8 (8-y)(24)\,dy$$

$$= 4\delta\int_0^6 \left(8y-y^2\right) dy \;+\; 24\delta\int_6^8 (8-y)\,dy$$

$$= 4\delta\left(4y^2-\frac{1}{3}y^3\right]_0^6 \;+\; 24\delta\left(8y-\frac{1}{2}y^2\right]_6^8$$

$$= 4\delta(72) + 24\delta\,(2) = 336\,\delta = 336(62.4) = 20{,}966.4 \text{ libras}$$

PROBLEMAS PROPUESTOS 4.7

En los problemas del 1 al 6 se da una pared vertical de un tanque lleno de agua. Hallar la fuerza hidrostática sobre la pared dada. Las medidas especificadas están dadas en pies.

1.

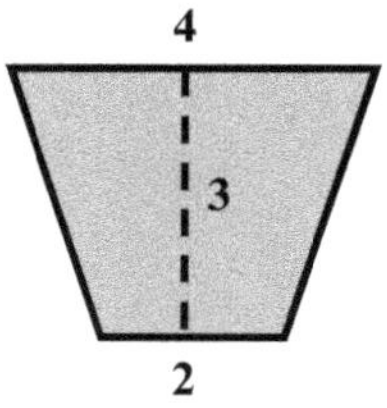

Rpta 78.8 libras

2.

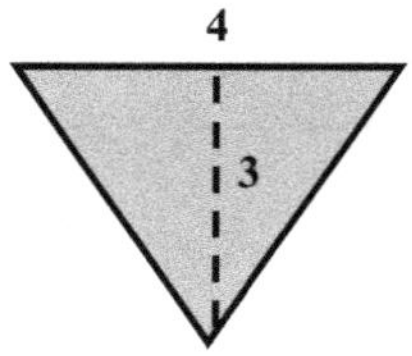

Rpta. 374.4 libras

3.

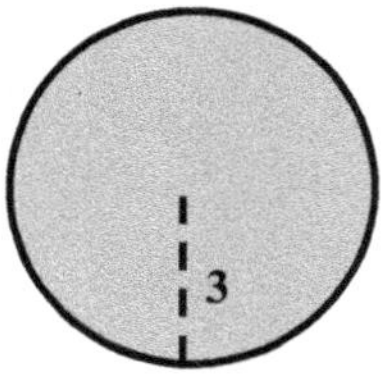

Rpta. 1,684.4 libras

4. Semicírculo

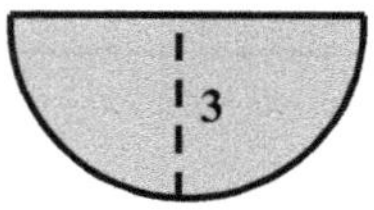

Rpta. 1,123.3 libras

5. Parábola

$y = x^2$

Rpta. 1,064.96 libras

6. Semielipse

$y = -\left(2/3\right)\sqrt{9-x^2}$

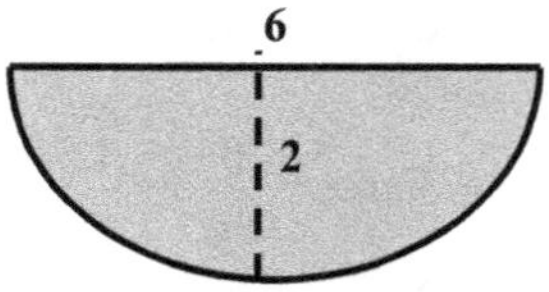

Rpta. 499.2 libras

En cada problema del 7 al 9, se da una superficie vertical sumergida dentro un pozo de agua. Hallar la presión hidrostática ejercida sobre cada una. En cada caso se sugiere un sistema de coordenadas. La línea superior representa la superficie del agua. Las medidas especificadas están dadas en pies.

7. Parábola $y = x^2$

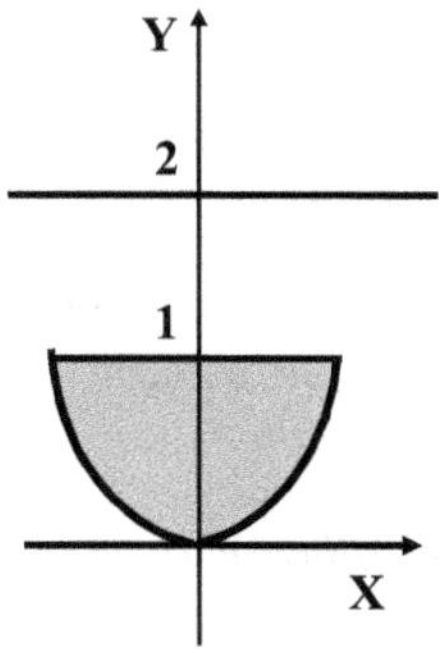

Rpta. 116.48 libras

8. Parábola $x = y^2$

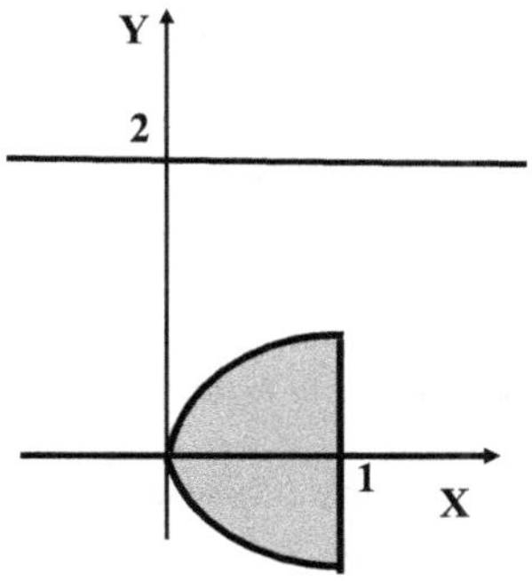

Rpta. 166.4 libras

9. Cuadrado

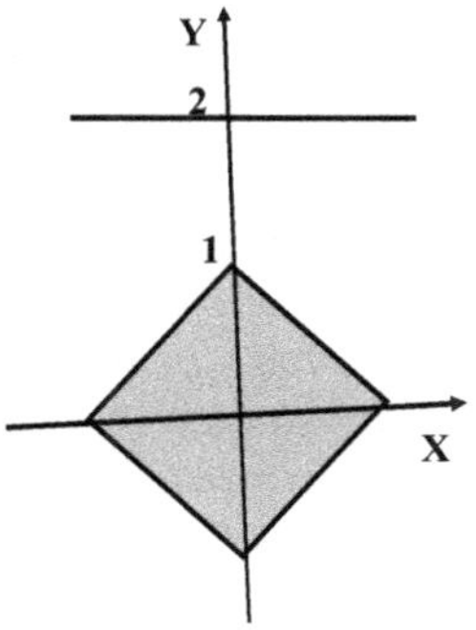

Rpta. 249.6 libras

10. Una piscina tiene 30 pies de largo, 20 pies de ancho, 8 pies de profundidad en un extremo y 4 pies en el otro. El fondo es un plano inclinado. La piscina está llena de agua.

a. Hallar la fuerza hidrostática sobre la pared rectangular más grande.

b. Hallar la fuerza hidrostática sobre una de las paredes en forma de trapecio.

Rpta. **a.** 39,936.00 libras **b.** 34,944.00 libras

¡EUREKA! . . . ¡EUREKA!

Hierón II, rey de Siracusa, mandó a su joyero a confeccionar una corona de oro, la cual resultó ser una hermosa obra de arte. Sin embargo, el rey sospechaba que el joyero lo había estafado, aliando el oro con otro metal. Encomendó a su pariente Arquímedes la tarea de descubrir el fraude, pero sin dañar la corona. El ilustre sabio reflexionó mucho tiempo sobre el problema sin hallar la solución. Cierto día, cuando se encontraba bañándose en una tina, observó que cuando sumergía sus piernas en el agua perdían parte de su peso. Esto fue el rayo de luz para la solución del problema: Había descubierto lo que actualmente en hidrostática se llama el Principio de Arquímedes, que afirma: "Todo cuerpo sumergido en un líquido experimenta un empuje vertical hacia arriba igual al peso del líquido desalojado".

Dicen que fue tal el entusiasmo que le causó este descubrimiento a Arquímedes que salió del baño a la calle como estaba, desnudo, y gritando: ¡EUREKA!, ¡EUREKA!, que en griego, significa ¡lo encontré!. ¡lo encontré!.

Basándose en este descubrimiento, Arquímedes peso la corona en el agua y fuera de ella y verificó que su densidad no correspondía a la que hubiera tenido si fuera de oro puro. El rey había sido estafado.

ARQUIMEDES (287–212 A. C.) *nace en Siracusa, ciudad al sur de la península itálica, que en aquel entonces formaba parte del imperio helénico. Se educó en Alejandría, centro de la ciencia de aquella época.*

Los historiadores de la Matemática ponen a Arquímedes entre los tres más grandes genios que ha producido el género humano en esta ciencia, siendo los otros dos el inglés Isaac Newton (1642–1727) y el alemán Carl Friedrich Gauss (1777–1855). Calculó áreas de figuras planas con un método con el que se adelantó 2000 años a Newton y Leibniz en la invención del Cálculo Integral. Halló que la razón entre la longitud de una circunferencia y la longitud de su diámetro es una constante, a la que llamó π.
Ya mencionamos que descubrió la ley de la palanca. Pappus, el libro VIII cuenta que Arquímedes, enfatizar la importancia de este descubrimiento, dijo:

*"**Dame un punto de apoyo y con una palanca moveré el mundo**"*

Los romanos, siguiendo su plan expansionista, el año 213 A. C. decidieron apoderarse de Siracusa. Su poderosa armada bloqueó el puerto. Sin embargo, su avance fue detenido por los griegos con armas novedosas inventadas por Arquímedes. Tenían catapultas que lanzaban grandes rocas con las que hundían las naves. Contaban con espejos parabólicos que concentraban los rayos solares para incendiar los barcos romanos.

*Después de tres años de sitio, los romanos lograron apoderarse de la ciudad. Se dice que Arquímedes se encontraba en la playa dibujando círculos en la arena para resolver un problema. Un soldado romano se paró frente a él para tomarlo prisionero. Arquímedes sintió que estaba siendo interrumpido y le dijo al soldado: **"No molestes a mis círculos"** Como respuesta el soldado atravesó el cuerpo del sabio con su espada.*

5

INTEGRALES IMPROPIAS

Y

ALGUNAS FUNCIONES

ESPECIALES

PIERRE–SIMON LAPLACE
(1749 -1827)

5.1 INTRODUCCION

5.2 INTEGRALES IMPROPIAS DE PRIMERA ESPECIE: LIMITES DE INTEGRACION INFINITOS

5.3 INTEGRALES IMPROPIAS DE SEGUNDA ESPECIE: INTEGRANDOS INFINITOS

5.4 CRITERIOS DE CONVERGENCIA PARA INTEGRALES IMPROPIAS

5.5 LA FUNCION GAMMA

5.6 LA FUNCION BETA

5.7 LA TRANSFORMADA DE LAPLACE

Pierre-Simon Laplace
(1748-1827)

PIERRE–SIMON LAPLACE *nació en Beaumont-en-Auge, Normandía, Francia. Sus padres eran económicamente acomodados, dedicados al comercio y a la agricultura. En un inicio, Laplace estuvo interesado en estudiar Teología. A la edad de 16 años entró a la Universidad de Caen, donde descubrió su talento matemático. A la edad de 19 años viajó a París, donde estudió bajo la dirección del eminente matemático d'Alember.*

En 1773, fue incorporado en la Academia de Ciencias de París, donde trabajó con Lagrange y Legendre. En 1790 se incorporó al comité que creó el Sistema Métrico Decimal. En 1793, la Academia de Ciencias fue cerrada, siendo víctima del Reino del Terror. Laplace, junto con su familia, dejaron París por un año. En 1795 se inauguró la famosa Escuela Normal. Laplace estuvo a cargo de los cursos de probabilidades.

Laplace hizo contribuciones importantes en Ecuaciones Diferenciales, Probabilidades, Mecánica y Física Astronómica. Su obra cumbre fue ***Tratado de Mecánica Celeste****, publicada en 5 volúmenes, en 1799.*

ACONTECIMIENTOS PARALELOS IMPORTANTES

En 1750, cuando Laplace tenía dos años, nace en Caracas, ***el prócer Francisco de Miranda.*** *En 1783, cuando Laplace tenía 35 años, nace el* ***Libertador Simón Bolívar.***

En 1750, las colonias británicas de Norteamérica contaban con una población de 1,500,000 habitantes, de los cuales, 250,000 eran de raza negra. La ciudad más poblaba fue Boston, que contaba con 15,000 habitantes. El 4 de julio de 1,776, las colonias declaran su independencia, fundando Los ***Estados Unidos de América.***

El 14 de julio de 1,789, cuando Laplace tenía 41 años, estalla la revolución francesa, con la toma de la Bastilla.

Durante los primeros años del siglo XIX se inicia la campaña libertadora en América del Sur. En 1,806, Francisco de Miranda desembarca en Coro. En 1,824, cuando Laplace ya tenía 76 años, tuvo lugar la ***Batalla de Ayacucho.***

SECCION 5.1

INTRODUCCION

Las integrales definidas $\int_a^b f(x)\,dx$ que hemos estudiado se han caracterizado por dos condiciones:

a. El intervalo $[a, b]$ donde hemos integrado es cerrado y acotado. Esto es, los extremos son números reales y pertenecen al intervalo.

b. La función f es acotada en el intervalo $[a, b]$.

En este capítulo extendemos la integral definida a los siguientes casos:

1. **Integral impropia de primera especie: Intervalos de Integración Infinitos.**
   Los intervalos de integración son de la forma: $[a, +\infty)$, $(-\infty, b]$ y $(-\infty, +\infty)$.

2. **Integral impropia de segunda especie: Integrando Infinito.**
   Los intervalos de integración son finitos, pero la función f tiene una **discontinuidad infinita** en un punto c del intervalo $[a, b]$. Es decir, se tiene que

$$\lim_{x\to c^+} f(x) = \pm\infty \quad \text{ó} \quad \lim_{x\to c^-} f(x) = \pm\infty$$

   Estos límites nos dicen que la recta x = c es una **asíntota vertical** al gráfico de f. Cuando se tenga este caso, diremos que f tiene una **singularidad en** $x = c$.

3. **Integral impropia Mixta.**
   Una misma integral puede tener un intervalo de integración infinito y a la vez su integrando tener una discontinuidad infinita. En este caso, tenemos una integral impropia mixta.

SECCION 5.2

INTEGRALES IMPROPIAS DE PRIMERA ESPECIE: LIMITES DE INTEGRACION INFINITOS

Las funciones que consideramos tienen al eje X como **asíntota horizontal.**

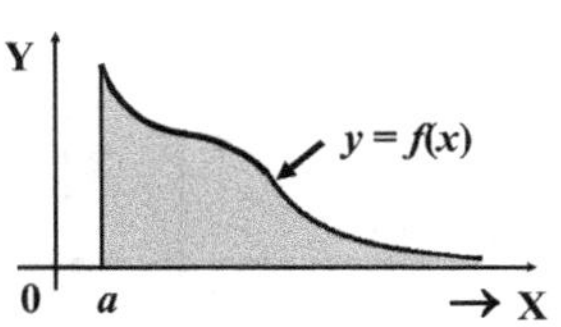

Intervalo Infinito $[a, \infty)$

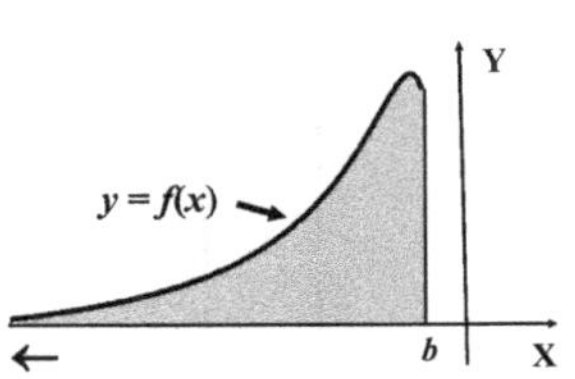

Intervalo Infinito $(-\infty, b]$

DEFINICION. **1. Integral Impropia con Extremo Superior Infinito.**

Si f es continua en $[a, +\infty)$, entonces

$$\int_a^{\infty} f(x)\,dx = \operatorname*{Lim}_{t \to \infty} \int_a^t f(x)\,dx$$

2. Integral Impropia con Extremo Inferior infinito.

Si f es continua en $(-\infty, b]$, entonces

$$\int_{-\infty}^{b} f(x)\,dx = \operatorname*{Lim}_{t \to -\infty} \int_t^b f(x)\,dx$$

3. Integral Impropia con Extremo Superior e Inferior Infinitos

Si f es continua en $(-\infty, +\infty) = \mathbb{R}$ y c es cualquier número real, entonces

$$\int_{-\infty}^{\infty} f(x)\,dx = \int_{-\infty}^{c} f(x)\,dx + \int_{c}^{\infty} f(x)\,dx$$

En los dos primeros casos, si los límites de la derecha **existen** y **tienen valores finitos**, se dice que las correspondientes integrales impropias **convergen** y que tienen los valores de los límites. Si los límites no existen o no son finitos, se dice que las integrales **divergen**. En el tercer caso, la integral impropia $\int_{-\infty}^{\infty} f(x)\,dx$ **converge** si **ambas** integrales impropias de la derecha **convergen**.

EJEMPLO 1. Probar que las siguientes integrales convergen y hallar su valor.

a. $\int_1^{\infty} e^{-x} dx$ **b.** $\int_{-\infty}^{1} e^{x} dx$

Solución

a. $\int_1^{\infty} e^{-x} dx = \operatorname*{Lim}_{t \to \infty} \int_1^t e^{-x} dx = \operatorname*{Lim}_{t \to \infty} \left[-e^{-x} \right]_1^t = \operatorname*{Lim}_{t \to \infty} \left[-e^{-t} + e^{-1} \right] = e^{-1}$

b. $\int_{-\infty}^{1} e^{x} dx = \operatorname*{Lim}_{t \to -\infty} \int_t^1 e^{x} dx = \operatorname*{Lim}_{t \to -\infty} \left[e^{x} \right]_t^1 = \operatorname*{Lim}_{t \to -\infty} \left[e^{1} - e^{t} \right] = e - 0 = e$

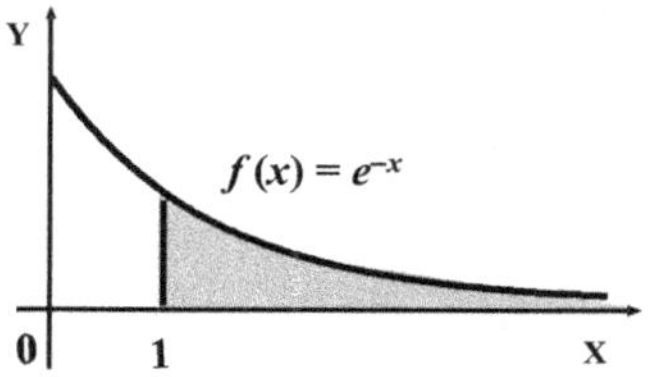

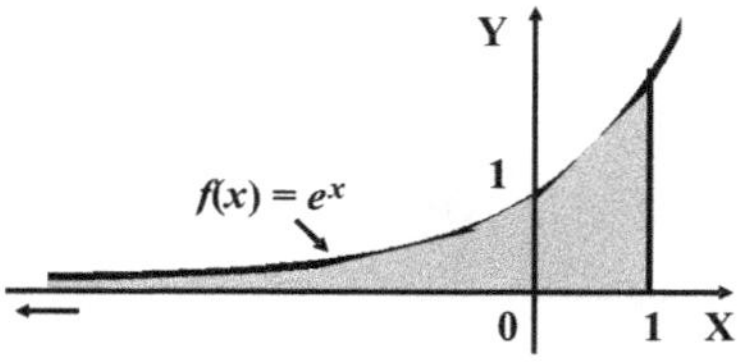

EJEMPLO 2. Probar que la integral $\int_1^{\infty} \frac{dx}{x}$ diverge

Solución

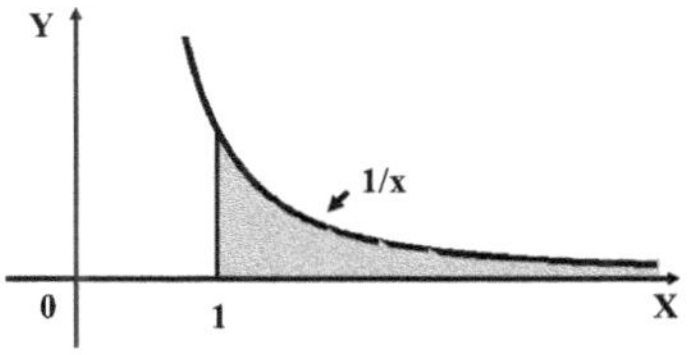

$$\int_1^{\infty} \frac{dx}{x} = \lim_{t\to\infty} \int_1^{t} \frac{dx}{x} = \lim_{t\to\infty} \Big[\ln x \Big]_1^t$$

$$= \lim_{t\to\infty} \Big[\ln t - \ln 1 \Big] = \lim_{t\to\infty} \Big[\ln t \Big] = +\infty$$

Por tanto, la integral diverge.

Geométricamente, el resultado anterior nos dice que la región encerrada por la curva $y = \frac{1}{x}$, la recta $x = 1$ y el eje X tiene área infinita.

EJEMPLO 3. Hallar

a. $\int_{-\infty}^{0} \frac{dx}{1+x^2}$ b. $\int_{0}^{\infty} \frac{dx}{1+x^2}$ c. $\int_{-\infty}^{+\infty} \frac{dx}{1+x^2}$

Solución

a. $$\int_{-\infty}^{0} \frac{dx}{1+x^2} = \lim_{t\to-\infty} \int_{t}^{0} \frac{dx}{1+x^2} = \lim_{t\to-\infty} \Big[\tan^{-1}(x) \Big]_t^0$$

$$= \lim_{t\to-\infty} \left(\tan^{-1}(0) - \tan^{-1}(t)\right) = \lim_{t\to-\infty} \left(0-\tan^{-1}(t)\right)$$

$$= -\lim_{t\to-\infty} \left(\tan^{-1}(t)\right) = -\left(-\frac{\pi}{2}\right) = \frac{\pi}{2}$$

b. $$\int_{0}^{\infty} \frac{dx}{1+x^2} = \lim_{t\to\infty} \Big[\tan^{-1}(x) \Big]_0^t = \lim_{t\to\infty} \left(\tan^{-1}(t) - \tan^{-1}(0)\right)$$

$$= \lim_{t\to\infty} \left(\tan^{-1}(t) - 0 \right) = \lim_{t\to\infty} \left(\tan^{-1}(t) \right) = \frac{\pi}{2}$$

c. $$\int_{-\infty}^{+\infty} \frac{dx}{1+x^2} = \int_{-\infty}^{0} \frac{dx}{1+x^2}\, dx + \int_{0}^{\infty} \frac{dx}{1+x^2} = \frac{\pi}{2} + \frac{\pi}{2} = \pi$$

Geométricamente, este último resultado nos dice que el área de la región encerrada por el gráfico de $y = \frac{1}{1+x^2}$ y el eje X es π.

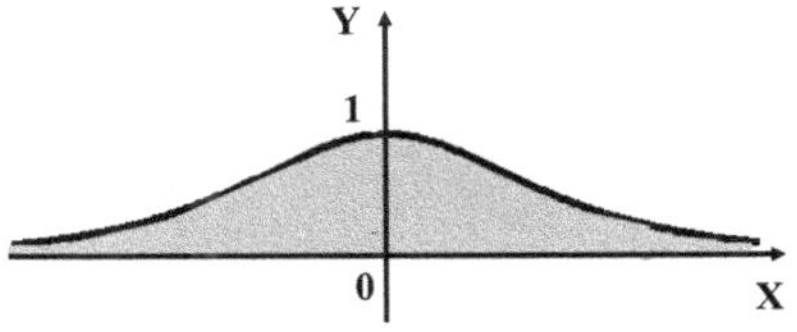

El siguiente ejemplo nos demuestra que no siempre se cumple que:

$$\int_{-\infty}^{\infty} f(x)\,dx = \lim_{t\to\infty} \int_{-t}^{t} f(x)dx$$

EJEMPLO 4. Probar que:

a. $\displaystyle\int_{-\infty}^{+\infty} \frac{x}{1+x^2}\,dx$ diverge **b.** $\displaystyle\lim_{t\to\infty} \int_{-t}^{t} \frac{x}{1+x^2}dx = 0$

Solución

a. $$\int_{0}^{+\infty} \frac{x}{1+x^2}\,dx = \lim_{t\to\infty} \int_{0}^{t} \frac{x}{1+x^2}dx = \lim_{t\to\infty} \left[\frac{1}{2}\ln\left(1+x^2\right)\right]_0^t$$

$$= \lim_{t\to\infty} \left[\frac{1}{2}\ln\left(1+t^2\right) - \frac{1}{2}\ln(1)\right] = \lim_{t\to\infty} \left[\frac{1}{2}\ln\left(1+t^2\right)\right] = \infty$$

Luego, $\displaystyle\int_{-\infty}^{+\infty} \frac{x}{1+x^2}\,dx$ diverge.

b. $$\lim_{t\to\infty} \int_{-t}^{t} \frac{x}{1+x^2}dx = \lim_{t\to\infty} \left[\frac{1}{2}\ln\left(1+x^2\right)\right]_{-t}^{t}$$

$$= \lim_{t\to\infty} \left[\frac{1}{2}\ln\left(1+t^2\right) - \frac{1}{2}\ln\left(1+(-t)^2\right)\right] = \lim_{t\to\infty} [0] = 0$$

TEOREMA 5.1. **La p–Integral Impropia para Intervalos Infinitos**

$\displaystyle\int_{1}^{\infty} \frac{dx}{x^p}$ **es convergente si $p > 1$ y es divergente si $p \leq 1$.**

Aún más, $$\int_{1}^{\infty} \frac{dx}{x^p} = \begin{cases} \dfrac{1}{p-1}, & \text{si } p > 1 \quad \text{(converge)} \\ +\infty, & \text{si } p \leq 1 \quad \text{(diverge)} \end{cases}$$

Demostración

Por el ejemplo 2 ya sabemos que cuando $p = 1$ la integral en cuestión es divergente. Veamos el caso $p \neq 1$.

Tenemos que $$\int_{1}^{t} \frac{dx}{x^p} = \left[\frac{x^{-p+1}}{-p+1}\right]_1^t = \frac{1}{1-p}\left[\frac{1}{t^{p-1}} - 1\right] = \frac{1}{1-p}\,\frac{1}{t^{p-1}} + \frac{1}{p-1}$$

Luego,

$$\int_1^{\infty}\frac{dx}{x^p}=\underset{t\to\infty}{\text{Lim}}\ \frac{1}{1-p}\left[\frac{1}{t^{p-1}}-1\right]=\frac{1}{1-p}\ \underset{t\to\infty}{\text{Lim}}\ \frac{1}{t^{p-1}}+\frac{1}{p-1}$$

Ahora,

Si $p > 1$, entonces $p - 1 > 0$ y $\underset{t\to\infty}{\text{Lim}}\ \frac{1}{t^{p-1}} = 0$

Si $p < 1$, entonces $p - 1 < 0$ y $\underset{t\to\infty}{\text{Lim}}\ \frac{1}{t^{p-1}} = \underset{t\to\infty}{\text{Lim}}\ t^{1-p} = +\infty$

En consecuencia, tomando en cuenta el ejemplo 2,

$$\int_1^{\infty}\frac{dx}{x^p}=\begin{cases}\frac{1}{p-1}, & \text{si } p > 1 \quad \text{(converge)}\\ +\infty, & \text{si } p \leq 1 \quad \text{(diverge)}\end{cases}$$

TEOREMA 5.2 **Linealidad de la convergencia de Integrales Impropias.**

Si $\int_a^{\infty} f(x)\,dx$ y $\int_a^{\infty} g(x)\,dx$ convergen y c es un número real culquiera, entonces

a. $\int_a^{\infty} c\,f(x)\,dx$ converge y $\int_a^{\infty} c\,f(x)\,dx = c\int_a^{\infty} f(x)\,dx$

b. $\int_a^{\infty}\left[f(x) \pm g(x)\right]dx$ converge y

$$\int_a^{\infty}\left[f(x) \pm g(x)\right]dx = \int_a^{\infty} f(x)\,dx \pm \int_a^{\infty} g(x)\,dx$$

Demostración

Estas propiedades son consecuencia inmediata de las correspondientes propiedades de linealidad de la integral y de los límites.

a. $$\int_a^{\infty} c\,f(x)\,dx = \underset{t\to\infty}{\text{Lim}}\int_a^{t} c\,f(x)\,dx = \underset{t\to\infty}{\text{Lim}}\ c\int_a^{t} f(x)\,dx$$

$$= c\ \underset{t\to\infty}{\text{Lim}}\int_a^{t} f(x)\,dx = c\int_a^{\infty} f(x)\,dx$$

b. $$\int_a^{\infty}\left[f(x) \pm g(x)\right]dx = \underset{t\to\infty}{\text{Lim}}\int_a^{t}\left[f(x) \pm g(x)\right]dx$$

$$= \underset{t\to\infty}{\text{Lim}}\left[\int_a^{t} f(x)\,dx \pm \int_a^{t} g(x)\,dx\right]$$

$$= \lim_{t \to \infty} \int_a^t f(x)dx \pm \lim_{t \to \infty} \int_a^t g(x)dx$$

$$= \int_a^{\infty} f(x)dx \pm \int_a^{\infty} g(x)dx$$

COROLARIO.

1. Si $c \neq 0$, entonces $\int_a^{\infty} f(x)\,dx$ converge $\Leftrightarrow \int_a^{\infty} c\,f(x)\,dx$ converge.

2. Si $\int_a^{\infty} f(x)\,dx$ converge, entonces

$$\int_a^{\infty} g(x)dx \text{ converge} \Leftrightarrow \int_a^{\infty} \left[f(x) \pm g(x)\right] dx \text{ converge.}$$

o, equivalentemente,

$$\int_a^{\infty} g(x)dx \text{ diverge} \Leftrightarrow \int_a^{\infty} \left[f(x) \pm g(x)\right] dx \text{ diverge.}$$

Demostración

1. ($\Rightarrow$) Es la parte a del teorema.

($\Leftarrow$) Por la parte 1 del teorema:

$$\int_a^{\infty} c\,f(x)dx \text{ converge} \Rightarrow \int_a^{\infty} \frac{1}{c}\left(c\,f(x)\right)dx = \int_a^{\infty} f(x)dx \text{ converge.}$$

2. ($\Rightarrow$) Es la parte b del teorema.

($\Leftarrow$) Por la parte b del teorema:

$$\int_a^{\infty} \left[f(x) \pm g(x)\right] dx \text{ converge y } \int_a^{\infty} f(x)dx \text{ converge} \Rightarrow$$

$$\int_a^{\infty} \left[\left[f(x) + g(x)\right] - f(x)\right] dx = \int_a^{\infty} g(x)dx \text{ es convergente.}$$

EJEMPLO 5. Determinar la convergencia o divergencia de:

a. $\int_1^{\infty} \frac{x^2 e^{-x} - 1}{x^2} dx$ **b.** $\int_1^{\infty} \frac{1 + 3x^2}{x^3} dx$

Solución

a. $\displaystyle\int_1^{\infty}\frac{x^2e^{-x}-1}{x^2}dx=\int_1^{\infty}\left[\frac{x^2e^{-x}}{x^2}-\frac{1}{x^2}\right]dx=\int_1^{\infty}e^{-x}dx-\int_1^{\infty}\frac{dx}{x^2}$

Pero, $\displaystyle\int_1^{\infty}e^{-x}dx$ y $\displaystyle\int_1^{\infty}\frac{dx}{x^2}$ convergen (ejemplo 1 y p-integral con $p = 2$).

Luego, por la parte b del teorema anterior, $\displaystyle\int_1^{\infty}\frac{x^2e^{-x}-1}{x^2}dx$ converge.

b. $\displaystyle\int_1^{\infty}\frac{1+3x^2}{x^3}dx=\int_1^{\infty}\left[\frac{1}{x^3}+\frac{3x^2}{x^3}\right]dx=\int_1^{\infty}\frac{dx}{x^3}+\int_1^{\infty}\frac{3}{x}dx.$

Pero, $\displaystyle\int_1^{\infty}\frac{dx}{x^3}$ es convergente (p–integral con $p = 3$) y $\displaystyle\int_1^{\infty}\frac{3}{x}dx=3\int_1^{\infty}\frac{dx}{x}$ diverge (ejemplo 2). Luego, por la parte 2 del corolario anterior,

$$\int_1^{\infty}\frac{1+3x^2}{x^3}dx \text{ diverge.}$$

LA INTEGRAL IMPROPIA EN AREAS Y VOLUMENES

EJEMPLO 6. **Area de una región infinita.**

Hallar el área de la región R encerrada por la gráfica de $f(x)=\dfrac{2}{e^x+e^{-x}}$ y el eje X.

Solución

El gráfico de f es simétrico respento al eje Y. En efecto:

$$f(-x)=\frac{2}{e^{-x}+e^{-(-x)}}=\frac{2}{e^{-x}+e^{x}}=f(x)$$

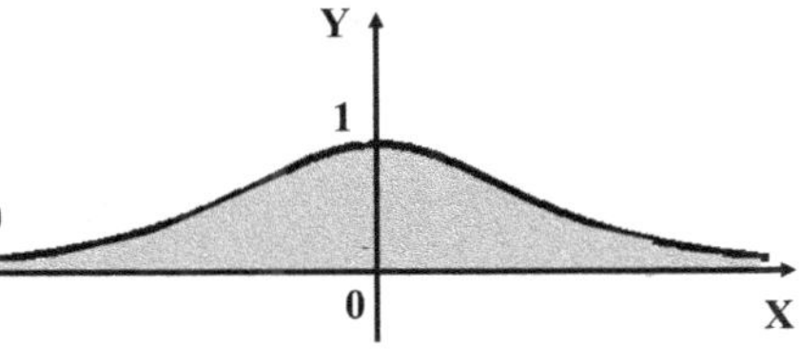

Luego,

$$A(R)=\int_{-\infty}^{\infty}\frac{2\,dx}{e^x+e^{-x}}=2\int_0^{\infty}\frac{2\,dx}{e^x+e^{-x}}=4\int_0^{\infty}\frac{dx}{e^x+e^{-x}}=4\int_0^{\infty}\frac{e^xdx}{e^{2x}+1}$$

Sea $u=e^x$. Se tiene: $du=e^xdx$. $x=0\Rightarrow u=1$. $x=\infty\Rightarrow u=\infty$.

$$A(R)=4\int_1^{\infty}\frac{du}{1+u^2}=4\lim_{t\to\infty}\int_1^{t}\frac{du}{1+u^2}=4\lim_{t\to\infty}\left[\tan^{-1}(x)\right]_1^t$$

$$=4\lim_{t\to\infty}\left[\tan^{-1}(t)-\tan^{-1}(1)\right]=4\left[\frac{\pi}{2}-\frac{\pi}{4}\right]=\pi$$

EJEMPLO 7. **Volumen de un sólido de revolución infinito**

Hallar el volumen del sólido que se obtiene al girar alrededor del eje X la región situada a la izquierda de la recta $x = 1$ encerrada por el gráfico de $y = e^x$ y el eje X.

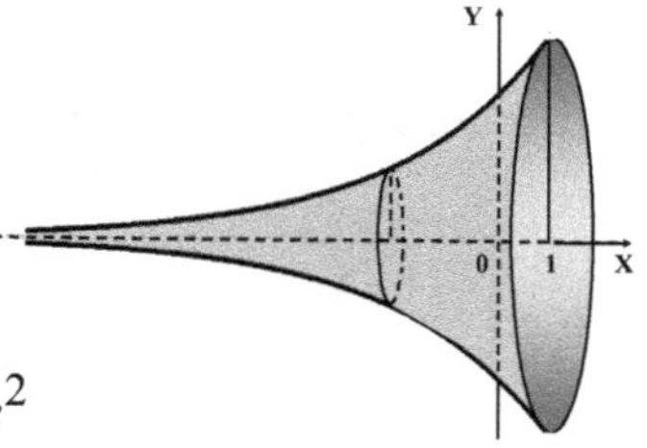

Solución

$$V = \pi \int_{-\infty}^{1} y^2 dx = \pi \int_{-\infty}^{1} e^{2x} dx = \pi \operatorname*{Lím}_{t \to -\infty} \int_{t}^{1} e^{2x} dx$$

$$= \pi \operatorname*{Lim}_{t \to -\infty} \left[\frac{1}{2} e^{2x} \right]_t^1 = \pi \operatorname*{Lim}_{t \to -\infty} \left[\frac{1}{2} e^2 - \frac{1}{2} e^{2t} \right] = \frac{\pi}{2} e^2$$

EJEMPLO 8. **El Cuerno de Gabriel o Trompeta de Torrichelli**

Se llama **Cuerno de Gabriel o Trompeta de Torricheli** a la superficie de revolución que se obtiene al girar, alrededor del eje X, el gráfico de la función $f(x) = \dfrac{1}{x}$, con dominio $x \geq 1$

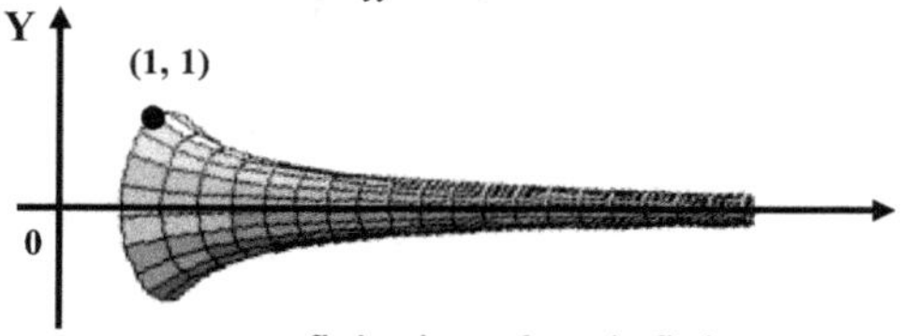

a. Probar que esta superficie tiene área infinita.

b. Probar que el volumen encerrado por el Cuerno de Gabriel es π

Solución

a. $$A = 2\pi \int_0^{\infty} f(x)\sqrt{1 + (f'(x))^2}\, dx = 2\pi \int_1^{\infty} \frac{1}{x}\sqrt{1 + \left(-1/x^2\right)^2}\, dx$$

$$= 2\pi \int_1^{\infty} \frac{\sqrt{1+x^4}}{x^3} dx = 2\pi \operatorname*{Lim}_{t \to \infty} \int_1^{t} \frac{\sqrt{1+x^4}}{x^3} dx > 2\pi \operatorname*{Lim}_{t \to \infty} \int_1^{t} \frac{\sqrt{x^4}}{x^3} dx$$

$$= 2\pi \operatorname*{Lim}_{t \to \infty} \int_1^{t} \frac{dx}{x} = 2\pi \operatorname*{Lim}_{t \to \infty} \Big[\ln x \Big]_1^t = 2\pi \operatorname*{Lim}_{t \to \infty} \Big[\ln t \Big] = \infty$$

b. $$V = \pi \int_1^{\infty} \left(\frac{1}{x}\right)^2 dx = \pi \int_1^{\infty} \frac{dx}{x^2} = \pi \operatorname*{Lim}_{t \to \infty} \int_1^{t} \frac{dx}{x^2} = -\pi \operatorname*{Lim}_{t \to \infty} \left[\frac{1}{x} \right]_1^t$$

$$= -\pi \operatorname*{Lim}_{t \to \infty} \frac{1}{t} + \pi = 0 + \pi = \pi$$

LA PARADOJA DEL CUERNO DE GABRIEL

*Una **paradoja**, según el Pequeño Larouse, es una expresión lógica en la que hay una incompatibilidad aparente o idea extraña, opuesta a lo que se considera verdadero a la opinión general.*

*El **cuerno de Gabriel** fue inventado por el matemático y físico italiano Evangelista Torrichelli (1608−1647), antes que se inventara el Cálculo. El nombre de esta superficie está inspirado en el Arcángel Gabriel.*

Según la tradición cristiana, el Arcángel Gabriel es quien anunció a la Virgen María el nacimiento de Jesús, es quien, 38 siglos atrás, detuvo la mano de Abraham para impedir el sacrificio de su hijo Isaac, y es quien tocará su cuerno anunciando el Juicio Final. Según la tradición islámica, el Arcángel Gabriel, en el siglo séptimo de nuestra era, reveló al Profeta Mahoma los 114 suras (capítulos) del Corán.

La paradoja de la trompeta de Gabriel deriva del hecho de que ésta tiene volumen finito (π) y, sin embargo, su área es infinita. Para hacerla más evidente la paradoja: Para llenar la trompeta necesitamos π = 3.1416 litros de pintura, pero si queremos pintar su superficie, la pintura existente en todo el mundo no alcanzaría, porque el área es infinita.

LA INTEGRAL IMPROPIA Y LAS PROBABILIDADES

DEFINICION. Una **función de densidad de probabilidad** es una función f que tiene por dominio todo $\mathbb{R}$ y que cumple:

1. $f(x) \geq 0, \ \forall\, x \in \mathbb{R}$ **2.** $\displaystyle\int_{-\infty}^{\infty} f(x)\, dx = 1$

EJEMPLO 9. **La función de densidad exponencial.**

Probar que la función

$$f(x) = \begin{cases} ke^{-kx}, & si\ x \geq 0 \\ 0, & si\ x < 0 \end{cases}, \text{ donde } k > 0$$

es una función de densidad de probabilidad, llamada función de densidad exponencial.

Solución

Debemos probar que f cumple las condiciones 1 y 2.

1. Como $k > 0$, tenemos que $f(x) = ke^{-kx} > 0$ si $x \geq 0$. Además $f(x) = 0$ si $x < 0$. Luego, $f(x) \geq 0$, $\forall x \in \mathbb{R}$.

2. $\displaystyle\int_{-\infty}^{\infty} f(x)\,dx = \int_{-\infty}^{0} f(x)\,dx + \int_{0}^{\infty} f(x)\,dx = \int_{-\infty}^{0} 0\,dx + \int_{0}^{\infty} ke^{-kx}dx$

$$= 0 + \int_{0}^{\infty} ke^{-kx}dx = \lim_{t\to\infty} \int_{0}^{t} ke^{-kx}dx$$

$$= \lim_{t\to\infty} -\int_{0}^{t} e^{-kx}(-kdx) = \lim_{t\to\infty} \left[-e^{-kx}\right]_{0}^{t}$$

$$= \lim_{t\to\infty} \left[-e^{-kt}+1\right] = 0 + 1 = 1$$

Sea f una función de densidad de probabilidad de cierto evento. La probabilidad de que el evento ocurra en un intervalo $[a, b]$ se denota como $P([a, b])$ y es igual a:

$$\boldsymbol{P([a, b]) = \int_{a}^{b} f(x)\,dx}$$

EJEMPLO 10. Para cierto supermercado, la función de densidad de probabilidad de que un cliente, seleccionado al azar, pasa x minutos comprando, está dada por

$$f(x) = \begin{cases} \dfrac{1}{200}e^{-x/200}, & \text{si } x \geq 0 \\ 0, & \text{si } x < 0 \end{cases}$$

1. Hallar la probabilidad de que el cliente pasa a lo más 30 minutos

2. Hallar la probabilidad de que el cliente pasa entre 30 y 60 minutos.

3. Hallar la probabilidad de que el cliente pasa, por lo menos, 60 minutos.

Solución

1. Si el cliente pasa a lo más 30 minutos, entonces el número de minutos de compra está en el intervalo $[0, 30]$. Luego,

$$P([0, 30]) = \int_{0}^{30} \frac{1}{200}\, e^{-x/200}dx = \left[-e^{-x/200}\right]_{0}^{30} = -e^{-30/100} + e^{0} = 0.1393$$

2. Si el cliente pasa entre 30 y 60 minutos, entonces el número de minutos de compra está en el intervalo $[30, 60]$. Luego,

$$P([30, 60]) = \int_{30}^{60} \frac{1}{200}\, e^{-x/200}dx = \left[-e^{-x/200}\right]_{30}^{60} = -e^{-60/200} + e^{-30/200} = 0.1199$$

3. Si el cliente pasa por lo menos 60 minutos, entonces el número de minutos compra está en el intervalo [60, ∞). Luego,

$$P([60,\infty)) = \int_{60}^{\infty} \frac{1}{100} e^{-x/200} dx = \lim_{t\to\infty}\left[-e^{-x/200}\right]_{60}^{t}$$

$$= \lim_{t\to\infty}\left[-e^{-t/200} + e^{-60/200}\right] = 0 + e^{-0.3} = 0.7408$$

DEFINICION. Si f es una función de densidad de probabilidades, se llama **media**, **esperanza** o **valor esperado** de las probabilidades a:

$$E = \int_{-\infty}^{\infty} x f(x) dx$$

EJEMPLO 11. Hallar la media de las probabilidades correspondiente a la función de densidad exponencial:

$$f(x) = \begin{cases} ke^{-kx}, & \text{si } x \geq 0 \\ 0, & \text{si } x < 0 \end{cases}, \text{ donde } k > 0$$

Solución

$$E = \int_{-\infty}^{\infty} x f(x) dx = \int_{-\infty}^{0} x f(x) dx + \int_{0}^{\infty} x f(x) dx = 0 + \int_{0}^{\infty} x\, \mathrm{k}e^{-kx} dx$$

$$= \lim_{t\to\infty} \int_{0}^{t} xke^{-kx} dx = k \lim_{t\to\infty} \int_{0}^{t} xe^{-kx} dx = k \lim_{t\to\infty}\left[-\frac{x}{k}e^{-kx} - \frac{1}{k^2}e^{-kx}\right]_{0}^{t}$$

$$= \lim_{t\to\infty}\left[-\frac{x}{e^{kx}} - \frac{1}{ke^{kx}}\right]_{0}^{t} = \left[-\lim_{t\to\infty}\frac{t}{e^{kt}} - \lim_{t\to\infty}\frac{1}{ke^{kt}}\right] - \left[-\frac{0}{e^{k(0)}} - \frac{1}{ke^{k(0)}}\right]$$

$$= \left[-\lim_{t\to\infty}\frac{1}{ke^{kt}} \text{ (L'Hosp.)} - 0\right] - \left[-0 - \frac{1}{k}\right] = [-0-0] - \left[-0 - \frac{1}{k}\right] = \frac{1}{k}$$

PROBLEMAS RESUELTOS 5.2

PROBLEMA 1. **Area**

Hallar el área de la región R que está a la derecha de la recta $x = 2$ y entre la curva $y = \dfrac{1}{x^2 - 1}$ y el eje X.

Solución

$$A(R)=\int_2^{\infty}\frac{dx}{x^2-1}=\underset{t\to\infty}{\text{Lim}}\int_2^{t}\frac{dx}{x^2-1}$$

$$=\underset{t\to\infty}{\text{Lím}}\left[\frac{1}{2}\ln\frac{x-1}{x+1}\right]_2^t$$

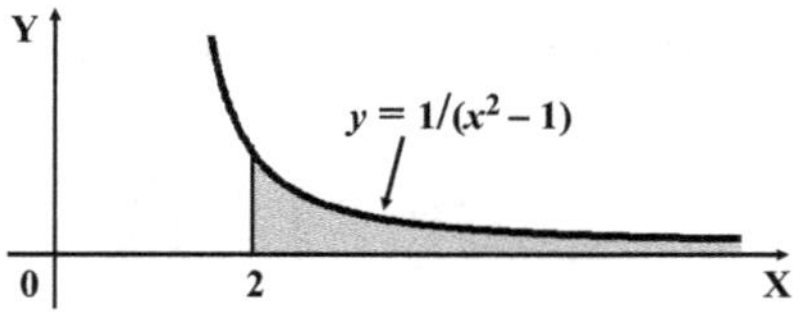

$$=\frac{1}{2}\underset{t\to\infty}{\text{Lim}}\left[\ln\frac{t-1}{t+1}-\ln\frac{2-1}{2+1}\right]=\frac{1}{2}\underset{t\to\infty}{\text{Lim}}\left[\ln\frac{t-1}{t+1}\right]-\frac{1}{2}\ln\frac{1}{3}$$

$$=\frac{1}{2}\underset{t\to\infty}{\text{Lim}}\left[\ln\frac{1-1/t}{1+1/t}\right]-\frac{1}{2}\ln\frac{1}{3}=\frac{1}{2}\underset{t\to\infty}{\text{Lim}}\,[0]-\frac{1}{2}\ln\frac{1}{3}$$

$$=-\frac{1}{2}\ln\frac{1}{3}=-\frac{1}{2}(\ln 1-\ln 3)=-\frac{1}{2}(0-\ln 3)=\frac{\ln 3}{2}\approx 0.55$$

PROBLEMA 2. Probar que $\displaystyle\int_0^{\infty} e^{-ax}\cos bx\,dx=\frac{a}{a^2+b^2}$

Solución

De acuerdo a la fórmula 26 de nuestra tabla básica III,

$$\int e^{-ax}\cos bx\,dx=\frac{e^{-ax}}{a^2+b^2}(b\text{ sen }bx-a\cos bx)+C$$

Luego,

$$\int_0^{\infty} e^{-ax}\cos bx\,dx=\underset{t\to\infty}{\text{Lim}}\int_0^{t} e^{-ax}\cos bx\,dx$$

$$=\underset{t\to\infty}{\text{Lim}}\left[\frac{e^{-ax}}{a^2+b^2}(b\text{ sen }bx-a\cos bx)\right]_0^t$$

$$=\underset{t\to\infty}{\text{Lim}}\left[\frac{a^{-at}}{a^2+b^2}(b\text{ sen }t-a\cos bt)-\frac{1}{a^2+b^2}(b\text{ sen }b(0)-a\cos b(0))\right]$$

$$=\frac{1}{a^2+b^2}\underset{t\to\infty}{\text{Lim}}\left[e^{-at}(b\text{ sen }t-a\cos t)\right]+\frac{a}{a^2+b^2}$$

Pero el límite anterior es 0. En efecto:

$$\left|\underset{t\to\infty}{\text{Lim}}\left[e^{-at}(b\text{ sen }t-a\cos bt)\right]\right|=\underset{t\to\infty}{\text{Lim}}\left|\frac{b\text{ sen }t-a\cos t}{e^{at}}\right|$$

$$\leq\underset{t\to\infty}{\text{Lim}}\frac{|b||\text{sen }t|+|a||\cos t|}{e^{at}}\leq\underset{t\to\infty}{\text{Lim}}\frac{|b|+|a|}{e^{at}}=0$$

En consecuencia,

$$\int_0^{\infty} e^{-ax}\cos bx\,dx=\frac{a}{a^2+b^2}$$

PROBLEMA 3. Probar que:

a. $\displaystyle\int_a^{\infty} x e^{-x} dx = \frac{a+1}{e^a}$ **b.** $\displaystyle\int_{-\infty}^{b} xe^x dx = e^b (b-1)$

Solución

a. Integrando por partes tenemos:

$$\int_a^{\infty} xe^{-x} dx = \lim_{t\to\infty} \int_a^t xe^{-x} dx = \lim_{t\to\infty} \left[-xe^{-x} - e^{-x}\right]_a^t = -\lim_{t\to\infty} \left[\frac{x+1}{e^x}\right]_a^t$$

$$= -\lim_{t\to\infty} \left[\frac{t+1}{e^t}\right] + \left[\frac{a+1}{e^a}\right] = -\lim_{t\to\infty} \left[\frac{1}{e^t} \text{ (L'Hosp.)}\right] + \left[\frac{a+1}{e^a}\right]$$

$$= -0 + \left[\frac{a+1}{e^a}\right] = \frac{a+1}{e^a}$$

b. Integrado por partes tenemos:

$$\int_{-\infty}^{b} xe^x dx = \lim_{t\to-\infty} \int_t^b xe^x dx = \lim_{t\to-\infty} \left[xe^x - e^x\right]_a^t = \lim_{t\to-\infty} \left[e^x (x-1)\right]_t^b$$

$$= \lim_{t\to-\infty} \left[e^b (b-1) - e^t (t-1)\right] = e^b (b-1) - \lim_{t\to-\infty} \left[e^t (t-1)\right]$$

$$= e^b (b-1) - \lim_{t\to-\infty} \left[\frac{t-1}{e^{-t}}\right] = e^b (b-1) - \lim_{t\to-\infty} \left[\frac{1}{-e^{-t}} \text{ (L'Hosp.)}\right]$$

$$= e^b (b-1) + 0 = e^b (b-1)$$

PROBLEMA 4. **Area**

Hallar el área de la región R encerrada por el gráfico de las funciones $f(x) = \dfrac{3|x|}{1+x^4}$, $g(x) = -\dfrac{5|x|}{1+x^4}$

Solución

La región R es simétrica respecto al eje Y. En consecuencia, el área de R es doble del de la parte de la región sombreada. Esto es,

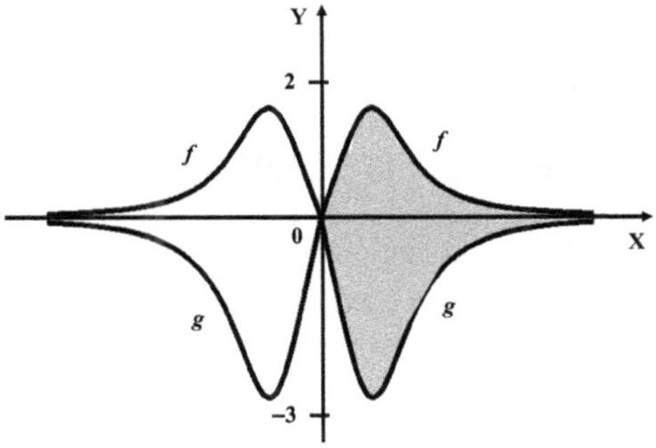

$$A(R) = 2\int_0^{\infty} \left(f(x) - g(x)\right) dx$$

$$= 2\int_0^{\infty} \left(\frac{3|x|}{1+x^4} + \frac{5|x|}{1+x^4}\right) dx$$

$$= 2\int_0^{\infty}\frac{8|x|}{1+x^4}dx = 16\int_0^{\infty}\frac{|x|}{1+x^4}dx = 16\int_0^{\infty}\frac{x}{1+x^4}dx$$

$$= 16\lim_{t\to\infty}\int_0^t \frac{x}{1+x^4}dx = 8\lim_{t\to\infty}\int_0^t \frac{2x}{1+\left(x^2\right)^2}dx$$

$$= 8\lim_{t\to\infty}\left[\tan^{-1}\left(x^2\right)\right]_0^t = 8\lim_{t\to\infty}\left[\tan^{-1}\left(t^2\right)-\tan^{-1}\left(0^2\right)\right] = 8\left[\frac{\pi}{2}-0\right] = 4\pi$$

PROBLEMA 5. **Area**

Hallar el área de la región encerrada por la Bruja de Agnesi

$$y = \frac{8a^3}{x^2+4a^2}$$

y el eje X.

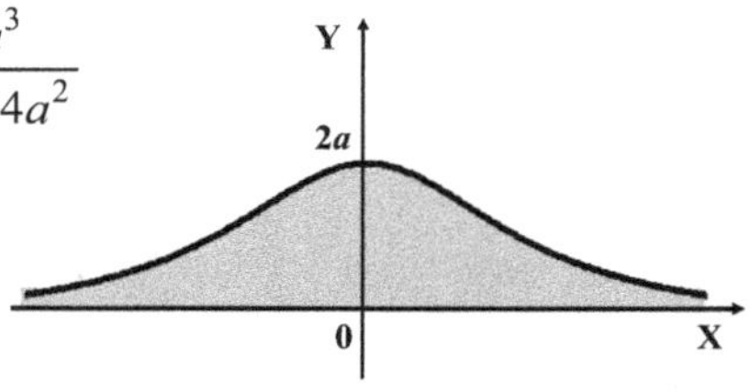

Solución

La curva es simétrica respecto al eje Y.

Luego,

$$A = 2\int_0^{\infty}\frac{8a^3}{x^2+4a^2}dx = 16a^3\lim_{t\to\infty}\int_0^t\frac{1}{x^2+4a^2}dx = 16a^3\lim_{t\to\infty}\int_0^t\frac{1}{x^2+(2a)^2}dx$$

$$= 16a^3\lim_{t\to\infty}\left(\frac{1}{2a}\tan^{-1}\frac{x}{2a}\right]_0^t = 16a^3\lim_{t\to\infty}\frac{1}{2a}\tan^{-1}\frac{t}{2a} = 16a^3\frac{1}{2a}\frac{\pi}{2} = 4a^2\pi$$

PROBLEMA 6. **Centroide**

Hallar el centroide de la región encerrada la por Bruja de Agnesi.

$$y = \frac{8a^3}{x^2+4a^2}$$

y el eje X.

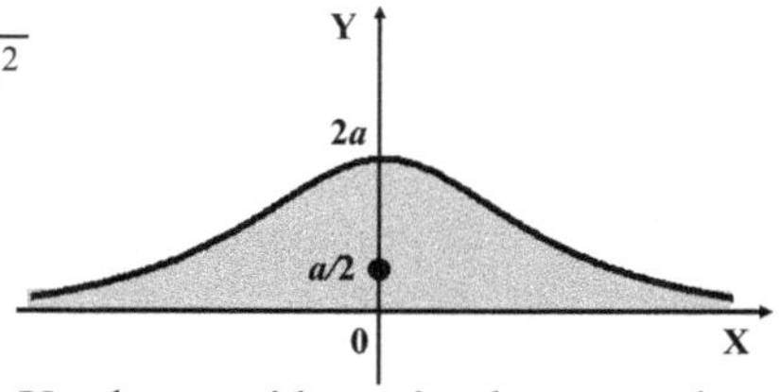

Solución

Sea $\left(\overline{x},\ \overline{y}\right)$ el centroide de la región.

Como la región es simétrica respecxto al eje Y, el centroide está sobre este eje. Luego, $\overline{x} = 0$. Por otro lado,

$$\overline{y} = \frac{1}{2A}\int_{-\infty}^{\infty}\left[\left(f(x)\right)^2-\left(g(x)\right)^2\right]dx$$

En nuetro caso, tenemos que: $f(x) = \dfrac{8a^3}{x^2+4a^2}$ y $g(x) = 0$.

Además, de acuerdo al problema resuelto anterior, $A = 4a^2\pi$.

Luego, teniendo en cuenta la simetría respecto al eje X,

$$\bar{y} = \frac{1}{2\left(4\pi a^2\right)}\int_{-\infty}^{\infty}\left[\left(\frac{8a^3}{x^2+4a^2}\right)^2-(0)^2\right]dx = \frac{2\left(8a^3\right)^2}{2\left(4\pi a^2\right)}\int_0^{\infty}\frac{dx}{\left(x^2+4a^2\right)^2}\,dx$$

$$= \frac{16a^4}{\pi}\int_0^{\infty}\frac{dx}{\left(x^2+4a^2\right)^2} = \frac{16a^4}{\pi}\lim_{t\to\infty}\int_0^{t}\frac{dx}{\left(x^2+4a^2\right)^2} \qquad \textbf{(1)}$$

Haciendo el cambio de variable $x = 2a\tan\theta$ se obtiene que:

$$\int\frac{dx}{\left(x^2+4a^2\right)^2} = \frac{1}{16a^3}\tan^{-1}\frac{x}{2a} + \frac{1}{8a^2}\frac{x}{x^2+4a^2} \qquad \textbf{(2)}$$

De (1) y (2) obtenemos:

$$\bar{y} = \frac{16a^4}{\pi}\lim_{t\to\infty}\left[\frac{1}{16a^3}\tan^{-1}\frac{x}{2a}+\frac{1}{8a^2}\frac{x}{x^2+4a^2}\right]_0^t = \frac{16a^4}{\pi}\,\frac{1}{16a^3}\,\frac{\pi}{2} = \frac{a}{2}$$

En conclusión, $\left(\bar{x},\ \bar{y}\right) = \left(0,\ \dfrac{a}{2}\right)$

PROBLEMA 7. **Volumen**

a. Probar que la recta $y = 1$ es una asíntota horizontal al gráfico de la función $f(x) = \dfrac{x^2-1}{x^2+1}$

b. Hallar el volumen del sólido de revolución que se genera al girar alrededor de la recta $y = 1$ la región encerrada por la gráfica de la función anterior y su asíntota $y = 1$.

Solución

a. $\displaystyle\lim_{x\to\pm\infty}\frac{x^2-1}{x^2+1} = \lim_{x\to\pm\infty}\frac{1-1/x^2}{1+1/x^2} = \frac{1-0}{1+0} = 1$

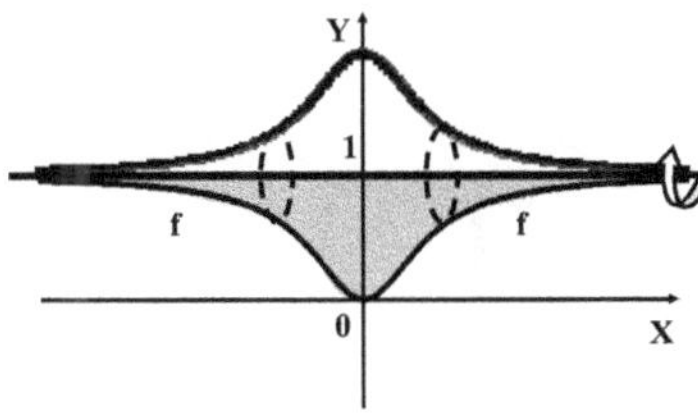

b. La gráfica de $f(x) = \dfrac{x^2-1}{x^2+1}$ es simétrica respecto al eje Y. Luego, el volumen pedido es el doble del volumen de la región que está a la derecha del eje Y. Esto es,

$$V = 2\pi\int_0^{\infty}\left(f(x)-1\right)^2 dx = 2\pi\int_0^{\infty}\left(\frac{x^2-1}{x^2+1}-1\right)^2 dx$$

$$= 2\pi \int_0^{\infty} \left(\frac{-2}{x^2+1} \right)^2 dx \;=\; 8\pi \int_0^{\infty} \frac{dx}{\left(x^2+1\right)^2}$$

Sea $x = \tan\theta$. Entonces $dx = \sec^2\theta\, d\theta$. $x = 0 \Rightarrow \theta = 0$. $x = \infty \Rightarrow \theta = \dfrac{\pi}{2}$.

$$V = 8\pi \int_0^{\infty} \frac{dx}{\left(x^2+1\right)^2} = 8\pi \int_0^{\pi/2} \frac{\sec^2\theta\, d\theta}{\left(\tan^2\theta+1\right)^2} = 8\pi \int_0^{\pi/2} \frac{\sec^2\theta\, d\theta}{\left(\sec^2\theta\right)^2} = 8\pi \int_0^{\pi/2} \frac{d\theta}{\sec^2\theta}$$

$$= 8\pi \int_0^{\pi/2} \cos^2\theta\, d\theta = 8\pi \int_0^{\pi/2} \frac{1+\cos 2\theta}{2} d\theta = 4\pi \int_0^{\pi/2} d\theta + 4\pi \int_0^{\pi/2} \cos 2\theta\, d\theta$$

$$= 4\pi\left(\frac{\pi}{2}\right) + 2\pi\Big[\operatorname{sen} 2\theta\Big]_0^{\pi/2} = 2\pi^2 + 2\pi\left[\operatorname{sen}\pi - \operatorname{sen} 0\right] = 2\pi^2 + 0 = 2\pi^2$$

PROBLEMA 8. **a.** Hallar el valor de k para el cual la integral impropia siguiente converge.

$$\mathrm{I} = \int_0^{\infty} \left(\frac{1}{\sqrt{2x^2+1}} - \frac{k}{x+1} \right) dx$$

b. Hallar el valor de la integral con el k encontrado en parte a.

Solución

a. Tenemos que:

$$\int \left(\frac{1}{\sqrt{2x^2+1}} - \frac{k}{x+1} \right) dx = \int \frac{dx}{\sqrt{2x^2+1}} - k \int \frac{dx}{x+1}$$

Aplicando la fórmula43 de nuetra tabla de integrales:

$$\int \frac{dx}{\sqrt{2x^2+1}} = \int \frac{dx}{\sqrt{\left(\sqrt{2}x\right)^2+1}} = \frac{1}{\sqrt{2}} \ln\left(\sqrt{2}x + \sqrt{2x^2+1}\right)$$

Por otro lado,

$$k\int \frac{dx}{x+1} = k\ln(x+1) = \ln(x+1)^k = \frac{1}{\sqrt{2}} \ln\,(x+1)^{\sqrt{2}k}$$

Luego,

$$\int \left(\frac{1}{\sqrt{2x^2+1}} - \frac{k}{x+1} \right) dx = \frac{1}{\sqrt{2}} \ln\left(\sqrt{2}\,x + \sqrt{2x^2+1}\right) - \frac{1}{\sqrt{2}} \ln\,(x+1)^{\sqrt{2}k}$$

$$= \frac{1}{\sqrt{2}} \ln \frac{\sqrt{2}\,x + \sqrt{2x^2+1}}{(x+1)^{\sqrt{2}k}}$$

Ahora,

$$\int_0^{\infty}\left(\frac{1}{\sqrt{2x^2+1}}-\frac{k}{x+1}\right)dx = \underset{t\to\infty}{\text{Lim}}\ \frac{1}{\sqrt{2}}\ln\left[\frac{\sqrt{2}\,x+\sqrt{2x^2+1}}{(x+1)^{\sqrt{2}k}}\right]_0^t$$

$$= \underset{t\to\infty}{\text{Lim}}\ \frac{1}{\sqrt{2}}\ln\left[\frac{\sqrt{2}\,t+\sqrt{2t^2+1}}{(t+1)^{\sqrt{2}k}}\right]-\frac{1}{\sqrt{2}}\ln[1] = \frac{1}{\sqrt{2}}\ \ln\left[\underset{t\to\infty}{\text{Lim}}\frac{\sqrt{2}\,t+\sqrt{2t^2+1}}{(t+1)^{\sqrt{2}k}}\right]$$

$$=(\text{L'Hôsp.})\frac{1}{\sqrt{2}}\ln\left[\underset{t\to\infty}{\text{Lim}}\frac{\sqrt{2}+\dfrac{2t}{\sqrt{2t^2+1}}}{\sqrt{2}k(t+1)^{\sqrt{2}k-1}}\right] = \frac{1}{\sqrt{2}}\ln\left[\underset{t\to\infty}{\text{Lim}}\ \frac{\sqrt{2}+\dfrac{2}{\sqrt{2+1/t^2}}}{\sqrt{2}k(t+1)^{\sqrt{2}k-1}}\right]$$

Si L es el límite del corchete, para que la integral I converja, L debe estar en el dominio de la función $y = \ln x$. Esto es, debemos tener que $0 < L < \infty$.

Si $k<\dfrac{1}{\sqrt{2}}$, entonces $\sqrt{2}k-1<0$ y $L=+\infty$. Si $k>\dfrac{1}{\sqrt{2}}$, entonces $\sqrt{2}k-1>0$ y $L=0$.

Si $k=\dfrac{1}{\sqrt{2}}$, entonces $\sqrt{2}k-1=0$ y

$$L = \underset{t\to\infty}{\text{Lim}}\ \frac{\sqrt{2}+\dfrac{2}{\sqrt{2+1/t^2}}}{\sqrt{2}k(t+1)^{\sqrt{2}k-1}} = \underset{t\to\infty}{\text{Lim}}\left(\sqrt{2}+\frac{2}{\sqrt{2+1/t^2}}\right)=2\sqrt{2}\,.$$

Luego, el valor de k para el cual la integral converge es $k=\dfrac{1}{\sqrt{2}}=\dfrac{\sqrt{2}}{2}$.

b. $$\int_0^{\infty}\left(\frac{1}{\sqrt{2x^2+1}}-\frac{1/\sqrt{2}}{x+1}\right)dx=\frac{1}{\sqrt{2}}\ln\ \underset{t\to\infty}{\text{Lim}}\left(\sqrt{2}+\ \frac{2}{\sqrt{2+1/t^2}}\right)=\frac{1}{\sqrt{2}}\ln 2\sqrt{2}\,.$$

PROBLEMA 9. Hallar $a\neq 0$ y b tales que

$$\int_1^{\infty}\left(\frac{x^2+bx+a}{x(x+a)}-\ 1\right)dx\ =1$$

Solución

Operando y descomponiendo en fracciones parciales se obtiene:

$$\frac{x^2+bx+a}{x(x+a)}-1\ =\ \frac{(b-a)x+a}{x(x+a)}=\frac{1}{x}-\ \frac{a-b+1}{x+a}$$

Luego,

$$\int_1^{\infty}\left(\frac{x^2+bx+a}{x(x+a)}-1\right)dx=\int_1^{\infty}\left(\frac{1}{x}-\frac{a-b+1}{x+a}\right)dx$$

$$=\lim_{t\to\infty}\Big[\ln x-(a-b+1)\ln(x+a)\Big]_1^t=\lim_{t\to\infty}\Big[\ln x-\ln(x+a)^{a-b+1}\Big]_1^t$$

$$=\lim_{t\to\infty}\ln\left[\frac{x}{(x+a)^{a-b+1}}\right]_1^t=\ln\lim_{t\to\infty}\frac{t}{(t+a)^{a-b+1}}-\ln\frac{1}{(1+a)^{a-b+1}}$$

$$=\ln\lim_{t\to\infty}\frac{1}{(a-b+1)(t+a)^{a-b}}-\ln\frac{1}{(1+a)^{a-b+1}}\qquad\textbf{(1)}$$

Si $L=\lim\limits_{t\to\infty}\dfrac{1}{(a-b+1)(t+a)^{a-b}}$, para que la integral converja, L debe estar en el dominio de la función $y=\ln x$. Esto es, debemos tener que $0<L<\infty$. Pero

$$L=\lim_{t\to\infty}\frac{1}{(a-b+1)(t+a)^{a-b}}=\begin{cases}0, & \text{si } a>b\\ \pm\infty, & \text{si } a<b\\ 1, & \text{si } a=b\end{cases}$$

Luego, debemos tener que $a=b$. En este caso, tomando en cuenta (1):

$$\int_1^{\infty}\left(\frac{x^2+ax+a}{x(x+a)}-1\right)dx=\ln\lim_{t\to\infty}\frac{1}{(t+a)^0}-\ln\frac{1}{(1+a)^{0+1}}=-\ln\frac{1}{1+a}$$

Ahora,

$$\int_1^{\infty}\left(\frac{x^2+ax+a}{x(x+a)}-1\right)dx=1\Rightarrow-\ln\frac{1}{1+a}=1\Rightarrow\ln(1+a)=1$$

$$\Rightarrow 1+a=e\ \Rightarrow\ a=e-1\ \text{ y }\ b=e-1$$

PROBLEMA 10. Dada la función $f(x)=C|x|e^{-kx^2}$

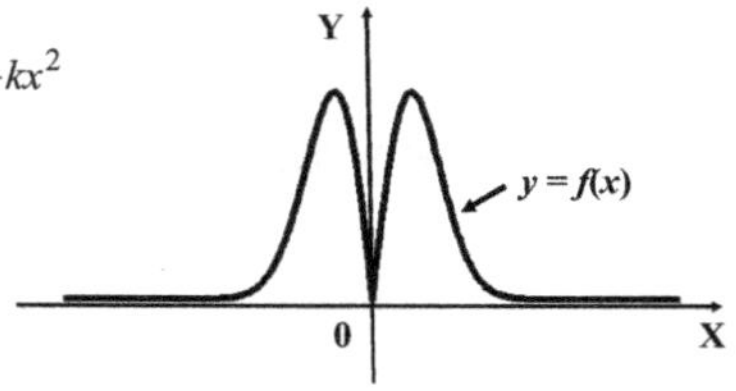

a. Si f es una función de densidad de probabilidad, hallar C.

b. Tomando el valor de C hallado, determinar la media o esperanza:

$$E=\int_{-\infty}^{\infty}x\,f(x)dx$$

Solución

a. Debe cumplirse que: $\displaystyle\int_{-\infty}^{\infty} C|\,x\,|e^{-kx^2}dx = 1$ **(1)**

Como $f(-x) = f(x)$, la gráfica de f es simétrica respecto al eje Y. Luego,

$$\int_{-\infty}^{\infty} C|\,x\,|e^{-kx^2}dx = 2\int_{0}^{\infty} C|\,x\,|e^{-kx^2}dx = 2C\int_{0}^{\infty} xe^{-kx^2}dx$$

$$= -\frac{C}{k}\int_{0}^{\infty} e^{-kx^2}(-2kxdx)\,dx = -\frac{C}{k}\int_{0}^{-\infty} e^{u}du \qquad \left(u = -kx^2\right)$$

$$= \frac{C}{k}\int_{-\infty}^{0} e^{u}du = \frac{C}{k}\lim_{t\to -\infty}\int_{t}^{0} e^{u}du = \frac{C}{k}\lim_{t\to -\infty}\left[e^{u}\right]_{t}^{0}$$

$$= \frac{C}{k}\lim_{t\to -\infty}\left[e^{0} - e^{t}\right] = \frac{C}{k}[1-0] = \frac{C}{k} \qquad (2)$$

Reemplazando (2) en (1): $\dfrac{C}{k} = 1 \Rightarrow C = k.$

b. Tenemos que $x\,f(x) = kx|\,x\,|e^{-kx} = \begin{cases} -kx^2e^{-kx^2}, & x < 0 \\ kx^2e^{-kx^2}, & x \geq 0 \end{cases}$, Luego.

$$E = \int_{-\infty}^{\infty} x\,f(x)dx = \int_{-\infty}^{\infty} k\,x|\,x\,|e^{-kx^2}dx$$

$$= -k\int_{-\infty}^{0} x^2e^{-kx^2}dx + k\int_{0}^{\infty} x^2e^{-kx^2}dx \qquad (3)$$

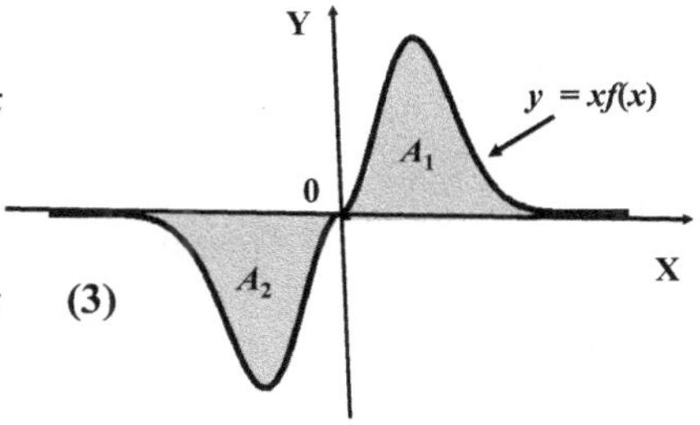

Para la primera integral hacemos $u = -x$. Entonces

$du = -\,dx. \quad x = 0 \Rightarrow u = 0. \quad x = -\infty \Rightarrow u = \infty$

Luego,

$$-k\int_{-\infty}^{0} x^2e^{-kx^2}dx = -k\int_{\infty}^{0}(-u)^2\,e^{-k(-u)^2}(-du) = k\int_{\infty}^{0} u^2e^{-ku^2}du$$

$$= -k\int_{0}^{\infty} u^2e^{-ku^2}dy = -k\int_{0}^{\infty} x^2e^{-kx^2}dx \qquad (4)$$

Reemplazando (4) en (3):

$$E = -k\int_0^{\infty} x^2 e^{-kx^2}\,dx + k\int_0^{\infty} x^2 e^{-kx^2}\,dx = 0$$

Este resultado también lo podemos obtener geométricamente. En efecto, como la gráfica de la función $g(x) = xf(x)$ es simétrica respecto al origen, el área A_1 de la región sombreada del primer cuadrante, es igual al área A_2 de la región sombreada del tercer cuadrante. Esto es, $A_1 = A_2$ o bien $-A_2 + A_1 = 0$. Pero,

$$A_1 = k\int_0^{\infty} x^2 e^{-kx^2}\,dx \quad \text{y} \quad A_2 = k\int_{-\infty}^{0} x^2 e^{-kx^2}\,dx.$$

Luego, de acuerdo a la igualdad (3), $E = -A_2 + A_1 = 0$

PROBLEMAS PROPUESTOS 5.2

En los problemas del 1 al 40, evaluar las integrales impropias de primera especie dadas.

1. $\displaystyle\int_0^{\infty} \frac{dx}{(1+x)^2}$ *Rpta.* 1

2. $\displaystyle\int_0^{\infty} \frac{x}{(2+x)^3}\,dx$ *Rpta.* $\frac{1}{4}$

3. $\displaystyle\int_4^{\infty} \frac{dx}{x\sqrt{x}}$ *Rpta.* 1

4. $\displaystyle\int_1^{\infty} \frac{\sqrt{x}}{x+1}\,dx.$ $u = \sqrt{x}$ *Rpta.* Div.

5. $\displaystyle\int_1^{\infty} \frac{dx}{x(x+1)}$ *Rpta.* ln 2

6. $\displaystyle\int_0^{\infty} \frac{dx}{(x+1)(x+2)}$ *Rpta.* ln 2

7. $\displaystyle\int_0^{\infty} \frac{x\,dx}{(x+1)(x+2)}$ *Rpta.* Div.

8. $\displaystyle\int_1^{\infty} \frac{x}{(x^2+a^2)^5}\,dx$, *Sug.* $u = x^2 + a^2$ *Rpta.* $\displaystyle\frac{1}{8}\frac{1}{\left(1+a^2\right)^4}$

9. $\displaystyle\int_0^{\infty} \frac{x^5}{\left(1+x^3\right)^{5/2}}\,dx$, Sug. $u = 1 + x^3$ *Rpta.* $\frac{4}{9}$

10. $\displaystyle\int_0^{\infty} \frac{1}{x^3+1}\,dx$. *Sug. Descomp. en fracciones. parc.* Rpta. $\displaystyle\frac{2\sqrt{3}}{9}\pi$

11. $\displaystyle\int_0^{\infty} \frac{x}{\left(x^2+a^2\right)\left(x^2+b^2\right)}\,dx.$ $a^2 \neq b^2$. *Rpta.* $\displaystyle\frac{\pi}{2ab(a+b)}$

12. $\displaystyle\int_0^{\infty} \frac{x}{1+x^4}\,dx.$ *Sug.* $u = x^2$ *Rpta.* $\dfrac{\pi}{4}$

13. $\displaystyle\int_0^{\infty} \frac{x^2}{\left(1+x^2\right)^2}\,dx.$ *Sug.* $x = \tan\theta$ *Rpta.* $\dfrac{\pi}{4}$

14. $\displaystyle\int_{-\infty}^{\infty} \frac{x^2}{x^6 + a^2}\,dx.$ *Sug.* $u = x^3$ *Rpta.* $\dfrac{\pi}{3a}$

15. $\displaystyle\int_2^{\infty} \frac{dx}{x^4 + 4x^2}$. *Sug. Descomp. en fracciones Parc.* *Rpta.* $\dfrac{4-\pi}{32}$

16. $\displaystyle\int_2^{\infty} \frac{dx}{x\sqrt{x-1}}$ *Rpta.* $\dfrac{\pi}{2}$

17. $\displaystyle\int_1^{\infty} \frac{dx}{x\sqrt{2x^2-1}}$ *Rpta.* $\dfrac{\pi}{4}$

18. $\displaystyle\int_0^{\infty} \frac{dx}{a^2 + b^2x^2}$. *Rpta.* $\dfrac{\pi}{2ab}$

19. $\displaystyle\int_{-\infty}^{\infty} \frac{dx}{x^2 + 2x + 2}\,dx.$ *Rpta.* π

20. $\displaystyle\int_{-\infty}^{0} \frac{dx}{(4-x)^2}$ *Rpta.* $\dfrac{1}{4}$

21. $\displaystyle\int_{-\infty}^{\infty} \frac{dx}{1+4x^2}$ *Rpta.* $\dfrac{\pi}{2}$

22. $\displaystyle\int_1^{\infty} \frac{dx}{x\sqrt{a^2+x^2}}$ *Rpta.* $\dfrac{1}{a}\ln\left(\sqrt{a^2+1} + a\right)$

23. $\displaystyle\int_0^{\infty} \frac{\tan^{-1}x}{1+x^2}\,dx.$ Sug. $u = \tan^{-1}x$ *Rpta.* $\dfrac{\pi^2}{8}$

24. $\displaystyle\int_1^{\infty} \frac{dx}{(x^2-6x)^{3/2}}$. *Sug. Completar cuadrados* *Rpta.* $\dfrac{2\sqrt{3}-3}{27}$

25. $\displaystyle\int_0^{\infty} x \operatorname{sen} x\, dx$. *Rpta.* Div.

26. $\displaystyle\int_{2/\pi}^{\infty} \frac{1}{x^2}\cos\frac{1}{x}\,dx.$ *Sug.* $u = \dfrac{1}{x}$ *Rpta.* 1

27. $\int_{-\infty}^{\infty} \operatorname{sech} x \, dx$ *Rpta.* π

28. $\int_{0}^{\infty} \operatorname{cosech} x \, dx$ *Rpta.* $\ln \dfrac{e+1}{e-1}$

29. $\int_{0}^{\infty} \dfrac{x \tan^{-1} x}{\left(1+x^2\right)^{3/2}} dx$. *Sug. Integre por partes* *Rpta.* 1

30. $\int_{0}^{\infty} \dfrac{dx}{\sqrt{e^x}}$ *Rpta.* 2

31. $\int_{1}^{\infty} \dfrac{e^{-\sqrt{x}}}{\sqrt{x}} dx$. *Sug.* $u = \sqrt{x}$ *Rpta.* $\dfrac{2}{e}$

32. $\int_{-\infty}^{0} x e^{-x^2} dx$ *Rpta.* $-\dfrac{1}{2}$

33. $\int_{-\infty}^{\infty} x e^{-x^2} dx$ *Rpta.* 0

34. $\int_{-\infty}^{0} x 5^{-x^2} dx$. *Sug.* $5^{-x^2} = e^{-x^2 \ln 5}$ *Rpta.* $-\dfrac{1}{2 \ln 5}$

35. $\int_{-\infty}^{\infty} e^{-|x|} dx$ *Rpta.* 2

36. $\int_{0}^{\infty} \dfrac{e^{-x}}{\sqrt{1-e^{-x}}} dx$. *Sug.* $u = 1 - e^{-x}$ *Rpta.* 2

37. $\int_{0}^{\infty} \dfrac{e^{-x}}{\sqrt{1-e^{-2x}}} dx$. *Sug.* $u = e^{-x}$ *Rpta.* $\dfrac{\pi}{2}$

38. $\int_{-\infty}^{\infty} e^{x - e^x} dx$. *Sug.* $u = -e^x$ *Rpta.* 1

39. $\int_{1}^{\infty} \dfrac{\ln x}{x^2} dx$ *Rpta.* 1

40. $\int_{e}^{\infty} \dfrac{dx}{x \ln x \sqrt{\ln x}}$. *Sug.* $u = \ln x$ *Rpta.* 2

41. Probar, por inducción, que $\int_{0}^{\infty} x^n e^{-x} dx = n!, \ \forall\, n$ natural.

42. Probar que $\int_e^{\infty} \frac{dx}{x \ln^p x} = \begin{cases} \frac{1}{p-1}, & \text{si } p > 1 \\ +\infty, & \text{si } p < 1 \end{cases}$. *Sug.* $u = \ln x$

43. Si $a > 0$ y el gráfico de $ax^2 + bx + c$ está totalmente sobre el eje X, probar que

$$\int_{-\infty}^{\infty} \frac{dx}{ax^2 + bx + c} = \frac{2\pi}{\sqrt{4ac - b^2}}.$$ *Sug. Completar cuadrados.*

44. Sea la integral $\mathrm{I} = \int_0^{\infty} \left(\frac{kx}{x^2 + 1} - \frac{1}{2x+1} \right) dx$

a. Hallar el valor de k para el cual la integral converge.

b. Hallar el valor de la integral I para el valor de k hallado en a.

Rpta. **a.** $k = 1/2$ **b.** $\mathrm{I} = -2 \ln 2$

45. Sea la integral $\mathrm{I} = \int_0^{\infty} \left(\frac{x}{x^2 + 1} - \frac{k}{2x+1} \right) dx$

a. Hallar el valor de k para el cual la integral impropia siguiente converge.

b. Hallar el valor de la integral con el k encontrado.

Rpta. **a.** $k = 2$ **b.** $\mathrm{I} = -\ln 2$

46. Sea la integral $\mathrm{I} = \int_0^{\infty} \left(\frac{x}{2x^2 + 4k} - \frac{k}{x+1} \right) dx$

a. Hallar el valor de k para el cual la integral converge.

b. Hallar el valor de la integral I para el valor de k hallado en a.

Rpta. **a.** $k = 1/2$ **b.** $\mathrm{I} = \frac{1}{4} \ln 2$

47. Sea la integral $\mathrm{I} = \int_0^{\infty} \left(\frac{k}{x+1} - \frac{3x}{2x^2 + k} \right) dx$

a. Hallar el valor de k para el cual la integral converge.

b. Hallar el valor de la integral I para el valor de k hallado en a.

Rpta. **a.** $k = \frac{3}{2}$ **b.** $\mathrm{I} = \frac{3}{4} \ln \frac{3}{4}$

48. **(Area)** Hallar el área de la región encerrada por la gráfica de $y = \frac{1}{x^2 - 2x + 2}$ y el eje X. *Rpta.* π

49. **(Area)** Hallar el área de la región encerrada por la gráfica de $y = \frac{4}{(x-3)^3}$ y el eje X, y que está a la izquierda de la recta $x = 2$. *Rpta.* 2

50. **(Area)** Hallar el área de la región encerrada por la gráfica de $y = \dfrac{1}{x^2 + x}$ y el eje X, y que está a la derecha de la recta $x = 1$. *Rpta.* ln 2

51. **(Area)** Hallar el área de la región encerrada por las gráficas de las funciones:

$$y = \frac{2}{x}, \quad y = -\frac{2x}{x^2 + 1}$$ *Rpta.* ln 2

52. **(Area)** Hallar el área de la región encerrada por las gráficas de las funciones:

$$y = \frac{2x}{1 + x^4}, \quad y = -\frac{4x}{1 + x^4}$$ *Rpta.* 3π

53. **(Area)** Hallar el área de la región encerrada por la gráfica de $f(x) = e^{-|x-1|}$ y el eje X. Sugerencia: $f(x) = \begin{cases} e^{x-1}, & \text{si } x < 1 \\ e^{-(x-1)}, & \text{si } x \geq 1 \end{cases}$ *Rpta.* 2

54. **(Area)** **a.** Probar que $y = 1$ es una asíntota de la gráfica de $y = \dfrac{|x|}{\sqrt{x^2 + 4}}$

b. Hallar el área de la región encerrada por la gráfica de $y = \dfrac{|x|}{\sqrt{x^2 + 4}}$ y su asíntota $y = 1$ *Rpta.* 4

55. **(Area)** **a.** Probar que $y = 0$ es una asíntota de la gráfica de $y = xe^{-x^2/4}$

b. Hallar el área de la región encerrada por la gráfica de $y = xe^{-x^2/4}$ y su asíntota $y = 0$. *Rpta.* 4

56. **(Area)** Hallar el área de la región del primer cuadrante encerrada por la gráfica de $y = (x^2 + 3x)e^{-x}$ y el eje X. *Sug. ejercicio* 41. *Rpta.* 5

57. **(Area)** Hallar el área de la región que está a la derecha de la recta $x = 1$ y encerrada por las curvas $xy - x = 1$, $x^2y + 2y - x^2 - x = 2$ *Rpta.* $\dfrac{1}{2}\ln 3$

58. **(Area de una superficie de revolución)** Hallar el área de la superficie de revolución que se obtiene al girar alrededor del eje X la región del primer cuadrante encerrada por la gráfica de $y = e^{-x}$ y el eje X.

Rpta. $\pi[\sqrt{2} + \ln(1 + \sqrt{2}]$

59. **(Volumen)** Hallar el volumen del sólido de revolución generado por la rotación alrededor del eje X de la región que está a la derecha de la recta $x = 1$, bajo el gráfico de $y = \dfrac{1}{x^{3/2}}$ y sobre el eje X. *Rpta.* $\dfrac{\pi}{2}$

60. **(Volumen)** Hallar el volumen del sólido de revolución generado por la rotación alrededor de la recta $y = -1$ de la región que está a la derecha de la recta $x = 1$, bajo el gráfico de $y = \dfrac{1}{x^{3/2}}$ y sobre el eje X. *Rpta.* $\dfrac{9\pi}{2}$

61. (Volumen) a. Probar que el eje Y es una asíntota vertical de la curva

$$xy^2 - 2y + x = 0.$$

b. Hallar el volumen del sólido de revolución generado por la región encerrada por la curva anterior y el eje Y, al girar alrededor del eje Y. *Rpta.* $2\pi^2$

62. (Volumen) Hallar el volumen del sólido de revolución que se genera al rotar alrededor del eje X la región que esta a la derecha de la recta $x = 1$ y comprendida entre los gráficos de $f(x) = \dfrac{1}{x}$ y $g(x) = \dfrac{x}{x^2+1}$. *Rpta.* $\dfrac{(6-\pi)\pi}{8}$

63. (Volumen) Hallar el volumen del sólido de revolución que se genera al rotar alrededor del eje X la región comprendida entre el gráfico de $f(x) = \dfrac{4}{4x^2+1}$ y su asíntota. *Rpta.* $4\pi^2$

64. (Volumen) a. Probar que $x = 0$ es una asíntota del la curva

$$ay^2 = a^2(a - x),\ a > 0$$

b. Hallar el volumen del sólido de revolución que se genera al rotar alrededor del eje Y la región encerrada por la curva dada y su asíntota. *Rpta.* $\dfrac{1}{2}\pi^2 a^3$

65. (Centroide) Hallar el centroide de la región situada en el primer cuadrante, encerrada por la curva $y = xe^{-x}$ y el eje X.

Rpta. $(\bar{x}, \bar{y}) = \left(2, \dfrac{1}{8}\right)$

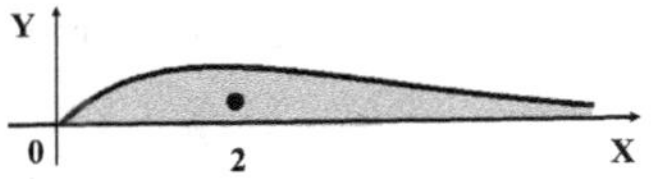

66. (Probabilidades) En cierto banco, la función de densidad de probabilidad para que x minutos sea la duración de la cola que hace un cliente, escogido al azar, para ser atendido está dada por

$$f(x) = \begin{cases} \dfrac{1}{25}e^{-x/25}, & \text{si } x \geq 0 \\ 0, & \text{si } x < 0 \end{cases}$$

Determinar probabilidad de que un cliente:

a. Haga una cola que dure, a lo más, 25 minutos.

b. Haga una cola que dure no menos de 25 minutos ni más de una hora.

c. Haga una cola que dure, por lo menos una hora.

Rpta. **a.** 0.6321 **b.** 0.2772 **c.** 0.0907

67. (Probabilidades) Para cierta marca de neveras la función de densidad de probabilidad de que una nevera, escogida al azar, necesite ser reparada después de x meses de uso está dada por

$$f(x) = \begin{cases} 0,03e^{-0,03x}, & \text{si } x \geq 0 \\ 0, & \text{si } x < 0 \end{cases}$$

El fabricante otorga un año de garantía para las neveras. Hallar la probabilidad de una nevera comprada por un cliente escogido al azar, no necesite hacer uso de la garantía. *Rpta.* 0.6977

68. (Probabilidades) . Sea la función $f(x) = \begin{cases} 0, & \text{si } x < a \\ \dfrac{1}{b-a}, & \text{si } a \leq x \leq b \\ 0, & x > b \end{cases}$

1. Probar que f es una función de densidad de probabilidad.

2. Verificar que el valor esperado correspondiente es $E = \dfrac{a+b}{2}$.

SECCION 5.3

INTEGRALES IMPROPIAS DE SEGUNDA ESPECIE: INTEGRANDOS INFINITOS

DEFINICION. **1. Integral impropia con integrando infinito a la derecha.**

Sea f es continua en $[a, b)$. Si f tiene una **discontinuidad infinita en** b, establecemos que

$$\int_a^b f(x)\,dx = \lim_{t \to b^-} \int_a^t f(x)\,dx$$

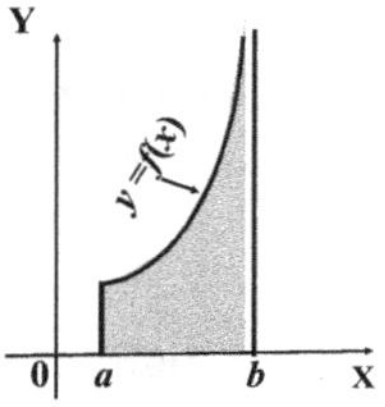

2. Integral impropia con integrando infinito a la izquierda.

Sea f es continua en $(a, b]$. Si f tiene una **discontinuidad infinita en** a, establecemos que

$$\int_a^b f(x)\,dx = \lim_{t \to a^+} \int_t^b f(x)\,dx$$

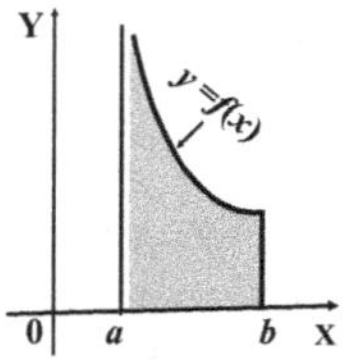

3. Integral impropia con integrando infinito en el interior

Sea f es continua en $[a, b]$, excepto en $c \in (a, b)$. Si f tiene una discontinuidad infinita, entonces

$$\int_a^b f(x)\,dx = \int_a^c f(x)\,dx + \int_c^b f(x)\,dx$$

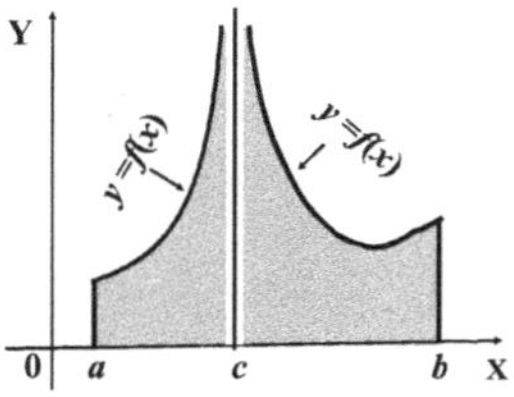

En los dos primeros casos, si los límites de la derecha **existen** y **tienen valores finitos**, se dice que las correspondientes integrales impropias **convergen** y que tienen los valores de los límites. Si alguno de los límites no existe o no es finito, se dice que la integral correspondiente **divergen**. En el tercer caso, la integral impropia de la izquierda converge si ambas integrales impropias de la derecha convergen.

EJEMPLO 1. **Integrado infinito a la derecha**

Determinar la convergencia de

$$\int_0^3 \frac{dx}{\sqrt{9-x^2}}$$

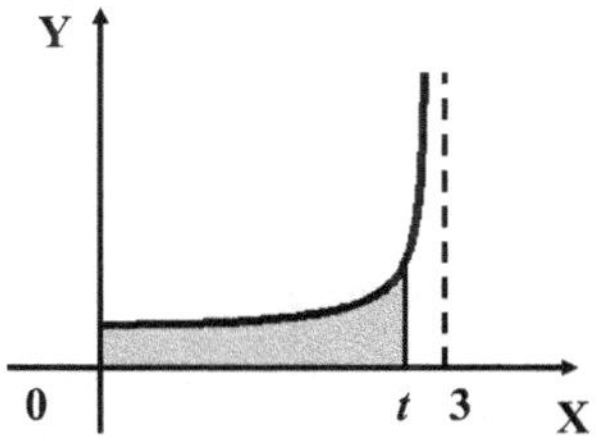

Solución

El integrando tiene una discontinuidad infinita en $x = 3$.

$$\int_0^3 \frac{dx}{\sqrt{9-x^2}} = \lim_{t \to 3^-} \int_0^t \frac{dx}{\sqrt{9-x^2}} = \lim_{t \to 3^-} \left[\operatorname{sen}^{-1}\left(\frac{x}{3}\right) \right]_0^t$$

$$= \lim_{t \to 3^-} \left[\operatorname{sen}^{-1}\left(\frac{t}{3}\right) - \operatorname{sen}^{-1}\left(\frac{0}{3}\right) \right] = \operatorname{sen}^{-1}(1) = \frac{\pi}{2}$$

Luego, la integral impropia dada converge y su valor es $\dfrac{\pi}{2}$

EJEMPLO 2. **Integrado infinito a la izquierda.**

Determinar la convergencia de

$$\int_0^1 \ln x \, dx$$

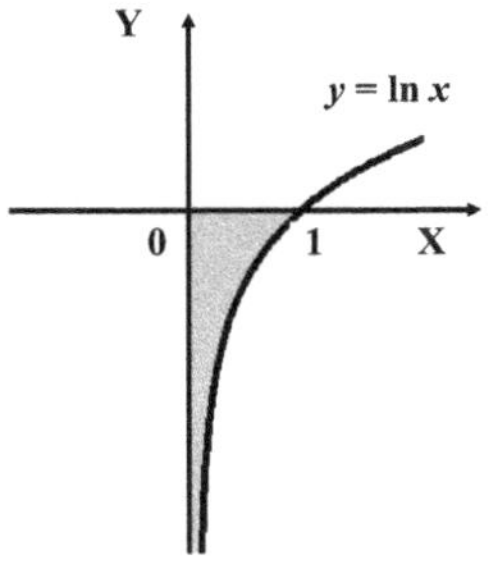

Solución

La función $f(x) = \ln x$ tiene una discontinuidad infinita en $x = 0$

$$\int_0^1 \ln x \, dx = \lim_{t \to 0^+} \left[x\ln(x) - x \right]_t^1$$

$$= \lim_{t \to 0^+} \left[(1\ln(1) - 1) - (t\ln(t) - t) \right]$$

$$= 0 - 1 - \lim_{t \to 0^+} (t\ln(t) - t) = -1 - \lim_{t \to 0^+} (t \ln t)$$

$$= -1 - \lim_{t \to 0^+} \left(\frac{\ln t}{1/t} \right) = -1 - \lim_{t \to 0^+} \left(\frac{1/t}{-1/t^2} \right) \qquad \text{(L'Hôspital)}$$

$$= -1 - \lim_{t \to 0^+} (-t) = -1 - 0 = -1$$

EJEMPLO 3. **Integrando Infinito en un Punto Intermedio.**

Determinar la convergencia de

$$\int_0^2 \frac{dx}{\sqrt[3]{(x-1)^2}}$$

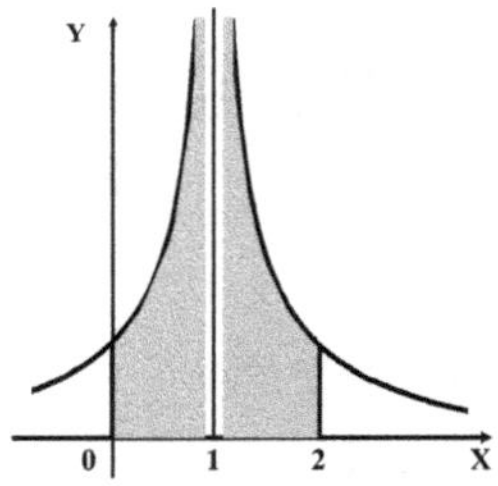

Solución

El integrando tiene una discontinuidad infinita en 1. Además, 1 es un punto interior de [0, 2].

En consecuencia,

$$\int_0^2 \frac{dx}{\sqrt[3]{(x-1)^2}} = \int_0^1 \frac{dx}{\sqrt[3]{(x-1)^2}} + \int_1^2 \frac{dx}{\sqrt[3]{(x-1)^2}}$$

Debemos estudiar la convergencia de cada una de las dos integrales de la derecha.

$$\int_0^1 \frac{dx}{\sqrt[3]{(x-1)^2}} = \lim_{t\to 1^-} \int_0^t (x-1)^{-2/3}\, dx = \lim_{t\to 1^-} \Big[3\sqrt[3]{x-1} \Big]_0^t$$

$$= \lim_{t\to 1^-} \Big[3\sqrt[3]{t-1} \Big] - 3(-1) = 0 + 3 = 3$$

$$\int_1^2 \frac{dx}{\sqrt[3]{(x-1)^2}} = \lim_{t\to 1^+} \int_t^2 (x-1)^{-2/3}\, dx = \lim_{t\to 1^+} \Big[3\sqrt[3]{x-1} \Big]_t^2$$

$$= 3 - \lim_{t\to 1^+} \Big[3\sqrt[3]{t-1} \Big] = 3 - 0 = 3$$

Luego,

$$\int_0^2 \frac{dx}{\sqrt[3]{(x-1)^2}} \text{ es convergente y } \int_0^2 \frac{dx}{\sqrt[3]{(x-1)^2}} = 3 + 3 = 6$$

EJEMPLO 4. **Integrando Infinito en un Punto Intermedio**

Determinar la convergencia de

$$\int_0^3 \frac{dx}{(x-2)^2}$$

Solución

El integrando tiene una discontinuidad infinita en $x = 2$

$$\int_0^3 \frac{dx}{(x-2)^2} = \int_0^2 \frac{dx}{(x-2)^2} + \int_2^3 \frac{dx}{(x-2)^2}$$

Debemos estudiar la convergencia de las dos integrales de la derecha.

$$\int_0^2 \frac{dx}{(x-2)^2} = \operatorname{Lim}_{t\to 2^-}\left[-\frac{1}{x-2}\right]_0^t = \operatorname{Lim}_{t\to 2^-}\left[-\frac{1}{t-2}-\frac{1}{2}\right] = +\infty$$

Como esta integral diverge, la integral $\int_0^3 \frac{dx}{(x-2)^2}$ diverge.

OBSERVACION. Si hubiéramos ignorado la discontinuidad del integrando en 2 y hubiéramos aplicado el segundo teorema fundamental del cálculo, se tendría:

$$\int_0^3 \frac{dx}{(x-2)^2} = \left[-\frac{1}{x-2}\right]_0^3 = -\frac{1}{3-2} + \frac{1}{0-2} = -\frac{5}{6},$$

el cual es un resultado obviamente erróneo, ya que el integrando, por positivo, la integral representaría un área, la cual no puede ser negativa. El segundo teorema fundamental del cálculo se aplica sólo para funciones continuas.

EJEMPLO 5. Area encerrada por la Cisoide de Diocles y su asíntota

Hallar el área de la región Q encerrada por la Cisoide

$$y^2 = \frac{x^3}{2a-x} \quad \text{y su asíntota} \quad x = 2a.$$

Solución

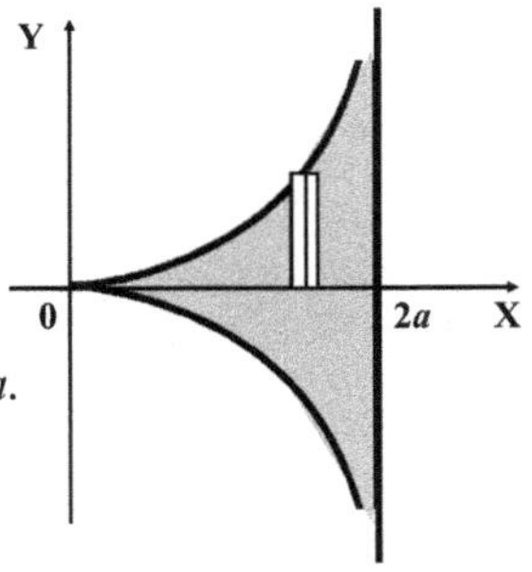

La región Q indicada es simétrica respecto al eje X.

Para $y \geq 0$ se tiene:

$$y^2 = \frac{x^3}{2a-x} \quad \Rightarrow \quad y = \frac{\sqrt{x^3}}{\sqrt{2a-x}} = \frac{x^{3/2}}{\sqrt{2a-x}}$$

Esta función tiene una discontinuidad infinita en $x = 2a$. Luego,

$$A(Q) = 2\int_0^{2a} \frac{x^{3/2}}{\sqrt{2a-x}}\,dx = 2\operatorname{Lim}_{t\to(2a)^-}\int_0^t \frac{x^{3/2}}{\sqrt{2a-x}}\,dx$$

Hacemos el cambio de variable $x = 2a\operatorname{sen}^2\theta$. Se tiene:

$$dx = 4a\operatorname{sen}\theta\cos\theta\,d\theta,.\ x = 0 \Rightarrow \theta = 0 \ \text{y} \ x \to 2a \Rightarrow \theta \to \frac{\pi}{2}.$$

$$A(Q) = 2 \lim_{t \to (2a)^-} \int_0^t \frac{x^{3/2}}{\sqrt{2a - x}}\, dx$$

$$= 2 \lim_{\beta \to \left(\frac{\pi}{2}\right)^-} \int_0^{\beta} \frac{(2a \operatorname{sen}^2\theta)^{3/2}}{\sqrt{2a - 2a \operatorname{sen}^2\theta}} (4a \operatorname{sen}\theta \cos\theta\, d\theta)$$

$$= 2 \lim_{\beta \to \left(\frac{\pi}{2}\right)^-} \int_0^{\beta} \frac{8a^2\sqrt{2a} \operatorname{sen}^4\theta \cos\theta}{\sqrt{2a} \cos\theta} d\theta = 16a^2 \lim_{\beta \to \left(\frac{\pi}{2}\right)^-} \int_0^{\beta} \operatorname{sen}^4\theta\, d\theta$$

$$= 16a^2 \lim_{\beta \to \left(\frac{\pi}{2}\right)^-} \left[\frac{1}{4} \operatorname{sen}\theta \cos^3\theta + \frac{3}{8} \operatorname{sen}\theta \cos\theta + \frac{3}{8}\theta \right]_0^{\beta}$$

$$= 16a^2 \lim_{\beta \to \left(\frac{\pi}{2}\right)^-} \left[\frac{1}{4} \operatorname{sen}\beta \cos^3\beta + \frac{3}{8} \operatorname{sen}\beta \cos\beta + \frac{3}{8}\beta \right] - 16a^2(0)$$

$$= 16a^2 \left[\frac{1}{4}(0) + \frac{3}{8}(0) + \frac{3}{8}\left(\frac{\pi}{2}\right) \right] = 3\pi a^2$$

EJEMPLO 6. **Volumen del sólido generado por la región encerrada por la Cisoide y su asíntota, al girar alrededor de la asíntota.**

Hallar el volumen de sólido de revolución que se obtiene al girar la región encerrada por la **Cisoide de Diocles** $y^2 = \dfrac{x^3}{2a - x}$ y su asíntota $x = 2a$, al girar alrededor de la asíntota.

Solución

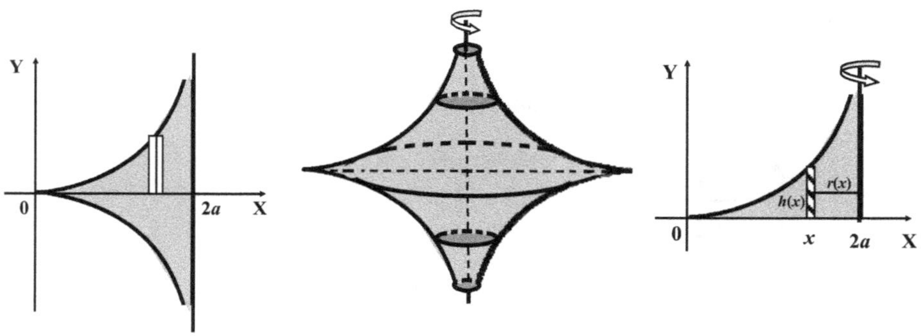

En vista de que la Cisoide es simétrica respecto al eje X, el volumen V buscado es el doble del volumen V_1 engendrado por la parte de región que está sobre el eje X.

El volumen V_1 lo calculamos aplicando el método de los tubos cilíndricos. Bien, en este caso tenemos que $r(x) = 2a - x$ y $h(x) = \dfrac{x^{3/2}}{\sqrt{2a-x}}$. Luego,

$$V_1 = 2\pi \int_0^{2a} r(x)h(x)\,dx = 2\pi \int_0^{(2a)} (2a-x)\frac{x^{3/2}}{\sqrt{2a-x}}\,dx$$

$$= 2\pi \lim_{t\to(2a)^-} \int_0^t (2a-x)\frac{x^{3/2}}{\sqrt{2a-x}}\,dx = 2\pi \lim_{t\to(2a)^-} \int_0^t x^{3/2}\sqrt{2a-x}\,dx \quad \textbf{(1)}$$

Sea $x = 2a\,\text{sen}^2\theta$. Entonces

$$dx = 4a\,\text{sen}\,\theta\,\cos\,\theta\,d\theta,\ x = 0 \Rightarrow \theta = 0 \text{ y } x \to 2a \Rightarrow \theta \to \frac{\pi}{2}.$$

$$\int x^{3/2}\sqrt{2a-x}\,dx = \int (2a)^{3/2}\text{sen}^3\theta\sqrt{2a-2a\,\text{sen}^2\theta}\,\left(4a\,\text{sen}\,\theta\,\cos\,\theta\,d\theta\right)$$

$$= \int (2a)^{3/2}\,\text{sen}^3\theta\,\sqrt{2a}\,\cos\,\theta\,\left(4a\,\text{sen}\,\theta\,\cos\,\theta\,d\theta\right)$$

$$= 16a^3 \int \text{sen}^4\theta\,\cos^2\theta\,d\theta = 16a^3 \int \text{sen}^4\theta\,\left(1-\text{sen}^2\theta\right)d\theta$$

$$= 16a^3\left(\int \text{sen}^4\theta\,d\theta - \int \text{sen}^6\theta\,d\theta\right)$$

$$= 16a^3\left(\int \text{sen}^4\theta\,d\theta + \frac{1}{6}\cos\theta\,\text{sen}^5\theta - \frac{5}{6}\int \text{sen}^4\theta\,d\theta\right) \quad \text{(Form. 28, tabla de I.)}$$

$$= \frac{8}{3}a^3\left(\cos\theta\,\text{sen}^5\theta + \int \text{sen}^4\theta\,d\theta\right)$$

$$= \frac{8}{3}a^3\left[\cos\theta\,\text{sen}^5\theta - \frac{1}{4}\text{sen}^3\theta\,\cos\,\theta - \frac{3}{8}\text{sen}\,\theta\,\cos\,\theta + \frac{3}{8}\theta\right] \quad \text{(Form. 28)}$$

Luego, de acuerdo a (1),

$$V_1 = 2\pi \lim_{\beta\to(\pi/2)^-} \frac{8}{3}a^3\left[\cos\theta\,\text{sen}^5\theta - \frac{1}{4}\text{sen}^3\theta\,\cos\,\theta - \frac{3}{8}\text{sen}\,\theta\,\cos\,\theta + \frac{3}{8}\theta\right]_0^{\beta}$$

$$= \frac{16}{3}\pi a^3 \lim_{\beta\to(\pi/2)^-} \left[\cos\beta\,\text{sen}^5\beta - \frac{1}{4}\text{sen}^3\beta\,\cos\beta - \frac{3}{8}\text{sen}\,\beta\,\cos\beta + \frac{3}{8}\beta - 0\right]$$

$$= \frac{16}{3}\pi a^3 \left[\cos\frac{\pi}{2}\ \text{sen}^5\frac{\pi}{2} - \frac{1}{4}\text{sen}^3\frac{\pi}{2}\cos\frac{\pi}{2} - \frac{3}{8}\text{sen}\frac{\pi}{2}\cos\frac{\pi}{2} + \frac{3}{8}\frac{\pi}{2} \right]$$

$$= \frac{16}{3}\pi a^2 \left[0 - 0 - 0 + \frac{3}{8}\frac{\pi}{2} \right] = \pi^2 a^3$$

En consecuencia, el volumen total es

$$V = 2V_1 = 2\pi^2 a^3$$

¿ SABIAS QUE . . .

El área encerrada por la Cisoide y su asíntota fue calculada por primera vez en el año 1658, por Christiaan Huygens (La Haya, 1625−1695) y ***John Wallis*** *(Inglaterra, 1616−1703). Por supuesto, ellos procedieron con métodos distintos al que hemos usado. Para ese entonces, el Cálculo todavía no se había inventado. En ese año (1658), Newton cumplió 16 años y Leibniz, 12 años.*

La ***cisoide****, que significa "forma de hiedra", fue introducida por el matemático griego Diocles (240−180 A. C), en su intento (fallido) de resolver el problema de* ***la duplicación del cubo.*** *Este es uno de los tres problemas imposibles de la Grecia Antigua. Los otros dos son la* ***cuadratura del círculo*** *y la* ***trisección del ángulo****.*

EJEMPLO 7. **Longitud de arco.**

Hallar la longitud del lazo de la curva

$$6y^2 = x(2-x)^2$$

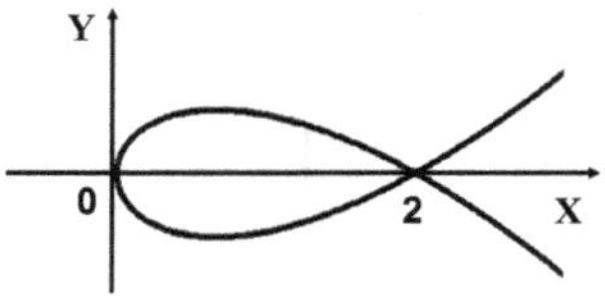

Solución

La curva es simétrica respecto al eje X. Luego, la longitud total de lazo es el doble de la longitud de la parte del lazo que está en el primer cuadrante. Esta parte del lazo es el gráfico de la función

$$y = \frac{1}{\sqrt{6}}\sqrt{x}(2-x), \quad 0 \le x \le 2$$

Tenemos que:

$$y' = \frac{1}{\sqrt{6}}\left(\frac{1}{2\sqrt{x}}(2-x) - \sqrt{x} \right) = \frac{1}{\sqrt{6}}\left(\frac{2-x-2x}{2\sqrt{x}} \right) = \frac{1}{2\sqrt{6}}\left(\frac{2-3x}{\sqrt{x}} \right).$$

Luego,

$$\sqrt{1+(y')^2} = \sqrt{1+\left(\frac{1}{2\sqrt{6}}\left(\frac{2-3x}{\sqrt{x}} \right) \right)^2} = \sqrt{1+\frac{4-12x+9x^2}{24x}}$$

$$= \sqrt{\frac{4 + 12x + 9x^2}{24x}} = \sqrt{\frac{(2+3x)^2}{24x}} = \frac{2 + 3x}{2\sqrt{6}\sqrt{x}}$$

Vemos que $\sqrt{1+(y')^2} = \dfrac{2 + 3x}{2\sqrt{6}\sqrt{x}}$ tiene una discontinuidad infinita en $x = 0$.

Luego

$$L = 2\int_0^2 \sqrt{1+(y')^2}\, dx = \frac{2}{2\sqrt{6}}\int_0^2 \frac{2+3x}{\sqrt{x}}\, dx = \frac{1}{\sqrt{6}}\int_0^2 \left(\frac{2}{x^{1/2}} + 3x^{1/2}\right) dx$$

$$= \frac{1}{\sqrt{6}} \lim_{t\to 0^+}\int_t^2 \left(\frac{2}{x^{1/2}} + 3x^{1/2}\right) dx = \frac{1}{\sqrt{6}} \lim_{t\to 0^+}\left(4x^{1/2} + 2x^{3/2}\right]_t^2$$

$$= \frac{1}{\sqrt{6}} \lim_{t\to 0^+}\left[4\sqrt{2} + 4\sqrt{2} - 4t^{1/2} - 2t^{3/2}\right] = \frac{1}{\sqrt{6}}\left[8\sqrt{2} - 0 - 0\right] = \frac{8}{3}\sqrt{3}$$

El siguiente teorema y su corolario nos proporcionan resultados rápidos e importantes sobre algunas integrales impropias.

TEOREMA 5.3 Si $a < b$, entonces

a. $\displaystyle\int_a^b \frac{1}{(x-a)^p}\, dx$ **es convergente si $p < 1$ y divergente si $p \geq 1$.** Aun más,

$$\int_a^b \frac{1}{(x-a)^p}\, dx = \begin{cases} \dfrac{1}{(1-p)(b-a)^{p-1}}, & \textbf{si } p < 1 \quad \textbf{(converge)} \\ +\infty, & \textbf{si } p \geq 1 \quad \textbf{(diverge)} \end{cases}$$

b. $\displaystyle\int_a^b \frac{dx}{(b-x)^p}$ **es convergente si $p < 1$ y divergente si $p \geq 1$.** Aun más,

$$\int_a^b \frac{dx}{(b-x)^p} = \begin{cases} \dfrac{1}{(1-p)(b-a)^{p-1}}, & \textbf{si } p < 1 \quad \textbf{(converge)} \\ +\infty, & \textbf{si } p \geq 1 \quad \textbf{(diverge)} \end{cases}$$

Demostración

Ver el problema resuelto 7.

COROLARIO. La p–Integral Impropia para Intervalos Finitos

$$\int_0^1 \frac{dx}{x^p} = \begin{cases} \dfrac{1}{1-p}, & \textbf{si } p < 1 \quad \textbf{(converge)} \\ +\infty, & \textbf{si } p \geq 1 \quad \textbf{(diverge)} \end{cases}$$

EJEMPLO 8.

a. $\displaystyle\int_2^6 \frac{dx}{\sqrt{x-2}}$ converge ($p = 1/2$) y $\displaystyle\int_2^6 \frac{dx}{\sqrt{x-2}} = \frac{1}{(1-1/2)\,(6-2)^{1/2-1}} = 4$

b. $\displaystyle\int_0^1 \frac{dx}{\sqrt[3]{1-x}}$ converge ($p = 3/5$) y $\displaystyle\int_0^1 \frac{dx}{\sqrt[3]{1-x}} = \frac{1}{(1-1/3)(1-0)^{1/3-1}} = \frac{3}{2}$

c. $\displaystyle\int_0^1 \frac{dx}{\sqrt[5]{x^3}}$ converge ($p = 1/3$) y $\displaystyle\int_0^1 \frac{dx}{\sqrt[5]{x^3}} = \frac{1}{(1-3/5)} = \frac{5}{2}$

d. $\displaystyle\int_0^1 \frac{dx}{x^4}$ diverge ($p = 4$)

e. $\displaystyle\int_2^6 \frac{dx}{\sqrt{(6-x)^3}}$ diverge ($p = 3/2$)

INTEGRALES IMPROPIAS MIXTAS

Existen integrales impropias que son, a la vez, de primera y segunda especie. A estas las llamaremos **integrales mixtas**.

EJEMPLO 9. **Integral Impropia Mixta.**

Determinar la convergencia de

$$\int_0^{\infty} \frac{e^{-\sqrt{x}}}{\sqrt{x}}\,dx$$

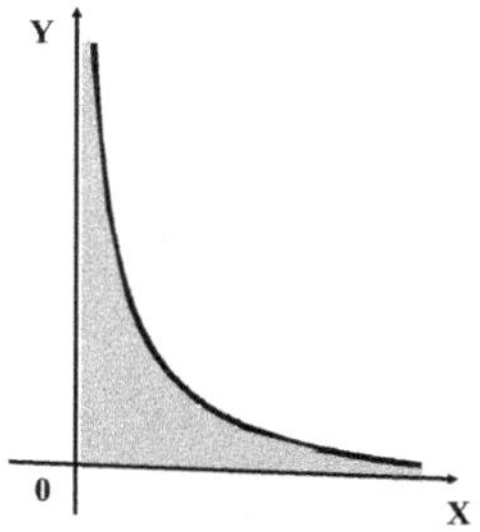

Solución

El integrando tiene una discontinuidad infinita en $x = 0$.

$$\int_0^{\infty} \frac{e^{-\sqrt{x}}}{\sqrt{x}}\,dx = \int_0^{1} \frac{e^{-\sqrt{x}}}{\sqrt{x}}\,dx + \int_1^{\infty} \frac{e^{-\sqrt{x}}}{\sqrt{x}}\,dx$$

$\displaystyle\int_0^{1} \frac{e^{-\sqrt{x}}}{\sqrt{x}}\,dx$ es una integral impropia de segunda especie y

$$\int_0^{1} \frac{e^{-\sqrt{x}}}{\sqrt{x}}\,dx = \operatorname*{Lim}_{t\to 0^+} \int_t^{1} \frac{e^{-\sqrt{x}}}{\sqrt{x}}\,dx = \operatorname*{Lim}_{t\to 0^+} -2\int_t^{1} e^{-\sqrt{x}}\left(-\frac{dx}{2\sqrt{x}}\right)$$

$$= \lim_{t \to 0^+} -2\left[e^{-\sqrt{x}}\right]_t^1 = -\frac{2}{e} + \lim_{t \to 0^+} 2e^{-\sqrt{t}} = -\frac{2}{e} + 2$$

$\displaystyle\int_1^{\infty} \frac{e^{-\sqrt{x}}}{\sqrt{x}}\,dx$ es una integral impropia de primera especie y

$$\int_1^{\infty} \frac{e^{-\sqrt{x}}}{\sqrt{x}}\,dx = \lim_{t \to \infty} \int_1^{t} \frac{e^{-\sqrt{x}}}{\sqrt{x}}\,dx = \lim_{t \to \infty} -2\left[e^{-\sqrt{x}}\right]_1^t$$

$$= \lim_{t \to \infty} -2e^{-\sqrt{t}} + \frac{2}{e} = \frac{2}{e}$$

Luego, $\displaystyle\int_0^{\infty} \frac{e^{-\sqrt{x}}}{\sqrt{x}}\,dx = -\frac{2}{e} + 2 + \frac{2}{e} = 2$

PROBLEMAS RESUELTOS 5.3

PROBLEMA 1. Hallar $\displaystyle\int_0^{\pi/2} \frac{\operatorname{sen} x\,dx}{\sqrt{1-\cos x}}$

Solución

La función $f(x) = \dfrac{\operatorname{sen} x}{\sqrt{1-\cos x}}$ tiene una discontinuidad infinita en $x = 0$

Sea $u = 1 - \cos x$. Tenemos: $du = \operatorname{sen} x\,dx$. $x = 0 \Rightarrow u = 0$. $x = \dfrac{\pi}{2} \Rightarrow u = 1$

$$\int_0^{\pi/2} \frac{\operatorname{sen} x\,dx}{\sqrt{1-\cos x}} = \lim_{t \to 0^+} \int_t^{\pi/2} \frac{\operatorname{sen} x\,dx}{\sqrt{1-\cos x}} = \lim_{t \to 0^+} \int_t^{1} u^{-1/2}\,du$$

$$= \lim_{t \to 0^+} \left[2u^{1/2}\right]_t^1 = 2(1) - \lim_{t \to 0^+} 2\sqrt{t} = 2 - 0 = 2$$

PROBLEMA 2. Evaluar $\displaystyle\int_0^{\pi/2} \frac{1}{1-\operatorname{sen} x}\,dx$

Solución

El integrando tiene un límite infinito en $x = \dfrac{\pi}{2}$.

$$\int_0^{\pi/2} \frac{1}{1-\operatorname{sen} x}\,dx = \lim_{t\to(\pi/2)^-} \int_0^t \frac{1}{1-\operatorname{sen} x}\,dx = \lim_{t\to(\pi/2)^-} \int_0^t \frac{1}{1-\operatorname{sen} x}\,\frac{1+\operatorname{sen} x}{1+\operatorname{sen} x}\,dx$$

$$= \lim_{t\to(\pi/2)^-} \int_0^t \frac{1+\operatorname{sen} x}{\cos^2 x}\,dx = \lim_{t\to(\pi/2)^-} \int_0^t \left(\frac{1}{\cos^2 x} + \frac{\operatorname{sen} x}{\cos^2 x}\right) dx$$

$$= \lim_{t\to(\pi/2)^-} \int_0^t \left(\sec^2 x - \cos^{-2}(-\operatorname{sen} x)\right) dx$$

$$= \lim_{t\to(\pi/2)^-} \left[\tan x + \frac{1}{\cos x}\right]_0^t = \lim_{t\to(\pi/2)^-} \left[\frac{\operatorname{sen} x + 1}{\cos x}\right]_0^t$$

$$= \lim_{t\to(\pi/2)^-} \frac{\operatorname{sen} t + 1}{\cos t} - \frac{0+1}{1} = +\infty - 1 = +\infty$$

Luego, $\displaystyle\int_0^{\pi/2} \frac{1}{1-\operatorname{sen} x}\,dx$ diverge.

PROBLEMA 3. Evaluar $\displaystyle\int_a^{2a} \frac{x}{\sqrt{x^2+ax-2a^2}}\,dx$

Solución

El integrando tiene un límite infinito en $x = a$.

$$\int_a^{2a} \frac{x}{\sqrt{x^2+ax-2a^2}}\,dx = \lim_{t\to a^+} \int_t^{2a} \frac{x}{\sqrt{x^2+ax-2a^2}}\,dx$$

$$= \lim_{t\to a^+} \int_t^{2a} \frac{x}{\sqrt{(x+a/2)^2-(3a/2)^2}}\,dx \qquad \text{(Completando cuadrados)}$$

Sea $u = x + \dfrac{a}{2}$. Entonces $du = dx$, $x = a \Rightarrow u = \dfrac{3a}{2}$. $x = 2a \Rightarrow u = \dfrac{5a}{2}$.

$$\lim_{t\to a^+} \int_t^{2a} \frac{x}{\sqrt{(x+a/2)^2-(3a/2)^2}}\,dx = \lim_{t\to\left(\frac{3a}{2}\right)^+} \int_t^{5a/2} \frac{u-a/2}{\sqrt{u^2-(3a/2)^2}}\,du$$

$$= \lim_{t\to\left(\frac{3a}{2}\right)^+} \int_t^{5a/2} \frac{u}{\sqrt{u^2-(3a/2)^2}}\,du - \lim_{t\to\left(\frac{3a}{2}\right)^+} \int_t^{5a/2} \frac{a/2}{\sqrt{u^2-(3a/2)^2}}\,du$$

$$= \lim_{t\to\left(\frac{3a}{2}\right)^+} \left[\sqrt{u^2-(3a/2)^2}\,\right]_t^{5a/2} - \frac{a}{2} \lim_{t\to\left(\frac{3a}{2}\right)^+} \left[\ln\left(u+\sqrt{u^2-(3a/a)^2}\right)\right]_t^{5a/2}$$

$$= \sqrt{16a^2/4} - \lim_{t \to \left(\frac{3a}{2}\right)^+} \sqrt{t^2 - (3a/2)^2} - \frac{a}{2} \ln\left(5a/2 + \sqrt{16a^2/4}\right)$$

$$+ \lim_{t \to \left(\frac{3a}{2}\right)^+} \ln\left(t + \sqrt{t^2 - (3a/a)^2}\right) = 2a - 0 - \frac{a}{2}\ln(9a/2) + \frac{a}{2}\ln(3a/2)$$

$$= 2a + \frac{a}{2} \ln\left(\frac{3a/2}{9a/2}\right) = 2a + \frac{a}{2} \ln\frac{1}{3} = 2a - \frac{a}{2} \ln 3 = \frac{a}{2}(4 - \ln 3)$$

PROBLEMA 4. Evaluar $\displaystyle\int_0^3 \frac{dx}{\sqrt[3]{x-1}}$

Solución

La función $f(x) = \dfrac{1}{\sqrt[3]{x-1}}$ tiene una discontinuidad infinita en el punto interior $x = 1$

$$\int_0^3 \frac{dx}{\sqrt[3]{x-1}} = \int_0^1 \frac{dx}{\sqrt[3]{x-1}} + \int_1^3 \frac{dx}{\sqrt[3]{x-1}}$$

Evaluamos las dos últimas integrales separadamente.

$$\int_0^1 \frac{dx}{\sqrt[3]{x-1}} = \lim_{t \to 1^-} \int_0^t \frac{dx}{\sqrt[3]{x-1}} = \lim_{t \to 1^-} \left[\frac{3}{2}(x-1)^{2/3}\right]_0^t$$

$$= \frac{3}{2} \lim_{t \to 1^-} \left[(t-1)^{2/3} - 1\right] = -\frac{3}{2}$$

$$\int_1^3 \frac{dx}{\sqrt[3]{x-1}} = \lim_{t \to 1^+} \int_t^3 \frac{dx}{\sqrt[3]{x-1}} = \lim_{t \to 1^+} \left[\frac{3}{2}(x-1)^{2/3}\right]_t^3$$

$$= \frac{3}{2} \lim_{t \to 1^+} \left[2^{2/3} - (t-1)^{2/3}\right] = \frac{3}{2}\sqrt[3]{4}$$

Por lo tanto,

$$\int_0^3 \frac{dx}{\sqrt[3]{x-1}} = -\frac{3}{2} + \frac{3}{2}\sqrt[3]{4} = \frac{3}{2}\left(\sqrt[3]{4} - 1\right)$$

PROBLEMA 5. Evaluar la integral impropia $\displaystyle I = \int_{-a}^{a} \sqrt{\frac{a+x}{a-x}}\, dx, \quad a > 0$

Procediendo del modo siguiente:

a. La integral I mide el área de una región R del plano. Identficar esta región.

b. Calcule el área de la región R integrando respecto a la variable y.

Solución

a. La recta $x = a$ es una asíntota vertical del gráfico de

$$f(x) = \sqrt{\frac{a+x}{a-x}}$$

La integral I mide el área de región R encerrada por el Eje X, el gráfico de de la función f y su asíntota $x = a$

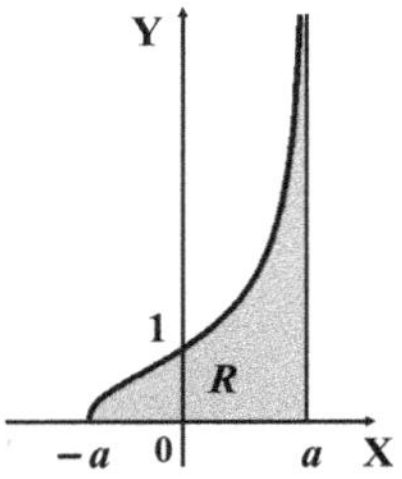

b. Sea $y = \sqrt{\frac{a+x}{a-x}}$. Despejamos x en términos de y.

$$y = \sqrt{\frac{a+x}{a-x}} \Rightarrow \frac{a+x}{a-x} = y^2 \Rightarrow a + x = a y^2 - xy^2 \Rightarrow x + y^2 x = ay^2 - a$$

$$\Rightarrow x(1+y^2) = ay^2 - a \Rightarrow x = \frac{ay^2 - a}{1+y^2}$$

$$\text{I} = A(R) = \int_0^{\infty}\left[a - \frac{ay^2-a}{1+y^2}\right] dy = \int_0^{\infty}\left[a - \left(a - \frac{2a}{1+y^2}\right)\right] dy$$

$$= \int_0^{\infty} \frac{2a}{1+y^2}\, dy = 2a \lim_{t\to\infty} \int_0^t \frac{dy}{1+y^2} = 2a \lim_{t\to\infty} \left[\tan^{-1}(y)\right]_0^t$$

$$= 2a \lim_{t\to\infty} \left[\tan^{-1}(t)\right] - 2a\tan^{-1}(0) = 2a\left(\frac{\pi}{2}\right) - 0 = \pi a$$

PROBLEMA 6. **Volumen**

Sea $$f(x) = \sqrt{\frac{a+x}{a-x}},\ a > 0.$$

Hallar el volumen del sólido que se obtiene al girar alrededor de la recta $x = a$ la región R del plano, encerrada por el el eje X, gráfico de la función f y su assíntota vertical $x = a$.

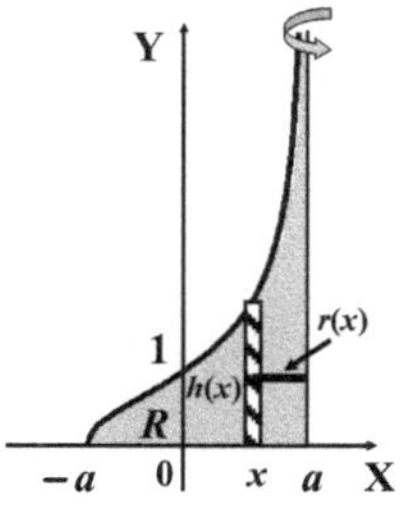

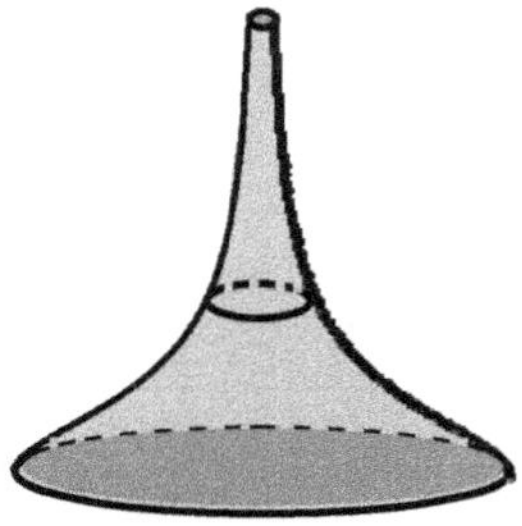

Solución

Calculamos el volumen V aplicando el método de los tubos cilíndricos.

Bien, en este caso tenemos que: $r(x) = a - x$ y $h(x) = f(x) = \sqrt{\dfrac{a+x}{a-x}}$. Luego,

$$V = 2\pi\int_{-a}^{a} r(x)h(x)\,dx = 2\pi\int_{-a}^{a}(a-x)\sqrt{\frac{a+x}{a-x}}\,dx$$

$$= 2\pi \lim_{t\to a^-}\int_{-a}^{t}(a-x)\sqrt{\frac{a+x}{a-x}}\,dx = 2\pi \lim_{t\to a^-}\int_{-a}^{t}\sqrt{(a-x)(a+x)}\,dx$$

$$= 2\pi \lim_{t\to a^-}\int_{-a}^{t}\sqrt{a^2-x^2}\,dx = 2\pi \lim_{t\to a^-}\left[\frac{x}{a}\sqrt{a^2-x^2}+\frac{a^2}{2}\operatorname{sen}^{-1}\frac{x}{a}\right]_{-a}^{t}$$

$$= 2\pi \lim_{t\to a^-}\left[\frac{t}{a}\sqrt{a^2-t^2}+\frac{a^2}{2}\operatorname{sen}^{-1}\frac{t}{a}\right] - 2\pi\left[0+\frac{a^2}{2}\operatorname{sen}^{-1}(-1)\right]$$

$$= 2\pi\left[0+\frac{a^2}{2}\operatorname{sen}^{-1}(1)\right] - 2\pi\left[\frac{a^2}{2}\left(-\frac{\pi}{2}\right)\right] = 2\pi\left[\frac{a^2}{2}\frac{\pi}{2}\right] + 2\pi\left[\frac{a^2}{2}\frac{\pi}{2}\right] = \pi^2 a^2$$

PROBLEMA 7. Probar el teorema 5.3. Si $a < b$, entonces

$$\textbf{a.}\ \int_a^b \frac{dx}{(x-a)^p} = \begin{cases} \dfrac{1}{(1-p)(b-a)^{p-1}}, & \text{si } p<1 \text{ (converge)} \\ +\infty, & \text{si } p \ge 1 \text{ (diverge)} \end{cases}$$

$$\textbf{b.}\ \int_a^b \frac{dx}{(b-x)^p} = \begin{cases} \dfrac{1}{(1-p)(b-a)^{p-1}}, & \text{si } p<1 \text{ (converge)} \\ +\infty, & \text{si } p \ge 1 \text{ (diverge)} \end{cases}$$

Solución

a. Caso $p = 1$:

$$\int_a^b \frac{dx}{x-a} = \lim_{t\to a^+}\int_t^b \frac{dx}{x-a} = \lim_{t\to a^+}\Big[\ln(x-a)\Big]_t^b$$

$$= \ln(b-a) - \lim_{t\to a^+}\ln(t-a) = \ln(b-a) - (-\infty) = +\infty$$

Caso $p \neq 1$:

$$\int_a^b \frac{dx}{(x-a)^p} = \lim_{t\to a^+}\int_t^b (x-a)^{-p}\,dx = \lim_{t\to a^+}\left[\frac{1}{1-p}(x-a)^{-p+1}\right]_t^b$$

$$= \frac{1}{1-p}\frac{1}{(b-a)^{p-1}} - \lim_{t\to a^+}\frac{1}{1-p}(t-a)^{-p+1}$$

Si $p<1$, $\lim\limits_{t\to a^+}\dfrac{1}{1-p}(t-a)^{-p+1}=\dfrac{1}{1-p}\lim\limits_{t\to a^+}(t-a)^{-p+1}=\dfrac{1}{1-p}(0)=0.$

Si $p>1$, $\lim\limits_{t\to a^+}\dfrac{1}{1-p}(t-a)^{-p+1}=\dfrac{1}{1-p}\lim\limits_{t\to a^+}(t-a)^{-p+1}=\dfrac{1}{1-p}(+\infty)=-\infty.$

$$\text{Luego, } \int_a^b \frac{dx}{(x-a)^p}=\begin{cases}\dfrac{1}{(1-p)(b-a)^{p-1}}, & \text{si } p<1 \text{ (converge)}\\ +\infty, & \text{si } p\geq 1 \text{ (diverge)}\end{cases}$$

b. Similar a la parte a.

PROBLEMAS PROPUESTOS 5.3

En los problemas del 1 al 40 tenemos integrales de integrando infinito. Evaluarlas.

1. $\displaystyle\int_0^1 \frac{1}{\sqrt[3]{x}}dx$ *Rpta.* $\dfrac{3}{2}$

2. $\displaystyle\int_0^1 \frac{1}{x\sqrt{x}}dx$ *Rpta.* Div.

3. $\displaystyle\int_0^3 \frac{1}{\sqrt{x}}dx$ *Rpta.* $2\sqrt{3}$

4. $\displaystyle\int_{-1}^0 \frac{1}{\sqrt[3]{x}}dx$ *Rpta.* $-\dfrac{3}{2}$

5. $\displaystyle\int_2^3 \frac{dx}{\sqrt[3]{x-2}}$ *Rpta.* $\dfrac{3}{2}$

6. $\displaystyle\int_0^4 \frac{dx}{\sqrt{4-x}}$ *Rpta.* 4

7. $\displaystyle\int_1^9 \frac{dx}{\sqrt[3]{9-x}}$ *Rpta.* 6

8. $\displaystyle\int_1^9 \frac{dx}{\sqrt[3]{x-9}}$ *Rpta.* −6

9. $\displaystyle\int_0^{32} \frac{dx}{\sqrt[5]{(x-32)^2}}$ *Rpta.* $\dfrac{40}{3}$

10. $\displaystyle\int_{-2}^0 \frac{1}{\sqrt[3]{x+1}}dx$ *Rpta.* 0

11. $\displaystyle\int_0^3 \frac{x\,dx}{\left(x^2-1\right)^{2/3}}$ *Rpta.* $\dfrac{9}{2}$

12. $\displaystyle\int_1^2 \frac{dx}{x\sqrt{x^2-1}}$ *Rpta.* $\dfrac{\pi}{3}$

13. $\displaystyle\int_{1/2}^2 \frac{dx}{x(\ln x)^{1/5}}$ *Rpta.* 0

14. $\displaystyle\int_1^2 \frac{x^2dx}{\sqrt{x-1}}$ *Rpta.* $\dfrac{56}{15}$

15. $\displaystyle\int_0^1 \frac{x^3dx}{\sqrt{1-x^2}}$ *Rpta.* $\dfrac{2}{3}$

16. $\displaystyle\int_{-1}^2 \frac{x^5dx}{\sqrt{x^3+1}}$ *Rpta.* 4

17. $\displaystyle\int_0^3 \frac{dx}{\sqrt[3]{3x-1}}$ *Rpta.* $\dfrac{3}{2}$

18. $\displaystyle\int_{-2}^1 \frac{dx}{(x+2)(1-x)}$ *Rpta.* Div.

19. $\displaystyle\int_0^1 x \ln x \, dx$ *Rpta.* $-\dfrac{1}{4}$

20. $\displaystyle\int_0^2 \frac{dx}{\sqrt{|x-2|}}$ *Rpta.* $2\sqrt{2}$

21. $\displaystyle\int_0^1 \frac{dx}{(2-x)\sqrt{1-x}}$ *Sug.* $u = \sqrt{1-x}$ *Rpta.* $\dfrac{\pi}{2}$

22. $\displaystyle\int_{\sqrt{5}}^{\sqrt{8}} \frac{x}{\left(16-2x^2\right)^{2/3}}\, dx$ *Sug.* $u = 16 - 2x^2$ *Rpta.* $\dfrac{3}{4}\sqrt[3]{6}$

23. $\displaystyle\int_2^4 \frac{dx}{\sqrt{4x-x^2}}$ *Sug. Completar cuadrados* *Rpta.* $\dfrac{\pi}{2}$

24. $\displaystyle\int_0^{2a} \frac{dx}{\sqrt{2ax-x^2}}$, $a > 0$. *Sug.* $2ax - x^2 = a^2 - (x-a)^2$ *Rpta.* π

25. $\displaystyle\int_0^{2a} \frac{x\,dx}{\sqrt{2ax-x^2}}$ *Sug. La misma que la del problema* 24. *Rpta.* πa

26. $\displaystyle\int_{2a}^{4a} \frac{dx}{\sqrt{x^2-4a^2}}$ *Sug.* $u = \dfrac{x}{2a}$ *Rpta.* $\ln\left(2+\sqrt{3}\right)$

27. $\displaystyle\int_a^b \frac{dx}{\sqrt{(x-a)(b-x)}}$, $a < b$. *Sug.* $(x-a)(b-x) = \left(\dfrac{b-a}{2}\right)^2 - \left(x - \dfrac{a+b}{2}\right)^2$ *Rpta.* π

28. $\displaystyle\int_a^b \frac{x\,dx}{\sqrt{(x-a)(b-x)}}$, $a < b$. *Sug.* La misma del Problema 27. *Rpta.* $\dfrac{(a+b)}{2}\pi$

29. $\displaystyle\int_{-1}^1 \sqrt{1+x^{-2/3}}\,dx$ *Sug.* $\sqrt{1+x^{-2/3}} = \dfrac{\sqrt{1+x^{2/3}}}{\left|x^{1/3}\right|}$, $u = \sqrt{1+x^{2/3}}$ *Rpta.* $2(2\sqrt{2}-1)$

30. $\displaystyle\int_{-2}^0 \frac{dx}{\left|\sqrt[3]{1+x}\right|}$ *Rpta.* 3

31. $\displaystyle\int_0^{a^-} \frac{a^2-\pi x^2}{\sqrt{a^2-x^2}}\,dx$ *Rpta.* $\dfrac{a^2\pi(2-\pi)}{4}$

32. $\displaystyle\int_1^3 \frac{x^2dx}{\sqrt{(x-1)(3-x)}}$ *Rpta.* $\dfrac{9}{2}\pi$

33. $\displaystyle\int_0^1 \frac{x\,dx}{1-x^2+2\sqrt{1-x^2}}$ *Rpta.* $\ln\dfrac{3}{2}$

34. $\displaystyle\int_0^{\ln 3} \frac{e^x}{\sqrt{e^x-1}}\,dx$ *Sug.* $u = e^x - 1$ *Rpta.* $2\sqrt{2}$

35. $\int_0^{\pi/2} \frac{\cos x\, dx}{\sqrt{\operatorname{sen} x}}$ *Rpta.* 2

36. $\int_0^{\pi} \frac{\operatorname{sen} x\, dx}{\sqrt{1+\cos x}}$ *Rpta.* $2\sqrt{2}$

37. $\int_{\pi/4}^{\pi/2} \sec x\, dx$ *Rpta.* Div.

38. $\int_0^{\pi/4} \frac{\sec^2 x}{\sqrt{\tan x}}\, dx$ *Rpta.* 2

39. $\int_0^{\pi/2} \frac{\operatorname{sen} 2x\, dx}{(\operatorname{sen} x)^{4/3}}$ *Rpta.* 3

40. $\int_{-1}^{0} \frac{(\cos^{-1}(x))^2}{\sqrt{1-x^2}}\, dx$ *Rpta.* $\frac{7}{24}\pi^3$

41. (Area y volumen)

a. Halar el área de la región encerrada por la curva

$$xy^2 = 3a - x,\ a > 0$$

y el eje Y, que es su asíntota vertical.

Sug. $A = 2\int_a^{3a} \sqrt{\frac{3a-x}{x}}$, $x = 3a\operatorname{sen}^2\theta$

Rpta. $3a\pi$

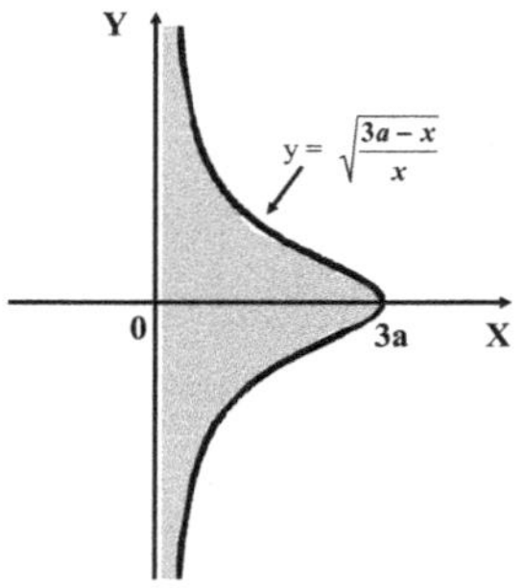

b. Hallar el volumen del sólido de revolución que se obtiene al girar la región descrita en la parte a, alrededor del eje Y.

Rpta. $\frac{9}{2}a^2\pi^2$

42. (Area y volumen)

a. Halar el área de la región sombreada, que es encerrada por la curva (ignorando el lazo)

$$y^2 = \frac{x(x-a)}{2a-x},\ a > 0$$

Sug. $A = 2\int_a^{2a} \frac{\sqrt{x}(x-a)}{\sqrt{2a-x}}\, dx$, $x = 2a\operatorname{sen}^2\theta$

Rpta. $\frac{(\pi+4)}{2}a^2$

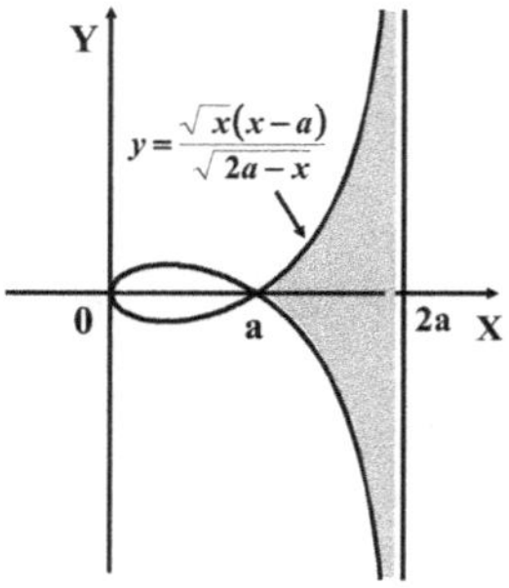

b. Hallar el volumen del sólido del sólido de revolución que se obtiene al girar la región descrita en la parte a, alrededor de su asíntota vertical $x = 2a$.

Sug. $V = 4\pi\int_a^{2a} (2a-x)\frac{\sqrt{x}(x-a)}{\sqrt{2a-x}}\, dx = 4\pi\int_a^{2a} \sqrt{2ax-x^2}\,(x-a)\, dx$

Rpta. $\frac{4}{3}\pi a^3$

42. (Area) Evaluar la integral impropia $\mathrm{I} = \int_0^a \sqrt{\dfrac{a-x}{x}}\, dx, \quad a > 0$

Proceder del modo siguiente:

a. La integral I mide el área de una región R del plano. Identficar esta región.

b. Calcule el área de la región R de área integrando respecto a la variable y.

Rpta. $\dfrac{\pi a}{2}$

43. (Volumen) Sea $f(x) = \sqrt{\dfrac{a-x}{x}}$. Hallar el volumen del sólido que se obtiene al girar alrededor del eje Y la región R del plano, encerrada por el el eje X, gráfico de la función f y su asíntota vertical $x = 0$. *Rpta.* $\dfrac{\pi^2 a^2}{4}$

44. (Longitud de arco) Hallar la longitud del arco de la siguiente curva comprendido entre los puntos donde corta al eje X.

$$y = \frac{2}{5}x\sqrt[4]{x} - \frac{2}{3}\sqrt[4]{x^3} \qquad Rpta.\ \frac{20}{9}\sqrt{\frac{5}{3}}$$

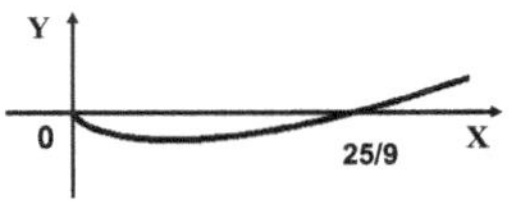

45. (Longitud de arco) Hallar la longitud de la curva

$$8y^2 = x(1-x^2)$$

Sugerencia: La curva es simétrica respecto a ambos ejes. *Rpta.* $\sqrt{2}\pi$

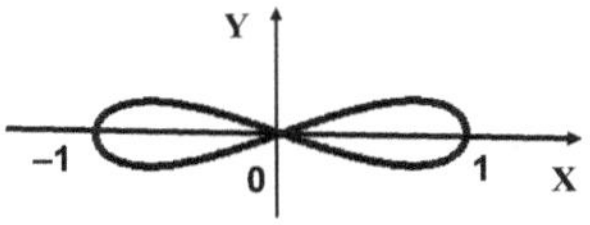

SECCION 5.4

CRITERIOS DE CONVERGENCIA PARA INTEGRALES IMPROPIAS

En la presente sección estudiaremos algunos criterios de convergencia de las integrales impropias.

En las secciones 5.2 y 5.3 hemos presentado las integrales impropias de primera especie, respectivamentelas. En el problema resuelto 9 de esta sección probaremos que las integrales impropias de segunda especie, mediante un apropiado cambio de variable, se transforman en integrales impropias de primera especie. De acuerdo a este resultado, las integrales impropias de primera y de segunda especie gozan de las mismas propiedades. Sin embargo, por razones didácticas, trataremos cada especie separadamente.

CRITERIOS DE CONVERGENCIA

TEOREMA 5.4 **Criterio de Comparación Directa para Integrales Impropias de primera y segunda especie.**

1. Sean f y g continuas en $[a, +\infty)$ y $0 \leq f(x) \leq g(x),\ \forall\, x \in [a, +\infty)$

$$\text{Si } \int_a^{\infty} g(x)\, dx \textbf{ converge} \text{ entonces } \int_a^{\infty} f(x)\, dx \textbf{ converge}$$

2. Sean f y g continuas en $[a, b)$ y $0 \leq f(x),\ 0 < g(x),\ \forall\, x \in [a, b)$, o continuas en $(a, b]$ y $0 \leq f(x),\ 0 < g(x),\ \forall\, x \in (a, b]$

$$\text{Si } \int_a^{b} g(x)\, dx \textbf{ converge}, \text{ entonces } \int_a^{b} f(x)\, dx \textbf{ converge}$$

Demostración

Ver el problema resuelto 10.

EJEMPLO 1. Probar que la siguiente integral impropia es convergente

$$\int_1^{\infty} \frac{1}{\sqrt{x^4+1}}\, dx$$

Solución

Se tiene que: $0 \leq \dfrac{1}{\sqrt{x^4+1}} \leq \dfrac{1}{\sqrt{x^4}} = \dfrac{1}{x^2}$ y $\displaystyle\int_1^{\infty} \frac{1}{x^2}\, dx$ es convergente ($p = 2$)

Luego, por el teorema anterior parte 1, $\displaystyle\int_1^{\infty} \frac{1}{\sqrt{x^4+1}}\, dx$ es convergente.

COROLARIO. Sea f y g que cumplen las las condicione 1 o 2 del terema anterior.

1. $\displaystyle \text{Si } \int_a^{\infty} f(x)\, dx$ **diverge** entonces $\displaystyle\int_a^{\infty} g(x)\, dx$ **diverge**

2. $\displaystyle \text{Si } \int_a^{b} f(x)\, dx$ **diverge**, entonces $\displaystyle\int_a^{b} g(x)\, dx$ **diverge.**

Demostración

1. $\displaystyle\int_a^{b} g(x)\, dx$ converge $\Rightarrow \displaystyle\int_a^{\infty} f(x)\, dx$ conerge se cumple, por ser la proposición contrarrecíproca de la parte 1 del terema (y por tanto, son equivalentes). Se prueba también, fácilmente, por contradicción.

2. Similar a la parte 1.

EJEMPLO 2. Probar que la siguiente integral impropia diverge

$$\int_1^{\infty} \frac{\ln(1+x)}{x}\, dx$$

Solución

Tenemos que: $1 < \ln(1+x),\ \forall\, x \geq 2$. Luego, $\dfrac{1}{x} < \dfrac{\ln(1+x)}{x},\ \forall\, x \geq 2$

Pero $\displaystyle\int_2^{\infty} \frac{1}{x}\, dx$ diverge. Luego, por el corolario parte 1, $\displaystyle\int_2^{\infty} \frac{\ln(1+x)}{x}\, dx$ diverge.

Ahora, como $\displaystyle\int_1^{2} \frac{\ln(1+x)}{x}\, dx$ es una integral propia. Entonces

$$\int_1^{2} \frac{\ln(1+x)}{x}\, dx + \int_2^{\infty} \frac{\ln(1+x)}{x}\, dx = \int_1^{\infty} \frac{\ln(1+x)}{x}\, dx \text{ diverge.}$$

TEOREMA 5.5 **Criterio de Comparación por Límite para integrales de primera especie**

Sean $f, g\colon [a, \infty) \to \mathbb{R}$ continuas, $0 \leq f(x)$, $0 < g(x)$, $\forall\, x \in [a, \infty)$ y

$$\lim_{x \to \infty} \frac{f(x)}{g(x)} = L$$

1. Si $L > 0$, entonces $\displaystyle\int_a^{\infty} g(x)\, dx$ **converge** $\Leftrightarrow$ $\displaystyle\int_a^{\infty} f(x)\, dx$ **converge**

O, equivalentemente, $\displaystyle\int_a^{\infty} g(x)\, dx$ **diverge** $\Leftrightarrow$ $\displaystyle\int_a^{\infty} f(x)\, dx$ **diverge**

2. Si $L = 0$ y $\displaystyle\int_a^{\infty} g(x)\, dx$ **converge,** entonces $\displaystyle\int_a^{\infty} f(x)\, dx$ **converge**

3. Si $L = \infty$ y $\displaystyle\int_a^{\infty} g(x)\, dx$ **diverge,** entonces $\displaystyle\int_a^{\infty} f(x)\, dx$ **diverge.**

Demostración

Ver el problema resuelto 11.

EJEMPLO 3. Probar que la siguiente integral es convergente .

$$I = \int_0^{\infty} \frac{x^2}{3^x}\, dx$$

Solución

Sea $g(x) = \left(\frac{3}{4}\right)^x = \frac{3^x}{4^x}$. Se tiene que:

$$\lim_{x\to\infty} \frac{f(x)}{g(x)} = \lim_{x\to\infty} \frac{x^2/3^x}{3^x/4^x} = \lim_{x\to\infty} \frac{x^2}{(9/4)^x} = 0$$

Además, $\int_a^{\infty} g(x)\, dx = \int_0^{\infty} \left(\frac{3}{4}\right)^x dx$ converge. En efecto:

$$\int_a^{\infty} g(x)\, dx = \int_0^{\infty} \left(\frac{3}{4}\right)^x dx = \lim_{t\to\infty} \int_0^{t} \left(\frac{3}{4}\right)^x dx = \lim_{t\to\infty} \frac{1}{\ln(3/4)} \left[\left(\frac{3}{4}\right)^x\right]_0^t$$

$$= \frac{1}{\ln(3/4)}[0-1] = -\frac{1}{\ln(3/4)}$$

Luego, por la parte 2 del teorema anterior, I converge.

TEOREMA 5.6 **Criterio de Comparación por Límite para integrales de segunda especie**

Sean f y g continuas en $[a, b)$, $0 \le f(x)$, $0 < g(x)$, $\forall\, x \in [a, b)$, y

$$\lim_{x\to b^-} \frac{f(x)}{g(x)} = L$$

O bien, f y g continuas en $(a, b]$, $0 \le f(x)$, $0 < g(x)$, $\forall\, x \in (a, b]$, y

$$\lim_{x\to a^+} \frac{f(x)}{g(x)} = L$$

1. Si $L > 0$, entonces $\int_a^b g(x)\, dx$ **converge** $\Leftrightarrow$ $\int_a^b f(x)\, dx$ **converge**

O, equivalentemente, $\int_a^b g(x)\, dx$ **diverge** $\Leftrightarrow$ $\int_a^b f(x)\, dx$ **diverge**

2. Si $L = 0$ y $\int_a^b g(x)\, dx$ **converge**, entonces $\int_a^b f(x)\, dx$ **converge.**

3. Si $L = \infty$ y $\int_a^b g(x)\, dx$ **diverge**, entonces $\int_a^b f(x)\, dx$ **diverge.**

Demostración

Ver el problema resuelto 12.

EJEMPLO 4. Determine si la siguiente integral es convergente o divergente.

$$\int_0^{1/2} \frac{e^x}{1-\operatorname{sen} \pi x}\, dx$$

Solución

El integrando tiene una singularidad en $x = \dfrac{1}{2}$

Sea $g(x) = \dfrac{1}{(1/2)-x}$. Por el teor. 5.3 b, $\displaystyle\int_0^{1/2} \frac{1}{(1/2)-x}\, dx$ es divergente

Por otro lado,

$$\lim_{x \to \left(\frac{1}{2}\right)^-} \frac{\dfrac{e^x}{1-\operatorname{sen} \pi x}}{\dfrac{1}{(1/2)-x}} = \lim_{x \to \left(\frac{1}{2}\right)^-} \frac{\left((1/2)-x\right)e^x}{1-\operatorname{sen} \pi x}$$

$$= \text{(L'Hopital)} \lim_{x \to \left(\frac{1}{2}\right)^-} \frac{(1/2+x)\, e^x}{\pi \cos \pi x} = \frac{e^{1/2}}{0^+} = +\infty$$

Luego, por la parte 3 del corolario anterior, $\displaystyle\int_0^{1/2} \frac{e^x}{1-\operatorname{sen} \pi x}\, dx$ diverge.

TEOREMA 5. 7. **Criterio de la Potencia para integrales de primera especie.**

f es continua en $[a, \infty)$ donde $a > 0$, $0 \leq f(x)$, $\forall\, x \in [a, \infty)$ y

$$\lim_{x \to \infty} x^p f(x) = L$$

1. Si $L \geq 0$ para algún $p > 1$, entonces $\displaystyle\int_a^{\infty} f(x)\, dx$ **converge**

2. Si $L > 0$ ó $L = \infty$ para algún $p \leq 1$, entonces $\displaystyle\int_a^{\infty} f(x)\, dx$ **diverge**

Demostración

En el teorema 5.5, tomar $g(x) = \dfrac{1}{x^p}$ y considerar el teorema 5.1.

EJEMPLO 5. Determine si la siguiente integral es convergente o divergente.

$$\mathrm{I} = \int_1^{\infty} \frac{1}{x+\sqrt{4x^3+1}\, -2}\, dx$$

Solución

Podemos considerar que 3/2 es el mayor exponente con que aparece la variable x en el denominador. Por esta razón, sacamos factor $x^{3/2}$:

$$f(x) = \frac{1}{x + \sqrt{4x^3 + 1} - 2} = \frac{1}{x^{3/2}\left(\frac{1}{x^{1/2}} + \left(4 + \frac{1}{x^3}\right)^{1/2} - \frac{2}{x^{3/2}}\right)} \Rightarrow$$

$$\lim_{x \to \infty} x^{3/2} f(x) = \lim_{x \to \infty} \frac{1}{\frac{1}{x^{1/2}} + \left(4 + \frac{1}{x^3}\right)^{1/2} - \frac{2}{x^{3/2}}} = \frac{1}{0 + (4+0)^{1/2} - 0} = \frac{1}{2}$$

Luego, por la parte 1 del teorema anterior, con $L = \frac{1}{2}$ y $p = \frac{3}{2} > 1$, I converge.

TEOREMA 5.8 **Criterio de la Potencia para integrales de segunda especie.**

Sea f una función continua en $[a, b)$ donde $a > 0$, $0 \leq f(x)$, $\forall\, x \in [a, b)$ y

$$\lim_{x \to b^-} (b - x)^p f(x) = L$$

O bien, f es continua en $(a, b]$ donde $a > 0$, $0 \leq f(x)$, $\forall\, x \in (a, b]$ y

$$\lim_{x \to a^+} (x - a)^p f(x) = L$$

1. Si $L \geq 0$ para algún $p < 1$, entonces $\int_a^b f(x)\, dx$ **converge**

2. Si $L > 0$ ó $L = \infty$ para algún $p \geq 1$, entonces $\int_a^b f(x)\, dx$ **diverge**

Demostración

En el teorema 5.6, tomar $g(x) = \frac{1}{(b-x)^p}$ ó bien $g(x) = \frac{1}{(x-a)^p}$, según el caso, y considerar el teorema 5.3.

EJEMPLO 6. Determine si la siguiente integral es convergente o divergente.

$$\mathrm{I} = \int_0^5 \frac{1}{\left(-x^2 + 2x + 15\right)^{2/3}}\, dx$$

Solución

El integrando tiene una singularidad en $x = 5$ y

$$f(x) = \frac{1}{\left(-x^2 + 2x + 15\right)^{2/3}} = \frac{1}{(5-x)^{2/3}(x+3)^{2/3}} \Rightarrow (5-x)^{2/3} f(x) = \frac{1}{(x+3)^{2/3}}$$

Luego, $\lim_{x\to 5^-} (5-x)^{2/3} f(x) = \lim_{x\to 5^-} \dfrac{1}{(x+3)^{2/3}} = \dfrac{1}{4}$

Como $L = \dfrac{1}{4} \geq 0$ y $p = \dfrac{2}{3} < 1$, por el teorema anterior parte1, I converge.

EJEMPLO 7. Determine si la siguiente integral es convergente o divergente.

$$I = \int_1^2 \frac{dx}{\sqrt[3]{x^4 - 1}}$$

Solución

El integrando tiene una singularidad en $x = 1$.

$$f(x) = \frac{1}{\sqrt[3]{x^4-1}} = \frac{1}{\sqrt[3]{(x-1)(x+1)(x^2+1)}} = \frac{1}{(x-1)^{1/3}\sqrt[3]{(x+1)(x^2+1)}} \Rightarrow$$

$$\lim_{x\to 1^+} (x-1)^{1/3} f(x) = \lim_{x\to 1^+} \frac{1}{\sqrt[3]{(x+1)(x^2+1)}} = \frac{1}{\sqrt[3]{(1+1)+(1^2+1)}} = \frac{1}{\sqrt[3]{4}}$$

Como $L = \dfrac{1}{\sqrt[3]{4}} \geq 0$ y $p = \dfrac{1}{3} < 1$, por el teorema anterior parte1, I converge.

CONVERGECIA ABSOLUTA Y CONVERGENCIA CONDICIONAL

Los criterios anteriores se refieren a funciones no negativas. En esta parte consideramos funciones cualesquiera. Tomamos su valor absoluto, el cual es no negativa, y, por tanto, podemos aplicar los criterios anteriores. Aquí sólo veremos integrales **impropias de primera especie**. Pero los resultads que lograremos se cumple también para **integrales impropias de segunda especie**.

DEFINICION. **1.** La integral $\int_a^{\infty} f(x)\,dx$ es **absolutamente convergente** si la integral $\int_a^{\infty} |f(x)|\,dx$ es **convergente**.

Ahora probamos que una integral absolutamente convergente es convergente.

TEOREMA 5.9 **1.** Si $\int_a^{\infty} |f(x)|\,dx$ **converge**, entonces $\int_a^{\infty} f(x)\,dx$ **converge**.

Además, $\int_a^{\infty} f(x)\,dx \leq \int_a^{\infty} |f(x)|\,dx$

Demostración

$$-|f(x)| \leq f(x) \leq |f(x)| \Rightarrow 0 \leq f(x) + |f(x)| \leq 2|f(x)|$$

Luego, por el criterio de comparación directa, $\int_a^{\infty}\left(f(x)+|f(x)|\right)dx$ converge.

En consecuencia,

$$\int_a^{\infty} f(x)dx = \int_a^{\infty}\left(f(x)+|f(x)|-|f(x)|\right)dx \text{ converge.}$$

Por otro lado,

$$f(x) \leq |f(x)| \Rightarrow \int_a^{\infty} f(x)\,dx \leq \int_a^{\infty} |f(x)|\,dx$$

EJEMPLO 8. Probar que las siguientes integrales son absolutamente convergentes y, por tanto, convergentes.

a. $\displaystyle\int_1^{\infty} \frac{\operatorname{sen} kx}{x^2}\,dx$ **b.** $\displaystyle\int_1^{\infty} \frac{\cos kx}{x^2}\,dx$

Solución

a. $|\operatorname{sen} kx| \leq 1 \Rightarrow \dfrac{|\operatorname{sen} kx|}{x^2} \leq \dfrac{1}{x^2} \Rightarrow \displaystyle\int_1^{\infty} \frac{|\operatorname{sen} kx|}{x^2}\,dx \leq \int_1^{\infty} \frac{1}{x^2}\,dx$

Como, $\displaystyle\int_1^{\infty} \frac{1}{x^2}\,dx$ converge, $\displaystyle\int_1^{\infty} \frac{|\operatorname{sen} kx|}{x^2}\,dx$ converge.

b. Similar a la parte a.

EJEMPLO 9. Probar que las siguientes integrales son convergentes:

a. $\displaystyle\int_1^{\infty} \frac{\operatorname{sen} kx}{x}\,dx$ **b.** $\displaystyle\int_1^{\infty} \frac{\cos kx}{x}\,dx$

Solución

a. Integramos por partes: Sea $u = \dfrac{1}{x}$, $dv = \operatorname{sen} kx\,dx \Rightarrow du = -\dfrac{dx}{x^2}$, $v = -\dfrac{1}{k}\cos kx$

$$\int_1^{\infty} \frac{\operatorname{sen} kx}{x}\,dx = \operatorname*{Lim}_{t\to\infty} \int_1^{t} \frac{\operatorname{sen} kx}{x}\,dx = \operatorname*{Lim}_{t\to\infty}\left(\left[-\frac{\cos kx}{kx}\right]_1^t - \int_1^t \frac{\cos kx}{kx^2}\,dx\right)$$

$$= -0 + \frac{\cos k}{k} - \frac{1}{k}\operatorname*{Lim}_{t\to\infty}\int_1^t \frac{\cos kx}{x^2}\,dx = \frac{\cos k}{k} - \frac{1}{k}\int_1^{\infty}\frac{\cos kx}{x^2}\,dx$$

Por el ejemplo anterior, $\displaystyle\int_1^{\infty} \frac{\cos kx}{x^2}\,dx$ converge. Luego, $\displaystyle\int_1^{\infty} \frac{\operatorname{sen} kx}{x}\,dx$ converge

b. Similar a la parte a.

La proposición recíproca del teorema anterior es falsa. Esto es, existen funciones f tales que $\int_a^{\infty} f(x)\,dx$ converge y $\int_a^{\infty} |f(x)|\,dx$ diverge.

Cuando sucede este caso, se dice que la integral $\int_a^{\infty} f(x)dx$ es **condicionalmente convergente**.

EJEMPLO 10. **La integral de Dirichlet**

Se llama **integral de Dirichlet** a la integral $\displaystyle\int_0^{\infty} \frac{\operatorname{sen} x}{x}\,dx$

Probar que la integral de Dirichlet es condicionalmente convergente. Es decir, se cumple que:

1. $\displaystyle\int_0^{\infty} \frac{\operatorname{sen} x}{x}\,dx$ es convergente **2.** $\displaystyle\int_0^{\infty} \left|\frac{\operatorname{sen} x}{x}\right| dx$ es divergente

Solución

1. $\displaystyle\int_0^{\infty} \frac{\operatorname{sen} x}{x}\,dx = \int_0^{1} \frac{\operatorname{sen} x}{x}\,dx + \int_1^{\infty} \frac{\operatorname{sen} x}{x}\,dx$

La parte a. del ejemplo anterior, con $k = 1$, dice que $\displaystyle\int_1^{\infty} \frac{\operatorname{sen} x}{x}\,dx$ es convergente.

Sabemos que $\displaystyle\lim_{x\to 0} \frac{\operatorname{sen} x}{x} = 1$. Luego, la función $f(x) = \begin{cases} \dfrac{\operatorname{sen} x}{x}, & \text{si } x \neq 0 \\ 1, & \text{si } x = 0 \end{cases}$ es continua y, por tanto, $\displaystyle\int_0^{1} \frac{\operatorname{sen} x}{x}\,dx$ es una integral propia.

En consecuencia, $\displaystyle\int_0^{\infty} \frac{\operatorname{sen} x}{x}\,dx$ es convergente.

2. En primer lugar, probaremos que $\displaystyle\int_1^{\infty} \left|\frac{\operatorname{sen} x}{x}\right| dx$ diverge. Bien,

$$\left|\frac{\operatorname{sen} x}{x}\right| = \frac{|\operatorname{sen} x|}{x} \geq \frac{\operatorname{sen}^2 x}{x} = \frac{1-\cos 2x}{2x} = \frac{1}{2}\left(\frac{1}{x} - \frac{\cos 2x}{x}\right)$$

Pero, $\displaystyle\int_1^{\infty} \frac{dx}{x}$ diverge y $\displaystyle\int_1^{\infty} \frac{\cos 2x}{x}\,dx$ converge (ejemplo 9, b.).

Luego, $\int_1^{\infty} \frac{\operatorname{sen}^2 x}{x}\, dx$ diverge y, por comparación directa, $\int_1^{\infty} \left|\frac{\operatorname{sen} x}{x}\right| dx$ diverge.

Por último,

$$\int_0^{\infty} \left|\frac{\operatorname{sen} x}{x}\right| dx = \int_0^{1} \left|\frac{\operatorname{sen} x}{x}\right| dx + \int_1^{\infty} \left|\frac{\operatorname{sen} x}{x}\right| dx \quad \text{es divergente.}$$

Usando técnicas más avanzadas se prueba que:

$$\int_0^{\infty} \frac{\operatorname{sen} x}{x}\, dx = \frac{\pi}{2}$$

¿SABIAS QUE . . .

*A la **integral de Dirichlet** se la llama así en honor a su creador, el matemático alemán **Peter Gustav Lejeune Dirichlet*** (1805-1859). *Sus investigaciones se desarrollaron en varios campos de la matemática. Hizo contribuciones valiosas en la teoría de números, análisis, mecánica, etc. En 1855, Dirichlet sucedió al gran Gauss en la Universidad de Göttingen, en Hanover.*

LA INTEGRAL DE GAUSS

DEFINICION. La integral impropia

$$\int_0^{\infty} e^{-x^2}\, dx$$

se llamada **Integral de Gauss** o **Integral de Probabilidad**.

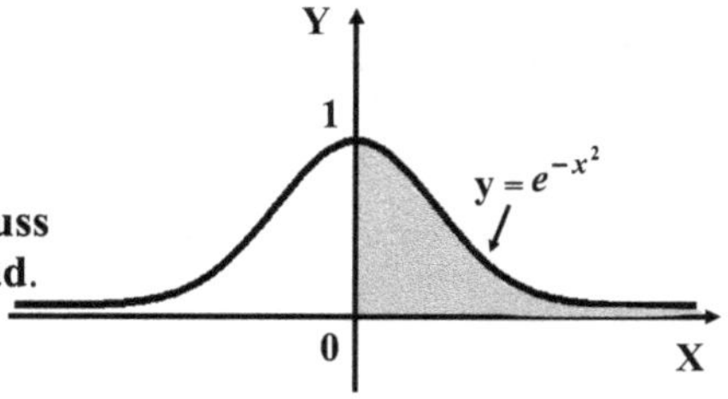

El valor de esta integral representa el área de la región del primer cuadrante comprendida entre el gráfico de la función $y = e^{-x^2}$ y el eje X.

TEOREMA 5.10. **Valor de la Integral de Gauss:** .

La integral de Gauss converge y

$$\int_0^{\infty} e^{-x^2}\, dx = \frac{\sqrt{\pi}}{2}$$

Demostración parcial

Aquí sólo probaremos que la integral de Gauss es convergente. El cálculo de su valor, con las herramientas que contamos hasta ahora, es largo y tedioso. En cambio, usando integrales dobles (tema de la próxima asignatura) este cálculo es simple y corto. Por estas razones, aquí omitimos esta tarea, posponiéndola hasta el próximo curso.

Tenemos que: $\displaystyle\int_0^{\infty} e^{-x^2}dx = \int_0^{1} e^{-x^2}dx + \int_1^{\infty} e^{-x^2}dx$

Como $\displaystyle\int_0^{1} e^{-x^2}dx$ es una integral propia, bastará probar que $\displaystyle\int_1^{\infty} e^{-x^2}dx$ converge.

Bien,

Tenemos que $e^{-x^2} \leq e^{-x}$, $\forall\, x \geq 1$.

Además, por el ejemplo 1 de la sección 5.2, sabemos que $\displaystyle\int_1^{\infty} e^{-x}dx$ converge.

Luego, por el criterio de comparación, $\displaystyle\int_1^{\infty} e^{-x^2}dx$ converge.

EJEMPLO 11. Hallar el valor de las siguientes integrales:

1. $\displaystyle\int_{-\infty}^{\infty} e^{-x^2}dx$ **2.** $\displaystyle\int_0^{\infty} e^{-ax^2}dx$, $a > 0$

3. $\displaystyle\int_0^{\infty} \frac{e^{-x}}{\sqrt{x}}dx$ **4.** $\displaystyle\int_0^{\infty} x^2e^{-x^2}dx$

Solución

1. La función $f(x) = e^{-x^2}$ es par y, por tanto, es simétrica respecto al eje Y. Luego,

$$\int_{-\infty}^{\infty} e^{-x^2}dx = 2\int_0^{\infty} e^{-x^2}dx = 2\left(\frac{\sqrt{\pi}}{2}\right) = \sqrt{\pi}$$

2. Sea $y = \sqrt{a}\,x$. Se tiene $y^2 = ax^2$, $dy = \sqrt{a}\,dx$ y

$$\int_0^{\infty} e^{-ax^2}dx = \frac{1}{\sqrt{a}}\int_0^{\infty} e^{-ax^2}\left(\sqrt{a}\,dx\right) = \frac{1}{\sqrt{a}}\int_0^{\infty} e^{-y^2}dy = \frac{1}{\sqrt{a}}\,\frac{\sqrt{\pi}}{2} = \frac{1}{2}\sqrt{\frac{\pi}{a}}$$

3. Sea $y = \sqrt{x}$. Se tiene $x = y^2$, $dx = 2ydy$, $x = 0 \Rightarrow y = 0$, $x = \infty \Rightarrow y = \infty$ y

$$\int_0^{\infty} \frac{e^{-x}}{\sqrt{x}}dx = \int_0^{\infty} \frac{e^{-y^2}}{y}\,(2y\,dy) = 2\int_0^{\infty} e^{-y^2}dy = 2\left(\frac{\sqrt{\pi}}{2}\right) = \sqrt{\pi}$$

4. Integramos por partes:

Sea $u = x$ y $dv = x e^{-x^2} dx = -\frac{1}{2} e^{-x^2}(-2xdx) \Rightarrow du = dx$ y $v = -\frac{1}{2} e^{-x^2}$

$$\int_0^{\infty} x^2 e^{-x^2} dx = -\frac{1}{2}\int_0^{\infty} x e^{-x^2}(-2xdx) = \lim_{t\to\infty}\left[-\frac{1}{2}xe^{-x^2}\right]_0^t - \int_0^{\infty} -\frac{1}{2}e^{-x^2} dx$$

$$= -0 + 0 + \frac{1}{2}\int_0^{\infty} e^{-x^2} dx = \frac{1}{2}\left(\frac{\sqrt{\pi}}{2}\right) = \frac{\sqrt{\pi}}{4}$$

¿SABIAS QUE . . .

La ***integral de Gauss*** *se llama así en honor al matemático, físico y astrónomo alemán,* ***Carl Friedrich Gauss*** *(1777–1855). Gauss ha hecho contribuciones fundamentales en casi todas las ramas de la matemática., Gauss, Arquímedes y Newton, son considerados como los tres matemáticos más notables de la historia.*

La integral de Gauss tiene amplias aplicaciones en la estadística, teoría de probabilidades y transformada de Fourier.

PROBLEMAS RESUELTOS 5.4

PROBLEMA 1. Determinar la convergencia o divergencia de

$$\int_2^{\infty} \frac{x^3+1}{\sqrt{x^2-1}}\, dx$$

Solución

$$f(x) = \frac{x^3+1}{\sqrt{x^2-1}} = \frac{(x+1)(x^2+x+1)}{(x+1)^{1/2}(x-1)^{1/2}} = \frac{x^2(x+1)^{1/2}(1+1/x+1/x^2)}{(x-1)^{1/2}} \Rightarrow$$

$$\lim_{t\to\infty} x^{-2} f(x) = \lim_{t\to\infty} \frac{(x+1)^{1/2}(1+1/x+1/x^2)}{(x-1)^{1/2}}$$

$$= \lim_{t\to\infty} \frac{(1+1/x)^{1/2}(1+1/x+1/x^2)}{(1-1/x)^{1/2}} = \frac{(1+0)^{1/2}(1+0+0^2)}{(1-0)^{1/2}} = 1$$

Tenemos: $L = 1$ y $p = -2 < 1$. Por el teorema 5.7 parte 2, la integral diverge.

PROBLEMA 2. Determinar la convergencia o divergencia de

$$\int_0^1 \frac{\sqrt{x}}{\sqrt{1-x^4}}\, dx$$

Solución

$$f(x) = \frac{\sqrt{x}}{\sqrt{1-x^4}} = \frac{\sqrt{x}}{(1-x)^{1/2}(1+x)^{1/2}\left(1+x^2\right)^{1/2}} \Rightarrow$$

$$\lim_{t\to 1^-} (1-x)^{1/2} f(x) = \lim_{t\to 1^-} \frac{\sqrt{x}}{(1+x)^{1/2}(1+x^2)^{1/2}} = \frac{\sqrt{1}}{(1+1)^{1/2}(1+1^2)^{1/2}} = \frac{1}{2}$$

Tenemos: $L = \frac{1}{2}$ y $p = \frac{1}{2} < 1$. Por el teorema 5.8 parte 1, la integral converge.

PROBLEMA 3. Probar que $\int_0^1 \ln\left(\frac{1}{1-x}\right) dx$ es convergente.

Solución

Sea $y = \frac{1}{1-x}$. Entonces $x = 1 - \frac{1}{y}$, $dx = \frac{dy}{y^2}$, $x = 0 \Rightarrow y = 1$, $x = 1 \Rightarrow y = \infty$

Luego, $$\int_0^1 \ln\left(\frac{1}{1-x}\right) dx = \int_1^{\infty} \frac{\ln y}{y^2}\, dy$$

Sea $f(y) = \frac{\ln y}{y^2}$, $g(y) = \frac{1}{y^{3/2}}$. Se tiene que $\int_1^{\infty} g(y)dy = \int_1^{\infty} \frac{dy}{y^{3/2}}$ converge y

$$\lim_{y\to\infty} \frac{f(y)}{g(y)} = \lim_{y\to\infty} \frac{\ln y / y^2}{1/y^{3/2}} = \lim_{y\to\infty} \frac{\ln y}{\sqrt{y}}$$

$$= \text{(L'Hospital)} \lim_{y\to\infty} \frac{1/y}{1/2\sqrt{y}} = \lim_{y\to\infty} \frac{2}{\sqrt{y}} = 0$$

Luego, por el teorema 5.5, parte 2, $\int_1^{\infty} \frac{\ln y}{y^2}\, dy = \int_0^1 \ln\left(\frac{1}{1-x}\right) dx$ converge

---

PROBLEMA 4. **Integrales de Fresnel**

Se llaman **integrales de Fresnel** a las integrales impropias:

1. $\int_0^{\infty} \operatorname{sen}\left(x^2\right) dx$ y **2.** $\int_0^{\infty} \cos\left(x^2\right) dx$

Probar que las integrales de Fresnel convergen

Solución

1. $\int_0^{\infty} \operatorname{sen}\left(x^2\right) dx = \int_0^{1} \operatorname{sen}\left(x^2\right) dx + \int_1^{\infty} \operatorname{sen}\left(x^2\right) dx$

$\int_0^{1} \operatorname{sen}\left(x^2\right) dx$ es una integral propia.

Probemos que $F = \int_1^{\infty} \operatorname{sen}\left(x^2\right) dx$ es convergente.

En primer lugar, hacemos el siguiente cambio de variable:

$y = x^2 \Rightarrow dy = 2x dx \Rightarrow dx = \dfrac{dy}{2\sqrt{y}}$. $x = 1 \Rightarrow y = 1, x = \infty \Rightarrow y = \infty$

$$\int_1^{\infty} \operatorname{sen}\left(x^2\right) dx = \frac{1}{2}\int_1^{\infty} \frac{\operatorname{sen} y}{\sqrt{y}}\, dy = \frac{1}{2} \lim_{t \to \infty} \int_1^{t} \frac{\operatorname{sen} y}{\sqrt{y}} dy$$

Ahora procedemos a integrar por partes

$u = y^{-1/2}$ y $dv = \operatorname{sen} y\, dy$ $du = -\dfrac{dy}{2y^{3/2}}$ y $v = -\cos y$

$$\int_1^{\infty} \operatorname{sen}\left(x^2\right) dx = \frac{1}{2}\int_1^{\infty} \frac{\operatorname{sen} y}{\sqrt{y}}\, dy = \frac{1}{2} \lim_{t \to \infty} \left(-\frac{\cos y}{\sqrt{y}} \Bigg|_1^t - \frac{1}{2}\int_1^{t} \frac{\cos y}{y^{3/2}} dy \right)$$

$$= \frac{1}{2} \lim_{t \to \infty} \left(-\frac{\cos t}{\sqrt{t}} + \frac{\cos 1}{\sqrt{1}} - \frac{1}{2}\int_1^{t} \frac{\cos y}{y^{3/2}}\, dy \right)$$

$$= \frac{1}{2}\left(-0 + \cos(1) - \frac{1}{2}\int_1^{\infty} \frac{\cos y}{y^{3/2}}\, dy \right) = \frac{\cos 1}{2} - \frac{1}{4}\int_1^{\infty} \frac{\cos y}{y^{3/2}}\, dy$$

La última integral es absolutamente convergente. En efecto:

$$\int_1^{\infty} \left| \frac{\cos y}{y^{3/2}} \right| dy \le \int_1^{\infty} \frac{|\cos y|}{y^{3/2}} dy \le \int_1^{\infty} \frac{1}{y^{3/2}} dy \text{ y } \int_1^{\infty} \frac{1}{y^{3/2}} dy \text{ converge.}$$

En consecuencia, $\int_1^{\infty} \operatorname{sen}\left(x^2\right) dx$ es convergente.

2. Similar a la integral anterior.

Usando técnicas más avanzadas se prueba que:

$$\int_0^{\infty} \operatorname{sen}\left(x^2\right) dx = \int_0^{\infty} \cos\left(x^2\right) dx = \sqrt{\frac{\pi}{8}}$$

¿SABIAS QUE . . .

*Las **integrales de Fresnel** se llaman así en honor al físico francés **Augustin-Jean Fresnel** (1788-1827), quien contribuyó en forma significativa en la óptica.*

PROBLEMA. 5 Teniendo en cuenta la integral de Dirichlet: $\int_0^{\infty} \frac{\text{sen}\, x}{x}\, dx = \frac{\pi}{2}$

Calcular las siguientes integrales:

1. $\int_0^{\infty} \frac{\text{sen}\, 2x}{x}\, dx$ **2.** $\int_0^{\infty} \frac{\text{sen}\, ax}{x}\, dx$ **3.** $\int_0^{\infty} \frac{\text{sen}^2 x}{x^2}\, dx$

Solución

1. Sea $y = 2x$. Entonces $dy = 2dx$. $x = 0 \Rightarrow y = 0$, $x = \infty \Rightarrow y = \infty$. Luego,

$$\int_0^{\infty} \frac{\text{sen}\, 2x}{x}\, dx = \int_0^{\infty} \frac{\text{sen}\, 2x}{2x}(2dx) = \int_0^{\infty} \frac{\text{sen}\, y}{y}\, dy = \frac{\pi}{2}$$

2. Si $a = 0$, $\int_0^{\infty} \frac{\text{sen}\, ax}{x}\, dx = \int_0^{\infty} 0\, dx = 0$

Si $a > 0$, sea $y = ax$, entonces $dy = a\, dx$, $x = 0 \Rightarrow y = 0$, $x = \infty \Rightarrow y = \infty$.

$$\int_0^{\infty} \frac{\text{sen}\, ax}{x}\, dx = \int_0^{\infty} \frac{\text{sen}\, ax}{ax}(adx) = \int_0^{\infty} \frac{\text{sen}\, y}{y}\, dy = \frac{\pi}{2}$$

Si $a < 0$, sea $y = -ax$, entonces $dy = -a\, dx$, $x = 0 \Rightarrow y = 0$, $x = \infty \Rightarrow y = \infty$.

$$\int_0^{\infty} \frac{\text{sen}\, ax}{x}\, dx = -\int_0^{\infty} \frac{\text{sen}\,(-ax)}{-ax}(-adx) = -\int_0^{\infty} \frac{\text{sen}\, y}{y}\, dy = -\frac{\pi}{2}$$

3. Integramos por partes:

$$u = \text{sen}^2 x \text{ y } dv = \frac{dx}{x^2} \Rightarrow u = 2\text{sen}\, x \cos x = \text{sen}\, 2x \text{ y } v = -\frac{1}{x}$$

$$\int_0^{\infty} \frac{\text{sen}^2 x}{x^2}\, dx = \lim_{t \to \infty} \left[-\frac{\text{sen}^2 x}{x} \right]_0^t + \int_0^{\infty} \frac{\text{sen}\, 2x}{x}\, dx$$

Pero, $\lim_{t \to \infty} \left[-\frac{\text{sen}^2 x}{x} \right]_0^t = -\lim_{t \to \infty} \frac{\text{sen}^2 t}{t} + \lim_{x \to 0} \frac{\text{sen}^2 x}{x}$

$$= -0 + \lim_{x \to 0} \frac{\text{sen}\, x}{x}(\text{sen}\, x) = -0 + (1)(0) = 0$$

Luego,

$$\int_0^{\infty} \frac{\operatorname{sen}^2 x}{x^2}\, dx = \int_0^{\infty} \frac{\operatorname{sen} 2x}{x}\, dx = \frac{\pi}{2}$$

PROBLEMA 6. Probar que la siguiente integral converge:

$$\int_0^{1} x \operatorname{sen}^2 (1/x)\, dx$$

solución

Cambiamos de variable:

Sea $y = \dfrac{1}{x}$. Entonces $dx = -\dfrac{dy}{y^2}$, $x = 0 \Rightarrow y = \infty$, $x = 1 \Rightarrow y = 1$

$$\int_0^{1} x \operatorname{sen}^2 (1/x)\, dx = \int_0^{1} \frac{\operatorname{sen}^2 (1/x)}{1/x}\, dx = \int_{\infty}^{1} \frac{\operatorname{sen}^2 y}{y}\left(-\frac{dy}{y^2}\right) = \int_1^{\infty} \frac{1}{y}\, \frac{\operatorname{sen}^2 y}{y^2}\, dy$$

Sea $g(y) = \dfrac{\operatorname{sen}^2 y}{y^2}$. Por la parte 3 del problema anterior, $\displaystyle\int_1^{\infty} \frac{\operatorname{sen}^2 y}{y^2}\, dy$ converge y

$$\lim_{y\to\infty} \frac{f(y)}{g(y)} = \lim_{y\to\infty} \frac{\dfrac{1}{y}\,\dfrac{\operatorname{sen}^2 y}{y^2}}{\dfrac{\operatorname{sen}^2 y}{y^2}} = \lim_{y\to\infty} \frac{1}{y} = 0$$

Por el teorema 5.5 parte 2, $\displaystyle\int_1^{\infty} \frac{1}{y}\, \frac{\operatorname{sen}^2 y}{y^2}\, dy = \int_0^{1} x \operatorname{sen}^2 (1/x)\, dx$ converge.

PROBLEMA 7. Hallar $\displaystyle\int_0^{\infty} 5^{-ax^2}\, dx$, $a > 0$

Solución

$$5^{-ax^2} = e^{(\ln 5)(-ax^2)} = e^{-(a\ln 5)\,x^2}.$$

Sea $u = \sqrt{a \ln 5}\; x$. Entonces $dx = \dfrac{du}{\sqrt{a \ln 5}}$. $x = 0 \Rightarrow u = 0$. $x \to \infty \Rightarrow u \to \infty$

$$\int_0^{\infty} 5^{-ax^2}\, dx = \int_0^{\infty} e^{-(a \ln 5)x^2}\, dx = \int_0^{\infty} e^{-u^2}\left(\frac{du}{\sqrt{a \ln 5}}\right) = \frac{1}{\sqrt{a \ln 5}} \int_0^{\infty} e^{-u^2}\, du$$

$$= \frac{1}{\sqrt{a \ln 5}}\, \frac{\sqrt{\pi}}{2} = \frac{\sqrt{\pi}}{2\sqrt{a \ln 5}}$$

PROBLEMA 8. **Una integral impropia mixta.**

Si $\mathbf{0 < p < 1 < q}$, probar que la siguiente integral impropia mixta converge

$$\int_0^{\infty} \frac{1}{x^p + x^q}\, dx$$

Solución

$$\int_0^{\infty} \frac{1}{x^p + x^q}\, dx = \int_0^{1} \frac{1}{x^p + x^q}\, dx + \int_1^{\infty} \frac{1}{x^p + x^q}\, dx$$

Las dos integrales de la derecha son impropias. La primera es de segunda especie y la segunda, de primera especie. Debemos probar que ambas integrales convergen.

Tenemos que:

$$\operatorname*{Lim}_{x\to 0^+} x^p \frac{1}{x^p + x^q} = \operatorname*{Lim}_{x\to 0^+} x^p \frac{1}{x^p\left(1 + x^{q-p}\right)} = \operatorname*{Lim}_{x\to 0^+} \frac{1}{1 + x^{q-p}} = \frac{1}{1+0} = 1.$$

Como $0 < p < 1$, por el teorema 5.8 parte 1, $\int_0^{1} \frac{1}{x^p + x^q}\, dx$ converge.

Por otro lado,

$$\operatorname*{Lim}_{x\to \infty} x^q \frac{1}{x^p + x^q} = \operatorname*{Lim}_{x\to \infty} x^q \frac{1}{x^q\left(x^{p-q} + 1\right)} = \operatorname*{Lim}_{x\to \infty} \frac{1}{\left(1/x^{q-p}\right) + 1} = \frac{1}{0+1} = 1.$$

Como $q > 1$, por el teorema 5.7 parte 1, $\int_1^{\infty} \frac{1}{x^p + x^q}\, dx$ converge.

PROBLEMA 9. Expresar como una integral de la forma $\int_a^{\infty} h(x)\, dx$

1. La integral impropia $\int_{-\infty}^{b} f(x)\, dx$
2. La integral impropia $\int_a^{b} f(x)\, dx$, donde $\operatorname*{Lim}_{x\to b^-} f(x) = \infty$.
3. La integral impropia $\int_a^{b} f(x)\, dx$, donde $\operatorname*{Lim}_{x\to a^+} f(x) = \infty$.

Solución

1. Sea $y = -x$. Luego, $dy = -dx$. $x = t \Rightarrow y = -t$. $x = b \Rightarrow y = -b$.

$$\int_{-\infty}^{b} f(x)\, dx = \operatorname*{Lim}_{t\to -\infty} \int_t^{b} f(x)\, dx = \operatorname*{Lim}_{t\to -\infty} \int_{-t}^{-b} f(-y)(-dy)$$

$$= \operatorname*{Lim}_{t\to -\infty} \int_{-b}^{-t} f(-y)\, dy = \operatorname*{Lim}_{t\to \infty} \int_{-b}^{t} f(-y)\, dy = \int_{-b}^{\infty} f(-y)\, dy$$

2. Sea $y = \frac{1}{b-x}$. Luego, $x = b - \frac{1}{y}$. $dx = \frac{dy}{y^2}$. $x = t \Rightarrow y = \frac{1}{b-t}$. $x = a \Rightarrow y = \frac{1}{b-a}$

$$\int_a^b f(x)\,dx = \underset{t\to b^-}{\text{Lim}} \int_a^t f(x)\,dx = \underset{t\to b^-}{\text{Lim}} \int_{1/(b-a)}^{1/(b-t)} \frac{1}{y^2} f\left(b-\frac{1}{y}\right)\frac{dy}{y^2}$$

$$= \underset{t\to b^-}{\text{Lim}} \int_{1/(b-a)}^{1/(b-t)} \frac{1}{y^2} f\left(b-\frac{1}{y}\right) dy$$

Si $\beta = \dfrac{1}{b-t}$, entonces $t \to b^- \Rightarrow \beta \to \infty$ y

$$\underset{t\to b^-}{\text{Lim}} \int_{1/(b-a)}^{1/(b-t)} \frac{1}{y^2} f\left(b-\frac{1}{y}\right) dy = \underset{\beta\to\infty}{\text{Lim}} \int_{1/(b-a)}^{\beta} \frac{1}{y^2} f\left(b-\frac{1}{y}\right) dy$$

$$= \int_{1/(b-a)}^{\infty} \frac{1}{y^2} f\left(b-\frac{1}{y}\right) dy$$

3. Sea $y = \dfrac{1}{x-a}$. Luego, $x = a + \dfrac{1}{y}$. $dx = -\dfrac{dy}{y^2}$. $x = t \Rightarrow y = \dfrac{1}{t-a}$. $x = b \Rightarrow y = \dfrac{1}{b-a}$

$$\int_a^b f(x)\,dx = \underset{t\to a^+}{\text{Lim}} \int_t^b f(x)\,dx = \underset{t\to a^+}{\text{Lim}} \int_{1/(t-a)}^{1/(b-a)} f\left(a+\frac{1}{y}\right)\left(-\frac{dy}{y^2}\right)$$

$$= \underset{t\to a^+}{\text{Lim}} \int_{1/(b-a)}^{1/(t-a)} \frac{1}{y^2} f\left(b-\frac{1}{y}\right) dy$$

Si $\beta = \dfrac{1}{t-a}$, tenemos que que: $t \to a^+ \Rightarrow \beta \to \infty$ y

$$\underset{t\to a^+}{\text{Lim}} \int_{1/(b-a)}^{1/(t-a)} \frac{1}{y^2} f\left(b-\frac{1}{y}\right) dy = \underset{\beta\to\infty}{\text{Lim}} \int_{1/(b-a)}^{\beta} \frac{1}{y^2} f\left(b-\frac{1}{y}\right) dy$$

$$= \int_{1/(b-a)}^{\infty} \frac{1}{y^2} f\left(b-\frac{1}{y}\right) dy$$

PROBLEMA 10. **Demostrar el teorema 5.4:**

1. Sean f y g dos funciones continuas en $[a, +\infty)$ tales que

$$0 \le f(x) \le g(x),\ \forall\, x \in [a, +\infty)$$

Si $\int_a^{\infty} g(x)\,dx$ converge entonces $\int_a^{\infty} f(x)\,dx$ converge

2. Sean f y g continuas en $[a, b)$ y $0 \le f(x)$, $0 < g(x)$, $\forall\, x \in [a, b)$, o continuas en $(a, b]$ y $0 \le f(x)$, $0 < g(x)$, $\forall\, x \in (a, b]$

Si $\int_a^b g(x)\,dx$ converge, entonces $\int_a^b f(x)\,dx$ converge

Solución

1. Sea $F(t) = \int_a^t f(x)\,dx$. Se tiene:

$0 \le f(x) \Rightarrow$ la función F es no decreciente en $[a, \infty)$ **(a)**

$f(x) \le g(x) \Rightarrow F(t) = \int_a^t f(x)\,dx \le \int_a^{\infty} g(x)\,dx \Rightarrow F(t)$ es acotada. **(b)**

De (a) y (b) obtenemos que existe $\lim_{t\to\infty} F(t) = \lim_{t\to\infty} \int_a^t f(x)\,dx = \int_a^{\infty} f(x)\,dx$

2. Similar a 1.

PROBLEMA 11. **Probar el teorema 5.5. Criterio de Comparación por Límite para integrales de primera especie.**

Sean f, g: $[a, \infty) \to \mathbb{R}$ continuas, $0 \le f(x)$, $0 < g(x)$, $\forall\, x \in [a, \infty)$ y

$$\lim_{x\to\infty} \frac{f(x)}{g(x)} = L$$

1. Si $L > 0$, entonces

$\int_a^{\infty} g(x)\,dx$ converge $\Leftrightarrow$ $\int_a^{\infty} f(x)\,dx$ converge o, equivalentemente,

$\int_a^{\infty} g(x)\,dx$ diverge $\Leftrightarrow$ $\int_a^{\infty} f(x)\,dx$ diverge

2. Si $L = 0$ y $\int_a^{\infty} g(x)\,dx$ converge, entonces $\int_a^{\infty} f(x)\,dx$ converge

3. Si $L = \infty$ y $\int_a^{\infty} g(x)\,dx$ diverge, entonces $\int_a^{\infty} f(x)\,dx$ diverge.

Solución

1. Si $\lim_{x\to\infty} \frac{f(x)}{g(x)} = L$ y $L > 0$, entonces para $\epsilon = \frac{1}{2}L$, existe $N > 0$ tal que

$$x > N \Rightarrow \left| \frac{f(x)}{g(x)} - L \right| < \epsilon = \frac{1}{2}L$$

Luego, $x > N \Rightarrow \frac{1}{2}L < \frac{f(x)}{g(x)} < \frac{3}{2}L$ y, multiplicando por $g(x) > 0$,

$$x > N \Rightarrow \frac{1}{2}Lg(x) < f(x) < \frac{3}{2}Lg(x) \qquad \textbf{(1)}$$

Ahora,

$$\int_a^{\infty} g(x)\,dx \text{ converge } \Rightarrow \int_a^{\infty} \frac{3}{2}Lg(x)\,dx \text{ converge.}$$

Pero, $f(x) < \frac{3}{2}Lg(x)$ y, por el teorema 5.4, $\int_a^{\infty} f(x)\,dx$ converge.

Por otro lado, si $\int_a^{\infty} f(x)\,dx$ converge, de $\frac{1}{2}Lg(x) < f(x)$ y, por el teorema 5.4,

$\int_a^{\infty} \frac{1}{2}Lg(x)\,dx$ converge y, por lo tanto, $\int_a^{\infty} g(x)\,dx$ converge.

2. Si $\lim\limits_{x\to\infty} \frac{f(x)}{g(x)} = L$ y $L = 0$, entonces para $\epsilon = 1$, existe $N > 0$ tal que

$$x > N \Rightarrow \left|\frac{f(x)}{g(x)}\right| < 1. \text{ Pero, } \left|\frac{f(x)}{g(x)}\right| = \frac{f(x)}{g(x)}.$$

Luego, $x > N \Rightarrow \frac{f(x)}{g(x)} < \epsilon = 1$ y, por lo tanto, $x > N \Rightarrow f(x) < g(x)$

Luego, si $\int_a^{\infty} g(x)\,dx$ converge, por el teorema 5.4, $\int_a^{\infty} f(x)\,dx$ converge

3. Si $\lim\limits_{x\to\infty} \frac{f(x)}{g(x)} = L$ y $L = \infty$, entonces para $M > 0$, existe $N > 0$ tal que

$x > N \Rightarrow \frac{f(x)}{g(x)} > M$. Luego, $x > N \Rightarrow Mg(x) < f(x)$

Ahora, si $\int_a^{\infty} g(x)\,dx$ diverge entonces $\int_a^{\infty} Mg(x)\,dx$ diverge y, por el corolario del Teorema 5.4, $\int_a^{\infty} f(x)\,dx$ diverge.

PROBLEMA 12. **Demostrar el teorema 5.6. Criterio de Comparación por Límite para integrales de segunda especie.**

f y g son continuas en $[a, b)$, $0 \leq f(x)$, $0 < g(x)$, $\forall\, x \in [a, b)$ y

$$\lim_{x\to b^-} \frac{f(x)}{g(x)} = L$$

O bien,

f y g son continuas en $(a, b]$, $0 \leq f(x)$, $0 < g(x)$, $\forall\, x \in (a, b]$ y

$$\lim_{x\to a^+} \frac{f(x)}{g(x)} = L$$

1. Si $L > 0$, entonces

$$\int_a^b g(x)\,dx \text{ converge } \Leftrightarrow \int_a^b f(x)\,dx \text{ converge.}$$

O, equivalentemente,

$$\int_a^b g(x)\,dx \text{ diverge } \Leftrightarrow \int_a^b f(x)\,dx \text{ diverge}$$

2. Si $L = 0$ y $\int_a^b g(x)\,dx$ converge, entonces $\int_a^b f(x)\,dx$ converge.

3. Si $L = \infty$ y $\int_a^b g(x)\,dx$ diverge, entonces $\int_a^\infty f(x)\,dx$ diverge.

Solución

Mediante cambios de variable apropiados, transformamos integrales de segunda especie en integrales de primera especie y aplicamos el teorema 5.5.

Caso 1. $\displaystyle\operatorname*{Lim}_{x\to b^-} \frac{f(x)}{g(x)} = L$. Sea $x = b - \dfrac{1}{y}$ o bien $y = \dfrac{1}{b-x}$. Se tiene:

$$dx = \frac{dy}{y^2},\quad x = a \Rightarrow y = \frac{1}{b-a},\quad x = b \Rightarrow y = \infty. \text{ Luego,}$$

$$\operatorname*{Lim}_{x\to b^-} \frac{f(x)}{g(x)} = \operatorname*{Lim}_{y\to\infty} \frac{f\left(b-\frac{1}{y}\right)}{g\left(b-\frac{1}{y}\right)} = \operatorname*{Lim}_{y\to\infty} \frac{f\left(b-\frac{1}{y}\right)\frac{1}{y^2}}{g\left(b-\frac{1}{y}\right)\frac{1}{y^2}}$$

$$\int_a^b f(x)\,dx = \int_{1/b-a}^{\infty} f\left(b-\frac{1}{y}\right)\frac{dy}{y^2} \quad \text{y} \quad \int_a^b g(x)\,dx = \int_{1/b-a}^{\infty} g\left(b-\frac{1}{y}\right)\frac{dy}{y^2}$$

En consecuencia, el resultado buscado es consecuencia del teorema 5.5.

Caso 2. $\displaystyle\operatorname*{Lim}_{x\to a^+} \frac{f(x)}{g(x)} = L$. Sea $x = \dfrac{1}{y} - a$ o sea $y = \dfrac{1}{x-a}$. Proceder como el caso 1.

PROBLEMAS PROPUESTOS 5.4

En los problemas del 1 al 30, determinar la convergencia o divergencia de las siguientes integrales impropias de primera especie.

1. $\displaystyle\int_1^\infty \frac{dx}{x^2\sqrt{1+x^2}}$ *Rpta. Conv.*

2. $\displaystyle\int_1^\infty \frac{dx}{x^2 - x + 2}$ *Rpta. Conv*

3. $\displaystyle\int_2^\infty \frac{dx}{\sqrt[3]{x^2-1}}$ *Rpta. Div.* *Sug:* $\dfrac{1}{\sqrt[3]{x^2-1}} \geq \dfrac{1}{x^{2/3}}$

4. $\int_1^{\infty} \frac{dx}{x^2\left(1+e^x\right)}$ *Rpta. Conv.*

5. $\int_1^{\infty} \frac{x+2}{x^4+1}\,dx$ *Rpta. Conv.*

6. $\int_1^{\infty} \frac{dx}{x^3+2x^2}$ *Rpta. Conv.*

7. $\int_1^{\infty} \frac{dx}{x\sqrt{3x^2+2x+1}}$ *Rpta. Conv.*

8. $\int_{-\infty}^{\infty} \frac{dx}{x^2+2x+3}$ *Rpta. Conv*

9. $\int_1^{\infty} \frac{dx}{x^3\sqrt[3]{x^2+1}}$ *Rpta. Conv.*

10. $\int_3^{\infty} \frac{x^3+8}{\sqrt{x^2-4}}\,dx$ *Rpta. Div.*

11. $\int_1^{\infty} \frac{dx}{\sqrt[5]{x^5+1}}$ *Rpta. Div.*

12. $\int_1^{\infty} \frac{e^{-2x}}{x^2+3x+4}\,dx$ *Rpta. Conv*

13. $\int_1^{\infty} \frac{e^{\operatorname{sen} x}}{x}\,dx$ *Rpta. Div.*

14. $\int_0^{\infty} e^{-x}\operatorname{sen}(x^2)\,dx$ *Rpta. Abs. Conv.*

15. $\int_1^{\infty} \frac{\ln x}{e^x}\,dx$ *Rpta. Conv.*

16. $\int_0^{\infty} \frac{2\cos x}{e^x+e^{-x}}\,dx$ *Rpta. Abs. Conv.*

17. $\int_{-\infty}^{\infty} \frac{e^x}{1+x^2}\,dx$ *Rpta. Div*

18. $\int_{-\infty}^{\infty} \frac{e^{-x}}{1+x^2}\,dx$ *Rpta. Div*

19. $\int_1^{\infty} \frac{\operatorname{sen}\left(\sqrt{x}\right)}{x^{3/2}}\,dx$ *Rpta. Abs. Conv.*

20. $\int_1^{\infty} \frac{x\tan^{-1}(x)}{\sqrt[3]{1+x^4}}\,dx$ *Rpta. Div.*

21. $\int_1^{\infty} \frac{\ln x}{3+x^3}\,dx$ *Rpta. Conv*

22. $\int_0^{\infty} \frac{x^2}{\left(1+x^2\right)^{3/2}}\,dx$ *Rpta. Div.*

23. $\int_0^{\infty} \frac{x}{(x+1)e^x}\,dx$ *Rpta. Conv*

24. $\int_{e^2}^{\infty} \frac{dx}{x\ln(\ln x)}$ *Rpta. Div.* *Sug.* $y=\ln x$

25. $\int_0^{\infty} \frac{x^3}{2^x}\,dx$. *Rpta. Conv.* *Sug.* $g(x)=\left(\frac{2}{3}\right)^x$

26. $\int_0^{\infty} x\left(\frac{3}{4}\right)^x dx$. *Rpta. Conv* *Sug.* $g(x)=\left(\frac{4}{5}\right)^x$

27. $\int_0^{\infty} \frac{3^x}{4^x+x}\,dx$ *Rpta. Conv* *Sug.* $\frac{3^x}{4^x+x}\le\left(\frac{3}{4}\right)^x$

28. $\int_0^{\infty} \frac{x^3+4x}{2^x+1}\,dx$ *Rpta. Conv* *Sug.* $\frac{x^3+4x}{2^x+1}\le\frac{x^3}{2^x}+\frac{4x}{2^x}$

29. $\displaystyle\int_{e}^{\infty} \sqrt{x \tan^{-1}\left(1/x^3\right)}\, dx$ *Rpta. Div.*

Sug. $\displaystyle\lim_{x \to \infty} x \sqrt{x \tan^{-1}\left(1/x^3\right)} = \lim_{x \to \infty} \sqrt{\frac{\tan^{-1}\left(1/x^3\right)}{1/x^3}} = 1$

30. $\displaystyle\int_{-\infty}^{\infty} \frac{1}{e^x + |x|}\, dx$ *Rpta. Div. Sug* $\displaystyle\int_{-\infty}^{0} \frac{1}{e^x - x}\, dx = \int_{0}^{\infty} \frac{e^y}{1 - ye^y}\, dy\,,\ g(y) = \frac{1}{y}$

En los problemas del 31 al 50, determinar la convergencia o divergencia de las siguientes integrales impropias de segunda especie y mixtas.

31. $\displaystyle\int_{0}^{1} \frac{\operatorname{sen} x^2}{\sqrt{x}}\, dx$ *Rpta. Conv*

32. $\displaystyle\int_{0}^{\pi/2} \frac{\sqrt{x}}{x + \operatorname{sen} x}\, dx$ *Rpta. Conv*

33. $\displaystyle\int_{0}^{1} \frac{\operatorname{sen} x}{x^{3/2}}\, dx$ *Rpta. Conv*

34. $\displaystyle\int_{0}^{1} \frac{\sqrt{x}}{\operatorname{sen} x}\, dx$ *Rpta. Conv*

35. $\displaystyle\int_{0}^{2} \frac{dx}{4 - x^2}$ *Rpta. Div.*

36. $\displaystyle\int_{1}^{3} \frac{dx}{x\sqrt{9 - x^2}}$ *Rpta. Conv*

37. $\displaystyle\int_{0}^{1} \frac{x^3}{\sqrt{1 - x^2}}\, dx$ *Rpta. Conv*

38. $\displaystyle\int_{1}^{2} \frac{x^3 + 1}{\sqrt{x^2 - 1}}\, dx$ *Rpta. Conv*

39. $\displaystyle\int_{0}^{1} \frac{dx}{\sqrt{x} + 2x^3}$ *Rpta. Conv*

40. $\displaystyle\int_{0}^{1} \frac{x^2}{\sqrt[3]{(1 - x)^5}}\, dx$ *Rpta. Div.*

41. $\displaystyle\int_{-1}^{1} \frac{dx}{\sqrt[3]{x^2 - 1}\ \sqrt[5]{x^4 - 1}}$ *Rpta. Conv*

42. $\displaystyle\int_{0}^{1} \frac{1}{\sqrt[3]{1 - x^3}}\, dx$ *Rpta. Conv*

43. $\displaystyle\int_{0}^{1} \frac{dx}{e^{\sqrt{x}} - 1}$ *Rpta. Conv* *Sug.* $g(x) = \dfrac{1}{\sqrt{x}}$

44. $\displaystyle\int_{0}^{1} \frac{\sqrt{x}}{e^{\operatorname{sen} x} - 1}$ *Rpta. Conv.* *Sug.* $g(x) = \dfrac{1}{\sqrt{x}}$

45. $\displaystyle\int_{0}^{1} \frac{dx}{e^x - \cos x}$ *Rpta. Div.* *Sug.* $g(x) = \dfrac{1}{\sqrt{x}}$

46. $\displaystyle\int_0^1 \frac{\ln(\sec x)}{\sqrt{x}}\,dx$ *Rpta. Conv.* *Sug.* $g(x) = \dfrac{1}{\sqrt{x}}$

47. $\displaystyle\int_0^{\pi/2} \frac{\operatorname{sen} x}{x^3}\,dx$ *Rpta. Div.* *Sug.* $x^2 f(x) = \dfrac{\operatorname{sen} x}{x}$

48. $\displaystyle\int_0^1 \operatorname{sen}^3(1/x)\,dx$ *Rpta. Abs. Conv.* *Sug.* $y = \dfrac{1}{x}$

49. $\displaystyle\int_{-\infty}^1 \frac{\ln(1-x)}{x-1}\,dx$ *Rpta. Div.* *Sug.* $y = 1 - x$

En los problemas 50 y 51, tomar en cuenta que $\displaystyle\int_0^\infty e^{-x^2}\,dx = \frac{\sqrt{\pi}}{2}$

50. Calcular $\displaystyle\int_0^\infty 7^{-9x^2}\,dx$ *Rpta.* $\dfrac{\sqrt{\pi}}{6\sqrt{\ln 7}}$

51. Probar que

$$\int_0^\infty x^{2n} e^{-x^2}\,dx = \frac{1\times 3\times 5\ldots(2n-1)}{2^n}\,\frac{\sqrt{\pi}}{2}, \quad \forall\, n \in \mathbb{Z}^+.$$

Sug. Proceder por inducción y ver el ejemplo 11 *parte* 4.

52. Probar que $\displaystyle\int_0^\infty x^{2n+1} e^{-x^2}\,dx = \frac{n!}{2}$, $\forall\, n \in \mathbb{N}$. *Sug. Proceder por inducción.*

En los problemas 53 y 54, tomar en cuenta la que $\displaystyle\int_0^\infty \frac{\operatorname{sen} x}{x}\,dx = \frac{\pi}{2}$.

53. Hallar $\displaystyle\int_0^\infty \frac{\operatorname{sen} ax \cos bx}{x}\,dx$, $a > 0$, $b > 0$.

Rpta. $\dfrac{\pi}{2}$ si $a > b$. $\dfrac{\pi}{4}$ si $a = b$. 0 si $a < b$.

Sug. $\operatorname{sen} ax \cos bx = \dfrac{1}{2}\operatorname{sen}(a+b)x + \dfrac{1}{2}\operatorname{sen}(a-b)x$

54. $\displaystyle\int_0^\infty \frac{\operatorname{sen}^3 x}{x}\,dx$. *Rpta.* $\dfrac{\pi}{4}$. *Sug.* $\operatorname{sen}^3 x = \dfrac{3}{4}\operatorname{sen} x - \dfrac{1}{4}\operatorname{sen} 3x$

SECCION 5.5

LA FUNCION GAMMA

La **función Gamma** es una de las llamadas **funciones especiales.** Estas son funciones trascendentes que se definen en términos de integrales impropias. La función gamma fue introducida por Leonardo Euler en los años 1729, con la finalidad de generalizar la idea de la función factorial ($n!$). El nombre de gamma fue dado por matemático francés **Adrien Marie Legendre** (1752–1833) en 1814.

¿SABIAS QUE . . .

***LEONARDO EULER** (1707-1783). Nació en Basilea, Suiza y murió en San Petersburgo, Rusia. Es el matemático más prolífico de la historia. Escribió más de 500 trabajos, entre libros y artículos. Hizo contribuciones importantes a las distintas ramas de la Matemática. Descubrió la famosa igualdad:* $e^{i\pi} + 1 = 0$, *que relaciona 5 de las constantes más importantes de la matemática:* 0, 1, π, *e y la unidad imaginaria* $i = \sqrt{-1}$.

DEFINICION. **La función gamma**, denotada con letra griega Γ, es la función real $\Gamma: (0, \infty) \to \mathbb{R}$

$$\Gamma(x) = \int_0^{\infty} t^{x-1}e^{-t}\,dt$$

Se debe chequear que esta función está bien definida. Es decir, se debe probar que esta integral impropia converge para todo $x > 0$. Eso lo hacemos en el problema resuelto 9.

EJEMPLO 1. **Dos valores importantes de la función gamma.**

Probar que:

1. $\Gamma(1) = 1$ **2.** $\Gamma\left(\frac{1}{2}\right) = 2\int_0^{\infty} e^{-x^2}dx = \sqrt{\pi}$

Solución

1. $$\Gamma(1) = \int_0^{\infty} t^{1-1}e^{-t}dt = \int_0^{\infty} e^{-t}dt = \lim_{b\to\infty}\left[-e^{-t}\right]_0^b = \lim_{b\to\infty}\left(-\frac{1}{e^b}\right) + e^0 = 0 + 1 = 1$$

2. $$\Gamma\left(\frac{1}{2}\right) = \int_0^{\infty} t^{1/2\,-\,1}e^{-t}dt = \int_0^{\infty} t^{-1/2}\,e^{-t}dt.$$

Sea $t = u^2$. Entonces $dt = 2udu$. $t = 0 \Rightarrow u = 0$. $t = \infty \Rightarrow u = \infty$. Luego,

$$\Gamma\left(\frac{1}{2}\right) = \int_0^{\infty} u^{-1} e^{-u^2}(2udu) = 2\int_0^{\infty} e^{-u^2} du = 2\frac{\sqrt{\pi}}{2} = \sqrt{\pi}$$

TEOREMA 5. 11 **Propiedades de la Función Gamma**

1. $\Gamma(x+1) = x\,\Gamma(x),\ \forall x > 0$

2. La función Γ restringida a $\mathbb{Z}^+$ es la función factorial:

$$\Gamma(n+1) = n!,\ \forall\, n \in \mathbb{Z}^+$$

3. $\Gamma(x) = a^x \displaystyle\int_0^{\infty} t^{x-1} e^{-at} dt,\ x > 0,\ a > 0$

4. Primera Versión Logarítmica de la Función Gamma

$$\Gamma(x) = \int_0^1 \left(\ln\frac{1}{t}\right)^{x-1} dt,\ \forall x > 0$$

5. Segunda Versión Logarítmica de la Función Gamma

$$\Gamma(x) = a^x \int_0^1 \left(\ln\frac{1}{t}\right)^{x-1} t^{a-1} dt,\ \forall\, x > 0, \forall a > 0$$

6. Fórmula de los complementos

$$\Gamma(x)\,\Gamma(1-x) = \frac{\pi}{\operatorname{sen} x\pi},\ 0 < x < 1$$

7. $\displaystyle\int_0^{\infty} x^{m-1} e^{-ax^n} dx = \frac{1}{na^{m/n}}\Gamma\left(\frac{m}{n}\right),\ a > 0$

8. $\displaystyle\int_0^1 x^m (\ln x)^n dx = \frac{(-1)^n\, n!}{(m+1)^{n+1}},\ m > -1, n \in \mathbb{Z}^+$

Demostración

1, 2 y 3. Ver el problema resuelto 4.

3 y **5.** Ver el problema resuelto 5.

6. La demostración es omitida.

7. Ver el problema resuelto 6.

8. Ver el problema resuelto 7.

EJEMPLO 2. Hallar $\Gamma\left(\frac{5}{2}\right)$

Solución

Aplicamos dos veces la fórmula 1 y luego, la parte b. del ejemplo 1

$$\Gamma\left(\frac{5}{2}\right) = \Gamma\left(\frac{3}{2}+1\right) = \frac{3}{2}\Gamma\left(\frac{3}{2}\right) = \frac{3}{2}\Gamma\left(\frac{1}{2}+1\right) = \frac{3}{2}\times\frac{1}{2}\Gamma\left(\frac{1}{2}\right) = \frac{3}{4}\sqrt{\pi}$$

OBSERVACION. Para conocer los valores de Γ en todo su dominio $(0, \infty)$ es suficiente conocer los valores de función Γen el intervalo $(0, 1]$.

En efecto, todo x en $(0, \infty)$ puede escribirse así:

$$x = k + r,$$

donde k es un entero positivo y r es un real tal que $\mathbf{0 < r \leq 1}$.

Aplicando la propiedad 1 recursivamente:

$$\Gamma(x) = (x-1)(x-2)\ldots(x-k+1)(x-k)\,\Gamma(x-k)$$
$$= (x-1)(x-2)\ldots(x-k+1)(x-k)\,\Gamma(r)$$

Existen tablas, como las tablas trigonométricas, que proporcionan $\Gamma(r)$ para valores claves de r, donde $0 < r \leq 1$.

EJEMPLO 3. Según una tabla de la función gamma, $(\Gamma 1/4) = 3.62560$. Conociendo este valor, hallar $\Gamma(13/4)$

Solución

Aplicando la fórmula 1 reiteradamente:

$$\Gamma\left(\frac{13}{4}\right) = \Gamma\left(3+\frac{1}{4}\right) = \Gamma\left(\left(2+\frac{1}{4}\right)+1\right) = \left(2+\frac{1}{4}\right)\Gamma\left(2+\frac{1}{4}\right) = \left(2+\frac{1}{4}\right)\Gamma\left(\left(1+\frac{1}{4}\right)+1\right)$$
$$= \left(2+\frac{1}{4}\right)\left(1+\frac{1}{4}\right)\Gamma\left(1+\frac{1}{4}\right) = \left(2+\frac{1}{4}\right)\left(1+\frac{1}{4}\right)\left(\frac{1}{4}\right)\Gamma\left(\frac{1}{4}\right) = \frac{45}{64}\Gamma\left(\frac{1}{4}\right)$$
$$= \frac{45}{64}(3.62560) = 2.54925$$

Más adelante no insistiremos sobre este tipo de ejemplos, donde intervengan valores de la función gamma dada en tablas.

EJEMPLO 4. Hallar: **a.** $\Gamma(2)$ **b.** $\Gamma(6)$

Solución

De acuerdo a la fórmula 2 tenemos:

a. $\Gamma(2) = \Gamma(1+1) = 1! = 1$ **b.** $\Gamma(6) = \Gamma(5+1) = 5! = 120$

EJEMPLO 5. Hallar: $\displaystyle\int_0^{\infty} \sqrt{x}\, e^{-8x^3} dx$

Solución

Método 1. Cambiando de variable: Sea $t = 8x^3$. Entonces

$$x = \frac{t^{1/3}}{2}, \quad dx = \frac{dt}{6t^{2/3}}. \quad x = 0 \Rightarrow t = 0, \; x \to \infty \Rightarrow t \to \infty$$

$$\int_0^{\infty} \sqrt{x}\, e^{-8x^3} dx = \int_0^{\infty} \sqrt{\frac{t^{1/3}}{2}}\, e^{-t} \left(\frac{dt}{6t^{2/3}}\right) = \frac{1}{6\sqrt{2}} \int_0^{\infty} t^{-1/2} e^{-t} dt$$

$$= \frac{1}{6\sqrt{2}} \int_0^{\infty} t^{(1/2)-1} e^{-t} dt = \frac{1}{6\sqrt{2}} \Gamma\left(\frac{1}{2}\right) = \frac{\sqrt{\pi}}{6\sqrt{2}}$$

Método 2. Usando la fórmula 7 con $m = 3/2$, $n = 3$ y $a = 8$:

$$\int_0^{\infty} \sqrt{x} e^{-8x^3} dx = \int_0^{\infty} x^{1/2} e^{-8x^3} dx = \int_0^{\infty} x^{(3/2)-1} e^{-8x^3} dx$$

$$= \frac{1}{3(8)^{\frac{3/2}{3}}} \Gamma\left(\frac{3/2}{3}\right) = \frac{1}{3(8)^{1/2}} \Gamma\left(\frac{1}{2}\right) = \frac{\sqrt{\pi}}{6\sqrt{2}}$$

EJEMPLO 6. Hallar $\Gamma\left(\frac{4}{3}\right)\Gamma\left(\frac{2}{3}\right)$

Solución

Aplicamos la fórmula 1 y luego, la fórmula 6:

$$\Gamma\left(\frac{4}{3}\right)\Gamma\left(\frac{2}{3}\right) = \Gamma\left(\frac{1}{3}+1\right)\Gamma\left(\frac{2}{3}\right) = \frac{1}{3}\Gamma\left(\frac{1}{3}\right)\Gamma\left(\frac{2}{3}\right) \quad \text{(fórmula 1)}$$

$$= \frac{1}{3}\Gamma\left(\frac{1}{3}\right)\Gamma\left(1-\frac{1}{3}\right) = \frac{1}{3}\,\frac{\pi}{\operatorname{sen}\frac{\pi}{3}} = \frac{1}{3}\,\frac{\pi}{\frac{\sqrt{3}}{2}} = \frac{2\pi}{3\sqrt{3}}$$

EJEMPLO 7. Hallar:

$$\textbf{a.} \int_0^1 \frac{dt}{\sqrt{-4\ln t}} \qquad \textbf{b.} \int_0^1 \left(\frac{\ln(1/t)}{t}\right)^{1/2} dt \qquad \textbf{c.} \int_0^1 \left(\frac{t}{\ln(1/t)}\right)^{1/2} dt$$

Solución

a. Aplicamos la fórmula 4:

$$\int_0^1 \frac{dt}{\sqrt{-4\ln t}} = \int_0^1 \frac{dt}{\sqrt{4\ln\left(t^{-1}\right)}} = \frac{1}{2}\int_0^1 \left(\ln(1/t)\right)^{-1/2} dt$$

$$= \frac{1}{2}\int_0^1 \left(\ln(1/t)\right)^{(1/2)-1} dt = \frac{1}{2}\Gamma\left(\frac{1}{2}\right) = \frac{\sqrt{\pi}}{2}$$

b. Aplicamos la fórmula 5:

$$\int_0^1 \left(\frac{\ln(1/t)}{t}\right)^{1/2} dt = \int_0^1 \left(\ln(1/t)\right)^{1/2} t^{-1/2} dt = \int_0^1 \left(\ln(1/t)\right)^{(3/2)-1} t^{(1/2)-1} dt$$

Si $a = \frac{1}{2}$ y $x = \frac{3}{2}$ tenemos que $a^x = (1/2)^{3/2}$.

Ahora, dividiendo y multiplicando la integral anterior por $a^x = (1/2)^{3/2}$

$$\int_0^1 \left[\frac{\ln(1/t)}{t}\right]^{1/2} dt = \frac{1}{(1/2)^{3/2}}\left[(1/2)^{3/2}\int_0^1 \left(\ln(1/t)\right)^{(3/2)-1} t^{(1/2)-1} dt\right]$$

$$= \frac{1}{(1/2)^{3/2}}\Gamma\left(\frac{3}{2}\right) = \frac{1}{(1/2)^{3/2}}\frac{\sqrt{\pi}}{2} = 2\sqrt{2}\,\frac{\sqrt{\pi}}{2} = \sqrt{2\pi}$$

c. Aplicamos la fórmula 5:

$$\int_0^1 \left(\frac{t}{\ln(1/t)}\right)^{1/2} dt = \int_0^1 \left(\ln(1/t)\right)^{-1/2} t^{1/2} dt = \int_0^1 \left(\ln(1/t)\right)^{(1/2)-1} t^{(3/2)-1} dt$$

Si $a = \frac{3}{2}$ y $x = \frac{1}{2}$ tenemos que $a^x = (3/2)^{1/2}$. Ahora, dividiendo y multiplicando la integral anterior por $a^x = (3/2)^{1/2}$:

$$\int_0^1 \left(\frac{t}{\ln(1/t)}\right)^{1/2} dt = \frac{1}{(3/2)^{1/2}}\left[(3/2)^{1/2}\int_0^1 \left(\ln(1/t)\right)^{(1/2)-1} t^{(3/2)-1} dt\right]$$

$$= \frac{1}{(3/2)^{1/2}}\Gamma\left(\frac{1}{2}\right) = \frac{1}{(3/2)^{1/2}}\sqrt{\pi} = \sqrt{\frac{2}{3}}\sqrt{\pi} = \sqrt{\frac{2\pi}{3}}$$

EJEMPLO 8. Hallar: **a.** $\int_0^1 \ln^3 x\, dx$ **b.** $\int_0^1 x^2 \ln^5 x\, dx$

Solución

a. Aplicamos la fórmula 8 con $m = 0$ y $n = 3$,

$$\int_0^1 \ln^3 x\, dx = \frac{(-1)^3\, 3!}{(0+1)^{3+1}} = -3! = -6$$

b. Aplicamos la fórmula 8, con $m = 2$ y $n = 5$:

$$\int_0^1 x^2 \ln^5 x\, dx = \frac{(-1)^5\, 5!}{(2+1)^{5+1}} = -\frac{5!}{3^6} = -\frac{40}{243}$$

EXTENSION DE LA FUNCION GAMMA

La fórmula 1 nos permite extender el dominio de la función gamma al conjunto

$$\mathbb{R} - \{ -1, -2, -3, \ . \ . \ . \}.$$

Esto es, al conjunto de los reales, exceptuando los enteros negativos. Para esto, a la fórmula 1 la escribimos del modo siguiente:

$$\Gamma(x) = \frac{1}{x}\Gamma(x+1)$$

Presentamos dos ejemplos:

a. $\Gamma\left(-\frac{1}{2}\right) = \frac{1}{-1/2}\Gamma\left(-\frac{1}{2}+1\right)$

$= -2\,\Gamma\left(\frac{1}{2}\right) = -2\sqrt{\pi}$

b. $\Gamma\left(-\frac{3}{2}\right) = \frac{1}{-3/2}\Gamma\left(-\frac{3}{2}+1\right)$

$= -\frac{2}{3}\,\Gamma\left(-\frac{1}{2}\right) = -\frac{2}{3}\left(-2\sqrt{\pi}\right) = \frac{4}{3}\sqrt{\pi}$

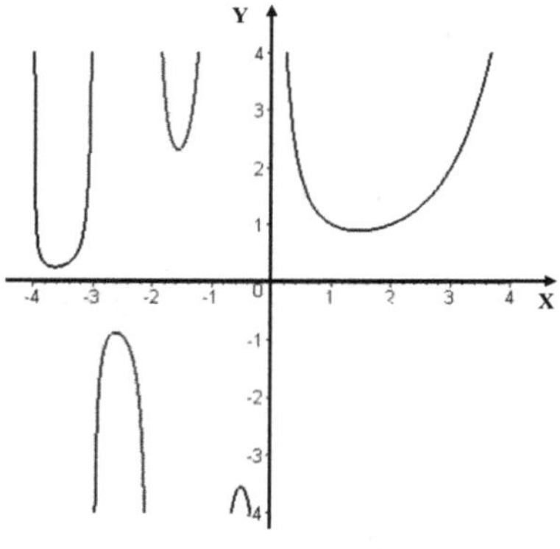

Γ extendida

PROBLEMAS RESUELTOS 5.5

PROBLEMA 1. Hallar $\displaystyle\int_0^{\infty} x^4 e^{-5x^2}\, dx$

Solución

a. Método 1. Sea $y = 5x^2$. Entonces

$$x = \frac{y^{1/2}}{\sqrt{5}}. \quad dx = \frac{y^{-1/2}dy}{2\sqrt{5}}. \quad x = 0 \Rightarrow y = 0. \quad x \to \infty \Rightarrow y \to \infty.$$

$$\int_0^{\infty} x^4 e^{-5x^2} dx = \int_0^{\infty} \left(\frac{y^{1/2}}{\sqrt{5}}\right)^4 e^{-y} \left(\frac{y^{-1/2}dy}{2\sqrt{5}}\right) = \frac{1}{2\times 5^2\sqrt{5}} \int_0^{\infty} y^{3/2} e^{-y} dy$$

$$= \frac{1}{50\sqrt{5}} \int_0^{\infty} y^{5/2\,-1} e^{-y} dy = \frac{1}{50\sqrt{5}}\, \Gamma\left(\frac{5}{2}\right)$$

$$= \frac{1}{50\sqrt{5}}\, \frac{3}{2}\, \frac{1}{2}\, \Gamma\left(\frac{1}{2}\right) = \frac{3}{200\sqrt{5}} \sqrt{\pi} = \frac{3}{1,000} \sqrt{5\pi}$$

b. Método 2. Aplicamos la fórmula 7, Teo. 5.11 con $m = 5$, $n = 2$ y $a = 5$:

$$\int_0^{\infty} x^4 e^{-5x^2} dx = \int_0^{\infty} x^{5-1} e^{-5x^2} dx = \frac{1}{2\times 5^{5/2}} \Gamma\left(\frac{5}{2}\right) = \frac{1}{2}\, \frac{1}{25\sqrt{5}}\, \frac{3}{2} \times \frac{1}{2}\, \Gamma\left(\frac{1}{2}\right)$$

$$= \frac{3\sqrt{5}}{1,000} \sqrt{\pi} = \frac{3}{1,000} \sqrt{5\pi}$$

PROBLEMA 2. Probar que: $\Gamma(x) = 2\int_0^{\infty} y^{2x-1} e^{-y^2} dy$

Solución

Sabemos que: $\Gamma(x) = \int_0^{\infty} t^{x-1} e^{-t} dt$.

Sea $t = y^2$. Entonces $dt = 2ydy$. $t = 0 \Rightarrow y = 0$. $t = \infty \Rightarrow y = \infty$

$$\Gamma(x) = \int_0^{\infty} t^{x-1} e^{-t} dt = \int_0^{\infty} \left(y^2\right)^{x-1} e^{-y^2} (2ydy) = 2\int_0^{\infty} y^{2x-1} e^{-y^2} dy$$

PROBLEMA 3. Probar que:

$$\Gamma\left(n + \frac{1}{2}\right) = \frac{1\times 3\times 5\times \ldots \times (2n-1)}{2^n} \sqrt{\pi} = \frac{(2n)!}{2^{2n} n!} \sqrt{\pi}$$

Solución

$$\Gamma\left(n + \frac{1}{2}\right) = \left(\frac{1}{2} + n - 1\right)\left(\frac{1}{2} + n - 2\right) \ldots \left(\frac{1}{2} + 2\right)\left(\frac{1}{2} + 1\right)\left(\frac{1}{2}\right)\Gamma\left(\frac{1}{2}\right)$$

$$= \left(n - \frac{1}{2}\right)\left(n - \frac{3}{2}\right) \cdots \frac{5}{2} \times \frac{3}{2} \times \frac{1}{2}\sqrt{\pi}$$

$$= \left(\frac{2n-1}{2}\right)\left(\frac{2n-3}{2}\right) \cdots \frac{5}{2} \times \frac{3}{2} \times \frac{1}{2}\sqrt{\pi}$$

$$= \frac{(2n-1)\times(2n-3) \ \ldots \ 5\times 3\times 1}{2^n}\sqrt{\pi}$$

$$= \frac{1\times 3\times 5\times \ \ldots \ (2n-3)\times(2n-1)}{2^n}\sqrt{\pi}$$

Hasta este punto hemos logrado la primera igualdad. Ahora vamos por la segunda.

A la expresión anterior la multiplicamos y dividimos por $2\times 4\times 6\times \ldots (2n-2)(2n)$

$$\Gamma\left(n + \frac{1}{2}\right) = \frac{1\times 2\times 3\times 4\times 5\times \ldots \times(2n-3)(2n-2)(2n-1)(2n)}{2^n \times 2\times 4\times 6\times \ldots \times(2n)}\sqrt{\pi}$$

$$= \frac{1\times 2\times 3\times 4\times 5\times \ldots \times(2n-3)(2n-2)(2n-1)(2n)}{2^n \times 2^n(1\times 2\times 3\times \ldots \times(n)}\sqrt{\pi}$$

$$= \frac{(2n)!}{2^{2n}n!}\sqrt{\pi}$$

PROBLEMA 4. Probar las propiedades 1, 2 y 3 del Teorema 5.11

1. $\Gamma(x + 1) = x\,\Gamma(x), \ \forall x > 0$

2. La función Γ restringida a $\mathbb{Z}^+$ es la función factorial:

$$\Gamma(n + 1) = n!, \ \forall\, n \in \mathbb{Z}^+$$

3. $\Gamma(x) = a^x \displaystyle\int_0^{\infty} t^{x-1}e^{-at}dt\ , \ x > 0, a > 0$

Solución

1. $\Gamma(x+1) = \displaystyle\int_0^{\infty} t^{(x+1)-1}e^{-t}dt = \int_0^{\infty} t^x e^{-t}dt = \lim_{b\to\infty}\int_0^b t^x e^{-t}dt$

Integramos por partes: $u = t^x$ y $dv = e^{-t} \Rightarrow du = x\,t^{x-1}dt$ y $v = -e^{-t}$

$$\lim_{b\to\infty}\int_0^b t^x e^{-t}dt = \lim_{b\to\infty}\Big[-t^x e^{-t}\Big]_0^b - \lim_{b\to\infty}\int_0^b -e^{-t}dt\left(xt^{x-1}dt\right)$$

$$= \lim_{b\to\infty}\Big[-b^x e^{-b} - 0\Big] + x\lim_{b\to\infty}\int_0^b t^{x-1}e^{-t}dt$$

$$= 0 + x\int_0^{\infty} t^{x-1}e^{-t}dt = x\,\Gamma(x)$$

2. Aplicamos la propiedad anterior repetida n veces:

$$\Gamma(n+1) = n\Gamma(n) = n(n-1)\Gamma(n-1) = n(n-1)(n-2)\Gamma(n-2)$$
$$= n(n-1)(n-2)\ldots 3\times 2\times 1\times\Gamma(1)$$
$$= n(n-1)(n-2)\ldots 3\times 2\times 1\times 1 = n!$$

3. Sea $t = au$. Entonces $dt = a\,du$. $t = 0 \Rightarrow u = 0$. $t = \infty \Rightarrow u = \infty$

$$\Gamma(x) = \int_0^{\infty} t^{x-1}e^{-t}dt = \int_0^{\infty} (au)^{x-1}e^{-au}(a\,du) = a^x \int_0^{\infty} u^{x-1}e^{-au}du$$

$$= a^x \int_0^{\infty} t^{x-1}e^{-at}dt$$ (cambiando la variable muda u por la variable muda t)

PROBLEMA 5. Probar las propiedades 3 y 4 del Teorema 5.11

a. Primera versión logarítmica de la Función Gamma

$$\Gamma(x) = \int_0^1 \left(\ln \frac{1}{t}\right)^{x-1} dt,\ \forall x > 0$$

b. Segunda versión logarítmica de la Función Gamma:

$$\Gamma(x) = a^x \int_0^1 \left(\ln \frac{1}{t}\right)^{x-1} t^{a-1}dt,\ \ \forall x > 0,\ \forall a > 0$$

Solución

a. Sea $u = e^{-t}$. Entonces $t = -\ln u = \ln \dfrac{1}{u}$. $dt = -\dfrac{du}{u}$. $t = 0 \Rightarrow u = 1$.

$t \to \infty \Rightarrow u \to 0$

$$\Gamma(x) = \int_0^{\infty} t^{x-1}e^{-t}dt = \int_1^0 \left(\ln \frac{1}{u}\right)^{x-1} u\left(-\frac{du}{u}\right) = \int_0^1 \left(\ln \frac{1}{u}\right)^{x-1} du$$

$$= \int_0^1 \left(\ln \frac{1}{t}\right)^{x-1} dt$$

b. Sea $t = u^a$. Entonces

$$\ln \frac{1}{t} = \ln \frac{1}{u^a} = -\ln u^a = a(-\ln u) = a \ln \frac{1}{u}. \quad dt = a u^{a-1}du.$$

$t = 0 \Rightarrow u = 0$. $t = 1 \Rightarrow u = 1$. y

$$\Gamma(x) = \int_0^1 \left(\ln \frac{1}{t}\right)^{x-1} dt = \int_0^1 \left(a \ln \frac{1}{u}\right)^{x-1} \left(au^{a-1}du\right)$$

$$= a^x \int_0^1 \left(\ln \frac{1}{u}\right)^{x-1} u^{a-1}du = a^x \int_0^1 \left(\ln \frac{1}{t}\right)^{x-1} t^{a-1}dt$$

PROBLEMA 6. Probar la fórmula 7 del teorema 5.10:

$$\int_0^{\infty} x^{m-1} e^{-ax^n} dx = \frac{1}{na^{m/n}} \Gamma\left(\frac{m}{n}\right)$$

Solución

Sea $y = ax^n$. Entonces $x^n = \dfrac{y}{a}$. $x = \left(\dfrac{y}{a}\right)^{1/n}$. $dx = \dfrac{1}{n}\left(\dfrac{y}{a}\right)^{1/n\,-1} \dfrac{dy}{a}$.

$x = 0 \Rightarrow y = 0$. $x \to \infty \Rightarrow y \to \infty$.

$$\int_0^{\infty} x^{m-1} e^{-ax^n} dx = \int_0^{\infty} \left(\frac{y}{a}\right)^{(m-1)/n} e^{-y} \frac{1}{n}\left(\frac{y}{a}\right)^{1/n\,-1} \frac{dy}{a}$$

$$= \frac{1}{na^{m/n}} \int_0^{\infty} y^{m/n\,-\,1} e^{-y} dy = \frac{1}{na^{m/n}} \Gamma\left(\frac{m}{n}\right)$$

PROBLEMA 7. Probar: $\displaystyle\int_0^1 x^m \ln^n x \, dx = \frac{(-1)^n n!}{(\mathrm{m}+1)^{n+1}}$, $m > -1$, $n \in \mathbb{Z}^+$

Solución

a. $\displaystyle\int_0^1 x^m \ln^n x \, dx = \int_0^1 \left((-1)(-1)\ln x\right)^n x^m dx = (-1)^n \int_0^1 (-\ln x)^n x^m dx$

$$= (-1)^n \int_0^1 \left(\ln \frac{1}{x}\right)^{(n+1)-1} x^{(m+1)-1} dx$$

Dividimos y multiplicamos por $(m+1)^{n+1}$. Aplicamos la fórmula 5.

$$\int_0^1 x^m \ln^n x \, dx = \frac{(-1)^n}{(m+1)^{n+1}} \left[(m+1)^{n+1} \int_0^1 \left(\ln \frac{1}{x}\right)^{(n+1)-1} x^{(m+1)-1} dx \right]$$

$$= \frac{(-1)^n}{(m+1)^{n+1}} \Gamma(n+1) = \frac{(-1)^n n!}{(m+1)^{n+1}}$$

PROBLEMA 8. **Una Función de Densidad de Probabilidad.**

Sea la función $f(x) = \begin{cases} C\, x^{\alpha-1} e^{-\beta x}, & \text{si } x > 0 \\ 0, & \text{si } x \le 0 \end{cases}$, $\alpha > 0$ y $\beta > 0$

1. Hallar el valor de la constante C, en términos de α y β, para que la función f sea una función de densidad de probabilidad. A esta función se la llama **función de densidad de probabilidad Gamma.**

2. Hallar el valor de la media para el valor de C hallado.

Solución

1. Debe cumplirse que: $\int_{-\infty}^{\infty} f(x)\,dx = 1$. Luego,

$$1 = \int_{-\infty}^{\infty} Cx^{\alpha-1}e^{-\beta x}dx = C\int_{0}^{\infty} x^{\alpha-1}e^{-\beta x}dx = C\frac{1}{\beta^{\alpha}}\Gamma(\alpha) \Rightarrow$$

$$C = \frac{\beta^{\alpha}}{\Gamma(\alpha)} \quad \text{y} \quad f(x) = \begin{cases} \dfrac{\beta^{\alpha}}{\Gamma(\alpha)}x^{\alpha-1}e^{-\beta x}, & \text{si } x > 0 \\ 0, & \text{si } x \leq 0 \end{cases}, \quad \alpha > 0 \text{ y } \beta > 0$$

2. $$E = \int_{-\infty}^{\infty} x\,f(x)\,dx = \frac{\beta^{\alpha}}{\Gamma(\alpha)}\int_{0}^{\infty} x\,x^{\alpha-1}e^{-\beta x}dx = \frac{\beta^{\alpha}}{\Gamma(\alpha)}\int_{0}^{\infty} x^{\alpha}e^{-\beta x}dx$$

$$= \frac{\beta^{\alpha}}{\Gamma(\alpha)}\int_{0}^{\infty} x^{(\alpha+1)-1}e^{-\beta x}dx = \frac{\beta^{\alpha}}{\Gamma(\alpha)}\frac{\Gamma(\alpha+1)}{\beta^{\alpha+1}} = \frac{\beta^{\alpha}}{\Gamma(\alpha)}\alpha\frac{\alpha\Gamma(\alpha)}{\beta^{\alpha+1}} = \frac{\alpha}{\beta}$$

PROBLEMA 9. Probar que la integral que define la función gamma converge.

Esto es, $\int_{0}^{\infty} t^{x-1}e^{-t}dt$ donde $x > 0$, converge

Solución

Tenemos que $$\int_{0}^{\infty} t^{x-1}e^{-t}dt = \int_{0}^{1} t^{x-1}e^{-t}dt + \int_{1}^{\infty} t^{x-1}e^{-t}dt$$

Probaremos que **a.** $\int_{0}^{1} t^{x-1}e^{-t}dt$ y que **b.** $\int_{1}^{\infty} t^{x-1}e^{-t}dt$ converge

a. Si $x \geq 1$, la integral a. es propia y, por tanto converge.

Si $0 < x < 1$, la integral a. es una integral impropia de segunda especie con punto singular 0.

Tenemos que $0 < x < 1 \Rightarrow -1 < -x < 0 \Rightarrow 0 < 1 - x < 1$

Aplicamos el criterio de la potencia (Teo. 5.8) con $p = 1 - x < 1$:

$$\lim_{t\to 0^+} (t-0)^p f(x) = \lim_{t\to 0^+} t^{1-x}\left(t^{x-1}e^{-t}\right) = \lim_{t\to 0^+} e^{-t} = 1.$$

Luego, $\int_{0}^{1} t^{x-1}e^{-t}dt$ converge.

b. Aplicamos el criterio de la potencia (Teo. 5.7) con $p = 2 > 1$:

$$\lim_{t\to\infty} t^2\left(t^{x-1}e^{-t}\right) = \lim_{t\to\infty} t^{x+1}e^{-t} = \lim_{x\to\infty} \frac{t^{x+1}}{e^t} = 0$$

Luego, $\int_{1}^{\infty} t^{x-1}e^{-t}dt$ converge.

PROBLEMAS PROPUESTOS 5.5

En los problemas del 1 al 15, hallar el valor de la integral indicada usando las propiedades de la función gamma.

1. $\int_0^{\infty} x^{-1/2}e^{-4x}dx$ *Rpta.* $\frac{\sqrt{\pi}}{2}$

2. $\int_0^{\infty} x^5 e^{-3x}dx$ *Rpta.* $\frac{5!}{3^6}=\frac{40}{243}$

3. $\int_0^{\infty} x^2 e^{-3x^2}dx$ *Rpta.* $\frac{\sqrt{3\pi}}{36}$

4. $\int_0^{\infty} e^{-x^5}dx$ *Rpta.* $\frac{1}{5}\Gamma\left(\frac{1}{5}\right)$

5. $\int_0^{\infty} e^{-\sqrt[3]{x}}dx$ *Rpta.* 6

6. $\int_0^{\infty} (x+2)^2 e^{-x^2}dx$ *Rpta.* $\frac{9\sqrt{\pi}}{2}+2$

7. $\int_0^{\infty} \sqrt[4]{x}\, e^{-\sqrt{x}}dx$ *Rpta.* $\frac{3\sqrt{\pi}}{2}$

8. $\int_0^{\infty} \frac{e^{-5x}}{\sqrt{x}}dx$ *Rpta.* $\sqrt{\frac{\pi}{5}}$

9. $\int_0^{1} \left(\ln(1/x)\right)^{\frac{1}{2}} dx$ *Rpta.* $\frac{\sqrt{\pi}}{2}$

10. $\int_0^{1} \left(\ln(1/x)\right)^{-\frac{1}{2}} dx$ *Rpta.* $\sqrt{\pi}$

11. $\int_0^{1} \frac{dx}{\sqrt{-x\ln x}}$ *Rpta.* $\sqrt{2\pi}$

12. $\int_0^{1} (x\ln x)^3 dx$ *Rpta.* $-\frac{3}{128}$

13. $\int_0^{1} (\ln x)^5 dx$ *Rpta.* $-5!=-120$

14. $\int_0^{1} \left(\frac{x}{-\ln x}\right)^{\frac{1}{2}} dx$ *Sug.* $y=-\ln x$ *Rpta.* $\sqrt{\frac{2\pi}{3}}$

15. $\int_0^{e} \frac{x}{\sqrt{1-\ln x}}dx$ *Sug.* $y=1-\ln x$ *Rpta.* $\frac{e^2\sqrt{2\pi}}{2}$

16. Probar que: $\sqrt{\pi}\,\Gamma(2n+1)=2^{2n}\,\Gamma(n+1)\,\Gamma(n+1/2),\quad n\in\mathbb{Z}^+$

Sug. Problema resuelto 3.

17. Probar que: $\sqrt{\pi}\,\Gamma(2n)=2^{2n-1}\,\Gamma(n)\,\Gamma(n+1/2),\quad n\in\mathbb{Z}^+$

Sug. Problema resuelto 3.

18. Probar que: $\frac{\sqrt{\pi}\,\Gamma(n+1)}{\Gamma(n+1/2)}=\frac{2.4.6...(2n)}{1.3.5...(2n-1)},\quad n\in\mathbb{Z}^+$

SECCION 5.6

LA FUNCION BETA

La **función beta** es otra de las **funciones especiales**. Fue introducida por Leonardo Euler en 1730. El nombre de beta para esta función fue dado por el matemático francés, **Jacques Bidet** (1726–1856).

DEFINICION. Se llama **función beta** a la función real

$$\mathrm{B}: (0, \infty) \times (0, \infty) \to \mathbb{R}$$

$$\mathrm{B}(m, n) = \int_0^1 x^{m-1}(1-x)^{n-1}\, dx$$

Debemos probar que esta integral impropia converge para todo $m > 0$ y $n > 0$. Esto lo hacemos en el problema resuelto 8.

TEOREMA 5. 12 **Propiedades de la Función Beta.**

$\forall\, m > 0$ y $\forall\, n > 0$ se cumple que:

1. $\mathrm{B}(m, n) = \mathrm{B}(n, m)$

2. $\mathrm{B}(m, n) = \dfrac{\Gamma(m)\Gamma(n)}{\Gamma(m+n)}$

3. **Versión trigonométrica de la función Beta**

$$\mathrm{B}(m, n) = 2\int_0^{\pi/2} (\operatorname{sen} x)^{2m-1}(\cos x)^{2n-1}\, dx$$

4. $\mathrm{B}(m, n) = \displaystyle\int_0^{\infty} \frac{x^{m-1}}{(1+x)^{m+n}}\, dx$

5. $\displaystyle\int_a^b (x-a)^m (b-x)^n\, dx = (b-a)^{m+n+1}\,\mathrm{B}(m+1, n+1)$

Demostración

1. Ver el problema resuelto 4.

2. Omitimos la demostración, por no estar a nuestro alcance en este curso.

3. Ver el problema resuelto 5.

4. Ver el problema resuelto 6.

5. Ver el problema resuelto 7.

EJEMPLO 1. Hallar: **a.** $\text{B}\left(\frac{1}{2},\frac{1}{2}\right)$ **b.** $\int_0^1 x^5(1-x)^2\,dx$

Solución

a. Aplicando la fórmula 2:

$$\text{B}\left(\frac{1}{2},\frac{1}{2}\right)=\frac{\Gamma(1/2)\Gamma(1/2)}{\Gamma(1/2+1/2)}=\frac{\sqrt{\pi}\,\sqrt{\pi}}{\Gamma(1)}=\frac{\pi}{1}=\pi$$

b. $\int_0^1 x^5(1-x)^2\,dx=\int_0^1 x^{6-1}(1-x)^{3-1}\,dx=\text{B}(6,\,3)=\frac{\Gamma(6)\Gamma(3)}{\Gamma(6+3)}=\frac{6!3!}{9!}=\frac{1}{84}$

EJEMPLO 2. Hallar $\int_0^4 x\sqrt[3]{64-x^3}\,dx$

Solución

Sea $x=4y^{1/3}$. Entonces $y=\frac{x^3}{64}$. $dx=\frac{4}{3}y^{-2/3}dy$. $x=0\Rightarrow y=0$. $x=4\Rightarrow y=1$

$$\int_0^4 x\sqrt[3]{64-x^3}\,dx=\int_0^1\left(4y^{1/3}\right)\sqrt[3]{64-64y}\left(\frac{4}{3}y^{-2/3}dy\right)$$

$$=\frac{4^3}{3}\int_0^1 y^{-1/3}(1-y)^{1/3}\,dy=\frac{4^3}{3}\int_0^1 y^{2/3\,-\,1}(1-y)^{4/3\,-\,1}\,dy$$

$$=\frac{4^3}{3}\text{B}\left(\frac{2}{3},\,\frac{4}{3}\right)=\frac{4^3}{3}\,\frac{\Gamma(2/3)\Gamma(4/3)}{\Gamma(2)}=\frac{4^3}{3}\,\Gamma\left(\frac{4}{3}\right)\Gamma\left(\frac{2}{3}\right)$$

$$=\frac{4^3}{3}\,\frac{1}{3}\,\Gamma\left(\frac{1}{3}\right)\Gamma\left(\frac{2}{3}\right)=\frac{4^3}{3^2}\,\Gamma\left(\frac{1}{3}\right)\Gamma\left(1-\frac{1}{3}\right)$$

$$=\frac{4^3}{3^2}\,\frac{\pi}{\text{sen}(\pi/3)}=\frac{4^3}{3^2}\,\frac{\pi}{\sqrt{3}/2}=\frac{128\pi}{9\sqrt{3}}$$

EJEMPLO 3. Mediante la función beta hallar:

a. $\int_0^{\pi/2}\text{sen}^4x\,\cos^3x\,dx$ **b.** $\int_0^{\pi/2}\cos^8x\,dx$

Solución

a. Aplicamos la fórmula 3. Tenemos: $2m-1=4$ y $2n-1=3 \Rightarrow m=\frac{5}{2}$ y $n=2$

$$\int_0^{\pi/2} \operatorname{sen}^4 x \cos^3 x\, dx = \int_0^{\pi/2} \operatorname{sen}^{2(5/2)-1} x \cos^{2(2)-1} x\, dx = \frac{1}{2}\mathrm{B}\left(\frac{5}{2}, 2\right)$$

$$= \frac{1}{2}\,\frac{\Gamma\left(\frac{5}{2}\right)\Gamma(2)}{\Gamma\left(\frac{5}{2}+2\right)} = \frac{1}{2}\,\frac{\Gamma\left(\frac{5}{2}\right)\,1!}{\left(\frac{5}{2}+1\right)\left(\frac{5}{2}\right)\Gamma\left(\frac{5}{2}\right)} = \frac{1}{2}\,\frac{1}{\left(\frac{5}{2}+1\right)\left(\frac{5}{2}\right)} = \frac{2}{35}$$

b. $\displaystyle\int_0^{\pi/2} \cos^6 x\, dx = \int_0^{\pi/2} \operatorname{sen}^0 x \cos^6 x\, dx$

Aplicamos la fórmula 3. Tenemos: $2m-1=0$ y $2n-1=6 \Rightarrow m=\frac{1}{2}$ y $n=\frac{7}{2}$

$$\int_0^{\pi/2} \cos^6 x\, dx = \int_0^{\pi/2} \operatorname{sen}^{2(1/2)-1} x \cos^{2(7/2)-1} x\, dx = \frac{1}{2}\mathrm{B}\left(\frac{1}{2}, \frac{7}{2}\right)$$

$$= \frac{1}{2}\,\frac{\Gamma\left(\frac{1}{2}\right)\Gamma\left(\frac{7}{2}\right)}{\Gamma\left(\frac{1}{2}+\frac{7}{2}\right)} = \frac{1}{2}\,\frac{\sqrt{\pi}\,\Gamma\left(\frac{7}{2}\right)}{\Gamma(4)} = \frac{1}{2}\,\frac{\sqrt{\pi}\left(\frac{5}{2}\right)\left(\frac{3}{2}\right)\left(\frac{1}{2}\right)\Gamma\left(\frac{1}{2}\right)}{3!}$$

$$= \frac{1}{2}\,\frac{\sqrt{\pi}\left(\frac{5}{2}\right)\left(\frac{3}{2}\right)\left(\frac{1}{2}\right)\sqrt{\pi}}{3!} = \frac{5}{32}\pi$$

EJEMPLO 4. Mediante la función beta hallar $\displaystyle\int_0^{\infty} \frac{dx}{\sqrt{x}(1+x)^2}$

Solución

Aplicamos la fórmula 4 del teorema 5.12 tenemos:

$$\int_0^{\infty} \frac{dx}{\sqrt{x}(1+x)^2} = \int_0^{\infty} \frac{x^{-1/2}}{(1+x)^2}\,dx = \int_0^{\infty} \frac{x^{1/2-1}}{(1+x)^{1/2+3/2}}\,dx = \mathrm{B}\left(\frac{1}{2}, \frac{3}{2}\right)$$

$$= \frac{\Gamma(1/2)\Gamma(3/2)}{\Gamma(2)} = \frac{\sqrt{\pi}(1/2)\sqrt{\pi}}{1} = \frac{\pi}{2}$$

EJEMPLO 5. Mediante la función beta hallar: $\int_{-\infty}^{\infty} \frac{e^{2x}}{a+e^{3x}}\,dx\,,\ a>0.$

Solución

Sea $y=\frac{e^{3x}}{a}$. Entonces $e^{2x}=(ay)^{2/3}$, $x=\frac{1}{3}\ln(ay)$, $dx=\frac{dy}{3y}$.

$x\to-\infty \Rightarrow y\to 0.$ $x\to\infty\Rightarrow y\to\infty.$ Ahora, usando la fórmuls 4 del teo. 5.12:

$$\int_{-\infty}^{\infty}\frac{e^{2x}}{a+e^{3x}}\,dx=\frac{1}{a}\int_{-\infty}^{\infty}\frac{e^{2x}}{1+\frac{e^{3x}}{a}}\,dx=\frac{1}{a}\int_{0}^{\infty}\frac{(ay)^{2/3}}{1+y}\left(\frac{dy}{3y}\right)=\frac{1}{3a^{1/3}}\int_{0}^{\infty}\frac{y^{-1/3}}{1+y}\,dy$$

$$=\frac{1}{3a^{1/3}}\int_{0}^{\infty}\frac{y^{2/3\ -1}}{(1+y)^{2/3\ +\ 1/3}}\,dy=\frac{1}{3a^{1/3}}\mathrm{B}\left(\frac{2}{3},\frac{1}{3}\right)=\frac{1}{3a^{1/3}}\frac{\Gamma(2/3)\,\Gamma(1/3)}{\Gamma(1)}$$

$$=\frac{1}{3a^{1/3}}\Gamma(1/3)\Gamma(2/3)=\frac{1}{3a^{1/3}}\Gamma(1/3)\Gamma(1-1/3)=\frac{1}{3a^{1/3}}\frac{\pi}{\operatorname{sen}\frac{\pi}{3}}=\frac{2\pi}{3\sqrt{3}\,\sqrt[3]{a}}$$

EJEMPLO 6. Mediante la función beta hallar: $\int_{0}^{\pi/2}\frac{\tan^3\theta+\tan^5\theta}{(1+\tan\theta)^5}\,d\theta$

Solución

Sea $x=\tan\theta$. Entonces $\theta=\tan^{-1}x$. $d\theta=\frac{dx}{1+x^2}$. $\theta=0\Rightarrow x=0.$ $\theta=\frac{\pi}{2}\Rightarrow x=\infty.$

$$\int_{0}^{\pi/2}\frac{\tan^3\theta+\tan^5\theta}{(1+\tan\theta)^5}\,d\theta=\int_{0}^{\infty}\frac{x^3+x^5}{(1+x)^5}\frac{dx}{1+x^2}=\int_{0}^{\infty}\frac{x^3\left(1+x^2\right)}{(1+x)^5}\frac{dx}{1+x^2}$$

$$=\int_{0}^{\infty}\frac{x^3}{(1+x)^5}\,dx=\int_{0}^{\infty}\frac{x^{4-1}}{(1+x)^{4+1}}\,dx$$

$$=\mathrm{B}(4,\,1)=\frac{\Gamma(4)\Gamma(1)}{\Gamma(5)}=\frac{3!\,.\,1}{4!}=\frac{1}{4}$$

EJEMPLO 7. Mediante la función beta hallar: $\int_{2}^{6}\sqrt[4]{(x-2)(6-x)}\,dx$

Solución

La fórmula 5 dice: $\int_{a}^{b}(x-a)^m(b-x)^n\,dx=(b-a)^{m+n+1}\mathrm{B}(m+1,\,n+1)$

$$\int_2^6 \sqrt[4]{(x-2)(6-x)}\,dx = \int_2^6 (x-2)^{1/4}(6-x)^{1/4}\,dx$$
$$= 4^{1/4+1/4+1}\,\mathrm{B}\left(\frac{5}{4},\frac{5}{4}\right) = 4^{3/2}\frac{\Gamma(5/4)\Gamma(5/4)}{\Gamma(2+1/2)}$$
$$= 8\frac{(1/4)\Gamma(1/4)(1/4)\Gamma(1/4)}{(3/2)(1/2)\sqrt{\pi}} = \frac{2}{3\sqrt{\pi}}\left(\Gamma\left(\frac{1}{4}\right)\right)^2$$

EJEMPLO 8. **Area de la mariposa**

Se llama mariposa a la gráfica de la ecuación

$$y^6 = x^2 - x^6$$

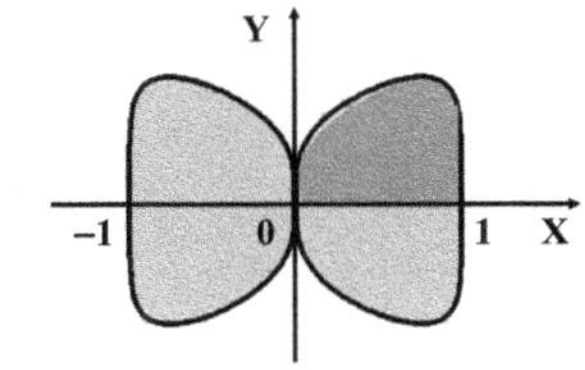

Hallar el área de la región encerrada por esta curva.

Solución

Por simetretría, el área de la región encerrada por la mariposa es 4 veces el área de la región en el primer cuadrante. Pero esta región parcial está es determinada por la parte positiva del eje X y el gráfico de la función

$$y = \left(x^2 - x^6\right)^{1/6},\ 0 \le x \le 1$$

Luego,

$$A = 4\int_0^1 \left(x^2 - x^6\right)^{1/6} dx = 4\int_0^1 x^{1/3}\left(1 - x^4\right)^{1/6} dx$$

Sea $z = x^4$. Se tiene: $x = z^{1/4}$, $dx = \frac{1}{4}z^{-3/4}dz$, $x = 0 \Rightarrow z = 0$, $x = 1 \Rightarrow z = 1$

$$A = 4\int_0^1 z^{1/12}(1-z)^{1/6}\frac{1}{4}z^{-3/4}dz = \int_0^1 z^{-2/3}(1-z)^{1/6}dz$$
$$= \int_0^1 z^{1/3-1}(1-z)^{7/6-1}dz = B\left(\frac{1}{3},\frac{7}{6}\right) = \frac{\Gamma(1/3)\Gamma(7/6)}{\Gamma(1/3+7/6)}$$
$$= \frac{\Gamma(1/3)\Gamma(7/6)}{\Gamma(3/2)} = \frac{\Gamma(1/3)(1/6)\Gamma(1/6)}{(1/2)\Gamma(1/2)} = \frac{\Gamma(1/3)\Gamma(1/6)}{3\sqrt{\pi}} \approx 2.8$$

PROBLEMAS RESUELTOS 5. 6

PROBLEMA 1. Mediante la función beta hallar: $\displaystyle\int_0^{\pi/2} \frac{dx}{\sqrt[3]{\tan^2 x}}$

Solución

$$\int_0^{\pi/2} \frac{dx}{\sqrt[3]{\tan^2 x}} = \int_0^{\pi/2} \left(\frac{\operatorname{sen} x}{\cos x}\right)^{-\frac{2}{3}} dx = \int_0^{\pi/2} (\operatorname{sen} x)^{-2/3} (\cos x)^{2/3} dx$$

$$= \int_0^{\pi/2} (\operatorname{sen} x)^{2(1/6)-1} (\cos x)^{2(5/6)-1} dx = \frac{1}{2}\mathrm{B}\left(\frac{1}{6}, \frac{5}{6}\right)$$

$$= \frac{1}{2}\frac{\Gamma\left(\frac{1}{6}\right)\Gamma\left(\frac{5}{6}\right)}{\Gamma(1)} = \frac{1}{2}\Gamma\left(\frac{1}{6}\right)\Gamma\left(\frac{5}{6}\right) = \frac{1}{2}\Gamma\left(\frac{1}{6}\right)\Gamma\left(1-\frac{1}{6}\right)$$

$$= \frac{1}{2}\frac{\pi}{\operatorname{sen}(\pi/6)} = \frac{1}{2}\frac{\pi}{1/2} = \pi$$

PROBLEMA 2. Hallar: **a.** $\displaystyle\int_0^1 \frac{1}{\sqrt{1-x^3}}\,dx$ **b.** $\displaystyle\int_0^2 \frac{x^3}{\sqrt{8-x^3}}\,dx$

Solución

a. Sea $x = y^{1/3}$. Entonces $dx = \frac{1}{3}y^{-2/3}dy$, $x = 0 \Rightarrow y = 0$, $x = 1 \Rightarrow y = 1$

$$\int_0^1 \frac{1}{\sqrt{1-x^3}}\,dx = \int_0^1 \frac{1}{\sqrt{1-y}}\left(\frac{1}{3}y^{-2/3}dy\right) = \frac{1}{3}\int_0^1 y^{-2/3}(1-y)^{-1/2}dy$$

$$= \frac{1}{3}\int_0^1 y^{(1/3)-1}(1-y)^{(1/2)-1}dy = \frac{1}{3}\mathrm{B}\left(\frac{1}{3}, \frac{1}{2}\right)$$

$$= \frac{1}{3}\frac{\Gamma(1/3)\,\Gamma(1/2)}{\Gamma(5/6)} = \frac{\sqrt{\pi}}{3}\frac{\Gamma(1/3)}{\Gamma(5/6)}$$

b. Sea $x = 2y^{1/3}$. Entonces $dx = \frac{2}{3}y^{-2/3}dy$, $x = 0 \Rightarrow y = 0$, $x = 2 \Rightarrow y = 1$.

$$\int_0^2 \frac{x^3}{\sqrt{8-x^3}}\,dx = \int_0^1 \frac{8y}{\sqrt{8-8y}}\left(\frac{2}{3}y^{-2/3}dy\right) = \frac{2\times 8}{3\times 2\sqrt{2}}\int_0^1 \frac{y^{1/3}}{\sqrt{1-y}}\,dy$$

$$= \frac{8}{3\sqrt{2}}\int_0^1 y^{1/3}(1-y)^{-1/2}dy$$

$$= \frac{8}{3\sqrt{2}}\int_0^1 y^{(4/3)-1}(1-y)^{(1/2)-1}dy = \frac{8}{3\sqrt{2}}\mathrm{B}\left(\frac{4}{3}, \frac{1}{2}\right)$$

$$= \frac{8}{3\sqrt{2}}\frac{\Gamma(4/3)\Gamma(1/2)}{\Gamma(11/6)} = \frac{8}{3\sqrt{2}}\frac{(1/3)\Gamma(1/3)\Gamma(1/2)}{(5/6)\Gamma(5/6)}$$

$$= \frac{8}{3\sqrt{2}}\,\frac{2}{5}\,\frac{\Gamma(1/3)\sqrt{\pi}}{\Gamma(5/6)} = \frac{8\sqrt{2\pi}}{15}\,\frac{\Gamma(1/3)}{\Gamma(5/6)}$$

PROBLEMA 3. Probar: **a.** $\displaystyle\int_0^1 \frac{x^{m-1}}{\sqrt{1-x^n}}\,dx = \frac{\Gamma(m/n)}{\Gamma(m/n+1/2)}\,\frac{\sqrt{\pi}}{n}$

b. $\displaystyle\int_0^1 \frac{x^2}{\sqrt{1-x^6}}\,dx = \frac{\pi}{6}$

Solución

a. Sea $x = y^{1/n}$. Entonces $dx = \frac{1}{n}y^{(1/n)-1}dy$. $x = 0 \Rightarrow y = 0$. $x = 1 \Rightarrow y = 1$

$$\int_0^1 \frac{x^{m-1}}{\sqrt{1-x^n}}\,dx = \int_0^1 \frac{\left(y^{1/n}\right)^{m-1}}{\sqrt{1-y}}\left(\frac{1}{n}y^{(1/n)-1}dy\right) = \frac{1}{n}\int_0^1 y^{(m/n)-1}(1-y)^{-1/2}\,dy$$

$$= \frac{1}{n}\int_0^1 y^{(m/n)-1}(1-y)^{(1/2)-1}\,dy = \frac{1}{n}\mathrm{B}\left(\frac{m}{n},\frac{1}{2}\right)$$

$$= \frac{1}{n}\,\frac{\Gamma(m/n)\,\Gamma(1/2)}{\Gamma(m/n+1/2)} = \frac{1}{n}\frac{\Gamma(m/n)}{\Gamma(m/n+1/2)}\,\frac{\sqrt{\pi}}{n}$$

b. Aplicamos la fórmula de la parte a con $m = 3$ y $n = 6$:

$$\int_0^1 \frac{x^2}{\sqrt{1-x^6}}\,dx = \frac{\Gamma(3/6)}{\Gamma(3/6+1/2)}\,\frac{\sqrt{\pi}}{6} = \frac{\Gamma(1/2)}{\Gamma(1)}\,\frac{\sqrt{\pi}}{6} = \frac{\sqrt{\pi}}{1}\,\frac{\sqrt{\pi}}{6} = \frac{\pi}{6}$$

PROBLEMA 4. Probar la propiedad 1 del Teorema 5.12:

$$\mathrm{B}(m, n) = \mathrm{B}(n, m),\ \forall\, m > 0 \text{ y } \forall\, n > 0$$

Solución

1. Sea $u = 1 - x$. Entonces $x = 1 - u$. $dx = -du$. $x = 0 \Rightarrow u = 1$. $x = 1 \Rightarrow u = 0$.

$$\mathrm{B}(m, n) = \int_0^1 x^{m-1}(1-x)^{n-1}\,dx = \int_1^0 (1-u)^{m-1}u^{n-1}(-du)$$

$$= \int_0^1 u^{n-1}(1-u)^{m-1}\,du = \mathrm{B}(n, m)$$

PROBLEMA 5. Probar la versión trigonométrica de la función beta:

$$\mathrm{B}(m, n) = 2\int_0^{\pi/2} (\operatorname{sen} x)^{2m-1} (\cos x)^{2n-1}\, dx \text{ , } \forall\ m > 0 \text{ y } \forall\ n > 0$$

Solución

Sea $x = \operatorname{sen}^2\theta$. Entonces $dx = 2 \operatorname{sen}\theta \cos\theta\, d\theta$, $\quad 1 - x = \cos^2\theta$

$x = 0 \Rightarrow \theta = 0, \qquad x = 1 \Rightarrow \theta = \dfrac{\pi}{2}$.

$$\mathrm{B}(m, n) = \int_0^1 x^{m-1}(1-x)^{n-1}\, dx$$

$$= \int_0^{\pi/2} \left(\operatorname{sen}^2\theta\right)^{m-1} \left(\cos^2\theta\right)^{n-1} (2\operatorname{sen}\theta \cos\theta\; d\theta)$$

$$= 2\int_0^{\pi/2} (\operatorname{sen}\theta)^{2m-1} (\cos\theta)^{2n-1}\, d\theta = 2\int_0^{\pi/2} (\operatorname{sen} x)^{2m-1} (\cos x)^{2n-1}\, dx$$

PROBLEMA 6. **a.** Probar que $\mathrm{B}(m, n) = \displaystyle\int_0^{\infty} \frac{x^{m-1}}{(1+x)^{m+n}}\, dx$, $m > 0$, $n > 0$.

Solución

a. Sea $x = \dfrac{y}{1+y}$. Entonces $1 - x = \dfrac{1}{1+y}$, $dx = \dfrac{dy}{(1+y)^2}$, $x = 0 \Rightarrow y = 0$.

$x = 1 \Rightarrow y = \infty$. Luego,

$$\mathrm{B}(m, n) = \int_0^1 x^{m-1}(1-x)^{n-1}\, dx = \int_0^{\infty} \left(\frac{y}{1+y}\right)^{m-1} \left(\frac{1}{1+y}\right)^{n-1} \frac{dy}{(1+y)^2}$$

$$= \int_0^{\infty} \frac{y^{m-1}}{(1+y)^{m+n}}\, dy$$

PROBLEMA 7. Probar: $\displaystyle\int_a^b (x-a)^m (b-x)^n\, dx = (b-a)^{m+n+1}\, \mathrm{B}(m+1, n+1)$

Solución

a. Sea $x = a + (b - a)y$. Entonces $x - a = (b - a)y$. $b - x = (b - a)(1 - y)$.

$dx = (b - a)dy$, $x = a \Rightarrow y = 0$, $x = b \Rightarrow y = 1$. Luego,

$$\int_a^b (x-a)^m (b-x)^n\, dx = \int_0^1 \big((b-a)y\big)^m \big((b-a)(1-y)\big)^n (b-a)dy$$

$$= (b-a)^{m+n+1} \int_0^1 y^m \, (1-y)^n \, dy = (b-a)^{m+n+1} \mathrm{B}(m+1,\, n+1)\, dy$$

PROBLEMA 8. Probar que la integral que define la función beta es convergente.

Esto es, $\int_0^1 x^{m-1}(1-x)^{n-1}\,dx$, $m > 0$ y $n > 0$, converge

Solución

Si $m \geq 1$ y $n \geq 1$, la integral es propia y, por tanto, no hay problema de convergencia.

Si $0 < m < 1$, entonces $x = 0$ es un punto singular. Si $0 < n < 1$, entonces $x = 1$ es un punto singular. Probemos la convergencia de la integral para estos casos.

Caso 1. $0 < m < 1$ y $n \geq 1$.

$0 < m < 1 \Rightarrow -1 < -m < 0 \Rightarrow 0 < 1 - m < 1$.

Tenemos que:

$$\lim_{x \to 0^+} x^{1-m}\left[x^{m-1}(1-x)^{n-1}\right] = \lim_{x \to 0^+} (1-x)^{n-1} = 1$$

Aplicando el teorema 5.8 con $L = 1$ y $p = 1 - m < 1$, se concluye que:

$$\int_0^1 x^{m-1}(1-x)^{n-1}\,dx \text{ converge.}$$

Caso 2. $0 < n < 1$ y $m \geq 1$.

$0 < n < 1 \Rightarrow 0 < 1 - n < 1$.

Tenemos que:

$$\lim_{x \to 1^-} (1-x)^{1-n}\left[x^{m-1}(1-x)^{n-1}\right] = \lim_{x \to 1^-} x^{m-1} = 1$$

Aplicando el teorema 5.8 con $L = 1$ y $p = 1 - n < 1$, se concluye que:

$$\int_0^1 x^{m-1}(1-x)^{n-1}\,dx \text{ converge.}$$

Caso 3. $0 < m < 1$ y $0 < n < 1$.

$$\int_0^1 x^{m-1}(1-x)^{n-1}\,dx = \int_0^{1/2} x^{m-1}(1-x)^{n-1}\,dx + \int_{1/2}^1 x^{m-1}(1-x)^{n-1}\,dx$$

Proceder como en el caso 1 para la primera integral de la derecha y como en el caso 2 para la segunda integral.

PROBLEMAS PROPUESTOS 5.6

En los problemas del 1 al 25, hallar el valor de la integral indicada usando las propiedades de las funciones gamma y beta.

1. Hallar:

a. $B(3,\ 5)$ *Rpta.* $\dfrac{1}{105}$ **b.** $B(3,\ 5/2)$ *Rpta.* $\dfrac{16}{315}$

c. $B\left(\dfrac{1}{6},\ \dfrac{5}{6}\right)$ *Rpta.* 2π

2. $\displaystyle\int_0^1 \sqrt[3]{x(1-x)}\,dx$ *Rpta.* $B\left(\dfrac{4}{3},\ \dfrac{4}{3}\right) = \dfrac{\sqrt{3}}{20}\left(\Gamma\left(\dfrac{1}{3}\right)\right)^3$

3. $\displaystyle\int_0^1 \sqrt{\frac{x}{1-x}}\,dx$ *Rpta.* $B\left(\dfrac{3}{2},\ \dfrac{1}{2}\right) = \dfrac{\pi}{2}$

4. $\displaystyle\int_0^1 \sqrt[3]{\frac{1}{x}-1}\,dx$ *Rpta.* $B\left(\dfrac{2}{3},\ \dfrac{4}{3}\right) = \dfrac{2\sqrt{3}\pi}{9}$

5. $\displaystyle\int_0^1 \sqrt{1-x^4}\,dx$ *Rpta.* $\dfrac{1}{4}\,B\left(\dfrac{1}{4},\ \dfrac{3}{2}\right) = \dfrac{1}{6\sqrt{2\pi}}\left(\Gamma(1/4)\right)^2$

6. $\displaystyle\int_0^b \frac{dx}{\sqrt{b^4-x^4}}$ *Sug.* $y = \dfrac{x^4}{b^4}$ *Rpta.* $\dfrac{1}{4b}\,B\left(\dfrac{1}{4},\ \dfrac{1}{2}\right) = \dfrac{1}{4b\sqrt{2\pi}}\left(\Gamma(1/4)\right)^2$

7. $\displaystyle\int_0^\infty \frac{x}{1+x^4}\,dx$ *Sug.* $y = x^4$ *Rpta.* $\dfrac{1}{4}B\left(\dfrac{1}{2},\ \dfrac{1}{2}\right) = \dfrac{\pi}{4}$

8. $\displaystyle\int_0^\infty \frac{x^2}{1+x^6}\,dx$ Sug. $y = x^6$ *Rpta.* $\dfrac{1}{6}B\left(\dfrac{1}{2},\ \dfrac{1}{2}\right) = \dfrac{\pi}{6}$

9. $\displaystyle\int_0^\infty \frac{x^5}{(a+x)^{15}}\,dx$ *Sug.* $y = \dfrac{x}{a}$ *Rpta.* $\dfrac{1}{a^9}B(6,\ 9) = \dfrac{1}{18.018a^9}$

10. $\displaystyle\int_{-\infty}^\infty \frac{e^{6x}}{\left(1+e^x\right)^{10}}\,dx$ *Sug.* $y = e^x$ *Rpta.* $B(6,\ 4) = \dfrac{1}{504}$

11. $\displaystyle\int_{-\infty}^\infty \frac{e^{2x}}{\left(1+e^{3x}\right)^2}\,dx$ *Sug.* $y = e^{3x}$ *Rpta.* $\dfrac{1}{3}B\left(\dfrac{2}{3},\ \dfrac{4}{3}\right) = \dfrac{2\pi}{9\sqrt{3}}$

12. $\displaystyle\int_0^1 \sqrt{\frac{1-x^2}{x}}\,dx$ *Sug.* $y = x^2$ *Rpta.* $\frac{1}{2}B\left(\frac{1}{4}, \frac{3}{2}\right) = \frac{1}{3\sqrt{2\pi}}\left(\Gamma\left(\frac{1}{4}\right)\right)^2$

13. $\displaystyle\int_0^1 \frac{x^4}{\sqrt{1-x^4}}\,dx$ Sug. $y = x^4$ *Rpta.* $\frac{1}{4}B\left(\frac{5}{4}, \frac{1}{2}\right) = \frac{1}{12\sqrt{2\pi}}\left(\Gamma\left(\frac{1}{4}\right)\right)^2$

14. $\displaystyle\int_0^{\pi/2} \operatorname{sen}^2 x \cos^5 x\,dx$ *Rpta.* $\frac{1}{2}B\left(\frac{3}{2}, 3\right) = \frac{8}{105}$

15. $\displaystyle\int_0^{\pi/2} \operatorname{sen}^8 x\,dx$ *Rpta.* $\frac{1}{2}B\left(\frac{9}{2}, \frac{1}{2}\right) = \frac{35\pi}{2^8}$

16. $\displaystyle\int_0^{\pi/2} \sqrt[3]{\operatorname{sen}^2 x}\cos^2 x\,dx$ *Rpta.* $B\left(\frac{5}{6}, \frac{3}{2}\right) = \frac{9\sqrt{\pi}}{16}\frac{\Gamma(5/6)}{\Gamma(1/3)}$

17. $\displaystyle\int_0^{\pi/2} \operatorname{sen}^{2n-1} x\,dx$ *Rpta.* $\frac{1}{2}B\left(n, \frac{1}{2}\right) = \frac{\sqrt{\pi}}{2}\frac{\Gamma(n)}{\Gamma(n+1/2)}$

18. $\displaystyle\int_0^{\pi/2} \cos^{2n-1} x\,dx$ *Rpta.* $\frac{1}{2}B\left(n, \frac{1}{2}\right) = \frac{\sqrt{\pi}}{2}\frac{\Gamma(n)}{\Gamma(n+1/2)}$

19. $\displaystyle\int_0^{2\pi} \cos^6 x\,dx$ *Rpta.* $2B\left(\frac{1}{2}, \frac{7}{2}\right) = \frac{5\pi}{8}$

20. $\displaystyle\int_0^{\pi} \operatorname{sen}^5 x\,dx$ *Rpta.* $B\left(3, \frac{1}{2}\right) = \frac{16}{15}$

21. $\displaystyle\int_0^{\pi/2} \sqrt{\tan x}\,dx$ *Rpta.* $\frac{1}{2}B\left(\frac{3}{4}, \frac{1}{4}\right) = \frac{\pi}{\sqrt{2}}$

22. $\displaystyle\int_0^{\pi/2} \sqrt[3]{\frac{\operatorname{sen} 2x}{2}}\,dx$ *Rpta.* $\frac{1}{2}B\left(\frac{2}{3}, \frac{2}{3}\right) = \sqrt{3}\left(\Gamma(2/3)\right)^3$

23. $\displaystyle\int_2^6 \frac{dx}{\sqrt{(x-2)(6-x)}}$ *Rpta.* $B\left(\frac{1}{2}, \frac{1}{2}\right) = \pi$

24. $\displaystyle\int_0^4 \frac{x^2}{\sqrt{4-x}}\,dx$ *Rpta.* $2^5 B\left(3, \frac{1}{2}\right) = \frac{2^9}{15}$

25. $\displaystyle\int_0^2 \sqrt[3]{x^2(2-x)}\,dx$ *Rpta.* $4B\left(\frac{5}{3}, \frac{4}{3}\right) = \frac{8\pi}{9\sqrt{3}}$

26. $\displaystyle\int_0^4 \frac{x^3}{\sqrt{4x-x^2}}\,dx$ *Rpta.* $4^3 \mathrm{B}\left(\frac{7}{2}, \frac{1}{2}\right) = 5\pi$

27. $\displaystyle\int_5^7 \sqrt{\frac{(x-5)^5}{7-x}}\,dx$ *Rpta.* $2^3 \mathrm{B}\left(\frac{7}{2}, \frac{1}{2}\right) = \frac{5\pi}{2}$

28. $\displaystyle\int_0^3 x\left(27-x^3\right)^{1/3}\,dx$ *Rpta.* $3^2 \mathrm{B}\left(\frac{2}{3}, \frac{4}{3}\right) = 2\sqrt{3}\pi$

29. Probar que $\displaystyle\int_{-\infty}^{\infty} \frac{e^m}{\left(1+e^x\right)^{m+n}}\,dx = \mathrm{B}(m,n)$. *Sug.* $y = e^x$

30. Probar que:

a. $\mathrm{B}(m, 1) = \dfrac{1}{m}$, $m > 0$ **b.** $\mathrm{B}(m+1, 1) = \dfrac{m}{m+n}\mathrm{B}(m, n)$, $m > 0$, $n > 0$

31. Probar que $\displaystyle\int_0^1 x^{m-1}\left(1-x^k\right)^{n-1} dx = \frac{1}{k}\mathrm{B}\left(\frac{m}{k}, n\right)$. *Sug.* Sea $y = x^k$

32. $\mathrm{B}(m, 1-m) = \displaystyle\frac{1}{m}\int_0^{\infty} \frac{dx}{1+x^{1/m}}$.

Sugerencia. Aplicar la fórmula 4 del Teo. 5-11 y luego hacer $y = x^m$

33. Probar que

a. $\displaystyle\int_1^{\infty} \frac{x^{m-1}}{(1+x)^{m+n}}\,dx = \int_0^1 \frac{x^{n-1}}{(1+x)^{m+n}}\,dx$. *Sug.* Sea $y = \dfrac{1}{x}$

b. $\displaystyle\int_0^1 \frac{x^{m-1}+x^{n-1}}{(1+x)^{m+n}}\,dx = \mathrm{B}(m,n)$. *Sug.* $\mathrm{B}(m,n) = \displaystyle\int_0^{\infty} \frac{x^{m-1}}{(1+x)^{m+n}}\,dx$ y

$$\int_0^{\infty} \frac{x^{m-1}}{(1+x)^{m+n}}\,dx = \int_0^1 \frac{x^{m-1}}{(1+x)^{m+n}}\,dx + \int_1^{\infty} \frac{x^{m-1}}{(1+x)^{m+n}}\,dx$$

34. Hallar $\displaystyle\int_0^1 \frac{dx}{\left(1+x^8\right)^{1/4}}$. *Rpta.* $\dfrac{1}{16}\mathrm{B}\left(\frac{1}{8}, \frac{1}{8}\right)$

Sug. Sea $y = x^8$ *y el problema anterior.*

SECCION 5.7

TRANSFORMADA DE LAPLACE

Mediante las integrales impropias se difine una transfomación de funciones que desempeña un papel significativo en la solución de cierto tipo de ecuaciones diferenciales. Nos referimos a la transformación de Laplace. Este es tema muy amplio y con múltiples aplicaciones. En esta sección sólo hacemos su presentación.

DEFINICION. Sea $f(x)$ una función real en la variable real x, donde $x \geq 0$. **La transformada de Laplace de la función $f(x)$** es la función $F(s)$ dada por la siguiente integral impropia, en caso de que ésta converja,

$$F(s) = \int_0^{\infty} f(x)\, e^{-sx} dx$$

Se llama **transformación de la Laplace** al operador $\mathscr{L}$, que asigna a la función $f(x)$ la función $F(s)$. Esto es,

$$\mathscr{L}(f(x)) = F(s)$$

En forma más precisa, la expresión anterior se escribe así:

$$\mathscr{L}(f) = F$$

EJEMPLO 1. Probar que:

a. Si $f(x) = 1$, entonces $\mathscr{L}(1) = \dfrac{1}{s}$, $s > 0$

b. Si $f(x) = x$, entonces $\mathscr{L}(x) = \dfrac{1}{s^2}$, $s > 0$

c. Si $f(x) = x^n$ donde $n \in \mathbb{N}$, entonces $\mathscr{L}(x^n) = \dfrac{n!}{s^{n+1}}$, $s > 0$

Solución

a. $$\mathscr{L}(1) = \int_0^{\infty} (1)e^{-sx} dx = \int_0^{\infty} e^{-sx} dx = \lim_{b \to \infty} \int_0^{b} e^{-sx} dx = \lim_{b \to \infty} \left[-\frac{1}{s} e^{-sx} \right]_0^b$$

$$= \lim_{b \to \infty} \left(-\frac{1}{s} \times \frac{1}{e^{sb}} \right) + \frac{1}{s} \times \frac{1}{e^{s(0)}} = \lim_{b \to \infty} \left(-\frac{1}{s} \times \frac{1}{e^{sb}} \right) + \frac{1}{s}$$

Como s > 0, tenemos que $\lim\limits_{b \to \infty} \left(-\frac{1}{s} \times \frac{1}{e^{sb}} \right) = 0$ y, por lo tanto, $\mathscr{L}(1) = \dfrac{1}{s}$.

b. Integrando por partes tenemos:

$$\mathscr{L}(x) = \int_0^{\infty} xe^{-sx} dx = \lim_{b \to \infty} \left[-\frac{xe^{-sx}}{s} \right]_0^b + \frac{1}{s} \lim_{b \to \infty} \int_0^b e^{-sx} dx = 0 + \frac{1}{s}\,\frac{1}{s} = \frac{1}{s^2}$$

c. Cambiamos de variable:

Sea $y = sx$. Entonces $dx = \frac{dy}{s}$. $x = 0 \Rightarrow y = 0$. $x \to \infty \Rightarrow y \to \infty$

$$\mathscr{L}(x^n) = \int_0^{\infty} x^n e^{-sx} dx = \int_0^{\infty} \left(\frac{y}{s}\right)^n e^{-y} \frac{dy}{s} = \frac{1}{s^{n+1}} \int_0^{\infty} y^n e^{-y} dy$$

$$= \frac{1}{s^{n+1}} \int_0^{\infty} y^{(n+1)-1} e^{-y} dy = \frac{1}{s^{n+1}} \Gamma(n+1) = \frac{1}{s^{n+1}} n! = \frac{n!}{s^{n+1}}$$

EJEMPLO 2. Probar que:

$$\mathbf{1.}\ \mathscr{L}(\text{sen } ax) = \frac{a}{s^2 + a^2},\ s > 0 \qquad \mathbf{2.}\ \mathscr{L}(\cos ax) = \frac{s}{s^2 + a^2},\ s > 0$$

Solución

1. Considerando la fórmula 27 de la tabla de integrales, tenemos:

$$\mathscr{L}(\text{sen } ax) = \int_0^{\infty} e^{-sx} \text{sen } ax\, dx = \lim_{t \to \infty} \left[\frac{e^{-sx}}{s^2 + a^2} (-s \text{ sen } ax - a\cos ax) \right]_0^t$$

$$= \lim_{t \to \infty} \left[\frac{e^{-st}}{s^2 + a^2} (-s \text{ sen } at - a \cos at) \right] - \left[\frac{e^0}{s^2 + a^2} (-0 - a \times 1) \right]$$

$$= 0 + \frac{a}{s^2 + a^2} = \frac{a}{s^2 + a^2}$$

2. Similar a la parte 1, usando la fórmula 26 de la tabla de integrales.

TEOREMA 5. 13 **Linealidad de la transformación de Laplace.**

Si f y g tiene transformada de Laplace y c_1 y c_2 son constantes, entonces

$$\mathscr{L}(c_1 f(x) + c_2 g(x)) = c_1 \mathscr{L}(f(x)) + c_2 \mathscr{L}(g(x))$$

Demostración

$$\mathscr{L}(c_1 f(x) + c_2 g(x)) = \int_0^{\infty} [\, c_1 f(x) + c_2 g(x)] e^{-sx} dx$$

$$= c_1 \int_0^{\infty} f(x) e^{-sx} dx + c_2 \int_0^{\infty} g(x) e^{-sx} dx$$

$$= c_1 \mathscr{L}(f(x)) + c_2 \mathscr{L}(g(x))$$

EJEMPLO 3. **a.** Si $f(x) = c$, $\forall x$; entonces $\mathscr{L}(c) = \dfrac{c}{s}$, $s > 0$

b. Hallar la transformada de Laplace de

$$f(x) = 5x^3 - 3x^2 - 2 + 4\cos \pi x$$

Solución

a. $\mathscr{L}(c) = \mathscr{L}(c(1)) = c\mathscr{L}(1) = c\dfrac{1}{s} = \dfrac{c}{s}$

b. $\mathscr{L}\left(5x^3 - 3x^2 - 2 + 4\cos \pi x\right) = 5\mathscr{L}\left(x^3\right) - 3\mathscr{L}\left(x^2\right) - \mathscr{L}(2) + 4\mathscr{L}(\cos \pi x)$

$$= 5\frac{3!}{s^4} - 3\frac{2!}{s^3} - \frac{2}{s} + 4\frac{s}{s^2+\pi^2} = \frac{30}{s^4} - \frac{6}{s^3} - \frac{2}{s} + \frac{4s}{s^2+\pi^2}$$

A continuación presentamos una pequeña tabla de transformadas. Algunas de estas las hemos obtenido en los ejemplos anteriores. Las otras son deducidas en los problemas resueltos.

ALGUNAS TRANSFORMADAS DE LAPLACE

$f(x)$	$\mathscr{L}(f(x)) = F(s) = \displaystyle\int_0^{\infty} f(x)e^{-sx}dx$
c	$\dfrac{c}{s}$, $s > 0$
x^n	$\dfrac{n!}{s^{n+1}}$, $s > 0$
e^{ax}	$\dfrac{1}{s-a}$, $s > a$
sen ax	$\dfrac{a}{s^2+a^2}$, $s > 0$
cos ax	$\dfrac{s}{s^2+a^2}$, $s > 0$
senh ax	$\dfrac{a}{s^2-a^2}$, $s > \lvert a \rvert$
cosh ax	$\dfrac{s}{s^2-a^2}$, $s > \lvert a \rvert$

PROBLEMAS RESUELTOS 5.7

PROBLEMA 1. Hallar $\mathscr{L}\left(\cos^2 3x\right)$

Solución

Sabemos que $\cos^2 3x = \dfrac{1+\cos 6x}{2}$. Luego,

$$\mathscr{L}\left(\cos^2 3x\right) = \mathscr{L}\left(1/2[1+\cos 6x]\right) = \frac{1}{2}\mathscr{L}(1) + \frac{1}{2}\mathscr{L}(\cos 6x)$$

$$= \frac{1}{2}\times\frac{1}{s} + \frac{1}{2}\times\frac{s}{s^2+6^2} = \frac{1}{2}\left(\frac{1}{s}+\frac{s}{s^2+36}\right)$$

PROBLEMA 2. Probar que

1. $\mathscr{L}\left(\sqrt{x}\right) = \dfrac{\sqrt{\pi}}{2s^{3/2}}$, s > 0 **2.** $\mathscr{L}\left(\dfrac{1}{\sqrt{x}}\right) = \dfrac{\sqrt{\pi}}{\sqrt{s}}$, $s > 0$.

Solución

1. Teniendo en cuenta la fórmula 7 del teorema 5.11, se tiene:

$$\mathscr{L}\left(\sqrt{x}\right) = \int_0^{\infty}\sqrt{x}\, e^{-sx}dx = \int_0^{\infty} x^{1/2}e^{-sx}dx = \int_0^{\infty} x^{(3/2)-1}e^{-sx}dx$$

$$= \frac{1}{1\times s^{3/2}}\Gamma\left(\frac{3}{2}\right) = \frac{1}{s^{3/2}}\frac{1}{2}\Gamma\left(\frac{1}{2}\right) = \frac{1}{2s^{3/2}}\Gamma\left(\frac{1}{2}\right) = \frac{\sqrt{\pi}}{2s^{3/2}}$$

2. Teniendo en cuenta la fórmula 7 del teorema 5.11, se tiene:

$$\mathscr{L}\left(\frac{1}{\sqrt{x}}\right) = \int_0^{\infty}\frac{1}{\sqrt{x}}e^{-sx}dx = \int_0^{\infty} x^{-1/2}e^{-sx}dx = \int_0^{\infty} x^{(1/2)-1}e^{-sx}dx$$

$$= \frac{1}{1\times s^{1/2}}\Gamma\left(\frac{1}{2}\right) = \frac{1}{s^{1/2}}\sqrt{\pi} = \frac{\sqrt{\pi}}{\sqrt{s}}$$

PROBLEMA 3. Probar que $\boldsymbol{\mathscr{L}(e^{ax}) = \dfrac{1}{s-a},\ s > a}$

Solución

$$\mathscr{L}(e^{ax}) = \int_0^{\infty} e^{ax}e^{-sx}dx = \int_0^{\infty} e^{-(s-a)x}dx = \frac{-1}{s-a}\lim_{b\to\infty}\left[e^{-(s-a)x}\right]_0^b$$

$$= \frac{-1}{s-a}\lim_{b\to\infty}\left[e^{-(s-a)b}\right] - \frac{-1}{s-a}\left[e^{-(s-a)0}\right] = 0 + \frac{1}{s-a} = \frac{1}{s-a}$$

PROBLEMA 4. Probar que:

1. $\mathscr{L}\left(\text{senh } ax\right) = \dfrac{a}{s^2 - a^2}$, $s > |\ a\ |$

2. $\mathscr{L}\left(\cosh ax\right) = \dfrac{s}{s^2 - a^2}$, $s > |\ a\ |$

Solución

1. Recordemos la definición de seno hiperbólico: $\dfrac{e^{ax} - e^{-ax}}{2}$. Ahora, usando la linealidad de $\mathscr{L}$ y el resultado del problema resuelto anterior,

$$\mathscr{L}\left(\text{senh } ax\right) = \mathscr{L}\left(\frac{1}{2}\left[e^{ax} - e^{-ax}\right]\right) = \frac{1}{2}\mathscr{L}(e^{ax}) - \frac{1}{2}\mathscr{L}(e^{-ax})$$

$$= \frac{1}{2}\frac{1}{s-a} - \frac{1}{2}\frac{1}{s+a} = \frac{(s+a) - (s-a)}{2(s^2 - a^2)} = \frac{a}{s^2 - a^2}$$

2. Similar a 1.

PROBLEMA 5. **Propiedad de traslación.**

Si $\mathscr{L}$ $(f(x)) = F(s)$, probar que $\mathscr{L}(e^{ax} f(x)) = F(s - a)$, $s > a$

Solución

Tenemos que $F(s) = \displaystyle\int_0^{\infty} f(x)\, e^{-sx} dx$. Luego,

$$\mathscr{L}(e^{ax} f(x)) = \int_0^{\infty} e^{ax} f(x) e^{-sx} dx = \int_0^{\infty} f(x) e^{-(s-a)x} dx = F(s - a)$$

PROBLEMA 6. Hallar $\mathscr{L}(e^{ax} \cos \pi x)$

Solución

Sabemos que $\mathscr{L}(\cos\pi x) = \dfrac{s}{s^2 + \pi^2} = F(s)$. Luego, de acuerdo al problema anterior,

$$\mathscr{L}(e^{ax} \cos\pi x) = F(s - a) = \frac{s-a}{(s-a)^2 + \pi^2}$$

PROBLEMAS PROPUESTOS 5.7

En los problemas del 1 al 9, hallar la transformada de Laplace $\mathscr{L}(f(x)) = F(s)$ de la función $f(x)$ dada.

1. $f(x) = \frac{1}{3}x^5$ *Rpta.* $F(s) = \frac{40}{s^6}$

2. $f(x) = 5x^3 + 8 - 5e^{2x}$ *Rpta.* $F(s) = \frac{30}{s^4} + \frac{8}{s} - \frac{5}{s-2}$

3. $f(x) = x^{3/2}$ *Rpta.* $F(s) = \frac{3}{4s^{5/2}}\sqrt{\pi}$

4. $f(x) = \operatorname{sen}\pi x$ *Rpta.* $F(s) = \frac{\pi}{s^2+\pi^2}$, $s > \pi$

5. $f(x) = \operatorname{sen} ax \cos ax$ *Sug.* $\operatorname{sen} ax \cos ax = \frac{\operatorname{sen} 2ax}{2}$ *Rpta.* $F(s) = \frac{a}{s^2+4a^2}$

6. $f(x) = \operatorname{sen}^2 3x$ *Rpta.* $F(s) = \frac{1}{2}\left(\frac{1}{s} - \frac{s}{s^2+36}\right)$

7. $f(x) = e^{-3x}\operatorname{sen} 7x$ *Rpta.* $F(s) = \frac{7}{(s+3)^2+49}$

8. $f(x) = e^{bx}\operatorname{senh} ax$ *Rpta.* $F(s) = \frac{a}{(s-b)^2-a^2}$

9. $f(x) = e^{bx}\cosh ax$ *Rpta.* $F(s) = \frac{s-b}{(s-b)^2-a^2}$

10. Transformada de la función con escala de la variable independiente modificada.

Si $\mathscr{L}(f(x)) = F(s)$, probar que $\mathscr{L}(f(ax)) = \frac{1}{a}F\left(\frac{s}{a}\right)$

6

ECUACIONES

PARAMETRICAS

CHRISTIAAN HUYGENS
(1629-1695)

CHRISTIAAN HUYGENS
(1629-1695)

CHRISTIAAN HUYGENS (1629–1695), *considerado como uno de los científicos más distinguidos del siglo XVII. Hizo importantes contribuciones en matemáticas, física y astronomía. En 1645 entró a la universidad de Leiden, donde estudió matemáticas. Su padre, un importante diplomático, fue amigo de Descartes, quien, ocasionalmente, visitaba su casa. Christian fue un seguidor y defensor de las ideas de Descartes.*

Construyó telescopios de gran calidad. En 1655 descubrió el ***Titán****, la mayor luna de Saturno. Las observaciones astronómicas precisaban de una buena precisión cronométrica. Este hecho indujo a Huygens a ocuparse de este problema, concentrándose en el movimiento pendular. En 1656 patentó el reloj de péndulo. Este invento estuvo basado en sus estudios sobre la famosa curva,* ***la cicloide****.*

En 1659, gracias a sus telescopios, Huygens presentó una correcta descripción de los ***anillos de saturno****. En 1663, fue elegido como miembro de la recién formada* ***Real Society de Londres*** *y en 1666, fue integrado a la* ***Académie Royale des Sciences de París.*** *En 1690, presentó su teoría ondulatoria de luz, la cual permitía explicar los fenómenos de reflexión y refracción mucho mejor que otras teorías de la época.*

ACONTECIMNIENTOS PARALELOS IMPORTANTES

El siglo XVII, en el que trascurrió la vida de Huygens, es conocido como el ***Siglo de Oro de la literatura española.*** *Destacan Miguel de Cervantes, Luís de Góngora y Argote, Francisco de Quevedo, Lope de Vega, Tirso de Molina, Pedro Calderón de la Barca. En los primeros años de este mismo siglo se inician las colonias inglesas, holandesas y francesas en Norteamérica. Así, se fundaron Quebec en 1608, Boston en 1630, Filadelfia en 1682, etc. En 1626, el holandés Peter Minuit compro a los nativos la isla de Manhatan (Nueva York) por el equivalente a 24 dólares.*

En 1643, Luís XIV es proclamado rey de Francia. Construye el ***palacio de Versalles****, a donde muda su corte real en 1662.*

El Sha Jehan de India, en 1632 ordena la construcción del famoso palacio ***Taj Mahal,*** *en honor de su difunta esposa Mumtaz Mahal. Se completó en 1648.*

SECCION 6.1

ECUACIONES PARAMETRICAS

DEFINICION. **Curva paramétrica y ecuaciones paramétricas.**

Si f y g son funciones de la variable t en un intervalo I, entonces las ecuaciones

$$C: \begin{cases} x = f(t) \\ y = g(t) \end{cases}, \quad t \in \text{I} \qquad (1)$$

son llamadas **ecuaciones paramétricas con parámetro** t. Conforme t varía en el intervalo I, los puntos describen una curva C, denominada **curva paramétrica**. Si I = $[\alpha, \beta]$, $(f(\alpha), g(\alpha))$ es el **punto inicial** y $(f(\beta), g(\beta))$ es el **punto final**.

Parámetro viene de las palabras griegas *para*, que significa "juntos", y *metro*, que significa "medida".

Si en la ecuaciones (1) se elimina el parámetro t, obtenemos una ecuación, de la forma $F(x, y) = 0$, que es la **ecuación cartesiana** de la curva.

El desplazamiento de una partícula en el plano puede ser descrito mediante ecuaciones paramétricas. En este caso, el parámetro t representa tiempo y el punto $(x, y) = (f(t), g(t))$ es la posición de la partícula en el instante t.

Las ecuaciones paramétricas de una curva ofrecen una ventaja adicional a la ecuación cartesiana. A medida que t crece, además de la descripción de la curva, nos da una dirección de desplazamiento. Cuando graficamos, esta dirección la indicamos mediante cabezas de flechas.

EJEMPLO 1. Dadas la ecuaciones paramétricas $\begin{cases} x = t^2/2 \\ y = t+1 \end{cases}, \quad -1 \leq t \leq 4$

a. Bosquejar la curva indicando su dirección.

b. Hallar su ecuación cartesiana e identificar la curva

t	$x = t^2/2$	$y = t + 1$
-1	1/2	0
0	0	1
1	1/2	2
2	1	3
3	9/2	4
4	8	5

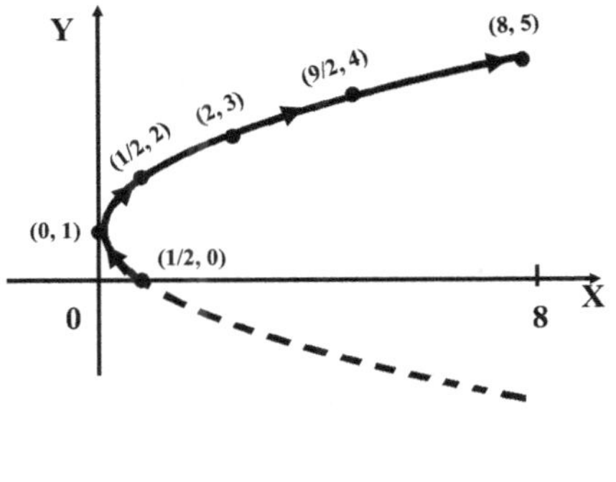

Punto inicial: (1/2, 0). Punto final: (8, 5).

b. Despejamos t en la segunda ecuación y lo reemplazamos en la primera:

$$y = t + 1 \Rightarrow t = y - 1, \qquad x = \frac{(y-1)^2}{4} \quad \Rightarrow \quad (y-1)^2 = 4x$$

Esta ecuación cartesiana corresponde a una parábola con vértice $V = (0, 1)$ y se abre a la derecha. La gráfica de las ecuaciones paramétricas es la parte de esta parábola comprendida entre los puntos (1/2, 0) y (8, 5).

EJEMPLO 2. **Parametrización del gráfico de una función.**

a. Hallar una parametrización para el gráfico G_1 de una función

$$y = f(x), \quad a \leq x \leq b$$

b. Hallar una parametrización para el gráfico G_2 de una función

$$x = g(y), \quad c \leq y \leq d$$

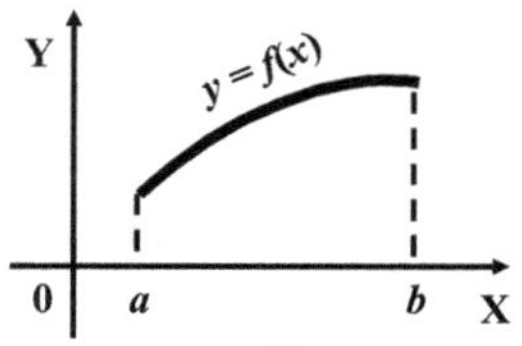

G_1

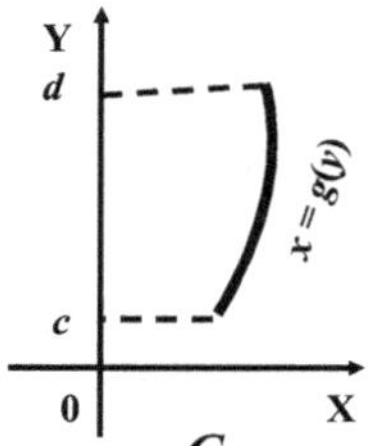

G_2

Solución

a. $G_1 : \begin{cases} x = t \\ y = f(t) \end{cases}, \quad a \leq t \leq b$

b. $G_2 : \begin{cases} x = g(t) \\ y = t \end{cases}, \quad c \leq t \leq d$

EJEMPLO 3. **Dos parametrizaciones de la circunferencia $x^2 + y^2 = r^2$**

a. Hallar una parametrización de $x^2 + y^2 = r^2$ de dirección antihoraria.

b. Hallar una parametrización de $x^2 + y^2 = r^2$ de dirección horaria.

Solución

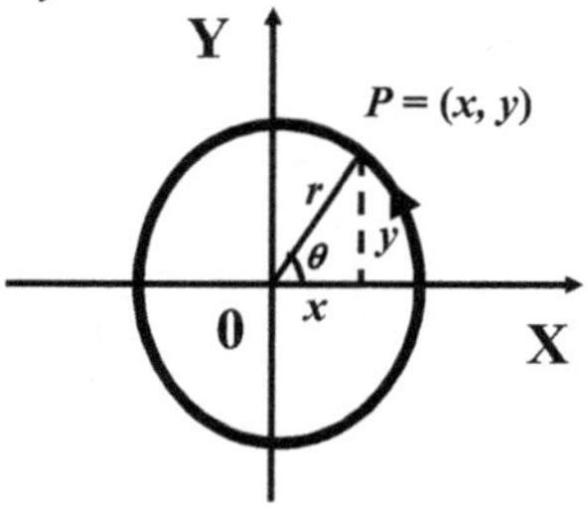

a. Tomemos un punto cualquiera $P = (x, y)$ de la circunferencia y tracemos el radio que una este punto con el centro. Sea θ el ángulo que forma este radio con el semieje positivo X Observando la figura vemos que:

$$x = r\cos\theta, \quad y = r \operatorname{sen}\theta$$

A medida que θ crece de 0 a 2π, el punto P, comenzando en $(r, 0)$, da una vuelta completa a la circunferencia, moviéndose en sentido antihorario. El punto inicial es $(r\cos 0, r \operatorname{sen} 0) = (r, 0)$, y el punto final es $(r\cos\pi, r\operatorname{sen}\pi) = (r, 0)$.

En consecuencia, las ecuaciones paramétricas buscadas son:

$$\begin{cases} x = r \cos\theta \\ y = r \operatorname{sen}\theta \end{cases}, \quad 0 \le \theta \le 2\pi$$

Comprobamos el resultado anterior hallando la ecuación cartesiana de estas ecuaciones paramétricas:

$$x^2 + y^2 = (r\cos\theta)^2 + (r\operatorname{sen}\theta)^2 = r^2\left(\cos^2\theta + \operatorname{sen}^2\theta\right) = r^2(1) = r^2$$

b. Considerando que

$\cos(-\theta) = \cos\theta$, $\operatorname{sen}(-\theta) = -\operatorname{sen}\theta$,

tenemos que las siguientes ecuaciones paramétricas recorren los puntos de la circunferencia en sentido horario:

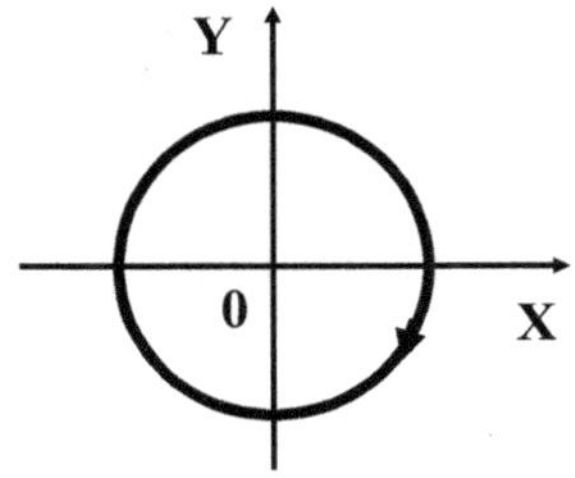

$$\begin{cases} x = r \cos\theta \\ y = -r \operatorname{sen}\theta \end{cases}, \quad 0 \le \theta \le 2\pi$$

EJEMPLO 4. **Una parametrización de la elipse**

Probar que las siguientes ecuaciones

$$\begin{cases} x = a \cos\theta \\ y = b \operatorname{sen}\theta \end{cases}, \quad 0 \le \theta \le 2\pi$$

parametrizan a la elipse $\dfrac{x^2}{a^2} + \dfrac{y^2}{b^2} = 1$

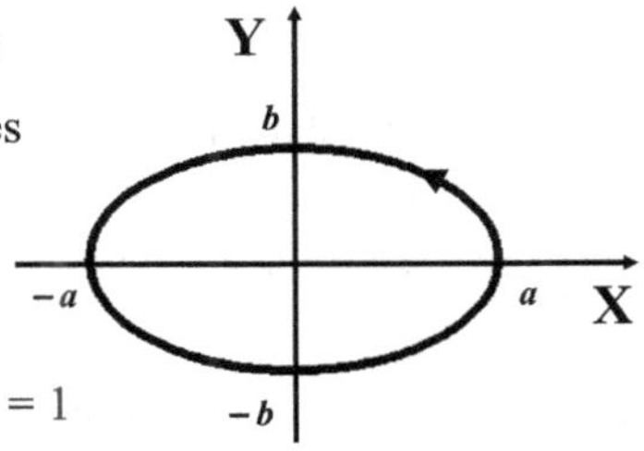

Solución

$$\frac{x^2}{a^2} + \frac{y^2}{b^2} = \frac{(a\cos\theta)^2}{a^2} + \frac{(b\operatorname{sen}\theta)^2}{b^2} = (\cos\theta)^2 + (\operatorname{sen}\theta)^2 = 1$$

Al igual que en la circunferencia, a medida que θ crece de 0 a 2π, el punto P, comenzando en $(a, 0)$, da una vuelta completa a la elipse, moviéndose en sentido antihorario. El punto inicial y final es $(a, 0)$.

Las ecuaciones paramétricas anteriores se obtienen del modo siguiente:

Dibujemos las circunferencias auxiliares de radios a y b. Tomemos un ángulo θ tal que $0 \le \theta \le 2\pi$. Sean A y B los puntos donde el lado terminal del ángulo corta a las circunferencias auxiliares. Las coordenadas de estos puntos son:

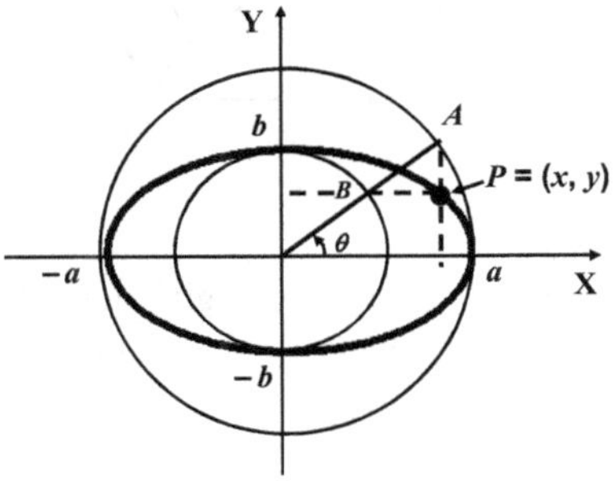

$$A = (a\cos\theta,\ a\operatorname{sen}\theta) \text{ y } B = (b\cos\theta,\ b\operatorname{sen}\theta)$$

Tracemos la recta vertical que pasa por A y la recta horizontal que pasa por B. Estas rectas se cortan en el punto $P = (x, y)$. El punto P tiene la misma abscisa que el punto A y la misma ordenada que el punto B. Luego,

$$x = a \cos \theta, \qquad y = b \text{ sen } \theta.$$

EJEMPLO 5. **Parametrización de la Tractriz**

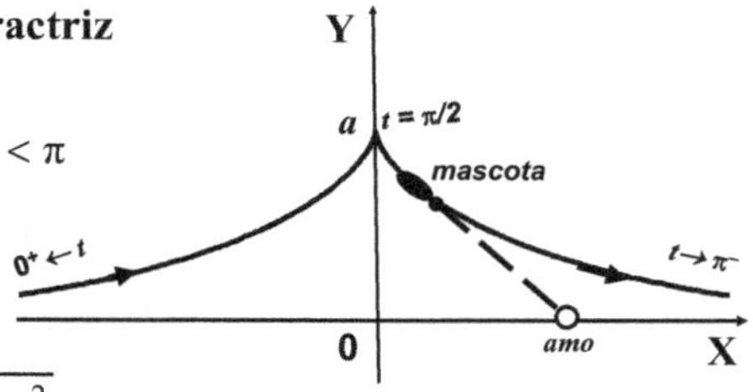

$$C = \begin{cases} x = a\left(\cos t + \ln\left(\tan t/2\right)\right) \\ y = a \text{ sen } t \end{cases}, \quad 0 < t < \pi$$

Ecuación cartesiana:

$$x = \pm a \ln\left(\frac{a + \sqrt{a^2 - y^2}}{y}\right) \mp \sqrt{a^2 - y^2}$$

Esta ecuación cartesiana fue obtenida en el ejemplo 8 de la sección 2.8

Recordar la descripción intuitiva de la tractriz: Una mascota se encuentra en un punto $(0, a)$ del eje Y. Su amo está en el origen de coordenadas y empieza a caminar sobre el eje X halando a la mascota. La trayectoria de la mascota es la tractriz.

EJEMPLO 6. **La Cicloide**

La **cicloide** es la curva que describe un punto P de una circunferencia cuando la circunferencia rueda, sin resbalarse, a lo largo de una recta. Si la circunferencia tiene radio r, rueda a lo largo del eje X y el origen de coordenadas es una posición del punto P, probar que esta cicloide tiene las siguientes ecuaciones paramétricas:

$$\begin{cases} x = r\left(\theta - \text{sen } \theta\right) \\ y = r\left(1 - \cos \theta\right) \end{cases}, -\infty \leq \theta \leq \infty$$

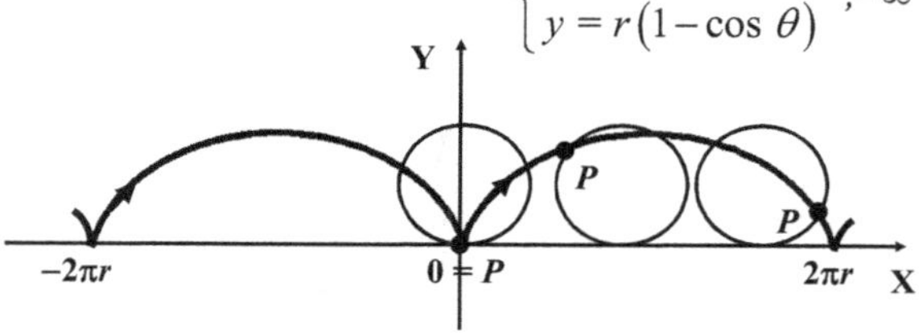

Solución

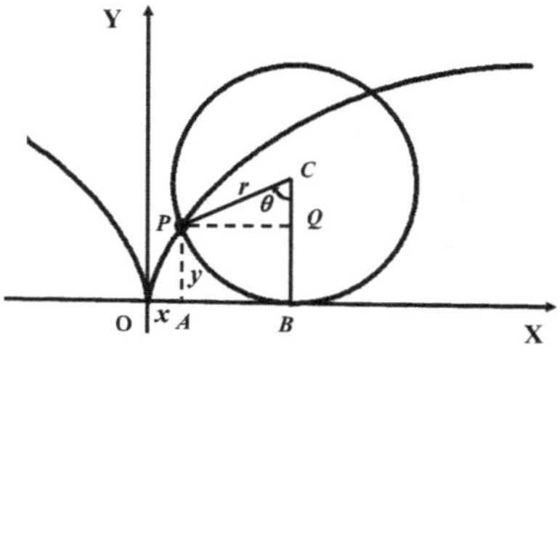

Sea θ el ángulo de giro del radio $\overline{CP}$ cuando la circunferencia rueda. Como la circunferencia rueda a lo largo del eje X y si $\left|\overline{OB}\right|$ es la longitud del segmento $\overline{OB}$ y $\left|\widehat{BP}\right|$ la longitud del arco $\widehat{BP}$, se cumple que:

$$\left|\overline{OB}\right| = \left|\widehat{BP}\right| = r\theta,$$

Ahora, si $P = (x, y)$ tenemos:

$$x = \left|\overline{OB}\right| - \left|\overline{AB}\right| = r\theta - \left|\overline{PQ}\right| = r\theta - r\operatorname{sen}\theta = r(\theta - \operatorname{sen}\theta)$$

$$y = \left|\overline{PA}\right| = \left|\overline{QB}\right| = \left|\overline{CB}\right| - \left|\overline{CQ}\right| = r - r\cos\theta = r(1 - \cos\theta)$$

LA CICLOIDE, LA BRAQUISTOCRONA Y LA TAUTOCRONA

Marin Mersenne

*El término **Cicloide** viene de la conjunción de dos palabras griegas: kyklos (círculo) y eidés (forma). Esta curva fue tema de interés de los más prominentes matemáticos del siglo XVII: Galileo, Pascal, Fermat, Descartes, Torricelli, Huygens, Johann Bernoullii, Desargues, Leibniz, Newton, L'Hospital, etc. Entre algunos de estos matemáticos se presentaron disputas y discrepancias en sus investigaciones sobre este tema. Por estos motivos y por sus bellas propiedades, esta curva fue llamada "**La Elena de los geómetras**" (por Elena de Troya). Los primeros en estudiarla fueron dos religiosos: **Nicolás de Cusa** (1401–1461), alemán, y **Marin Mersenne** (1588–1648), un monje y matemático francés amigo de Descartes.*

*En junio de 1696, **Johann Bernoulli** retó al mundo matemático de su época proponiéndoles el **problema de la braquistócrona** (del griego brachistos, el más breve, y de cronos, tiempo), que dice: Entre todas las curvas en un plano vertical que une el punto A con el punto B no directamente debajo de él, hallar la curva a lo largo de la cual una partícula se desliza desde A hasta B, por acción de la gravedad, en el menor tiempo posible. El mismo bernoulli y otros matemáticos, probaron que tal curva es un arco de una cicloide invertida.*

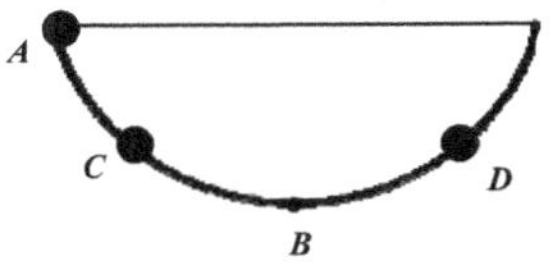

*Otro famoso problema de aquella época fue el problema de la **tautócrona** (del griego tauto, el mismo) él cual plantea hallar una curva tal que una partícula soltada en cualquier punto de la curva, alcance, bajo el efecto de la gravedad, el punto más bajo B en el mismo tiempo. El problema fue planteado en 1673 por Christiaan Huygens. El mismo Huygens probó que la curva buscada es también una cicloide invertida.*

SIMETRIAS EN CURVAS PARAMETRICAS

a. La curva paramétrica $\begin{cases} x = f(t) \\ y = g(t) \end{cases}$, $t \in \text{I}$ es

simétrica respecto al eje X si para todo $t_1 \in \text{I}$,

existe, $t_2 \in \text{I}$ tal que

$$\big(f(t_2), g(t_2)\big) = \big(f(t_1), -g(t_1)\big)$$

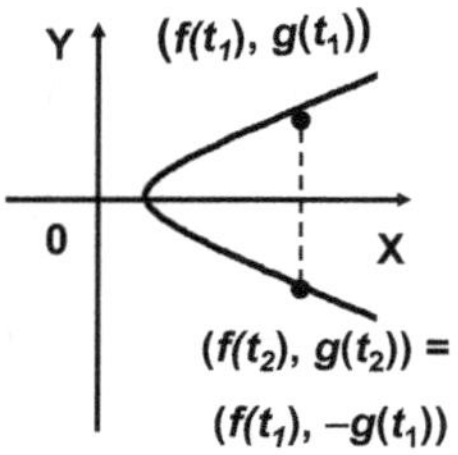

b. La curva paramétrica $\begin{cases} x = f(t) \\ y = g(t) \end{cases}$, $t \in \text{I}$ es

simétrica respecto al eje Y si para todo $t_1 \in \text{I}$,

existe $t_2 \in \text{I}$ tal que

$$\big(f(t_2), g(t_2)\big) = \big(-f(t_1), g(t_1)\big)$$

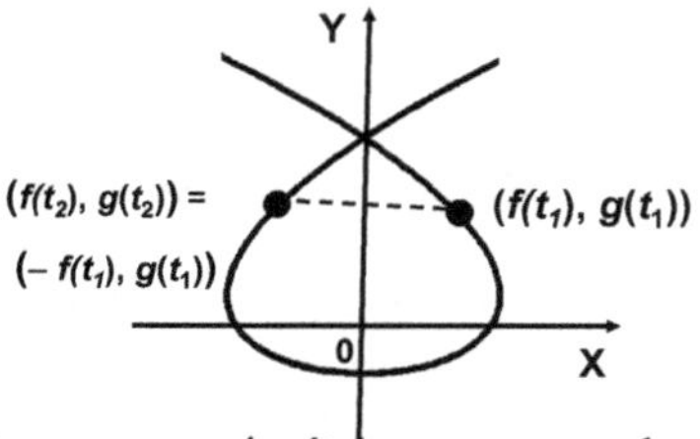

Si f es una función par y g es impar, entonces la curva es simétrica respecto al eje X. En efecto, dado t tomamos $-t$ y tenemos que

$$\big(f(-t), g(-t)\big) = \big(f(t), -g(t)\big)$$

Similarmente, Si f es una función impar y g es par, entonces la curva es simétrica respecto al eje Y. En efecto, dado t tomamos $-t$ y tenemos que

$$\big(f(-t), g(-t)\big) = \big(-f(t), g(t)\big)$$

EJEMPLO 7. Probar que la siguiente curva es simétrica respecto al eje X

$$C: \begin{cases} x = 3t^2 \\ y = t^3 - 3\text{t} \end{cases}, -\infty < t < \infty$$

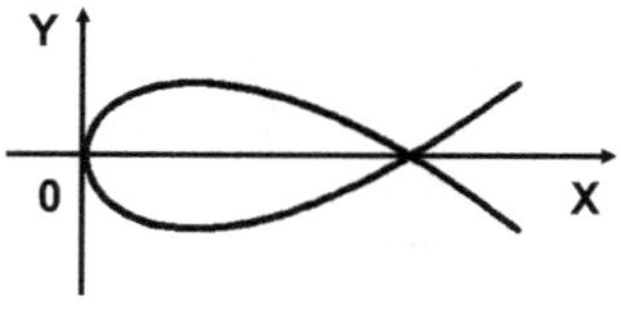

Solución

La función $x = 3t^2$ es par. En efecto: $3(-t)^2 = 3t^2$

La función $y = t^3 - 3t$ es impar. En efecto: $(-t)^3 - 3(-t) = -t^3 + 3t = -(t^3 - 3t)$

En consecuencia, la curva dada es simétrica respecto al eje X.

CURVAS PARAMETRICAS Y LAS GRAFICADORAS

Calculadoras especiales o los sistemas algebraicos de computación son de gran utilidad para graficar curvas paramétricas complicadas. A continuación presentamos dos ejemplos. Sin estas herramientas tecnológicas sería difícil conseguirlas y, en casos más complicados, sería prácticamente imposible

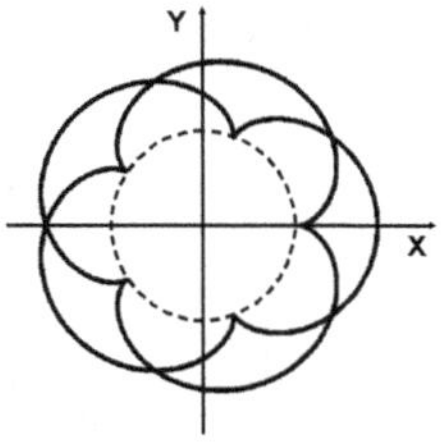

$$\begin{cases} x = 7\cos t - 2\cos 7t/2 \\ y = 7\,\text{sen}\, t - 2\sin 7t/2 \end{cases}, \ 0 \le t \le 4\pi$$

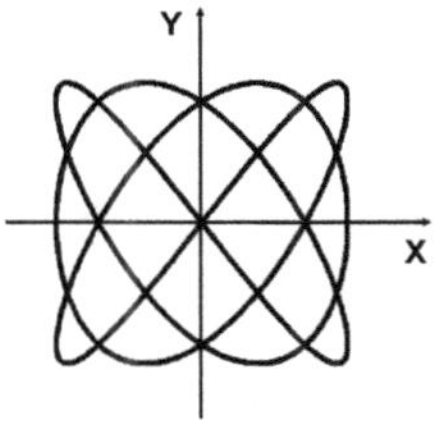

$$\begin{cases} x = \text{sen}\, 3t \\ y = \text{sen}\, 4t \end{cases}, \ 0 \le t \le 4\pi$$

La primera curva es una **epicicloide** de 5 cúspides (ver el problema propuesto 38). La segunda es una **curva de Lissajour,** llamado así en honor del físico francés Jules A. Lissajour (1822–1880), quien se interesó en estas curvas cuando estudiaba el fenómeno de las vibraciones.

PROBLEMAS RESUELTOS 6.1

PROBLEMA 1. Hallar ecuaciones paramétricas para el segmento de recta que une los puntos $A = (-3, 2)$ y $B = (1, 4)$, con A como punto inicial.

Solución

En general, una parametrización para un segmento de recta tiene la forma:

$$x = a + bt, \quad y = c + dt$$

Si $t = 0$, tenemos $x = a$, $y = c$. Estos valores deben ser las coordenadas del punto inicial $A = (-2, -1)$.

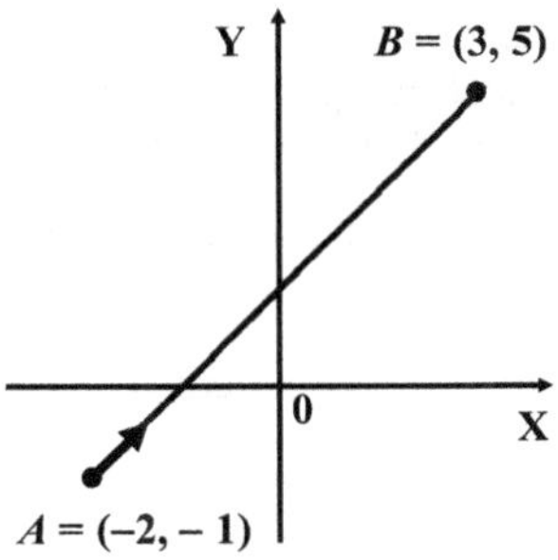

Luego, $a = -2$ y $c = -1$ y, por tanto,

$$x = -2 + bt, \quad y = -1 + dt$$

Por otro lado, cuando $t = 1$, tenemos

$$x = -2 + b, \quad y = -1 + d.$$

Estos valores deben ser las coordenadas del punto final B = (3, 5). Luego, debemos tener que $-2 + b = 3$ y $-1 + d = 5$. Por lo tanto, $b = 5$ y $d = 6$. Luego, las ecuaciones paramétricas buscadas son:

$$\begin{cases} x = -2 + 5t \\ y = -1 + 6t \end{cases}, \quad 0 \le t \le 1$$

PROBLEMA 2. Esbozar la curva descrita por las ecuaciones paramétricas

$$\begin{cases} x = a \sec \theta \\ y = b \tan \theta \end{cases}, \quad -\frac{\pi}{2} < \theta < \frac{\pi}{2}, \quad \frac{\pi}{2} < \theta < \frac{3\pi}{2}$$

Solución

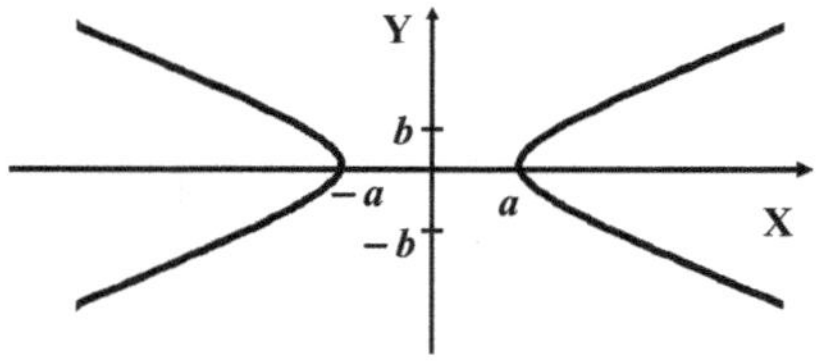

Hallamos su ecuación cartesiana:

$$\left(\frac{x}{a}\right)^2 - \left(\frac{y}{b}\right)^2 = \sec^2 \theta - \tan^2 \theta$$

$$= (1 + \tan^2 \theta) - \tan^2 \theta = 1$$

Hemos obtenido la hipérbola $\dfrac{x^2}{a^2} - \dfrac{y^2}{b^2} = 1$

La rama de la derecha es trazada por $-\dfrac{\pi}{2} < \theta < \dfrac{\pi}{2}$ y la rama de la izquierda por $\dfrac{\pi}{2} < \theta < \dfrac{3\pi}{2}$

PROBLEMA 3. **Ecuaciones paramétricas de la Bruja de Agnesi**

La **Bruja de Agnesi** es la curva que se define así: Tomamos la circunferencia de radio a y de centro $(0, a)$. Consideremos una recta que pasa por el origen O. Sea A el punto donde esta recta corta a la recta horizontal $y = 2a$. Sea B el punto donde la recta OA corta a la circunferencia. Sea P el punto donde se intersectan la recta vertical que pasa por A con la recta horizontal que pasa por B. La bruja de Agnesi es la curva formada por los puntos P que se obtienen al girar la recta OA.

a. Deducir que esta curva tiene por ecuaciones paramétricas a

$$\begin{cases} x = 2a \cot \theta \\ y = 2a \operatorname{sen}^2 \theta \end{cases}, \quad 0 < \theta < \pi$$

b. Probar que la ecuación cartesiana de la bruja es

$$x^2 y = 4a^2 (2a - y)$$

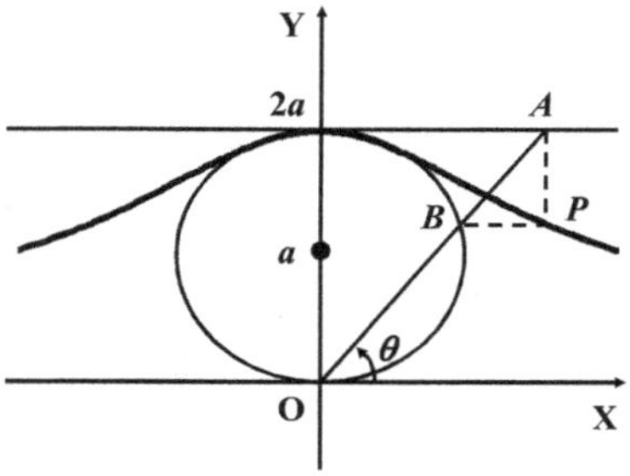

Solución

Sea θ el ángulo de inclinación de la recta OA. Luego, la ecuación de OA es

$$y = mx, \text{ donde } m = \tan \theta$$

El punto A, por estar en la recta horizontal, su ordenada es $y = 2a$, y, por estar en la recta OA, debemos que,

$$2a = mx \Rightarrow x = \frac{2a}{m} \Rightarrow \quad A = \left(\frac{2a}{m},\ 2a\right)$$

La ecuación cartesiana de la circunferencia es

$$x^2 + (y-a)^2 = a^2$$

El punto B, por estar en la recta OA, debemos tener que $B = (x,\ mx)$ y, por estar en la circunferencia, estas coordenadas deben satisfacer su ecuación:

$$x^2 + (mx-a)^2 = a^2 \Rightarrow x^2 + m^2x^2 = 2amx \Rightarrow x^2(1+m^2) = 2amx \Rightarrow$$

$$x(1+m^2) = 2am \Rightarrow x = \frac{2am}{1+m^2} \Rightarrow B = \left(\frac{2am}{1+m^2},\ \frac{2am^2}{1+m^2}\right)$$

La abscisa de P es la abscisa de A. La ordenada de P es la ordenada de B. Luego,

$$P = \left(\frac{2a}{m},\ \frac{2am^2}{1+m^2}\right).$$

Ahora,

$$x = \frac{2a}{m} = 2a\left(\frac{1}{m}\right) = 2a\left(\frac{1}{\tan\theta}\right) = 2a\cot\theta$$

$$y = \frac{2am^2}{1+m^2} = \frac{2a\tan^2\theta}{1+\tan^2\theta} = \frac{2a\tan^2\theta}{\sec^2\theta} = \frac{2a\,(\operatorname{sen}\theta)^2/(\cos\theta)^2}{1/\cos^2\theta} = 2a\operatorname{sen}^2\theta$$

b. Considerado las ecuaciones paramétricas, tenemos:

$$y = 2a\operatorname{sen}^2\theta \Rightarrow \operatorname{sen}^2\theta = \frac{y}{2a} \Rightarrow \frac{1}{\operatorname{sen}^2\theta} = \frac{2a}{y}$$

De la otra ecuación, $x = 2a\cot\theta$, se tiene:

$$x^2 = 4a^2\frac{\cos^2\theta}{\operatorname{sen}^2\theta} = 4a^2\frac{1-\operatorname{sen}^2\theta}{\operatorname{sen}^2\theta} = 4a^2\left(\frac{1}{\operatorname{sen}^2}-1\right) = 4a^2\left(\frac{2a}{y}-1\right)$$

$$= 4a^2\frac{2a-y}{y} \Rightarrow \quad x^2y = 4a^2(2a-y)$$

PROBLEMA 4. **Ecuaciones paramétricas de la Cisoide de Diocles**

La **Cisoide de Diocles** es la curva que se define así: Tomamos la circunferencia de radio a y de centro $(a,\ 0)$. Consideremos una recta que pasa por el origen O. Sea B el punto donde esta recta corta a la recta vertical $y = 2a$. Sea A el punto donde la recta OB corta a la circunferencia. Sea P el punto de la recta OB tal que $\left|\overline{OP}\right| = \left|\overline{AB}\right|$.

La Cisoide de Diocles es la curva formada por los puntos P que se obtienen al girar la recta OA.

a. Deducir que esta curva tiene por ecuaciones paramétricas

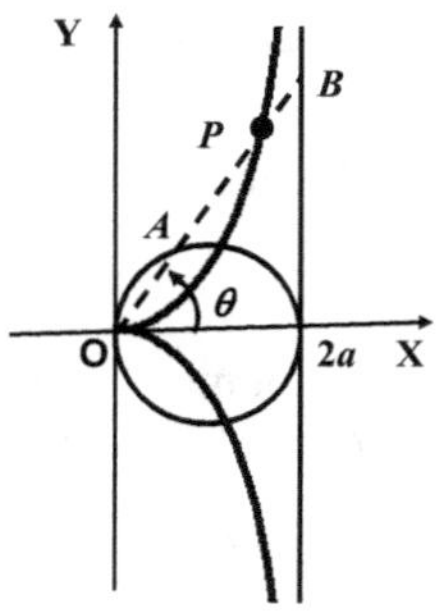

$$\begin{cases} x = 2a \operatorname{sen}^2 \theta \\ y = 2a \operatorname{sen}^2\theta \tan \theta \end{cases}, \quad -\pi < \theta < \pi$$

b. Probar que la ecuación cartesiana de la cisoide es

$$y^2(2a - x) = x^3$$

Solución

Sea θ el ángulo de inclinación de la recta OB. Luego, la ecuación de OB es

$$y = mx, \text{ donde } m = \tan \theta$$

El punto B, por estar en la recta vertical, su abscisa es $x = 2a$, y su ordenada, por estar en la recta OB, es

$$y = mx = 2am \Rightarrow B = (2a,\ 2am) \qquad \textbf{(1)}$$

La ecuación cartesiana de la circunferencia es

$$(x - a)^2 + y^2 = a^2$$

El punto A, por estar en la recta OB, debemos tener que $A = (x,\ mx)$ y, por estar en la circunferencia, estas coordenadas deben satisfacer su ecuación:

$$(x-a)^2 + (mx)^2 = a^2 \Rightarrow x^2 + m^2x^2 = 2ax \Rightarrow x^2(1+m^2) = 2ax \Rightarrow$$

$$x(1+m^2) = 2a \Rightarrow x = \frac{2a}{1+m^2} \Rightarrow A = \left(\frac{2a}{1+m^2},\ \frac{2am}{1+m^2}\right) \qquad \textbf{(2)}$$

Ahora, de (1) y (2):

$$\left|\overline{AB}\right| = \sqrt{\left(2a - \frac{2a}{1+m^2}\right)^2 + \left(2am - \frac{2am}{1+m^2}\right)^2} = \frac{2am^2}{\sqrt{1+m^2}}$$

Por estar P en la recta OB, se tiene que $P = (x,\ mx)$ y

$$\left|\overline{OP}\right| = \sqrt{x^2 + (mx)^2} = x\sqrt{1^2 + m^2}$$

Luego,

$$\left|\overline{OP}\right| = \left|\overline{AB}\right| \Rightarrow x\sqrt{1^2 + m^2} = \frac{2am^2}{\sqrt{1+m^2}} \Rightarrow$$

$$x = \frac{2am^2}{1+m^2} = \frac{2a\tan^2\theta}{1+\tan^2\theta} = \frac{2a\tan^2\theta}{\sec^2\theta} = \frac{2a\,(\operatorname{sen}^2\theta/\cos^2\theta)}{1/\cos^2\theta} = 2a\operatorname{sen}^2\theta$$

$$y = mx = m(2a\operatorname{sen}^2\theta) = (2a\operatorname{sen}^2\theta)m = 2a\operatorname{sen}^2\theta\tan\theta$$

b. Considerado las ecuaciones paramétricas, tenemos:

$y = 2a\operatorname{sen}^2\theta\tan\theta \Rightarrow y = x\tan\theta$. Luego,

$$y^2 = x^2\tan^2\theta = x^2\,\frac{\text{sen}^2\theta}{\cos^2\theta} = x^2\,\frac{2a\,\text{sen}^2\theta}{2a\,\cos^2\theta} = x^2\,\frac{x}{2a\left(1-\text{sen}^2\theta\right)}$$

$$= \frac{x^3}{2a-2a\,\text{sen}^2\theta} = \frac{x^3}{2a-x} \Rightarrow y^2(2a-x) = x^3$$

PROBLEMAS PROPUESTOS 6.1

En los problemas del 1 al 21, hallar la ecuación cartesiana y esbozar el gráfico indicando la dirección de la curva paramétrica. Ver las respuestas al final del capítulo.

1. $x = 3t - 2,\ \ y = 6t + 4,\ \ -\infty < t < \infty$

2. $x = 1 + t,\ \ y = -4 - 2t,\ \ -2 \le t \le 1$

3. $x = 1 + t^2,\ \ y = 3 - t,\ -\infty < t < \infty$

4. $x = 3 - t,\ \ y = t^2 + 1,\ \ -\infty < t < \infty$

5. $x = t^2 - 1,\ y = t^2 + 1,\ -\infty < t < \infty$

6. $x = \sqrt{t}\ ,\ y = 1 + 2t,\ \ 0 \le t < \infty$

7. $x = t + 1/t,\ \ y = t - 1/t,\ \ -\infty < t < 0 < t < \infty$

8. $x = t^2,\ \ y = t^3,\ \ -\infty < t < \infty$

9. $x = t^3 - 1,\ \ y = t^2 - 1,\ \ -\infty < t < \infty$

10. $x = t^2 - 2,\ \ y = t^4 - 4t^2,\ \ -\infty < t < \infty$

11. $x = 2\cos t,\ \ y = 2\,\text{sen}\,t,\ -\pi/2 \le t \le \pi/2$

12. $x = 2\cos t,\ \ y = 3\,\text{sen}\,t,\ 0 \le t \le 2\pi$

13. $x = -2 + \cos t,\ \ y = 1 + 2\,\text{sen}\,t,\ 0 \le t \le 2\pi$

14. $x = \cos 2t,\ \ y = \text{sen}\,t,\ -\pi/2 \le t \le \pi/2$

15. $x = 3\,\text{sen}^2 t,\ \ y = 2\cos^2 t,\ 0 \le t \le \pi/2$

16. $x = \tan t,\ \ y = \sec t,\ -\pi/2 \le t \le \pi/2$

17. $x = 3\cosh t,\ \ y = 2\,\text{senh}\,t,\ -\infty < t < \infty$

18. $x = 1 + \cos^2 t,\ \ y = \cos t,\ 0 \le t \le \pi$

19. $x = \dfrac{2t}{1+t^2},\ y = \dfrac{1-t^2}{1+t^2},\ -\infty < t < \infty$. *Sug. Elevar al cuadrado y sumar.*

20. $x = e^{-t},\ \ y = e^t + 1,\ -\infty < t < \infty$

21. $x = e^t + e^{-t},\ \ y = e^t - e^{-t},\ -\infty < t < \infty$

En los problemas del 22 al 32, hallar las ecuaciones paramétricas de las curva.

22. Recorre la gráfica de $y = x^2 - 2x - 1$ desde $(0, -1)$ hasta $(3, 2)$.

Rpta. $x = t,\ \ y = t^2 - 2t - 1,\ \ 0 \le t \le 3$

23. Recorre la gráfica de $x = y^3 - y + 1$ desde $(-5, -2)$ hasta $(7, 2)$.

Rpta. $x = t^3 - t + 1,\ y = t,\ \ -2 \le t \le 2$

24. El segmento de recta desde $(0, -1)$ hasta $(4, 3)$.

Rpta. $x = t,\ y = -1 + t,\ \ 0 \le t \le 4$

25. El segmento de recta desde $(2, 3)$ hasta $(-2, 1)$.

Rpta. $x = t,\ y = 2 + t/2,\ \ -2 \le t \le 2$

26. Se enrolla una vez en la circunferencia $x^2 + (y + 1)^2 = 1$ en sentido antihorario con punto inicial $(1, -1)$.

Rpta. $x = \cos t,\ y = -1 + \operatorname{sen} t,\ 0 \le t \le 2\pi$

27. Se enrolla una vez en la circunferencia $(x - 1)^2 + y^2 = 1$ en sentido horario con punto inicial $(2, 0)$.

Rpta. $x = 1 + \cos t, y = -\operatorname{sen} t,\ 0 \le t \le 2\pi$

28. Se enrolla una vez en la elipse $9x^2 + 4y^2 = 36$ en sentido horario con punto inicial $(2, 0)$.

Rpta. $x = 2 \cos t,\ y = -3 \operatorname{sen} t,\ 0 \le t \le 2\pi$

29. Recorre la rama donde $x > 0$ de la hipérbola $x^2 - 9y^2 = 9$ en la dirección de y creciente.

Rpta. $x = 3 \sec t,\ y = \tan t,\ -\pi/2 \le t \le \pi/2$

30. Recorre la rama donde $x < 0$ de la hipérbola $x^2 - 9y^2 = 9$ en la dirección de y creciente.

Rpta. $x = 3 \sec t, y = \tan t,\ \pi/2 \le t \le 3\pi/2$

31. Recorre la rama donde $y > 0$ de la hipérbola $9x^2 - 4y^2 = 36$ en la dirección de x creciente.

Rpta. $x = 3 \tan t$, y $= 2 \sec t,\ -\pi/2 \le t \le \pi/2$

32. Recorre la gráfica de $y = x^3$ desde $(-1, -1)$ hasta $(2, 8)$.

Rpta. $x = t,\ y = t^3,\ -1 \le t \le 2$

33. Probar que $x = a\,\dfrac{t^2 - 1}{1 + t^2},\ y = b\,\dfrac{2t}{1 + t^2},\ -\infty < t < \infty$ parametrizan a la elipse

$$\frac{x^2}{a^2} + \frac{y^2}{b^2} = 1$$

34. Probar que las ecuaciones $x = a\dfrac{t^2 + 1}{t^2 - 1},\ y = b\dfrac{2t}{t^2 - 1}$ parametrizan a la hipérbola

$$\frac{x^2}{a^2} - \frac{y^2}{b^2} = 1$$

35. Si un proyectil es lanzado con una velocidad inicial v_o y con un ángulo de inclinación α y con resistencia del aire despreciable, entonces la posición del proyectil después de t segundos está dado por las ecuaciones paramétricas

$$x = (v_o \cos \alpha)t\,,\ y = (v_o \operatorname{sen} \alpha)t - \frac{1}{2}gt^2,$$

donde g es la aceleración de la gravedad, $g = 9.8\ m/seg^2$

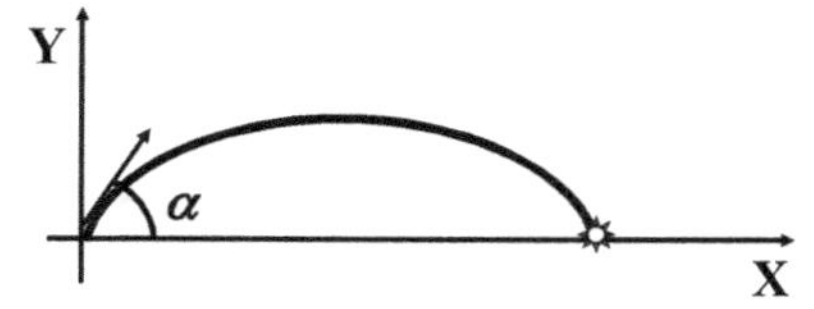

a. Probar que la trayectoria es una parábola.
Sug. Hallar la ecuación cartesiana.

b. Probar que el proyectil golpea al transcurrir $t = \dfrac{2v_0 \text{sen } \alpha}{g}$ segundos.

Sug. Resolver $y = 0$.

c. Probar que la distancia horizontal recorrida por proyectil es $x = \dfrac{v_0^2}{g} \text{sen } 2\alpha$.

d. Probar que la máxima altura alcanzada por el proyectil es $y_{\text{max}} = \dfrac{v_0^2 \text{ sen}^2\alpha}{2g}$

e. Probar que distancia horizontal recorrida por el proyectil es máxima si $\alpha = \pi/4$

Sug. Derivar $x = \dfrac{v_0^2}{g} \text{sen } 2\alpha$ *respecto a* α.

36. (La hipocicloide). Una circunferencia de radio b rueda, sin resbalar, dentro de una circunferencia de radio a, donde $a > b$. Se llama **hipocicloide** a la trayectoria de un punto fijo P de la circunferencia que rueda. Si el centro de la circunferencia fija está en origen, el centro de la circunferencia que rueda es C, el punto $P = (x, y)$ inicia su recorrido en el punto $A = (a, 0)$ y si θ es el ángulo AOC, deducir que las coordenadas de $P = (x, y)$, o sea la hipocicloide, están dadas por las siguientes ecuaciones paramétricas:

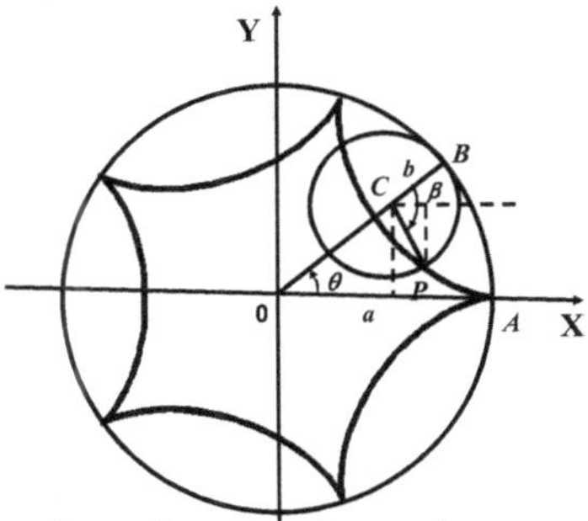

$$\begin{cases} x = (a-b)\cos\,\theta + b\,\cos\big((a-b)/b\big)\theta \\ y = (a-b)\text{sen}\,\theta\; - \;b\,\text{sen}\big((a-b)/b\big)\theta \end{cases}$$

Sug. Seguir los siguientes pasos:

i. Arco AB = Arco $BP \Rightarrow a\theta = b\beta$

ii. $x = (a-b)\cos\,\theta + b\,\cos(\beta-\theta)$

iii. $y = (a-b)\text{sen}\,\theta\; - \;b\,\text{sen}(\beta-\theta)$

Se prueba que si $a/b = n$, un natural, la circunferencia pequeña rueda n veces y la hipocicloide tiene n cúspides. Si a/b es irracional, la circunferencia pequeña rueda infinitas veces y la hipocicloide tiene infinitas cúspides.

37. (La astroide). Si en las ecuaciones de la hipocicloide, en el problema anterior, consideramos el caso particular en el que $a = 4b$, se tiene:

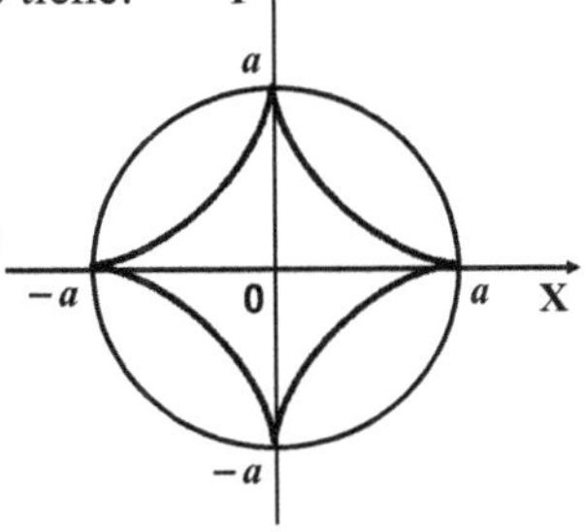

$$\begin{cases} x = 3b\,\cos\,\theta + b\,\cos\,3\theta \\ y = 3b\,\text{sen}\,\theta\; - \;b\,\text{sen}\,3\theta \end{cases} \qquad \textbf{(1)}$$

a. Probar que las ecuaciones (1) son equivalentes a las ecuaciones $\begin{cases} x = a\,\cos^3\theta \\ y = a\,\text{sen}^3\theta \end{cases}$ **(2)**

b. Probar que la ecuación cartesiana de las ecuaciones anteriores es $x^{2/3} + y^{2/3} = a^{2/3}$, que es la ecuación de la **astroide**. En consecuencia, la astroide es una hipocicloide de 4 cúspides y es descrita por las ecuaciones paramétricas (2).

38. (La epicicloide). Una circunferencia de radio b rueda, sin resbalar, fuera de una circunferencia de radio a, donde $a > b$. Se llama **epicicloide** a la trayectoria de un punto fijo P de la circunferencia que rueda. Si el centro de la circunferencia fija está en origen, el centro de la circunferencia que rueda es C, el punto $P = (x, y)$ inicia su recorrido en el punto $A = (a, 0)$ y si θ es el ángulo AOC, deducir que las coordenadas de $P = (x, y)$, o sea la epicicloide, están dadas por las siguientes ecuaciones paramétricas:

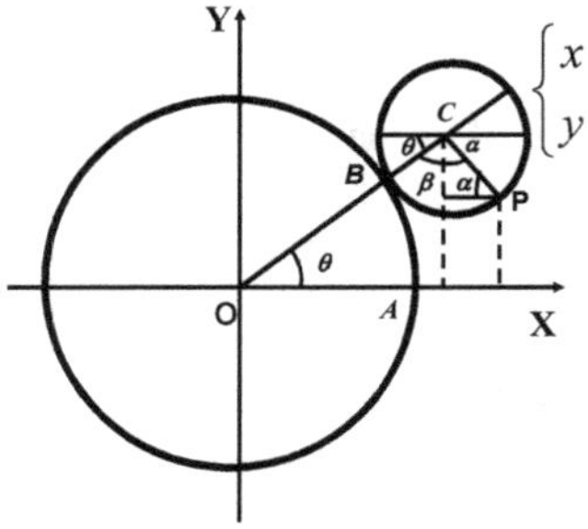

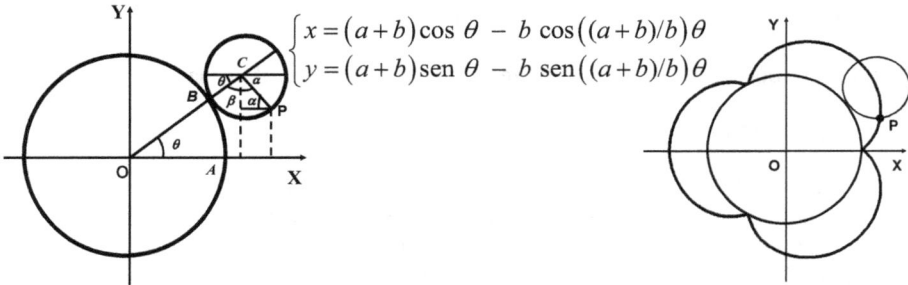

$$\begin{cases} x = (a+b)\cos\theta - b\cos\left((a+b)/b\right)\theta \\ y = (a+b)\operatorname{sen}\theta - b\operatorname{sen}\left((a+b)/b\right)\theta \end{cases}$$

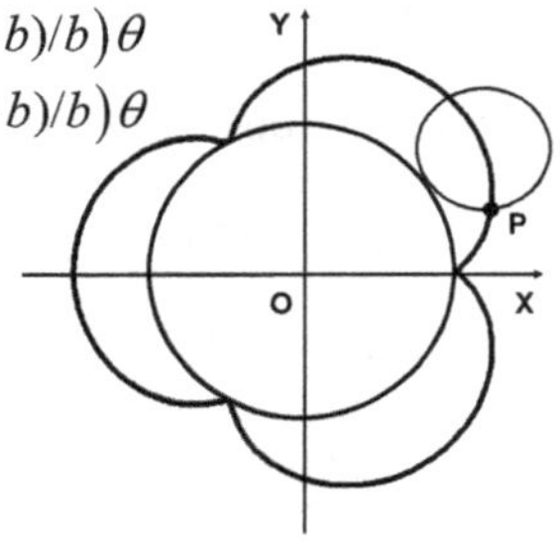

Epicicloide de 3 cúspides

Sug. Seguir los siguientes pasos:

i. Arco AB = Arco $BP \Rightarrow a\theta = b\beta$

ii. $x = (a+b)\cos\theta + b\cos(\alpha)$

$y = (a+b)\operatorname{sen}\theta - b\operatorname{sen}(\alpha)$

iii. $\alpha = \pi - (\beta + \theta)$

SECCION 6.2

PENDIENTE Y CONCAVIDAD DE CURVAS PARAMETRICAS

Buscamos la forma de hallar la pendiente de las rectas tangentes a una curva definida por ecuaciones paramétricas, sin tener que eliminar el parámetro.

TEOREMA 6.1 Forma paramétrica de la derivada

Sea la curva $C: \begin{cases} x = f(t) \\ y = g(t) \end{cases}, \ a \leq t \leq b,$

donde las funciones f y g son diferenciables con derivadas continuas y $f'(t) \neq 0$. Entonces la pendiente de C en el punto (x, y) es

$$\frac{dy}{dx} = \frac{dy/dt}{dx/dt} = \frac{g'(t)}{f'(t)}$$

Demostración

Sea $y = F(x)$ la ecuación cartesiana de la curva paramétrica, donde F es también diferenciable con derivada continua. Reemplazando las ecuaciones paramétricas en esta ecuación cartesiana tenemos:

$$g(t) = F(f(t))$$

Aplicando la regla de la cadena:

$$g'(t) = F'(f(t))f'(t) = F'(x)f'(t)$$

Despejando $F'(x)$:

$$F'(x) = \frac{g'(t)}{f'(t)}\text{, o bien, con la notación de Leibniz, } \frac{dy}{dx} = \frac{dy/dt}{dx/dt}$$

SEGUNDA DERIVADA

Si $\frac{dy}{dx}$ es diferenciable, entonces reemplazando y por $\frac{dy}{dx}$ en la fórmula del teorema, obtenemos la segunda derivada:

$$\frac{d^2y}{dx^2} = \frac{\frac{d}{dt}\left[\frac{dy}{dx}\right]}{dx/dt} = \frac{\frac{d}{dt}\left[\frac{g'(t)}{f'(t)}\right]}{f'(t)} = \frac{f'(t)g''(t) - f''(t)g'(t)}{\left(f'(t)\right)^3}$$

EJEMPLO 1. Sea C: $\begin{cases} x = t^3 - 9t \\ y = 2t^2 - 8 \end{cases}, -\infty < t < \infty$

a. Probar que C se intersecta en el punto (0, 10)

b. Hallar las dos rectas tangentes a C en el punto (0, 10)

c. Hallar los puntos de C donde las tangentes son horizontales

d. Hallar los puntos de C donde las tangentes son verticales

Solución

a. $x = 0 \Rightarrow t^3 - 9t = 0 \Rightarrow t(t^2 - 9) = 0 \Rightarrow t = 0, t = 3, t = -3$

$t = 0 \Rightarrow (x, y) = (0, -8)$. $t = 3 \Rightarrow (x, y) = (0, 10)$. $t = -3 \Rightarrow (x, y) = (0, 10)$.

Vemos que el punto (0, 10) es alcanzado dos veces, con $t = 3$ y $t = -3$.

b. $\frac{dy}{dx} = \frac{dy/dt}{dx/dt} = \frac{4t}{3t^2 - 9} = \frac{4t}{3(t^2 - 3)} = \frac{4}{3}\frac{t}{t^2 - 3}$

Para $t = 3$, $\left.\frac{dy}{dx}\right|_{t=3} = \frac{4}{3}\frac{3}{3^2 - 3} = \frac{2}{3}$. Luego,

$$L_1:\ y - 10 = \frac{2}{3}x \Rightarrow \quad L_1:\ 3y - 2x - 30 = 0$$

Para $t=-3$, $\left.\dfrac{dy}{dx}\right|_{t=-3} = \dfrac{4}{3}\dfrac{-3}{(-3)^2-3} = -\dfrac{2}{3}$. Luego,

$$L_2:\ y-10=-\frac{2}{3}x \Rightarrow\ L_2:\ 3y+2x-30=0$$

c. Una tangente es horizontal si su pendiente es $m = 0$.

$$\frac{dy}{dx}=0 \Rightarrow \frac{4}{3}\frac{t}{t^2-3}=0 \Rightarrow t=0 \Rightarrow (x,y)=(0,-8).$$

Luego, $(0, -8)$ es el único punto de C en donde la tangente es horizontal.

d. Como $\dfrac{dy}{dx} = \dfrac{dy/dt}{dx/dt}$, una recta tangente C es vertical cuando $m = \pm\infty$. Esto sucede cuando, $\dfrac{dx}{dt}=0$ y $\dfrac{dy}{dx}\neq 0$.

$$\frac{dx}{dt}=0 \Rightarrow 3t^2-9=0 \Rightarrow t^2=3 \Rightarrow t=\pm\sqrt{3}$$

$$\frac{dy}{dt}=4t \Rightarrow \left.\frac{dy}{dx}\right|_{t=\pm\sqrt{3}} = \pm 4\sqrt{3}\neq 0$$

Para $t=-\sqrt{3}$, el punto de C es $(6\sqrt{3}, -2)$

Para $t=\sqrt{3}$, el punto de C es $(-6\sqrt{3}, -2)$

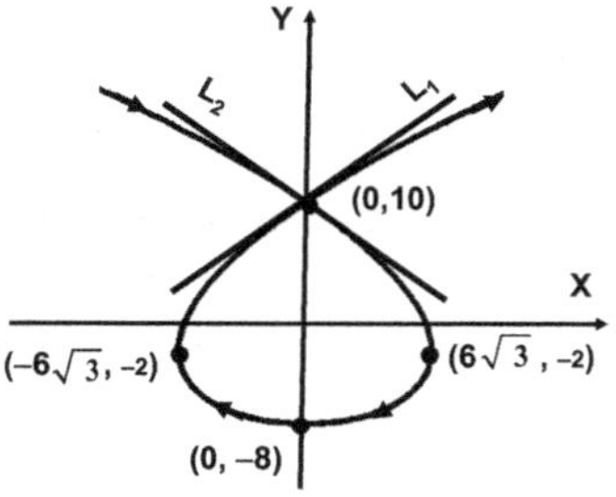

EJEMPLO 2. En la curva del ejemplo anterior, $C: \begin{cases} x=t^3-9t \\ y=2t^2-8 \end{cases}, -\infty < t < \infty$

a. Hallar $\dfrac{d^2y}{dx^2}$

b. Hallar los intervalos donde la curva es cóncava hacia arriba y cóncava hacia abajo.

c. Hallar los puntos de inflexión.

Solución

a.
$$\frac{d^2y}{dx^2} = \frac{\frac{d}{dt}\left[\frac{dy}{dx}\right]}{dx/dt} = \frac{\frac{d}{dt}\left[\frac{4}{3}\frac{t}{t^2-3}\right]}{dx/dt} = \frac{4}{3}\frac{\frac{d}{dt}\left[\frac{t}{t^2-3}\right]}{3(t^2-3)} = \frac{4}{9}\frac{\frac{(t^2-3)(1)-t(2t)}{(t^2-3)^2}}{t^2-3}$$

$$= \frac{4}{9}\frac{-t^2-3}{(t^2-3)^3} = -\frac{4}{9}\frac{t^2+3}{(t^2-3)^3} = -\frac{4}{9}\frac{t^2+3}{\left(t+\sqrt{3}\right)^3\left(t-\sqrt{3}\right)^3}$$

b. $\dfrac{d^2y}{dx^2} = -\dfrac{4}{9}\dfrac{t^2+3}{\left(t+\sqrt{3}\right)^3\left(t-\sqrt{3}\right)^3}$ no se anula en ningún punto y que no existe en $t=-\sqrt{3}$ y en $t=\sqrt{3}$

Signos de $y'' = \dfrac{d^2y}{dx^2}$ en los intervalos $(-\infty,-\sqrt{3})$, $(-\sqrt{3},\sqrt{3})$ y $(\sqrt{3},\infty)$

$-\infty$ — $-\sqrt{3}$	$-\sqrt{3}$ — $\sqrt{3}$	$\sqrt{3}$ — ∞
$y'' = -\dfrac{+}{(-)(-)} = -$	$y'' = -\dfrac{+}{(+)(-)} = +$	$y'' = -\dfrac{+}{(+)(+)} = -$
$\cap$	$\cup$	$\cap$

C es cóncava hacia abajo en los intervalos $(-\infty,-\sqrt{3})$ y $(\sqrt{3},\infty)$

C es cóncava hacia arriba en el intervalo $(-\sqrt{3},\sqrt{3})$.

c. Vemos que hay cambios de concavidad cuando $t=-\sqrt{3}$ y $t=\sqrt{3}$ cuyos puntos correspondientes en C son $(6\sqrt{3}, -2)$ y $(-6\sqrt{3}, -2)$. Luego, estos son los puntos de concavidad de C.

PROBLEMAS RESUELTOS 6.2

PROBLEMA 1. Sea la $C: \begin{cases} x = e^t\cos t \\ y = e^t\text{sen } t \end{cases}, \quad -\dfrac{5\pi}{8} \le t \le \dfrac{5\pi}{8}$.

a. Hallar la recta tangente a la curva C en el punto donde $t = \pi/2$

b. Hallar los puntos de C donde las rectas tangentes son horizontales

c. Hallar los puntos de C donde las rectas tangentes son verticales.

d. Hallar $\dfrac{d^2y}{dx^2}$

Solución

a. Tenemos que:

$$\frac{dy}{dt} = e^t\text{sen } t + e^t\cos t = e^t(\text{sen } t + \cos t), \qquad \frac{dx}{dt} = e^t\cos t - e^t\text{sen } t = e^t(\cos t - \text{sen } t)$$

$$\frac{dy}{dx}=\frac{dy/dt}{dx/dt}=\frac{e^t(\operatorname{sen} t+\cos t)}{e^t(\cos t-\operatorname{sen} t)}=\frac{\cos t+\operatorname{sen} t}{\cos t-\operatorname{sen} t}$$

el punto de tangencia es

$$P_1=(e^{\pi/2}\cos \pi/2,\ e^{\pi/2}\operatorname{sen} \pi/2)=(0,e^{\pi/2}).$$

La pendiente en este punto es:

$$m=\left.\frac{dy}{dx}\right|_{t=\pi/2}=\frac{\cos \pi/2+\operatorname{sen} \pi/2}{\cos \pi/2-\operatorname{sen} \pi/2}=\frac{0+1}{0-1}=-1$$

Luego, la recta tangente buscada es

$$y-e^{\pi/2}=-1(x-0)\Rightarrow y+x=e^{\pi/2}$$

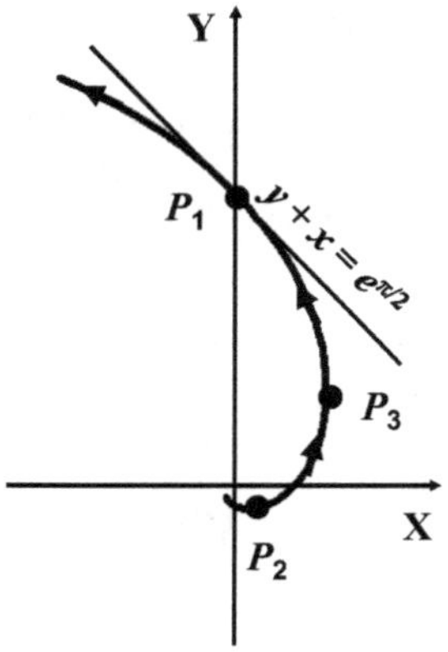

b. Las tangentes horizontales tienen pendiente 0. Esto es,

$$\frac{dy}{dx}=0\Rightarrow \frac{\cos t+\operatorname{sen} t}{\operatorname{sen} t-\cos t}=0\Rightarrow \cos t=-\operatorname{sen} t\Rightarrow \tan t=-1\Rightarrow t=-\frac{\pi}{4}$$

Sólo tenemos una tangente horizontal y el punto de tangencia es

$$P_2=\left(e^{-\pi/4}\cos(-\pi/4),\ e^{-\pi/4}\operatorname{sen}(-\pi/4)\right)=\left(e^{-\pi/4}\sqrt{2}/2,\ -e^{-\pi/4}\sqrt{2}/2\right)$$

c. Una recta es una tangente vertical cuando su pendiente es $m=\pm\infty$. En nuestro caso, esto sucede cuando

$$\operatorname{sen} t-\cos t=0\Rightarrow \operatorname{sen} t=\cos t\Rightarrow \tan t=1\Rightarrow t=\frac{\pi}{4}$$

Sólo tenemos una tangente vertical y el punto de tangencia es

$$P_3=\left(e^{\pi/4}\cos(\pi/4),\ e^{\pi/4}\operatorname{sen}(\pi/4)\right)=\left(e^{\pi/4}\sqrt{2}/2,\ e^{\pi/4}\sqrt{2}/2\right)$$

d. $$\frac{d^2y}{dx^2}=\frac{\frac{d}{dt}\left[\frac{dy}{dx}\right]}{dx/dt}=\frac{\frac{d}{dt}\left[\frac{\cos t+\operatorname{sen} t}{\cos t-\operatorname{sen} t}\right]}{dx/dt}=\frac{\frac{2}{(\cos t-\operatorname{sen} t)^2}}{e^t(\cos t-\operatorname{sen} t)}=\frac{2}{e^t(\cos t-\operatorname{sen} t)^3}$$

PROBLEMAS PROPUESTOS 6.2

En los problemas del 1 al 6 hallar: a. dy/dx b. La ecuación de la recta tangente a la curva dada en el punto indicado.

1. $\begin{cases} x=t^3 \\ y=t^2 \end{cases}$. $t=1$ *Rpta.* **a.** $\frac{dy}{dx}=\frac{2}{3t}$ **b.** $3y-x-2=0$

2. $\begin{cases} x = e^t \\ y = e^{-t} \end{cases}$. $t = 1$ *Rpta.* **a.** $\dfrac{dy}{dx} = -\dfrac{1}{e^{2t}}$ **b.** $e^2y + x - 2e = 0$

3. $\begin{cases} x = \cos t \\ y = t \end{cases}$. $t = \dfrac{\pi}{4}$ *Rpta.* **a.** $\dfrac{dy}{dx} = -\operatorname{cosec} t$ **b.** $4y + 4\sqrt{2}\,x - 4 - \pi = 0$

4. $\begin{cases} x = 2 - 3\cos\theta \\ y = 1 + 2\operatorname{sen}\theta \end{cases}$. $t = \dfrac{5\pi}{3}$ *Rpta.* **a.** $\dfrac{dy}{dx} = \dfrac{2}{3}\cot\theta$ **b.** $9y + 2\sqrt{3}\,x + 8\sqrt{3} - 9 = 0$

5. $\begin{cases} x = t\operatorname{sen} t \\ y = t\cos t \end{cases}$. $t = \dfrac{\pi}{2}$ *Rpta.* **a.** $\dfrac{dy}{dx} = \dfrac{\cos t - t\operatorname{sen} t}{\operatorname{sen} t - t\cos t}$ **b.** $4y + 2\pi x - \pi^2 = 0$

6. $\begin{cases} x = 4\cos^3 t \\ y = 4\operatorname{sen}^3 t \end{cases}$. $t = \dfrac{\pi}{4}$ *Rpta.* **a.** $\dfrac{dy}{dx} = -\tan t$ **b.** $y + x - 2\sqrt{2} = 0$

7. Hallar los puntos de la curva C en los cuales las rectas tangentes son perpendiculares a la recta $9y + x + 18 = 0$.

C: $\begin{cases} x = t + 1 \\ y = t^3 - 3t \end{cases}$, $-\infty < t < \infty$. *Rpta.* (3, 2) y (−1, −2).

8. La curva de Lissajous siguiente cruza dos veces el origen. Hallar las dos rectas L_1 y L_2, que son tangentes a esta curva en el origen.

$\begin{cases} x = \operatorname{sen} t \\ y = \operatorname{sen} 2t \end{cases}$, $0 \le t \le 2\pi$

Rpta. $L_1 : y = 2x$. $L_2 : y = -2x$.

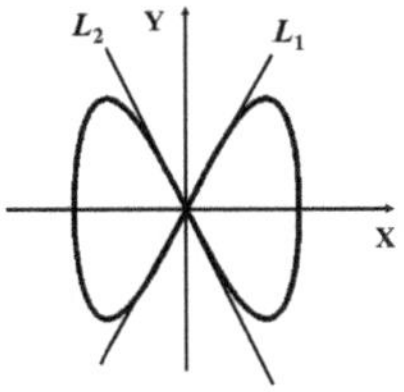

En los problemas del 9 al 13 hallar:

a. Los puntos de la gráfica donde la recta tangente es horizontal.

b. Los puntos de la gráfica donde la recta tangente es vertical.

9. $\begin{cases} x = 3t^2 \\ y = t^3 - 12t \end{cases}$, $-\infty < t < \infty$ *Rpta.* **a.** (12, −16), (12, 16) **b.** (0, 0)

10. $\begin{cases} x = t^3 - 3t \\ y = t^2 \end{cases}$, $-\infty < t < \infty$ *Rpta.* **a.** (0, 0) **b.** (−2, 1), (2, 1)

11. $\begin{cases} x = 2\cos t \\ y = 2\operatorname{sen} 2t \end{cases}$, $0 \le t \le 2\pi$ *Rpta.* **a.** $(-\sqrt{2}, 2)$, $(\sqrt{2}, 2)$, $(-\sqrt{2}, -2)$, $(-\sqrt{2}, -2)$

b. (−2, 0), (2, 0)

12. $\begin{cases} x = \sec\theta \\ y = \tan\theta \end{cases}$, $0 \le \theta \le 2\pi$ *Rpta.* **a.** No existen **b.** $(-1, 0)$, $(1, 0)$

13. $\begin{cases} x = \cos\theta + \theta\,\text{sen}\,\theta \\ y = \text{sen}\,\theta - \theta\cos\theta \end{cases}$, $0 \le \theta \le \frac{11}{4}\pi$

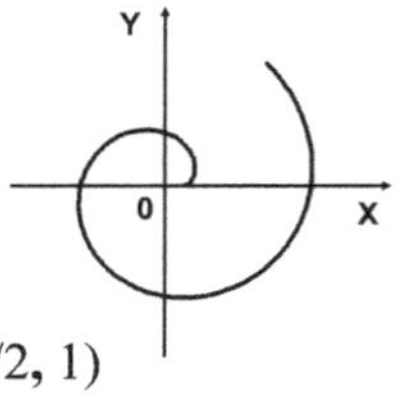

Rpta. **a.** $(1, 0)$, $(-1, \pi)$, $(1, -2\pi)$

b. $(\pi/2, 1)$, $(-3\pi/2, -1)$, $(5\pi/2, 1)$

En los problemas del 14 al 17 hallar: a. d^2y/dx^2 b. Los valores del parámetro para los cuales la curva es cóncava hacia arriba. c. Los valores del parámetro para los cuales la curva es cóncava hacia abajo. d. Los puntos de inflexión.

14. $\begin{cases} x = \dfrac{t^2}{2} + 1 \\ y = t^3 - 6t \end{cases}$, $-\infty < t < \infty$ *Rpta.* **a.** $\dfrac{d^2y}{dx^2} = \dfrac{3(t^2+2)}{t^3}$

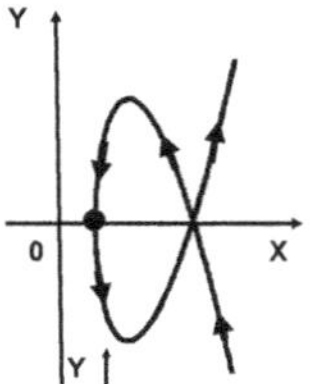

b. $0 < t < \infty$ **c.** $-\infty < t < 0$ **d.** $(1, 0)$

15. $\begin{cases} x = t^3 - 3t \\ y = t^2 - 2 \end{cases}$, $-\infty < t < \infty$ *Rpta.* **a.** $\dfrac{d^2y}{dx^2} = -\dfrac{2}{9}\dfrac{t^2+1}{(t^2-1)^3}$

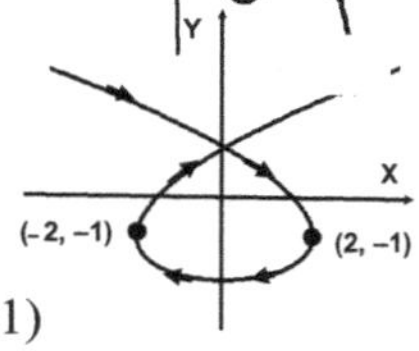

b. $-1 < t < 1$ **c.** $-\infty < t < -1$, $1 < t < \infty$ **d.** $(2, -1)$, $(-2, -1)$

16. $\begin{cases} x = 2\cot\theta \\ y = 2\,\text{sen}^2\theta \end{cases}$, $0 < \theta < \pi$

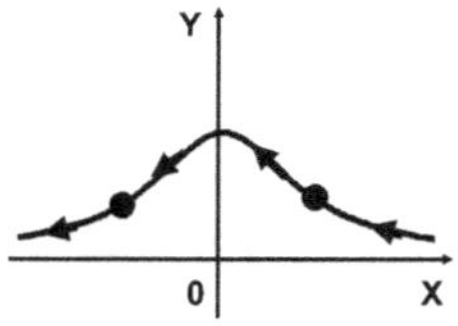

Rpta. **a.** $\dfrac{d^2y}{dx^2} = \text{sen}^4\theta(4\cos^2\theta - 1)$

b. $0 < \theta < \dfrac{\pi}{3}$ y $\dfrac{\pi}{3} < \theta < \dfrac{2\pi}{3}$ **c.** $\dfrac{\pi}{3} < \theta < \dfrac{2\pi}{3}$ **d.** $(\pm 2/\sqrt{3}, 3/2)$

17. C : $\begin{cases} x = e^t\cos t \\ y = e^t\,\text{sen}\,t \end{cases}$, $-\dfrac{5\pi}{8} \le t \le \dfrac{5\pi}{8}$. *Rpta.* **a.** $\dfrac{d^2y}{dx^2} = \dfrac{2}{e^t(\cos t - \text{sen}\,t)^3}$

b. $-\dfrac{5\pi}{8} < t < \dfrac{\pi}{4}$ **c.** $\dfrac{\pi}{4} < t < \dfrac{5\pi}{8}$ **d.** $P_3 = \left(e^{\pi/4}\sqrt{2}/2,\ e^{\pi/4}\sqrt{2}/2\right)$

Ver el gráfico en el problema resuelto 1.

SECCION 6.3

LONGITUDES, AREAS, VOLUMENES Y CURVAS PARAMETRICAS

AREA BAJO UNA CURVA PARAMETRICA

TEOREMA 6.2 **Area bajo una curva paramétrica**

La curca paramétrica $C:\begin{cases} x = f(t) \\ y = g(t) \end{cases}$, $\alpha \le t \le \beta$ es tal que:

f creciente

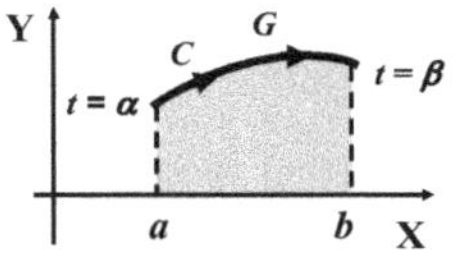

1. f tiene derivada continua en $[\alpha, \beta]$.

2. f es monótona (creciente o decreciente) en $[\alpha, \beta]$.

3. $g(t) \ge 0 \quad \forall\, t \in [\alpha, \beta]$.

Entonces el área bajo la curva C es

f decreciente

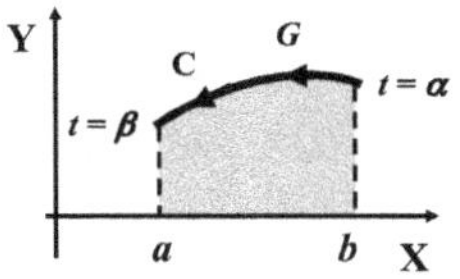

$$A = \int_{\alpha}^{\beta} g(t) f'(t)\, dt \text{, si } f(\alpha) < f(\beta). \qquad (1)$$

$$A = -\int_{\alpha}^{\beta} g(t) f'(t)\, dt \text{, si } f(\alpha) > f(\beta). \qquad (2)$$

Demostración

Ver el problema resuelto 5.

EJEMPLO 1. **a.** Hallar el área de la región bajo de un arco de la cicloide y el eje X.

b. Mostrar que ésta área es 3 veces el área del círculo, que al rodar, genera la cicloide.

$$\begin{cases} x = r(\theta - \text{sen}\ \theta) \\ y = r(1 - \cos\ \theta) \end{cases}, \quad 0 \le \theta \le 2\pi$$

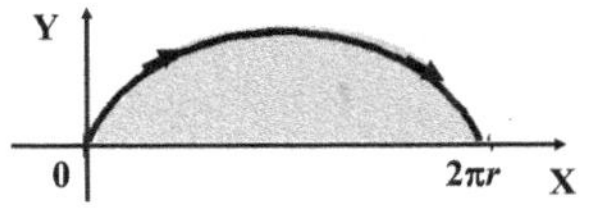

Solución

a. Tenemos que:

$x = f(\theta) = r(\theta - \text{sen}\ \theta)$, $\alpha = 0$, $\beta = 2\pi$, $f(\alpha) = 0 < 2\pi r = f(\beta)$.

Luego, de acuerdo a la fórmula (1):

$$A = \int_{\alpha}^{\beta} g(t)f'(t)\,dt = \int_{0}^{2\pi} r(1-\cos\,\theta)\,r(1-\cos\,\theta)\,d\theta$$

$$= r^2 \int_{0}^{2\pi} (1-2\cos\,\theta+\cos^2\theta)\,d\theta \;=\; r^2 \int_{0}^{2\pi} \left(1-2\cos\,\theta+\frac{1}{2}[1+\cos\,(2\theta)]\right)d\theta$$

$$= r^2 \int_{0}^{2\pi} \left(\frac{3}{2}-2\cos\,\theta+\frac{1}{2}\cos\,(2\theta)\right)d\theta = r^2\left[\frac{3}{2}\theta-2\text{sen}\,\theta+\frac{1}{4}\text{sen}\,2\theta\right]_{0}^{2\pi}$$

$$= r^2\left[\frac{3}{2}(2\pi)-2(0)+\frac{1}{4}(0)\right] \;-\; r^2\left[\frac{3}{2}(0)-2(0)+\frac{1}{4}(0)\right] = 3\pi\,r^2$$

b. El área del círculo que es πr^2. Luego, el área bajo un arco de la cicloide es 3 veces el área de este círculo.

¿SABIAS QUE . . .

Evangelista Torricelli

El problema anterior es conocido como el ***teorema de Torricelli****. Este problema, que ahora es un simple ejercicio para un estudiante de Cálculo, fue un desafío de gran calibre para los matemáticos de principios del siglo XVII. El primero en afrontarlo, y sin éxito, fue Galileo Galilei. El problema fue resuelto independientemente por el matemático francés* ***Gilles Personne de Roberval*** *(1.602–1.675) en 1.634 y por físico-matemático italiano* ***Evagelista Torricelli*** *(1608–1647) (inventor del barómetro) en 1644. Hubo una fuerte disputa. Roberval acusó a Torricelli de haberle robado su resultado.*

AREA DE UNA REGION ACOTADA POR UNA CURVA PARAMETRICA CERRADA

Más adelante en el Cálculo, en el tema de integrales dobles, encontraremos un importante resultado, conocido como **Teorema de Green,** el cual generaliza el Teorema Fundamental del Cálculo. Una consecuencia inmediata del Teorema de Green es el siguiente teorema, cuya demostración la posponemos hasta el momento oportuno.

TEOREMA 6.3 **Area de una región encerrada por una curva paramétrica**

La curca paramétrica $C: \begin{cases} x = f(t) \\ y = g(t) \end{cases}$, $\alpha \le t \le \beta$ es tal que:

1. Las funciones $x = f(t)$, $y = g(t)$ tiene derivas continuas.

2. El punto inicial y final coincide con el punto final. Esto es,

$$(f(\alpha), g(\alpha)) = (f(\beta), g(\beta))$$

3. La curva no se intercepta, excepto en los puntos inicial y final.

Si la curva se **orienta en sentido horario**, entonces

$$A = \int_{\alpha}^{\beta} g(t)f'(t)\, dt = -\int_{\alpha}^{\beta} f(t)g'(t)\, dt \qquad (3)$$

Si la curva se **orienta en sentido antihorario**, entonces

$$A = -\int_{\alpha}^{\beta} g(t)f'(t)\, dt = \int_{\alpha}^{\beta} f(t)g'(t)\, dt \qquad (4)$$

EJEMPLO 2. Hallar el área encerrada por el lazo de la curva

$$C: \begin{cases} x = 3t^2 \\ y = t^3 - 3t \end{cases}$$

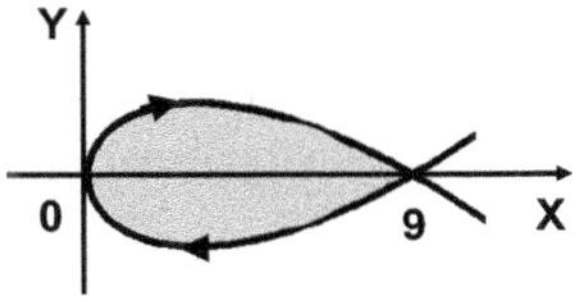

Solución

Busquemos los valores del parámetro correspondientes al punto donde la curva se corta.

$$y = 0 \Rightarrow t^3 - 3t = 0 \Rightarrow t(t^2 - 3) = 0 \Rightarrow t = -\sqrt{3}\,,\ t = 0,\ t = \sqrt{3}$$

El punto correspondiente a $t = -\sqrt{3}$ es (9, 0), a $t = 0$ es (0,0) y a $t = \sqrt{3}$ es (9, 0).

El lazo se obtiene haciendo recorrer el parámetro el intervalo $-\sqrt{3} \le t \le \sqrt{3}$.

Luego, aplicando la fórmula (4):

$$A = -\int_{\alpha}^{\beta} g(t)f'(t)\, dt = -\int_{-\sqrt{3}}^{\sqrt{3}} (t^3 - 3t)(6t)\, dt = -6\int_{-\sqrt{3}}^{\sqrt{3}} \left(t^4 - 3t^2\right) dt$$

$$= -6\left[\frac{t^5}{5} - t^3\right]_{-\sqrt{3}}^{\sqrt{3}} = -6\left[\frac{\left(\sqrt{3}\right)^5}{5} - \left(\sqrt{3}\right)^3\right] + 6\left[\frac{\left(-\sqrt{3}\right)^5}{5} - \left(-\sqrt{3}\right)^3\right] = \frac{72}{5}\sqrt{3}$$

LONGITUD DE UNA CURVA PARAMETRICA

El siguiente teorema nos proporciona la fórmula para hallar la longitud de una curva paramétrica. La demostración sigue los mismos pasos que para el caso conocido de la longitud del gráfico de una función.

TEOREMA 6.4 **Longitud de una curva paramétrica**

Si $C : \begin{cases} x = f(t) \\ y = g(t) \end{cases}$, $\alpha \le t \le \beta$ es tal que f y g tienen derivadas continuas y C es trazada exactamente una vez cuando t crece desde α hasta β, entonces la longitud de C es

$$L = \int_{\alpha}^{\beta} \sqrt{\left(\frac{dx}{dt}\right)^2 + \left(\frac{dy}{dt}\right)^2}\, dt$$

Si $ds = \sqrt{\left(\frac{dx}{dt}\right)^2 + \left(\frac{dy}{dt}\right)^2}\, dt$, entonces $L = \int_{\alpha}^{\beta} ds$

EJEMPLO 3. **a.** Hallar la longitud de un arco de la cicloide.

b. Mostrar que esta longitud es 4 veces el diámetro del círculo, que al rodar, genera la cicloide.

$$\begin{cases} x = r(\theta - \text{sen } \theta) \\ y = r(1 - \cos \theta) \end{cases}, \quad 0 \le \theta \le 2\pi$$

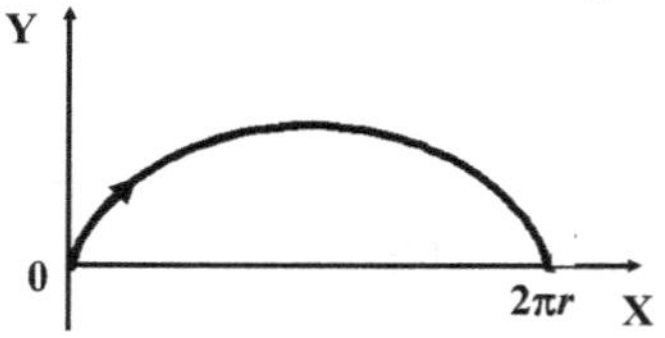

Solución

a. $L = \int_0^{2\pi} \sqrt{(f'(\theta))^2 + (g'(\theta))^2}\, d\theta = \int_0^{2\pi} \sqrt{(r(1-\cos\theta))^2 + (r \text{ sen } \theta)^2}\, d\theta$

$= \int_0^{2\pi} \sqrt{2r^2(1-\cos\theta)}\, d\theta = r\int_0^{2\pi} \sqrt{2\left(2\text{sen}^2(\theta/2)\right)}\, d\theta = 2r\int_0^{2\pi} \text{sen } \frac{\theta}{2} d\theta$

$= 2r\left[-2\cos \frac{\theta}{2}\right]_0^{2\pi} = 2r\left[-2\cos \pi + 2 \cos 0\ \right] = 2r\left[-2(-1) + 2(1)\ \right] = 8r$

b. El diámetro del círculo es $2r$. Luego la longitud del arco anterior es 4 veces el diámetro.

¿SABIAS QUE . . .

El problema anterior es conocido como el ***teorema de Wren****. Este problema, al igual que el problema del área, también fue un gran desafío para los matemáticos de principios del siglo XVII. El problema fue resuelto en* 1658 *por el arquitecto y matemático inglés* ***Christopher Wren*** (1632–1723).

AREA DE UNA SUPERFICIE DE REVOLUCION GENERADA POR UNA CURVA PARAMETRICA

Hacemos girar una curva paramétrica C alrededor de un eje de revolución. Siguiendo los pasos que se tomaron para hallar el área de una superficie de revolución se demuestra el siguiente teorema.

TEOREMA 6.5 Sea la curva paramétrica $C:\begin{cases} x = f(t) \\ y = g(t) \end{cases}$, $\alpha \leq t \leq \beta$, donde las funciones f y g son diferenciables con derivadas continuas.

Hacemos girar la curva C alrededor de un eje de revolución..

1. Si el eje de revolución es el **eje X** y si $y = g(t) \geq 0$, entonces

$$A = 2\pi \int_{\alpha}^{\beta} g(t)\sqrt{\left(\frac{dx}{dt}\right)^2 + \left(\frac{dy}{dt}\right)^2}\, dt$$

2. Si el eje de revolución es el **eje Y** y si $x = f(t) \geq 0$, entonces

$$A = 2\pi \int_{\alpha}^{\beta} f(t)\sqrt{\left(\frac{dx}{dt}\right)^2 + \left(\frac{dy}{dt}\right)^2}\, dt$$

OBSERVACION. Los dos resultados anteriores se generalizan rápidamente a las siguientes fórmulas:

3. Si el eje de revolución es una **recta horizontal** $y = k$, entonces

$$A = 2\pi \int_{\alpha}^{\beta} | g(t) - k |\sqrt{\left(\frac{dx}{dt}\right)^2 + \left(\frac{dy}{dt}\right)^2}$$

4. Si el eje de revolución es una **recta vertical** $x = k$, entonces

$$A = 2\pi \int_{\alpha}^{\beta} | f(t) - k |\sqrt{\left(\frac{dx}{dt}\right)^2 + \left(\frac{dy}{dt}\right)^2}$$

Estas cuatro fórmulas, para recordarlas con facilidad, se escriben simplemente así:

1. $A = 2\pi \int_{\alpha}^{\beta} y\, ds$, **2.** $A = 2\pi \int_{\alpha}^{\beta} x\, ds$,

3. $A = 2\pi \int_{\alpha}^{\beta} | y - k |\, ds$, **4.** $A = 2\pi \int_{\alpha}^{\beta} | x - k |\, ds$

EJEMPLO 4. Hallar área de la superficie de revolución generada por el arco de cicloide

$$\begin{cases} x = r(\theta - \text{sen } \theta) \\ y = r(1 - \cos \theta) \end{cases}, \quad 0 \leq \theta \leq 2\pi$$

al girar alrededor del eje X.

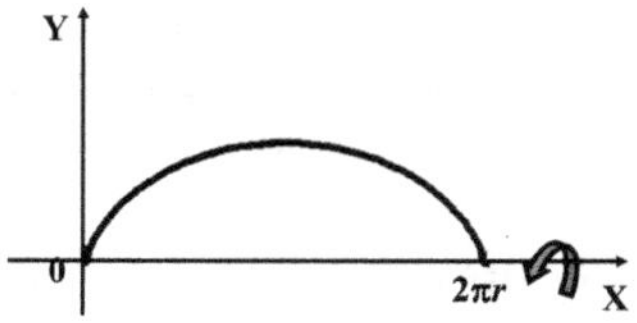

Solución

Tenemos que:

$$\left(\frac{dx}{d\theta}\right)^2 + \left(\frac{dy}{d\theta}\right)^2 = (r(1-\cos\theta))^2 + (r \text{ sen}\theta)^2 = r^2 - 2r^2\cos\theta + r^2(\text{sen}^2\theta + \cos^2\theta)$$

$$= 2r^2 - 2r^2\cos\theta = 2r^2(1-\cos\theta) = 2r^2\left(2\text{sen}(\theta/2)\right)^2 = 4r^2\left(\text{sen}(\theta/2)\right)^2$$

$$\sqrt{\left(\frac{dx}{d\theta}\right)^2 + \left(\frac{dy}{d\theta}\right)^2} = \sqrt{4r^2\left(\text{sen}(\theta/2)\right)^2} = 2r\,\text{sen}(\theta/2)$$

Luego.

$$A = 2\pi\int_0^{2\pi} y\sqrt{\left(\frac{dx}{d\theta}\right)^2 + \left(\frac{dy}{d\theta}\right)^2}\,d\theta = 2\pi\int_0^{2\pi} r(1-\cos\theta)\left(2r\,\text{sen}(\theta/2)\right)d\theta$$

$$= 4\pi r^2\int_0^{2\pi}(1-\cos\theta)\left(\text{sen}(\theta/2)\right)d\theta = 4\pi r^2\int_0^{2\pi}\left(2\,\text{sen}^2(\theta/2)\right)\left(\text{sen}(\theta/2)\right)d\theta$$

$$= 8\pi r^2\int_0^{2\pi}\text{sen}^3\frac{\theta}{2}\,d\theta = 16\pi r^2\int_0^{\pi}\text{sen}^3 t\,dt \qquad \left(t = \frac{\theta}{2}\right)$$

$$= 16\pi r^2\int_0^{\pi}\left(\text{sen}^2 t\right)\text{sen}\,t\,dt = 16\pi r^2\int_0^{\pi}\left(1-\cos^2 t\right)\text{sen}\,t\,dt$$

$$= 16\pi r^2\left[-\cos t + \frac{1}{3}\cos^3 t\right]_0^{\pi} = \frac{16}{3}\pi r^2$$

EJEMPLO 5. Hallar área de la superficie de revolución generada por el arco de cicloide

$$\begin{cases} x = r(\theta - \text{sen } \theta) \\ y = r(1 - \cos \theta) \end{cases}, \quad 0 \leq \theta \leq 2\pi$$

al girar alrededor de la recta $y = 2r$

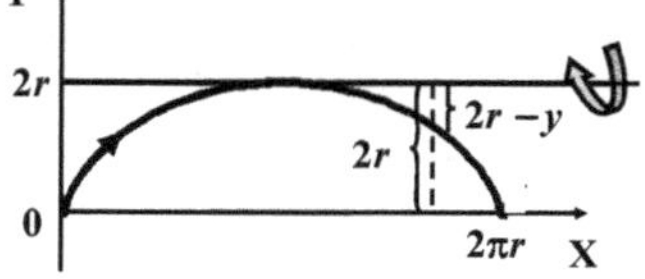

Solución

Sabemos, del problema anterior, que

$$\sqrt{\left(\frac{dx}{d\theta}\right)^2+\left(\frac{dy}{d\theta}\right)^2}=2r\operatorname{sen}\frac{\theta}{2}$$

Además,

$$|\,y-k\,|=|\,r(1-\cos\theta)-2r\,|=r|\,1-\cos\theta-2\,|=r(1+\cos\theta)$$

Luego,

$$A=2\pi\int_{\alpha}^{\beta}|\,y-k\,|\sqrt{\left(\frac{dx}{d\theta}\right)^2+\left(\frac{dy}{d\theta}\right)^2}=2\pi\int_0^{2\pi}r(1+\cos\theta)\left(2r\operatorname{sen}\frac{\theta}{2}\right)d\theta$$

$$=4\pi r^2\int_0^{2\pi}\left(2\cos^2\frac{\theta}{2}\right)\left(\operatorname{sen}\frac{\theta}{2}\right)d\theta=8\pi r^2\int_0^{2\pi}\left(\cos^2\frac{\theta}{2}\right)\left(\operatorname{sen}\frac{\theta}{2}\right)d\theta$$

$$=-16\pi r^2\int_0^{\pi}\cos^2 t\,(-\operatorname{sen}t\,dt)\qquad\left(t=\frac{\theta}{2}\right)$$

$$=-16\pi r^2\left[\frac{\cos^3 t}{3}\right]_0^{\pi}=-\frac{16}{3}\pi r^2\left[(-1)^3-1^3\right]=\frac{32}{3}\pi r^2$$

VOLUMEN DE UN SOLIDO DE REVOLUCION GENERADO POR UNA CURVA PARAMETRICA

Las distintas fórmulas conocidas para encontrar el volumen de un sólido de revolución para el caso de funciones cartesianas, como las del método del disco y las del método de los tubos cilíndricos, se adaptan fácilmente para el caso en que las regiones que giran sean generadas por curvas paramétricas. Los siguientes ejemplos nos muestran esta situación.

EJEMPLO 6. Hallar el volumen del sólido de revolución generado por la región encerrada por el eje X y el arco de la cicloide

$$\begin{cases}x=r(\theta-\operatorname{sen}\theta)\\ y=r(1-\cos\theta)\end{cases},\quad 0\le\theta\le 2\pi,$$

al girar alrededor de:

a. El eje X **b.** El eje Y

Solución

a. Usando el método del disco y teniendo en cuenta que

$$x = r(\theta - \text{sen } \theta), \quad x = 0 \Rightarrow \theta = 0, \; x = 2\pi r \Rightarrow \theta = 2\pi,$$

$$dx = \frac{dx}{d\theta}\, d\theta = r(1 - \cos \theta)\, d\theta \text{ y}$$

$$x = 0 \Rightarrow \theta = 0, \; x = 2\pi r \Rightarrow \theta = 2\pi,$$

Se tiene:

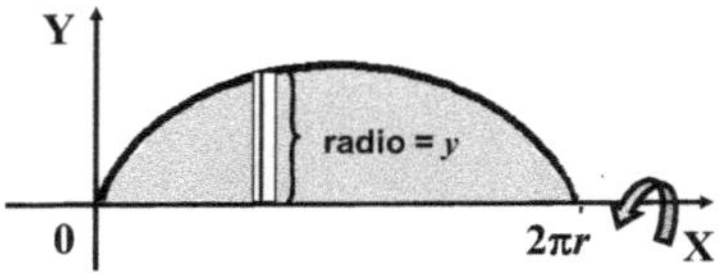

$$V = \pi \int_0^{2\pi r} (\text{radio})^2 dx = \pi \int_0^{2\pi} (r(1 - \cos \theta))^2 (r(1 - \cos \theta)\, d\theta$$

$$= \pi r^3 \int_0^{2\pi} (1 - \cos \theta)^2 (1 - \cos \theta)\, d\theta = 5\pi^2 r^3$$

b. Usando el método de los tubos cilíndricos y teniendo en cuenta que

$$dx = \frac{dx}{d\theta}\, d\theta = a(1 - \cos \theta)\, d\theta,$$

$$x = 0 \Rightarrow \theta = 0, \; x = 2\pi r \Rightarrow \theta = 2\pi,$$

se tiene

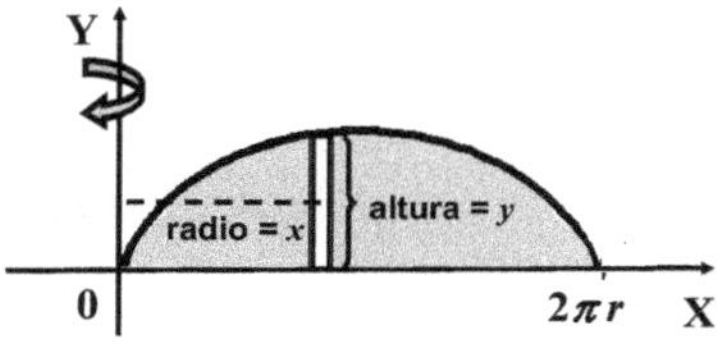

$$V = 2\pi \int_0^{2\pi r} (\text{altura})(\text{radio}) dx = 2\pi \int_0^{2\pi r} yx\, dx$$

$$= 2\pi \int_0^{2\pi} r(\theta - \text{sen } \theta)\, r(1 - \cos \theta)\, r(1 - \cos \theta)\, d\theta$$

$$= 2\pi r^3 \int_0^{2\pi} (\theta - \text{sen } \theta)(1 - \cos \theta)^2\, d\theta = 6\pi^3 r^3$$

PROBLEMAS RESUELTOS 6.3

PROBLEMA 1. Hallar el área de la región encerrada por el lazo de la curva

$$C: \begin{cases} x = 1 + t - t^2 \\ y = t^3 - 3t \end{cases}$$

Solución

Hallemos los valores t_1 y t_2, $t_1 \neq t_2$, que nos den el punto donde la curva se cruza. Se debe cumplir que:

$$\left(x(t_1),\ y(t_1)\right) = \left(x(t_2),\ y(t_2)\right)$$

De donde obtenemos el sistema de ecuaciones:

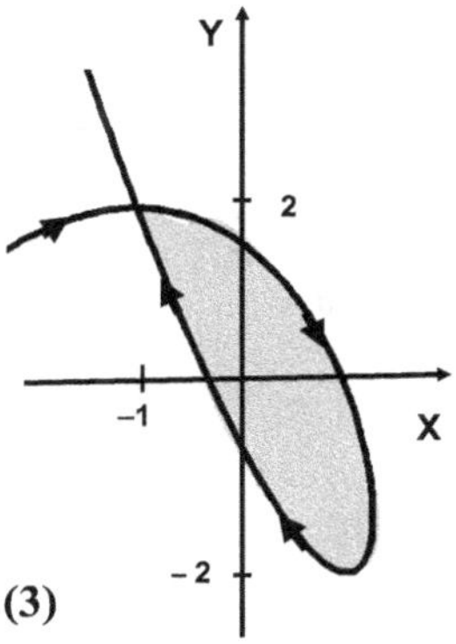

$$\begin{cases} (1) & 1+t_1-t_1^2 = 1+t_2-t_2^2 \\ (2) & t_1^3-3t_1 = t_2^3-3t_2 \end{cases}$$

Resolvemos el sistema. Tomamos la ecuación (1):

$$1+t_1-t_1^2 = 1+t_2-t_2^2 \Rightarrow t_2^2-t_1^2 = t_2-t_1$$

$$\Rightarrow (t_2-t_1)(t_2+t_1) = t_2-t_1$$

$$\Rightarrow t_2+t_1 = 1 \Rightarrow t_2 = 1-t_1 \qquad \textbf{(3)}$$

Tomamos la ecuación (2):

$$t_1^3-3t_1 = t_2^3-3t_2 \Rightarrow t_1^3-t_2^3 = 3t_1-3t_2 \Rightarrow (t_1-t_2)(t_1^2+t_1t_2+t_2^2) = 3(t_1-t_2)$$

$$\Rightarrow t_1^2+t_1t_2+t_2^2 = 3 \qquad \textbf{(4)}$$

Reemplazando (3) en (4):

$$t_1^2+t_1(1-t_1)+(1-t_1)^2 = 3 \Rightarrow t_1^2-t_1-2=0 \Rightarrow t_1=-1 \text{ ó } t_1=2$$

Teniendo en cuenta (3) obtenemos que $t_1=-1$ y $t_2=2$

Ahora aplicamos la fórmula 3 del teorema 6.3 con $\alpha=-1$ y $\beta=2$:

$$A = \int_{\alpha}^{\beta} g(t)f'(t)\,dt = \int_{-1}^{2}(t^3-3t)(1-2t)\,dt = \int_{-1}^{2}(-2t^4+t^3+6t^2-3t)\,dt$$

$$= \left[-\frac{2t^5}{5}+\frac{t^4}{4}+2t^3-\frac{3t^2}{2}\right]_{-1}^{2} = \frac{81}{20}$$

PROBLEMA 2. Hallar el área de la región encerrada por el lazo de la **hoja de Descartes**:

$$C: \begin{cases} x = \dfrac{3at}{1+t^3} \\ y = \dfrac{3at^2}{1+t^3} \end{cases},\ t \neq -1,\ a>0$$

Solución

El lazo se obtiene cuando el parámetro recorre el intervalo $0 \leq t < \infty$.

La curva se orienta en sentido antihorario.

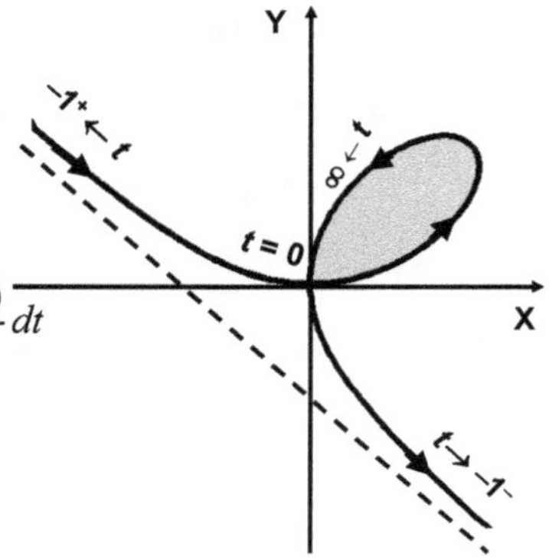

Luego,

$$A = -\int_{\alpha}^{\beta} g(t)f'(t)\, dt = -\int_{0}^{\infty} \frac{3at^2}{1+t^3}\, \frac{3a(1-2t^3)}{\left(1+t^3\right)^2} dt$$

$$= -3a^2 \int_{0}^{\infty} \frac{1-2t^3}{\left(1+t^3\right)^3}\left(3t^2 dt\right)$$

Sea $u = 1+ t^3$, entonces

$1 - 2t^3 = 3 - 2u$, $du = 3t^2dt$. Además: $t = 0 \Rightarrow u = 1,\ t \to \infty \Rightarrow u \to \infty$.

Luego,

$$A = -3a^2 \int_{1}^{\infty} \frac{3-2u}{u^3} du = -3a^2 \int_{1}^{\infty}\left(\frac{3}{u^3} - \frac{2}{u^2}\right) du = -3a^2 \lim_{t\to\infty} \left[-\frac{3}{2u^2} + \frac{2}{u}\right]_1^t$$

$$= -3a^2 \lim_{t\to\infty} \left[-\frac{3}{2t^2} + \frac{2}{t}\right] + 3a^2\left[-\frac{3}{2} + 2\right] = -0 + \frac{3}{2}a^2 = \frac{3}{2}a^2$$

¿SABIAS QUE . . .

El primer matemático que propuso el estudio de la curva del problema anterior fue René Descates, el año 1638. Por este motivo, a esta curva se le dio el nombre de hoja o folium de Descates.

PROBLEMA 3. Hallar la longitud del lazo de la curva

$$C: \begin{cases} x = 3t^2 \\ y = t^3 - 3t \end{cases}$$

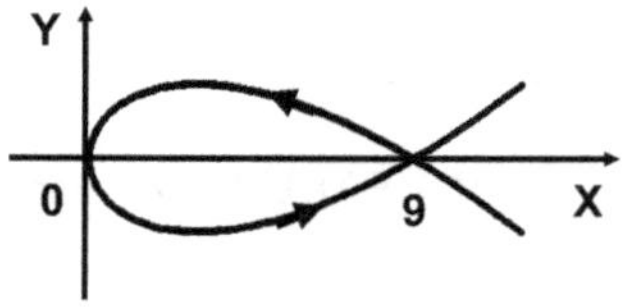

Solución

El lazo se obtiene al recorrer t el intervalo $-\sqrt{3} \leq t \leq \sqrt{3}$. Luego,

$$L = \int_{\alpha}^{\beta} \sqrt{\left(\frac{dx}{dt}\right)^2 + \left(\frac{dy}{dt}\right)^2}\, dt = \int_{-\sqrt{3}}^{\sqrt{3}} \sqrt{(6t)^2 + \left(3t^2 - 3\right)^2}\, dt$$

$$= \int_{-\sqrt{3}}^{\sqrt{3}} \sqrt{9t^4 + 18t^2 + 9}\, dt = \int_{-\sqrt{3}}^{\sqrt{3}} \sqrt{\left(3t^2 + 3\right)^2}\, dt = \int_{-\sqrt{3}}^{\sqrt{3}} \left(3t^2 + 3\right) dt$$

$$= \left[t^3 + 3t \right]_{-\sqrt{3}}^{\sqrt{3}} = 12\sqrt{3}$$

PROBLEMA 4. Longitud de un segmento de la tractriz

Hallar la longitud de la porción de la tractriz

$$\begin{cases} x = a\left(\cos t + \ln\left(\tan t/2\right)\right) \\ y = a \operatorname{sen} t \end{cases} \quad a > 0,\ \ \pi/6 \le t \le 5\pi/6$$

Solución

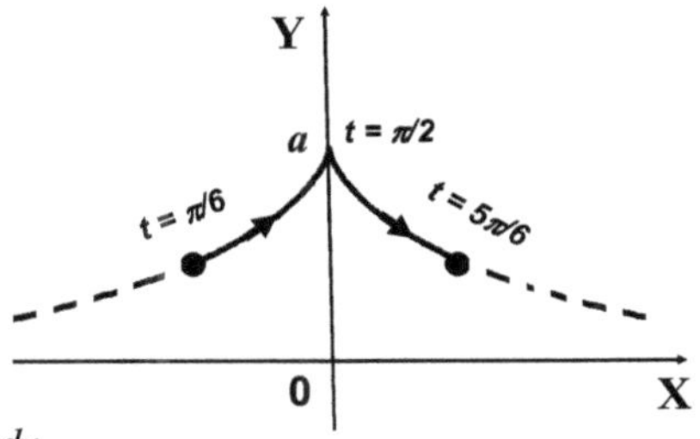

Tenemos que:

$$\frac{dx}{dt} = a\left(-\operatorname{sen} t + \frac{(1/2)\sec^2(t/2)}{\tan t/2} \right)$$

$$= a\left(-\operatorname{sen} t + \frac{1}{2 \operatorname{sen}(t/2) \cos(t/2)} \right)$$

$$= a\left(-\operatorname{sen} t + \frac{1}{\operatorname{sen} t} \right) = a\frac{\cos^2 t}{\operatorname{sen} t}. \qquad \frac{dy}{dt} = a \cos t$$

$$\sqrt{\left(\frac{dx}{dt}\right)^2 + \left(\frac{dy}{dt}\right)^2} = \sqrt{\left(a\frac{\cos^2 t}{\operatorname{sen} t}\right)^2 + (a \cos t)^2} = a\sqrt{\frac{\cos^2 t}{\operatorname{sen}^2 t}} = a \mid \cot t \mid$$

Luego,

$$L = a\int_{\pi/6}^{\pi/2} \mid \cot t \mid dt + a\int_{\pi/2}^{5\pi/6} \mid \cot t \mid dt = a\int_{\pi/6}^{\pi/2} \cot t\, dt - a\int_{\pi/2}^{5\pi/6} \cot t\, dt$$

$$= a\Big[\ln \mid \operatorname{sen} t \mid \Big]_{\pi/6}^{\pi/2} - a\Big[\ln \mid \operatorname{sen} t \mid \Big]_{\pi/2}^{5\pi/6} = -2a \ln(1/2) = 2a \ln 2$$

PROBLEMA 5. Area de la seudoesfera

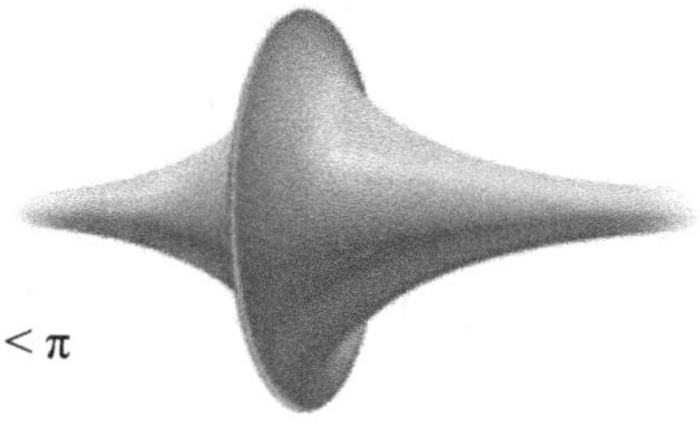

Se llama **seudoesfera** a la superficie de revolución generada por la tractriz

$$C = \begin{cases} x = a\left(\cos t + \ln\left(\tan t/2\right)\right) \\ y = a \operatorname{sen} t \end{cases} \quad a > 0,\ \ 0 < t < \pi$$

al girar alrededor del eje X.

Probar que el área de la seudoesfera es $\boldsymbol{A = 4\pi a^2}$

Solución

En el problema anterior se obtuvo que

$$\sqrt{\left(\frac{dx}{dt}\right)^2+\left(\frac{dy}{dt}\right)^2}=a\,|\cot t\,|$$

Luego, considerando que la tractriz es simétrica respecto al eje X,

$$A=2\lim_{\beta\to\pi^-}2\pi\int_{\pi/2}^{\beta}y\sqrt{\left(\frac{dx}{dt}\right)^2+\left(\frac{dy}{dt}\right)^2}\,dt=4\pi\lim_{\beta\to\pi^-}\int_{\pi/2}^{\beta}(a\sin t)\,a|\cot t\,|\,dt$$

$$=4\pi a^2\lim_{\beta\to\pi^-}\int_{\pi/2}^{\beta}\sin t\cot t\,dt=4\pi a^2\lim_{\beta\to\pi^-}\int_{\pi/2}^{\beta}\cos t\,dt$$

$$=4\pi a^2\lim_{\beta\to\pi^-}\Big[-\operatorname{sen}t\;\Big]_{\pi/2}^{\beta}=4\pi a^2\lim_{\beta\to\pi^-}\left[-\operatorname{sen}\beta+1\right]=4\pi a^2\left[-\operatorname{sen}\pi+1\right]=4\pi a^2$$

OBSERVACION. *El área de una esfera de radio r = a también es* $4\pi a^2$

PROBLEMA 6. **Volumen de la Seudoesfera**

Solución

El sólido encerrado por la seudoesfera se obtiene al girar, alrededor del eje X, la región encerrada por la tractriz y el eje X.

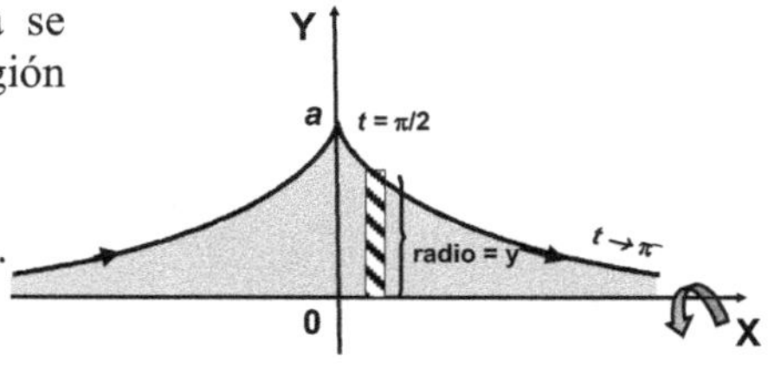

Del problema 4, sabemos: $\dfrac{dx}{dt}=a\dfrac{\cos^2 t}{\operatorname{sen}t}$.

De donde, $dx=a\dfrac{\cos^2 t}{\operatorname{sen}t}\,dt$.

Ahora, tomando en cuenta que la tractriz es simétrica respecto al eje Y, tenemos:

$$V=2\pi\int_0^{\infty}(\text{radio})^2dx=2\pi\lim_{\beta\to\pi^-}\int_{\pi/2}^{\beta}y^2\left(a\frac{\cos^2 t}{\operatorname{sen}t}dt\right)$$

$$=2\pi\lim_{\beta\to\pi^-}\int_{\pi/2}^{\beta}(a\operatorname{sen}t)^2\left(a\frac{\cos^2 t}{\operatorname{sen}t}dt\right)=-2\pi a^3\lim_{\beta\to\pi^-}\int_{\pi/2}^{\beta}\cos^2(-\operatorname{sen}t\,dt)$$

$$=-2\pi a^3\lim_{\beta\to\pi^-}\left[\frac{1}{3}\cos^3 t\right]_{\pi/2}^{\beta}=-\frac{2}{3}\pi a^3\lim_{\beta\to\pi^-}\left[\cos^3\beta-0^3\right]=-\frac{2}{3}\pi a^3\left[\cos^3\pi\right]$$

$$= -\frac{2}{3}\pi a^3\left[(-1)^3\right] = \frac{2}{3}\pi a^3$$

OBSERVACION. *El volumen de una esfera de radio $r = a$ es $\frac{4}{3}\pi a^3$, el doble del de una seudoesfera.*

¿SABIAS QUE . . .

*Uno de los grandes hitos en la historia de la Matemática fue la publicación de **Los Elementos**, en el siglo III A. C. En esta obra, Euclides presenta la Geometría introduciendo el método axiomático. El postulado 5, conocido como el postulado de las paralelas de Euclides, sostiene que:*

Por todo punto exterior a una recta pasa una y sólo una paralela.

Desde aquella época, muchos matemáticos sostuvieron que esta proposición no es un postulado sino un teorema. Es decir, el postulado de las paralelas podría ser demostrado a partir de los otros. Hallar esta demostración fue un desafío que duró más de 2000 años.

*En 1830, el matemático ruso **Nicolái Ivánovich Lobachevsky** (1792–1856) publicó un trabajo en el que desarrolla una nueva geometría cambiando el quinto postúlalo por este otro:*

N. I. Lobachevsky

Por todo punto exterior a una recta pasan más de una (infinitas) paralela.

*Con este trabajo nace una de las geometrías no euclidiana, llamada la **Geometría Hiperbólica**.*

*La Geometría Hiperbólica se modela en la **seudoesfera.** Algunos teoremas de la Geometría Euclidiana no se cumplen en esta nueva geometría (los que se derivan del 5° postulado). Así, en la Geometría Hiperbólica, la suma de los tres ángulos de un triángulo es menor que 180°.*

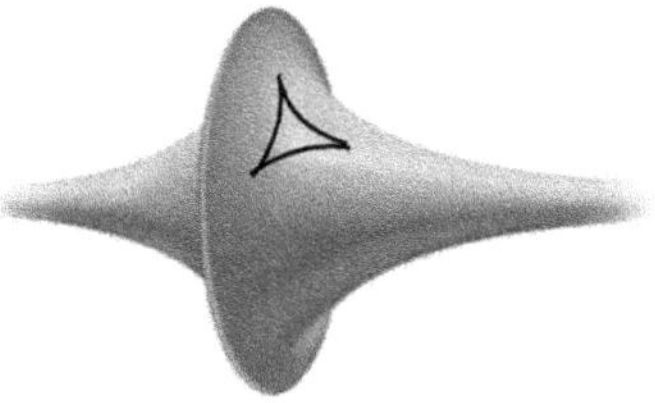

PROBLEMA 7. Hallar área de la superficie de revolución generada, al girar alrededor del eje X, la curva

$$\begin{cases} x = 2a\cos t - a\cos 2t \\ y = 2a\,\text{sen}\, t - a\,\text{sen}\, 2t \end{cases}, \quad 0 \leq t \leq \pi$$

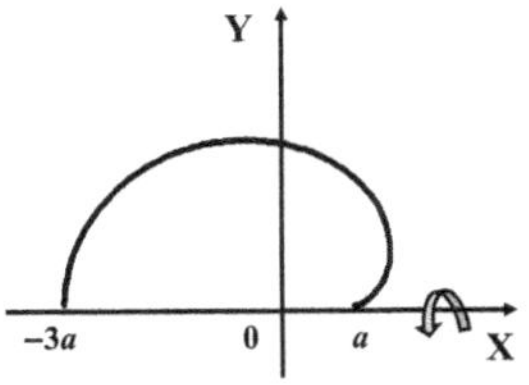

Solución

Tenemos que:

$$\frac{dx}{dt} = 2a(-\text{sen } t + \text{sen } 2t), \qquad \frac{dy}{dt} = 2a(\cos t - \cos 2t)$$

$$\sqrt{(dx/dt)^2 + (dy/dt)^2} = 2a\sqrt{(-\text{sen } t + \text{sen } 2t)^2 + (\cos t - \cos 2t)^2}$$

$$= 2a\sqrt{2 - 2\text{sen } t \text{ sen } 2t - 2\cos t \cos 2t}$$

$$= 2a\sqrt{2 - 2\text{sen } t\ (2 \text{ sen } t \cos t) - 2\cos t\ (\cos^2 t - \text{sen}^2 t)}$$

$$= 2a\sqrt{2 - 2 \text{ sen}^2 t \cos t - 2\cos t \cos^2 t}$$

$$= 2a\sqrt{2 - 2 \cos t\ (\text{sen}^2 t + \cos^2 t)}$$

$$= 2a\sqrt{2 - 2 \cos t}$$

$$= 2\sqrt{2}\, a\sqrt{1 - \cos t}$$

Luego,

$$A = 2\pi\int_0^{\pi}(2a \text{ sen } t - a \text{ sen } 2t)\left(2\sqrt{2}\, a\sqrt{1-\cos t}\right) dt$$

$$= 2\pi\int_0^{\pi}(2a \text{ sen } t - 2a \text{ sen } t \cos t)\left(2\sqrt{2}\, a\sqrt{1-\cos t}\right) dt$$

$$= 8\sqrt{2}\pi a^2\int_0^{\pi} \text{sen } t(1-\cos t)\sqrt{1-\cos t}\, dt$$

$$= 8\sqrt{2}\pi a^2\int_0^{\pi} (1-\cos t)^{3/2}(\text{sen } t\, dt)$$

$$= 8\sqrt{2}\pi a^2\left[\frac{2}{5}(1-\cos t)^{5/2}\right]_0^{\pi} = \frac{16}{5}\sqrt{2}\pi a^2\left[(2)^{5/2}\right] = \frac{128}{5}\pi a^2$$

PROBLEMA 8. Probar el teorema 6.2

La curca paramétrica $C: \begin{cases} x = f(t) \\ y = g(t) \end{cases}, \quad \alpha \leq t \leq \beta$ es tal que:

1. f tiene derivada continua en $[\alpha, \beta]$.

2. f es monótona (creciente o decreciente) en $[\alpha, \beta]$.

3. $g(t) \geq 0 \quad \forall\, t \in [\alpha, \beta]$.

Entonces el área bajo la curva C es

$$A = \int_{\alpha}^{\beta} g(t)\,f'(t)\,dt\,,\ \text{si } f(\alpha) < f(\beta). \qquad (3)$$

$$A = -\int_{\alpha}^{\beta} g(t)\,f'(t)\,dt\,,\ \text{si } f(\alpha) > f(\beta). \qquad (4)$$

Solución

Por ser la función f continua y monótona, la imagen del intervalo $[\alpha, \beta]$ mediante f, es otro intervalo de la forma $[a, b]$. Esto es,

$$f([\alpha, \beta]) = [a, b],$$

donde $f(\alpha) = a$, $f(\beta) = b$ si f es creciente, y $f(\beta) = a$, $f(\alpha) = b$ si f es decreciente.

La función f: $[\alpha, \beta] \to [a, b]$, por ser monótona, es biyectiva y, por lo tanto, tiene inversa : $f^{-1}: [a, b] \to [\alpha, \beta]$. Sea $G = g \circ f^{-1}$. Luego, $g = G \circ f$.

La curva C coincide con la gráfica de G. En efecto: Sea P punto del plano.

$$P \in C \Leftrightarrow P = (f(t), g(t)) = (f(t), G(f(t))) = (x, G(x)) \Leftrightarrow P \in \text{Gráfico de } G$$

En consecuencia, el área de la región bajo la curva es

$$A = \int_{a}^{b} G(x)dx$$

Ahora, aplicando el teorema de sustitución:

Si f es creciente, tenemos

$$\int_{\alpha}^{\beta} g(t)\,f'(t)\,dt = \int_{f(\alpha)}^{f(\beta)} G(f(t))\,f'(t)\,dt = \int_{a}^{b} G(x)\,dx = A$$

Si f es decreciente, tenemos

$$-\int_{\alpha}^{\beta} g(t)\,f'(t)\,dt = -\int_{f(\alpha)}^{f(\beta)} G(f(t))\,f'(t)\,dt = -\int_{b}^{a} G(x)\,dx = \int_{a}^{b} G(x)\,dx = A$$

PROBLEMAS PROPUESTOS 6.3

AREA DE REGIONES PLANAS

1. Hallar el área de la región encerrada por la elipse

$$\begin{cases} x = a\cos\theta \\ y = b\,\text{sen}\,\theta \end{cases},\quad 0 \le \theta \le 2\pi$$

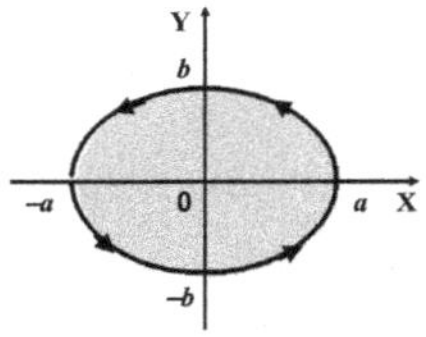

Rpta. πab

2. Hallar el área de la región encerrada por la astroide

$$\begin{cases} x = a\cos^3\theta \\ y = a\,\text{sen}^3\theta \end{cases},\quad 0 \le \theta \le 2\pi$$

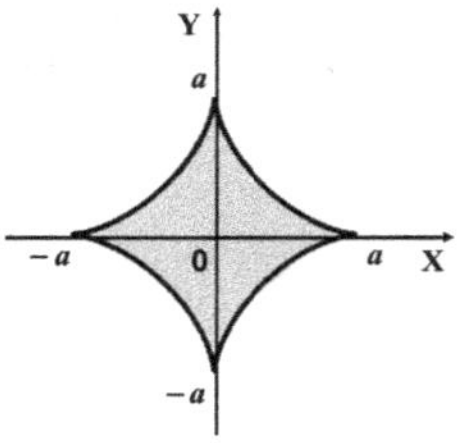

Rpta. $\frac{3}{8}\pi a^2$

3. Hallar el área de la región encerrada por la siguiente curva y su asíntota $x = a$.

$$\begin{cases} x = a\,\text{sen}^2\theta \\ y = a\,\text{sen}^2\theta\tan\theta \end{cases},\quad -\pi/2 < \theta < \pi/2$$

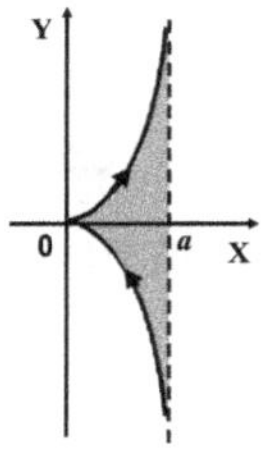

Rpta. $3\pi a^2$

4. Hallar el área de la región encerrada por la tractriz y el eje X

$$\begin{cases} x = a\left(\cos\, t + \ln\left(\tan t/2\right)\right) \\ y = a\,\text{sen}\, t \end{cases}\quad a > 0,\ \ 0 < t < \pi$$

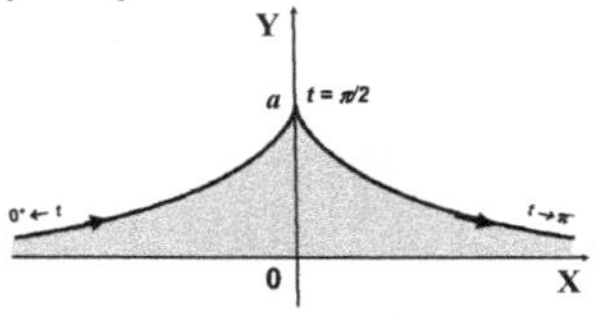

Rpta. $\frac{1}{2}\pi a^2$

5. Hallar el área de la región encerrada el eje Y y la curva

$$\begin{cases} x = \dfrac{2at}{1+t^2} \\ y = \dfrac{bt}{1+t} \end{cases}\quad a > 0, b > 0,\ 0 \le t < \infty$$

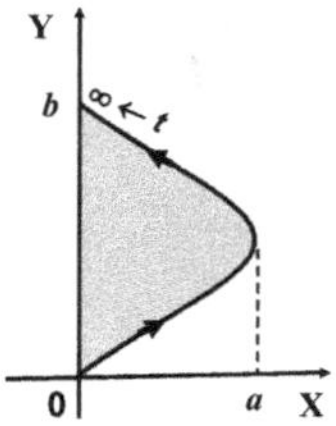

Rpta. $\frac{ab}{2}(\pi - 2)$

6. Hallar el área de la región encerrada por la curva

$$\begin{cases} x = b\cos t \\ y = a\,\text{sen}\,2t \end{cases}, a > 0, b > 0,\ \pi/2 \le t \le 3\pi/2$$

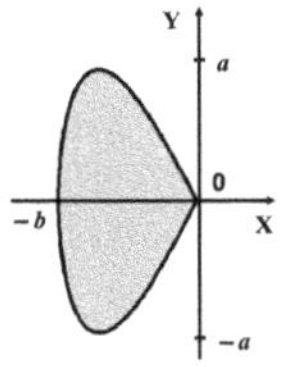

Rpta. $\dfrac{4ab}{3}$

7. Hallar el área de la región encerrada por la curva

$$\begin{cases} x = at\,\text{sen}\,t \\ y = at\cos t \end{cases}, a > 0,\ -\pi/2 \le t \le \pi/2$$

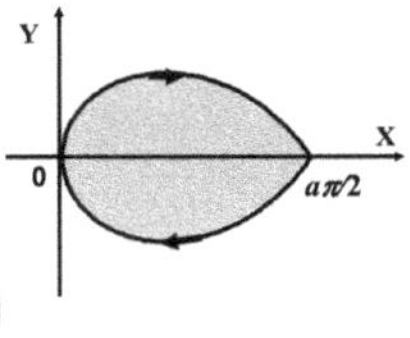

Rpta. $\dfrac{\pi a^2}{24}\left(\pi^2 + 6\right)$

8. Hallar el área de la región encerrada por la curva

$$\begin{cases} x = 2a\cos t - a\cos 2t \\ y = 2a\,\text{sen}\,t - a\,\text{sen}\,2t \end{cases},\ 0 \le t \le 2\pi$$

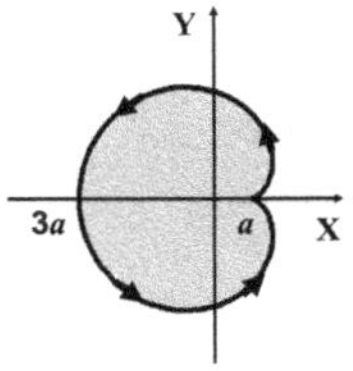

Rpta. $6\pi a^2$

9. Hallar el área de la región encerrada por el lazo de la curva

$$\begin{cases} x = t^2 - 1 \\ y = t^3 - 4t \end{cases}$$

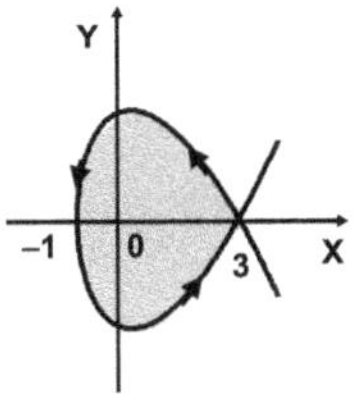

Rpta. $\dfrac{256}{15}$

10. Hallar el área de la región encerrada por el lazo de la curva

$$\begin{cases} x = t^2 - 1 \\ y = t^3 - 4t \end{cases}$$

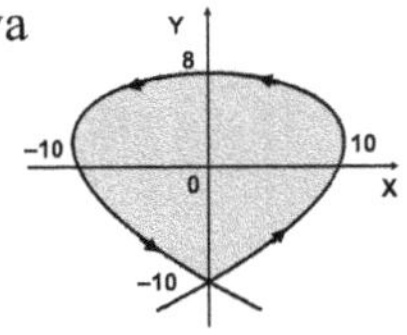

Rpta. $\dfrac{1,296}{5}$

11. Hallar el área de la región encerrada por el lazo de la curva

$$\begin{cases} x = 2t^2 + 2t \\ y = 6t - 2t^3 \end{cases}$$

Rpta. $\dfrac{81}{5}$

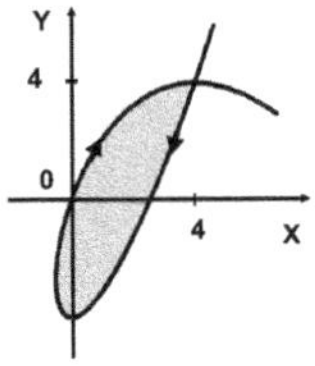

LONGITUD DE ARCO

En los problemas del 12 al 15, hallar la longitud de la curva dada.

12. $\begin{cases} x = 6t^2 - 1 \\ y = 4t^3 \end{cases}, -2 \leq t \leq 2$ *Rpta.* $8\left(5\sqrt{5}-1\right)$

13. $\begin{cases} x = \sqrt{t} \\ y = \dfrac{t^2}{8}+\dfrac{1}{4t} \end{cases}, 1 \leq t \leq 9$ *Rpta.* $\dfrac{92}{9}$

14. $\begin{cases} x = 2 \ln t \\ y = t+\dfrac{1}{t} \end{cases}, 1 \leq t \leq 5$ *Rpta.* $\dfrac{24}{5}$

15. $\begin{cases} x = t \cos t \\ y = t \operatorname{sen} t \end{cases}, 0 \leq t \leq 1$

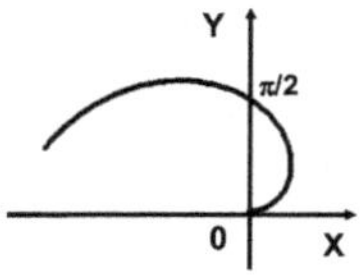

Rpta. $3\sqrt{2}+\dfrac{1}{2}\ln\left(3+2\sqrt{2}\right) \approx 5{,}12$

16. $\begin{cases} x = t^2\cos t \\ y = t^2\operatorname{sen} t \end{cases}, 0 \leq t \leq 1$ *Rpta.* $\dfrac{1}{3}\left(5\sqrt{5}-8\right)$

17. La evoluta de un círculo:

$\begin{cases} x = a(\cos \theta + \theta \operatorname{sen} \theta) \\ y = a(\operatorname{sen} \theta - \theta \cos \theta) \end{cases}, 0 \leq \theta \leq 2\pi$ *Rpta.* $2\pi^2 a$

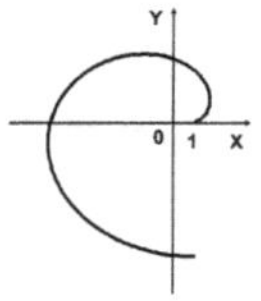

18. $\begin{cases} x = 2a \cos t - a \cos 2t \\ y = 2a \operatorname{sen} t - a \operatorname{sen} 2t \end{cases}, 0 \leq t \leq 2\pi$

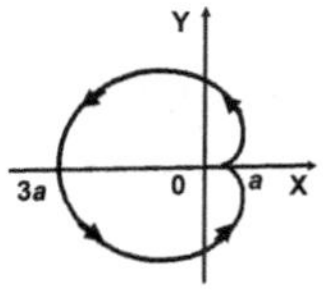

Rpta. $16a$

19. $\begin{cases} x = e^t\cos t \\ y = e^t\operatorname{sen} t \end{cases}, 0 \leq t \leq \dfrac{\pi}{2}$ *Rpta.* $\sqrt{2}\left(e^{\pi/2}-1\right)$

20. $\begin{cases} x = e^{2t}\cos t \\ y = e^{2t}\operatorname{sen} t \end{cases}, 0 \leq t \leq \dfrac{\pi}{2}$ *Rpta.* $\dfrac{\sqrt{5}}{2}\left(e^{\pi}-1\right)$

21. $\begin{cases} x = \cosh^3 t \\ y = \text{senh}^3 t \end{cases}$, $0 \le t \le 1$

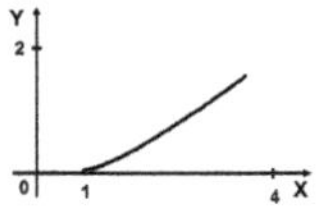

Rpta. $\frac{1}{2}\left((\cosh 2)^{3/2} - 1\right) \approx 3.15$

22. Hallar la longitud del lazo de la curva

$\begin{cases} x = t^3 - 9t \\ y = 3\sqrt{3}t^2 \end{cases}$ *Rpta.* 108

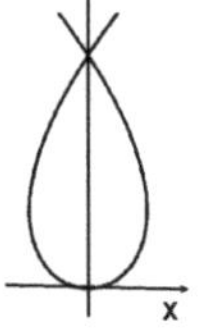

AREA DE SUPERFICIES DE REVOLUCION

En los problemas del 23 al 28, hallar el área de la superficie de revolución generada por la curva dada que gira alrededor del eje dado.

23. $\begin{cases} x = 3t - t^3 \\ y = 3t^2 \end{cases}$ $, 0 \le t \le 1$, Eje X *Rpta.* $\frac{48}{5}\pi$

24. $\begin{cases} x = 3t - t^3 \\ y = 3t^2 \end{cases}$ $, 0 \le t \le 1$, Recta $y = -2$ *Rpta.* $\frac{128}{5}\pi$

25. $\begin{cases} x = t - 1 \\ y = t^2/2 - t \end{cases}$ $, 2 \le t \le 4$, Eje Y *Rpta.* $\frac{2\pi}{3}\left(10\sqrt{10} - 2\sqrt{2}\right)$

26. $\begin{cases} x = t^2 - 1 \\ y = t^3/3 - t \end{cases}$ $, -1 \le t \le 1$, Eje Y *Rpta.* $\frac{16}{3}\pi$

27. $\begin{cases} x = t^2 - 1 \\ y = t^3/3 - t \end{cases}$ $, -1 \le t \le 1$, Recta x = 1 *Rpta.* $\frac{128}{15}\pi$

28. $\begin{cases} x = e^t \cos t \\ y = e^t \text{sen } t \end{cases}$ $, 0 \le t \le \pi/2$, Eje Y *Rpta.* $\frac{2\sqrt{2}}{5}\pi\left(2e^{\pi} + 1\right)$

29. Hallar el área de la superficie de revolución generada por la rotación alrededor del eje X del lazo de la curva (Ver figura en el problema resuelto 3)

C: $\begin{cases} x = 3t^2 \\ y = t^3 - 3t \end{cases}$ *Rpta.* 27π

30. Hallar el área de la superficie de revolución generada por la rotación alrededor del eje X del lazo de la curva (Ver figura en el problema propuesto 22)

$$C: \begin{cases} x = t^3 - 9 \\ y = 3\sqrt{3}t^2 \end{cases}$$ *Rpta.* 729π

31. Hallar el área de la superficie de revolución generada por la cicloide

$$\begin{cases} x = r(\theta - \text{sen}\ \theta) \\ y = r(1 - \cos\ \theta) \end{cases}, \quad 0 \le \theta \le \pi,$$

al girar alrededor de la recta $x = \pi r$

Rpta. $8\pi r^2(\pi - 4/3)$

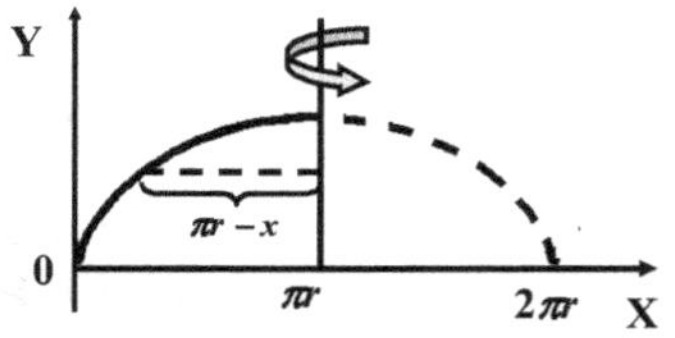

VOLUMEN

32. Hallar el volumen del sólido de revolución generado por la región encerrada por el lazo de la curva

$$C: \begin{cases} x = 3t^2 \\ y = 3t - t^3 \end{cases}$$

al girar alrededor del eje X. *Rpta.* $\dfrac{81}{4}\pi$

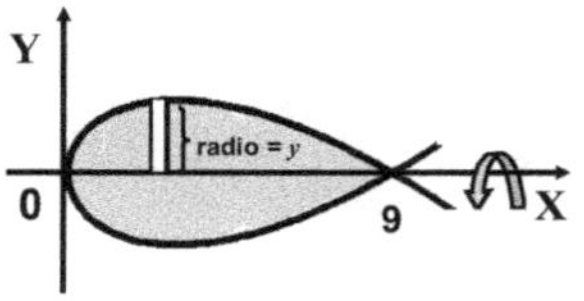

33. Hallar el volumen del sólido de revolución generado por la región encerrada por el lazo de la curva

$$C: \begin{cases} x = 3t - t^3/3 \\ y = t^2 \end{cases}$$

al girar alrededor del eje Y. *Rpta.* $\dfrac{243}{4}\pi$

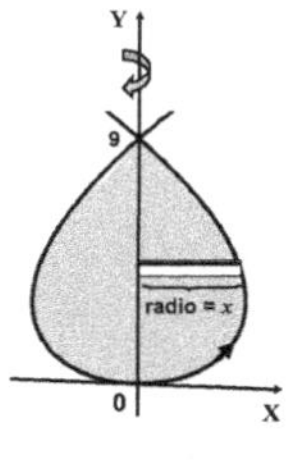

34. Hallar el volumen del sólido de revolución generado por la cicloide

$$\begin{cases} x = r(\theta - \text{sen}\ \theta) \\ y = r(1 - \cos\ \theta) \end{cases}, \quad 0 \le \theta \le \pi,$$

al girar alrededor de la recta $x = \pi r$

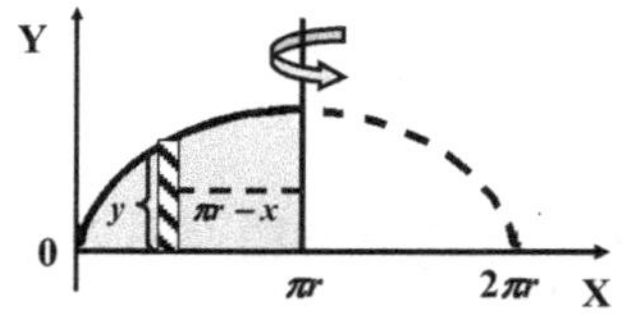

Sugerencia: $V = 2\pi \displaystyle\int_0^{\pi r} (\pi r - x) y\, dx$ *Rpta.* $\dfrac{\pi r^3}{6}(9\pi^2 - 16)$

35. Hallar el volumen del sólido de revolución generado por la cicloide

$$\begin{cases} x = r(\theta - \text{sen } \theta) \\ y = r(1 - \cos \theta) \end{cases}, \quad 0 \leq \theta \leq 2\pi,$$

al girar alrededor de la recta $x = 2\pi r$

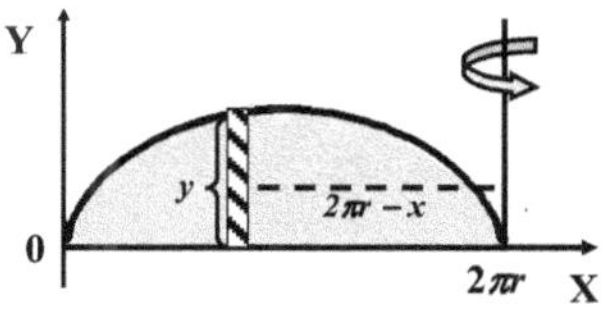

Rpta. $6\pi^3 r^3$

Sugerencia: $V = 2\pi \int_0^{2\pi r} (2\pi r - x)y \, dx$

36. Hallar el volumen del sólido de revolución generado por la cicloide

$$\begin{cases} x = r(\theta - \text{sen } \theta) \\ y = r(1 - \cos \theta) \end{cases}, \quad 0 \leq \theta \leq 2\pi,$$

al girar alrededor de la recta horizontal $y = 2r$

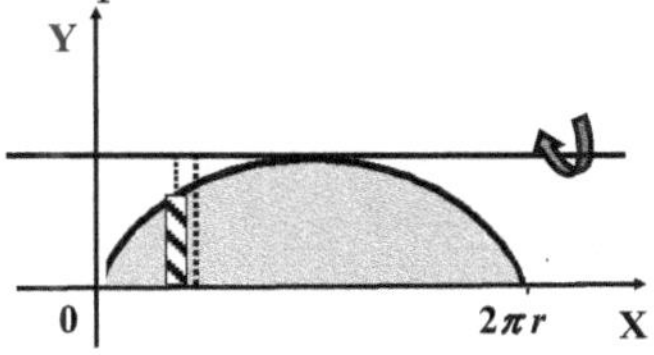

Rpta. $7\pi^2 r^3$

Sugerencia: $V = \pi \int_0^{2\pi r} \left((2r)^2 - (2r - y)^2\right) dx$

RESPUESTAS 6.1

1. $y - 2x - 8b = 0$

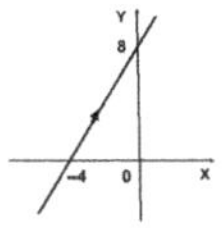

2. $y + 2x - 2 = 0$

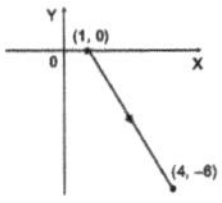

3. $x - 1 = (y - 3)^2$

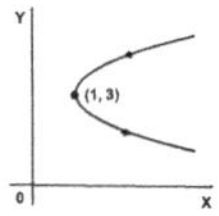

4. $y - 1 = (x - 3)^2$

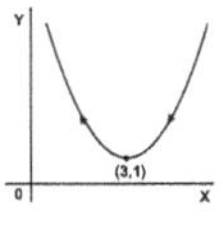

5. $y - x = 2$

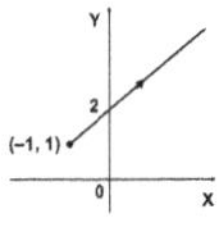

6. $y - 1 = 2x^2$

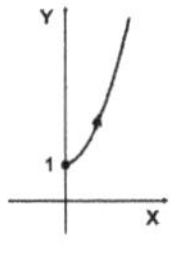

7. $x^2 - y^2 = 4$

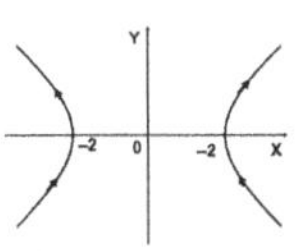

8. $x^2 = y^3$

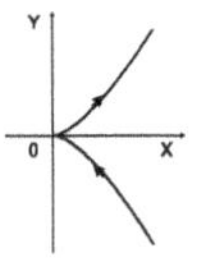

9. $(x + 2)^2 = (y + 3)^3$

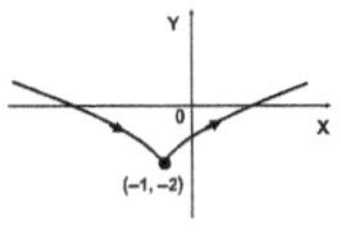

10. $y + 4 = x^2$

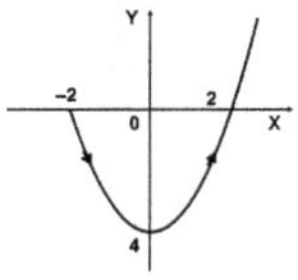

11. $x^2 + y^2 = 4$

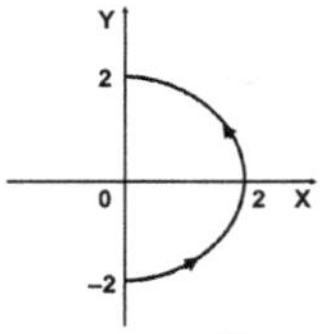

12. $\dfrac{x^2}{4} + \dfrac{y^2}{9} = 1$

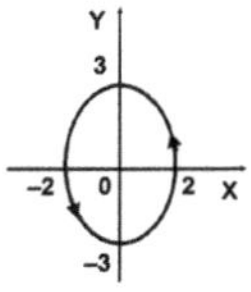

13. $\dfrac{(x+2)^2}{1} + \dfrac{(y-1)^2}{4} = 1$

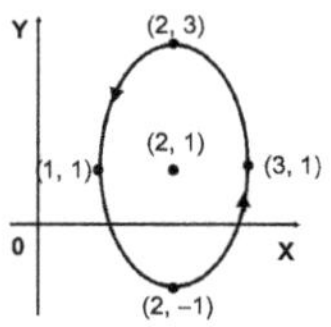

14. $x - 1 = -y^2$

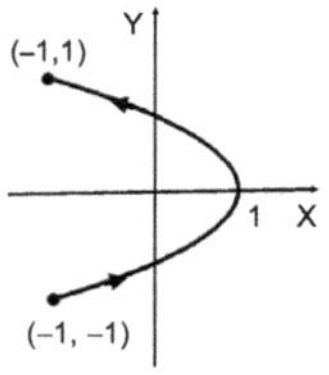

15. $2x + 3y = 6$

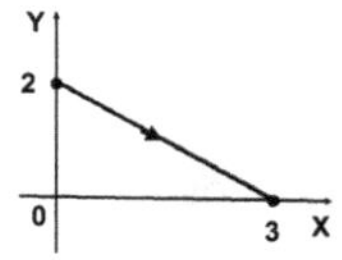

16. $y^2 - x^2 = 1$

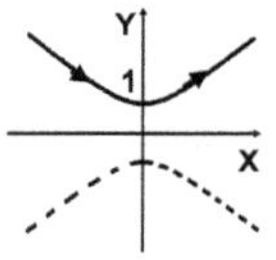

17. $\dfrac{x^2}{9} - \dfrac{y^2}{4} = 1$

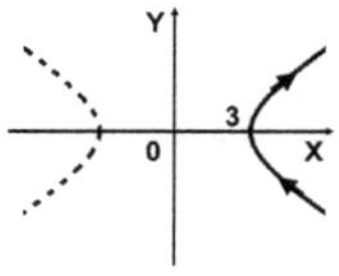

18. $x - 1 = y^2$

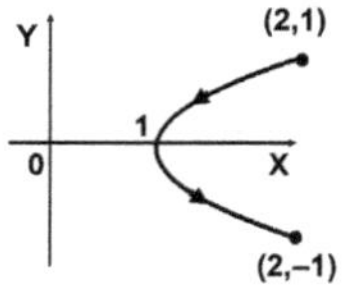

19. $x^2 + y^2 = 1$

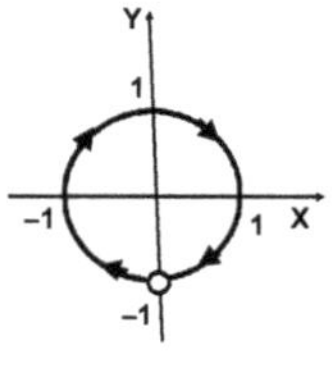

21. $y = \dfrac{1}{x} + 1, x > 0$

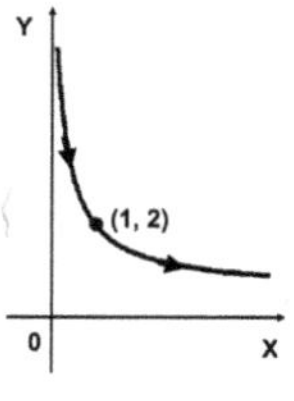

22. $x^2 - y^2 = 4$

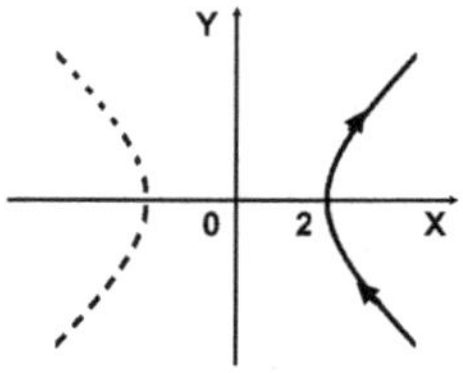

7

COORDENADAS POLARES

BONAVENTURA CAVALIERI
(1608-1647)

7.1 EL SISTEMA DE COORDENADAS POLARES

7.2 RECTAS TANGENTES EN COORDENADAS POLARES

7.3 AREAS DE REGIONES ENTRE GRAFICOS POLARES

7.4 LONGITUD DE ARCO, AREA Y VOLUMEN DE SUPERFICIES DE REVOLUCION EN COORDENADAS POLARES

7.5 ECUACIONES POLARES DE LAS CONICAS

BONAVENTURA CAVALIERI (1598-1647)

BONAVENTURA CAVALIERI (1598–1647), *matemático italiano, nació en Milán. Desde muy joven se incorporó a la orden de los jesuitas. Fue discípulo de Galileo. El maestro sostenía que eran muy escasos los matemáticos que, como Cavalieri, habían estudiado en forma amplia y profunda la* ***Geometría****. En 1629, Cavalieri fue incorporado a la cátedra de matemáticas en la universidad de Bologna. Alrededor de esta época, desarrolló el método que el llamó* ***Método de los indivisibles****, que abrió el camino para la creación del* ***Cálculo Integral.*** *Este método conjuga algunas ideas de Arquímedes y la idea de las cantidades infinitamente pequeñas. Este método estaba muy cerca al concepto de integral definida.*

Cavalieri también aportó trabajos sobre secciones cónicas, trigonometría, logaritmos, óptica, astronomía y, aun, astrología.

En el año 1635, Cavallieri introdujo al mundo matemático el ***sistema de coordenadas polares****. Por esta misma época, este mismo sistema fue presentado, en forma independiente, por otro matemático jesuita, el belga* ***Gregory de Saint–Vincent*** *(1584–1667). El sistema de coordenadas polares y el sistema de coordenadas rectangulares son contemporáneos. Este último fue introducido el año 1637 por dos matemáticos notables,* ***René Descartes y Pierre de Fermat****.*

ACONTECIMIENTOS PARALELOS IMPOTANTES

Cavalieri nace el mismo año en que muere el poderoso rey de España Felipe II, quien hizo de Madrid el centro de la política mundial. Diez años antes, en 1588, los ingleses derrotaron ***La Armada Invencible****, con la cual, Felipe II, intentó invadir Gran Bretaña.*

En 1609, el astrónomo alemán ***Johannes Kepler*** *(1571–1630) anunció sus tres leyes que controlan el movimiento de los planetas (Leyes de Kepler). Una ellas nos dicen que las órbitas de los planetas son elipses, en uno de cuyos focos está el sol.*

Durante la niñez de Cavalieri, Wiliam Shakespeare (1564–1616) publicó una gran parte de su obra literaria.

SECCION 7.1

EL SISTEMA DE COORDENADAS POLARES

Presentamos el **sistema de coordenadas polares.** Para esto, fijamos un punto del plano que lo denotaremos con **O** y lo llamaremos **polo** u **origen.** Partiendo de O construimos una semirrecta a la que llamaremos **eje polar.** Es usual tomar esta semirrecta horizontalmente, coincidiendo con el semieje positivo de las abscisas del sistema cartesiano. A cada par ordenado de números reales (r, θ) asociamos un único punto P del plano, del modo siguiente: Construimos la semirrecta del plano que partiendo de O forma un ángulo θ (en radianes) con el eje polar como lado inicial. Para construir este rayo nos movemos en sentido contrario a las agujas del reloj si θ es positivo, y en el sentido de las agujas si θ es negativo. Consideramos tres casos:

1. Si $r > 0$, P es el punto que esta sobre el lado terminal del ángulo θ a una distancia igual a r del polo.

2. Si $r < 0$, P es punto que está en el rayo opuesto al lado terminal del ángulo y que está a una distancia igual $|r| = -r$ del polo.

3. Si $r = 0$, P es el polo, o sea $P = O$.

Esta correspondencia entre el par ordenado (r, θ) y con el punto P la denotaremos así $P(r, \theta)$, y diremos que r y θ son **coordenadas polares de** P.

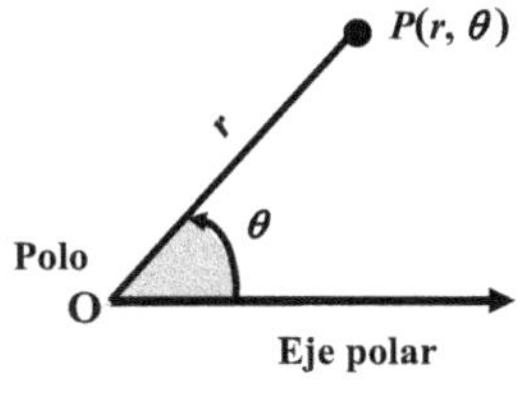

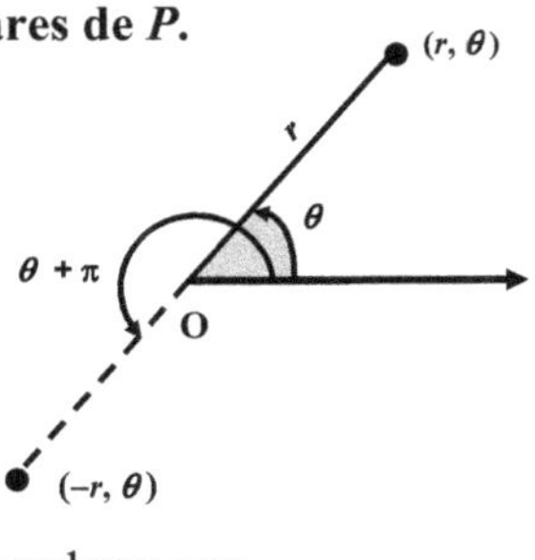

EJEMPLO 1. Graficar los puntos cuyas coordenadas polares son

a. $(2, \pi/4)$ **b.** $(-2, \pi/6)$ **c.** $(1, -2\pi/3)$

Solución

a.

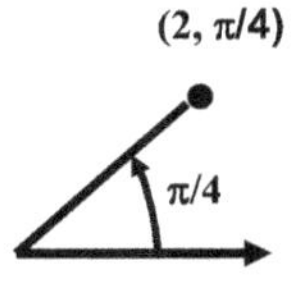

b.

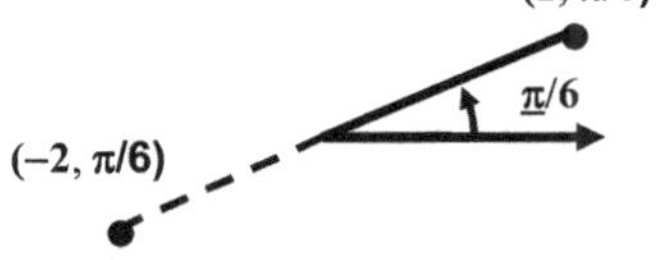

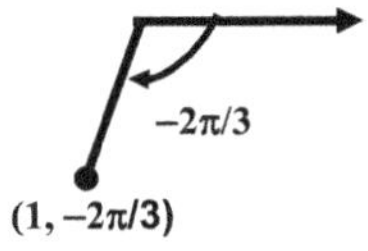

EJEMPLO 2. Graficar los puntos cuyas coordenadas son

a. $(2, \pi/6)$ **b.** $(2, 13\pi/6)$ **c.** $(-2, 7\pi/6)$

Solución

Tenemos que **b.** $(2, 13\pi/6) = (2, 2\pi + \pi/6)$ y **c.** $(-2, 7\pi/6) = (-2, \pi + \pi/6)$

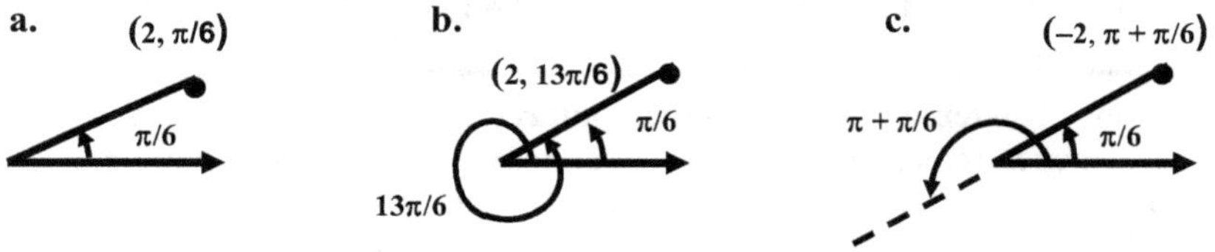

Observamos que tres pares $(2, \pi/6)$, $(2, 13\pi/6)$ y $(-2, 7\pi/6)$ son coordenadas polares que corresponden a un mismo punto.

Para facilitar la graficación en coordenadas polares se construyen circunferencias con centro en el polo, del cual también parten rayos (semirrectas) que forman distintos ángulos $\pi/6$, $\pi/3$, $\pi/2$, etc con el eje polar. Cada punto P del plano es la intersección de una circunferencia con un rayo. El radio r de la circunferencia y el ángulo θ que forma el rayo con el eje polar nos proporciona un juego de coordenadas polares (r, θ) del punto P. El siguiente dibujo nos ilustra estas ideas. Aquí hemos representado los puntos $(2, \pi/4)$, $(-2, \pi/6)$ y $(1, -2\pi/3)$ del ejemplo 1.

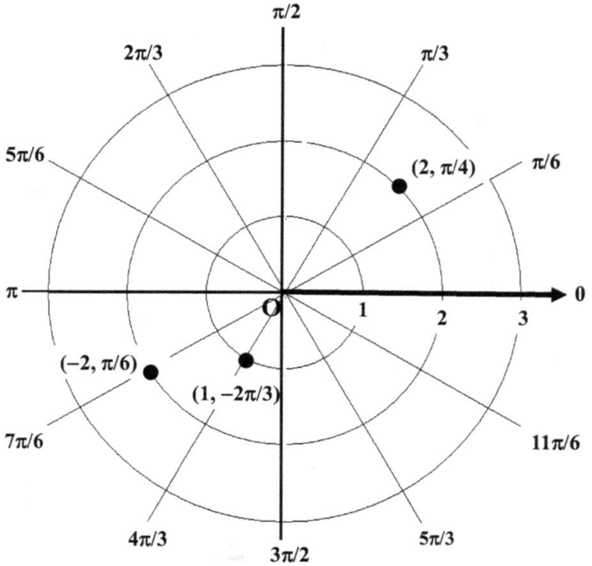

Observar que:

1. El rayo de ángulo $\frac{\pi}{2}$, llamado **eje** $\frac{\pi}{2}$, es el semieje positivo de las ordenadas.
2. El rayo de ángulo π ó $-\pi$ es el semieje negativo de las abscisas.
3. El rayo de ángulo $\frac{3\pi}{2}$ ó $-\frac{\pi}{2}$ es el semieje negativo de las ordenadas.

El sistema de coordenadas rectangulares establece una correspondencia biunívoca entre el conjunto de los puntos P del plano con el conjunto de pares ordenados (x, y). Este resultado nos permite identificar el punto P con sus coordenadas. Esto es, $P = (x, y)$. En cambio, en las sistema de coordenadas polares, si bien es cierto que a cada par (r, θ) le corresponde un único punto P, el punto P tiene infinitas coordenadas polares. En efecto, a P, además de (r, θ), le corresponde todas estas coordenadas polares siguientes:

$$\textbf{1. } (r, \theta + 2n\pi) \quad \text{y} \quad \textbf{2. } (-r, \theta + (2n+1)\pi), \; n \in \mathbb{Z}.$$

Esto dos expresiones se pueden sintetizar en una sola, que es la siguiente:

$$\textbf{3. } ((-1)^n r, \theta + n\pi), \quad n \in \mathbb{Z}.$$

En efecto, si n es par, digamos $n = 2m$, obtenemos (1):

$$((-1)^n r, \theta + n\pi) = ((-1)^{2m} r, \theta + 2m\pi) = (r, \theta + 2m\pi).$$

En cambio, si n es impar, digamos $n = 2m + 1$, obtenemos (2):

$$((-1)^n r, \theta + n\pi) = ((-1)^{2m+1} r, \theta + 2(m+1)\pi) = (-r, \theta + (2m+1)\pi).$$

Al **polo O** le corresponden las coordenadas $(0, \theta)$, donde θ toma cualquier valor.

Debido a esta multiplicidad, si (r, θ) son coordenadas polares de P, escribimos $P(r, \theta)$ y no así $P = (r, \theta)$, como lo hacíamos con las coordenadas cartesianas.

CONVERSION DE COORDENADAS

El siguiente teorema nos da las fórmulas que nos permiten cambiar coordenadas polares a rectangulares y viceversa.

TEOREMA 7. 1. Si las coordenadas polares y rectangulares de un punto son (r, θ) y (x, y), entonces

1. $x = r\cos\theta$ **2.** $y = r \operatorname{sen}\theta$

3. $r^2 = x^2 + y^2$ **4.** $\tan\theta = \dfrac{y}{x}$

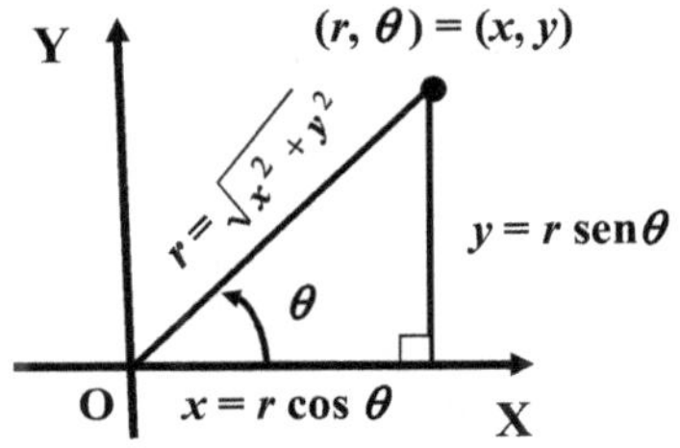

Demostración

Estas 4 igualdades se obtienen inmediatamente al observar la figura, en la cual al eje polar hacemos coincidir con la parte positiva del eje positivo de las X.

EJEMPLO 3. Hallar las coordenadas rectangulares de los puntos cuyas representaciones en coordenadas polares son:

a. $(2, \pi/6)$ **b.** $(-3, 2\pi/3)$

Solución

a. $x = r\cos\theta = 2\cos(\pi/6) = 2\left(\sqrt{3}/2\right) = \sqrt{3}$, $y = r\,\text{sen}\,\theta = 2\left(1/2\right) = 1$

Luego, el punto, en coordenadas cartesianas, es $\left(\sqrt{3},\ 1\right)$.

b. $x = r\cos\theta = -3\cos(2\pi/3) = -3\left(-\dfrac{1}{2}\right) = \dfrac{3}{2}$, $y = r\,\text{sen}\,\theta = -3\left(\dfrac{\sqrt{3}}{2}\right) = -\dfrac{3\sqrt{3}}{2}$

Luego, el punto, en coordenadas cartesianas, es $\left(\dfrac{3}{2},\ \dfrac{-3\sqrt{3}}{2}\right)$.

EJEMPLO 4. Hallar todas las representaciones polares de los puntos cuya representación en coordenadas rectangulares son:

a. $(1, 1)$ **b.** $\left(-1, \sqrt{3}\right)$

Solución

a. Para $(1, 1)$, tenemos:

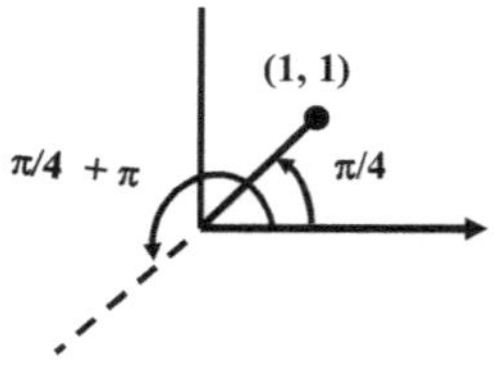

$$r = \pm\sqrt{x^2 + y^2} = \pm\sqrt{1^2 + 1^2} = \pm\sqrt{2},$$

$$\tan\theta = \frac{y}{x} = \frac{1}{1} = 1 \Rightarrow \theta = \tan^{-1}(1) = \frac{\pi}{4}.$$

El punto $(1, 1)$ y $\dfrac{\pi}{4}$ están en primer cuadrante. Luego, todas las posibles representaciones polares de $(1, 1)$ son:

$$\left(\sqrt{2},\ \frac{\pi}{4} + 2n\pi\right) \text{ y } \left(-\sqrt{2},\ \frac{\pi}{4} + \pi + 2n\pi\right) = \left(-\sqrt{2},\ \frac{\pi}{4} + 2(n+1)\pi\right),\ n \in \mathbb{Z}$$

. **b.** Para $(-1, \sqrt{3})$, tenemos:

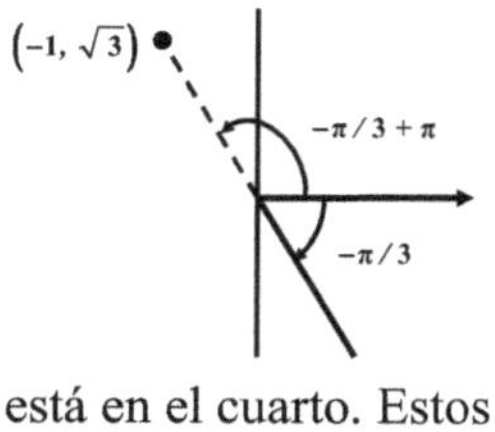

$$r = \pm\sqrt{x^2 + y^2} = \pm\sqrt{(-1)^2 + (\sqrt{3})^2} = \pm 2$$

$$\tan\theta = \frac{y}{x} = \frac{\sqrt{3}}{-1} = -\sqrt{3},\quad \theta = \tan^{-1}(-\sqrt{3}) = -\frac{\pi}{3}$$

El punto $(-1, \sqrt{3})$ esta en el segundo cuadrante y $-\pi/3$ está en el cuarto. Estos cuadrantes son opuestos, luego, todas las posibles representaciones polares son:

$$\left(-2,\ -\frac{\pi}{3} + 2n\pi\right) \text{ y } \left(2,\ -\frac{\pi}{3} + \pi + 2n\pi\right) = \left(2,\ -\frac{\pi}{3} + 2(n+1)n\pi\right),\ n \in \mathbb{Z}$$

GRAFICOS DE ECUACIONES POLARES

RECOMENDACION. De aquí en adelante debemos contar con una calculadora o un paquete de computación que grafique ecuaciones polares.

El gráfico de una ecuación polar $F(r, \theta) = 0$ está conformado por todos los puntos P del plano que tienen al menos una representación polar (r, θ) que satisface la ecuación. Una parte muy importante de ecuaciones la constituyen las funciones

$$r = f(\theta) \qquad (1)$$

Teniendo en cuenta que las coordenadas (r, θ) y $(\,(-1)^n r\,,\ \theta + n\pi\,)$ representan al mismo punto, la gráfica de $r = f(\theta)$ es la misma que la de:

$$(-1)^n r = f(\theta + n\pi\,),\quad n \in \mathbb{Z}. \qquad (2)$$

Recordemos que, en coordenadas rectangulares, si $c > 0$, la gráfica de $y = f(x - c)$ se obtiene de la gráfica de $y = f(x)$ trasladándola c unidades a la derecha, y la gráfica de $y = f(x + c)$ se obtiene de la gráfica de $y = f(x)$ trasladándola c unidades a la izquierda. Este criterio, en traducido a coordenadas polares dice:

Si $\alpha > 0$, entonces para obtener la gráfica de:

1. $r = f(\theta - \alpha)$ **rotar** alrededor del polo la gráfica de $r = f(\theta)$ α radianes en **sentido antihorario**.
2. $r = f(\theta + \alpha)$ **rotar** alrededor del polo la gráfica de $r = f(\theta)$ α radianes en **sentido horario.**

CRITERIOS DESIMETRIA EN COORDENADAS POLARES

El **gráfico de una ecuación polar** es simétrica respecto al:

1. **Eje polar** si al reemplazar (r, θ) por $(r, -\theta)$ ó $(-r, \pi - \theta)$ en la ecuación se obtiene, una ecuación equivalente.
2. **Eje** $\frac{\pi}{2}$ si al reemplazar (r, θ) por $(r, \pi - \theta)$ ó $(-r, -\theta)$ en la ecuación se, obtiene una ecuación equivalente.
3. **Polo** si al reemplazar (r, θ) por $(-r, \theta)$ ó $(r, \pi + \theta)$ en la ecuación se obtiene, una ecuación equivalente.

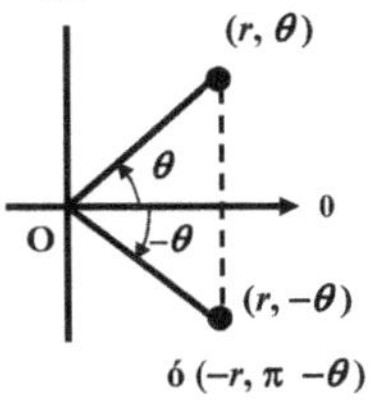

Simetría: Eje Polar

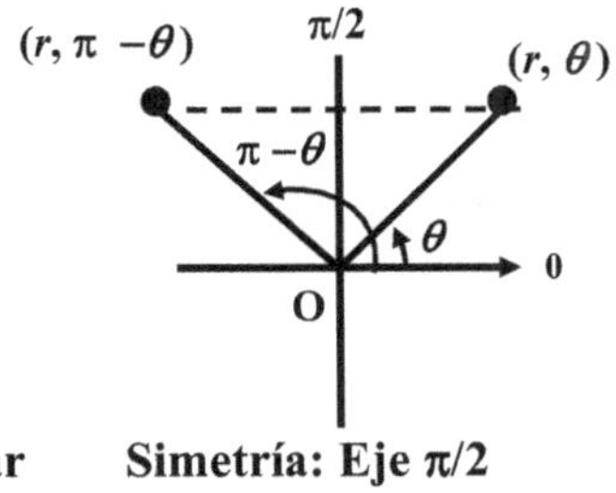

Simetría: Eje π/2

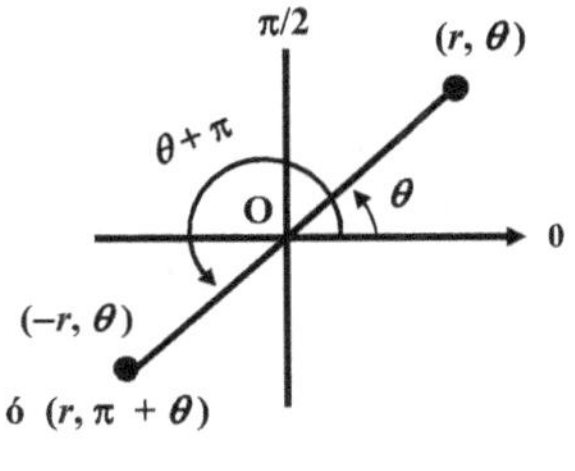

Simetría: El polo

EJEMPLO 5. Probar que el gráfico de:

1. $r = 2 \cos \theta$ es simétrica respecto al eje polar
2. $r = 2 \text{ sen } \theta$ es simétrica respecto al eje $\pi/2$
3. $r^2 = 4 \text{ sen } 2\theta$ es simétrica respecto al polo.

Solución

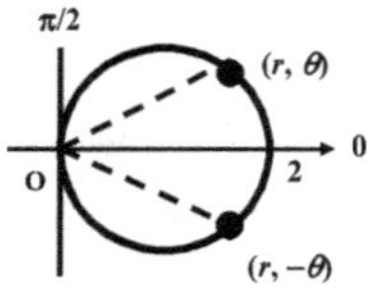

1. Sustituimos (r, θ) por $(r, -\theta)$ en $r = 2 \cos \theta$:

$$r = 2\cos(-\theta) = 2\cos \theta$$

Esta sustitución no ha alterado la ecuación. Luego, el gráfico de $r = 2 \cos \theta$ es simétrica respecto al eje polar.

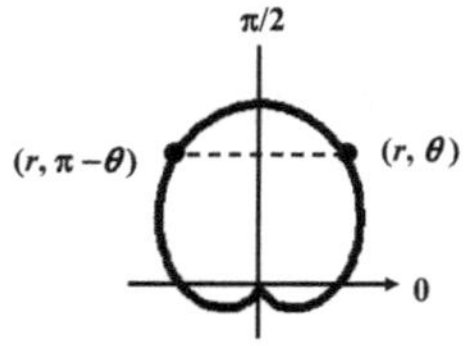

2. Sustituimos (r, θ) por $(r, \pi - \theta)$ en $r = 1 + \text{sen } \theta$:

$$r = 1 + \text{sen}(\pi - \theta) \Rightarrow r = 1 + \text{ sen } \pi \cos \theta - \cos \pi \text{ sen } \theta$$

$$= 1 + (0)\cos \theta - (-1)\text{sen } \theta \Rightarrow r = 1 + \text{sen } \theta.$$

Esta sustitución no ha alterado la ecuación. Luego, el gráfico de $r = 1 + \text{sen } \theta$ es simétrica respecto al eje $\pi/2$.

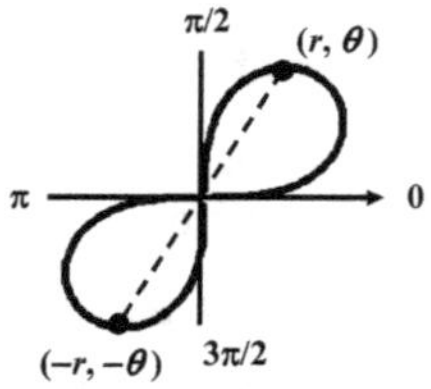

3. Sustituimos (r, θ) por $(-r, \theta)$ en $r^2 = 4 \text{ sen } 2\theta$:

$$(-r)^2 = 4 \text{ sen } 2\theta \Rightarrow r^2 = 4 \text{ sen } 2\theta$$

Esta sustitución no ha alterado la ecuación. Luego, el gráfico de $r^2 = 4 \text{ sen } 2\theta$ es simétrica respecto al polo.

I. RECTAS

1. RECTAS QUE PASAN POR EL POLO

La gráfica de la ecuación

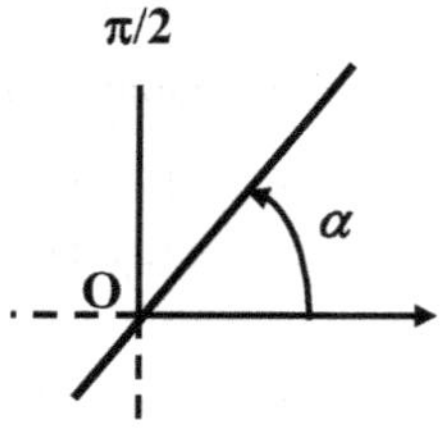

$$\boldsymbol{\theta = \alpha}, \quad \text{donde } \alpha \text{ es una constante.}$$

es la recta que pasa por el polo y forma un ángulo de α radianes con el eje polar. Esta misma recta es la gráfica de la ecuación

$$\boldsymbol{\theta = \alpha + 2\pi n, \ n \in \mathbb{Z}.}$$

2. RECTAS QUE NO PASAN POR EL POLO

Si $\boldsymbol{c \neq 0}$, la gráfica de la ecuación

$$r = \dfrac{c}{a \cos \theta + b \text{ sen } \theta}, \text{ donde } \quad a \neq 0 \text{ ó } b \neq 0 \qquad (1)$$

es la recta de pendiente $m = -\dfrac{a}{b}$ corta a los ejes en $(c/a, 0)$ $(0, c/b)$.

En efecto,

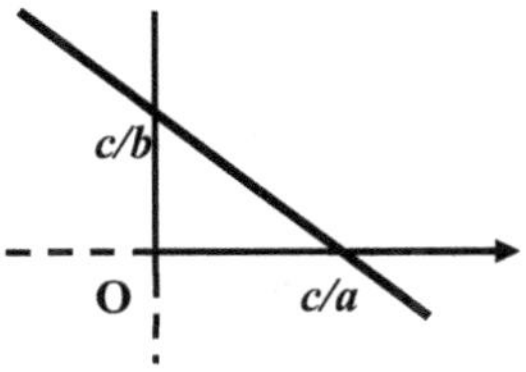

$$r = \dfrac{c}{a \cos \theta + b \text{ sen } \theta} \Leftrightarrow$$

$$r\,(a \cos \theta + b \text{ sen } \theta) = c \Leftrightarrow$$

$$a(r \cos \theta) + b(r \text{ sen } \theta) = c \Leftrightarrow ax + by = c$$

Esto es,

$$r = \dfrac{c}{a \cos \theta + b \text{ sen } \theta} \Leftrightarrow ax + by = c \quad (2)$$

En consecuencia, el gráfico de la ecuación polar (1) es la recta de pendiente $m = -a/b$ y que corta al eje X en el punto $(c/a, 0)$ y al eje Y en $(0, c/b)$.

Como casos particulares de la ecuación (1) tenemos las ecuaciones de las rectas verticales y horizontales. En efecto:

a. Rectas verticales. Si en la ecuación (1) hacemos $b = 0$ tenemos:

$$r = \dfrac{c}{a \cos \theta} \Leftrightarrow x = \dfrac{c}{a}$$

Pero, $r = \dfrac{c}{a \cos \theta} = \dfrac{c}{a}\dfrac{1}{\cos \theta} = \dfrac{c}{a}\sec \theta$. Luego, si $k = \dfrac{c}{a}$, tenemos:

$$r = k \sec \theta \Leftrightarrow x = k.$$

Esto es, $\boldsymbol{r = k \sec \theta}$ es la **recta vertical** $\boldsymbol{x = k}$.

b. Rectas horizontales. En forma enteramente análoga, si en la ecuación (1) hacemos $a = 0$ tenemos que:

$\boldsymbol{r = k \text{ cosec}\theta}$, es la **recta horizontal** $\boldsymbol{y = k}$.

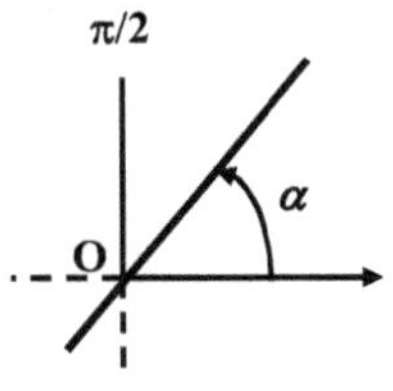

$\theta = \alpha$

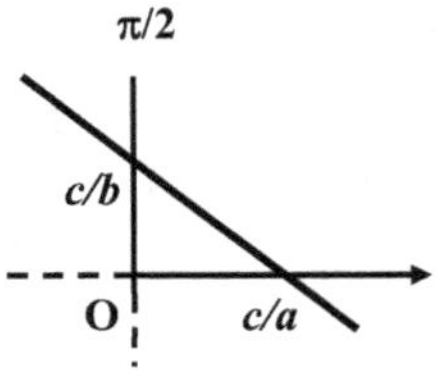

$r = c/(a \cos \theta + b \text{ sen } \theta)$

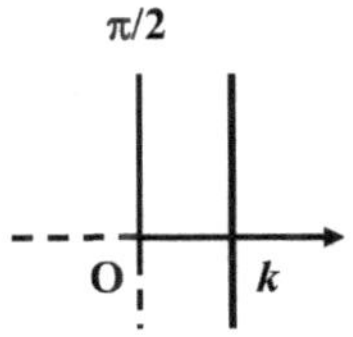

$r = k \sec\theta$

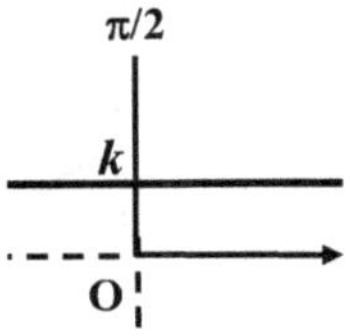

$r = k \text{ cosec}\theta$

II. CIRCUNFERENCIAS.

1. CIRCUNFERENCIA CON CENTRO EN EL POLO

La gráfica de la ecuación:

$$\boldsymbol{r = a \quad \text{ó} \quad r = -a}, \text{ donde } \boldsymbol{a > 0}$$

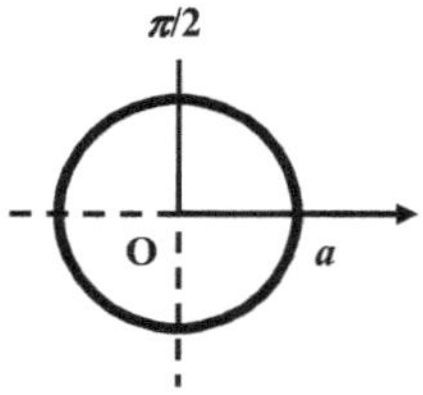

es la circunferencia de centro en el polo y radio a.

En efecto:

$$r = \pm a \Rightarrow r^2 = a^2 \Rightarrow x^2 + y^2 = a^2$$

2. CIRCUNFERENCIA QUE PASA POR EL POLO

La gráfica de la ecuación:

$$\boldsymbol{r = \pm 2a \cos\theta \pm 2b \operatorname{sen}\theta, \quad a \geq 0 \text{ y } b \geq 0} \qquad \textbf{(1)}$$

es la circunferencia de radio $\sqrt{a^2 + b^2}$ centro en $(\pm a, \pm b)$ y pasa por el polo.

En efecto:

$$r = \pm 2a \cos\theta \pm 2b \operatorname{sen}\theta \quad \Rightarrow$$

$$r^2 = \pm 2a\,(r\cos\theta) \pm 2b\,(r \operatorname{sen}\theta) \quad \Rightarrow$$

$$x^2 + y^2 = \pm 2ax \pm 2by \quad \Rightarrow$$

$$(x^2 \mp 2ax + a^2) + (y^2 \mp 2by + b^2) = a^2 + b^2 \Rightarrow$$

$$(x \mp a)^2 + (x \mp b)^2 = a^2 + b^2$$

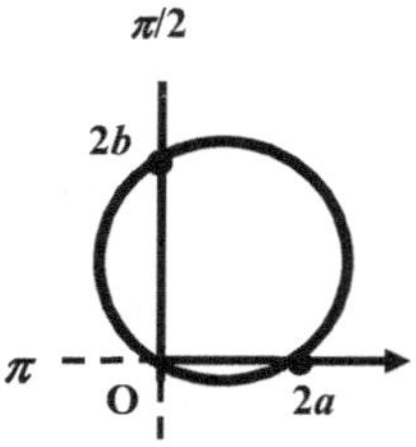

$\boldsymbol{r = 2a\cos\theta + 2b\operatorname{sen}\theta}$

Esta ecuación es la ecuación cartesiana de la circunferencia con centro en $(\pm a, \pm b)$ y radio $\sqrt{a^2 + b^2}$. El origen (0, 0) es punto de esta circunferencia.

Si en la ecuación $r = \pm 2a \cos\theta \pm 2b \operatorname{sen}\theta$ hacemos $a = 0$ ó $b = 0$, obtenemos los casos particulares:

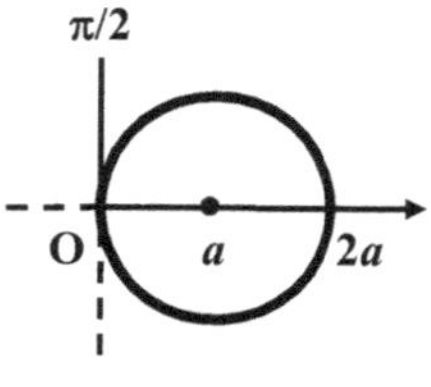

$\boldsymbol{r = 2a\cos\theta}$

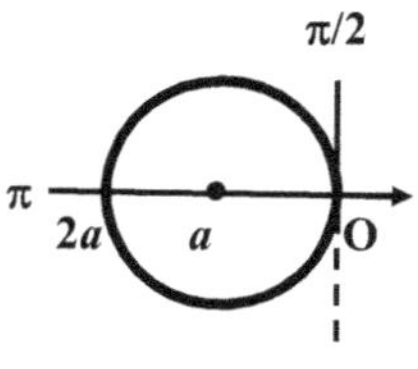

$\boldsymbol{r = -2a\cos\theta}$

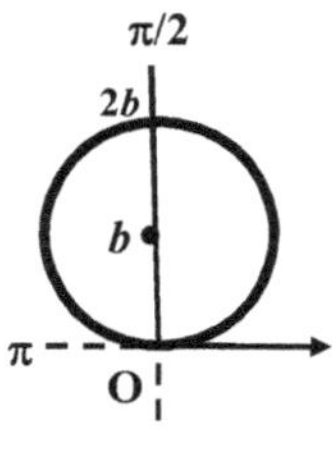

$\boldsymbol{r = 2b\operatorname{sen}\theta}$

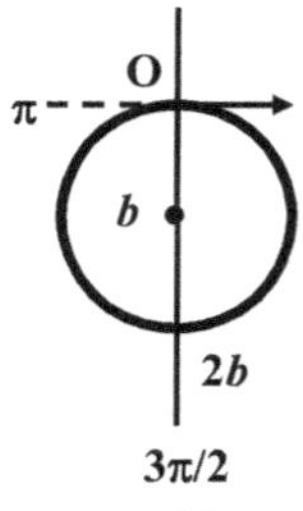

$\boldsymbol{r = -2b\operatorname{sen}\theta}$

III. LOS CARACOLES

Se llama **caracol o limaçon** (del latín "limax" que significa caracol) a la gráfica de cualquiera de las ecuaciones siguientes

$$r = a \pm b \cos\theta \quad \text{ó} \quad r = a \pm b \operatorname{sen}\theta, \quad \text{donde } a > 0 \text{ y } b > 0 \qquad (1)$$

Se tiene 4 tipos de caracoles, dependiendo de la razón a/b

1. Caracol con rizo, si $a/b < 1$

2. Cardiode, si $a/b = 1$

3. Caracol con hoyuelo, si $1 < a/b < 2$

4. Caracol convexo, si $a/b \geq 2$

A la ecuación $r = a + b\cos\theta$ la llamaremos **ecuación estándar del caracol**. Más adelante veremos que el gráfico de los otros caracoles se obtiene rotando convenientemente el gráfico de ecuación estándar.

LOS CUATRO CARACOLES ESTANDAR

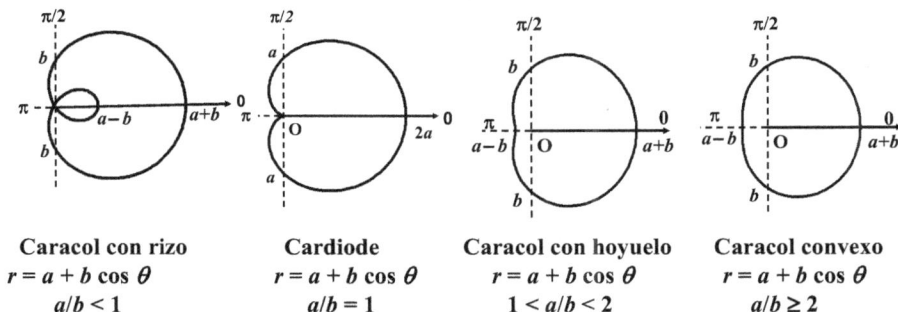

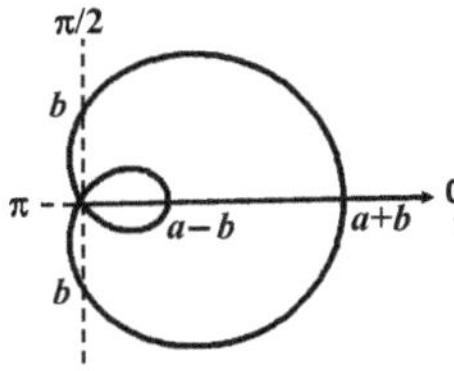

Caracol con rizo
$r = a + b\cos\theta$
$a/b < 1$

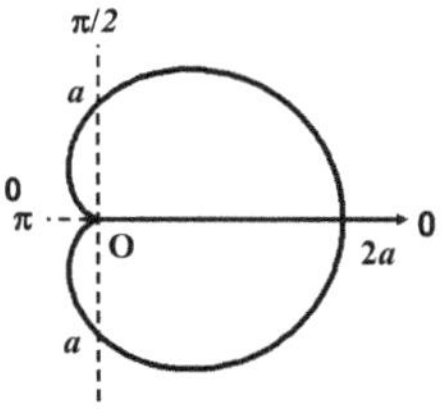

Cardiode
$r = a + b\cos\theta$
$a/b = 1$

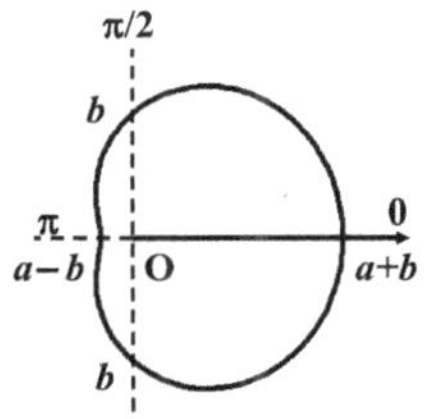

Caracol con hoyuelo
$r = a + b\cos\theta$
$1 < a/b < 2$

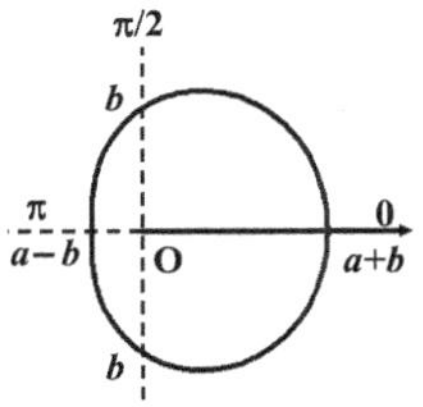

Caracol convexo
$r = a + b\cos\theta$
$a/b \geq 2$

A continuación tratamos la cardiode en forma más explícita. Con los otros caracoles se procede en forma análoga.

LA CARDIODE

De $a/b = 1$, se tiene que $a = b$. En consecuencia, las ecuaciones (1) las podemos desdoblar en las cuatro ecuaciones siguientes:

1. $r = a + a\cos\theta$ **2.** $r = a - a\cos\theta$ **3.** $r = a + a\operatorname{sen}\theta$ **4.** $r = a - a\operatorname{sen}\theta$

EJEMPLO 6. Graficar la cardiode $r = 1 + \cos\theta$

Solución

Construimos una tabla tomando algunos valores notables de θ. Luego, graficamos la función $r = 1 + \cos\theta$ en términos de coordenadas rectangulares, para observar el comportamiento de r cuando θ crece. Con esta información se construye la gráfica de $r = 1 + \cos\theta$ en términos de coordenadas polares.

θ	0	$\pi/2$	π	$3\pi/2$	2π
r	2	1	0	1	2

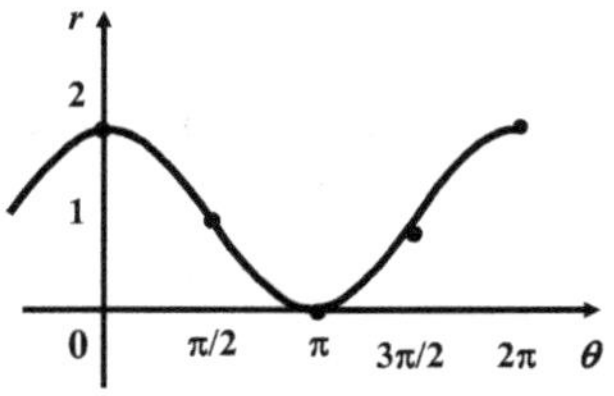

En $[0, \pi/2]$, r decrece de 2 a 1. En $[\pi/2, \pi]$, r decrece de 1 a 0. En $[\pi, 3\pi/2]$, r crece de 0 a 1. En $[3\pi/2, 2\pi]$, r crece de 1 a 2. Juntando las cuatro partes obtenemos la gráfica total.

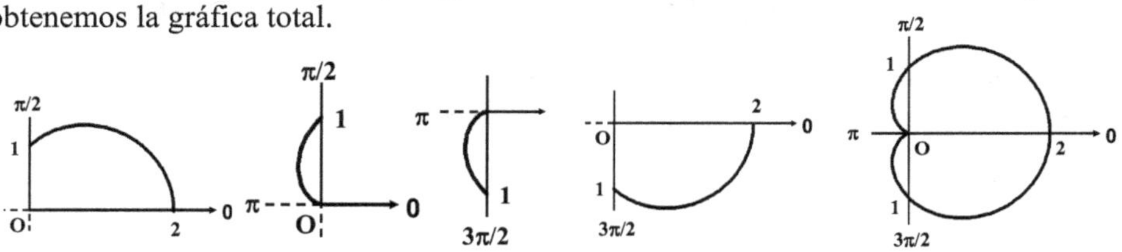

$[0, \pi/2]$ **$[\pi/2, \pi]$** **$[\pi, 3\pi/2]$** **$[3\pi/2, 2\pi]$** **$r = 1 + \cos\theta$**

LAS OTRAS CARDIODES

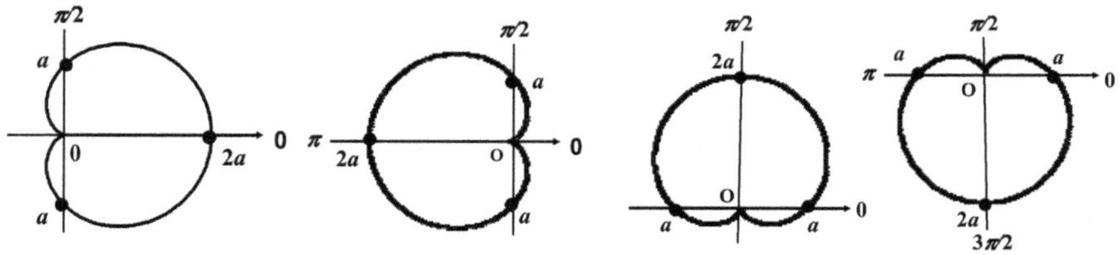

$r = a + a\cos\theta$ **Estándar** — **$r = a - a\cos\theta$** **Rotación π** — **$r = a + a\,\text{sen}\,\theta$** **Rotación $\pi/2$** — **$r = a - a\,\text{sen}\,\theta$** **Rotación $3\pi/2$**

1. La gráfica de **$r = a - a\cos\theta$** se obtiene de la gráfica de $r = a + a\cos\theta$ rotándola alrededor del polo un ángulo de **π** radianes en sentido horario.

2. La gráfica de **$r = a + a\,\text{sen}\,\theta$** se obtiene de la gráfica de $r = a + a\cos\theta$ rotándola alrededor del polo un ángulo de **$\pi/2$** radianes en sentido antihorario.

3. La gráfica de **$r = a - a\,\text{sen}\,\theta$** se obtiene de la gráfica de $r = a + a\cos\theta$ rotándola alrededor del polo un ángulo de **$\pi/2$** radianes en sentido horario o de **$3\pi/2$** radianes en sentido antihorario.

Las afirmaciones anteriores se prueban haciendo uso de las siguientes identidades:

i. $\text{sen}(-\theta) = -\text{sen}\,\theta$ **ii.** $\cos(-\theta) = \cos\theta$

iii. $\text{sen}\,\theta = \cos(\pi/2 - \theta)$ **iv.** $-\cos\theta = \cos(\theta + \pi)$

En efecto:

1. $r = a - a\cos\theta = a + a\cos(\theta + \pi)$ (por iv.)

Luego, la gráfica de $\boldsymbol{r = a - a\cos\theta}$ se obtiene rotando la gráfica de $r = a + a\cos\theta$ un ángulo de $\boldsymbol{\pi}$ radianes en sentido horario.

2. $r = a + a \text{ sen } \theta = a + a\cos(\pi/2 - \theta) = a + a\cos(\theta - \pi/2)$ (por iii. y por ii.)
Luego, la gráfica de $\boldsymbol{r = a + a \textbf{ sen } \theta}$ se obtiene rotando la gráfica de $r = a + a\cos\theta$ un ángulo de $\pi/2$ radianes en sentido antihorario.

3. $r = a - a \text{ sen } \theta = a + a \text{ sen }(-\theta) = a + a\cos(\pi/2 - (-\theta)) = a + a\cos(\theta + \pi/2)$

Luego, la gráfica de $\boldsymbol{r = a - a \textbf{ sen } \theta}$ se obtiene rotando la gráfica de $r = a + a\cos\theta$ un ángulo de $\pi/2$ radianes en sentido horario o de $3\pi/2$ radianes en sentido antihorario

---

EL CARACOL CON RIZO, $a/b < 1$

EJEMPLO 7. Graficar el caracol con rizo $r = 1 + 2\cos\theta$

Solución

$\boldsymbol{\theta}$	0	$\pi/2$	$2\pi/3$	π	$4\pi/3$	$3\pi/2$	2π
$\boldsymbol{r}$	3	1	0	-1	0	1	3

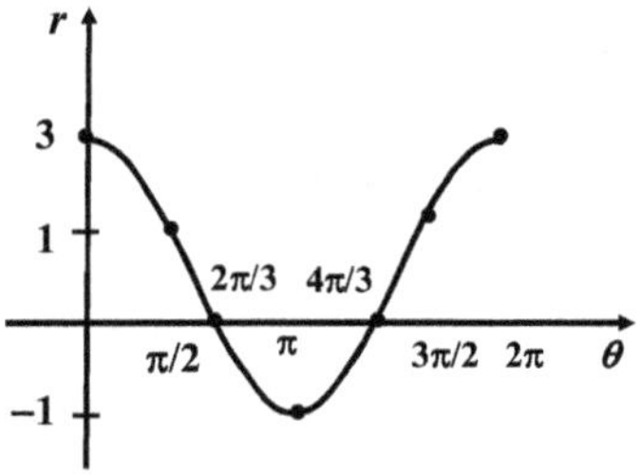

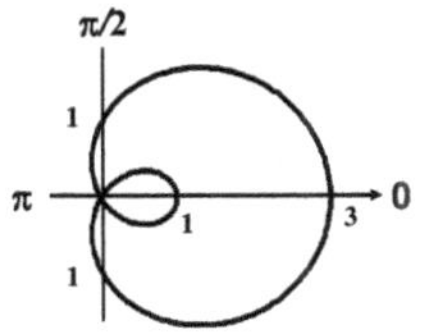

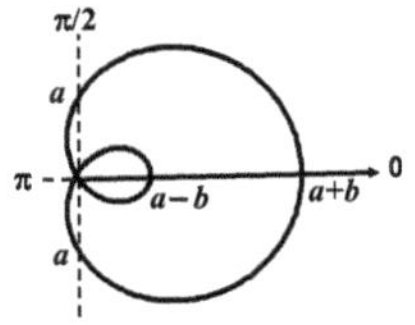

$\boldsymbol{r = 1 + 2\cos\theta}$ **Estándar:** $\boldsymbol{r = a + b\cos\theta}$

LOS OTROS CARACOLES CON RIZO

En la misma forma que se obtuvieron las otras cardiode de la cardiode estándar se obtienen los otros caracoles con rizo a partir de estándar

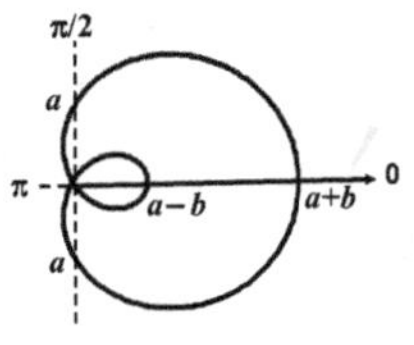

$\boldsymbol{r = a + b\cos\theta}$
Estándar

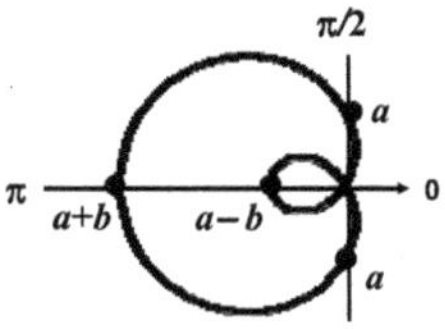

$\boldsymbol{r = a - b\cos\theta}$
Rotación π

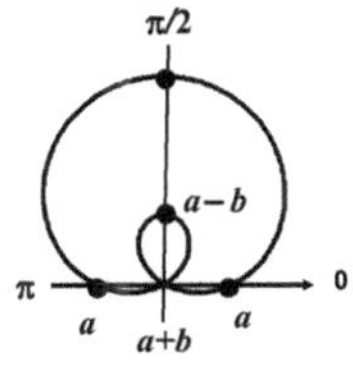

$\boldsymbol{r = a + b \textbf{ sen } \theta}$
Rotación π/2

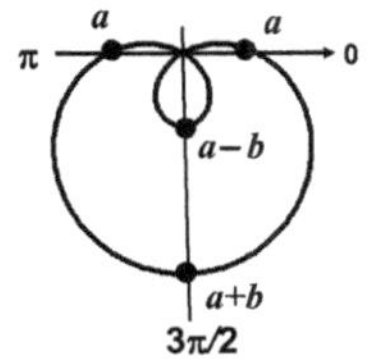

$\boldsymbol{r = a - b \textbf{ sen } \theta}$
Rotación 3π/2

IV. LEMNISCATAS

Se llama **lemniscata** al gráfico de cualquiera de las cuatro ecuaciones siguientes, donde $a > 0$:

1. $r^2 = \pm a^2 \cos 2\theta$ **2.** $r^2 = \pm a^2 \operatorname{sen} 2\theta$

EJEMPLO 8. Graficar las lemniscatas:

1. $r^2 = a^2 \cos 2\theta$ **2.** $r^2 = a^2 \operatorname{sen} 2\theta$

Solución

1. $r^2 = a^2 \cos 2\theta \implies r = \pm a\sqrt{\cos 2\theta}$

θ	r
0	$\pm a$
$\pi/4$	0
$\pi/2$	no existe
$3\pi/4$	0
π	$\pm a$

La último igualdad nos dice para valores positivos de $\cos 2\theta$ tenemos dos valores de r, uno positivo y el otro, negativo. En cambio, para valores negativos de $\cos 2\theta$ no tenemos valores de r. Pero $\cos 2\theta$ es no negativo en los intervalos $[0, \pi/4]$ y $[3\pi/4, \pi]$ y es negativo en el intervalo $(\pi/4, 3\pi/4)$.

En el intervalo $[0, \pi/4]$, $\cos 2\theta$ decrece de 1 a 0. Los $r \geq 0$ trazan la parte de la curva que está en el primer cuadrante. Los $r \leq 0$, trazan la parte en el tercer cuadrante.

En el intervalo $(\pi/4, 3\pi/4)$, $\cos 2\theta$ es negativa. No hay gráfica. En el intervalo $[3\pi/4, \pi]$, $\cos 2\theta$ crece de 0 a 1. Los $r \geq 0$ trazan la parte de la curva que está en el segundo cuadrante; y los $r \leq 0$, la parte en el cuarto cuadrante.

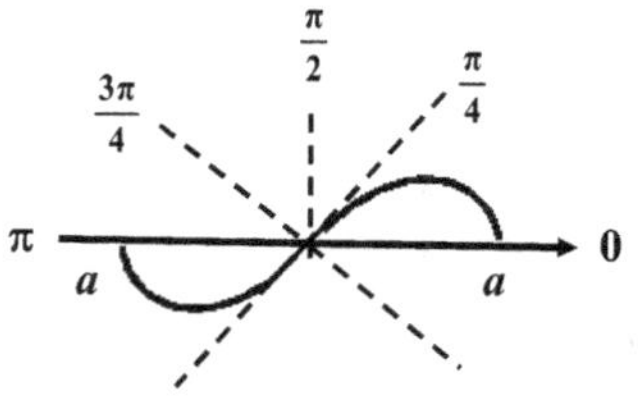

$r^2 = a^2 \cos 2\theta$ **en** $[0, \pi/4]$

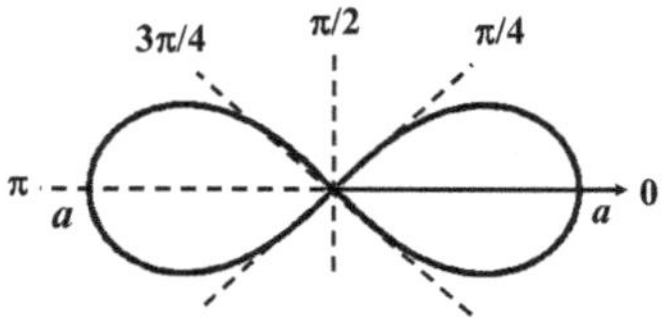

$r^2 = a^2 \cos 2\theta$ **en** $[0, \pi/4] \cup [3\pi/4, \pi]$

2. $r^2 = a^2 \operatorname{sen} 2\theta$

La gráfica de $r^2 = a^2 \operatorname{sen} 2\theta$ se obtiene de la gráfica de $r^2 = a^2 \cos 2\theta$, rotándola alrededor del polo $\pi/4$ radianes en sentido antihorario. En efecto,

$$r^2 = a^2 \operatorname{sen} 2\theta = a^2 \cos(\pi/2 - 2\theta) = a^2 \cos(2\theta - \pi/2) = a^2 \cos 2(\theta - \pi/4)$$

LAS CUATRO LEMNISCATAS

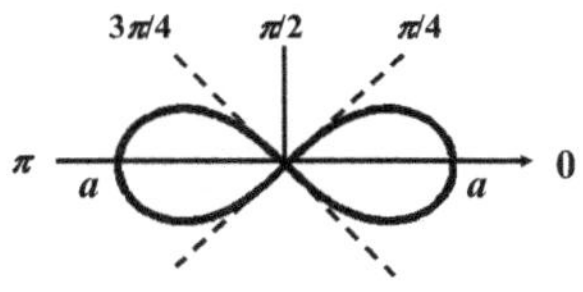

$r^2 = a^2 \cos 2\theta$
Estándar

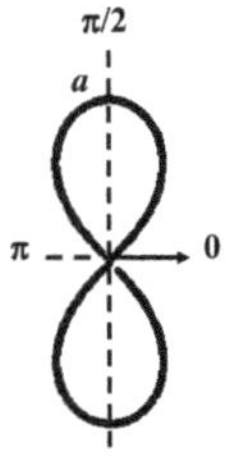

$r^2 = -a^2 \cos 2\theta$
Rotación de π/2

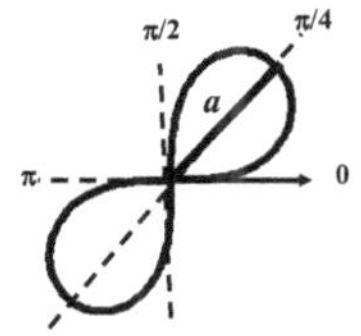

$r^2 = a^2 \text{ sen } 2\theta$
Rotación de π/4

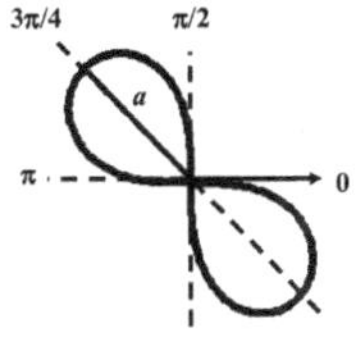

$r^2 = -a^2 \text{ sen } 2\theta$
Rotación de 3π/4

¿SABIAS QUE . . .

*El nombre de "**lemniscata**" viene del latín "lemniscus", que significa "lazo en forma de 8". El nombre "lemniscata" fue introducida por **Johann Bernoulli** en 1694. El símbolo **"∞"**, que usamos para representar al infinito, fue introducido por el matemático inglés **John Wallis** en 1655, inspirándose en la lemniscata.*

V. LAS ROSAS

Se llama rosa al gráfico de cualquiera de las ecuaciones:

$r = a \cos n\theta$ ó $r = a \text{ sen } n\theta$, donde $a > 0$ y $n \geq 2$ es un número natural.

Si n es par, la rosa tiene $2n$ pétalos y si n es impar, la rosa tiene n pétalos.

EJEMPLO 9. Graficar las rosas:

1. $r = a \cos 2\theta$ 2. $r = a \text{ sen } 2\theta$

Solución

1. $r = a \cos 2\theta$

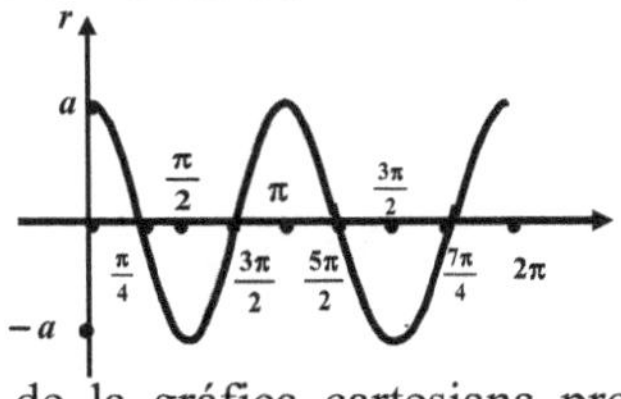

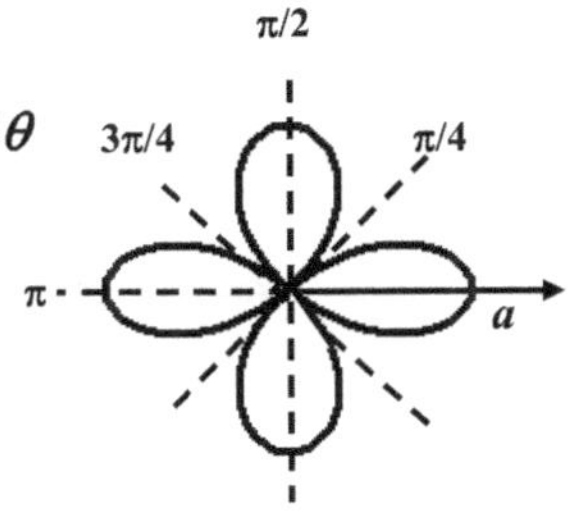

Cada "diente" de la gráfica cartesiana produce un pétalo. Vemos que hay 4 dientes (uniendo la primera mitad con última mitad). Luego, la rosa tiene 4 pétalos.

2. $r = a \text{ sen } 2\theta$

La gráfica de $r = a \text{ sen } 2\theta$ se obtiene de la gráfica de $r = a \cos 2\theta$, rotándola π/4 radianes alrededor del polo en sentido antihorario. En efecto:

$$r = a \text{ sen } 2\theta = a \cos\left(\pi/2 - 2\theta\right) = a \cos\left(2\theta - \pi/2\right)$$
$$= a \cos 2\left(\theta - \pi/4\right)$$

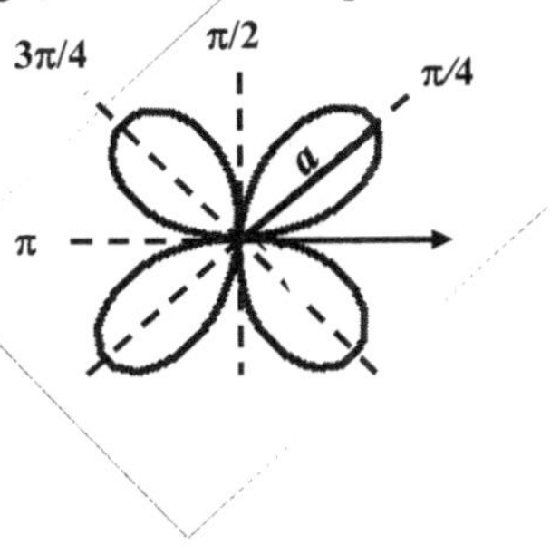

EJEMPLO 10. Graficar las rosas: **1.** $r = a \cos 3\theta$ **2.** $r = a \operatorname{sen} 3\theta$

Solución

1. $r = a \cos 3\theta$

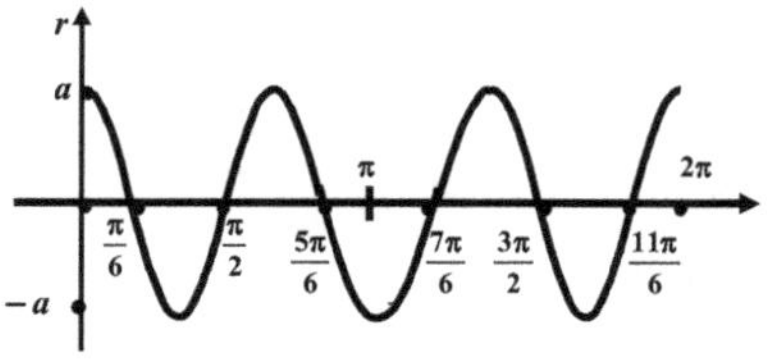

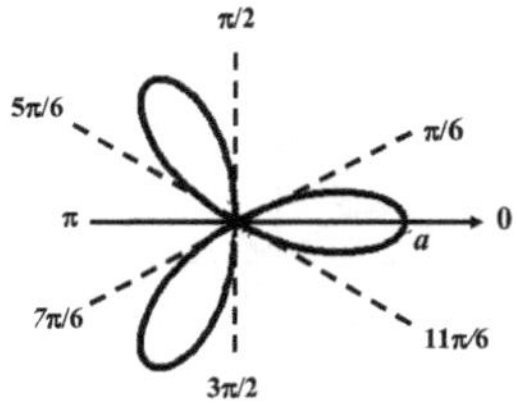

La gráfica cartesiana tiene 6 dientes, sin embargo, la rosa sólo tiene 3 pétalos. Esto se debe a que, con el intervalo de $[0, \pi]$, ya se obtienen los 3 pétalos y con el intervalo $[\pi, 2\pi]$ vuelve a cubrir estos mismos 3 pétalos.

2. $r = a \operatorname{sen} 3\theta$

La gráfica de $r = a \operatorname{sen} 3\theta$ se obtiene de la gráfica de $r = a \cos 3\theta$, rotándola $\pi/6$ radianes alrededor del polo en sentido antihorario. En efecto:

$$r = a \operatorname{sen} 3\theta = a \cos\left(\pi/2 - 3\theta\right) = a \cos 3\left(\theta - \pi/6\right)$$

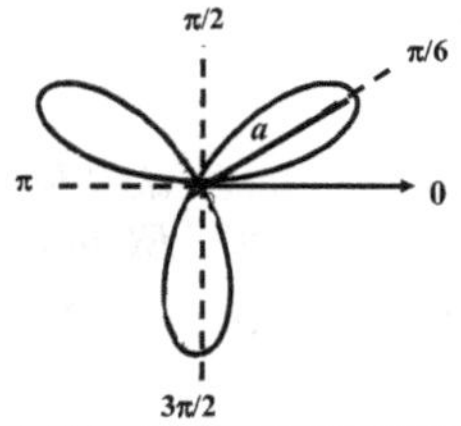

ROSAS DE 5 Y 8 PETALOS

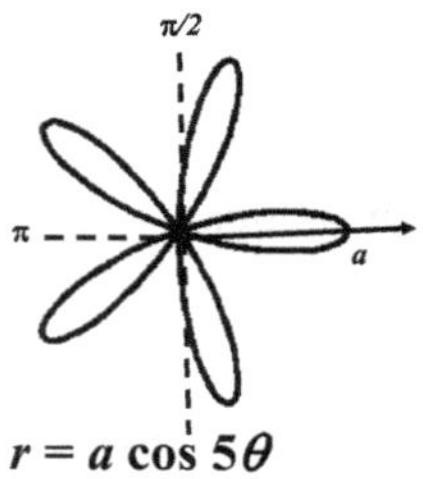

$r = a \cos 5\theta$
Estándar

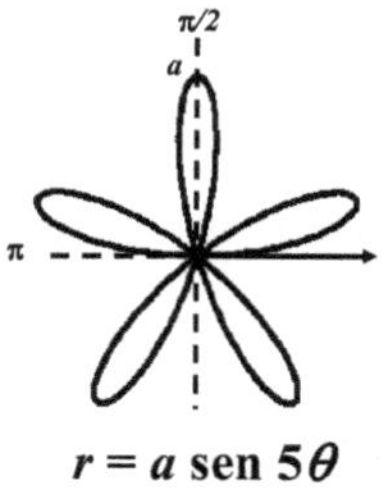

$r = a \operatorname{sen} 5\theta$
Rotación de π/10

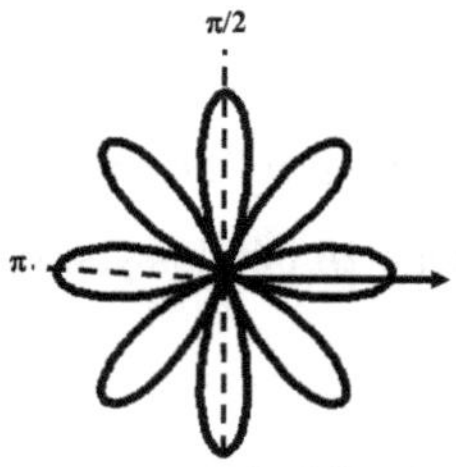

$r = a \cos 4\theta$
Estándar

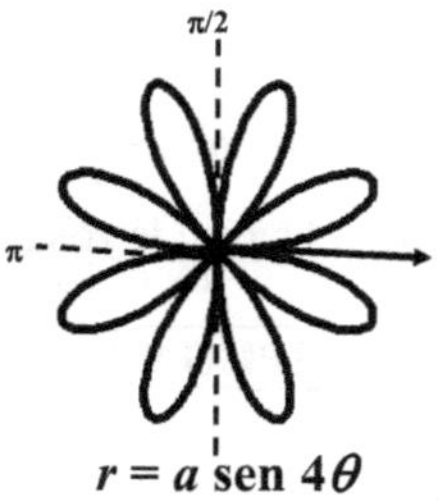

$r = a \operatorname{sen} 4\theta$
Rotación de π/8

VI. ESPIRALES

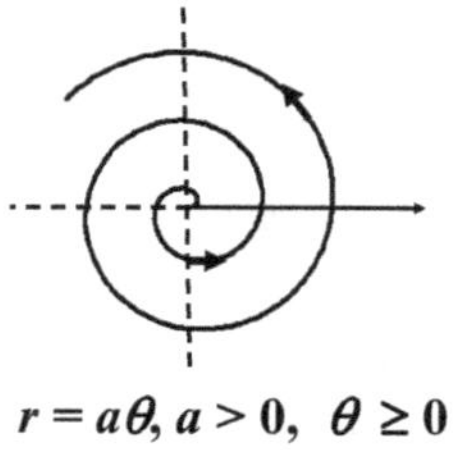

$r = a\theta,\ a > 0,\ \theta \geq 0$

Espiral de Arquímedes

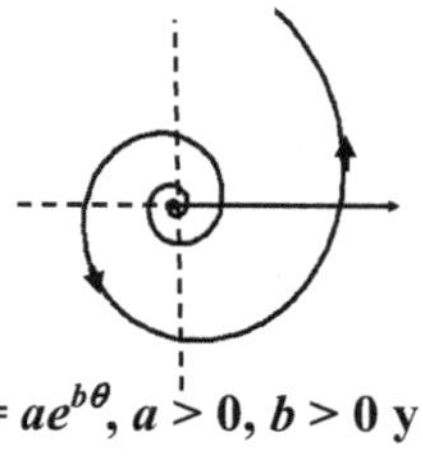

$r = ae^{b\theta},\ a > 0,\ b > 0 \text{ y } \theta \geq 0$

Espiral logarítmica

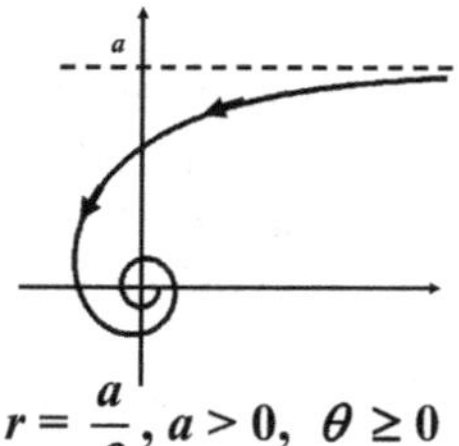

$r = \dfrac{a}{\theta},\ a > 0,\ \theta \geq 0$

Espiral Hiperbólica

¿SABIAS QUE . . .

Las espirales, a pesar de su apariencia complicada, aparecen con frecuencia en la naturaleza. Así, las espirales de Arquímedes las vemos en las flores del girasol. El más llamativo caso sucede en la concha del ***nautilus****. la cual se desarrollo siguiendo la forma de una espiral logarítmica, que llega tener hasta 26 cm. de diámetro. El nautilus (del griego, ναυτιλος "marino") es un molusco que vive en los corales profundo del pacífico hindú. Se dice de él que es un fósil viviente, ya que ha sobrevivido por 500 millones de años, sin cambios notables.*

Flor de Girasol

El Nautilus

CURVAS POLARES CON GRAFICADORAS

Los sistemas algebraicos de computación o algunas calculadoras, nos permiten graficar con toda facilidad ecuaciones complicadas. Los siguientes ejemplos fueron hechos con Graphmatic. La primera curva, por razones obvias, es llamada **mariposa.**

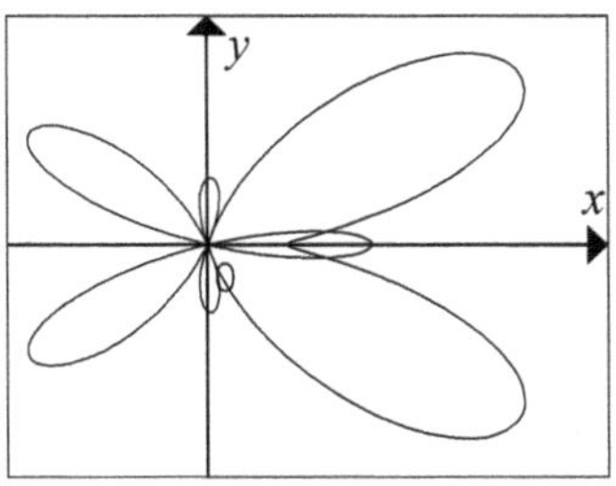

$r = e^{\cos\theta} - 2\cos(\theta/4)$

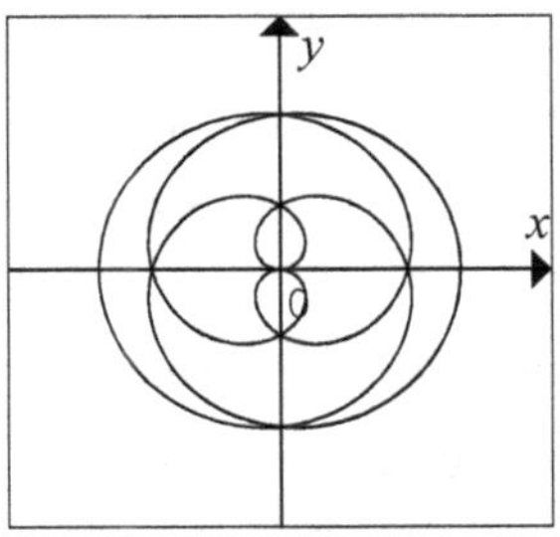

$r = \text{sen}(\theta/4)$

INTERSECCION DE CURVAS POLARES

Para encontrar los puntos de intersección de dos curvas polares se deben tomar algunos pasos adicionales al caso de curvas rectangulares. Esto se debe a que, en coordenadas polares, un punto o una ecuación tiene múltiples formas. Además, debido a que el polo tiene abundantes representaciones, $(0, \theta)$ $\forall\theta \in \mathbb{R}$, necesita ser considerado en forma individual. En síntesis:

Táctica para hallar los puntos de intersección de curvas: $r = f(\theta)$ y $r = g(\theta)$

1. Graficar las curvas, para visualizar el número de puntos de intersección.
2. Resolver el sistema: $\begin{cases} r = f(\theta) \\ r = g(\theta) \end{cases}$
3. Verificar si el polo es punto de intersección. Esto sucede cuando existen ángulos θ_1 y θ_2 tales que $f(\theta_1) = 0$ y $g(\theta_2) = 0$.
4. Si no se han obtenidos todos los puntos observados en la gráfica, considerar las otras formas de las ecuaciones: $(-1)^n r = f(\theta + n\pi)$ o $(-1)^n r = g(\theta + n\pi)$.

EJEMPLO 11. Hallar los puntos de intersección de las curvas:

$$r = 3\cos\theta \qquad \text{y} \qquad r = 1 + \cos\theta$$

Solución

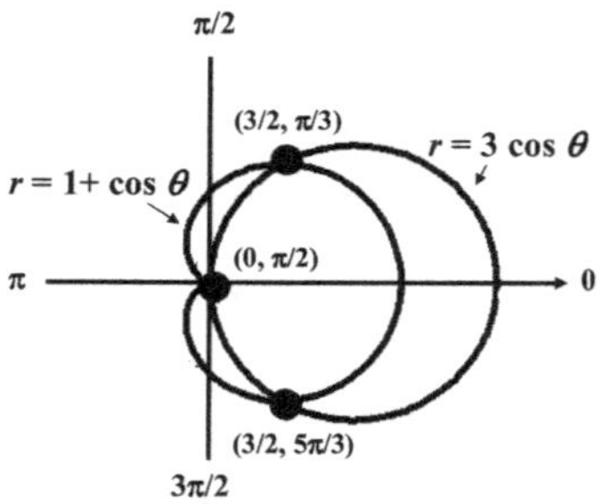

1. Las gráficas nos dicen que hay 3 puntos de intersección.

2. $r = 3\cos\theta$, $r = 1 + \cos\theta \Rightarrow$

   $3\cos\theta = 1 + \cos\theta \Rightarrow \cos\theta = \dfrac{1}{2} \Rightarrow$

   $\theta = \dfrac{\pi}{3}, \dfrac{5\pi}{3}$, para θ en el intervalo $[0, 2\pi)$

   Los puntos correspondientes a estos ángulos son $(3/2, \pi/3)$ y $(3/2, 5\pi/3)$

3. ¿Es el polo un punto de intersección?

   $1 + \cos\theta_1 = 0 \Rightarrow \cos\theta_1 = -1 \Rightarrow \theta_1 = 3\pi/2$

   $3\cos\theta_2 = 0 \Rightarrow \cos\theta_2 = 0 \Rightarrow \theta_2 = \pi/2$

   Tenemos que el polo $(0, 3\pi/2) = (0, \pi/2)$ está en ambas curvas.

4. Como hemos conseguido los 3 puntos buscados, no necesitamos considerar otras ecuaciones de las curvas.

EJEMPLO 12. Hallar los puntos de intersección de las curvas:

$$r = 1 \quad \text{y} \quad r = 1 + 2\cos\theta$$

Solución

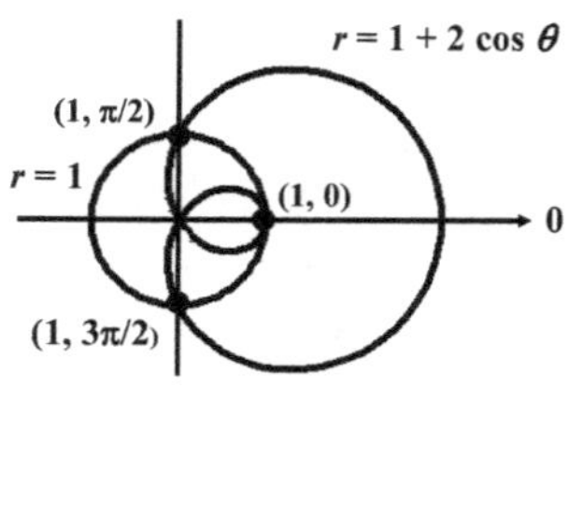

1. Las gráficas nos dice que las curvas se inetersectan en 3 puntos.

2. $r = 1$ y $r = 1 + 2\cos\theta \Rightarrow$

   $1 = 1 + 2\cos\theta \Rightarrow \cos\theta = 0 \Rightarrow$

$\theta = \dfrac{\pi}{2}, \dfrac{3\pi}{2}$, en el intervalo $[0, 2\pi)$

Los puntos correspondientes a estos ángulos son: $(1, \pi/2)$ y $(1, 3\pi/2)$

3. ¿Es el polo un punto de intersección?

La primera coordenada del polo cumple con $r = 0$. Luego, el polo no está en la circunferencia $r = 1$ y, por lo tanto, no es punto de intersección de las curvas.

4. Nos falta encontrar un tercer punto.

Otro ecuación para la circunferencia $r = 1$ es $r = -1$.
Ahora,

$$r = -1 \text{ y } r = 1 + 2\cos\theta \Rightarrow -1 = 1 + 2\cos\theta \Rightarrow \cos\theta = -1 \Rightarrow \theta = \pi$$

El punto de intersección correspondiente a este ángulo es $(-1, \pi) = (1, 2\pi) = (1. 0)$

PROBLEMAS RESUELTOS 7.1

PROBLEMA 1. Dar todas las posibles representaciones polares de los puntos cuyas representaciones cartesianas son:

a. $(1, 0)$ **b.** $(0,1)$

Solución

a. $(1, 2\pi n), n \in \mathbb{Z}$ y $(-1, \pi + 2\pi n) = (-1, (2n+1)\pi), n \in \mathbb{Z}$

b. $(1, \pi/2 + 2\pi n), n \in \mathbb{Z}$ y $(-1, \pi/2 + \pi + 2\pi n) = (-1, \pi/2 + (2n+1)\pi), n \in \mathbb{Z}$

PROBLEMA 2. Describir la gráfica de las ecuaciones polares:

a. $\theta = 0$ **b.** $r = \dfrac{3}{2\cos\theta + \operatorname{sen}\theta}$

c. $r = 6\cos\theta - 8\operatorname{sen}\theta$ **d.** $r = \tan\theta\sec\theta$

Solución

a. $\theta = 0$ es la recta que pasa por el polo y forma un ángulo de 0 radianes con el eje polar. Esto es, $\theta = 0$ es el eje X.

b. $r = \dfrac{3}{2\cos\theta + \operatorname{sen}\theta} \Rightarrow 2r\cos\theta + r\operatorname{sen}\theta = 3 \Rightarrow 2x + y = 3 \Rightarrow y = -2x + 3,$

que es la recta de pendiente $m = -2$ y corta al eje Y en $(0, 3)$

c. $r = 6\cos\theta - 8\,\text{sen}\,\theta \Rightarrow r^2 = 6r\cos\theta - 8r\,\text{sen}\,\theta \Rightarrow x^2 + y^2 = 6x - 8y \Rightarrow$

$(x-3)^2 + (y+4)^2 = 5^2$, que es la circunferencia de centro (3, –4) y radio 5.

d. $r = \tan\theta\sec\theta \Rightarrow r = \dfrac{\text{sen}\,\theta}{\cos\theta}\dfrac{1}{\cos\theta} \Rightarrow r\cos^2\theta = \text{sen}\,\theta \Rightarrow$

$r^2\cos^2\theta = r\,\text{sen}\,\theta \Rightarrow x^2 = y$, que una parábola que pasa por el origen.

PROBLEMA 3. Hallar las ecuaciones rectangulares de las ecuaciones polares:

a. $\theta = \dfrac{\pi}{4}$ **b.** $r = \tan\theta$

Solución

a. $\theta = \dfrac{\pi}{4} \Rightarrow \tan\theta = \tan\dfrac{\pi}{4} = 1$. Pero, $\tan\theta = \dfrac{y}{x}$. Luego, $\dfrac{y}{x} = 1 \Rightarrow y = x$

b. $r = \tan\theta \Rightarrow \sqrt{x^2+y^2} = \dfrac{y}{x} \Rightarrow x^2(x^2+y^2) = y^2 \Rightarrow x^4 + x^2y^2 = y^2$

PROBLEMA 4. Probar que el punto $P(2, 3\pi/4)$ está en la curva $r = 2\,\text{sen}\,2\theta$

Solución

Si reemplazamos $(2, 3\pi/4)$ en $r = 2\,\text{sen}\,2\theta$ obtenemos:

$2 = 2\,\text{sen}\,2(3\pi/4) \Rightarrow 2 = 2\,\text{sen}\,(3\pi/2) \Rightarrow 2 = 2(-1) \Rightarrow 2 = -2$ ¡contradicción !

Podríamos concluir apresuradamente que el punto no está en curva. Sin embargo, este punto tiene otras coordenadas polares, como las siguientes:

$$(-2, 3\pi/4 + \pi) = (-2, 7\pi/4)$$

Reemplazando $(-2, 7\pi/4)$ en $r = 2\,\text{sen}\,2\theta$ obtenemos:

$-2 = 2\,\text{sen}\,2(7\pi/4) \Rightarrow -2 = 2\,\text{sen}\,(7\pi/2) \Rightarrow -2 = 2(-1) \Rightarrow -2 = -2 \Rightarrow (-2, 7\pi/4)$ satisface la ecuación y, por lo tanto, está en la curva.

PROBLEMA 5. Identificar la curva $r = -2 + 3\cos\theta$

Solución

Podríamos afirmar que la curva $r = -2 + 3\cos\theta$ es un caracol con rizo, donde $a = -2$ y $b = 3$. Sin embargo, tenemos una observación a esta afirmación. En la ecuación de los caracoles, $r = a \pm b\cos\theta$, exigimos que $a > 0$ y $b > 0$, lo cual no cumple en $r = -2 + 3\cos\theta$. Aquí $a = -2 < 0$.

Remediamos esta situación escribiendo la ecuación en la forma:

$(-1)^n r = -2 + 3\cos(\theta + n\pi)$, con $n = 1$. Esto es,

$$-r = -2 + 3\cos(\theta + \pi) \Rightarrow -r = -2 + 3(-\cos\theta) \Rightarrow r = 2 + 3\cos\theta$$

Esta nueva ecuación si cumple la exigencia: $a > 0$ y $b > 0$ y nos confirma que la curva sí es un caracol con rizo.

PROBLEMA 6. Graficar $r = 1 + 2\cos 3\theta$

Solución

Sabemos que $r = 2\cos 3\theta$ es una rosa de 3 pétalos. Aún más, cuando θ varía de 0 a 2π, cada pétalo es recorrido 2 veces.

En la ecuación $r = 1 + 2\cos 3\theta$, el número 1 cambia el tamaño de los "dientes" en la ecuación cartesiana, agrandando 3 de los "dientes" y achicando los otros 3. En consecuencia, 3 pétalos serán agrandados y los otros 3 achicados. Debemos tener, entonces 6 pétalos.

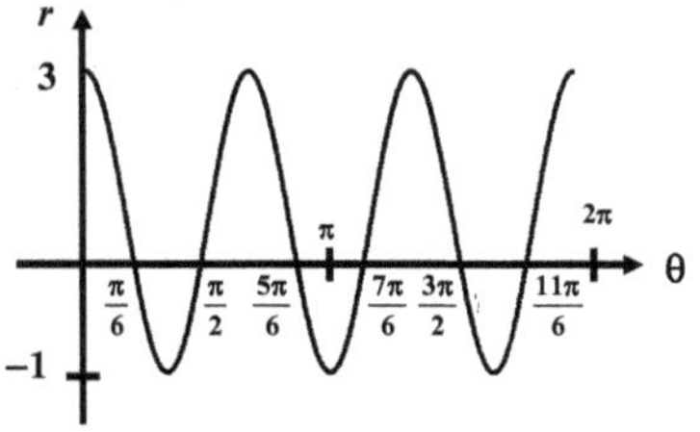

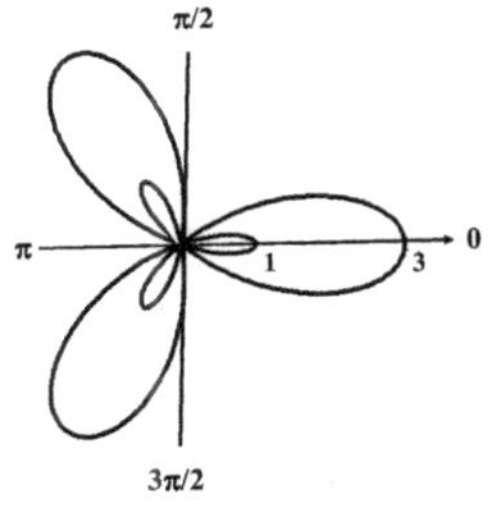

PROBLEMA 7. Probar que la ecuación polar de la circunferencia de radio a y centro C de coordenadas polares (c, α), donde $c > 0$, es

$$r^2 + c^2 - 2rc\cos(\theta - \alpha) = a^2$$

Solución

Sea $P(r, \theta)$ un punto cualquiera de la circunferencia.

Aplicando la ley de los cosenos en el triángulo OCP se tiene:

$$a^2 = r^2 + c^2 - 2rc\cos(\theta - \alpha) \Rightarrow$$

$$r^2 + c^2 - 2rc\cos(\theta - \alpha) = a^2$$

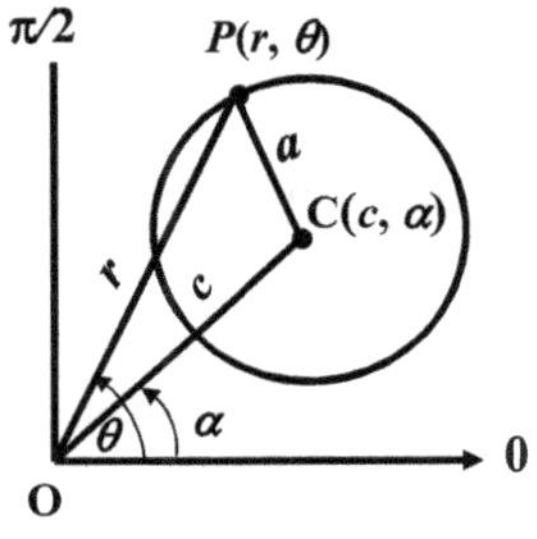

OBSERVACION. Si la circunferencia pasa por el polo, es decir si $c = a$, la ecuación anterior se convierte en

$$r = 2a \cos(\theta - \alpha).$$

Esta última ecuación, en los casos particulares: $\alpha = 0$ ó $\alpha = \pi/2$, nos dan las ecuaciones de la circunferencias ya conocidas:

$$r = 2a \cos \theta \quad \text{y} \quad r = 2a \cos(\theta - \pi/2) = 2a \cos(\pi/2 - \theta) = 2a \text{ sen } \theta.$$

PROBLEMA 8. Hallar los puntos de intersección de las curvas

$$r = \cos 2\theta, \qquad r = \cos \theta$$

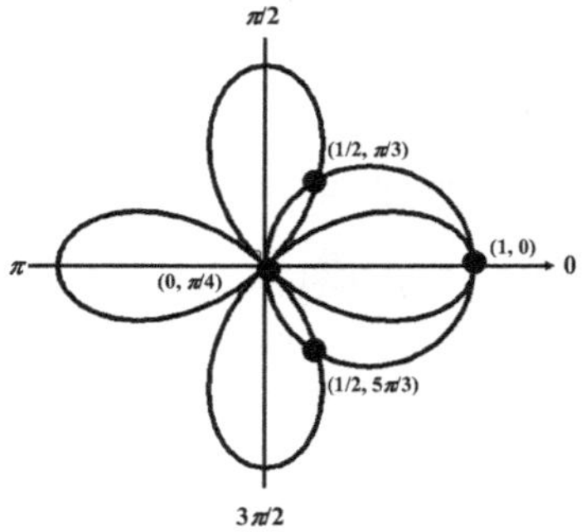

Solución

1. Las gráficas nos dicen que hay 4 puntos de intersección.

2. $r = \cos 2\theta, \quad r = \cos \theta \quad \Rightarrow$

$$\cos 2\theta = \cos \theta \quad \Rightarrow$$

$$2\cos^2\theta - 1 = \cos \theta \quad \Rightarrow$$

$$2\cos^2\theta - \cos\theta - 1 = 0 \Rightarrow (\cos\theta - 1)(2\cos\theta + 1) = 0 \Rightarrow$$

$$\cos\theta = 1 \text{ ó } \cos\theta = -\frac{1}{2} \Rightarrow \theta = 0, \frac{2\pi}{3}, \frac{4\pi}{3}, \text{ en el intervalo } [0, 2\pi).$$

Estos ángulos nos dan los puntos:

$$(1, 0), \quad (-1/2, 2\pi/3) = (1/2, 5\pi/3) \text{ y } \quad (-1/2, 4\pi/3) = (1/2, \pi/3)$$

3. ¿Es el polo un punto de intersección?

$$\cos 2\theta = 0 \Rightarrow 2\theta = \frac{\pi}{2} \Rightarrow \theta = \frac{\pi}{4} \qquad \cos\theta = 0 \Rightarrow \theta = \frac{\pi}{2}$$

Luego, el polo $(0, \pi/4) = (0, \pi/2)$ es un punto de intersección

4. No precisamos ya de este paso, porque ya hemos conseguido los 3 puntos.

PROBLEMA 9. Hallar los puntos de intersección de las de las siguientes rosas de tres pétalos: $r = \text{sen } 3\theta \quad r = \cos 3\theta$

Solución

1. Las gráficas nos indican que las curvas se intersectan en 4 puntos

2. $r = \text{sen } 3\theta, \; r = \cos 3\theta \Rightarrow \text{ sen } 3\theta = \cos 3\theta.$

Debemos tener las soluciones de esta ecuación en el intervalo $[0, 6\pi)$, ya que, mientras θ recorre el intervalo $[0, 2\pi)$, 3θ recorre $[0, 6\pi)$.

Bien, $\operatorname{sen} 3\theta = \cos 3\theta \Rightarrow \tan 3\theta = 1 \Rightarrow$

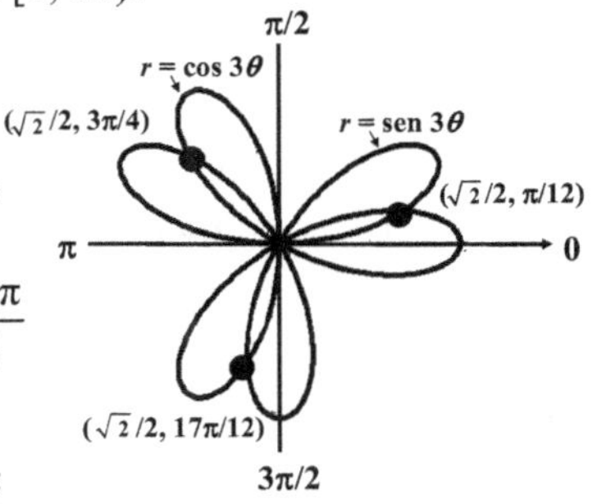

$$3\theta = \frac{\pi}{4},\quad 3\theta = \frac{\pi}{4} + 2\pi = \frac{9\pi}{4},\quad 3\theta = \frac{\pi}{4} + 4\pi = \frac{17\pi}{4},$$

$$3\theta = \frac{5\pi}{4},\quad 3\theta = \frac{5\pi}{4} + 2\pi = \frac{13\pi}{4},\ 3\theta = \frac{5\pi}{4} + 4\pi = \frac{21\pi}{4}$$

De donde,

$$\theta = \frac{\pi}{12},\quad \frac{9\pi}{12} = \frac{3\pi}{4},\quad \frac{17\pi}{12},\quad \frac{5\pi}{12},\quad \frac{13\pi}{12},\quad \frac{7\pi}{4}$$

Estos ángulos nos dan los puntos:

$(\sqrt{2}/2, \pi/12)$, $(\sqrt{2}/2, 3\pi/4)$, $(\sqrt{2}/2, 17\pi/12)$,

$(-\sqrt{2}/2, 5\pi/12)$, $(-\sqrt{2}/2, 13\pi/12)$, $(-\sqrt{2}/2, 7\pi/4)$.

Pero, estos tres últimos puntos coinciden con los tres primeros. En efecto:

$$(-\sqrt{2}/2, 5\pi/12) = (\sqrt{2}/2, 5\pi/12 + \pi) = (\sqrt{2}/2, 17\pi/12)$$

$$(-\sqrt{2}/2, 13\pi/12) = (\sqrt{2}/2, 13\pi/12 + \pi) = (\sqrt{2}/2, \pi/12 + \pi + \pi) = (\sqrt{2}/2, \pi/12)$$

$$(-\sqrt{2}/2, 7\pi/4) = (\sqrt{2}/2, 7\pi/4 + \pi) = (\sqrt{2}/2, 3\pi/4 + \pi + \pi) = (\sqrt{2}/2, 3\pi/4)$$

Hasta ahora, sólo hemos logrado 3 puntos.

3. ¿Es el polo un punto de intersección?

$\operatorname{sen} 3\theta = 0 \Rightarrow 3\theta = 0 \Rightarrow \theta = 0.$ $\quad \cos 3\theta = 0 \Rightarrow 3\theta = \pi/2 \Rightarrow \theta = \pi/6$

Luego, el polo $(0, 0) = (0, \pi/6)$ es un punto de intersección

4. No precisamos ya de este paso, porque ya hemos conseguido los 4 puntos.

PROBLEMA 10. Probar que la distancia entre los puntos $P_1(r_1, \theta_1)$ y $P_2(r_2, \theta_2)$ es

$$d = \sqrt{r_1^2 + r_2^2 - 2r_1r_2\cos(\theta_1 - \theta_2)}$$

Solución

Aplicando la ley de los cosenos en el triángulo OP_1P_2 se tiene:

$$d^2 = r_1^2 + r_2^2 - 2r_1r_2\cos(\theta_1 - \theta_2) \Rightarrow$$

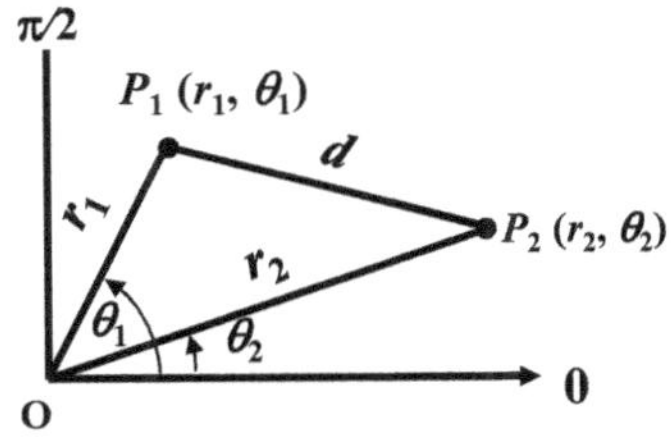

$$d = \sqrt{r_1^2 + r_2^2 - 2r_1 r_2 \cos(\theta_1 - \theta_2)}$$

PROBLEMAS PROPUESTOS 7.1

En los problemas del 1 al 3 se dan un juego de coordenadas polares de un punto. Hallar dos pares más de coordenadas polares del punto, una con r > 0 y otra con r < 0.

1. $(1, \pi/6)$ *Rpta.* $(1, 13\pi/6)$, $(-1, 7\pi/6)$

2. $(-2, 3\pi/4)$ *Rpta.* $(2\sqrt{3}, 5\pi/6)$, $(-2\sqrt{3}, 11\pi/6)$

3. $(2,1)$ *Rpta.* $(2, 1 + 2\pi)$, $(-2, 1 + \pi)$

En los problemas del 4 al 6 se dan las coordenadas rectangulares de un punto. Hallar dos pares de coordenadas polares del punto, una con r > 0 y otra con r < 0.

4. $(-1, 1)$ *Rpta.* $(\sqrt{2}, 3\pi/4)$, $(-\sqrt{2}, 7\pi/4)$

5. $(-3, \sqrt{3})$ *Rpta.* $(2\sqrt{3}, 5\pi/6)$, $(-2\sqrt{3}, 11\pi/6)$

6. $(2\sqrt{3}, -2)$ *Rpta.* $(4, 11\pi/6)$, $(-4, 5\pi/6)$

7. Graficar las regiones del plano formadas por los puntos cuyas coordenadas polares satisfacen las condiciones dadas.

a. $0 \le r \le 1$ y $\frac{\pi}{6} \le \theta \le \frac{\pi}{3}$ **b.** $-1 \le r \le 1$ y $\frac{\pi}{6} \le \theta \le \frac{\pi}{3}$

8. Hallar la distancia entre los puntos cuyas coordenadas polares son:

a. $(2, 4\pi/3)$ y $(3, \pi)$. *Rpta.* $\sqrt{7}$

b. $(1, \pi/6)$ y $(2, \pi/3)$ *Rpta.* $\sqrt{5 - 2\sqrt{3}}$

En los problemas del 9 al 23, hallar la ecuación cartesiana e identificar la curva cuya ecuación polar es dada.

9. $r = 3$ *Rpta.* Circunferencia: $x^2 + y^2 = 9$

10. $\theta = \frac{3\pi}{4}$ *Rpta.* Recta: $y = -x$

11. $\theta = \frac{\pi}{2}$ *Rpta.* Recta vertical: $x = 0$

12. $r = 3\sec\theta$ *Rpta.* Recta vertical: $x = 3$

13. $r = -\operatorname{cosec}\theta$ *Rpta.* Recta horizontal: $y = -1$

14. $r = \dfrac{-12}{4\cos\theta - 3\operatorname{sen}\theta}$ *Rpta.* Recta: $4x - 3y = -12$

15. $r = 2\cos\theta$ *Rpta.* Circunferencia: $(x-1)^2 + y^2 = 1$

16. $r = 2\operatorname{sen}\theta$ *Rpta.* Circunferencia: $x^2 + (y-1)^2 = 1$

17. $r = 2\cos\theta + 2\operatorname{sen}\theta$ *Rpta.* Circunferencia: $(x-1)^2 + (y-1)^2 = 2$

18. $r = -\sec\theta\tan\theta$ *Rpta.* Parábola: $y = -x^2$

19. $r = \dfrac{3}{2-\cos\theta}$ *Rpta.* Elipse: $\dfrac{(x-1)^2}{4} + \dfrac{y^2}{3} = 1$

20. $r = \dfrac{6}{\sqrt{9-5\cos^2\theta}}$ *Rpta.* Elipse: $\dfrac{x^2}{9} + \dfrac{y^2}{4} = 1$

21. $r^2 = \sec 2\theta$ *Rpta.* Hipérbola: $x^2 - y^2 = 1$

22. $r^2 = 2\operatorname{cosec} 2\theta$ *Rpta.* Hipérbola equilátera: $xy = 1$

23. $r\operatorname{sen}^2\theta = \cos\theta$ *Rpta.* Parábola: $x = y^2$

En los problemas del 24 al 30, identificar la curva cuya ecuación polar es dada.

24. $r = 4 + 3\cos\theta$ *Rpta.* Caracol con hoyuelo.

25. $r = 3 + 4\operatorname{sen}\theta$ *Rpta.* Caracol con rizo

26. $r = 3 - 3\operatorname{sen}\theta$ *Rpta.* Cardiode

27. $r = 6 - 2\cos\theta$ *Rpta.* Caracol convexo

28. $r^2 = -9\operatorname{sen} 2\theta$ *Rpta.* Lemniscata

29. $r = \operatorname{sen} 7\theta$ *Rpta.* Rosa de 7 pétalos

30. $r = 4\cos 5\theta$ *Rpta.* Rosa de 5 pétalos

En los problemas del 31 al 35, hallar la ecuación polar de la curva cuya ecuación cartesiana es dada.

31. $2y + x = 3$ *Rpta.* $r = \dfrac{3}{\cos\theta + 2\operatorname{sen}\theta}$

32. $x^2 + y^2 = 9$ *Rpta.* $r = 3$

33. $x^2 + y^2 - 4y = 0$ *Rpta.* $r = 4\operatorname{sen}\theta$

34. $y^2 = 4x + 4$ *Rpta.* $r = \dfrac{2}{1-\cos\theta}$ ó $r = \dfrac{-2}{1+\cos\theta}$

35. $x^2 - y^2 = 2$ *Rpta.* $r^2 = 2\sec 2\theta$

En los problemas del 36 al 42 hallar la intersección de las curvas dadas.

36. $r = 1 + \text{sen}\,\theta,\ r = 4 - 2\,\text{sen}\,\theta$ *Rpta.* $(2, \pi/2)$

37. $r = 4\sqrt{3}\,\text{sen}\,\theta,\quad r = 4\cos\theta$ *Rpta.* $(2\sqrt{3}, \pi/6),\ (0, 0) = (0, \pi/2)$

38. $r = \text{sen}\,2\theta,\ r = \cos\theta$ *Rpta.* $(\sqrt{3}/2, \pi/6), (\sqrt{3}/2, 11\pi/6), (0, \pi)$

39. $r = \sqrt{2}\,\text{sen}\,\theta,\ r^2 = \cos 2\theta$ *Rpta.* $(\sqrt{2}/2, \pi/6), (\sqrt{2}/2, 5\pi/6),\ (0, 0)$

40. $r^2 = 4\,\text{sen}\,\theta,\ r^2 = 4\cos\theta$ *Rpta.* $(\sqrt[4]{8}, \pi/4), (\sqrt[4]{8}, 3\pi/4), (\sqrt[4]{8}, 5\pi/4),$ $(\sqrt[4]{8}, 7\pi/4)\ (0, 0)$

41. $r^2 = \text{sen}\,2\theta,\ r^2 = \cos 2\theta$ *Rpta.* $(\sqrt[4]{8}/2, \pi/8),\ (\sqrt[4]{8}/2, 9\pi/8), (0, 0)$

42. $r = \dfrac{1}{2},\ r = \cos 2\theta$ *Rpta.* $(1/2, \pi/6),\ (1/2, 5\pi/6),\ (1/2, 7\pi/6),\ (1/2, 11\pi/6),$ $(1/2, \pi/3),\ (1/2, 2\pi/3),\ (1/2, 4\pi/3),\ (1/2, 5\pi/3).$

SECCION 7.2

RECTAS TANGENTES EN COORDENADAS POLARES

Sea C una curva que es la gráfica de la ecuación polar $r = f(\theta)$, donde f es una función diferenciable. Sabemos que:

$$x = r\cos\theta = f(\theta)\cos\theta \qquad \textbf{(1)}$$

$$y = r\,\text{sen}\,\theta = f(\theta)\,\text{sen}\,\theta \qquad \textbf{(2)}$$

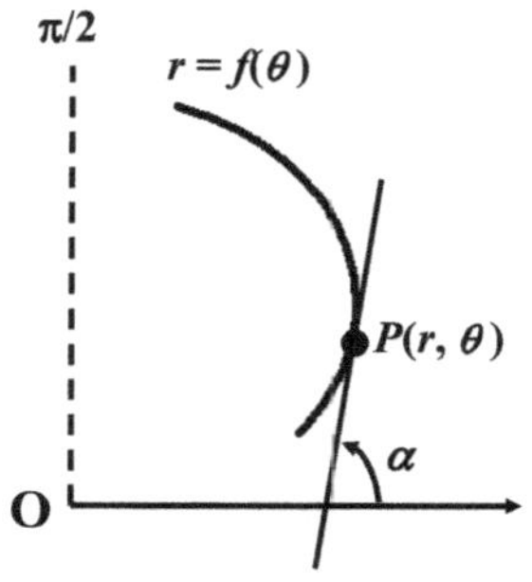

Este par de ecuaciones conforma un juego de ecuaciones paramétricas para el gráfico de $r = f(\theta)$.

La pendiente de la recta tangente a la curva C en el punto (r, θ) es:

$$m = \tan\alpha = \left.\frac{dy}{dx}\right|_{(r,\theta)}$$

De acuerdo a la regla de la cadena, tenemos

$$\frac{dy}{d\theta} = \frac{dy}{dx}\frac{dx}{d\theta} \Rightarrow \frac{dy}{dx} = \frac{dy/d\theta}{dx/d\theta} \qquad \textbf{(3)}$$

Derivando (1) y (2):

$$\frac{dy}{d\theta} = f'(\theta) \text{ sen } \theta + f(\theta) \cos \theta \,, \quad \frac{dx}{d\theta} = f'(\theta) \cos \theta \, - \, f(\theta) \text{ sen } \theta$$

Reemplazando estos resultados en (3) obtenemos:

$$\frac{dy}{dx} = \frac{f'(\theta) \text{ sen } \theta + f(\theta) \cos \theta}{f'(\theta) \cos \theta \, - f(\theta) \text{ sen } \theta}$$

En resumen tenemos:

TEOREMA 7. 2 **Pendiente en coordenadas polares**

Sea $r = f(\theta)$ una función diferenciable. La pendiente de la recta tangente al gráfico de $r = f(\theta)$ en el punto (r, θ) es

$$\left.\frac{dy}{dx}\right|_{(r,\theta)} = \frac{f'(\theta) \text{ sen } \theta \, + \, f(\theta) \cos \theta}{f'(\theta) \cos \theta \, - \, f(\theta) \text{ sen } \theta}, \quad \text{si } \frac{dx}{d\theta} \neq 0 \text{ en } (r, \theta).$$

EJEMPLO 1. Dada la circunferencia $r = 2 \cos \theta$

a. Hallar la pendiente de la tangente en el punto donde $\theta = \pi/3$.

b. Hallar la ecuación cartesiana de la recta tangente.

c. Hallar la ecuación polar de la recta tangente.

Solución

a. Tenemos que: $f(\theta) = 2 \cos \theta$ y $f'(\theta) = -2 \text{ sen } \theta$. Luego,

$$\left.\frac{dy}{dx}\right|_{(r,\theta)} = \frac{f'(\theta) \text{ sen } \theta + f(\theta) \cos \theta}{f'(\theta) \cos \theta \, - f(\theta) \text{ sen } \theta}$$

$$= \frac{(-2 \text{ sen } \theta) \text{ sen } \theta + (2 \cos \theta) \cos \theta}{(-2 \text{ sen } \theta) \cos \theta \, - \, (2 \cos \theta) \text{ sen } \theta}$$

$$= \frac{2(\cos^2\theta - \text{ sen}^2\theta)}{-4 \text{ sen } \theta \cos \theta} = -\frac{\cos 2\theta}{\text{sen } 2\theta} = -\cot 2\theta$$

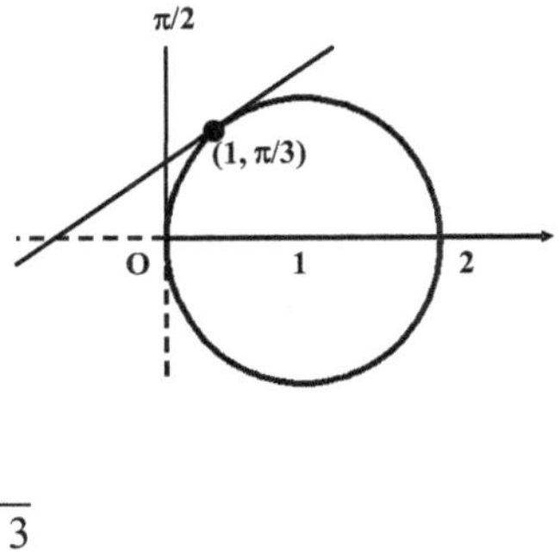

Ahora, para $\theta = \pi/3$:

$$m = \left.\frac{dy}{dx}\right|_{\theta=\pi/3} = -\cot(2\pi/3) = -\left(-\sqrt{3}/3\right) = \frac{\sqrt{3}}{3}.$$

b. El punto de tangencia es $(r, \pi/3) = (2 \cos \pi/3, \pi/3) = (1, \pi/3)$ y en coordenadas cartesianas, $(x, y) = (r \cos \pi/3, r \text{ sen } \pi/3) = (\cos \pi/3, \text{ sen } \pi/3) = \left(1/2, \sqrt{3}/2\right)$.

La tangente tiene pendiente $m = \dfrac{\sqrt{3}}{3}$ y pasa por el punto $\left(1/2, \sqrt{3}/2\right)$. Luego, su ecuación es

$$y-\frac{\sqrt{3}}{2}=\frac{\sqrt{3}}{3}\left(x-\frac{1}{2}\right) \Rightarrow 3y-\sqrt{3}\,x=\sqrt{3}$$

c. $3y-\sqrt{3}\,x=\sqrt{3} \Rightarrow 3(r \text{ sen } \theta)-\sqrt{3}\,(r\cos\theta)=\sqrt{3} \Rightarrow$

$$r(3 \text{ sen } \theta-\sqrt{3}\cos\theta)=\sqrt{3} \Rightarrow r=\frac{\sqrt{3}}{3 \text{ sen } \theta-\sqrt{3}\cos\theta}$$

COROLARIO. El gráfico de $r=f(\theta)$ tiene:

1. **Tangentes horizontales en los puntos (r, θ) donde $\frac{dy}{d\theta}=0$ y $\frac{dx}{d\theta}\neq 0$.**
2. **Tangentes verticales en los puntos (r, θ) donde $\frac{dx}{d\theta}=0$ y $\frac{dy}{d\theta}\neq 0$.**

De los puntos donde ambas derivadas se anulan no se puede lograr ninguna conclusión. La regla de L'Hopital puede ayudarnos para lograr un resultado.

EJEMPLO 2. Dada la cardiode $r=2(1+\cos\theta)$. Hallar:

a. Los puntos donde la tangente es horizontal o vertical.

b. Las ecuaciones cartesianas de las tangentes horizontales y verticales

Solución

a. Tenemos que:

$$y=r \text{ sen } \theta=2(1+\cos\theta)\text{sen } \theta \Rightarrow$$

$$\frac{dy}{d\theta}=2(1+\cos\theta)\cos\theta-2\text{ sen}^2\theta=4\cos^2\theta+2\cos\theta-2 \Rightarrow$$

$$\frac{dy}{d\theta}=2(2\cos\theta-1)(\cos\theta+1) \qquad \textbf{(1)}$$

$$x=r\cos\theta=2(1+\cos\theta)\cos\theta \Rightarrow$$

$$\frac{dx}{d\theta}=-2(1+\cos\theta)\text{sen } \theta-2\text{ sen } \theta\cos\theta=-2\text{ sen } \theta-4\text{ sen } \theta\cos\theta \Rightarrow$$

$$\frac{dx}{d\theta}=-2\text{ sen } \theta\,(2\cos\theta+1) \qquad \textbf{(2)}$$

Ahora,

$$\frac{dy}{d\theta}=0 \Rightarrow 2(2\cos\theta-1)(\cos\theta+1)=0 \Rightarrow \cos\theta=\frac{1}{2} \text{ ó } \cos\theta=-1 \Rightarrow$$

$$\theta = \frac{\pi}{3}, \quad \frac{5\pi}{3}, \quad \pi$$

Por otro lado,

$$\frac{dx}{d\theta} = 0 \Rightarrow -2 \text{ sen } \theta \ (2 \cos \theta + 1) = 0 \Rightarrow \text{sen } \theta = 0 \ \text{ ó } \ \cos \theta = -\frac{1}{2} \Rightarrow$$

$$\theta = 0, \quad \pi, \quad \frac{2\pi}{3}, \quad \frac{4\pi}{3}$$

Vemos que ambas derivadas se anulan en $\theta = \pi$. Aquí aplicamos L'Hopital:

$$\lim_{\theta \to \pi} \frac{dy}{dx} = \lim_{\theta \to \pi} \frac{2(2 \cos \theta - 1)(\cos \theta + 1)}{-2 \text{ sen } \theta \ (2 \cos \theta + 1)} = \text{(L'Hopital)}$$

$$= \lim_{\theta \to \pi} -\frac{(2 \cos \theta - 1)(-\text{sen } \theta) + (\cos \theta + 1)(-2\text{sen } \theta)}{\text{sen } \theta \ (-2 \text{ sen } \theta) + (2 \cos \theta + 1) \cos \theta}$$

$$= -\frac{(-3)(0) + (0)(0)}{0\,(0) + (-1)(-1)} = -\frac{0}{1} = 0$$

Luego, la tangente en el punto $(0, \pi)$ es horizontal.

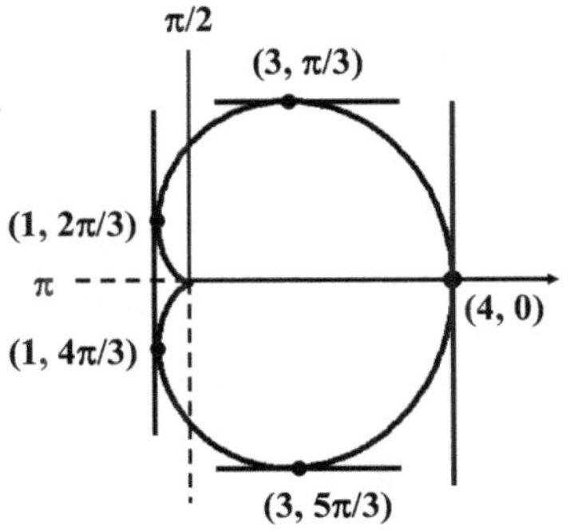

En resumen:

Tangentes horizontales en

$$(3, \pi/3), \ (3, 5\pi/3) \ \text{y} \ (0, \pi)$$

Tangentes verticales en

$$(4, 0), \ (1, 2\pi/3) \ \text{y} \ (1, 4\pi/3)$$

b. Expresamos los puntos en coordenadas cartesianas.

Las coordenadas cartesianas de $(3, \pi/3)$ son:

$$(x, y) = (3 \cos \pi/3, 3 \text{ sen } \pi/3) = \left(3(1/2), 3(\sqrt{3}/2)\right) = \left(3/2, 3\sqrt{3}/2\right)$$

En forma análoga se procede con los otros puntos y obtenemos:

Tangentes horizontales en $\left(3/2, 3\sqrt{3}/2\right)$, $\left(3/2, -3\sqrt{3}/2\right)$, $(0, 0)$

Tangentes verticales en $(4, 0)$, $\left(-1/2, \sqrt{3}/2\right)$, $\left(-1/2, -\sqrt{3}/2\right)$

Luego, las ecuaciones cartesianas de las:

Tangentes horizontales: $y = \dfrac{3\sqrt{3}}{2}$, $\quad y = -\dfrac{3\sqrt{3}}{2}$, $\quad y = 0$

Tangentes verticales: $x = 4$, $x = -1/2$.

TEOREMA 7.3 **Tangentes en el polo.**

Si $r = f(\theta)$ diferenciable, $\boldsymbol{f(\alpha) = 0}$ y $\boldsymbol{f'(\alpha) \neq 0}$, entonces la **recta** $\boldsymbol{\theta = \alpha}$ es tangente a la gráfica de $r = f(\theta)$ en el polo $\boldsymbol{(0, \alpha)}$.

Demostración

De acuerdo al teorema anterior, la pendiente de la tangente en el punto $(0, \alpha)$:

$$m = \left.\frac{dy}{dx}\right|_{\theta=\alpha} = \frac{f'(\alpha)\,\text{sen}\,\alpha + f(\alpha)\cos\alpha}{f'(\alpha)\cos\alpha - f(\alpha)\,\text{sen}\,\alpha} = \frac{f'(\alpha)\,\text{sen}\,\alpha}{f'(\alpha)\cos\alpha} = \tan\alpha$$

Luego, la recta $\theta = \alpha$ es tangente al gráfico de $r = f(\theta)$ en el punto $(0, \alpha)$.

EJEMPLO 3. Hallar las ecuaciones, en coordenadas polares y cartesianas, de rectas tangentes en el polo a la siguiente rosa

$$r = 2\cos 3\theta, \quad 0 \leq \theta \leq \pi$$

Solución

$f(\theta) = 2\cos 3\theta = 0$ en $0 \leq \theta \leq \pi \Rightarrow 3\theta = \pi/2 =, 3\theta = 3\pi/2$ ó $3\theta = 5\pi/2 \Rightarrow$
$\theta = \pi/6$, $\theta = \pi/2$ ó $\theta = 5\pi/6$. Además, $f'(\theta) = -6\,\text{sen}\,3\theta$ y
$f'(\pi/6) = -6 \neq 0$, $f'(\pi/2) = 6 \neq 0$, $f'(5\pi/6) = -6 \neq 0$.

Luego, de acuerdo al teorema anterior,

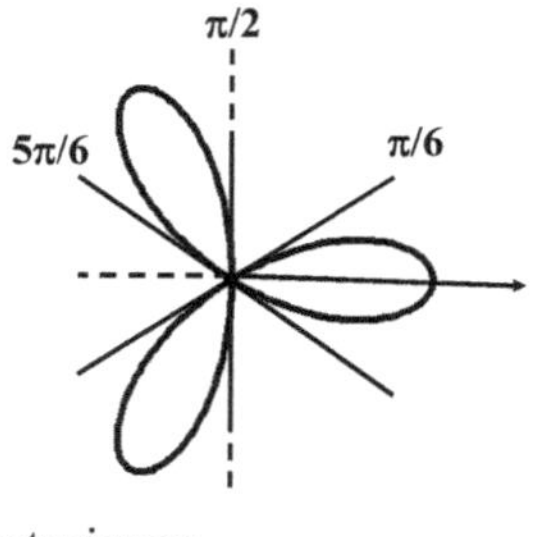

$\theta = \dfrac{\pi}{6}$ es tangente en $(0, \pi/6)$.

En coordenadas cartesianas:

$$y = \tan(\pi/6)\,x = \frac{\sqrt{3}}{3}x \Rightarrow 3y = \sqrt{3}\,x$$

$\theta = \pi/2$ es tangente en $(0, \pi/2)$.
En coordenadas cartesianas, $x = 0$.

$\theta = \dfrac{5\pi}{6}$ es tangente en $(0, 5\pi/6)$. En coordenadas cartesianas,

$$y = \tan(5\pi/6)x = -\frac{\sqrt{3}}{3}x \Rightarrow 3y = -\sqrt{3}\,x$$

EL ANGULO RADIAL

Sea $P(r, \theta)$ un punto en la gráfica de la función $r = f(\theta)$. Se llama **ángulo radial en el punto *P*** al ángulo orientado $\boldsymbol{\psi}$ formado por la recta radial OP, como lado inicial, y la recta tangente en el punto $P(r, \theta)$ como lado final. A este ángulo lo orientamos en sentido antihorario. Este ángulo nos permitirá calcular el ángulo entre dos curvas polares que se intersectan.

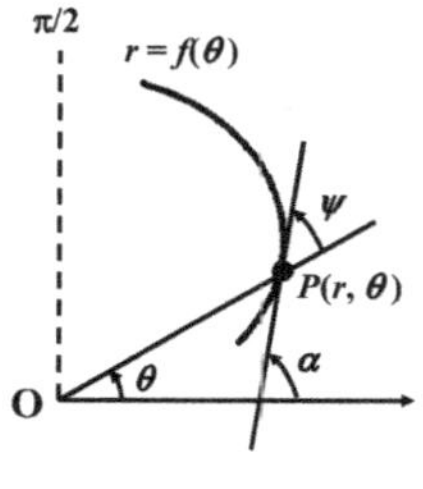

TEOREMA 7. 3 **Tangente del ángulo radial**

Si ψ es el ángulo radial en el punto $P(r, \theta)$ de la curva definida por la función diferenciable $r = f(\theta)$, entonces

$$\tan \psi = \frac{r}{dr/d\theta}$$

Demostración

Ver el teorema resuelto 3.

EJEMPLO 1. Hallar el ángulo radial ψ en el punto P donde $\theta = 1$ de la espiral de Arquímedes $r = a\theta$

Solución

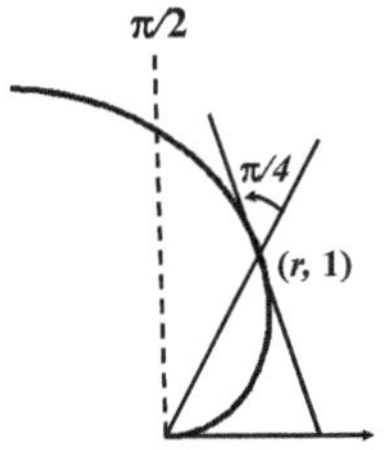

$$\frac{r}{dr/d\theta} = \frac{a\theta}{a} = \theta.$$

Luego, para $\theta = 1$, tenemos $\tan \psi = 1 \Rightarrow \psi = \frac{\pi}{4}$

ANGULO ENTRE CURVAS POLARES

Sean C_1 y C_2 curvas polares que se intersectan en un punto P y sean T_1 y T_2 sus respectivas rectas tangentes en el punto P. Recordemos que el ángulo entre dos curvas en el punto P es el ángulo β formado por las tangentes. Observando la figura vemos que

$$\beta = \psi_2 - \psi_1,$$

donde ψ_1 y ψ_2 son los ángulos radiales en el punto P a las curvas C_1 y C_2, respectivamente.

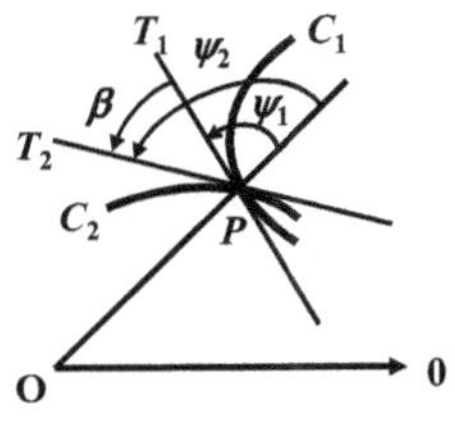

El ángulo β se encuentra mediante la siguiente fórmula:

$$\tan \beta = \tan(\psi_2 - \psi_1) = \frac{\tan \psi_2 - \tan \psi_1}{1 + \tan \psi_1 \tan \psi_2}$$

EJEMPLO 1. Hallar el ángulo entre la cardiode y la circunferencia

$$C_1: r = 1 - \text{sen } \theta, \quad C_2: r = -3 \text{ sen } \theta$$

en el punto de intersección $P(3/2, -\pi/6)$

Solución

Para la cardiode tenemos que:

$$\frac{r}{dr/d\theta} = \frac{1 - \text{sen } \theta}{- \cos \theta} \Rightarrow$$

$$\tan \psi_1 = \frac{1 - \text{sen}(-\pi/6)}{-\cos(-\pi/6)} = \frac{1-(-1/2)}{-\sqrt{3}/2} = -\frac{3}{\sqrt{3}} = -\sqrt{3}$$

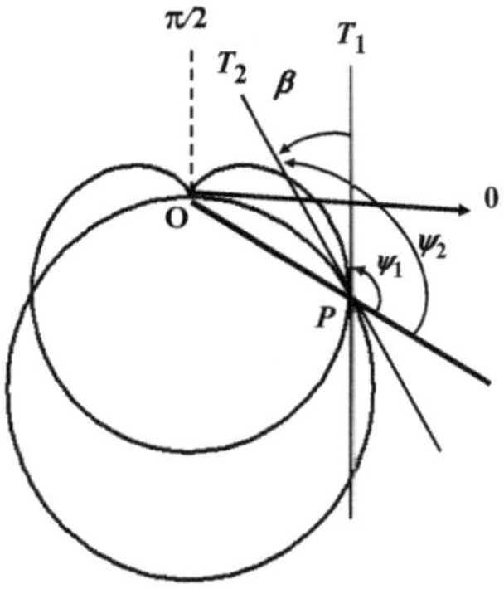

Para la circunferencia tenemos que:

$$\frac{r}{dr/d\theta} = \frac{-3\text{sen } \theta}{-3\cos \theta} = \tan \theta \Rightarrow$$

$\tan \psi_2 = \tan(-\pi/6) = -\tan \pi/6 = -\sqrt{3}/3$

Ahora,

$$\tan \beta = \tan(\psi_2 - \psi_1) = \frac{\tan \psi_2 - \tan \psi_1}{1 + \tan \psi_1 \tan \psi_2} = \frac{-\sqrt{3}/3 - (-\sqrt{3})}{1 + (-\sqrt{3})(-\sqrt{3}/3)} = \frac{\sqrt{3}}{3}$$

Luego, $\beta = \tan^{-1}(\sqrt{3}/3) = \dfrac{\pi}{6}$

PROBLEMAS RESUELTOS 7.2

PROBLEMA 1. **La espiral logarítmica es equiangular.**

Probar que el ángulo radial ψ en cualquier punto de la espiral logarítmica

$$r = ae^{b\theta}, \quad a > 0, \quad b > 0$$

es el mismo. Esto es, ψ permanece constante.

Por esta razón, a esta espiral también se le llama **espiral equiangular.**

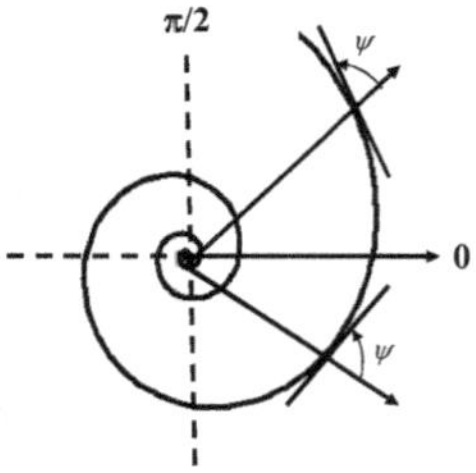

Solución

$$\tan \psi = \frac{r}{dr/d\theta} = \frac{ae^{b\theta}}{abe^{b\theta}} = \frac{1}{b} \Rightarrow \psi = \tan^{-1}(1/b), \ \forall\ \theta.$$

PROBLEMA 2. Probar que la cardiode $r = a(1 - \text{sen } \theta)$ y la parábola $r = \dfrac{a}{1 - \text{sen } \theta}$ se cortan ortogonalmente.

Solución

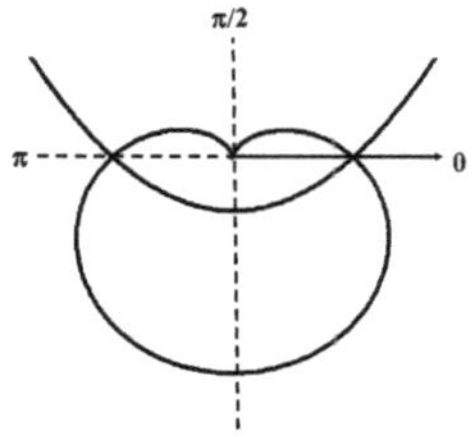

Dos curvas se cortan ortogonalmente si el ángulo β entre estas curvas en el punto de corte es recto, o sea, $\beta = \dfrac{\pi}{2}$. Esto último sucede si $\cot \beta = \dfrac{1}{\tan \beta} = 0.$

Busquemos los puntos de intersección.

$$a(1 - \text{sen }\theta) = \frac{a}{1-\text{sen }\theta} \Rightarrow (1 - \text{sen }\theta)^2 = 1 \Rightarrow \text{sen }\theta(\text{sen }\theta - 2) = 0$$

$$\Rightarrow \text{sen }\theta = 0 \Rightarrow \theta = 0 \text{ ó } \theta = \pi$$

Caso $\theta = 0$:

La cardiode:

$$\frac{r}{dr/d\theta} = \frac{a(1-\text{sen }\theta)}{-a\cos\theta} = \frac{1-\text{sen }\theta}{-\cos\theta} \Rightarrow \tan\psi_1 = \frac{1-\text{sen }0}{-\cos 0} = \frac{1-0}{-1} = -1$$

La parábola:

$$\frac{r}{dr/d\theta} = \frac{a/(1-\text{sen }\theta)}{-a(-\cos\theta)/(1-\text{sen }\theta)^2} = \frac{1-\text{sen }\theta}{\cos\theta} \Rightarrow \tan\psi_2 = \frac{1-\text{sen }0}{\cos 0} = 1$$

Ahora,

$$\cot\beta = \cot(\psi_2 - \psi_1) = \frac{1}{\tan(\psi_2-\psi_1)} = \frac{1+\tan\psi_1\tan\psi_2}{\tan\psi_2 - \tan\psi_1} = \frac{1+(-1)(1)}{1-(-1)} = 0$$

Luego, $\beta = \dfrac{\pi}{2}$

Caso $\theta = \pi$. Se procede del mismo modo.

PROBLEMA 3. Probar el teorema 7.3.

Si ψ es el ángulo radial en el punto $P(r, \theta)$ de la curva definida por la función diferenciable $r = f(\theta)$, entonces

$$\tan\psi = \frac{r}{dr/d\theta}$$

Solución

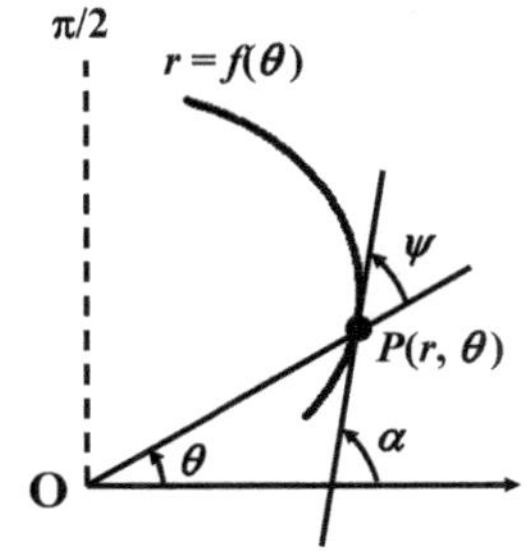

Tenemos que $\psi = \alpha - \theta$. Luego, tomando en cuenta el teorema 7. 2,

$$\tan\psi = \tan(\alpha - \theta) = \frac{\tan\alpha - \tan\theta}{1 + \tan\alpha\tan\theta}$$

$$= \frac{\dfrac{r'\text{sen }\theta + r\cos\theta}{r'\cos\theta - r\text{ sen }\theta} - \dfrac{\text{sen }\theta}{\cos\theta}}{1 + \dfrac{r'\text{sen }\theta + r\cos\theta}{r'\cos\theta - r\text{ sen }\theta}\dfrac{\text{sen }\theta}{\cos\theta}}$$

$$= \frac{\cos\theta\,(r'\text{sen }\theta + r\cos\theta) + \text{sen }\theta(r'\cos\theta - r\text{ sen }\theta)}{\cos\theta\,(r'\cos\theta - r\text{ sen }\theta) + \text{sen }\theta\,(r'\text{sen }\theta + r\cos\theta)}$$

$$= \frac{r'\text{sen }\theta\cos\theta + r\cos^2\theta - r'\cos\theta\text{ sen}\theta + r\text{ sen}^2\theta}{r'\cos^2\theta - r\text{ sen }\theta\cos\theta + r'\text{sen}^2\theta + r\text{ sen }\theta\cos\theta}$$

$$= \frac{r(\cos^2\theta + \text{sen}^2\theta)}{r'(\cos^2 + \text{sen}^2\theta)} = \frac{r}{r'} = \frac{r}{dr/d\theta}$$

PROBLEMAS PROPUESTOS 7.2

En los problemas del 1 al 9,* hallar: *a. La pendiente m de la tangente a la gráfica de la ecuación en el punto indicado. b. La ecuación cartesiana de la recta tangente. c. La ecuación polar de la recta tangente.

1. $r = a(1-\cos\theta)$, $\theta = \pi/2$ *Rpta.* **a.** $m = -1$ **b.** $x + y = a$ **c.** $r = \dfrac{a}{\cos\theta + \text{sen}\,\theta}$

2. $r = a(1-\text{sen}\,\theta)$, $\theta = \pi$ *Rpta.* **a.** $m = 1$ **b.** $y - x = a$ **c.** $r = \dfrac{a}{\text{sen}\,\theta - \cos\theta}$

3. $r = 3 - 2\cos\theta$, $\theta = -\pi/2$

Rpta. **a.** $m = 2/3$ **b.** $2x - 3y = 9$ **c.** $r = \dfrac{9}{2\cos\theta - 3\,\text{sen}\,\theta}$

4. $r = 2$, $\theta = \pi/6$

Rpta. **a.** $m = -\sqrt{3}$ **b.** $y + \sqrt{3}\,x = 4$ **c.** $r = \dfrac{4}{\text{sen}\,\theta + \sqrt{3}\cos\theta}$

5. $r = a\,\text{sen}\,2\theta$, $\theta = \pi/4$

Rpta. **a.** $m = -1$ **b.** $y + x = \sqrt{2}\,a$ **c.** $r = \dfrac{\sqrt{2}a}{\text{sen}\,\theta + \cos\theta}$

6. $r = a\cos 3\theta$, $\theta = -2\pi/3$

Rpta. **a.** $m = -\sqrt{3}/3$ **b.** $6y + 2\sqrt{3}\,x = -4\sqrt{3}\,a$ **c.** $r = \dfrac{-4\sqrt{3}\,a}{6\,\text{sen}\,\theta + 2\sqrt{3}\cos\theta}$

7. $r = 2 + \text{sen}\,\theta$, $\theta = \pi/6$

Rpta. **a.** $m = -3\sqrt{3}$ **b.** $2y + 6\sqrt{3}\,x = 25$ **c.** $r = \dfrac{25}{2\,\text{sen}\,\theta - 6\sqrt{3}\cos\theta}$

8. $r = a\theta$, $\theta = \pi/2$

Rpta. **a.** $m = -2/\pi$ **b.** $2\pi y + 4x = a\pi^2$ **c.** $r = \dfrac{a\pi^2}{2\pi\,\text{sen}\,\theta + 4\cos\theta}$

9. $r = e^\theta$, $\theta = 0$ *Rpta.* **a.** $m = 1$ **b.** $y - x = -1$ **c.** $r = \dfrac{1}{\cos\theta - \text{sen}\,\theta}$

10. $r = \dfrac{1}{\theta}$, $\theta = \dfrac{\pi}{2}$ *Rpta.* **a.** $m = \dfrac{2}{\pi}$ **b.** $\pi y - 2x = 2$ **c.** $r = \dfrac{2}{\pi\,\text{sen}\,\theta - 2\cos\theta}$

En los problemas del 11 al 13, hallar: a. Los puntos donde la tangente es horizontal o vertical. b. Las ecuaciones cartesianas de las tangentes horizontales y verticales.

11. $r = 2\cos\theta,\ \ 0 \leq \theta \leq \pi$

Rpta. **a.** Horizontales: $(\sqrt{2}, \pi/4)$, $(-\sqrt{2}, 3\pi/4)$. Verticales: $(2,0)$, $(0, \pi/2)$

b. Horizontales: $y = 1,\ y = -1$. Verticales: $x = 0,\ x = 2$

12. $r^2 = \cos 2\theta,\ \ 0 \leq \theta \leq \pi/4,\ \ \ 3\pi/4 \leq \theta \leq \pi$

Rpta. **a.** Horizont: $(\sqrt{2}/2, \pi/6)$, $(-\sqrt{2}/2, \pi/6)$, $(\sqrt{2}/2, 5\pi/6)$, $(-\sqrt{2}/2, 5\pi/6)$

Verticales: $(1, 0)$, $(-1, 0)$

b. Horizontales: $y = \sqrt{2}/4,\ y = -\sqrt{2}/4$. Verticales: $x = 1,\ x = -1$

13. $r = 1 + \operatorname{sen}\theta,\ \ 0 \leq \theta \leq 2\pi$

Rpta. **a.** Horizontales: $(2, \pi/2)$, $(1/2, 7\pi/6)$, $(1/2, 11\pi/6)$,

Verticales: $(3/2, \pi/6)$, $(3/2, 5\pi/6)$, $(0, 3\pi/2)$.

b. Horizont: $y = 2,\ y = -1/4$. Verticales: $x = 3\sqrt{3}/4,\ x = -3\sqrt{3}/4,\ x = 0$

14. Sea $r = \sqrt{2} - \operatorname{sen}\theta,\ \ 0 \leq \theta \leq 2\pi$. Hallar:

a. Los puntos donde la tangente es horizontal.

b. Las ecuaciones cartesianas de las tangentes horizontales.

Rpta. **a.** $(\sqrt{2}/2, \pi/4)$, $(\sqrt{2}/2, 3\pi/4)$, $(\sqrt{2} - 1, \pi/2)$, $(\sqrt{2} + 1, 3\pi/2)$

b. $y = 1/2,\ \ y = \sqrt{2} - 1,\ y = -\sqrt{2} - 1$

En los problemas del 15 al 20, hallar las ecuación polar y la ecuación cartesiana de cada recta tangente en el polo de la curva indicada..

15. $r = 4\cos 2\theta$

Rpta. $\theta = \dfrac{\pi}{6}$. E. Cart.: $y = \dfrac{\sqrt{3}}{3}x$. $\theta = \dfrac{\pi}{2}$. E. Cart. $x = 0$. $\theta = \dfrac{5\pi}{6}$ $y = -\dfrac{\sqrt{3}}{3}x$.

16. $r = 2\operatorname{sen} 2\theta$

Rpta. $\theta = 0$. E. Cart.: $y = 0$. $\theta = \dfrac{\pi}{2}$. E. Cart. $x = 0$.

17. $r^2 = 4\cos 2\theta$

Rpta. $\theta = \dfrac{\pi}{4}$. E. Cart.: $y = \dfrac{\sqrt{2}}{2}x$. $\theta = \dfrac{3\pi}{4}$. E. Cart. $y = -\dfrac{\sqrt{2}}{2}x$

18. $r = 1 + 2\cos\theta$

Rpta. $\theta = \dfrac{\pi}{3}$. E. Cart.: $y = \sqrt{3}\,x$. $\theta = \dfrac{5\pi}{3}$. E. Cart. $y = -\sqrt{3}\,x$

19. $r = a\theta,\ a \neq 0.$ *Rpta.* $\theta = 0$. E. Cart. $y = 0$

20. $r = \ln\theta,$ *Rpta.* $\theta = 1$. E. Cart. $y = (\tan 1)x$

En los problemas del 21 al 23, hallar el ángulo radial ψ de la curva dada en el punto donde el ángulo es indicado.

21. $r = \dfrac{2}{1 + \text{sen}\,\theta},\ \theta = 0$ *Rpta.* $\psi = 3\pi/4$

22. $r = \dfrac{3}{1 - 2\,\text{sen}\,\theta},\ \theta = 0$ *Rpta.* $\psi = \pi/6$

23. $r = a(1 - \text{sen}\,\theta),\ \theta = -\pi/6$ *Rpta.* $\psi = 2\pi/3$

En los problemas del 24 y 25, hallar el ángulo entre las curvas dadas en el punto indicado.

24. $r = a,\ r = 2a\,\text{sen}\,\theta,\ (a, \pi/6)$ *Rpta.* $\pi/3$

25. $r = 4\cos\theta,\ r = 4\cos^2\theta - 3,\ (2, \pi/3)$ *Rpta.* $2\pi/3$

En los problemas 26 y 27, probar que las curvas indicadas se cortan ortogonalmente.

26. $r = 2a\,\text{sen}\,\theta,\ r = 2b\cos\theta$ **27.** $r = \dfrac{1}{1 - \cos\theta},\ r = 1 - \cos\theta$

28. Probar que las espirales $r = \theta$ y $r = 1/\theta$ se cortan ortogonalmente en el punto donde $\theta = 1$.

29. Probar que el cualquier punto de la cardiode $r = a(1 - \cos\theta)$ se cumple: $\psi = \dfrac{\theta}{2}$

SECCION 7.3

AREAS DE REGIONES ENTRE GRAFICOS POLARES

Buscamos una fórmula que nos permita encontrar el área de regiones en el plano encerradas por curvas polares.

Para esto, recordemos que el área de un sector circular de radio r y ángulo central θ (en radianes) es

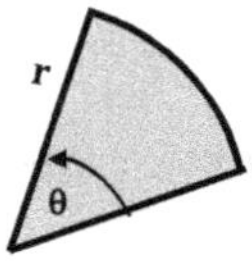

$$A = \frac{1}{2}r^2\theta \qquad (1)$$

Ahora, sea R la región encerrada por la curva polar $\boldsymbol{r = f(\theta)}$ y los rayos $\boldsymbol{\theta = \alpha}$ y $\boldsymbol{\theta = \beta}$, donde la función f es no negativa y continua en el intervalo $\alpha \leq \theta \leq \beta$. Además, se cumple que $0 < \beta - \alpha \leq 2\pi$.

De la misma manera como se procedió para definir la integral definida, tomamos una partición del intervalo $[\alpha, \beta]$ en n subintervalos de igual longitud:

$$\alpha = \theta_0 < \theta_1 < \ . \ . \ . < \theta_n = \beta.$$

La longitud de cada subintervalo es $\Delta\theta = \theta_i - \theta_{i-1} = \dfrac{\beta - \alpha}{n}$.

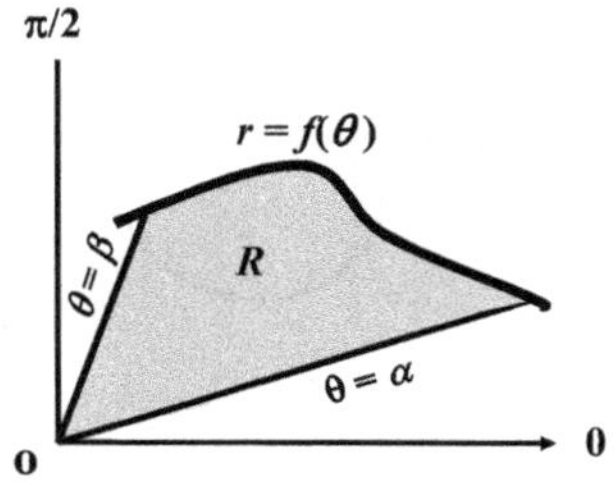

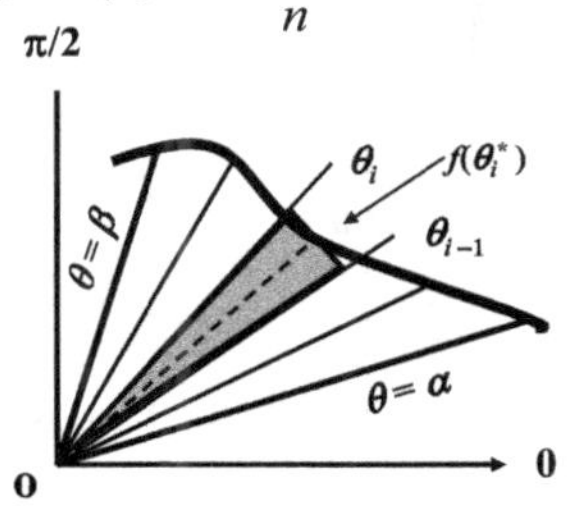

Los rayos $\theta = \theta_i$ dividen a la región R en n subregiones R_i, de ángulo central $\Delta\theta = \theta_i - \theta_{i-1}$. Tomamos θ_i^*, un punto cualquiera en el intervalo $[\theta_{i-1}, \theta_i]$. El área ΔA_i de la subregión R_i es aproximada por el área del sector circular de radio $f\left(\theta_i^*\right)$ y ángulo central $\Delta\theta$. Esto es, tomando en cuenta la igualdad (1),

$$\Delta A_i \approx \frac{1}{2}\left[f\left(\theta_i^*\right)\right]^2 \Delta\theta$$

En consecuencia, el área A de la región R es

$$A = \sum_{i=1}^{n} \Delta A_i \approx \sum_{i=1}^{n} \frac{1}{2}\left[f\left(\theta_i^*\right)\right]^2 \Delta\theta = \frac{1}{2}\sum_{i=1}^{n}\left[f\left(\theta_i^*\right)\right]^2 \Delta\theta$$

Hacemos que $n \to +\infty$ y tenemos:

$$A = \lim_{n \to +\infty} \frac{1}{2}\sum_{i=1}^{n}\left[f\left(\theta_i^*\right)\right]^2 \Delta\theta = \frac{1}{2}\int_{\alpha}^{\beta}\left[f(\theta)\right]^2 d\theta$$

En conclusión:

TEOREMA 7. 4 **Area y coordenada polares.**

Si f es **continua y no negativa** en $[\alpha, \beta]$, entonces el área de la región encerrada por la gráfica de $r = f(\theta)$ y los rayos $\theta = \alpha$ y $\theta = \beta$, está dada por:

$$\boldsymbol{A = \frac{1}{2}\int_{\alpha}^{\beta}\left[f(\theta)\right]^2 d\theta}$$

EJEMPLO 4. Hallar el área de la región encerrada por la cardiode

$$r = a(1 + \cos\theta)$$

Solución

La gráfica de de cardiode $r = a(1+\cos\theta)$ es simétrica respecto al eje polar. Luego, el área total es doble de la región que está sobre el eje. Esta región se cubre cuando θ recorre el intervalo $0 \leq \theta \leq \pi$. Luego,

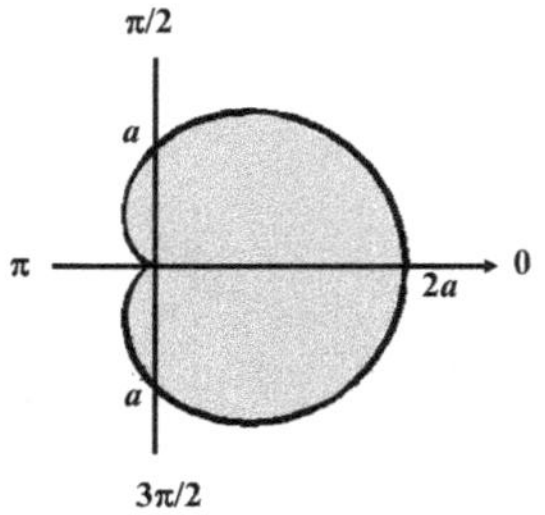

$$A = 2\left(\frac{1}{2}\right)\int_0^{\pi}[a(1+\cos\theta)]^2\,d\theta$$

$$= a^2\int_0^{\pi}\left[1+2\cos\theta+\cos^2\theta\right]d\theta$$

$$= a^2\int_0^{\pi}\left[1+2\cos\theta+\frac{1}{2}(1+\cos 2\theta)\right]d\theta$$

$$= \frac{a^2}{2}\int_0^{\pi}[3+4\cos\theta+\cos 2\theta]\,d\theta = \frac{a^2}{2}\left[3\theta+4\operatorname{sen}\theta+\frac{1}{2}\operatorname{sen}2\theta\right]_0^{\pi} = \frac{3\pi}{2}a^2$$

EJEMPLO 5. Hallar el área de la región común encerrada por la circunferencia $r = 3\cos\theta$ y la cardiode $r = 1 + \cos\theta$.

Solución

La región descrita es simétrica respecto al eje polar. En consecuencia, su área es el doble de la región sombreada.

En el ejemplo 11 de la sección anterior vimos que estas curvas, en el primer cuadrante, se intersectan en el punto (3/2, π/3).

La región sombreada se compone de dos regiones, R_1 y R_2.

La región R_1 es descrita por la cardiode $r = 1 + \cos\theta$ cuando θ varía de 0 a $\dfrac{\pi}{3}$.

Luego, su área es:

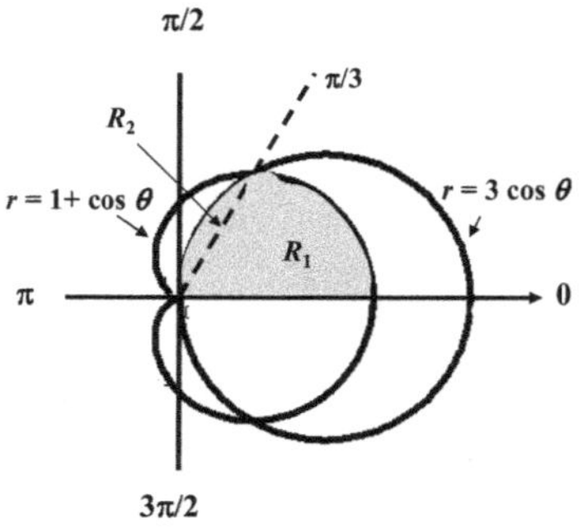

$$A_1 = \frac{1}{2}\int_0^{\pi/3}[1+\cos\theta]^2\,d\theta = \frac{1}{2}\int_0^{\pi/3}\left[1+2\cos\theta+\cos^2\theta\right]d\theta$$

$$= \frac{1}{2}\int_0^{\pi/3}\left[1+2\cos\,\theta+\frac{1}{2}(1+\cos\,2\theta)\right]d\theta = \frac{1}{4}\int_0^{\pi/3}\left[\,3+4\,\cos\,\theta+\cos\,2\theta\right]\,d\theta$$

$$= \frac{1}{4}\left[3\theta+4\,\text{sen}\,\theta+\frac{1}{2}\text{sen}\,2\theta\right]_0^{\pi/3} = \frac{1}{4}\left[\pi+\frac{9\sqrt{3}}{4}\right]$$

La región R_2 es descrita por la circunferencia $r = 3\cos\theta$ cuando θ recorre de $\pi/3$ a $\pi/2$. Luego, su área es:

$$A_2 = \frac{1}{2}\int_{\pi/3}^{\pi/2}\left[3\cos\,\theta\right]^2 d\theta = \frac{9}{2}\int_{\pi/3}^{\pi/2}\cos^2\theta\; d\theta = \frac{9}{4}\int_{\pi/3}^{\pi/2}(1+\cos\,2\theta)\,d\theta$$

$$= \frac{9}{4}\left[\theta+\frac{1}{2}\text{sen}\,2\theta\right]_{\pi/3}^{\pi/2} = \frac{9}{4}\left[\frac{\pi}{2}\right] - \frac{9}{4}\left[\frac{\pi}{3}+\frac{1}{2}\left(\frac{\sqrt{3}}{2}\right)\right] = \frac{9}{4}\left[\frac{\pi}{6}-\frac{\sqrt{3}}{4}\right]$$

El área de la región total es:

$$A = 2(A_1 + A_2) = 2A_1 + 2A_2 = 2\left(\frac{1}{4}\right)\left[\pi+\frac{9\sqrt{3}}{4}\right] + 2\left(\frac{9}{4}\right)\left[\frac{\pi}{6}-\frac{\sqrt{3}}{4}\right] = \frac{5\pi}{4}$$

EJEMPLO 6. Hallar el área encerrada por la rosa de 3 pétalos:

a. $r = a\,\text{sen}\,3\theta$ **b.** $r = a\cos 3\theta$

Solución

a. Los tres pétalos tienen igual área. Si A es el área de la región encerrada por la rosa, entonces A es 3 veces el área el pétalo sombreado.

Veamos los ángulos con los que corta la curva el polo:

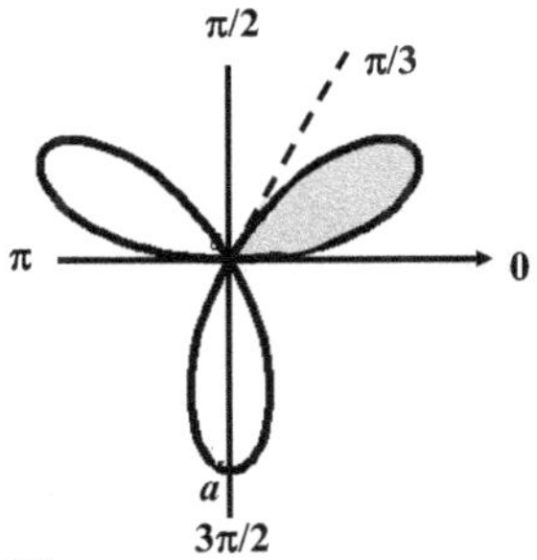

$a\,\text{sen}\,3\theta = 0$ en $[0, 6\pi) \Rightarrow$

$3\theta = 0,\ \pi,\ 2\pi,\ 3\pi,\ 4\pi,\ 5\pi \Rightarrow$

$\theta = 0,\ \pi/3,\ 2\pi/3,\ \pi,\ 4\pi/3,\ 5\pi/3$

El primer pétalo se logra al recorrer θ de 0 a $\pi/3$.

Luego,

$$A = 3\left(\frac{1}{2}\right)\int_0^{\pi/3}\left[a\,\text{sen}\,3\theta\right]^2 d\theta = \frac{3a^2}{2}\int_0^{\pi/3}\text{sen}^2 3\theta\; d\theta$$

$$= \frac{3a^2}{4}\int_0^{\pi/3}(1-\cos\,6\theta)\;d\theta = \frac{3a^2}{4}\left[\theta-\frac{1}{6}\text{sen}\,6\theta\right]_0^{\pi/3} = \frac{\pi}{4}a^2$$

b. La rosa $r = a\cos 3\theta$ se obtiene rotando la rosa $r = a$ sen 2θ, un ángulo de $\pi/6$ radianes en sentido horario. En efecto:

$$r = a\cos 3\theta = a \text{ sen}\left(3\theta + \pi/2\right) = a \text{ sen } 3\left(\theta + \pi/6\right)$$

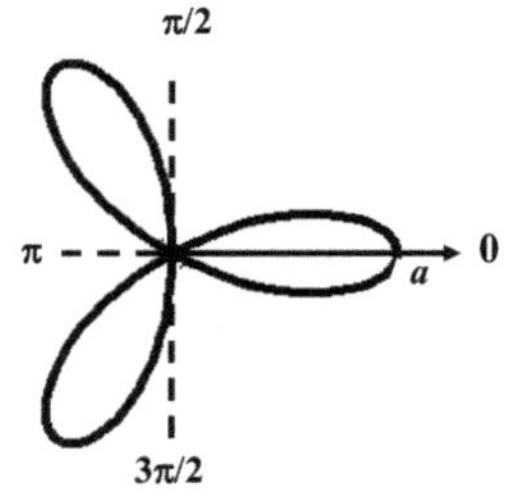

En consecuencia, el área encerrada por $r = a\cos 3\theta$ también es $\dfrac{\pi}{4}a^2$

AREA DE UNA REGION ENCERRADA POR DOS CURVAS POLARES

Sea R es la región encerrada por:

$$r = f(\theta),\ r = g((\theta),\ \theta = \alpha \ \text{ y } \ \theta = \beta,$$

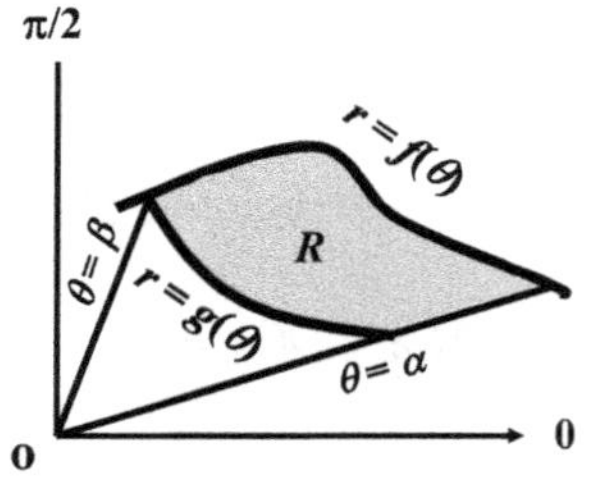

donde, f y g son continuas , $f(\theta) \geq g(\theta) \geq 0$ en $[\alpha, \beta]$ y $0 < \beta - \alpha \leq 2\pi$.

El área de R se obtiene restando del área de la región encerrada por $r = f(\theta)$, el área de la región encerrada por $r = g(\theta)$. Esto es,

$$A = \frac{1}{2}\int_{\alpha}^{\beta}\left[f(\theta)\right]^2 d\theta \ - \ \frac{1}{2}\int_{\alpha}^{\beta}\left[g(\theta)\right]^2 d\theta$$

Luego,

$$\boxed{A = \frac{1}{2}\int_{\alpha}^{\beta}\left(\left[f(\theta)\right]^2 - \left[g(\theta)\right]^2\right) d\theta}$$

EJEMPLO 7. Hallar área de la región que es interior al caracol $r = 3 + 2\cos\theta$ y exterior a la circunferencia $r = 2$.

Solución

Hallemos los ángulos de intersección:

$$3 + 2\cos\theta = 2 \text{ en } [0, 2\pi) \Rightarrow$$

$$\cos\theta = -\frac{1}{2} \text{ en } [0, 2\pi) \Rightarrow$$

$$\theta = \frac{2\pi}{3},\ \frac{4\pi}{3}$$

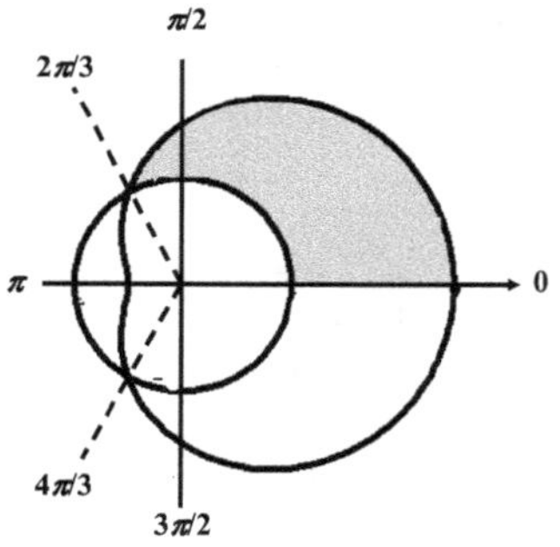

La región en cuestión es simétrica respecto al eje polar. En consecuencia, el área buscada es el doble del área de región sombreada. Esta región es encerrada por las curvas $r = 3 + 2\cos\theta$, $r = 2$, y los rayos $\theta = 0$ y $\theta = \dfrac{2\pi}{3}$. Luego,

$$A = 2\left(\frac{1}{2}\right)\int_0^{2\pi/3}\left([3+2\cos\theta]^2 - [2]^2\right)d\theta = \int_0^{2\pi/3}\left(5+12\cos\theta+4\cos^2\theta\right)d\theta$$

$$= \int_0^{2\pi/3}\left(5+12\cos\theta+2(1+\cos 2\theta)\right)d\theta = \int_0^{2\pi/3}\left(7+12\cos\theta+2\cos 2\theta\right)d\theta$$

$$= \Big[7\theta+12\ \text{sen}\ \theta+\text{sen}\ 2\theta\Big]_0^{2\pi/3} = 7\left(\frac{2\pi}{3}\right)+12\left(\frac{\sqrt{3}}{2}\right)-\frac{\sqrt{3}}{2} = \frac{28\pi+33\sqrt{3}}{6} \approx 24.2$$

PROBLEMAS RESUELTOS 7.3

PROBLEMA 1. Probar que el área de la región encerrada por cualquiera de las lemniscatas $r^2 = a^2\cos 2\theta$ ó $r^2 = a^2\text{sen}\ 2\theta$ es $A = a^2$.

Solución

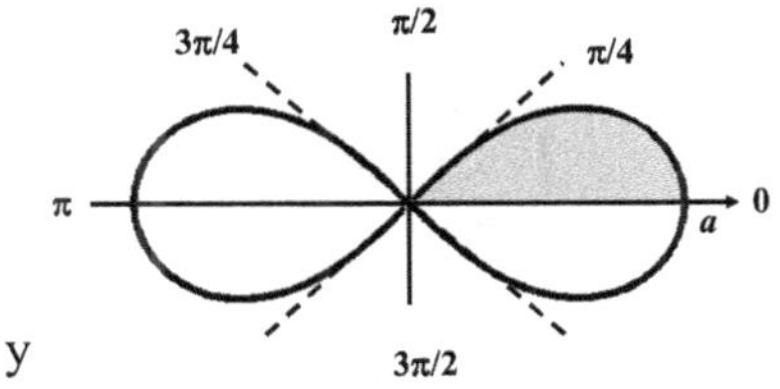

Tomemos la lemniscata $r^2 = a^2\cos 2\theta$.

Esta curva pasa por el polo formando los ángulos $\theta = \pi/4$ y $\theta = 3\pi/4$.

La curva es simétrica respecto al eje polar y respecto al eje $\theta = \pi/2$.

El área total A es igual 4 veces el área de la región sombreada, la cual corresponde a la parte de la lemniscata comprendida entre 0 y $\pi/4$. . Luego,

$$A = 4\left(\frac{1}{2}\right)\int_0^{\pi/4} r^2 d\theta = 2\int_0^{\pi/4}\left(a^2\cos 2\theta\right)d\theta$$

$$= 2a^2\int_0^{\pi/4}\cos 2\theta\ d\theta = a^2\Big[\ \text{sen}\ 2\theta\ \Big]_0^{\pi/4} = a^2[1] = a^2$$

El área de región encerrada por la lemniscata $r^2 = a^2\text{sen}\ 2\theta$ es la misma que la de $r^2 = a^2\cos 2\theta$, ya que, de acuerdo al ejemplo 8 de la sección 7.1, $r^2 = a^2\sin 2\theta$ se obtiene de esta última, mediante una rotación de $\pi/4$.

PROBLEMA 2. Hallar el área de la región interior a la lemniscata $r^2 = a^2\sin 2\theta$ y exterior a la lemniscata $r^2 = a^2\cos 2\theta$.

Solución

La región descrita es simétrica respecto al polo. En consecuencia, su área A es igual a 2 veces el área de la región sombreada.

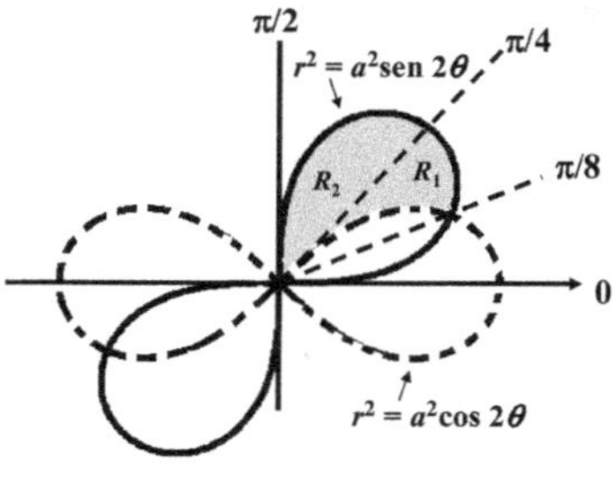

Veamos los ángulos de corte de de las dos curvas en el primer cuadrante:

$$a^2\sin 2\theta = a^2\cos 2\theta \Rightarrow \sin 2\theta = \cos 2\theta \Rightarrow$$
$$2\theta = \pi/4 \Rightarrow \theta = \pi/8$$

La región sombreada es la unión de las subregiones R_1 y R_2.

La región R_1 es interior a la $r^2 = a^2\sin 2\theta$ y exterior a $r^2 = a^2\cos 2\theta$ cuando θ varía de $\pi/8$ a $\pi/4$. Luego, si A_1 es el área de esta región, entonces

$$A_1 = \frac{1}{2}\int_{\pi/8}^{\pi/4}\left(a^2\text{sen } 2\theta - a^2\cos 2\theta\right)d\theta = \frac{a^2}{2}\int_{\pi/8}^{\pi/4}\left(\text{sen } 2\theta - \cos 2\theta\right)d\theta$$

$$= \frac{a^2}{4}\Big[-\cos 2\theta - \text{sen } 2\theta\Big]_{\pi/8}^{\pi/4} = \frac{a^2}{4}\left[\sqrt{2} - 1\right]$$

La región R_2 es interior a la $r^2 = a^2\sin 2\theta$ cuando θ varía de $\pi/4$ a $\pi/2$. Luego, si A_2 es el área de esta región, entonces

$$A_2 = \frac{1}{2}\int_{\pi/4}^{\pi/2}\left(a^2\text{sen } 2\theta\right)d\theta = \frac{a^2}{2}\int_{\pi/4}^{\pi/2}\text{sen } 2\theta\, d\theta$$

$$= \frac{a^2}{4}\Big[-\cos 2\theta\Big]_{\pi/4}^{\pi/2} = \frac{a^2}{4}\Big[-(-1)\Big] = \frac{a^2}{4}$$

El área total es:

$$A = 2(A_1 + A_2) = 2\left(\frac{a^2}{4}\left[\sqrt{2} - 1\right] + \frac{a^2}{4}\right) = \frac{\sqrt{2}}{2}a^2$$

PROBLEMA 3. Hallar el área de la región encerrada por el eje polar y la primera vuelta de la espiral de Arquímedes $r = a\theta$

Solución

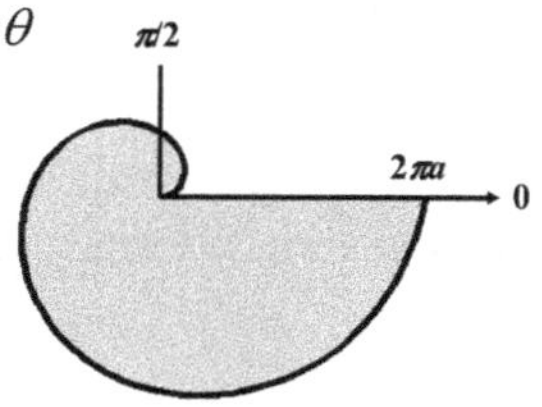

La primera vuelta de la espiral $r = a\theta$ es cubierta al recorrer θ de 0 a 2π.

Luego,

$$A = \frac{1}{2}\int_0^{2\pi} [a\theta]^2\, d\theta = \frac{a^2}{2}\int_0^{2\pi} \theta^2 d\theta = \frac{a^2}{2}\left[\frac{\theta^3}{3}\right]_0^{2\pi} = \frac{4\pi^3}{3}a^2$$

PROBLEMA 4. Tenemos el caracol con rizo $r = 1 + 2\cos\theta$. A este caracol lo podemos considerar compuesto de dos rizos: El rizo mayor, que es curva exterior y el rizo menor, que es la curva a la que hemos estado llamando rizo.

a. Hallar el área de la región encerrada por el rizo mayor.

b. Hallar el área de la región encerrada por el rizo menor.

c. Hallar el área de la región que está dentro del caracol, pero fuera del rizo menor.

Solución

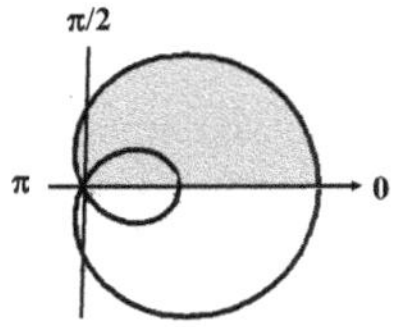

La región encerrada por el rizo mayor es simétrica respecto al eje polar. Si A_M es el área de esta región, entonces A_M es el doble del área de la región sombreada. Esta parte superior de la curva se obtiene haciendo recorrer θ de 0 a $2\pi/3$. Luego,

$$A_M = 2\left(\frac{1}{2}\right)\int_0^{2\pi/3} [1 + 2\cos\theta]^2\, d\theta = \int_0^{2\pi/3} \left(1 + 4\cos\theta + 4\cos^2\theta\right) d\theta$$

$$= \int_0^{2\pi/3} \left(1 + 4\cos\theta + 2(1 + \cos 2\theta)\right) d\theta = \int_0^{2\pi/3} \left(3 + 4\cos\theta + 2\cos 2\theta\right) d\theta$$

$$= \Big[3\theta + 4\operatorname{sen}\theta + \operatorname{sen} 2\theta\Big]_0^{2\pi/3} = \left[2\pi + \frac{4\sqrt{3}}{2} - \frac{\sqrt{3}}{2}\right] = 2\pi + \frac{3\sqrt{3}}{2}$$

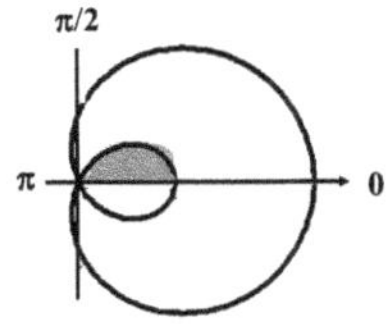

b. La región encerrada por el rizo menor es simétrica respecto al eje polar. Luego, esta área es doble de parte del rizo sombreada. Esta parte del rizo (parte superior) es cubierta cuando θ recorre de π a $4\pi/3$.

Luego, si A_m es el área del rizo, entonces

$$A_m = 2\left(\frac{1}{2}\right)\int_{\pi}^{4\pi/3} [1 + 2\cos\theta]^2\, d\theta = \int_{\pi}^{4\pi/3} \left(3 + 4\cos\theta + 2\cos 2\theta\right) d\theta$$

$$= \Big[3\theta + 4\operatorname{sen}\theta + \operatorname{sen} 2\theta\Big]_{\pi}^{4\pi/3} = \left[4\pi - \frac{4\sqrt{3}}{2} + \frac{\sqrt{3}}{2}\right] - \Big[3\pi\Big] = \pi - \frac{3\sqrt{3}}{2}$$

c. Si A el área de la región dentro del caracol y fuera del rizo menor, entonces

$$A = A_M - A_m = 2\pi + \frac{3\sqrt{3}}{2} - \left(\pi - \frac{3\sqrt{3}}{2}\right) = \pi + 3\sqrt{3}$$

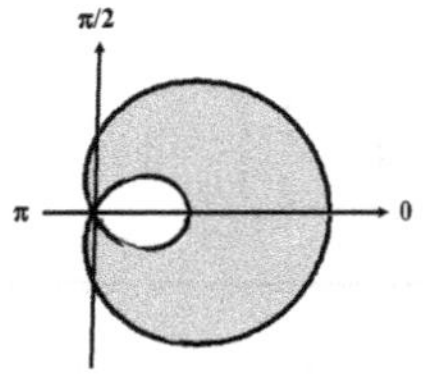

PROBLEMA 5. Hallar el área de la región encerrada por la circunferencia $r = a$ sen θ y la cardiode $r = a(1-$ sen $\theta)$

Solución

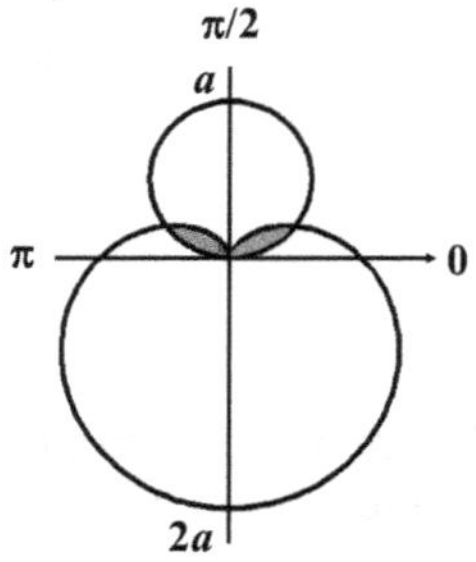

Hallemos los ángulos de los puntos de intersección:

a sen $\theta = a\,(1-$ sen $\theta)$ en $[0, 2\pi) \Rightarrow$

sen $\theta = \dfrac{1}{2}$ en $[0, 2\pi) \Rightarrow$ $\theta = \pi/6,\ 5\pi/6$.

Además, ambas curvas pasan por el polo, formando ángulos de 0 y $\pi/2$, respectivamente.

La región es simétrica respecto al eje $\theta = \pi/2$.

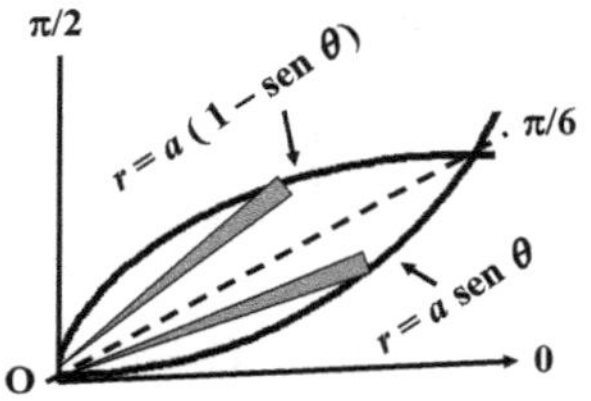

Luego, si A_1 es el área de la subregión que está en el primer cuadrante, entonces $A = 2A_1$. Pero, a su vez, A_1 está conformada por dos subregiones: Una, formada por la parte de la circunferencia entre 0 y $\pi/6$. La otra, formada por la parte de la cardiode entre $\pi/6$ y $\pi/2$. Luego,

$$A_1 = \frac{1}{2}\int_0^{\pi/6} [a \text{ sen } \theta]^2\, d\theta + \frac{1}{2}\int_{\pi/6}^{\pi/2} [a(1 - \text{sen } \theta]^2\, d\theta$$

$$= \frac{a^2}{2}\int_0^{\pi/6} \text{sen}^2 d\theta + \frac{a^2}{2}\int_{\pi/6}^{\pi/2} \left(1 - 2 \text{ sen } \theta + \text{sen}^2\theta\right) d\theta$$

$$= \frac{a^2}{2}\int_0^{\pi/6} (1/2)\left(1 - \cos 2\theta\right) d\theta + \frac{a^2}{2}\int_{\pi/6}^{\pi/2} \left(1 - 2 \text{ sen } \theta + (1/2)(1 - \cos 2\theta)\right) d\theta$$

$$= \frac{a^2}{4}\int_0^{\pi/6} (1 - \cos 2\theta)\, d\theta + \frac{a^2}{4}\int_{\pi/6}^{\pi/2} \left(3 - 4 \text{ sen } \theta - \cos 2\theta\right)\, d\theta$$

$$= \frac{a^2}{4}\left[\theta - \frac{1}{2}\text{sen } 2\theta\right]_0^{\pi/6} + \frac{a^2}{4}\left[3\theta + 4\cos\theta - \frac{1}{2}\text{sen } 2\theta\right]_{\pi/6}^{\pi/2}$$

$$= \frac{a^2}{4}\left(\frac{\pi}{6} - \frac{1}{2}\left(\frac{\sqrt{3}}{2}\right)\right) + \frac{a^2}{4}\left(\frac{3\pi}{2}\right) - \frac{a^2}{4}\left(\frac{3\pi}{6} + 4\left(\frac{\sqrt{3}}{2}\right) - \frac{1}{2}\left(\frac{\sqrt{3}}{2}\right)\right)$$

$$= \frac{a^2}{4}\left(\frac{7\pi}{6} - 2\sqrt{3}\right) = \left(\frac{7\pi}{24} - \frac{\sqrt{3}}{2}\right)a^2$$

Por último,

$$A = 2A_1 = 2\left(\frac{7\pi}{24} - \frac{\sqrt{3}}{2}\right)a^2 = \left(\frac{7\pi}{12} - \sqrt{3}\right)a^2 \approx 0.1006a^2$$

PROBLEMA 6. Probar que el área de la región encerrada por las rosa

$r = a \text{ sen } n\theta$ o por la rosa $r = a \cos n\theta$ es

$A = \frac{\pi}{4}a^2$ si n es impar y $A = \frac{\pi}{2}a^2$ si n es par.

Solución

Consideremos la rosa $r = a \text{ sen } n\theta$

Veamos los ángulos con los que la curva corta al polo:

$a \text{ sen } n\theta = 0$ en $[0, 2n\pi) \Rightarrow$

$n\theta = 0, \pi, 2\pi, 3\pi, \ldots, 2n\pi \Rightarrow$

$\theta = 0, \pi/n, 2\pi/n, 3\pi/n, \ldots, 2\pi$

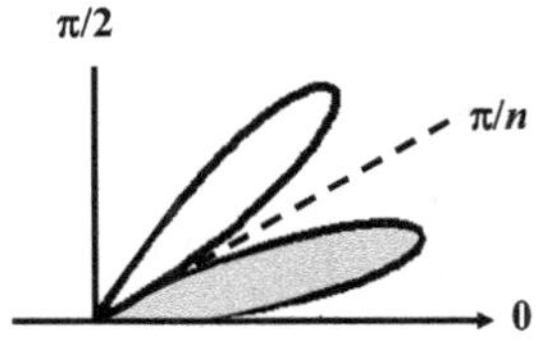

El primer pétalo se obtiene cuando θ recorre de 0 a π/n

Luego, el área de este pétalo es:

$$A_p = \frac{1}{2}\int_0^{\pi/n} [a \text{ sen } n\theta]^2 \, d\theta = \frac{a^2}{2}\int_0^{\pi/n} \text{sen}^2 n\theta \, d\theta$$

$$= \frac{a^2}{2}\int_0^{\pi/n} \frac{1}{2}(1 - \cos 2n\theta)\, d\theta = \frac{a^2}{4}\left[\theta - \frac{1}{2n}\text{sen } 2n\theta\right]_0^{\pi/n} = \frac{\pi}{4n}a^2$$

Ahora,

Si es impar, la rosa tiene n pétalos y, por lo tanto el área total es

$$nA_p = n\left(\frac{\pi}{4n}a^2\right) = \frac{\pi}{4}a^2$$

Si es par, la rosa tiene $2n$ pétalos y, por lo tanto el área total es

$$2nA_p = 2n\left(\frac{\pi}{4n}a^2\right) = \frac{\pi}{2}a^2$$

Para la otra rosa $r = a \cos n\theta$ obtenemos los mismos resultados, ya que ésta se obtiene de la rosa $r = a \text{ sen } n\theta$ rotándola en sentido horario un ángulo de $\pi/2n$ radianes. En efecto:

$$r = a \cos n\theta = a \text{ sen } (n\theta + \pi/2) = a \text{ sen } n(\theta + \pi/2n)$$

ROBLEMA 6. Hallar el área de la región comprendida entre un lazo mayor y un lazo menor de la curva $r = 1 + 2 \cos 3\theta$

Solución

La región sugerida es simétrica respecto al eje polar. Luego, su área es igual al doble de la región sombreada. Esta región sombreada es igual al semipétalo grande menos semipétalo pequeño.

Observando el gráfico cartesiano de esta función, en el problema resuelto 6 de la sección anterior, vemos que el semipétalo grande y el semipétalo pequeño se cubren variando a θ de 0 a $\pi/6$ y de π a $7\pi/6$, respectivamente.

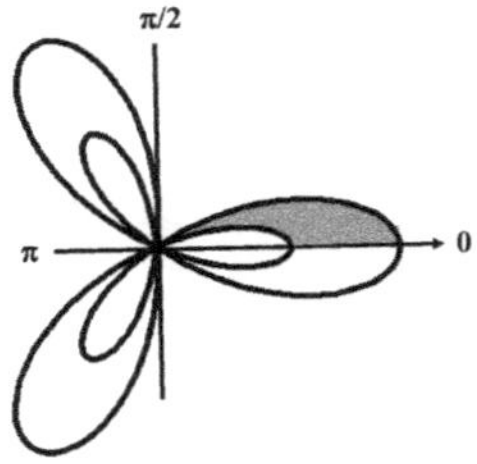

Luego, el área de la región requerida es:

$$A = 2\left(\frac{1}{2}\right)\int_0^{\pi/6}[1+2\cos 3\theta]^2\, d\theta - 2\left(\frac{1}{2}\right)\int_\pi^{7\pi/6}[1+2\cos 3\theta]^2\, d\theta$$

$$= \int_0^{\pi/6}\left(1+4\cos 3\theta+4\cos^2 3\theta\right)d\theta - \int_\pi^{7\pi/6}\left(1+4\cos 3\theta+4\cos^2 3\theta\right)d\theta$$

$$= \int_0^{\pi/6}(1+4\cos 3\theta+2(1+\cos 6\theta)\,d\theta - \int_\pi^{7\pi/6}(1+4\cos 3\theta+2(1+\cos 6\theta)\,d\theta$$

$$= \int_0^{\pi/6}(3+4\cos\ 3\theta+2\cos 6\theta)\ d\theta - \int_\pi^{7\pi/6}(3+4\cos\ 3\theta+2\cos 6\theta)\ d\theta$$

$$= \left[3\theta+\frac{4}{3}\text{sen } 3\theta+\frac{1}{3}\text{sen } 6\theta\right]_0^{\pi/6} - \left[3\theta+\frac{4}{3}\text{sen } 3\theta+\frac{1}{3}\text{sen } 6\theta\right]_\pi^{7\pi/6}$$

$$= \left(\frac{\pi}{2}+\frac{4}{3}(1)+\frac{1}{3}(0)\right) - \left(\ 0\ \right) - \left(\frac{7\pi}{2}+\frac{4}{3}(-1)+\frac{1}{3}(0)\right) + \left(\ 3\pi\ \right) = \frac{8}{3}$$

PROBLEMAS PROPUESTOS 7.3

En los problemas del 1 al 5, hallar el área de la región encerrada por la curva y los rayos indicados.

1. $r = e^{\theta/2}$, $\theta = \pi$, $\theta = 2\pi$ *Rpta.* $\frac{1}{2}e^{\pi}\left(e^{\pi} - 1\right)$

2. $r = e^{-\theta/2}$, $\theta = 0$, $\theta = \pi$ *Rpta.* $\frac{1}{2}e^{-\pi}\left(e^{-\pi} - 1\right)$

3. $r = \tan\theta$, $\theta = 0$, $\theta = \pi/4$ *Rpta.* $\frac{1}{2}\left(1 - \frac{\pi}{4}\right)$

4. $r = \operatorname{sen}\frac{\theta}{2} + \cos\frac{\theta}{2}$, $\theta = 0$, $\theta = \pi/2$ *Rpta.* $\frac{1}{2}\left(1 + \frac{\pi}{2}\right)$

5. $r = a\sec^2\frac{\theta}{2}$, $a > 0$, $\theta = -\pi/2$, $\theta = \pi/2$ *Rpta.* $\frac{4}{3}a^2$

En los problemas 6, 7 y 8 hallar el área de la región que encerrada por la curva.

6. $r = 2a\operatorname{sen}\theta$ *Rpta.* πa^2 **7.** $r = 2 - \cos\theta$ *Rpta.* $\frac{9\pi}{2}$

8. $r^2 = 2a^2\cos 3\theta$ *Rpta.* $4a^2$

En los problemas del 9 al 16 hallar el área de la región que está dentro de la primera curva y fuera de la segunda.

9. $r = 2a\cos\theta$, $r = a$ *Rpta.* $\left(\pi/3 + \sqrt{3}/2\right)a^2$

10. $r = a$, $r = a(1 - \cos\theta)$ *Rpta.* $(2 - \pi/4)a^2$

11. $r = a(1 + \cos\theta)$, $r = a$ *Rpta.* $(2 + \pi/4)a^2$

12. $r = 6a\cos\theta$, $r = 2a(1 + \cos\theta)$ *Rpta.* $4\pi a^2$

13. $r^2 = 8\cos 2\theta$, $r = 2$ *Rpta.* $4\sqrt{3} - 4\pi/3$

14. $r^2 = 8\operatorname{sen} 2\theta$, $r = 2$ *Rpta.* $4\sqrt{3} - 4\pi/3$

15. $r = \operatorname{sen}\theta$, $r = 1 - \cos\theta$ *Rpta.* $1 - \pi/4$

16. $r = 2a\cos 2\theta$, $r = a\sqrt{2}$ *Rpta.* $2a^2$

En los problemas 17 al 23, hallar el área de la región que es común al interior de las dos curvas.

17. $r = \operatorname{sen}\theta$, $r = \sqrt{3}\cos\theta$ *Rpta.* $5\pi/24 - \sqrt{3}/4$

18. $r^2 = \cos 2\theta$, $r = \sqrt{2}\operatorname{sen}\theta$ *Rpta.* $\frac{1}{6}\left(\pi + 3 - 3\sqrt{3}\right)$

19. $r = 2a\cos 2\theta$, $r = a\sqrt{2}$ *Rpta.* $2(\pi - 1)a^2$

20. $r^2 = 2a^2\cos 2\theta$, $r = a$ *Rpta.* $\left(2 + \pi/3 - \sqrt{3}\right)a^2$

21. $r = \cos 2\theta$, $r = \operatorname{sen} 2\theta$ *Rpta.* $\pi/2 - 1$

22. $r = 3 + 2\cos\theta,\quad r = 2$ *Rpta.* $19\pi/3 - 11\sqrt{3}/2$

23. $r = 1 + \text{sen}\,\theta,\quad r = 1 - \text{sen}\,\theta,$ *Rpta.* $\dfrac{3\pi - 8}{2}a^2$

24. Dada la curva $r = 3 + 2\,\text{sen}\,\theta$, hallar el área de la región sombreada.

a.

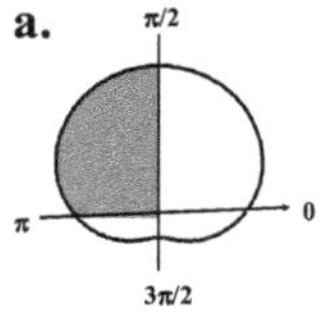

b.

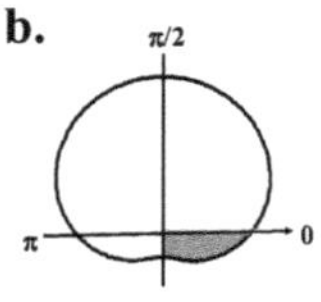

c.

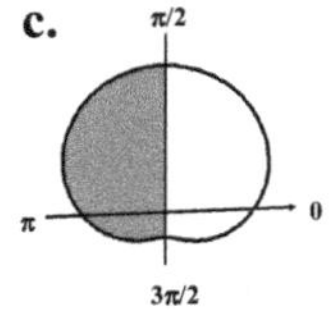

Rpta. a. $\dfrac{11\pi}{4} + 6$ *Rpta.* b. $\dfrac{11\pi}{4} - 6$ *Rpta.* c. $\dfrac{11\pi}{4}$

25. Sea el caracol con rizo $r = 1 + \sqrt{2}\cos\theta$. Hallar:

a. El área de la región encerrada por el lazo mayor.
b. El área de la región encerrada por el lazo menor
c. El área de la región dentro del lazo mayor, pero fuera del lazo menor.

Rpta. a. $\dfrac{3\pi}{2} + \dfrac{3}{2}$ b. $\dfrac{\pi}{2} - \dfrac{3}{2}$ c. $\pi + 3$

26. Hallar el área de la región encerrada por el rizo

$r = a\sec^3(\theta/3),\ -\pi \le \theta \le \pi.$

Rpta. $72\sqrt{3}a^2/5$

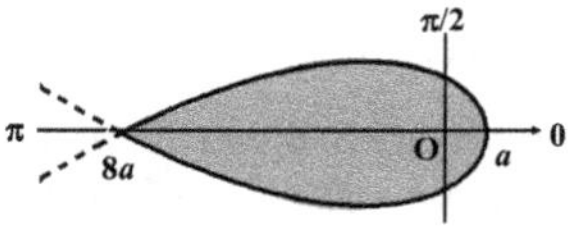

27. Hallar el área de la región de la región Interior a

$r = 2 - \cos 2\theta$ y exterior a

$r = 2 - \cos\theta$

Rpta. $51\sqrt{3}/16$

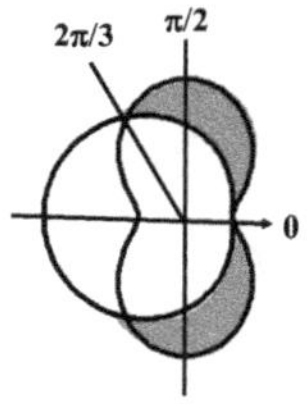

28. Hallar el área de la región que es interior a $r = 4\,\text{sen}\,\theta\cos^2\theta$ y exterior $r = \text{sen}\,\theta$.

Rpta. $\dfrac{\pi}{6} + \dfrac{3\sqrt{3}}{8}$

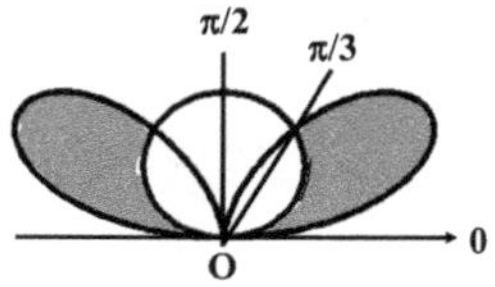

29. **a.** Halar el área de la región que es interior a

$r = 2 + \cos 4\theta$ y exterior a $r = 3 - \cos 4\theta$

b. Halar el área de la región interior a las dos curvas

$r = 2 + \cos 4\theta,\qquad r = 3 - \cos 4\theta$

Rpta. a. $5\sqrt{3} - 5\pi/3$ **b.** $37\pi/6 - 5\pi/3$

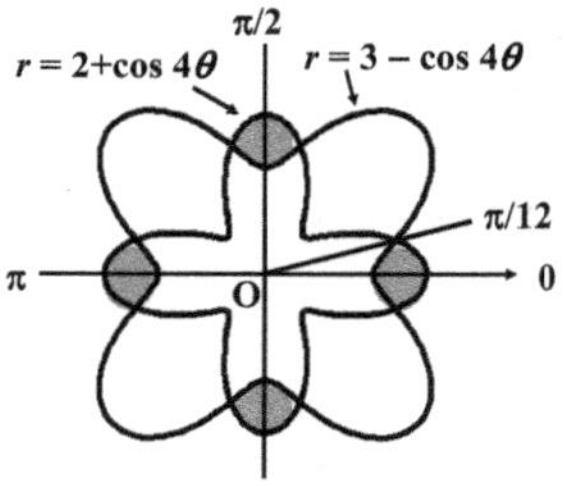

SECCION 7.4

LONGITUD DE ARCO Y AREA DE SUPERFICIES DE REVOLUCION EN COORDENADAS POLARES

TEOREMA 7.5 **Longitud de una curva polar**

Si $r = f(\theta)$ tiene derivada continua en $\alpha \leq \theta \leq \beta$ y C es la curva descrita por esta función, la cual es trazada exactamente una sola vez cuando θ recorre de α y β, entonces longitud de C es

$$L = \int_{\alpha}^{\beta} \sqrt{r^2 + \left(\frac{dr}{d\theta}\right)^2}\, d\theta$$

Demostración

La gráfica C de $r = f(\theta)$, $\alpha \leq \theta \leq \beta$, la consideramos como la curva paramétrica:

$$C: \begin{cases} x = r \cos \theta \\ y = r \cos \theta \end{cases}$$

Tenemos que:

$$\left(\frac{dx}{d\theta}\right)^2 = \left(-r \text{ sen } \theta + \frac{dr}{d\theta} \cos \theta\right)^2$$

$$= r^2 \text{sen}^2 \theta - 2 \text{ sen } \theta \cos \theta \frac{dr}{d\theta} + \left(\frac{dr}{d\theta}\right)^2 \cos^2 \theta$$

$$\left(\frac{dy}{d\theta}\right)^2 = \left(r \cos \theta + \frac{dr}{d\theta} \text{sen } \theta\right)^2$$

$$= r^2 \cos^2 \theta + 2 \text{ sen } \theta \cos \theta \frac{dr}{d\theta} + \left(\frac{dr}{d\theta}\right)^2 \text{sen}^2 \theta$$

Luego,

$$\left(\frac{dx}{d\theta}\right)^2 + \left(\frac{dy}{d\theta}\right)^2 = r^2 (\text{sen}^2 \theta + \cos^2 \theta) + \left(\frac{dr}{d\theta}\right)^2 (\text{sen}^2 \theta + \cos^2 \theta) = r^2 + \left(\frac{dr}{d\theta}\right)^2$$

De acuerdo al teorema 6.4,

$$L = \int_{\alpha}^{\beta} \sqrt{\left(\frac{dx}{d\theta}\right)^2 + \left(\frac{dy}{d\theta}\right)^2}\, d\theta = \int_{\alpha}^{\beta} \sqrt{r^2 + \left(\frac{dr}{d\theta}\right)^2}\, d\theta$$

EJEMPLO 1. Hallar la longitud de la cardiode $r = a(1 + \cos \theta)$

Solución

La totalidad de la cardiode se obtiene cuando θ recorre el intervalo $0 \leq \theta \leq 2\pi$. Además, esta cardiode es simétrica respecto al eje polar. Luego, La longitud total es el doble de la longitud del arco superior, el cual se logra al recorrer el parámetro el intervalo $0 \leq \theta \leq \pi$. En consecuencia,

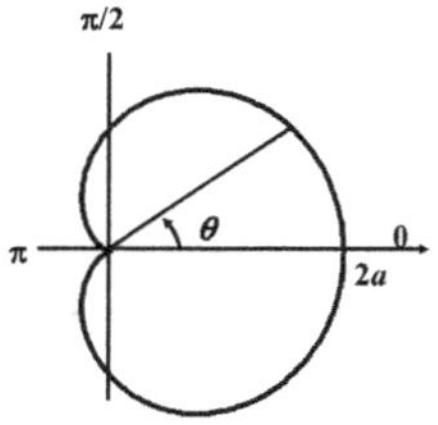

$$L = 2\int_0^{\pi} \sqrt{r^2 + \left(\frac{dr}{d\varpi}\right)^2}\, d\theta = 2\int_0^{\pi} \sqrt{\left(a(1+\cos\,\theta)\right)^2 + (-a \text{ sen } \theta)^2}\, d\theta$$

$$= 2a\int_0^{\pi} \sqrt{2+2\cos\,\theta}\; d\theta = 2a\int_0^{\pi} \sqrt{4\cos^2(\theta/2)}\; d\theta = 4a\int_0^{\pi} \cos\,(\theta/2)\; d\theta$$

$$= 8a\left[\text{sen}\left(\frac{\theta}{2}\right)\right]_0^{\pi} = 8a$$

TEOREMA 7.6 **Area de una superficie de revolución en coordenadas polares**

Sea $r = f(\theta)$ una función con derivada continua en $\alpha \leq \theta \leq \beta$. El área de la **superficie de revolución** generada por el **gráfica de** $\boldsymbol{r = f(\theta),\ \alpha \leq \theta \leq \beta}$ al girar alrededor del

1. Eje polar es $$A = 2\pi\int_{\alpha}^{\beta} f(\theta)\,\text{sen}\,\theta\sqrt{r^2 + \left(\frac{dr}{d\theta}\right)^2}\, d\theta$$

2. Eje $\frac{\pi}{2}$ es $$A = 2\pi\int_{\alpha}^{\beta} f(\theta)\cos\theta\sqrt{r^2 + \left(\frac{dr}{d\theta}\right)^2}\, d\theta$$

Demostración

Estos dos resultados siguen inmediatamente de las fórmulas correspondientes a áreas de superficies de revolución generadas por curvas paramétricas dadas en el teorema 6.5 y de las ecuaciones:

$$\begin{cases} x = r\cos\,\theta = f(\theta)\cos\,\theta \\ y = r \text{ sen } \theta = f(\theta) \text{ sen } \theta \end{cases} \quad \text{y} \quad \sqrt{\left(\frac{dx}{d\theta}\right)^2 + \left(\frac{dy}{d\theta}\right)^2} = \sqrt{r^2 + \left(\frac{dr}{d\theta}\right)^2}$$

Esta última igualdad es probada en la demostración del teorema anterior.

EJEMPLO 2. Hallar el área de la superficie generada por la lemniscata

$$r^2 = a^2\cos 2\theta,\ a > 0$$

a. Al girar alrededor del eje polar.

b. Al girar alrededor del eje $\pi/2$.

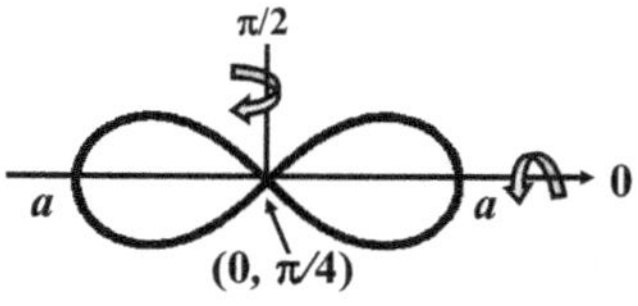

Solución

Esta lemniscata es simétrica respecto al eje polar y al eje $\dfrac{\pi}{2}$.

En consecuencia, el área buscada es el doble del área generada por el arco que está en el primer cuadrante, el cual es el gráfico de

$$r = a\sqrt{\cos 2\theta}\,,\ 0 \le \theta \le \frac{\pi}{4}$$

Tenemos que

$$\sqrt{r^2+\left(\frac{dr}{d\theta}\right)^2} = \sqrt{a^2\cos 2\theta + \left(a\frac{-2\operatorname{sen} 2\theta}{2\sqrt{\cos 2\theta}}\right)^2} = \frac{a}{\sqrt{\cos 2\theta}}$$

Luego,

a. $A =$

$$2(2\pi)\int_{\alpha}^{\beta} f(\theta)\operatorname{sen}\theta\sqrt{r^2+\left(\frac{dr}{d\theta}\right)^2}\,d\theta = 4\pi\int_0^{\pi/4} a\sqrt{\cos 2\theta}\operatorname{sen}\theta\,\frac{a}{\sqrt{\cos 2\theta}}\,d\theta$$

$$= 4\pi a^2\int_0^{\pi/4}\operatorname{sen}\theta\,d\theta = 4\pi a^2\left[-\cos\theta\right]_0^{\pi/4} = 4\pi a^2\left[-\frac{\sqrt{2}}{2}+1\right] = 2\pi a^2\left[2-\sqrt{2}\right]$$

b. $A = 2(2\pi)\displaystyle\int_{\alpha}^{\beta} f(\theta)\cos\theta\sqrt{r^2+\left(\frac{dr}{d\theta}\right)^2}\,d\theta = 4\pi\int_0^{\pi/4} a\sqrt{\cos 2\theta}\cos\theta\frac{a}{\sqrt{\cos 2\theta}}d\theta$

$$= 4\pi a^2\int_0^{\pi/4}\cos\theta\,d\theta = 4\pi a^2\left[\operatorname{sen}\theta\right]_0^{\pi/4} = 2\sqrt{2}\,\pi a^2$$

PROBLEMAS RESULTOS 7.4

PROBLEMA 1. Hallar la longitud de la espiral $r = e^{\theta/4}$ desde $\theta = 0$ hasta $\theta = 2\pi$

Solución

$$L = \int_0^{2\pi}\sqrt{r^2+\left(\frac{dr}{d\varpi}\right)^2}\,d\theta = \int_0^{2\pi}\sqrt{\left(e^{\pi/4}\right)^2+\left(\frac{1}{4}e^{\pi/4}\right)^2}\,d\theta$$

$$= \frac{\sqrt{17}}{4}\int_0^{2\pi} e^{\pi/4}d\theta = \sqrt{17}\left[e^{\theta/4}\right]_0^{2\pi} = \sqrt{17}\left(e^{\pi/2}-1\right)$$

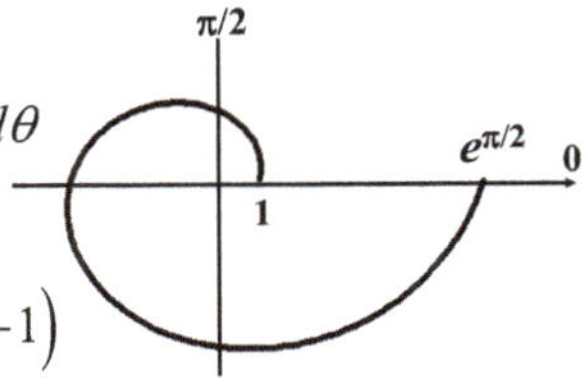

PROBLEMA 2. Hallar la longitud de total de la curva

$$r = a\cos^3\left(\frac{\theta}{3}\right)$$

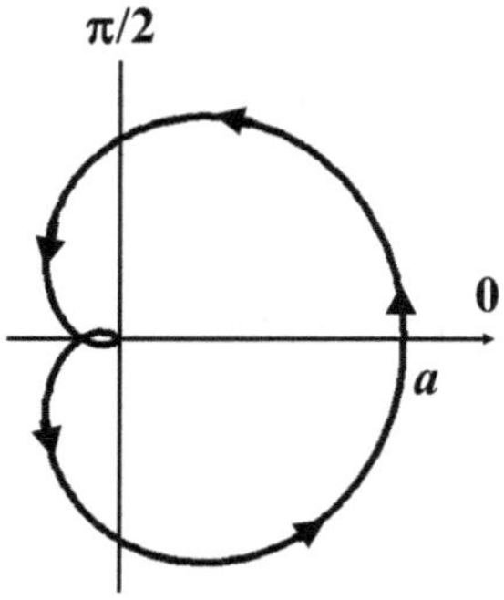

Solución

La curva total es descrita una sola vez cuando el parámetro θ recorre el intervalo $0 \le \theta \le 3\pi$. Luego,

$$L = \int_0^{3\pi} \sqrt{r^2 + \left(\frac{dr}{d\theta}\right)^2}\, d\theta$$

$$= \int_0^{3\pi} \sqrt{\left(a\cos^3(\theta/3)\right)^2 + \left(-a\cos^2(\theta/3)\operatorname{sen}(\theta/3)\right)^2}\, d\theta$$

$$= a\int_0^{3\pi} \sqrt{\cos^6(\theta/3) + \cos^4(\theta/3)\operatorname{sen}^2(\theta/3)}\, d\theta$$

$$= a\int_0^{3\pi} \cos^2(\theta/3)\sqrt{\cos^2(\theta/3) + \operatorname{sen}^2(\theta/3)}\, d\theta = a\int_0^{3\pi} \cos^2(\theta/3)\, d\theta$$

$$= a\int_0^{3\pi} \frac{1+\cos 2(\theta/3)}{2}\, d\theta = \frac{a}{2}\Big[\theta + 3\operatorname{sen} 2(\theta/3)\Big]_0^{3\pi} = \frac{3\pi}{2}a$$

PROBLEMA 3. **Area de la superficie de una manzana**

Hallar el área de la superficie generada, al girar alrededor del eje polar, la cardiode

$$r = a(1 + \cos\theta)$$

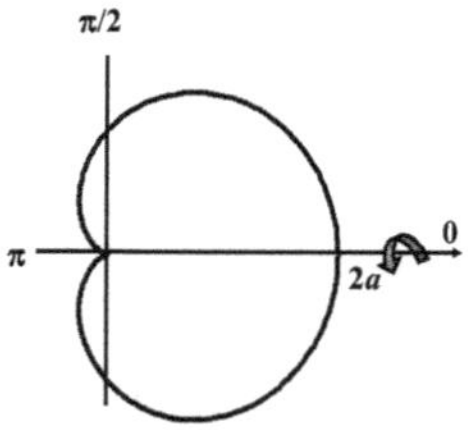

Solución

Esta cardiode es simétrica respecto al eje polar. Por lo tanto, sólo precisamos el arco de la curva que está sobre el eje, él cual se obtiene haciendo recorrer el parámetro el intervalo $0 \le \theta \le \pi$.

Tenemos que:

$$\sqrt{r^2 + \left(\frac{dr}{d\theta}\right)^2} = \sqrt{a^2(1+\cos\theta)^2 + (-a\operatorname{sen}\theta)^2} = a\sqrt{1 + 2\cos\theta + \cos^2\theta + \operatorname{sen}^2\theta}$$

$$= a\sqrt{2 + 2\cos\theta} = \sqrt{2}a\sqrt{1+\cos\theta}$$

Luego,

$$A = 2(2\pi)\int_\alpha^\beta f(\theta)\operatorname{sen}\theta\sqrt{r^2 + \left(\frac{dr}{d\theta}\right)^2}\, d\theta$$

$$= 4\sqrt{2}\,a^2\pi \int_0^{\pi} (1+\cos\theta)^{3/2} \operatorname{sen}\theta\, d\theta \qquad (u = 1 + \cos\theta)$$

$$= -\frac{8}{5}\sqrt{2}\,a^2\pi(1+\cos\theta)^{5/2}\Big]_0^{\pi} = -0 + \frac{8}{2}\sqrt{2}\,a^2\pi 2^{5/2} = \frac{32}{5}\pi a^2$$

PROBLEMAS PROPUESTOSTOS 7.4

En los problemas del 1 al 8 hallar la longitud del gráfico de la ecuación dada.

1. $r = 4\operatorname{sen}\theta,\ 0 \le \theta \le \pi$ *Rpta.* 4π

2. $r = 2\operatorname{sen}\theta + 4\cos\theta,\ 0 \le \theta \le \pi$ *Rpta.* $2\sqrt{2}\pi$

3. $r = \theta,\ 0 \le \theta \le 1$ *Rpta.* $\frac{1}{2}\left[\sqrt{2} + \ln\left(1+\sqrt{2}\right)\right]$

4. $r = \theta^2,\ 0 \le \theta \le 1$ *Rpta.* $\frac{1}{3}\left(5\sqrt{5} - 8\right)$

5. $r = e^{2\theta},\ 0 \le \theta \le 2\pi$ *Rpta.* $\frac{\sqrt{5}}{2}\left(e^{4\pi} - 1\right)$

6. $r = \frac{1}{\theta},\ 1 \le \theta \le \sqrt{3}$ *Rpta.* $\frac{3\sqrt{2} - 2\sqrt{3}}{3} + \ln\frac{2+\sqrt{3}}{1+\sqrt{2}}$

7. $r = a\operatorname{sen}^3(\theta/3)$ *Rpta* $3\pi a/2$

8. $r = \sqrt{1 + \cos 2\theta},\ 0 \le \theta \le 2\pi$ *Rpta* $2\sqrt{2}\pi$

9. Hallar la longitud del siguiente arco de parábola

$r = \frac{a}{1 + \cos\theta},\ a > 0,\ -\pi/2 \le \theta \le \pi/2$ *Rpta* $a\left[\sqrt{2} + \ln\left(\sqrt{2} + 1\right)\right]$

10. Hallar la longitud del siguiente arco de parábola

$r = \frac{a}{2}\sec^2(\theta/2),\ a > 0,\ -\pi/2 \le \theta \le \pi/2$ *Rpta* $a\left[\sqrt{2} + \ln\left(\sqrt{2} + 1\right)\right]$

11. Hallar la longitud del siguiente arco de parábola

$r = \frac{a}{1 - \cos\theta},\ a > 0,\ \pi/2 \le \theta \le 3\pi/2$ *Rpta* $a\left[\sqrt{2} + \ln\left(\sqrt{2} + 1\right)\right]$

12. Hallar la longitud del lazo de la curva

$r = a\sec^3(\theta/3),\ -\pi \le \theta \le \pi.$

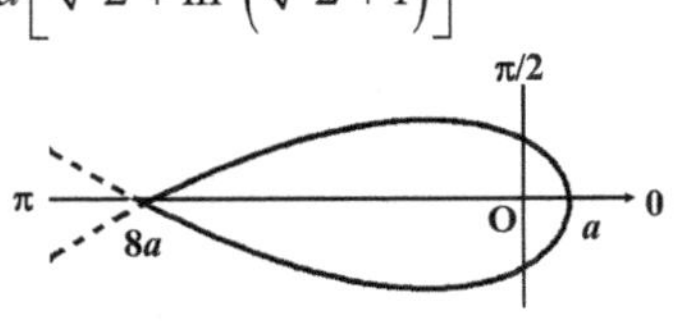

Rpta. $12\sqrt{3}a$

13. Hallar el área de la superficie generada por la circunferencia

$$r = 2a\cos\theta,\ a > 0$$

al girar alrededor del eje polar Rpta. $4\pi a^2$

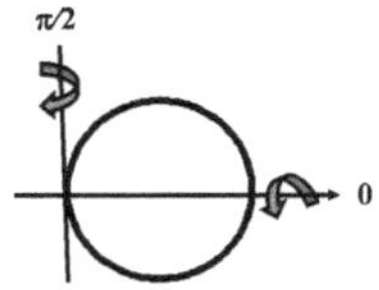

14. Hallar el área de la superficie generada por la circunferencia

$$r = 2a\cos\theta,\ a > 0$$

al girar alrededor del eje $\theta = \dfrac{\pi}{2}$ *Rpta.* $4\pi^2 a^2$

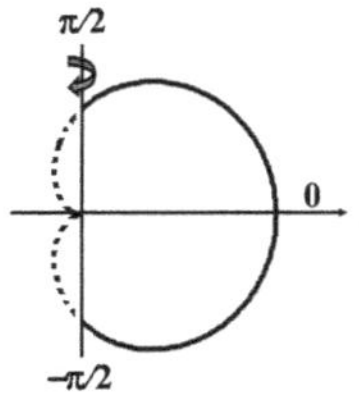

15. Hallar el área de la superficie generada por la porción de cardiode que está en el primer y cuarto cuadrante

$$r = a(1 + \cos\theta),\ a > 0,\ -\pi/2 \le \theta \le \pi/2$$

al girar alrededor del eje $\theta = \dfrac{\pi}{2}$ *Rpta* $\dfrac{48\sqrt{2}}{5}\pi a^2$

SECCION 7.5

ECUACIONES POLARES DE LAS CONICAS

Las tres cónicas han sido tratadas separadamente. A continuación vemos como las tres son descritas bajo un mismo concepto, del cual son casos particulares.

TEOREMA 7.6 Sea L una recta del plano, a la llamaremos **la directriz**, F un punto fijo que no está en la recta, al que llamaremos el **foco**, y e un número positivo, al que llamaremos la **excentricidad**. El conjunto de puntos P del plano tal que $|PF| = e|PL|$ es una cónica. Aún más, la cónica es una:

a. Parábola si $e = 1$ **b. Elipse,** si $0 < e < 1$ **c. Hipérbola** si $e > 1$

Demostración

Localizamos al foco F sobre el polo y a la directriz L a la derecha a una distancia d. y perpendicular al eje polar, esto es L: $x = d$.

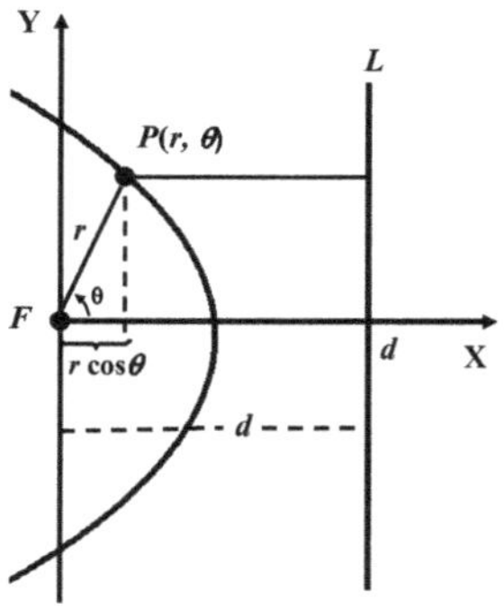

Si $P(r, \theta)$, se tiene que:

$$|PF| = r,\ |PL| = d - r\cos\theta \text{ y } |PF| = e|PL| \Rightarrow$$

$$r = e\left(d - r\cos\theta\right) \qquad \textbf{(1)}$$

La ecuación cartesiana de la fórmula anterior es:

$$\sqrt{x^2+y^2} = e(d-x) \Rightarrow x^2+y^2 = e^2d^2 - 2e^2xd + e^2x^2 \Rightarrow$$

$$\left(1-e^2\right)x^2 + 2de^2x + y^2 = e^2d^2 \qquad \textbf{(2)}$$

Caso 1. $e = 1$.

Si $e = 1$, la ecuación 2 se convierte en $y^2 + 2dx = d^2$, que es una parábola.

Caso 2. $e \neq 1$.

A la ecuación 2 dividimos entre $1 - e^2$ y completamos cuadrados:

$$x^2 + 2\frac{e^2d}{1-e^2}x + \frac{y^2}{1-e^2} = \frac{e^2d^2}{1-e^2} \Rightarrow \left(x+\frac{e^2d}{1-e^2}\right)^2 + \frac{y^2}{1-e^2} = \frac{e^2d^2}{\left(1-e^2\right)^2}$$

Sea $h = -\dfrac{e^2d}{1-e^2}$ y $a^2 = \dfrac{e^2d^2}{\left(1-e^2\right)^2}$ con $a > 0$. La ecuación anterior se escribe:

$$(x+h)^2 + \frac{y^2}{1-e^2} = a^2$$

Dividiendo entre a^2:

$$\frac{(x-h)^2}{a^2} + \frac{y^2}{a^2\left(1-e^2\right)} = 1 \qquad \textbf{(3)}$$

Si $0 < e < 1$, entonces $a^2\left(1-e^2\right) > 0$. Sea $b^2 = a^2\left(1-e^2\right)$ y (3) se escribe:

$$\frac{(x-h)^2}{a^2} + \frac{y^2}{b^2} = 1 \qquad \textbf{(4)}$$

Vemos que tenemos una elipse.

Si $e > 1$, entonces $a^2\left(1-e^2\right) < 0$ y $-a^2\left(1-e^2\right) = a^2\left(e^2-1\right) > 0$.

Sea $b^2 = a^2\left(e^2-1\right)$. Entonces (3) se escribe así:

$$\frac{(x-h)^2}{a^2} - \frac{y^2}{b^2} = 1 \qquad \textbf{(5)}$$

Vemos que tenemos una hipérbola.

OBSERVACIONES.

1. Si $0 < e < 1$, o sea si la ecuación (3) es **una elipse**, entonces

$$0 < 1 - e^2 < 1 \text{ y } b^2 = a^2\left(1-e^2\right) < a^2$$

En consecuencia, en la ecuación (4) de la elipse,

$$b^2 = a^2\left(1-e^2\right) \qquad \textbf{(6)}$$

es el menor de los denominadores. Aún más, en este caso, despejando e en esta ecuación (6) obtenemos

$$e = \frac{\sqrt{a^2 - b^2}}{a} \qquad \textbf{(7)}$$

2. Si $e > 1$, o sea si la ecuación (3) es **una hipérbola**, entonces en la ecuación (5),

$$b^2 = a^2\left(e^2 - 1\right) \qquad \textbf{(8)}$$

es el denominador del término negativo. Aún más, en este caso, despejando e en esta ecuación (8) obtenemos

$$e = \frac{\sqrt{a^2 + b^2}}{a} \qquad \textbf{(9)}$$

CONICAS CENTRALES

De la elipse y al hipérbola se dice que son **cónicas centrales**, debido a que estas dos cónicas, a diferencia de la parábola, tienen un centro; o sea un punto respecto al cual estas curvas son simétricas. Esta simetría respecto a su centro nos indica que cada una de estas cónicas tiene dos focos y dos directrices. El siguiente teorema nos dice donde están localizados estos focos y estas directrices..

TEOREMA. 7.8 Si una cónica central tiene por ecuación

$$\frac{x^2}{a^2} + \frac{y^2}{a^2\left(1-e^2\right)} = 1 \text{ donde } a > 0,$$

Entonces

1. Un foco es $F_1 = (-ae, 0)$ con directriz L_1: $x = -\dfrac{a}{e}$,

2. El otro foco es $F_2 = (ae, 0)$ con directriz L_2: $x = \dfrac{a}{e}$

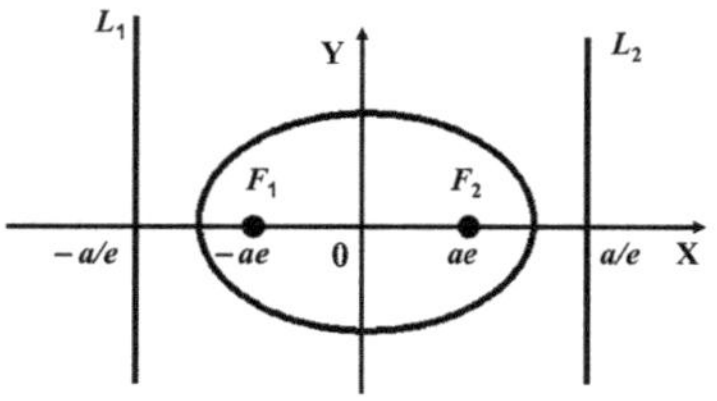

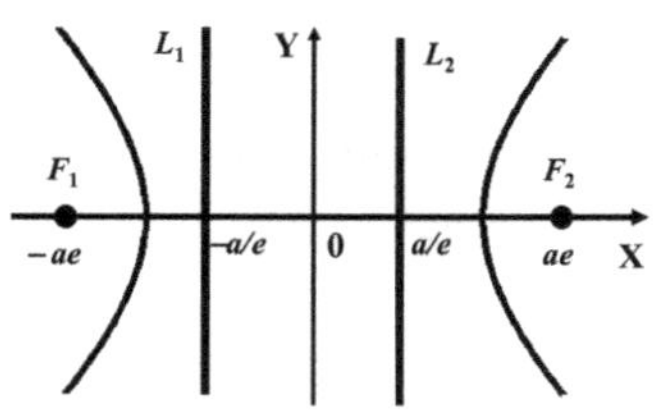

Demostración

Ver el problema resuelto 4.

OBSERVACION. Cuando se estudia la elipse $\dfrac{x^2}{a^2} + \dfrac{y^2}{b^2} = 1$, $a > b$, en forma individual y no unificada, como lo hemos hecho aquí, se definen los "focos" de esta elipse como los puntos ($\pm\, c$, 0), donde c = $\sqrt{a^2 - b^2}$. La definición de foco presentado aquí es diferente y el teorema anterior nos dice que estos focos son ($\pm ae$, 0). Sin embargo, de acuerdo a la fórmula (7)

$$\left(\pm\, ae, 0\right) = \left(\pm\, a\sqrt{a^2 - b^2}\,/a, 0\right) = \left(\pm\sqrt{a^2 - b^2}\,, 0\right) = \left(\pm\, c, 0\right)$$

Esto nos dice los dos tipos de focos coinciden.

EJEMPLO 1. Dada la elipse $\dfrac{x^2}{3^2} + \dfrac{y^2}{2^2} = 1$, hallar:

a. La excentricidad. **b.** Los focos. **c.** Las directrices

Solución

a. Tenemos que $a = 3$, $b = 2$. Luego,

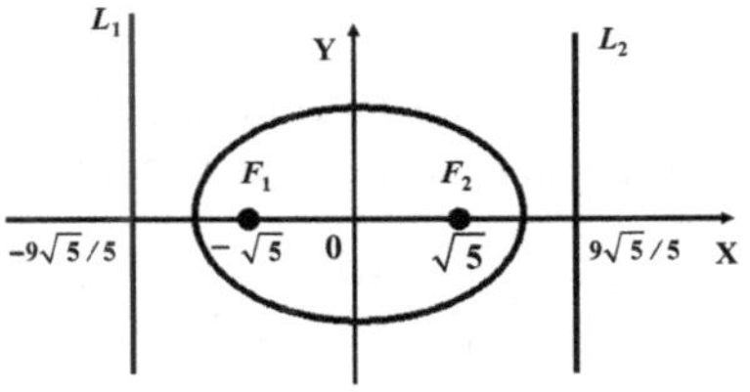

$$e = \frac{\sqrt{a^2 - b^2}}{a} = \frac{\sqrt{3^2 - 2^2}}{3} = \frac{\sqrt{5}}{3}$$

b. $F_1 = (-ae, 0) = (-3\sqrt{5}/3\,, 0) = (-\sqrt{5}\,, 0)$

$F_2 = (ae, 0) = (3\sqrt{5}/3\,, 0) = (\sqrt{5}\,, 0)$

c. L_1: $x = -\dfrac{a}{e} = -\dfrac{3}{\sqrt{5}/3} = -\dfrac{9}{5}\sqrt{5}$. L_2: $x = \dfrac{a}{e} = \dfrac{3}{\sqrt{5}/3} = \dfrac{9}{5}\sqrt{5}$.

EJEMPLO 2. Dada la hipérbola $\dfrac{y^2}{16} - \dfrac{x^2}{9} = 1$, hallar

a. La excentricidad. **b.** Los focos. **c.** Las directrices

Solución

a. Esta hipérbola corta al eje Y. Además, Tenemos que $a = 4$ y $b = 3$. Luego,

$$e = \frac{\sqrt{a^2 + b^2}}{a} = \frac{\sqrt{9+16}}{4} = \frac{5}{4}$$

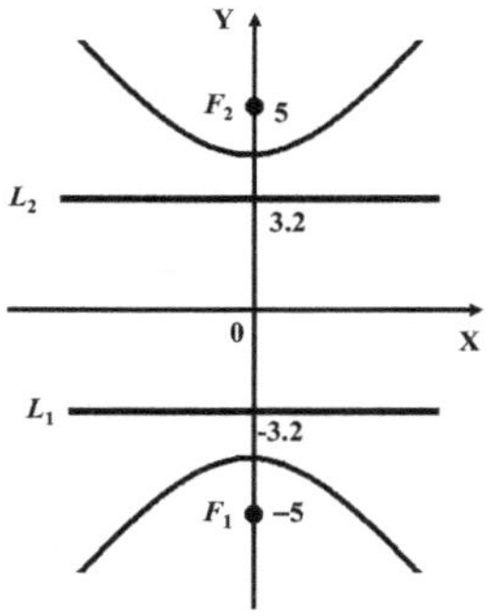

b. $F_1 = (0, -ae) = (0, -4(5/4)) = (0, -5)$,

$F_2 = (0, ae) = (0, 4(5/4)) = (0, 5)$.

c. L_1: $y = -\frac{a}{e} = -\frac{4}{5/4} = -\frac{16}{5} = -3.2$

L_2: $y = \frac{a}{e} = \frac{4}{5/4} = \frac{16}{5} = 3.2$

TEOREMA. 7.9 **Ecuaciones polares de las Cónicas**

Sea $\boldsymbol{e}$ la excentricidad de una cónica y $\boldsymbol{d}$ la distancia del foco a la directriz.

Si el foco de la cónica está en el polo y su directriz es perpendicular al eje polar, entonces una ecuación de la cónica es

1. $r = \dfrac{ed}{1 + e\cos\theta}$, si la directriz está a la **derecha del foco**

2. $r = \dfrac{ed}{1 - e\cos\theta}$, si la directriz está a la **izquierda del foco**

Si el foco de la cónica está en el polo y su directriz es paralela al eje polar, entonces una ecuación de la cónica es

3. $r = \dfrac{ed}{1 + e\,\text{sen}\,\theta}$, si la directriz está **arriba del foco**

4. $r = \dfrac{ed}{1 - e\,\text{sen}\,\theta}$, si la directriz está **abajo del foco**

Demostración

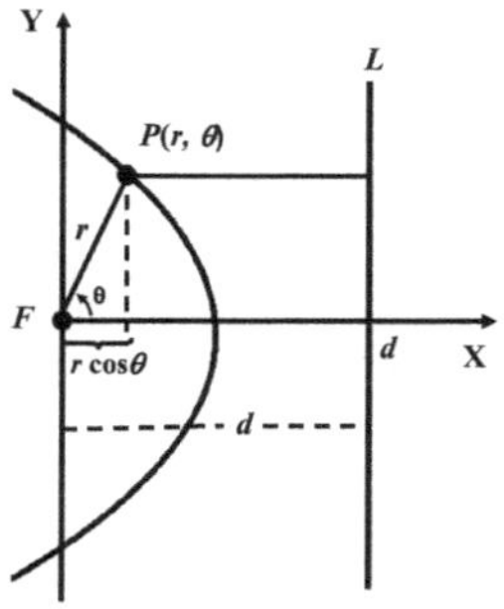

1. Si la directriz está a la derecha del foco, con ecuación L: $x = d$.

Si $P(r, \theta)$, se tiene que:

$|PF| = r$, $|PL| = d - r\cos\theta$ y $|PF| = e|PL| \Rightarrow$

$r = e(d - r\cos\theta) = ed - er\cos\theta \Rightarrow$

$r(1 + e\cos\theta) = ed \Rightarrow r = \dfrac{ed}{1 + e\cos\theta}$

2. Si la directriz está a la izquierda del eje, con ecuación L: $x = -\,d$, tenemos

$$|PF| = r,\ |PL| = d + r\cos\theta \text{ y } |PF| = e|PL| \Rightarrow$$

$$r = e(d + r\cos\theta) = ed + er\cos\theta \Rightarrow$$

$$r(1 - e\cos\theta) = ed \Rightarrow r = \frac{ed}{1 - e\cos\theta}$$

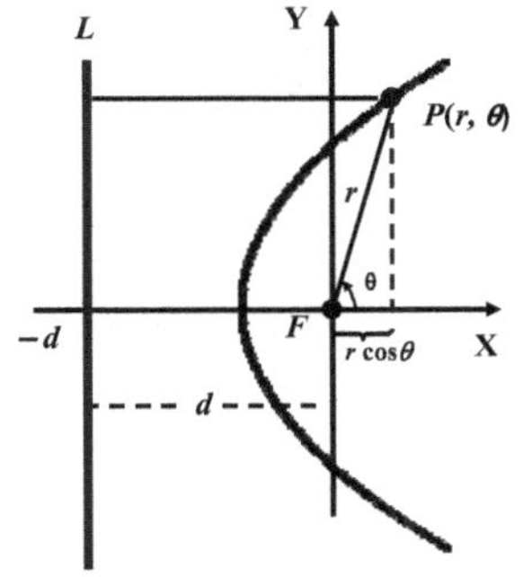

3. Si el foco está en el polo y la directriz está encima del polo, con ecuación L: $y = d$.

Si $P(r, \theta)$, se tiene que:

$$|PF| = r,\ |PL| = d - r\,\text{sen}\,\theta \text{ y } |PF| = e|PL| \Rightarrow$$

$$r = e(d - r\,\text{sen}\,\theta) = ed - er\,\text{sen}\,\theta \Rightarrow$$

$$r(1 + e\cos\theta) = ed \Rightarrow r = \frac{ed}{1 + e\,\text{sen}\,\theta}$$

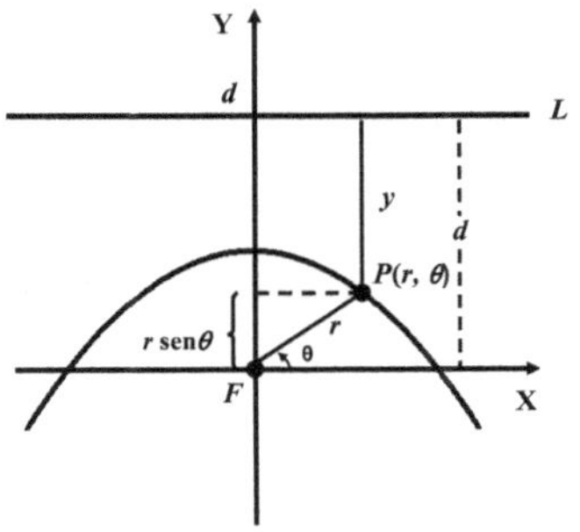

4. Si la directriz está debajo del polo con Ecuación L: $y = -\,d$, se obtiene

$$|PF| = r,\ |PL| = d + r\,\text{sen}\,\theta \text{ y } |PF| = e|PL| \Rightarrow$$

$$r = e(d + r\,\text{sen}\,\theta) = ed + er\,\text{sen}\,\theta \Rightarrow$$

$$r(1 - e\,\text{sen}\,\theta) = ed \Rightarrow r = \frac{ed}{1 - e\,\text{sen}\,\theta}$$

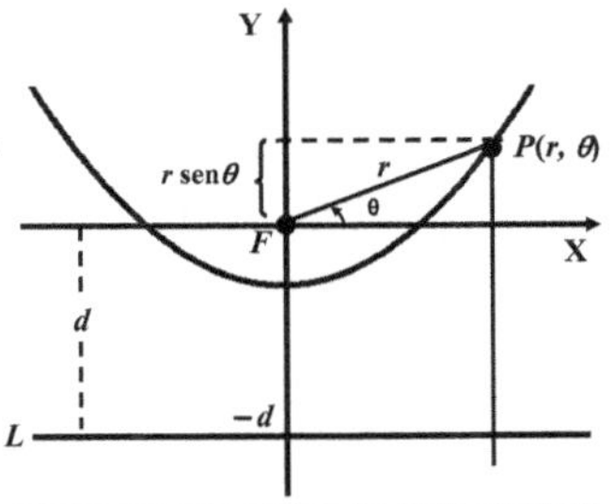

EJEMPLO 3. Una parábola tiene su foco en el polo y su vértice en el punto $(2, 3\pi/2)$. Hallar: **a.** Una ecuación de la parábola. **b.** La directriz.

Solución

a. Como el vértice de la parábola está abajo del foco, la directriz también está abajo del foco y al doble de la distancia de este al vértice. Esto es, $d = 2(2) = 4$. Luego, tomando en cuenta que $e = 1$, una ecuación cónica de la parábola es

$$r = \frac{4}{1 - \text{sen}\,\theta}$$

b. La directriz es L: $y = -\,4$, o, en coordenadas polares,

$$L\text{: } r\,\text{sen}\,\theta = -\,4.$$

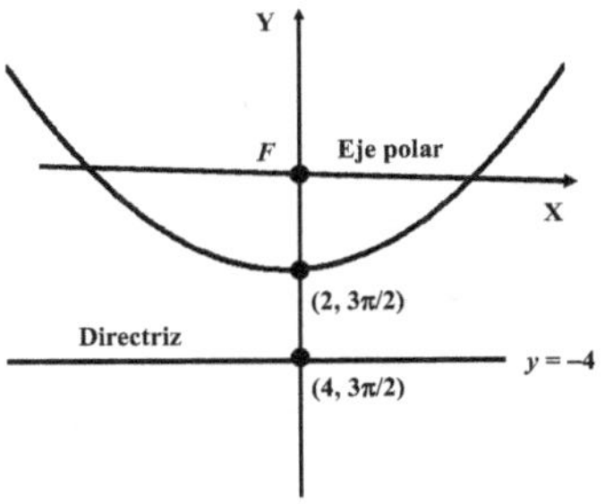

EJEMPLO 4. La ecuación de una cónica es $r = \dfrac{6}{2 - \cos\theta}$

a. Identificar la cónica
b. Hallar la directriz correspondiente al polo.
c. Hallar los vértices
d. Hallar los semiejes: a y b.

Solución

a. Dividiendo el numerador y denominador entre 2: $r = \dfrac{3}{1 - \frac{1}{2}\cos\theta}$

Vemos que $e = \dfrac{1}{2}$. Como $0 < \dfrac{1}{2} < 1$, la cónica es una elipse.

b. Tenemos que: $3 = ed = \dfrac{1}{2}d \Rightarrow d = 6$. Además, la forma de la ecuación nos dice la directriz correspondiente al polo, que es un foco, está a la izquierda del polo. Luego, la directriz es L: $x = -6$; o, en coordenadas polares, $r\cos\theta = -6$

c. Los vértices son las intersecciones de la elipse con el eje polar ($\theta = 0$) y con su prolongación ($\theta = \pi$)

Tomando $\theta = 0$ se tiene: $r = 6$.

Luego, este vértice es $(6, 0)$

Tomando $\theta = \pi$ se tiene: $r = 2$.

Luego, este vértice es $(2, \pi)$

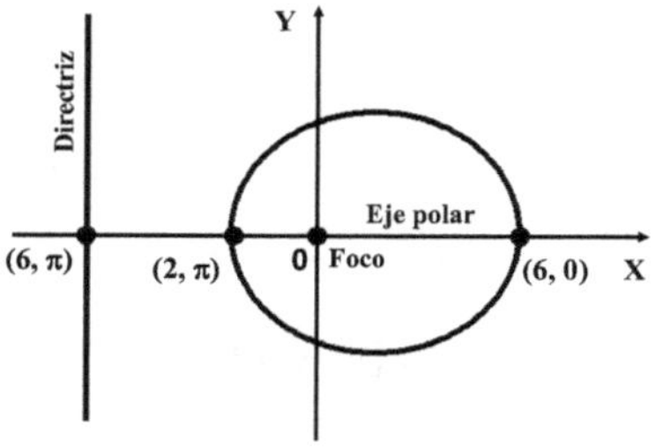

d. $2a = 6 + 2 = 8 \Rightarrow a = 4$.

Por otro lado, $b^2 = a^2(1 - e^2) = 4^2(1 - 1/4) = 4(3) \Rightarrow b = 2\sqrt{3}$

EJEMPLO 5. Una hipérbola de excentricidad $e = 2$ tiene un foco en el eje polar y la directriz correspondiente a está a la izquierda del foco. Si la hipérbola pasa por el punto $(3/2, 4\pi/3)$, hallar:

a. Una ecuación de la hipérbola
b. Los vértices.
c. La directriz correspondiente al polo.

Solución

a. La ecuación general de esta cónica es $r = \dfrac{ed}{1 - e\cos\theta}$. Pero $e = 2 \Rightarrow$

$$r = \frac{2d}{1 - 2\cos\theta}.$$

Como la curva pasa por $(3/2, 4\pi/3)$, entonces

$$\frac{3}{2} = \frac{2d}{1-2(-1/2)} \Rightarrow d = \frac{3}{2}$$

Luego, de la hipérbola es $r = \dfrac{3}{1-2\cos\theta}$

b. Los vértices se obtiene haciendo $\theta = 0$ y $\theta = \pi$ en la ecuación encontrada:

$$\theta = 0 \Rightarrow r = \frac{3}{1-2\cos 0} = \frac{3}{1-2(1)} = -3.$$

Un vértice es (–3, 0)

$$\theta = \pi \Rightarrow r = \frac{3}{1-2\cos\pi} = \frac{3}{1-2(-1)} = 1.$$

El otro vértice es $(1, \pi)$

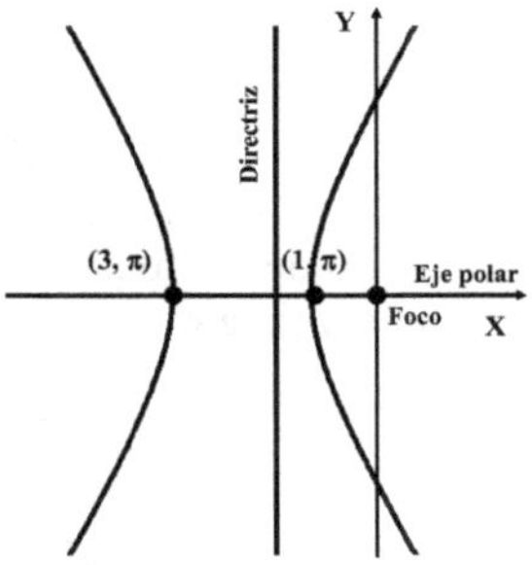

c. La directriz indicada es $L: x = -d$.

En nuestro caso, $L: x = -\dfrac{3}{2}$, o bien $r\cos\theta = -\dfrac{3}{2}$.

LA EXCENTRICIDAD Y LA FORMA DE LA CONICA

Mostramos a continuación cónicas con diferentes valores de excentricidad. Observar que a medida e se acerca a 0, la elipse tiende a la circunferencia.

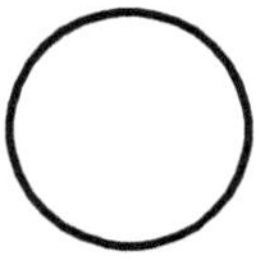

$e = 0.2$

$e = 0.7$

$e = 0.95$

$e = 1$

$e = 1.1$

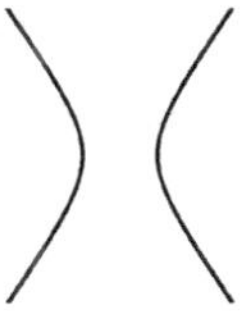

$e = 1.55$

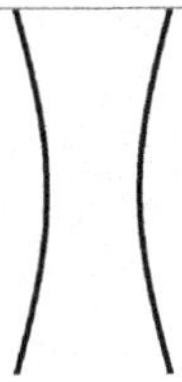

$e = 2$

LEYES DE KEPLER DE MOVIVIENTOS PLANETARIOS

En 1609, el astrónomo, matemático y físico alemán **Johannes Kepler** (1571–1630) publicó su obra ***Astronomia Nova,*** en la cual dio a conocer sus investigaciones sobre el movimiento de lo planetas alrededor del sol. Kepler logró sintetizar en tres leyes la multitud de datos astronómicos logrados en miles de años de observación. Las leyes de Kepler fueron logradas empíricamente. Su demostración fue lograda por Newton un siglo después. Aquí están las tres leyes.

PRIMERA LEY O LEY DE LAS ORBITAS. Cada planeta se mueve en una órbita elíptica con el sol en uno de sus focos.

SEGUNDA LEY O LEY DE LAS AREAS. Cada rayo que va del sol al planeta barre áreas iguales en la elipse en tiempos iguales.

TERCERA LEY O LEY DE LOS PERIODOS. El cuadrado del periodo de un planeta (el tiempo que demora el planeta en recorrer su órbita) es proporcional al cubo del semieje mayor de la órbita. Esto es, si T es el periodo del planeta y a es el semieje mayor, entonces

$T^2 = ka^3$, donde k es una constante de proporcionalidad. **(i)**

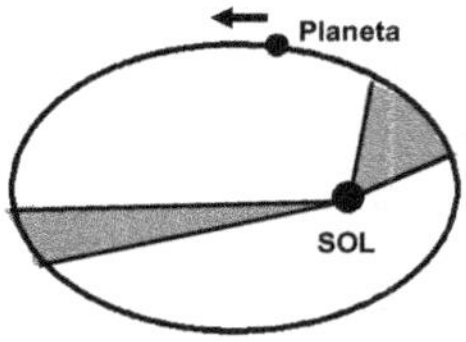

Segundo ley

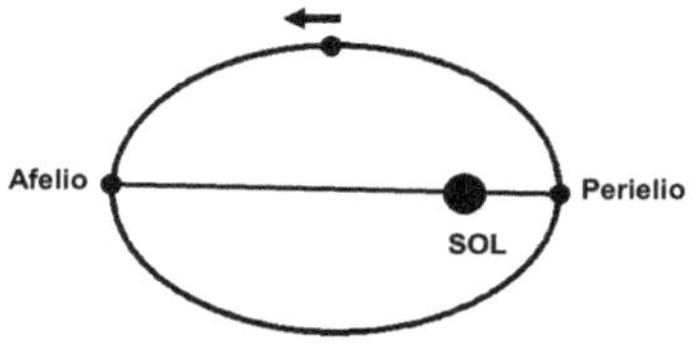

En la órbita elíptica de un planeta, el punto más cercano al sol se llama **Perihelio**, y el punto más lejano se llama **afelio.**

Se simplifican mucho los cálculos si las distancias son medidas en **unidades astronómicas** (UA). Una **unidad astronómica** es igual el **semieje mayor** de la órbita terrestre. Esto es,

$$\mathbf{1\ UA = 150 \times 10^6\ km. = 92.9 \times 10^6\ millas.}$$

Consideremos la tercera ley de Kepler. Si T es medido en años terrestres y a es medida en unidades astronómicas, entonces la fórmula (i) aplicado al planeta tierra, para la cual T es 1 y a es 1, dice $1^2 = k(1)^2 \Rightarrow k = 1$

En consecuencia, la ecuación de la tercera ley de Kepler, usando unidades astronómicas para la distancia y años para el tiempo, se expresa así:

$$T = a^{3/2} \qquad \textbf{(ii)}$$

El siguiente teorema nos ayudará determinar las ecuaciones polares de los planetas.

TEOREMA. 7.10 La ecuación polar de una elipse que tiene un foco en el polo es una de las cuatro ecuaciones siguientes:

1. $r = \dfrac{a(1-e^2)}{1 + e\cos\theta}$, si la directriz está a la **derecha del foco**

2. $r = \dfrac{a(1-e^2)}{1 - e\cos\theta}$, si la directriz está a la **izquierda del foco**

3. $r = \dfrac{a(1-e^2)}{1 + e\,\text{sen}\,\theta}$, si la directriz está **arriba del foco**

4. $r = \dfrac{a(1-e^2)}{1 - e\,\text{sen}\,\theta}$, si la directriz está **abajo del foco**

Demostración.

La ecuación (3) del teorema 7.6 dice:

$$a^2 = \frac{e^2d^2}{(1-e^2)^2} \Rightarrow a = \frac{ed}{(1-e^2)} \Rightarrow ed = a(1-e^2)$$

Reemplazando ed por $a(1 - e^2)$ en las 4 ecuaciones del teorema 7. 9 obtiene las ecuaciones indicadas

---

COROLARIO. **a.** La distancia del foco al **perihelio** es $r_0 = a(1 - e)$

b. La distancia del foco al **afelio** es $r_1 = a(1 + e)$

Demostración

Tomemos cualquiera de las cuatro ecuaciones del teorema anterior. Sea esta, por ejemplo, la primera:

$$r = \frac{a(1-e^2)}{1 + e\cos\theta}$$

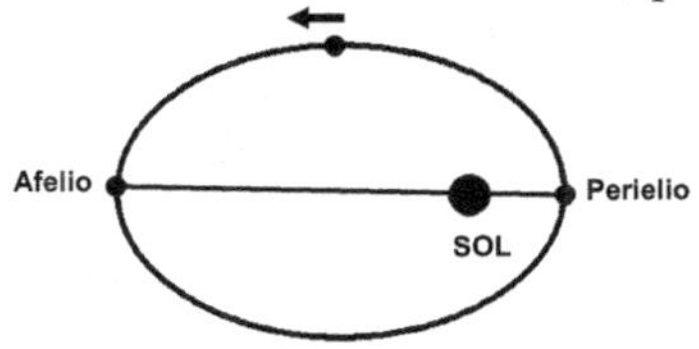

La distancia del foco al perihelio es dada por esta ecuación anterior haciendo $\theta = 0$. Esto es,

$$r_0 = \frac{a(1-e^2)}{1 + e\cos 0} = \frac{a(1-e^2)}{1 + e(1)} = \frac{a(1-e)(1+e)}{1+e} = a(1-e)$$

La distancia del foco al afelio es dada por esta ecuación anterior haciendo $\theta = \pi$:

$$r_1 = \frac{a(1-e^2)}{1 + e\cos\pi} = \frac{a(1-e^2)}{1 + e(-1)} = \frac{a(1-e)(1+e)}{1-e} = a(1+e)$$

Las leyes Kepler sirven también para estudiar las órbitas de los cometas.

EJEMPLO 6. La órbita del cometa Halley tiene una excentricidad de $e = 0.967$ y su semieje mayor mide 17.8 unidades astronómicas.

a. Hallar la ecuación polar de su órbita.

b. Hallar el periodo de su órbita.

c. Hallar la distancia más cercana y la distancia más lejana del cometa al sol. Esto es, hallar la distancia del sol al perihelio y la del sol al afelio.

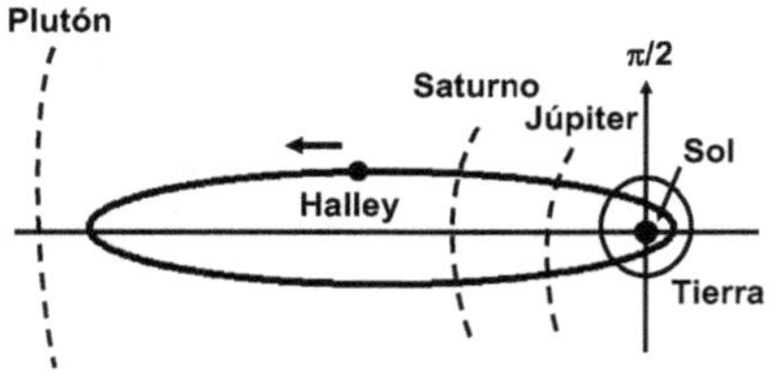

Solución

a. De acuerdo al teorema 7.10 tenemos que:

$$r = \frac{a(1-e^2)}{1+e\cos\theta} = \frac{17.8(1-0.967^2)}{1+0.967\cos\theta} \Rightarrow r = \frac{1.16}{1+0.967\cos\theta}$$

b. $T = a^{3/2} = (17.8)^{3/2} \approx 75.1$ años.

c. De acuerdo al corolario anterior, la distancia del sol al perihelio es:

$r_0 = a(1-e) = 17.8(1-0.967) \approx 0.59$ UA $= 0.59\times150\times10^6 = 88{,}500{,}000$ km.

La distancia del sol al afelio es:

$r_1 = a(1+e) = 17.8(1+0.967) = 35$ UA $= 35\times150\times10^6 = 5{,}250{,}000{,}000$ km.

DOS COMETAS FAMOSOS

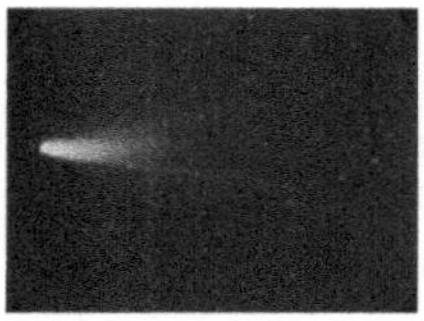
Cometa Halley

*El **cometa Halley** es el cometa más conocido de nuestro sistema. Existen registros históricos que este cometa fue visto el año 240 A. C. Sin embargo, recién es reconocido como cometa el año 1758 y le dieron el nombre de Halley, en honor del astrónomo inglés **Edmond Halley** (1656–1742), amigo de Newton. El observó el cometa el año 1682 y sostuvo que éste era el mismo que había sido visto los años 1531 y 1607. Además, predijo que volverían a verse el 1758.*

Efectivamente, el cometa apareció ese año Halley, para ese entonces, ya no estuvo presente para comprobar su predicción: Falleció 16 años antes. Este hecho fue uno de los éxitos más convincentes de la teoría de gravitación de Newton.

***El cometa Hale–Bopp** fue descubierto, independientemente, por los astrónomos aficionados americanos **Alan Hale** y **Thomas Bopp**, el 23 de julio de 1995. Su perihelio fue alcanzado el 1° de abril de 1977. Su periodo es de 280 años y es 1,000 veces más brillante que el cometa Halley. Fue visible a simple vista por un periodo de año y medio. Causó gran revuelo en el mundo entero. Algunas sectas interpretaron su presencia como un mensaje divino, provocando hasta suicidios masivos. Ver el problema propuesto 23.*

¿SABIAS QUE . . .

JOHANNES KEPLER

JOHANNES KEPLER (1571–1630) *nació en una pequeña ciudad alemana. Tuvo una niñez difícil. Su padre lo puso a trabajar dede temprana edad como trabajador de campo, donde contrajo viruela, que le causaron problemas permanentes en las manos y en la vista. Años más tarde entró a la Universidad de Tubingen, donde tomó cursos de matemáticas, astronomía, etc. Aquí estuvo expuesto al sistema eliocéntrico de* ***Copérnico****.*

En 1600 se mudó a Praga, donde trabajó como asistente de famoso astrónomo danés ***Tycho Brahe****, quien recopiló una gran cantidad de datos astronómicos, que heredó Kepler después de la muete T. Brahe, el año 1601. Gracias a estos datos, Kepler, después de 8 años de duro trabajo, pudo formular sus tres famosas leyes.*

PROBLEMAS RESUELTOS 7.5

PROBLEMA 1. **a.** Hallar la ecuación de la polar de la elipse que tiene un foco en el polo, con su directriz a la derecha de este, $a = 10$ y $e = 1/2$

b. Hallar la ecuación de la polar de la elipse que tiene un foco en el polo, con su directriz a la izquierda de éste, $b = 4$ y $e = 3/5$

c. Hallar la ecuación de la polar de la elipse que tiene un foco en el polo, con su directriz abajo de este, $c = 5$ y $e = 1/5$

Solución

a. De acuerdo a la ecuación 1 del teorema 7.10 tenemos que:

$$r = \frac{a(1-e^2)}{1+e\cos\theta} = \frac{10(1-(1/2)^2)}{1+\frac{1}{2}\cos\theta} = \frac{10(3/4)}{1+\frac{1}{2}\cos\theta} \Rightarrow r = \frac{30}{4+2\cos\theta}$$

b. Sabemos que $b^2 = a^2(1 - e^2)$. Luego, $a = \dfrac{b}{\sqrt{1-e^2}} = \dfrac{4}{\sqrt{1-(3/5)^2}} = 5$

Ahora, de acuerdo a la ecuación 2 del teorema 7.10 tenemos que:

$$r = \frac{a\left(1-e^2\right)}{1-e\cos\theta} = \frac{5\left(1-(3/5)^2\right)}{1-\frac{3}{5}\cos\theta} = \frac{16}{5-3\cos\theta} \Rightarrow r = \frac{16}{5-3\cos\theta}$$

c. Sabemos que $c = ae$. Luego, $a = c/e = 5/(1/5) = 25$

Ahora, de acuerdo a la ecuación 4 del teorema 7.10 tenemos que:

$$r = \frac{a\left(1-e^2\right)}{1 - e \text{ sen } \theta} = \frac{25\left(1-(1/5)^2\right)}{1 - \frac{1}{5}\text{sen } \theta} = \frac{24}{1 - \frac{1}{5}\text{sen } \theta} \quad \Rightarrow r = \frac{120}{5 - \text{sen } \theta}$$

PROBLEMA 2. Los vértices de una hipérbola son (3, π/2) y (–7, 3π/2). Hallar una ecuación polar de la hipérbola.

Solución

En primer el vértice (–7, 3π/2) = (7, π/2). Luego, como $2a$ es la distancia entre los vértices,

$$2a = 7 - 3 \Rightarrow a = 2 \qquad \textbf{(1)}$$

La ecuación que buscamos es de la forma

$$r = \frac{ed}{1 + e \text{ sen } \theta} \qquad \textbf{(2)}$$

Pero, sabemos que $a = \dfrac{ed}{e^2 - 1} \Rightarrow ed = a(e^2 - 1)$. **(3)**

Reemplazando (3) y (1) en (2):

$$r = \frac{a\left(e^2-1\right)}{1 + e \text{ sen } \theta} = \frac{2\left(e^2-1\right)}{1 + e \text{ sen } \theta} \qquad \textbf{(4)}$$

Reemplazando el vértice (3, π/2) en (4):

$$r = \frac{2\left(e^2-1\right)}{1 + e \text{ sen } \theta} \Rightarrow 3 = \frac{2\left(e^2-1\right)}{1 + e(1)} \Rightarrow 3 = \frac{2(e-1)(e+1)}{1+e} = 2(e-1) \Rightarrow e = 5/2$$

Finalmente, reemplazando $e = 5/2$ en (4):

$$r = \frac{2\left(e^2-1\right)}{1 + e \text{ sen } \theta} = \frac{2\left((5/2)^2-1\right)}{1 + \frac{5}{2} \text{ sen } \theta} \Rightarrow r = \frac{21}{2 + 5 \text{ sen } \theta}$$

PROBLEMA 3. **Orbita del planeta Mercurio**

La órbita del planeta mercurio tiene excentricidad $e = 0.206$. La distancia mínima del sol al planeta es 46×10^6 km.

a. Hallar la longitud del semieje mayor.

b. Hallar la distancia máxima del sol al planeta.

c. Hallar el periodo de mercurio.

d. Tomar un sistema de coordenadas con el polo en el centro del sol. Hallar una ecuación cónica de la órbita en este sistema.

Solución.

a. La mínima distancia del sol al planeta es la distancia del sol al perihelio. Esto es,

$$r_0 = a(1 - e) \Rightarrow 46\times10^6 = a(1 - e) \Rightarrow a = \frac{46\times10^6}{1-e} = \frac{46\times10^6}{1-0.206} \Rightarrow$$
$$= 57{,}934{,}509 \text{ km.}$$

b. La distancia máxima del sol al planeta es la distancia del sol al afelio. Luego,

$r_1 = a(1 + e) = 57{,}934{,}509(1+ 0.206) = 69{,}869{,}018$ km.

c. Sabemos que $T = a^{3/2}$, donde a se mide en unidades astronómicas y T en años. Como nuestro es $a = 57{,}934{,}509$ km. transformamos esta medida en UA.

$$\frac{a}{150\times10^6} = \frac{57{,}934{,}509}{150\times10^6} = 0.38623 \text{ UA}$$

Luego, $T = (0.38623)^{3/2} = 0.240032$ años $= 87.67$ dias.

d. $r = \dfrac{a(1-e^2)}{1+e\cos\theta} = \dfrac{57{,}934{,}509(1-(0.206)^2)}{1+0.206\cos\theta} \Rightarrow r = \dfrac{55{,}476{,}000}{1+0.206\cos\theta}$

PROBLEMA 4. Si una cónica central tiene por ecuación

$$\frac{x^2}{a^2} + \frac{y^2}{a^2\left(1-e^2\right)} = 1 \text{ donde } a > 0, \text{ Entonces}$$

1. Un foco es $F_1 = (-ae, 0)$ con directriz L_1: $x = -a/e$.

2. El otro foco es $F_2 = (ae, 0)$ con directriz L_2: $x = a/e$.

Solución

Recordemos que $a^2 = \dfrac{e^2d^2}{\left(1-e^2\right)^2}$, con $a > 0$. Luego, $a = \begin{cases} \dfrac{ed}{1-e^2}, & \text{si } 0 < e < 1 \\ \dfrac{ed}{e^2-1}, & \text{si } e > 1 \end{cases}$

Además,

$\dfrac{x^2}{a^2} + \dfrac{y^2}{a^2\left(1-e^2\right)} = 1$ se obtuvo de la ecuación (3): $\dfrac{(x-h)^2}{a^2} + \dfrac{y^2}{a^2\left(1-e^2\right)} = 1$

trasladando el origen (el foco) al punto $(h, 0)$, donde $h = -\dfrac{e^2d}{1-e^2}$.

Caso 1. $0 < e < 1$. O sea, la cónica es una elipse:

Las nuevas coordenadas del foco son

$$F = (-h,\ 0) = \left(\frac{e^2 d}{1-e^2},\ 0\right) = \left(\frac{ed}{1-e^2}e,\ 0\right) = (ae,\ 0).$$

De $a = \dfrac{ed}{1-e^2}$ obtenemos que $d = \dfrac{a\left(1-e^2\right)}{e}$. Luego, la ecuación de la directriz correspondiente a este foco es

$$L\colon x = ae + d = ae + \frac{a\left(1-e^2\right)}{e} = \frac{a}{e}$$

La elipse es simétrica respecto al eje Y (y al eje X), luego, esta curva tiene otro foco, de coordenadas $(-ae,\ 0)$, cuya directriz correspondiente es $L\colon x = -\dfrac{a}{e}$

Caso 2. $e > 1$. O sea, la cónica es una hipérbola:

En este caso, $a = \dfrac{ed}{e^2-1}$, de donde $d = \dfrac{a\left(e^2-1\right)}{e}$ y

$$F = (-h,\ 0) = \left(\frac{e^2 d}{1-e^2},\ 0\right) = \left(\frac{ed}{1-e^2}e,\ 0\right) = (-ae,\ 0).$$

La directriz correspondiente es

$$L\colon x = -ae + d = -\ ae + \frac{a\left(e^2-1\right)}{e} = -\frac{a}{e}$$

Esta hipérbola también es simétrica respecto al eje Y (y al eje X). Luego, tenemos otro foco: $(ae,\ 0)$ con su correspondiente mediatriz $x = \dfrac{a}{e}$.

PROBLEMAS PROPUESTOS 7.5

En los problemas del 1 al 4 hallar:

a. ***La excentricidad.*** **b.** ***Los focos*** **c.** ***Las directrices.***

1. $9x^2 + 25y^2 = 225$ *Rpta.* **a.** $e = 4/5$ **b.** $(\pm 4,\ 0)$ **c.** $x = \pm\, 25/4$

2. $16x^2 + 9y^2 = 144$ *Rpta.* **a.** $e = \sqrt{7}/4$ **b.** $(0,\ \pm\sqrt{7})$ **c.** $x = \pm 4/\sqrt{7}$

3. $4y^2 - x^2 = 16$ *Rpta.* **a.** $e = \sqrt{5}$ **b.** $(0,\ \pm 2\sqrt{5})$ **c.** $y = \pm 2/\sqrt{5}$

4. $4x^2 - 25y^2 = 100$ *Rpta.* **a.** $e = \sqrt{29}/5$ **b.** $(\pm\sqrt{29}, 0)$ **c.** $y = \pm 25/\sqrt{29}$

En los problemas del 5 al 13 hallar la ecuación polar de la cónica que tiene su foco en el polo y cumple las propiedades siguientes.

5. Elipse; $e = 1/2$; directriz $x = 1$ *Rpta.* $r = \dfrac{1}{2+\cos\theta}$

6. Hipérbola; $e = 4/3$; directriz $x = -9$ *Rpta.* $r = \dfrac{36}{3-4\cos\theta}$

7. Parábola; $x = -1$ *Rpta.* $r = \dfrac{1}{1-\cos\theta}$

8. Parábola; vértice $(4, \pi/2)$ *Rpta.* $r = \dfrac{8}{1+\operatorname{sen}\theta}$

9. Hipérbola; $e = 3/2$; $x = -1$ *Rpta.* $r = \dfrac{3}{2-3\cos\theta}$

10. Elipse; $e = 4/5$; directriz $r = -5\sec\theta$ *Rpta.* $r = \dfrac{15}{4-3\cos\theta}$

11. Hipérbola; $e = 4/3$; $r = 9\operatorname{cosec}\theta$ *Rpta.* $r = \dfrac{36}{3+4\operatorname{sen}\theta}$

12. Elipse; vértices en $(6, \pi/2)$ y $(2, 3\pi/2)$ *Rpta.* $r = \dfrac{6}{2-\operatorname{sen}\theta}$

13. Hipérbola; vértice en $(2, \pi/2)$; directriz $y = 3$ *Rpta.* $r = \dfrac{6}{1+2\operatorname{sen}\theta}$

14. Hipérbola; vértices en $(1, \pi/2)$ y $(3, \pi/2)$ *Rpta.* $r = \dfrac{3}{1+2\operatorname{sen}\theta}$

15. Hipérbola equilátera; vértice $(3, 0)$ *Rpta.* $r = \dfrac{3\left(1+\sqrt{2}\right)}{2+\sqrt{2}\cos\theta}$

En los problemas del 16 al a. Hallar la excentricidad. b. Identifique a la cónica. c. Dar una ecuación de la directriz.

16. $r = \dfrac{8}{1+\operatorname{sen}\theta}$ *Rpta.* **a.** $e = 1$ **b.** parábola **c.** $y = 8$

17. $r = \dfrac{8}{4-3\operatorname{sen}\theta}$ *Rpta.* **a.** $e = 3/4$ **b.** elipse **c.** $y = -8/3$

18. $r = \dfrac{7}{2-5\cos\theta}$ *Rpta.* **a.** $e = 5/2$ **b.** hipérbola **c.** $x = -7/5$

19. $r = \dfrac{10}{4+5\cos\theta}$ *Rpta.* **a.** $e = 5/4$ **b.** hipérbola **c.** $x = 2$

20. **(Planeta Tierra)** La órbita del planeta Tierra tiene excentricidad $e = 0.017$ y la longitud de su eje mayor es $2a = 2.99\times10^8$ km.

a. Halla la distancia del sol a la tierra en el perihelio y en el afelio

b. Tomar un sistema de coordenadas poniendo el polo en el centro del sol. Hallar una ecuación polar de la órbita de la tierra en este sistema.

Rpta. **a.** 1.47×10^8 km., 1.52×10^8 km. **b.** $r = \dfrac{1.49}{1+0.017\cos\theta}$

21. (Planeta Plutón) La órbita del planeta Plutón tiene excentricidad $e = 0.249$. Su semieje mayor mide 39.5 UA.

a. Hallar la distancia del perihelio y la del afelio.

b. Hallar su periodo T.

c. Tomar un sistema de coordenadas poniendo el polo en el centro del sol y hallar una ecuación polar de la órbita en este sistema.

Rpta. **a.** 2.,66 UA, 49.34 UA. **b.** $T = 248.25$ años **c.** $r = \dfrac{37.05}{1-0.249\cos\theta}$

22. (Planeta Marte) La órbita del planeta Marte tiene excentricidad $e = 0.0934$ y su distancia del sol al perihelio es 206,520,000 km.

a. Hallar la longitud del semieje a en km. y en UA.

b. Hallar la distancia del afelio en km. y en UA.

c. Hallar su periodo T.

d. Tomar un sistema de coordenadas poniendo el polo en el centro del sol. Hallar una ecuación polar de la órbita en este sistema.

Rpta. **a.** $a = 227{,}840{,}000$ Km. ≈ 1.52 UA. **b.** 249,010,016 Km. ≈ 1.52 UA.

c. $T = 1.872$ años **d.** $r = \dfrac{1.506}{1-0.0934\cos\theta}$

23. (Cometa Hale–Bopp) La órbita del cometa Hale–Bopp tiene un periodo de 2380 años y su órbita tiene excentricidad $e = 0.9951$.

a. Hallar la longitud del semieje mayor en UA.

b. Hallar la distancia del sol al perihelio y al afelio.

c. Tomar un sistema de coordenadas poniendo el polo en el centro del sol. Hallar una ecuación polar de la órbita del cometa en este sistema.

Rpta. **a.** $a = 178.26$ UA. **b.** 0.8735 UA, 355.65 UA. **c.** $r = \dfrac{1.743}{1+0.9951\cos\theta}$

8

SUCESIONES INFINITAS

LEONARDO DE PISA

(*FIBONACCI*)
(*1170 -1230*)

8.1 SUCESIONES REALES

8.2 SUCESIONES MONOTONAS Y ACOTADAS

LEONARDO DE PISA
(FIBONACCI)
(1170-1230)

LEONARDO DE PISA, *más conocido como* ***Fibonacci,*** *nació en la ciudad italiana de Pisa. Su padre, Guilielmo Bonnacci, tenía un cargo diplomático en Burgia (ahora Bejaia), un puerto marítimo en en el noreste de Algeria, Africa. El sobrenombre* ***Fibonacci*** *proviene de "filius Bonacci" que significa "hijo de Bonacci". Su niñez y su juventud la vivió en esta parte de Africa, en contacto directo con la cultura árabe. Estudió matemáticas en Burgia, y reconoció la gran ventaja que ofrece el sistema numérico indoarábigo sobre el romano, que usaba el mundo occidental.*

En el año 1200 regresó a Pisa, donde se dedicó a fomentar el desarrollo de la matemática, alcanzando gran renombre. Publicó varios libros entre los que tenemos: ***Liber Abaci (1202), Practica Geotriae (1220), Flos (1225) y Liber cuadratorum.*** *Su trabajo fue reconocido por Federico II, rey de Alemania, de Sicilia, emperador del Sacro Imperio Romano y fundador de la Universidad de Nápoles en 1224.*

EL libro más influyente de Fibonacci fue ***Liber Abaci.*** *En él presenta al mundo europeo la notación arábica para los números (1, 2, 3, etc.). En la tercera sección de este texto aparece el ahora famoso* ***problema de los conejos:***

> ***Cierto individuo puso un par de conejos (hembra y macho) en un lugar rodeado por tados lados por una pared. ¿Cuántos pares de conejos pueden reproducirse de este par en un año si se supone que cada mes cada par reproduce un nuevo par, el cual el segundo mes se vuelve reproductivo?***

La solución dio lugar a la sucesión: 1, 1, 2, 3, 5, 13, 21, 34, 55 89, 144,. . . llamada la sucesión de Fibonacci. Cada término de esta sucesión es igual a suma de los dos anteriores. Actualmente, Leonanardo es más conocido por esta sucesión que por sus otros trabajos. Esto se debe a que esta sucesión y sus implicaciones aparecen con frecuencia en muchas partes de la matemática y en fenómenos de la vida ral. Este tema retomaremos más adelante.

ACONTECIMIENTOS PARALELOS IMPORTANTES

Paralela a la vida de Fibonacci transcurrió la vida del emperador mongol Genghis Khan (1162-1227) de uno de los grandes caudillos militares comparado con Alejandro Magno, Anibal y César. Genghis Khan conquistó China y Persia. A su muete, en 1227, su imperio se extendía en casi toda el Asia hasta el mar Caspio. Su hijo, Ogadai Khan continuó con las conquistas, anexando Europa Oriental.

El sultán Saladino (1171-1193) desalojó de Jerusalén a los cruzados en (1187). Para reconquistar Jerusalén se armó la Tercera Cruzada por los reyes Federico Barba Roja del Sacro Imperio Romano, Felipe Augusto de Francia y Ricardo Corazón de León de Inglaterra. Esta cruzada fracasó en su objetivo.

SECCION 8.1

SUCESIONES REALES

Consideremos la sucesión de los cuadrados de los enteros positivos:

$$1, \quad 4, \quad 9, \quad 16, \quad 25, \quad 36, \quad 49, \ . \ . \ n^2 \ . \ . \ .$$

Los tres últimos puntos suspensivos indican que los términos continúan.

El orden en que aparecen estos términos es esencial. El primer término es 1, el segundo es 4, el tercero es 9, etc.

A esta sucesión la podemos pensar como una correspondencia que asigna a cada entero positivo su respectivo cuadrado:

$$\begin{array}{cccccccc} 1, & 2, & 3, & 4, & 5, & 6, & 7, \ . \ . \ . \ , & n, \ldots \\ \downarrow & \downarrow & \downarrow & \downarrow & \downarrow & \downarrow & \downarrow & \downarrow \\ 1, & 4, & 9, & 16, & 25, & 36, & 49, \ . \ . \ . \ , & n^2 \ . \ . \ . \end{array}$$

En términos más precisos, esta sucesión no es otra cosa que la función

$$f: \mathbb{Z}^+ \rightarrow \mathbb{R}, \quad f(n) = n^2$$

Tratándose de sucesiones, para representar el valor $f(n)$ se usa una letra minúscula con n como subíndice: $f(n) = a_n$.

DEFINICION. Una **sucesión real infinita,** o simplemente una **sucesión real** es una función de $f: \mathbb{Z}^+ \rightarrow \mathbb{R}$, donde $\mathbb{Z}^+$ es el conjunto de números enteros positivos. Si $f(n) = a_n$, entonces a esta sucesión la denotaremos por $\{a_n\}$, $\{a_n\}_{n=1}^{\infty}$ o presentando sus términos en orden creciente de los subíndices:

$$a_1, a_2, a_3, \ . \ . \ . \ a_n, \ . \ . \ .$$

El término a_1 es el primero, a_2 es el segundo, a_3 es el tercero y a_n es el término enésimo o **término general**.

De aquí en adelante, cuando decimos sucesión, sinifica sucesión real infinita.

EJEMPLO 1. A continuación mostramos algunas sucesiones. A cada una de ellas las presentamos en dos formas: En la primera mostramos los cinco primeros términos de cada sucesión y el término general a_n. En la segunda forma, usamos la notación $\{a_n\}_{n=1}^{\infty}$.

1. a. $\{ 2, 4, 6, 8, 10, \ . \ . \ . \ , 2n, \ . \ . \ . \}$ **b.** $\{2n\}_{n=1}^{\infty}$

2. a. $\{ 0, 2, 0, 2, 0, \ . \ . \ . , 1+(-1)^n, \ . \ . \ . \}$ **b.** $\left\{1+(-1)^n\right\}_{n=1}^{\infty}$

3. a. $\left\{ -\dfrac{1}{2}, \dfrac{2}{4}, -\dfrac{3}{8}, \dfrac{4}{16} \ . \ . \ . , (-1)^n \dfrac{n}{2^n}, \ . \ . \ . \right\}$ **b.** $\left\{(-1)^n \dfrac{n}{2^n}\right\}_{n=1}^{\infty}$

4. a. $\left\{ 0,\ \frac{2}{\sqrt{3}},\ 0,\ \frac{2}{\sqrt{5}},\ 0, \ldots, \frac{1+(-1)^n}{\sqrt{n+1}}, \ldots \right\}$ **b.** $\left\{ \frac{1+(-1)^n}{\sqrt{n+1}} \right\}_{n=1}^{\infty}$

5. a. $\{ 1,\ 0,\ -1,\ 0,\ 1, \ldots, \operatorname{sen}(n\pi/2), \ldots \}$ **b.** $\{\operatorname{sen}(n\pi/2)\}_{n=1}^{\infty}$

OBSERVACION. Extendemos nuestra definición de sucesión en tal forma que el primer término corresponda a cualquier entero k (no necesariamente 1). Así, si consideramos la sucesión de números reales cuyo término general es $a_n = \sqrt{n-3}$, el primer términos es $a_3 = \sqrt{3-3} = 0$, ya que $a_1 = \sqrt{-2}$ y $a_2 = \sqrt{-1}$ no son números reales.

Si una sucesión comienza con el término k, escribiremos:

$$\{a_n\}_{n=k}^{\infty}$$

EJEMPLO 2. Dada la sucesión $\left\{ \frac{n}{n+1} \right\}_{n=1}^{\infty}$

a. Hallar los cinco primeros términos.

b. Graficar en la recta numérica los cinco términos hallados.

c. Graficar en el plano los cinco términos hallados.

Solución

a. $a_1 = \frac{1}{1+1} = \frac{1}{2}$, $a_2 = \frac{2}{2+1} = \frac{2}{3}$, $a_3 = \frac{3}{3+1} = \frac{3}{4}$, $a_4 = \frac{4}{4+1} = \frac{4}{5}$, $a_5 = \frac{5}{5+1} = \frac{5}{6}$

b.

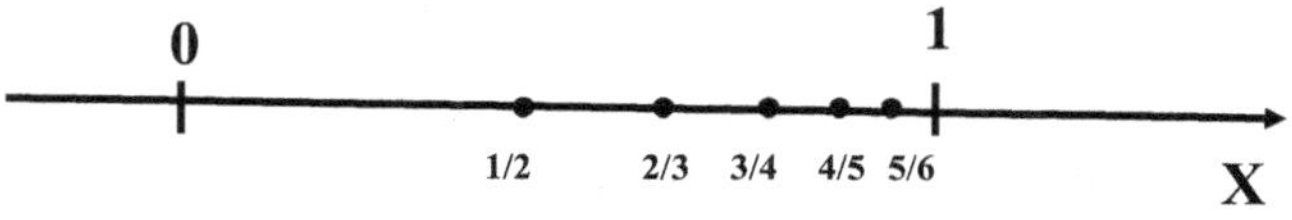

c.

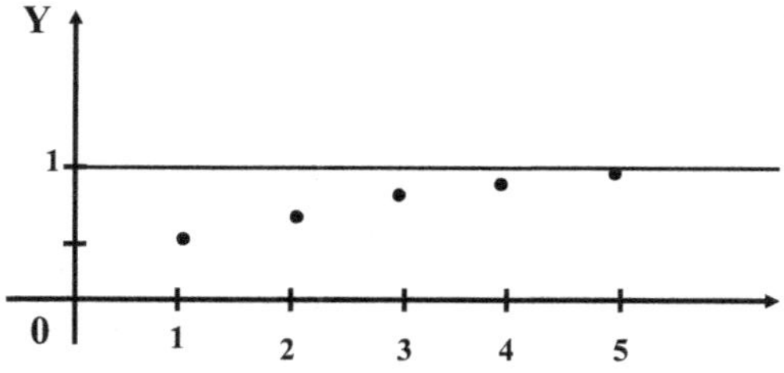

EJEMPLO 3. Los siguientes números son los 5 primeros términos de una sucesión:

$$\frac{2}{1},\ -\frac{3}{8},\ \frac{4}{27},\ -\frac{5}{64},\ \frac{6}{125}, \ldots$$

a. Hallar una fórmula del término general a_n de una sucesión $\{a_n\}$ cuyos cinco primeros términos son los dados.

b. Hallar el sexto término.

Solución

a. El primer numerador es $2 = 1+1$, el segundo es $3 = 2+1$, el tercero es $4 = 3+1$, etc. Vemos que el numerador enésimo es $n + 1$.

El primer denominador es $1 = 1^3$, el segundo es $8 = 2^3$, el tercero es $27 = 3^3$, etc. Vemos que el denominador enésimo es n^3.

El signo positivo y el signo negativo que acompañan a las fracciones se alternan. Esto significa que el término enésimo es multiplicado por $(-1)^n$ o $(-1)^{n+1}$. Como el primer término es positivo, escogemos a $(-1)^{n+1}$. En lugar de $(-1)^{n+1}$ se puede tomar también a $(-1)^{n-1}$.

En consecuencia, una posible solución para el término general de la sucesión buscada es:

$$a_n = (-1)^{n+1}\frac{n+1}{n^3} \quad \text{o bien } a_n = (-1)^{n-1}\frac{n+1}{n^3}.$$

b. $a_6 = (-1)^{6+1}\dfrac{6+1}{6^3} = -\dfrac{7}{216}$.

OBSERVACION. En el ejemplo anterior, en vista de que sólo se conoce un número finito de términos de una sucesión de infinitos términos, la solución encontrada no es **única** (por esta razón, en el ejemplo anterior no dijimos "la fórmula", sino "una fórmula"). En efecto, otra posible solución es

$$b_n = (n-1)(n-2)(n-3)(n-4)(n-5) + (-1)^{n+1}\frac{n+1}{n^3}$$

El sexto término de esta nueva sucesión es:

$$b_6 = (5)(4)(3)(2)(1) + (-1)^{6+1}\frac{6+1}{6^3} = 120 - \frac{7}{216} = \frac{25,913}{216}$$

SUCESIONES CONVERGENTES

En esta parte, muchas veces escribiremos simplemente ∞ en lugar $+\infty$.

Decimos que una sucesión $\{a_n\}$ tiene límite el número L, y escribiremos $\lim\limits_{n \to \infty} a_n = L$, si a_n puede acercarse a L tanto como se quiera, tomando a n suficientemente grande.

Si existe el límite, se dice que la sucesión $\{a_n\}$ **converge o es convergente.** Si el límite no existe, diremos que la sucesión **diverge o es divergente.**

En términos precisos el concepto de límite de una sucesión es el siguiente.

DEFINICION. La sucesión $\{a_n\}$ tiene **límite** L o **converge a** L, y escribiremos,

$$\lim_{n \to \infty} a_n = L$$

si **para todo** $\varepsilon > 0$, **existe** $N > 0$ tal que

$$n > N \Rightarrow |a_n - L| < \varepsilon$$

En caso contrario, diremos que la sucesión **diverge.**

En términos más precisos, esta definición se expresa así:

$$\lim_{n \to \infty} a_n = L \Leftrightarrow (\forall \varepsilon > 0)(\exists N > 0)(n > N \Rightarrow |a_n - L| < \varepsilon)$$

Algunos autores exigen en esta definición que N sea un entero. Esta exigencia no es esencial, ya que si N no es entero, se toma como N el entero más próximo situado a la derecha.

OBSERVACION. De esta definición anterior se obtiene fácilmente que (problema resuelto 14):

$$\lim_{n \to \infty} a_n = L \Leftrightarrow \lim_{n \to \infty} a_{n+k} = L, \text{ donde } k \text{ es un entero.}$$

Recordemos la definición de límite en el infinito, dada en el capítulo de límites del nuetro texto de Cálculo Diferencial.

Sea f una función definida en un intervalo de la forma $(k, +\infty)$.

$$\lim_{x \to \infty} f(x) = L \Leftrightarrow (\forall \varepsilon > 0)(\exists N > 0)(x > N \Rightarrow |f(x) - L| < \varepsilon)$$

Si en esta definición nos restringimos al caso, $x = n$ y $f(n) = a_n$, obtenemos la definición de $\lim_{n \to \infty} a_n = L$, lo cual nos dice que los límites de sucesiones son casos particulares de los límites de funciones, tratados en el capítulo de límites del texto de Cálculo Diferencial. Debido a este resultado, podemos afirmar que las propiedades de los límites de funciones son válidas también para límites de sucesiones. Entre estas propiedades están:

1. La unicidad del límite.

2. Las leyes de los límites.

3. Teorema del emparedado.

4. La propiedad de sustitución.

Los enunciados específicos de 2, 3 y 4 los presentamos más adelante. Estos teoremas, por ser casos particulares de los correspondientes teoremas del capítulo 2 de uestro texto de Cálculo Diferencial, no precisan ser demostrados.

INTERPRETACION GEOMETRICA

Recordemos que $|a_n - L| < \varepsilon \Leftrightarrow L - \varepsilon < a_n < L + \varepsilon$.

EN LA RECTA NUMERICA.

La definición nos dice que todos los términos a_n donde $n > N$ están dentro del intervalo $(L-\varepsilon,\ L+\varepsilon)$. O sea, $L - \varepsilon < a_n < L + \varepsilon$.

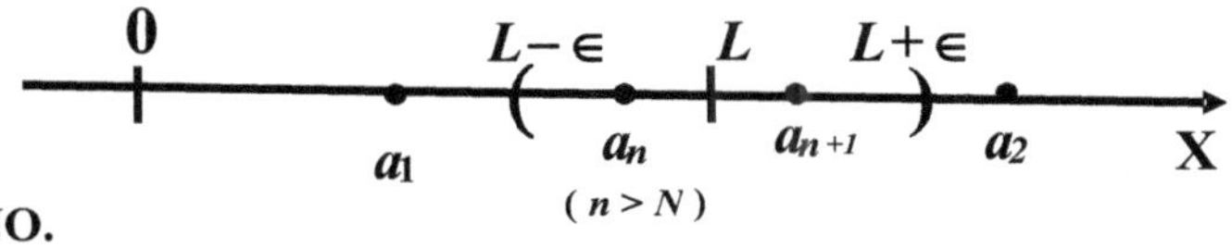

EN EL PLANO.

La definición nos dice que todos los términos a_n donde $n > N$ están dentro de la franja encerrada por la rectas horizontales: $y = L - \varepsilon$, $y = L + \varepsilon$.

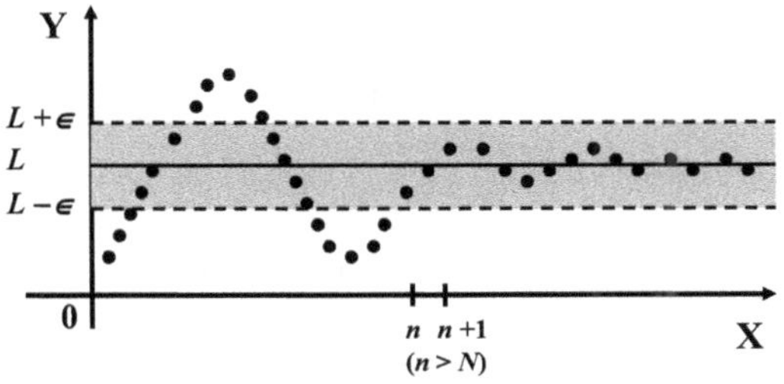

EJEMPLO 4. Si $p > 0$, probar que $\lim\limits_{n\to\infty} \dfrac{1}{n^p} = 0$

Solución

Dado $\varepsilon > 0$, debemos hallar $N > 0$ tal que $n > N \Rightarrow \left| \dfrac{1}{n^p} - 0 \right| < \varepsilon$

Bien,

$$\left| \frac{1}{n^p} - 0 \right| < \varepsilon \Leftrightarrow \left| \frac{1}{n^p} \right| < \varepsilon \Leftrightarrow \frac{1}{n^p} < \varepsilon \Leftrightarrow n^p > \frac{1}{\varepsilon} \Leftrightarrow n > \sqrt[p]{1/\varepsilon}$$

En consecuencia, tomamos $N = \sqrt[p]{1/\varepsilon}$.

DEFINICION. La sucesión $\{a_n\}$:

a. Diverge a ∞, y escribiremos, $\lim\limits_{n\to\infty} a_n = \infty$,

si **para todo $M > 0$, existe $N > 0$** tal que $n > N \Rightarrow a_n > M$

b. Diverge a $-\infty$, y escribiremos, $\lim\limits_{n\to\infty} a_n = -\infty$,

si **para todo** $M < 0$, **existe** $N > 0$ tal que $n > N \Rightarrow a_n < M$

Observar nuevamente que los límites $\lim\limits_{n\to\infty} a_n = \infty$ y $\lim\limits_{n\to\infty} a_n = -\infty$ son casos particulares de $\lim\limits_{x\to+\infty} f(x) = +\infty$ y de $\lim\limits_{x\to+\infty} f(x) = -\infty$, que se obtienen tomando $x = n$ y $f(n) = a_n$.

EJEMPLO 5. Probar que: **a.** $\lim\limits_{n\to\infty} 2^n = \infty$ **b.** $\lim\limits_{n\to\infty} (1-n)^3 = -\infty$

Solución

Ambos resultados son intuitivamente obvios. Sin embargo, aquí presentamos las demostraciones formales.

a. Dado $M > 0$, debemos hallar $N > 0$ tal que: $n > N \Rightarrow 2^n > M$

Aún más, para evitar inconveniencias de signo, requerimos que $M > 1$

Bien,

$$2^n > M \Leftrightarrow n \ln 2 > \ln M \Leftrightarrow n > \frac{\ln M}{\ln 2}$$

En consecuencia, tomamos $N = \dfrac{\ln M}{\ln 2}$

Observar que si $0 < M < 1$, entonces $\ln M$ es negativo y, por tanto, $N = \dfrac{\ln M}{\ln 2}$ también lo es y no se cumple con la exigencia $N > 0$.

b. Dado $M < 0$, debemos hallar $N > 0$ tal que: $n > N \Rightarrow (1-n)^3 < M$

Bien,

$$(1-n)^3 < M \Leftrightarrow 1 - n < \sqrt[3]{M} \Leftrightarrow -n < -1 + \sqrt[3]{M} \Leftrightarrow n > 1 - \sqrt[3]{M}$$

En consecuencia, tomamos $N = 1 - \sqrt[3]{M}$.

SUBSUCESIONES

Si de una sucesión se toman infinitos términos conservando su orden se obtiene una **subsucesión** de la sucesión inicial.

EJEMPLO 6. Dada la sucesión de los enteros positivos:

$1, 2, 3, 4, 5, 6, 7, 8, 9, 10, 11, 12, \ldots, n, \ldots$

Hallar cuatro subsucesiones.

Solución

1. La subsucesión de los enteros positivos pares:

$2, 4, 6, 10, 12, \ldots, 2n, \ldots$

2. La subsucesión de los enteros positivos impares:

$1,\ 3,\ 5,\ 7,\ 9,\ 11, \ldots, 2n-1, \ldots$

3. La subsucesión de los enteros positivos que son potencias de 2:

$1,\ 4,\ 9,\ 16,\ 25, \ldots, n^2, \ldots$

3. La subsucesión de los primos: $1,\ 3,\ 5,\ 7,\ 11,\ 13, \ldots$

OBSERVACION. Las siguientes proposiciones son evidentes:

1. Si una sucesión $\{a_n\}$ convergen a un límite L, entonces toda subsucesión de $\{a_n\}$ converge también a L.
2. Si una sucesión $\{a_n\}$ tiene dos subsucesiones que convergen a límites distintos, entonces la sucesión $\{a_n\}$ diverge.

EJEMPLO 7. La sucesión $\left\{2+(-1)^n\right\}$ es divergente.

En efecto, los términos de esta sucesión son:

$3,\ 1,\ 3,\ 1,\ 3,\ 1,\ 3,\ 1,\ 3,\ 1, \ldots$

La subsucesión conformada por los términos de subíndice n par:

$$\left\{2+(-1)^{2n}\right\} = \{2+1\} = \{3\} \text{ converge a } 3.$$

En cambio, la subsucesión conformada por los términos de subíndice n impar:

$$\left\{2+(-1)^{2n-1}\right\} = \{2-1\} = \{1\} \text{ converge a } 1.$$

En consecuencia, la sucesión $\left\{2+(-1)^n\right\}$ diverge.

ALGUNOS TEOREMAS PARA CALCULAR LIMITES DE SUCESIONES

Se hizo notar anteriormente que los límites de sucesiones:

$$\lim_{n\to\infty} a_n = L, \quad \lim_{n\to\infty} a_n = \infty \quad \text{y} \quad \lim_{n\to\infty} a_n = -\infty$$

son casos particulares de los siguientes límites de funciones:

$$\lim_{x\to\infty} f(x) = L, \quad \lim_{x\to\infty} f(x) = \infty \quad \text{y} \quad \lim_{x\to\infty} f(x) = -\infty,$$

Como consecuencia tenemos el siguiente resultado:

TEOREMA 8.1 Sea $f: (k, +\infty) \to \mathbb{R}$ y $f(n) = a_n$

a. Si $\lim\limits_{x\to+\infty} f(x) = L$, entonces $\lim\limits_{n\to\infty} a_n = L$

b. Si $\lim\limits_{x\to+\infty} f(x) = +\infty$, entonces $\lim\limits_{n\to\infty} a_n = +\infty$

c. Si $\lim\limits_{x\to+\infty} f(x) = -\infty$, entonces $\lim\limits_{n\to\infty} a_n = -\infty$

COROLARIO. **1.** $\lim\limits_{n\to\infty}\left(1+\dfrac{a}{n}\right)^n = e^a$ **2.** $\lim\limits_{n\to\infty}\dfrac{\text{sen } 1/n}{1/n} = 1$

Demostración

Sabemos del capítulo de límites, de nuestro texto de Cálculo Diferencial, que

$$\lim_{z\to 0}\left(1+az\right)^{\frac{1}{z}} = e^a \quad \text{y} \quad \lim_{z\to 0}\frac{\text{sen } z}{z} = 1$$

Sea $x = \dfrac{1}{z}$. Se tiene que $z \to 0^+ \Leftrightarrow x \to +\infty$. Con este cambio de variable, los límites anteriores se transforman en

$$\lim_{x\to+\infty}\left(1+\frac{a}{x}\right)^x = e^a \quad \text{y} \quad \lim_{x\to+\infty}\frac{\text{sen } 1/x}{1/x} = 1$$

En consecuencia, aplicando el teorema, obtenemos que:

$$\lim_{n\to\infty}\left(1+\frac{a}{n}\right)^n = e^a \quad \text{y} \quad \lim_{n\to\infty}\frac{\text{sen } 1/n}{1/n} = 1$$

EJEMPLO 7. **1.** Hallar $\lim\limits_{n\to\infty}\left(\dfrac{2+n^2}{3+n^2}\right)^{n^2}$ **2.** $\lim\limits_{n\to\infty} n \text{ sen } \dfrac{\pi}{n}$

Solución

1. $$\lim_{n\to\infty}\left(\frac{2+n^2}{3+n^2}\right)^{n^2} = \lim_{n\to\infty}\left(\frac{2/n^2+1}{3/n^2+1}\right)^{n^2} = \frac{\lim\limits_{n\to\infty}\left(1+\dfrac{2}{n^2}\right)^{n^2}}{\lim\limits_{n\to\infty}\left(1+\dfrac{3}{n^2}\right)^{n^2}} = \frac{\lim\limits_{m\to\infty}\left(1+\dfrac{2}{m}\right)^{m}}{\lim\limits_{m\to\infty}\left(1+\dfrac{3}{m}\right)^{m}} \qquad (m = n^2)$$

$$= \frac{e^2}{e^3} = \frac{1}{e}$$

2. $$\lim_{n\to\infty} n \text{ sen } \frac{\pi}{n} = \lim_{n\to\infty}\frac{\text{sen}\dfrac{\pi}{n}}{\dfrac{1}{n}} = \pi \lim_{n\to\infty}\frac{\text{sen}\dfrac{\pi}{n}}{\dfrac{\pi}{n}} = \pi\,(1) = \pi.$$

REGLA DE L'HÔSPITAL PARA LIMITES DE SUCESIONES

El teorema anterior nos permite usar la regla de L'Hôspital para calcular límites de sucesiones que son indeterminados, como lo ilustra el siguiente ejemplo

EJEMPLO 8. Hallar $\lim\limits_{n\to\infty} \dfrac{n^3}{e^n+1}$

Solución

Este límite es indeterminado del tipo $\dfrac{\infty}{\infty}$.

Sea $f(x) = \dfrac{x^3}{e^x+1}$. Aplicando la regla de L'Hôspital tres veces:

$$\lim_{x\to+\infty} \frac{x^3}{e^x+1} = \lim_{x\to+\infty} \frac{3x^2}{e^x} = \lim_{x\to+\infty} \frac{6x}{e^x} = \lim_{x\to+\infty} \frac{6}{e^x} = 0$$

Luego, por el teorema anterior, $\lim\limits_{n\to\infty} \dfrac{n^3}{e^n+1} = 0$

CONVENCION . Para simplificar la presentación, cuando se tenga que aplicar la regla de L'Hôpital, saltaremos el paso de cambiar la variable n por la variable x, derivando directamente respecto a la variable n.

TEOREMA 8.2 **Propiedad de sustitución.**

Si $\lim\limits_{n\to\infty} a_n = L$ **y** f **es continua en** L, entonces

$$\lim_{n\to\infty} f(a_n) = f(L) = f\left(\lim_{n\to\infty} a_n\right)$$

EJEMPLO 9. Probar que $\lim\limits_{n\to\infty} \sqrt[n]{n} = 1$.

Solución

Sea $y = \sqrt[n]{n} = n^{1/n}$. Aplicando la función logaritmo y tomando liímites:

$$\ln y = \ln \sqrt[n]{n} = \ln n^{1/n} = \frac{\ln n}{n}$$

$$\lim_{n\to\infty} \ln y = \lim_{n\to\infty} \frac{\ln n}{n} = \lim_{n\to\infty} \frac{1/n}{1} \text{ (L'Hôpital) } = \lim_{n\to\infty} \frac{1}{n} = 0$$

Considerando que la función logaritmo es continua, se tiene:

$$\ln\left(\lim_{n\to\infty} y\right) = \lim_{n\to\infty} \ln y = 0 \Rightarrow \lim_{n\to\infty} y = e^0 = 1. \text{ Esto es, } \lim_{n\to\infty} \sqrt[n]{n} = 1.$$

TEOREMA 8.3 **Leyes de los límites de sucesiones.**

Si $\lim\limits_{n\to\infty} a_n = A$ y $\lim\limits_{n\to\infty} b_n = B$ y c es una constante, entonces

1. $\lim\limits_{n\to\infty} c = c$

2. $\lim\limits_{n\to\infty} ca_n = c\lim\limits_{n\to\infty} a_n = cA$

3. $\lim\limits_{n\to\infty}\left(a_n \pm b_n\right) = \lim\limits_{n\to\infty} a_n \pm \lim\limits_{n\to\infty} b_n = A \pm B$

4. $\lim\limits_{n\to\infty}\left(a_n\, b_n\right) = \left(\lim\limits_{n\to\infty} a_n\right)\left(\lim\limits_{n\to\infty} b_n\right) = A\,B$

5. $\lim\limits_{n\to\infty} \dfrac{a_n}{b_n} = \dfrac{\lim\limits_{n\to\infty} a_n}{\lim\limits_{n\to\infty} b_n} = \dfrac{A}{B}, \quad B \neq 0$

6. $\lim\limits_{n\to\infty}\left(a_n\right)^p = \left(\lim\limits_{n\to\infty} a_n\right)^p = A^p, \quad p > 0, \quad a_n > 0$

7. $\lim\limits_{n\to\infty}\left(a_n\right)^{b_n} = \left(\lim\limits_{n\to\infty} a_n\right)^{\left(\lim\limits_{n\to\infty} b_n\right)} = A^B, \quad A > 0$ y $a_n > 0$

Demostración

Las únicas leyes novedosas son 6, y 7. La 6 se obtiene de la 7 tomando la sucesión constante $\lim\limits_{n\to\infty} b_n = p$. En consecuencia, sólo falta probar 7.

7. Si $y = \left(a_n\right)^{b_n}$, entonces $\ln y = \ln\left(a_n\right)^{b_n} = b_n\left[\ln a_n\right]$

Luego, considerando que la función logaritmo es continua, el teorema 8.2 y la ley del producto, se tiene:

$$\ln\left(\lim_{n\to\infty} y\right) = \lim_{n\to\infty} \ln y = \lim_{n\to\infty}\left(b_n\left[\ln a_n\right]\right) = \left(\lim_{n\to\infty} b_n\right)\left(\lim_{n\to\infty} \ln a_n\right)$$

$$= \left(\lim_{n\to\infty} b_n\right)\ln\left(\lim_{n\to\infty} a_n\right) = \ln\left(\lim_{n\to\infty} a_n\right)^{\left(\lim\limits_{n\to\infty} b_n\right)}$$

Luego,

$$\lim_{n\to\infty}\left(a_n\right)^{b_n} = \lim_{n\to\infty} y = \left(\lim_{n\to\infty} a_n\right)^{\left(\lim\limits_{n\to\infty} b_n\right)}$$

EJEMPLO 10. Hallar $\lim\limits_{n\to\infty} \dfrac{5n^2 - 3n + 4}{n^3}$

Solución

Teniendo en cuenta las leyes 2 y 3:

$$\lim_{n\to\infty} \frac{5n^2-3n+4}{n^3} = \lim_{n\to\infty}\left(\frac{5}{n}+\frac{-3}{n^2}+\frac{4}{n^3}\right) = \lim_{n\to\infty}\frac{5}{n} + \lim_{n\to\infty}\frac{-3}{n^2} + \lim_{n\to\infty}\frac{4}{n^3}$$

$$= 5\lim_{n\to\infty}\frac{1}{n} - 3\lim_{n\to\infty}\frac{1}{n^2} + 4\lim_{n\to\infty}\frac{1}{n^3} = 5(0) - 3(0) + 4(0) = 0$$

EJEMPLO 11. Hallar $\lim\limits_{n\to\infty} \dfrac{2n^4-3n^2+4n}{5n^4-8n^3+6}$

Solución

Se divide el numerador y el denominador entre n^4, la máxima potencia en la expresión. Luego se aplica la ley del cociente:

$$\lim_{n\to\infty}\frac{2n^4-3n^2+4n}{5n^4-8n^3+6} = \lim_{n\to\infty}\frac{2-\dfrac{3}{n^2}+\dfrac{4}{n^3}}{5-\dfrac{8}{n}+\dfrac{6}{n^4}} = \frac{\lim\limits_{n\to\infty}\left(2-\dfrac{3}{n^2}+\dfrac{4}{n^3}\right)}{\lim\limits_{n\to\infty}\left(5-\dfrac{8}{n}+\dfrac{6}{n^4}\right)} = \frac{2-0+0}{5-0+0} = \frac{2}{5}$$

EJEMPLO 12. Hallar $\lim\limits_{n\to\infty} \dfrac{\sqrt{9n^2+3}}{n}$

Solución

Introducimos el denominador dentro del radical, dividimos y aplicamos la ley 6.

$$\lim_{n\to\infty}\frac{\sqrt{9n^2+3}}{n} = \lim_{n\to\infty}\sqrt{\frac{9n^2+3}{n^2}} = \lim_{n\to\infty}\sqrt{9+\frac{3}{n^2}} = \sqrt{9+\lim_{n\to\infty}\frac{3}{n^2}} = \sqrt{9+0} = 3$$

EJEMPLO 13. Probar que $\mathbf{\lim\limits_{n\to\infty} \sqrt[n]{c} = 1}$, donde $\mathbf{c > 0}$.

Solución

Aplicando la parte 7 del teorema 8.3:

$$\lim_{n\to\infty}\sqrt[n]{c} = \lim_{n\to\infty} c^{1/n} = \left(\lim_{n\to\infty} c\right)^{\left(\lim\limits_{n\to\infty}(1/n)\right)} = (c)^{(0)} = c^0 = 1$$

TEOREMA 8.4 Sean $\{a_n\}$ y $\{b_n\}$ sucesiones convergentes o divergentes a ∞ ó $-\infty$

Si $\boldsymbol{a_n \le b_n}$, para $\boldsymbol{n \ge n_0}$, entonces

$$\lim_{n\to\infty} a_n \le \lim_{n\to\infty} b_n$$

Demostración

Seguir los mismos pasos que en la demostración del teorema correspondiente sobre límites de funciones en nuestro texto de Cálculo Diferencial.

EJEMPLO 14. Probar que $\lim\limits_{n\to\infty} \dfrac{n!}{2^n} = \infty$

Solución

$$\frac{n!}{2^n} = \frac{1\,.\,2\,.\,3\,.\,4\,.\,.\,.\,.\,.\,n}{2\,.\,2\,.\,2\,.\,2\,.\,.\,.\,.\,2} = \left(\frac{1}{2}\right)\left(\frac{2}{2}\right)\left(\frac{3}{2}\right)\left(\frac{4}{2}\right)\cdots\left(\frac{n}{2}\right) \geq \left(\frac{n}{2}\right), \text{ para } n \geq 5$$

Esto es, $\dfrac{n}{2} \leq \dfrac{n!}{2^n}$, para $n \geq 5$. Luego, por el teorema anterior,

$$\infty = \lim_{n\to\infty} \frac{n}{2} \leq \lim_{n\to\infty} \frac{n!}{2^n} \Rightarrow \lim_{n\to\infty} \frac{n!}{2^n} = \infty$$

TEOREMA 8.5 **Teorema del emparedado para sucesiones.**

Si $a_n \leq b_n \leq c_n$, $\forall\, n \geq n_0$ y

$\lim\limits_{n\to\infty} a_n = \lim\limits_{n\to\infty} c_n = L$, entonces $\lim\limits_{n\to\infty} b_n = L$

Demostración

Por el teorema anterior,

$$a_n \leq b_n \leq c_n \Rightarrow L = \lim_{n\to\infty} a_n \leq \lim_{n\to\infty} b_n \leq \lim_{n\to\infty} c_n = L \Rightarrow \lim_{n\to\infty} b_n = \text{L}$$

EJEMPLO 15. Probar que $\lim\limits_{n\to\infty} \dfrac{n!}{n^n} = 0$

Solución

Tenemos que:

$$0 < \frac{n!}{n^n} = \frac{n(n-1)(n-2)\;.\;.\;.\;2\,.\,1}{n\,.\,n\,.\,n.\;.\;.\;.\;n\,.\,n} = \left(\frac{n}{n}\right)\left(\frac{n-1}{n}\right)\left(\frac{n-2}{n}\right)\cdots\left(\frac{2}{n}\right)\left(\frac{1}{n}\right)$$

$$< \left(\frac{n}{n}\right)\left(\frac{n}{n}\right)\left(\frac{n}{n}\right)\cdots\left(\frac{n}{n}\right)\left(\frac{1}{n}\right) = (1)(1)(1)\cdots(1)\left(\frac{1}{n}\right) = \frac{1}{n}$$

Luego, $0 \leq \dfrac{n!}{n^n} \leq \dfrac{1}{n}$.

Como $\lim\limits_{n\to\infty} 0 = \lim\limits_{n\to\infty} \dfrac{1}{n} = 0$, por el teorema anterior, tenemos $\lim\limits_{n\to\infty} \dfrac{n!}{n^n} = 0$.

TEOREMA 8.6 Si $\lim\limits_{n\to\infty} |a_n| = 0$, entonces $\lim\limits_{n\to\infty} a_n = 0$

Demostración

Ver el problema resuelto 1.

EJEMPLO 16. Probar que $\lim\limits_{n\to\infty} (-1)^n \dfrac{1}{n} = 0$

Solución

Tenemos que: $\lim\limits_{n\to\infty} \left| (-1)^n \dfrac{1}{n} \right| = \lim\limits_{n\to\infty} \dfrac{1}{n} = 0.$

Luego, por el teorema anterior, $\lim\limits_{n\to\infty} (-1)^n \dfrac{1}{n} = 0.$

TEOREMA 8.7 Si $\lim\limits_{n\to\infty} a_n = L$ y $L \neq 0$, entonces las sucesiones:

1. $\{ (-1)^n a_n \}$ y **2.** $\{ (-1)^{n-1} a_n \}$ son divergentes.

Demostración

1. La subsucesión $\{ (-1)^{2n} a_{2n} \} = \{ a_{2n} \}$ converge a L.

La subsucesión $\{ (-1)^{2n-1} a_{2n-1} \} = \{ -a_{2n-1} \}$ converge a $-L$.

Luego,

$$\{ (-1)^n a_n \} \text{ diverge.}$$

---

2. Similar a 1.

TEOREMA 8.8

$$\lim_{n\to\infty} r^n = \begin{cases} 0, & \text{si } |r| < 1 \\ 1, & \text{si } r = 1 \\ \infty, & \text{si } r > 1 \\ \text{No existe}, & \text{si } r \leq -1 \end{cases}$$

Demostración

Ver el problema resuelto 1

EJEMPLO 17. Hallar **a.** $\lim_{n\to\infty}\left(-\frac{3}{4}\right)^n$ **b.** $\lim_{n\to\infty}\left(-\frac{\pi}{2}\right)^n$

Solución

a. Como $\left|-\frac{3}{4}\right| = \frac{3}{4} < 1$, por el teorema anterior, $\lim_{n\to\infty}\left(-\frac{3}{4}\right)^n = 0$.

b. Como $-\frac{\pi}{2} < -1$, por el teorema anterior, $\lim_{n\to\infty}\left(-\frac{\pi}{2}\right)^n$ es divergente.

EJEMPLO 18. Si $0 < a < b$, probar que $\lim_{n\to\infty}\sqrt[n]{a^n + b^n} = b$

Solución

$0 < a < b \Rightarrow \frac{a}{b} < 1$. Luego, de acuerdo al teorema anterior $\lim_{n\to\infty}\left(\frac{a}{b}\right)^n = 0$.

Ahora, teniendo en cuenta la ley 7 de las leyes de los límites:

$$\lim_{n\to\infty}\sqrt[n]{a^n + b^n} = \lim_{n\to\infty}\sqrt[n]{b^n\left(1+(a/b)^n\right)} = b\lim_{n\to\infty}\left(1+(a/b)^n\right)^{\frac{1}{n}}$$

$$= b\left(\lim_{n\to\infty}\left(1+(a/b)^n\right)\right)^{\lim_{n\to\infty}\frac{1}{n}} = b\,(1+0)^0 = b$$

LIMITES NOTABLES

Los siguientes límites son de especial importancia. Los cuatro primeros ya han sido probados anteriormente. Los límites 5 y 6 son probados en el problema resuelto 17, el límite 7 en el problema resuelto18 y el límite 8 en el problema resuelto 16.

Sean $p > 0$, $q > 0$ y $c > 0$.

1. $\lim_{n\to\infty}\frac{1}{n^p} = 0$
2. $\lim_{n\to\infty}\sqrt[n]{c} = 1$
3. $\lim_{n\to\infty}\sqrt[n]{n} = 1$
4. $\lim_{n\to\infty}\left(1+\frac{a}{n}\right)^n = e^a$
5. $\lim_{n\to\infty}\frac{n^q}{a^n} = 0,\ a > 1$
6. $\lim_{n\to\infty}\frac{n^q}{e^{np}} = 0$
7. $\lim_{n\to\infty}\frac{(\ln n)^q}{n^p} = 0$
8. $\lim_{n\to\infty} r^n = \begin{cases} 0, & \text{si } |r| < 1 \\ 1, & \text{si } r = 1 \\ \infty, & \text{si } r > 1 \\ \text{No existe,} & \text{si } r \leq -1 \end{cases}$

SUCESIONES DEFINIDAS RECURSIVAMENTE

En algunos casos, para definir una sucesión, en lugar de dar la fórmula del término general, se recurre al método recursivo.

Una sucesión es **definida recursivamente** si

1. Se especifican los términos iniciales de la sucesión.
2. Se da una regla o fórmula para hallar el término enésimo en función de los términos anteriores.

EJEMPLO 19. Sea la sucesión $\{b_n\}$, donde $b_1 = 1$ y $b_n = nb_{n-1}$.

a. Hallar los cinco primeros términos de la sucesión.

b. Hallar la fórmula correspondiente al término general b_n

c. Hallar $\lim_{n\to\infty} b_n$

Solución

a. $b_1 = 1,\quad b_2 = 2b_1 = 2(1) = 2,\quad b_3 = 3b_2 = 3(2) = 6,$

$b_4 = 4b_3 = 4(6) = 24,\quad b_5 = 5b_4 = 5(24) = 120,$

Luego, los cinco primeros términos de esta sucesión son: 1, 2, 6, 24, 120, . . .

b. Tomamos la fórmula de recurrencia $b_n = nb_{n-1}$ y retrocedemos hasta llegar a b_1:

$$b_n = nb_{n-1} = n(n-1)b_{n-2} = n(n-1)(n-2)b_{n-3} = n(n-1)(n-2)\ldots 2b_1$$

$$= n(n-1)(n-2)\ldots 2(1) = n!$$

Esto es, $b_n = n!$

c. $\lim_{n\to\infty} b_n = \lim_{n\to\infty} n! = +\infty$

EJEMPLO 20. Sea la sucesión $\{a_n\}$, donde $a_1 = 1$ y $a_{n+1} = \frac{1}{2}\left(a_n + 2/a_n\right)$

a. Hallar los cuatro primeros términos de la sucesión.

b. Suponiendo que esta sucesión converge, probar que

$$\lim_{n\to\infty} a_n = \sqrt{2}\,.$$

En el problema resuelto 4 de la siguiente sección probaremos que esta sucesión efectivamente converge.

Solución

a. $a_1 = 1,\quad a_2 = \frac{1}{2}(1 + 2/1) = 1.5,\quad a_3 = \frac{1}{2}(1.5 + 2/1.5) \approx 1.416667$

$$a_4 = \frac{1}{2}\left(1.416667 + \frac{2}{1.416667}\right) \approx 1.414216$$

b. Sea $\lim\limits_{n\to\infty} a_n = L$. Se tiene:

$$L = \lim_{n\to\infty} a_n = \lim_{n\to\infty} a_{n+1} = \lim_{n\to\infty} \frac{1}{2}\left(a_n + \frac{2}{a_n}\right) = \frac{1}{2}\left(\lim_{n\to\infty} a_n + \frac{2}{\lim\limits_{n\to\infty} a_n}\right)$$

$$= \frac{1}{2}\left(L + \frac{2}{L}\right) \Rightarrow 2L = L + \frac{2}{L} \Rightarrow L^2 = 2 \Rightarrow L = \sqrt{2}$$

¿SABIAS QUE . . .

En Mesopotania, hace 3,500 años, usaban la sucesión del ejemplo anterior para aproximar el valor de $\sqrt{2}$.

EJEMPLO 21. LA SUCESION DE FIBONACCI. LOS CONEJOS.

Al inicio del capítulo comentamos que Fibonacci, en la tercera sección de su libro **Liber Abaci** , presenta el famoso problema de los conejos:

> ***Cierto individuo puso un par de conejos recién nacidos (hembra y macho) en un lugar rodeado por tados lados por una pared. ¿Cuántos pares de conejos pueden reproducirse de este par en un año si se supone que cada mes cada par reproduce un nuevo par, el cual el segundo mes se vuelve reproductivo?***

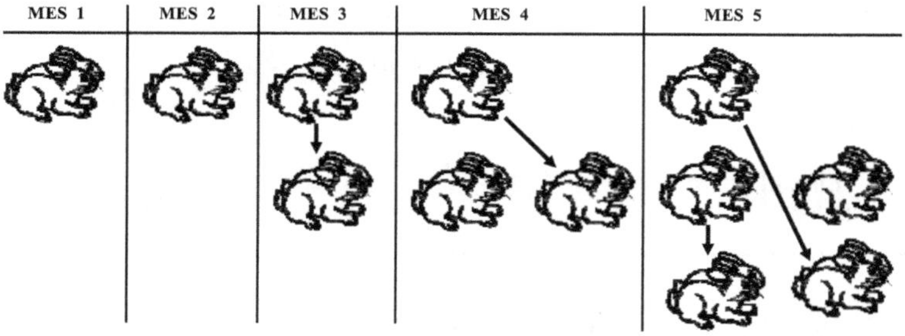

Sea f_n el número de parejas de conejos después de n meses.

Después del primer mes hay $f_1 = 1$ parejas. Como esta pareja no se reproduce durante el segundo mes, tenemos que $f_2 = 1$.

En el mes 3 tenemos 1 pareja que ya teníamos mes anterior, más 1 pareja de recién nacidos. $f_3 = f_2 + 1 = 1 + 1 = 2$

Para hallar el número de parejas después del mes n, se deben sumar el número de parejas del mes previo, f_{n-1}, con el número de parejas recién nacidas, que es igual a f_{n-2}, el número de parejasdel mes $n-2$. Esto es, $f_n = f_{n-1} + f_{n-2}$

En resumen, $f_1 = 1$, $f_2 = 1$ y . $f_n = f_{n-1} + f_{n-2}$ para $n \geq 3$

Se prueba (ver en nuestro texto Fundamentos de la Matemática, tercera edición, pag. 269) que la fórmula general de la sucesión de Fibonacci es:

$$f_n = \frac{1}{\sqrt{5}}\left(\frac{1+\sqrt{5}}{2}\right)^n - \frac{1}{\sqrt{5}}\left(\frac{1-\sqrt{5}}{2}\right)^n$$

¿SABIAS QUE . . .

La expresión anterior, que da el térmeiino general de la sucesión de Fibonacci,

$$f_n = \frac{1}{\sqrt{5}}\left(\frac{1+\sqrt{5}}{2}\right)^n - \frac{1}{\sqrt{5}}\left(\frac{1-\sqrt{5}}{2}\right)^n$$

J. P. M. Binet

es conocida como la ***fórmula de Binet,*** *en honor al matemático francés* ***Jacques Philippe Marie Bidet*** *(1786-1856), quien la desarrolló el año 1843. Se afirma que esta fórmula ya era conocida por los matemáticos Leonardo Euler, Daniel Bernoulli y Abraham de Moivre, más de un siglo atrás. Por supuesto, que Fibonacci no la conocía.*

El número $\frac{1+\sqrt{5}}{2} \approx$ ***1.618034****...que aparece en la fórmula anterior, es un número famoso. Se llama el* ***número φ*** *(phi) y aparece en muchas ramas de la matemática, en las artes y en muchos fenómenos naturales. Algunos autores lo ponen en la misma categoría que el número π. Al final del capítulo hablaremos de él.*

PROBLEMAS RESUELTOS 8. 1

PROBLEMA 1. A continuación se dan los 5 primeros términos de ciertas sucesiones. En cada caso, hallar una fórmula para el término general a_n. Determinar si la sucesión converge o diverge. En el caso afirmativo, hallar el límite.

1. $\frac{1}{4}, \frac{2}{8}, \frac{3}{16}, \frac{4}{32}, \frac{5}{64}, \ldots$

2. $-3, \frac{3}{2}, -\frac{3}{2^2}, \frac{3}{2^3}, -\frac{3}{2^4} \ldots$

3. $\frac{1}{2}, -\frac{2}{3}, \frac{3}{4}, -\frac{4}{5}, \frac{5}{6}, \ldots$

4. $-2, \frac{3}{2}, -\frac{4}{3}, \frac{5}{4}, -\frac{6}{5}, \ldots$

5. $2, 1, \frac{2^3}{3^2}, \frac{2^4}{4^2}, \frac{2^5}{5^2}, \ldots$

6. $0.9, 0.09, 0.009, 0.0009, 0.00009, \ldots$

7. $\tan 1, 2\tan\frac{1}{2}, 3\tan\frac{1}{3}, 4\tan\frac{1}{4}, 5\tan\frac{1}{5},$

8. $\dfrac{1}{2-1/2},\ \dfrac{2}{3-1/3},\ \dfrac{3}{4-1/4},\ \dfrac{4}{5-1/5},\ \dfrac{5}{6-1/6},\ \ldots$

9. $\left(1-\dfrac{1}{2}\right),\ \left(\dfrac{1}{2}-\dfrac{1}{3}\right),\ \left(\dfrac{1}{3}-\dfrac{1}{4}\right),\ \left(\dfrac{1}{4}-\dfrac{1}{5}\right),\ \left(\dfrac{1}{5}-\dfrac{1}{6}\right),\ \ldots$

10. $\left(\sqrt{2}-\sqrt{3}\right),\ \left(\sqrt{3}-\sqrt{4}\right),\ \left(\sqrt{4}-\sqrt{5}\right),\ \left(\sqrt{5}-\sqrt{6}\right),\ \left(\sqrt{6}-\sqrt{7}\right),\ \ldots$

Solución

1. $a_n = \dfrac{n}{2^{n+1}}$,

$$\lim_{n\to\infty} \frac{n}{2^{n+1}} = \lim_{n\to\infty} \frac{1}{2}\left(\frac{n}{2^n}\right) = \frac{1}{2}\lim_{n\to\infty} \frac{n}{2^n} = \frac{1}{2}(0) = 0 \quad \text{(límite notable 5)}$$

2. $a_n = (-1)^n \dfrac{3}{2^{n-1}}$

En primer lugar tenemos que:

$$\lim_{n\to\infty} \left|(-1)^n \frac{3}{2^{n-1}}\right| = \lim_{n\to\infty} \frac{3}{2^{n-1}} = 3(2)\lim_{n\to\infty} \frac{1}{2^n} = 6\lim_{n\to\infty}\left(\frac{1}{2}\right)^n$$
$$= 6(0) = 0 \quad \text{(teorema 8.5, con } r = 1/2)$$

Luego, por el teorema 8.6, $\lim\limits_{n\to\infty} (-1)^n \dfrac{3}{2^{n-1}} = 0$

3. $a_n = (-1)^{n+1} \dfrac{n}{n+1}$

En primer lugar tenemos que:

$$\lim_{n\to\infty} \frac{n}{n+1} = \lim_{n\to\infty} \frac{1}{1+1/n} = \frac{1}{1+0} = 1$$

Luego, por el teorema 8.7, la sucesión $\left\{(-1)^{n+1}\dfrac{n}{n+1}\right\}$ es divergente.

4. $a_n = (-1)^n \dfrac{n+1}{n}$

En primer lugar tenemos que:

$$\lim_{n\to\infty} \frac{n+1}{n} = \lim_{n\to\infty}\left(1+\frac{1}{n}\right) = 1 + 0 = 1$$

Luego, por el teorema 8.7, la sucesión $\left\{(-1)^n \dfrac{n+1}{n}\right\}$ es divergente.

5. $a_n = \dfrac{2^n}{n^2}$

En primer lugar, aplicando la regla de L'Hôpital dos veces:

$$\lim_{n\to\infty} \frac{2^x}{x^2} = \lim_{n\to\infty} \frac{2^x \ln 2}{2x} = \lim_{n\to\infty} \frac{2^x(\ln 2)^2}{2} = \frac{(\ln 2)^2}{2}\lim_{n\to\infty} 2^x = \infty.$$

Luego, por el teorema 8.1, $\lim\limits_{n\to\infty} \dfrac{2^n}{n^2} = \infty$

6. $a_n = 1 - \dfrac{1}{10^n}$

$$\lim_{n \to \infty} \left(1 - \frac{1}{10^n}\right) = 1 - \lim_{n \to \infty} \frac{1}{10^n} = 1 - 0 = 1$$

7. $a_n = n \tan \dfrac{1}{n}$

$$\lim_{n \to \infty} x \tan \frac{1}{x} = \lim_{n \to \infty} x \frac{\operatorname{sen}(1/x)}{\cos(1/x)} = \lim_{n \to \infty} \frac{\operatorname{sen}(1/x)}{1/x} \frac{1}{\cos(1/x)}$$

$$= \left(\lim_{x \to \infty} \frac{\operatorname{sen}(1/x)}{1/x}\right)\left(\lim_{x \to \infty} \frac{1}{\cos(1/x)}\right) = (1)\left(\frac{1}{1}\right) = 1$$

8. $a_n = \dfrac{n}{n+1 - 1/_{n+1}}$.

$$\frac{n}{n+1-1/_{n+1}} = \frac{n(n+1)}{(n+1)^2-1} = \frac{n(n+1)}{n^2+2n} = \frac{n(n+1)}{n(n+2)} = \frac{n+1}{n+2}$$

Luego, $\displaystyle \lim_{n \to \infty} \left(\frac{1}{n+1-1/(n+1)}\right) = \lim_{n \to \infty} \frac{n+1}{n+2} = \lim_{n \to \infty} \frac{1+1/n}{1+2/n} = \frac{1+0}{1+0} = 1$

9. $a_n = \left(\dfrac{1}{n} - \dfrac{1}{n+1}\right)$

$$\lim_{n \to \infty} \left(\frac{1}{n} - \frac{1}{n+1}\right) = \lim_{n \to \infty} \frac{1}{n} - \frac{1}{n+1} = 0 - 0 = 0$$

10. $a_n = \left(\sqrt{n+1} - \sqrt{n+2}\right)$

$$\lim_{n \to \infty} \left(\sqrt{n+1} - \sqrt{n+2}\right) = \lim_{n \to \infty} \frac{\left(\sqrt{n+1} - \sqrt{n+2}\right)\left(\sqrt{n+1} + \sqrt{n+2}\right)}{\sqrt{n+1} + \sqrt{n+2}}$$

$$= \lim_{n \to \infty} \frac{(n+1)-(n+2)}{\sqrt{n+1} + \sqrt{n+2}} = \lim_{n \to \infty} \frac{-1}{\sqrt{n+1} + \sqrt{n+2}} = 0$$

PROBLEMA 2. A continuación se dan los términos generales de sucesiones. Determinar si la sucesión converge o diverge. En el primer caso, hallar el límite.

1. $a_n = \dfrac{2n}{n + 3\sqrt{n}}$

2. $a_n = \dfrac{5\sqrt{n}}{2\sqrt{n} + \sqrt[4]{n}}$

3. $a_n = \dfrac{1 + (-1)^n}{\sqrt{n}}$

4. $a_n = \dfrac{\cos n\pi}{n}$

5. $a_n = e^{-n} \operatorname{sen}(n\pi/2)$

6. $a_n = (\ln n)^{1/n}$

Solución

1. $\lim\limits_{n\to\infty} \dfrac{2n}{n+3\sqrt{n}} = \lim\limits_{n\to\infty} \dfrac{2}{1+\dfrac{3}{\sqrt{n}}} = \dfrac{2}{1+\lim\limits_{n\to\infty} \dfrac{3}{\sqrt{n}}} = \dfrac{2}{1+0} = 2$

2. $\lim\limits_{n\to\infty} \dfrac{5\sqrt{n}}{2\sqrt{n}+\sqrt[4]{n}} = \lim\limits_{n\to\infty} \dfrac{5}{2+\dfrac{1}{\sqrt[4]{n}}} = \dfrac{5}{2+\lim\limits_{n\to\infty}\dfrac{1}{\sqrt[4]{n}}} = \dfrac{5}{2+0} = \dfrac{5}{2}$

3. En primer lugar, tenemos que:

$\lim\limits_{n\to\infty} \dfrac{1}{\sqrt{n}} = 0$. Luego, por el teorema 8.6, $\lim\limits_{n\to\infty} \dfrac{(-1)^n}{\sqrt{n}} = 0$

Ahora, $\lim\limits_{n\to\infty} \dfrac{1+(-1)^n}{\sqrt{n}} = \lim\limits_{n\to\infty} \dfrac{1}{\sqrt{n}} + \lim\limits_{n\to\infty} \dfrac{(-1)^n}{\sqrt{n}} = 0+0 = 0$

4. Tenemos: $0 \leq \lim\limits_{n\to\infty} \left| \dfrac{\cos \pi n}{n} \right| = \lim\limits_{n\to\infty} \dfrac{|\cos \pi n|}{n} \leq \lim\limits_{n\to\infty} \dfrac{1}{n} = 0$

Luego, $\lim\limits_{n\to\infty} \left| \dfrac{\cos \pi n}{n} \right| = 0$ y, por el teorema 8.6, $\lim\limits_{n\to\infty} \dfrac{\cos n\pi}{n} = 0$

5. Tenemos que:

$0 \leq \lim\limits_{n\to\infty} \left| \dfrac{\operatorname{sen}(n\pi/2)}{e^n} \right| = \lim\limits_{n\to\infty} \dfrac{|\operatorname{sen}(n\pi/2)|}{e^n} \leq \lim\limits_{n\to\infty} \dfrac{1}{e^n} = 0$

Luego, $\lim\limits_{n\to\infty} \left| \dfrac{\operatorname{sen}(n\pi/2)}{e^n} \right| = 0$ y, por el teorema 8.6,

$\lim\limits_{n\to\infty} \dfrac{\operatorname{sen}(n\pi/2)}{e^n} = \lim\limits_{n\to\infty} e^{-n}\operatorname{sen}(n\pi/2) = 0$

6. En primer lugar calculamos $\lim\limits_{n\to\infty} (\ln x)^{1/x}$. Usando L'Hôspital tenemos:

$y = (\ln x)^{1/x} \Rightarrow \ln y = \dfrac{\ln(\ln x)}{x} \Rightarrow \lim\limits_{n\to\infty} (\ln y) = \lim\limits_{n\to\infty} \dfrac{\ln(\ln x)}{x}$

$= \lim\limits_{n\to\infty} \dfrac{1/x \Big/ \ln x}{1} = \lim\limits_{n\to\infty} \dfrac{1}{x\ln x} = 0 \Rightarrow \lim\limits_{n\to\infty} y = \lim\limits_{n\to\infty} (\ln x)^{1/x} = e^0 = 1$

Luego, por el teorema 8.1, $\lim\limits_{n\to\infty} (\ln n)^{1/n} = 1$

PROBLEMA 3. Estudiar la convergencia de las sucesiones:

a. $\left(\dfrac{2^n}{3^n+1}\right)$ **b.** $\left(\dfrac{3^n}{2^n+1}\right)$ **c.** $\left(\dfrac{3^n-2^n}{3^{n+1}+2^{n+1}}\right)$

Solución

a. Dividiendo numerador y denominador entre 2^n y aplicando los límites notables 1 y 8:

$$\lim_{n\to\infty} \frac{2^n}{3^n+1} = \lim_{n\to\infty} \frac{1}{(3/2)^n + 1/(2^n)} = \frac{1}{\lim\limits_{n\to\infty} (3/2)^n + 1\Big/\left(\lim\limits_{n\to\infty} 2^n\right)} = \frac{1}{+\infty + 0} = 0$$

b. Dividiendo numerador y denominador entre 3^n y aplicando los límites notables 1 y 8:

$$\lim_{n\to\infty} \frac{3^n}{2^n+1} = \lim_{n\to\infty} \frac{1}{(2/3)^n + 1/(3^n)} = \frac{1}{\lim\limits_{n\to\infty} (2/3)^n + 1/(\lim\limits_{n\to\infty} 3^n)} = \frac{1}{0^+} = +\infty$$

c. $$\frac{3^n - 2^n}{3^{n+1} + 2^{n+1}} = \frac{3^n}{3^{n+1} + 2^{n+1}} - \frac{2^n}{3^{n+1} + 2^{n+1}}$$

$$= \frac{1}{3}\frac{3^{n+1}}{3^{n+1} + 2^{n+1}} - \frac{1}{2}\frac{2^{n+1}}{3^{n+1} + 2^{n+1}}$$

$$= \frac{1}{3}\frac{1}{1+(2/3)^{n+1}} - \frac{1}{2}\frac{1}{(3/2)^{n+1} + 1}$$

Luego, de acuerdo al límite notable 8,

$$\lim_{n\to\infty} \frac{3^n - 2^n}{3^{n+1} + 2^{n+1}} = \lim_{n\to\infty} \frac{1}{3}\frac{1}{1+(2/3)^{n+1}} - \lim_{n\to\infty} \frac{1}{2}\frac{1}{(3/2)^{n+1} + 1}$$

$$= \frac{1}{3}\frac{1}{1+\lim\limits_{n\to\infty}(2/3)^{n+1}} - \frac{1}{2}\frac{1}{\lim\limits_{n\to\infty}(3/2)^{n+1} + 1}$$

$$= \frac{1}{3}\frac{1}{1+0} - \frac{1}{2}\frac{1}{\infty + 1} = \frac{1}{3}(1) - \frac{1}{2}(0) = \frac{1}{3}$$

PROBLEMA 4. Sea la sucesión $\left\{ \sqrt{2}\,,\ \sqrt{2\sqrt{2}}\,,\ \sqrt{2\sqrt{2\sqrt{2}}}\,,\ \dots \right\}$

a. Hallar un término general de la sucesión.

b. Hallar el límite de esta sucesión.

Solución

a. $a_1 = \sqrt{2} = 2^{1/2}$,

$$a_2 = \sqrt{2\sqrt{2}} = \sqrt{2}\sqrt{\sqrt{2}} = 2^{1/2} \cdot 2^{1/4} = 2^{1/2 + 1/4} = 2^{1/2 + 1/2^2}$$

$$a_3 = \sqrt{2\sqrt{2\sqrt{2}}} = \sqrt{2}\sqrt{\sqrt{2}}\ \sqrt{\sqrt{\sqrt{2}}} = 2^{1/2} \cdot 2^{1/4} \cdot 2^{1/8} = 2^{1/2 + 1/2^2 + 1/2^3}$$

En general, tenemos

$$a_n = 2^{1/2 + 1/2^2 + 1/2^3 + \ . \ . \ . \ + 1/2^n}$$

Pero, $\dfrac{1}{2} + \dfrac{1}{2^2} + \dfrac{1}{2^3} + \ . \ . \ . \ + \dfrac{1}{2^n}$ es la suma de los n términos de una progresión geométrica cuyo primer término es $a = \dfrac{1}{2}$ y cuya razón es $r = \dfrac{1}{2}$. Luego, aplicando la fórmula para la suma de los términos de una progresión geométrica:

$$S_n = a\frac{1-r^n}{1-r} = \frac{1}{2}\ \frac{1-(1/2)^n}{1-1/2} = 1 - \frac{1}{2^n},$$

En consecuencia,

$$a_n = 2^{1/2 + 1/2^2 + 1/2^3 + \ . \ . \ . \ + 1/2^n} = 2^{1 - 1/2^n}$$

b. $\displaystyle \operatorname*{Lim}_{n\to\infty} a_n = \operatorname*{Lim}_{n\to\infty} 2^{1 - 1/2^n} = 2^{\operatorname*{Lim}_{n\to\infty}(1 - 1/2^n)} = 2^{1-0} = 2.$

PROBLEMA 5. Estudiar la convergencia de la sucesión

$$a_n = \int_0^{+\infty} e^{-nx}\,dx$$

Solución

$$a_n = \int_0^{+\infty} e^{-nx}dx = \operatorname*{Lim}_{b\to\infty}\int_0^{b} e^{-nx}dx = \operatorname*{Lim}_{b\to\infty}\left[-\frac{1}{n}e^{-nx}\right]_0^b$$

$$-\operatorname*{Lim}_{b\to\infty}\frac{1}{n}e^{-nb} + \frac{1}{n} = -0 + \frac{1}{n} = \frac{1}{n}$$

Luego, $\displaystyle \operatorname*{Lim}_{n\to\infty} a_n = \operatorname*{Lim}_{n\to\infty}\int_0^{+\infty} e^{-nx}\,dx = \operatorname*{Lim}_{n\to\infty}\frac{1}{n} = 0$

PROBLEMA 6. Probar que:

a. $\displaystyle \operatorname*{Lim}_{n\to\infty}\left(\frac{n}{n^2+1^2} + \frac{n}{n^2+2^2} + \ . \ . \ . \ + \frac{n}{n^2+n^2}\right) = \frac{\pi}{4}$

b. $\displaystyle \operatorname*{Lim}_{n\to\infty}\left(\frac{1^p + 2^p + 3^p + \ . \ . \ . \ + n^p}{n^{p+1}}\right) = \frac{1}{p+1}$, para $p > -1$

Solución

a. $\displaystyle \frac{n}{n^2+1^2} + \frac{n}{n^2+2^2} + \ . \ . \ . \ + \frac{n}{n^2+n^2}$

$$= \frac{n}{n^2\left[1+(1/n)^2\right]} + \frac{n}{n^2\left[1+(2/n)^2\right]} + \ . \ . \ . \ + \frac{n}{n^2\left[\ 1+(n/n)^2\right]}$$

$$= \frac{1}{n\left[1+(1/n)^2\right]} + \frac{1}{n\left[1+(2/n)^2\right]} + \ . \ . \ . \ + \frac{1}{n\left[1+(n/n)^2\right]}$$

$$= \left(\frac{1}{1+(1/n)^2} + \frac{1}{1+(2/n)^2} + \ . \ . \ . + \frac{1}{1+(n/n)^2}\right)\frac{1}{n}$$

$$= \sum_{i=1}^{n} \frac{1}{1+(i/n)^2}\frac{1}{n}$$

Cosideramos la función $f(x) = \dfrac{1}{1+x^2}$ y tomemos un a partición regular del intervalo [0, 1] de norma $\Delta x = \dfrac{1}{n}$. Esto es,

$$x_0 = 0, \quad x_1 = \frac{1}{n}., \quad x_2 = \frac{2}{n}., \ . \ . \ . \ , \ x_i = \frac{i}{n}, \ . \ . \ . \ , \ x_n = \frac{n}{n} = 1$$

Tomamos la selección $S = \{c_1, c_2, \ldots\ c_k, \ldots c_n\}$ donde $c_i = \dfrac{i}{n}$.

Se tiene que $\displaystyle\sum_{i=1}^{n} \frac{1}{1+(i/n)^2}\ \frac{1}{n} = \sum_{i=1}^{n} f(c_i)\ \Delta x$ es la suma de Riemann de la función $f(x) = \dfrac{1}{1+x^2}$ determinada por la partición regular antes construida y con selección S. Luego,

$$\lim_{n\to\infty} \sum_{i=1}^{n} \frac{1}{1+(i/n)^2}\ \frac{1}{n} = \int_0^1 \frac{1}{1+x^2}\,dx = \left.\tan^{-1}x\right]_0^1 = \tan^{-1}(1) - \tan^{-1}(0) = \frac{\pi}{4}$$

b. $$\frac{1^p + 2^p + 3^p + \ . \ . \ . + n^p}{n^{p+1}} = \left(\frac{1^p + 2^p + 3^p + . . . + n^p}{n^p}\right)\frac{1}{n}$$

$$= \left(\left(\frac{1}{n}\right)^p + \left(\frac{2}{n}\right)^p + \left(\frac{3}{n}\right)^p + \ . \ . \ . + \left(\frac{n}{n}\right)^p\right)\frac{1}{n} = \sum_{i=1}^{n}\left(\frac{i}{n}\right)^p \frac{1}{n}$$

Cosideramos la función $f(x) = x^p$ y tomemos un a partición regular del intervalo [0, 1] de norma $\Delta x = \dfrac{1}{n}$. Esto es,

$$x_0 = 0, \quad x_1 = \frac{1}{n}, \ x_2 = \frac{2}{n}, \ . \ . \ . \ , \ x_i = \frac{i}{n}, \ . \ . \ . \ , x_n = \frac{n}{n} = 1$$

Tomamos la selección $S = \{c_1, c_2, \ldots\ c_i, \ldots c_n\}$ donde $c_i = \left(\dfrac{i}{n}\right)^p$.

Se tiene que $\sum_{i=1}^{n}\left(\frac{i}{n}\right)^{p}\frac{1}{n}=\sum_{i=1}^{n} f(c_i)\,\Delta x$ es la suma de Riemann de la función $f(x) = x^p$ determinada por la partición regular antes construida y con selección S.

Luego,

$$\lim_{n\to\infty}\sum_{i=1}^{n}\left(\frac{i}{n}\right)^{p}\frac{1}{n}=\int_0^1 x^p\,dx=\left.\frac{x^{p+1}}{p+1}\right]_0^1=\frac{1}{p+1}-0=\frac{1}{p+1}$$

PROBLEMA 7. Probar que $\lim_{n\to\infty}(b+an)^{1/n}=1$

Solución

$$\ln(b+an)^{1/n}=\frac{\ln(b+an)}{n}\Rightarrow \lim_{n\to\infty}\ln(b+an)^{1/n}=\lim_{n\to\infty}\frac{\ln(b+an)}{n}$$

$$=\lim_{n\to\infty}\frac{\frac{a}{b+an}}{1}\ \text{(L'Hôpital.)}=\lim_{n\to\infty}\frac{a}{b+an}=0$$

Ahora,

$$\ln\left(\lim_{n\to\infty}(b+an)^{1/n}\right)=\lim_{n\to\infty}\ln(b+an)^{1/n}=0\Rightarrow\lim_{n\to\infty}(b+an)^{1/n}=e^0=1$$

PROBLEMA 8. Estudiar la convergencia de la sucesión: $a_n=\frac{(-5)^n}{n!}$

Solución

Tenemos que $\frac{(-5)^n}{n!}=(-1)^n\frac{5^n}{n!}$

Por otro lado,

$$\frac{5^n}{n!}=\frac{5\,.\,5\,.\,5\,.\,5\,.\,5\,.\,5\,.\,.\,.\,.\,.\,5}{1\,.\,2\,.\,3\,.\,4\,.\,5\,.\,6\,.\,.\,.\,.\,.\,n}=\left(\frac{5}{1}\right)\left(\frac{5}{2}\right)\left(\frac{5}{3}\right)\left(\frac{5}{4}\right)\left(\frac{5}{5}\right)\left(\frac{5}{6}\right)\cdots\left(\frac{5}{n}\right)$$

$$=\left(\frac{5^4}{4!}\right)(1)\left(\frac{5}{6}\right)\cdots\left(\frac{5}{n}\right)\le\left(\frac{625}{24}\right)\left(\frac{5}{n}\right)=\left(\frac{3125}{24}\right)\left(\frac{1}{n}\right),\ \text{para } n\ge 6$$

Esto es, $0\le\frac{5^n}{n!}\le\left(\frac{3125}{24}\right)\left(\frac{1}{n}\right)$, para $n\ge 6$.

Como $\lim_{n\to\infty}\left(\frac{3125}{24}\right)\left(\frac{1}{n}\right)=\frac{3125}{24}\lim_{n\to\infty}\frac{1}{n}=\frac{3125}{24}(0)=0$, por el teorema de la arepa rellena, tenemos que $\lim_{n\to\infty}\frac{5^n}{n!}=0$.

Finalmente, por el teorema 8.6, se tiene que:

$$\lim_{n\to\infty} \frac{(-5)^n}{n!} = \lim_{n\to\infty} (-1)^n \frac{5^n}{n!} = 0$$

PROBLEMA 9. Estudiar la convergencia de las sucesiones:

1. $a_n = \left(1+n^2\right)^{1/n}$ **2.** $b_n = \left(1-\dfrac{2}{n^2}\right)^n$

Solución

1. $\ln a_n = \ln\left(1+n^2\right)^{1/n} = \dfrac{\ln\left(1+n^2\right)}{n}$. Luego,

$$\ln\left(\lim_{n\to\infty} a_n\right) = \lim_{n\to\infty} \ln a_n = \lim_{n\to\infty} \frac{\ln\left(1+n^2\right)}{n} = \lim_{n\to\infty} \frac{2n/\left(1+n^2\right)}{1} \quad \text{(L'Hôpital)}$$

$$= \lim_{n\to\infty} \frac{2n}{1+n^2} = \lim_{n\to\infty} \frac{2}{1/n + n} = 0$$

Luego, $\lim\limits_{n\to\infty} a_n = \lim\limits_{n\to\infty} \left(1+n^2\right)^{1/n} = e^0 = 1$

2. $$\lim_{n\to\infty} \left(1-\frac{2}{n^2}\right)^n = \lim_{n\to\infty} \left(\left(1+\frac{-2}{n^2}\right)^{n^2}\right)^{\frac{1}{n}} = \left(\lim_{n\to\infty} \left(1+\frac{-2}{n^2}\right)^{n^2}\right)^{\lim\limits_{n\to\infty}\left(\frac{1}{n}\right)} = \left(e^{-2}\right)^0 = 1$$

PROBLEMA 10. Sea $a_n = n^q r^n$, donde $q > 0$ y $|r| < 1$

Probar que $\lim\limits_{n\to\infty} n^q r^n = 0$

Solución

$|r| < 1 \Rightarrow \ln|r| < 0 \Rightarrow -\ln|r| > 0$

De acuerdo al límite notable 6, con $p = -\ln|r|$, tenemos:

$$\lim_{n\to\infty} |n^q r^n| = \lim_{n\to\infty} n^q |r|^n = \lim_{n\to\infty} n^q \left(e^{\ln|r|}\right)^n = \lim_{n\to\infty} \frac{n^q}{e^{n(-\ln|r|)}} = 0.$$

Luego, por el teorema 8. 6, $\lim\limits_{n\to\infty} n^q r^n = 0$

PROBLEMA 11. Probar que $\lim\limits_{n\to\infty} \tanh n = 1$

Solución

$$\lim_{n\to\infty} \tanh n = \lim_{n\to\infty} \frac{e^n - e^{-n}}{e^n + e^{-n}} = \lim_{n\to\infty} \frac{1 - e^{-2n}}{1 + e^{-2n}} = \frac{1-0}{1+0} = 1$$

PROBLEMA 12. Se tiene un triángulo equilátero en el cual se han empaquetado $1 + 2 + 3 + \ldots + n = \dfrac{n(n+1)}{2}$ círculos de diámetro 1, como indica la figura (para el caso $n = 4$). Si C_n es la suma de las áreas de los círculos y T_n es el área del triángulo, probar que

$$\lim_{n\to\infty} \frac{C_n}{T_n} = \frac{\pi}{2\sqrt{3}}$$

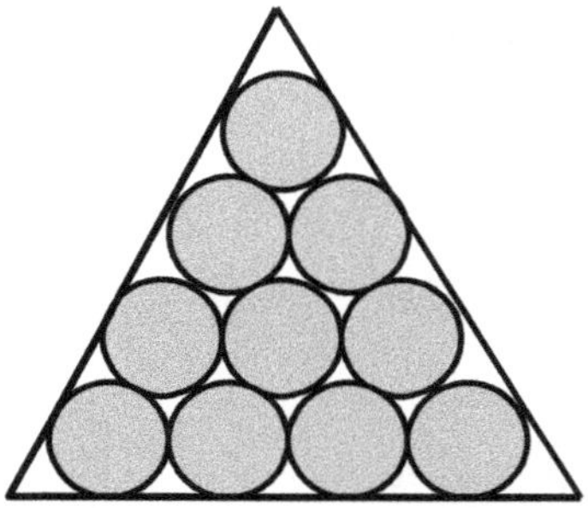

Solución

El área de cada círculo es $\pi(1/2)^2 = \pi/4$

La suma de de las áreas de todos los círculos es

$$C_n = \frac{n(n+1)}{2}\frac{\pi}{4} = \frac{n(n+1)\pi}{8}$$

Si L_n es la longitud del lado del triángulo equilátero. Sabemos que el área del triángulo es

$$T_n = \frac{\sqrt{3}}{4}\left(L_n\right)^2 \qquad (1)$$

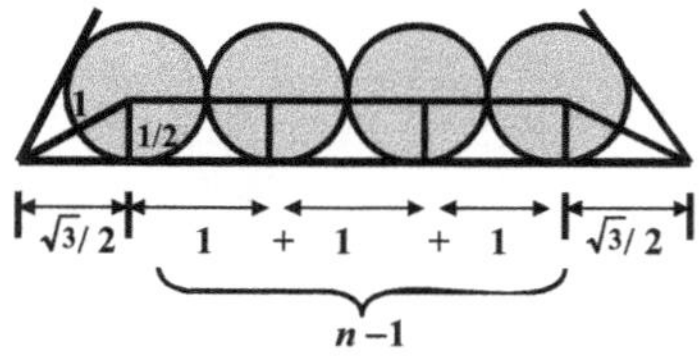

Hallemos la longitud L_n:

Si unimos los centros de los n últimos círculos, obtenemos un segmento conformado por $n-1$ diámetros y, por lo tanto, su longitud es igual $n-1$.

Uniendo los centros del primer y del último círculo con los vértices del triángulo, se obtienen dos triángulos rectángulos cuyos ángulos agudos son de 30º y 60º. Uno de los catetos es el radio del círculo y, por tanto, mide 1/2. Luego, la hipotenusa mide 1 y el otro cateto, de acuerdo al teorema de Pitágoras, mide $\sqrt{3}/2$. Luego, la longitud del lado del triángulo es:

$$L_n = \frac{\sqrt{3}}{2} + (n-1) + \frac{\sqrt{3}}{2} = n - 1 + \sqrt{3}$$

Reemplazando este valor de L_n en (1) se tiene:

$$T_n = \frac{\sqrt{3}}{4}\left(n - 1 + \sqrt{3}\right)^2$$

Por último,

$$\lim_{n\to\infty} \frac{C_n}{T_n} = \lim_{n\to\infty} \frac{(n(n+1)\pi)/8}{\frac{\sqrt{3}}{4}\left(n-1+\sqrt{3}\right)^2} = \lim_{n\to\infty} \frac{n(n+1)\pi}{2\sqrt{3}\left(n-1+\sqrt{3}\right)^2}$$

Si dividimos el numerador y el denominador entre n^2, obtenemos:

$$\lim_{n\to\infty} \frac{C_n}{T_n} = \lim_{n\to\infty} \frac{(1)(1+1/n)\pi}{2\sqrt{3}\left(1-(1/n)+\left(\sqrt{3}/n\right)\right)^2} = \frac{(1)(1+0)\pi}{2\sqrt{3}(1-0+0)^2} = \frac{\pi}{2\sqrt{3}}$$

PROBLEMA 13. **La sucesión de Fibonacci y la razón de oro.**

Se llama **razón de oro** al número $\varphi = \frac{1}{2}\left(1+\sqrt{5}\right) \approx 1.618034$

a. Si $\{f_n\}$ es la sucesión de Fibonacci y $a_n = \dfrac{f_{n+1}}{f_n}$, probar que

$a_{n-1} = 1 + 1/\,a_{n-2}$

b. Si la sucesión $\{a_n\}$ tiene límite, probar que $\lim\limits_{n\to\infty} \dfrac{f_{n+1}}{f_n} = \varphi$

Solución

a. Recordando que $f_n = f_{n-1} + f_{n-2}$ y que $a_{n-2} = \dfrac{f_{n-1}}{f_{n-2}}$, se tiene:

$$a_{n-1} = \frac{f_n}{f_{n-1}} = \frac{f_{n-1} + f_{n-2}}{f_{n-1}} = 1 + \frac{f_{n-2}}{f_{n-1}} = 1 + \frac{1}{a_{n-2}}$$

b. Si $\lim\limits_{n\to\infty} a_n = L$, entonces

$$L = \lim_{n\to\infty} \frac{f_{n+1}}{f_n} = \lim_{n\to\infty} a_n = \lim_{n\to\infty} a_{n-1} = \lim_{n\to\infty}\left(1+\frac{1}{a_{n-2}}\right) = 1 + \frac{1}{\lim\limits_{n\to\infty} a_{n-2}}$$

$$= 1 + \frac{1}{L} \Rightarrow L^2 = L + 1 \Rightarrow L^2 - L - 1 = 0 \Rightarrow L = \frac{1}{2}\left(1+\sqrt{5}\right) = \varphi$$

PROBLEMA 14. Si k es un entero, probar que:

$$\lim_{n\to\infty} a_n = L \Leftrightarrow \lim_{n\to\infty} a_{n+k} = L.$$

Solución

1. ($\Rightarrow$)

$\lim\limits_{n\to\infty} a_n = L \Leftrightarrow$ Dado $\varepsilon > 0$, $\exists\, N > 0$ y $N > k$ tal que $n > N \Rightarrow |a_n - L| < \varepsilon$

Sea $N^* = N - k$

$n > N^* = N - k \Rightarrow n + k > N \Rightarrow |a_{n+k} - L| < \varepsilon$

Este resultado nos dice que $\lim\limits_{n\to\infty} a_{n+k} = L$.

2. **(⇐)**

Si $b_n = a_{n+k}$, se tiene que $\lim\limits_{n\to\infty} b_n = L$. Aplicando la parte 1 a este último límite tomando el entero $-k$, se tiene: $\lim\limits_{n\to\infty} b_n = L \Rightarrow \lim\limits_{n\to\infty} b_{n-k} = L$

Pero, $\lim\limits_{n\to\infty} b_{n-k} = L \Rightarrow \lim\limits_{n\to\infty} a_{n+k-k} = L \Rightarrow \lim\limits_{n\to\infty} a_n = L$

PROBLEMA 15. Probar el teorema 8.6:

$$\text{Si } \lim_{n\to\infty} |a_n| = 0, \text{ entonces } \lim_{n\to\infty} a_n = 0$$

Solución.

Como $\lim\limits_{n\to\infty} |a_n| = 0$, entonces

Dado $\varepsilon > 0$, existe $N > 0$ tal que $n > N \Rightarrow \big|\, |a_n| - 0 \,\big| < \varepsilon$ **(1)**

Pero, $\big|\, |a_n| - 0 \,\big| = \big|\, |a_n| \,\big| = |a_n| = |a_n - 0|$ **(2)**

Reemplazando (2) en (1) obtenemos:

Dado $\varepsilon > 0$, existe $N > 0$ tal que $n > N \Rightarrow |a_n - 0| < \varepsilon$

Esto es, $\lim\limits_{n\to\infty} a_n = 0$.

Observar que la igualdad (2) también nos permite probar el teorema recíproco:

$$\text{Si } \lim_{n\to\infty} a_n = 0, \text{ entonces } \lim_{n\to\infty} |a_n| = 0$$

PROBLEMA 16. Demostrar el teorema 8. 8: $\lim\limits_{n\to\infty} r^n = \begin{cases} 0, & \text{si } |r| < 1 \\ 1, & \text{si } r = 1 \\ \infty, & \text{si } r > 1 \\ \text{No existe,} & \text{si } r \leq -1 \end{cases}$

1. $|r| < 1$

Si $r = 0$, entonces $\lim\limits_{n\to\infty} 0^n = \lim\limits_{n\to\infty} 0 = 0$

Ahora, si $|r| < 1$ y $r \neq 0$, debemos probar que:

Dado $\varepsilon > 0$, existe $N > 0$ tal que $n > N \Rightarrow |r^n - 0| = |r^n| < \varepsilon$

Para evitar incomodidades con los signos, tomamos $0 < \varepsilon < 1$.

Como $|r| < 1$, se tiene que $\ln|r| < 0$. Luego

$$|r^n| < \varepsilon \Leftrightarrow |r|^n < \varepsilon \Leftrightarrow n\ln|r| < \ln\varepsilon \Leftrightarrow n > \frac{\ln\varepsilon}{\ln|r|}$$

En consecuencia, tomamos $N = \dfrac{\ln\varepsilon}{\ln|r|}$

Observar que como $\ln\varepsilon < 0$ y $\ln|r| < 0$, se tiene que $N = \dfrac{\ln\varepsilon}{\ln|r|} > 0$

2. $\boldsymbol{r = 1}$.

Si $r = 1$, entonces $\lim\limits_{n\to\infty} r^n = \lim\limits_{n\to\infty} 1^n = \lim\limits_{n\to\infty} 1 = 1$.

3. $\boldsymbol{r > 1}$.

Debemos probar que:

Dado $M > 0$, existe $N > 0$ tal que $n > N \Rightarrow r^n > M$

Tomamos $M > 1$. Bien,

Como $r > 1$, se tiene que $\ln r > 0$. Luego,

$$r^n > M \Leftrightarrow n\ln r > \ln M \Leftrightarrow n > \frac{\ln M}{\ln r}.$$

En consecuencia, tomamos $N = \dfrac{\ln M}{\ln r}$

4. $\boldsymbol{r < -1}$.

$r < -1 \Rightarrow r^n > 1$ si n es par y $r^n < -1$ si n es impar. Luego, no existe $\lim\limits_{n\to\infty} r^n$.

PROBLEMA 17. Sea $a > 1$, $q > 0$ y $p > 0$. Probar:

1. $\displaystyle \lim_{n\to\infty} \frac{n^q}{a^n} = 0$ **2.** $\displaystyle \lim_{n\to\infty} \frac{n^q}{e^{np}} = 0$

Solución

1. Caso 1. $\boldsymbol{q = 1}$

Sea $a = 1 + b$, donde $b > 0$. Usando el binomio de Newton se tiene:

$$a^n = (1+b)^n = 1 + nb + \frac{n(n-1)}{2}b^2 + \ldots + b^n > \frac{n(n-1)}{2}b^2$$

Luego,

$$\frac{n}{a^n} = \frac{n}{(1+b)^n} < \frac{n}{\dfrac{n(n-1)}{2}b^2} = \frac{2}{(n-1)b^2} \Rightarrow 0 < \frac{n}{a^n} < \frac{2}{(n-1)b^2} \qquad \textbf{(1)}$$

Pero, $\displaystyle \lim_{n\to\infty} \frac{2}{(n-1)b^2} = \frac{2}{b^2} \lim_{n\to\infty} \frac{1}{(n-1)} = \frac{2}{b^2}(0) = 0.$

En consecuencia, por el teorema del emparedado aplicado en (1):

$$\lim_{n\to\infty} \frac{n}{a^n} = 0$$

Caso 2. $\boldsymbol{0 < q < 1}$

$$0 < \frac{n^q}{a^n} < \frac{n}{a^n} \quad \Rightarrow \quad \lim_{n\to\infty} \frac{n^q}{a^n} = 0$$

Caso 3. q > 1

En primer lugar, como $a^{1/q} > 1$, por el caso 1, tenemos que

$$\lim_{n\to\infty} \frac{n}{\left(a^{1/q}\right)^n} = 0$$

Ahora, $\displaystyle \lim_{n\to\infty} \frac{n^q}{a^n} = \lim_{n\to\infty} \left(\frac{n}{\left(a^{1/q}\right)^n} \right)^q = \left(\lim_{n\to\infty} \frac{n}{\left(a^{1/q}\right)^n} \right)^q = (0)^q = 0$

2. Si $a = e^p$, tenemos que $a > 1$. Luego,

$$\lim_{n\to\infty} \frac{n^q}{e^{np}} = \lim_{n\to\infty} \frac{n^q}{\left(e^p\right)^n} = \lim_{n\to\infty} \frac{n^q}{a^n} = 0.$$

PROBLEMA 18. Sea $q > 0$ y $p > 0$. Probar que $\displaystyle \lim_{n\to\infty} \frac{(\ln n)^q}{n^p} = 0$

Solución

1. Caso 1. $p = 1$.

La función $f(x) = \dfrac{x^q}{e^x}$ es decreciente en el intervalo (q, ∞). En efecto:

$$f'(x) = \frac{e^x\left(qx^{q-1}\right) - x^q e^x}{e^{2x}} = \frac{e^x x^{q-1}(q-x)}{e^{2x}} = \frac{x^{q-1}(q-x)}{e^x}$$

Luego, si $x > q$, $f'(x) < 0$ y, por tanto, f es decreciente en el intervalo (q, ∞).

Ahora, si $m = [\![\ln n]\!]$, la parte entera de $\ln n$, tenemos que $m \leq \ln n$ y, tomando en cuenta que $f(x) = \dfrac{x^q}{e^x}$ es decreciente en (q, ∞), se tiene:

$$0 < \frac{(\ln n)^q}{n} = \frac{(\ln n)^q}{e^{\ln n}} \leq \frac{m^q}{e^m} \qquad \textbf{(1)}$$

Pero, por el problema resuelto anterior, se tiene $\displaystyle \lim_{m\to\infty} \frac{m^q}{e^m} = 0$.

Luego, por el teorema del emparedado aplicado en (1), obtenemos:

$$\lim_{n\to\infty} \frac{(\ln n)^q}{n} = 0$$

Caso 2. $p > 0$ **cualquiera.**

$$\lim_{n\to\infty}\frac{(\ln n)^q}{n^p} = \lim_{n\to\infty}\frac{\left([\ln n]^{q/p}\right)^p}{n^p} = \lim_{n\to\infty}\left(\frac{[\ln n]^{q/p}}{n}\right)^p$$

$$= \left(\lim_{n\to\infty}\frac{[\ln n]^{q/p}}{n}\right)^p = (0)^p = 0$$

PROBLEMA 19. **Teorema de la Media Aritmética**

Dada una sucesión $\{a_n\}$, se llama **sucesión promedio o media aritmética,** a la sucesión $\sigma_n = \dfrac{a_1 + a_2 + \ . \ . \ . \ + a_n}{n}$.

Si $\lim_{n\to\infty} a_n = L$, probar que $\lim_{n\to\infty} \sigma_n = L$. O sea,

$$\lim_{n\to\infty}\frac{a_1 + a_2 + \ . \ . \ . \ + a_n}{n} = L$$

Solución

Caso 1. $L = 0$

$\lim_{n\to\infty} a_n = 0 \Rightarrow$ Dado $\varepsilon > 0$, existe un número natural m tal que

$$n > m \Rightarrow |a_n - 0| = |a_n| < \frac{\varepsilon}{2} \qquad \textbf{(1)}$$

Como $a_1 + a_2 + \ . \ . \ . \ + a_m$ es una constante fija, existe un natural N tal que $N > m$ y

$$\frac{|a_1 + a_2 + \ . \ . \ . \ + a_m|}{N} < \frac{\varepsilon}{2} \qquad \textbf{(2)}$$

Ahora, si $n > N$, tomando en cuenta (1) y (2), se tiene:

$$\left|\frac{a_1 + a_2 + ... + a_m + a_{m+1} + ... + a_n}{n}\right| = \left|\frac{a_1 + a_2 + ... + a_m}{n} + \frac{a_{m+1} + ... + a_n}{n}\right|$$

$$\leq \left|\frac{a_1 + a_2 + ... + a_m}{n}\right| + \left|\frac{a_{m+1} + ... + a_n}{n}\right|$$

$$\leq \frac{|a_1 + a_2 + ... + a_m|}{n} + \frac{|a_{m+1}| + ... + |a_n|}{n}$$

$$< \frac{|a_1 + a_2 + ... + a_m|}{N} + \frac{1}{n}\left(|a_{m+1}| + ... + |a_n|\right)$$

$$< \frac{\varepsilon}{2} + \frac{n-m}{n}\left(\frac{\varepsilon}{2}\right) < \frac{\varepsilon}{2} + \frac{\varepsilon}{2} = \varepsilon$$

Luego, $\lim\limits_{n\to\infty} \dfrac{a_1 + a_2 + \ldots + a_n}{n} = 0$

Caso 2. $L \neq 0$.

Sea $b_n = a_n - L$. Se tiene que

$$\lim_{n\to\infty} b_n = \lim_{n\to\infty}(a_n - L) = \lim_{n\to\infty} a_n - L = L - L = 0$$

Luego, por el caso 1,

$$\lim_{n\to\infty} \frac{b_1 + \ldots + b_n}{n} = 0 \Rightarrow \lim_{n\to\infty} \frac{(a_1 - L) + \ldots + (a_n - L)}{n} = 0 \Rightarrow$$

$$\lim_{n\to\infty} \frac{(a_1 + \ldots + a_n) - (nL)}{n} = 0 \Rightarrow \lim_{n\to\infty} \frac{a_1 + \ldots + a_n}{n} - L = 0 \Rightarrow$$

$$\lim_{n\to\infty} \frac{a_1 + \ldots + a_n}{n} = L$$

PROBLEMA 20. Sea $b \neq 0$. Probar que $\lim\limits_{n\to\infty} \dfrac{1 + \sqrt{2} + \sqrt[3]{3} + \ldots + \sqrt[n]{n}}{bn} = \dfrac{1}{b}$

Solución

Tenemos que:

$$\lim_{n\to\infty} \frac{1 + \sqrt{2} + \sqrt[3]{3} + \ldots + \sqrt[n]{n}}{bn} = \frac{1}{b} \lim_{n\to\infty} \frac{1 + \sqrt{2} + \sqrt[3]{3} + \ldots + \sqrt[n]{n}}{n}$$

Si consideramos la sucesión $a_n = \sqrt[n]{n}$, tenemos que:

$$\frac{1 + \sqrt{2} + \sqrt[3]{3} + \ldots + \sqrt[n]{n}}{n} = \frac{a_1 + a_2 + a_n + \ldots + a_n}{n}$$

Luego, de acuerdo al problema anterior,

$$\lim_{n\to\infty} \frac{1 + \sqrt{2} + \sqrt[3]{3} + \ldots + \sqrt[n]{n}}{bn} = \frac{1}{b} \lim_{n\to\infty} \frac{1 + \sqrt{2} + \sqrt[3]{3} + \ldots + \sqrt[n]{n}}{n}$$

$$= \frac{1}{b} \lim_{n\to\infty} \sqrt[n]{n} = \frac{1}{b}(1) = \frac{1}{b}$$

PROBLEMAS PROPUESTOS 8.1

En los problemas del 1 al 4, hallar un término general de la sucesión dada y determinar si es convergente o divergente. En el caso que converja, hallar el límite.

1. $1, -\frac{1}{3}, \frac{1}{9}, -\frac{1}{27}, \frac{1}{81}, \ldots$ *Rpta.* $a_n = (-1)^{n-1}\frac{1}{3^{n-1}}$. *Converge a* 0

2. $\frac{1}{\sqrt{\pi}}, \frac{4}{\sqrt[3]{\pi}}, \frac{9}{\sqrt[4]{\pi}}, \frac{16}{\sqrt[5]{\pi}}, \frac{25}{\sqrt[6]{\pi}}, \ldots$ *Rpta.* $a_n = \frac{n^2}{\pi^{1/(n+1)}}$. *Diverge a* $+\infty$

3. $2, \frac{4}{2}, \frac{8}{6}, \frac{16}{24}, \frac{32}{120}, \ldots$ *Rpta.* $a_n = \frac{2n}{n!}$. *Converge. a* 0

4. $\frac{2}{1}, \left(\frac{3}{2}\right)^2, \left(\frac{4}{3}\right)^3, \left(\frac{5}{4}\right)^4, \left(\frac{6}{5}\right)^5, \ldots$ *Rpta.* $a_n = \left(\frac{n+1}{n}\right)^n$. *Converge. a e*

En los problemas del 5 al 44 determinar si la sucesión, cuyo término general es dado, es convergente o divergente. En el caso que converja, hallar el límite.

5. $a_n = \frac{3n-1}{2n+1}$ *Rpta. Conv. a* 3/2

6. $a_n = \frac{\sqrt{n}}{2n-1}$ *Rpta. Conv. a* 0

7. $a_n = \frac{n}{2n^2+1}$ *Rpta. Conv. a* 0

8. $a_n = \frac{3-n^2}{1+n^2}$ *Rpta. Conv. a* −1

9. $a_n = \frac{(1-n)^2}{3-2n+n^2}$ *Rpta. Conv. a* 1

10. $a_n = \frac{n}{\sqrt{4n^2+25}}$ *Rpta. Conv. a* 1/2

11. $a_n = (-1)^n\frac{n+1}{3n-2}$ *Rpta. Diver.*

12. $a_n = (-1)^n\frac{n+1}{3n^2-2}$ *Rpta. Conv. a* 0

13. $a_n = \frac{(3n-1)(n+2)}{(n+3)(n-5)}$ *Rpta. Conv. a* 3

14. $a_n = \sqrt{2n^2+5} - n$ *Rpta. Div. a* $+\infty$

15. $a_n = \sqrt[3]{n^3+3n} - n$ *Rpta. Conv. a* 0

16. $a_n = \frac{2^n}{3^n-5}$ *Rpta. Conv. a* 0

17. $a_n = \frac{2^n+3^n}{3^n+1}$ *Rpta. Conv. a* 1

18. $a_n = 3 - (1/3)^n$ *Rpta. Conv. a* 3

19. $a_n = \frac{(-1)^n+1}{\sqrt{n}}$ *Rpta. Conv. a* 0

20. $a_n = \frac{1+(-1)^n\sqrt{n}}{(4/3)^n}$ *Rpta. Conv. a* 0

21. $a_n = \frac{\cos n}{3^n}$ *Rpta. Conv. a* 0

22. $a_n = \frac{\operatorname{sen} n}{\sqrt{n}}$ *Rpta. Div.*

23. $a_n = \frac{n}{n+1}\operatorname{sen}(n\pi/2)$ *Rpta. Div.*

24. $a_n = (-1)^n\left(1+n^2\right)^{1/n}$ *Sug.: Prob. Resuelto 9 Rpta. Div.*

25. $a_n = \dfrac{\pi^n}{4^n}$ *Rpta. Conv. a* 0

26. $a_n = 3^{5/n}$ *Rpta. Conv. a* 1

27. $a_n = n^{2/n}$ *Rpta. Conv. a* 1

28. $a_n = n^{1/(n+2)}$ *Rpta. Conv. a* 1

29. $a_n = (n+5)^{1/(n+5)}$ *Rpta. Conv. a* 1

30. $a_n = \sqrt[n]{2^{n+1}}$ *Rpta. Conv. a* 2

31. $a_n = (\ln n)^{1/n}$ *Rpta. Conv. a* 1

32. $a_n = \dfrac{n2^n}{3^n}$ *Rpta. Conv. a* 0

33. $a_n = \dfrac{\ln(1/n)}{\sqrt{n}}$ *Rpta. Conv. a* 0

34. $a_n = \dfrac{(n+1)^n}{n^{n+1}}$ *Rpta. Conv. a* 0

35. $a_n = \sqrt{n}\left(\sqrt{n+2} - \sqrt{n}\right)$ *Rpta. Conv. a* 1

36. $a_n = \dfrac{(n+1)\ln n - n\ln(n+1)}{\ln n}$ *Rpta. Conv. a* 1

37. $a_n = \dfrac{1+2+3+\ldots+n}{n+1} - n$ *Rpta. Div. a* $-\infty$

38. $a_n = \dfrac{1}{n^2} + \dfrac{2}{n^2} + \ldots + \dfrac{n}{n^2}$ *Rpta. Conv. a* 1/2

39. $a_n = \dfrac{1^2}{n^3} + \dfrac{2^2}{n^3} + \ldots + \dfrac{n^2}{n^3}$ *Rpta. Conv. a* 1/3

40. $a_n = \left(1 + \dfrac{1}{n}\right)^{2n}$ *Rpta. Conv. a* e^2

41. $a_n = \left(1 + \dfrac{1}{2n}\right)^{n}$ *Rpta. Conv. a* $e^{1/2}$

42. $a_n = \left(\dfrac{1+n}{2n}\right)^{n}$ *Rpta. Conv. a* 0

43. $a_n = \left(\dfrac{n^2+2}{n^2-5}\right)^{n^2}$ *Rpta. Conv. a* e^7

44. $a_n = \left(\dfrac{n^2+2}{n^2-5}\right)^{n}$ *Rpta. Conv. a* 1

45. $a_n = \dfrac{1-(1-1/n)^a}{1-(1-1/n)^b}$, $b \neq 0$. *Sug.: L'Hôpital.* *Rpta. Conv. a a/b*

46. $a_n = \dfrac{(2/3)^n}{1-\sqrt[n]{n}}$. *Sug.: L'Hôpital y problema resuelto* 10. *Rpta. Conv. a* 0

En los problemas del 47 al 52, hallar el límite de la sucesión dada. Para esto, exprese límite como una integral definida.

47. $a_n = \dfrac{1}{n+1} + \dfrac{1}{n+2} + \dfrac{1}{n+3} + \ldots + \dfrac{1}{n+n}$

Rpta. $\lim\limits_{n\to\infty} \sum\limits_{i=1}^{n} \dfrac{1}{1+(i/n)} \dfrac{1}{n} = \int_0^1 \dfrac{dx}{1+x} = \ln 2$

48. $a_n = \dfrac{1}{n^2} + \dfrac{2}{n^2} + \dfrac{3}{n^2} + \ldots + \dfrac{n}{n^2}$

Rpta. $\lim\limits_{n\to\infty} \sum\limits_{i=1}^{n} \left(\dfrac{i}{n}\right)\dfrac{1}{n} = \int_0^1 x\, dx = \dfrac{1}{2}$

49. $a_n = \dfrac{1^2}{n^3} + \dfrac{2^2}{n^3} + \dfrac{3^2}{n^3} + \ldots + \dfrac{n^2}{n^2}$

Rpta. $\lim\limits_{n\to\infty} \sum\limits_{i=1}^{n} \left(\dfrac{i}{n}\right)^2 \dfrac{1}{n} = \int_0^1 x^2 dx = \dfrac{1}{3}$

50. $a_n = \dfrac{1}{\sqrt{n^2+1^2}} + \dfrac{1}{\sqrt{n^2+2^2}} + \dfrac{1}{\sqrt{n^2+3^2}} + \ldots + \dfrac{1}{\sqrt{n^2+n^2}}$

Rpta. $\lim\limits_{n\to\infty} \sum\limits_{i=1}^{n} \dfrac{1}{\sqrt{1+(i/n)^2}} \dfrac{1}{n} = \int_0^1 \dfrac{dx}{\sqrt{1+x^2}} = \ln\left(1+\sqrt{2}\right)$

51. $a_n = \dfrac{1}{n}\left(\sqrt[n]{e} + \sqrt[n]{e^2} + \sqrt[n]{e^3} + \ldots + \sqrt[n]{e^n}\right)$

Rpta. $\lim\limits_{n\to\infty} \sum\limits_{i=1}^{n} \left(e^{i/n}\right)\dfrac{1}{n} = \int_0^1 e^x dx = e - 1$

52. $a_n = \dfrac{1}{n}\left(\operatorname{sen}\dfrac{\pi}{n} + \operatorname{sen}\dfrac{2\pi}{n} + \operatorname{sen}\dfrac{3\pi}{n} + \ldots + \operatorname{sen}\dfrac{n\pi}{n}\right)$

Rpta. $\lim\limits_{n\to\infty} \sum\limits_{i=1}^{n} \operatorname{sen}\pi(i/n)\dfrac{1}{n} = \int_0^1 \operatorname{sen}\pi x\, dx = \dfrac{2}{\pi}$

53. Si $a_1 = \sqrt{6}$, $a_2 = \sqrt{6+\sqrt{6}}$, $a_3 = \sqrt{6+\sqrt{6+\sqrt{6}}}$, $a_4 = \sqrt{6+\sqrt{6+\sqrt{6+\sqrt{6}}}}$

a. Hallar una fórmula de recurrencia para a_{n+1}

b. Asumiendo que la sucesión es convergente calcular el límite de la sucesión.

Rpta. **a.** $a_{n+1} = \sqrt{6+a_n}$ **b.** *Conv. a* 3.

54. Probar que la sucesión $a_1 = \sqrt[3]{3}$, $a_2 = \sqrt[3]{3\sqrt[3]{3}}$, $a_3 = \sqrt[3]{3\sqrt[3]{3\sqrt[3]{3}}}$.

a. Hallar una fórmula de recurrencia para a_{n+1}

b. Asumiendo que la sucesión es convergente calcular el límite de la sucesión.

Rpta. **a.** $a_{n+1} = \sqrt[3]{3a_n}$ **b.** *Conv. a* $\sqrt{3}$.

55. Si $0 < a < b < c$, probar que $\lim\limits_{n\to\infty} \sqrt[n]{a^n + b^n + c^n} = c$

56. Sea $a_1 = 1$ y $a_{n+1} = 1 + \dfrac{1}{1+a_n}$. Si esta sucesión es convergente, probar que

$$\lim_{n\to\infty} a_n = \sqrt{2}$$

Este resultado nos permite expresar $\sqrt{2}$ como una fracción continua:

$$\sqrt{2} = 1 + \cfrac{1}{2+\cfrac{1}{2+\ldots}}$$

En los problemas 57 y 58 hallar el límite dado, usando el teorema de la media aritmética, (problema resuelto 19)

57. $\lim\limits_{n\to\infty} \dfrac{1}{5n}\left(\dfrac{1}{2}+\dfrac{3}{4}+\ .\ .\ .\ +\dfrac{2n-1}{2n}\right)$ *Rpta.* 1/5

58. $\lim\limits_{n\to\infty} \dfrac{1}{n}\left(2^{1/2}+2^{3/4}+2^{7/8}+\ldots 2^{(2^n-1)/2^n}\right)$ *Rpta.* 2

59. Teorema de la Media Geométrica.

Dada una sucesión de números positivos $\{a_n\}$, se llama **media geométrica,** a la sucesión

$$\sigma_n = \sqrt[n]{a_1\, a_2\, a_3\ .\ .\ .\ a_n}$$

Si $\lim\limits_{n\to\infty} a_n = L$, probar que $\lim\limits_{n\to\infty} \sigma_n = L$. O sea, $\lim\limits_{n\to\infty} \sqrt[n]{a_1\, a_2\, a_3\ .\ .\ .\ a_n} = L$

Sug.: $\ln \sigma_n = \dfrac{\ln a_1 + \ln a_2 + \ln a_3 + \ldots + \ln a_n}{n}$ *y teorema de la media aritmética.*

En los problemas 60, 61 y 62, usar la definición ε–δ para probar que la sucesión converge al límite indicado.

60. $a_n = \dfrac{1}{4n-1}$, $L = 0$ **61.** $a_n = \dfrac{1}{\sqrt[3]{n}+1}$, $L = 0$ **62.** $a_n = \dfrac{2n^2}{3n^2-1}$, $L = \dfrac{2}{3}$

63. Demostrar que: $\{a_n\}$ converge y $\{b_n\}$ diverge $\Rightarrow$ $\{a_n + b_n\}$ diverge.
Sugerencia: $b_n = (a_n + b_n) - a_n$

64. Demostrar con un contraejemplo que la siguiente proposición es falsa:
Si $\{a_n\}$ diverge y $\{b_n\}$ entonces $\{a_n + b_n\}$ diverge.

Sugerencia: Sea $a_n = \dfrac{n^2}{n-2}$ y $b_n = \dfrac{n^2}{n+1}$. Probar que:

$\{a_n\}$ y $\{b_n\}$ divergen; sin embargo, $\{a_n + b_n\}$ converge.

SECCION 8.2

SUCESIONES MONOTONAS Y ACOTADAS

DEFINICION. Una sucesión $\{a_n\}$ es

a. Creciente si $a_{n+1} \geq a_n, \forall n$

b. Estrictamente creciente si $a_{n+1} > a_n, \forall n$

c. Decreciente si $a_{n+1} \leq a_n, \forall n$

d. Estrictamente decreciente si $a_{n+1} < a_n, \forall n$

e. Monótona si $\{a_n\}$ es creciente o decreciente.

f. Estrictamente monótona si $\{a_n\}$ es estrictamente creciente o estrictamente decreciente.

Una sucesión estrictamente creciente es creciente, una sucesión estrictamente decreciente es decreciente y una sucesión estrictamente monótona es monótona.

EJEMPLO 1. La sucesión

1. $1, 1, 2, 2, 3, 3, \ldots$ es creciente y no estrictamente creciente.

2. $1, 4, 9, \ldots, n^2, \ldots$ es estrictamente creciente.

3. $\dfrac{1}{2}, \dfrac{1}{2}, \dfrac{1}{3}, \dfrac{1}{3}, \dfrac{1}{4}, \dfrac{1}{4}, \ldots$ es decreciente y no estrictamente decreciente.

4. $\dfrac{1}{2}, \dfrac{1}{3}, \dfrac{1}{4}, \ldots, \dfrac{1}{n+1} \ldots$ es estrictamente decreciente.

Las sucesiones 2 y 4 son estrictamente monótonas y las sucesiones 1 y 3 son monótonas.

EJEMPLO 2. Probar que la sucesión de Fibonacci es creciente.

Solución

Tenemos que:

$$1 = f_1 = f_2 = 1 \text{ y para } n > 2,\ f_{n+1} = f_n + f_{n-1} > f_n .$$

En consecuencia, $f_{n+1} \geq f_n, \forall\, n \geq 1$ y por lo tanto, $\{f_n\}$ es creciente.

EJEMPLO 3. Probar que la sucesión $\{a_n\}$, donde $a_n = \dfrac{n}{n^2+1}$ es estrictamente decreciente.

Solución

Tenemos que $a_{n+1} = \dfrac{n+1}{(n+1)^2+1} = \dfrac{n+1}{n^2+2n+2}$

Debemos probar que $a_{n+1} < a_n$, $\forall n \geq 1$. Para esto, operando en $a_{n+1} < a_n$, mostraremos que esta desigualdad es equivalente a otra cuya veracidad es evidente.

$$a_{n+1} < a_n \Leftrightarrow \frac{n+1}{n^2+2n+2} < \frac{n}{n^2+1} \Leftrightarrow (n+1)(n^2+1) < n(n^2+2n+2)$$

$$\Leftrightarrow n^3 + n^2 + n + 1 < n^3 + 2n^2 + 2n \Leftrightarrow 1 < n^2 + n$$

Como $1 < n^2 + n$, $\forall\, n \geq 1$, se tiene que $a_{n+1} < a_n$, $\forall n \geq 1$

EJEMPLO 4. Sea la sucesión de recurrencia: $a_1 = 2$ y $a_{n+1} = \dfrac{1}{2}(a_n + 4)$

Probar que esta sucesión es estrictamente creciente.

Solución

Procedemos por inducción.

Paso básico:

$$2 = a_1 \text{ y } a_2 = \frac{1}{2}(a_1 + 4) = \frac{1}{2}(2+4) = 3. \text{ Luego, } a_2 > a_1.$$

Paso inductivo:

Hipótesis inductiva: Supongamos que se cumple que: $a_{k+1} > a_k$

Ahora, teniendo en cuenta la hipótesis inductiva, se tiene:

$$a_{k+2} = \frac{1}{2}(a_{k+1} + 4) > \frac{1}{2}(a_k + 4) = a_{k+1}.$$

Esto es, $a_{k+2} > a_{k+1}$; o sea $a_{(k+1)+1} > a_{k+1}$

Conclusión. $a_{n+1} > a_n$, $\forall\, n \geq 1$

CRITERIOS DE MONOTONIA

I. CRITERIOS DE LA DIFERENCIA

1. La sucesión $\{a_n\}$ es **creciente** $\Leftrightarrow$ $a_{n+1} - a_n \geq 0$

2. La sucesión $\{a_n\}$ es **estrictamente creciente** $\Leftrightarrow$ $a_{n+1} - a_n > 0$

3. La sucesión $\{a_n\}$ es **decreciente** $\Leftrightarrow$ $a_{n+1} - a_n \leq 0$

4. La sucesión $\{a_n\}$ es **estrictamente decreciente** $\Leftrightarrow$ $a_{n+1} - a_n < 0$

EJEMPLO 5. Probar que la sucesión $\{a_n\}$ donde $a_n = \dfrac{n}{2n+1}$, es estrictamente creciente.

Solución

$$a_{n+1} - a_n = \frac{n+1}{2(n+1)+1} - \frac{n}{2n+1} = \frac{n+1}{2n+3} - \frac{n}{2n+1} = \frac{(n+1)(2n+1) - n(2n+3)}{(2n+3)(2n+1)}$$

$$= \frac{(2n^2+3n+1)-(2n^2+3n)}{(2n+3)(2n+1)} = \frac{1}{(2n+3)(2n+1)} > 0$$

Luego, por la parte 2 del criterio anterior, la sucesión es estrictamente creciente.

II. CRITERIOS DEL COCIENTE

Si $\{a_n\}$ es una sucesión de términos positivos, entonces

1. La sucesión $\{a_n\}$ es **creciente** $\Leftrightarrow$ $\dfrac{a_{n+1}}{a_n} \geq 1$

2. La sucesión $\{a_n\}$ es **estrictamente creciente** $\Leftrightarrow$ $\dfrac{a_{n+1}}{a_n} > 1$

3. La sucesión $\{a_n\}$ es **decreciente** $\Leftrightarrow$ $\dfrac{a_{n+1}}{a_n} \leq 1$

4. La sucesión $\{a_n\}$ es **estrictamente decreciente** $\Leftrightarrow$ $\dfrac{a_{n+1}}{a_n} < 1$

EJEMPLO 6. Probar que la sucesión $\{a_n\}$ donde $a_n = ne^{-2n}$ es estrictamente decreciente.

Solución

Tenemos que $a_n = ne^{-2n} > 0$, $\forall\, n$ y

$$\frac{a_{n+1}}{a_n} = \frac{(n+1)e^{-2(n+1)}}{ne^{-2n}} = \frac{(n+1)}{ne^2} = \frac{1}{e^2}\left(1+\frac{1}{n}\right) \leq \frac{1}{e^2}(1+1) = \frac{2}{e^2} < 1$$

Luego, por la parte 4 del criterio del cociente, la sucesión es estrictamente decreciente.

III. CRITERIOS DE LA DERIVADA

Si $\{a_n\}$ es una sucesión tal que $a_n = f(n)$ y f es diferenciable en $[k, +\infty)$, entonces

1. La sucesión $\{a_n\}_{n=k}^{\infty}$ es **creciente si** $f'(x) \geq 0,\ \forall\, x \geq k$

2. La sucesión $\{a_n\}_{n=k}^{\infty}$ es **estrictamente creciente si** $f'(x) > 0,\ \forall\, x \geq k$

3. La sucesión $\{a_n\}_{n=k}^{\infty}$ es **decreciente si** $f'(x) \leq 0,\ \forall\, x \geq k$

4. La sucesión $\{a_n\}_{n=k}^{\infty}$ es **estrictamente decreciente si** $f'(x) < 0,\ \forall\, x \geq k$

EJEMPLO 7. Estudiar la monotonía $\{a_n\}$, donde $a_n = \dfrac{\ln n}{\sqrt{n}}$ y $n \geq 8$

Solución

Sea $f(x) = \dfrac{\ln x}{\sqrt{x}}$. Se tiene que:

$$f'(x) = \frac{\sqrt{x}\,(1/x) - (\ln x)\left(1/\,2\sqrt{x}\,\right)}{x} = \frac{2\sqrt{x} - \sqrt{x}\,\ln x}{2x^2} = \frac{\sqrt{x}\,(2 - \ln x)}{2x^2}$$

$$f'(x) = 0 \Rightarrow \sqrt{x}\,(2 - \ln x) = 0 \Rightarrow \ln x = 2 \Rightarrow x = e^2$$

Esto es, $x = e^2$ es punto crítico de $f(x)$. Además, $f'(x) < 0$ para $x > e^2 \approx 7.39$.

Luego, la sucesión $a_n = \dfrac{\ln n}{\sqrt{n}}$ con $n \geq 8$, es estrictamente decreciente.

DEFINICION. Una sucesión $\{a_n\}$ es:

a. Acotada superiormente si existe una constante M tal que

$$a_n \leq M,\ \forall n$$

En este caso, M es una cota superior. Es claro que cualquier número mayor que M también es una cota superior.

b. Acotada inferiormente si existe una constante m tal que

$$m \leq a_n,\ \forall n$$

En este caso, m es una cota inferior. Es claro que cualquier número menor que m también es una cota inferior.

c. Acotada si es acotada superiormente e inferiormente.

Se prueba fácilmente que:

La sucesión $\{a_n\}$ es acotada $\Leftrightarrow$ $\exists\, K > 0$ tal que $|a_n| \leq K,\ \forall n$

EJEMPLO 8. **a.** $\{1, 4, 9, \ldots, n^2, \ldots\}$ no es acotada superiormente. Sin embargo, esta sucesión es acotada inferiormente, ya que:

$$m = 0 < n^2,\ \forall n$$

b. $\left\{ \dfrac{1}{2}, \dfrac{2}{3}, \dfrac{3}{4}, \ . \ . \ . \ \dfrac{n}{n+1}, \ . \ . \ . \right\}$ es acotada.

En efecto: $\dfrac{1}{2} \leq \dfrac{n}{n+1} < 1, \ \forall n$

EJEMPLO 9 . **a.** Toda sucesión creciente es acotada inferiormente. En efecto, si $\{a_n\}$ es creciente, entonces $a_1 \leq a_n, \ \forall n.$

b. Toda sucesión decreciente es acotada superiormente. En efecto, si $\{a_n\}$ es decreciente, entonces $a_n \leq a_1, \ \forall n.$

EJEMPLO 10. Probar que la sucesión $a_n = (\text{sen } n\pi)\ \ln\big((n+1)/n\big)$ es acotada.

Solución

Considerando que $|\text{ sen } x\,| \leq 1$ y que la función $y = \ln x$ es creciente se tiene;

$$|\,a_n| = \left|\ (\text{sen } n\pi)\ \ln\left(\frac{n+1}{n}\right)\right| = |\text{ sen }(n\pi)\ |\ \left|\ \ln\left(\frac{n+1}{n}\right)\right| = \left|\ \ln\left(\frac{n+1}{n}\right)\right|$$

$$= \ln\left(\frac{n+1}{n}\right) \leq \ln\left(1 + \frac{1}{n}\right) \leq \ln\big(1+1\big) \leq \ln 2$$

EJEMPLO 11. Sea la sucesión de recurrencia: $a_1 = 2$ y $a_{n+1} = \dfrac{1}{2}\left(a_n + 4\right)$

Probar que esta sucesión es acotada

Solución

En el ejemplo 4 se probó que esta sucesión es estrictamente creciente. Luego, esta sucesión es acotada inferiormente, ya que $2 = a_1 < a_n, \ \forall n > 1$

Probaremos por inducción que la sucesión es acotada superiormente por 4.

Paso inicial: $a_1 < 4$, ya que $a_1 = 2$

Hipótesis inductiva: Supongamos que $a_k < 4$

Ahora,

$$a_{k+1} = \frac{1}{2}\left(a_k + 4\right) < \frac{1}{2}\left(4 + 4\right) = 4$$

Luego, $a_n < 4, \ \forall n$

TEOREMA 8.9 Toda sucesión convergente es acotada.

Demostración

Sea $\{a_n\}$ una sucesión convergente y $\lim_{n\to\infty} a_n = L$. Luego,

Dado $\varepsilon = 1$, $\exists\, N$ tal que $n > N \Rightarrow |\, a_n - L\,| < 1 \Rightarrow$

$$L - 1 < a_n < L + 1,\ \forall\, n > N \qquad (1)$$

Sea $\quad m =$ mínimo de $\{a_1, a_2, a_3, \ldots\ a_N,\ L - 1\}$ y

$\qquad M =$ máximo de $\{a_1, a_2, a_3, \ldots\ a_N,\ L + 1\}$

Se tiene que: $m < a_n < M,\ \forall n \geq 1$. Esto es, $\{a_n\}$ es acotada.

Ahora queremos presentar un teorema importante de convergencia de sucesiones que afirma que toda sucesión creciente y acotada es convergente. La prueba de este teorema se basa en el último axioma de los números reales, llamado **axioma de completitud.** Este axioma, a diferencia de los otros, no es tan simple, por lo que lo hemos venido posponiendo.

Un conjunto A de números reales es **acotado superiormente** si existe una constante

$$x \leq M,\ \forall x \in A.$$

La constante ***M* es una cota superior de** A. Es claro que si un conjunto tiene una cota superior, entonces tiene infinitas cotas superiores. En efecto, cualquier número mayor que M es también una cota superior.

DEFINICION. Sea A un conjunto acotado superiormente. Se llama **supremo de** A a **la mínima cota superior.** Esto es, si S es el supremo del conjunto A, se cumple que:

1. ***S* es una cota suprior:** $x \leq S,\ \forall\, x \in A$.
2. Si $\varepsilon > 0$, por ser S la mínima cota superior, $S - \varepsilon$, no es una cota suprior y, por tanto, $\exists\ x' \in A$ tal que $S - \varepsilon < x' \leq S$.

Abreviadamente, para indicar que $S =$ supremo de A, ecribiremos

$$S = \text{Sup } A$$

En forma análoga, un conjunto A de números reales es **acotado inferiormente** si

existe una constante m tal que: $m \leq x,\ \forall x \in A$.

La constante ***m*** es **una cota inferior de** A. Es claro que si un conjunto tiene una cota inferior, entonces tiene infinitas cotas inferiores. En efecto, cualquier número menor que m es también una cota inferior.

DEFINICION. Sea A un conjunto acotado inferiormente. Se llama **ínfimo de** A a **la máxima cota inferior.** Esto es, si I es el ínfimo del conjunto A, se cumple que:

1. I es una cota inferior. Esto es, $I \leq x,\ \forall x \in A$.

2. Si $\varepsilon > 0$, por ser I la máxima cota inferior, $I + \varepsilon$, no es una cota inferior y, por tanto, $\exists\ x' \in A$ tal que: $I \leq x' < I + \varepsilon$.

Abreviadamente, para indicar que para indicar I = ínfimo de A. escribiremos

$$I = \textbf{Inf}\, A$$

Ahora ya podemos enunciar el axioma de completitud o axioma del supremo.

AXIOMA DE COMPLETITUD O AXIOMA DEL SUPREMO

Todo conjunto no vacío de números reales que es acotado superiormente tiene supremo.

Es de esperar que se cumpla también que:

Todo conjunto no vacío de números reales que es acotado inferiormente tiene ínfimo.

Esta proposición se demuestra a partir del axioma del supremo. Luego, esta afirmación ya no es un axioma sino un teorema. Ver el problema resuelto 5.

EJEMPLO 11. Sea $a < b$ y A es el intervalo abierto (a, b). Tenemos:

Sup $(a, b) = b$. Inf $(a, b) = a$

He aquí el teorema que estábamos buscando.

TEOREMA 8.10 **Teorema de la convergencia monótona.**

Toda sucesión monótona y acotada es convergente. En términos más precisos:

a. Si $\{a_n\}$ **es una sucesión creciente y acotada**, entonces

$$\lim_{n\to\infty} a_n = \text{Sup } \{a_n\}$$

b. Si $\{a_n\}$ **es una sucesión decreciente y acotada**, entonces

$$\lim_{n\to\infty} a_n = \text{Inf } \{a_n\}$$

Demostración

Aquí probamos sólo la parte a. La prueba de b es similar a la parte a.

a. Sea $\{a_n\}$ una sucesión creciente y acotada. Sea S = Sup $\{a_n\}$. Probaremos que:

$$\lim_{n\to\infty} a_n = S$$

En efecto, por ser $S = \text{Sup}\ \{a_n\}$, dado $\varepsilon > 0$, existe N tal que

$$S - \varepsilon < a_N \leq S \qquad \textbf{(1)}$$

Por otro lado, por ser $\{a_n\}$ creciente y por ser S una cota superior, se tiene:

$$n > N \Rightarrow a_N \leq a_n \leq S < S + \varepsilon \qquad \textbf{(2)}$$

De (1) y (2):

$$n > N \Rightarrow S - \varepsilon < a_n < S + \varepsilon \Rightarrow -\varepsilon < a_n - S < \varepsilon \Rightarrow |\ a_n - S\ | < \varepsilon$$

Luego, $\lim\limits_{n \to \infty} a_n = S.$

EJEMPLO 12. Estudiar la convergencia de la sucesión

$$a_n = \frac{1 \times 3 \times 5 \times \cdots \times (2n-1)}{2 \times 4 \times 8 \times \cdots \times 2n}$$

Solución

Calculemos algunos términos de la sucesión:

$$a_1 = \frac{1}{2}, \qquad a_2 = \frac{1 \times 3}{2 \times 4} = \frac{3}{8}, \qquad a_3 = \frac{1 \times 3 \times 5}{2 \times 4 \times 6} = \frac{15}{48}$$

Vemos que: $\frac{1}{2} > \frac{3}{8} > \frac{15}{48}$

Conjeturamos que estamos frente a una sucesión estrictamente decreciente.

Probemos esta conjetura.

La sucesión es estrictamente decreciente.

En efecto, tenemos que:

$$\frac{a_{n+1}}{a_n} = \frac{\dfrac{1 \times 3 \times 5 \times \cdots \times (2n-1)(2n+1)}{2 \times 4 \times 8 \times \cdots \times (2n)(2n+2)}}{\dfrac{1 \times 3 \times 5 \times \cdots \times (2n-1)}{2 \times 4 \times 8 \times \cdots \times 2n}} = \frac{2n+1}{2n+2} < 1$$

Luego, por el criterio del cociente, la sucesión es estrictamente decreciente.

La sucesión es acotada inferiormente.

En efecto. Como todos los términos de la sucesión son positivos, tenemos que:

$$0 < a_n,\ \forall\ n$$

En consecuencia, la sucesión dada es convergente y $\lim\limits_{n \to \infty} a_n = \text{Inf}\{a_n\}$. Sin embargo, este ínfimo no es fácil de calcular.

EJEMPLO 13. Sea la sucesión dada por recurrencia: $a_1 = 2$ y $a_{n+1} = \frac{1}{2}(a_n + 4)$

a. Probar que esta sucesión es convergente.

b. Hallar el límite de esta sucesión.

Solución

a. Se probó en el ejemplo 4 que esta sucesión es creciente. y en el ejemplo 9, que es acotada. Luego, por el teorema anterior, esta sucesión es convergente.

b. Si L es el límite de la sucesión, se tiene:

$$L = \lim_{n\to\infty} a_n = \lim_{n\to\infty} a_{n+1} = \lim_{n\to\infty} \frac{1}{2}(a_n + 4) = \frac{1}{2}\left(\lim_{n\to\infty} a_n + 4\right) = \frac{1}{2}(L+4) \Rightarrow$$

$$L = \frac{1}{2}(L+4) \Rightarrow 2L = L + 4 \Rightarrow L = 4$$

PROBLEMAS RESUELTOS 8.2

PROBLEMA 1. Probar que la sucesión $b_n = \frac{n^2 - 1}{n}$ es estrictamente creciente.

Solución

$$b_{n+1} - b_n = \frac{(n+1)^2 - 1}{n+1} - \frac{n^2 - 1}{n} = \frac{n\{(n+1)^2 - 1\} - (n+1)(n^2 - 1)}{n(n+1)}$$

$$= \frac{(n^3 + 2n^2) - (n^3 + n^2 - n - 1)}{n(n+1)} = \frac{n^2 + n + 1}{n(n+1)} > 0$$

Luego, por el criterio de la diferencia, la sucesión es estrictamente creciente.

PROBLEMA 2. Probar que la sucesión $a_n = \frac{(2n)!}{5^n}$ es estrictamente creciente.

Solución

$$a_{n+1} = \frac{(2(n+1))!}{5^{n+1}} = \frac{(2n+2)!}{5^{n+1}} = \frac{(2n+2)(2n+1)(2n)!}{5 \cdot 5^n} = \frac{(2n+2)(2n+1)}{5}\,\frac{(2n)!}{5^n}$$

$$= \frac{(2n+2)(2n+1)}{5} a_n$$

$$\frac{a_{n+1}}{a_n} = \frac{\frac{(2n+2)(2n+1)}{5} a_n}{a_n} = \frac{(2n+2)(2n+1)}{5} \geq \frac{(2+2)(2+1)}{5} = \frac{12}{5} > 1$$

Luego, de acuerdo al criterio del cociente, la sucesión es estrictamente creciente.

PROBLEMA 3. Sea la sucesión definida por recurrencia:

$$a_1=\sqrt{2}\,, \quad a_{n+1}=\sqrt{2+a_n}$$

a. Probar que la sucesión es convergente.

b. Hallar el límite de esta sucesión.

Solución

a. i. La sucesión es estrictamente creciente. Procedemos por inducción.

Para $n = 1$ es verdadero. En efecto: $a_1 = \sqrt{2} < a_2 = \sqrt{2+\sqrt{2}}$

Supongamos que para k es verdadero. Esto es, $a_k < a_{k+1}$

Ahora, para $k+1$ tenemos:

$$a_{k+1} = \sqrt{2+a_k} < \sqrt{2+a_{k+1}} = a_{k+2}$$

Conclusion: $a_n < a_{n+1},\ \forall n$

ii. La sucesión es acotada superiormente por 2. Procedemos por inducción.

Paso $n = 1$ es verdadero. En efecto: $a_1 = \sqrt{2} < 2$

Supongamos que para k es verdadero. Esto es, $a_k < 2$

Ahora,

$$a_{k+1} = \sqrt{2+a_k} < \sqrt{2+2} = 2$$

Conclusión: $a_n < 2,\ \forall n$

En consecuencia, la sucesión es convergente.

b. Sea $\lim\limits_{n\to\infty} a_n = L$. Ahora,

$$L = \lim_{n\to\infty} a_{n+1} = \lim_{n\to\infty} \sqrt{2+a_n} = \sqrt{2+\lim_{n\to\infty} a_n} = \sqrt{2+L} \Rightarrow$$

$$L = \sqrt{2+L} \Rightarrow L^2 = 2+L \Rightarrow L^2 - L - 2 = 0 \Rightarrow L = 2 \text{ ó } L = -1$$

Como la sucesión es estrictamente creciente, tenemos que:

$$a_n \geq a_1 = \sqrt{2} \Rightarrow \lim_{n\to\infty} a_n \geq \sqrt{2}$$

Luego, desechamos $L = -1$ y concluimos que $\lim\limits_{n\to\infty} a_n = 2$.

Observar que este resultado nos dice que

$$\sqrt{2+\sqrt{2+\sqrt{2+\sqrt{2+\sqrt{2+\ldots}}}}} = 2$$

PROBLEMA 4. Sea la sucesión $\{a_n\}$, donde $a_1 = 1$ y $a_{n+1} = \dfrac{1}{2}\left(a_n + \dfrac{2}{a_n}\right)$

Probar, mediante el teorema de convergencia monótona, que esta sucesión es convergente.

Solución

a. Para $n \geq 2$, la sucesión $\{a_n\}$, es decreciente. Esto es, $a_{n+1} \leq a_n$, $\forall n \geq 2$

Procedemos por el criterio de la diferencia.

En primer lugar probamos que $a_n^2 \geq 2$, $\forall\, n \geq 2$. En efecto:

$$a_{n+1} = \frac{1}{2}\left(a_n + \frac{2}{a_n}\right) \Rightarrow 2a_n a_{n+1} = a_n^2 + 2 \Rightarrow a_n^2 - 2a_n a_{n+1} = -2 \Rightarrow$$

$$a_n^2 - 2a_n a_{n+1} + a_{n+1}^2 = a_{n+1}^2 - 2 \Rightarrow (a_n - a_{n+1})^2 = a_{n+1}^2 - 2 \Rightarrow$$

$$a_{n+1}^2 - 2 \geq 0 \Rightarrow a_{n+1}^2 \geq 2, \forall\, n \geq 1 \Rightarrow a_n^2 \geq 2, \forall\, n \geq 2$$

Ahora, si $n \geq 2$, tenemos

$$a_n - a_{n+1} = a_n - \frac{1}{2}\left(a_n + \frac{2}{a_n}\right) = \frac{1}{2}\left(\frac{2a_n^2 - a_n^2 - 2}{a_n}\right) = \frac{1}{2}\left(\frac{a_n^2 - 2}{a_n}\right) \geq 0$$

Luego, $a_n - a_{n+1} \geq 0 \Rightarrow a_{n+1} - a_n \leq 0 \Rightarrow a_{n+1} \leq a_n \Rightarrow$

$\{a_n\}$ es decreciente si $n \geq 2$.

b. La sucesión es acotada inferiormente por 0. Esto es,

$$0 < a_n, \ \forall\, n$$

Procedemos por inducción.

Para $n = 1$ es verdadero. En efecto: $a_1 = 1 > 0$

Supongamos que para k es verdadero. Esto es, $0 < a_k$

Ahora, $a_{k+1} = \dfrac{1}{2}\left(a_k + \dfrac{2}{a_k}\right) > 0 \Rightarrow 0 < a_{k+1}$

Luego, $0 < a_n$, $\forall\, n$.

De a y b, por el teorema de la convergencia monótona, $\{a_n\}$ es convergente.

En el ejemplo 20 de la sección anterior se probó que $\lim\limits_{n \to \infty} a_n = \sqrt{2}$

PROBLEMA 5. Probar que todo conjunto no vacío de números reales que es acotado inferiormente tiene ínfimo.

Solución

Sea B un conjunto no vacío y acotado inferiormente de números reales y sea

$$A = \{ -x / x \in B \}$$

A es no vacío y si m es una cota inferior de B, se tiene:

$$m \leq x, \ \forall\, x \in B \ \Rightarrow\ -m \geq -x, \ \ \forall\, -x \in A$$

Luego, A es acotado superiormente.

En consecuencia, A tiene supremo. Sean

$$S = \operatorname{Sup} A \quad \text{y} \quad I = -S.$$

Probemos que $I = -S = \inf B$.

1. $I = -S$ es una cota inferior:

$x \leq S, \ \forall\, x \in A$ (S es cota superior de A)

$\Rightarrow\ -S \leq -x, \ \forall\, -x \in B\ \Rightarrow I = -S$ es cota inferior.

2. Dado $\varepsilon > 0$, $\exists\, x' \in A$ tal que

$S - \varepsilon < x' \leq S$ (S es la mínima cota superior de A)

$\Rightarrow\ \exists\, -x' \in B$ tal que $-S + \varepsilon > -x' \geq -S$

$\Rightarrow\ \exists\, -x' \in B$ tal que $-S \leq -x' < -S + \varepsilon$

Luego, $I = -S = \inf B$.

PROBLEMAS PROPUESTOS 8.2

En los problemas del 1 al 5 probar que la sucesión $\{a_n\}$ es estrictamente creciente o decreciente, mediante el criterio de la diferencia.

1. $a_n = \dfrac{2n}{3n+1}$ **2.** $a_n = \dfrac{2^n}{2^n+1}$ **3.** $a_n = n - 2^n$

4. $a_n = n - n^2$ **5.** $a_n = 1 + \dfrac{1}{2!} + \dfrac{1}{3!} + \ . \ . \ . \ + \dfrac{1}{n!}$

En los problemas del 6 al 8 probar que la sucesión $\{a_n\}$ es estrictamente creciente o decreciente, mediante el criterio del cociente.

6. $a_n = \dfrac{n}{e^n}$ **7.** $a_n = \dfrac{10^n}{(2n)!}$ **8.** $a_n = \dfrac{n^n}{n!}$

En los problemas del 9 al 11 probar que la sucesión $\{a_n\}$ es estrictamente creciente o decreciente, mediante el criterio de la derivada.

9. $a_n = \sqrt{n+1} - \sqrt{n}$ **10.** $a_n = \dfrac{\ln(n+2)}{n+2}$ **11.** $a_n = \tan^{-1}(n)$

En los problemas del 12 al 15 probar que la sucesión $\{a_n\}$ es convergente, mediante el teorema de convergencia monótona.

12. $a_n = \dfrac{1\times 3\times 5\times \cdots \times(2n-1)}{2^n n!}$ **13.** $a_n = \dfrac{n!}{1\times 3\times 5\times \cdots \times(2n-1)}$

14. $a_n = \dfrac{1}{n}\left[\dfrac{2\times 4\times 6\times \cdots \times(2n)}{1\times 3\times 5\times \cdots \times(2n-1)}\right]^2$

15. $a_n = \left(1-\dfrac{1}{4}\right)\left(1-\dfrac{1}{9}\right)\left(1-\dfrac{1}{16}\right)\cdots\left(1-\dfrac{1}{n^2}\right),\ n \geq 2$

16. Sea la sucesión definida por recurrencia: $a_1 = 1$, $a_{n+1} = 5 - \dfrac{1}{a_n}$

a. Probar que la sucesión es estrictamente creciente.
b. Probar que la sucesión es acotada por 5.
c. Hallar el límite de esta sucesión. *Rpta.* $L = \dfrac{5+\sqrt{21}}{2}$

17. Sea la sucesión definida por recurrencia: $a_1 = 2$, $a_{n+1} = \dfrac{1}{3-a_n}$

a. Probar que la sucesión es estrictamente decreciente.
b. Probar que la sucesión es tal que $0 < a_n \leq 2,\ \forall\, n$
c. Hallar el límite de esta sucesión. *Rpta.* $L = \dfrac{3-\sqrt{5}}{2}$

18. Sea la sucesión definida por recurrencia: $a_1 = 1$, $a_{n+1} = \dfrac{1}{4}[2a_n + 3]$

a. Probar que la sucesión es convergente.
b. Hallar el límite de esta sucesión. *Rpta.* $L = 3/2$

19. Sea la sucesión definida por recurrencia: $a_1 = 1$, $a_{n+1} = \sqrt{2a_n}$

a. Probar que la sucesión es convergente.
b. Hallar el límite de esta sucesión *Rpta.* $L = 2$

20. Si $A > 0$, Sea la sucesión $\{a_n\}$, donde $a_1 = 1$ y $a_{n+1} = \dfrac{1}{2}\left(a_n + \dfrac{A}{a_n}\right)$

a. Probar que la sucesión es decreciente para $n \geq 2$.
b. Probar que la sucesión es convergente y que $\lim\limits_{n\to\infty} a_n = \sqrt{A}$

LA PROPORCION DIVINA Y FIBONACCI

Se llama ***proporción divina*** *o* ***razón dorada*** *al número*

$$\varphi = \frac{1}{2}\left(1+\sqrt{5}\right) \approx 1.618034...,$$

que aparece en la fórmula de Bidet que expresa el término general de la sucesión de Fibonacci:

$$f_n = \frac{1}{\sqrt{5}}\left(\frac{1+\sqrt{5}}{2}\right)^n - \frac{1}{\sqrt{5}}\left(\frac{1-\sqrt{5}}{2}\right)^n$$

Los pintores, escultores y arquitectos de la Grecia Antigua y del Rencimiento veían en este número la expresión de la belleza perfecta.

Se dice que de todos los rectángulos, el más bello es el que tiene a φ como el cociente entre su largo y su ancho. Este rectángulo es llamado el ***retángulo de oro.*** *El rectángulo que circunscribe el famoso Partenón es un rectángulo dorado.*

La letra $\boldsymbol{\varphi}$ *(phi) usada para representar este número fue tomada del nombre* ***Ph****idias(φειδιαζ en grigo antiguo), el famoso escultor griego (490-430 A. C.), quien usó extensamente la razón dorada en sus esculturas. .*

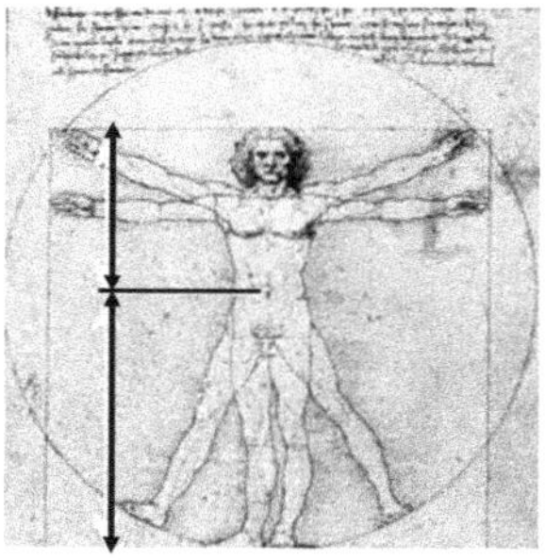

Muchos famosos pintores, como Leonardo da Vinci, recurieron a $\boldsymbol{\varphi}$ *para medir la belleza del cuerpo humano. Para ellos, en un cuerpo bello, la razón de la longitud del ombligo a los pies y la longitud del ombligo a la punta de la cabeza debe ser φ =1618... En los concursos de reinas de belleza actuales se ignora a φ. De tomarlo en cuenta, la conocida proporción, 90–60 –90, sería de 97–60–97.*

Este número φ aparece frecuentemente en la naturaleza: En la flor del girasol, en la concha marina del nagtilus, etc

9

SERIES

INFINITAS

ZENON DE ELEA
(495– 435 A. C.)

9.1 SERIES INFINITAS

9.2 SERIES POSITIVAS. CRITERIO DE LA INTEGRAL Y LAS P-SERIES

9.3 CRITERIOS DE COMPARACION PARA SERIES POSITIVAS

9.4 CRITERIOS DE RAZON Y DE LA RAIZ

9.5 SERIES ALTERNANTES

ZENON DE ELEA

(495–435 A. C)

***ZENON DE ELEA**, filósofo y matemático que nació en Elea, ciudad fundada en el año 540 A. C. en el sur de Italia, por un grupo de griegos que vinieron huyendo de los persas. Murió en su ciudad natal asesinado al ser descubierto en una conjura para derrotar al tirano Nearco. Fue discípulo y amigo de Parménides, fundador de la Escuela filosófica Eléatica, Esta escuela sostenía la unidad y la inmobilidad del ser, negando la pluralidad y el movimiento. Se dice que Zenón y su maetro Parménides visitaros Atenas, donde conocieron a Sócrates, con quien dicutieron sus ideas filosóficas. Para este entonces, Zenón ya gozaba de fama en Atenas, gracia a un libro que había escrito, él cual contenía 40 paradojas que reforzaban su filosofía.*

*Zenón inventó el método de demostración al absurdo. En sus paradojas adimitía la existencia de la pluralidad y del movimiento, llegando a supuesta contradicciones. Estas paradojas dejaron perplejos a los pensadores de su época y de muchos siglos después. Una de las más conocidas es la **paradoja de Aquiles y la tortuga**, la cual estimuló al desarrollo de la Matemática en el campo de las series y los límites.*

LA PARADOJA DE AQUILES Y LA TORTUGA

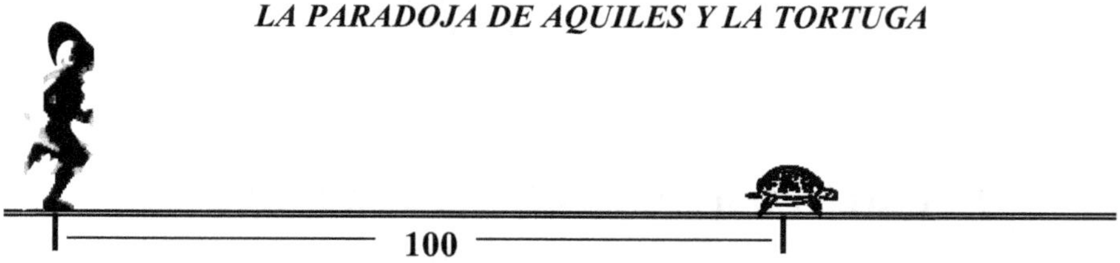

La tortuga, uno de los animales más lentos de la naturaleza, desafió a una carrera a Aquiles, a quien llamaban "Pies ligeros" y era uno de los guerreros más distinguidos de la Grecia Antigua. Aquiles, le dijo la tortuga, sé que tú corres 10 *veces más rápido que yo, pero si me das* 100 *metros de ventaja, tú nunca me alcanzarás. Verás, dijo la tortuga al sorprendido Aquiles, para que me alcances, primero tiene que recorrer los 100 m. de ventaja, pero cuando lo hagas, yo ya estaré* 10 *m. más adelante. Cuando tú recorras estos* 10 *m, yo estaré* 1 *m. más adelante. Cuando recorras ese metro, yo estaré* 0.1 *m. más adelante. Así sucesivamente hasta el infinito. Cada vez estarás más cerca de mí, pero yo siempre estaré delante de ti. Por lo tanto, tú nunca me alcanzarás.*

La distancia que debe recorrer Aquiles para alcanzar a la tortuga es la siguiente suma (serie), de infinitos términos:

$$100 + 10 + 1 + 0.1 + 0.001 + \cdots$$

SECCION 9.1

SERIES INFINITAS

Una **serie infinita** o, simplemente una **serie**, es una expresión de la forma:

$$\sum_{n=1}^{\infty} a_n = a_1 + a_2 + a_3 + \cdots + a_n + \cdots,$$

donde $\{a_n\}$ es una sucesión infinita de números reales. Los puntos suspensivos al final indican que los sumandos continúan infinitamente. Se uso el símbolo $\sum_{n=1}^{\infty} a_n$ para abreviar la suma infinita de la derecha.

Los números $a_1, a_2, a_3, \cdots, a_n, \cdots$ son los **términos** de la serie, siendo a_n el **término general o término *n*–ésimo** de la serie.

A partir de la sucesión $\{a_n\}$ construimos una nueva sucesión $\{S_n\}$ llamada la **sucesión de sumas parciales**, del modo siguiente:

$$\begin{aligned} S_1 &= a_1 \\ S_2 &= a_1 + a_2 \\ S_3 &= a_1 + a_2 + a_3 \\ &\;\vdots \\ S_n &= a_1 + a_2 + a_3 + \cdots + a_n \\ &\;\vdots \end{aligned}$$

La descripción anterior de una serie es informal, debido a que se ha hecho uso del término "suma infinita", él cual no ha sido definido en ninguna parte. Formalmente, una **serie infinita** es un par de sucesiones $(\{a_n\}, \{S_n\})$.

DEFINICION. La serie infinita $\sum_{n=1}^{\infty} a_n$ **converge** y tiene como suma al número real S si la sucesión $\{S_n\}$ de sumas parciales converge a S.

En este caso, se tiene:

$$\sum_{n=1}^{\infty} a_n = S = \operatorname{Lim}_{n\to\infty} S_n = \operatorname{Lim}_{n\to\infty} \sum_{n=1}^{n} a_n$$

Si $\{S_n\}$ diverge, entonces la **serie diverge.** Una serie divergente no tiene suma.

SERIES GEOMETRICAS

Un tipo importante de series la constituyen las **series geométricas.** Una serie geométrica es una serie de la forma:

$$\sum_{n=1}^{\infty} ar^{n-1} = a + ar + ar^2 + ar^3 + \cdot \cdot \cdot + ar^{n-1} + \cdot \cdot \cdot \quad , \text{ donde } a \neq 0$$

Observar que esta serie también puede escribirse así:

$$\sum_{n=0}^{\infty} ar^{n} = a + ar + ar^2 + ar^3 + \cdot \cdot \cdot + ar^{n} + \cdot \cdot \cdot$$

TEOREMA 9.1 **Convergencia de la serie geométrica.**

a. La serie geométrica **converge** si $|\, r \,| < 1$ y su suma es

$$\sum_{n=1}^{\infty} ar^{n-1} = \frac{a}{1-r}$$

b. La serie geométrica **diverge** si $|\, r \,| \geq 1$

Demostración

Si $r = 1$, entonces

$$S_n = a + ar + ar^2 + ar^3 + \cdot \cdot \cdot + ar^{n-1} = a + a + a + a + \cdot \cdot \cdot + a = na \quad \text{y}$$

$$\lim_{n \to \infty} S_n = \lim_{n \to \infty} (na) = a \lim_{n \to \infty} n = \pm\, \infty, \text{ según } a > 0 \text{ ó } a < 0$$

Luego, si $r = 1$, $\sum_{n=1}^{\infty} ar^{n-1}$ diverge.

Si $r \neq 1$, se tiene que:

$$(1) \qquad S_n = a + ar + ar^2 + ar^3 + \cdot \cdot \cdot + ar^{n-1}$$

$$(2) \qquad rS_n = ar + ar^2 + ar^3 + ar^4 + \cdot \cdot \cdot + ar^{n} \qquad \text{(multiplicando (1) por } r\text{)}$$

Restando (2) de (1):

$$S_n - rS_n = a - ar^n \;\Rightarrow\; (1 - r)S_n = a(1 - r^n) \;\Rightarrow\; S_n = \frac{a(1-r^n)}{1-r} = a\frac{1-r^n}{1-r}$$

Luego,

$$\sum_{n=1}^{\infty} ar^{n-1} = \lim_{n \to \infty} S_n = \lim_{n \to \infty} a\,\frac{1-r^n}{1-r} = a \lim_{n \to \infty} \frac{1-r^n}{1-r} = a\frac{1- \lim_{n \to \infty} r^n}{1-r}$$

Ahora,

a. Si $|r| < 1$, el teorema 8.8 nos dice que $\lim\limits_{n \to \infty} r^n = 0$. Luego,

$$\sum_{n=1}^{\infty} ar^{n-1} = a\frac{1-\lim\limits_{n\to\infty} r^n}{1-r} = a\frac{1-0}{1-r} = \frac{a}{1-r}$$

b. Si $|r| \geq 1$, entonces $r = 1$, $r > 1$ ó $r \leq -1$.

Si $r = 1$, ya vimos que $\sum\limits_{n=1}^{\infty} ar^{n-1}$ diverge.

En los otro dos casos, de acuerdo al teorema 8.8, tenemos:

$\lim\limits_{n \to \infty} a\,r^n = a \lim\limits_{n \to \infty} r^n = \infty$ si $r > 1$ o no existe si $r \leq -1$. Por lo tanto,

$$\sum_{n=1}^{\infty} ar^{n-1} = a\frac{1-\lim\limits_{n\to\infty} r^n}{1-r} \text{ diverge.}$$

En resumen, si $|r| \geq 1$, $\sum\limits_{n=1}^{\infty} ar^{n-1}$ diverge.

EJEMPLO 1. Analizar la convergencia de las siguientes series:

a. $1 + \frac{1}{2} + \frac{1}{4} + \frac{1}{8} + \frac{1}{16} + \cdots$

b. $3 - 1 + \frac{1}{3} - \frac{1}{9} + \frac{1}{27} - \cdots$

c. $2 + 3 + \frac{9}{2} + \frac{27}{4} + \frac{81}{8} + \cdots$

d. $\sum\limits_{n=1}^{\infty} \frac{(-1)^n 3}{4^n}$

Solución

a. Se trata de la serie geométrica:

$$\sum_{n=1}^{\infty} \frac{1}{2^{n-1}} = \sum_{n=1}^{\infty} (1)\left(\frac{1}{2}\right)^{n-1}, \text{ donde } a = 1 \text{ y } r = \frac{1}{2}$$

De acuerdo al teorema anterior, esta serie converge y

$$\sum_{n=1}^{\infty} \frac{1}{2^{n-1}} = \frac{1}{1-1/2} = 2$$

b. Se trata de la serie geométrica:

$$\sum_{n=1}^{\infty} 3\left(-\frac{1}{3}\right)^{n-1}, \text{ donde } a = 3 \text{ y } r = -\frac{1}{3}$$

De acuerdo al teorema anterior, esta serie converge y

$$\sum_{n=1}^{\infty} 3\left(-\frac{1}{3}\right)^{n-1} = \frac{3}{1-(-1/3)} = \frac{9}{4}$$

c. Se trata de la serie geométrica:

$$\sum_{n=1}^{\infty} 2\left(\frac{3}{2}\right)^{n-1}, \text{ donde } a = 2 \text{ y } r = \frac{3}{2}$$

De acuerdo al teorema anterior, esta serie diverge.

d. $$\sum_{n=1}^{\infty} \frac{(-1)^n 3}{4^n} = -\frac{3}{4} + \frac{3}{4^2} - \frac{3}{4^3} + \cdot\cdot\cdot + \frac{(-1)^n 3}{4^n} + \cdot\cdot\cdot$$

$$= \left(-\frac{3}{4}\right) + \left(-\frac{3}{4}\right)\left(-\frac{1}{4}\right) + \left(-\frac{3}{4}\right)\left(-\frac{1}{4}\right)^2 + \cdot\cdot\cdot$$

Se trata de la serie geométrica:

$$\sum_{n=1}^{\infty} \left(-\frac{3}{4}\right)\left(-\frac{1}{4}\right)^{n-1}, \text{ donde } a = -\frac{3}{4} \text{ y } r = -\frac{1}{4}$$

De acuerdo al teorema anterior, esta serie converge y

$$\sum_{n=1}^{\infty} \frac{(-1)^n 3}{4^n} = \sum_{n=1}^{\infty} \left(-\frac{3}{4}\right)\left(-\frac{1}{4}\right)^{n-1} = \frac{-3/4}{1-(-1/4)} = -\frac{3}{5}$$

Que esta serie es una serie geométrica, también puede verse así:

$$\sum_{n=1}^{\infty} \frac{(-1)^n 3}{4^n} = \sum_{n=1}^{\infty} \frac{-3(-1)^{n-1}}{(4)4^{n-1}} = \sum_{n=1}^{\infty} \frac{-3}{4}\frac{(-1)^{n-1}}{4^{n-1}} = \sum_{n=1}^{\infty} \frac{-3}{4}\left(\frac{-1}{4}\right)^{n-1}$$

EJEMPLO 2. Representar las siguientes expresiones decimales periódicas como **cociente de dos enteros.**

a. $0.\overline{7} = 0.77777 \cdot\cdot\cdot$ **b.** $1.6\overline{25} = 0.6252525 \cdot\cdot\cdot$

Solución

a. $0.77777 \cdot\cdot\cdot = 0.7 + 0.07 + 0.007 + 0.0007 + 0.00007 + \cdot\cdot\cdot$

$$= \frac{7}{10} + \frac{7}{10^2} + \frac{7}{10^3} + \frac{7}{10^4} + \frac{7}{10^5} + \cdot\cdot\cdot$$

$$= \frac{7}{10}\left(1+\frac{1}{10}+\frac{1}{10^2}+\frac{1}{10^3}+\frac{1}{10^4}+\cdots\right)$$

$$= \sum_{n=1}^{\infty}\frac{7}{10}\left(\frac{1}{10}\right)^{n-1} = \frac{7/10}{1-1/10} = \frac{7}{9}$$

b. $1.6252525\cdots = 1.6 + 0.0252525$

$$= \frac{16}{10} + 0.025 + 0.00025 + 0.0000025 + 0.000000025 + \cdots$$

$$= \frac{16}{10} + \left(\frac{25}{10^3}+\frac{25}{10^5}+\frac{25}{10^7}+\frac{25}{10^9}+\cdots\right)$$

$$= \frac{16}{10} + \frac{25}{10^3}\left(1+\frac{1}{10^2}+\frac{1}{10^4}+\frac{1}{10^6}+\cdots\right)$$

$$= \frac{16}{10} + \frac{25}{10^3}\left(1+\frac{1}{10^2}+\frac{1}{\left(10^2\right)^2}+\frac{1}{\left(10^2\right)^3}+\cdots\right)$$

$$= \frac{16}{10} + \sum_{n=1}^{\infty}\frac{25}{10^3}\left(\frac{1}{10^2}\right)^{n-1} = \frac{16}{10} + \frac{25/10^3}{1-1/10^2}$$

$$= \frac{16}{10} + \frac{25}{990} = \frac{1.609}{990}$$

EJEMPLO 3. Dada la serie $\sum_{n=0}^{\infty}\frac{3}{2^n}(x-1)^n$

a. Hallar los valores de x para los cuales la serie converge.

b. Para los x encontrados en la parte a, hallar la suma de la serie.

Solución

a. Tenemos que $\sum_{n=0}^{\infty}\frac{3}{2^n}(x-1)^n = \sum_{n=0}^{\infty}3\left(\frac{x-1}{2}\right)^n$

Vemos que tenemos una serie geométrica donde $a = 3$ y $r = \frac{x-1}{2}$

La serie converge $\Leftrightarrow |r| < 1 \Leftrightarrow \left|\frac{x-1}{2}\right| < 1 \Leftrightarrow |x-1| < 2$

$$\Leftrightarrow -2 < x-1 < 2 \Leftrightarrow -1 < x < 3$$

Esto es, la serie $\sum_{n=0}^{\infty} \frac{3}{2^n}(x-1)^n$ converge para los x en el intervalo $(-1, 3)$.

b. Si $-1 < x < 3$, se tiene:

$$\sum_{n=0}^{\infty} \frac{3}{2^n}(x-1)^n = \sum_{n=0}^{\infty} 3\left(\frac{x-1}{2}\right)^n = \frac{3}{1-\frac{x-1}{2}} = \frac{6}{3-x}$$

EJEMPLO 4. **Aquiles y la tortuga**

Hallar la distancia que debe recorrer Aquiles para alcanzar a la tortuga. O sea, hallar:

$$S = 100 + 10 + 1 + 0.1 + 0.001 + \cdots$$

Solución

Se de la suma de una serie geométrica donde $a = 100$ y $r = \frac{1}{10}$. Luego,

$$S = \sum_{n=1}^{\infty} 100\left(\frac{1}{10}\right)^{n-1} = \frac{100}{1-1/10} = \frac{1{,}000}{9} = 111\frac{1}{9} \text{ metros}$$

EJEMPLO 5. **El conjunto de Cantor**

El conjunto de Cantor, nombrado así en honor de **Georg Cantor**, es un subconjunto del intervalo [0, 1] que tiene propiedades sorprendentes. Este conjunto se construye así:

A [0, 1] lo dividimos en tres subintervalos de igual longitud y eliminamos el subintervalo abierto del medio, es decir quitamos el intervalo (1/3, 2/3).

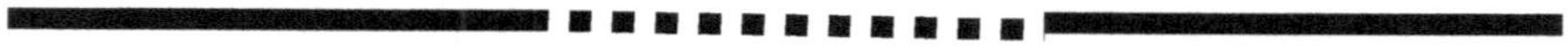

0 **1/3** **2/3** **1**

Con cada uno de los dos intervalos restantes repetimos la operación: Dividimos en tres subintervalos de igual longitud y quitamos el intervalo abierto del medio.

0 **1/9** **2/9** **1/3** **2/3** **7/9** **8/9** **1**

Con cada uno de los cuatro intervalos restantes repetimos la operación, y así sucesivamente hasta el infinito. El conjunto de Cantor está formado por todos los números del intervalo [0, 1] que quedan después del proceso anterior.

Probar que la longitud de los intervalos eliminados es 1.

Solución

En el primer paso eliminamos un intervalo de longitud 1/3.

En el segundo paso se eliminaron 2 intervalos de longitud 1/9, que dan una longitud $2/9 = 2/3^2$.

En el tercer paso, se eliminaron 4 intervalos de longitud 1/27, que dan una longitud $4/27 = 2^2/3^3$.

En general, en el paso n se eliminaron 2^{n-1} intervalos de longitud $1/3^n$, que dan una longitud de $\dfrac{2^{n-1}}{3^n}$.

En consecuencia, la longitud total de los intervalos eliminados es:

$$\frac{1}{3} + \frac{2}{3^2} + \frac{2^2}{3^3} + \cdot\cdot\cdot + \frac{2^{n-1}}{3^n} + \cdot\cdot\cdot = \sum_{n=1}^{\infty} \frac{2^{n-1}}{3^n} = \sum_{n=1}^{\infty} \frac{1}{3}\left(\frac{2}{2}\right)^{n-1} = \frac{1/3}{1-2/3} = 1$$

¿SABIAS QUE . . .?

Si la longitud de los intervalos eliminados es 1, *entonces el conjunto de Cantor tiene "longitud" 0. Este resultado nos induce a creer que este conjunto tiene pocos elementos. Nuestra intuición nos engaña. Se prueba que el conjunto de Cantor tiene tantos elementos como los tiene el intervalo* [0, 1]. *Se sabe que el intervalo* [0, 1] *tiene infinitos elementos, siendo este infinito mayor que el infinito que se obtiene al contar los elementos del conjunto de números naturales.*

GEORG FERDINAND LUDWIG PHILIPP CANTOR *(1845-1918) nació en San Petersburgo, Rusia, pero de origen judío. Estudió Matemática en la Universidad de Zurich y la Universidad de Berlín. En 1869 lo nombraron profesor de la Universidad de Halle, en donde desarrolló toda su carrera profesional.*

Entre 1874 y 1897, Cantor creó la teoría de conjuntos, la cual lo mostró como un matemático creativo de extraordinaria originalidad. Revolucionó la Matemática con su teoría sobre el infinito, que es considerada como la más original y la más perturbadora contribución a la Matemática en los últimos 2,500 años. Sus resultados fueron tan sorprendentes que algunos de sus contemporáneos dudaron de su veracidad. La falta de reconocimiento inicial a sus investigaciones lo afectó anímicamente, convirtiéndolo en un hombre melancólico, depresivo e irritable.

SERIES TELESCOPICAS

Una serie $\sum_{n=1}^{\infty} a_n$ se llama telescópica si el término general a_n puede expresarse en la forma: $a_n = b_n - b_{n+1}$. En este caso se tiene:

$$S_n = \sum_{k=1}^{n} a_k = \sum_{k=1}^{n} (b_k - b_{k+1})$$
$$= (b_1 - b_2) + (b_2 - b_3) + (b_3 - b_4) + \cdot\cdot\cdot + (b_n - b_{n+1}) = b_1 - b_{n+1}$$

y, por lo tanto,

$$\sum_{n=1}^{\infty} a_n = b_1 - \lim_{n\to\infty} b_{n+1}$$

Esta serie se llama así en remembranza de los antiguos telescopios. Estos telescopios, a pesar de su longitud, sólo estaban compuestos de dos lentes.

EJEMPLO 6. Probar que las siguientes series son telescópicas y hallar su suma.

a. $\displaystyle\sum_{n=1}^{\infty} \frac{1}{n^2+n}$ **b.** $\displaystyle\sum_{n=1}^{\infty} \frac{1}{(2n-1)(2n+1)}$

Solución

a. Factorizando y descomponiendo en fracciones parciales:

$\dfrac{1}{n^2+n} = \dfrac{1}{n(n+1)}$. Si $\dfrac{1}{n(n+1)} = \dfrac{A}{n} - \dfrac{B}{n+1}$, hallamos: $A = 1$ y $B = -1$.

Luego, $\dfrac{1}{n(n+1)} = \dfrac{1}{n} - \dfrac{1}{n+1}$.

Se trata de una la serie telescópica. En efecto:

Si $b_n = \dfrac{1}{n}$, tenemos que $b_{n+1} = \dfrac{1}{n+1}$ y $\dfrac{1}{n^2+n} = b_n - b_{n+1}$

Ahora,

$$S_n = \sum_{k=1}^{n} \frac{1}{k^2+k} = \sum_{k=1}^{n} \left(\frac{1}{k} - \frac{1}{k+1}\right)$$
$$= \left(\frac{1}{1} - \frac{1}{2}\right) + \left(\frac{1}{2} - \frac{1}{3}\right) + \left(\frac{1}{3} - \frac{1}{4}\right) + \cdot\cdot\cdot + \left(\frac{1}{n} - \frac{1}{n+1}\right) = 1 - \frac{1}{n+1}$$

Luego,

$$\sum_{n=1}^{\infty} \frac{1}{n^2+n} = \lim_{n\to\infty} S_n = \lim_{n\to\infty} \left(1 - \frac{1}{n+1}\right) = 1 - \lim_{n\to\infty} \frac{1}{n+1} = 1 - 0 = 1$$

b. Descomponiendo en fracciones parciales tenemos:

$$\frac{1}{(2n-1)(2n+1)} = \frac{1}{2}\left(\frac{1}{2n-1} - \frac{1}{2n+1}\right)$$

Se trata de una serie telescópica. En efecto:

Si $b_n = \dfrac{1}{2n-1}$, tenemos $b_{n+1} = \dfrac{1}{2(n+1)-1} = \dfrac{1}{2n+1}$ y

$$\frac{1}{(2n-1)(2n+1)} = b_n - b_{n+1}$$

Ahora,

$$S_n = \frac{1}{2}\left(\frac{1}{1}-\frac{1}{3}\right)+\frac{1}{2}\left(\frac{1}{3}-\frac{1}{5}\right)+\frac{1}{2}\left(\frac{1}{5}-\frac{1}{7}\right)+\cdots+\frac{1}{2}\left(\frac{1}{2n-1}-\frac{1}{2n+1}\right)$$

$$= \frac{1}{2}\left(1-\frac{1}{2n+1}\right) \quad \text{y}$$

$$\sum_{n=1}^{\infty}\frac{1}{(2n-1)(2n+1)} = \lim_{n\to\infty} S_n = \lim_{n\to\infty}\frac{1}{2}\left(1-\frac{1}{2n+1}\right) = \frac{1}{2}(1-0) = \frac{1}{2}$$

SERIE ARMONICA

Se llama **serie armónica** a la serie

$$\sum_{n=1}^{\infty}\frac{1}{n} = 1+\frac{1}{2}+\frac{1}{3}+\frac{1}{4}+\cdots+\frac{1}{n}+\cdots$$

TEOREMA 9.2. **Divergencia de la serie armónica**

$$\sum_{n=1}^{\infty}\frac{1}{n} \quad \textbf{es divergente.}$$

Demostración

Observemos que la sucesión de las sumas parciales es estrictamente creciente:

$$S_n = 1+\frac{1}{2}+\frac{1}{3}+\cdots+\frac{1}{n} < S_n+\frac{1}{n+1} = S_{n+1}$$

Calculamos la sumas parciales correspondientes a las potencias de 2:

$$S_2 = 1+\frac{1}{2} > \frac{1}{2}+\frac{1}{2} = \frac{2}{2}$$

$$S_4 = 1+\frac{1}{2}+\frac{1}{3}+\frac{1}{4} = S_2+\left(\frac{1}{3}+\frac{1}{4}\right) > S_2+\left(\frac{1}{4}+\frac{1}{4}\right) > \frac{2}{2}+\frac{1}{2} = \frac{3}{2}$$

$$S_8 = S_4+\left(\frac{1}{5}+\frac{1}{6}+\frac{1}{7}+\frac{1}{8}\right) > S_4+\left(\frac{1}{8}+\frac{1}{8}+\frac{1}{8}+\frac{1}{8}\right) > \frac{3}{2}+\frac{1}{2} = \frac{4}{2}$$

$$S_{16} = S_8+\left(\frac{1}{9}+\frac{1}{10}+\frac{1}{11}+\frac{1}{12}+\frac{1}{13}+\frac{1}{14}+\frac{1}{15}+\frac{1}{16}\right)$$

$$> S_8+\left(\frac{1}{16}+\frac{1}{16}+\frac{1}{16}+\frac{1}{16}+\frac{1}{16}+\frac{1}{14}+\frac{1}{16}+\frac{1}{16}\right) > \frac{4}{2}+\frac{1}{2} = \frac{5}{2}$$

.
.
.

$$S_2^{\,n} > \frac{n+1}{2}$$

Luego,

$$\sum_{n=1}^{\infty} \frac{1}{n} = \lim_{n \to \infty} S_n = \lim_{n \to \infty} S_{2^n} > \lim_{n \to \infty} \left(\frac{n+1}{2} \right) = +\infty$$

Esto es, la serie armónica $\sum_{n=1}^{\infty} \frac{1}{n}$ diverge a $+\infty$

¿SABIAS QUE . . .

La serie armónica se llama así porque aparece relacionada con ciertos tonos producidos por la vibración de cuerdas musicales.

La prueba de la divergencia de esta serie fue hecha por ***Nicolás Oresme*** *(1323–1382), muchos años antes que Newton y Leibniz inventaran el Cálculo. N. Oresme fue un teólogo, filósofo, lógico, matemático, físico y obispo francés. Fue precursor de la Geometría Analítica. Se adelantó 200 años a Copérnico con la teoría del movimiento de la tierra alrededor del sol.*

Nicolás Oresme
(1323-1362)

TEOREMA 9.3 Si la serie $\sum_{n=1}^{\infty} a_n$ converge, entonces $\lim_{n \to \infty} a_n = 0$

Demostración

Sea $S = \sum_{n=1}^{\infty} a_n$. Se tiene:

$$S_n = a_1 + a_2 + a_3 + \cdot \cdot \cdot + a_n \Rightarrow a_n = S_n - S_{n-1}$$

Luego, $\lim_{n \to \infty} a_n = \lim_{n \to \infty} S_n - \lim_{n \to \infty} S_{n-1} = S - S = 0$

OBSERVACION. La proposición recíproca al teorema anterior es falsa. Es decir,

$$\lim_{n \to \infty} a_n = 0 \text{ no implica que } \sum_{n=1}^{\infty} a_n \text{ converge}$$

En efecto, la serie armónica nos proporciona un contraejemplo. Tenemos que:

$$\lim_{n \to \infty} \frac{1}{n} = 0, \text{ sin embargo, } \sum_{n=1}^{\infty} \frac{1}{n} \text{ diverge.}$$

La proposición contrarrecíproca del teorema anterior nos proporciona un primer criterio de divergencia para series. Este criterio, por ser el contrarrecíproca de un teorema, no precisa demostración.

CRITERIO DE DIVERGENCIA DEL *n*–ESIMO TERMINO.

Si $\lim\limits_{n\to\infty} a_n \neq 0$ **o no existe** $\lim\limits_{n\to\infty} a_n$, **entonces** $\sum\limits_{n=1}^{\infty} a_n$ **diverge.**

Una cosecuencia inmediata de este criterio es el siguiente resultado:

COROLARIO. Si $\sum\limits_{n=1}^{\infty} a_n$ **converge** y $a_n \neq 0$, entonces $\sum\limits_{n=1}^{\infty} \frac{1}{a_n}$ **diverge**.

Demostración

$$\sum_{n=1}^{\infty} a_n \text{ converge} \Rightarrow \lim_{n\to\infty} a_n = 0 \Rightarrow \lim_{n\to\infty} \frac{1}{a_n} \neq 0 \Rightarrow \sum_{n=1}^{\infty} \frac{1}{a_n} \text{ diverge.}$$

EJEMPLO 4. Probar que las siguientes series son divergentes:

a. $\sum\limits_{n=1}^{\infty} \frac{n}{n+1}$ **b.** $\sum\limits_{n=1}^{\infty} (-1)^n 5$

Solución

a. Tenemos que $\lim\limits_{n\to\infty} \frac{n}{n+1} = \lim\limits_{n\to\infty} \frac{1}{1+1/n} = \frac{1}{1+0} = 1 \neq 0.$

Luego, $\sum\limits_{n=1}^{\infty} \frac{n}{n+1}$ diverge.

b. Tenemos que $\lim\limits_{n\to\infty} (-1)^n 5$ no existe. Luego, $\sum\limits_{n=1}^{\infty} (-1)^n 5$ diverge.

LINEALIDAD DE LA CONVERGENCIA DE SERIES

TEOREMA 9.4 Si $\sum\limits_{n=1}^{\infty} a_n$ y $\sum\limits_{n=1}^{\infty} b_n$ convergen y c es una constante, entonces

$\sum\limits_{n=1}^{\infty} ca_n$ y $\sum\limits_{n=1}^{\infty} (a_n \pm b_n)$ convergen y se cumple:

1. $\sum\limits_{n=1}^{\infty} ca_n = c\sum\limits_{n=1}^{\infty} a_n$ **2.** $\sum\limits_{n=1}^{\infty} (a_n \pm b_n) = \sum\limits_{n=1}^{\infty} a_n \pm \sum\limits_{n=1}^{\infty} b_n$

Demostración

Estas propiedades de las series son casos particulares de las leyes de los límites de las sucesiones. Como muestra, probamos 2.

2. $\sum_{n=1}^{\infty}(a_n \pm b_n) = \lim_{n\to\infty}\sum_{k=1}^{n}(a_k \pm b_k) = \lim_{n\to\infty}\sum_{k=1}^{n} a_k \pm \lim_{n\to\infty}\sum_{k=1}^{n} b_k = \sum_{n=1}^{\infty} a_n \pm \sum_{n=1}^{\infty} b_n$

COROLARIO.

1. Si $\sum_{n=1}^{\infty} a_n$ es divergente y $c \neq 0$, entonces $\sum_{n=1}^{\infty} ca_n$ es divergente.

2. Si $\sum_{n=1}^{\infty} a_n$ es convergente y $\sum_{n=1}^{\infty} b_n$ es divergente, entonces

$$\sum_{n=1}^{\infty}(a_n \pm b_n) \text{ es divergente.}$$

Demostración

Procedemos por reducción al absurdo.

1. $\sum_{n=1}^{\infty} ca_n$ convergente $\Rightarrow \sum_{n=1}^{\infty}\frac{1}{c}(ca_n) = \sum_{n=1}^{\infty} a_n$ es convergente (¡contradicción!).

2. $\sum_{n=1}^{\infty}(a_n \pm b_n)$ convergente $\Rightarrow \sum_{n=1}^{\infty} b_n = \sum_{n=1}^{\infty}(a_n + b_n) \mp \sum_{n=1}^{\infty} a_n$ esconvergente (¡contradicción!)

EJEMPLO 7. Probar que $\sum_{n=1}^{\infty}\left(\frac{5}{n^2+n} - \frac{1}{4^n}\right)$ es convergente y hallar su suma.

Solución

En el ejemplo 3 se probó que $\sum_{n=1}^{\infty}\frac{1}{n^2+n} = 1$

Por otro lado, la siguiente serie es geométrica y

$$\sum_{n=1}^{\infty}\frac{1}{4^n} = \sum_{n=1}^{\infty}\frac{1}{4}\left(\frac{1}{4}\right)^{n-1} = \frac{1/4}{1 - 1/4} = \frac{1}{3}$$

Luego, por el teorema anterior,

$$\sum_{n=1}^{\infty}\left(\frac{5}{n^2+n} - \frac{1}{4^n}\right) = 5\sum_{n=1}^{\infty}\frac{1}{n^2+n} - \sum_{n=1}^{\infty}\frac{1}{4^n} = 5(1) - \frac{1}{3} = \frac{14}{3}$$

EJEMPLO 8. Probar que $\sum_{n=1}^{\infty}\left(\frac{-2}{n^2+n} - \frac{1}{5n}\right)$ es divergente

Solución

Sabemos que $\sum_{n=1}^{\infty}\frac{1}{n^2+n}$ converge. Luego, $\sum_{n=1}^{\infty}\frac{-2}{n^2+n} = -2\sum_{n=1}^{\infty}\frac{1}{n^2+n}$ converge.

Por otro lado, sabemos que serie la serie armónica $\sum_{n=1}^{\infty}\frac{1}{n}$ es divergente. Luego, por la parte 1 del corolario anterior, $\sum_{n=1}^{\infty}\frac{1}{5n} = \sum_{n=1}^{\infty}\frac{1}{5}\left(\frac{1}{n}\right)$ es divergente.

Por la parte 2 del corolario anterior, tenemos que $\sum_{n=1}^{\infty}\left(\frac{-2}{n^2+n} - \frac{1}{5n}\right)$ es divergente

ADICION Y SUPRESION DE TERMINOS DE UNA SERIE

A una serie se le pueden quitar o aumentar algunos términos sin que varíe la convergencia o divergencia de la serie. Sin embargo, en el caso de una serie convergente, la suma de la serie cambiará. Así, si y $k > 0$, entonces

$$\sum_{n=1}^{\infty} a_n \text{ converge} \Leftrightarrow \sum_{n=k}^{\infty} a_n \text{ converge} \quad \text{y se cumple}$$

$$\sum_{n=1}^{\infty} a_n = a_1 + a_2 + \cdots + a_{k-1} + \sum_{n=k}^{\infty} a_n$$

EJEMPLO 9. Analizar la convergencia de $\sum_{n=1}^{\infty}\frac{1}{n+100}$

Solución

$$\sum_{n=1}^{\infty}\frac{1}{n+100} = \frac{1}{101} + \frac{1}{102} + \frac{1}{103} + \cdots = \sum_{n=101}^{\infty}\frac{1}{n}$$

$\sum_{n=1}^{\infty}\frac{1}{n+100}$ es la serie armónica menos los 100 primeros términos. Como la serie armónica diverge y eliminar algunos términos no afecta la divergencia, concluimos que $\sum_{n=1}^{\infty}\frac{1}{n+100}$ diverge.

CAMBIO DE INDICE DE LA SUMATORIA

Dado un número natural k, una serie puede escribirse así:

1. $\sum_{n=1}^{\infty} a_n$ **2.** $\sum_{m=1+k}^{\infty} a_{m-k}$ **3.** $\sum_{m=1-k}^{\infty} a_{m+k}$

La expresión 2 se obtiene de la 1 mediante el cambio de variable $m = n + k$. En efecto, $n = 1 \Rightarrow m = 1 + k$ y $m = n + k \Rightarrow n = m - k$. La expresión 3 de obtiene de la 1, mediante el cambio $m = n - k$. Para este caso, $n = 1 \Rightarrow m = 1 - k$ y $m = n - k \Rightarrow n = m + k$.

EJEMPLO 10. Expresar la siguiente serie usando cuatro índices diferentes:

$$4 + 12 + 36 + 108 + \cdots = 4 + 4(3) + 4(3)^2 + 4(3)^3 + \cdots$$

Solución

Se trata de una serie geométrica para la cual $a = 4$ y $r = 3$.

1. $\sum_{n=1}^{\infty} 4(3)^{n-1}$ **2.** $\sum_{m=0}^{\infty} 4(3)^{m}$ **3.** $\sum_{m=4}^{\infty} 4(3)^{m-4}$ **4.** $\sum_{m=-4}^{\infty} 4(3)^{m+4}$

Las series 2, 3 y 4 se obtienen de la primera mediante los cambios de variable:

2. $m = n - 1$, **3.** $m = n + 3$ **4.** $m = n - 5$

EJEMPLO 11. Hallar la suma de $\sum_{n=3}^{\infty} \left(\frac{e}{\pi}\right)^{n-1}$

Solución

Primera solución: Como $3 = 1 + 2$, hacemos $m = n - 2$ y tenemos que:

$$m = n - 2 \Rightarrow n = m + 2 \quad \text{y} \quad n = 3 \Rightarrow m = 1$$

Luego,

$$\sum_{n=3}^{\infty} \left(\frac{e}{\pi}\right)^{n-1} = \sum_{m=1}^{\infty} \left(\frac{e}{\pi}\right)^{(m+2)-1} = \sum_{m=1}^{\infty} \left(\frac{e}{\pi}\right)^{m+1} = \sum_{m=1}^{\infty} \left(\frac{e}{\pi}\right)^{2} \left(\frac{e}{\pi}\right)^{m-1}$$

Vemos que se trata de una serie geométrica en la que $a = \frac{e^2}{\pi^2}$ y $r = \frac{e}{\pi}$.

Como $r = e/\pi < 1$, la serie converge y

$$\sum_{n=3}^{\infty} \left(\frac{e}{\pi}\right)^{n-1} = \sum_{m=1}^{\infty} \left(\frac{e}{\pi}\right)^{2} \left(\frac{e}{\pi}\right)^{m-1} = \frac{e^2/\pi^2}{1 - e/\pi} = \frac{e^2}{\pi(\pi - e)}$$

Segunda solución:

$$\sum_{n=3}^{\infty} \left(\frac{e}{\pi}\right)^{n-1} = \left(\frac{e}{\pi}\right)^{2} + \left(\frac{e}{\pi}\right)^{3} + \left(\frac{e}{\pi}\right)^{4} + \cdots$$

$$= \left(\frac{e}{\pi}\right)^{2} \left[1 + \left(\frac{e}{\pi}\right) + \left(\frac{e}{\pi}\right)^{2} + \cdots\right] = \left(\frac{e}{\pi}\right)^{2} \sum_{n=1}^{\infty} \left(\frac{e}{\pi}\right)^{n-1}$$

$$= \left(\frac{e}{\pi}\right)^{2} \frac{1}{1 - e/\pi} = \frac{e^2}{\pi(\pi - e)}$$

PROBLEMAS RESUELTOS 9.1

PROBLEMA 1. Analizar la convergencia de la serie $\sum_{n=1}^{\infty} \frac{2n+1}{n^2(n+1)^2}$

Solución

Descomponiendo en fracciones parciales tenemos:

Si $\frac{2n+1}{n^2(n+1)^2} = \frac{A}{n^2} + \frac{B}{n} + \frac{C}{(n+1)^2} + \frac{D}{(n+1)}$ hallamos que

$$A = 1, B = 0, \; C = -1 \text{ y } D = 0.$$

Luego,

$$\frac{2n+1}{n^2(n+1)^2} = \frac{1}{n^2} - \frac{1}{(n+1)^2}$$

Se trata de una serie telescópica. En efecto:

Si $b_n = \frac{1}{n^2}$, tenemos $b_{n+1} = \frac{1}{(n+1)^2}$ y $\frac{2n+1}{n^2(n+1)^2} = b_n - b_{n+1}$

Por lo tanto,

$$\sum_{n=1}^{\infty} \frac{2n+1}{n^2(n+1)^2} = b_1 - \lim_{n\to\infty} b_{n+1} = \frac{1}{1^2} - \lim_{n\to\infty} \frac{1}{(n+1)^2} = 1 - 0 = 1$$

PROBLEMA 2. Hallar **a.** $\sum_{n=1}^{\infty} \frac{2^n}{\left(2^n-1\right)\left(2^{n+1}-1\right)}$ **b.** $\sum_{n=1}^{\infty} \frac{1}{n(n+1)(n+2)}$

Solución

a. $\sum_{n=1}^{\infty} \frac{2^n}{\left(2^n-1\right)\left(2^{n+1}-1\right)}$ es una serie telescópica. En efecto.

Descomponiendo en fracciones:

Si $\frac{2^n}{\left(2^n-1\right)\left(2^{n+1}-1\right)} = \frac{A}{2^n-1} + \frac{B}{2^{n+1}-1}$, hallamos que $A = 1$ y $B = -1$.

Luego,

$$\frac{2^n}{\left(2^n-1\right)\left(2^{n+1}-1\right)} = \frac{1}{2^n-1} - \frac{1}{2^{n+1}-1} = b_n - b_{n+1}, \quad \text{donde } b_n = \frac{1}{2^n-1}.$$

Por lo tanto,

$$\sum_{n=1}^{\infty} \frac{2^n}{\left(2^n-1\right)\left(2^{n+1}-1\right)} = b_1 - \lim_{n\to\infty} b_{n+1} = = \frac{1}{2^1-1} - \lim_{n\to\infty} \frac{1}{2^{n+1}-1} = 1 - 0 = 1$$

b. $\sum_{n=1}^{\infty} \frac{1}{n(n+1)(n+2)}$ es una serie telescópica. En efecto.

Descomponiendo en fracciones:

Si $\frac{1}{n(n+1)(n+2)} = \frac{A}{n} + \frac{B}{n+1} + \frac{C}{n+2}$, hallamos: $A = 1/2,\ B = -1$ y $C = 1/2$.

Luego,

$$\frac{1}{n(n+1)(n+2)} = \frac{1/2}{n} - \frac{1}{n+1} + \frac{1/2}{n+2} = \frac{1}{2}\left[\frac{1}{n} - \frac{2}{n+1} + \frac{1}{n+2}\right]$$

$$= \frac{1}{2}\left[\left(\frac{1}{n} - \frac{1}{n+1}\right) - \left(\frac{1}{n+1} - \frac{1}{n+2}\right)\right]$$

Si $b_n = \frac{1}{n} - \frac{1}{n+1}$, entonces $b_{n+1} = \frac{1}{n+1} - \frac{1}{n+2}$, entonces

$$\frac{1}{n(n+1)(n+2)} = \frac{1}{2}\left[b_n - b_{n+1}\right]$$

Por lo tanto,

$$\sum_{n=1}^{\infty} \frac{1}{n(n+1)(n+2)} = \frac{1}{2}\left[b_1 - \lim_{n\to\infty} b_{n+1}\right] = \frac{1}{2}\left[\left(\frac{1}{1} - \frac{1}{1+1}\right) - \lim_{n\to\infty}\left(\frac{1}{n+1} - \frac{1}{n+2}\right)\right]$$

$$= \frac{1}{2}\left[\left(\frac{1}{2}\right) - (0)\right] = \frac{1}{4}$$

PROBLEMA 3. Probar que:

a. $\sum_{n=2}^{\infty} \ln\left(1 - \frac{1}{n^2}\right) = -\ln 2$ **b.** $\sum_{n=2}^{\infty} \frac{1}{n^2 - 1} = \frac{3}{4}$

Solución

a. $\sum_{n=2}^{\infty} \ln\left(1 - \frac{1}{n^2}\right)$ es una serie telescópica. En efecto:

$$1 - \frac{1}{n^2} = \frac{n^2 - 1}{n^2} = \frac{(n+1)(n-1)}{n^2} = \left(\frac{n+1}{n}\right)\left(\frac{n-1}{n}\right) \quad \text{y}$$

$$\ln\left(1-\frac{1}{n^2}\right)=\ln\left(\frac{n+1}{n}\right)\left(\frac{n-1}{n}\right)=\ln\left(\frac{n+1}{n}\right)+\ln\left(\frac{n-1}{n}\right)$$

$$=\left(\ln(n+1)-\ln n\right)+\left(\ln(n-1)-\ln n\right)$$

$$=\left(\ln(n-1)-\ln n\right)-\left(\ln n-\ln(n+1)\right)$$

$$=b_n-b_{n+1},\qquad \text{donde } b_n=\ln(n-1)-\ln n$$

Por lo tanto,

$$\sum_{n=2}^{\infty}\ln\left(1-\frac{1}{n^2}\right)=b_2-\lim_{n\to\infty}b_{n+1}=\left(\ln(2-1)-\ln 2\right)-\lim_{n\to\infty}\left(\ln n-\ln(n+1)\right)$$

$$=\left(\ln 1-\ln 2\right)-\lim_{n\to\infty}\left(\ln\frac{n}{n+1}\right)=-\ln 2-\ln\lim_{n\to\infty}\left(\frac{1}{1+1/n}\right)$$

$$=-\ln 2-\ln(1)=-\ln 2$$

b. Factorizando y descomponiendo en fracciones parciales:

$$\frac{1}{n^2-1}=\frac{1}{(n-1)(n+1)}=\frac{1}{2}\left(\frac{1}{n-1}-\frac{1}{n+1}\right)=\frac{1}{2}\left(\frac{1}{n-1}-\frac{1}{n}\right)+\frac{1}{2}\left(\frac{1}{n}-\frac{1}{n+1}\right)$$

$$=\frac{1}{2}\left[\left(\frac{1}{n-1}-\frac{1}{n}\right)+\left(\frac{1}{n}-\frac{1}{n+1}\right)\right]$$

Luego,

$$\sum_{n=2}^{\infty}\frac{1}{n^2-1}=\sum_{n=2}^{\infty}\frac{1}{2}\left[\left(\frac{1}{n-1}-\frac{1}{n}\right)+\left(\frac{1}{n}-\frac{1}{n+1}\right)\right]$$

$$=\frac{1}{2}\sum_{n=2}^{\infty}\left(\frac{1}{n-1}-\frac{1}{n}\right)+\frac{1}{2}\sum_{n=2}^{\infty}\left(\frac{1}{n}-\frac{1}{n+1}\right)$$

Estas dos series son telescópicas. Para la primera tomamos $b_n=\dfrac{1}{n-1}$ y tenemos

$$\frac{1}{2}\sum_{n=2}^{\infty}\left(\frac{1}{n-1}-\frac{1}{n}\right)=\frac{1}{2}\left(b_2-\lim_{n\to\infty}b_{n+1}\right)=\frac{1}{2}\left(\frac{1}{2-1}-\lim_{n\to\infty}\frac{1}{n}\right)=\frac{1}{2}(1-0)=\frac{1}{2}$$

Para la segunda integral tomamos $b_n=\dfrac{1}{n}$ y tenemos

$$\frac{1}{2}\sum_{n=2}^{\infty}\left(\frac{1}{n}-\frac{1}{n+1}\right)=\frac{1}{2}\left(b_2-\lim_{n\to\infty}b_{n+1}\right)=\left(\frac{1}{2}-\lim_{n\to\infty}\frac{1}{n+1}\right)=\frac{1}{2}\left(\frac{1}{2}-0\right)=\frac{1}{4}$$

Finalmente obtenemos: $\displaystyle\sum_{n=2}^{\infty}\frac{1}{n^2-1}=\frac{1}{2}+\frac{1}{4}=\frac{3}{4}$

PROBLEMA 4. Un balón de baskebol cae desde una altura inicial de 64 *m*. Cada vez que golpea el suelo, el balón rebota, subiendo 3/4 de la altura anterior. Hallar la distancia vertical total recorrida por el balón. El número $r = 3/4$ se llama coeficiente de rebote.

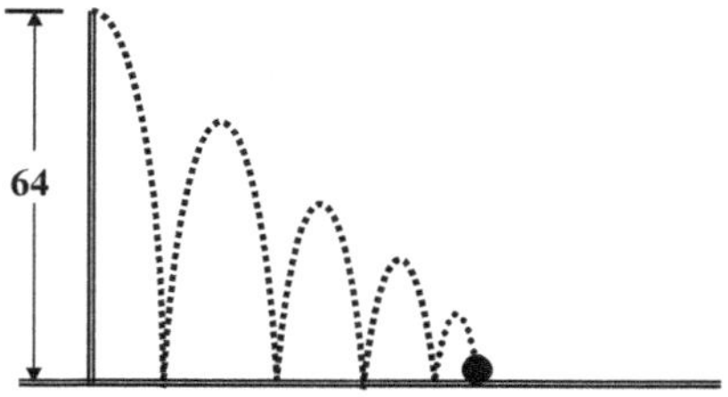

Solución

Hallemos una solución general que nos sirva para cualquier altura inicial h y cualquier coeficiente de rebote r. $(0 < r < 1)$.

La distancia vertical total recorrida por el balón es:

$$d = h + 2hr + 2(hr)r + 2(hr^2)r + \cdots + 2(hr^{n-1})r + \cdots$$

$$= h + 2\left[hr + hr^2 + hr^3 + \cdots + hr^n \cdots\right]$$

$$= h + 2hr\left[1 + r + r^2 + \cdots + r^{n-1} \cdots\right] = h + 2hr\sum_{n=1}^{\infty} r^{n-1}$$

$$= h + 2hr\frac{1}{1-r} = \frac{h(1-r)+2hr}{1-r} = \frac{h(1+r)}{1-r}$$

Esto es, **la distancia vertical recorrida por un balón soltado de una altura h y con coeficiente de rebote r es:**

$$\boldsymbol{d = \frac{h(1+r)}{1-r}}$$

En nuestro caso particular $h = 64$ *m.* y $r = 3/4$. Luego,

$$d = \frac{64(1+3/4)}{(1-3/4)} = 448 \ m.$$

PROBLEMA 5. **Otra serie que se comporta como la serie armónica**

Probar que:

a. $\displaystyle\sum_{n=1}^{\infty} \ln\left(1+\frac{1}{n}\right)$ diverge a $+\infty$ **b.** $\displaystyle\lim_{n\to\infty} a_n = \lim_{n\to\infty} \ln\left(1+\frac{1}{n}\right) = 0$

Solución

a. Se tiene que:

$$S_n = \sum_{k=1}^{n} \ln\left(1+\frac{1}{k}\right) = \sum_{k=1}^{n} \ln\left(\frac{k+1}{k}\right) = \sum_{k=1}^{n} \left(\ln(k+1) - \ln k\right)$$

$$= (\ln 2 - \ln 1) + (\ln 3 - \ln 2) + (\ln 4 - \ln 3) + \cdots + (\ln(n+1) - \ln n) = \ln(n+1)$$

Luego,

$$\sum_{n=1}^{\infty} \ln\left(1+\frac{1}{n}\right) = \lim_{n\to\infty} S_n = \lim_{n\to\infty} \ln(n+1) = +\infty$$

b. En vista de que la función $y = \ln x$ es continua se tiene:

$$\lim_{n\to\infty} a_n = \lim_{n\to\infty} \ln\left(1+\frac{1}{n}\right) = \ln\left(1+\lim_{n\to\infty}\frac{1}{n}\right) = \ln(1) = 0$$

PROBLEMA 6. Se tiene infinitos círculos que se aproximan a los tres vértices de un triángulo equilátero, en tal forma que cada círculo es tangente a los círculos adyacentes y dos lados del triángulo. Si el lado del triángulo mide L, hallar:

1. El área ocupada por todos los círculos.
2. La fracción del área del triángulo ocupada por los círculos.

Solución

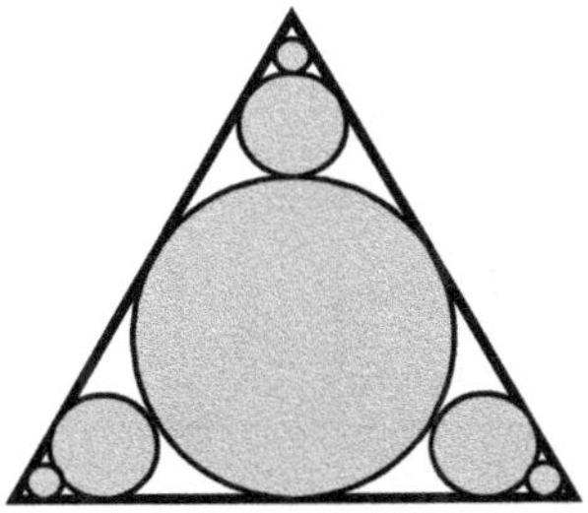

1. Por geometría elemental sabemos que:

a. Las tres bisectrices de un triángulo se intersectan en un punto, **el incentro**, el cual equidista de los tres lados.

b. Las tres medianas de un triángulo (segmento que une un vértice con el punto medio del lado opuesto) se intersectan en un punto, **el baricentro**, el cual se encuentra a 2/3 del vértice y 1/3 de la base.

c. Las tres alturas se intersectan en un punto, el **ortocentro**.

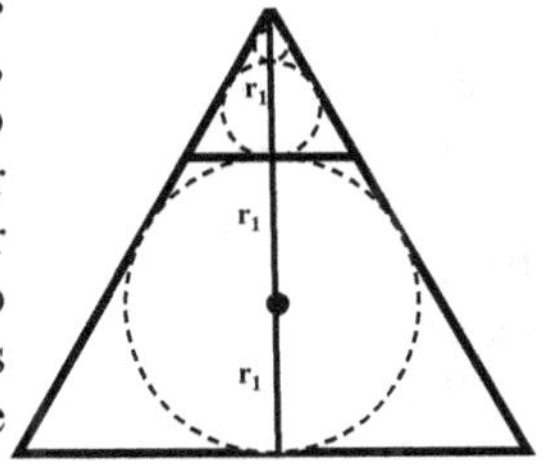

Por tratarse de un triángulo equilátero, las bisectrices, las medianas y las alturas coinciden y, por lo tanto, el incentro, el baricentro y el ortocentro es un mismo punto. En consecuencia, este punto, por ser el incentro, es el centro del círculo mayor, y por ser el baricentro y el ortocentro, el radio del círculo mayor es la tercera parte de la altura. Esto es, si r_1 es el radio de este círculo y h la altura del triángulo, se tiene $r_1 = h/3$.

Consideremos los círculos verticales. Construimos otro triágulo equilátero tomando como base el segmento que pasa por el punto de tangencia del primer y segundo círculo. La altura de este triángulo es $r_1 = h/3$ y el radio del segundo círculo es $r_2 = \dfrac{r_1}{3} = \dfrac{h}{3^2}$.

Continuando el proceso obtenemos que el radio del n-simo círculo es $r_n = \dfrac{h}{3^n}$.

Luego, el área de los círculos verticales es

$$A_V = \pi\left[\left(\frac{h}{3}\right)^2 + \left(\frac{h}{3^2}\right)^2 + \cdots + \left(\frac{h}{3^n}\right)^2 + \cdots\right] = \pi h^2\left[\frac{1}{9} + \left(\frac{1}{9}\right)^2 + \cdots + \left(\frac{1}{9}\right)^n + \cdots\right]$$

$$= \pi h^2 \sum_{n=1}^{\infty}\left(\frac{1}{9}\right)^n = \pi h^2 \frac{1/9}{1-1/9} = \frac{\pi h^2}{8}$$

El área de todos los círculos 3 veces el área de los triángulos verticales menos 2 veces el área del círculo mayor. Esto es,

$$A = 3A_V - 2\pi\left(\frac{h}{3}\right)^2 = \frac{3\pi h^2}{8} - \frac{2\pi h^2}{9} = \frac{11\pi}{72}h^2$$

La altura del triángulo equilátero de lado L es $h = \sqrt{L^2 - (L/2)^2} = \dfrac{\sqrt{3}}{2}L$

Luego, $A = \dfrac{11\pi}{72}h^2 = \dfrac{11\pi}{72}\left(\dfrac{\sqrt{3}}{2}L\right)^2 = \dfrac{33\pi}{288}L^2$

2. El área del triángulo es $A_T = \dfrac{1}{2}Lh = \dfrac{1}{2}L\left(\dfrac{\sqrt{3}}{2}L\right) = \dfrac{\sqrt{3}}{4}L^2$

Luego, $\dfrac{A}{A_T} = \dfrac{(33\pi/288)L^2}{\left(\sqrt{3}/4\right)L^2} = \dfrac{11}{24\sqrt{3}}\pi \approx 0.83$

PROBLEMA 7. **Las series en la Economía**

Las siguientes conceptos macroeconómicos fueron introducidos por el economista inglés John Maynard Keynes (1883-1946), creador de la escuela económica "El Keysianismo", la cual ayudó a USA a salir de la grave crisis económica conocida como la Gran Depresión (1929–1939).

Supongamos que el gobierno hace un gasto inicial en bienes y servicios. Los que reciben el dinero gastan parte de lo recibido. A su vez, los reciben el dinero ya gastado 2 veces, gastan parte de lo recibido, y así indefinidamente. Esta reacción en cadena es llamada por los economistas, **efecto multiplicador**. Al final de cuentas, se tiene un **gasto total**, el cual es mayor que el gasto inicial emprendido por el gobierno.

Pongamos estas ideas en términos matemáticos. Supongamos que el gasto inicial del gobierno es de G bolívares y el gasto total es kG. El número k es el **multiplicador**. Supongamos, además, que los receptores a lo largo de la cadena, gastan $100c$ % y ahorran $100a$ % de lo recibido. Los números c y a se llaman **propensión al consumo** y **propensión al ahorro**, respectivamente. Se cumple: $0 \leq c \leq 1$, $0 \leq a \leq 1$ y $a + c = 1$.

a. Probar que $k = 1/a > 1$, si $a > 0$

b. Hallar el multiplicador k si los recipientes gastan el 90 % de lo reciben.

Solución

a. Los primeros recipientes gastan Gc; los segundos, $(Gc)c = Gc^2$; los terceros, $(Gc^2)c = Gc^3$, etc. Luego,

$$\text{Gasto total} = G + Gc + Gc^2 + Gc^3 + \cdot\cdot\cdot + Gc^n + \cdot\cdot\cdot = \sum_{n=1}^{\infty} Gc^{n-1}$$

$$= \frac{G}{1-c} = \frac{G}{a} = \frac{1}{a}G \Rightarrow k = \frac{1}{a}$$

b. 90 % = 100(0.9) % $\quad$ c = 0.9 $\quad$ a = 1 − 0.9 = 0.1 $\quad$ k = 1/0.1 = 10.

¿SABIAS QUE . . .

JOHN MAYNARD KEYNES *(1883–1946) Nació en Cambridge, Inglaterra. Economista de gran influencia. En 1936 publicó su famosa obra* ***Teoría general de la ocupación, el interés y el dinero****. En aquella época, Estados Unidos, y el resto del mundo, sufría, las consecuencias de la* ***Gran Depresión*** (1929–1939). *Esta crisis se inició el jueves 24 de octubre de 1929 (el Jueves Negro), con el "crac" de la Bolsa de Nueva York.* ***Keynes*** *afirmaba que el nivel de* ***consumo*** *de un país está íntimamente ligado a sus niveles de desempleo e inflación. Para garantizar el pleno empleo, el estado debe incrementar sus iunversiones públicas. Las ideas de Keynes influyeron sobre el presidente* ***Franklin Delano Roosevelt*** *y fueron esenciales para salir de esta crisis.*

PROBLEMA 8. La alfombra de Sierpinski

La alfombra de Sierpinski es una generalización bidimensional del conjunto de Cantor. Se construye así:

A un cuadrado de lado 1 se lo divide en 9 cuadrados iguales y se elimina él del centro. A cada uno de los 8 cuadrados restantes se los vuelve a dividir en 9 cuadrados iguales y se elimina el del centro. Si continua este proceso infinitas veces, lo que queda es la alfombra de Sierpinski. Probar que tal alfombra tiene área 0.

Las siguientes figuras ilustran los tres primeros pasos:

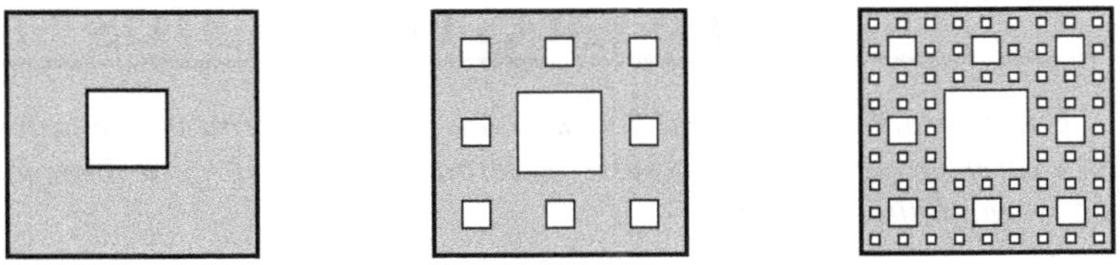

Solución

Como el área del cuadrado inicial es 1, bastará probar que el área de la región eliminada es 1. Probemos esto último:

El lado del primer cuadrado eliminado es 1/3 y su área es $(1/3)^2 = 1/9$

A cada uno de los 8 cuadrados restantes le eliminamos el cuadrado central él cual tiene de lado $1/9 = 1/3^2$ y de área $(1/3^2)^2$. Luego, el de los 8 eliminados es

$$8(1/3^2)^2 = 8(1/9)^2$$

Cada uno de los 8 cuadrados iniciales en el segundo paso da lugar a otros 8 cuadrados más pequeños, o sea $64 = 8^2$ nuevos cuadrados, de los cuales eliminamos el cuadrado central. Este cuadrado central tiene por lado $1/27 = 1/3^3$ y por área $(1/27)^2 = (1/3^3)^2$ Luego, el área de los 64 cuadrados eliminados es

$$8^2(1/27)^2 .= 8^2(1/3^3)^2 = 8^2(1/9)^3$$

En general, el área de la región eliminada en el paso n-simo es

$$8^{n-1}(1/3^n)^2 = 8^{n-1}(1/9)^n$$

Luego, área total de la región eliminada es

$$A = \frac{1}{9} + \frac{8}{9^2} + \frac{8^2}{9^3} + \cdot \cdot \cdot + \frac{8^{n-1}}{9^n} = \frac{1}{9}\left(1 + \frac{8}{9} + \frac{8^2}{9^2} + \cdot \cdot \cdot + \frac{8^{n-1}}{9^{n-1}} + \cdot \cdot \cdot\right)$$

$$= \frac{1}{9}\sum_{n=1}^{\infty}\left(\frac{8}{9}\right)^{n-1} = \frac{1}{9}\,\frac{1}{1-8/9} = 1$$

¿SABIAS QUE . . .

WACLAW SIERPINSKI *(1882–1969) Nació en Varsovia, Polonia. Se educó y enseñó en la Universidad de Varsovia. Se interesó en la Teoría de Conjuntos, Teoría de Números y Topología. Le tocó vivir en tiempos difíciles para su patria, durante las dos guerras mundiales. Un buen número de sus colegas y discípulos fueron asesinados. A pesar de estas dificultades, logró hacer importantes contribuciones a la Matemática y al desarrollo de esta ciencia en su país.*

PROBLEMAS PROPUESTOS 9.1

En los problemas del 1 al 7 se dan los primeros términos de una serie. Determinar la expresión general de la serie, determinar si converge o diverge. En caso de que converja, hallar su suma.

1. $15 + 6 + \frac{12}{5} + \frac{24}{25} + \frac{48}{125} + \cdot \cdot \cdot$ *Rpta.* $\sum_{n=1}^{\infty} 15\left(\frac{2}{5}\right)^{n-1} = 25$

2. $\frac{1}{2}-\frac{1}{4}+\frac{1}{8}-\frac{1}{16}+\frac{1}{32}+\cdots$ *Rpta.* $\sum_{n=1}^{\infty}\frac{1}{2}\left(-\frac{1}{2}\right)^{n-1}=\frac{1}{3}$

3. $-1+\pi-\pi^2+\pi^4-\pi^5+\cdots$ *Rpta.* $\sum_{n=1}^{\infty}(-1)^n\pi^{n-1}$ Diverge.

4. $\frac{1}{2}+\left(\frac{1}{2}\right)^4+\left(\frac{1}{2}\right)^7+\left(\frac{1}{2}\right)^{10}+\left(\frac{1}{2}\right)^{13}+\cdots$ *Rpta.* $\sum_{n=1}^{\infty}\frac{1}{2}\left(\frac{1}{8}\right)^{n-1}=\frac{4}{7}$

5. $\frac{2}{3}-\left(\frac{2}{3}\right)^3+\left(\frac{2}{3}\right)^5-\left(\frac{2}{3}\right)^7+\left(\frac{2}{3}\right)^9+\cdots$ *Rpta.* $\sum_{n=1}^{\infty}\frac{2}{3}\left(-\frac{4}{9}\right)^{n-1}=\frac{6}{13}$

6. 1 - 0.2 + 0.04 - 0.008 + 0.00016 - $\cdots$ *Rpta.* $\sum_{n=1}^{\infty}\left(-\frac{2}{10}\right)^{n-1}=\frac{5}{6}$

7. $2+\sqrt{2}+1+\frac{1}{\sqrt{2}}+\frac{1}{2}+\cdots$ *Rpta.* $\sum_{n=1}^{\infty}2\left(\frac{1}{\sqrt{2}}\right)^{n-1}=\frac{2\sqrt{2}}{\sqrt{2}-1}=2\left(2-\sqrt{2}\right)$

En los problemas del 8 al 26 determinar si la serie converge o diverge. En caso de que converja, hallar la suma.

8. $\sum_{n=1}^{\infty}\frac{2}{3^{n-1}}$ *Rpta.* Conv. 3

9. $\sum_{n=1}^{\infty}\frac{3^n}{4^{n+1}}$ *Rpta.* Conv. $\frac{3}{4}$

10. $\sum_{n=1}^{\infty}\frac{2}{(-3)^{n-1}}$ *Rpta.* Conv. $\frac{3}{2}$

11. $\sum_{n=1}^{\infty}\frac{(-2)^{n-1}}{5^{2n-1}}$ *Rpta.* Conv. $\frac{5}{27}$

12. $\sum_{n=0}^{\infty}\frac{(-2)^n}{3^{2n+1}}$ *Rpta.* Conv. $\frac{3}{11}$

13. $\sum_{n=2}^{\infty}\frac{(-2)^{n-1}}{3^{n+1}}$ *Rpta.* Conv. $-\frac{2}{45}$

14. $\sum_{n=5}^{\infty}2\left(\frac{\sqrt{2}}{\pi}\right)^{n-1}$ *Rpta.* Conv. $\frac{8}{\pi^3\left(\pi-\sqrt{2}\right)}$

15. $\sum_{n=1}^{\infty}\frac{2^{n+2}}{7^{n-1}}$ *Rpta.* Conv. $\frac{56}{5}$

16. $\sum_{n=1}^{\infty}5^{3n}7^{1-n}$ *Rpta.* Diver. ∞

17. $\sum_{n=0}^{\infty}\frac{\pi^n}{3^{n+1}}$ *Rpta.* Diver. ∞

18. $\sum_{n=0}^{\infty}(-1)^n\left(\frac{3}{\pi}\right)^n$ *Rpta.* Conv. $\frac{\pi}{\pi+3}$

19. $\sum_{n=0}^{\infty}\frac{3^n-2^n}{5^n}$ *Rpta.* Conv. $\frac{5}{6}$

20. $\sum_{n=0}^{\infty}\frac{1+2^n+3^n}{5^n}$ *Rpta.* Conv. $\frac{65}{12}$

21. $\sum_{n=1}^{\infty}\left(\frac{1}{2^{n-1}}-\sqrt{2}\right)$ *Rpta.* Diver.

22. $\sum_{n=1}^{\infty}\left[(0.4)^{n-1}-(0.3)^n\right]$ *Rpta.* Conv. $\frac{26}{35}$

23. $\sum_{n=1}^{\infty}\frac{\sqrt{n}}{\ln(n+1)}$ *Rpta.* Diver. ∞

24. $\sum_{n=1}^{\infty}\ln\left(\frac{n}{2n+1}\right)$ *Rpta.* Diver.

25. $\sum_{n=1}^{\infty}\frac{n!}{2^n}$ *Rpta.* Diver.

26. $\sum\limits_{n=1}^{\infty} \dfrac{n^n}{n!}$ *Rpta.* Diver.

En los problemas del 27 al 40 se dan serie telescópicas con su respectiva suma. Verificar cada resultado.

27. $\sum\limits_{n=1}^{\infty} \dfrac{1}{(n+2)(n+3)} = \dfrac{1}{3}$

28. $\sum\limits_{n=3}^{\infty} \dfrac{2}{(n-1)n} = 1$

29. $\sum\limits_{n=1}^{\infty} \dfrac{4}{(4n-1)(4n+3)} = \dfrac{1}{3}$

30. $\sum\limits_{n=1}^{\infty} \dfrac{1}{4n^2-1} = \dfrac{1}{2}$

31. $\sum\limits_{n=1}^{\infty} \dfrac{2}{n^2+4n+3} = \dfrac{5}{6}$

32. $\sum\limits_{n=1}^{\infty} \dfrac{2}{9n^2+3n-2} = \dfrac{1}{6}$

33. $\sum\limits_{n=1}^{\infty} \dfrac{2n+1}{n^2(n+1)^2} = 1$

34. $\sum\limits_{n=1}^{\infty} \dfrac{8n}{(2n-1)^2(2n+1)^2} = 1$

35. $\sum\limits_{n=1}^{\infty} (-1)^{n+1} \dfrac{2n+1}{n(n+1)} = 1$. *Sugerencia:* $(-1)^{n-1}\dfrac{2n+1}{n(n+1)} = \dfrac{(-1)^{n+1}}{n} - \dfrac{(-1)^{n+2}}{n+1}$

36. $\sum\limits_{n=1}^{\infty} \dfrac{\sqrt{n+1}-\sqrt{n}}{\sqrt{n^2+n}} = 1$. *Sugerencia:* $\sqrt{n^2+n} = \sqrt{n}\,\sqrt{n+1}$

37. $\sum\limits_{n=1}^{\infty} \dfrac{n-1}{2^n} = 1$. *Sugerencia: Hallar A y B tales que* $\dfrac{n-1}{2^n} = \dfrac{An}{2^{n-1}} + \dfrac{B(n+1)}{2^n}$

38. $\sum\limits_{n=1}^{\infty} \dfrac{n}{(n+1)!} = 1$. *Sugerencia: Hallar A y B tales que* $\dfrac{n}{(n+1)!} = \dfrac{A}{n!} + \dfrac{B}{(n+1)!}$

39. $\sum\limits_{n=1}^{\infty} \dfrac{3}{(n-1/2)(n+1/2)(n+3/2)} = 2.$

40. $\sum\limits_{n=1}^{\infty} \dfrac{n}{(n+1)(n+2)(n+3)} = \dfrac{1}{4}$

En los problemas del 41 al 44, expresar el decimal dado como un cociente de dos enteros.

41. $0.\overline{7} = 0.77777\ldots$ *Rpta.* $\dfrac{7}{9}$

42. $1.\overline{37} = 1.373737\ldots$ *Rpta.* $\dfrac{136}{99}$

43. $2.\overline{321} = 2.321321321\ldots$ *Rpta.* $\dfrac{2{,}319}{999}$

44. $1.4\overline{25} = 1.4252525\ldots$ *Rpta.* $\dfrac{1{,}411}{990}$

En los problemas del 45 al 50, hallar los valores de x para locuaces la serie converge y para estos valores hallar la suma S de la serie.

45. $\sum\limits_{n=0}^{\infty} x^n$ *Rpta.* $-1 < x < 1,\ S = \dfrac{1}{1-x}$

46. $\sum_{n=1}^{\infty} x^n$ *Rpta.* $-1 < x < 1,\ S = \dfrac{x}{1-x}$

47. $\sum_{n=0}^{\infty} (-1)^n x^{2n}$ *Rpta.* $-1 < x < 1,\ S = \dfrac{x}{1+x^2}$

48. $\sum_{n=0}^{\infty} (-2)^n x^n$ *Rpta.* $-1/2 < x < 1/2,\ S = \dfrac{1}{1+2x}$

49. $\sum_{n=0}^{\infty} \left(-\dfrac{1}{3}\right)^n (x+2)^n$ *Rpta.* $-1 < x < 5,\quad S = \dfrac{3}{5+x}$

50. $\sum_{n=0}^{\infty} \left(\dfrac{\operatorname{sen} x}{2}\right)^n$ *Rpta.* $-\infty < x < \infty,\ S = \dfrac{2}{2-\operatorname{sen} x}$

51. $\sum_{n=0}^{\infty} (\ln x)^n$ *Rpta.* $1/e < x < e,\ S = \dfrac{1}{1-\ln x}$

52. Una rueda rota a 600 revoluciones por minuto (*rpm*) y se está frenándose en tal forma que cada minuto el número de revoluciones es 2/3 del número de revoluciones del minuto anterior. ¿Cuantas revoluciones hace la rueda hasta que se paraliza? *Rpta.* 1800 revoluciones

53. Un balón es soltado desde una altura de h pies. En cada rebote, el balón sube 75 % del rebote previo. El balón recorre una distancia total (vertical) de 28 pies. Hallar la altura h. *Rpta.* $h = 4$ pies

54. a. Probar que el tiempo total necesario para que una balón con coeficiente de rebote r y soltada de una altura h, deje de rebotar es

$$T = \sqrt{2h/g}\ \frac{1+\sqrt{r}}{1-\sqrt{r}},$$

donde g es la aceleración de la gravedad.

Sugerencia: Si t_0 es el tiempo que demora el balón para tocar el suelo por primera vez, t_1 es el tiempo que demora el balón para tocar el suelo desde la cúspide del primer rebote, t_2 es el tiempo que demora el balón para tocar el suelo desde la cúspide del segundo rebote, etc. Se tiene que:

$$T = t_0 + 2t_1 + 2t_2 + \cdots + 2t_n \cdots$$

Además, del movimiento de caída libre, $s = \dfrac{1}{2}gt^2$ *, obtenemos:* $t = \sqrt{2s/g}$.

b. Un balón de coeficiente de rebote $r = 3/4$ es soltado de una altura de 64 pies. Hallar el tiempo necesario para que el balón deje de rebotar.

Rpta. **b.** $2(2+\sqrt{3})^2 \approx 27.86$ seg.

55. Un balón es soltado desde una altura de h pies. En cada rebote, el balón sube 64 % del rebote previo. Para llegar al estado de reposo, el balón ha demorado 9 segundos. Hallar la altura h. *Rpta.* 16 pies

56. a. Un balón, cada vez que choca en el piso con velocidad v, él rebota con una velocidad $-kv$, donde $0 < k < 1$. Si el balón es lanzado con una velocidad inicial V, probar que el tiempo el tiempo necesario para el balón quede en reposo es

$$T = \frac{2V}{g}\,\frac{1}{1-k}$$

Sugerencia: La velocidad de ascenso del balón en la primera subida es $v(t) = V - gt$ *. Luego, el tiempo de este ascenso es* $t_1 = V/g$*. Similarmente, el tiempo de subida de los sucesivos ascensos, son* $t_2 = kV/g$, $t_3 = k^2 V/g$, etc. *El tempo total hasta el reposo es:*

$$T = 2t_1 + 2t_2 + 2t_3 + \cdots = \frac{2V}{g}\left(1 + k + k^2 + \cdots\right)$$

b. Un balón es lanzado con una velocidad inicial de 64 pies/seg. Si el índice de rebote de la velocidad es $k = 0{,}8$, hallar el tiempo total necesario para el balón quede en reposo.

Rpta. 20 seg.

57. Dos rectas L_1 y L_2 se cortan en el punto B formando un ángulo β. A una distancia a sobre la recta L_2 se encuentra el punto P_0. Se trazan los segmentos $\overline{P_0P_1}$ perpendicular a L_1, $\overline{P_1P_2}$ perpendicular a L_2, $\overline{P_2P_3}$ perpendicular a L_1, y así hasta el infinito. Si $\left|\overline{P_iP_{i+1}}\right|$ es la longitud del segmento $\overline{P_iP_{i+1}}$, hallar, en términos de a y β las siguientes sumas:

a. $\left|\overline{P_0P_1}\right| + \left|\overline{P_1P_2}\right| + \left|\overline{P_2P_3}\right| + \cdots$

b. $\left|\overline{P_0P_1}\right| + \left|\overline{P_2P_3}\right| + \left|\overline{P_4P_5}\right| + \cdots$

c. $\left|\overline{P_1P_2}\right| + \left|\overline{P_3P_4}\right| + \left|\overline{P_5P_6}\right| + \cdots$

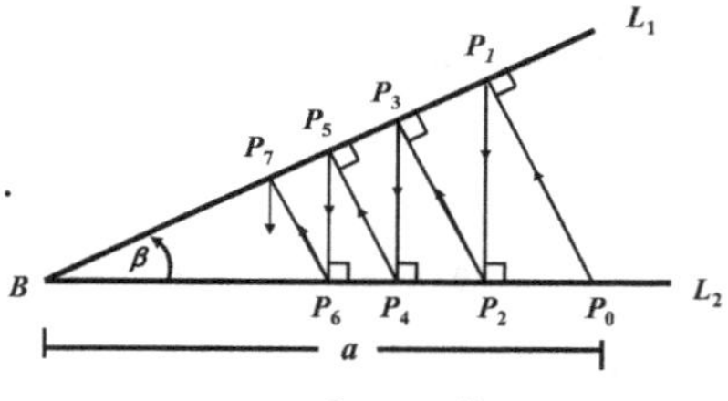

Rpta. **a.** $\dfrac{a \operatorname{sen}\beta}{1-\cos\beta}$ **b.** $\dfrac{a \operatorname{sen}\beta}{1-\cos^2\beta} = a \operatorname{cosec}\beta$ **c.** $\dfrac{a \operatorname{sen}\beta\ \cos\beta}{1-\cos^2\beta} = a\cot\beta$

58. ¿Qué capital P debes invertir ahora a un interés del 8 % anual que se compone continuamente, para que, comenzando el próximo año, puedas retirar 2 millones cada año y para siempre? Recordar que un capital P colocado durante t años a un interés anual de $100r$ % produce un monto $M(t) = Pe^{rt}$.

Rpta. $P = \dfrac{2}{e^{0{,}08} - 1} \approx 24.013332$ millones

59. Se han introducido 50 millones en moneda falsa. Cada vez que este dinero se usa, el 25 % de é es detectado y sacado de circulación. Determinar la cantidad total de dinero en moneda falsa usada con éxito en todas las transacciones.

Rpta. 200 millones

60. La escalera infinita de Oresme.

Nincola Oresme, en su libro *Tratado sobre las Configuraciones de Cantidades y Movimientos* (escrito en 1350), para hallar la suma de la serie

$$\sum_{n=1}^{\infty} \frac{n}{2^n} = \frac{1}{2} + \frac{2}{4} + \frac{3}{8} + \cdots$$

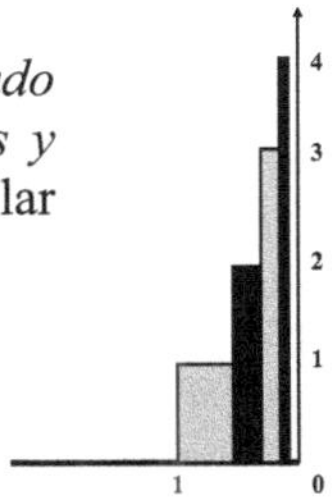

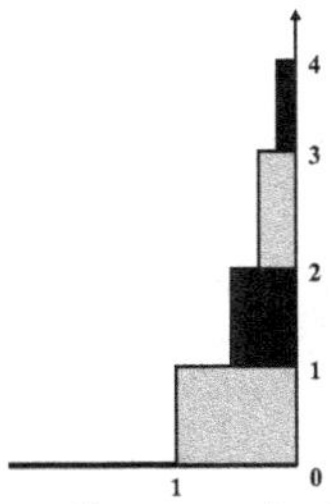

construyó dos escaleras infinitas, como indican las figuras adjuntas. Ambas escaleras tienen igual área. En la primera escalera, el área de cada peldaño representa un término de la serie dada: 1/2, 2/4, 3/8, etc. En cambio, en la escalera de la derecha, la suma de las áreas de los peldaños es una serie geométrica:

1+1/2 + 1/4 + · · · Usar este hecho para hallar la suma de $\sum_{n=1}^{\infty} \frac{n}{2^n}$.

Rpta. 2

61. Recordar la sucesión de Fibonacci: $f_1 = 1, f_2 = 1$ y $f_n = f_{n-1} + f_{n-2}$ para $n \geq 3$. Probar que:

a. $\sum_{n=1}^{\infty} \frac{1}{f_n f_{n+2}} = 1$ **b.** $\sum_{n=1}^{\infty} \frac{f_{n+1}}{f_n f_{n+2}} = 2$

Sugerencia: $\frac{1}{f_n f_{n+2}} = \frac{1}{f_n f_{n+1}} - \frac{1}{f_{n+1} f_{n+2}}$

62. Evaluar $\sum_{n=1}^{\infty} \frac{6^n}{(3^n - 2^n)(2^{n+1} - 2^{n+1})}$

Sugerencia: Hallar A y B tales que

$$\frac{6^n}{(3^n - 2^n)(3^{n+1} - 2^{n+1})} = \frac{2^n A}{3^n - 2^n} - \frac{2^n B}{3^{n+1} - 2^{n+1}}$$

Rpta. 2

63. Evaluar $\sum_{n=1}^{\infty} \frac{12^n}{(4^n - 3^n)(4^{n+1} - 3^{n+1})}$ *Rpta.* 3

Sugerencia: Hallar A y B tales que

$$\frac{12^n}{(4^n - 3^n)(4^{n+1} - 3^{n+1})} = \frac{3^n A}{4^n - 3^n} - \frac{3^n B}{4^{n+1} - 3^{n+1}}$$

64. El triángulo de Sierpinski. Se tiene un triángulo equilátero de lado 1. Uniendo los puntos medios de los lados se obtiene cuatro triángulos equiláteros, de los cuales se elimina el del medio. De cada uno de los tres restantes, nuevamente se unen los puntos medios, generándose cuatro triáqngulos de los cuales se elimina el del centro. Se repite estos pasos hasta infinito. A la figura que queda después de estas eliminaciones, se llama **triángulo de Sierpinski**.

Probar que el triángulo de Sierpinski tiene área 0.

Sugerencia: probar que la suma de las áreas de los triángulos eliminados es igual al área del triángulo inicial.

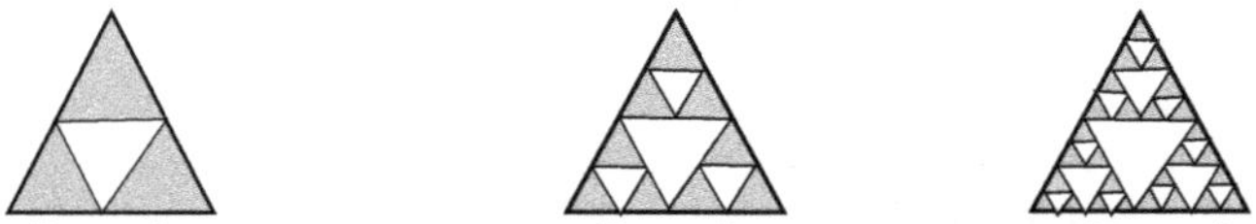

Paso 1 **Paso 2** **Paso 3**

65. Se tiene un cuadrado de lado 1. Se unen los puntos medios del cuadrado para formar otro cuadrado interior. Se pinta el triágulo superior derecho. Se vuelven a unir los puntos medios del cuadrado interior y se forma un tercer cuadrado. Se pinta el triángulo de la percha. Se continúa este proceso infinitamente, como se indica en las figuras. Hallar el área de la región pintada. *Rpta.* 1/4

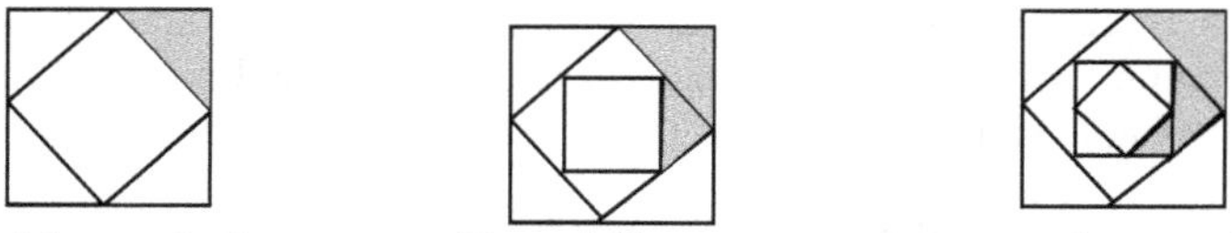

66. El problema de la mosca. Dos ciclistas que están separados por 5 *Kms* inician una carrera para encontrarse, a razón de 10 *Km/h* cada uno. Al mismo tiempo, una mosca, que vuela a razón de 16 *Km/h*, parte de la rueda delantera de una de las bicicletas hasta encontrar la rueda delantera de la otra, e inmediatamente gira y va en busca de la rueda de la primera bicicleta. La mosca repite una y otra vez este proceso hasta que los dos ciclistas coliden y la mosca es aplastada por la ruedas. Hallar la distancia d que recorrió la mosca.

Sugerencia: Construir una serie con las distancias parciales que recorre la mosca. *Rpta.* $d = \frac{16}{26}(5)\left[1 + \frac{6}{66} + \left(\frac{6}{66}\right)^2 + \left(\frac{6}{66}\right)^3 + \ldots\right] = \frac{16}{20}(5) = 4\ Km$

NOTA. Existe un método mucho más simple para hallar la distancia d:

La razón de las velicidades de la mosca y los dos ciclistas es $\frac{16}{20} = \frac{4}{5}$

Esta misma razón debe cumplir las la distacia d recorrida por la mosca y la distacia recorrida por los dos ciclistas, que es 5 *Km*. Esto es,

$$\frac{d}{5} = \frac{4}{5} \Rightarrow d = \frac{4}{5}(5) = 4\ Km.$$

¿SABIAS QUE . . .

Este problema se hizo famoso gracias a una anécdota en la que intervino uno de los científicos más brillantes del siglo XX, ***John von Neumann (1903-1957)****, creador de la Teoría de Juegos, pionero en las Ciencias de la Computación y de gran habilidad para resolver cálculos numéricos mentalmente.*

A John le plantearon el problema de la mosca. La respuesta la dio al instante. ¡Ah!, le dijeron, es que tú ya conocías el truco del camino sencillo. No, respondió. Mentalmente construí la serie y hallé su suma.

John von Neumann (1903-1957)

67. La curva del copo de nieve de Helge von Koch. La curva que vamos a describir tiene propiedades sorprendentes. Es una curva cerrada, no tiene recta tangente en ninguno de sus puntos (en cualquier punto no es diferenciable), tiene longitud infinita y encierra una región (el copo de nieve) de área finita. Esta curva fue construida en 1906 por el matemático sueco **Helge von Koch (1870–1924)**, quien fue estudiante y profesor de la Universidad de Estocolmo.

Comenzamos con un triángulo equilátero de lado 1. A esta curva la denotaremos con C_0. A cada uno de los 3 lados lo dividimos en 3 parte iguales y, sobre la segunda, colocamos un triángulo equilátero que apunte hacia fuera y borramos la base. Esta es la curva C_1, que tiene 12 lados. Nuevamente, a cada uno de los 12 lados lo dividimos en 3 parte iguales y, sobre la segunda, colocamos un triángulo equilátero que apunte hacia fuera y borramos la base. Esta es la curva C_2. Continuamos este proceso construyendo una sucesión infinitas curvas C_n. La curva límite de esta sucesión es **la curva del copo de nieve de Helge von Koch** y la región que encierra es el **copo de nieve o estrella de Helge von Koch.**

a. Determinar N_n = el número de lados de la curva C_n.

b. Determinar L_n = la longitud de un lado de la curva C_n.

c. Determinar P_n = el perímetro de la curva C_n.

d. Probar que la longitud de la curva del copo de nieve de Koch es infinita.

e. Determinar A_n = el área de la región encerrada por C_n.

f. Probar que el área del copo de nieve es $A = 2\sqrt{3}/5$.

Helge von Koch (1870-1924)

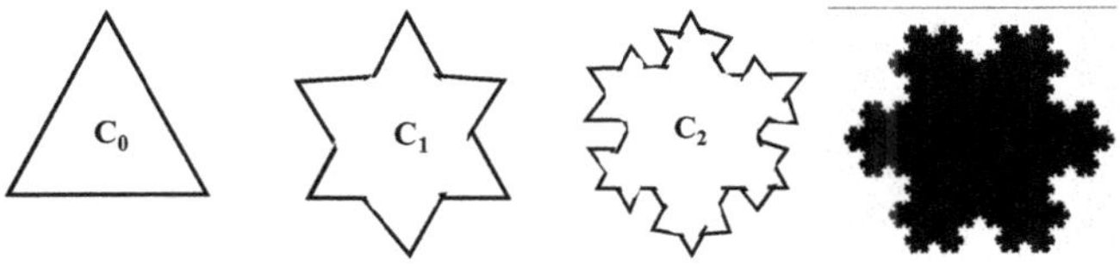

Rpta. **a.** $N_n = 3(4)^n$ **b.** $L_n = \dfrac{1}{3^n}$ **c.** $P_n = N_n L_n = 3(4)^n \dfrac{1}{3^n} = 3\left(\dfrac{4}{3}\right)^n$

e. $A_n = A_{n-1} + \left(N_{n-1}\right)\left(\dfrac{\sqrt{3}}{4}\right)(L_n)^2 = \dfrac{\sqrt{3}}{4} + 3\dfrac{3\sqrt{3}}{4^2}\displaystyle\sum_{k=1}^{n}\dfrac{4}{9}\left(\dfrac{4}{9}\right)^{k-1}$

SECCION 9.2

SERIES POSITIVAS. CRITERIO DE INTEGRAL Y LAS P-SERIES

Las series geométricas y las telescópicas tienen la epecial ventaja de que en término general S_n de las sumas parciales es fácil de calcular, lo que nos permite calcular la suma con facilidad. En general, esta situación no sucede. En muchos casos, hallar una fórmula para S_n es difícil. Para resolver estas dificultades se cuentan con algunao criterios que nos garanticen la convergencia o divergencia de una serie. En secciones siguientes nos ocuparemos de estudiar estos criterios. Comenzamos con el criterio de la integral para series positivos.

TEOREMA 9.5 **Criterio de la integral.**

Si f es positiva, continua y decreciente en el intervalo $[1, \infty)$ y si $a_n = f(n)$, entonces

$$\sum_{n=1}^{\infty} a_n \text{ converge} \quad \Leftrightarrow \quad \int_1^{\infty} f(x)\, dx \text{ converge}$$

Demostración

Tomamos el intervalo $[1, n]$ y la región sobre este inervalo y bajo el gráfico f. construmos los $n-1$ rectangulos inscritos de base 1 y de altura $a_2,\ a_3, \cdot \cdot \cdot a_{n-1}$, respectivamente. Las áreas de estos rectángulos son $a_2,\ a_3, \cdot \cdot \cdot a_n$. La suma de estas áreas es menor que el área de la región bajo curva. Esto es:

$$a_2 + a_3 + \cdot \cdot \cdot + a_n = S_n - a_1 \leq \int_1^n f(x)\, dx \qquad \textbf{(1)}$$

Similitarmente, construímos $n-1$ rectángulos circunscritos de bases 1 y alturas a_1, $a_2,\ a_3, \cdot \cdot \cdot a_{n-1}$. Las áreas de estos rectángulos son $a_1, a_2,\ a_3, \cdot \cdot \cdot a_{n-1}$. El área de la región bajo la curva es menor que el área de los rectángulos circunscritos. Esto es,

$$\int_1^n f(x)\, dx \leq a_1 + a_2 + a_3 + \cdot \cdot \cdot + a_{n-1} = S_{n-1} \qquad \textbf{(2)}$$

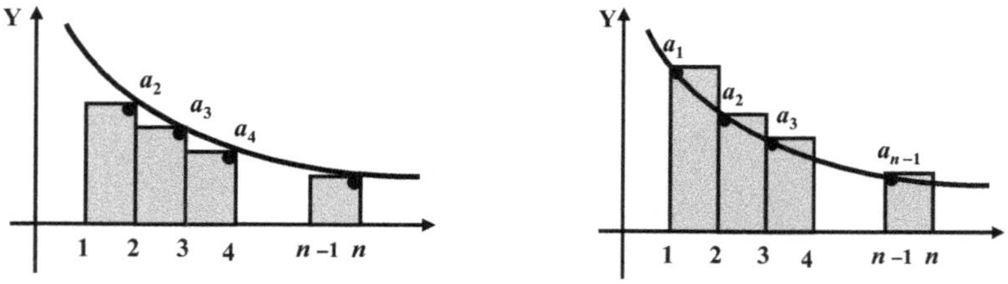

($\Leftarrow$). De la desigualdad (1), y considerando que f es positiva, obtenemos:

$$S_n \leq \int_1^n f(x)\, dx + a_1 \leq \int_1^{\infty} f(x)\, dx + a_1$$

Esto es, la sucesión $\{S_n\}$ es acotada superiormente.

Por otro lado, en vista de que $a_{n+1} = f(n+1) > 0$, se tiene

$$S_n < S_n + a_{n+1} = S_{n+1}$$

Esto es, la sucesión $\{S_n\}$ es creciente. En consecuencia, por el teorema de la convergencia monótona (teorema 8.10), $\{S_n\}$ converge. Eso es, $\sum_{n=1}^{\infty} a_n$ converge.

(⇒). Probaremos el contrarrecíproco:

$$\int_1^{\infty} f(x)\,dx \text{ diverge} \Rightarrow \sum_{n=1}^{\infty} a_n \text{ diverge}$$

Como f es positiva y $\int_1^{\infty} f(x)\,dx$ diverge, tenemos que $\int_1^{\infty} f(x)\,dx = +\infty$.

La desigualdad (2) obtenemos:

$$+\infty. = \int_1^{\infty} f(x)\,dx = \lim_{n\to\infty} \int_1^{n} f(x)\,dx \leq \lim_{n\to\infty} S_{n-1} = \lim_{n\to\infty} S_n$$

En consecuencia, $\sum_{n=1}^{\infty} a_n$ diverge

EJEMPLO 1. Probar que:

a. $\sum_{n=1}^{\infty} \frac{n}{e^n}$ converge **b.** $\sum_{n=1}^{\infty} \frac{n}{a^n}$, $a > 1$ converge **c.** $\sum_{n=2}^{\infty} \frac{\ln n}{n}$ diverge.

Solución

a. Cambiando n por x en $\frac{n}{e^n}$ obtenemos la función $f(x) = \frac{x}{e^x}$, la cual es continua y positiva en el intervalo $[1, +\infty)$. Ademas:

$$f'(x) = \frac{e^x - xe^x}{e^{2x}} = \frac{e^x(1-x)}{e^{2x}} \quad \text{y tenemos que: } f'(x) < 0 \Leftrightarrow x > 1.$$

Por lo tanto, f es decreciente en $[1, +\infty)$.

Estos resultados nos dicen que la función f cumple con las hipótesis del teorema anterior. Ahora,

$$\int_1^{\infty} \frac{x}{e^x}\,dx = \int_1^{\infty} xe^{-x}dx = \lim_{t\to\infty} \int_1^{t} x\,e^{-x}dx \qquad \textbf{(3)}$$

Integrando por partes: $u = x$, $dv = e^{-x}dx$, $du = dx$, $v = -e^{-x}$

$$\int x\,e^{-x}dx = -xe^{-x} - \int -e^{-x}dx = -xe^{-x} - e^{-x}$$

Luego, regresando a (3):

$$\lim_{t\to\infty} \int_1^{t} xe^{-x}dx = \lim_{t\to\infty}\Big[-xe^{-x} - e^{-x}\Big]_1^t = \lim_{t\to\infty}\left[\left(-\frac{t}{e^t} - \frac{1}{e^t}\right) - \left(-\frac{1}{e^1} - \frac{1}{e^1}\right)\right]$$

$$= \lim_{t\to\infty}\left(-\frac{t}{e^t}\right) - \lim_{t\to\infty}\left(\frac{1}{e^t}\right) + \frac{2}{e}$$

$$= \lim_{t \to \infty} \left(-\frac{1}{e^t} \right) - \lim_{t \to \infty} \left(\frac{1}{e^t} \right) + \frac{2}{e} \quad \text{(L'Hôspital en el 1}^{\text{er}} \text{ límite)}$$

$$= 0 - 0 + 2/e = 2/e$$

Luego, $\int_1^{\infty} \frac{x}{e^x}\, dx$ converge y, por lo tanto, $\sum_{n=1}^{\infty} \frac{n}{e^n}$ también converge.

b. $a^x = e^{(\ln a)x}$ y se procede como en la parte a.

c. Cambiando n por x en $\frac{\ln n}{n}$ obtenemos la función $f(x) = \frac{\ln x}{x}$, la cual es continua y positiva en el intervalo $[1, +\infty)$. Además.

$f'(x) = \frac{1 - \ln x}{x^2}$ y tenemos que: $f'(x) = \frac{1 - \ln x}{x^2} < 0 \Leftrightarrow \ln x > 1 \Leftrightarrow x > e$

Luego, f es decreciente en el intervalo $(e, +\infty)$.

El entero inmediatamente mayor a e es 3 y La función f es continua, positiva y decreciente en el intervalo $[3, +\infty)$.

Se tiene que:

$$\int_3^{\infty} \frac{\ln x}{x}\, dx = \lim_{t \to \infty} \int_3^{t} \frac{\ln x}{x}\, dx = \lim_{t \to \infty} \left[\frac{1}{2} (\ln x)^2 \right]_3^t$$

$$= \lim_{t \to \infty} \left[\frac{1}{2} (\ln t)^2 - \frac{1}{2} (\ln 3)^2 \right] = +\infty - \frac{1}{2} (\ln 3)^2 = +\infty$$

Como $\int_3^{\infty} \frac{\ln x}{x}\, dx$ diverge, por el criterio de la integral, $\sum_{n=3}^{\infty} \frac{\ln n}{n}$ diverge.

En consecuencia, $\sum_{n=2}^{\infty} \frac{\ln n}{n} = \frac{\ln 2}{2} + \sum_{n=3}^{\infty} \frac{\ln n}{n}$ tambien diverge

---

EJEMPLO 2. Probar que: **a.** $\sum_{n=2}^{\infty} \frac{1}{n(\ln n)^2}$ converge **b.** $\sum_{n=2}^{\infty} \frac{1}{n \ln n}$ diverge

Solución

a. Cambiando n por x en $\frac{1}{n(\ln n)^2}$ obtenemos la función $f(x) = \frac{1}{x (\ln x)^2}$.

Se ve fácilmente que f es continua, positiva y decreciente en $[2, +\infty)$.

Se tiene que:

$$\int_2^{\infty} \frac{1}{x(\ln x)^2}dx = \lim_{t\to\infty} \int_2^t (\ln x)^{-2}\left(\frac{dx}{x}\right) = \lim_{t\to\infty}\left[-\frac{1}{\ln x}\right]_2^t$$

$$= \lim_{t\to\infty}\left[-\frac{1}{\ln t}+\frac{1}{\ln 2}\right] = -0+\frac{1}{\ln 2} = \frac{1}{\ln 2}$$

Luego, $\int_2^{\infty} \frac{1}{x(\ln x)^2}dx$ converge y, por lo tanto, $\sum_{n=2}^{\infty} \frac{1}{n(\ln n)^2}$ converge.

b. Cambiando n por x en $\frac{n}{n \ln n}$ obtenemos la función $f(x) = \frac{1}{x \ln x}$, la cual es continua, positiva y decreciente en $[2, +\infty)$. Se tiene que:

$$\int_2^{\infty} \frac{1}{x \ln x} dx = \lim_{t\to\infty} \int_2^t \frac{(dx/x)}{\ln x} = \lim_{t\to\infty}\left[\ln|\ln x|\right]_2^t$$

$$= \lim_{t\to\infty}\left[\ln|\ln t| - n|\ln 2|\right] = \infty$$

Luego, $\int_2^{\infty} \frac{1}{x \ln x}dx$ diverge y, por lo tanto, $\sum_{n=2}^{\infty} \frac{1}{n \ln n}$ diverge.

NOTA. Se prueba que $\sum_{n=2}^{\infty} \frac{1}{n(\ln n)^p}$ converge si $p > 1$ y diverge si $p \leq 1$. Ver el problema propuesto 28.

LAS p-SERIES

A las series de la forma $\sum_{n=1}^{\infty} \frac{1}{n^p}$ se las conoces con el nombre de ***p*-series**. Ellas desempeñan un rol importante en el estudio de la covergencia.

TEOREMA 9.6 **Convergencia de las *p*-series.**

La *p*-serie $\sum_{n=1}^{\infty} \frac{1}{n^p}$ es convergente si $p > 1$ y es divergente si $p \leq 1$.

Demostyración

Si $p < 0$, entonces $\lim_{n\to\infty} \frac{1}{n^p} = \lim_{n\to\infty} n^{-p} = +\infty$ y, por tanto, $\sum_{n=1}^{\infty} \frac{1}{n^p}$ diverge.

Si $p = 0$, entonces $\sum_{n=1}^{\infty} \frac{1}{n^0} = \sum_{n=1}^{\infty} 1 = +\infty$ y, por tanto, $\sum_{n=1}^{\infty} \frac{1}{n^p}$ diverge.

Si $p = 1$, entonces $\sum_{n=1}^{\infty} \frac{1}{n^p} = \sum_{n=1}^{\infty} \frac{1}{n}$ es la serie armónica, la cual diverge.

Si $p > 0$ la función $f(x) = \dfrac{1}{x^p}$ es continua, positiva y decreciente en el intervalo $[1, +\infty)$ y tenemos:

$$\int_1^{\infty} \frac{1}{x^p}\,dx = \lim_{t\to\infty} \int_1^{t} \frac{1}{x^p}\,dx = \lim_{t\to\infty}\left[\frac{t^{1-p}}{1-p} - \frac{1}{1-p}\right] = \begin{cases} \dfrac{1}{p-1}, & \text{si } p > 1 \\ +\infty, & \text{si } 0 < p < 1 \end{cases}$$

Luego, por el criterio de la integral, $\displaystyle\sum_{n=1}^{\infty} \frac{1}{n^p}$ converge si $p > 1$ y diverge si $0 < p < 1$.

EJEMPLO 3. **a.** $\displaystyle\sum_{n=1}^{\infty} \frac{1}{\sqrt{n}}$ es una p–serie con $p = \frac{1}{2} < 1$. Diverge.

b. $\displaystyle\sum_{n=1}^{\infty} \frac{1}{n\sqrt{n}}$ es una p–serie con $p = \frac{3}{2} > 1$. Converge.

c. $\displaystyle\sum_{n=1}^{\infty} \frac{1}{n^3}$ es una p–serie con $p = 3$. Converge

d. $\displaystyle\sum_{n=1}^{\infty} \frac{1}{(n+2)^3} = \sum_{n=3}^{\infty} \frac{1}{n^3}$ es una p–serie con $p = 3$. Converge.

e. $\displaystyle\sum_{n=1}^{\infty} n^{3/2} = \sum_{n=1}^{\infty} \frac{1}{n^{-3/2}}$ es una serie con $p = -\frac{3}{2} < -1$. Diverge.

ESTIMACION DEL ERROR EN EL CRITERIO DE LA INTEGRAL

Supongamos que la serie de términos no negativos $\displaystyle\sum_{n=1}^{\infty} a_n$ converge de acuerdo al criterio de la integral, pero no conocemos la suma. Ahora queremos aproximar la suma S mediante la suma parcial S_n. Se llama **residuo** a la diferencia entre S y S_n. Esto es

$$R_n = S - S_n = a_{n+1} + a_{n+2} + a_{n+3} + \cdots$$

El residuo R_n es el error que comete cuando se aproxima a S con S_n.

TEOREMA 9.7 **Estimación del Residuo en el Criterio de la Integral.**

Si $a_n = f(n)$ y f es continua, positiva y decreciente en $[n, +\infty)$ y si $\displaystyle\sum_{n=1}^{\infty} a_n$ converge según el criterio de la integral, entonces

$$\int_{n+1}^{\infty} f(x)\,dx \le R_n \le \int_{n}^{\infty} f(x)\,dx$$

Destración

De acuerdo a la primera figura, tenemos:

$$R_n = a_{n+1} + a_{n+2} + a_{n+3} + \cdots \leq \int_n^{\infty} f(x)\,dx \qquad \textbf{(1)}$$

De acuerdo a la segunda figura, tenemos:

$$R_n = a_{n+1} + a_{n+2} + a_{n+3} + \cdots \geq \int_{n+1}^{\infty} f(x)\,dx \qquad \textbf{(2)}$$

De (1) y (2) obtenemos: $\displaystyle\int_{n+1}^{\infty} f(x)\,dx \leq R_n \leq \int_n^{\infty} f(x)\,dx$

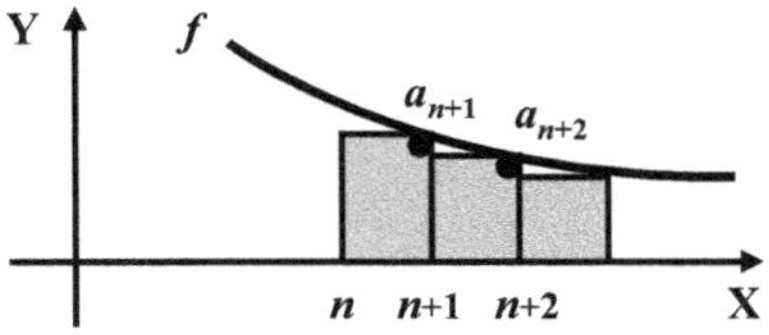

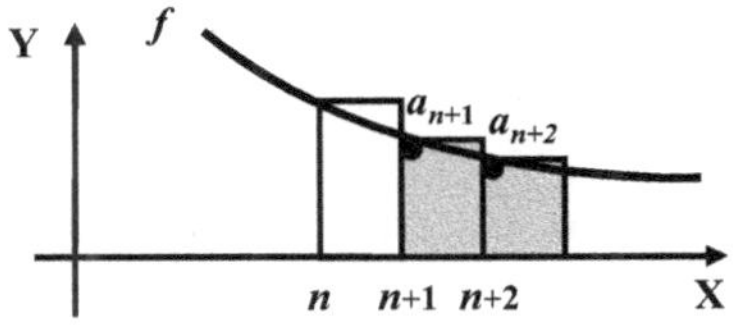

EJEMPLO 4. . **a.** Aproximar $\displaystyle\sum_{n=1}^{\infty} \frac{1}{n^3}$ mediante S_5.

b. Mediante el teorema de estimación del residuo, estimar el error cometido en la aproximación anterior. Esto es, hallar una cota inferior y una cota superior para R_n.

c. Cuál es el mínimo número de términos que se necesitan para que su suma S_n aproxime a S con un error menor que 0.0001. Es decir, hallar el mínimo n tal que $S - S_n = R_n < 0.0001$

Solución

a. $\displaystyle\sum_{n=1}^{\infty} \frac{1}{n^3} \approx S_5 = \frac{1}{1^3} + \frac{1}{2^3} + \frac{1}{3^3} + \frac{1}{4^3} + \frac{1}{5^3} = 1 + \frac{1}{8} + \frac{1}{27} + \frac{1}{64} + \frac{1}{125} \approx 1.185662$

b. De acuerdo al teorema anterior:

$$\int_6^{\infty} \frac{1}{x^3}dx \leq R_5 \leq \int_5^{\infty} \frac{1}{x^3}dx$$

Por un lado tenemos que $\displaystyle R_5 \leq \int_5^{\infty} \frac{1}{x^3}dx = \lim_{t\to\infty}\left[-\frac{1}{2t^2} + \frac{1}{2(5)^2}\right] = \frac{1}{50} = 0.02$

Por otro lado, $\displaystyle R_5 \geq \int_6^{\infty} \frac{1}{x^3}dx = \lim_{t\to\infty}\left[-\frac{1}{2t^2} + \frac{1}{2(6)^2}\right] = \frac{1}{72} \approx 0.01389$

Luego,

$$0.013888 \leq R_5 \leq 0.02$$

c. Debemos hallar n tal que $R_n \leq 0.0001$. Bien,

$$R_n \leq \int_n^{\infty} \frac{1}{x^3}dx = \left[-\frac{1}{2t^2} + \frac{1}{2(n)^2}\right] = \frac{1}{2n^2}$$

Buscamos n tal que $\frac{1}{2n^2} < 0.0001$

$$\frac{1}{2n^2} < 0.0001 \Rightarrow 2n^2 > \frac{1}{0.0001} \Rightarrow n^2 > 5{,}000 \Rightarrow n > \sqrt{5000} \approx 70.71$$

Luego, $n = 71$

Si sumamos S_n a los tres miembros de la desigualda del treorema anterior, considerando que $R_n + S_n = (S - S_n) + S_n = S$, se obtiene tiene el siguiente corolario:

COROLARIO. $$S_n + \int_{n+1}^{\infty} f(x)\,dx \leq S \leq S_n + \int_n^{\infty} f(x)\,dx$$

EJEMPLO 5. . Aproximar la suma $S = \sum_{n=1}^{\infty} \frac{1}{n^3}$ mediante el corolario con $n = 5$.

Solución

De acuerdo al corolario con $n = 5$:

$$S_5 + \int_6^{\infty} \frac{1}{x^3}dx \leq S \leq S_5 + \int_5^{\infty} \frac{1}{x^3}dx$$

En el ejemplo anterior, obtuvimos $S_5 = 1.185662$. Además, $\int_n^{\infty} \frac{1}{x^3}dx = \frac{1}{2n^2}$.

Luego, $1.185662 + \frac{1}{2(6)^2} \leq S \leq 1.185662 + \frac{1}{2(5)^2} \Rightarrow$

$$1.185662 + \frac{1}{72} \leq S \leq 1.185662 + \frac{1}{50} \Rightarrow 1.199550 \leq S \leq 1.205662$$

Aproximamos a S con el punto medio de $[1.199550,\ 1.205662]$, o sea con

$$\frac{1.199550 + 1.205662}{2} = 1.202606$$

En este caso, cometemos un error de a lo más, la mitad de la longitud de este intervalo:

$$\frac{1.205662 - 1.199550}{2} = 0.003056$$

En resumen:

$$S = \sum_{n=1}^{\infty} \frac{1}{n^3} \approx 1.202606, \qquad \text{con error} < 0.003056$$

Esta aproximación, $S \approx 1.202606$, mejora la aproximación, $S \approx S_5 = 1.185662$. De hecho, como se demuestra en el ejemplo siguiente, para obtener la aproximación $S \approx 1.202656$ con error menor que 0.003056 se requieren 13 términos de la serie.

EJEMPLO 6. **a.** Cuál es el mínimo número n de términos necesarios para que su suma S_n aproxime a $\sum_{n=1}^{\infty} \frac{1}{n^3}$ con un error menor que 0.003056.

b. Hallar S_n, donde n es números encontrado en la parte a.

Solución

a. $R_n \leq \int_n^{\infty} \frac{1}{x^3} dx = \frac{1}{2n^2} < 0.003056 \Rightarrow n > \sqrt{\frac{1}{2(0.003056)}} \approx 12.791$

Luego, $n = 13$.

b. $S_{13} = 1.199317$

PROBLEMAS RESUELTOS 9.2

PROBLEMA 1. Hallar el valor de la suma de la serie $\sum_{n=1}^{\infty} \frac{1}{n^5}$ con tres cifras decimales correctas o correctamente redondeados. Es decir, hallar S_n tal que $S - S_n = R_n \leq 0.0005 = \frac{5}{10^4}$.

Solución

$$R_n \leq \int_n^{\infty} \frac{1}{x^5} dx = \lim_{t \to \infty} \left[-\frac{1}{4t^4} + \frac{1}{4n^4} \right] = \frac{1}{4n^4}$$

Buscamos n tal que $\frac{1}{4n^4} \leq \frac{5}{10^4}$. Bien,

$$\frac{1}{4n^4} \leq \frac{5}{10^4} \Rightarrow 4n^4 \geq \frac{10^4}{5} \Rightarrow n \geq \frac{10}{\sqrt[4]{20}} \approx 4.729 \Rightarrow n = 5$$

Luego,

$$\sum_{n=1}^{\infty} \frac{1}{n^5} \approx S_5 = \frac{1}{1^5} + \frac{1}{2^5} + \frac{1}{3^5} + \frac{1}{4^5} + \frac{1}{5^5} \approx 1.037$$

PROBLEMA 2. **a.** Probar que:

$$\ln(n+1) \le 1 + \frac{1}{2} + \frac{1}{3} + \cdots + \frac{1}{n} \le 1 + \ln n$$

b. Si $b_n = 1 + \frac{1}{2} + \frac{1}{3} + \cdots + \frac{1}{n} - \ln n$, probar que la sucesión $\{b_n\}$ es convergente.

El número: $\gamma = \lim\limits_{n\to\infty}\left(1+\frac{1}{2}+\frac{1}{3}+\cdots+\frac{1}{n} - \ln n\right) \approx 0.57722$

es conocido como el **número de Euler**. A este número se le ha calculado muchas cifras decimales y no se sabe todavía si es racional o irracional.

Solución

a. De las desigualdades (1) y (2) en la demostración del teorema 9.7 obtenemos:

$$\int_1^{n+1} f(x)\,dx \le S_n \le a_1 + \int_1^n f(x)\,dx$$

Estas desigualdades, aplicadas pa la función $f(x) = \frac{1}{x}$, nos dan:

$$\int_1^{n+1} \frac{dx}{x} \le 1+\frac{1}{2}+\frac{1}{3}+\cdots+\frac{1}{n} \le 1+\int_1^n \frac{dx}{x} \Rightarrow \ln(n+1) \le 1+\frac{1}{2}+\frac{1}{3}+\cdots+\frac{1}{n} \le 1+\ln n$$

b. La sucesión $\{b_n\}$ es acotada. En efecto, de la parte a anterior: $0 \le b_n \le 1$, $\forall\, n$.

Ahora probamos que la sucesión $\{b_n\}$ es decreciente:

Observando la figura vemos que

$$\frac{1}{n+1} < \int_n^{n+1} \frac{dx}{x} = \ln(n+1) - \ln n$$

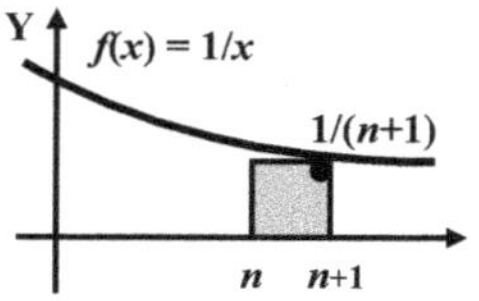

Luego,

$$b_{n+1} = 1+\frac{1}{2}+\frac{1}{3}+\cdots+\frac{1}{n}+\frac{1}{n+1} - \ln(n+1)$$

$$< 1+\frac{1}{2}+\frac{1}{3}+\cdots+\frac{1}{n}+\big(\ln(n+1)-\ln n\big) - \ln(n+1)$$

$$= 1+\frac{1}{2}+\frac{1}{3}+\cdots+\frac{1}{n} - \ln n = b_n$$

En consecuecia, por el teorema convergencia monótiona, $\{b_n\}$ es convergente.

PROBLEMA 3. **La sucesión armónica crece muy lentamente.**

a. Probar que la suma del primer millón de términos de la serie armónica es menor que 15. Es decir,

$$S_{1,000,000} = 1+\frac{1}{2}+\frac{1}{3}+\cdots+\frac{1}{1,000,000} < 15$$

b. Hallar n tal que suma S_n de la serie armónica supere 40.

c. Si una computadora suma un millón de términos por segundo, hallar el tiempo requerido para que esta computadora calcule S_n, donde el n hallado en la parte b.

Solución

a. Por la parte (a) del problema resuelto anterior sabemos que

$$1 + \frac{1}{2} + \frac{1}{3} + \cdots + \frac{1}{1,000,000} \leq 1 + \ln(1{,}000{,}000) < 1 + 13.82 < 15$$

b. Usando la otra parte de la desigualdad de la parte a del problema anterior,

$$S_n = 1 + \frac{1}{2} + \frac{1}{3} + \cdots + \frac{1}{n} \geq \ln(n+1) \geq 40 \quad \Rightarrow \quad n+1 \geq e^{40} > 2.353 \times 10^{17} \Rightarrow$$

$n \geq 2.353 \times 10^{17} - 1$. Tomamos $n = 2.353 \times 10^{17} = 2{,}353 \times 10^{14}$

c. En un año la computadora suma:

$$60 \times 60 \times 24 \times 365 \ \ 1{,}000{,}000 = 31{,}536 \times 10^9 \text{ términos Luego,}$$

para sumar los $n = 2{,}353 \times 10^{14}$ términos se requiren:

$$\frac{2{,}353 \times 10^{14}}{31{,}536 \times 10^9} = 7{,}461{,}314 \text{ años.}$$

La computadora, para haber terminado esta tarea en esta época, tendría que haber empesado desde los inicios de la Antigua Mesopotamia.

PROBLEMA 4. **La p–serie logaritmica** $\sum_{n=2}^{\infty} \frac{\ln n}{n^p}$.

Probar que $\sum_{n=2}^{\infty} \frac{\ln n}{n^p}$ converge si $p > 1$ y diverge si $p \leq 1$.

Solución

Caso 1. $p \leq 0$.

Si $p \leq 0$, entonces $-p \geq 0$ y $\lim_{n \to \infty} \frac{\ln n}{n^p} = \lim_{n \to \infty} \left(n^{-p} \ln n\right) = +\infty$

Luego, por el criterio del n-simo térmno, $\sum_{n=2}^{\infty} \frac{\ln n}{n^p}$ diverge.

Caso 2. $0 < p < 1$

Cambiando n por x en $\frac{\ln n}{n^p}$ obtenemos la función $f(x) = \frac{\ln x}{x^p}$, la cual es continua y positiva en el intervalo $[1, +\infty)$. Además.

$$f'(x) = \frac{x^{p-1} - px^{p-1}\ln x}{x^{2p}} = \frac{x^{p-1}(1 - p\ln x)}{x^{2p}} \quad \text{y} \quad f'(x) = < 0 \Leftrightarrow 1 - p\ln x < 0$$

$$\Leftrightarrow \ln x > 1/p \quad \Leftrightarrow \quad x > e^{1/p}$$

Luego, f es decreciente en el intervalo $[e^{1/p}, +\infty)$.

La función f es continua, positiva y decreciente en el intervalo $[e^{1/p}, +\infty)$.

Usando la fórmula de redución 34, tenemos:

$$\int \frac{\ln n}{x^p}\,dx = \int x^{-p}\ln x\,dx = \frac{1}{1-p}x^{1-p}\ln x - \frac{1}{1-p}\int x^{-p}dx$$

$$= \frac{1}{1-p}x^{1-p}\ln x - \frac{1}{(1-p)^2}x^{1-p} = \frac{x^{1-p}}{1-p}\left(\ln x - \frac{1}{1-p}\right)$$

y, por lo tanto,

$$\int_{e^{1/p}}^{\infty} \frac{\ln x}{x^p}\,dx = \operatorname*{Lim}_{t\to\infty}\int_{e^{1/p}}^{t}\frac{\ln x}{x^p}\,dx = \operatorname*{Lim}_{t\to\infty}\left[\frac{x^{1-p}}{1-p}\left(\ln x - \frac{1}{1-p}\right)\right]_{e^{1/p}}^{t}$$

$$= \operatorname*{Lim}_{t\to\infty}\left[\frac{t^{1-p}}{1-p}\left(\ln t - \frac{1}{1-p}\right) - \frac{e^{(1-p)/p}}{1-p}\left(\frac{1}{p} - \frac{1}{1-p}\right)\right] = +\infty$$

Luego, $\displaystyle\sum_{n=2}^{\infty}\frac{\ln n}{n^p}$ diverge.

Caso 3. $p = 1$

En la parte b del ejemplo 1, se probó que $\displaystyle\sum_{n=2}^{\infty}\frac{\ln n}{n}$ diverge.

Caso 4. $p > 1$

Procedemos exactamente como en el caso 2 y obtenemos:

$$\int_{e^{1/p}}^{\infty}\frac{\ln x}{x^p}\,dx = \operatorname*{Lim}_{t\to\infty}\left[\frac{t^{1-p}}{1-p}\left(\ln t - \frac{1}{1-p}\right) - \frac{e^{(1-p)/p}}{1-p}\left(\frac{1}{p} - \frac{1}{1-p}\right)\right]$$

$$= 0 - \frac{e^{(1-p)/p}}{1-p}\left(\frac{1}{p} - \frac{1}{1-p}\right) = -\frac{e^{(1-p)/p}}{1-p}\left(\frac{1}{p} - \frac{1}{1-p}\right)$$

Luego, $\displaystyle\sum_{n=2}^{\infty}\frac{\ln n}{n^p}$ converge.

En siguiente problema requiere del uso de un Sistema Algebraico de Computación (SAC). Aquí usamos Derive.

PROBLEMA 5. **a.** Probar que la serie $\displaystyle\sum_{n=1}^{\infty}\frac{(\ln n)^2}{n^2}$ convege.

b. Hallar el menor n tal que S_n aproxima a S con 2 cifras decimales exactas o correctamente redondeadas. Es decir, hallar el menor n tal que $R_n \leq 0.005$.

c. Hallar S_n, donde n es el número encontrado en la parte b.

Solución

a. Tomando en cuenta la fómula de reducción 34 tenemos:

$$\int \frac{(\ln x)^2}{x^2}dx = \int x^{-2}(\ln x)^2 dx = -\frac{1}{x}(\ln x)^2 + 2\int x^{-2}\ln x\, dx$$

$$= -\frac{1}{x}(\ln x)^2 + 2\left[-\frac{1}{x}\ln x - \frac{1}{x}\right] = = -\frac{1}{x}\left((\ln x)^2 + \ln x^2 + 2\right)$$

$$\int_1^{\infty} \frac{(\ln x)^2}{x^2}dx = \lim_{t\to\infty}\left[-\frac{1}{x}\left((\ln x)^2 + \ln x^2 + 2\right)\right]_1^t = -0 + \frac{0+0+2}{1} = 2$$

b. $R_n \leq \displaystyle\int_n^{\infty} \frac{(\ln x)^2}{x^2}dx = \left[-\frac{1}{x}\left((\ln x)^2 + \ln x^2 + 2\right)\right]_n^t = \frac{(\ln n)^2 + \ln n^2 + 2}{n}$

Hallamos el menor n tal que:

$$\frac{(\ln n)^2 + \ln n^2 + 2}{n} \leq 0.005 \Rightarrow (\ln n)^2 + \ln n^2 + 2 \leq 0.005n$$

Al SAC le pedimos resolver la ecuación $(\ln x)^2 + \ln x^2 + 2 = 0.005x$. Nos da la solución $x = 24{,}951.78$. Luego el n que buscamos es $n = 24{,}952$

c. El SAC nos dice que $\displaystyle\sum_{n=1}^{24952} \frac{(\ln n)^2}{n^2} = 1.98$

PROBLEMAS PROPUESTOS 9.2

En los problemas del 1 al 21, usando el criterio de la integral, determinar si la serie es convergente o divergente.

1. $\displaystyle\sum_{n=1}^{\infty} \frac{3}{n^{2/3}}$ *Rpta. Diver.*

2. $\displaystyle\sum_{n=1}^{\infty} \frac{3}{n^{3/2}}$ *Rpta. Conver*

3. $\displaystyle\sum_{n=1}^{\infty} \frac{1}{3n-1}$ *Rpta. Diver*

4. $\displaystyle\sum_{n=1}^{\infty} \frac{n}{n^2+1}$ *Rpta. Diver*

5. $\displaystyle\sum_{n=1}^{\infty} \frac{1}{(3+n)^{2/3}}$ *Rpta. Diver*

6. $\displaystyle\sum_{n=1}^{\infty} \frac{n+3}{n+1}$ *Rpta. Diver*

7. $\sum_{n=1}^{\infty} \frac{n}{e^{n/5}}$ *Rpta. Conver*

8. $\sum_{n=1}^{\infty} \frac{n}{e^{n^2}}$ *Rpta. Conver*

9. $\sum_{n=1}^{\infty} \frac{n}{(4n^2+5)^{2/3}}$ *Rpta. Conver*

10. $\sum_{n=1}^{\infty} \frac{\ln n}{n^2}$ *Rpta. Conver*

11. $\sum_{n=2}^{\infty} \frac{1}{n\sqrt{\ln\ n}}$ *Rpta. Diver*

12. $\sum_{n=1}^{\infty} \frac{n}{n^4+2n^2+1}$ *Rpta. Conver*

13. $\sum_{n=1}^{\infty} \frac{1}{(n+2)^{\sqrt{2}}}$ *Rpta. Conver*

14. $\sum_{n=2}^{\infty} \frac{1}{n\sqrt{n^2-1}}$ *Rpta. Conver*

15. $\sum_{n=1}^{\infty} \frac{n}{2^{n^2}}$ *Rpta. Conver*

16. $\sum_{n=1}^{\infty} \frac{\tan^{-1} n}{1+n^2}$ *Rpta. Conver*

17. $\sum_{n=1}^{\infty} \cot^{-1} n$ *Rpta. Diver*

18. $\sum_{n=1}^{\infty} \frac{1}{e^n+e^{-n}}$ *Rpta. Conver*

19. $\sum_{n=1}^{\infty} \frac{1}{n^2+9}$ *Rpta. Conver*

20. $\sum_{n=1}^{\infty} \operatorname{sech} n$ *Rpta. Conver*

21. $\sum_{n=1}^{\infty} \operatorname{sech}^2 n$ *Rpta. Conver*

En los problemas del 22 al 24, determinar si la serie es convergente o divergente.

22. $\sum_{n=1}^{\infty} 5n^{-1,0001}$ *Rpta. Conver*

23. $\sum_{n=1}^{\infty} \left(2n^{\pi}+n^{-0,99}\right)$ *Rpta. Diver*

24. $\sum_{n=1}^{\infty} \frac{2-\sqrt{2}}{n^3}$ *Rpta. Conver*

En los problemas del 25 al 27, determinarlos valores de p para los cuales la serie es convergente

25. $\sum_{n=2}^{\infty} \frac{n}{(n^2-1)^p}$ *Rpta.* $p > 1$

26. $\sum_{n=1}^{\infty} \frac{n^2}{(n^2+1)^p}$. *Sugerencia:* Sea $u = x^2 + 1$ *Rpta.* $p > 3/2$

27. $\sum_{n=1}^{\infty} n(1+n^2)^p$. *Sugerencia: Sea* $u = 1 + x^2$ *Rpta.* $p < -1$

Probar que las series 28 y 29 convergen si p > 1 y divergen si p ≤ 1

28. $\sum_{n=2}^{\infty} \frac{1}{n(\ln n)^p}$

29. $\sum_{n=3}^{\infty} \frac{1}{n \ln n \left[\ln(\ln n)\right]^p}$. *Sugerencia:* $u = \ln(\ln x)$

30. Se llama función zeta (el símbolo ζ es la letra griega zeta) a la función:

$$\zeta(t) = \sum_{n=1}^{\infty} \frac{1}{n^t}$$

Hallar el dominio de esta función. *Rpta.* $(1, +\infty)$

Leonardo Euler (1707-1783) descubrió que:

$$\zeta(2) = \sum_{n=1}^{\infty} \frac{1}{n^2} = \frac{\pi^2}{6}, \quad \zeta(4) = \sum_{n=1}^{\infty} \frac{1}{n^4} = \frac{\pi^4}{90}, \quad \zeta(6) = \sum_{n=1}^{\infty} \frac{1}{n^6} = \frac{\pi^6}{945}.$$

31. Hallar el menor número n tal S_n aproxime a $S = \sum_{n=1}^{\infty} \frac{1}{n^2}$ con un error menor que 0.01. Es decir, hallar el mínimo n tal que $R_n < 0.01$

Rpta. $n = 101$

32. Hallar el valor de la suma de la serie $\sum_{n=1}^{\infty} \frac{1}{n^6}$ con 4 cifras decimales correctas o correctamente redondeados. Es decir, hallar S_n tal que $R_n \leq 0.00005$

Rpta. $S_6 = 1.0172$

33. Hallar el valor de la suma de la serie $\sum_{n=1}^{\infty} \frac{1}{n^{5/2}}$ con 2 cifras decimales correctas o correctamente redondeados. Es decir, hallar S_n tal que $R_n \leq 0.005$

Rpta. $S_{27} = 1.34$

34. Hallar el menor número n tal S_n aproxime a $S = \sum_{n=1}^{\infty} \frac{1}{n(\ln n)^2}$ con una cifra decimal correctamente redondeada. Esto es, hallar el menor n tal $R_n < 0.05$

Rpta. $n \geq e^{20}$

35. **a.** Usar la suma S_5 para aproximar a S, la suma de la serie $\sum_{n=1}^{\infty} \frac{1}{n^4}$.

b. Estimar el error cometido en la aproximación anterior. Esto es, hallar una cota inferior y una cota cota superior para R_n.

c. Usar el corolario al teorema de estimación del residuo para mejorar la aproximación de la parte a, dando una cota E para el error en ests aproximación.

d. Hallar el menor número n tal que al aproximar a S con S_n, el error R_n sea menor que la cota E hallada en la parte c.

e. Hallar S_n, donde n es el número hallado en la parete d.

Rpta **a.** $S_5 = 1.080352$ **b.** $0.0011543 \leq R_5 \leq 0.002667$
c. $S \approx 1.082457$ con error < 0.001124 **d.** $S_7 = 1.081513$

36. Sea $a > 0$. Probar que:

a. $\sum_{n=1}^{\infty} \frac{1}{a^{\ln n}}$ converge si $a > e$ y diverge si $a \leq e$.

Sugerencia: $a^{\ln n} = n^{\ln a}$ *y aplicar el criterio de las p-series.*

b. $\sum_{n=1}^{\infty} a^{\ln n}$ converge si $a < \frac{1}{e}$ y diverge si $a \geq \frac{1}{e}$.

Sugerencia: $a^{\ln n} = \frac{1}{n^{-\ln a}}$ *y aplicar el criterio de las p-series.*

SECCION 9.3
CRITERIOS DE COMPARACION PARA SERIES POSITIVAS

CRITERIO DE COMPARACION DIRECTA

Sean $\sum_{n=1}^{\infty} a_n$ y $\sum_{n=1}^{\infty} b_n$ dos series de términos positivos. Se dice que la serie $\sum_{n=1}^{\infty} b_n$ domina a la serie $\sum_{n=1}^{\infty} a_n$ si se cumple que $a_n \leq b_n$, $\forall\ n$

TEOREMA 9.8 **Criterio de comparación directa de series positivas**

Sean $\sum_{n=1}^{\infty} a_n$ y $\sum_{n=1}^{\infty} b_n$ tales que $\mathbf{0 \leq a_n \leq b_n}$, $\forall\ \boldsymbol{n \geq k}$

1. Si $\sum_{n=1}^{\infty} b_n$ converge, entonces $\sum_{n=1}^{\infty} a_n$ converge.

2. Si $\sum_{n=1}^{\infty} a_n$ diverge, entonces $\sum_{n=1}^{\infty} b_n$ diverge.

Demostración

1. Sean $S_n = \sum_{k=1}^{n} a_k$, $T_n = \sum_{k=1}^{n} b_k$ y $T = \sum_{n=1}^{\infty} b_n$

Como los términos de las series son positivos, las sucesiones $\{ S_n \}$ y $\{ T_n \}$ son crecientes. En efecto:

$$S_n < S_n + a_{n+1} = S_{n+1} \qquad T_n < T_n + b_{n+1} = T_{n+1}\,.$$

Además, para $n \geq k$, $a_n \leq b_n$ implica que $S_n \leq T_n \leq T$. Luego, $\{ S_n \}$ es acotada.

Por el teorema de la convergencia monótona (Teorema 8.10), $\{ S_n \}$ convege. Esto es, $\sum_{n=1}^{\infty} a_n$ converge.

2. La veracidad de esta parte 2 sigue del hecho de que esta proposición es la contrarrecíproca de la proposición de la parte 1. Se pude también probar fácilmente por reducción al absurdo.

EJEMPLO 1. Estudiar La convergencia de la las series:

1. $\sum_{n=1}^{\infty} \frac{1}{5^n+1}$ **2.** $\sum_{n=1}^{\infty} \frac{1}{n^n}$ **3.** $\sum_{n=2}^{\infty} \frac{1}{\sqrt{n}-1}$ **4.** $\sum_{n=2}^{\infty} \frac{\ln n}{n^3+n^2+1}$

Solución

1. Se tiene que:

$$0 < \frac{1}{5^n+1} < \frac{1}{5^n} \Rightarrow \sum_{n=1}^{\infty} \frac{1}{5^n+1} < \sum_{n=1}^{\infty} \frac{1}{5^n}.$$

Pero, $\sum_{n=1}^{\infty} \frac{1}{5^n}$ es una serie geométrica con $r = 1/5$ y, por tanto convergente.

Aún más:

$\sum_{n=1}^{\infty} \frac{1}{5^n} = \frac{1/5}{1-1/5} = \frac{1}{4}$. Luego, por la parte 1 del teorema, $\sum_{n=1}^{\infty} \frac{1}{5^n+1}$ converge.

2. $n \geq 2 \Rightarrow n^n \geq 2^n \Rightarrow \frac{1}{n^n} \leq \frac{1}{2^n} \Rightarrow \sum_{n=2}^{\infty} \frac{1}{n^n} \leq \sum_{n=2}^{\infty} \frac{1}{2^n}$

Como $\sum_{n=2}^{\infty} \frac{1}{2^n}$ converge, por ser una serie geométrica con $r = 1/2 < 1$, la serie $\sum_{n=2}^{\infty} \frac{1}{n^n}$ converge y, por lo tanto, la serie $\sum_{n=1}^{\infty} \frac{1}{n^n}$ converge.

3. Para $n \geq 2$ se tiene que:

$$0 < \frac{1}{\sqrt{n}} < \frac{1}{\sqrt{n}-1} \Rightarrow \sum_{n=2}^{\infty} \frac{1}{\sqrt{n}} \leq \sum_{n=2}^{\infty} \frac{1}{\sqrt{n}-1}$$

Pero, $\sum_{n=2}^{\infty} \frac{1}{\sqrt{n}} = \sum_{n=2}^{\infty} \frac{1}{n^{1/2}}$ es una p-serie divergente, ya que $p = 1/2 < 1$.

Luego, por la parete 2 del teorema, $\sum_{n=2}^{\infty} \frac{1}{\sqrt{n}-1}$ es divergente.

4. Para $n \geq 2$ se tiene que:

$$0 < \frac{\ln n}{n^3+n^2+1} < \frac{n}{n^3} = \frac{1}{n^2} \Rightarrow \sum_{n=2}^{\infty} \frac{\ln n}{n^3+n^2+1} \leq \sum_{n=2}^{\infty} \frac{1}{n^2}$$

Pero, $\sum_{n=2}^{\infty} \frac{1}{n^2}$ es una p-serie conergente, ya que $p = 2 > 1$.

Luego, por la parete 1 del teorema, $\sum_{n=2}^{\infty} \frac{\ln n}{n^3+n^2+1}$ converge.

CRITERIO DE COMPARACION DEL LIMITE

TEOREMA 9.9 **Criterio de Comparación del Límite**

Sean $\sum_{n=1}^{\infty} a_n$ y $\sum_{n=1}^{\infty} b_n$ tales que $a_n > 0$ y $b_n > 0 \ \forall\ n \geq k$.

Si $\lim_{n \to \infty} \dfrac{a_n}{b_n} = L$ y $0 < L < \infty$, **entonces ambas serires convergen o ambas series divergen.**

Demostrción

Ver el problema resuelto 6.

TACTICA PARA APLICAR ESTE TEOREMA.

Se busca estudiar la convergewncia de una serie $\sum_{n=1}^{\infty} a_n$.

Paso 1. Hallar una serie $\sum_{n=1}^{\infty} b_n$ cuyas propiedades de convergencia sean conocidas (como una p-serie o una serie geométrica) y que el término b_n sea "esencialmente" lo mismo que a_n. Así, si a_n es un cociente de polinomios, b_n se obtiene tomando sólo los términos de mayor potencia.

Paso 2. Verificar que existe $\lim_{n \to \infty} \dfrac{a_n}{b_n}$ y que este límte es positivo.

Paso 3. Aplicar la conclusión del teorema.

EJEMPLO 2. Estudiar la convergencia de $\sum_{n=1}^{\infty} \dfrac{2n^2 - 3n + 1}{5n^4 + n^3 + 1}$

Solución

En $a_n = \dfrac{2n^2 - 3n + 1}{5n^4 + n^3 + 1}$ sólo consideramos los términos de mayor potencia. Esto es,

$\dfrac{2n^2}{5n^4} = \dfrac{2}{5}\dfrac{1}{n^2}$. Tomamos $b_n = \dfrac{1}{n^2}$. Ahora,

$$\lim_{n \to \infty} \left(\frac{2n^2 - 3n + 1}{5n^4 + n^3 + 1} \Big/ \frac{1}{n^2} \right) = \lim_{n \to \infty} \left(\frac{2n^4 - 3n^3 + n^2}{5n^4 + n^3 + 1} \right) = \lim_{n \to \infty} \left(\frac{2 - 3/n + 1/n^2}{5 + 1/n + 1/n^4} \right) = \frac{2}{5}$$

Pero, $\sum_{n=1}^{\infty} \dfrac{1}{n^2}$ converge, por ser una p-serie con $p = 2 > 1$.

Luego, $\sum_{n=1}^{\infty} \dfrac{2n^2 - 3n + 1}{5n^4 + n^3 + 1}$ también converge.

EJEMPLO 3. Estudiar la convergencia de $\sum_{n=1}^{\infty} \frac{3n+10}{e^n - 5}$

Solución

El término $a_n = \frac{3n+10}{e^n - 5}$ se comporta esencialmente como $b_n = \frac{n}{e^n}$.

$$\lim_{n \to \infty} \left(\frac{3n+10}{e^n - 5} \Big/ \frac{n}{e^n} \right) = \frac{e^n(3n+10)}{n(e^n - 5)} = \lim_{n \to \infty} \frac{3+10/n}{1-5/e^n} = 3$$

Pero, en la parte a. del ejemplo 1, de la sección 9.2, se probó que $\sum_{n=1}^{\infty} \frac{n}{e^n}$ es convergente. Luego, $\sum_{n=1}^{\infty} \frac{3n+10}{e^n - 5}$ es convergente.

EJEMPLO 4. Estudiar la convergencia de $\sum_{n=1}^{\infty} \frac{n+2}{\sqrt{n}\,(n-3)}$

Solución

El érmino $a_n = \frac{n+2}{\sqrt{n}\,(n-3)}$ se comporta esencialmente como $a_n = \frac{n}{\sqrt{n}\,(n)} = \frac{1}{\sqrt{n}}$

$$\lim_{n \to \infty} \left(\frac{n+2}{\sqrt{n}\,(n-3)} \Big/ \frac{1}{\sqrt{n}} \right) = \left(\frac{n+2}{n-3} \right) = \left(\frac{1+2/n}{1-3/n} \right) = 1$$

Pero, $\sum_{n=1}^{\infty} \frac{1}{\sqrt{n}}$ es divergente (p-serie con $p = 1/2 < 1$). Luego, $\sum_{n=1}^{\infty} \frac{n+2}{\sqrt{n}\,(n-3)}$ es divergente.

En el siguiente teorema extendemos el el teorema de comparación del límite en el caso de que $\lim_{n \to \infty} \frac{a_n}{b_n}$ sea 0 o ∞.

TEOREMA 9.10 **Criterio de Comparación del Límite Cero o Infinito**

Sean $\sum_{n=1}^{\infty} a_n$ y $\sum_{n=1}^{\infty} b_n$ tales que $\boldsymbol{a_n > 0}$ **y** $\boldsymbol{b_n > 0 \ \forall\ n \geq k}$.

1. Si $\lim_{n \to \infty} \frac{a_n}{b_n} = 0$ y $\sum_{n=1}^{\infty} b_n$ **converge,** entonces $\sum_{n=1}^{\infty} a_n$ **converge**

2. Si $\lim_{n \to \infty} \frac{a_n}{b_n} = \infty$ y $\sum_{n=1}^{\infty} b_n$ **diverge,** entonces $\sum_{n=1}^{\infty} a_n$ **diverge**

Demostración

Ver el problema resuelto 7.

EJEMPLO 5. Estudiar la convergencia de:

a. $\sum_{n=2}^{\infty} \frac{\ln n}{n\sqrt{n}}$ **b.** $\sum_{n=2}^{\infty} \frac{\ln n}{n}$

Demostración

a. $a_n = \frac{\ln n}{n\sqrt{n}}$ y $b_n = \frac{1}{n^{5/4}}$. Observar que $n\sqrt{n} = n^{3/2}$ y $1 < 5/4 < 3/2$.

$$\lim_{n \to \infty} \left(\frac{\ln n}{n\sqrt{n}} \Big/ \frac{1}{n^{5/4}} \right) = \lim_{n \to \infty} \frac{\ln n}{n^{1/4}} = \lim_{n \to \infty} \frac{1/n}{1/4n^{-3/4}} \qquad \text{(L'Hôpital)}$$

$$= \lim_{n \to \infty} \frac{4}{n^{1/4}} = 0$$

Pero, $\sum_{n=2}^{\infty} \frac{1}{n^{5/4}}$ es convergente (p-serie con $p = 5/4 > 1$).

En consecuencia, por la parte 1 del teorema, $\sum_{n=2}^{\infty} \frac{\ln n}{n\sqrt{n}}$ convege.

b. $a_n = \frac{\ln n}{n}$ y $b_n = \frac{1}{n}$. Se tiene que: $\lim_{n \to \infty} \left(\frac{\ln n}{n} \Big/ \frac{1}{n} \right) = \lim_{n \to \infty} (\ln n) = \infty$

Pero, $\sum_{n=2}^{\infty} \frac{1}{n}$ es divergente (serie armónica). En consecuencia, por la parte 2 del teorema, $\sum_{n=2}^{\infty} \frac{\ln n}{n}$ divege.

EJEMPLO 6. Estudiar la convergencia de $\sum_{n=1}^{\infty} \left(\sqrt{n+1} - \sqrt{n} \right)$

Solución

$$\sqrt{n+1} - \sqrt{n} = \left(\sqrt{n+1} - \sqrt{n} \right) \frac{\sqrt{n+1} + \sqrt{n}}{\sqrt{n+1} + \sqrt{n}} = \frac{1}{\sqrt{n+1} + \sqrt{n}}$$

Tomemos $b_n = \frac{1}{\sqrt{n}}$. Tenemos:

$$\lim_{n \to \infty} \left(\frac{1}{\sqrt{n+1} + \sqrt{n}} \Big/ \frac{1}{\sqrt{n}} \right) = \lim_{n \to \infty} \frac{\sqrt{n}}{\sqrt{n+1} + \sqrt{n}} = \lim_{n \to \infty} \frac{1}{\sqrt{1+1/n} + 1} = \frac{1}{2}$$

Pero, $\sum_{n=1}^{\infty} \frac{1}{\sqrt{n}}$ es divergente (p–serie con $p = 1/2$). En consecuencia, por el criterio de comparación del límite, $\sum_{n=1}^{\infty} \left(\sqrt{n+1} - \sqrt{n}\right)$ diverge.

PROBLEMAS RESUELTOS 9.3

PROBLEMA 1. Probar que la serie $\sum_{n=0}^{\infty} \frac{1}{n!}$ es convergente y que $\sum_{n=0}^{\infty} \frac{1}{n!} < 3$

Solución

Tenemos que:

$$\sum_{n=0}^{\infty} \frac{1}{n!} = 0! + \sum_{n=1}^{\infty} \frac{1}{n!} = 1 + \sum_{n=1}^{\infty} \frac{1}{n!}.$$

Además, para $n \geq 1$:

$$n! = n(n-1)(n-2)\ldots 3.2.1 > \underbrace{2.2.2.\ \ldots\ 2.2.1}_{n} = 2^{n-1} \Rightarrow \frac{1}{n!} < \frac{1}{2^{n-1}} \Rightarrow$$

$$\sum_{n=1}^{\infty} \frac{1}{n!} \leq \sum_{n=1}^{\infty} \frac{1}{2^{n-1}} = \frac{1}{1-1/2} = 2$$

Por larte 1 del criterio comparación directa (teorema 9.8), $\sum_{n=1}^{\infty} \frac{1}{n!}$ converge y

$$\sum_{n=0}^{\infty} \frac{1}{n!} = 1 + \sum_{n=1}^{\infty} \frac{1}{n!} \leq 1 + 2 = 3$$

Más adelante veremos que $\sum_{n=0}^{\infty} \frac{1}{n!} = e$

PROBLEMA 2. Probar que:

a. $\sum_{n=1}^{\infty} \frac{1}{n^n}$ converge. **b.** $\sum_{n=1}^{\infty} n^{-1+1/n}$ diverge

Solución

a. $n = e^{\ln n} \Rightarrow n^n = e^{n \ln n} > e^n, \ \forall\, n > 3 \Rightarrow \frac{1}{n^n} < \frac{1}{e^n}$

Pero, $\sum_{n=1}^{\infty} \frac{1}{e^n} = \sum_{n=1}^{\infty} \left(\frac{1}{e}\right)^n$ converge por una serie geométrica con $r = \frac{1}{e} < 1$

Luego, por la parte 1 del criterio de comparación directa, $\sum_{n=1}^{\infty} \frac{1}{n^n}$ converge.

. **b.** Aplicaremos el criterio de comparación del límite. $b_n = \frac{1}{n}$. Se tiene que:

$$\lim_{n \to \infty} \left(n^{-1+1/n} \Big/ \frac{1}{n} \right) = \lim_{n \to \infty} \left(n \, . \, n^{-1+1/n} \right) = \lim_{n \to \infty} n^{1/n} = \lim_{n \to \infty} \sqrt[n]{n} = 1$$

Pero, la serie $\sum_{n=1}^{\infty} \frac{1}{n}$ diverge. Luego, por el criterio de comparación del límite,

$$\sum_{n=1}^{\infty} n^{-1+1/n} \text{ diverge.}$$

PROBLEMA 3. Probar que la serie $\sum_{n=1}^{\infty} \frac{\ln n}{n^2+1}$ converge.

Solución

La forma del término general de la serie sugiere que la comparemos con una p-serie.

Ensayemos con $b_n = \frac{1}{n^2}$. Tenemos:

$$\lim_{n \to \infty} \left(\frac{\ln n}{n^2+1} \Big/ \frac{1}{n^2} \right) = \lim_{n \to \infty} \frac{n^2(\ln n)}{n^2+1} = \lim_{n \to \infty} (\ln n)\left(\frac{n^2}{n^2+1} \right)$$

$$= \lim_{n \to \infty} (\ln n)\left(\frac{1}{1+1/n^2} \right) = (+\infty)(1) = +\infty$$

Como $\lim_{n \to \infty} \left(\frac{\ln n}{n^2+1} \Big/ \frac{1}{n^2} \right) = \infty$ y $\sum_{n=1}^{\infty} \frac{1}{n^2}$ converge, el criterio de comparación del límite infinito no nos dice nada sobre la convergencia de $\sum_{n=1}^{\infty} \frac{\ln n}{n^2+1}$.

Ensayemos con $b_n = \frac{1}{n}$. Tenemos:

$$\lim_{n \to \infty} \left(\frac{\ln n}{n^2+1} \Big/ \frac{1}{n} \right) = \lim_{n \to \infty} \frac{n(\ln n)}{n^2+1} = \lim_{n \to \infty} \left(\frac{\ln n}{n} \right)\left(\frac{n^2}{n^2+1} \right)$$

$$= \lim_{n \to \infty} \left(\frac{\ln n}{n} \right)\left(\frac{1}{1+1/n^2} \right) = (0)(1) = 0$$

Como $\lim\limits_{n \to \infty} \left(\dfrac{\ln n}{n^2+1} \Big/ \dfrac{1}{n} \right) = 0$ y $\sum\limits_{n=1}^{\infty} \dfrac{1}{n}$ diverge, el criterio de comparación del límite cero no nos dice nada sobre la convergencia de $\sum\limits_{n=1}^{\infty} \dfrac{\ln n}{n^2+1}$.

Ensayemos como $b_n = \dfrac{1}{\mathrm{n}^{3/2}}$. Tenemos:

$$\lim_{n \to \infty} \left(\frac{\ln n}{n^2+1} \Big/ \frac{1}{n^{3/2}} \right) = \lim_{n \to \infty} \frac{n^{3/2}(\ln n)}{n^2+1} = \lim_{n \to \infty} \left(\frac{\ln n}{n^{1/2}} \right)\left(\frac{n^2}{n^2+1} \right)$$

$$= \lim_{n \to \infty} \left(\frac{\ln n}{n^{1/2}} \right)\left(\frac{1}{1+1/n^2} \right) = (0)\,(1) = 0$$

Como $\sum\limits_{n=1}^{\infty} \dfrac{1}{n^{3/2}}$ converge ($p = 3/2 > 1$), la parte 1 del criterio de comparación del límite, $\sum\limits_{n=1}^{\infty} \dfrac{\ln n}{n^2+1}$ converge.

PROBLEMA 4. Probar que $\sum\limits_{n=2}^{\infty} \dfrac{1}{n^p \ln n}$ diverge si $p \leq 1$ y converge si $p > 1$

Solución

Caso 1: $p < 0$.

Si $p < 0$, entonces $-p > 0$ y $\lim\limits_{n \to \infty} \dfrac{1}{n^p \ln n} = \lim\limits_{n \to \infty} \dfrac{n^{-p}}{\ln n} = \infty$

Luego, por el criterio del n-simo térmno, $\sum\limits_{n=2}^{\infty} \dfrac{1}{n^p \ln n}$ diverge.

Caso 2: $0 \leq p \leq 1$.

Si $0 \leq p \leq 1$ y $n \geq 2$, entonces $n^p \leq n$ y, por tanto, $\dfrac{1}{n^p \ln n} \geq \dfrac{1}{n \ln n}$

Pero, de acuerdo al ejemplo 2 parte b. de de la sección anterior, $\sum\limits_{n=2}^{\infty} \dfrac{1}{n \ln n}$ diverge. Luego por el criterio de compasión, $\sum\limits_{n=2}^{\infty} \dfrac{1}{n^p \ln n}$ diverge.

Caso 3. $p > 1$.

Sea $b_n = \dfrac{1}{n^p}$. Se tiene que:

$$\lim_{n \to \infty} \left(\frac{1}{n^p \ln n} \Big/ \frac{1}{n^p} \right) = \lim_{n \to \infty} \frac{n^p}{n^p \ln n} = \lim_{n \to \infty} \frac{1}{\ln n} = 0$$

Como $\sum_{n=2}^{\infty} \frac{1}{n^p}$ converge, por ser $p > 1$, por la parte 1 del criterio de comparación del límite, $\sum_{n=2}^{\infty} \frac{1}{n^p \ln n}$ converge.

PROBLEMA 5. Probar que:

1. $\sum_{n=2}^{\infty} \frac{1}{(\ln n)^{\ln n}}$ converge. **2.** $\sum_{n=2}^{\infty} \frac{1}{(\ln n)^p}$ diverge si $p > 0$

Solución

1. En primer lugar, probamos que:

$$(\ln n)^{\ln n} = n^{\ln(\ln n)}.$$

En efecto. Sabemos que $a^x = e^{x \ln a}$.

Usando esta identidad con $a = \ln n$ y $x = \ln n$, tenemos,

$$(\ln n)^{\ln n} = e^{\ln n \ \ln(\ln n)} = \left(e^{\ln n}\right)^{\ln(\ln n)} = n^{\ln(\ln n)}$$

En segundo lugar, probamos que:

$$\ln(\ln n) > 2, \ \forall n > 1{,}619.$$

En en efecto, considerando que la función $y = \ln x$ es creciente, se tiene:

$$\ln(\ln n) > 2 \Leftrightarrow \ln n > e^2 \Leftrightarrow n > e^{e^2} \approx 1{,}618.2$$

Luego, $n > 1{,}619 \Rightarrow \ln(\ln n) > 2$.

Ahora,

$$\ln(\ln n) > 2, \ \forall n > 1{,}619 \Rightarrow \frac{1}{(\ln n)^{\ln n}} = \frac{1}{n^{\ln(\ln n)}} < \frac{1}{n^2}, \ \forall n > 1{,}619 \Rightarrow$$

$$\sum_{n=1{,}619}^{\infty} \frac{1}{(\ln n)^{\ln n}} \leq \sum_{n=1{,}619}^{\infty} \frac{1}{n^2}$$

Como $\sum_{n=1{,}619}^{\infty} \frac{1}{n^2}$ converge (p-serie con $p > 2$). Entonces,

$$\sum_{n=1{,}619}^{\infty} \frac{1}{(\ln n)^{\ln n}} \text{ converge} \Rightarrow \sum_{n=2}^{\infty} \frac{1}{(\ln n)^{\ln n}} \text{ converge.}$$

2. En primer lugar, probamos que:

$$(\ln n)^p = n^{p\frac{\ln(\ln n)}{\ln n}} \qquad \textbf{(1)}$$

En efecto: Si $(\ln n)^p = n^x$, entonces, tomamando logaritmos,

$$p \ln(\ln n) = x \ln n \Rightarrow x = p\frac{\ln(\ln n)}{\ln n} \Rightarrow (\ln n)^p = n^{p\frac{\ln(\ln n)}{\ln n}}$$

En segundo lugar, probamos que:

$$\lim_{n \to \infty} \frac{\ln(\ln n)}{\ln n} = 0$$

En efectocto, recurriendo a L'Hôpital tenemos:

$$\lim_{n \to \infty} \frac{\ln(\ln n)}{\ln n} = \lim_{n \to \infty} \frac{(1/\ln n)(1/n)}{1/n} = \lim_{n \to \infty} \frac{1}{\ln n} = 0.$$

Ahora, $\lim_{n \to \infty} \frac{\ln(\ln n)}{\ln n} = 0 \Rightarrow \lim_{n \to \infty} p\frac{\ln(\ln n)}{\ln n} = 0 \Rightarrow$

Para $\varepsilon = 1$, $\exists N > 2$ tal que $p\frac{\ln(\ln n)}{\ln n} < 1$, $\forall n > N$

Reemplazando esta desigualdad en (1), obtenemos:

$$(\ln n)^p = n^{p\frac{\ln(\ln n)}{\ln n}} < n^1 = n, \ \forall n > N \Rightarrow \frac{1}{(\ln n)^p} > \frac{1}{n}, \forall n > N \Rightarrow$$

$$\sum_{n=N}^{\infty} \frac{1}{(\ln n)^p} \geq \sum_{n=N}^{\infty} \frac{1}{n}$$

Como $\sum_{n=N}^{\infty} \frac{1}{n}$, por ser parte de la serie armónica, diverge y, en consecuencia,

$$\sum_{n=N}^{\infty} \frac{1}{(\ln n)^p} \text{ diverge} \Rightarrow \sum_{n=2}^{\infty} \frac{1}{(\ln n)^p} \text{ diverge}$$

PROBLEMA 6. Probar el criterio de comparación del límite.

Sean $\sum_{n=1}^{\infty} a_n$ y $\sum_{n=1}^{\infty} b_n$ tales que $a_n > 0$ y $b_n > 0 \ \forall n \geq k$.

Si $\lim_{n \to \infty} \frac{a_n}{b_n} = L$ y $0 < L < \infty$, entonces ambas series convergen o ambas series divergen.

Demostración

Si $\lim_{n \to \infty} \frac{a_n}{b_n} = L$ y $0 < L < \infty$, entonces $\exists N \geq k$ tal que

$$n > N \Rightarrow \frac{L}{2} < \frac{a_n}{b_n} < \frac{3L}{2}$$

De donde,

$$\frac{L}{2}b_n < a_n < \frac{3L}{2}b_n, \quad \forall n > N$$

Ahora, si $\sum_{n=1}^{\infty} b_n$ converge, también converge $\sum_{n=1}^{\infty} \frac{3L}{2}b_n$. Como $a_n < \frac{3L}{2}b_n$, por la parte 1 del teorema de compasión directa, $\sum_{n=1}^{\infty} a_n$ converge.

Por otro lado, si $\sum_{n=1}^{\infty} b_n$ diverge, también diverge $\sum_{n=1}^{\infty} \frac{L}{2}b_n$, Como $\frac{L}{2}b_n < a_n$, por la parte 2 del teorema de compasión directa, $\sum_{n=1}^{\infty} a_n$ diverge.

PROBLEMA 7. Probar el **criterio comparación del límite Cero-Infinito.**

Sean $\sum_{n=1}^{\infty} a_n$ y $\sum_{n=1}^{\infty} b_n$ tales que $a_n > 0$ y $b_n > 0$ $\forall\, n \geq k$.

1. Si $\lim\limits_{n \to \infty} \frac{a_n}{b_n} = 0$ y $\sum_{n=1}^{\infty} b_n$ **converge,** entonces $\sum_{n=1}^{\infty} a_n$ **converge**

2. Si $\lim\limits_{n \to \infty} \frac{a_n}{b_n} = \infty$ y $\sum_{n=1}^{\infty} b_n$ **diverge,** entonces $\sum_{n=1}^{\infty} a_n$ **diverge**

Demostración

1. Si $\lim\limits_{n \to \infty} \frac{a_n}{b_n} = 0$, entonces $\exists\, N \geq k$ tal que $n > N \Rightarrow 0 < \frac{a_n}{b_n} < 1$.

De donde, $0 < a_n < b_n$, y como $\sum_{n=1}^{\infty} b_n$ converge, por la parte 1 del teorema de comparación directa, $\sum_{n=1}^{\infty} a_n$ converge.

2. Si $\lim\limits_{n \to \infty} \frac{a_n}{b_n} = \infty$, entonces, dado $M = 1$, $\exists\, N \geq k$ tal que $n > N \Rightarrow \frac{a_n}{b_n} > 1$.

De donde, $0 < b_n < a_n$, y como $\sum_{n=1}^{\infty} b_n$ diverge, por la parte 2 del teorema de comparación directa, $\sum_{n=1}^{\infty} a_n$ diverge.

PROBLEMAS PROPUESTOS 9.3

En los problemas del 1 al 16, usando algún criterio de comparacióndirecta, determinar si las series dadas convergen o divergen.

1. $\sum_{n=1}^{\infty} \frac{1}{n^2+2n+3}$ *Rpta. Conver*

2. $\sum_{n=1}^{\infty} \frac{\sqrt{n}}{n^2+1}$ *Rpta. Conver*

3. $\sum_{n=1}^{\infty} \frac{1}{\sqrt{n^3+2}}$ *Rpta. Conver*

4. $\sum_{n=1}^{\infty} \frac{1}{\sqrt{n(n+1)}}$ *Rpta. Diver.*

5. $\sum_{n=2}^{\infty} \frac{2}{n-\sqrt{n}}$ *Rpta. Diver.*

6. $\sum_{n=1}^{\infty} \frac{1}{\left(n^4+15\right)^{1/5}}$ *Rpta. Diver.*

7. $\sum_{n=1}^{\infty} \frac{1}{3+5^n}$ *Rpta. Conver*

8. $\sum_{n=1}^{\infty} \frac{\operatorname{sen}^2 n}{3^n}$ *Rpta. Conver*

9. $\sum_{n=1}^{\infty} \frac{2+\cos n}{n^2}$ *Rpta. Conver*

10. $\sum_{n=1}^{\infty} \frac{1+2^n}{1+3^n}$ *Rpta. Conver*

11. $\sum_{n=1}^{\infty} \frac{1+5^n}{4^n}$ *Rpta. Diver.*

12. $\sum_{n=1}^{\infty} \frac{n!}{n^n}$ *Rpta.* Conver: *Sug.* $\frac{n!}{n^n} = \frac{1.2.3.\ldots.n}{n.n.n.\ldots.n} < \frac{1}{n}\frac{2}{n}(1)\ldots(1) = \frac{2}{n^2}$

13. $\sum_{n=1}^{\infty} \frac{\ln n}{e^n}$ *Rpta. Conver: Sug.* $\frac{\ln n}{e^n} < \frac{n}{e^n}$

14. $\sum_{n=1}^{\infty} \frac{n-1}{2^{n+1}}$ *Rpta. Conver: Sug.* $\frac{n-1}{2^{n+1}} < \frac{n}{2^n}$

15. $\sum_{n=2}^{\infty} \frac{\ln n}{n\sqrt[4]{n}+n}$ *Rpta. Conver: Sug.* $\frac{\ln n}{n\sqrt[4]{n}+n} < \frac{\ln n}{n\sqrt[4]{n}} = \frac{\ln n}{n^{5/4}}$

16. $\sum_{n=1}^{\infty} \frac{1}{n^{2-1/n}}$ *Rpta. Conver: Sug* $\frac{1}{n^{2-1/n}} < \frac{1}{n^{2-1/2}} = \frac{1}{n^{3/2}}$ *para* $n > 1$.

En los problemas del 17 al 34, usando algún criterio de comparación del límite, determinar si las seris dadas convergen o divergen.

17. $\sum_{n=1}^{\infty} \frac{2n+1}{n^3-3}$ *Rpta. Conver.*

18. $\sum_{n=1}^{\infty} \frac{1}{n\sqrt{n+1}}$ *Rpta. Conver.*

19. $\sum_{n=1}^{\infty} \frac{\sqrt{n}}{2n^2-1}$ *Rpta. Conver.*

20. $\sum_{n=1}^{\infty} \frac{(n+1)^3}{n^{9/2}}$ *Rpta. Conver: Sug.* $b_n = \frac{n^3}{n^{9/2}} = \frac{1}{n^{3/2}}$

21. $\sum_{n=1}^{\infty} \frac{n+1}{\sqrt[4]{n^9+n}}$ *Rpta. Conver :. Sug.* $b_n = \frac{n}{n^{9/4}} = \frac{1}{n^{5/4}}$

22. $\sum_{n=1}^{\infty} \frac{\sqrt{n}}{\sqrt[6]{n^5}\sqrt[4]{n^3+1}}$ *Rpta. Conver: Sug.* $b_n = \frac{n^{1/2}}{n^{5/6}n^{3/4}} = \frac{1}{n^{13/12}}$

23. $\sum_{n=1}^{\infty} \frac{\sqrt[6]{n}}{\sqrt[8]{n}\sqrt[4]{n^3+1}}$ *Rpta. Diver: Sug.* $b_n = \frac{n^{1/6}}{n^{1/8}n^{3/4}} = \frac{1}{n^{17/24}}$

24. $\sum_{n=1}^{\infty} \frac{3n^2-1}{e^n(n+1)^2}$ *Rpta. Conver: Sug.* $b_n = \frac{1}{e^n}$

25. $\sum_{n=1}^{\infty} \frac{3n-2}{n3^n}$ *Rpta Conver: Sug.* $b_n = \frac{1}{3^n}$

26. $\sum_{n=1}^{\infty} \operatorname{sen}(1/n)$ *Rpta. Diver: Sug.* $b_n = \frac{1}{n}$

27. $\sum_{n=1}^{\infty} n \operatorname{sen}^2(1/n)$ *Rpta. Diver: Sug.* $b_n = \frac{1}{e^n}$

28. $\sum_{n=1}^{\infty} \frac{\tan^{-1}(n)}{n}$ *Rpta Diver: Sug.* $b_n = \frac{1}{e^n}$

29. $\sum_{n=2}^{\infty} \frac{1}{(n+1)^{1,1} \ln n}$ *Rpta. Conver: Sug.* $b_n = \frac{1}{n^{1,1} \ln n}$

30. $\sum_{n=2}^{\infty} \frac{1}{n \ln n + \sqrt{n}}$ *Rpta. Diver: Sug.* $b_n = \frac{1}{n \ln n}$

31. $\sum_{n=1}^{\infty} \frac{(n+1)^n}{n^{n+1}}$ *Rpta Diver: Sug.* $b_n = \frac{1}{n}$

32. $\sum_{n=1}^{\infty} \frac{n^2}{(n+3)!}$ *Rpta. Conver: Sug.* $b_n = \frac{1}{n!}$

33. $\sum_{n=1}^{\infty} n^{1+1/n}$ *Rpta. Diver: Sug.* $b_n = \frac{1}{n}$

34. $\sum_{n=1}^{\infty} \frac{1}{n^{1+1/n}}$ *Rpta Diver: Sug.* $b_n = \frac{1}{n}$

35. Probar que $\sum_{n=3}^{\infty} \frac{1}{(\ln(\ln n))^{\ln n}}$ converge.

Sugerencia: Seguir los pasos del problema resuelto 5 *parte* 1.

36. Probar que $\sum\limits_{n=3}^{\infty} \frac{\sqrt{n+1}}{n^{n+1/2}}$ converge.

Sugerencia: Compare en el límite tomando $b_n = 1/n^n$

37. Si $a_n \geq 0$ y $\sum\limits_{n=1}^{\infty} a_n$ converge, probar que $\sum\limits_{n=1}^{\infty} a_n^2$ converge.

Sugerencia: $\lim\limits_{n \to \infty} a_n = 0 \Longrightarrow \exists\, N$ tal que $0 \leq a_n < 1$, para $n > N$

$$\Longrightarrow\ 0 \leq a_n^2 < a_n, \text{ para } n > N$$

38. Si $a_n > 0$ y $\sum\limits_{n=1}^{\infty} a_n$ converge, probar que $\sum\limits_{n=1}^{\infty} \frac{a_n}{n}$ converge

Sugerencia: Comparar en el límite con $b_n = \frac{1}{n}$.

39. Si $a_n > 0$ y $\lim\limits_{n \to \infty} n^p a_n = L > 0$, probar que $\sum\limits_{n=1}^{\infty} a_n$ converge si $p > 1$ y diverge si $p \leq 1$.

Sugerencia: $\lim\limits_{n \to \infty}\left(a_n \Big/ \frac{1}{n^p} \right) = \lim\limits_{n \to \infty}\left(n^p a_n \right) = L > 0$ *y use el criterio de comparación del límite.*

40. Si $\{ a_n \}$ es una sucesión de números positivos que convege a 0 y $\sum\limits_{n=1}^{\infty} b_n$ es una serie converegente de tértminos positivos, probar que $\sum\limits_{n=1}^{\infty} a_n b_n$ converge.

Sugerencia: $\lim\limits_{n \to \infty} a_n = 0 \Longrightarrow \exists\, N$ tal que $0 \leq a_n < 1$, para $n > N$

$$\Longrightarrow 0 \leq a_n b_n < b_n, \text{ para } n > N$$

41. Si $\sum\limits_{n=1}^{\infty} a_n$ y $\sum\limits_{n=1}^{\infty} b_n$ son series convergentes y de términos positivos, probar que $\sum\limits_{n=1}^{\infty} a_n b_n$ es convergente, *Sugerencia*: *Aplicar el problema anterior.*

42. Si $\sum\limits_{n=1}^{\infty} a_n$ converge, probar que $\sum\limits_{n=1}^{\infty} \ln(1 + a_n)$ converege.

Sugerencia: Hallar $\lim\limits_{n \to \infty}\left(\frac{\ln(1+a_n)}{a_n} \right)$ *(use L'Hôpital) y aplique el criterio de comparación del límite.*

SECCION 9.4

CRITERIOS DE LA RAZON Y DE LA RAIZ

CRITERIO DE LA RAZON

En esta sección analizaremos la convergencia de una serie estudiando sus propios términos. El criterio de la razón o criterio del cociente nos ilustra esta situación. Este es muy útil cuando los términos de las series contienen factoriales o n-simas potencias.

TEOREMA 9.11 **Criterio de la razón o Criterio de D'Alambert**

Sea $\sum_{n=1}^{\infty} a_n$ una serie de términos positivos tal que

$$\lim_{n \to \infty} \frac{a_{n+1}}{a_n} = L$$

1. Si $0 \leq L < 1$, entonces $\sum_{n=1}^{\infty} a_n$ converge.

2. Si $1 < L \leq +\infty$, entonces $\sum_{n=1}^{\infty} a_n$ diverge.

3. Si $L = 1$, no hay información (puede converger o diverger)

Demostración

Ver el problema resuelto 4.

EJEMPLO 1. Determinar la convergencia o divergencia de:

1. $\sum_{n=1}^{\infty} \frac{n^2}{5^n}$ **2.** $\sum_{n=1}^{\infty} \frac{2^n}{(2n-1)!}$ **3.** $\sum_{n=1}^{\infty} \frac{4^n n!}{n^n}$ **4.** $\sum_{n=1}^{\infty} \frac{(2n)!}{3^n}$

Solución

1. $\frac{a_{n+1}}{a_n} = \frac{(n+1)^2/5^{n+1}}{n^2/5^n} = \frac{(n+1)^2 5^n}{n^2 5^{n+1}} = \frac{(n+1)^2}{n^2}\frac{1}{5} = \left(\frac{n+1}{n}\right)^2 \frac{1}{5} = \left(1+\frac{1}{n}\right)^2 \frac{1}{5}$

Luego, $\lim_{n \to \infty} \frac{a_{n+1}}{a_n} = \lim_{n \to \infty} \left(1+\frac{1}{n}\right)^2 \frac{1}{5} = \frac{1}{5} < 1$

En consecuencia, $\sum_{n=1}^{\infty} \frac{n^2}{5^n}$ converge.

2. $\dfrac{a_{n+1}}{a_n} = \dfrac{2^{n+1}/(2(n+1)-1)!}{2^n/(2n-1)!} = \dfrac{2^{n+1}(2n-1)!}{2^n(2n+1)!} = \dfrac{2(2n-1)!}{(2n+1)(2n)(2n-1)!} = \dfrac{2}{2n\,(2n+1)}$

Luego, $\lim\limits_{n \to \infty} \dfrac{a_{n+1}}{a_n} = \lim\limits_{n \to \infty} \dfrac{2}{2n\,(2n+1)} = 0 < 1$

En consecuencia, $\sum\limits_{n=1}^{\infty} \dfrac{2^n}{(2n-1)!}$ converge.

3. $\dfrac{a_{n+1}}{a_n} = \dfrac{4^{n+1}/(n+1)^{n+1}}{4^n/n^n} = \dfrac{4^{n+1}n^n}{4^n(n+1)^{n+1}} = 4\left(\dfrac{n}{n+1}\right)^n = \dfrac{4}{\left(\dfrac{n+1}{n}\right)^n} = \dfrac{4}{\left(1+\dfrac{1}{n}\right)^n}$

Luego, $\lim\limits_{n \to \infty} \dfrac{a_{n+1}}{a_n} = \lim\limits_{n \to \infty} \dfrac{4}{\left(1+\dfrac{1}{n}\right)^n} = \dfrac{4}{\lim\limits_{n \to \infty}\left(1+\dfrac{1}{n}\right)^n} = \dfrac{4}{e} > 1$

En consecuencia, $\sum\limits_{n=1}^{\infty} \dfrac{4^n n!}{n^n}$ diverge.

4. $\dfrac{a_{n+1}}{a_n} = \dfrac{(2(n+1))!/3^{n+1}}{(2n)!/3^n} = \dfrac{(2(n+1))!\,3^n}{(2n)!\,3^{n+1}} = \dfrac{(2n+2)(2n+1)}{3}$

Luego, $\lim\limits_{n \to \infty} \dfrac{a_{n+1}}{a_n} = \lim\limits_{n \to \infty} \dfrac{(2n+2)(2n+1)}{3} = +\infty$

En consecuencia, $\sum\limits_{n=1}^{\infty} \dfrac{(2n)!}{3^n}$ diverge.

EJEMPLO 2. Determinar la convergencia o divergencia de:

1. $\sum\limits_{n=1}^{\infty} \dfrac{n^p}{e^n}$ **2.** $\sum\limits_{n=1}^{\infty} \dfrac{4^n(n!)^2}{(2n)!}$

Solución

1. $\dfrac{a_{n+1}}{a_n} = \dfrac{(n+1)^p/e^{n+1}}{n^p/e^n} = \dfrac{(n+1)^p e^n}{n^p\, e^{n+1}} = \dfrac{(n+1)^p}{n^p}\dfrac{1}{e} = \left(\dfrac{n+1}{n}\right)^2 \dfrac{1}{e} = \left(1+\dfrac{1}{n}\right)^p \dfrac{1}{e}$

Luego, $\lim\limits_{n \to \infty} \dfrac{a_{n+1}}{a_n} = \lim\limits_{n \to \infty} \left(1+\dfrac{1}{n}\right)^p \dfrac{1}{e} = \dfrac{1}{e} < 1$

En consecuencia, $\sum\limits_{n=1}^{\infty} \dfrac{n^p}{e^n}$ converge.

2. $\dfrac{a_{n+1}}{a_n} = \dfrac{4^{n+1}((n+1)!)^2 / (2(n+1))!}{4^n (n!)^2 / (2n)!} = \dfrac{4(n+1)^2 (n!)^2 (2n)!}{(n!)^2 (2n+2)(2n+1)(2n)!}$

$$= \frac{4(n+1)^2}{(2n+2)(2n+1)} = \frac{4(n+1)^2}{2(n+1)(2n+1)} = \frac{2n+2}{2n+1}$$

Luego, $\lim\limits_{n \to \infty} \dfrac{a_{n+1}}{a_n} = \lim\limits_{n \to \infty} \dfrac{2n+2}{2n+1} = \lim\limits_{n \to \infty} \dfrac{2+1/n}{2+2/n} = 1$

El critero de la razón no da información. Debemos buscar otro criterio.

Observar que: $\dfrac{a_{n+1}}{a_n} = \dfrac{2n+2}{2n+1} > 1 \Rightarrow a_{n+1} > a_n \Rightarrow$ La sucesión $\{a_n\}$ es estrictamente creciente $\Rightarrow a_n > a_1 = 2, \forall n > 1 \Rightarrow \lim\limits_{n \to \infty} a_n \neq 0$.

En consecuencia, por el criterio del término n-simo, $\sum\limits_{n=1}^{\infty} \dfrac{4^n (n!)^2}{(2n)!}$ diverge.

¿SABIAS QUE . . .

JEAN LE ROND D'ALAMBERT. (1717–1783). *Nació en París. Al nacer, su madre lo abandonó en la puerta de la iglesia St. Jean Le Rond, de donde fue recogido. Al niño le dieron el nombre de la iglesia, Jean Le Rond. Años más tarde apareció su padre, un oficial de artillería, quien lo recogió y lo tomó a su cargo. Se educó en el Collége de Quatre Nation. Estudió, Teología, Abogacía y Medicina. Ninguna carrera le llamó tanto la atención como la Matemática, la que estudiaba por su cuenta.*

En 1741 fue admitido en la Academia de Ciencias de París. En 1774, se unió a Diderot para editar la famosa ***Enciclopedia****. D'Alambert tuvo a su cargo los temas sobre Matemáticas, Física y Astronomía. En sus artículos de Matemática abogaba por el rigor. En el Volúmen 5 de Opúsculos Matemáticos publicó el criterio de convergencia que ahora lleva su nombre.*

CRITERIO DE RAABE

Un criterio más penetrante que el criterio de la razón es el criterio de Raabe. Muchas veces, este criterio nos ayudará en el caso que $\lim\limits_{n \to \infty} \dfrac{a_{n+1}}{a_n} = 1$. La demostración de esta prueba es un tanto extensa, por lo que la omitimos.

TEOREMA 9.12 **Criterio de Raabe.**

$$\textbf{Sea } \sum_{n=1}^{\infty} a_n \textbf{ tal que } a_n > 0, \forall n \text{ y } \lim_{n \to \infty} n\left(1 - \frac{a_{n+1}}{a_n}\right) = L$$

1. Si $1 < L \leq +\infty$, entonces $\sum_{n=1}^{\infty} a_n$ converge.

2. Si $-\infty \leq L < 1$, entonces $\sum_{n=1}^{\infty} a_n$ diverge.

3. Si $L = 1$, no hay información (puede converger o diverger)

Demostración

Omitida

EJEMPLO 3. Probar que la siguiente serie diverge.

$$\frac{1}{2} + \frac{1.3}{2.4} + \frac{1.3}{2.4} + \frac{1.3.5}{2.4.6} + \ldots = \sum_{n=1}^{\infty} \frac{1.3..5. \ldots (2n-1)}{2.4.6. \ldots (2n)}$$

Solución

$$\frac{a_{n+1}}{a_n} = \frac{1.3.5. \ldots .(2n-1)(2n+1) \Big/ 2.4.6. \ldots (2n)(2(n+1))}{1.3.5. \ldots (2n-1) \Big/ 2.4.6. \ldots .(2n)} = \frac{2n+1}{2n+2}$$

Luego, $\lim\limits_{n \to \infty} \frac{a_{n+1}}{a_n} = \lim\limits_{n \to \infty} \frac{2n+1}{2n+2} = \lim\limits_{n \to \infty} \frac{2+1/n}{2+2/n} = 1$

El critero de la razón no da información. Cambiamos de táctica. Ensayemos el criterio de Raabe.

$$\lim_{n \to \infty} n\left(1 - \frac{a_{n+1}}{a_n}\right) = \lim_{n \to \infty} n\left(1 - \frac{2n+1}{2n+2}\right) = \lim_{n \to \infty} \left(\frac{n}{2n+2}\right) = \frac{1}{2}$$

En consecuencia, la serie $\sum_{n=1}^{\infty} \frac{1.3..5. \ldots (2n-1)}{2.4.6. \ldots (2n)}$ diverge.

EJEMPLO 4. Determinar la convergencia o divergencia de la serie:

$$\sum_{n=1}^{\infty} \frac{1}{\sqrt{n(n+1)}}$$

Solución.

Ensayemos con el criterio de la razón:

$$\frac{a_{n+1}}{a_n} = \frac{1/\sqrt{(n+1)(n+2)}}{1/\sqrt{n(n+1)}} = \frac{\sqrt{n(n+1)}}{\sqrt{(n+1)(n+2)}} = \frac{\sqrt{n}}{\sqrt{n+2}} .$$

Luego, $\displaystyle\lim_{n\to\infty}\frac{a_{n+1}}{a_n}=\lim_{n\to\infty}\frac{\sqrt{n}}{\sqrt{n+2}}=\lim_{n\to\infty}\frac{1}{\sqrt{1+2/n}}=1.$

El criterio de la razón no da información. Ensayemos con el criterio de la Raabe:

$$1-\frac{a_{n+1}}{a_n}=1-\frac{\sqrt{n}}{\sqrt{n+2}}=\frac{\sqrt{n+2}-\sqrt{n}}{\sqrt{n+2}}$$

$$=\frac{\left(\sqrt{n+2}-\sqrt{n}\right)\left(\sqrt{n+2}+\sqrt{n}\right)}{\sqrt{n+2}\left(\sqrt{n+2}+\sqrt{n}\right)}=\frac{2}{n+2+\sqrt{n+2}\sqrt{n}}$$

Luego, $\displaystyle\lim_{n\to\infty} n\left(1-\frac{a_{n+1}}{a_n}\right)=\lim_{n\to\infty}\left(\frac{2n}{n+2+\sqrt{n+2}\,\sqrt{n}}\right)=1$

El criterio de Raabe tampoco nos da información.

Ensayemos el criterio de comparación del límite con la serie armónica: $b_n=\dfrac{1}{n}$:

$$\lim_{n\to\infty}\frac{a_n}{b_n}=\lim_{n\to\infty}\left(\frac{1}{\sqrt{n(n+1)}}\Big/\frac{1}{n}\right)=\lim_{n\to\infty}\frac{n}{\sqrt{n(n+1)}}=\lim_{n\to\infty}\frac{1}{\sqrt{1+1/n}}=1$$

Como $\displaystyle\sum_{n=1}^{\infty}\frac{1}{n}$ diverge, $\displaystyle\sum_{n=1}^{\infty}\frac{1}{\sqrt{n(n+1)}}$ también diverge.

¿SABIAS QUE . . .

JOSEPH LUDWIG RAABE. (1801–1859). *Nació, en una familia humilde, en Galicia. Estudió matemáticas en Viena. En 1831 ingresó a la docencia en el InstititUto Politecnico de Zurch en Suiza, donde trabajó el resto de su vida. Fue considerado como un profesor distinguido. Su campo de trabajo fue la teoría de las series y las ecuaciones diferenciales.*

J. L. Raabe

CRITERIO DE LA RAIZ

Otra técnica para determinar la convergencia de series cuyos términos contienen potencias es el criterio de la raíz.

TEOREMA 9.13 **Criterio de la raiz**

Sea $\displaystyle\sum_{n=1}^{\infty}a_n$ **una serie tal que** $\displaystyle\lim_{n\to\infty}\sqrt[n]{a_n}=L$

1. Si $0 \le L < 1$, entonces $\sum_{n=1}^{\infty} a_n$ converge.

2. Si $1 < L \le +\infty$, entonces $\sum_{n=1}^{\infty} a_n$ diverge.

3. Si $L = 1$, no hay información (puede converger o diverger)

Demostración

Ver el problema resuelto 5.

EJEMPLO 5. Determinar la convergencia o divergencia de:

1. $\sum_{n=1}^{\infty} \frac{1}{(\ln n)^n}$ 2. $\sum_{n=1}^{\infty} \left(1+\frac{1}{n}\right)^{n^2}$ 3. $\sum_{n=1}^{\infty} \left(1+\frac{1}{n}\right)^{n}$

Demostración

1. $\lim_{n \to \infty} \sqrt[n]{1/(\ln n)^n} = \lim_{n \to \infty} \frac{1}{\ln n} = 0 < 1$. Luego, $\sum_{n=1}^{\infty} \frac{1}{(\ln n)^n}$ converge.

2. $\lim_{n \to \infty} \sqrt[n]{(1+1/n)^{n^2}} = \lim_{n \to \infty} \left(1+\frac{1}{n}\right)^{n} = e > 1$. Luego, $\sum_{n=1}^{\infty} \left(1+\frac{1}{n}\right)^{n^2}$ diverge.

3. $\lim_{n \to \infty} \sqrt[n]{(1+1/n)^{n}} = \lim_{n \to \infty} \left(1+\frac{1}{n}\right) = 1$. En este caso, el criterio de la raiz no es aplicable. Debemo cambiar de táctica.

   Tenemos que $\lim_{n \to \infty} \left(1+\frac{1}{n}\right)^{n} = e \neq 0$. Luego, por el criterio del n-simo término, $\sum_{n=1}^{\infty} \left(1+\frac{1}{n}\right)^{n}$ diverge.

PROBLEMAS RESUELTOS 9.4

PROBLEMA 1. Mostrar que los criterios de la razón y de la raíz no dan información para la convergencia de las p-series $\sum_{n=1}^{\infty} \frac{1}{n^p}$.

Solución

1. Criterio de la razón:

$$\lim_{n\to\infty} \frac{a_{n+1}}{a_n} = \lim_{n\to\infty} \frac{1/(n+1)^p}{1/n^p} = \lim_{n\to\infty} \frac{n^p}{(n+1)^p} = \lim_{n\to\infty} \left(\frac{n}{n+1}\right)^p = 1$$

Este resultado no nos proporciona información sobre la convergencia. Sabemos que la p-serie converge si $p > 1$, y diverge si $p \leq 1$.

2. Criterio de la raíz:

$$\lim_{n\to\infty} \sqrt[n]{1/n^p} = \lim_{n\to\infty} \left(\frac{1}{n^p}\right)^{1/n} = \lim_{n\to\infty} \left(\frac{1}{n^{1/n}}\right)^{-p} = \lim_{n\to\infty} \left(\frac{1}{1}\right)^{-p} = 1$$

Este resultado tampoco nos proporciona información sobre la convergencia.

PROBLEMA 2. **El Criterio de Gauss**

Sea $a_n > 0$ y $\dfrac{a_{n+1}}{a_n} = \dfrac{n^k + \alpha n^{k-1} + \ldots}{n^k + \beta n^{k-1} + \ldots}$

La serie $\sum_{n=1}^{\infty} a_n$ converge si $\beta - \alpha > 1$ y diverge si $\beta - \alpha \leq 1$

1. Mostrar, que para la siguiente serie, los criterios de la razón y de Raabe, son inoperantes.

$$\sum_{n=1}^{\infty} \left[\frac{1\,.\,3\,.\,5\,.\;.\;.\;.\,(2n-1)}{2\,.\,4\,.\,6.\;.\;.\;.\,(2n)}\right]^2 = \left[\frac{1}{2}\right]^2 + \left[\frac{1\,.\,3}{2\,.\,4}\right]^2 + \left[\frac{1\,.\,3\,.\,5}{2\,.\,4\,.\,6}\right]^2 + \ldots$$

2. Probar, usando el criterio de Gauss, que la serie anterior, diverge.

Solución

1. $$\frac{a_{n+1}}{a_n} = \left[\frac{\dfrac{1.3.5.\;.\;.\;.(2n-1)(2n+1)}{2.4.6.\;.\;.\;.(2n)\big(2(n+1)\big)}}{\dfrac{1.3.5.\;.\;.\;.(2n-1)}{2.4.6.\;.\;.\;.(2n)}}\right]^2 = \frac{(2n+1)^2}{(2n+2)^2} = \frac{4n^2+4n+1}{4n^2+8n+4}$$

$$\lim_{n\to\infty} \frac{a_{n+1}}{a_n} = \lim_{n\to\infty} \frac{4n^2+4n+1}{4n^2+8n+4} = 1 \quad \text{y}$$

$$\lim_{n\to\infty} n\left(1 - \frac{a_{n+1}}{a_n}\right) = \lim_{n\to\infty} n\left(1 - \frac{4n^2+4n+1}{4n^2+8n+4}\right) = \lim_{n\to\infty} \left(\frac{4n^2+3n}{4n^2+8n+4}\right) = 1$$

2. En cambio, con el criterio de Gaus se tiene:

$\dfrac{a_{n+1}}{a_n} = \dfrac{4n^2+4n+1}{4n^2+8n+4} = \dfrac{n^2+n+1/4}{n^2+2n+1}$. Luego, $\alpha = 1$, $\beta = 2$ y $\beta - \alpha = 2 - 1 = 1$.

Por lo tanto, la serie diverge.

PROBLEMA 3. Sea p un número positivo. Probar que la serie

$$\sum_{n=1}^{\infty}\left[\frac{1.\,3\,.\,5.\;.\;.\;.\,(2n-1)}{2\,.\,4\,.\,6.\;.\;.\;.\,(2n)}\right]^p$$

diverge si $p \leq 2$ y converge si $p > 2$

Solución

$$\frac{a_{n+1}}{a_n} = \frac{\left[\dfrac{1.3.5.\,\ldots\,.(2n-1)(2n+1)}{2.4.6.\,\ldots\,.(2n)(2(n+1))}\right]^p}{\left[\dfrac{1.3.5.\,\ldots\,.(2n-1)}{2.4.6.\,\ldots\,.(2n)}\right]^p} = \left[\frac{2n+1}{2n+2}\right]^p$$

Luego, $\displaystyle\lim_{n\to\infty}\frac{a_{n+1}}{a_n} = \lim_{n\to\infty}\left[\frac{2n+1}{2n+2}\right]^p = 1$

El critero de la razón no da información. Cambiamos de táctica. Ensayemos con el criterio de Raabe.

$$\lim_{n\to\infty} n\left(1-\frac{a_{n+1}}{a_n}\right) = \lim_{n\to\infty} n\left(1-\left[\frac{2n+1}{2n+2}\right]^p\right) = \lim_{n\to\infty}\left(\frac{1-\left[\dfrac{2n+1}{2n+2}\right]^p}{\dfrac{1}{n}}\right)$$

$$= \lim_{n\to\infty}\left(\frac{-p\left[\dfrac{2n+1}{2n+2}\right]^{p-1}\dfrac{2}{(2n+2)^2}}{-\dfrac{1}{n^2}}\right) \quad \text{(L'Hôspital)}$$

$$= \lim_{n\to\infty}\left(\frac{2pn^2}{(2n+2)^2}\left[\frac{2n+1}{2n+2}\right]^{p-1}\right) = \left(\frac{p}{2}\right)[\,1\,] = \frac{p}{2}$$

Luego, la serie diverge si $\dfrac{p}{2} < 1$, osea, si $p < 2$; y la serie converge si $\dfrac{p}{2} > 1$, osea si $p > 2$.

Para el caso partilar $p = 2$, el problema resuelto anterior nos dice la la serie diverge.

En resumen, tenemos que la serie diverge si $p \leq 2$ y converge si $p > 2$.

PROBLEMA 4. Probar el **criterio de la razón.**

Sea $\displaystyle\sum_{n=1}^{\infty} a_n$ tal que $a_n > 0$, $\forall n$ y $\displaystyle\lim_{n\to\infty}\frac{a_{n+1}}{a_n} = L$

1. Si $0 \leq L < 1$, entonces $\displaystyle\sum_{n=1}^{\infty} a_n$ converge.

2. Si $1 < L \leq +\infty$, entonces $\sum_{n=1}^{\infty} a_n$ diverge.

3. Si $L = 1$, no hay información (puede converger o diverger)

Demostración

Si $L \neq \infty$, Tenemos que:

$$\lim_{n \to \infty} \frac{a_{n+1}}{a_n} = L \Leftrightarrow \text{Dado } \varepsilon > 0 \ \exists\, k \text{ tal que } n \geq k \Rightarrow L - \varepsilon < \frac{a_{n+1}}{a_n} < L + \varepsilon \qquad \textbf{(i)}$$

1. $\mathbf{0 \leq L < 1}$. Sea r tal que $L < r < 1$. Luego, $r - L > 0$.

Ahora, tomando $\varepsilon = r - L$, *de* (i) obtenemos:

$$\frac{a_{n+1}}{a_n} < L + (r - L) = r, \ \forall\, n \geq k$$

En consecuencia:

$$\frac{a_{k+1}}{a_k} < r \Rightarrow a_{k+1} < a_k r \Rightarrow a_{k+2} < a_{k+1} r < a_k r^2 \Rightarrow \ldots \Rightarrow a_{k+n} < a_k r^n \Rightarrow$$

$$\sum_{n=1}^{\infty} a_{k+n} < \sum_{n=1}^{\infty} a_k r^n$$

Como $0 < r < 1$, la serie gemétrica $\sum_{n=1}^{\infty} a_k r^n$ converge y, aplicando el criterio de comparación directa, la serie $\sum_{n=1}^{\infty} a_{k+n}$ converge. Luego,

$$\sum_{n=1}^{\infty} a_n = a_1 + a_2 + \ldots + a_k + \sum_{n=1}^{\infty} a_{k+n} \quad \text{converge.}$$

2. $\mathbf{1 < L \leq +\infty}$.

Si $L \neq \infty$, sea r tal que $L > r > 1$. Luego, $L - r > 0$.

Tomamos $\varepsilon = L - r$ de (i) obtenemos:

$$L - \varepsilon < \frac{a_{n+1}}{a_n}, \ \forall\, n \geq k \Rightarrow L - (L - r) < \frac{a_{n+1}}{a_n}, \ \forall\, n \geq k \Rightarrow r < \frac{a_{n+1}}{a_n}, \ \forall\, n \geq k$$

En consecuencia:

$$\frac{a_{k+1}}{a_k} > r \Rightarrow a_{k+1} > a_k r \Rightarrow a_{k+2} > a_{k+1} r > a_k r^2 \Rightarrow \ldots \Rightarrow a_{k+n} > a_k r^n \Rightarrow$$

$$\sum_{n=1}^{\infty} a_k r^n < \sum_{n=1}^{\infty} a_{k+n}$$

Como $r > 1$, la serie gemétrica $\sum_{n=1}^{\infty} a_k r^n$ diverge y, aplicando el el criterio de comparación directa, la serie $\sum_{n=1}^{\infty} a_{k+n}$ diverge. Luego,

$$\sum_{n=1}^{\infty} a_n = a_1 + a_2 + \ldots + a_k + \sum_{n=1}^{\infty} a_{k+n} \quad \text{diverge}$$

Si $L = \infty$, dado $r > 1$, $\exists\, k$ tal que $n \geq k \Rightarrow \frac{a_{n+1}}{a_n} > r$. Luego,

$$\frac{a_{k+1}}{a_k} > r \Rightarrow a_{k+1} > a_k r \Rightarrow a_{k+2} > a_{k+1} r > a_k r^2 \Rightarrow \ldots \Rightarrow a_{k+n} > a_k r^n$$

Seguir el argumento anterior.

3. $\boldsymbol{L = 1}$. Ver el problema resuelto 1.

PROBLEMA 5. Probar el **criterio de la raíz.**

Sea $\sum_{n=1}^{\infty} a_n$ una serie de términos positivos tal que

$$\lim_{n \to \infty} \sqrt[n]{a_n} = \lim_{n \to \infty} (a_n)^{1/n} = L$$

1. Si $0 \leq L < 1$, entonces $\sum_{n=1}^{\infty} a_n$ converge.

2. Si $1 < L \leq +\infty$, entonces $\sum_{n=1}^{\infty} a_n$ diverge.

3. Si $L = 1$, no hay información (puede converger o diverger)

Demostración

En esta demostración, se siguen los mismos pasos que el la demostración del criterio de la razón. (problema resuelto anterior)

Si $L \neq \infty$, Tenemos que:

$$\sqrt[n]{a_n} = L \Leftrightarrow \text{Dado } \varepsilon > 0, \exists\, k \text{ tal que } n \geq k \Rightarrow L - \varepsilon < \sqrt[n]{a_n} < +L + \varepsilon \qquad \textbf{(ii)}$$

1. $\boldsymbol{0 \leq L < 1}$. Sea r tal que $L < r < 1$. Luego, $r - L > 0$.

Tomamos $\varepsilon = r - L$, de (ii) obtenemos:

$$\sqrt[n]{a_n} < L + \varepsilon, \forall\, n \geq k \Rightarrow \sqrt[n]{a_n} < L + (r - L), \forall\, n \geq k \Rightarrow \sqrt[n]{a_n} < r, \forall\, n \geq k$$

$$\Rightarrow a_n < r^n, \forall\, n \geq k \Rightarrow \sum_{n=1}^{\infty} a_n \leq \sum_{n=1}^{\infty} a_k r^n$$

Como $0 < r < 1$, la serie gemétrica $\sum_{n=1}^{\infty} a_k r^n$ converge y, aplicando el criterio de comparación directa, la serie $\sum_{n=1}^{\infty} a_n$ converge.

2. $\mathbf{1 < L \leq +\infty}$. Se procede como en el problema resuelto antereior.

3. $\mathbf{L = 1}$. Ver el problema resuelto 1.

PROBLEMAS PROPUESTOS 9.4

En los problemas del 1 al 23, usar el criterio de la razón o en criterio de la raíz para determinar la convergencia o divergencia de las siguiente series.

1. $\sum_{n=1}^{\infty} \frac{n!}{2^{2n}}$ *Rpta. Diver.*

2. $\sum_{n=1}^{\infty} \frac{n!}{(2n)!}$ *Rpta. Conver.*

3. $\sum_{n=1}^{\infty} \frac{(n!)^2}{(2n)!}$ *Rpta. Conver.*

4. $\sum_{n=1}^{\infty} \frac{(n!)^3}{(2n)!}$ *Rpta. Diver.*

5. $\sum_{n=1}^{\infty} \frac{(n!)^2}{\left[(2n)!\right]^2}$ *Rpta. Conver.*

6. $\sum_{n=1}^{\infty} \frac{3.5...(2n+1)}{n!}$ *Rpta. Diver.*

7. $\sum_{n=1}^{\infty} \frac{2^{2n}}{(2n+1)!}$ *Rpta. Conver.*

8. $\sum_{n=1}^{\infty} \frac{2^{2n} n!}{n^n}$ *Rpta. Diver.*

9. $\sum_{n=1}^{\infty} \frac{2n+2}{(n!)^2 3^n}$ *Rpta. Conver.*

10. $\sum_{n=1}^{\infty} \frac{n!}{e^{n^2}}$ *Rpta. Conver.*

11. $\sum_{n=1}^{\infty} \frac{(n!)^2 2^n}{(2n+2)!}$ *Rpta. Conver.*

12. $\sum_{n=1}^{\infty} \frac{(n!)^2 3^n}{(2n)!}$ *Rpta. Conver.*

13. $\sum_{n=1}^{\infty} \frac{1\cdot 3\cdot 5\cdot \ldots \cdot (2n-1)}{3\cdot 6\cdot \ldots \cdot (3n)}$ *Rpta. Conver*

14. $\sum_{n=1}^{\infty} \frac{2\cdot 4\cdot \ldots \cdot (2n)}{2\cdot 5\cdot \ldots \cdot (3n-1)}$ *Rpta. Conver.*

15. $\sum_{n=1}^{\infty} \left(\frac{n+2}{2n-1}\right)^n$ *Rpta. Conver.*

16. $\sum_{n=1}^{\infty} \left(\frac{n}{2n-1}\right)^{2n}$ *Rpta. Conver.*

17. $\sum_{n=1}^{\infty} \left(\sqrt[n]{n}-1\right)^n$ *Rpta. Conver.*

18. $\sum_{n=1}^{\infty} \sqrt{n}\left(\frac{2n-1}{n+5}\right)^{2n}$ *Rpta. Diver.*

19. $\sum_{n=1}^{\infty} e^{2n}\left(\frac{n}{n+1}\right)^{n^2}$ *Rpta. Diver.*

20. $\sum_{n=1}^{\infty} e^{n/2}\left(\frac{n}{n+1}\right)^{n^2}$ *Rpta. Conver.*

21. $\sum_{n=1}^{\infty}\left(1-\frac{1}{e^{1/n}}\right)^{n}$ *Rpta. Conver.* **22.** $\sum_{n=2}^{\infty}\frac{n}{(\ln n)^{n}}$ *Rpta. Conver.*

23. $\sum_{n=1}^{\infty}\frac{(\ln(n+1))^{n}}{n^{n+1}}$ *Rpta. Conver.*

24. Verificar que el criterio de la razón no da información sobre las siguientes series. Usar el criterio de Raabe para probar que:

a. $\sum_{n=1}^{\infty}\left(\frac{1\cdot 4\cdot 7\cdot\ldots\cdot(3n-2)}{3\cdot 6\cdot 9\cdot\ldots\cdot(3n)}\right)^{2}$ converge **b.** $\sum_{n=1}^{\infty}\left(\frac{1\cdot 3\cdot 5\cdot\ldots\cdot(2n-1)}{2\cdot 4\cdot 6\cdot\ldots\cdot(2n)}\right)^{3}$ converge.

25. Sea la serie $\sum_{n=1}^{\infty}\left(\frac{2\cdot 4\cdot 6\cdot\ldots\cdot(2n)}{5\cdot 7\cdot 9\cdot\ldots\cdot(2n+3)}\right)^{p}$, donde p es un entero positivo.

Probar que la serie converge para todo $p \geq 1$.

Sugerencia: Seguir los pasos del problema resuelto 3 de esta sección.

SECCION 9.5

SERIES ALTERNANTES

Hasta la sección aterior, nuestra atención ha estado concentrada en estudiar las series con términos positivos. Ahora nos ocuparemos de las series que tienen términos positivos y términos negativos. Dentro de este nuevo tipo, destacan las series alternantes, que son las series cuyos términos son alternadamente positivos y negativos. Asi, son series alternantes las siguientes:

$$\sum_{n=1}^{\infty}(-1)^{n+1}\frac{1}{n} = 1-\frac{1}{2}+\frac{1}{3}-\frac{1}{4}+\frac{1}{5}-\ldots+(-1)^{n+1}\frac{1}{n}+\ldots$$

$$\sum_{n=1}^{\infty}(-1)^{n}\frac{1}{n} = -1+\frac{1}{2}-\frac{1}{3}+\frac{1}{4}-\frac{1}{5}+\ldots+(-1)^{n}\frac{1}{n}+\ldots$$

Observa que estas dos series se diferencian sólo en el orden en que aparecen los signos negativos y positivos. La segunda se obtiene de la primera, simplemente multiplicándola por (-1), o sea, simplemente cambiándole de signo:

$$\sum_{n=1}^{\infty}(-1)^{n}\frac{1}{n} = -\sum_{n=1}^{\infty}(-1)^{n+1}\frac{1}{n}$$

En consecuencia, para estudiar las series alternantes, es suficiente concentrarse en una sola forma de estas series, digamos, en la **serie alternante:**

$$\sum_{n=1}^{\infty} (-1)^{n+1} a_n = a_1 - a_2 + a_3 - a_4 + \ . \ . \ . \ + (-1)^{n+1} a_n + \ . \ . \ .$$

donde los términos a_n son todos números positivos.

A la serie $\sum_{n=1}^{\infty} (-1)^{n+1} \frac{1}{n}$ se le llama **serie armónica alternante.**

En 1705, Leibniz descubrió que la serie alternante $\sum_{n=1}^{\infty} (-1)^{n+1} a_n$ converge si la sucesión $\{a_n\}$ sea decreciente y que $\lim_{n \to \infty} a_n = 0$. Este resultado es conocido como el **criterio de Leibniz** para series alternantes. Si la serie no es alternante, estas dos condiciones no son suficientes. Tal es caso de la serie armónica, que cumple ambas condiciones y, sin embargo, es divergente.

TEOREMA 9.14. Criterio de Leibniz para series alternantes.

La serie alternante $\sum_{n=1}^{\infty} (-1)^{n+1} a_n$, donde $a_n > 0$, converge si **se cumplen las dos condiciones siguientes:**

1. $\lim_{n \to \infty} a_n = 0$
2. **La sucesión $\{ a_n \}$ es decreciente. Esto es, $a_{n+1} \leq a_n$.**

Demostración

La figura nos ilustra la idea de la prueba.

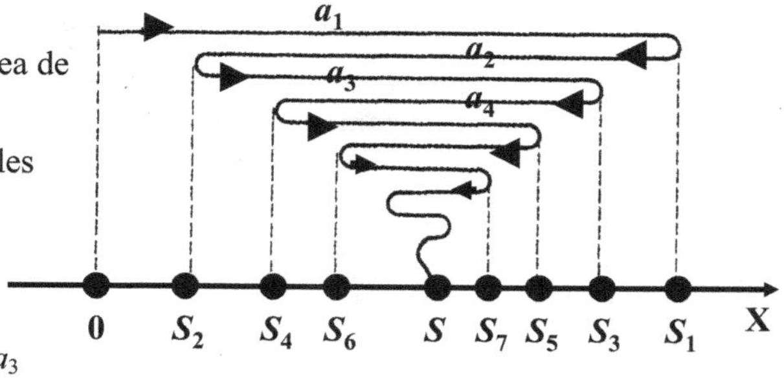

Tenemos las sumas parciales

$S_1 = a_1$

$S_2 = a_1 - a_2 = S_1 - a_2$

$S_3 = a_1 - a_2 + a_3 = S_2 + a_3$

$S_4 = a_1 - a_2 + a_3 - a_4 = S_3 - a_4$, y así sucesivamente.

Comenzando en el origen nos movemos a la derecha una distancia a_1 y llegamos a $S_1 = a_1$, luego nos regresamos una distancia a_2, que es menos que a_1 y encontramos S_2, después volvemos a movernos a la derecha una distancia a_3, que es aún más pequeña, para encontrar S_3. Este movimiento pendular de oscilaciones decrecientes nos dice que debe haber una posición de equilibrio, que es la suma S de la serie.

Veamos la prueba formal. Las sumas parciales pares cumplen:

$S_2 = a_1 - a_2$

$S_4 = (a_1 - a_2) + (a_3 - a_4)$

En general, tenemos que:

$$S_{2n} = (a_1 - a_2) + (a_3 - a_4) + \ . \ . \ . + (a_{2n-1} - a_{2n})$$

Como la sucesión $\{ a_n \}$ es decreciente, cada paréntesis es positivo y, por lo tanto, la sucesión de las sumas pares es creciente:

$$S_2 \leq S_4 \leq S_4 \leq \ . \ . \ .$$

Aún más, esta sucesión es acotada por a_1. En efecto, veamos que: $S_{2n} < a_1$.

$$S_2 = a_1 - a_2 < a_1$$

$$S_4 = a_1 - (a_2 - a_3) - a_4 < a_1$$

En general,

$$S_{2n} = a_1 - (a_2 - a_3) - (a_4 - a_5) \ . \ . \ . - (a_{2n-2} - a_{2n-1}) - a_{2n} < a_1$$

En consecuencia, por el teorema de convergencia monótona, la suceción de sumas parciales pares converge a un número S. Esto es,

$$\lim_{n \to \infty} S_{2n} = S$$

Por otro lado,

$$S_{2n+1} = a_1 - a_2 + a_3 - a_4 + \ . \ . \ . - a_{2n} + a_{2n+1} = S_{2n} + a_{2n+1}$$

Luego,

$$\lim_{n \to \infty} S_{2n+1} = \lim_{n \to \infty} S_{2n} + \lim_{n \to \infty} a_{2n+1} = \lim_{n \to \infty} S_{2n} + 0 = S$$

Hemos probado que las sumas parciales pares como las sumas parciales impares convergen a un mismo límite S. De acuerdo al problema resuelto 21 de la sección 8.1, este resultado implica que la sucesión S_n converge a S. Esto es,

$$\lim_{n \to \infty} S_n = S. \quad \text{O sea, } \sum_{n=1}^{\infty} (-1)^{n+1} a_n = S$$

EJEMPLO 1. **La serie armónica alternante es converge.**

a. Probar que la serie armónica alternante $\displaystyle\sum_{n=1}^{\infty} (-1)^{n+1} \frac{1}{n}$ converge.

b. Probar que $\displaystyle\sum_{n=1}^{\infty} (-1)^{n+1} \frac{1}{n} = \ln 2$

Solución

a. Esta serie cumple las condiciones del criterio de Leibniz. En efecto:

1. $\displaystyle\lim_{n \to \infty} \frac{1}{n} = 0$

2. Como $\displaystyle\frac{1}{n+1} < \frac{1}{n}$ $\forall n$, la sucesión $\{1/n\}$ es decreciente.

b. Ver el problema resuelto 7.

EJEMPLO 2. **Las *p*–serie alternante converge si $p > 0$**

Probar que la *p*–serie alternante $\sum_{n=1}^{\infty} (-1)^{n+1} \frac{1}{n^p}$ converge si $p > 0$.

Solución

Si $p > 0$, tenemos que:

1. $\lim_{n \to \infty} \frac{1}{n^p} = 0$

2. La sucesión $\left\{ 1/n^p \right\}$ es decreciente. En efecto:

Como $n^p < (n+1)^p$, $\forall n$ se tiene que $\frac{1}{(n+1)^p} < \frac{1}{n^p}$, $\forall n$.

En consecuencia, por el criterio de Leibniz, $\sum_{n=1}^{\infty} (-1)^{n+1} \frac{1}{n^p}$ converge

---

EJEMPLO 3. **La *p*–serie logarítmica alternante converge si $p > 0$**

Probar que la *p*–serie logarítmica alternante

$$\sum_{n=1}^{\infty} (-1)^{n+1} \frac{\ln n}{n^p} \text{ converge si } p > 0$$

Solución

Aplicamos el criterio de Leibniz. $a_n = \frac{\ln n}{n^p}$

1. El límite notable 7 de sucesiones nos dice que $\lim_{n \to \infty} \frac{\ln n}{n^p} = 0$

2. Para probar que $\left\{ \ln n / n^p \right\}$ es decreciente recurrimos a la derivada:

$$f(x) = \frac{\ln x}{x^p} \Rightarrow f'(x) = \frac{x^p \frac{1}{x} - p x^{p-1} \ln x}{x^{2p}} = \frac{x^{p-1}(1 - p \ln x)}{x^{2p}}$$

$$f'(x) < 0 \Leftrightarrow \frac{x^{p-1}(1 - p \ln x)}{x^{2p}} < 0 \Leftrightarrow 1 < p \ln x \Leftrightarrow \frac{1}{p} < \ln x \Leftrightarrow x > e^{1/p}$$

Si k es el menor entero tal que $k \geq e^{1/p}$, $a_n = \frac{\ln n}{n^p}$ es decreciente para $n \geq k$.

En consecuencia, por el criterio de Leibniz, $\sum_{n=k}^{\infty} (-1)^{n+1} \frac{\ln n}{n^p}$ converge y, por lo tanto, $\sum_{n=1}^{\infty} (-1)^{n+1} \frac{\ln n}{n^p}$ converge.

APROXIMACIONES DE LA SUMA DE UNA SERIE ALTERNANTE

El error que se comete al aproximar una serie convergente de suma S con la suma parcial S_n es el residuo: $R_n = S - S_n$

En el caso de una serie alternante que cumple las condiciones del criterio de Leibniz para convergencia, se cuenta con un criterio muy cómodo para hallar una cota suprior de este error. Esta cota superior es el término a_{n+1}.

TEOREMA 9.15. Estimación del residuo en una serie alternante.

Si la serie alternante $\sum_{n=1}^{\infty} (-1)^{n+1} a_n$ cumple:

1. $\lim_{n \to \infty} a_n = 0$ **2.** $0 < a_{n+1} \leq a_n$.

Entonces $|R_n| = |S - S_n| \leq a_{n+1}$.

Demostración

Sabemos, del movimiento pendular de las sumas parciales S_n alrededor de la suma S, que S está entre dos sumas sucesivas cualesquira. Luego,

$$|R_n| = |S - S_n| \leq |S_{n+1} - S_n| = a_{n+1}.$$

EJEMPLO 4. Consideremos la p-serie alternante convergente $\sum_{n=1}^{\infty} (-1)^{n+1} \frac{1}{n^3}$

a. Aproximar la suma S de la serie con S_4.

b. Estimar el error cometido en la aproximación anterior.

c. ¿Cuántos términos deben considerarse en una suma parcial si se desea aproximar la suma con una exactitud de 2 decimales?

d. ¿Cuál es esta suma parcial?

Solución

a. $S \approx S_4 = \frac{1}{1^3} - \frac{1}{2^3} + \frac{1}{3^3} - \frac{1}{4^3} = 1 - \frac{1}{8} + \frac{1}{27} - \frac{1}{64} = 0.889641037$

b. $|R_n| = |S - S_4| \leq = a_{4+1} = a_5 = \frac{1}{5^3} = \frac{1}{125} = 0.008$

c. Buscamos n tal que S_n aproximar a S con exactitud de 2 cifras decimales. Para esto, el error debe ser menor que 0.005. Esto se cumple si $a_{n+1} \leq 0.005$.

Pero, $a_{n+1} \leq 0.005 \Rightarrow \frac{1}{(n+1)^3} \leq 0.005 \Rightarrow (n+1)^3 \geq \frac{1}{0.005} = 200 \Rightarrow$

$$n+1 \geq \sqrt[3]{200} \Rightarrow n+1 \geq 5.8488355 \Rightarrow n \geq 4.8488355$$

Luego, $n = 5$

d. $S_5 = \frac{1}{1^3} - \frac{1}{2^3} + \frac{1}{3^3} - \frac{1}{4^3} + \frac{1}{5^3} = 1 - \frac{1}{8} + \frac{1}{27} - \frac{1}{64} + \frac{1}{125} = 0.897641037$

Luego, $S \approx 0.90$, con 2 cifras decimales (redondeadas).

EJEMPLO 5. Consideremos la serie $\sum_{n=0}^{\infty} \frac{(-1)^n}{n!}$

a. Probar que esta serie converge.

b. Estimar el error si se aproxima a la suma con S_4.

c. ¿Cuántos términos deben considerarse en una suma parcial si se desea aproximar la suma con un error menor que 0.0002?

d. ¿Cuál es esta suma parcial?

Solución

a. Tenemos que:

(i). $\lim_{n \to \infty} \frac{1}{n!} = 0$. En efecto:

$$0 < \frac{1}{n!} < \frac{1}{n}, \ \forall\, n \geq 1 \Rightarrow 0 \leq \lim_{n \to \infty} \frac{1}{n!} \leq \lim_{n \to \infty} \frac{1}{n} = 0 \Rightarrow \lim_{n \to \infty} \frac{1}{n!} = 0$$

(ii). $\{ 1/n! \}$ es cecreciente. En efecto: $\frac{1}{(n+1)!} < \frac{1}{n!}, \ \forall\, n \geq 1.$

Luego, por el criterio de Leiniz para series alternantes, $\sum_{n=0}^{\infty} \frac{(-1)^n}{n!}$ converge.

b. $|R_n| \leq a_{n+1}$ y $n = 4 \Rightarrow |R_4| \leq a_5 = \frac{1}{5!} = \frac{1}{120} = 0.00833$

c. Buscamos n tal que $|R_n| \leq a_{n+1} < 0.0002 \Rightarrow \frac{1}{(n+1)!} \Rightarrow < 0.0002$

$$\frac{1}{(n+1)!} < \frac{2}{10{,}000} \Rightarrow (n+1)! > 5{,}000$$

Para resolver esta última desigualdad no contamos con algún método sistemático conocido. Por esta razón, la solución la hallaremos por tanteo. Para esto, calculamos:

Si $n = 5$, entonces $(5 + 1)! = 6! = 720 < 5{,}000$.
Si $n = 6$, entonces $(6 + 1)! = 7! = 5{,}040 > 5{,}000$.
El número n busacado es $n = 6$.

d. $S_6 = \frac{1}{0!} - \frac{1}{1!} + \frac{1}{2!} - \frac{1}{3!} + \frac{1}{4!} - \frac{1}{5!} + \frac{1}{6!}$

$$= 1 - 1 + \frac{1}{2} - \frac{1}{6} + \frac{1}{24} - \frac{1}{120} + \frac{1}{720} = 0.368056$$

CONVERGENCIA ABSOLUTA Y CONVERGENCIA CONDICIONAL

En esta parte estudiaremos las series $\sum a_n$ que tienen términos positivos y términos negativos que aparecen en cualquier orden, no necesariamente alternantes. Una táctica es tomar el valor absoluto de cada término y, de este modo, obtenener una nueva serie, $\sum | a_n |$, de términos positivos. A esta serie $\sum | a_n |$ le podemos aplicar los criterios para series positivas. Veremos que la convergencia de $\sum | a_n |$ implica la convergencia de $\sum a_n$. Desafortunadamente, lo recíproco no es cierto.

DEFINICION. Una serie $\sum a_n$ **converge absolutamente** o es **absolutamente convergente** si la serie correspondiente de valores absolutos $\sum | a_n |$ converge.

EJEMPLO 6. La serie $\sum_{n=1}^{\infty} \frac{(-1)^{n+1}}{3^n}$ es absolutamente convergente.

En efecto, la correspondiente serie de los valores absolutos, $\sum_{n=1}^{\infty} \left| \frac{(-1)^{n+1}}{3^n} \right| = \sum_{n=1}^{\infty} \frac{1}{3^n}$ es una serie geométrica convergente.

TEOREMA 9.16 **Criterio de la Convergencia Absoluta.**

Si $\sum | a_n |$ converge, entonces $\sum a_n$ **converge**

En otras palabras,

Si $\sum a_n$ converge absolutamente, entonces $\sum a_n$ **converge.**

Demostración

Tenemos que: $0 \leq a_n + | a_n | \leq 2 | a_n |$

Ahora,

$$\sum | a_n | \text{ converge } \Rightarrow \sum 2 | a_n | \text{ converge}$$

$$\Rightarrow \sum \left(a_n + | a_n | \right) \qquad \text{(criterio de comparación directa)}$$

Luego, $\sum a_n = \sum \left(a_n + | a_n | \right) - \sum | a_n |$ converge, por ser la diferencia de dos series convergentes.

EJEMPLO 7. Probar que la serie $\sum_{n=1}^{\infty} \frac{\operatorname{sen}(n)}{2^n}$ es absolutamente convergente y, por lo tanto, es convergente.

Solución

Tenemos que: $\left| \frac{\operatorname{sen}(n)}{2^n} \right| = \frac{|\operatorname{sen}(n)|}{2^n} \leq \frac{1}{2^n} \qquad (|\operatorname{sen}(n)| \leq 1)$

Luego, $\sum_{n=1}^{\infty} \left| \frac{\operatorname{sen}(n)}{2^n} \right| \leq \sum_{n=1}^{\infty} \frac{1}{2^n}$.

Como $\sum_{n=1}^{\infty} \frac{1}{2^n}$ converge, $\sum_{n=1}^{\infty} \left| \frac{\operatorname{sen}(n)}{2^n} \right|$ converge.

La proposición recíproca al teorema anterior es falsa. En efecto, tenemos la serie alternante armónica $\sum_{n=1}^{\infty} (-1)^{n+1} \frac{1}{n}$ es convergente. Sin embargo, su correspondiente serie de valores absolutos $\sum_{n=1}^{\infty} \left| (-1)^{n+1} \frac{1}{n} \right|$ es la serie armónica $\sum_{n=1}^{\infty} \frac{1}{n}$, la cual sabemos que diverge. De este tipo de series se dice que son condicionalmente convergentes.

DEFINICION. Una serie $\sum a_n$ **converge condicionalmente** o es **condicionalmente convergente** si $\sum a_n$ **converge**, pero $\sum |a_n|$ **diverge**.

EJEMPLO 8. La serie $\sum_{n=1}^{\infty} (-1)^{n+1} \frac{\ln n}{n}$ es condicionalmente convergente.

En efecto, el ejemplo 3 de esta sección dice que $\sum_{n=1}^{\infty} (-1)^{n+1} \frac{\ln n}{n}$ es convergente, y el ejemplo 1 parte *c* de la sección 9.2, dice que la serie $\sum_{n=1}^{\infty} \frac{\ln n}{n}$ es divergente.

EJEMPLO 9. **Las *p*–series alternantes** $\sum_{n=1}^{\infty} (-1)^{n+1} \frac{1}{n^p}$,

a. $\sum_{n=1}^{\infty} (-1)^{n+1} \frac{1}{n^p}$ **es absolutamente convergente si** $p > 1$.

b. $\sum_{n=1}^{\infty} (-1)^{n+1} \frac{1}{n^p}$ **es condicionalmente convergente si** $0 < p \leq 1$.

En efecto, sabemos $\sum_{n=1}^{\infty} \frac{1}{n^p}$ converge si $p > 1$ y que diverge si $p \leq 1$. Además, por el ejemplo 2 de de esta sección, dice que la p–serie alternante converge si $p > 0$.

CONVERGENCIA ABSOLUTA Y LOS CRITERIOS DE LA RAZON Y DE LA RAIZ GENERALIZADOS

El criterio de la razón y el criterio de la raíz no son aplicables a series $\sum a_n$ que tienen términos negativos. Esta difultad la salvamos, en parte, cosdirerando la serie $\sum | a_n |$, formada con los valores absolutos de los términos de la serie inicial. De este modo obnemos una generalización de los criterios mencionados.

TEOREMA 9.17 **Criterio de la Razón o criterio de D'Alambert Generalisado.**

Sea $\sum_{n=1}^{\infty} a_n$ una serie tal que $a_n \neq 0 \ \forall n \geq 1$, y

$$\lim_{n \to \infty} \left| \frac{a_{n+1}}{a_n} \right| = L$$

1. Si $0 \leq L < 1$, entonces $\sum_{n=1}^{\infty} a_n$ converge absutamente.

2. Si $1 < L \leq +\infty$, entonces $\sum_{n=1}^{\infty} a_n$ diverge.

3. Si $L = 1$, no hay información (puede converger o diverger)

Demostración

$$\lim_{n \to \infty} \frac{| a_{n+1} |}{| a_n |} = \lim_{n \to \infty} \left| \frac{a_{n+1}}{a_n} \right| = L \Rightarrow \lim_{n \to \infty} \frac{| a_{n+1} |}{| a_n |} = L$$

1. Si $0 \leq L < 1$, el criterio de la razón (teorema 9.11) dice que la serie $\sum_{n=1}^{\infty} | a_n |$ converge y, por lo tanto, $\sum_{n=1}^{\infty} a_n$ converge absolutamente.

2. Si $1 < L \leq +\infty$, sea r tal que $L > r > 1$.

$\lim_{n \to \infty} \frac{| a_{n+1} |}{| a_n |} = L > r > 1, \Rightarrow$ Existe un natural $N > 0$ tal que si $n \geq N$, entonces

$$\frac{| a_{n+1} |}{| a_n |} > r \Rightarrow | a_{N+1} | > r| a_N |, \quad | a_{N+2} | > r| a_{N+1} | > r^2| a_N |, \ldots | a_{N+k} | > r^k| a_N|$$

$$\Rightarrow \lim_{n \to \infty} |a_n| = +\infty \Rightarrow \lim_{n \to \infty} a_n \neq 0$$

Por tanto, $\sum_{n=1}^{\infty} a_n$ diverge.

3. Ver ejemplo 12.

TEOREMA 9.18 **Criterio de la Raíz Generalizado**

Sea $\sum_{n=1}^{\infty} a_n$ una serie tal que $\lim_{n \to \infty} \sqrt[n]{|a_n|} = L$

1. Si $0 \leq L < 1$, entonces $\sum_{n=1}^{\infty} a_n$ converge absolutamente.

2. Si $1 < L \leq +\infty$, entonces $\sum_{n=1}^{\infty} a_n$ diverge.

3. Si $L = 1$, no hay información (puede converger o diverger)

Demostración

Similar a la demostración del criterio de la razón generalizado.

EJEMPLO 10. Estudiar la convergencia de la serie $\sum_{n=1}^{\infty} (-1)^n \frac{4^n n!}{n^n}$.

Solución

Aplicamos el criterio de la Razón generalizado:

$$\lim_{n \to \infty} \frac{|a_{n+1}|}{|a_n|} = \lim_{n \to \infty} \frac{\left| (-1)^{n+1} 4^{n+1} (n+1)! \Big/ (n+1)^{n+1} \right|}{\left| (-1)^n 4^n n! \Big/ n^n \right|} = \lim_{n \to \infty} \frac{4(n+1)n!\, n^n}{n!(n+1)(n+1)^n}$$

$$= \lim_{n \to \infty} 4\left(\frac{n}{n+1}\right)^n = \lim_{n \to \infty} \frac{4}{\left(\frac{n+1}{n}\right)^n} = \frac{4}{\lim_{n \to \infty}\left(1 + \frac{1}{n}\right)^n} = \frac{4}{e} > 1.$$

Luego, la serie $\sum_{n=1}^{\infty} (-1)^n \frac{2^n n!}{n^n}$ diverge.

EJEMPLO 11. Estudiar la convergencia de la serie $\sum_{n=1}^{\infty} (-1)^n \left(\frac{4n+1}{5n-1}\right)^n$.

Solución

Aplicamos el criterio de la Raíz generalizado:

$$\lim_{n \to \infty} \sqrt[n]{|a_n|} = \lim_{n \to \infty} \sqrt[n]{\left|(-1)^n\left(\frac{4n+1}{5n-1}\right)^n\right|} = \lim_{n \to \infty} \frac{4n+1}{5n-1} = \frac{4}{5} < 1$$

Luego, la serie $\sum_{n=1}^{\infty}(-1)^n\left(\dfrac{4n+1}{5n-1}\right)^n$ converge absolutamente.

EJEMPLO 12. Sean las series alternantes:

a. $\sum_{n=1}^{\infty}\dfrac{(-1)^{n+1}}{n}$ **b.** $\sum_{n=1}^{\infty}(-1)^n\dfrac{n}{n+1}$

Probar que para ambas series se cumple que $\dfrac{|a_{n+1}|}{|a_n|} = 1$ y que la primera converge y la segunda diverge.

Solución

a. Si $a_n = \dfrac{(-1)^{n+1}}{n}$, tenemos $\lim_{n \to \infty}\dfrac{|a_{n+1}|}{|a_n|} = \lim_{n \to \infty}\dfrac{\left|\frac{(-1)^{n+2}}{n+1}\right|}{\left|\frac{(-1)^{n+1}}{n}\right|} = \lim_{n \to \infty}\dfrac{n}{n+1} = 1$

Sabemos, por el ejemplo 1, que $\sum_{n=1}^{\infty}\dfrac{(-1)^{n+1}}{n}$ es convergente.

b. Si $a_n = (-1)^n\dfrac{n}{n+1}$, tenemos

$$\lim_{n \to \infty}\frac{|a_{n+1}|}{|a_n|} = \lim_{n \to \infty}\frac{\left|\frac{(-1)^{n+1}(n+1)}{n+2}\right|}{\left|\frac{(-1)^n n}{n+1}\right|} = \lim_{n \to \infty}\frac{(n+1)^2}{n(n+2)} = 1$$

La sucesión dada por $a_n = (-1)^n\dfrac{n}{n+1}$, no es convergente. En efecto, la subsucesión formada por los términos pares,

$$a_{2n} = (-1)^{2n}\frac{2n}{2n+1} = \frac{1}{1+1/2n}, \text{ converge a } 1.$$

La subsucesión formada por los términos impares,

$$a_{2n+1} = (-1)^{2n+1}\frac{2n+1}{2n+2} = -\frac{1+(1/2n)}{1+1/n}, \text{ converge a } -1.$$

En consecuencia, la serie $\sum_{n=1}^{\infty}(-1)^n\dfrac{n}{n+1}$ es divergente.

REORDENAMIENTO DE SERIES Y CONVERGENCIA

En una suma finita $\sum_{n=1}^{m} a_n = a_1 + a_2 + a_3 + \ldots + a_m$ podemos hacer cualquier reordenamiento de términnos (sumandos) sin que el resultado de la suma se altere. Esto se debe a que cualquier reordenamiento se obtiene haciendo uso de las propiedades asociativa y conmutativa de la adición. Cuando pasamos a series (sumas infinitas) esta propiedad se pierde.

Un **reaordenación** de una serie es otra serie que se obtiene de la serie dada utilizando todos sus términos exactamente una vez, pero cambiándolos de orden. Por ejemplo, tomemos la serie armónica alternante,

$$\sum_{n=1}^{\infty} \frac{(-1)^{n+1}}{n} = 1 - \frac{1}{2} + \frac{1}{3} - \frac{1}{4} + \frac{1}{5} - \frac{1}{6} + \frac{1}{7} - \frac{1}{8} + \frac{1}{9} - \frac{1}{10} + \ldots$$

de la cual obtenemos los siguientes reordenamientos:

a. $-\frac{1}{2} + 1 - \frac{1}{4} + \frac{1}{3} - \frac{1}{6} + \frac{1}{5} - \frac{1}{8} + \frac{1}{7} - \ldots$

b. $1 - \frac{1}{2} - \frac{1}{4} + \frac{1}{3} - \frac{1}{6} - \frac{1}{8} + \frac{1}{5} - \frac{1}{10} - \frac{1}{12} + \frac{1}{7} - \ldots$

El primer reordenamiento se obtiene intercambiando el primer témino con el segundo, el tercero con el cuarto, etc. El segundo reordenamiento se obtiene colocando, después de cada término positivo, los dos términos negativos siguientes.

Las series condicionalmente convergentes son afectadas por reordenamientos. Puede suceder que la nueva serie diverja o que converja a un número distinto al que converge la serie original. Aún más, **Geog Riemann (1826–1866)** demostró, que dada cualquir serie condicionalmente convergente y dado cualquier número real c, existe un ordenamiento de la serie que converge a c.

Como un ejemplo de estas anomalías de series condicionalmente convergente, tenemos el siguiente caso. La serie armónica alternante es condicionalmente converge y converge a ln 2 (problema resuelto 8). Esto es,

$$1 - \frac{1}{2} + \frac{1}{3} - \frac{1}{4} + \frac{1}{5} - \frac{1}{6} + \frac{1}{7} - \frac{1}{8} + \frac{1}{9} - \frac{1}{10} + \ldots = \ln 2$$

Pero, en el problema resuelto 9, probaremos que la serie del segundo reordenamiento anterior, converge a $\frac{1}{2}\ln 2$. Esto es,

$$1 - \frac{1}{2} - \frac{1}{4} + \frac{1}{3} - \frac{1}{6} - \frac{1}{8} + \frac{1}{5} - \frac{1}{10} - \frac{1}{12} + \frac{1}{7} - \ldots = \frac{1}{2}\ln 2$$

Las series absolutamente convergentes están libres de estas anomalías. Este resultado lo encontró el matemático alemás Dirichlet (1805–1859), quien demostró el siguiente teorema, cuya prueba la omitimos, por estar fuera del alcance de nuestro texto.

TEOREMA 9.19 **Teorema del reordenamiento o Teorema de Dirichlet.**

Si $\sum_{n=1}^{\infty} a_n$ es una serie absolutamente convergente, entonces cualquir reordenamiento de $\sum_{n=1}^{\infty} a_n$ es absolutamente converge y converge al mismo valor que $\sum_{n=1}^{\infty} a_n$.

PROBLEMAS RESUELTOS 9. 5

PROBLEMA 1. Estudiar la convergencia de $\sum_{n=1}^{\infty} (-1)^{n+1} \dfrac{\operatorname{sen}\left(1/\sqrt{n}\right)}{2n-1}$

Solución

Se tiene que $0 < \dfrac{1}{\sqrt{n}} < \pi \Rightarrow 0 < \operatorname{sen}\left(1/\sqrt{n}\right) < 1$. Luego,

$$\left| (-1)^{n+1} \frac{\operatorname{sen}(1/\sqrt{n})}{2n-1} \right| = \frac{\operatorname{sen}\left(1/\sqrt{n}\right)}{2n-1}$$

Comparamos en el límite con la serie $\sum_{n=1}^{\infty} \dfrac{1}{n\sqrt{n}}$

$$\frac{a_n}{b_n} = \frac{\operatorname{sen}\left(1/\sqrt{n}\right)}{2n-1} \Big/ \frac{1}{n\sqrt{n}} = \left(\frac{n}{2n-1}\right)\left(\frac{\operatorname{sen}\left(1/\sqrt{n}\right)}{1/\sqrt{n}}\right)$$

$$\lim_{n \to \infty} \frac{a_n}{b_n} = \lim_{n \to \infty} \left[\left(\frac{n}{2n-1}\right)\left(\frac{\operatorname{sen}\left(1/\sqrt{n}\right)}{1/\sqrt{n}}\right)\right] = \left(\frac{1}{2}\right)(1) = \frac{1}{2}$$

Como $\sum_{n=1}^{\infty} \dfrac{1}{n\sqrt{n}} = \sum_{n=1}^{\infty} \dfrac{1}{n^{3/2}}$ converge $(p = 3/2 > 1)$, $\sum_{n=1}^{\infty} \left| (-1)^{n+1} \dfrac{\operatorname{sen}\left(1/\sqrt{n}\right)}{2n-1} \right|$

converge y, por tanto, $\sum_{n=1}^{\infty} (-1)^{n+1} \dfrac{\operatorname{sen}\left(1/\sqrt{n}\right)}{2n-1}$ converge absolutamente

PROBLEMA 2. Estudiar la convergencia de $\sum_{n=1}^{\infty} (-1)^{n+1} \frac{3^{2n+1}}{n^n}$

Solución

Aplicamos el criterio de la raíz generalizado:

$$\lim_{n \to \infty} \sqrt[n]{\left| (-1)^{n+1} \frac{3^{2n+1}}{n^n} \right|} = \lim_{n \to \infty} \sqrt[n]{\frac{3^{2n+1}}{n^n}} = \lim_{n \to \infty} \frac{3^{2+1/n}}{n} = 0$$

Luego, $\sum_{n=1}^{\infty} \left| (-1)^{n+1} \frac{3^{2n+1}}{n^n} \right|$ converge y, por tanto,

$\sum_{n=1}^{\infty} (-1)^{n+1} \frac{3^{2n+1}}{n^n}$ converge absolutamente

---

PROBLEMA 3. Probar que la siguiente serie converge absolutamente.

$$\sum_{n=1}^{\infty} (-1)^{n+1} \left(1 - \cos\frac{1}{n}\right)$$

Solución

Tenemos: $\sum_{n=1}^{\infty} \left| (-1)^{n+1} \left(1 - \cos\frac{1}{n}\right) \right| = \sum_{n=1}^{\infty} \left(1 - \cos\frac{1}{n}\right)$

Por otro lado,

$$1 - \cos(1/n) = \left(1 - \cos(1/n)\right) \frac{1 + \cos(1/n)}{1 + \cos(1/n)} = \frac{1 - \cos^2(1/n)}{1 + \cos(1/n)} = \frac{\operatorname{sen}^2(1/n)}{1 + \cos(1/n)}$$

Ahora, aplicamos la comparación al límite con $a_n = \left(1 - \cos(1/n)\right)$ y $b_n = \frac{1}{n^2}$:

$$\lim_{n \to \infty} \frac{a_n}{b_n} = \lim_{n \to \infty} \frac{1 - \cos(1/n)}{1/n^2} = \lim_{n \to \infty} \frac{\operatorname{sen}^2(1/n)}{1/n^2} \frac{1}{1 + \cos(1/n)}$$

$$= \left(\frac{\operatorname{sen}(1/n)}{1/n}\right)^2 \frac{1}{1 + \cos(1/n)} = (1)^2 \left(\frac{1}{1+1}\right) = \frac{1}{2}$$

Como $\sum_{n=1}^{\infty} \frac{1}{n^2}$ converge, $\sum_{n=1}^{\infty} \left(1 - \cos\frac{1}{n}\right)$ converge y, por lo tanto,

$\sum_{n=1}^{\infty} (-1)^{n+1} \left(1 - \cos\frac{1}{n}\right)$ converge absolutamente.

PROBLEMA 4. Estudiar la convergencia de $\sum_{n=1}^{\infty}(-1)^{n+1}\dfrac{n^2}{n^3+1}$

Solución

$$\left|(-1)^{n+1}\frac{n^2}{n^3+1}\right| = \frac{n^2}{n^3+1} \geq \frac{n^2}{n^3+n^2} = \frac{n^2}{n^2(n+1)} = \frac{1}{n+1}$$

Tenemos que: $\sum_{n=1}^{\infty}\dfrac{1}{n+1} = \sum_{n=2}^{\infty}\dfrac{1}{n}$ diverge. Luego, por el criterio de comparación directa, $\sum_{n=1}^{\infty}\left|(-1)^{n+1}\dfrac{n^2}{n^3+1}\right|$ diverge.

Por otro lado, $\lim\limits_{n\to\infty}\dfrac{n^2}{n^3+1} = 0$ y $\left\{\dfrac{n^2}{n^3+1}\right\}$ es decreciente para $n \geq 2$. Por el criterio de Leibniz, la serie $\sum_{n=1}^{\infty}(-1)^{n+1}\dfrac{n^2}{n^3+1}$ converge.

En consecuencia, $\sum_{n=1}^{\infty}(-1)^{n+1}\dfrac{n^2}{n^3+1}$ es condicionalmente convergente.

PROBLEMA 5. Probar que la siguiente serie converge condicionalmente.

$$\sum_{n=1}^{\infty}(-1)^{n+1}\left(\sqrt{n+1}-\sqrt{n}\right)$$

Solución

Paso 1. Ya sabemos, por el ejemplo 6 de la sección 9.3 que

$$\sum_{n=1}^{\infty}\left|(-1)^{n+1}\left(\sqrt{n+1}-\sqrt{n}\right)\right| = \sum_{n=1}^{\infty}\left(\sqrt{n+1}-\sqrt{n}\right) \text{ diverge.}$$

Paso 2. Probamos que $\sum_{n=1}^{\infty}(-1)^{n+1}\left(\sqrt{n+1}-\sqrt{n}\right)$ converge. Para esto, aplicamos el criterio de Leibniz:

a. $\lim\limits_{n\to\infty} a_n = \lim\limits_{n\to\infty}\left(\sqrt{n+1}-\sqrt{n}\right) = \lim\limits_{n\to\infty}\dfrac{1}{\sqrt{n+1}+\sqrt{n}} = 0$

b. Para probar que $a_n = \sqrt{n+1}-\sqrt{n}$ es decreciente, es suficiente probar que la función $f(x) = \sqrt{x+1}-\sqrt{x}$ es decreciente, para lo cual mostramos que su derivada es negativa.

$$f'(x) = \frac{1}{2\sqrt{x+1}} - \frac{1}{2\sqrt{x}} = \frac{\sqrt{x}-\sqrt{x+1}}{2\sqrt{x}\,\sqrt{x+1}} < 0,\ \forall x > 0$$

Luego, $\sum_{n=1}^{\infty} (-1)^{n+1}\left(\sqrt{n+1}-\sqrt{n}\right)$ converge.

En consecuencia, $\sum_{n=1}^{\infty} (-1)^{n+1}\left(\sqrt{n+1}-\sqrt{n}\right)$ converge condicinalmente.

PROBLEMA 6. Probar que la siguiente serie converge condicionalmente.

$$\sum_{n=1}^{\infty} (-1)^{n+1}\tan^{-1}\left(1/n\right)$$

Solución

Paso 1. Probamos que $\sum_{n=1}^{\infty}\left|(-1)^{n+1}\tan^{-1}\left(1/n\right)\right| = \sum_{n=1}^{\infty}\tan^{-1}\left(1/n\right)$ diverge.

Sabemos que $\lim_{x\to 0}\frac{\tan x}{x} = 1 = \lim_{x\to 0}\frac{x}{\tan x}$

Si $x = \tan^{-1}(y)$, entonces $y = \tan(x)$. Además, si $y = \frac{1}{n}$, tomando en cuenta que la función tangente y su función inversa son continuas, se tiene:

$$n \to +\infty \Leftrightarrow y \to 0^+ \Leftrightarrow x \to 0^+$$

Ahora, invocamos a la comparación del límite con $a_n = \tan^{-1}\left(1/n\right)$ y $b_n = \frac{1}{n}$

$$\lim_{n\to\infty}\frac{a_n}{b_n} = \frac{\tan^{-1}\left(1/n\right)}{1/n} = \lim_{y\to 0^+}\frac{\tan^{-1}(y)}{y} = \lim_{x\to 0^+}\frac{x}{\tan(x)} = 1$$

Bien, como $\sum_{n=1}^{\infty}\frac{1}{n}$ diverge, $\sum_{n=1}^{\infty}\tan^{-1}\left(1/n\right)$ también diverge.

Paso 2. Probamos que $\sum_{n=1}^{\infty}(-1)^{n+1}\tan^{-1}\left(1/n\right)$ converge. Para esto, aplicamos el criterio de Leibniz:

a. $\lim_{n\to\infty} a_n = \lim_{n\to\infty}\tan^{-1}\left(1/n\right) = \tan^{-1}\left(\lim_{n\to\infty} 1/n\right) = \tan^{-1}(0) = 0$

b. Como la función tangente $y = \tan x$ es creciente, su inversa, $y = \tan^{-1}x$, también lo es. Luego,

$a_{n+1} = \tan^{-1}\left(1/(n+1)\right) < \tan^{-1}\left(1/n\right) = a_n \Rightarrow$ la sucesión $a_n = \tan^{-1}\left(1/n\right)$ es decreciente.

Luego, $\sum_{n=1}^{\infty}(-1)^{n+1}\tan^{-1}\left(1/n\right)$ es convergente

En consecuencia, $\sum_{n=1}^{\infty}(-1)^{n+1}\tan^{-1}\left(\frac{1}{n}\right)$ converge condicinalmente.

PROBLEMA 7. Probar que la serie siguiente es condicionalmente convergente.

$$\sum_{n=1}^{\infty}(-1)^{n+1}\frac{1.3.5.\ \ldots\ .(2n-1)}{2.4.6.\ \ldots\ .(2n)}$$

Solución

Veamos que esta serie alternante cumple las condiciones del criterio de Leibniz para series alternantes. Sea $a_n = \dfrac{1.3.5.\ \ldots\ .(2n-1)}{2.4.6.\ \ldots\ .(2n)}$.

1. $\lim\limits_{n\to\infty} a_n = 0$.

En efecto, El problema resuelto 3 de la sección anterior nos asegura que

$$\sum_{n=1}^{\infty}\left[\frac{1.3..5.\ .\ .\ .\ (2n-1)}{2.4.6.\ .\ .\ .\ (2n)}\right]^3 = \sum_{n=1}^{\infty}[a_n]^3 \text{ es convergente.}$$

Por el teorema 9.3, $\lim\limits_{n\to\infty}[a_n]^3 = 0$. Luego, $\lim\limits_{n\to\infty} a_n = 0$

2. $a_{n+1} < a_n$. En efecto. Como $\dfrac{2n+1}{2n+2} < 1$, se tiene:

$$a_{n+1} = \frac{1.3.5.\ \ldots\ .(2n-1)(2n+1)}{2.4.6.\ \ldots\ .(2n)(2n+2)} < \frac{1.3.5.\ \ldots\ .(2n-1)}{2.4.6.\ \ldots\ .(2n)} = a_n$$

En consecuencia, $\sum_{n=1}^{\infty}(-1)^{n+1}\dfrac{1.3.5.\ \ldots\ .(2n-1)}{2.4.6.\ \ldots\ .(2n)}$ converge.

PROBLEMA 8. Probar que $\boldsymbol{\sum_{n=1}^{\infty}(-1)^{n+1}\frac{1}{n} = \ln 2}$.

Solución

Sean $S_n = \sum_{1=1}^{n}(-1)^{k+1}\dfrac{1}{k}$ y $H_n = \sum_{1=1}^{n}\dfrac{1}{k}$.

Paso 1. Probamos que $S_{2n} = H_{2n} - H_n$. En efecto:

$$S_{2n} = 1 - \frac{1}{2} + \frac{1}{3} - \frac{1}{4} + \frac{1}{5} - \frac{1}{6} + \ .\ .\ .\ - \frac{1}{2n}$$

A cada término negativo sumamos y restamos una cantidad apropiada:

$$S_{2n} = 1+\left(-\frac{1}{2}+1-1\right)+\frac{1}{3}+\left(-\frac{1}{4}+\frac{1}{2}-\frac{1}{2}\right)+\frac{1}{5}+\left(-\frac{1}{6}+\frac{1}{3}-\frac{1}{3}\right)+\ldots+\left(-\frac{1}{2n}+\frac{1}{n}-\frac{1}{n}\right)$$

$$= 1+\left(-\frac{1}{2}+1\right)+\frac{1}{3}+\left(-\frac{1}{4}+\frac{1}{2}\right)+\frac{1}{5}+\left(-\frac{1}{6}+\frac{1}{3}\right)+\ldots+\left(-\frac{1}{2n}+\frac{1}{n}\right)$$

$$-\left[1+\frac{1}{2}+\frac{1}{3}+\frac{1}{4}+\frac{1}{5}+\ldots+\frac{1}{n}\right]$$

$$=\left[1+\frac{1}{2}+\frac{1}{3}+\frac{1}{4}+\frac{1}{5}+\ldots+\frac{1}{n}+\ldots+\frac{1}{2n}\right]-\left[1+\frac{1}{2}+\frac{1}{3}+\frac{1}{4}+\frac{1}{5}+\ldots+\frac{1}{n}\right]$$

$$= H_{2n}-H_n$$

Paso 2. Probamos que $\sum_{n=1}^{\infty}(-1)^{n+1}\frac{1}{n} = \ln 2.$

Por el problema resuelto 2 de la sección 9.2 sabemos que

$$\lim_{n\to\infty}\left(1+\frac{1}{2}+\frac{1}{3}+\cdots+\frac{1}{n}-\ln n\right)=\gamma,$$

donde $\gamma \approx 0.57722$ es la constante de Euler. O sea, $\lim_{n\to\infty}(H_n-\ln n)=\gamma$

Ahora, teniendo en cuenta el paso 1, tenemos:

$$S_{2n} = H_{2n}-H_n = \left(H_{2n}-\ln(2n)\right)-\left(H_n-\ln n\right)+\ln(2n)-\ln n$$

$$= \left(H_{2n}-\ln(2n)\right)-\left(H_n-\ln n\right)+\ln 2+\ln n-\ln n$$

$$= \left(H_{2n}-\ln(2n)\right)-\left(H_n-\ln n\right)+\ln 2$$

Tomando límites:

$$\sum_{n=1}^{\infty}(-1)^{n+1}\frac{1}{n} = \lim_{n\to\infty} S_{2n} = \lim_{n\to\infty}\left(H_{2n}-\ln(2n)\right)-\lim_{n\to\infty}\left(H_n-\ln n\right)+\ln 2$$

$$=\gamma-\gamma+\ln 2 = \ln 2$$

PROBLEMA 9. Probar que:

$$1-\frac{1}{2}-\frac{1}{4}+\frac{1}{3}-\frac{1}{6}-\frac{1}{8}+\frac{1}{5}-\frac{1}{10}-\frac{1}{12}+\frac{1}{7}-\ldots=\frac{1}{2}\ln 2$$

Solución

$$S_{2n} = 1-\frac{1}{2}-\frac{1}{4}+\frac{1}{3}-\frac{1}{6}-\frac{1}{8}+\frac{1}{5}-\frac{1}{10}-\frac{1}{12}+\frac{1}{7}-\frac{1}{14}-\ldots+\frac{1}{n-1}-\frac{1}{2(n-1)}-\frac{1}{2n}$$

$$= \left(1-\frac{1}{2}\right) - \frac{1}{4} + \left(\frac{1}{3}-\frac{1}{6}\right) - \frac{1}{8} + \left(\frac{1}{5}-\frac{1}{10}\right) - \frac{1}{12} + \left(\frac{1}{7}-\frac{1}{14}\right) - \ . \ . \ .$$

$$+ \left(\frac{1}{n-1} - \frac{1}{2(n-1)}\right) - \frac{1}{2n}$$

$$= \frac{1}{2} - \frac{1}{4} + \frac{1}{6} - \frac{1}{8} + \frac{1}{10} - \frac{1}{12} + \frac{1}{14} - \ . \ . \ . + \frac{1}{n-1} - \frac{1}{2n}$$

$$= \frac{1}{2}\left[1-\frac{1}{2}+\frac{1}{3}-\frac{1}{4}+\frac{1}{5}-\frac{1}{6}+\frac{1}{7}-. \ . \ .-\frac{1}{n}\right] = \frac{1}{2}\sum_{k=1}^{n}\frac{(-1)^{k+1}}{k}$$

Luego,

$$\lim_{n\to\infty} S_{2n} = \lim_{n\to\infty} \frac{1}{2}\sum_{k=1}^{n}\frac{(-1)^{k+1}}{k} = \frac{1}{2}\lim_{n\to\infty}\sum_{k=1}^{n}\frac{(-1)^{k+1}}{k} = \frac{1}{2}\sum_{k=1}^{\infty}\frac{(-1)^{k+1}}{k} = \frac{1}{2}\ln 2$$

PROBLEMA 10. Dada una serie $\sum_{n=1}^{\infty} a_n$ de términos positivos y negativos.

Definimos:

$$a_n^+ = \begin{cases} a_n, & \text{si } a_n \geq 0 \\ 0, & \text{si } a_n < 0 \end{cases} \quad \text{y} \quad a_n^- = \begin{cases} 0, & \text{si } a_n \geq 0 \\ a_n, & \text{si } a_n < 0 \end{cases}$$

1. Si $\sum_{n=1}^{\infty} a_n$ es absolutamente convergente, probar que las series

$$\sum_{n=1}^{\infty} a_n^+ \quad \text{y} \quad \sum_{n=1}^{\infty} a_n^- \quad \text{son absolutamente convergentes.}$$

2. Probar que $\sum_{n=1}^{\infty} a_n = \sum_{n=1}^{\infty} a_n^+ + \sum_{n=1}^{\infty} a_n^-$

3. Si $\sum_{n=1}^{\infty} a_n$ es condicionalmente convergente, probar que las series

$$\sum_{n=1}^{\infty} a_n^+ \quad \text{y} \quad \sum_{n=1}^{\infty} a_n^- \quad \text{son divergentes.}$$

Solución

1. Tenemos que $a_n^+ = a_n$ ó $a_n^+ = 0$ y que $a_n^- = a_n$ ó $a_n^- = 0$. Luego,

$$\left| a_n^+ \right| \leq \left| a_n \right| \quad \text{y} \quad \left| a_n^- \right| \leq \left| a_n \right|$$

Como $\sum_{n=1}^{\infty} \left| a_n \right|$ converge, aplicando el criterio de comparación directo tenemos:

$$\sum_{n=1}^{\infty} | a_n^+ | \ \text{y} \ \sum_{n=1}^{\infty} | a_n^- | \ \text{convergen.}$$

Por lo tanto, $\sum_{n=1}^{\infty} a_n^+$ y $\sum_{n=1}^{\infty} a_n^-$ son absolutamente convergentes.

2. Observar que $a_n^+ = \frac{1}{2}(a_n + | a_n |)$ y que $a_n^- = \frac{1}{2}(a_n - | a_n |)$. Luego,

$$\sum_{n=1}^{\infty} a_n^+ + \sum_{n=1}^{\infty} a_n^- = \sum_{n=1}^{\infty} \left[a_n^+ + a_n^- \right] = \sum_{n=1}^{\infty} \left[\frac{1}{2}(a_n + | a_n |) + \frac{1}{2}(a_n - | a_n |) \right] = \sum_{n=1}^{\infty} a_n$$

3. $\sum_{n=1}^{\infty} a_n$ es condicionalmente convergente $\Rightarrow$ $\sum_{n=1}^{\infty} a_n$ converge y $\sum_{n=1}^{\infty} | a_n |$ diverge.

Procedemos por el absurdo. Supongamos que $\sum_{n=1}^{\infty} a_n^+$ converge $\Rightarrow$

$$\sum_{n=1}^{\infty} a_n^+ - \frac{1}{2} \sum_{n=1}^{\infty} a_n = \sum_{n=1}^{\infty} \left(a_n^+ - \frac{1}{2} a_n \right) = \sum_{n=1}^{\infty} \frac{1}{2} | a_n | \quad \text{converge} \Rightarrow$$

$\sum_{n=1}^{\infty} | a_n |$ converge. ¡Contradicción !. Luego, $\sum_{n=1}^{\infty} a_n^+$ diverge.

Similarmente, $\sum_{n=1}^{\infty} a_n^-$ diverge.

PROBLEMAS PROPUESTOS 9. 5

En los problemas del 1 al 4 el número de términos que se necesitan sumar para aproximar la suma de la serie con la exactitud indicada.

1. $\sum_{n=1}^{\infty} \frac{(-1)^{n+1}}{n}$, $| R_n | < 0.001$ *Rpta* $n = 1{,}000$ **2.** $\sum_{n=1}^{\infty} \frac{(-1)^n n}{2^n}$, $| R_n | < 0.001$ *Rpta.* $n = 13$

3. $\sum_{n=1}^{\infty} \frac{(-2)^n}{n!}$, $|R_n | < 0.01$ *Rpta.* $n = 7$ **4.** $\sum_{n=1}^{\infty} \frac{(-1)^{n+1}}{(2n-1)!}$, $| R_n | < \frac{5}{10^5}$ *Rpta.* $n = 4$

5. Estimar el error que se comete cuando la suma de la serie $\sum_{n=1}^{\infty} (-1)^{n+1} \frac{n}{2^n}$ es

aproximada por S_5 *Rpta.* $[R_5] \leq a_6 = \frac{6}{2^6} \approx 0.09375$

6. Estimar el error que se comete cuando la suma de la serie $\sum_{n=1}^{\infty} \frac{(-1)^{n+1}}{n!}$ es aproximada por S_4 *Rpta.* $[R_4 \leq\ ]\ a_5 = \frac{1}{5!} \approx 0.0083$

En los problemas 7 y 8 aproximar la serie dada con exactitud de tres decimales.

7. $\sum_{n=1}^{\infty} \frac{(-1)^{n+1}}{n^5}$ *Rpta.* $S_5 = 0.9722$ **8.** $\sum_{n=1}^{\infty} \frac{(-1)^n n}{2^n n!}$ *Rpta.* $S_4 = -0.393$

En los problemas del 9 al 16 determinar si la serie converge absolutamente, condicionalmente o diverge.

9. $\sum_{n=1}^{\infty} (-1)^{n+1} \frac{n}{e^n}$ *Rpta. Conv. Absol.* **10.** $\sum_{n=1}^{\infty} (-1)^{n+1} \frac{n!}{e^n}$ *Rpta. Diverge.*

11. $\sum_{n=1}^{\infty} (-1)^{n+1} \frac{e^{1/n}}{n^2}$ *Rpta. Conv. absol Sug.:* $\frac{e^{1/n}}{n^2} < \frac{e}{n^2}$

12. $\sum_{n=2}^{\infty} (-1)^{n+1} \frac{n}{\ln n}$ *Rpta. Diver* **13.** $\sum_{n=2}^{\infty} \frac{(-1)^{n+1}}{n \ln n}$ *Rpta. Conv. Cond.*

14. $\sum_{n=2}^{\infty} \frac{(-1)^{n+1}}{n (\ln n)^2}$ *Rpta. Conv. Absol.* **15.** $\sum_{n=2}^{\infty} \frac{(-1)^{n+1}}{\ln(\ln n)}$ *Rpta. Conv. Cond.*

16. $\sum_{n=2}^{\infty} \frac{(-1)^{n+1}}{(\ln n)^n}$ *Rpta. Conv. Absol* **17.** $\sum_{n=2}^{\infty} (-1)^{n+1} \frac{n!}{\ln n}$ *Rpta. Diver.*

18. $\sum_{n=2}^{\infty} (-1)^{n+1} \frac{\ln(\ln n)}{n \ln n}$ *Rpta. Conv. Cond.* **19.** $\sum_{n=2}^{\infty} \frac{(-1)^{n+1}}{(\ln n)^p}$, $p > 0$ *Rpta. Conv. Cond.*

20. $\sum_{n=2}^{\infty} (-1)^{n+1} \frac{\ln n}{n - \ln n}$ *Rpta Conv. Cond.* **21.** $\sum_{n=1}^{\infty} \frac{(-1)^{n+1}}{\sqrt{n}}$ *Rpta. Conv. Cond.*

22. $\sum_{n=1}^{\infty} \frac{(-1)^{n+1}}{n\sqrt{n}}$ *Rpta. Conv. Absol.* **23.** $\sum_{n=1}^{\infty} (-1)^{n+1} \frac{\ln n}{n\sqrt{n}}$ *Rpta Conv. Absol*

24. $\sum_{n=1}^{\infty} \frac{(-1)^{n+1}}{2^{\ln n}}$ *Rpta Conv. Cond.* **25.** $\sum_{n=1}^{\infty} \frac{(-1)^{n+1}}{3^{\ln n}}$ *Rpta Conv. Absol.*

26. $\sum_{n=1}^{\infty} \frac{(-1)^{n+1}}{\ln(1+1/n)}$ *Rpta. Diver. Sug.* $\lim_{n\to\infty} a_n \neq 0$

27. $\sum_{n=1}^{\infty} \dfrac{(-1)^{n+1}}{\ln\left(e^{n}+e^{-n}\right)}$ *Rpta. Conv. Cond. Sug.* $e^{-n} < e^{n}$

28. $\sum_{n=1}^{\infty} \dfrac{(n+1)(-2)^{n}}{n!}$ *Rpta. Diver:* $b_n = \dfrac{1}{e^{n}}$

29. $\sum_{n=1}^{\infty} \dfrac{n(-3)^{n}}{4^{n-1}}$ *Rpta. Conver:* $b_n = \dfrac{1}{n^{1,1}\ln n}$

30. $\sum_{n=1}^{\infty} \dfrac{(-1)^{n+1}}{\sqrt[n]{3}}$ *Rpta. Diver:* $b_n = \dfrac{1}{n\ln n}$

31. $\sum_{n=1}^{\infty} \dfrac{(-1)^{n+1}}{\sqrt{n(n+1)}}$ *Rpta. Diver:* $b_n = \dfrac{1}{n}$

32. $\sum_{n=1}^{\infty} (-1)^{n+1} \dfrac{2^{2n-1}}{(2n-1)!}$ *Rpta. Conver:* $b_n = \dfrac{1}{n!}$

33. $\sum_{n=1}^{\infty} (-1)^{n} n \left(\dfrac{4}{5}\right)^{n}$ *Rpta. Diver:* $b_n = \dfrac{1}{n}$

34. $\sum_{n=1}^{\infty} (-1)^{n} \dfrac{2n^{2}}{n!}$ *Rpta. Diver:* $b_n = \dfrac{1}{n}$

35. $\sum_{n=1}^{\infty} (-1)^{n} \dfrac{n^{3}5^{n+2}}{2^{3n}}$ *Rpta. Conv. Absol*

36. $\sum_{n=2}^{\infty} (-1)^{n} \left(\dfrac{\ln n}{\ln n^{2}}\right)^{n}$ *Rpta. Conv. Absol*

37. $\sum_{n=2}^{\infty} (-1)^{n} \left(\dfrac{1}{n}\right)^{\frac{1}{n}}$ *Rpta. Diver. Sug.* $\lim\limits_{n\to\infty} a_n \neq 0$

38. $\sum_{n=1}^{\infty} \dfrac{\cos n\pi}{n}$ *Rpta. Conv. Cond. Sug*: $\cos n\pi = (-1)^{n}$

39. $\sum_{n=1}^{\infty} \dfrac{\operatorname{sen}\left[(2n-1)(\pi/2)\right]}{\sqrt{n}}$ *Rpta. Conv. Cond*

40. $\sum_{n=1}^{\infty} \dfrac{\cos n -1}{n^{3/2}}$ *Rpta. Conv. Absol*

41. $\sum_{n=1}^{\infty} \dfrac{\operatorname{sen}\sqrt{n}}{\sqrt{n^{3}+1}}$ *Rpta. Conv. Absol*

42. $\sum_{n=1}^{\infty} \dfrac{1-2\operatorname{sen} n}{n^{3}}$ *Rpta. Conv. Absol*

43. $\sum_{n=1}^{\infty} (-1)^{n} \dfrac{\operatorname{sen}\left(1/\sqrt{n}\right)}{2n-1}$ *Rpta. Conv. Absol* Sug.: comparar *al límite con* $b_n = 1/n^{3/2}$

44. $\sum_{n=1}^{\infty} (-1)^n \tan(1/n)$ *Rpta. Conv. Cond. Sug.: comparar al límite con* $b_n = 1/n$

45. $\sum_{n=1}^{\infty} (-1)^n \tan^{-1}\left(\frac{1}{2n+1}\right)$ *Rpta. Conv. Cond. Sug.: comparar al límite con* $b_n = 1/n$

45. $\sum_{n=1}^{\infty} (-1)^n \operatorname{sen}^{-1}(1/n)$ *Rpta. Conv. Cond. Sug.: comparar al límite con* $b_n = 1/n$

46. $\sum_{n=1}^{\infty} (-1)^n n \operatorname{sen}^{-1}(1/n)$ *Rpta. Diver*

47. $\sum_{n=1}^{\infty} (-1)^n \frac{\operatorname{sen}(1/n)}{n}$ *Rpta. Conv. Absol Sug.: comparar al límite con* $b_n = 1/n^2$

48. $\sum_{n=1}^{\infty} (-1)^n \frac{\tan^{-1}(n)}{n\sqrt{n}}$ *Rpta. Conv. Ausol. Sug.:* $\tan^{-1} n < \pi/2$

49. $\sum_{n=1}^{\infty} (-1)^{n+1} \operatorname{sech} n$ *Rpta. Conv. Absol Sug.:* $\operatorname{sech} n = 2/(e^n + e^{-n})$

$= 2e^n / (e^{2n} + 1) < 2e^n / e^{2n} = 2/e^n)$

50. $\sum_{n=1}^{\infty} (-1)^{n+1} \operatorname{cosech} n$ *Rpta. Conv. Absol Sug.:* $\operatorname{cosech} n = 2/(e^n - e^{-n})$

$= 2e^n / (e^{2n} - 1)$; *comparar al límite con* $b_n = 1/e^n$

51. $\sum_{n=1}^{\infty} (-1)^n \left(\sqrt{n^2+n} - n\right)$ *Rpta. Diver. Sug.:* $\sqrt{n^2+n} - n$

$= \sqrt{n}\,(\sqrt{n+1} - \sqrt{n}\,) \Rightarrow a_n \to 1/2$

52. $\sum_{n=1}^{\infty} (-1)^n \frac{(-1)^n n!}{1.3.5. \dots .(2n-1)}$ *Rpta. Conv. Absol*

53. $\sum_{n=1}^{\infty} (-1)^n \frac{2.4.6. \dots .(2n)}{1.4.7. \dots .(3n-2)}$ *Rpta. Conv. Absol*

54. $\sum_{n=1}^{\infty} (-1)^n \frac{2.6.10.14. \dots .(4n-2)}{5.8.11.14. \dots .(3n+1)}$ *Rpta. Diverge*

55. $\sum_{n=1}^{\infty} (-1)^n \left[\frac{1.3.5. \dots .(2n-1)}{2.4.6. \dots .(2n)}\right]^{5/2}$ *Rpta. Conv. Absol.*

56. Probar que $\sum_{n=2}^{\infty} \dfrac{(-1)^{n+1}}{n\,(\ln n)^p}$ converge absolutamente si $p > 1$ y converge condicionalmente si $0 < p \leq 1$.

57. Sea p un número positivo. Probar que la serie $\sum_{n=1}^{\infty} (-1)^{n+1}\left[\dfrac{1.3.5. \dots .(2n-1)}{2.4.6. \dots .(2n)}\right]^p$

cononverge absolutamente si $p > 2$ y diverge condicionalmente si $0 < p \leq 2$
Sugerencia: Usar el problema resuelto 3 de la sección 6.6 y seguir el razonamiento del problema resuelto 6 de esta sección.

58. Sea r una constante tal que $|r| < 1$ y sea la serie $\sum_{n=1}^{\infty} nr^n$.

a. Si $a_n = nr^n$, probar que $\lim_{n \to \infty} \dfrac{|a_{n+1}|}{|a_n|} = |r| < 1$ y, por tanto, $\sum_{n=1}^{\infty} nr^n$ converge.

b. Si $S_n = \sum_{k=1}^{n} k\, r^k$, probar que $(1-r)S_n = \dfrac{r}{1-r} - nr^{n+1}$ y, por tanto,

$$S_n = \frac{r}{(1-r)^2} - \frac{r}{1-r}\left(nr^n\right) nr^{n+1}$$

c. Tomando límites en la igualdad anterior, concluir que $\sum_{n=1}^{\infty} nr^n = \dfrac{r}{(1-r)^2}$.

59. Si $\sum_{n=1}^{\infty} a_n^2$ y $\sum_{n=1}^{\infty} b_n^2$, probar que $\sum_{n=1}^{\infty} a_n b_n$ converge absolutamente.

Sugerencia: Pruebe que $2|a_n b_n| \leq a_n^2 + b_n^2$. *Para esto, observar que*

$$(a_n + b_n)^2 \geq 0 \quad \text{y} \quad (a_n - b_n)^2 \geq 0.$$

10

SERIES DE POTENCIAS

BROOK TAYLOR (*1685 -1731*)

COLIN MACLAURIN (*1698 -1746*)

10.1 SERIES DE POTENCIAS Y RADIO DE CONVERGENCIA

10.2 REPRESENTACION DE FUNCIONES COMO SERIES DE POTENCIAS

10.3 POLINOMIOS Y SERIES DE TAYLOR Y MACLAURIN

10.4 SERIES BINOMIALES

BROOK TAYLOR
(1685-1731)

COLIN MACLAURIN
(1698-1746)

BROOK TAYLOR *nació en Edmonton, Inglaterra, dentro de una familia noble y acomodada. Alcanzó distinción en música, pintura y matemáticas Aplicó la Matemática a la música y la pintura. Así, escribió un tratado sobre las vibraciones de cuerdas y un libro sobre perspectiva. En 1708 fue incorporado a la Sociedad Real y en 1714, fue elegido secretario de esta importante institución. En 1715 publicó el libro* ***Methodus Incrementarum Directa et Inversa,*** *el cual trajo varios temas novedosos, entre los que encontramos las series que ahora llevan su nombre, la integración por partes y las primeras ideas del "Cálculo de diferencias finitas"..*

COLIN MACLAURIN *nació en Kilmodan, Escocia, dentro de una familia modesta. Perdió a su padre cuando tenía 6 semanas de edad y su madre cuando tenía 9 años. El y un hermano, quedaron a cargo de su tío Daniel Maclaurin, quien fue pastor de una iglesia en Kilfinnan. En 1709, Colin entró a la Universidad de Glasgow a la edad de 11 años. A la edad de 14 años, recibió su grado de Master. En 1717 fue nombrado profesor de Matemáticas en un college de la Universidad de Aberdeen. En 1725 se enroló en la plana docente de la Universidad de Edinburgh, donde pasó el resto de su carrera. En 1742 publicó una obra en 2 tomos,* ***Tratado de Fluxions,*** *en la cual presenta un tratado sistemático de las ideas de Newton sobre el Cálculo. En esta obra, Maclaurin hace uso de unas series que son un caso particular de las series de Taylor. Estas son las actuales series de Maclaurin. A él también se le debe el criterio de la integral para la convergencia de series.*

ACONTECIMIENTOS PARALELOS IMPORTANTES

Durante la vida de Taylor y de Maclaurin sucedieron la siguientes hechos notables: En 1689, Pedro I el Grande, toma el gobierno de Rusia, e inicia la tarea de occidentalizarla y modernizarla. Muere en 1725 y le sucede su esposa, Catalina I. En 1715 muere el rey francés, Luís XIV. En 1726, se funda Montevideo, la capital de Uruguay. En 1733 se fundó, en América del Norte, la colonia de Geogia, llamada así en honor del rey Jorge II. En 1728, los rusos exploran Alaska y la incorporan a su territorio. En 1746, en España, muere Felipe V, nieto de Luís XIV. Le sucede su hijo, Fernando VI.

SECCION 10.1

SERIES DE POTENCIAS Y RADIO DE CONVERGENCIA

En el capítulo anterior hemos estudiado series cuyos términos son números. En este capítulo nos ocuparemos de series cuyos términos son potencias de la forma $c_n x^n$, $c_n(x - a)^n$ o, en términos más generales, de la forma $c_n(h(x))^n$, donde $h(x)$ es una función de x.

SERIE DE POTENCIAS EN *x*

DEFINICION. . Una **serie de potencias en *x*** es una serie de la forma

$$\sum_{n=0}^{\infty} a_n x^n = a_0 + a_1 x + a_2 x^2 + a_3 x^3 + \ . \ . \ . + a_n x^n + \ . \ . \ . ,$$

donde $a_0, a_1, a_2, \ . \ . \ .$ son constantes, llamados los **coeficientes** de la serie.

Convenimos que $a_0 x^0 = a_0$, para $x = 0$.

Cuando se da un valor a x en $\sum\limits_{n=0}^{\infty} a_n x^n$, se tiene una serie de términos constantes, la cual puede converger. En este caso obtenemos la suma $S(x)$. Obtenemos así, una función $S(x)$ cuyo dominio es el conjunto formado por los valores de x para los cuales $\sum\limits_{n=0}^{\infty} a_n x^n$ converge.

EJEMPLO 1. Sea la serie de potencias

$$\sum_{n=0}^{\infty} x^n = 1 + x + x^2 + x^3 + \ . \ . \ . + x^n + \ . \ . \ .$$

Hallar los valores de x para los cuales la serie converge y hallar la función suma.

Solución

$\sum\limits_{n=0}^{\infty} x^n$ es una serie geométrica en la cual $r = x$. Luego, esta serie converge para los valores $-1 < x < 1$ y tiene por suma

$$S(x) = \frac{1}{1-x} \quad \text{con dominio el intervalo } (-1, 1).$$

En consecuencia, en el intervalo $(-1, 1)$ se cumple que:

$$\sum_{n=0}^{\infty} x^n = 1 + x + x^2 + x^3 + \ . \ . \ . + x^n + \ . \ . \ . = \frac{1}{1-x}$$

Se llama **conjunto de convergencia** de la serie de potencias $\sum_{n=0}^{\infty} a_n x^n$ al conjunto formado por los valores de x para los cuales la serie converge.

En el ejemplo anterior encontramos que el conjunto de convergencia de la serie $\sum_{n=0}^{\infty} x^n$ es el intervalo $(-1, 1)$. Más adelante veremos que el conjunto solución de una serie de potencias es siempre un intervalo, el cual puede ser abierto, cerrado o semicerrado. La herramienta para hallar estos intervalos es el criterio de la razón para convergencia absoluta.

En general, la función suma de una serie de potencias, no es fácil encontrarla. Aún más, hay series de potencias cuyas suma no tiene expresión en términos de las funciones conocidas.

EJEMPLO 2. **Convergencia sólo en el punto $x = 0$.**

Hallar el conjunto de convergencia de $\sum_{n=0}^{\infty} n!x^n$

Solución

En primer lugar, tenemos que para $x = 0$,

$$\sum_{n=0}^{\infty} n!0^n = 0!(0^0) + 1!(0^1) + 2!(0^2) + \ldots = 1 + 0 + 0 + \ldots = 1$$

Luego, $\sum_{n=0}^{\infty} n!x^n$ converge para $x = 0$.

Por otro lado, para $x \neq 0$, usando el criterio de la razón para convergencia absoluta haciendo $a_n = n!x^n$, se tiene:

$$L = \lim_{n \to \infty} \left| \frac{a_{n+1}}{a_n} \right| = \lim_{n \to \infty} \left| \frac{(n+1)!x^{n+1}}{n!x^n} \right| = \lim_{n \to \infty} (n+1)|x| = \infty$$

Luego, $\sum_{n=0}^{\infty} n!x^n$ diverge para $x \neq 0$.

En consecuencia, el conjunto de convergencia es el conjunto unitario $\{0\}$, el cual, en términos de intervalos, se puede expresar así: $\{0\} = [0, 0]$.

EJEMPLO 3. **Convergencia en todo $\mathbb{R}$.**

Hallar el conjunto de convergencia de $\sum_{n=0}^{\infty} \frac{x^n}{n!}$

Solución

Usando el criterio de la razón para convergencia absoluta, haciendo $u_n = \frac{x^n}{n!}$:

$$\lim_{n\to\infty}\left|\frac{u_{n+1}}{u_n}\right| = \lim_{n\to\infty}\left|\frac{(n+1)!x^{n+1}/(n+1)!}{x^n/n!}\right| = \lim_{n\to\infty}\frac{|x|}{n+1} = 0$$

Luego, $\sum_{n=0}^{\infty}\frac{x^n}{n!}$ converge para todo $x \in \mathbb{R}$

En consecuencia, el conjunto de convergencia es el intervalo $\mathbb{R} = (-\infty, \infty)$.

EJEMPLO 4. **Convergencia en un intervalo acotado.**

Hallar el conjunto de convergencia de $\sum_{n=1}^{\infty}\frac{x^n}{n}$

Solución

Usando el criterio de la razón para convergencia absoluta, haciendo $u_n = \frac{x^n}{n}$:

$$\lim_{n\to\infty}\left|\frac{u_{n+1}}{u_n}\right| = \lim_{n\to\infty}\left|\frac{x^{n+1}/(n+1)}{x^n/n}\right| = \lim_{n\to\infty}\frac{n}{n+1}|x| = |x|$$

Luego, $\sum_{n=1}^{\infty}\frac{x^n}{n}$ converge absolutamente si $|x| < 1$. Por lo tanto, $\sum_{n=1}^{\infty}\frac{x^n}{n}$ converge en el intervalo $(-1, 1)$.

Analicemos que pasa en los extremos -1 y 1.

Para $x = -1$, se tiene la serie armónica alternante, $\sum_{n=1}^{\infty}\frac{(-1)^n}{n}$, que es convergente.

Para $x = 1$, se tiene la serie armónica, $\sum_{n=1}^{\infty}\frac{1}{n}$, que es divergente.

En resumen el conjunto de convergencia es el intervalo $[-1, 1)$.

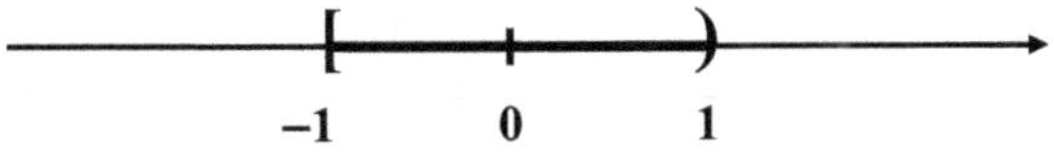

De los ejemplos anteriores hemos obtenido que el conjunto de convergencia es un intervalo. Este resultado no es casual.

TEOREMA 10.1 Dada la serie de potencias $\sum_{n=0}^{\infty} a_n x^n$, exactamente una de las siguientes proposiciones es cierta:

1. La serie converge sólo para $x = 0$.
2. La serie es absolutamente convergente para todo $x \in \mathbb{R}$
3. Existe un real $R > 0$ tal que la serie es absolutamente convergente para $|x| < R$ y divergente para $|x| > R$.

Demostración

Ver el problema resuelto 7.

Al número R de la parte 3 del teorema se le llama **radio de convergencia** de la serie. El teorema nos dice que la serie es absolutamente convergente en el intervalo abierto $(-R, R)$ y la serie diverge fuera del intervalo cerrado $[-R, R]$. El teorema no da información sobre el comportamiento de la serie en los extremos $-R$ y R. Estos puntos deben analizarse separadamente.

Extendemos el concepto de radio de convergencia. Diremos que $R = 0$ cuando la serie converge sólo para $x = 0$. Diremos que $R = \infty$ cuando la serie converge para todo x. Esta convención y el teorema anterior nos permiten afirmar:

> **Todo serie de potencias $\sum_{n=0}^{\infty} a_n x^n$ tiene un radio de convergencia R, tal que**
>
> $$0 \leq R \leq \infty$$
>
> **La serie converge absolutamente en $(-R, R)$ y diverge fuera de $[-R, R]$.**

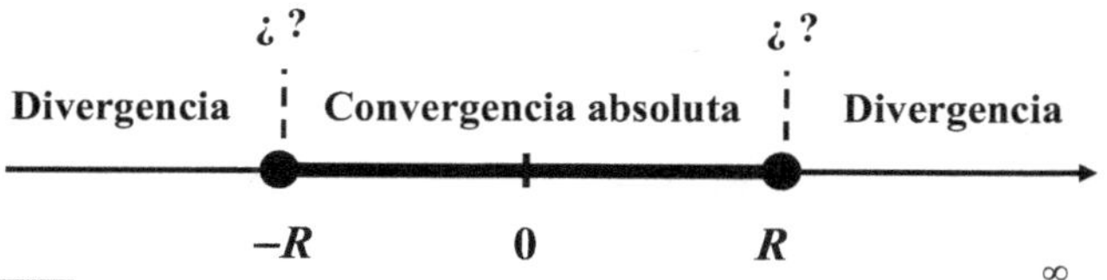

EJEMPLO 5. Hallar el radio y el intervalo de convergencia de $\sum_{n=1}^{\infty} \frac{2^n}{n3^n} x^n$

Solución

Aplicamos el criterio de la razón. Sea $u_n = \frac{2^n}{n3^n} x^n$, se tiene:

$$\lim_{n \to \infty} \left| \frac{u_{n+1}}{u_n} \right| = \lim_{n \to \infty} \left| \frac{2^{n+1} x^{n+1} / (n+1)\, 3^{n+1}}{2^n x^n / n\, 3^n x^n} \right| = \lim_{n \to \infty} \frac{2}{3} \frac{n}{n+1} |x| = \frac{2}{3} |x|$$

$$\frac{2}{3}|x| < 1 \Leftrightarrow |x| < \frac{3}{2}$$

Luego, el radio de convergencia es $R = 3/2$.

La serie converge absolutamente en el intervalo $(-3/2, 3/2)$.

Analicemos los extremos del intervalo:

En $x = -3/2$, $\sum_{n=1}^{\infty} \frac{2^n}{n3^n} \left(-\frac{3}{2}\right)^n = \sum_{n=1}^{\infty} (-1)^n \frac{1}{n}$, que es la serie alternante armónica, la cual converge.

En $x = 3/2$, $\sum_{n=1}^{\infty} \frac{2^n}{n\,3^n}\left(\frac{3}{2}\right)^n = \sum_{n=1}^{\infty} \frac{1}{n}$, que es la serie armónica, la cual diverge.

En resumen, la serie $\sum_{n=1}^{\infty} \frac{2^n}{n\,3^n} x^n$ converge en el intervalo $[-3/2, 3/2)$.

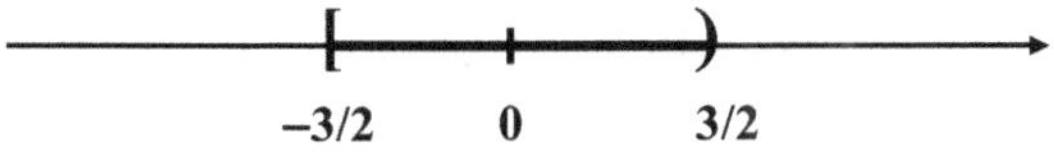

EJEMPLO 6. Hallar el dominio (conjunto de convergencia) de la función de Bessel de orden 0, definida por

$$J_0(x) = \sum_{n=0}^{\infty} \frac{(-1)^n x^{2n}}{2^{2n}(n!)^2}$$

Solución

Si $a_n = \frac{(-1)^n x^{2n}}{2^{2n}(n!)^2}$ se tiene:

$$L = \lim_{n\to\infty}\left|\frac{a_{n+1}}{a_n}\right| = \lim_{n\to\infty}\left|\frac{(-1)^{n+1}x^{2(n+1)}/2^{2(n+1)}((n+1)!)^2}{(-1)^n x^{2n}/2^n(n!)^2}\right| = \lim_{n\to\infty}\frac{x^2}{4(n+1)} = 0$$

Como $L = 0 < 1$, $\sum_{n=0}^{\infty} \frac{(-1)^n x^{2n}}{2^{2n}(n!)^2}$ converge para todo $x \in \mathbb{R}$. En consecuencia, el dominio de J_0 es todo $\mathbb{R}$.

¿SABIAS QUE . .

FRIEDRICH WILHEM BESSEL, *Nació en Minden, Alemania. A la edad de 14 años dejó la escuela para dedicarse al comercio. En sus ratos libres estudió astronomía. En 1804 publicó su primer trabajo, sobre el cometa Halley. Gracias a una recomendación de Gauss, la Universidad de Göttingen le otorgó a Bessel el grado de doctor. En 1809 fue nombrado director del observatorio de Königsberrg. Aquí llevó a cabo el monumental trabajo de determinar la posición y movimiento de 50,000 estrellas.*

Bessel también fue un matemático distinguido. En 1817, se ocupó de un tipo de funciones que aparecieron en el estudio de un problema planteado por Kepler, sobre las perturbaciones en el sistema planetario. Estas funciones ahora llevan su nombre.

SERIE DE POTENCIAS EN $x - a$

El intervalo de solución de una serie $\sum_{n=0}^{\infty} a_n x^n$ es un intervalo con centro en 0.

Ahora, dada una constante a, generalizamos estas series de potencias a otras, para las cuales el centro del intervalo de solución es un intervalo con centro en ***a***. Para esto, a la serie $\sum_{n=0}^{\infty} a_n x^n$ la trasladamos al punto a.

DEFINICION. Una **serie de potencias en $x - a$** es una serie de la forma

$$\sum_{n=0}^{\infty} a_n (x-a)^n = a_0 + a_1(x-a) + a_2(x-a)^2 + \ldots + a_n(x-a)^n + \ldots$$

Como $\sum_{n=0}^{\infty} a_n (x-a)^n$ es una traslación a ***a*** de la serie $\sum_{n=0}^{\infty} a_n x^n$, los intervalos de convergencia de $\sum_{n=0}^{\infty} a_n (x-a)^n$ son los intervalos de convergencia de $\sum_{n=0}^{\infty} a_n x^n$ trasladados al punto ***a***. Esto es:

TEOREMA 10.2 Dada la serie de potencias $\sum_{n=0}^{\infty} a_n (x-a)^n$, exactamente una de las siguientes proposiciones es cierta:

1. La serie converge sólo para $x = a$.
2. La serie es absolutamente convergente para todo $x \in \mathbb{R}$
3. Existe un real $R > 0$ tal que la serie es absolutamente convergente para $|x-a| < R$ y divergente para $|x-a| > R$.

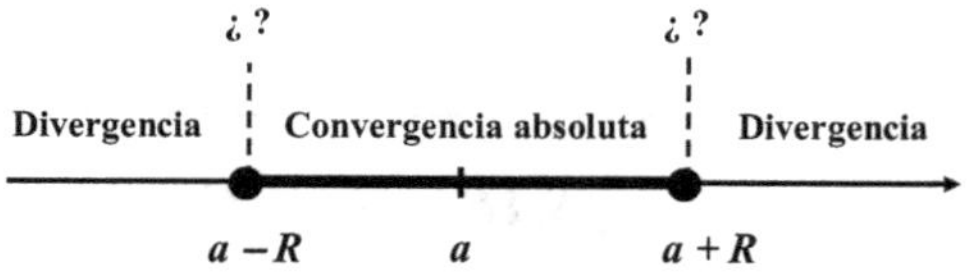

Demostración

Sea $z = x - a$. Se tiene que $\sum_{n=0}^{\infty} a_n (x-a)^n = \sum_{n=0}^{\infty} a_n z^n$.

Luego, aplicamos el teorema 10.1 a la serie $\sum_{n=0}^{\infty} a_n z^n$. Como ejemplo probamos 1.

1. La serie $\sum_{n=0}^{\infty} a_n z^n$ converge sólo para $z = 0 \Rightarrow$ La serie $\sum_{n=0}^{\infty} a_n (x-a)^n$ converge sólo para $x - a = 0. \Rightarrow$ La serie $\sum_{n=0}^{\infty} a_n (x-a)^n$ converge sólo para $x = a$.

El intervalo de convergencia de $\sum_{n=0}^{\infty} a_n (x-a)^n$ es $(a - R, a + R)$ y tal vez uno o los dos extremos.

EJEMPLO 7. Hallar el radio de convergencia y el intervalo de convergencia de la serie de potencias $\sum_{n=1}^{\infty} \frac{(-1)^n (x-3)^n}{n4^n} = \sum_{n=1}^{\infty} \frac{(-1)^n}{n4^n}(x-3)^n$

Solución

Si $u_n = \frac{(-1)^n (x-3)^n}{n4^n}$, se tiene: $\lim_{n \to \infty} \left| \frac{u_{n+1}}{u_n} \right|$

$$= \lim_{n \to \infty} \left| \frac{(-1)^{n+1}(x-3)^{n+1}/(n+1)4^{n+1}}{(-1)^{n+1}(x-3)^n/n4^n} \right| = \lim_{n \to \infty} \frac{n}{4(n+1)}|x-3| = \frac{1}{4}|x-3|$$

$$\frac{1}{4}|x-3| < 1 \Leftrightarrow |x-3| < 4$$

El radio de convergencia es $R = 4$. Por otro lado,

$$|x-3| < 4 \quad \Leftrightarrow \quad -4 < x-3 < 4 \quad \Leftrightarrow \quad -1 < x < 7$$

Por lo pronto, la serie converge en el intervalo $(-1, 7)$.

Analicemos los extremos de este intervalo.

En $x = -1$, $\sum_{n=1}^{\infty} \frac{(-1)^n(-1-3)^n}{n4^n} = \sum_{n=1}^{\infty} \frac{1}{n}$ diverge.

En $x = 7$, $\sum_{n=1}^{\infty} \frac{(-1)^n(7-3)^n}{n4^n} = \sum_{n=1}^{\infty} \frac{(-1)^n}{n}$ converge.

En consecuencia, el intervalo de convergencia es $(-1, 7]$.

Los siguientes teoremas nos proporcionan dos nuevos métodos para hallar el radio de convergencia de una serie de potencias $\sum_{n=0}^{\infty} a_n(x-a)^n$.

TEOREMA 10.3. **Fórmula de D'Alambert**

Sea $\sum_{n=0}^{\infty} a_n(x-a)^n$. Si $a_n \neq 0 \ \ \forall n$ y existe $\lim_{n \to \infty} \left| \frac{a_n}{a_{n+1}} \right|$, entonces el radio de convergencia de $\sum_{n=0}^{\infty} a_n(x-a)^n$ es $\boldsymbol{R = \lim_{n \to \infty} \left| \frac{a_n}{a_{n+1}} \right|}$.

Demostración

Sea $\lim_{n \to \infty} \left| \frac{a_{n+1}}{a_n} \right| = L$. Probaremos sólo el caso $L \neq 0$, dejando a cargo del lector los casos $L = 0$ y $L = \infty$, que corresponden a $R = \infty$ y $R = 0$, respectivamente.

Si $u_n = a_n(x-a)^n$. Se tiene:

$$\lim_{n\to\infty}\left|\frac{u_{n+1}}{u_n}\right| = \lim_{n\to\infty}\left|\frac{a_{n+1}(x-a)^{n+1}}{a_n(x-a)^n}\right| = \lim_{n\to\infty}\left|\frac{a_{n+1}}{a_n}\right|\left|x-a\right| = L\left|x-a\right|$$

Según el criterio de la razón generalizado, $\sum_{n=0}^{\infty} a_n(x-a)^n$ converge absolutamente si $L|x-a| < 1$, es decir si $|x-a| < \frac{1}{L}$. La serie diverge si $L|x-a| > 1$, es decir si $|x-a| > \frac{1}{L}$. En consecuencia, el radio de convergencia de la serie $\sum_{n=0}^{\infty} a_n(x-a)^n$ es

$$R = \frac{1}{L} = \frac{1}{\lim_{n\to\infty}|a_{n+1}/a_n|} = \lim_{n\to\infty}\left|\frac{a_n}{a_{n+1}}\right|$$

TEOREMA 10.4 **Fórmula de Cauchy-Hadamard**

Si $\lim_{n\to\infty}\sqrt[n]{|a_n|} = L$ y $L \neq 0$, entonces el radio de convergencia de $\sum_{n=0}^{\infty} a_n(x-a)^n$ es $R = \frac{1}{L}$. O sea $R = \dfrac{1}{\lim_{n\to\infty}\sqrt[n]{|a_n|}}$

Demostración

Ver el problema resuelto 8.

¿SABIAS QUE . .

JACQUES SALOMÓN HADAMARD (1865–1963) *nació en Versalles, Su padre, de ascendencia judía, fue profesor del Liceo Imperial de Versalles. Jacques vivió la tragedia de tres guerras. La guerra Franco-prusiana, durante su niñez, la Primera Guerra Mundial, donde perdió dos de sus hijos, y la Segunda Guerra Mundial, donde perdió un tercer hijo. En 1884 entró a la Famosa Escuela Normal Superior.*

Se doctoró en 1892 con una tesis sobre funciones definidas por series de Taylor. Ese mismo año le otorgaron el Gran Premio de Ciencias Matemáticas. En 1906 fue elegido presidente de la Sociedad Matemática Francesa y en 1912 reemplazó a Henry Poincaré en la Academia de Ciencias. En 1933 viajó extensamente, visitando Los Estados Unidos, España, Italia, Brasil, Argentina, Egipto, etc.

EJEMPLO 8. Hallar el radio de convergencia de las series:

$$\textbf{a. } \sum_{n=1}^{\infty} \frac{(-1)^n x^n}{n(\ln(n))^3} \qquad \textbf{b. } \sum_{n=1}^{\infty} \left(1+\frac{1}{n}\right)^{n^2} x^n .$$

Solución

a. Aplicamos el teorema 10.3:

Se tiene: $a_n = \dfrac{(-1)^n x^n}{n(\ln(n))^3}$. Luego,

$$R = \lim_{n\to\infty} \left| \frac{a_n}{a_{n+1}} \right| = \lim_{n\to\infty} \left| \frac{(-1)^n / n(\ln(n))^3}{(-1)^{n+1}/(n+1)(\ln(n+1))^3} \right| = \lim_{n\to\infty} \frac{(n+1)(\ln(n+1))^3}{n(\ln(n))^3}$$

$$= \left(\lim_{n\to\infty} \frac{n+1}{n}\right)\left(\lim_{n\to\infty} \frac{\ln(n+1)}{\ln n}\right)^3 = (1)\left(\lim_{n\to\infty} \frac{\ln(n+1)}{\ln n}\right)^3 = \left(\lim_{n\to\infty} \frac{n}{n+1}\right)^3 \text{ (L'Hôspital)}$$

$$= \left(\lim_{n\to\infty} \frac{n}{n+1}\right)^3 = (1)^3 = 1. \text{ Esto es, } R = 1$$

b. Aplicamos el teorema 10.4:

$$\lim_{n\to\infty} \sqrt[n]{|a_n|} = \lim_{n\to\infty} \sqrt[n]{\left(1+\frac{1}{n}\right)^{n^2}} = \left(1+\frac{1}{n}\right)^n = e. \text{ Esto es, } R = \frac{1}{e}.$$

SERIE DE POTENCIAS DE UNA FUNCION

DEFINICION. Sea $y = h(x)$ una función. **Una serie de potencias en $y = h(x)$** es una serie de la forma:

$$\sum_{n=0}^{\infty} a_n [h(x)]^n = a_0 + a_1[h(x)] + a_2[h(x)]^2 + \ldots + a_n[h(x)]^n + \ldots$$

Al igual que los casos anteriores, estamos interesados en determinar el conjunto de convergencia de estas series, para lo cual contamos con las mismas herramientas que hemos estado usando: Criterio de la razón y de la raíz generalizadas, y de las fórmula de D'Alambert y de Cauchy–Hadamard.

EJEMPLO 9. Hallar el conjunto de convergencia de $\displaystyle\sum_{n=1}^{\infty} \frac{1}{n2^n}\left(\frac{x-4}{x-1}\right)^n$

Solución

Sea $z = \dfrac{x-4}{x-1}$. Luego, $\displaystyle\sum_{n=1}^{\infty} \frac{1}{n2^n}\left(\frac{x-4}{x-1}\right)^n = \sum_{n=1}^{\infty} \frac{1}{n2^n} z^n$

Si R_Z es el radio de convergencia de $\sum_{n=1}^{\infty} \frac{1}{n2^n} z^n$, entonces, usando la fórmula de D'Alambert, se tiene:

$$R_Z = \lim_{n \to \infty} \left| \frac{a_n}{a_{n+1}} \right| = \lim_{n \to \infty} \frac{1/\left(n2^n\right)}{1/\left((n+1)2^{n+1}\right)} = \lim_{n \to \infty} 2\frac{n+1}{n} = 2$$

Ahora,

$$|z| < 2 \Leftrightarrow \left| \frac{x-4}{x-1} \right| < 2 \Leftrightarrow -2 < \frac{x-4}{x-1} < 2 \Leftrightarrow$$

$$-2 < \frac{x-4}{x-1} \ \wedge \ \frac{x-4}{x-1} < 2 \Leftrightarrow 0 < 2 + \frac{x-4}{x-1} \ \wedge \ \frac{x-4}{x-1} - 2 < 0 \Leftrightarrow$$

$$0 < \frac{x-4+2x-2}{x-1} \ \wedge \ \frac{x-4 \ -2x+2}{x-1} > 0 \Leftrightarrow 0 < \frac{3(x-2)}{x-1} \ \wedge \ \frac{-(x+2)}{x-1} < 0 \Leftrightarrow$$

$$0 < \frac{x-2}{x-1} \qquad \wedge \qquad \frac{x+2}{x-1} > 0$$

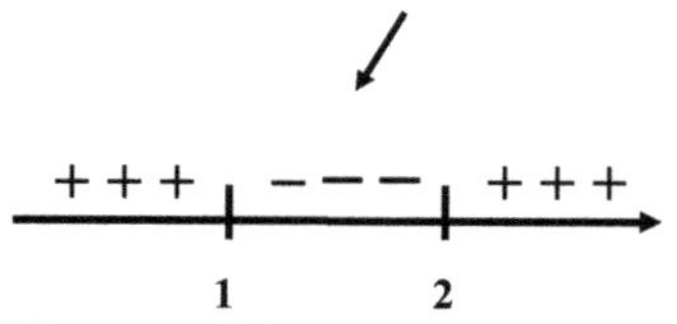

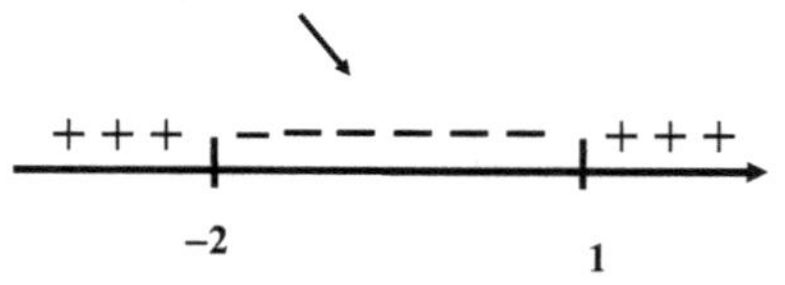

$$(-\infty, 1) \cup (2, +\infty) \qquad \wedge \qquad (-\infty, -2) \cup (1, +\infty)$$

La serie converge absolutamente en:

$$\left[(-\infty, 1) \cup (2, +\infty)\right] \cap \left[(-\infty, -2) \cup (1, +\infty)\right] = (-\infty, -2) \cup (2, +\infty)$$

Analicemos los extremos:

En $x = -2$, la serie $\sum_{n=1}^{\infty} \frac{1}{n2^n} \left(\frac{-2-4}{-2-1} \right)^n = \sum_{n=1}^{\infty} \frac{1}{n2^n} 2^n = \sum_{n=1}^{\infty} \frac{1}{n}$ diverge.

En $x = 2$, la serie $\sum_{n=1}^{\infty} \frac{1}{n2^n} \left(\frac{2-4}{2-1} \right)^n = \sum_{n=1}^{\infty} \frac{1}{n2^n} (-2)^n = \sum_{n=1}^{\infty} \frac{(-1)^n}{n}$ converge

En consecuencia, el conjunto de convergencia es $= (-\infty, -2) \cup [2, +\infty)$

Observar que en este ejemplo, el conjunto solución no es un intervalo

---

EJEMPLO 10. Hallar el conjunto de convergencia de la serie $\sum_{n=0}^{\infty} n!\, x^{n!}$

Solución

$\sum\limits_{n=0}^{\infty} n!x^{n!}$ no es una serie de potencias de una función $z = h(x)$ y, por lo tanto, no podemos aplicar la fórmula de D'Alambert o la de Cauchy–Hadamard. Sin embargo, ya que para cualquier valor fijo de x, $\sum\limits_{n=0}^{\infty} n!\, x^{n!}$ es una serie de reales, sí podemos aplicar el criterio de la razón generalizada. En efecto:

Si $u_n = n!\, x^{n!}$, se tiene que $u_{n+1} = (n+1)!\, x^{(n-1)!}$ y $\lim\limits_{n\to\infty} \left| \dfrac{u_{n+1}}{u_n} \right|$

$$= \lim_{n\to\infty} \left| \frac{(n+1)!\,x^{(n+1)!}}{n!\,x^{n!}} \right| = \lim_{n\to\infty} \left| (n+1)\, x^{(n+1)!-n!} \right| \lim_{n\to\infty} \left| (n+1)\, x^{n\,n!} \right|$$

Si $|x| \geq 1$, $\lim\limits_{n\to\infty} \left| (n+1)\, x^{n\,n!} \right| = \lim\limits_{n\to\infty} (n+1)|x|^{nn!} \geq \lim\limits_{n\to\infty} (n+1)(1) = +\infty$

Si $|x| < 1, x \neq 0$ y $x = \dfrac{1}{z}$, entonces $|x| = \dfrac{1}{|z|}$, $|z| > 1$ y

$$\lim_{n\to\infty} \left| (n+1)\, x^{n\,n!} \right| = \lim_{n\to\infty} \frac{n+1}{|z|^{n\,n!}} < \lim_{n\to\infty} \frac{n+1}{|z|^{n}} = 0 \text{ (límite notable 5)}$$

Por lo tanto , $\sum\limits_{n=0}^{\infty} n!\, x^{n!}$ converge si $0 < |x| < 1$.

Es fácil que la serie $\sum\limits_{n=0}^{\infty} n!\, x^{n!}$ converge si $x = 0$, y que diverge si $x = -1$ ó $x = 1$,

En conclusión, el conjunto de convergencia de la serie dada es $(-1, 1)$.

PROBLEMAS RESUELTOS 10.1

PROBLEMA 1. Hallar el radio y el intervalo de convergencia de la serie

$$\sum_{n=1}^{\infty} \frac{\operatorname{sen} n}{n^2}(x-2)^n$$

Solución

Aplicando la fórmula de D'Alambert tenemos:

$$R = \lim_{n\to\infty} \left| \frac{a_n}{a_{n+1}} \right| = \lim_{n\to\infty} \left| \frac{\operatorname{sen} n / n^2}{\operatorname{sen}(n+1)/(n+1)^2} \right| = \lim_{n\to\infty} \left| \frac{n+1}{n} \frac{\operatorname{sen} n / n}{\operatorname{sen}(n+1)/(n+1)} \right|$$

$$= \lim_{n\to\infty}\left(\frac{n+1}{n}\right)\left|\frac{\lim\limits_{n\to\infty}(\operatorname{sen} n/n)}{\lim\limits_{n\to\infty}\left(\operatorname{sen}(n+1)/(n+1)\right)}\right| = (1)\left|\frac{1}{1}\right| = 1. \text{ Esto es, } R = 1$$

La serie converge absolutamente en el intervalo $(2-1, 2+1) = (1, 3)$

Analicemos en los extremos del intervalo:

En $x = 1$: $\displaystyle\sum_{n=1}^{\infty}\frac{\operatorname{sen} n}{n^2}(1-2)^n = \sum_{n=1}^{\infty}(-1)^n\frac{\operatorname{sen} n}{n^2}$.

$$\sum_{n=1}^{\infty}\left|(-1)^n\frac{\operatorname{sen} n}{n^2}\right| = \sum_{n=1}^{\infty}\frac{|\operatorname{sen} n|}{n^2} \leq \sum_{n=1}^{\infty}\frac{1}{n^2}$$

$$\sum_{n=1}^{\infty}\frac{1}{n^2} \text{ converge} \Rightarrow \sum_{n=1}^{\infty}\left|(-1)^n\frac{\operatorname{sen} n}{n^2}\right| \text{ converge}$$

En $x = 3$: $\displaystyle\sum_{n=1}^{\infty}\frac{\operatorname{sen} n}{n^2}(3-2)^n = \sum_{n=1}^{\infty}\frac{\operatorname{sen} n}{n^2}$.

$$\sum_{n=1}^{\infty}\left|\frac{\operatorname{sen} n}{n^2}\right| = \sum_{n=1}^{\infty}\frac{|\operatorname{sen} n|}{n^2} \leq \sum_{n=1}^{\infty}\frac{1}{n^2} \Rightarrow \sum_{n=1}^{\infty}\left|\frac{\operatorname{sen} n}{n^2}\right| \text{ converge}$$

En resumen, la serie converge absolutamente en el intervalo $[1, 3]$.

PROBLEMA 2. Hallar el radio y el intervalo de convergencia de las series

a. $\displaystyle\sum_{n=1}^{\infty}\frac{n^3}{2\cdot 4\cdot 6\cdot\ ...\ \cdot(2n)}x^n$ **b.** $\displaystyle\sum_{n=1}^{\infty}\frac{n!}{1\cdot 4\cdot 7\cdot\ ...\ \cdot(3n-2)}x^n$

Solución

a. Tenemos que: $2\cdot 4\cdot 6\cdot\ ...\ \cdot(2n) = 2^n(1\cdot 2\cdot 3\cdot\ ...\ \cdot n) = 2^n n!$. Luego,

$$\sum_{n=1}^{\infty}\frac{n^3}{2\cdot 4\cdot 6\cdot\ ...\ \cdot(2n)}x^n = \sum_{n=1}^{\infty}\frac{n^3}{2^n n!}x^n = \sum_{n=1}^{\infty}\frac{n^2}{2^n(n-1)!}x^n$$

Ahora aplicamos el criterio de la razón:

Sea $u_n = \dfrac{n^2}{2^n(n-1)!}x^n$ y, por lo tanto, $u_{n+1} = \dfrac{(n+1)^2}{2^{n+1}(n)!}x^{n+1}$

$$\lim_{n\to\infty}\left|\frac{u_{n+1}}{u_n}\right| = \lim_{n\to\infty}\left|\frac{\dfrac{(n+1)^2x^{n+1}}{2^{n+1}n!}}{\dfrac{n^2x^n}{2^n(n-1)!}}\right| = \lim_{n\to\infty}\frac{(n+1)^2}{n^3}\frac{|x|}{2} = 0$$

Luego, $R = \infty$ y el intervalo de convergencia es $\mathbb{R}$.

b. Aplicamos la fórmula de D'Alambert:

$$a_n = \frac{n!}{1\cdot 4\cdot 7\cdot\ \dots\ \cdot(3n-2)} \qquad a_{n+1} = \frac{(n+1)!}{1\cdot 4\cdot 7\cdot\ \dots\ \cdot(3n-2)(3n+1)}$$

$$R = \lim_{n\to\infty}\left|\frac{a_n}{a_{n+1}}\right| = \lim_{n\to\infty}\left|\frac{\dfrac{n!}{1\cdot 4\cdot 7\cdot\dots\cdot(3n-2)}}{\dfrac{(n+1)!}{1\cdot 4\cdot 7\cdot\dots\cdot(3n-2)(3n+1)}}\right| = \lim_{n\to\infty}\frac{3n+1}{n+1} = 3$$

La serie converge en el intervalo $(-3, 3)$.

Analicemos en los extremos del intervalo $(-3, 3)$.

En $x = -3$: $\displaystyle\sum_{n=1}^{\infty}\frac{n!}{1\cdot 4\cdot 7\cdot\ \dots\ \cdot(3n-2)}(-3)^n = \sum_{n=1}^{\infty}(-1)^n\frac{3^n n!}{1\cdot 4\cdot 7\cdot\dots\cdot(3n-2)}$

Tenemos que:

$$\frac{3^n n!}{1\cdot 4\cdot 7\cdot\ \dots\ \cdot(3n-2)} = \frac{3^n(1\cdot 2\cdot 3\cdot\dots\cdot n)}{1\cdot 4\cdot 7\cdot\dots\cdot(3n-2)} = \frac{(3\cdot 1)(3\cdot 2)(3\cdot 3)\cdot\dots\cdot(3n)}{1\cdot 4\cdot 7\cdot\dots\cdot(3n-2)}$$

$$= \frac{(3)(6)(9)\ .\ .\ .\ .\ (3n)}{1\cdot 4\cdot 7\cdot\dots\cdot(3n-2)} = \left(\frac{3}{1}\right)\left(\frac{6}{4}\right)\left(\frac{9}{7}\right)\cdots\left(\frac{3n}{3n-2}\right) > 1$$

Luego, $\displaystyle\sum_{n=1}^{\infty}\frac{n!}{1\cdot 4\cdot 7\cdot\ \dots\ \cdot(3n-2)}(-3)^n$ diverge.

En $x = 3$: El mismo argumento prueba que $\displaystyle\sum_{n=1}^{\infty}\frac{n!}{1\cdot 4\cdot 7\cdot\dots\cdot(3n-2)}(3)^n$ diverge.

En consecuencia, el intervalo de convergencia es $(-3, 3)$.

PROBLEMA 3. Hallar el radio y el intervalo de convergencia de la serie

$$\sum_{n=1}^{\infty}\frac{3^n+(-2)^n}{n}(x+1)^n$$

Solución

De acuerdo a la fórmula de D'Alambert:

$$R = \lim_{n\to\infty}\left|\frac{a_n}{a_{n+1}}\right| = \lim_{n\to\infty}\left|\frac{\left(3^n+(-2)^n\right)/n}{\left(3^{n+1}+(-2)^{n+1}\right)/(n+1)}\right|$$

$$= \lim_{n\to\infty}\frac{n+1}{n}\,\frac{3^n+(-2)^n}{3^{n+1}+(-2)^{n+1}} = \left(\lim_{n\to\infty}\frac{n+1}{n}\right)\left(\lim_{n\to\infty}\frac{3^n+(-2)^n}{3^{n+1}+(-2)^{n+1}}\right)$$

$$= (1)\left(\lim_{n\to\infty}\frac{1+(-2/3)^n}{3+(-2)(-2/3)^n}\right) = (1)\left(\frac{1+0}{3+0}\right) = \frac{1}{3}$$

Esto es, el radio de convergencia es $R = 1/3$

El intervalo de convergencia es $(-1 - 1/3, -1 + 1/3) = (-4/3, -2/3)$.

Analicemos la convergencia en los extremos del intervalo:

En $x = -\frac{4}{3}$: $\displaystyle\sum_{n=1}^{\infty} \frac{3^n + (-2)^n}{n}\left(-\frac{4}{3}+1\right)^n = \sum_{n=1}^{\infty} \frac{3^n + (-2)^n}{n}\left(-\frac{1}{3}\right)^n$

$$= \sum_{n=1}^{\infty} \frac{(-1)^n + (2/3)^n}{n} = \sum_{n=1}^{\infty} \frac{(-1)^n}{n} + \sum_{n=1}^{\infty} \frac{(2/3)^n}{n}$$

Sabemos que $\displaystyle\sum_{n=1}^{\infty} \frac{(-1)^n}{n}$ es convergente. Por otro lado,

$0 < \displaystyle\sum_{n=1}^{\infty} \frac{(2/3)^n}{n} < \sum_{n=1}^{\infty} \left(\frac{2}{3}\right)^n$ y $\displaystyle\sum_{n=1}^{\infty} \left(\frac{2}{3}\right)^n$ es una serie geométrica convergente.

Luego, $\displaystyle\sum_{n=1}^{\infty} \frac{(2/3)^n}{n}$ converge.

En consecuencia, $\displaystyle\sum_{n=1}^{\infty} \frac{3^n + (-2)^n}{n}\left(-\frac{4}{3}+1\right)^n$ converge

En $x = -\frac{2}{3}$: $\displaystyle\sum_{n=1}^{\infty} \frac{3^n + (-2)^n}{n}\left(-\frac{2}{3}+1\right)^n = \sum_{n=1}^{\infty} \frac{3^n + (-2)^n}{n}\left(\frac{1}{3}\right)^n$

$$= \sum_{n=1}^{\infty} \frac{1 + (-2/3)^n}{n} = \sum_{n=1}^{\infty} \frac{1}{n} + \sum_{n=1}^{\infty} \frac{(-2/3)^n}{n}$$

Pero $\displaystyle\sum_{n=1}^{\infty} \frac{1}{n}$ es divergente y $\displaystyle\sum_{n=1}^{\infty} \frac{(-2/3)^n}{n}$ absolutamente convergente. Luego,

$$\sum_{n=1}^{\infty} \frac{3^n + (-2)^n}{n}\left(-\frac{2}{3}+1\right)^n \text{ es divergente.}$$

En resumen, el intervalo de convergencia es $[-4/3, -2/3)$.

PROBLEMA 4. Hallar el radio y el intervalo de convergencia de la serie

$$\sum_{n=0}^{\infty} \frac{(-1)^n}{4^n}\left(\frac{x+1}{3}\right)^{2n}$$

Solución

Aplicamos el criterio de la razón:

Sea $u_n = \dfrac{(-1)^n}{4^n}\left(\dfrac{x+1}{3}\right)^{2n}$ y, por lo tanto, $u_{n+1} = \dfrac{(-1)^{n+1}}{4^{n+1}}\left(\dfrac{x+1}{3}\right)^{2(n+1)}$.

$$\lim_{n \to \infty}\left|\frac{u_{n+1}}{u_n}\right| = \lim_{n \to \infty}\left|\frac{\dfrac{(-1)^{n+1}}{4^{n+1}}\left(\dfrac{x+1}{3}\right)^{2(n+1)}}{\dfrac{(-1)^n}{4^n}\left(\dfrac{x+1}{3}\right)^{2n}}\right| = \frac{1}{4}\left|\frac{x+1}{3}\right|^2$$

Ahora,

$$\frac{1}{4}\left|\frac{x+1}{3}\right|^2 < 1 \Rightarrow \left|\frac{x+1}{3}\right|^2 < 4 \Rightarrow \left|\frac{x+1}{3}\right| < 2 \Rightarrow |x+1| < 6$$

Luego, $R = 6$.

Por otro lado, $|x+1| < 6 \Leftrightarrow -6 < x+1 < 6 \quad -7 < x < 5$

La serie es absolutamente convergente en el intervalo $(-7, 5)$

Analicemos en los extremos del intervalo.

En $x = -7$:

$$\sum_{n=0}^{\infty}\frac{(-1)^n}{4^n}\left(\frac{-7+1}{3}\right)^{2n} = \sum_{n=0}^{\infty}\frac{(-1)^n}{4^n}(-2)^{2n} = \sum_{n=0}^{\infty}\frac{(-1)^n}{4^n}4^n = \sum_{n=0}^{\infty}(-1)^n \text{ diverge}$$

En $x = 5$:

$$\sum_{n=0}^{\infty}\frac{(-1)^n}{4^n}\left(\frac{5+1}{3}\right)^{2n} = \sum_{n=0}^{\infty}\frac{(-1)^n}{4^n}(2)^{2n} = \sum_{n=0}^{\infty}\frac{(-1)^n}{4^n}4^n = \sum_{n=0}^{\infty}(-1)^n \text{ diverge}$$

Luego, intervalo de convergencia es $(-7, 5)$.

PROBLEMA 5. Hallar el conjunto de convergencia de la serie $\displaystyle\sum_{n=0}^{\infty} 3^{n^2} x^{n^2}$

Solución

Aplicamos el criterio de la razón:

Sea $u_n = 3^{n^2} x^{n^2}$ y, por lo tanto, $u_{n+1} = 3^{(n+1)^2} x^{(n+1)^2}$

$$\lim_{n \to \infty}\left|\frac{u_{n+1}}{u_n}\right| = \lim_{n \to \infty}\left|\frac{3^{(n+1)^2}x^{(n+1)^2}}{3^{n^2}x^{n^2}}\right| = \lim_{n \to \infty}\left|3^{2n+1}x^{2n+1}\right|$$

$$= \lim_{n \to \infty}|3x|^{2n+1} = \begin{cases} 0, & \text{si } |x| < 1/3 \\ 1, & \text{si } |x| = 1/3 \\ +\infty, & \text{si } |x| > 1/3 \end{cases}$$

Luego, la serie converge absolutamente en el intervalo $(-1/3,\ 1/3)$

Analicemos los extremos.

En $x = -1/3$: $\sum_{n=0}^{\infty} 3^{n^2}(-1/3)^{n^2} = \sum_{n=0}^{\infty}(-1)^{n^2}$ diverge.

En $x = 1/3$, $\sum_{n=0}^{\infty} 3^{n^2}(1/3)^{n^2} = \sum_{n=0}^{\infty}(1)^{n^2}$ diverge

En consecuencia, el conjunto de convergencia es $(-1/3,\ 1/3)$

PROBLEMA 6. Probar que:

1. Si $\sum_{n=0}^{\infty} a_n x^n$ converge en x_1 y $x_1 \neq 0$, entonces converge absolutamente para todo x tal que $|x| < |x_1|$

2. Si $\sum_{n=0}^{\infty} a_n x^n$ diverge en x_1, entonces diverge para todo x tal que $|x| > |x_1|$

Solución

1. $\sum_{n=0}^{\infty} a_n x^n$ converge en $x_1 \Rightarrow \lim_{n\to\infty} a_n x_1^n = 0$. Luego,

$$\exists\, N > 0 \text{ tal que } n > N \Rightarrow \left| a_n x_1^n \right| < 1$$

Ahora, si $|x| < |x_1|$ y si $n > N$, entonces $r = \left|\dfrac{x}{x_1}\right| < 1$ y

$$\left| a_n x^n \right| = \left| a_n x_1^n \right| \left|\frac{x}{x_1}\right|^n < \left|\frac{x}{x_1}\right|^n = r^n.$$

Como la serie geométrica $\sum_{n=0}^{\infty} r^n$ converge, el criterio de comparación dice que la serie $\sum_{n=0}^{\infty}\left| a_n x^n\right|$ converge y, por lo tanto, $\sum_{n=0}^{\infty} a_n x^n$ converge absolutamente.

2. Procedemos por reducción al absurdo. Supongamos que $\sum_{n=0}^{\infty} a_n x_1^n$ diverge y que existe x_2 tal que $|x_2| > |x_1|$ y $\sum_{n=0}^{\infty} a_n x_2^n$ converge. Por la primera parte, como $|x_1| < |x_2|$, debemos tener que $\sum_{n=0}^{\infty} a_n x_1^n$ converge. Esto contradice la hipótesis.

PROBLEMA 7. Probar el teorema 10.1.

Dada la serie de potencias $\sum_{n=0}^{\infty} a_n x^n$, exactamente una de las siguientes proposiciones es cierta:

1. La serie converge sólo para $x = 0$.
2. La serie es absolutamente convergente para todo $x \in \mathbb{R}$
3. Existe un real $R > 0$ tal que la serie es absolutamente convergente para $|x| < R$ y divergente para $|x| > R$.

Solución

Supongamos que (1) no se cumple. Luego, existe un $x_1 \neq 0$ para el cual la serie converge. Si $r_1 = |x_1|$, entonces $r_1 > 0$ y, por el problema anterior, la serie es absolutamente convergente en el intervalo $(-r_1, r_1)$. Sea

$$A = \{ r \in \mathbb{R} \ / \ r > 0 \text{ y la serie es absolutamente convergente en } (-r, r) \}.$$

A es no vacío, ya que $r_1 \in A$.

Si A no es acotado superiormente, entonces se cumple la proposición 2.

Si A es acotado superiormente, entonces, por el axioma de completitud, A tiene supremo. Sea R = Supremo de A. Este R cumple con la proposición 3.

PROBLEMA 8. Probar el teorema 10.3: La fórmula de Cauchy–Hadamard

Si $\lim\limits_{n \to \infty} \sqrt[n]{|a_n|} = L$ y $L \neq 0$, entonces el radio de convergencia de $\sum_{n=0}^{\infty} a_n (x-a)^n$ es $R = \dfrac{1}{L}$. O sea $R = \dfrac{1}{\lim\limits_{n \to \infty} \sqrt[n]{|a_n|}}$

Solución

Si $u_n = a_n (x-a)^n$. Se tiene:

$$\lim_{n \to \infty} \sqrt[n]{|a_n (x-a)^n|} = \lim_{n \to \infty} \sqrt[n]{|a_n|}\, |x-a| = L|x-a|$$

Según el criterio de raíz, $\sum_{n=0}^{\infty} a_n(x-a)^n$ converge absolutamente si $L|x-a| < 1$;

es decir si $|x-a| < \dfrac{1}{L}$, y diverge si $L|x-a| > 1$; es decir si $|x-a| > \dfrac{1}{L}$.

Luego, $R = \dfrac{1}{L} = 1\Big/ \lim_{n\to\infty} \sqrt[n]{|a_n|}$

PROBLEMAS PROPUESTOS 10.1

En los problemas de 1 al 29, hallar el radio y el intervalo de convergencia de la serie de potencias dada.

1. $\sum_{n=1}^{\infty} \dfrac{nx^n}{n+1}$ *Rpta.* $R = 1$, $(-1, 1)$

2. $\sum_{n=1}^{\infty} \dfrac{x^n}{\sqrt{n}}$ *Rpta.* $R = 1$, $[-1, 1)$

3. $\sum_{n=1}^{\infty} \sqrt{n}\, x^n$ *Rpta.* $R = 1$, $(-1, 1)$

4. $\sum_{n=1}^{\infty} \dfrac{x^n}{2^n}$ *Rpta.* $R = 2$, $(-2, 2)$

5. $\sum_{n=1}^{\infty} \dfrac{x^n}{n2^n}$ *Rpta.* $R = 2$, $[-2, 2)$

6. $\sum_{n=1}^{\infty} n^n x^n$ *Rpta.* $R = 0$, $[0, 0]$

7. $\sum_{n=1}^{\infty} \dfrac{x^n}{n^n}$ *Rpta.* $R = 1$, $[-1, 1)$

8. $\sum_{n=1}^{\infty} \dfrac{x^n}{\ln(n+1)}$ *Rpta.* $R = 1$, $[-1, 1)$

9. $\sum_{n=1}^{\infty} \dfrac{x^n}{(\ln n)^n}$ *Rpta.* $R = \infty$, $\mathbb{R}$

10. $\sum_{n=1}^{\infty} \dfrac{x^n}{n(\ln n)^2}$ *Rpta.* $R = 1$, $[-1, 1]$

11. $\sum_{n=1}^{\infty} \dfrac{(-2)^n x^n}{\sqrt{n}}$ *Rpta.* $R = \dfrac{1}{2}, \left(-\dfrac{1}{2}, \dfrac{1}{2}\right]$

12. $\sum_{n=1}^{\infty} \dfrac{(3x)^n}{2^{n+1}}$ *Rpta.* $R = \dfrac{2}{3}, \left(-\dfrac{2}{3}, \dfrac{2}{3}\right)$

13. $\sum_{n=1}^{\infty} \dfrac{(-1)^n (x-2)^n}{3^n n^3}$ *Rpta.* $R = 3$, $[-1, 5]$

14. $\sum_{n=1}^{\infty} \dfrac{2^n (x-3)^n}{n^2}$ *Rpta.* $R = \dfrac{1}{2}, \left[\dfrac{5}{2}, \dfrac{7}{2}\right]$

15. $\sum_{n=0}^{\infty} \dfrac{n!(x+5)^n}{3^n}$ *Rpta.* $R = 0$, $[-5, -5]$

16. $\sum_{n=1}^{\infty} \dfrac{n^3 (x+2)^n}{3^n}$ *Rpta.* $R = 3$, $(-5, 1)$

17. $\sum_{n=0}^{\infty} \dfrac{n!(3x)^{3n}}{2^n}$ *Rpta.* $R = 0$, $[0, 0]$

18. $\sum_{n=1}^{\infty} (-1)^n \dfrac{x^{2n-1}}{(2n-1)!}$ *Rpta.* $R = \infty$, $\mathbb{R}$

19. $\sum_{n=0}^{\infty} \dfrac{(-1)^n}{4^n}(x+2)^{2n}$ *Rpta* $R = 2$, $(-4, 0)$

20. $\sum_{n=0}^{\infty} \dfrac{2^n}{n!}(2x-1)^{2n}$ *Rpta.* $R = \infty$, $\mathbb{R}$

21. $\sum_{n=1}^{\infty} \frac{(2n-1)^n}{2^{n-1} n^n}(x-2)^n$ *Rpta.* $R = 1$, $(1, 3)$

22. $\sum_{n=1}^{\infty} \frac{3 \cdot 5 \cdot 7 \cdot \ldots \cdot (2n+1)}{n!} x^n$ *Rpta.* $R = 1/2$, $(-1/2, 1/2)$

23. $\sum_{n=1}^{\infty} \frac{4 \cdot 7 \cdot 10 \cdot \ldots \cdot (3n+1)}{n!} x^n$ *Rpta.* $R = 1/3$, $(-1/3, 1/3)$

24. $\sum_{n=1}^{\infty} \frac{2 \cdot 4 \cdot 6 \cdot \ldots \cdot (2n)}{1 \cdot 3 \cdot 5 \cdot \ldots \cdot (2n-1)} x^n$ *Rpta.* $R = 1$, $(-1, 1)$

25. $\sum_{n=1}^{\infty} \frac{(3x+1)^n}{n^2}$ *Rpta.* $R = \frac{1}{3}$, $[-2/3, 0]$

26. $\sum_{n=1}^{\infty} (-1)^n \frac{(2x-3)^{2n-2}}{3n-2}$ *Rpta.* $R = \frac{1}{2}$, $[1, 2]$

27. $\sum_{n=0}^{\infty} \left[(-2)^n + 1\right] x^n$ *Rpta.* $R = 1/2$, $(-1/2, 1/2)$

28. $\sum_{n=1}^{\infty} \frac{\cos n\pi}{n^2}(x+2)^n$ *Rpta.* $R = 3$, $(-5, 1)$

29. $\sum_{n=1}^{\infty} \frac{x^n}{n+\sqrt{n}}$ *Rpta.* $R = 1$, $[-1, 1)$

En los problemas del 30 al 32, hallar el radio de convergencia de la serie de potencias dada.

30. $\sum_{n=1}^{\infty} \frac{n!}{n^n} x^n$ *Rpta.* $R = e$

31. $\sum_{n=1}^{\infty} \frac{n^{2n}}{(2n)!} x^n$ *Rpta.* $R = 4/e^2$

32. $\sum_{n=1}^{\infty} \operatorname{senh}(2n) x^n$ *Rpta.* $R = 1/e^2$ *Sugerencia*: $\operatorname{senh} x = \frac{1}{2}\left(e^x - e^{-x}\right)$

En los problemas del 33 al 39, hallar el conjunto de convergencia de la serie de potencias de funciones.

33. $\sum_{n=1}^{\infty} \frac{n}{x^n}$ *Rpta.* $(-\infty, -1) \cup (1, +\infty)$

34. $\sum_{n=1}^{\infty} \frac{1}{nx^n}$ *Rpta* $(-\infty, -1] \cup (1, +\infty)$

35. $\sum_{n=1}^{\infty} \frac{1}{n^3}\left(\frac{x}{x+1}\right)^n$ *Rpta.* $[-1/2, \infty)$

36. $\sum_{n=1}^{\infty} \frac{1}{2^n}\left(\frac{x}{x-1}\right)^n$ *Rpta* $(-\infty, 2/3) \cup (2, \infty)$

37. $\sum_{n=0}^{\infty} \frac{1}{2n+1}\left(\frac{1-x}{1+x}\right)^n$ *Rpta.* $(0, \infty)$ **38.** $\sum_{n=1}^{\infty} \frac{n!}{n^n} e^{nx}$ *Rpta* $(-\infty, 1)$

39. $\sum_{n=1}^{\infty} \frac{(-1)^n}{n2^n(x-4)^n}$ *Rpta.* $(-\infty, 7/2) \cup [9/2, \infty)$

En los problemas del 40 al 42, hallar el conjunto de convergencia y la función suma S(x), definida en el conjunto de convergencia de la serie. Observar que con un simple cambio de variable, la serie se transforma en una serie geométrica.

40. $\sum_{n=0}^{\infty} \left(\frac{x^2-1}{2}\right)^n$ *Rpta.* $(-\sqrt{3}, \sqrt{3})$, $S(x) = \frac{2}{3-x^2}$

41. $\sum_{n=0}^{\infty} \left(\frac{\sqrt{x}}{3}-1\right)^n$ *Rpta.* $(0, 36)$, $S(x) = \frac{3}{6-\sqrt{x}}$

42. $\sum_{n=0}^{\infty} \frac{(x+1)^{2n}}{4^n}$ *Rpta.* $(-3, 1)$, $S(x) = \frac{4}{3-2x-x^2}$

En los problemas del 43 al 45, hallar el conjunto de convergencia de la serie.

43. $\sum_{n=0}^{\infty} x^{n!}$ *Rpta.* $(-1, 1)$ **44.** $\sum_{n=0}^{\infty} x^{n^2}$ *Rpta.* $(-1, 1)$ **45.** $\sum_{n=0}^{\infty} \frac{x^{n^2}}{3^{n^2}}$ *Rpta.* $(-3, 3)$

46. Si el radio de convergencia de $\sum_{n=0}^{\infty} a_n x^n$ es R, probar que:

a. El radio de convergencia de $\sum_{n=0}^{\infty} a_n x^{2n}$ es $\sqrt{R}$

b. El radio de convergencia de $\sum_{n=0}^{\infty} a_n x^{2n+1}$ es $\sqrt{R}$

c. El radio de convergencia de $\sum_{n=0}^{\infty} a_n x^{kn}$ es $\sqrt[k]{R}$, donde k es entero positivo.

47. Sea k un número entero positivo. Probar que el radio de convergencia de la serie de potencias $\sum_{n=1}^{\infty} \frac{(n!)^k}{(kn)!} x^n$ es $R = k^k$.

48. Se llama función de Bessel de orden 1 a $J_1(x) = \sum_{n=1}^{\infty} \frac{(-1)^n}{n!(n+1)!\,2^{2n+1}} x^{2n+1}$

Probar que el dominio de esta función (conjunto de convergencia) es $\mathbb{R}$

49. Sea f_n el n-ésimo término de la sucesión de Fibonacci. Probar que el radio de convergencia de la de la serie $\sum_{n=1}^{\infty} f_n x^n$ es $R = \frac{1}{\varphi}$, donde φ es la razón de oro, $\varphi = \frac{1}{2}\left(1+\sqrt{5}\right) \approx 1.618034$.

Sugerencia: Problema resuelto 13 de la sección 8.1

50. La serie $\sum_{n=0}^{\infty} a_n x^n$ es tal que $a_{n+3} = a_n$, para todo n. Probar que la serie converge para $|x| < 1$ y hallas la suma $S(x) = \sum_{n=0}^{\infty} a_n x^n$.

Sugerencia: $\sum_{n=0}^{\infty} a_n x^n = a_0 + a_1 x + a_2 x^2 + a_0 x^3 + a_1 x^4 + a_2 x^5 + a_0 x^6 + a_1 x^7 + a_2 x^8 + \ldots$

$$= a_0 (1 + x^3 + x^6 + \ldots) + a_1 x(1 + x^3 + x^6 + \ldots) + a_2 x^2(1 + x^3 + x^8 + \ldots)$$

Rpta. $S(x) = \dfrac{a_0 + a_1 x + a_2 x^2}{1 - x^3}$

SECCION 10.2

REPRESENTACION DE FUNCIONES COMO SERIES DE POTENCIAS

Puede verse a una serie de potencias como un polinomio con infinitos términos. A estas series podemos derivarlas, integrarlas, sumarlas, restarlas, multiplicarlas y dividirlas, en la misma forma como se procede con los polinomios.

DERIVACION E INTEGRACION DE SERIES DE POTENCIAS

Si una serie de potencias $\sum_{n=0}^{\infty} a_n (x-a)^n$ tiene un radio de convergencia $R > 0$, la función $f(x) = \sum_{n=0}^{\infty} a_n (x-a)^n$ representada por esta serie tiene propiedades notables. Así, f puede derivarse infinitas veces y estas derivadas se obtienen derivando término a término la serie. Similarmente, la función f es integrable y la integral se obtiene integrando término a término la serie. La prueba de estas afirmaciones corresponde a cursos avanzados, que están fuera de nuestro alcance.

TEOREMA 10.5 Si la serie de potencias $\sum_{n=0}^{\infty} a_n(x-a)^n$ tiene un radio de convergencia $R > 0$, entonces la función

$$f(x) = \sum_{n=0}^{\infty} a_n(x-a)^n$$

es diferenciable e integrable en el intervalo $(a-R, a+R)$ y

1. $f'(x) = \sum_{n=0}^{\infty} D_x\left(a_n(x-a)^n\right) = \sum_{n=0}^{\infty} na_n(x-a)^{n-1}$, **en** $(a-R,\ a+R)$

2. $\int f(x)\,dx = \sum_{n=0}^{\infty} a_n \frac{(x-a)^{n+1}}{n+1} + C$, **en** $(a-R,\ a+R)$

3. El radio de convergencia de las series en (1) y en (2) es el mismo R.

OBSERVACIONES.

a. Las fórmulas (1) y (2) pueden escribirse así:

$$\frac{d}{dx}\left(\sum_{n=0}^{\infty} a_n(x-a)^n\right) = \sum_{n=0}^{\infty} \frac{d}{dx}\left(a_n(x-a)^n\right),$$

$$\int \sum_{n=0}^{\infty} a_n(x-a)^n = \sum_{n=0}^{\infty} \int \left(a_n(x-a)^n\right) dx$$

b. La fórmula (2) puede escribir así.

$$\int_0^x f(t)\,dt = \sum_{n=0}^{\infty} a_n \frac{(x-a)^{n+1}}{n+1}, \text{ donde } a-R < x < a+R$$

c. La función derivada f', por estar expresada por una serie de potencias, también es derivable, o sea, existe f''. Por la misma razón, existe f''', etc. Es decir, f tiene derivadas de todos los órdenes.

EJEMPLO 1. Tenemos las funciones de Bessel de orden 0 y de orden 1:

$$J_0(x) = \sum_{n=0}^{\infty} \frac{(-1)^n x^{2n}}{2^{2n}\,(n!)^2}, \quad J_1(x) = \sum_{n=0}^{\infty} \frac{(-1)^n x^{2n+1}}{2^{2n+1}\,(n!)(n+1)!}$$

Probar que $J_0'(x) = -J_1(x)$

Solución

$$J_0'(x) = \sum_{n=1}^{\infty} \frac{(-1)^n\, 2n\, x^{2n-1}}{2^{2n}(n!)^2} = \sum_{n=0}^{\infty} \frac{(-1)^{n+1}\, 2(n+1)\, x^{2(n+1)-1}}{2^{2(n+1)}\left((n+1)!\right)^2}$$

$$= \sum_{n=0}^{\infty} \frac{(-1)(-1)^n 2(n+1)\, x^{2n+1}}{2^{2n+2}((n+1)n!)(n+1)!} = -\sum_{n=0}^{\infty} \frac{(-1)^n x^{2n+1}}{2^{2n+1}(n!)(n+1)!} = -J_1(x)$$

EJEMPLO 2. Probar que

$$\frac{1}{(1-x)^2} = 1 + 2x + 3x^2 + 4x^3 + \ldots = \sum_{n=1}^{\infty} nx^{n-1}, \text{ para } |x| < 1$$

Solución

Tenemos la serie geométrica:

$$\frac{1}{1-x} = 1 + x + x^2 + x^3 + \ldots + x^n + \ldots = \sum_{n=0}^{\infty} x^n, \quad \text{para } |x| < 1$$

Por un lado, tenemos que $D_x\left(\frac{1}{1-x}\right) = \frac{1}{(1-x)^2}$

Derivando la serie término a término:

$$D_x\left(1 + x + x^2 + \ldots + x^n + \ldots\right) = 1 + 2x + 3x^2 + \ldots + nx^{n-1} + \ldots = \sum_{n=1}^{\infty} nx^{n-1}$$

En consecuencia, $\frac{1}{(1-x)^2} = \sum_{n=1}^{\infty} nx^{n-1}$

EJEMPLO 3. **La función exponencial como serie de potencias.**

Probar que: $$e^x = 1 + x + \frac{x^2}{2!} + \frac{x^3}{3!} + \ldots = \sum_{n=0}^{\infty} \frac{x^n}{n!}$$

Demostración

Sabemos que la serie $\sum_{n=0}^{\infty} \frac{x^n}{n!}$ converge en todo $\mathbb{R} = (-\infty, \infty)$.

Sea $f(x) = \sum_{n=0}^{\infty} \frac{x^n}{n!}$. Se tiene que

(1) $f'(x) = \sum_{n=1}^{\infty} \frac{x^{n-1}}{(n-1)!} = \sum_{n=0}^{\infty} \frac{x^n}{n!} = f(x)$ y **(2)** $f(0) = 1$

Se sabe que $y = e^x$ es la única función que cumple la condiciones (1) y (2).

Luego, $e^x = \sum_{n=0}^{\infty} \frac{x^n}{n!}$, para todo $x \in \mathbb{R}$

El siguiente teorema nos proporciona información sobre la convergencia de una serie en los extremos del intervalo de convergencia. Este resultado fue encontrado por el matemático noruego Niels Henrik Abel (1802–1829). La demostración también la omitimos.

TEOREMA 10.6 **Teorema de Abel**

Supongamos que $\sum_{n=0}^{\infty} a_n (x-a)^n$ tiene radio de convergencia $R > 0$ y

$$f(x) = \sum_{n=0}^{\infty} a_n (x-a)^n \quad \text{en} \quad (a - R, a + R).$$

Si la serie de potencias converge en el extremo $b = a + R$ entonces existe $\lim_{x \to b^-} f(x)$ y es igual a la suma de la serie en b.

El resultado análogo se cumple para el otro extremo $c = a - R$.

¿SABIAS QUE . . .

NIELS HENRIK ABEL (1802–1829) *nació en noruega en una familia humilde. La pobreza lo acompañó durante toda su corta vida. Murió de tuberculosis a los 27 años. Su aporte matemático ha marcado hitos en el desarrollo de la matemática moderna. Hizo aportes brillantes a la teoría de series y en la teoría de las funciones elípticas. A los 22 años probó que no es posible resolver la ecuación de quinto grado por medio de radicales.*

Niels H. Abel

EJEMPLO 4. **La función logarítmica como serie de potencias.**

Probar que:

a. $\ln(1-x) = -x - \frac{x^2}{2} - \frac{x^3}{3} - \frac{x^4}{4} - \ldots = -\sum_{n=1}^{\infty} \frac{x^n}{n}, \quad |x| < 1$

b. $\ln(1+x) = x - \frac{x^2}{2} + \frac{x^3}{3} - \frac{x^4}{4} + \ldots = \sum_{n=1}^{\infty} (-1)^{n+1} \frac{x^n}{n}, \quad |x| < 1$

c. $\ln x = \sum_{n=1}^{\infty} (-1)^{n+1} \frac{(x-1)^n}{n}, \quad |x-1| < 1$

d. $\ln 2 = 1 - \frac{1}{2} + \frac{1}{3} - \frac{1}{4} + \ldots$

Solución

a. Integrando la siguiente serie geométrica se tiene:

$$\frac{1}{1-x} = 1 + x + x^2 + x^3 + \ldots + x^n + \ldots = \sum_{n=0}^{\infty} x^n, \quad |x| < 1$$

$$\int \frac{dx}{1-x} = x + \frac{x^2}{2} + \frac{x^3}{3} + \frac{x^4}{4} + \ldots + C = \sum_{n=0}^{\infty} \frac{x^{n+1}}{n+1} + C = \sum_{n=1}^{\infty} \frac{x^n}{n} + C \Rightarrow$$

$$-\ln|1-x| = \sum_{n=1}^{\infty} \frac{x^n}{n} + C, \quad |x| < 1 \Rightarrow$$

$$\ln|1-x| = -\sum_{n=1}^{\infty} \frac{x^n}{n} - C, \quad |x| < 1$$

Pero, $|x| < 1 \Rightarrow -1 < x < 1 \Rightarrow 1 > -x > -1 \Rightarrow 2 > 1 - x > 0 \Rightarrow 1 - x > 0 \Rightarrow$

$$\ln|1-x| = \ln(1-x)$$

Luego, $\ln(1-x) = -\sum_{n=1}^{\infty} \frac{x^n}{n} - C$

Además, para $x = 0$, se tiene $\ln(1-0) = \ln 1 = 0 \Rightarrow C = 0$. Luego,

$$\ln(1-x) = -\sum_{n=1}^{\infty} \frac{x^n}{n}, \quad |x| < 1$$

b. $\ln(1+x) = \ln\big(1-(-x)\big) = -\sum_{n=1}^{\infty} \frac{(-x)^n}{n} = -\sum_{n=1}^{\infty} (-1)^n \frac{x^n}{n} = \sum_{n=1}^{\infty} (-1)^{n+1} \frac{x^n}{n}$

c. Reemplazando x por $x-1$ en la parte b, obtenemos:

$$\ln x = \sum_{n=1}^{\infty} (-1)^{n+1} \frac{(x-1)^n}{n}, \quad \text{para } |x-1| < 1$$

d. Si en la serie $\sum_{n=1}^{\infty} (-1)^{n+1} \frac{x^n}{n}$ tomamos $x = 1$, obtenemos la serie armónica alternante $\sum_{n=1}^{\infty} (-1)^{n+1} \frac{1}{n}$, la cual es convergente. Luego, por el teorema de Abel,

$$\ln 2 = \lim_{x \to 1^-} \ln(1+x) = \sum_{n=1}^{\infty} (-1)^{n+1} \frac{1}{n} = 1 - \frac{1}{2} + \frac{1}{3} - \frac{1}{4} + \ldots$$

La siguiente serie de potencias es conocida como la **serie de Gregory**, en honor al matemático escocés **James Gregory,** quien la descubrió en 1671.

EJEMPLO 5. **a.** Probar la **serie de Gregory**.

$$\tan^{-1}x = x - \frac{x^3}{3} + \frac{x^5}{5} - \frac{x^7}{7} + \ldots = \sum_{n=0}^{\infty} (-1)^n \frac{x^{2n+1}}{2n+1}$$

b. Probar la **fórmula de Leibniz para π**

$$\frac{\pi}{4} = 1 - \frac{1}{3} + \frac{1}{5} - \frac{1}{7} + \frac{1}{9} - \ldots = \sum_{n=0}^{\infty} (-1)^n \frac{1}{2n+1}$$

Solución

Nuevamente, en la serie geométrica

$$\frac{1}{1-x} = 1 + x + x^2 + x^3 + \ldots + x^n + \ldots = \sum_{n=0}^{\infty} x^n$$

Reemplazamos x por $-x^2$. Lo cual es permitido ya que $\left|-x^2\right| < 1$ si $|x| < 1$.

$$\frac{1}{1+x^2} = 1 - x^2 + x^4 - x^6 + \ldots + (-1)^n x^{2n} + \ldots = \sum_{n=0}^{\infty} (-1)^n x^{2n} \Rightarrow$$

$$\int \frac{dx}{1+x^2} = x - \frac{x^3}{3} + \frac{x^5}{5} - \frac{x^6}{6} \ldots + C = \sum_{n=0}^{\infty} (-1)^n \frac{x^{2n+1}}{2n+1} + C \Rightarrow$$

$$\tan^{-1} x = \sum_{n=0}^{\infty} (-1)^n \frac{x^{2n+1}}{2n+1} + C$$

Pero, para $x = 0$ tenemos $\tan^{-1}(0) = 0 \Rightarrow 0 = 0 + C \Rightarrow C = 0 \Rightarrow$

$$\tan^{-1} x = \sum_{n=0}^{\infty} (-1)^n \frac{x^{2n+1}}{2n+1}, \quad |x| < 1$$

b. En la serie anterior, para $x = 1$, obtenemos $\sum_{n=0}^{\infty} (-1)^n \frac{1}{2n+1}$, la cual, por el criterio de Leibniz para series alternantes, converge. Luego, por el teorema de Abel,

$$\frac{\pi}{4} = \tan^{-1}(1) = \lim_{x \to 1^-} \tan^{-1}(x) = \sum_{n=0}^{\infty} (-1)^n \frac{1}{2n+1}$$

OBSERVACION. La fórmula de Leibniz anterior puede utilizarse para hallar aproximaciones de π, esta serie converge muy lentamente. En 1706, el astrónomo y matemático británico, John Machin (1680–1751) descubrió otra fórmula, llamada la **fórmula de Machin**, la cual converge más rápidamente:

$$\frac{\pi}{4} = \tan^{-1}(1/5) - \tan^{-1}(1/239) = \left[\frac{1}{5} - \frac{1}{3}\left(\frac{1}{5}\right)^3 + \ldots\right] - \left[\frac{1}{239} - \frac{1}{3}\left(\frac{1}{239}\right)^3 + \ldots\right]$$

En 1914, el matemático hindú **Srinivasa Ramanujan** (1887–1920), descubrió la siguiente fórmula, llamada la **fórmula de Ramanujan:**

$$\frac{1}{\pi} = \frac{\sqrt{8}}{9801} \sum_{n=0}^{\infty} \frac{(4n)!(1103) + 26390n}{(n!)^4 396^{4n}}$$

Esta extraña y sorprendente fórmula fue hallada, junta con otras, en unos cuadernos que dejó Ramanujan a su muerte, acaecida tempranamente.

¿SABIAS QUE . . . JAMES GREGORY (1638-1675)

nació cerca de Aberdeen, Escocia, cuatro años antes que Newton y ocho antes que Leibniz. Fue uno de los precursores del Cálculo. En 1664 visitó la Universidad de Padua, Italia, donde pasó una temporada. Fue pionero en el estudio de las derivadas, integrales y teoría de series. Descubrió la conocida serie de Taylor 40 años antes que Taylor.

James Gregory

SRINIVASA RAMANUJAN (1887–1920) *es considerado como el genio matemático más distinguido de la India. Fue autodidacta y, prácticamente, sin formación formal. Su genialidad fue instintiva. Veía relaciones numéricas instantáneamente. En 1914, gracias a la ayuda del matemático británico, G. H. Hardy (1677-1947), viajó a Inglaterra. Su salud fue muy frágil. Cuenta Hardy que cuando fue a visitar a Ramanujan al hospital, le comentó que vino en un taxi con placa 1729, que es un número sin importancia. Ramanujan emocionadamente replicó:*

S. Ramananujan

No Hardy, 1729 es un número muy interesante, porque él es el entero más pequeño que puede expresarse como la suma de dos cubos en dos diferentes maneras:

$$1729 = 1^3 + 12^3 = 9^3 + 10^3$$

EJEMPLO 6. Probar que: **a.** $\sum_{n=1}^{\infty} nx^n = \dfrac{x}{(1-x)^2}$, $|x| < 1$ **b.** $\sum_{n=1}^{\infty} \dfrac{n}{2^n} = 2$

Solución

a. Sea $f(x) = \sum_{n=1}^{\infty} nx^n \Rightarrow \dfrac{f(x)}{x} = \sum_{n=1}^{\infty} nx^{n-1} \Rightarrow \int \dfrac{f(x)}{x}\,dx = \sum_{n=1}^{\infty} x^n$

Pero, $\sum_{n=1}^{\infty} x^n$ es una serie geométrica con $a = r = x$. Luego, $\sum_{n=1}^{\infty} x^n = \dfrac{x}{1-x}$

Luego,

$$\int \frac{f(x)}{x}\,dx = \frac{x}{1-x} \text{ y , derivando, } \frac{f(x)}{x} = \frac{1}{(1-x)^2} \Rightarrow f(x) = \frac{x}{(1-x)^2} \Rightarrow$$

$$\sum_{n=1}^{\infty} nx^n = \frac{x}{(1-x)^2},\ |x| < 1$$

b. Tomando $x = \dfrac{1}{2}$ en la parte a:

$$\sum_{n=1}^{\infty} \frac{n}{2^n} = \sum_{n=1}^{\infty} n\left(\frac{1}{2}\right)^n = \frac{1/2}{(1-1/2)^2} = 2$$

OPERACIONES ALGEBRAICAS CON SERIES DE POTENCIAS

Las series de potencias, al fijar un valor para la variable, se convierten en series de números reales. En consecuencia, las series de potencias deben cumplir las propiedades lineales enunciadas en el teorema 9.4, las cuales dicen que estas series se suman o se restan término a término, como si fueran polinomios. En términos más precisos:

Si $f(x) = \sum\limits_{n=0}^{\infty} a_n x^n$ y $g(x) = \sum\limits_{n=0}^{\infty} b_n x^n$ convergen absolutamente para $|x| < R$ y c es una constante, entonces $\sum\limits_{n=0}^{\infty} c(a_n x^n)$ y $\sum\limits_{n=0}^{\infty} (a_n \pm b_n)x^n$ converge absolutamente para $|x| < R$ y se cumple que:

1. $cf(x) = c\sum\limits_{n=0}^{\infty} a_n x^n = \sum\limits_{n=0}^{\infty} c(a_n x^n)$ y

2. $f(x) \pm g(x) = \sum\limits_{n=0}^{\infty} a_n x^n \pm \sum\limits_{n=0}^{\infty} b_n x^n = \sum\limits_{n=0}^{\infty} (a_n \pm b_n)x^n$

En el ejemplo 3 se probó que

$$\ln(1+x) = x - \frac{x^2}{2} + \frac{x^3}{3} - \frac{x^4}{4} + \ldots \quad (1)$$

Esta fórmula tiene la desventaja que converge muy lentamente, por lo que no es apropiada para calcular los logaritmos de los números. La siguiente serie es más conveniente para estos propósitos.

EJEMPLO 7. Construcción de una tabla de logaritmos.

a. Probar que $\ln\left(\frac{1+x}{1-x}\right) = 2\left(x + \frac{x^3}{3} + \frac{x^5}{5} + \frac{x^7}{7} + \ldots\right) = 2\sum\limits_{n=0}^{\infty} \frac{x^{2n+1}}{2n+1}$

b. Probar que esta serie nos da

$$\ln 2 = \frac{2}{3} + \frac{2}{3}\left(\frac{1}{3}\right)^3 + \frac{2}{5}\left(\frac{1}{3}\right)^5 + \frac{2}{7}\left(\frac{1}{3}\right)^7 + \ldots + \frac{2}{2n+1}\left(\frac{1}{3}\right)^{2n+1} + \ldots = \sum_{n=0}^{\infty} \frac{2}{2n+1}\left(\frac{1}{3}\right)^{2n+1}$$

c. Comparar la aproximación de ln 2 con S_3 usando la serie (1) y la serie b.

Solución

a. Tenemos que:

$$\ln\left(\frac{1+x}{1-x}\right) = \ln(1+x) - \ln(1-x) \quad \text{y}$$

$$\ln(1+x) = x - \frac{x^2}{2} + \frac{x^3}{3} - \frac{x^4}{4} + \ldots = \sum_{n=1}^{\infty} (-1)^{n-1}\frac{x^n}{n}, \quad |x| < 1$$

$$\ln(1-x) = -x - \frac{x^2}{2} - \frac{x^3}{3} - \frac{x^4}{4} - \ldots = -\sum_{n=1}^{\infty} \frac{x^n}{n}, \quad |x| < 1$$

Luego,

$$\ln\left(\frac{1+x}{1-x}\right) = 2\left(x + \frac{x^3}{3} + \frac{x^5}{5} + \frac{x^7}{7} + \ldots\right) = 2\sum_{n=0}^{\infty} \frac{x^{2n+1}}{2n+1}, \quad |x| < 1$$

b. Hallamos el valor de x para el cual $\dfrac{1+x}{1-x} = 2$

$$\frac{1+x}{1-x} = 2 \Leftrightarrow 1 + x = 2 - 2x \Leftrightarrow 3x = 1 \Leftrightarrow x = \frac{1}{3}$$

Ahora,

$$\ln 2 = \ln\left(\frac{1+1/3}{1-1/3} \right) = 2\left(\frac{1}{3} + \frac{(1/3)^3}{3} + \frac{(1/3)^5}{5} + \frac{(1/3)^7}{7} + \ldots \right)$$

$$= \frac{2}{3} + \frac{2}{3}\left(\frac{1}{3}\right)^3 + \frac{2}{5}\left(\frac{1}{3}\right)^5 + \frac{2}{7}\left(\frac{1}{3}\right)^7 + \ldots + \frac{2}{2n+1}\left(\frac{1}{3}\right)^{2n+1} + \ldots$$

$$= \sum_{n=0}^{\infty} \frac{2}{2n+1}\left(\frac{1}{3}\right)^{2n+1}$$

c. La serie (1) y la serie b. nos dan para ln 2:

$$\ln 2 \approx 1 - \frac{1}{2} + \frac{1}{3} - \frac{1}{4} = 0.5833333$$

$$\ln 2 \approx \frac{2}{3} + \frac{2}{3}\left(\frac{1}{3}\right)^3 + \frac{2}{5}\left(\frac{1}{3}\right)^5 + \frac{2}{7}\left(\frac{1}{3}\right)^7 = 0.69313$$

Una calculadora da $\ln 2 \approx 0.69314718$

El proceso seguido para obtener ln 2 usando la serie de la parte a. se puede repetir para lograr el logaritmo de cualquier número real positivo. De este modo podemos construir una tabla de logaritmos. El joven lector pensará que estas tablas ya no se usan, ya que ahora contamos con las calculadoras. Al joven lector le decimos que el ingeniero que diseñó estas calculadoras basó su trabajo en los resultados matemáticos antes expuestos.

MULTIPLICACION DE SERIES DE POTENCIAS

En cuanto a la multiplicación, las series de potencias se multiplican también como los polinomios.

Si $f(x) = \sum_{n=0}^{\infty} a_n x^n$ y $g(x) = \sum_{n=0}^{\infty} b_n x^n$ convergen absolutamente para $|x| < R$ y

$$c_n = a_0 b_n + a_1 b_{n-1} + a_2 b_{n-2} + \ldots + a_{n-1} b_1 + a_n b_0 = \sum_{k=0}^{n} a_k b_{n-k}$$

entonces $\sum_{n=0}^{\infty} c_n x^n$ converge absolutamente a $f(x)g(x)$ para $|x| < R$.

O sea,

$$f(x)g(x) = \left(\sum_{n=0}^{\infty} a_n x^n \right)\left(\sum_{n=0}^{\infty} b_n x^n \right) = \sum_{n=0}^{\infty} c_n x^n$$

EJEMPLO 8. Por medio de multiplicación de series de potencias hallar los cuatro primeros términos de la serie de potencias de la función

$$h(x) = e^x \tan^{-1} x$$

Solución

Sabemos que para $|x| < 1$ se tiene:

$$e^x = 1 + x + \frac{x^2}{2} + \frac{x^3}{6} + \dots \quad \text{y} \quad \tan^{-1} x = x - \frac{x^3}{3} + \frac{x^5}{5} - \frac{x^7}{7} + \dots.$$

Luego,

$$h(x) = e^x \tan^{-1} x = \left(1 + x + \frac{x^2}{2} + \frac{x^3}{6} + \dots\right)\left(x - \frac{x^3}{3} + \frac{x^5}{5} - \frac{x^7}{7} + \dots\right)$$

El resultado se obtiene como multiplicando polinomios. Para obtener los primeros términos del producto $h(x) = e^x \tan^{-1} x$ es suficiente multiplicar los 4 primeros términos de e^x con los 2 primeros términos de $\tan^{-1} x$. Esto es,

$$\begin{array}{l} 1 + x + \dfrac{x^2}{2} + \dfrac{x^3}{6} \\ x - \dfrac{x^3}{3} \\ \hline x + x^2 + \dfrac{x^3}{2} + \dfrac{x^4}{6} + \dots \\ \qquad - \dfrac{x^3}{3} - \dfrac{x^4}{3} - \dots \\ \hline x + x^2 + \dfrac{x^3}{6} - \dfrac{x^4}{6} + \dots \end{array}$$

Luego, $h(x) = e^x \tan^{-1} x = x + x^2 + \frac{x^3}{6} - \frac{x^4}{6} + \dots$ para $|x| < 1$

EJEMPLO 9. Por medio de división de series de potencias hallar los tres primeros términos de la serie de potencias de la función

$$d(x) = \frac{\tan^{-1} x}{e^x}$$

Solución

Sabemos que:

$$\tan^{-1} x = x - \frac{x^3}{3} + \frac{x^5}{5} - \dots \qquad e^x = 1 + x + \frac{x^2}{2} + \frac{x^3}{6} + \dots$$

Como vemos a continuación, para obtener los 3 primeros términos del cociente, es suficiente dividir los 6 primeros términos del numerador entre los 4 primeros términos del denominador. Esto es,

$$
\begin{array}{l|l}
x + 0x^2 - \dfrac{x^3}{3} + 0x^4 + \dfrac{x^5}{5} + 0x^6 & 1 + x + \dfrac{x^2}{2} + \dfrac{x^3}{6} \\ \cline{2-2}
-x - x^2 - \dfrac{x^3}{2} - \dfrac{x^4}{6} & x - x^2 + \dfrac{x^3}{6} \\ \cline{1-1}
\quad - x^2 - \dfrac{5}{6}x^3 - \dfrac{x^4}{6} + \dfrac{x^5}{5} & \\
\quad x^2 + x^3 + \dfrac{x^4}{2} + \dfrac{x^5}{6} & \\ \cline{1-1}
\qquad \dfrac{x^3}{6} + \dfrac{x^4}{3} + \dfrac{11}{30}x^5 + 0x^6 + & \\
\qquad -\dfrac{x^3}{6} + \dfrac{x^4}{6} - \dfrac{x^5}{12} + \dfrac{x^6}{36} & \\ \cline{1-1}
\qquad \quad \dfrac{x^4}{2} + \dfrac{17}{60}x^5 + \dfrac{x^6}{36} &
\end{array}
$$

Luego,

$$d(x) = \frac{\tan^{-1}x}{e^x} = x - x^2 + \frac{x^3}{6} + \ldots$$

PROBLEMAS RESUELTOS 10.2

PROBLEMA 1. Hallar una representación en series de potencias de las funciones

a. $y = e^{-x}$ **b.** $y = e^{-x^2}$

Solución

a. Sustituyendo x por $-x$ en $e^x = \sum\limits_{n=0}^{\infty} \dfrac{x^n}{n!}$ se tiene:

$$e^{-x} = \sum_{n=0}^{\infty} \frac{(-x)^n}{n!} = \sum_{n=0}^{\infty} (-1)^n \frac{x^n}{n!}, \text{ para todo } x \in \mathbb{R}$$

b. Sustituyendo x^2 por x en la representación e^{-x}:

$$e^{-x^2} = \sum_{n=0}^{\infty} (-1)^n \frac{(x^2)^n}{n!} = \sum_{n=0}^{\infty} (-1)^n \frac{x^{2n}}{n!}, \text{ para todo } x \in \mathbb{R}$$

Sabemos que existen funciones que son integrables; pero su integral no se puede encontrar mediante las técnicas de integración que conocemos. Una función de estas es $y = e^{-x^2}$. Para esta función, las técnicas de integración fracasan por que su integral no es una función elemental conocida.

PROBLEMA 2. **La función error.**

Hallar una representación en series de potencias de la función error

$$erf(x) = \frac{2}{\sqrt{\pi}} \int_0^x e^{-t^2}\, dt$$

Solución

Sabemos por la parte b. del problema anterior, que

$$e^{-x^2} = \sum_{n=0}^{\infty} (-1)^n \frac{x^{2n}}{n!}, \text{ para todo } x \in \mathbb{R}$$

Luego,

$$erf(x) = \frac{2}{\sqrt{\pi}} \int_0^x e^{-t^2}\, dt = \frac{2}{\sqrt{\pi}} \sum_{n=0}^{\infty} (-1)^n \int_0^x \frac{t^{2n}}{n!} dt = \frac{2}{\sqrt{\pi}} \sum_{n=0}^{\infty} (-1)^n \frac{x^{2n+1}}{(2n+1)n!}$$

PROBLEMA 3. Aproximar la siguiente integral con una exactitud de tres decimales (error < 0.0005)

$$\int_0^{1/2} e^{-x^2}\, dx$$

Solución

De acuerdo al problema anterior tenemos que:

$$\int_0^{1/2} e^{-x^2} dx = \sum_{n=0}^{\infty} (-1)^n \frac{(1/2)^{2n+1}}{(2n+1)n!} = \sum_{n=0}^{\infty} (-1)^n \frac{1}{2^{2n+1}(2n+1)n!}$$

$$= \frac{1}{2} - \frac{1}{24} + \frac{1}{320} - \frac{1}{5376} + \ldots$$

$$= 0.5 - 0.041667 + 0.003125 - 0.0001860 \qquad \textbf{(1)}$$

La serie es alternante y se cumple que $a_{n+1} < a_n$ y $\lim\limits_{n \to \infty} a_n = 0$. Luego, por el teorema 9.15, el error R_n es tal que $|R_n| \leq a_{n+1}$

De los términos de la derecha vemos que el menor de ellos que cumple con la condición de ser menor que 0.0005 es 0.0001860. Luego, la aproximación buscada se obtiene sumando los términos anteriores a 0.0001860. Esto es,

$$\int_0^{1/2} e^{-x^2} dx = \frac{1}{2} - \frac{1}{24} + \frac{1}{320} = 0.5 - 0.041667 + 0.003125 \approx 0.461458$$

PROBLEMA 4. Probar que:

$$\textbf{a. } \operatorname{senh} x = x + \frac{x^3}{3!} + \frac{x^5}{5!} + \frac{x^7}{7!} + \ldots = \sum_{n=0}^{\infty} \frac{x^{2n+1}}{(2n+1)!}$$

$$\textbf{b. } \cosh x = 1 + \frac{x^2}{2!} + \frac{x^4}{4!} + \frac{x^6}{6!} + \ldots = \sum_{n=0}^{\infty} \frac{x^{2n}}{(2n)!}$$

Solución

a. Tenemos que $\operatorname{senh} x = \frac{1}{2}\left(e^x - e^{-x}\right)$ y

$$e^x = 1 + x + \frac{x^2}{2!} + \frac{x^3}{3!} + \frac{x^4}{4!} + \frac{x^5}{5!} + \ldots = \sum_{n=0}^{\infty} \frac{x^n}{n!}$$

$$e^{-x} = 1 - x + \frac{x^2}{2!} - \frac{x^3}{3!} + \frac{x^4}{4!} - \frac{x^5}{5!} + \ldots = \sum_{n=0}^{\infty} (-1)^{n+1} \frac{x^n}{n!}$$

Luego, sumando término a término:

$$\operatorname{senh} x = \frac{1}{2}\left(e^x - e^{-x}\right) = x + \frac{x^3}{3!} + \frac{x^5}{5!} + \ldots = \sum_{n=0}^{\infty} \frac{x^{2n+1}}{(2n+1)!}$$

b. Derivando la igualdad de la parte a:

$$\cosh x = 1 + \frac{3x^2}{3!} + \frac{5x^4}{5!} + \frac{7x^6}{7!} + \ldots = 1 + \frac{x^2}{2!} + \frac{x^4}{4!} + \frac{x^6}{6!} + \ldots = \sum_{n=0}^{\infty} \frac{x^{2n}}{(2n)!}$$

PROBLEMA 5. Probar que:

$$\frac{1}{(1-x)^4} = \sum_{n=0}^{\infty} \frac{1}{6}(n+1)(n+2)(n+3)x^n \quad , \quad \text{para } |x| < 1$$

Solución

Sabemos que $g(x) = \dfrac{1}{1-x} = \sum_{n=0}^{\infty} x^n$, para $|x| < 1$

Derivamos $g(x) = \dfrac{1}{1-x}$ tres veces:

$$g'(x) = \frac{1}{(1-x)^2}, \quad g''(x) = \frac{2}{(1-x)^3}, \quad g'''(x) = \frac{6}{(1-x)^4} \qquad \textbf{(1)}$$

Derivamos $g(x) = \sum_{n=0}^{\infty} x^n$ tres veces:

$$g'(x) = \sum_{n=1}^{\infty} nx^{n-1}, \qquad g''(x) = \sum_{n=2}^{\infty} (n-1)nx^{n-2},$$

$$g'''(x) = \sum_{n=3}^{\infty} (n-2)(n-1)nx^{n-3} = \sum_{n=0}^{\infty} (n+1)(n+2)(n+3)x^n \qquad \textbf{(2)}$$

De (1) y (2) obtenemos:

$$\frac{1}{(1-x)^4} = \sum_{n=0}^{\infty} \frac{1}{6}(n+1)(n+2)(n+3)x^n$$

PROBLEMA 6. Expresar las siguientes funciones como series de potencias:

a. $f(x) = \dfrac{1}{5-x}$ **b.** $g(x) = \dfrac{3x+2}{2x^2+3x+1}$

Solución

a. $\dfrac{1}{5-x} = \dfrac{1/5}{1-x/5}$ es la suma de una serie geométrica en la cuál $a = \dfrac{1}{5}$ y $r = \dfrac{x}{5}$.

Luego, $\dfrac{1}{5-x} = \displaystyle\sum_{n=0}^{\infty} \frac{1}{5}\left(\frac{x}{5}\right)^n$

b. Descomponiendo en sumas parciales: $2x^2 + 3x + 1 = (2x+1)(x+1)$. y

$$\frac{3x+2}{2x^2+3x+1} = \frac{1}{2x+1} + \frac{1}{x+1} = \frac{1}{1-(-2x)} + \frac{1}{1-(-x)}.$$

$$= \sum_{n=0}^{\infty} (-2x)^n + \sum_{n=0}^{\infty} (-x)^n = \sum_{n=0}^{\infty} (-1)^n\left(2^n + 1\right)x^n$$

PROBLEMA 7. Aproximar la siguiente integral $\displaystyle\int_0^{1/5} \frac{dx}{1+x^5}$

con una exactitud de seis decimales (error < $0.0000005 = 5/10^7$)

Solución

$$\frac{1}{1+x^5} = \frac{1}{1-\left(-x^5\right)} = \sum_{n=0}^{\infty} \left(-x^5\right)^n = \sum_{n=0}^{\infty} (-1)^n x^{5n} \Rightarrow$$

$$\int_0^{1/5} \frac{dx}{1+x^5} = \sum_{n=0}^{\infty} (-1)^n \frac{x^{5n+1}}{5n+1}\Bigg]_0^{1/5} = \sum_{n=0}^{\infty} (-1)^n \frac{1}{5^{5n+1}(5n+1)} \Rightarrow$$

$$\int_0^{1/5} \frac{dx}{1+x^5} = \frac{1}{5^1(1)} - \frac{1}{5^6(6)} + \frac{1}{5^{11}(11)} - \ldots$$

$$= 0.2 - 0.000010666 + 0.000000001862$$

La serie es alternante y se cumple que $a_{n+1} < a_n$ y $\lim\limits_{n \to \infty} a_n = 0$. Luego, por el teorema 9.15, el error R_n es tal que $|R_n| \leq a_{n+1}$

Vemos que el menor término que es menor que 0.0000005 es 0.000000001862. Luego, la aproximación pedida es

$$\int_0^{1/5} \frac{dx}{1+x^5} \approx = 0.2 - 0.00001067 = 0.19998933$$

PROBLEMA 8. Probar que: $\sum\limits_{n=2}^{\infty} \frac{x^n}{(n-1)n} = x + (1-x)\ln(1-x), \ |x| < 1$

Solución

Sea $f(x) = \sum\limits_{n=2}^{\infty} \frac{x^n}{(n-1)n} \Rightarrow f'(x) = \sum\limits_{n=2}^{\infty} \frac{x^{n-1}}{n-1} = \sum\limits_{n=1}^{\infty} \frac{x^n}{n}$

Pero, $\sum\limits_{n=1}^{\infty} \frac{x^n}{n} = -\ln(1-x)$. Luego, $f'(x) = -\ln(1-x) \Rightarrow$

$$f(x) = -\int \ln(1-x)\,dx = -\left[-x + (x-1)\ln(1-x)\right] = x + (1-x)\ln(1-x)$$

PROBLEMAS PROPUESTOS 10.2

En los problemas de 1 al 15, expresar la función dada como una suma de una serie de potencias, indicando el intervalo de convergencia.

1. $f(x) = \frac{1}{x-3}$ *Rpta.* $\frac{1}{x-3} = -\sum\limits_{n=0}^{\infty} \frac{x^n}{3^{n+1}}, \ |x| < 3$

2. $f(x) = \frac{1}{3+2x}$ *Rpta* $\frac{1}{3+2x} = \sum\limits_{n=0}^{\infty} (-1)^n \frac{2^n}{3^{n+1}} x^n, \ |x| < 3/2$

3. $f(x) = \frac{1}{1+4x^2}$ *Rpta* $\frac{1}{1+4x^2} = \sum\limits_{n=0}^{\infty} (-1)^n 2^{2n} x^{2n}, \ |x| < 1/2$

4. $f(x) = \frac{1}{(1+x)^2}$ *Rpta* $\frac{1}{(1+x)^2} = \sum\limits_{n=0}^{\infty} (-1)^n (n+1) x^n, \ |x| < 1$

5. $f(x) = \frac{x}{(1+x)^2}$ *Rpta* $\frac{x}{(1+x)^2} = \sum\limits_{n=1}^{\infty} (-1)^n n x^n, \ |x| < 1$

6. $f(x) = \dfrac{x}{4+x^2}$ Rpta $\dfrac{x}{4+x^2} = \sum_{n=0}^{\infty} (-1)^n \dfrac{x^{2n+1}}{4^{n+1}}, \ |x| < 2$

7. $f(x) = \dfrac{x^2}{16-x^4}$ Rpta $\dfrac{x^2}{16-x^4} = \sum_{n=0}^{\infty} \dfrac{x^{4n+2}}{2^{4n+4}}, \ |x| < 2$

8. $f(x) = xe^{-x^2}$ Rpta $xe^{-x^2} = \sum_{n=1}^{\infty} (-1)^n \dfrac{x^{2n+1}}{n!}, \ \mathbb{R}$

9. $f(x) = \dfrac{1+x^2}{x-1}$ Rpta $\dfrac{1+x^2}{x-1} = -1 - x - 2\sum_{n=2}^{\infty} x^n, \ |x| < 1$

10. $f(x) = \dfrac{1}{(1+x)^3}$ Rpta $\dfrac{1}{(1+x)^3} = \dfrac{1}{2}\sum_{n=0}^{\infty} (-1)^n (n+1)(n+2)x^n, \ |x| < 1$

11. $f(x) = \dfrac{3x}{x^2+x-2}$ Rpta $\dfrac{3x}{x^2+x-2} = \sum_{n=0}^{\infty} \left(\dfrac{(-1)^n}{2^n} - 1\right)x^n, \ |x| < 1$

12. $f(x) = \dfrac{x}{x^2-3x+2}$ Rpta $\dfrac{x}{x^2-3x+2} = \sum_{n=0}^{\infty} \left(1 - \dfrac{1}{2^n}\right)x^n, \ |x| < 1$

13. $f(x) = \ln(3-x)$ Rpta $\ln(3-x) = \ln 3 - \sum_{n=1}^{\infty} (-1)^n \dfrac{x^n}{n3^n}, \ |x| < 3$

14. $f(x) = \dfrac{\ln(1+2x)}{x}$ Rpta $\dfrac{\ln(1+2x)}{x} = \sum_{n=0}^{\infty} (-1)^n \dfrac{2^{n+1}}{n+1} x^n, \ |x| < 1/2$

15. $f(x) = (x^2-1)\tan^{-1}x$ Rpta $(x^2-1)\tan^{-1}x = -x + \sum_{n=1}^{\infty} \left(\dfrac{1}{2n-1} + \dfrac{1}{2n+1}\right)x^{2n+1}, \ |x| < 1$

16. Probar que $\pi = 2\sqrt{3}\sum_{n=0}^{\infty} (-1)^n \dfrac{1}{(2n+1)3^n}$. *Sugerencia:* $\dfrac{\pi}{6} = \tan^{-1}\left(1/\sqrt{3}\right)$

En los problemas de 17 al 22, expresar la integral dada como una suma de una serie de potencias, indicando el intervalo de convergencia.

17. $\displaystyle\int \frac{\ln(1-x)}{x}\,dx$ Rpta. $-\sum_{n=1}^{\infty} \dfrac{x^n}{n^2}, \ |x| < 1$

18. $\displaystyle\int \frac{e^x - 1}{x}\,dx$ Rpta $\sum_{n=1}^{\infty} \dfrac{x^n}{(n)n!}, \ \mathbb{R}$

19. $\displaystyle\int \frac{e^{-x^2} - 1}{x}\,dx$ Rpta. $\sum_{n=1}^{\infty} (-1)^n \dfrac{x^{2n}}{(2n)n!}, \ \mathbb{R}$

20. $\displaystyle\int \frac{\tan^{-1}x}{x}\,dx$ Rpta. $\sum_{n=0}^{\infty} \dfrac{x^{2n+1}}{(2n+1)^2}, \ |x| < 1$

21. $\int \frac{x - \tan^{-1}x}{x^3}\,dx$ *Rpta.* $\sum_{n=0}^{\infty} \frac{x^{2n-1}}{4n^2-1}$, $|x| < 1$

22. $\int \frac{\operatorname{senh} x}{x}\,dx$ *Rpta.* $\sum_{n=0}^{\infty} \frac{x^{2n+1}}{(2n+1)(2n+1)!}$, $\mathbb{R}$

En los problemas de 23 al 26, aproximar la integral definida dada con una precisión de seis cifras decimales; es decir, con un error menor que 5/10⁷.

23. $\int_0^{1/5} \frac{dx}{1+x^2}$ *Rpta.* $S_3 \approx 0.1973955$ **24.** $\int_0^{1/3} \frac{dx}{1+x^4}$ *Rpta.* $S_2 \approx 0.332516$

25. $\int_0^{1/4} x\tan^{-1}x\,dx$ *Rpta.* $S_2 \approx 0.005145$ **26.** $\int_0^{1/2} \frac{\ln(1+x^4)}{x}\,dx$ *Rpta.* $S_3 \approx 0.015388$

27. Mediante la representación en series de $\ln\frac{1+x}{1-x}$ aproximar ln 3 con S_3.

Sugerencia: Seguir el ejemplo 7. *Rpta.* $\ln 3 \approx 1.098065476$

En los problemas de 28 al 35, probar que la suma de la serie dada es la función indicada.

28. $\sum_{n=0}^{\infty} \frac{x^n}{(n+2)!} = \frac{1}{2!} + \frac{x}{3!} + \frac{x^2}{4!} + \frac{x^5}{5!} + \ldots = \frac{e^x - x - 1}{x^2}$, para $x \in \mathbb{R} - \{0\}$

29. $\sum_{n=1}^{\infty} \frac{x^{2n}}{2n} = \frac{x^2}{2} + \frac{x^4}{4} + \frac{x^6}{6} + \ldots = -\frac{1}{2}\ln(1-x^2)$, para $|x| < 1$

30. $\sum_{n=0}^{\infty} \frac{x^{2n+1}}{2n+1} = x + \frac{x^3}{3} + \frac{x^5}{5} + \ldots = \frac{1}{2}\ln\frac{1+x}{1-x}$, $|x| < 1$ *Sug.: Ver ejemplo 7.*

31. $\sum_{n=1}^{\infty} \frac{2^n x^n}{n} = 2x + \frac{4x^2}{2} + \frac{8x^3}{3} + \ldots = -\ln(1-2x)$, $|x| < 1/2$

32. $\sum_{n=1}^{\infty} nx^{2n-1} = x + 2x^3 + 3x^5 + \ldots = \frac{x}{(1-x)^2}$, $|x| < 1$

33. a. $\sum_{n=2}^{\infty} n(n-1)x^n = 2x^2 + 6x^3 + 12x^4 + \ldots = \frac{2x^2}{(1-x)^3}$, $|x| < 1$

b. Probar que $\sum_{n=2}^{\infty} \frac{n^2-n}{2^n} = 4$ *Sugerencia:* $x = 1/2$ *en la parte* a.

34. a. $\sum_{n=1}^{\infty} n(n+1)x^n = 2x + 6x^2 + 12x^3 + \ldots = \frac{2x}{(1-x)^3}$, $|x| < 1$

b. Probar que $\sum_{n=1}^{\infty} \frac{n^2+n}{2^n} = 8$ *Sugerencia:* $x = ½$ *en la parte* a.

35. a. $\sum_{n=1}^{\infty} n^2 x^n = x + 4x^2 + 9x^3 + \ . \ . \ . = \dfrac{x(1+x)}{(1-x)^3}$, $|x| < 1$

b. Probar que $\sum_{n=1}^{\infty} \dfrac{n^2}{2^n} = 6$ *Sugerencia:* $x = ½$ *en la parte* a.

36. Probar que la función de Bessel de orden 0, $J_0(x) = \sum_{n=0}^{\infty} \dfrac{(-1)^n x^{2n}}{2^{2n}\ (n\,!)^2}$, satisface la ecuación diferencial: $x^2 J_0''(x) + xJ_0'(x) + x^2 J_0(x) = 0$

37. Probar que la función de Bessel de orden 1, $J_1(x) = \sum_{n=0}^{\infty} \dfrac{(-1)^n x^{2n+1}}{2^{2n+1}\ (n!)(n+1)!}$, satisface la ecuación diferencial: $x^2 J_1''(x) + xJ_1'(x) + \left(x^2 - 1\right) J_1(x) = 0$.

38. Sea $y = \sum_{n=1}^{\infty} \dfrac{f_n}{n!} x^n$, f_n es el n-ésimo término de la sucesión de Fibonacci, probar que la serie y satisface la ecuación diferencial: $y'' - y' - y = 0$

39. Mediante la multiplicación de series de potencias calcular los cinco primeros términos de la serie que representa a $f(x) = \dfrac{\ln(1+x)}{1+x^2} = \ln(1+x)\dfrac{1}{1+x^2}$

Rpta. $x - \dfrac{1}{2}x^2 + \dfrac{2}{3}x^3 + \dfrac{1}{4}x^4 + \dfrac{2}{3}x^5 + \ . \ . \ .$

SECCION 10.3

POLINOMIOS Y SERIES DE TAYLOR Y MACLAURIN

POLINOMIOS DE TAYLOR Y APROXIMACIONES

Los polinomios nos proporcionan una herramienta importante para aproximar funciones elementales. Ellos generalizan la idea de la aproximación lineal de una función mediante la recta tangente. Esto es, si f es una función diferenciable en $x = a$, entonces la recta tangente al gráfico de f en el punto $(a, f(a))$ es

$$L: y = f(a) + f'(a)(x-a)$$

y, para puntos cercanos a a, se tiene:

$$f(x) \approx f(a) + f'(a)(x-a)$$

La ecuación de la recta tangente es el polinomio de primer grado

$$p_1(x) = f(a) + f'(a)(x-a)$$

En esta aproximación, la función $f(x)$, el polinomio $p_1(x)$ y sus respectivas derivadas, coinciden en el punto $x = a$. Esto es,

$$p_1(a) = f(a) \quad \text{y} \quad p_1'(a) = f'(a)$$

Ahora, buscamos un polinomio $p_n(x)$ de grado n, tal que:

$$p_n(a) = f(a)\ ,\ p_n'(a) = f'(a)\ , p_n''(a) = f''(a)\ , \ .\ .\ .\ ,\ p_n^{(n)}(a) = f^{(n)}(a) \qquad \textbf{(1)}$$

Si $p_n(x) = a_0 + a_1(x-a) + a_2(x-a)^2 + \ .\ .\ . + a_n(x-a)^n$,

sus derivadas son:

$$p_n'(x) = a_1 + 2a_2(x-a) + 3a_3(x-a)^2 + \ldots + na_n(x-a)^{n-1}$$

$$p_n''(x) = 2a_2 + 3\times 2a_3(x-a) + \ldots + n(n-1)a_n(x-a)^{n-2}$$

En general:

$$P_n^{(n)}(x) = +\ n(n-1)\,(n-2)\ .\ .\ .\ 2\cdot 1\ a_n = n!a_n$$

Evaluando el polinomio y sus derivadas en $x = a$ obtenemos:

$$P_n(a) = a_0,\quad p_n'(a) = a_1 = 1!a_1,\quad p_n''(a) = 2a_2 = 2!a_2,\quad p_n^{(n)}(a) = n!a_n$$

Considerando (1) se tiene:

$$f(a) = a_0,\quad f'(a) = 1!a_1,\quad f''(a) = 2!a_2,\quad f^{(n)}(a) = n!a_n$$

De donde,

$$a_0 = f(a),\quad a_1 = \frac{f'(a)}{1!},\quad a_2 = \frac{f''(a)}{2!},\ .\ .\ .\ ,\qquad a_n = \frac{f^{(n)}(a)}{n!}.$$

En consecuencia, el polinomio buscado es

$$p_n(x) = a_0 + \frac{f'(a)}{1!}(x-a) + \frac{f''(a)}{2!}(x-a)^2 + \ .\ .\ . + \frac{f^{(n)}(a)}{n!}(x-a)^n \qquad \textbf{(2)}$$

Establecemos, por convención que:

1. $f^{(0)}(x) = f(x)$ y **2.** $0! = 1$

Con estas convenciones tenemos que $a_0 = f(a) = f^{(0)}(a) = \dfrac{f^{(0)}(a)}{0!}$ y el polinomio (2) lo podemos escribirlo así:

$$p_n(x) = \sum_{k=0}^{n} \frac{f^{(k)}(a)}{k!}(x-a)^k$$

DEFINICION. Si f tiene n derivadas en a, se llama **polinomio de Taylor de grado n de f en a** al polinomio:

$$p_n(x) = f(a) + \frac{f'(a)}{1!}(x-a) + \frac{f''(a)}{2!}(x-a)^2 + \ . \ . \ . + \frac{f^{(n)}(a)}{n!}(x-a)^n$$
$$= \sum_{k=0}^{n} \frac{f^{(k)}(a)}{k!}(x-a)^k$$

Se llama **polinomio de Maclaurin de grado n de f** al n-ésimo polinomio de Taylor centrado en $a = 0$:

$$p_n(x) = f(a) + \frac{f'(a)}{1!}x + \frac{f''(a)}{2!}x^2 + \ . \ . \ . + \frac{f^{(n)}(a)}{n!}x^n = \sum_{k=0}^{n} \frac{f^{(k)}(a)}{k!}x^k$$

EJEMPLO 1. Hallar:

a. El polinomio de Taylor de orden 0, 1, 2, 3 y 4 en $a = 1$ de la función $f(x) = \ln x$

b. La aproximación de ln (1,1) mediante $P_4(x)$.

Solución

$f(x) = \ln(x) \Rightarrow f(1) = \ln(1) = 0$ $\qquad f'(x) = \frac{1}{x} \Rightarrow f'(1) = 1$

$f''(x) = -\frac{1}{x^2} \Rightarrow f''(1) = -1$ $\qquad f'''(x) = \frac{2!}{x^3} \Rightarrow f'''(1) = 2!$

$f^{(4)}(x) = -\frac{3!}{x^4} \Rightarrow f^{(4)}(1) = -3!$

Luego,

$p_0(x) = f(1) = 0$

$$p_1(x) = p_0(x) + \frac{f'(1)}{1!}(x-a) = 0 + \frac{1}{1!}(x-1) = (x-1)$$

$$p_2(x) = p_1(x) + \frac{f''(1)}{2!}(x-1)^2 = (x-1) + \frac{-1}{2!}(x-1)^2 = (x-1) - \frac{1}{2}(x-1)^2$$

$$p_3(x) = p_2(x) + \frac{f'''(1)}{3!}(x-1)^3 = (x-1) - \frac{1}{2}(x-1)^2 + \frac{2!}{3!}(x-1)^3$$
$$= (x-1) - \frac{1}{2}(x-1)^2 + \frac{1}{3}(x-1)^3$$

$$p_4(x) = f(a) + \frac{f'(a)}{1!}(x-a) + \frac{f''(a)}{2!}(x-a)^2 + \frac{f'''(1)}{3!}(x-1)^3 + \frac{f^{(4)}(1)}{4!}(x-1)^4$$

$$= 0 + (x-1) - \frac{1}{2}(x-1)^2 + \frac{1}{3}(x-1)^3 + \frac{-3!}{4!}(x-1)^4$$

$$= (x-1) - \frac{1}{2}(x-1)^2 + \frac{1}{3}(x-1)^3 - \frac{1}{4}(x-1)^4$$

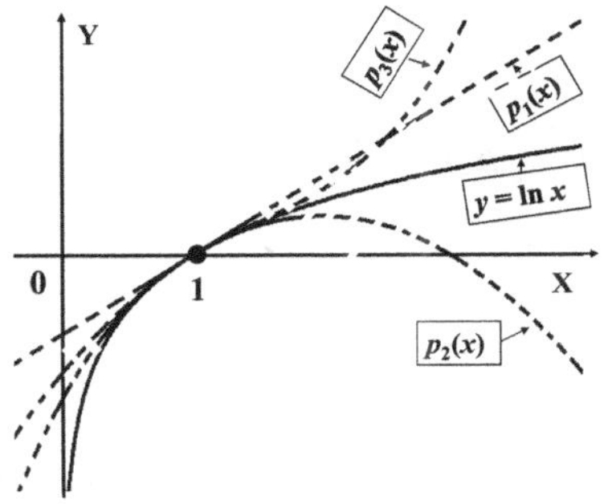

Observar que cerca del punto 1 los gráficos de los polinomios se confunden con la gráfica de la función $y = \ln x$

b. . $\ln(1,1) \approx p_4(1,1) = 0.1 - \frac{1}{2}(0.1)^2 + \frac{1}{3}(0.1)^3 - \frac{1}{4}(0.1)^4$
$= 0.1 - 0.005 + 0.000333333 + 0.000025 = 0.095308$

La calculadora del autor dice que $\ln(1,1) \approx 0.095310179$

Para medir la precisión de la aproximación de un polinomio de Taylor $p_n(x)$ a la función $f(x)$ que lo generó, introducimos el concepto de **resto** $R_n(x)$, del modo siguiente:

$$R(x) = f(x) - p_n(x), \text{ o bien } \quad f(x) = p_n(x) + R_n(x)$$

El resultado central de usar los polinomios de Taylor para aproximar la función que los generó, es la siguiente proposición, conocido como el **teorema de Taylor**. La forma que se da al resto, $R_n(x)$ es llamada **forma de Lagrage.**

TEOREMA 10.7 **Teorema de Taylor.**

Si f es una función derivable hasta el orden $n + 1$ en un intervalo abierto I que contiene a a, entonces, para cada x en I existe un c entre a y x tal que:

$$f(x) = f(a) + \frac{f'(a)}{1!}(x-a) + \frac{f''(a)}{2!}(x-a)^2 + \ldots + \frac{f^{(n)}(a)}{n!}(x-a)^n + R_n(x),$$

$$\text{donde } R_n(x) = \frac{f^{(n+1)}(c)}{(n+1)!}(x-a)^n$$

Demostración

Ver el problema resuelto 6.

La siguiente desigualdad, llamada **desigualdad de Taylor**, es de utilidad para hallar acotaciones del resto ó para probar que $\lim_{n \to \infty} R_n(x) = 0$.

COROLARIO. **Desigualdad de Taylor.**

Si $\left| f^{(n+1)}(x) \right| \le M$, para todo x en I, entonces

$$\left| R_n(x) \right| \le \frac{M}{(n+1)!} \left| x - a \right|^{n+1}, \text{ para todo } x \text{ en I}$$

Demostración

$$\left| R_n(x) \right| = \left| \frac{f^{(n+1)}(c)}{(n+1)!}(x-1)^{n+1} \right| = \frac{\left| f^{(n+1)}(c) \right|}{(n+1)!} \left| x-a \right|^{n+1} \le \frac{M}{(n+1)!} \left| x-a \right|^{n+1}$$

SERIES DE TAYLOR

En la sección anterior, derivando o integrando series geométricas, hemos podido representas algunas funciones. En esta sección presentamos un método general para obtener ciertas series potencias, llamadas series de Taylor y de Maclaurin, para una función que posee derivadas de todos órdenes.

El primer lugar, probamos que la representación de una función como series de potencias es única, es decir, los coeficientes de la serie son únicos y que estos dependen enteramente de la función y de sus derivadas.

TEOREMA 9. 8 **Unicidad de la representación por serie de potencias.**

Si una función f que tiene derivadas de todos los órdenes y tiene una representación como serie de potencias,

$$f(x) = \sum_{n=0}^{\infty} a_n (x-a)^n, \text{ para } a - R < x < a + R,$$

entonces esta serie de potencias es única y los coeficientes son

$$a_n = \frac{f^{(n)}(a)}{n!},$$

es decir, para x tal que $a - R < x < a + R$, **se cumple:**

$$f(x) = \sum_{n=0}^{\infty} \frac{f^{(n)}(a)}{n!}(x-a)^n = f(a) + \frac{f'(a)}{1!}(x-a) + \frac{f''(a)}{2!}(x-a)^2 + \ldots$$

Demostración

Recordemos que por convención tenemos que: $f^{(0)}(a) = f(a)$ y $0! = 1$

Derivando sucesivamente a $f(x)$:

$$f(x) = a_0 + a_1(x-a) + a_2(x-a)^2 + a_3(x-a)^3 + \ . \ . \ . + a_n(x-a)^n + \ . \ . \ .$$

$$f'(x) = a_1 + 2a_2(x-a) + 3a_3(x-a)^2 + \ . \ . \ . + na_n(x-a)^{n-1} + \ . \ . \ .$$

$$f''(x) = 2a_2 + 3(2)a_3(x-a) + \quad . . . + n(n-1)a_n(x-a)^{n-2} + . . .$$

$$. . .$$

$$f^{(n)}(x) = n(n-1)(n-2) . . 2\cdot 1a_n \; + \; (x-a)\,(\text{ otros términos})$$

Evaluando estas funciones derivadas en $x = a$:

$$f(a) = a_0 = 0!a_0 \qquad f'(a) = a_1 = 1!a_1, \qquad f''(a) = 2a_2 = 2!a_2,$$

$$f^{(n)}(a) = n(n-1)(n-2) . . . 2\cdot 1a_n = n!a_n$$

De donde: $a_0 = \dfrac{f(a)}{0!}$, $a_1 = \dfrac{f'(a)}{1!}$, $a_2 = \dfrac{f''(a)}{2!}$, $a_3 = \dfrac{f'''(a)}{3!}$, $a_n = \dfrac{f^{(n)}(a)}{n!}$

DEFINICION. 1. Se llama **serie de Taylor de** f **en** a, **o centrada en** a **o alrededor de** a, a la serie

$$\sum_{n=0}^{\infty} \frac{f^{(n)}(a)}{n!}(x-a)^n = f(a) + \frac{f'(a)}{1!}(x-a) + \frac{f''(a)}{2!}(x-a)^2 + . . .$$

2. Se llama **serie de Maclaurin de** f a la serie de Taylor de f centrada en $a = 0$:

$$\sum_{n=0}^{\infty} \frac{f^{(n)}(0)}{n!}x^n = f(0) + \frac{f'(0)}{1!}x + \frac{f''(0)}{2!}x + \; . . .$$

Observar que las sumas parciales de la serie de Taylor generada por f son los polinomios de Taylor de la función f. Esto es, $S_n(x) = p_n(x)$.

EJEMPLO 2. **a.** Representar a $f(x) = e^x$ mediante su serie de Maclaurin.

b. Representar a $f(x) = \ln x$ mediante su serie de Taylor en $a = 1$

Solución

a. Podríamos calcular los coeficientes de la serie hallando la derivadas de f evaluadas en $x = 0$, Sin embargo, no hay necesidad de hacer este trabajo porque, de acuerdo al ejemplo 3 de la sección anterior, sabemos que

$$e^x = 1 + x + \frac{x^2}{2!} + \frac{x^3}{3!} + \; . . . = \sum_{n=0}^{\infty} \frac{x^n}{n!}, \text{ para todo } x$$

y, de acuerdo al teorema anterior (unicidad de la representación por serie de potencias), la serie de la derecha de la igualdad anterior es la serie de Maclaurin generada por $f(x) = e^x$. El lector, si no lo cree, puede comprobarlo.

b. Sabemos, por ejemplo 4 parte c. de la sección anterior que

$$\ln x = (x-1) - \frac{1}{2}(x-1)^2 + \frac{1}{3}(x-1)^3 - \ldots = \sum_{n=1}^{\infty}(-1)^{n+1}\frac{(x-1)^n}{n}, \text{ para } |x-1| < 1$$

Nuevamente, apoyándonos en el teorema de unicidad, esta serie potencias es la serie de Taylor de $\ln x$ alrededor de $a = 1$.

El teorema anterior dice que si una función *f*, de inicio ya tiene una representación mediante una serie de potencias, esa representación es la serie de Taylor. Si se tiene una serie Taylor, ¿converge la serie a la función que la generó? No siempre. Existen funciones infinitamente diferenciables cuya serie de Taylor no converge a la función (problema resuelto 5). El siguiente teorema nos dice cual es la condición que debe cumplirse para la serie de Taylor represente a la función.

TEOREMA 10.9 **Representación en series de Taylor.**

Sea *f* una función que tiene derivadas de todos los órdenes en un intervalo que contiene al punto *a*. Entonces, para cada *x* en el intervalo,

$$f(x) = \sum_{n=0}^{\infty}\frac{f^{(n)}(a)}{n!}(x-a)^n \Leftrightarrow \lim_{n\to\infty} R_n(x) = 0$$

Demostración

De acuerdo al teorema de Taylor tenemos que:

$$f(x) = f(a) + \frac{f'(a)}{1!}(x-a) + \frac{f''(a)}{2!}(x-a)^2 + \ldots + \frac{f^{(n)}(a)}{n!}(x-a)^n + R_n(x),$$

$$= p_n(x) + R_n(x) \Rightarrow p_n(x) = f(x) - R_n(x)$$

Teniendo en cuenta las sumas parciales de la serie Taylor son los polinomios de Taylor $p_n(x)$ tenemos:

$$\sum_{n=0}^{\infty}\frac{f^{(n)}(a)}{n!}(x-a)^n = \lim_{n\to\infty} p_n(x) = \lim_{n\to\infty}\left[f(x) - R_n(x)\right] = f(x) - \lim_{n\to\infty} R_n(x)$$

Luego,

$$\sum_{n=0}^{\infty}\frac{f^{(n)}(a)}{n!}(x-a)^n = f(x) \Leftrightarrow \lim_{n\to\infty} R_n(x) = 0$$

NOTA. Para probar que $\lim_{n\to\infty} R_n(x) = 0$, será de utilidad el siguiente límite:

$$\lim_{n\to\infty}\frac{x^n}{n!} = 0, \ \forall x \in \mathbb{R}$$

La veracidad de este resultado es consecuencia inmediata del ejemplo 3 de la sección 9.1, en donde probó que la serie $\sum_{n=0}^{\infty}\frac{x^n}{n!}$ converge para todo x.

EJEMPLO 3. **a.** Hallar la serie de Maclaurin de $f(x) = \operatorname{sen} x$

b. Probar que $\operatorname{sen} x$ es representada por su serie de Maclaurin:

$$\operatorname{sen} x = x - \frac{x^3}{3!} + \frac{x^5}{5!} - \frac{x^7}{7!} + \ldots + (-1)^n \frac{x^{2n+1}}{(2n+1)!} + \ldots$$

$$= \sum_{n=0}^{\infty} (-1)^n \frac{x^{2n+1}}{(2n+1)!}, \quad \forall x \in \mathbb{R}$$

Solución

a. Se tiene

$f(x) = \operatorname{sen} x. \Rightarrow f(0) = 0$ $\qquad$ $f'(x) = \cos x, \Rightarrow f(0) = 1$

$f''(x) = -\operatorname{sen} x \Rightarrow f''(0) = 0$ $\qquad$ $f'''(x) = -\cos x \Rightarrow f'''(0) = -1$

En las derivadas sucesivas siguen el esquema: 0, 1 ,0 , −1.

En general, se tiene que:

$$f^{(2n)}(x) = (-1)^n \operatorname{sen} x \Rightarrow f^{(2n)}(0) = 0 \quad \text{y}$$

$$f^{(2n+1)}(x) = (-1)^n \cos x \Rightarrow f^{(2n+1)}(0) = (-1)^n$$

Luego, la serie de Maclaurin generado por $\operatorname{sen} x$. es

$$x - \frac{x^3}{3!} + \frac{x^5}{5!} - \frac{x^7}{7!} + \ldots + (-1)^n \frac{x^{2n+1}}{(2n+1)!} + \ldots = \sum_{n=0}^{\infty} (-1)^n \frac{x^{2n+1}}{(2n+1)!}$$

b. De acuerdo al teorema Taylor, tenemos que:

$$\operatorname{sen} x = x - \frac{x^3}{3!} + \frac{x^5}{5!} - \frac{x^7}{7!} + + \ldots + (-1)^n \frac{x^{2n+1}}{(2n+1)!} + R_{2n+1}(x), \text{ donde}$$

$$R_{2n+1}(x) = \frac{(-1)^{n+1} \operatorname{sen}(c)\, x^{2n+2}}{(2n+2)!}$$

Como, $|\operatorname{sen} c| \leq 1$, se tiene

$$|R_{2n+1}(x)| = \left| \frac{(-1)^{n+1} \operatorname{sen}(c)\, x^{2n+2}}{(2n+2)!} \right| = \frac{|\operatorname{sen}(c)|\,|x|^{2n+2}}{(2n+2)!} \leq \frac{|x|^{2n+2}}{(2n+2)!}$$

Luego,

$$0 \leq \lim_{n \to \infty} |R_{2n+1}(x)| \leq \lim_{n \to \infty} \frac{|x|^{2n+2}}{(2n+2)!} = 0 \Rightarrow \lim_{n \to \infty} R_n(x) = 0, \ \forall x \in \mathbb{R}$$

En consecuencia, de acuerdo al teorema anterior,

$$\operatorname{sen} x = \sum_{n=0}^{\infty} (-1)^n \frac{x^{2n+1}}{(2n+1)!}, \ \forall x \in \mathbb{R}$$

EJEMPLO 4. **a.** Hallar la serie de Maclaurin de $f(x) = \cos x$

b. Probar que $\cos x$ es representada por su serie de Maclaurin:

$$\cos x = 1 - \frac{x^2}{2!} + \frac{x^4}{4!} - \frac{x^6}{6!} + \ldots (-1)^n \frac{x^{2n}}{(2n)!} \ldots$$

$$= \sum_{n=0}^{\infty} (-1)^n \frac{x^{2n}}{(2n)!}, \quad \forall x \in \mathbb{R}$$

Solución

Podemos seguir los mismos pasos que en el ejemplo anterior, pero es más simple usar la derivada en la igualdad del ejemplo mencionado. En efecto:

$$\cos x = \frac{d}{dx} \operatorname{sen} x = \frac{d}{dx} \sum_{n=0}^{\infty} (-1)^n \frac{x^{2n+1}}{(2n+1)!} = \sum_{n=0}^{\infty} (-1)^n \frac{x^{2n}}{(2n)!}, \forall x \in \mathbb{R}$$

Esto es,

$$\cos x = \sum_{n=0}^{\infty} (-1)^n \frac{x^{2n}}{(2n)!} = 1 - \frac{x^2}{2!} + \frac{x^4}{4!} - \frac{x^6}{6!} + \ldots, \forall x \in \mathbb{R}$$

EJEMPLO 5. **Series de Taylor de $\operatorname{sen} x$ y $\cos x$ alrededor de $a = \frac{\pi}{2}$**

Probar que:

a. $\operatorname{sen} x = 1 - \frac{1}{2!}\left(x - \frac{\pi}{2}\right)^2 + \frac{1}{4!}\left(x - \frac{\pi}{2}\right)^4 - \ldots = \sum_{n=0}^{\infty} \frac{(-1)^n}{(2n)!}\left(x - \frac{\pi}{2}\right)^{2n}$

b. $\cos x = -\left(x - \frac{\pi}{2}\right) + \frac{1}{3!}\left(x - \frac{\pi}{2}\right)^3 - \frac{1}{5!}\left(x - \frac{\pi}{2}\right)^5 + \ldots = \sum_{n=0}^{\infty} \frac{(-1)^{n+1}}{(2n+1)!}\left(x - \frac{\pi}{2}\right)^{2n+1}$

Solución

Podemos seguir el camino de calculas las derivadas de $\operatorname{sen} x$ o $\cos x$ y evaluarlas en $\frac{\pi}{2}$, etc. Sin embargo, contamos con un camino más corto.

a. Usando la identidad $\operatorname{sen} x = \cos(\pi/2 - x) = \cos(x - \pi/2)$ y el ejemplo anterior:

$$\operatorname{sen} x = 1 - \frac{1}{2!}\left(x - \frac{\pi}{2}\right)^2 + \frac{1}{4!}\left(x - \frac{\pi}{2}\right)^4 - \ldots = \sum_{n=0}^{\infty} \frac{(-1)^n}{(2n)!}\left(x - \frac{\pi}{2}\right)^{2n}$$

b. Usando la identidad $\cos x = \operatorname{sen}(\pi/2 - x) = -\operatorname{sen}(x - \pi/2)$ y el ejemplo 3:

$$\cos x = -\left(x - \frac{\pi}{2}\right) + \frac{1}{3!}\left(x - \frac{\pi}{2}\right)^3 - \frac{1}{5!}\left(x - \frac{\pi}{2}\right)^5 + \ldots = \sum_{n=0}^{\infty} \frac{(-1)^{n+1}}{(2n+1)!}\left(x - \frac{\pi}{2}\right)^{2n+1}$$

APLICACIONES DEL TEOREMA Y DE LAS SERIES DE TAYLOR

Mediante ejemplos mostramos diferentes aplicaciones del teorema y de las series de Taylor.

EJEMPLO 6. **Aproximación con teorema de Taylor.**

Hallar el número de términos de la serie de Maclaurin de $f(x) = e^x$ que se necesitan para aproximar a $\sqrt{e} = e^{1/2}$ con un error menor que 0.0001. Hallar esta aproximación.

Solución

a. De acuerdo al teorema de Taylor, tenemos:

$$e^x = 1 + x + \frac{x^2}{2!} + \frac{x^3}{3!} + \ . \ . \ . + R_n(x) \text{ y } R_n(x) = \frac{f^{(n+1)}(c)}{(n+1)!}x^{n+1}, \text{ con } c \text{ entre } 0 \text{ y } x$$

Pero, $f^{(n+1)}(c) = e^c$. Además, si $x = 1/2$, entonces

$$e^{1/2} = 1 + \frac{1}{2} + \frac{(1/2)^2}{2!} + \frac{(1/2)^3}{3!} + \ . \ . \ . + \frac{e^c}{(n+1)!}\left(\frac{1}{2}\right)^{n+1}, \quad 0 < c < 1/2 \qquad \textbf{(1)}$$

Pero,

$$0 < c < 1/2 \text{ y } 0 < e < 4 \Rightarrow 1 = e^0 < e^c < e^{1/2} \text{ y } 0 < e^{1/2} < 4^{1/2} < 2$$

$$\Rightarrow 0 < e^c < e^{1/2} < 2.$$

Luego,

$$R_n(1/2) = \frac{e^c}{(n+1)!}\left(\frac{1}{2}\right)^{n+1} < \frac{2}{(n+1)!}\left(\frac{1}{2}\right)^{n+1} = \frac{2}{2^{n+1}(n+1)!} = \frac{1}{2^n(n+1)!}$$

Ahora, hallamos n tal que $R_n(1/2) = \dfrac{1}{2^n(n+1)!} \leq 0.0001 = \dfrac{1}{10{,}000}$

Pero, $\dfrac{1}{2^n(n+1)!} \leq \dfrac{1}{10{,}000} \Leftrightarrow 10{,}000 \leq 2^n(n+1)!$

Procedemos por tanteo:

Si $n = 4$, se tiene $2^4(4+1)! = (32)(120) = 3{,}840 < 10{,}000$. $\Rightarrow$ $n = 4$ no cumple. Si $n = 5$, se tiene $2^5(5+1)! = (32)(720) = 23{,}140 > 10{,}000 \Rightarrow n = 5$ sí cumple. El número buscado es $n = 5$. Esto es, una aproximación para $\sqrt{e} = e^{1/2}$ con un error menor que 0.0001, es

$$\sqrt{e} = e^{1/2} \approx 1 + \frac{1}{2} + \frac{(1/2)^2}{2!} + \frac{(1/2)^3}{3!} + \frac{(1/2)^4}{4!} + \frac{(1/2)^5}{5!}$$

$$= 1 + \frac{1}{2} + \frac{1}{8} + \frac{1}{48} + \frac{1}{384} + \frac{1}{3840} \approx 1.648697917$$

La calculadora del autor da $\sqrt{e} \approx 1.648721271$. Vemos que

$$1.648721271 - 1.648697917 = 0.0000233537 < 0.0001$$

EJEMPLO 7. **Como construir una tabla para $y = \text{sen}\, x$.**

Estimar el máximo error en la aproximación:

$$\text{sen}\, x \approx x - \frac{x^3}{3!} + \frac{x^5}{5!} - \frac{x^7}{7!} + \frac{x^9}{9!}, \text{ cuando } 0 \leq x \leq \frac{\pi}{2}.$$

Solución

Resolvemos el problema de dos maneras.

Método 1. Con criterio de estimación de las series alternantes.

La serie de Maclaurin de sen x es alternante. Veamos que esta serie cumple las hipótesis del teorema de estimación de las series alternantes.

Sea $a_n(x) = \dfrac{|x|^n}{n!}$. Como $0 \leq x \leq \dfrac{\pi}{2}$. $a_n(x) = \dfrac{|x|^n}{n!} = \dfrac{x^n}{n!}$.

1. De acuerdo a la nota expuesta después del ejemplo 2, tenemos: $a_n(x) = \dfrac{x^n}{n!} \to 0$

2. Si $0 \leq x \leq \dfrac{\pi}{2}$ y $n \geq 1$, se tiene:

$$a_{n+1}(x) < a_n(x) \Leftrightarrow \frac{x^{n+1}}{(n+1)!} < \frac{x^n}{n!} \Leftrightarrow \frac{x^{n+1}}{x^n} < \frac{(n+1)!}{n!} \Leftrightarrow x < n+1$$

Pero, $x < n+1$ se cumple si $0 \leq x \leq \dfrac{\pi}{2}$ y $n \geq 1$. Luego, $a_{n+1}(x) < a_n(x)$

En consecuencia, al aproximar sen x con los cinco primeros términos no nulos, como se indica, el error es, a lo sumo, $a_{11}(x) = \dfrac{|x|^{11}}{11!}$

Pero,

$$0 \leq x \leq \frac{\pi}{2} \Rightarrow 0 \leq \frac{|x|^{11}}{11!} = \frac{x^{11}}{11!} \leq \frac{(\pi/2)^{11}}{11!} \approx 0.00000356$$

Esto es, el error cometido con esta aproximación es, a lo más, 0.00000356.

Método 2. Con el teorema de Taylor.

En vista de que los términos de grado par de la son nulos, nos conviene ver la aproximación dada como

$$\text{sen}\, x \approx x - \frac{x^3}{3!} + \frac{x^5}{5!} - \frac{x^7}{7!} + \frac{x^9}{9!} - (0)\frac{x^{10}}{10!}$$

De acuerdo al teorema de Taylor

$$\text{sen}\, x = x - \frac{x^3}{3!} + \frac{x^5}{5!} - \frac{x^7}{7!} + \frac{x^9}{9!} - (0)\frac{x^{10}}{10!} + R_{10}(x),$$

donde $R_{10}(x) = \dfrac{f^{(11)}(c)}{11\,!}x^{11} = \dfrac{-\operatorname{sen} c}{11!}x^{11}$ y $0 \le c \le x$.

El error de aproximación, si $0 \le x \le \dfrac{\pi}{2}$, es

$$|R_{10}(x)| = \frac{|-\operatorname{sen} c|}{11!}|x|^{11} \le \frac{1}{11!}|x|^{11} = \frac{x^{11}}{11!} \le \frac{(\pi/2)^{11}}{11!} \approx 0.00000356,$$

Que es el mismo resultado anterior.

El resultado de este ejemplo nos dice que para cualquier $x \in [0, \pi/2]$, la aproximación dada, nos proporciona cinco decimales exactos. Aún más, usando argumentos de simetría, los valores que se encuentren para sen x en $[0, \pi/2]$, pueden ser usados para hallar los valores sen x en $[-\pi, \pi]$. La periodicidad de la función seno, nos permite determinar los valores en todo $\mathbb{R}$.

EJEMPLO 8. **Aproximación de un valor trigonométrica.**

Aproximar cos (93°) con una exactitud de 6 cifras decimales.

Solución

Debemos trabajar con la serie de Taylor de $y = \cos x$ centrada en un ángulo notable cercano a 93°. Este ángulo notable es 90°. La medida de estos ángulos deben ser dados en radianes. Tenemos que $90° = \dfrac{\pi}{2}$ y $93° = \dfrac{31}{60}\pi$.

De acuerdo a la parte b. del ejemplo 5, tenemos:

$$\cos x = -\left(x - \frac{\pi}{2}\right) + \frac{1}{3\,!}\left(x - \frac{\pi}{2}\right)^3 - \frac{1}{5!}\left(x - \frac{\pi}{2}\right)^5 + \frac{1}{7\,!}\left(x - \frac{\pi}{2}\right)^7 - \ldots$$

Tomando $x = \dfrac{31}{60}\pi$ se tiene que $x - \dfrac{\pi}{2} = \dfrac{31}{60}\pi - \dfrac{\pi}{2} = \dfrac{\pi}{60}$ y

$$\cos(93°) = \cos(31\pi/60) = -\frac{\pi}{60} + \frac{1}{3!}\left(\frac{\pi}{60}\right)^3 - \frac{1}{5!}\left(\frac{\pi}{60}\right)^5 + \frac{1}{7!}\left(x - \frac{\pi}{2}\right)^7 \ldots$$

$$= -\,0.052359877 + 0.000023925 - 0.00000000328 + 0.0000000000002$$

Esta serie es alternante y es fácil ver que satisface las hipótesis del criterio del error de una serie alternante. Apliquemos este criterio:

Buscamos el primer término de la serie que es menor que 0.0000005. Este término es el tercero. Esto es, $\dfrac{1}{5!}\left(\dfrac{\pi}{60}\right)^5 = 0.00000000328 < 0.0000005$

Luego, la aproximación de cos (93°) con 6 cifras decimales es:

$$\cos(93°) \approx -\frac{\pi}{60} + \frac{1}{3!}\left(\frac{\pi}{60}\right)^3 = -\,0.052359877 + 0.000023925 = -\,0.052335962$$

La calculadora del autor da cos (93°) = − 0.052335956

EJEMPLO 9. **Cálculo de límites indeterminados.**

$$\text{Hallar } \lim_{x \to 0} \frac{e^x - e^{-x} - 2x}{x - \tan^{-1} x}$$

Solución

Este es un límite indeterminado del tipo $\frac{0}{0}$

Tenemos que:

$$e^x - e^{-x} - 2x = \left(1 + x + \frac{x^2}{2!} + \frac{x^3}{3!} + \frac{x^4}{4!} + \frac{x^5}{5!} \dots\right) - \left(1 - x + \frac{x^2}{2!} - \frac{x^3}{3!} + \frac{x^4}{4!} - \frac{x^5}{5!} \dots\right) - 2x$$

$$= 2\frac{x^3}{3!} + 2\frac{x^5}{5!} + 2\frac{x^7}{7!} + \dots$$

$$x - \tan^{-1} x = x - \left(x - \frac{x^3}{3} + \frac{x^5}{5} \dots\right) = \frac{x^3}{3} - \frac{x^5}{5} + \frac{x^7}{7} - \dots$$

Luego,

$$\lim_{x \to 0} \frac{e^x - e^{-x} - 2x}{x - \tan^{-1} x} = \lim_{x \to 0} \frac{2\frac{x^3}{3!} + 2\frac{x^5}{5!} + 2\frac{x^7}{7!} + \dots}{\frac{x^3}{3} - \frac{x^5}{5} + \frac{x^7}{7} + \dots} = \lim_{x \to 0} \frac{x^3\left(\frac{1}{3} + 2\frac{x^2}{5!} + 2\frac{x^4}{7!} + \dots\right)}{x^3\left(\frac{1}{3} - \frac{x^2}{5} + \frac{x5}{7} + \dots\right)}$$

$$= \lim_{x \to 0} \frac{\frac{1}{3} + 2\frac{x^2}{5!} + 2\frac{x^4}{7!} + \dots}{\frac{1}{3} - \frac{x^2}{5} + \frac{x5}{7} + \dots} = \frac{1/3 + 0 + 0 + \dots}{1/3 - 0 + 0 + \dots} = 1$$

EJEMPLO 10. **Antiderivadas no elementales**

a. Representar con su serie de Maclaurin a la función $F(x) = \int_0^x \frac{\cos t - 1}{t}\, dt$

b. Aproximar $\int_0^{0,5} \frac{\cos x - 1}{x}\, dx$ con un error menor que 0.00001

Solución

Sabemos que:

$$\cos x = 1 - \frac{x^2}{2!} + \frac{x^4}{4!} - \frac{x^6}{6!} + \frac{x^8}{8!} - \dots (-1)^n \frac{x^{2n}}{(2n)!} + \dots$$

Luego,

$$\frac{\cos x-1}{x} = -\frac{x}{2!}+\frac{x^3}{4!}-\frac{x^5}{6!}+\frac{x^7}{8!}-\ldots(-1)^n\frac{x^{2n-1}}{(2n)!}\ \ldots \quad \text{y}$$

$$F(x)=\int_0^x \frac{\cos t-1}{t}\,dt=\int_0^x\left[-\frac{t}{2!}+\frac{t^3}{4!}-\frac{t^5}{6!}+\frac{t^7}{8!}-\ldots(-1)^n\frac{t^{2n-1}}{(2n)!}\ldots\right]dt$$

$$=\left[-\frac{t^2}{2(2)!}+\frac{t^4}{4(4!)}-\frac{t^6}{6(6!)}-\frac{t^8}{8(8!)}+(-1)^n\frac{t^{2n}}{(2n)((2n)!)}\ldots\right]_0^x$$

$$=-\frac{x^2}{2(2)!}+\frac{x^4}{4(4!)}-\frac{x^6}{6(6!)}-\frac{x^8}{8(8!)}+(-1)^n\frac{x^{2n}}{(2n)((2n)!)}\ \ldots$$

$$=\sum_{n=1}^{\infty}(-1)^n\frac{x^{2n}}{(2n)\big((2n)!\big)}$$

b. Teniendo en cuenta la parte a. tenemos:

$$\int_0^{0.5}\frac{\cos x-1}{x}\,dx=-\frac{(0.5)^2}{2(2)!}+\frac{(0.5)^4}{4(4!)}-\frac{(0.5)^6}{6(6!)}+\ldots=-\frac{(0.5)^2}{4}+\frac{(0.5)^4}{96}-\frac{(0.5)^6}{720}+\ldots$$

$$=-0.0625+0.000651046-0.00000217$$

Ahora, aplicamos el criterio de aproximación de una serie alternante, que dice que el error de aproximar la suma de una serie con una suma parcial, es menor que el valor absoluto del primer término omitido, tenemos que:

$$\frac{(0.5)^6}{720}=0.00000217<\ 0.00001$$

Luego,

$$\int_0^{0.5}\frac{\cos x-1}{x}\,dx\approx-\frac{(0.5)^2}{4}+\frac{(0.5)^4}{96}=-0.0625+0.000651046=-\ 0.061848954$$

El valor que da Derive es para esta integral es -0.061852556315 y se tiene

$$0.061852556315-0.061848954=0.00000360231<0.00001$$

PROBLEMAS RESUELTOS 10.3

PROBLEMA 1. Probar que:

$$\operatorname{sen}^2 x=x^2-\frac{1}{3}x^4+\frac{2}{45}x^6-\ldots=\sum_{n=1}^{\infty}(-1)^{n+1}\frac{2^{2n-1}}{(2n)!}x^{2n},\quad -\infty<x<\infty$$

Solución

Tenemos que $\operatorname{sen}^2 x = \dfrac{1-\cos 2x}{2}$ y $\cos x = \sum_{n=0}^{\infty} \dfrac{(-1)^n x^{2n}}{(2n)!}$. Luego,

$$\cos 2x = \sum_{n=0}^{\infty} \frac{(-1)^n (2x)^{2n}}{(2n)!} = \sum_{n=0}^{\infty} \frac{(-1)^n 2^{2n} x^{2n}}{(2n)!} = 1 + \sum_{n=1}^{\infty} \frac{(-1)^n 2^{2n} x^{2n}}{(2n)!} \Rightarrow$$

$$1 - \cos 2x = -\sum_{n=1}^{\infty} \frac{(-1)^n 2^{2n} x^{2n}}{(2n)!} = \sum_{n=1}^{\infty} \frac{(-1)^{n+1} 2^{2n} x^{2n}}{(2n)!} \Rightarrow$$

$$\operatorname{sen}^2 x = \frac{1-\cos 2x}{2} = \frac{1}{2}\sum_{n=1}^{\infty} \frac{(-1)^{n+1} 2^{2n} x^{2n}}{(2n)!} = \sum_{n=1}^{\infty} \frac{(-1)^{n+1} 2^{2n-1} x^{2n}}{(2n)!}$$

PROBLEMA 2. Hallar los tres primeros términos no nulos de la serie de Maclaurin de $f(x) = \sec x$

Solución

Tenemos que $\cos x = \sum_{n=0}^{\infty} (-1)^n \dfrac{x^{2n}}{(2n)!} = 1 - \dfrac{1}{2}x^2 + \dfrac{1}{24}x^4 - \ldots$ y

$$\sec x = \frac{1}{\cos x} = \frac{1}{\sum_{n=0}^{\infty} (-1)^n \frac{x^{2n}}{(2n)!}} \approx \frac{1}{1 - \frac{1}{2}x^2 + \frac{1}{24}x^4} \approx 1 + \frac{1}{2}x^2 + \frac{5}{24}x^4$$

Luego, $\sec x \approx 1 + \dfrac{1}{2}x^2 + \dfrac{5}{24}x^4$

PROBLEMA 3. Representar a $f(x) = \dfrac{1}{x}$ con su serie de Taylor alrededor de $a = 2$

Solución

Teniendo en cuenta la serie geométrica $\dfrac{1}{1-x} = \sum_{n=0}^{\infty} x^n$, se tiene:

$$\frac{1}{x} = \frac{1}{2+(x-2)} = \frac{1}{2}\,\frac{1}{1-\left(-\frac{x-2}{2}\right)} = \frac{1}{2}\sum_{n=0}^{\infty}\left(-\frac{x-2}{2}\right)^n = \frac{1}{2}\sum_{n=0}^{\infty} \frac{(-1)^n}{2^n}(x-2)^n$$

PROBLEMA 4. Representar a $\operatorname{sen} x$ como series de Taylor alrededor de $\dfrac{\pi}{3}$.

Solución

$$\operatorname{sen} x = \operatorname{sen}\left[\frac{\pi}{3} + \left(x - \frac{\pi}{3}\right)\right] = \operatorname{sen}\left(\frac{\pi}{3}\right)\cos\left(x - \frac{\pi}{3}\right) + \cos\left(\frac{\pi}{3}\right)\operatorname{sen}\left(x - \frac{\pi}{3}\right)$$

$$= \frac{\sqrt{3}}{2}\cos\left(x - \frac{\pi}{3}\right) + \frac{1}{2}\operatorname{sen}\left(x - \frac{\pi}{3}\right)$$

$$= \frac{\sqrt{3}}{2}\sum_{n=0}^{\infty}\frac{(-1)^n}{(2n)!}\left(x-\frac{\pi}{3}\right)^{2n} + \frac{1}{2}\sum_{n=0}^{\infty}\frac{(-1)^n}{(2n+1)!}\left(x-\frac{\pi}{3}\right)^{2n+1}$$

PROBLEMA 5. **Una función con derivadas de todos los órdenes que no es reprensada por su serie de Maclaurin.**

Sea la función $f(x) = \begin{cases} e^{-1/x^2}, & \text{si } x \neq 0 \\ 0, & \text{si } x = 0 \end{cases}$

Probar que f y su serie de Maclaurin sólo coinciden en $x = 0$.

Solución

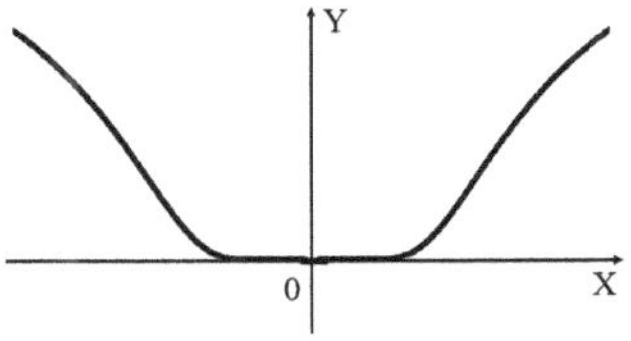

Se prueba que: $f^{(n)}(0) = 0,\ \forall\ n \geq 0\ldots$

En consecuencia, la serie de Maclaurin de f

$$\sum_{n=0}^{\infty}\frac{f^{(0)}(0)}{n!}x^n = 0 + 0 + 0 + \ldots + 0\ldots,$$

Geométricamente, este resultado es comprensible. El gráfico de la función f es muy plana alrededor del origen

Esta serie nula coincide con f sólo en $x = 0$ y, por lo tanto, no representa a f en ningún intervalo abierto que contenga a 0.

La prueba de que $f^{(n)}(0) = 0,\ \forall\ n \geq 0$, no es simple. Como muestra probemos que $f'(0) = 0$. Para la prueba $f''(0) = 0$, $f'''(0) = 0$, etc. se siguen los mismos pasos. Al calcular estas derivadas, nos encontramos con formas indeterminadas, las que se salvan mediante la regla de L'Hôspital.

$$f'(0) = \lim_{x\to 0}\frac{f(x) - f(0)}{x - 0} = \lim_{x\to 0}\frac{e^{-1/x^2}}{x} = \lim_{x\to 0}\frac{1}{xe^{1/x^2}}$$

$$= \lim_{x\to 0}\frac{1/x}{e^{1/x^2}} = \lim_{x\to 0}\frac{-1/x^2}{e^{1/x^2}\left(-2/x^3\right)} \qquad \text{(L'Hôspital)}$$

$$= \lim_{x\to 0}\frac{x}{2e^{1/x^2}} = 0$$

PROBLEMA 6. **Demostrar el teorema de Taylor.**

Si f es una función derivable hasta el orden $n + 1$ en un intervalo abierto I que contiene a $\boldsymbol{a}$, entonces, para cada x en I existe un c entre a y x tal que:

$$f(x) = f(a) + \frac{f'(a)}{1!}(x-a) + \frac{f''(a)}{2!}(x-a)^2 + \ . \ . \ . \ + \frac{f^{(n)}(a)}{n!}(x-a)^n + R_n(x),$$

$$\text{donde} \qquad R_n(x) = \frac{f^{(n+1)}(c)}{(n+1)!}(x-a)^n$$

Solución

Sea x un punto en intervalo I. Fijamos este punto x y definimos una nueva función:

$$g(t) = f(x) - \left[f(t) + \frac{f'(t)}{1!}(x-t) + \ldots + \frac{f^{(n)}(t)}{n!}(x-t)^n + R_n(x)\frac{(x-t)^{n+1}}{(x-a)^{n+1}} \right] \Rightarrow$$

$$g(a) = f(x) - \left[f(a) + \frac{f'(a)}{1!}(x-a) + \ldots + \frac{f^{(n)}(a)}{n!}(x-a)^n + R_n(x)\frac{(x-a)^{n+1}}{(x-a)^{n+1}} \right]$$

$$= f(x) - \left[f(a) + \frac{f'(a)}{1!}(x-a) + \ldots + \frac{f^{(n)}(a)}{n!}(x-a)^n + R_n(x) \right] \qquad \textbf{(1)}$$

Recordando que $R_n(x) = f(x) - p_n(x)$, se tiene:

$$g(a) = f(x) - [\, p_n(x) + R_n(x) \,] = [\, f(x) - p_n(x) \,] - R_n(x) = R_n(x) - R_n(x) = 0$$

De este resultado, $g(a) = 0$, y la igualdad (1) obtenemos:

$$f(x) = f(a) + \frac{f'(a)}{1!}(x-a) + \frac{f''(t)}{2!}(x-t)^2 + \ldots + \frac{f^{(n)}(a)}{n!}(x-a)^n + R_n(x)$$

Por otro lado,

$$g(x) = f(x) - [\, f(x) + 0 + 0 + \ . \ . \ . \ + 0 + 0 \,] = 0$$

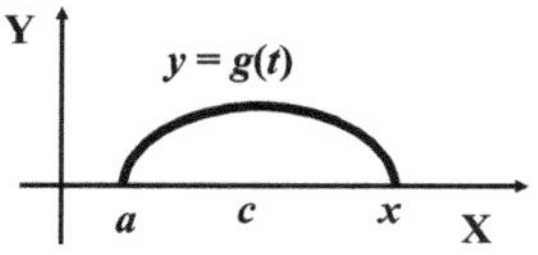

La función $g(t)$ cumple las hipótesis del teorema de Rolle en el intervalo $[a, x]$ ó $[x, a]$. Luego, existe c entre a y x tal que $g'(c) = 0$.

Pero, al derivar $g(t)$ respecto a t, la mayoría términos se cancelan telescópicamente y nos queda:

$$g'(t) = -\frac{f^{(n+1)}(t)}{n!}(x-t)^n + R_n(x)(n+1)\frac{(x-t)^n}{(x-a)^{n+1}}$$

Tomando $t = c$, obtenemos:

$$0 = g'(c) = \frac{f^{(n+1)}(c)}{n!}(x-c)^n + R_n(x)(n+1)\frac{(x-c)^n}{(x-a)^{n+1}}$$

De donde,

$$R_n(x) = \frac{f^{(n+1)}(c)}{(n+1)!}(x-a)^{n+1}$$

PROBLEMAS PROPUESTOS 10.3

En los problemas 1 y 2, hallar el polinomio de Taylor de orden 4 alrededor de del punto a, de la función dada.

1. $f(x) = \sqrt{x}$, $a = 4$.

Rpta. $p_4(x) = 2 + \frac{1}{4}(x-4) - \frac{1}{64}(x-4)^2 + \frac{1}{512}(x-4)^3 - \frac{1}{16{,}384}(x-4)^4$

2. $f(x) = \operatorname{sen} x$, $a = \pi/6$

Rpta. $p_4(x) = \frac{1}{2} + \frac{\sqrt{3}}{2}\left(x - \frac{\pi}{6}\right) - \frac{1}{4}\left(x - \frac{\pi}{6}\right)^2 - \frac{\sqrt{3}}{12}\left(x - \frac{\pi}{6}\right)^3 + \frac{1}{48}\left(x - \frac{\pi}{6}\right)^4$

En los problemas del 3 al 5, estimar el máximo error que se comete cuando se aproxima la función dada con su polinomio de Taylor de orden n alrededor de a en el intervalo indicado.

3. $f(x) = \cos x$, $n = 3$, $a = 0$, $[-0.2, 0.2]$ *Rpta.* $8.9\times10^{-8} \approx 9\times10^{-8}$

4. $f(x) = \operatorname{sen} x$, $n = 2$, $a = \frac{\pi}{6}$, $[0, \pi/4]$ *Rpta.* 0.003

5. $f(x) = \sqrt{x}$, $n = 3$, $a = 4$, $[4, 5]$ *Rpta.* 0.0003052

En los problemas del 6 al 16 use series ya conocidas para representar la función dada con su serie de Maclaurin. Hallar su intervalo de convergencia.

6. $f(x) = x^2 e^{-2x}$ *Rpta.* $\sum_{n=0}^{\infty} (-1)^n 2^n \frac{x^n}{n!}$, $-\infty < x < \infty$

7. $f(x) = x \operatorname{sen} 3x$ *Rpta.* $\sum_{n=0}^{\infty} (-1)^n \frac{3^{2n+1}}{(2n+1)!} x^{2n+2}$, $-\infty < x < \infty$

8. $f(x) = \operatorname{sen}(x^4)$ *Rpta.* $\sum_{n=0}^{\infty} \frac{(-1)^n}{(2n+1)!} x^{8n+4}$, $-\infty < x < \infty$

9. $f(x) = \cos\sqrt{x}$ *Rpta.* $\sum_{n=0}^{\infty} \frac{(-1)^n}{(2n)!} x^n$, $x \geq 0$

10. $f(x) = \ln(2 + x)$ *Rpta.* $\ln 2 + \sum_{n=1}^{\infty} \frac{(-1)^{n+1}}{n2^n} x^n$, $|x| < 2$

11. $f(x) = \frac{1}{a^2 + x^2}$, $a \neq 0$ *Rpta.* $\sum_{n=0}^{\infty} (-1)^n \frac{(-1)^n}{a^{2n+2}} x^{2n}$, $|x| < |a|$

12. $f(x) = a^x$ *Sugerencia:* $a^x = e^{x \ln a}$

Rpta. $a^x = \sum_{n=0}^{\infty} \frac{(\ln a)^n}{n!} x^n$, $-\infty < x < \infty$

13. $f(x) = \text{sen}^2 x.$ *Sugerencia:* $\cos^2 x = \frac{1}{2}(1 + \cos 2x)$

Rpta. $1 + \sum_{n=1}^{\infty} (-1)^n \frac{2^{2n-1}}{(2n)!} x^{2n}, -\infty < x < \infty$

14. $f(x) = \frac{1}{x^2 + x + 1}.$ *Rpta.* $\sum_{n=0}^{\infty} x^{3n} - \sum_{n=0}^{\infty} x^{3n+1}, |x| < 1$

Sugerencia: $\frac{1}{x^2 + x + 1} = \frac{1-x}{1-x^3} = \frac{1}{1-x^3} - \frac{x}{1-x^3}$

15. $f(x) = \begin{cases} \frac{\text{sen}\, x}{x}, & \text{si } x \neq 0 \\ 1, & \text{si } x = 0 \end{cases}$ *Rpta* $\sum_{n=0}^{\infty} \frac{(-1)^n}{(2n+1)!} x^{2n}, -\infty < x < \infty$

16. $f(x) = \begin{cases} \frac{1 - \cos x}{x^2}, & \text{si } x \neq 0 \\ 1/2, & \text{si } x = 0 \end{cases}$ *Rpta* $\sum_{n=1}^{\infty} \frac{(-1)^{n+1}}{(2n)!} x^{2n-2}, \; -\infty < x < \infty$

En los problemas del 17 al 20 representar la función f(x) con su serie de Taylor en x − a.

17. $f(x) = x^3 + 3x - 1; \; a = 1$ *Rpta* $3 + 6(x-1) + 3(x-1)^2 + (x-1)^3, \; -\infty < x < \infty$

18. $f(x) = e^x, a = 1.$ *Sugerencia:* $e^x = e^{1+(x-1)} = ee^{x-1}$

Rpta $e \sum_{n=0}^{\infty} \frac{x^n}{n!}, \; -\infty < x < \infty$

19. $f(x) = \cos x, \; a = \frac{\pi}{3}.$ *Sugerencia:* $\cos x = \cos\,[\pi/3 + (x - \pi/3)]$

Rpta $\frac{1}{2} \sum_{n=0}^{\infty} \frac{(-1)^n}{(2n)!} \left(x - \frac{\pi}{3}\right)^{2n} - \frac{\sqrt{3}}{2} \sum_{n=0}^{\infty} \frac{(-1)^n}{(2n+1)!} \left(x - \frac{\pi}{3}\right)^{2n+1}, -\infty < x < \infty$

20. $f(x) = \text{sen}\, x, \; x = \frac{\pi}{4}.$ *Sugerencia*: $\text{sen}\, x = \text{sen}\,[\pi/4 + (x - \pi/4)]$

Rpta $\frac{\sqrt{2}}{2} \sum_{n=0}^{\infty} \frac{(-1)^n}{(2n)!} \left(x - \frac{\pi}{4}\right)^{2n} + \frac{\sqrt{2}}{2} \sum_{n=0}^{\infty} \frac{(-1)^n}{(2n+1)!} \left(x - \frac{\pi}{4}\right)^{2n+1}, \; -\infty < x < \infty$

En los problemas del 21 y 22 al multiplicando o dividiendo series hallar los tres primeros términos no nulos de la serie de potencias de la función que se indica.

21. $f(x) = e^x \cos x.$ *Rpta* $f(x) = 1 + x - \frac{1}{3} x^3 + \ldots$

22. $f(x) = \tan x,$ *Sugerencia:* $\tan x = \text{sen}\, x \sec x$ *Rpta* $f(x) = x + \frac{1}{3} x^3 + \frac{2}{15} x^5 + \ldots$

En los problemas del 23 al 25 expresar la integral dada como una serie de potencias, indicando el intervalo de convergencia.

23. $\int \operatorname{sen} x^2 dx$ *Rpta* $\sum_{n=0}^{\infty} \frac{(-1)^n}{(4n+3)(2n+1)!} x^{4n+3} + C, \; -\infty < x < \infty$

24. $\int \frac{\operatorname{sen} x}{x}\, dx$ *Rpta* $\sum_{n=0}^{\infty} \frac{(-1)^n}{(2n+1)(2n+1)!} x^{2n+1} + C, \; -\infty < x < \infty$

25. $\int x \cos x^4 \, dx$ *Rpta* $\sum_{n=0}^{\infty} \frac{(-1)^n}{(8n+2)(2n)!} x^{8n+2} + C, \; -\infty < x < \infty$

26. Aproximar ln (1,1) con una exactitud de cuatro decimales. (error < 0.00005)

Rpta $0.1 - \frac{(0.1)^2}{2} + \frac{(0.1)^3}{3} = 0.09533$

27. Aproximar sen 3° con una exactitud de cinco decimales. (error < 0.000005)

Rpta $\left(\frac{\pi}{60}\right) - \frac{(\pi/60)^3}{3!} \approx 0.5234$

28. Aproximar sen 58° con una exactitud de cuatro decimales. (error < 0.00005)

Sugerencia: 58° = 60° – 2° = π/3 – π/90

Rpta $\frac{\sqrt{3}}{2} + \frac{1}{2}\left(-\frac{\pi}{90}\right) - \frac{\sqrt{3}}{4}\left(-\frac{\pi}{90}\right)^2 - \frac{1}{12}\left(-\frac{\pi}{90}\right)^3 \approx 0.84804$

29. Determinar el intervalo con centro en 0 en el cual la aproximación siguiente es exacta en tres decimales: $\operatorname{sen} x \approx x - \frac{x^3}{3!}$ *Rpta* = $(-\sqrt[5]{0.6}, \sqrt[5]{0.6})$

30. Determinar el intervalo con centro en π/3 en el cual la aproximación siguiente es exacta en cuatro decimales:

$\cos x \approx \frac{1}{2} - \frac{\sqrt{3}}{2}\left(x - \frac{\pi}{3}\right) - \frac{1}{4}\left(x - \frac{\pi}{3}\right)^2$ *Rpta* $\left(\pi/3 - \sqrt[3]{0.0003}, \pi/3 + \sqrt[3]{0.0003}\right)$

31. Aproximar $\int_0^{0.5} \operatorname{sen} x^2 dx$ con un error menor que 0.0001 *Rpta* 0.041480648

32. Aproximar $\int_{0.5}^{1} \cos \sqrt{x}\, dx$ con un error menor que 0.0001 *Rpta* 0.32433

33. Aproximar $\int_0^1 \frac{\operatorname{sen} x}{\sqrt{x}}\, dx$ con una exactitud de cuatro decimales. (error < 0.00005)

Rpta 0.62056

34. Probar que:

a. $\sum_{n=0}^{\infty} \frac{(-1)^n \pi^{2n}}{4^{2n}(2n)!} = \frac{\sqrt{2}}{2}$ **b.** $\sum_{n=0}^{\infty} \frac{(-1)^n \pi^{2n+1}}{3^{2n+1}(2n+1)!} = \frac{1}{2}$

En los problemas del 35 al 37 usar las series para probar que el límite indeterminado es el dado.

35. $\lim_{n \to 0} \frac{x - \operatorname{sen} x}{x - \tan x} = -\frac{1}{2}$

36. $\lim_{n \to 0} \frac{x \cos x - \operatorname{sen} x}{x^2 \tan x} = -\frac{1}{3}$. *Sugerencia: Problema propuesto 17.*

37. $\lim_{n \to 0} \frac{(x-1)\ln x}{\operatorname{sen}^2(x-1)} = 1$. *Sugerencia: Problema resuelto* 1.

SECCION 10.4

SERIES BINOMIALES

Se llama **serie binomial** a la serie de Maclaurin de la función $f(x) = (1 + x)^m$

TEOREMA. 10. 9 La serie binomial

Si m es cualquier número real y $|x| < 1$, entonces

$$(1 + x)^m = 1 + mx + \frac{m(m-1)}{2!} x^2 + \frac{m(m-1)(m-2)}{3!} x^2 + \ldots, = \sum_{n=0}^{\infty} \binom{m}{n} x^n$$

Donde, por definición,

$$\binom{m}{0} = 1, \binom{m}{1} = m, \binom{m}{n} = \frac{m(m-1)(m-2)\ldots(m-n+1)}{n!} \quad \textbf{para } n \geq 2.$$

En el caso de que m es un **entero positivo**, tenemos que $\binom{m}{n} = \frac{m!}{n!(m-n)!}$

Demostración

Ver el problema resuelto 4.

El nombre de serie binomial viene del binomio de Newton, que dice que si m es un número natural, entonces se cumple:

$$(a+b)^m = a^m + ma^{m-1}b + \frac{m(m-1)}{2!}a^{n-2}b^2 + \frac{m(m-1)(m-2)}{3!}a^{n-3}b^3 + \ldots + b^m$$

Si hacemos $a = 1$ y $b = x$, obtenemos la expresión dada en el teorema., pero con un número finito de términos. Esto se debe a que, por ser m un natural, los coeficientes desde $n = m + 1$ en adelante, se anulan.

El teorema nos asegura la convergencia de la serie en el intervalo abierto $(-1, 1)$. La convergencia en los extremos -1 y 1 depende del número m. Así, se prueba que:

1. **Si $-1 < m < 0$, entonces la serie converge en $x = 1$**
2. **Si $m \geq 0$, la serie converge en $x = 1$ y en $x = -1$**

EJEMPLO 1. Probar que

$$\sqrt{1+x} = 1 + \frac{1}{2}x - \frac{1}{8}x^2 + \ldots + (-1)^{n+1}\frac{1\cdot 3\cdot 5\cdot \ldots \cdot(2n-3)}{2^n(n!)}x^n + \ldots$$

$$= 1 + \frac{1}{2}x + \sum_{n=2}^{\infty}(-1)^{n+1}\frac{1\cdot 3\cdot 5\cdot \ldots \cdot(2n-3)}{2^n(n!)}x^n, \quad |x| \leq 1$$

O también,

$$\sqrt{1+x} = 1 + \frac{1}{2}x + \sum_{n=2}^{\infty}(-1)^{n+1}\frac{1\cdot 3\cdot 5\cdot \ldots \cdot(2n-3)}{2\cdot 4\cdot 6\cdot \ldots \cdot(2n)}x^n, \quad |x| \leq 1$$

Solución

Tenemos que $\sqrt{1+x} = (1+x)^{1/2}$, $\binom{1/2}{0} = 1$, $\binom{1/2}{1} = \frac{1}{2}$. Luego,

$$\sqrt{1+x} = 1 + \frac{1}{2}x + \frac{\frac{1}{2}\left(\frac{1}{2}-1\right)}{2!}x^2 + \frac{\frac{1}{2}\left(\frac{1}{2}-1\right)\left(\frac{1}{2}-2\right)}{3!}x^3 + \frac{\frac{1}{2}\left(\frac{1}{2}-1\right)\left(\frac{1}{2}-2\right)\left(\frac{1}{2}-3\right)}{4!}x^4$$

$$+ \ldots + \frac{\frac{1}{2}\left(\frac{1}{2}-1\right)\left(\frac{1}{2}-2\right)\ldots\left(\frac{1}{2}-n+1\right)}{n!}x^n + \ldots$$

$$= 1 + \frac{1}{2}x - \frac{1}{2^2(2!)}x^2 + \frac{1\cdot 3}{2^3(3!)}x^3 - \frac{1\cdot 3\cdot 5}{2^4(4!)}x^4 \ldots + (-1)^{n+1}\frac{1\cdot 3\cdot 5\cdot(2n-3)}{2^n(n!)}x^n + \ldots$$

En consecuencia,

$$\sqrt{1+x} = 1 + \frac{1}{2}x + \sum_{n=2}^{\infty}(-1)^{n+1}\frac{1\cdot 3\cdot 5\cdot \ldots \cdot(2n-3)}{2^n(n!)}x^n, \quad |x| \leq 1$$

La otra expresión de la serie viene de la igualdad:

$$\frac{1\cdot 3\cdot 5\cdot \ldots \cdot(2n-3)}{2^n(n!)} = \frac{1\cdot 3\cdot 5\cdot \ldots \cdot(2n-3)}{2^n(1\cdot 3\cdot 5\cdot \ldots \cdot n)} = \frac{1\cdot 3\cdot 5\cdot \ldots \cdot(2n-3)}{2\cdot 4\cdot 6\cdot \ldots \cdot(2n)}$$

EJEMPLO 2. Representar mediante su serie de Maclaurin a la función

$$f(x) = \sqrt{4+x}$$

Solución

$$\sqrt{4+x} = \sqrt{4(1+x/4)} = 2\sqrt{1+x/4}\ .$$

Luego, remplazando x por $\dfrac{x}{4}$ en el problema anterior, obtenemos:

$$\sqrt{4+x} = 2\left[1+\frac{1}{2}\left(\frac{x}{4}\right)+\sum_{n=2}^{\infty}(-1)^{n+1}\,\frac{1\cdot 3\cdot 5\cdot\ldots\cdot(2n-3)}{2^n(n!)}\left(\frac{x}{4}\right)^n\right],\quad \left|\frac{x}{4}\right| \leq 1$$

$$= 2+\frac{x}{4}+\sum_{n=2}^{\infty}(-1)^{n+1}\,\frac{1\cdot 3\cdot 5\cdot\ldots\cdot(2n-3)}{2^{3n-1}(n!)}x^n\ ,\ |x| \leq 4$$

EJEMPLO 3. **a.** Probar: $\sqrt[5]{1+x} = 1+\dfrac{1}{5}x+\displaystyle\sum_{n=2}^{\infty}(-1)^{n+1}\frac{1\cdot 4\cdot 9\cdot\ldots\cdot(5n-6)}{5^n(n!)}x^n$

b. Probar: $\sqrt[5]{32+x} = 2+\dfrac{1}{80}x+\displaystyle\sum_{n=2}^{\infty}(-1)^{n+1}\frac{1\cdot 4\cdot 9\cdot\ldots\cdot(5n-6)}{2^{5n-1}\cdot 5^n(n!)}x^n$

c. Aproximar $\sqrt[5]{33}$ con una precisión de 4 cifras decimales.

Solución

a. $\sqrt[5]{1+x} = (1+x)^{1/5} = \displaystyle\sum_{n=0}^{\infty}\binom{1/5}{n}x^n$

$$= 1+\frac{1}{5}x+\frac{\frac{1}{5}\left(\frac{1}{5}-1\right)}{2!}x^2+\frac{\frac{1}{5}\left(\frac{1}{5}-1\right)\left(\frac{1}{5}-2\right)}{3!}x^3+\ldots$$

$$+\frac{\frac{1}{5}\left(\frac{1}{5}-1\right)\left(\frac{1}{5}-2\right)\cdots\left(\frac{1}{5}-n+1\right)}{n!}x^n+\ldots$$

$$= 1+\frac{1}{5}x-\frac{1\cdot 4}{5^2(2!)}x^2+\frac{4\cdot 9}{5^3(3!)}x^3+\ldots+(-1)^{n-1}\frac{1\cdot 4\cdot 9\cdot\ldots\cdot(5n-6)}{5^n(n!)}x^n+\ldots$$

$$= 1+\frac{1}{5}x+\sum_{n=2}^{\infty}(-1)^{n+1}\frac{1\cdot 4\cdot 9\cdot\ldots\cdot(5n-6)}{5^n(n!)}x^n$$

b. $\sqrt[5]{32+x} = \sqrt[5]{32\left(1+\dfrac{x}{32}\right)} = 2\sqrt[5]{1+\dfrac{x}{32}} = 2\left(1+\dfrac{x}{32}\right)^{1/5}$

Reemplazando x por $\dfrac{x}{32}$ en la serie hallada en la parte a.

$$\sqrt[5]{32+x} = 2\left(1+\frac{x}{32}\right)^{1/5} = 2\left[1+\frac{1}{5}\left(\frac{x}{32}\right)+\sum_{n=2}^{\infty}(-1)^{n+1}\frac{1\cdot 4\cdot 9\cdot\ldots\cdot(5n-6)}{5^n(n!)}\left(\frac{x}{32}\right)^n\right]$$

$$= 2+\frac{1}{80}x+\sum_{n=2}^{\infty}(-1)^{n+1}\frac{1\cdot 4\cdot 9\cdot\ldots\cdot(5n-6)}{2^{5n-1}\cdot 5^n(n!)}x^n$$

c. De la parte b, tomando $x = 1$, se tiene:

$$\sqrt[5]{33} = \sqrt[5]{32+1} = 2+\frac{1}{80}+\sum_{n=2}^{\infty}(-1)^{n+1}\frac{1\cdot 4\cdot 9\cdot\ldots\cdot(5n-6)}{2^{5n-1}\cdot 5^n(n!)}$$

$$= 2+\frac{1}{80}-\frac{4}{2^9\cdot 5^2(2!)} = 2 + 0.0125\,..\, - 0.000015625 + \ldots$$

Como buscamos una aproximación con una exactitud de 4 cifras decimales, el error debe ser menor que 0.00005. Además, por tratarse de una serie alternante, el error es menor que el valor absoluto del primer término omitido. Vemos que 0.000015625 < 0.00005. Luego, la aproximación buscada es

$$\sqrt[5]{33} \approx 2+\frac{1}{80} = 2 + 0.0125 = 2.0125$$

PROBLEMAS RESUELTOS 10.4

PROBLEMA 1. Probar que:

a. $$\frac{1}{\sqrt{1+x}} = 1+\sum_{n=1}^{\infty}(-1)^n\frac{1\cdot 3\cdot 5\cdot\ldots\cdot(2n-1)}{2^n(n!)}x^n,\ |x|<1$$

b. $$\frac{x^2}{\sqrt{1+x}} = x^2+\sum_{n=1}^{\infty}(-1)^n\frac{1\cdot 3\cdot 5\cdot\ldots\cdot(2n-1)}{2^n(n!)}x^{n+2},\ |x|<1$$

c. $$\frac{1}{\sqrt{1-x^2}} = 1+\sum_{n=1}^{\infty}(-1)^n\frac{1\cdot 3\cdot 5\cdot\ldots\cdot(2n-1)}{2^n(n!)}x^{2n}$$

$$= 1+\sum_{n=1}^{\infty}(-1)^n\frac{1\cdot 3\cdot 5\cdot\ldots\cdot(2n-1)}{2\cdot 4\cdot 6\cdot\ldots\cdot(2n)}x^{2n},\ |x|<1$$

Solución

a. $$\frac{1}{\sqrt{1+x}} = (1+x)^{-1/2} = 1+\left(-\frac{1}{2}\right)x+\frac{\left(-\frac{1}{2}\right)\left(-\frac{1}{2}-1\right)}{2!}x^2+\frac{\left(-\frac{1}{2}\right)\left(-\frac{1}{2}-1\right)\left(-\frac{1}{2}-2\right)}{3!}x^3$$

$$+\ldots+\frac{\left(-\frac{1}{2}\right)\left(-\frac{1}{2}-1\right)\left(-\frac{1}{2}-2\right)\ldots\left(-\frac{1}{2}-n+1\right)}{n!}x^n$$

$$=1-\frac{1}{2}x+\frac{3}{2^2(2!)}x^2-\frac{3\cdot 5}{2^3(3!)}x^3+\ldots+(-1)^n\frac{1\cdot 3\cdot 5\cdot\ldots\cdot(2n-1)}{2^n(n!)}x^n\ldots$$

$$=1+\sum_{n=1}^{\infty}(-1)^n\frac{1\cdot 3\cdot 5\cdot\ldots\cdot(2n-1)}{2^n(n!)}x^n$$

b. Teniendo en cuenta la parte a. tenemos:

$$\frac{x^2}{\sqrt{1+x}}=x^2\frac{1}{\sqrt{1+x}}=x^2\left(1+\sum_{n=1}^{\infty}(-1)^n\frac{1\cdot 3\cdot 5\cdot\ldots\cdot(2n-1)}{2^n(n!)}x^n\right)$$

$$=x^2+\sum_{n=1}^{\infty}(-1)^n\frac{1\cdot 3\cdot 5\cdot\ldots\cdot(2n-1)}{2^n(n!)}x^{n+2},\ |x|<1$$

c. Reemplazando x por $-x^2$ en la parte a.

$$\frac{1}{\sqrt{1-x^2}}=1-\frac{1}{2}(-x^2)+\frac{3}{8}(-x^2)^2-\frac{5}{16}(-x^2)^3+\ldots+(-1)^n\frac{1\cdot 3\cdot 5\cdot\ldots\cdot(2n-1)}{2^n(n!)}(-x^2)^n\ldots$$

$$=1+\frac{1}{2}x^2+\frac{3}{8}x^4+\frac{5}{16}x^6+\ldots+\frac{1\cdot 3\cdot 5\cdot\ldots\cdot(2n-1)}{2^n(n!)}x^{2n}\ldots,\ |x|<1$$

$$=1+\sum_{n=1}^{\infty}\frac{1\cdot 3\cdot 5\cdot\ldots\cdot(2n-1)}{2^n(n!)}x^{2n}\quad |x|<1$$

La otra serie se obtiene de la igualdad: $\frac{1\cdot 3\cdot 5\cdot\ldots\cdot(2n-1)}{2^n(n!)}=\frac{1\cdot 3\cdot 5\cdot\ldots\cdot(2n-1)}{2\cdot 4\cdot 6\cdot\ldots\cdot(2n)}$

PROBLEMA 2. Probar que:

$$\operatorname{sen}^{-1}x=x+\sum_{n=1}^{\infty}\frac{1\cdot 3\cdot 5\cdot\ldots\cdot(2n-1)}{2\cdot 4\cdot 6\cdot\ldots\cdot(2n)}\frac{x^{2n+1}}{2n+1},\ |x|<1$$

Solución

Teniendo en cuenta la parte c. del problema anterior:

$$\operatorname{sen}^{-1}x=\int_0^x\frac{dt}{\sqrt{1-t^2}}=\int_0^x\left(1+\frac{1}{2}t^2+\frac{1\cdot 3}{2\cdot 4}t^4+\ldots+\frac{1\cdot 3\cdot 5\cdot\ldots\cdot(2n-1)}{2\cdot 4\cdot 6\cdot\ldots\cdot(2n)}t^{2n}\ldots\right)dt$$

$$=x+\frac{1}{2}\frac{x^3}{3}+\frac{1\cdot 3}{2\cdot 4}\frac{x^5}{5}+\ldots+\frac{1\cdot 3\cdot 5\cdot\ldots\cdot(2n-1)}{2\cdot 4\cdot 6\cdot\ldots\cdot(2n)}\frac{x^{2n+1}}{2n+1}+\ldots,\ |x|<1$$

$$=x+\sum_{n=1}^{\infty}\frac{1\cdot 3\cdot 5\cdot\ldots\cdot(2n-1)}{2\cdot 4\cdot 6\cdot\ldots\cdot(2n)}\frac{x^{2n+1}}{2n+1},\ |x|<1$$

PROBLEMA 3. Mediante la serie de Maclaurin de $f(x) = \dfrac{1}{\sqrt{1+x^2}}$, hallar $f^{(6)}(0)$

Solución

Reemplazando x por x^2 en la parte a del problema resuelto 1, tenemos:

$$f(x) = \frac{1}{\sqrt{1+x^2}} = 1 + \sum_{n=1}^{\infty} (-1)^n \frac{1\cdot 3\cdot 5\cdot\ldots\cdot(2n-1)}{2^n(n!)} x^{2n} = 1 + \sum_{n=1}^{\infty} \frac{f^{(2n)}(0)}{(2n)!} x^{2n}$$

Luego, $\dfrac{f^{(2n)}(0)}{(2n)!} = (-1)^n \dfrac{1\cdot 3\cdot 5\cdot\ldots\cdot(2n-1)}{2^n(n!)}$

Pero, en $f^{(6)}(0)$, tenemos que $6 = 2n \Rightarrow n = 3$. Luego,

$$\frac{f^{(6)}(0)}{(6)!} = (-1)^3 \frac{1\cdot 3\cdot 5}{2^3(3!)} \quad \Rightarrow \quad f^{(6)}(0) = (-1)^3 \frac{1\cdot 3\cdot 5}{2^3(3!)}(6!) = -225$$

PROBLEMA 4. **Probar el teorema de la serie binomial.**

Si m es cualquier número real y $|x| < 1$, entonces

$$(1+x)^m = 1 + mx + \frac{m(m-1)}{2!}x^2 + \frac{m(m-1)(m-2)}{3!}x^3 + \ldots = \sum_{n=0}^{\infty} \binom{m}{n} x^n,$$

Donde $\dbinom{m}{0} = 1$, $\dbinom{m}{1} = m$, $\dbinom{m}{n} = \dfrac{m(m-1)(m-2)\ldots(m-n+1)}{n!}$

Solución

Paso 1. Hallamos la serie de Maclaurin de $f(x) = (1+x)^m$:

$f(x) = (1+x)^m$ $\qquad f(0) = 1 = \dbinom{m}{0}$

$f'(x) = m(1+x)^{m-1}$ $\qquad f'(0) = m = \dbinom{m}{1}$

$f''(x) = m(m-1)(1+x)^{m-2}$ $\qquad f''(0) = m(m-1)$

$$\Rightarrow \frac{f''(0)}{2!} = \frac{m(m-1)}{2!} = \binom{m}{2}$$

$$f^{(n)}(x) = m(m-1)\ldots(m-(n-1))(1+x)^{m-n} \Rightarrow f^{(n)}(0) = m(m-1)\ldots(m-n+1)$$

$$\Rightarrow \frac{f^{(n)}(0)}{n!} = \frac{m(m-1)\ldots(m-n+1)}{n!} = \binom{m}{n}$$

Luego, la serie de Maclaurin de $f(x) = (1+x)^m$ es

$$\sum_{n=0}^{\infty} \frac{f^{(n)}(0)}{n!}x^n = \sum_{n=0}^{\infty}\binom{m}{n}x^n$$

Veamos el intervalo de convergencia de esta serie. Usamos el test de la razón.

$$\lim_{n\to\infty}\left|\frac{a_{n+1}}{a_n}\right| = \lim_{n\to\infty}\left|\frac{\dfrac{m(m-1)\ldots(m-n+1)(m-n)}{(n+1)!}x^{n+1}}{\dfrac{m(m-1)\ldots(m-n+1)}{n!}x^n}\right| = \lim_{n\to\infty}\left|\frac{m-n}{n+1}x\right|$$

$$= \lim_{n\to\infty}\left|\frac{m/n-1}{1+1/n}\right||x| = \left|\frac{0-1}{1+0}\right||x| = |x|$$

Luego, la serie converge si $|x| < 1$ y diverge si $|x| > 1$.

Paso 2. Ahora probamos que la serie anterior converge a $f(x) = (1+x)^m$. Esto es,

$$(1+x)^m = \sum_{n=0}^{\infty}\binom{m}{n}x^n \quad \text{para } |x| < 1.$$

Sea $h(x) = 1 + mx + \dfrac{m(m-1)}{2!}x^2 + \dfrac{m(m-1)(m-2)}{3!}x^3 + \dfrac{m(m-1)(m-2)(m-3)}{4!}x^4 \ldots$

Se tiene:

$$h'(x) = m + \frac{m(m-1)}{1!}x + \frac{m(m-1)(m-2)}{2!}x^2 + \frac{m(m-1)(m-2)(m-3)}{3!}x^3 \ldots$$

$$xh'(x) = mx + \frac{m(m-1)}{1!}x^2 + \frac{m(m-1)(m-2)}{2!}x^3 + \frac{m(m-1)(m-2)(m-3)}{3!}x^4 \ldots$$

$$(1+x)h'(x) = h'(x) + xh'(x)$$

$$= m + \left(m + \frac{m(m-1)}{1!}\right)x + \left(\frac{m(m-1)}{1!} + \frac{m(m-1)(m-2)}{2!}\right)x^2$$

$$+ \left(\frac{m(m-1)(m-2)}{2!} + \frac{m(m-1)(m-2)(m-3)}{3!}\right)x^3 + \ldots$$

$$= m + mmx + m\frac{m(m-1)}{2!}x^2 + m\frac{m(m-1)(m-2)}{3!}x^3 + \ldots$$

$$= m\left[1 + mx + \frac{m(m-1)}{2!}x^2 + \frac{m(m-1)(m-2)}{3!}x^2 + \ldots\right] = mh(x)$$

Esto es, $(1+x)h'(x) = mh(x)$

Ahora, sea $g(x) = \dfrac{h(x)}{(1+x)^m}$. Se tiene $h(x) = (1+x)^m g(x)$ y

$$g'(x) = \frac{(1+x)^m h'(x) - mh(x)(1+x)^{m-1}}{(1+x)^{2m}} = \frac{(1+x)^{m-1}\left[(1+x)h'(x) - mh(x)\right]}{(1+x)^{2m}} = 0$$

Luego, $g(x)$ es constante y $g(0) = \dfrac{h(0)}{(1+0)^m} = \dfrac{1}{1} = 1 \Rightarrow g(x) = 1$, $\forall x \in (-1, 1)$

En consecuencia, $\dfrac{h(x)}{(1+x)^m} = 1 \Rightarrow h(x) = (1+x)^m$, $\forall x \in (-1, 1)$

PROBLEMAS PROPUESTOS 10.4

En los problemas del 1 al 5 representar la función dada con su serie de Maclaurin.

1. $f(x) = \sqrt{1-x^3}$ *Rpta.* $1 - \dfrac{1}{2}x^3 - \sum_{n=2}^{\infty} (-1)^n \dfrac{1\cdot 3\cdot 5\cdot \ldots \cdot(2n-1)}{2\cdot 4\cdot 6\cdot \ldots \cdot(2n)} x^{3n}, |x| \leq 1$

2. $f(x) = (1+x)^{-3}$ *Rpta.* $1 + \sum_{n=1}^{\infty} (-1)^n \dfrac{(n+1)(n+2)}{2} x^n, \ |x| < 1$

3. $f(x) = \sqrt[3]{1+x}$ *Rpta.* $1 + \dfrac{1}{3}x + \sum_{n=2}^{\infty} (-1)^{n+1} \dfrac{1\cdot 2\cdot 5\cdot \ldots \cdot(3n-4)}{3^n (n!)} x^n, \ |x| < 1$

4. $f(x) = \dfrac{1}{\sqrt{4+x}}$ *Rpta.* $\dfrac{1}{2} + \sum_{n=1}^{\infty} (-1)^n \dfrac{1\cdot 3\cdot 5\cdot \ldots \cdot(2n-1)}{2^{3n+1}(n!)} x^n, \ |x| < 4$

5. $f(x) = \dfrac{1}{\sqrt[5]{32-x}}$ *Rpta.* $\dfrac{1}{2} + \sum_{n=1}^{\infty} \dfrac{1\cdot 6\cdot 11\cdot \ldots \cdot(5n-4)}{5^n 2^{5n+1}(n!)} x^n, \ |x| < 32$

6. Probar que: $\operatorname{senh}^{-1} x = x + \sum_{n=1}^{\infty} (-1)^n \dfrac{1\cdot 3\cdot 5\cdot \ldots \cdot(2n-1)}{2\cdot 4\cdot 6\cdot \ldots \cdot(2n)} \dfrac{x^{2n+1}}{2n+1}, \ |x| < 1$

Sugerencia: $\operatorname{senh}^{-1} x = \displaystyle\int_0^x \frac{dt}{\sqrt{1+t^2}}$

7. a. Representar mediante su serie de Maclaurin la función $f(x) = \sqrt[4]{1+x}$

b. Aproximar $\sqrt[4]{630}$ con una exactitud de 3 cifras decimales.

Rpta. ***a.*** $1 + \dfrac{1}{4}x + \sum_{n=2}^{\infty} (-1)^{n+1} \dfrac{1\cdot 3\cdot 7\cdot \ldots \cdot(4n-5)}{4^n n!} x^n$ **b.** 5.010

8. a. Representar mediante su serie de Maclaurin la función $f(x) = \dfrac{1}{\sqrt[3]{1+x}}$

b. Aproximar $\dfrac{1}{\sqrt[3]{66}}$ con una exactitud de 4 cifras decimales.

Rpta. ***a***. $1-\frac{1}{3}x+\sum_{n=2}^{\infty}(-1)^{n}\frac{1\cdot 4\cdot 7\cdot\ldots\cdot(3n-2)}{3^{n}n!}x^{n}$ **b.** 0.2474

9. Si $f(x)=\frac{1}{(1+x)^{3}}$, usando la expansión de Maclaurin de f hallar $f^{(15)}(0)$.

Sugerencia: Ver problema propuesto 2. *Rpta.* $f^{(15)}(0).=-(17)!/2$

10. si $f(x)=\frac{1}{\sqrt{1-x^{3}}}$, usando la expansión de Maclaurin de f hallar $f^{(9)}(0)$.

Rpta. $f^{(9)}(0)=-\frac{1\cdot 3\cdot 5}{2^{3}\cdot 3!}\cdot 9!=113{,}400$

11. a. Expresar $\int\sqrt{1+x^{3}}\,dx$ mediante su serie de Maclaurin

b. Aproximar $\int_{0}^{1/2}\sqrt{1+x^{3}}\,dx$ con una precisión de cuatro cifras decimales

Rpta. $x+\frac{1}{2}\frac{x^{4}}{4}x+\sum_{n=2}^{\infty}(-1)^{n+1}\frac{1\cdot 3\cdot 5\cdot\ldots\cdot(2n-3)}{2^{n}(n!)}\frac{x^{3n+1}}{3n+1}$, $|x|\leq 1$ **b.** 0.5077

12. a. Expresar $\int\frac{dx}{\sqrt{1+x^{4}}}$ mediante su serie de Maclaurin

b. Aproximar $\int_{0}^{1/2}\frac{dx}{\sqrt{1+x^{4}}}$ con una precisión de cinco cifras decimales

Rpta. $x+\sum_{n=1}^{\infty}(-1)^{n}\frac{1\cdot 3\cdot 5\cdot\ldots\cdot(2n-1)}{2^{n}(n!)}\frac{x^{4n+1}}{4n+1}$, $|x|<1$ **b.** 0.49696

INDICE ALFABETICO

www.ingramcontent.com/pod-product-compliance
Lightning Source LLC
Chambersburg PA
CBHW082115210326
41599CB00031B/5772
* 9 7 8 9 8 0 6 5 8 8 0 7 3 *